W0263061

RADIOACTIVE ISOTOPES

IN PHYSIOLOGY
DIAGNOSTICS AND THERAPY

CONTRIBUTORS

A. C. AISENBERG · H. W. BANSI · A. J. BASSHAM · J. BECKER · H. BILLION · S. B. BINKLEY · J. L. BORN
H. BRANSON · R. CARLSON · C. E. CARTER · A. CATSCH · R. K. CRANE · H. DEBUCH · R. I. DORFMAN
D. E. DUGGAN · D. C. VAN DYKE · R. FISCHER · A. FLECKENSTEIN · W. R. FRISELL · H. GÖTTE
H. GRISEBACH · E. HARBERS · L. HEILMEYER · H. C. HEINRICH · E. J. HELMREICH · G. HERRMANN
G. VON HEVESY · G. HÖHNE · A. HOLLDORF · C. VON HOLT · H. HOLZER · W. HORST · O. HUG
L. JAENICKE · E. V. JENSEN · P. M. JOHNSTON · P. KARLSON · J. KATZ · F. KAUDEWITZ · W. KEIDERLING
G. KOCH · A. KORNBERG · P. KÜHNE · H. A. KUNKEL · L. F. LAMERTON · K. LANG · N. LANG
J. H. LAWRENCE · H. LETTRÉ · H. LIEBL · H. MACHLEIDT · C. G. MACKENZIE · P. H. MAURER
R. MICHEL · J. H. MÜLLER · H. MUTH · D. NACHMANSOHN · H. NETTER · S. OCHOA · T. T. ODELL
H. OESER · J. ROCHE · M. ROTHSTEIN · F. SANGALLI · R. W. SCHAYER · K. E. SCHEER · K. SCHMEISER
H. A. E. SCHMIDT · C. SCHOLTISSEK · G. SCHUBERT · D. SHEMIN · P. SIEKEVITZ · H. SUND
H. TARVER · E. O. TITUS · C. A. TOBIAS · R. TSCHESCHE · A. C. UPTON · K. WALLENFELS · P. WASER
G. WELCH · J. K. WHITEHEAD · H. P. WOLFF

EDITED BY

H. SCHWIEGK AND F. TURBA

SECOND REVISED AND ENLARGED EDITION

VOLUME I

WITH 423 FIGURES

SPRINGER-VERLAG BERLIN HEIDELBERG GMBH
1961

Künstliche
RADIOAKTIVE ISOTOPE

IN PHYSIOLOGIE
DIAGNOSTIK UND THERAPIE

BEARBEITET VON

A. C. AISENBERG · H. W. BANSI · J. A. BASSHAM · J. BECKER · H. BILLION · S. B. BINKLEY · J. L. BORN
H. BRANSON · R. CARLSON · C. E. CARTER · A. CATSCH · R. K. CRANE · H. DEBUCH · R. I. DORFMAN
D. E. DUGGAN · D. C. VAN DYKE · R. FISCHER · A. FLECKENSTEIN · W. R. FRISELL · H. GÖTTE
H. GRISEBACH · E. HARBERS · L. HEILMEYER · H. C. HEINRICH · E. J. HELMREICH · G. HERRMANN
G. VON HEVESY · G. HÖHNE · A. HOLLDORF · C. VON HOLT · H. HOLZER · W. HORST · O. HUG
L. JAENICKE · E. V. JENSEN · P. M. JOHNSTON · P. KARLSON · J. KATZ · F. KAUDEWITZ · W. KEIDERLING
G. KOCH · A. KORNBERG · P. KÜHNE · H. A. KÜNKEL · L. F. LAMERTON · K. LANG · N. LANG
J. H. LAWRENCE · H. LETTRÉ · H. LIEBL · H. MACHLEIDT · C. G. MACKENZIE · P. H. MAURER
R. MICHEL · J. H. MÜLLER · H. MUTH · D. NACHMANSOHN · H. NETTER · S. OCHOA · T. T. ODELL
H. OESER · J. ROCHE · M. ROTHSTEIN · F. SANGALLI · R. W. SCHAYER · K. E. SCHEER · K. SCHMEISER
H. A. E. SCHMIDT · C. SCHOLTISSEK · G. SCHUBERT · D. SHEMIN · P. SIEKEVITZ · H. SUND
H. TARVER · E. O. TITUS · C. A. TOBIAS · R. TSCHESCHE · A. C. UPTON · K. WALLENFELS · P. WASER
G. WELCH · J. K. WHITEHEAD · H. P. WOLFF

HERAUSGEGEBEN VON
H. SCHWIEGK UND F. TURBA

ZWEITE NEUBEARBEITETE UND ERWEITERTE AUFLAGE

ERSTER BAND

MIT 423 ABBILDUNGEN

SPRINGER-VERLAG BERLIN HEIDELBERG GMBH
1961

ISBN 978-3-642-49048-4   ISBN 978-3-642-92819-2 (eBook)
DOI 10.1007/978-3-642-92819-2

Geleitwort

Wenn ich das hier nunmehr in zweiter Auflage erscheinende Werk: „Radioaktive Isotope in Physiologie, Diagnostik und Therapie" durchblättere, dann überkommt mich ein Staunen, fast auch eine gewisse Bedrückung. Ich sehe, was aus einem noch vor 50 Jahren in den Kinderschuhen steckenden Wissenschaftsgebiet heute geworden ist.

Als ich mich 1906 auf Vorschlag von Sir WILLIAM RAMSAY in London entschloß, mich ganz dem Gebiete der Radioaktivität zu widmen, da habe ich, um die Literatur gut kennenzulernen, einige Jahre lang alle in das Gebiet fallenden Arbeiten für eine Zeitschrift allein referiert. Nachdem Dr. LISE MEITNER sich zu gemeinsamer Arbeit mit mir verbunden hatte, referierten wir zusammen mehrere Jahre lang alle neu erscheinenden Arbeiten, sie die physikalischen, ich die chemischen. Das war damals noch möglich.

Ein entscheidender Fortschritt war 1910 die Aufstellung des Begriffs der Isotopie durch FREDERICK SODDY und ein paar Jahre später die Ausnützung der gleichen chemischen Eigenschaften isotoper Atomarten für physikalisch-chemische und chemische Probleme, die Indikatorenmethode von v. HEVESY und PANETH. Damals konnten L. MEITNER und ich noch die ganze Literatur überblicken und etwas darüber sagen.

Von ihrer Verwendung für medizinische Zwecke war noch nicht die Rede. Es bedurfte hierzu noch einer langen Entwicklung. Sie war gezeichnet durch einige „Sternstunden" der Forschung. Solche Sternstunden waren 1919 die erste künstliche Umwandlung der Atome durch RUTHERFORD, die Entdeckung des Neutrons durch CHADWICK (1932) und die erste Herstellung künstlich aktiver Atomarten durch das Ehepaar JOLIOT-CURIE (1934). Immer handelte es sich bei diesen neuen Erkenntnissen um die Gewinnung und Verwendung absolut unwägbarer Substanzmengen. So konnte RUTHERFORD noch im Jahre 1933 auf einer Tagung der British Association seine Meinung über die großen Entdeckungen der Physik und Chemie der letzten Jahre folgendermaßen zusammenfassen:

„Die Umwandlungen des Atoms sind für den Wissenschaftler von außerordentlichem Interesse, aber wir können die Atomenergie nicht so weit kontrollieren, daß sie praktisch von Wert werden könnte, und ich glaube, daß wir dazu wahrscheinlich nie in der Lage sein werden. Unser Interesse auf diesem Gebiet ist rein wissenschaftlich, aber die Versuche, die jetzt gemacht werden, werden uns zu einem besseren Verständnis der Struktur des Atoms verhelfen."

Aber es kam anders. Es kam anders durch das Neutron, mit dessen Hilfe, zuerst von FERMI und seinen Mitarbeitern praktisch alle Elemente des Periodischen Systems zu künstlichen Umwandlungen veranlaßt werden konnten bis hinauf zum Uran, dem damals höchsten Element des Periodischen Systems. Beim Uran ergaben sich besonders verwickelte Vorgänge, die von HAHN, MEITNER und STRASSMANN genauer studiert wurden und die schließlich zu der Auffindung der Zerspaltung des Urans und des Thoriums durch HAHN und STRASSMANN Ende 1938 geführt haben.

Da bei dieser Zerspaltung als Nebenreaktion zusätzlich Neutronen emittiert werden — von HAHN und STRASSMANN vermutet, von JOLIOT und amerikanischen Forschern nachgewiesen —, war der Weg zu einer Kettenreaktion gewiesen.

Die während des Krieges entwickelten Anlagen der gesteuerten Kettenreaktion zur Gewinnung des Plutoniums, des Materials der Atombombe, werden heute als Atom- oder Kernreaktoren zur friedlichen Verwendung der Atomkernenergie verwendet. Für die Zukunft werden wir damit in der Lage sein, die schwindenden Vorräte an natürlichen Treibstoffen zur Stromerzeugung durch Atomstrom zu ersetzen.

Für die Forschung ist die Möglichkeit der Gewinnung künstlich radioaktiver Isotope heute wichtiger als die Stromherstellung. Gegenüber den wenigen in der Natur vorkommenden, für die Isotopenforschung wichtigen langlebigen Radioelementen Radium, Mesothor, Radiothor haben wir die Möglichkeit, eine große Zahl wichtiger Vertreter der chemischen Elemente bis zu wägbaren Mengen in Gestalt stärkster Strahlenquellen oder aber als Indikatoren, als Spurensucher, für die mit ihnen chemisch gleichen inaktiven Elemente zu gewinnen.

Aus dem Pflänzchen, dessen Wachstum vor 50 Jahren noch ein Einzelner verfolgen konnte, wurde ein Baum mit mächtigen Ästen und Zweigen. Zu Physik und Chemie, zu Technik und Landwirtschaft ist die medizinische Forschung in ihren vielen Teilgebieten getreten. Hier zeigen sich die künstlichen Isotope als besonders fruchtbare Nutznießer der neuen Entwicklung. In den USA sind von 1939 bis 1958 etwa 40000 Arbeiten als offizielle Arbeiten der Atomic-Energy-Commission durchgeführt worden, die entsprechende Zahl für Großbritannien belief sich während derselben Zeit auf 11000—12000.

Das vorliegende Werk über „Radioaktive Isotope in Physiologie, Diagnostik und Therapie" gibt uns eine ausführliche Zusammenfassung über das auf diesem Gebiet heute schon Erreichte und läßt uns Ausblicke tun auf das, was wir für die nächste Zukunft noch erwarten dürfen.

Otto Hahn

Inhaltsverzeichnis des ersten Bandes

Erster Teil

Allgemeine, physikalische, chemische und biologische Grundlagen
Das Arbeiten mit Isotopen

Die einzelnen Isotope und Besonderheiten ihrer Bestimmung. Von GÜNTER HERRMANN

Seite

Zweiter Teil

Radioisotope für Untersuchungen in Physiologie, Pharmakologie und Diagnostik

Historische Übersicht der Anwendung von Isotopindicatoren. Von GEORG VON HEVESY . 536

Wasserstoff, S. 537. — Literatur, S. 538. — Phosphor, S. 539. — Literatur, S. 543. — Kohlenstoff, S. 546. — Literatur, S. 549. — Natrium, S. 550. — Literatur, S. 551. — Kalium, S. 552. — Literatur, S. 552. — Rubidium und Caesium, S. 553. — Literatur, S. 553. — Calcium, Strontium und Barium, S. 553. — Literatur, S. 554. — Seltene Erden und Americium, S. 554. — Literatur, S. 555. — Zirkon, S. 555. — Literatur, S. 555. — Vanadium, S. 555. — Literatur, S. 555. — Mangan, S. 555. — Literatur, S. 556. — Chrom, S. 556. — Literatur, S. 556. — Niobium und Tantal, S. 556. — Literatur, S. 556. — Molybdän und Rhenium, S. 556. — Literatur, S. 556. — Eisen, S. 557. — Literatur. S. 558. — Platinmetalle, S. 559. — Literatur, S. 559. — Kobalt und Nickel, S. 559. — Literatur, S. 559. — Kupfer, S. 560. — Literatur, S. 560. — Silber, S. 560. — Literatur, S. 560. — Gold, S. 560. — Literatur, S. 560. — Beryllium, S. 561. — Literatur, S. 561. — Magnesium und Zink, S. 561. — Literatur, S. 561. — Cadmium und Quecksilber, S. 561. — Literatur, S. 561. — Gallium und Indium, S. 562. — Literatur, S. 562. — Stickstoff, S. 562. — Literatur, S. 562. — Arsen und Antimon, S. 563. — Literatur, S. 563. — Sauerstoff, S. 563. — Literatur, S. 564. — Schwefel, S. 564. — Literatur, S. 565. — Selen und Tellur, S. 565. — Literatur, S. 565. — Fluor, S. 565. — Literatur, S. 566. — Chlor, S. 566. — Literatur, S. 566. — Brom, S. 566. — Literatur, S. 567. — Jod, S. 567. — Literatur, S. 568. — Astatin, S. 570. — Literatur, S. 570. — Edelgase, S. 570. — Literatur, S. 570

Darstellung isotop markierter Verbindungen. Von HANS GRISEBACH. Mit 2 Abbildungen 571

Inhaltsverzeichnis des zweiten Bandes

Zweiter Teil (Fortsetzung)

Dritter Teil

Therapie mit radioaktiven Isotopen

Mitarbeiterverzeichnis

AISENBERG, ALAN C., M. D., Ph. D., Massachusetts General Hospital Boston 14/Mass. (USA).

BANSI, HANS WILHELM, Professor Dr., Chefarzt der I. Inneren Abteilung des Allgemeinen Krankenhauses St. Georg, Hamburg 1, Lohmühlenstraße 5.

BASSHAM, JAMES A., Dr., University of California, Radiation Laboratory, Berkeley 4/Calif. (USA).

BECKER, J., Professor Dr., Czerny-Krankenhaus, Heidelberg, Voßstraße 3.

BILLION, HANS, Privatdozent Dr., Herford/Westf., Bahnhofsvorplatz 2.

BINKLEY, S. B., Professor Dr., University of Illinois, College of Medicine, 1853 West Polk Street, Chicago 12/Ill. (USA).

BORN, JAMES L., University of California, Donner Laboratory, Berkeley 4/Calif. (USA).

BRANSON, HERMAN, Dr., Head Department of Physics, Howard University, Washington 1, D.C. (USA).

CARLSON, RICHARD, Dr., University of California, Donner Laboratory, Berkeley 4/Calif.(USA).

CARTER, CHARLES E., Professor Dr., Yale University, School of Medicine, Department of Pharmacology, 333 Cedar Street, New Haven/Conn. (USA).

CATSCH, ALEXANDER, Professor Dr., Kernreaktor Bau- und Betriebsgesellschaft m. b. H., Karlsruhe, Weberstraße 5.

CRANE, ROBERT K., Dr., Washington University, School of Medicine, Department of Biological Chemistry, St. Louis/Mo. (USA).

DEBUCH, HILDEGARD, Privatdozentin Dr., Physiologisch-Chemisches Institut der Universität, Köln-Lindenthal, Josef-Stelzmann-Straße 52.

DORFMAN, RALPH I., Dr., The Worcester Foundation for Experimental Biology, Shrewsbury/Mass. (USA).

DUGGAN, DANIEL E., Dr., National Institutes of Health, Laboratory of Chemical Pharmacology, Heart Institute, Bethesda 14/Md. (USA).

DYKE, DONALD C. VAN, Dr., Donner Laboratory, University of California, Berkeley 4/Calif. (USA).

FISCHER, ROBERT, Dr., Pathologisches Institut der Universität, Bonn-Venusberg.

FLECKENSTEIN, ALBRECHT, Professor Dr., Physiologisches Institut der Universität, Freiburg i. Br., Hermann-Herder-Straße 7.

FRISELL, WILHELM R., Dr., Department of Biochemistry, University of Colorado, School of Medicine, 4200 East Ninth Avenue, Denver 20/Colo. (USA).

GÖTTE, HANS, Privatdozent Dr., Kelkheim/Taunus, Mozartstraße 1.

GRISEBACH, HANS, Dozent Dr., Chemisches Laboratorium der Universität, Freiburg i. Br., Albertstraße 21.

HARBERS, EBERHARD, Privatdozent Dr., Institut für Medizinische Physik und Biophysik, Göttingen, Goßlerstraße 10.

HEILMEYER, Ludwig, Professor Dr. Dr. h. c., Medizinische Universitätsklinik, Freiburg i. Br., Hugstetter Straße 55.

HEINRICH, HELLMUTH C., Dozent Dr., Physiologisch-Chemisches Institut der Universität, Hamburg 20, Martinistraße 52.

HELMREICH, ERNST J., Dr., Assistant Professor for Biochemistry in Medicine, Department of Internal Medicine, Washington University, School of Medicine, 600 South Kingshighway, St. Louis 10/Mo. (USA).

HERRMANN, GÜNTER, Dr., Institut für Anorganische Chemie und Kernchemie der Universität, Mainz, Joh.-Joachim-Becher-Weg 24.

HEVESY, GEORG VON, Professor Dr., 18 Norr Mälarstrand, Stockholm K/Schweden.

HÖHNE, G., Dr., Universitäts-Frauenklinik, Hamburg-Eppendorf, Martinistraße 52.

HOLLDORF, AUGUST, Dr., Physiologisch-Chemisches Institut der Universität, Freiburg i. Br., Hermann-Herder-Straße 7.

HOLT, CLAUS VON, Dozent Dr., Physiologisch-Chemisches Institut der Universität, Hamburg 20, Martinistraße 52.

HOLZER, HELMUT, Professor Dr., Direktor des Physiologisch-Chemischen Instituts der Universität, Freiburg i. Br., Hermann-Herder-Straße 7.

HORST, WOLFGANG, Professor Dr., Strahleninstitut der Universität, Radio-Isotopen-Abteilung, Hamburg 20, Martinistraße 52.

HUG, OTTO, Professor Dr., Vorstand des strahlenbiologischen Instituts der Universität, München 15, Bavariaring 19.

JAENICKE, L., Dozent Dr., Institut für Biochemie, München 2, Karlstraße 23.

JENSEN, ELWOOD V., Professor Dr., University of Chicago, Ben May Laboratory for Cancer Research, 950 E. 59th Street, Chicago 37/Ill. (USA).

JOHNSTON, P. M., Professor Dr., Department of Zoology, University of Arkansas, Fayetteville/Ark. (USA).

KARLSON, PETER, Professor Dr., Physiologisch-Chemisches Institut und Max-Planck-Institut für Biochemie, München 15, Goethestraße 31—33.

KATZ, JOSEPH, Dr., Institute for Medical Research, Cedars of Lebanon Hospital, 4751 Fountain Avenue, Los Angeles 29/Calif. (USA).

KAUDEWITZ, F., Dozent Dr., Max-Planck-Institut für Virusforschung, Tübingen, Melanchthonstraße 36.

KEIDERLING, WALTER, Professor Dr., Medizinische Universitätsklinik, Freiburg i. Br., Hugstetter Straße 55.

KOCH, GEBHARD, Dr., Stiftung zur Erforschung der spinalen Kinderlähmung und der Multiplen Sklerose, Universitätskrankenhaus Hamburg-Eppendorf, Martinistraße 52.

KORNBERG, A., Professor Dr., Stanford University, School of Medicine, Department of Biochemistry, Palo Alto/Calif. (USA).

KÜHNE, PAUL, Dr., Strahleninstitut der Freien Universität am Städtischen Krankenhaus Westend, Berlin-Charlottenburg 9, Spandauer Damm 130.

KÜNKEL, HANS ADAM, Dr., Universitäts-Frauenklinik, Hamburg-Eppendorf, Martinistraße 52.

LAMERTON, L. F., Dr., The Royal Cancer Hospital, Fulham Road, London S. W. 3.

LANG, KONRAD, Professor Dr., Direktor des Physiologisch-Chemischen Instituts der Universität Mainz, Joh. Joachim Becher-Weg 13.

LANG, NORBERT, Privatdozent Dr., Medizinische Universitäts-Poliklinik Marburg/Lahn, Robert Koch-Str. 7a.

LAWRENCE, JOHN H., M. D., University of California, Donner Laboratory, Berkeley 4/Calif. (USA).

LETTRÉ, HANS, Professor Dr., Direktor des Instituts für experimentelle Krebsforschung, Heidelberg, Voßstraße 3.

LIEBL, HELMUT, Dr., z. Z. 17, Wing Terrace, Burlington/Mass. (USA).

MACHLEIDT, HANS, Dr., Chemisches Institut der Universität, Bonn, Meckenheimer Allee 168.

MACKENZIE, COSMO G., Professor Dr., Department of Biochemistry, University of Colorado, School of Medicine, 4200 East Ninth Avenue, Denver 20/Colo. (USA).

MAURER, PAUL H., Ph. D., Seton Hall College of Medicine and Dentistry, Jersey City 4/N. J. (USA).

MICHEL, RAYMOND, Professor Dr., Laboratoire de Biochimie Générale et Comparée, Collège de France, Paris, Place Marcellin-Berthelot.

MÜLLER, J. H., Professor Dr., Universitäts-Frauenklinik, Kantonsspital Zürich, Strahlenabteilung, Zürich/Schweiz.

MUTH, HERMANN, Professor Dr., Direktor des Instituts für Biophysik der Universitätskliniken im Landeskrankenhaus, Bau III, Homburg/Saar.

NACHMANSOHN, DAVID, Professor Ph. D., Columbia University, 630 West 168th Street, New York 32/N.Y. (USA).

NETTER, HANS, Professor Dr., Institut für physiologische Chemie und Physikochemie, Neue Universität, Kiel, Rudolf-Höber-Haus.

OCHOA, SEVERO, Professor Dr., New York University School of Medicine, 550 First Avenue, New York 16/N.Y. (USA).

ODELL JR., T. T., Dr., Biology Division, Oak Ridge National Laboratory, Post Office Box Y, Oak Ridge/Tenn. (USA).

OESER, HEINZ, Professor Dr., Strahleninstitut der Freien Universität am Städtischen Krankenhaus Westend, Berlin-Charlottenburg 9, Spandauer Damm 130.

ROCHE, JEAN, Professor Dr., Laboratoire de Biochimie Générale et Comparée, Collège de France, Paris, Place Marcellin-Berthelot.

ROTHSTEIN, M., Dr., 1346 Grizzly Peak, Berkeley/Calif. (USA).

SANGALLI, FRANCO, Dr., University of California, Donner Laboratory, Berkeley 4/Calif. (USA).

SCHAYER, RICHARD W., Ph. D., Research Associate, Merck Institute for Therapeutic Research, Rahway/N. J. (USA).

SCHEER, KURT ERNST, Privatdozent, Czerny-Krankenhaus, Heidelberg, Voßstraße 3.

SCHMEISER, KURT, Dr., in Fa. Knapsack-Griesheim AG, Leiter der Meßtechn. Abteilung, Knapsack bei Köln.

SCHMIDT, HEINZ A. E., Dr., Farbwerke Hoechst AG, Radiochemisches Labor.

SCHOLTISSEK, CHRISTOPH, Dr., Max Planck-Institut für Virusforschung, Tübingen, Melan-chthonstraße 36.
SCHUBERT, GERHARD, Professor Dr., Universitäts-Frauenklinik, Hamburg-Eppendorf, Martinistraße 52.
SHEMIN, DAVID, Professor Dr., Columbia University, College of Physicians and Surgeons, 630 West 168th Street, New York 32/N.Y. (USA).
SIEKEVITZ, PHILIP, Dr., The Rockefeller Institute for Medical Research, 66th Street and York Avenue, New York 21/N.Y. (USA).
SUND, HORST, Dr., Chemisches Laboratorium der Universität, Freiburg i. Br., Albeitstr. 21.
TARVER, H., Professor Dr., University of California, Department of Biochemistry, School of Medicine, San Francisco 22/Calif. (USA).
TITUS, ELWOOD O., Dr., National Institutes of Health, Laboratory of Chemical Pharmacology, Heart Institute, Bethesda 14/ Md. (USA).
TOBIAS, C. A., Dr., University of California, Donner Laboratory, Berkeley 4/Calif. (USA).
TSCHESCHE, RUDOLF, Professor Dr., Direktor des Chemischen Instituts der Universität Bonn, Meckenheimer Allee 168.
UPTON, A. C., Dr., Biology Division, Oak Ridge National Laboratory, Post Office Box Y, Oak Ridge /Tenn. (USA).
WALLENFELS, K., Professor Dr., Chemisches Laboratorium der Universität, Freiburg i. Br., Albertstraße 21.
WASER, PETER, Professor Dr., Pharmakologisches Institut, Zürich/Schweiz, Gloriastraße 32.
WELCH, GRAEME, Dr., Gif-sur Yvette (S. et O.)/Frankreich, Boîte Postale 2.
WHITEHEAD, J. K., M. Sc., Ph. D., Physics Department, The Middlesex Hospital, Museum 833 Ext., 200 London W. 1.
WOLFF, HANNS P., Professor Dr., I. Medizinische Universitätsklinik, München 15, Ziemssen-straße 1.

Erster Teil

Allgemeine, physikalische, chemische und biologische Grundlagen

Das Arbeiten mit Isotopen

Zweiter Teil

Radioisotope für Untersuchungen in Physiologie, Pharmakologie und Diagnostik

Allgemeine, physikalische, chemische und biologische Grundlagen

Das Arbeiten mit Isotopen

Allgemeiner Nachweis radioaktiver Isotope

Von

Kurt Schmeiser

Mit 106 Abbildungen

A. Physikalische Grundlagen

I. Stabile und radioaktive Isotope

1. Protonen und Neutronen als Kernbausteine

Nach RUTHERFORD ist fast die gesamte Masse eines Atoms auf ein äußerst kleines Volumen, den *Atomkern*, zusammengedrängt[1]. Nach HEISENBERG ist der Atomkern aus zwei Arten von Kernbausteinen *(Nucleonen)*, aus Protonen und Neutronen aufgebaut. Das Proton (p) ist nichts anderes als der Atomkern des gewöhnlichen, leichten Wasserstoffatoms. Das Neutron (n) trägt keine Ladung und ist etwa so schwer wie ein Proton.

Die Zahl der Protonen bestimmt hiernach die positive Kernladung, sie ist identisch mit der Zahl der Hüllenelektronen des betreffenden neutralen Atoms, welche sich um den Atomkern bewegen ähnlich wie die Planeten um die Sonne, und gleich der Ordnungszahl Z des Atoms im periodischen System. Die Masse des Atomkerns ist bestimmt durch die Zahl der Protonen und Neutronen. Die Summe beider Zahlen $p + n = M$ nennt man die Massenzahl des betreffenden Atomkerns. Definitionsgemäß ist die Massenzahl eine dimensionslose, ganze Zahl. Der Radius r des Atomkerns ist von der Größenordnung 10^{-13} cm, genauer:

$$r = 1{,}45 \sqrt[3]{A} \cdot 10^{-13} \text{ cm.} \quad (A = \text{Atomgewicht})$$

(für Argon $r = 4{,}8 \cdot 10^{-13}$ cm), der Radius R eines Atoms ist von der Größenordnung 10^{-8} cm (für Argon $R = 1{,}9 \cdot 10^{-8}$ cm).

---

[1] Die Kernmaterie ist durchschnittlich $2 \cdot 10^{14}$ mal schwerer als Wasser.

2. Stabile Isotope

Im Massen-Spektrographen (s. Abb. 1) erzeugt man Atomionen und beschleunigt dieselbe. Unter Einwirkung elektrischer und magnetischer Felder gelingt es,

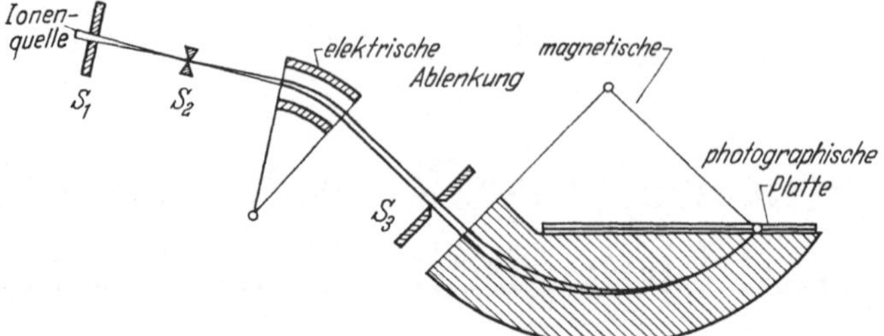

Abb. 1. Schematische Darstellung eines Massenspektrometers mit elektrischer und magnetischer Ablenkung (nach K. T. Bainbridge und E. B. Jordan)

diese Atomionen von ihrer ursprünglichen, geradlinigen Bahn abzulenken. Verschieden schwere Atome bzw. Atomionen werden verschieden stark abgelenkt. Aus der Größe der Ablenkung kann man auf das Atomgewicht der betreffenden Atomart schließen.

Das Ergebnis systematischer Untersuchungen mit dem Massen-Spektrographen bestand einmal in einer sehr genauen Bestimmung der Atom-Massen, andererseits aber in der bedeutenden Feststellung, daß die meisten chemischen Elemente mehrere Atomarten besitzen, die sich in ihrer Masse unterscheiden. Man nennt solche Atome mit gleicher Ordnungszahl, aber verschiedener Masse, *Isotope*.

Neben gewöhnlichem Wasserstoff gibt es in der Natur *schweren Wasserstoff*. Der Atomkern des leichten Wasserstoffs besteht aus einem Proton ($Z = 1$), der Atomkern des schweren Wasserstoffs besitzt außerdem noch ein Neutron (s. Abb. 2). Die Atommasse des schweren Wasserstoffs ist also etwa doppelt so groß wie diejenige des leichten Wasserstoffs. Auch das zweite chemische Element im periodischen System, nämlich Helium ($Z = 2$), ist ein Gemisch aus zwei Isotopen; die Atomkerne sind aus 2 Protonen und 1 bzw. 2 Neutronen aufgebaut.

Es ist erwähnenswert, daß das Mischungsverhältnis der Isotope ein und desselben chemischen Elementes im allgemeinen überall in der Natur dasselbe ist. Es gibt eine Reihe von Methoden, dieses Mischungsverhältnis (relative Häufigkeit) der einzelnen Elemente zu verschieben, d. h. ein bestimmtes Isotop des Isotopengemisches anzureichern.

Um die einzelnen Atomarten oder Isotope eindeutig zu kennzeichnen, ist es

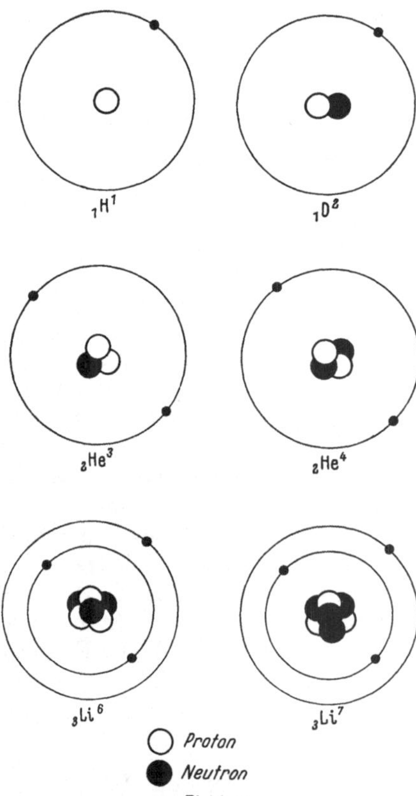

Abb. 2. Schematische Darstellung des Aufbaues einiger Atomkerne aus Neutronen und Protonen

Tabelle 1. *Periodisches System der Elemente*. Die oberen Zahlen bedeuten die Ordnungszahlen der Elemente, die darunterstehenden geben die Atomgewichte an. Eckige Klammern bedeuten, daß das Atomgewicht dieses künstlich gewonnenen Elementes nur für das Produkt des derzeit wichtigsten Darstellungsprozesses gilt

	0. Gruppe	1. Gruppe Nebengruppe	1. Gruppe Hauptgruppe	2. Gruppe Nebengruppe	2. Gruppe Hauptgruppe	3. Gruppe Nebengruppe	3. Gruppe Hauptgruppe	4. Gruppe Nebengruppe	4. Gruppe Hauptgruppe	5. Gruppe Nebengruppe	5. Gruppe Hauptgruppe	6. Gruppe Nebengruppe	6. Gruppe Hauptgruppe	7. Gruppe Nebengruppe	7. Gruppe Hauptgruppe	8. Gruppe	0. Gruppe
			1 H 1,0080		—		—		--		—		—		—		2 He 4,003
1	2 He 4,003		3 Li 6,940		4 Be 9,013		5 B 10,82		6 C 12,010		7 N 14,008		8 O 16,000		9 F 19,00		10 Ne 20,183
2	10 Ne 20,183		11 Na 22,997		12 Mg 24,32		13 Al 26,98		14 Si 28,06		15 P 30,975		16 S 32,066		17 Cl 35,457		18 Ar 39,944
3	18 Ar 39,944		19 K 39,096		20 Ca 40,08	21 Sc 45,10		22 Ti 47,90		23 V 50,95		24 Cr 52,01		25 Mn 54,93		26Fe 27 Co 28 Ni 55,85 58,94 58,69	
		29 Cu 63,57		30 Zn 65,38			31 Ga 69,72		32 Ge 72,60		33 As 74,91		34 Se 78,96		35 Br 79,916		36 Kr 83,70
4	36 Kr 83,80		37 Rb 85,48		38 Sr 87,63	39 Y 88,92		40 Zr 91,22		41 Nb 92,91		42 Mo 95,95		43 Tc [99]		44 Ru 45 Rh 46Pd 101,7 102,91 106,7	
		47 Ag 107,880		48 Cd 112,41			49 In 114,76		50 Sn 118,70		51 Sb 121,76		52 Te 127,61	53 J 126,92			54 X 131,3
5	54 X 131,3		55 Cs 132,91		56 Ba 137,36	57 La 138,92	58-71 Seltene Erden*	72 Hf 178,6		73 Ta 180,88		74 W 183,92		75 Re 186,31		76 Os 77 Ir 78 Pt 190,2 193,1 195,23	
		79 Au 197,2		80 Hg 200,61			81 Tl 204,39		82 Pb 207,21		83 Bi 209,00		84 Po 210		85 At [210]		86 Rn 222
6	86 Rn 222		87 Fr [223]		88 Ra 226,05	89 Ac 227		90 Th 232,12		91 Pa 231		92 U 238,07					

* Seltene Erden:	58 Ce 140,13	59 Pr 140,92	60 Nd 144,27	61 Pm [145]	62 Sm 150,43	63 Eu 152,0	64 Gd 156,9	65 Tb 159,2	66 Dy 162,46	67 Ho 163,5	68 Er 167,2	69 Tm 169,4	70 Yb 173,04	71 Cp 174,99
Transurane:	93 Np [237]	94 Pu [242]	95 Am [243]	96 Cm [243]	97 Bk [245]	98 Cf [246]								

1*

üblich, dem Symbol des chemischen Elementes, dem dieses Isotop angehört, zwei Indices anzufügen. Üblicherweise wird die Zahl der Protonen links unten vom Symbol, die Massenzahl (Zahl der Protonen und Neutronen) rechts oben vom Symbol angegeben, also z. B.:

$$_{11}Na^{22}.$$

Tabelle 2. *Atomgewichte der chemischen Elemente*

	Symbol	Ordnungszahl	Atomgewicht		Symbol	Ordnungszahl	Atomgewicht
Actinium	Ac	89	227,0	Neptunium . . .	Np	93	238
Aluminium . . .	Al	13	26,98	Neutron	Nn	0	1,0
Americium . . .	Am	95	—	Nickel	Ni	28	58,69
Antimon	Sb	51	121,76	Niob	Nb	41	92,91
Argon	Ar	18	39,944	Osmium	Os	76	190,2
Arsen	As	33	74,91	Palladium . . .	Pd	46	106,7
Astatin . . .	At	85	—	Phosphor	P	15	30,98
Barium.	Ba	56	137,36	Platin	Pt	78	195,23
Beryllium . . .	Be	4	9,01	Plutonium . . .	Pu	94	238
Blei	Pb	82	207,21	Polonium	Po	84	210
Bor	B	5	10,82	Praseodym . . .	Pr	59	140,92
Brom	Br	35	79,916	Protaktinium . .	Pa	91	231
Cadmium . . .	Cd	48	112,41	Quecksilber . . .	Hg	80	200,61
Caesium	Cs	55	132,91	Radium	Ra	88	226,05
Calcium	Ca	20	40,08	Radon	Rn	86	222
Cassiopeium . .	Cp	71	174,99	Rhenium	Re	75	186,31
Cer	Ce	58	140,13	Rhodium	Rh	45	102,91
Chlor	Cl	17	35,457	Rubidium . . .	Rb	37	85,48
Chrom	Cr	24	52,01	Ruthenium . . .	Ru	44	101,7
Curium	Cm	96	—	Samarium . . .	Sm	62	150,43
Dysprosium . .	Dy	66	162,46	Sauerstoff . . .	O	8	16,0000
Eisen	Fe	26	55,85	Scandium	Sc	27	45,10
Erbium	Er	68	167,2	Schwefel	S	16	32,07
Europium . . .	Eu	63	152,0	Selen	Se	34	78,96
Fluor	F	9	19,00	Silber.	Ag	47	107,880
Gadolinium . .	Gd	64	156,9	Silicium.	Si	14	28,06
Gallium	Ga	31	69,72	Stickstoff	N	7	14,008
Germanium . .	Ge	32	72,60	Strontium . . .	Sr	38	87,63
Gold	Au	79	197,2	Tantal	Ta	73	180,88
Hafnium	Hf	72	178,6	Technetium . . .	Tc	43	—
Helium	He	2	4,003	Tellur	Te	52	127,61
Holmium . . .	Ho	67	163,5	Terbium	Tb	65	159,2
Indium	In	49	114,76	Thallium	Tl	81	204,39
Iridium	Ir	77	193,1	Thorium	Th	90	232,12
Jod	J	53	126,92	Thulium	Tm	69	169,4
Kalium.	K	19	39,096	Titan	Ti	22	47,90
Kobalt	Co	27	58,94	Uran	U	92	238,07
Kohlenstoff . . .	C	6	12,010	Vanadium . . .	V	23	50,95
Krypton	Kr	36	83,7	Wasserstoff . . .	H	1	1,0080
Kupfer	Cu	29	63,57	Wismut	Bi	83	209,00
Lanthan	La	57	138,92	Wolfram	W	74	183,92
Lithium	Li	3	6,940	Xenon	X	54	131,3
Magnesium . . .	Mg	12	24,32	Ytterbium . . .	Yb	70	173,04
Mangan	Mn	25	54,93	Yttrium	Y	39	88,92
Molybdän . . .	Mo	42	95,95	Zink	Zn	30	65,38
Natrium	Na	11	22,997	Zinn	Sn	50	118,70
Neodym	Nd	60	144,27	Zirkonium. . . .	Zr	40	91,22
Neon.	Ne	10	20,183				

3. Massenzahl, Atomgewicht, Isotopengewicht, Masseneinheit und ihr zugeordnete Energie

Es erscheint zweckmäßig, kurz auf die Begriffe Massenzahl, Atomgewicht und Isotopengewicht einzugehen. Die *Massenzahl* wird definiert als die Summe der Protonen und Neutronen eines Atomkerns. Was wir schlechthin als *Atomgewicht* bezeichnen, ist eine dimensionslose Zahl. Zum Beispiel hat natürliches Kobalt das Atomgewicht $58,94 \approx 59$. Früher bezog man das Atomgewicht auf die Masse des Wasserstoffs; es gab einfach an, wieviel mal schwerer ein bestimmtes Atom ist als ein Wasserstoffatom. Aus rein experimentellen Gründen bezieht man heute das Atomgewicht auf die Durchschnittsmasse der in der Natur vorkommenden Sauerstoff-Isotope, wobei man diese gleich 16,000 setzt. Mit der Kenntnis der durchschnittlichen *absoluten* Masse (Gewicht) des Sauerstoffatoms ist damit auch das absolute Gewicht irgendeines anderen Atoms bekannt. Die Massenzahl ist gleich dem auf eine ganze Zahl aufgerundeten (relativen) Atomgewicht des betreffenden Isotops.

Die Einheit des *Isotopengewichtes* leitet man im Gegensatz hierzu von der Masse des in der Natur am häufigsten auftretenden Sauerstoffisotops $_8O^{16}$ ab, welche man gleich 16,000 setzt. Die chemische Masseneinheit *(Atomgewicht)* und die kernphysikalische Kerneinheit *(Isotopengewicht)* unterscheiden sich also um einen konstanten Faktor (Smithscher Umrechnungsfaktor). Es gilt:

Chem. Atomgewicht $= 0,999722 \cdot$ Kernphys. Isotopengewicht

Kernphys. Isotopengewicht $= (1,000272 \pm 0,000007) \cdot$ chem. Atomgewicht.

Wir wollen anhand eines Beispieles sehen, daß das Isotopengewicht eines bestimmten Atoms nicht einfach die Summe der Isotopengewichte der Kernbausteine ist. Der Stickstoffkern mit der Massenzahl 14 ($_7N^{14}$) z. B. besteht aus 7 Protonen und 7 Neutronen. Das Isotopengewicht dieses Stickstoffkerns müßte hiernach sein:

$$7 \cdot 1,00813_7 + 7 \cdot 1,00897_7 = 14,11979_8 .$$

Statt dessen ist es aber nur $14,00756_5$, d. h. es fehlen 0,112 Masseneinheiten, welche beim Aufbau des Stickstoffkerns aus 7 Protonen und 7 Neutronen in Form von Energie frei geworden sind *(Massendefekt)*. Diese Masse muß man in Form von Energie aufbringen, wenn man den Stickstoffkern in 7 Protonen und 7 Neutronen zerlegen möchte *(Bindungsenergie)*. Nach EINSTEIN gilt zwischen der Masse M und der ihr äquivalenten Energie E die Beziehung

$$M = \frac{E}{c^2} \quad (c = \text{Lichtgeschwindigkeit})$$

Aus der Energie-Massen-Beziehung läßt sich herleiten, daß

1 Masseneiheit (1 ME) $= 1,493 \cdot 10^{-3}$ erg $= 931$ MeV

$= {}^1/_{16}$ der Masse von $_8O^{16} = 1,66 \cdot 10^{-24}$ g

$^1/_{1000}$ Masseneinheit (1 TME) $= 0,931$ MeV ist.

Wir geben in Tab. 3 einige Massenwerte wieder, machen aber darauf aufmerksam, daß sich diese Werte nicht auf den Atomkern, sondern auf das neutrale Atom der betreffenden Atomart beziehen.

Über die Einheit der Masse haben wir gesprochen. Die in der Kernphysik übliche *Energieeinheit* ist 1 eV (Elektronen-Volt), wobei $1\,\text{eV} = 1,6 \cdot 10^{-12}$ erg ausmacht. 1 Elektronen-Volt ist diejenige kinetische Energie eines einfach geladenen Teilchens, welche es im Vakuum nach Durchlaufen eines Spannungsgefälles von einem Volt erhalten hat.

Tabelle 3. *Massen verschiedener Isotope* (nach Bresler)

H^1	1,008137	B^{10}	10,016173	Ne^{20}	19,99881	S^{33}	32,98260
n^1	1,008977	Be^{10}	10,016774	Ne^{21}	21,00018	S^{34}	33,97974
H^2	2,014726	B^{11}	11,01286	Ne^{22}	21,99864	Cl^{35}	34,98107
He^3	3,016951	C^{12}	12,003900	Na^{23}	22,99680	Ar^{36}	35,97852
H^3	3,016971	C^{13}	13,007554	Mg^{24}	23,99189	Cl^{37}	36,97829
He^4	4,003910	N^{13}	13,009941	Mg^{25}	24,99277	Ar^{38}	37,97544
Li^6	6,017043	N^{14}	14,007565	Mg^{26}	25,99062	K^{39}	38,97518
Li^7	7,018242	C^{14}	14,007733	Al^{27}	26,98960	Ca^{40}	39,97450
Be^7	7,019169	N^{15}	15,00489	Si^{28}	27,98639	Ar^{40}	39,97504
Be^8	8,007916	O^{16}	16,00000	Si^{29}	28,98685	K^{41}	40,97390
Li^8	8,025031	O^{17}	17,004515	Si^{30}	29,98294	Ca^{42}	41,97110
Be^9	9,015098	O^{18}	18,00470	P^{31}	30,98457	Ca^{43}	42,97230
B^9	9,016246	F^{19}	19,004486	S^{32}	31,98306		

II. Herstellung von künstlich-radioaktiven Isotopen

1. Stabile und radioaktive Isotope, erste Kernumwandlung

Die physikalischen Eigenschaften der bisher besprochenen Atomkernarten (Isotope) ändern sich ohne äußere Beeinflussung auch über längere Zeit betrachtet nicht. Man spricht deshalb von *stabilen Isotopen*. Es gibt in der Natur aber auch eine andere Art von Isotopen, welche ohne jeden äußeren Einfluß unter Aussendung von Strahlung[1] in Atomarten mit anderen Eigenschaften umgewandelt werden. Man nennt solche Isotope *natürlich-radioaktive Isotope*. Der bekannteste Vertreter ist das Radium. Radium sendet α-Teilchen (= Heliumkerne) aus, deren kinetische Energie mehrere MeV beträgt. Die dritte Gruppe von Isotopen, an Zahl die weitaus stärkste, umfaßt die *künstlichen Radioisotope*.

Im Jahre 1919 gelang es Rutherford, Stickstoffkerne durch Beschuß mit Radium-α-Strahlen in Sauerstoffkerne umzuwandeln. Ein solcher Umwandlungsvorgang

Abb. 3. Künstliche Umwandlung von Stickstoff in Sauerstoff mit Hilfe energiereicher α-Strahlen (Nebelkammeraufnahme nach P.M.S. Blackett und G.P.S. Occhialini)

---

[1] α-Teilchen = Helium-4-Kerne, β-Teilchen = Elektronen, γ-Strahlung = sehr kurzwellige Strahlung.

ist durch eine Nebelkammeraufnahme festgehalten worden (s. Abb. 3). An der durch einen weißen Pfeil gekennzeichneten Stelle trifft einer der vielen α-Strahlen, die von unten aus einem Radiumpräparat austreten, auf einen Stickstoffkern und wandelt ihn um in einen Sauerstoffkern und in ein Proton. Beide fliegen mit großer Geschwindigkeit unter einem bestimmten Winkel auseinander. Die Reaktionsgleichung läßt sich in der Form schreiben:

$$_7N^{14} + {_2}He^4 \rightarrow {_8}O^{17} + {_1}H^1$$

oder nach einem Vorschlag von BOTHE und FLEISCHMANN

$$_7N^{14} \, (\alpha, \, p) \, {_8}O^{17}.$$

Die Reaktionsgleichung soll aussagen, daß α-Strahlen in einer wasserstofffreien Stickstoffatmosphäre auf Stickstoffkerne der Masse 14 auftreffen. Beobachtet wird ein Proton und eine dickere Bahn als Spur des neu entstandenen $_8O^{17}$-Kerns. Das α-Teilchen, dessen Bahnspur am Ort der Reaktion endet, dringt in den getroffenen $_7N^{14}$-Kern ein und erzeugt einen hoch angeregten Zwischenkern, welcher unter Aussendung eines Protons in den Endkern, und zwar in Sauerstoff mit der Masse 17 übergeht. Aus der Reaktionsgleichung entnehmen wir noch die allgemein gültige Feststellung, daß die Summe der Massen (Summe der oberen Indices) und die Summe der Ladungen (Summe der unteren Indices) vor und nach der Reaktion (links und recht des Pfeiles) gleich sind. Der durch Beschuß mit α-Teilchen gebildete $_8O^{17}$-Kern kommt in der Natur vor und ist ein stabiles Isotop.

Die erste Kernumwandlung, bei welcher der entstehende Endkern nicht stabil war, ist 1934 dem französischen Forscherpaar JOLIOT und CURIE gelungen. Beim Beschießen von Bor, und zwar $_5B^{10}$ mit α-Teilchen, entstanden nach der Reaktionsgleichung

$$_5B^{10} \, (\alpha, \, n) \, {_7}N^{13}$$

ein Stickstoffisotop und ein Neutron. Dieser Stickstoffkern mit der Masse 13 ist nicht mehr stabil, sondern radioaktiv, er zerfällt unter Aussendung von Strahlung in Kohlenstoff 13 (stabil).

2. Heute übliche Methoden zur Herstellung von Radioisotopen

a) Erzeugung von Radioisotopen im Reaktor

Heute wird der größte Teil der künstlich-radioaktiven Isotope im Reaktor erzeugt, und zwar auf zwei prinzipiell verschiedene Arten.

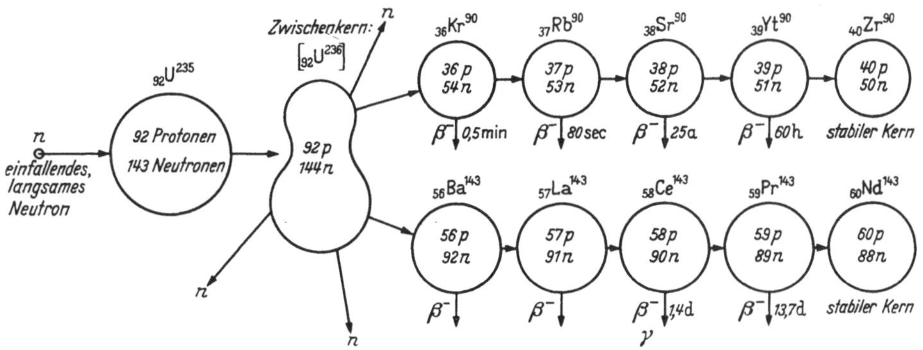

Abb. 4. Schematische Darstellung einer Uranspaltung und des Zerfalls der beiden Spaltprodukte Krypton 90 und Barum 143 (nach SCHMEISER 1957)

Wenn langsame Neutronen mit Urankernen der Masse 235 in Wechselwirkung treten, kann es zu einer Spaltung des Urankernes kommen. Wir finden den Vorgang der Spaltung schematisch in Abb. 4 erläutert. Von links kommend, trifft ein langsames Neutron auf den schematisch als Kugel dargestellten Urankern mit der Ordnungszahl $Z = 92$ und der Massenzahl $M = 235$. Das auftreffende Neutron wird vom Urankern eingefangen, es bildet sich ein sog. Zwischenkern, nämlich $_{92}U^{236}$. Der Zwischenkern ist energetisch äußerst instabil. Er gerät in heftige Schwingungen, wobei sich Einschnürungen des Kernes ausbilden. Diese werden schließlich so groß, daß der Zwischenkern in zwei etwa gleich große Hälften aufspaltet. Vermöge der Coulombschen Kräfte fliegen die beiden Trümmer *(Spalt-produkte)* mit großer Geschwindigkeit auseinander. Gleichzeitig werden pro Spaltung 2—3 Neutronen ausgesandt. Der gesamte Vorgang, vom Auftreffen des Neutrons auf den Urankern an gerechnet bis zur erfolgten Spaltung, vollzieht sich in äußerst kurzer Zeit. In der Abb. 4 zerfällt der Urankern in Krypton mit der Ordnungszahl $Z_1 = 36$ und der Massenzahl $M_1 = 90$ und Barium mit der Ordnungszahl $Z_2 = 56$ und der Massenzahl $M_2 = 143$. Die Summe der Ordnungszahlen ist $36 + 56 = 92$. Stets ist $Z_1 + Z_2 = 92$ und $M_1 + M_2 +$ Zahl der emittierten Neutronen $= 235$. Kurz nach der Entdeckung der Kernspaltung durch Hahn und Strassmann konnte gezeigt werden, daß bei Uranspaltungen nicht nur die beiden Spaltprodukte Barium und Krypton entstehen. So fand man z. B. das Spaltproduktenpaar $_{55}Cs^{140}$ von $_{37}Rb^{94}$ (hier gleichzeitig zwei Neutronen). Es gibt eine große Reihe von solchen Paaren von Spaltprodukten, die mit unterschiedlicher Wahrscheinlichkeit gebildet werden (s. Abb. 5).

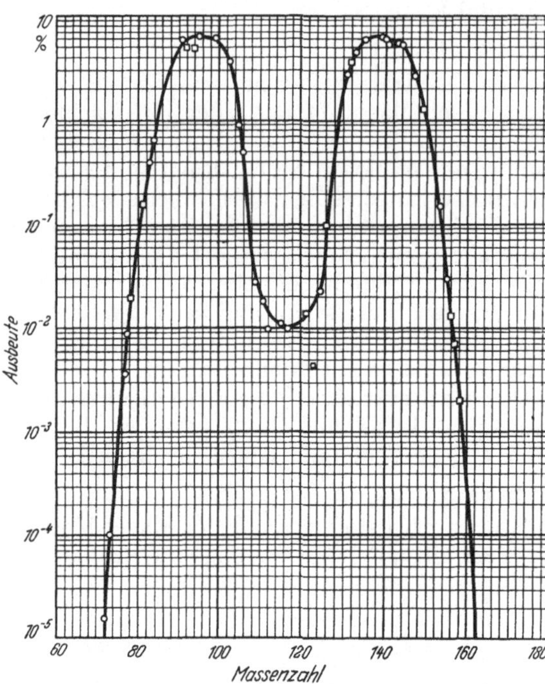

Abb. 5. Durchschnittliche Häufigkeit von Spaltprodukten in Abhängigkeit von der Massenzahl (nach L. A. Turner)

Die Spaltprodukte weisen einen großen Neutronenüberschuß auf und sind deshalb radioaktiv. Aus Kr^{90} entstehen z. B. der Reihe nach die radioaktiven Isotope $_{37}Rb^{90}$, $_{38}Sr^{90}$, $_{39}Yt^{90}$ und aus diesem der stabile Atomkern $_{40}Zr^{90}$. Es gibt eine große Anzahl von solchen *radioaktiven Ketten*. Die längste Kette beschreibt die Umwandlung des Spaltproduktes Xe^{143}. Erst Nd^{143} in der Kette

$$Xe^{143} \rightarrow Os^{143} \rightarrow Ba^{143} \rightarrow La^{143} \rightarrow Ce^{143} \rightarrow Pr^{143} \rightarrow Nd^{143}$$

ist wieder ein stabiler Atomkern.

Bereits 1934 hat Fermi Neutronen als Geschosse für Kernumwandlungen benutzt. Die Neutronen entstammten selbst einem Kernprozeß, nämlich $_4Be^9$ (α,n) $_6C^{12}$. Er ließ α-Teilchen von Ra-Emanation (gasförmig), in einer Glaskapsel auf Berylliumpulver auftreffen. Dabei wandelt sich der Beryllium-Kern mit der Masse 9 in Kohlenstoff mit der Masse 12 um, gleichzeitig entsteht ein Neutron.

Seit es Reaktoren gibt, läßt man die Neutronenbestrahlung im Reaktor vornehmen. Auf diese Weise lassen sich sehr viele der heute bekannten radioaktiven

Isotope erzeugen. Als Kernreaktionen kommen in Frage die Prozesse:

$$(n,\gamma); \quad (n,p); \quad \text{und} \quad (n,\alpha).$$

Als Beispiel seien genannt:

$$_{11}Na^{23}(n,\gamma)\,_{11}Na^{24}; \quad _{16}S^{32}(n,p)\,_{15}P^{32}; \quad _{3}Li^{6}(n,\alpha)\,_{1}H^{3}.$$

Ohne an dieser Stelle näher darauf einzugehen, sei hervorgehoben, daß bei der ersten Umwandlungsart ein Radioisotop der bestrahlten Atomart entsteht, während bei den beiden anderen Umwandlungen mittels Neutronen ein Radioisotop eines ganz anderen chemischen Elementes erzeugt wird. Wir werden auf diese für die Anwendung von Radioisotopen wichtige Feststellung noch zurückkommen (s. S. 47).

Die Häufigkeit der möglichen Umwandlungsprozesse ist proportional der Zahl der zur Verfügung stehenden Neutronen, proportional dem Neutronenfluß an der Stelle, an welcher die Bestrahlung innerhalb des Reaktors vorgenommen wird. Der *Pile-Faktor* 1 ist bei einem Neutronenfluß von 10^{11} Neutronen/cm² · sec vorhanden. Dem Pile-Faktor P entspricht ein Neutronenfluß von $P \cdot 10^{11}$/cm² sec (z. B. Pile-Faktor $1000 \rightarrow 10^{14}$ n/cm² sec).

b) Herstellung von Radioisotopen im Zyklotron

Es gibt allerdings einige radioaktive Radioisotope, welche nicht im Reaktor entstehen können, z. B. Natrium 22, weil für eine Neutronenbestrahlung kein geeignetes Ausgangsisotop vorhanden ist. Hier kann eine Bestrahlung im Zyklotron einspringen.

Im Zyklotron (nach LAWRENCE) werden schwere, elektrisch geladene Teilchen (Protonen, Deuteronen, α-Teilchen u. a.) schrittweise auf sehr hohe Geschwindigkeiten gebracht, so daß sie vermöge der entsprechend hohen kinetischen Energie beim Auftreffen auf Materie Kernumwandlungen einleiten können.

In der Mitte 0 einer vakuumdichten, auf etwa 10^{-5} mm Hg ausgepumpten Beschleunigungskammer K (s. Abb. 6) befindet sich eine Ionenquelle, in welche z. B. Ionen des schweren Wasserstoffes = Deuteronen (= Atomkern des schweren Wasserstoffes) erzeugt werden. In der Beschleunigungskammer befinden sich 2 Elektroden D_1 und D_2, an die eine elektrische Hochspannung angelegt ist. Die entstehenden positiv geladenen Deuteronen werden von der zunächst als negativ geladen angenommenen Elektrode D_1 angezogen. Es ist dafür gesorgt, daß die dadurch beschleunigten Deuteronen diese Elektrode D_1 im Punkte P_1 ungehindert passieren können und so hinter der Elektrode D_1 in einen elektrisch feldfreien Raum gelangen, in dem keine weitere Beschleunigung stattfindet. Ein konstant bleibendes, magnetisches Feld senkrecht zur Zeichenebene zwingt die Deuteronen jedoch, eine Kreisbahn zu beschreiben, so wie es in Abb. 6 angedeutet ist. Auf

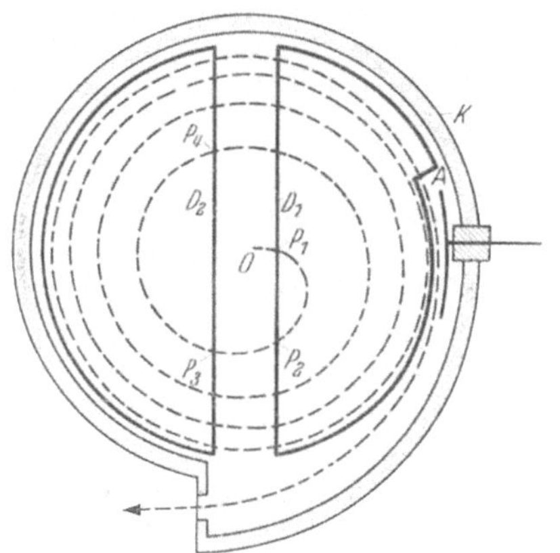

Abb. 6. Schematischer Schnitt durch die Beschleunigungskammer eines Zyklotrons

diese Weise gelangen sie von rückwärts im Punkte P_2 wieder an die frei passierbare Elektrode D_1. Ein Hochfrequenzsender konstanter Frequenz ändert in diesem Augenblick die Polarität der beiden Elektroden D_1 und D_2, so daß nunmehr D_2 negativ geladen ist. Die positiven Teilchen werden auf dem Bahnabschnitt P_2—P_3

ein zweites Mal beschleunigt. Da sie so im Punkte P_3 schneller sind als im Punkte P_1, beschreiben sie nun einen Halbkreis mit größerem Radius und gelangen an den Punkt P_4. Der Beschleunigungsvorgang wiederholt sich, die Teilchen winden sich in einer spiralförmigen Bahn immer weiter nach außen. Man kann sie durch eine negative Elektrode A (Ablenker) aus der Spiralbahn herausholen, durch eine dünne Folie F in den Außenraum treten lassen und dort irgendeine Substanz bestrahlen. Der Beschuß kann aber ebenso gut innerhalb der Kammer K erfolgen, wenn man eine Sonde mit der zu bestrahlenden Substanz in den inneren Strahlengang hineinbringt.

Die Deuteronen machen etwa 100 Umläufe, werden also schrittweise 200mal durch eine elektrische Spannung von 70—100 kV beschleunigt und erhalten damit eine Energie von insgesamt 14—20 MeV.

Heute kann man elektrisch geladene Teilchen auf mehrere 100 MeV beschleunigen. Beim Auftreffen solcher energiereichen Teilchen auf Materie entstehen gänzlich andere Kernumwandlungen, die schon mehr als Atomzertrümmerung angesprochen werden können. Beim Beschuß von $_{33}As^{75}$ mit α-Teilchen von 400 MeV entstehen neben einem $_{17}Cl^{38}$-Kern 21 Neutronen und 16 Protonen. Den Vorgang einer derartigen Aufspaltung eines Atomkernes nennt man *Spallation* (Seaborg).

3. Wirkungsquerschnitt einer Kernreaktion

Auf Grund der Abb. 3 läßt sich vermuten, daß die Kernreaktion

$$_7N^{14}\,(\alpha,p)\,_8O^{17}$$

sehr selten eintritt. Von etwa 10^5 α-Teilchen, die von dem α-Präparat ausgehen, erzeugt im Mittel nur ein einziges α-Teilchen eine derartige Umwandlung. Schon aus geometrischen Gründen (geringe Größe des Stickstoff- bzw. Heliumkernes) ist es sehr unwahrscheinlich, daß ein α-Teilchen einen Stickstoffkern trifft oder in genügende Nähe kommt, um eine intensive Wechselwirkung zwischen beiden zu erreichen.

Ein Stickstoffkern mit der Massenzahl 14 hat einen Durchmesser von etwa $7 \cdot 10^{-13}$ cm. Dieser Stickstoffkern setzt also einem Geschoß, zum Beispiel einem α-Teilchen, eine kreisförmige Zielscheibe *(target)* mit einer Fläche von $0,384^{-24}$ cm² entgegen.

Wenn nur die geometrischen Verhältnisse maßgebend wären, müßte dieser *geometrische Querschnitt* von $0,384^{-24}$ cm² ein Maß für die Umwandlungswahrscheinlichkeit des Stickstoffkernes bei Beschuß mit α-Teilchen sein. Das ist aber nicht so. Die Umwandlungswahrscheinlichkeit ist in entscheidendem Maße auch abhängig von der Geschoßart und deren kinetischer Energie, ebenso von der Art der umzuwandelnden Materie und deren Schichtdicke.

Um zu dem wichtigen Begriff des Wirkungsquerschnittes zu gelangen, ordnen wir jedem Atomkern der zu bestrahlenden Substanz eine ebene Kreisfläche senkrecht zur Geschoßrichtung zu. Die Fläche wird dabei so groß gewählt, daß jedes auftreffende Teilchen eines Geschoßbündels eine einzige Kernumwandlung auslöst. Die so gedachte Kreisfläche heißt *Wirkungsquerschnitt*. Als Einheit des Wirkungsquerschnittes gilt 1 barn = 10^{-24} cm².

Bei geladenen Teilchen nimmt die Umwandlungswahrscheinlichkeit (Wirkungsquerschnitt) mit der Geschoßenergie zu. Es ist meist eine recht beträchtliche kinetische Energie notwendig, um überhaupt ein Eindringen in den Atomkernbereich zu ermöglichen. Positiv geladene Geschosse, wie α-Teilchen, Deuteronen, Protonen u. a. werden wegen der abstoßenden Coulombschen Kräfte des positiven

Atomkerns abgestoßen. Die Mindest-Energie ist um so größer, je stärker das Coulomb-Feld, d. h. je größer die Ordnungszahl Z des betreffenden Atoms ist (GURNEY und LONDON). Daher lassen sich Atome mit sehr hoher Ordnungszahl Z mit Hilfe von geladenen Teilchen schwerer umwandeln als leichte Kerne. Die Mindest- oder *Schwellen-Energie*, die notwendig ist, um einem geladenen Teilchen das Eindringen in den Atomkern zu gestatten, ist allerdings kleiner, als sich nach klassischen Berechnungen ergibt. Es besteht auch für geladene Teilchen geringerer Energie eine gewisse Wahrscheinlichkeit, den Coulombschen Potentialwall zu durchdringen und in den Atomkern einzudringen. So berechnet man z. B. nach klassischer Vorstellung für die Umwandlung von Lithium 7 mit Hilfe schneller Protonen eine Mindestenergie der Protonen von

$$W = \frac{Z \cdot e^2}{r} = \frac{3 \cdot (4{,}8 \cdot 10^{-10})^2}{1{,}4 \cdot 10^{-13} \sqrt[3]{7}} \approx 2{,}6 \text{ MeV}.$$

In der Praxis haben COCKROFT und WALTON bereits Umwandlungsprozesse dieser Art bei Energien von 0,280 MeV beobachtet.

Ganz anders liegen die Verhältnisse bei Neutronen. Da Neutronen ungeladen sind, fehlt die Coulombsche Abstoßung. Die Wirkungsquerschnitte sind im allgemeinen für stark abgebremste, sog. *langsame Neutronen* mit einer kinetischen Energie zwischen 0,001—100 eV sehr groß (bis zu einigen 1000 barns), weil die

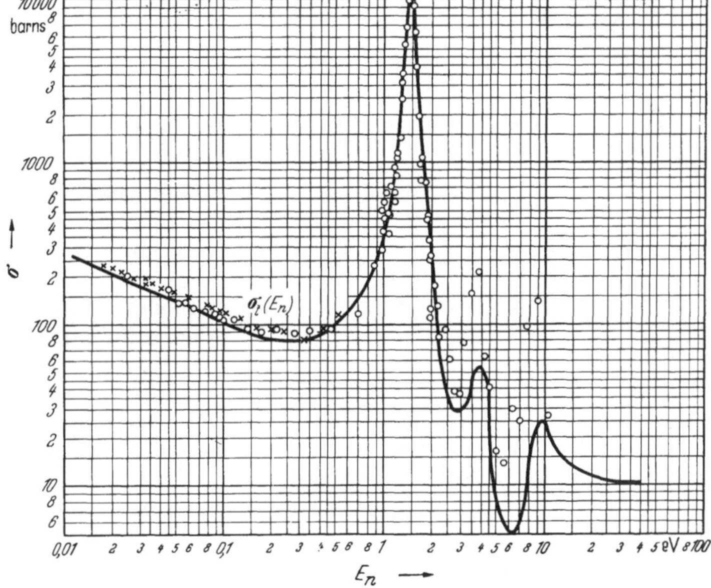

Abb. 7. Wirkungsquerschnitt von Indium für Neutronen (nach G. J. GOLDSMITH, H. W. IBSEN und B. T. FELD)

Verweilzeit der Neutronen in Kernnähe groß ist. Für schnelle Neutronen (3 MeV und mehr) ist der Wirkungsquerschnitt im allgemeinen kleiner und nahezu konstant. Bei mittelschnellen Neutronen gibt es bestimmte, von der Art der bestrahlten Substanz abhängige Resonanzbereiche, innerhalb welcher der Wirkungsquerschnitt wesentlich größer ist als außerhalb dieser Bereiche. In Abb. 7 ist als Beispiel der Wirkungsquerschnitt von Indium für Neutronen verschiedener Energie dargestellt.

III. Durchgang von Elektronen durch Materie

Wir wollen den Vorgang der Wechselwirkung von Elektronen mit Materie anhand von Abb. 8 klarmachen: Abb. 8 stellt einen Zerfallsprozeß dar, der in einer photographischen Emulsion stattfand. An der durch einen Pfeil mit der Bezeichnung „Anfang" gekennzeichneten Stelle wird das Elektron ausgesandt. Die ungleich großen Punkte markieren den Weg des Elektrons durch die photographische Emulsion. Wie wir sehen, ist die Bahn sehr unregelmäßig. Die Ablenkungen von einer geradlinigen Bahn sind meist sehr klein, mitunter treten aber Ablenkwinkel von 90° und mehr auf. Wir haben den Eindruck, daß gegen Ende der Bahn die Punktfolge dichter wird. Welche Ursachen und Vorgänge liegen nun diesem Verhalten des Elektrons beim Durchdringen der Emulsion zugrunde?

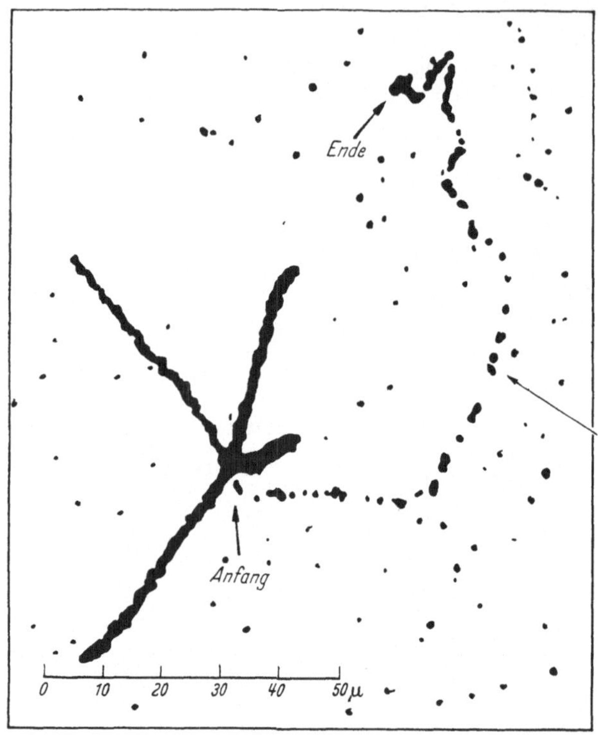

Abb. 8. Bahnspur eines Zerfallselektrons von etwa 0,1 MeV in einer photographischen Emulsion (nach einem Prospekt von *Ilford*, London)

1. Streuung von Elektronen

Am offensichtlichsten ist wohl die Streuung der Elektronen. Wie gesagt, beobachtet man große Einzelablenkungen der Elektronen von dieser Bahnrichtung *(Einzelstreuung)*. Mit zunehmender Schichtdicke der zu durchdringenden Materie wird die Wahrscheinlichkeit für kleinere Ablenkwinkel immer größer *(Vielfachstreuung)*. Wenn wir eine große Zahl von Elektronen, welche parallel auf Materie einfallen, in unsere Betrachtung einbeziehen, so können wir nach Durchlaufen großer Schichtdicken keine bevorzugte Richtung dieser Elektronen mehr feststellen *(Diffusion)*. Wie wir aus Abb. 8 entnehmen, kommt es vor, daß das Elektron nach rückwärts gestreut wird. Ein Teil der Elektronen eines Elektronenbündels wird daher in rückwärtiger Richtung wieder aus dem Absorbermaterial austreten *(Rückstreuung)*.

2. Anregung und Ionisation

Beim Stoß eines freien Elektrons mit einem Atom-Elektron kann es auch zu einem Energieverlust des stoßenden Elektrons kommen. Zweierlei Vorgänge sind möglich: *Anregung* des getroffenen Atoms und *Ionisation* desselben.

Nach dem Bohrschen Atommodell sind den Atom- oder Hüllenelektronen ganz bestimmte Bahnen um den Atomkern zugewiesen. Jede Bahn ist charakterisiert durch eine bestimmte Energie des zugehörigen Elektrons. Um ein Elektron auf eine höhere, vom Atomkern entferntere Bahn zu heben, ist ein ganz bestimmter, diskreter Energiebetrag aufzuwenden. Das Atom befindet sich dann in einem angeregten Zustand *(Anregung)*. Die Übertragung des hierzu notwendigen Energiebetrages kann z. B. durch Stoß eines freien Elektrons auf dieses Atomelektron erfolgen. Bei ausreichend hoher Energie des primären, freien, stoßenden Elektrons kann das Atomelektron auch ganz aus dem Atomverband gelöst werden *(Ionisation)*. In diesem Falle bleibt ein positives Restatom, ein *positives Ion* zurück. Bei beiden Vorgängen, der Anregung und der Ionisation eines Atoms, wird ein Mindestbetrag an Energie *(Anregungs-* bzw. *Ionisationsenergie)* verbraucht.

Wird beim Stoß des freien Elektrons mit dem Atom ein Energiebetrag an das gestoßene Atomelektron abgegeben, welcher größer ist als die Ionisationsenergie, so erscheint der Überschuß als kinetische Energie des angestoßenen und nunmehr ebenfalls freien Elektrons.

Tabelle 4. *Energieverlust pro Ionenpaar für Elektronen in verschiedenen Gasen*

Gas	Ionisations-energie in eV	Gas	Ionisations-energie in eV	Gas	Ionisations-energie in eV
H_2	33,0	O_2	32,3	Kr	22,8
He	27,8	Ne	27,4	Xe	20,8
N_2	35,0	A	25,4	Luft . . .	32,3

Der Energieverlust pro Ionisationsakt beträgt durchschnittlich etwa 32,5 eV. Er ist unabhängig von der Energie des stoßenden Elektrons und nahezu unabhängig von der Art der durchsetzten Materie. Für verschiedene Gase findet man in der Tab. 4 Zahlenwerte. Aus der Anfangsenergie des stoßenden Elektrons, z. B. 1,7 MeV, kann man offenbar auf die Zahl der insgesamt in der getroffenen Materie erzeugten Ionen-Paare schließen. Im Beispiel wären dies

$$1\,700\,000 : 32,5 = 529\,000 \text{ Ionenpaare.}$$

Die kinetische Energie (die überschüssige Energie) des bei dem Vorgang der Ionisation frei gewordenen *(sekundären)* Elektrons ist im allgemeinen kleiner als die Ionisations-Energie, so daß dieses sekundäre Elektron keinen neuen Ionisationsakt auslösen kann. In manchen Fällen beträgt die Überschußenergie aber größenordnungsmäßig 50 eV, so daß auch eine weitere Ionisation durch Stoß mit einem neutralen Atom erfolgen kann. Solche Sekundärelektronen nennt man δ-Strahlen. Sie entstehen in unregelmäßiger Folge längs der gesamten Bahn des primären Elektrons. Die in Abb. 8 deutlich erkennbaren Bahngabelungen sind auf das Vorhandensein von δ-Strahlen zurückzuführen.

Das ursprüngliche, primäre Elektron fliegt nach einem Stoß mit einem Atomelektron, der zur Anregung oder Ionisation des betreffenden Atoms geführt hat, mit entsprechend verminderter Energie weiter. Der Energieverlust ist gleich der Anregungsenergie bzw. gleich der Summe aus Ionisations-Energie und der kinetischen Energie des angeregten bzw. befreiten Atomelektrons. Es können solange weitere Anregungs- und Ionisationsvorgänge stattfinden, bis die kinetische Energie des primären Elektrons aufgebraucht ist. Die Zahl der dabei insgesamt erzeugten Ionenpaare nennt man die *totale Ionisation*. Die sekundäre (und tertiäre) Ionisation macht etwa zwei Drittel der totalen Ionisation aus.

Der angeregte Zustand besteht im allgemeinen nur für sehr kurze Zeit. Unter Aussendung eines Lichtquants *(Photon)* fällt das angeregte Atomelektron in den Grundzustand zurück. Die Anregungsenergie des Atomelektrons erscheint dabei als kinetische Energie des emittierten Lichtquants. Es gibt Atomarten, die den Anregungszustand für längere, gut meßbare Zeit beibehalten. Man spricht dann von einem metastabilen Zustand des angeregten Atoms.

Wir müssen hier noch den Begriff der *spezifischen Ionisation* einflechten. Man versteht unter der spezifischen Ionisation die Gesamtzahl der pro cm Bahnlänge des primären geladenen Teilchens erzeugten Ionenpaare. Man bezieht sich bei Angabe der spezifischen Ionisation statt auf die Weglänge in cm heute meist auf das Flächengewicht in mg/cm^2 der durchsetzten Materie. In Abb. 9 ist die spezifische Ionisation und der Energieverlust (Zahl der Ionenpaare mal Energieverlust pro Ionenpaar) in Abhängigkeit der Energie des primären Elektrons dargestellt. Die spezifische Ionisation wächst mit abnehmender Energie eines Elektrons, d. h.

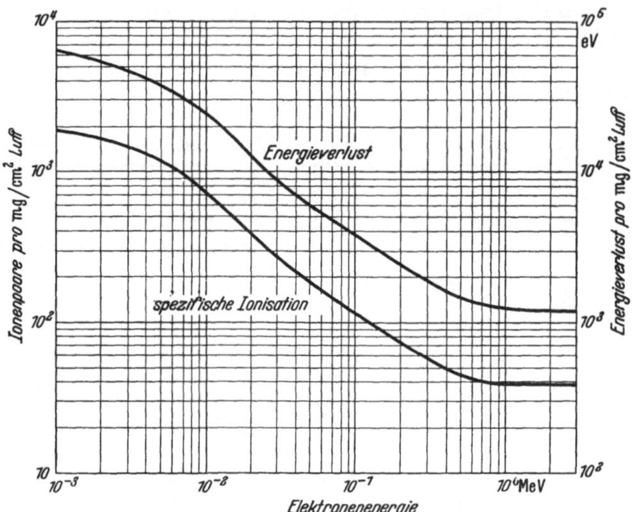

Abb. 9. Spezifische Ionisation und Energieverlust (pro mg/cm²) für Elektronen in Normalluft in Abhängigkeit von der Elektronenenergie

mit anderen Worten: Die Ionisationsvorgänge erfolgen, räumlich gesehen, gegen Ende der Bahn des Elektrons immer häufiger. Wir sagen, die Ionisierungsdichte eines Elektrons wird mit zunehmender Bahnlänge immer größer (s. nochmals Abb. 8).

Der spezifischen Ionisation kommt in der Praxis große Bedeutung zu, hauptsächlich bei der Berechnung der Strahlendosis. Es sei vermerkt, daß β-Strahlen etwa 100mal so stark ionisieren, also pro Weglängeneinheit 100mal so viel Ionenpaare erzeugen als γ-Strahlen und α-Teilchen wiederum größenordnungsmäßig 100mal so dicht ionisieren wie β-Strahlen.

3. Energieverteilung von Elektronen nach Durchsetzen von Materie

Es ist notwendig, in diesem Zusammenhang auf eine weitere Tatsache hinzuweisen. Ob beim Stoß eines geladenen Teilchens (z. B. Elektron) Streuung, Anregung oder Ionisation stattfindet, ist rein zufällig, es läßt sich deshalb nur ein mittleres Verhalten feststellen. Wenn ein Elektronenbündel einheitlicher oder nahezu einheitlicher Energie auf Materie auftrifft, so werden je nach der Reihenfolge der erlebten Vorgänge (Streuung, Anregung oder Ionisation) die einzelnen Elektronen schon nach kurzer Zeit ganz verschiedene Richtung und Energie besitzen. Zur Kennzeichnung dieser wichtigen Tatsache verweisen wir auf Abb. 10. Die Kurve *a* gibt die ursprüngliche Energieverteilung einer größeren Anzahl von Elektronen wieder. Wenn diese Elektronen eine Graphitschicht von 0,475 mm durchsetzt haben, ist diese Energieverteilung bereits wesentlich verändert (s. Kurve *b*). Die mittlere Elektronenenergie hat von ursprünglich etwa 2,81 MeV auf etwa 2,69 MeV abgenommen, der prozentuale Anteil der kleineren Energien ist gleichzeitig größer, die Energieverteilungskurve damit flacher geworden. Entsprechendes gilt für die Energien der Elektronen, welche noch größere Absorberdicken (0,895 mm bei Kurve c und 1,33 mm bei Kurve d) durchsetzt haben. Diese

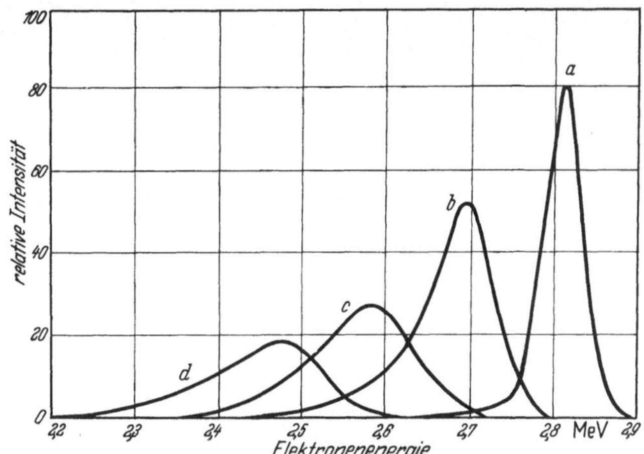

Abb. 10. Veränderung der Energieverteilung von Elektronen nach Durchsetzen verschieden großer Absorberdicken. a ursprüngliche Energieverteilung, b nach 0,475 mm, c nach 0,895 mm und d nach 1,33 mm Graphit-Absorber (nach PAUL und STEINWEDEL)

beiden Beobachtungen, Reduzierung der mittleren (und natürlich auch der maximalen) Energien und die Zunahme des prozentualen Anteils von energieärmeren Elektronen ist für die Praxis von großer Wichtigkeit. Wir werden noch im einzelnen darauf zurückkommen.

IV. Durchgang von γ-Strahlen durch Materie

γ-Strahlung ist nicht direkt nachweisbar, sondern nur über Sekundärelektronen, welche von der γ-Strahlung beim Durchgang durch Materie erzeugt werden. Die Zahl der γ-Quanten nimmt mit zunehmender Absorberdicke nach einem Exponentialgesetz ab. Wenn ursprünglich die Intensität I_0 betragen hat, so gilt nach Durchsetzen einer Materieschicht von d (in g/cm²) für die Intensität I_d der noch vorhandenen γ-Strahlung die Beziehung

$$I_d = I_0 \cdot e^{-\frac{\mu}{\varrho} d} .$$

$\frac{\mu}{\varrho}$ nennt man den *Massen-Absorptionskoeffizienten.*

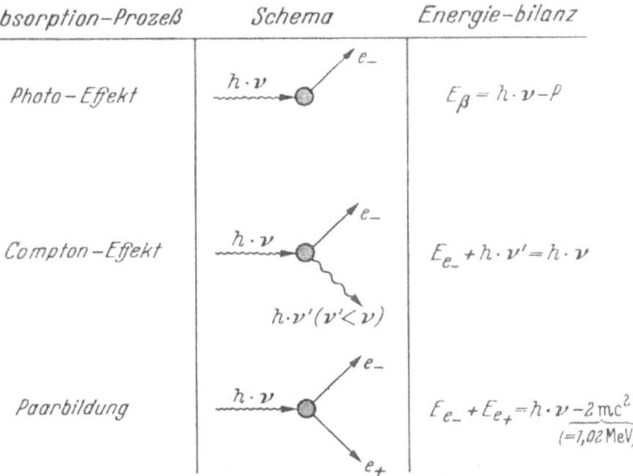

Abb. 11. Schematische Darstellung des Photoeffektes, des Compton-Effektes und der Paarerzeugung (nach MAURER und SCHMEISER)

Bei γ-Strahlung können drei verschiedene Arten von Absorptionsprozessen stattfinden: Die *photoelektrische Absorption, der Compton-Effekt und die Paarbildung* (s. Abb. 11). Je nach Größe der γ-Energie und Art der durchsetzten Materie sind diese Vorgänge verschieden stark an der Gesamt-Absorption der γ-Energie beteiligt (s. Tab. 5).

Tabelle 5. *Relative Wahrscheinlichkeit der verschiedenen Absorptionsprozesse in Wasser in Abhängigkeit von der Energie der γ-Strahlen*

Energie der γ-Quanten	Photoeffekt	Compton-Effekt	Paarbildung
10 keV	100%	0	
40 keV	75%	25%	
200 keV	1%	99%	
400 keV	0	100%	
1 MeV		100%	= 0 (Einsatz)
10 MeV		50%	50%
100 MeV		0	100%

1. Bei der *photoelektrischen Absorption* gibt das γ-Quant seine gesamte Energie an ein Atomelektron ab, mit dem es in Wechselwirkung geraten ist (s. Abb. 11). Dieses Atomelektron wird aus dem Atomverband herausgelöst und existiert nunmehr als freies Elektron. Das zurückbleibende Atomion sucht den Verlust des Elektrons auszugleichen, was nach außen hin durch Aussendung einer sekundären Fluorescenzstrahlung in Erscheinung tritt. Ein Teil der γ-Energie wird zur Loslösung des Elektrons verbraucht *(Bindungsenergie)*. Der meist wesentlich größere Rest der γ-Energie übernimmt das Elektron als kinetische Energie.

Die kinetische Energie des Elektrons ist also

$$E = h \cdot \gamma - P, \quad (P = \text{Bindungsenergie}) \,.$$

Die photoelektrische Absorption kann danach nur auftreten, wenn die γ-Energie mindestens so groß ist als die Bindungsenergie (Absorptionskante für Blei: K-Schale 88 keV, L_1-Schale 14,7 keV). Ein γ-Quant von 0,364 MeV könnte also ein Sekundärelektron erzeugen und diesem gleichzeitig noch eine kinetische Energie von 0,276 MeV mitgeben.

Wir machen folgende wichtige Feststellungen:

a) Durch photoelektrische Absorption von γ-Strahlung wird die Zahl der γ-Quanten entsprechend der Zahl der Absorptionsakte reduziert.

b) Alle noch vorhandenen γ-Quanten besitzen ihre ursprüngliche Energie.

c) Die erzeugten Sekundärelektronen *(Photoelektronen)* unterliegen selbstverständlich den gleichen Absorptions- und Streuungsprozessen, die wir im vorangehenden Kapitel besprcchen haben.

d) Bei kleiner γ-Energie werden die befreiten Elektronen nahezu senkrecht zur ursprünglichen Richtung des γ-Quants emittiert. Mit zunehmender γ-Energie wird die Vorwärtsrichtung bevorzugt. Diese Tatsache kann von großer Bedeutung für den zahlenmäßigen Nachweis von γ-Strahlung z. B. mit Hilfe von Zählrohren sein.

e) Oberhalb der Absorptionskante nimmt die photoelektrische Absorption stark ab (s. Abb. 14).

Der Massenabsorptions-Koeffizient τ/ϱ für photoelektrische Absorption ist in Abb. 12—14 wiedergegeben für verschiedene γ-Energien und verschiedene Absorbermaterialien.

2. Beim *Compton-Effekt* (s. Abb. 11) stößt das γ-Quant auf ein freies Elektron, das einen Teil der γ-Energie übernimmt. Das γ-Quant verliert Energie und ändert seine Richtung *(Streustrahlung)*. Für die Messung der Intensität von γ-Strahlung bereiten diese gestreuten γ-Strahlen mitunter große Schwierigkeiten. Bei Nichtbeachten der Streustrahlung entstehen erhebliche Meßfehler.

Die *mittlere* Elektronenenergie in Abhängigkeit von der ursprünglichen γ-Energie läßt sich aus Abb. 15 entnehmen. Über die Energieverteilung der Comptonelektronen geben Tabellen Bescheid.

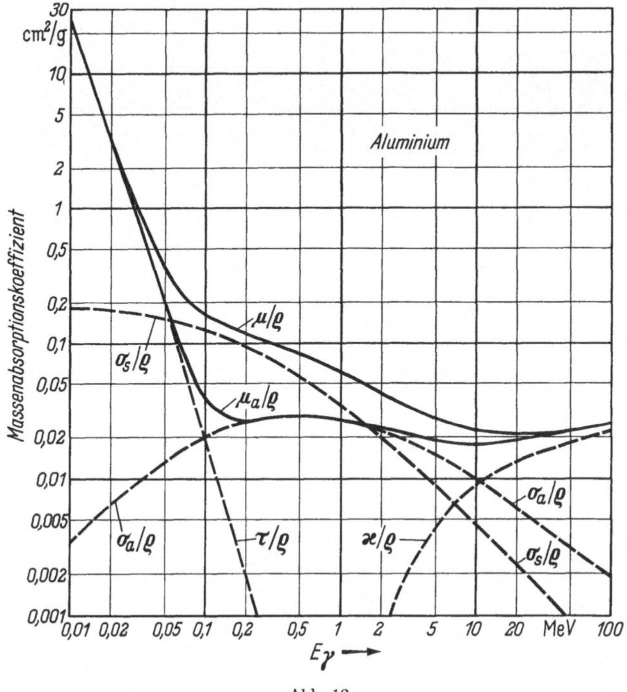

Abb. 12

Abb. 12—14. Massenabsorptionskoeffizient für Photoeffekt, Comptonabsorption und Paarbildung. Abb. 12 für Aluminium, Abb. 13 für Wasser, Abb. 14 für Blei

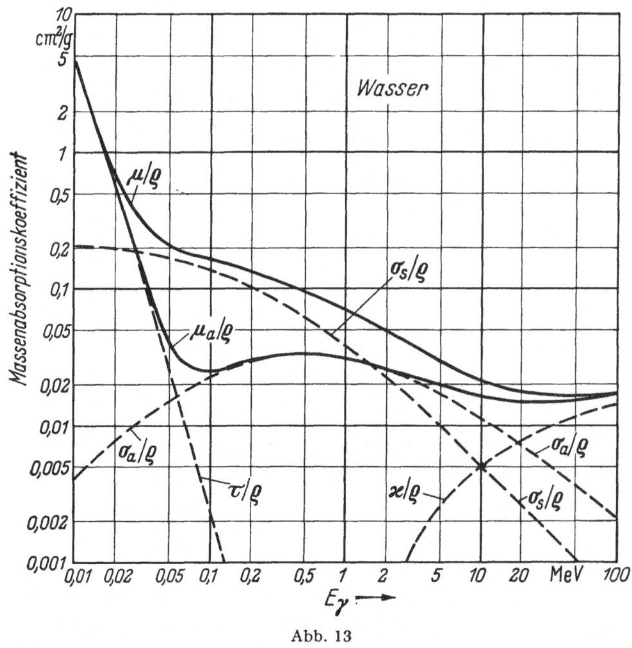

Abb. 13

Der Massenabsorptions-Koeffizient σ/ϱ für den Comptoneffekt erscheint als Summe eines Absorptions-Koeffizienten σ_s/ϱ, welcher allein für das Ausmaß der

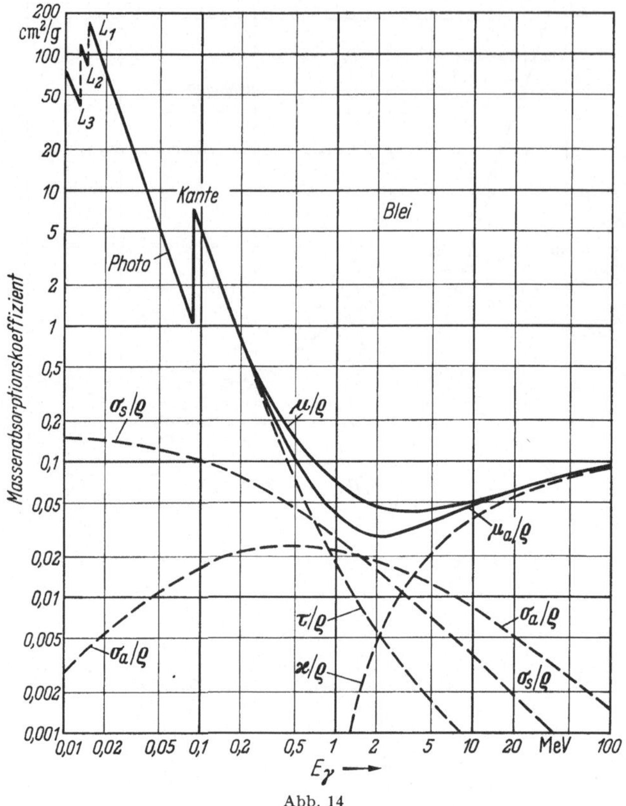

Abb. 14

Compton-Streuung verantwortlich ist *und* eines Absorptions-Koeffizienten σ_a/ϱ, der ein Maß für den absorbierten Teil der γ-Energie ist, also

$$\sigma/\varrho = \sigma_s/\varrho + \sigma_a/\varrho \quad \text{(s. Abb. 12—14)}$$

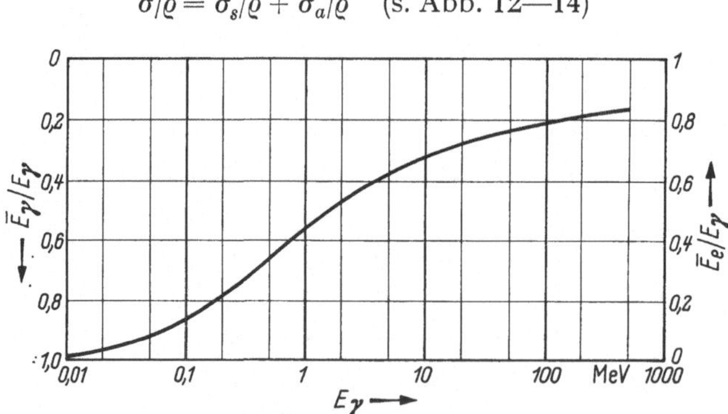

Abb. 15. Mittlere (relative) Energie des gestreuten Quants und des gestreuten Elektrons beim Compton-Effekt (nach Riezler und Walcher)

Für Dosismessungen interessiert von beiden Koeffizienten nur der letztere, weil für die Beurteilung einer Dosis nur das Ausmaß der Ionisation, welche durch die Comptonelektronen verursacht wird, maßgebend ist.

3. Die Paarbildung erfolgt nur für γ-Energien, welche größer sind als 1,02 MeV. Bei der Paarbildung verschwindet das γ-Quant vollständig. Es entsteht ein Elektronenpaar (Elektron und Positron). In Abb. 12—14 ist auch für die Paarbildung der zugehörige Massenabsorptionskoeffizient $\varkappa/\varrho$ eingezeichnet.

Der in obiger Gleichung (S. 15) angegebene Massenabsorptionskoeffizient μ/ϱ ist gleich der Summe der drei genannten Einzelkoeffizienten, also:

$$\mu/\varrho = \tau/\varrho + \sigma/\varrho + \varkappa/\varrho \,,$$

aber für Dosismessungen

$$\mu_a/\varrho = \tau/\varrho + \sigma_a/\varrho + \varkappa/\varrho \quad \text{(s. Abb. 12—14)}$$

Aus Abb. 16 läßt sich für verschiedene γ-Energien (Abszisse) und verschiedene Absorbermaterialien (Kurven 1—5) diejenige Absorberdicke in cm ablesen, welche die γ-Intensität auf ein Zehntel schwächt.

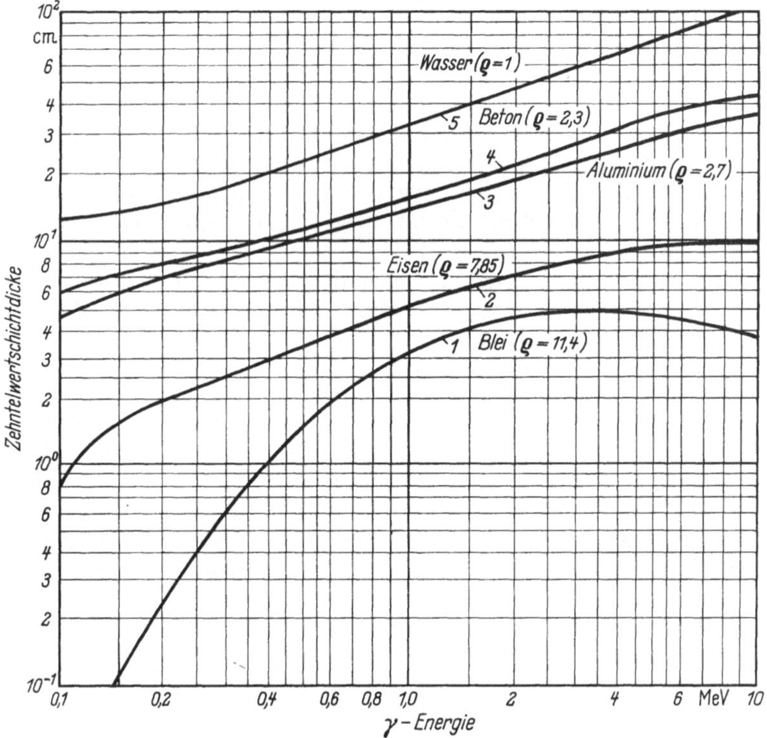

Abb. 16. Zehntelreichweite für γ-Strahlung verschiedener Energie

V. Grundsätzliches über Meßgeräte zum Nachweis radioaktiver Strahlung

1. Überblick über bestehende Typen von Nachweisgeräten

Die Industrie stellt heute bereits sehr zuverlässige Strahlenmeßgeräte her, welche neben geringer Störanfälligkeit große Lebensdauer aufweisen. Für einen verhältnismäßig großen Teil der Benutzer solcher Geräte für Routinemessungen erscheint es deshalb wenig interessant, Einzelheiten über den Aufbau und die Wirkungsweise solcher Geräte zu erfahren. Für andere Untersuchungen wiederum dürfte es zweckmäßig sein, wenigstens einen gewissen Einblick in die Wirkungsweise von radioaktiven Meßgeräten zu bekommen. Da man von einem größeren

2*

Teil der hier angesprochenen Leser keine speziellen hochfrequenztechnischen Kenntnisse voraussetzen kann, ist auf die Wiedergabe bzw. Besprechung von Verstärkerschaltungen verzichtet worden.

Der Nachweis radioaktiver Strahlung beruht auf der Wechselwirkung dieser Strahlung mit Materie. Bei den gebräuchlichsten Strahlungsmeßgeräten wird insbesondere der Vorgang der Ionisation bzw. der Anregung ausgenutzt.

In der *Ionisationskammer* werden die von einem geladenen Primär- oder Sekundärteilchen erzeugten Atomionen und Elektronen durch ein elektrisches Feld zwischen zwei Elektroden gesammelt. Die elektrische Spannung ist dabei so bemessen, daß sie gerade ausreicht, alle erzeugten Ionen und Elektronen zu erfassen. Eine für viele Meßzwecke brauchbare Kombination von Ionisationskammer und Registriergerät ist das Elektroskop.

Beim *Proportionszähler* ist die Spannung zwischen den beiden Elektroden bereits so groß, daß die beim Stoß des geladenen Primärteilchens mit neutralen Atomen entstehenden Sekundärelektronen stark beschleunigt werden, so daß diese selbst neue Ionisationsakte einleiten können. Damit wird die ursprüngliche Ionenzahl um ein Vielfaches vergrößert, der Nachweis des Primärteilchens also erleichtert. Der beobachtbare Entladungsimpuls entspricht hier nicht mehr der Zahl der primär erzeugten Ionen, aber er ist immerhin noch dieser Zahl proportional, d. h. ein bestimmtes Vielfaches derselben. Mit Proportionalzählrohren läßt sich somit zwischen verschiedenen Strahlenarten (z. B. zwischen α-Teilchen und β-Teilchen) unterscheiden.

Diese Unterscheidungsmöglichkeit entfällt beim *Geiger-Müller-Zählrohr*. Die Spannung zwischen den beiden Elektroden (Zählrohrmantel und Zähldraht) ist bereits so groß, daß die Zahl der primären Ionenpaare um den Faktor von etwa 10^8 vergrößert und die Größe des meßbaren Entladungsimpulses völlig unabhängig von der Zahl der primär erzeugten Ionenpaare wird. Theoretisch genügt ein einziges Ionenpaar, um den Entladungsvorgang einzuleiten.

Wegen seiner großen Empfindlichkeit gewinnt der *Szintillationszähler* immer mehr an Bedeutung. Wenn Strahlung auf geeignete Leuchtstoffe auftrifft, erzeugt sie Lichtblitze, die man registrieren kann. Die Zahl dieser Lichtblitze ist ein Maß für die Intensität der auffallenden Strahlung. Bei geeigneten zusätzlichen Schaltungsmaßnahmen lassen sich Angaben über die Größe der Strahlenenergie machen.

Wenn Strahlung auf bestimmte Kristalle auffällt, wird die elektrische Leitfähigkeit derselben verändert. Diese Tatsache wird beim *Kristallzähler* zur Messung, besonders zur Messung einer Strahlendosis ausgenutzt. Man kann einen Kristallzähler vielleicht als eine Ionisationskammer auffassen, bei welcher die Gasfüllung durch einen festen Stoff, den Kristall ersetzt ist.

Obwohl wir uns im folgenden auf die Beschreibung der Wirkungsweise von Ionisationskammer, Proportionalzählrohr, Geiger-Müller-Zählrohr, Szintillationszähler und die praktische Durchführung radioaktiver Messungen mit Hilfe dieser Meßgeräte beschränken werden, seien hier zwei weitere Nachweismöglichkeiten für radioaktive Strahlung erwähnt: Die *Wilsonsche Nebelkammer* und die *Autoradiographie*.

Wenn in einem mit Wasserdampf übersättigten Raum Ionen gebildet werden, tritt Kondensation an diesen Ionen ein. Auf diese Weise werden die Ionen sichtbar. Die Übersättigung wird durch plötzliche Expansion des vorher gerade Wasserdampf gesättigten Raumes erreicht.

Wenn Teilchenstrahlung in eine empfindliche photographische Emulsionsschicht eindringen, so erzeugen sie ebenso wie Licht eine entwickelbare und damit beobachtbare Schwärzung. Diese Tatsache wird bei der Autoradiographie ausgenutzt. Die Autoradiographie ergänzt die anderen Nachweismethoden, weil sie zusätzlich eine genaue Ortsbestimmung von radioaktiven Isotopen innerhalb eines Präparates, z. B. einer Probe oder Organteiles, zuläßt.

2. Ionisationskammer

a) Aufbau und Wirkungsweise einer Ionisationskammer

Zwei grundsätzliche Typen von Ionisationskammern sind in Gebrauch: Das *Parallelplattensystem* (s. Abb. 17a) und die *zylindrische Ionisationskammer*, mit der Kammerwand als der einen Elektrode und einer axial in die Kammer hineinragenden zweiten Elektrode (s. Abb. 17b). Zwischen beiden Elektroden besteht eine elektrische Spannung von etwa 20—50 Volt. Ionen, welche durch ein primär geladenes Teilchen im Gasraum der Ionisationskammer erzeugt werden,

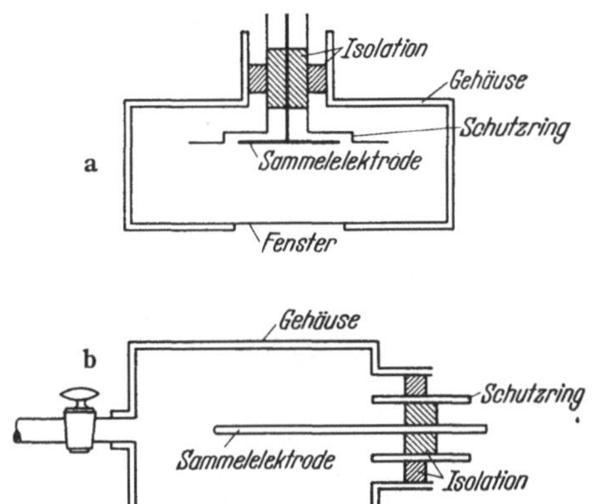

Abb. 17. Schematische Darstellung einer Parallelplatten-Ionisationskammer und einer zylindrischen Ionisationskammer (nach W. E. Siri und C. J. Borkowski)

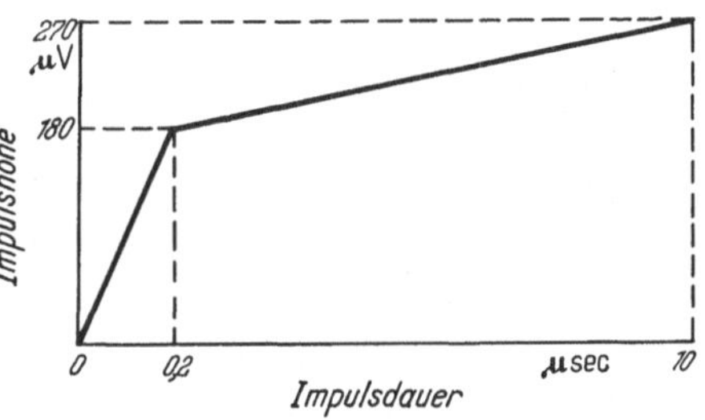

Abb. 18. Zeitlicher Impulsverlauf des Ionenstromes (nach D. R. Corson und R. R. Wilson)

werden im elektrischen Feld je nach Ladung von der einen oder anderen Elektrode angezogen. Der dadurch entstehende Ionisationsstrom kann durch ein geeignetes Registriergerät erfaßt werden, z. B. als Spannungsabfall an einem hochohmigen Außenwiderstand.

Bei der Ionisation von Gasmolekülen innerhalb der Ionisationskammer werden positive Ionen und Elektroden erzeugt. Die positiven Ionen wandern im elektrischen Feld nach der Kathode, die Elektronen nach der Anode. Wegen ihrer geringen Beweglichkeit (große Masse) erreichen die positiven Ionen die Kathode im Durchschnitt wesentlich später als die Elektronen die Anode. Der gemessene Ionisationsstrom steigt deshalb zunächst rasch an und nähert sich einem Endwert (s. Abb. 18). Bei Messung des Ionisationsstromes mittels eines Außenwiderstandes entspricht dieser Endwert nur angenähert der Zahl der insgesamt gebildeten Ionen, weil bis zum Eintreffen der letzten positiven Ionen an der Kathode ein Teil der elektrischen Ladung bereits über diesen Außenwiderstand endlicher Größe abgeflossen ist. Die Spannung zwischen den beiden Elektroden wird so hoch gewählt, daß gerade alle erzeugten Ionenpaare an den Elektroden gesammelt werden. Bei kleineren Spannungswerten verweilen die Ionen zu lange Zeit im Kammerbereich zwischen den Elektroden und haben so Gelegenheit zur Rekombination, d. h. zur Rückbildung eines neutralen Atoms durch Einfangen eines Elektrons. Außerdem könnten Ladungen aus dem Spannungsgebiet heraus diffundieren und für die Messung verlorengehen. Beide Vorgänge, die Rekombination und die Diffusion, sind schwer übersehbar und müssen deshalb vermieden werden. Offenbar tritt bei bestimmter Kammerspannung Rekombination um so eher ein, je größer der Gasdruck ist. Vorzugsweise tritt Rekombination bei Messung von α-Strahlen ein, weil diese entlang ihrer Bahn sehr dicht ionisieren.

Die äußere Ausgestaltung einer Ionisationskammer kann sehr verschieden sein. Wie es Abb. 17 zeigt, wird in der Parallelplatten-Ionisationskammer ein Schutzring um die Sammelelektrode gelegt, der das elektrische Feld zwischen den beiden Elektroden in einem gewissen Volumbereich homogen gestaltet. Der Schutzring liegt am Ende.

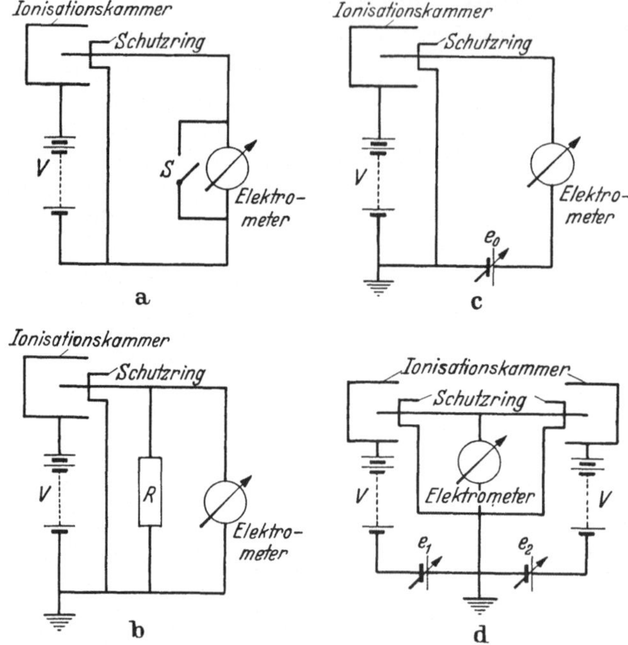

Abb. 19a—d. Elektrische Schaltungen bei Ionisationskammermessungen.
a) Auflademethode, b) Messung bei zeitlich konstantem Elektrometerausschlag,
c) Nul'methode, d) Schaltung zur Kompensation des Nulleffektes

b) Messung des Ionisationsstromes

Die Messung wird im allgemeinen nach einer der in Abb. 19 angegebenen vier Methoden durchgeführt.

Im ersten Falle ist die Sammelelektrode der Ionisationskammer mit einem Elektrometer verbunden. Der Ausschlag des beweglichen Elektrometer-Systems ist ein Maß für die Strahlungsintensität. Dieser ist jedoch abhängig von der Gesamtkapazität der Anordnung und somit auch von der sich ändernden Kapazität des Elektrometers. Aus diesem Grunde wird bei der zweiten Methode der Ausschlag am Elektrometer durch eine Gegenspannung e kompensiert.

Wie bereits oben erwähnt, kann man in den äußeren Kreis der Ionisationskammer auch einen hochohmigen Widerstand R einschalten, über welchen die Ladung gegen Erde abfließt. Der dabei an diesem Widerstand erzeugte Spannungsabfall ist ein Maß für die Strahlungsintensität.

c) Nulleffekt einer Ionisationskammer

Auch ohne Präparat entstehen in der Ionisationskammer Ionen, welche von geladenen Teilchen aus der Umgebung der Ionisationskammer oder durch die kosmische Ultrastrahlung erzeugt werden. Panzerung mit Blei ist eine Möglichkeit, diesen störenden Nulleffekt zu reduzieren. In vielen Fällen erreicht man dieselbe Wirkung durch eine elektrische Gegenschaltung von zwei Ionisationskammern (s. Abb. 19d). Die eine Kammer wird als Meßkammer für die zu messende radioaktive Strahlung angesehen, die andere dient als Vergleichskammer zur Kompensierung des Nulleffektes.

d) Das Elektroskop

Ein recht einfacher, für viele Meßzwecke brauchbarer Ionisationskammertyp stellt das *Elektroskop* dar (s. Abb. 20). In die Ionisationskammer ragt eine isolierte Halterung hinein, an deren oberen Ende ein Quarzfaden oder bei unempfindlicheren Geräten ein Goldblättchen befestigt ist. Bei Beginn der Messung wird an dieses Meßsystem eine elektrische Spannung angelegt. Das Goldblättchen wird dadurch von seiner Unterlage abgehoben. Nähert man dieser Anordnung nun ein radioaktives Präparat, so wird im Ausmaße der in der Kammer erzeugten Ionenpaare das Meßsystem entladen, der Quarzfaden (das Goldblättchen) geht wieder in seine ursprüngliche Lage zurück. Die Geschwindigkeit, mit welcher die Rückbewegung des Quarzfadens (Goldblättchen) erfolgt, ist ein Maß für die Zahl der in der Kammer erzeugten Ionenpaare und damit ein Maß für die Strahlungsintensität. Einzelheiten über Aufbau und Herstellung eines Elektroskop kann man bei BOTHE oder GARNER nachlesen.

Auch beim Elektroskop gibt es einen Nulleffekt. Es treten Ladungsverluste ein durch Umgebungsstrahlung und kosmische Ultrastrahlung. Ladungsverluste können auch durch nicht ideale Isolation verursacht werden.

Die Messung geht folgendermaßen vor sich. Mit einer elektrischen Spannung wird das System aufgeladen, man bringt dann das radioaktive Präparat an die zur Messung vorgesehene Stelle und beobachtet die Rückwärtsbewegung des Quarzfadens zwischen zwei gut markierten Stellen mit einem Fernrohr. Wie schon

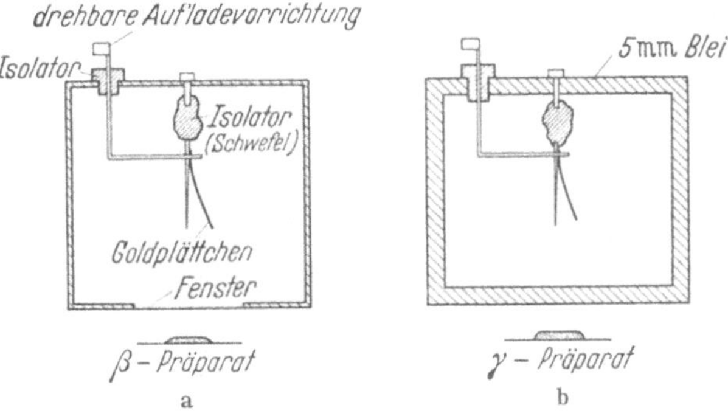

Abb. 20a u. b. Elektroskop zur Messung von β-Strahlen (a) und γ-Strahlen (b)

gesagt, ist die Zeit, welche vergeht zwischen den beiden so festgelegten Durchgängen des Quarzfadens, ein Maß für die Strahlungsintensität des Präparates. Da die Bewegung des Quarzfadens nicht über den Gesamtbereich gleichmäßig erfolgt, beschränkt man sich bei allen Messungen einer Meßreihe auf den gleichen Skalenbereich. Durch Vergleich mit einem Präparat bekannter Aktivität läßt sich auch die Stärke des Präparates in absolutem Maß festlegen. Es treten schwer erfaßbare Meßfehler auf, wenn die Ionendichte ein bestimmtes Maß überschreitet. Ein Teil der Ionen rekombiniert und geht damit der Messung verloren.

Für stärkere radioaktive Präparate ist die in Abb. 20 angegebene einfache Meßanordnung ausreichend. Für schwächere Präparate und bei erhöhten Ansprüchen an die Meßgenauigkeit verwendet man das Elektroskop nach LAURITSEN (s. Abb. 21). Die Empfindlichkeit ist so groß, daß noch $10^{-4}\,\mu$C S^{35} mit einer

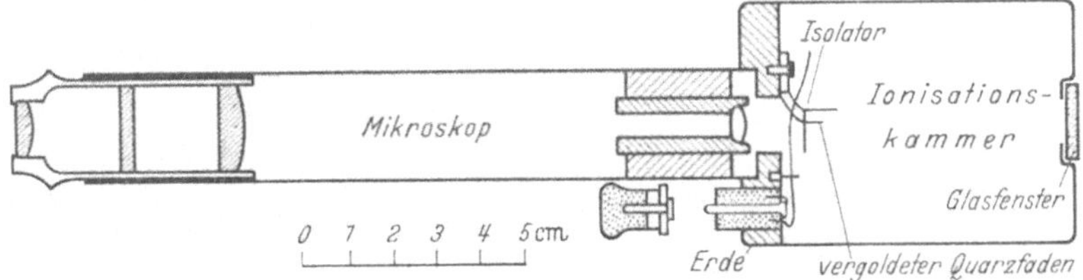

Abb. 21. Schematische Darstellung eines Elektroskops nach LAURITSEN (nach GARNER)

Genauigkeit von etwa 2% gemessen werden kann (HENRIQUES u. Mitarb.). Allerdings ist dann die Meßdauer sehr groß (mehrere Stunden). Die Genauigkeit der Messungen hängt im wesentlichen von der Reproduzierbarkeit des Nulleffektes ab. α-Strahler und sehr weiche β-Strahler werden in der Kammer selbst gemessen, energiereiche β-Strahler und γ-Strahler kommen außerhalb der Kammer zur Messung. Bei β-Präparaten trägt das Gehäuse ein dünnes Glimmerfenster, bei γ-Messungen ist das Metallgehäuse allseitig von 5 cm Blei umgeben.

3. Das Geiger-Müller-Zählrohr

a) Aufbau und Wirkungsweise

Es ist bemerkenswert, daß ein so einfaches Meßgerät wie das Geiger-Müller-Zählrohr bis zum heutigen Tage seinen Platz unter den anderen Instrumenten zum Nachweis radioaktiver Strahlungen behauptet hat.

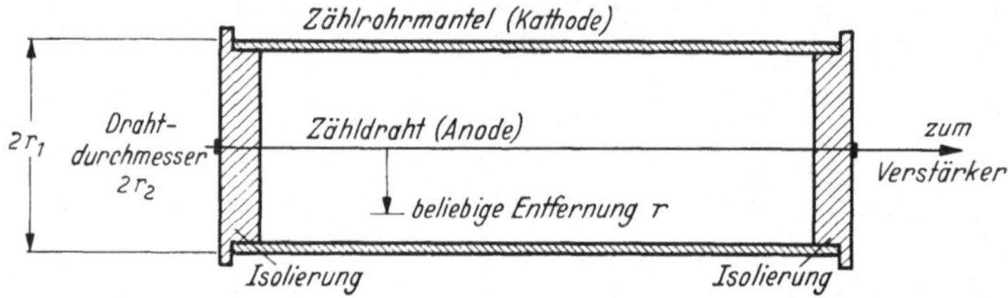

Abb. 22. Aufbau eines Zählrohres (schematisch)

Im einfachsten Falle besteht ein Zählrohr aus einem zylindrischen Metallgehäuse, dessen Stirnflächen aus einem isolierenden Material (Kunststoff, Glas, Keramik) das Zählrohr vakuumdicht abschließen (s. Abb. 22). Axial ist ein dünner Metalldraht (Zähldraht) von etwa 10^{-1} mm Durchmesser gespannt. Das Zählrohrinnere wird bei der Herstellung gut ausgepumpt und dann mit einer geeigneten Gasmischung (z. B. 90 mm Hg Argon plus 10 mm Hg Methanol) gefüllt. Während der Messungen liegt zwischen Zählrohrmantel und Zähldraht eine Spannung von etwa 1000 Volt (s. später). Der Zählrohrmantel liegt an Erde, der Zähldraht ist über einen hochohmigen Widerstand an den positiven Pol einer Hochspannungsquelle angeschlossen. Sobald ein Zählrohrimpuls ausgelöst wird, entsteht zwischen den Enden des hochohmigen Widerstandes ein meßbarer Spannungsabfall.

Wir bringen ein radioaktives Präparat in die Nähe eines Zählrohres, an welches zunächst eine Spannung von nur einigen hundert Volt angelegt ist. Wir stellen fest, daß an dem an das Zählrohr angeschlossenen Impulszähler keinerlei Zählung erfolgt. Die Spannung reicht noch nicht aus, um einen meßbaren Entladungsvorgang im Zählrohr zu erzeugen. Das Zählrohr beginnt erst bei einer Mindestspannung *(Einsatzspannung)* zu arbeiten (s. Abb. 23). Mit weiterer Erhöhung der Zählrohrspannung nimmt die beobachtete Impulshäufigkeit rasch zu, bleibt aber dann über einem mehr oder weniger ausgedehnten Konstanz-Bereich *(Zählbereich)* gleich groß. Die Größe dieses Zählbereiches ist ein Maß für die Güte eines

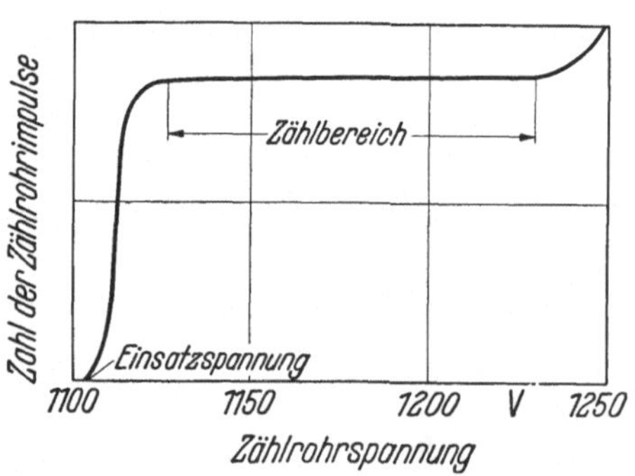

Abb. 23. Zählrohrkennlinie (Charakteristik), Impulshäufigkeit in Abhängigkeit von der Zählrohrspannung

Zählrohres. Zur Kennzeichnung wird die prozentuale Neigung der *Kennlinie* des Zählrohres pro 100 Volt des Zählbereiches angegeben. Je geringer die Neigung der Zählrohrkennlinie, um so weniger Einfluß haben Schwankungen der Hochspannung. *Beispiel:* Der Zählbereich beginne bei 1125 Volt (s. Abb. 23). Die bei dieser

Zählrohrspannung gemessene Impulszahl pro Minute bei Anwesenheit eines radioaktiven Präparates sei 3540, die Impulszahl pro Minute bei einer Zählrohrspannung von 1225 Volt sei 3610 gewesen, die Neigung der Kennlinie ist also (3610—3540) : 3540 · 100 = 2% pro 100 Volt. Eine Neigung der Kennlinie von 2%/100 Volt ist normal. Im Laufe der Zeit wird die Neigung der Kennlinie größer, der Konstanzbereich kürzer und damit die Zähleigenschaften des Zählrohres schlechter, so daß eine Neufüllung des Zählrohrgases erforderlich ist.

b) Entladungsmechanismus beim Geiger-Müller-Zählrohr

Wenn ein geladenes Teilchen, z. B. ein Zerfallselektron, im Gasraum eines Zählrohres ein Ionenpaar erzeugt (s. S. 12), so wird das Sekundärelektron vom positiven Zähldraht angezogen, das positive Ion wandert dagegen gegen die Zählrohrwand.

Für die Feldstärke innerhalb eines zylindrischen Zählrohres gilt:

$$E = \frac{V}{r \ln\!\left(\dfrac{r_1}{r_2}\right)} \ .$$

Hierin bedeuten: E die elektrische Feldstärke in Volt/cm an einer Stelle innerhalb des Zählrohres, welche von der Zählrohrachse r cm entfernt ist. V ist die an das Zählrohr angelegte Hochspannung in Volt, r_1 der Zählrohrradius (etwa 1 cm), r_2 der Durchmesser des Zähldrahtes.

Die elektrische Feldstärke ist in unmittelbarer Nähe des Zähldrahtes sehr groß (s. Tab. 6), nimmt aber mit zunehmendem Abstand von diesem rasch ab. In einem Abstand von $r = 0{,}05$ cm (10facher Zähldrahtradius) beträgt die Feldstärke z. B. nur noch 1 Zehntel der Feldstärke in unmittelbarer Nähe des Zähldrahtes.

Diese hohe Feldstärke in Zähldrahtnähe bestimmt die Art des Entladungsmechanismus eines Zählrohres ganz wesentlich. Wenn das bei der Ionisation eines neutralen Gasatoms befreite Atomelektron in den Bereich sehr großer elektrischer Feldstärke, also in Zähldrahtnähe gelangt, wird es so sehr beschleunigt, daß es beim Zusammenstoß mit anderen Gasatomen selbst wieder ionisierend wirken kann. Auf diese Weise entstehen neue Ionen und Elektronen. Es bildet sich in kürzester Zeit eine *Elektronenlawine* aus, welche am Zähldraht gesammelt wird, über den hochohmigen Widerstand zur Erde abfließt und dabei einen Spannungsimpuls verursacht. Im gleichen Ausmaß verringert sich die Spannung am Zähldraht.

Tabelle 6. *Radialer Feldstärkeverlauf in einem Zylinderzählrohr*

r in cm	E in V/cm
$5 \cdot 10^{-3}$ (Drahtoberfläche) .	37 400
10^{-2}	18 700
$5 \cdot 10^{-2}$	3 740
10^{-1}	1 870
$5 \cdot 10^{-1}$	374
1 (Zählrohrwand)	187

Infolge der großen Beweglichkeit der Elektronen (kleine Masse) ist der Vorgang der Sammlung der Elektronen am Zähldraht sehr bald beendet (weniger als 10^{-6}sec. Zurück bleiben die positiven Ionen, deren ursprüngliche, von dem geladenen Primärteilchen erzeugte Anzahl durch die vielfache Ionisation um etwa den Faktor 10^8 vergrößert worden ist. Dieser Verstärkungsfaktor *(Gasfaktor)* ist unabhängig von der Art des Primärteilchens und dessen Ionisierungsvermögen. Deshalb ist beim Geiger-Müller-Zählrohr auch keine direkte Unterscheidung zwischen verschiedenen Teilchenarten, z. B. β-Strahlung und γ-Strahlung möglich. Wegen ihrer wesentlich größeren Masse (kleinere Beweglichkeit) haben die positiven Ionen bis zu diesem Zeitpunkt nur einen kleinen Teil ihres Weges bis zur Zählrohrwand zurückgelegt. Die positiven Ionen lassen um den Zähldraht eine positive

Raumladung entstehen, so daß außerhalb derselben keine hohen Feldstärken mehr herrschen und dort ohne Einwirkung anderer Vorgänge kein neuer Entladungsimpuls entstehen kann. Das Zählrohr ist unempfindlich geworden. Der Entladungsvorgang des Zählrohres, der ausgelöst worden war von dem nachzuweisenden geladenen Teilchen, ist damit zu Ende. Aber erst wenn die positiven Ionen die Zählrohrwand erreicht haben, sind die ursprünglichen Spannungsverhältnisse wieder hergestellt (s. Abb. 24).

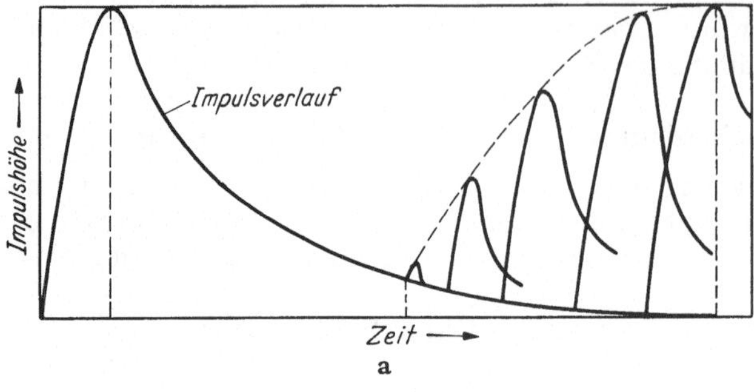

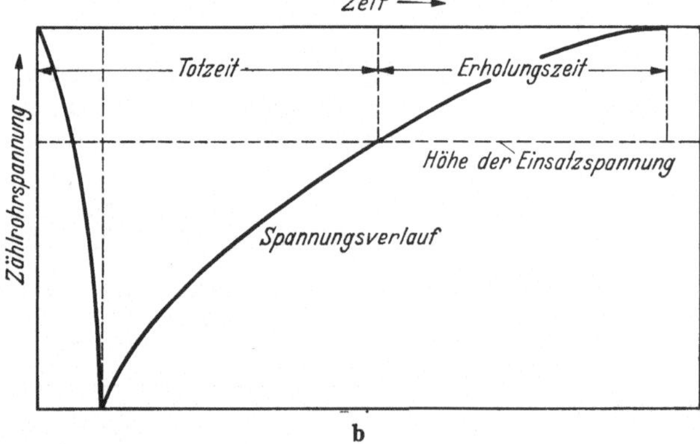

Abb. 24a u. b. Totzeit (dead time) und Erholungszeit (recovery time) eines Geiger-Müller-Zählrohres. a) Zeitlicher Verlauf eines Stromimpulses. b) Zeitlicher Verlauf der Zählrohrspannung (nach MAURER-SCHMEISER)

c) Begriff der Totzeit und Erholungszeit

Anhand der Abb. 24 wollen wir die beiden wichtigen Begriffe: Totzeit und Erholungszeit erläutern.

Abhängig vom Ort ihrer Entstehung innerhalb des Zählrohres werden die sekundären Elektronen früher oder später an den Zähldraht gelangen. Der Strom durch den Außenwiderstand erreicht also seinen Maximalwert nicht plötzlich, sondern erst nach einer bestimmten Zeit.

Entsprechendes gilt selbstverständlich für den beobachtbaren Impuls (s. Abb. 24a). Nach dem Einsetzen des Stromimpulses verringert sich die Zähldrahtspannung entsprechend dem Spannungsabfall am Außenwiderstand (s. Abb. 24b) und sinkt schließlich unter die Einsatzspannung. Mittlerweile gelangen auch die langsameren positiven Ionen an die Zählrohrwand, die Spannung am Zähldraht nimmt wieder zu und erreicht schließlich wieder die Einsatzspannung. Bis zu diesem Zeitpunkt ist das Zählrohr außer Funktion. Man nennt die Zeitdauer von Beginn der Zählrohrentladung bis zu diesem Zeitpunkt die *Totzeit* des Zählrohres. Von nun an ist das Zählrohr für eine neue Entladung einsatzbereit. Allerdings steigt die Zähldrahtspannung in der „Erholungszeit" nur langsam auf den ursprünglichen, vor der Entladung vorhandenen Wert an. Die beobachtbaren Zählrohrimpulse sind deshalb zunächst noch klein und haben erst am Ende der Erholungszeit ihre ursprüngliche Größe. Totzeit- und Erholungszeit-Werte für gebräuchliche Zählrohr-Gasmischungen findet man in der Tab. 7.

Tabelle 7. *Totzeit und Erholungszeit* (nach STEVER)

Gasmischung	Druck in cm Hg	Totzeit in sec	Erholungszeit in sec
Argon (95%) : Xylol (5%) . . .	13,4	$2,6 \cdot 10^{-4}$	$4,3 \cdot 10^{-4}$
	11,0	$2,4 \cdot 10^{-4}$	$4,3 \cdot 10^{-4}$
	9	$2,1 \cdot 10^{-4}$	$3,7 \cdot 10^{-4}$
	7	$1,8 \cdot 10^{-4}$	$3,6 \cdot 10^{-4}$
Argon (80%) : C_2H_5OH (20%) .	10,1	$1,4 \cdot 10^{-4}$	$2,3 \cdot 10^{-4}$
Argon (90%) : Amylacetat (10%)	15	$2 \cdot 10^{-4}$	$4 \cdot 10^{-4}$

d) Zählrohr-Nachentladungen

Für eine exakte Zählung der in einem Zählrohr eintretenden geladenen Teilchen ist es wichtig, daß jedem dieser Teilchen ein und nur ein Zählrohrimpuls (Zählrohrentladung) zukommt. Der einfache Ablauf einer Zählrohrentladung kann empfindlich gestört werden durch gewisse Vorgänge, die innerhalb des Zählrohres noch vor dem vollständigen Ablauf des Entladungsvorganges stattfinden. Es kommt zu sog. *Nachentladungen*, die einer echten, von einem geladenen Primärteilchen hervorgerufenen Entladung in mehr oder weniger großem Zeitabstand folgen, das Eindringen eines Primärteilchens in das Zählrohr vortäuschen und eine erhöhte Impulshäufigkeit verursachen.

Wir haben schon erwähnt, daß der Stoß von Elektronen auf neutrale Atome nicht immer zur Ionisation des Atoms führen muß. Das Atom kann auch angeregt werden. Im allgemeinen dauert der Zustand der Anregung nur kurze Zeit. Unter Aussendung eines Photons kehrt das angeregte Atom in den ursprünglichen Energiezustand *(Grundzustand)* zurück. So erzeugte Photonen können ebenfalls Sekundärelektronen auslösen. Wegen ihrer größeren Reichweite im Zählrohrinnern kann dies aber auch in größerer Entfernung vom Zähldraht geschehen. So gebildete Sekundärelektronen wandern ebenfalls zum Zähldraht, kommen aber dort mitunter zu einem Zeitpunkt an, zu welchem die ursprüngliche, echte Zählrohrentladung bereits beendet war. Sie leiten also eine neue, unechte Entladung ein, die keineswegs von einem Primärteilchen herrührt.

Es gibt Gasarten, bei welchen der angeregte Zustand eine meßbare Zeit bestehen bleibt *(metastabiler Zustand)*, so daß der Übergang in den Grundzustand verspätet zustande kommt, zu einem Zeitpunkt, wo ebenfalls die eigentliche Zählrohrentladung zu Ende war. Das angeregte Atom kann auch zufällig die Zählrohrwand treffen. In beiden Fällen entstehen schließlich Elektronen, die eine Nachentladung auslösen.

Wenn wir Luft als Füllgas des Zählrohres wählen, werden auch negative Ionen erzeugt, welche die Erniedrigung der elektrischen Feldstärke in Drahtnähe durch die positiven Ionen zum Teil wettmachen. Damit vergrößert sich ebenfalls die Möglichkeit zur Bildung neuer Ionenpaare. Die Folge davon kann wiederum eine Nachentladung sein. Um dies zu vermeiden, verwendet man nur Füllgase, die wenig oder keine negative Ionen bilden. In Tab. 8 wird angegeben, wieviel Stöße zur Bildung eines negativen Ions notwendig sind. Wir sehen, daß z. B. Luft als Zählrohrgas sehr ungünstig ist, noch mehr gilt dies für Sauerstoff und Wasserdampf. Dagegen hat Argon keine Neigung zur Bildung von negativen Ionen. Ehe man ein Zählrohr füllt, z. B. mit Argon, müssen deshalb alle Restgase wie Luft, Sauerstoff, Wasserdampf u. a. durch sorgfältiges Auspumpen und in manchen Fällen durch Ausheizen des Zählrohres entfernt werden.

Tabelle 8. *Erforderliche mittlere Stoßzahl n zur Bildung eines negativen Ions* (nach COMPTON und LANGMUIR)

Gas	n
CO	$1{,}6 \cdot 10^8$
NH_3 . . .	$9{,}9 \cdot 10^7$
C_2H_6 . . .	$2{,}5 \cdot 10^6$
Luft . . .	$2{,}0 \cdot 10^5$
O_2, H_2O . .	$4 \ \cdot 10^4$
Cl_2	$< 2 \ \cdot 10^3$

e) Selbstlöschende Zählrohre

Durch die eben beschriebenen Vorgänge ist das Löschen der Zählrohrentladung nicht immer garantiert. Bei Verwendung von reinen Inertgasen wie z. B. Argon kann man aber das Löschen des Zählrohres durch äußere Schaltmittel erzwingen.

Nach TROST kann man denselben Effekt durch Zusätze bestimmter organischer Dämpfe zur Edelgasfüllung erreichen. Diese organischen Dämpfe, z. B. Methanol, absorbieren mit Vorliebe die bei einer Zählrohrentladung in reichlicher Menge entstehenden Lichtquanten (Photonen), ehe diese in weiterer Entfernung vom Zähldraht Photoelektronen auslösen. Bedingt auch durch andere Effekte, beschränkt sich der Entladungsvorgang nunmehr auf die unmittelbare Umgebung des Zähldrahtes. Es bildet sich ein positiver *Ionenschlauch* um diesen, so daß die Feldstärke vorzeitig stark geschwächt wird und alle etwa neu entstehenden Elektronen nicht mehr genügend stark beschleunigt werden können. Die Entladung wird auf diese Weise sehr schnell gelöscht, Nachentladungen werden weitgehend vermieden. Zählrohre mit organischen Dampfzusätzen nennt man *selbstlöschend*.

Das vielatomige Gas verbraucht sich im Laufe der Zeit. Pro Zählrohrentladung kann man mit einer Beteiligung von etwa 10^{10} Molekülen rechnen. Im allgemeinen tritt deshalb nach etwa 10^7 bis 10^8 Zählrohrimpulsen eine Verschlechterung der Zähleigenschaften ein. Nach dieser Zeit ist eine Neufüllung des Zählrohres notwendig. Man kann die Lebensdauer des Zählrohres verlängern, indem man wiederum äußere Schaltmittel zu Hilfe nimmt, die das Löschen des Zählrohres übernehmen. Um ein Zählrohr zu schonen, ist es zu vermeiden, das Zählrohr unnötig arbeiten zu lassen. Das wird nicht etwa durch Abschalten des Zählwerkes am Impulszähler erreicht, sondern durch Erniedrigung, (nicht Abschalten) der Zählrohrspannung. Größere Lebensdauer (etwa $5 \cdot 10^9$ Impulse) besitzen Halogenzählrohre, deren Gasfüllung aus einem Edelgas (Neon, Argon) mit geringem Chlor- oder Bromzusatz besteht.

f) Nulleffekt

Wenn wir bei richtiger Zählspannung (etwa in der Mitte des konstanten Bereiches) das radioaktive Präparat wegnehmen, beobachten wir immer noch eine gewisse Ausschlagszahl, den sog. Nulleffekt. Der Nulleffekt wird verursacht durch kosmische Ultrastrahlung und durch die in der Umgebung des Zählrohres, z. B. im Zählrohrpanzer aus Blei vorhandenen Restaktivitäten. Von Verseuchungen durch leichtfertigen Umgang mit radioaktiven Substanzen soll hier nicht die Rede sein.

Der Nulleffekt läßt sich z. B. durch einen Bleipanzer von 5 cm Dicke um das Zählrohr auf etwa die Hälfte reduzieren. Es gibt auch noch andere Maßnahmen. Wir werden darauf noch zurückkommen. Der Nulleffekt wächst mit der Größe des wirksamen Zählvolumen. Je nach Größe des verwendeten Zählrohres beträgt der Nulleffekt 2 bis 100 Ausschläge/min und mehr. Durch Verminderung der Länge des Zählrohres, ohne Änderung des Durchmessers läßt sich zwar die Empfindlichkeit etwas steigern, jedoch verschlechtert sich dabei im allgemeinen die Ausdehnung des konstanten Zählbereiches.

g) Neufüllung eines Zählrohres, Auswechseln des Zähldrahtes

Da in vielen Fällen eine eigene Werkstatt oder ein Glasbläser nicht zur Verfügung steht, ist es ratsam, Zählrohre fertig zu kaufen und sich höchstens auf eine Neufüllung oder schließlich noch auf das Auswechseln des Zähldrahtes zu beschränken.

Vor der Neufüllung muß das Zählrohr gut ausgepumpt werden. Eine rotierende Ölpumpe ist meist ausreichend. Nach etwa einer Stunde wird das Zählrohr von der Pumpe (s. Abb. 25) getrennt. Das vielatomige Gas läßt man dann in gewünschter Menge (bei Alkohol etwa 10 mm Hg, ablesbar am Quecksilbermanometer M) einströmen. Dann erst wird das eigentliche Zählrohrgas (z. B. etwa 90 mm Hg Argon) zugesetzt. Das Zählrohr kann anschließend an der hierfür vorgesehenen, eingezogenen Stelle des Pumpstutzens abgeschmolzen werden.

Beim Auswechseln des Zählrohrdrahtes ist darauf zu achten, daß die Oberfläche einwandfrei ist (Betrachten unter der Lupe). Man sieht die Notwendigkeit sofort ein, wenn man sich erinnert, daß die für eine Ionisation erforderliche Beschleunigung der Sekundärelektronen in unmittelbarer Nähe des Zählrohrdrahtes erfolgt. Eine besondere Vorbehandlung des etwa $^1/_{10}$ mm starken Wolfram-Zähldrahtes ist nicht erforderlich. Vor dem Einziehen wird der Zähldraht leicht gestreckt und mit Alkohol abgewaschen. Ausglühen ist nicht notwendig. Als vorteilhaft erweist sich, Messing-Zählrohre innen mit Salpetersäure auszuwaschen und anschließend gut mit destilliertem Wasser nachzuspülen.

h) Impulsverstärker für Geiger-Müller-Zählrohre

Es gibt heute in Deutschland eine Reihe von Firmen, welche Zählrohrverstärker (Impulsverstärker) herstellen. Es lohnt sich kaum mehr, solche Verstärker selbst zu bauen. Wir wollen deshalb auch darauf verzichten, auf die verschiedenen möglichen Schaltungen solcher Geräte einzugehen. Wir werden nur die grundsätzliche Aufgabe der verschiedenen Schalteinheiten eines Impulsverstärkers erläutern. Der Impulsverstärker besteht aus einer *Eingangsstufe*, einer Zahl von *Untersetzern*, der *Endstufe* mit *Zählwerk* oder Integrator und der *Hochspannungsanlage* für die Zählrohrspannung, außerdem einem *Netzgerät* für die Bereitstellung der Anoden- und Heizspannung.

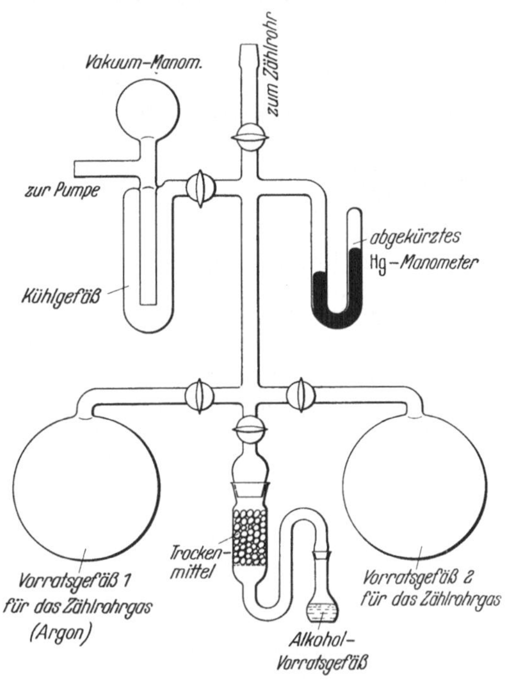

Abb. 25. Zählrohrfüllstation

Multivibrator. Bei Zählrohren ohne Zusatz von vielatomigen Molekülen oder bei gekitteten Zählrohren ist es vorteilhaft, die Zählrohre durch äußere Mittel zu löschen. Bei selbstlöschenden Zählrohren ist eine Löschung an sich nicht notwendig, es genügt eine normale Eingangsstufe. Da sich aber die Gasfüllung im Laufe der Zeit verbraucht und die Löscheigenschaften dadurch verschlechtert werden, leitet man zur Verlängerung der Lebensdauer der Zählrohre den Zählrohrimpuls auch bei selbstlöschenden Zählrohren einer Löschstufe zu. Die aufgezwungene Löschung erfolgt dadurch, daß für eine stets gleiche Zeitdauer (etwa $4 \cdot 10^{-4}$ sec), welche durch die Laufdauer der positiven Ionen bis zur Zählrohrwand gegeben ist, die Zählrohrspannung um ungefähr 200 V gesenkt wird. Die Zählrohrspannung sinkt unter die Einsatzspannung, eine Zählung von Impulsen (z. B. Nachentladungen) ist nicht möglich. Die Empfindlichkeit der Eingangsstufe beträgt 0,1—1 V.

Die Multivibratorstufe macht außerdem aus den in Form und Länge ungleichen Zählrohrimpulsen durch geeignete Wahl von Schaltmitteln Rechteckimpulse gleicher Höhe und Zeitdauer ($4 \cdot 10^{-4}$ sec).

Untersetzerstufen. An sich könnte der Rechteckimpuls gleich an eine Endstufe mit angeschlossenem Zählwerk oder einen Oszillographen weitergeleitet werden. Wegen seiner mechanischen Trägheit kann jedoch ein Zählwerk nur eine begrenzte Impulshäufigkeit pro Zeiteinheit registrieren. Bei Überschreiten dieser Größe werden Impulse ausgelassen oder überhaupt keine Impulse registriert. Um dies zu vermeiden, schaltet man zwischen Eingangs- und Endstufe Untersetzerstufen ein. Bei Verwendung einer einzigen Untersetzerstufe wird nur jeder zweite Impuls an die Endstufe und das Zählwerk weitergegeben, bei Hintereinanderschaltung von zwei (drei, vier..) nur jeder vierte (achte, sechzehnte...). Vielfach wählt man Dekadenuntersetzer, für welche die Zahl der Zählrohrimpulse auf je $^1/_{10}$ herabgesetzt wird.

Endstufe und Zählwerk. Die Endstufe hat die Aufgabe, den Zählrohrimpuls so weit zu verstärken, daß er das Zählwerk antreiben kann. In vielen Fällen, besonders bei hohen Ausschlagszahlen, ist es bequemer, auf ein Zählwerk zu verzichten und statt dessen an einem Meßinstrument einen mittleren Strom abzulesen, der in weiten Grenzen der Ausschlagszahl proportional ist (Ratemeter).

Netzgerät und Hochspannungsanlage. Zur Erzeugung der Röhrenspannung benötigt man ein stabilisiertes Netzgerät. Die Wechselspannung von 220 V wird durch eine Röhrengleichrichteranordnung in Gleichspannung verwandelt. Die Zählrohrspannung wird von einer besonderen gut stabilisierten Hochspannungsanlage geliefert. Vorteilhaft ist es, bereits die Netzspannung mit Hilfe eines ebenfalls käuflichen Netzspannungs-Gleichhalters zu stabilisieren. Eine recht gute Zusammenstellung über den Bau geeigneter Verstärker zur Registrierung kurzzeitiger Impulse findet man bei ELMORE oder RIEZLER-WALCHER, in kürzerer und leicht verständlicher Weise bei HAWLICZEK.

4. Proportionalzählrohre

Wenn wir die Spannung an einem Zählrohr nur so groß wählen, daß sie ausreicht, alle von einem geladenen Teilchen (α-Teilchen, β-Teilchen u. a.) gebildeten Ionen zu sammeln, arbeitet das Zählrohr wie eine Ionisationskammer. Der beobachtete Stromimpuls entspricht der Zahl der erzeugten Ionen und kennzeichnet damit das Ionisationsvermögen des eintretenden Primärteilchens; anders wird dies, wenn die Zählrohrspannung erhöht wird. Die höhere Feldstärke vermittelt den gebildeten Sekundärelektronen ebenso wie beim Geiger-Müller-Zählrohr genügend kinetische Energie zur Bildung neuer Ionenpaare. Im Gegensatz zum Geiger-Müller-Zählrohr ist die Zählspannung aber nur so groß, daß die Zahl der insgesamt während einer Entladung gebildeten Ionenpaare noch *proportional* der primären Ionisation bleibt. Damit bleibt beim Proportionalzählrohr die Unterscheidbarkeit zwischen verschiedener Strahlung (z. B. α-Strahlung und β-Strahlung) erhalten. Der Entladungsstrom entspricht zwar nicht der Gesamtzahl der von dem eintreffenden geladenen Teilchen primär erzeugten Ionen, er ist dieser Zahl aber proportional. Der Verstärkungsfaktor *(Gasfaktor)* beträgt 10^2 bis 10^4. Proportionalzählrohre besitzen die Eigenschaft einer sehr kurzen Auflösezeit (Proportionalzählrohr 10^{-6} sec, Zählrohre 10^{-4} sec). Dadurch ist es möglich, auch stärkere Präparate zu messen. Die Begrenzung des Auflösungsvermögens war beim Geiger-Müller-Zählrohr u. a. durch die Auslösung von Sekundärelektronen an der Zählrohrwand beim Auftreffen der positiven Ionen gegeben. Etwa 10^4 positive Ionen erzeugen 1 Sekundärelektron dieser Art. Da beim Proportionalzählrohr der Verstärkungsfaktor im allgemeinen kleiner ist als 10^4, klingt der Entladungsstrom sehr rasch ab. Außerdem bleibt beim Proportionalzählrohr der Entladungsvorgang wiederum wegen der geringen Zahl von sekundär erzeugten positiven Ionen auf einen kleinen Bereich des Zähldrahtes beschränkt, so daß der größere Teil des Zählers für neue echte Impulse betriebsbereit bleibt. Beim Geiger-Müller-Zählrohr wurde um den gesamten Zähldraht eine positive Raumladung erzeugt, die das elektrische Feld für die Dauer der Totzeit schwächt und das Zählrohr unempfindlich macht.

Der Entladungsstrom ist selbstverständlich beim Proportionalzählrohr wesentlich kleiner als beim Geiger-Müller-Zählrohr. Der geringe Gas-Verstärkungsfaktor wird durch äußere Verstärkung des Zählrohrimpulses ausgeglichen. Ein in das Zählrohr eintretendes geladenes Teilchen erzeugt am Zähldraht eine Spannungsänderung von

$$V_{\text{Volt}} = A \cdot N \cdot e/C\ ;$$

A ist der Verstärkungsfaktor, N die Zahl der primär erzeugten Ionenpaare mit der Elementarladung e in Mikro-Coulomb ($= 1{,}6 \cdot 10^{-13}\ \mu$C), C ist eine Kapazität in Mikro-Farad, deren Größe durch das Zählrohr und die Ankoppelung an den Zählverstärker bestimmt wird. Wenn beispielsweise 100 Ionenpaare primär gebildet werden und der Verstärkungsfaktor 10^4 beträgt, so ergibt sich am Eingang des Verstärkers bei einer Kapazität von 10 pF ($= 10^{-5}\ \mu$F) ein Spannungsabfall von ungefähr 16 mV.

Durch den weniger häufigen Zerfall von vielatomigen Molekülen der Gasmischung infolge der bedeutend kleineren Ionenzahl pro Impuls ist die Lebensdauer eines Proportionalzählrohres viel größer als beim Geiger-Müller-Zählrohr. Änderungen der Zähleigenschaften sind im Durchschnitt erst nach etwa 10^9 Ausschlägen zu erwarten. In neuerer Zeit werden Proportionalzählrohre mit durchströmendem Zählrohrgas verwendet. Die Zählereigenschaften bleiben dann über sehr lange Zeit konstant. Die Erhöhung der Einsatzspannung nach etwa 10^9 Impulsen werden von KOESTER und MAIER-LEIBNITZ mit einer Verdickung des Zähldrahtes durch feste Zersetzungsprodukte des Methans erklärt. Die große Empfindlichkeit von Durchströmzählern, die im Proportionalbereich arbeiten, geht aus einer Arbeit von KOESTER und MAIER-LEIBNITZ hervor. Bei Prüfung der Zählkonstanz über etwa einen Monat bei zusammen etwa 10^9 Ausschlägen wurden systematische Änderungen in der Zählhäufigkeit von etwa 1 % beobachtet, die sich als Dichteänderungen der zwischen Präparat und Zähler liegenden, nur 2 cm dicken Luftschicht infolge Barometerschwankungen deuten ließen.

FÜNFER und NEUERT, sowie NEUERT haben sich mit dem Mechanismus von Zählrohren mit reiner Dampfmischung eingehend beschäftigt. Solche Zählrohre arbeiten im beschränkten Proportionalbereich. Durch einen besonderen Entladungsmechanismus entsteht eine sehr große Ionenzahl und damit sehr große Zählimpulse, wie sie sonst nur im Geiger-Bereich auftreten. Reine Dampfzähler vereinigen die Vorteile des Geiger-Müller-Zählrohres (große Impulse) mit den Vorzügen der Proportionalzähler (kurze Impulsdauer, d. h. mögliche Zählung sehr starker Präparate und lange Lebensdauer).

Nachteilig ist der größere apparative Aufwand. Die Verstärkereinrichtung ist komplizierter, die Forderungen an die Konstanz der Hochspannung sind größer, die Zählspannung ist höher. Beim Durchströmzähler kommt die Beschaffung des Zählergases hinzu.

5. Der Szintillationszähler

a) Große Nachweisempfindlichkeit

Obwohl der Szintillationszähler in der Anschaffung wesentlich teurer ist als etwa ein Geiger-Müller-Zählrohr, wird dieses Gerät bei radioaktiven Untersuchungen immer stärker bevorzugt. Das günstige Auflösungsvermögen des Szintillationszählers spielt nur eine Rolle, wenn Präparate sehr hoher Aktivität ausgemessen werden sollen. Viel bedeutungsvoller ist aber seine große Empfindlichkeit, besonders beim Nachweis von γ-Strahlung.

Eine große Nachweisempfindlichkeit ist von besonderer Wichtigkeit, wenn während der Versuche eine starke Verdünnung der Aktivität eintritt und damit schwach radioaktive Proben vorliegen. Wenn man z. B. einem kleineren Tier eine bestimmte, zur Vermeidung von toxischen Nachwirkungen oder zu großer Strahlenbelastung aber begrenzte Aktivität verabreicht, so verteilt sich diese Aktivität meist auf den ganzen Körper, wobei mitunter gewisse Organe bevorzugt werden. Jedenfalls wird man selbst an solchen Körperstellen mit gespeicherter Aktivität mit sehr reduziertem Meßeffekt rechnen müssen und damit auf die Verwendung einer empfindlichen Meßeinrichtung angewiesen sein.

In der Diagnostik muß der Nachweis eines Strahlendepots von außerhalb des Körpers erbracht werden. Zum Studium der Schilddrüsenfunktion z. B.verabreicht man dem Patienten eine gewisse Menge radioaktives Jod. Der vom Körper nicht wieder ausgeschiedene Bruchteil desselben wird von der Schilddrüse selektiv gespeichert und bildet die Grundlage für die Beurteilung der Funktionsweise der Schilddrüse. Aus Gründen einer nicht zu großen örtlichen Strahlenbelastung muß die verabreichte Dosis an radioaktivem Stoff möglichst klein gehalten werden, sie muß aber noch ausreichend sein, um eine exakte Messung der Größe der gespeicherten Aktivität von außen zu ermöglichen. Bei der großen Empfindlichkeit moderner Szintillationszähler genügt für den besprochenen Zweck bereits eine Aktivität von wenigen Millicurie Jod 131.

In einem späteren Abschnitt (Nachweis von γ-Strahlung) werden wir auf diese Art von Messungen noch näher eingehen und sehen, daß der Szintillationszähler gegenüber dem Geiger-Müller-Zähler weitere Vorteile aufweist. Im allgemeinen genügt es, die Stärke eines radioaktiven Präparates zu bestimmen. Mit etwas größerem apparativen Aufwand kann man bei Verwendung eines Szintillationszählers aber auch weitreichende Aussagen über die Strahlenart des Präparates machen und zwischen mehreren Strahlenarten eines Strahlengemisches unterscheiden. Auch darauf werden wir noch zurückkommen.

b) Wirkungsweise und Aufbau des Szintillationszählers

Wenn ionisierende Strahlung auf gewisse feste oder flüssige Stoffe auftrifft, entstehen Lichtblitze, die man beobachten und registrieren kann. So haben bereits im Jahre 1903 Marsden und Regener mit Hilfe eines Zinksulfid-Schirmes α-Teilchen zählen können. Die Beobachtung der Lichtblitze geschah mit dem Auge und war eine recht ermüdende Angelegenheit. Die Zählung mußte im Dunkeln mit gut adaptiertem Auge vorgenommen werden, die maximale Zählhäufigkeit war bestenfalls auf 60 α-Teilchen/min beschränkt.

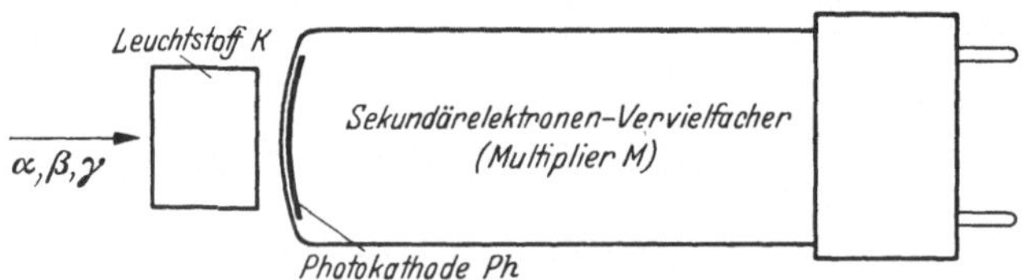

Abb. 26. Szintillationszähler (schematisch) (nach Maurer-Schmeiser)

Es waren Kallmann u. Mitarbeiter, die nach dem Kriege vorschlugen, die visuelle Ausnutzung der Lichtblitze durch eine Photozelle und einem daran angeschlossenen Verstärker zu ersetzen. Im Laufe der darauf folgenden Jahre wurden Photozelle und Verstärker im sog. Photo-Multiplier zu einer Einheit zusammengefaßt. Die Leuchtkristalle werden mit gutem optischen Kontakt direkt auf die Photokathode des Photo-Multipliers gebracht. Kristall und Photo-Multiplier als Einheit bilden den *Szintillationszähler* (s. Abb. 26). Der physikalische Vorgang in einem Szintillationszähler bei Auftreffen ionisierender Strahlung ist etwa folgender:

Die auf den Leuchtkristall auftreffende Strahlung wird in diesem mehr oder weniger vollständig absorbiert und in Lumineszenzlicht umgewandelt[1]. Das erzeugte Lumineszenzlicht trifft auf die Photokathode des Multipliers und erzeugt dort Photoelektronen. Diese Photoelektronen verlassen eine nachgeschaltete Beschleunigungsstufe mit höherer Geschwindigkeit, so daß sie an der Anode der Beschleunigungsstrecke Sekundärelektronen auszulösen vermögen. Ein solcher Beschleunigungsprozeß und entsprechend der Vorgang der Auslösung weiterer Sekundärelektronen wiederholt sich einige Male im Multiplier, so daß sich die Zahl der von der Photokathode ausgehenden Photoelektronen um den Faktor von etwa 10^6 vermehrt. Am Ausgang des Photo-Multipliers oder am Ausgang eines noch daran angeschlossenen Verstärkers entsteht damit ein beobachtbarer Spannungsimpuls.

Die Nachweiswahrscheinlichkeit eines Szintillationszählers, d. h. der Bruchteil der insgesamt auf den Zähler auffallenden Strahlung, welcher in einen zählbaren Impuls umgewandelt wird, hängt von einer Reihe von Faktoren ab:

1. Zunächst ist es notwendig, daß ein möglichst großer Bruchteil der auffallenden Strahlung im Leuchtkristall absorbiert wird. Wir wissen aus einem früheren Kapitel, daß β-Teilchen (Elektronen) keine allzu große Reichweite haben, so daß für eine vollständige Absorption derselben im Leuchtstoff ein verhältnismäßig kleiner Kristall ausreicht. Anders ist dies bei γ-Strahlen, deren Wechselwirkung mit Materie nicht so innig ist. Die Reichweite ist also entsprechend größer, so daß nur ein Teil der γ-Energie im Leuchtstoff absorbiert wird. Das γ-Quant verläßt mit verminderter Energie wieder den Kristall. Dies braucht für eine *Registrierung* des γ-Quants keineswegs nachteilig zu sein, sofern die Größe der absorbierten γ-Energie eine gewisse Mindestgröße, welche zur Registrierung notwendig ist, erreicht.

Anders ist dies, wenn wir uns ein Bild machen wollen über die Energie der registrierten γ-Quanten. Dann muß ein sehr hoher Prozentsatz der γ-Energie absorbiert werden, damit die Linearität zwischen Energie und der Ausgangs-Impulshöhe erhalten bleibt. Wir kommen darauf noch zurück. Die Größe der Absorption von γ-Quanten ist abhängig von ihrer Energie und von der Dichte bzw. der Ordnungszahl des Leuchtstoffes. Je größer die Dichte, vor allem je höher die Ordnungszahl des Leuchtstoffes ist, um so mehr γ-Quanten werden bei sonst gleichen Verhältnissen absorbiert. Man verwendet daher zum Nachweis von γ-Strahlung vorwiegend NaJ-Kristalle (Dichte $= 3{,}67$ g/cm³, s. a. Tab. 9). Das darin enthaltene Jod (85 Gew.-%) sorgt für starke Absorption der γ-Quanten. An der gesamten Energieabsorption hat photoelektrische Absorption bei hochatomigem Absorber und nicht zu großer γ-Energie einen verhältnismäßig hohen Anteil (s. Abb. 14).

Tabelle 9. *Eigenschaften von Leuchtstoffen*

I	Emissions-spektrum Å	Relative Licht-ausbeute für β-Teilchen	Abklingzeit in 10^{-8} sec	Transparenz mg/cm²	Energieaufwand je Photon in eV
	II	III	IV	V	VI
NaJ(Tl) . . .	4100	~ 2,0	25	groß	20
ZnS(Ag) . . .	4500	2,0	> 1000	80	20
CaWO$_4$	4300	~ 1,0	600	100	34
Anthracen. . .	4400	1,0	3,0 $\pm$ 0,5 (300°)	—	—
Stilben	4080	0,6	0,6—1,2	—	—
Phenanthren .	4100—4300	0,3	0,8	—	25
Naphthalin . .	3850	0,25	~ 6	1	64

[1] Bei ionisierender Strahlung erfolgt dies direkt, bei γ-Strahlung über Sekundärelektronen (Photoelektronen, Compton-Elektronen und Paarbildung).

2. Es ist dafür zu sorgen, daß ein möglichst großer Bruchteil der erzeugten Lumineszenzstrahlung an die Photokathode des Multipliers geführt wird. Dazu muß der Leuchtstoff für die betreffende Wellenlänge des Lumineszenslichtes möglichst durchsichtig sein.

Dadurch, daß man den Leuchtkristall mit einem Reflektor, z. B. Magnesiumoxyd, umgibt, an welchem Totalreflexion eintritt, wird das Lumineszenzlicht immer wieder in den Leuchtkristall zurückgestreut. Mitunter muß man zwischen Kristall und Photokathode ein Verbindungsstück, einen *Lichtleiter* (z. B. aus Plexiglas, Quarz u. a.) einschalten, welcher ähnlich wie die Reflektoren auf Grund seiner optischen Dichte die Eigenschaft hat, die nach außen gelangende Lumineszenzstrahlung zu reflektieren. Lichtleiter sind z. B. notwendig beim Nachweis von Strahlung in Körperhöhlen, welche schwer zugänglich sind.

3. Die Photokathode besteht beim modernen Szintillationszähler vorwiegend aus Antimon-Calcium. Das im NaJ-(Tl)-Kristall erzeugte Lumineszenzlicht hat eine Wellenlänge von 4100 Å. Für dieses Licht ist eine Antimon-Calcium-Photokathode besonders empfindlich. Das Lumineszenz-Spektrum von sonst verwendeten, anderen Leuchtstoffen liegt ebenfalls in der Umgebung des Empfindlichkeitsmaximum derartiger Photokathoden.

4. Schließlich kann die Konstruktion des Multipliers selbst die Nachweisempfindlichkeit beeinflussen. Im allgemeinen weisen moderne Multiplier die für die verschiedenen Anwendungszwecke notwendigen Eigenschaften auf.

c) Nulleffekt

Die Hauptschwierigkeit beim Nachweis schwacher Intensitäten mit Hilfe eines Szintillationszählers ist der hohe Untergrund (Nulleffekt). Bei Zimmertemperatur werden einzelne Elektronen durch thermischen Stoß spontan aus der Photokathode austreten. Vervielfacher und Nachverstärker machen daraus einen beobachtbaren Impuls. Die Impulse sind ungleich groß. Kleine und große Impulse treten seltener auf. Doch ist die Häufigkeit von Impulsen, die z. B. das Zehnfache eines mittleren Störungsimpulses dieser Art ausmachen, groß genug, um einen merklichen Untergrund zu erzeugen (s. Abb. 27).

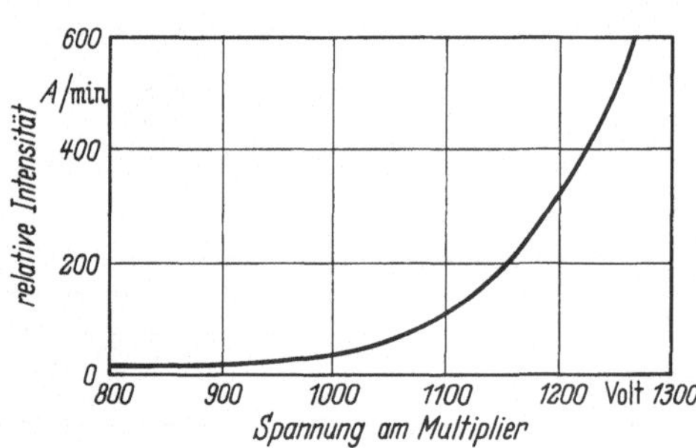

Abb. 27. Nulleffekt als Funktion der Multiplierspannung

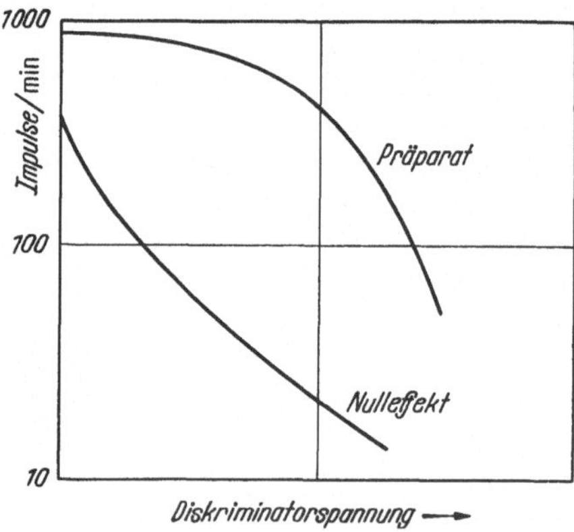

Abb. 28. Impulshäufigkeit für Radioisotop und Nulleffekt in Abhängigkeit von der Diskriminatorspannung

Es gibt verschiedene Möglichkeiten, die Größe des störenden Untergrundes relativ zur Meßgröße einer radioaktiven Quelle zu vermindern:

1. Durch Kühlung des Vervielfachers und Verwendung von Vervielfachern mit kleinem Dunkelstrom (ohne Bestrahlung).

2. Zwischen Szintillationszähler bzw. einem nachgeschalteten Verstärker und dem Impulszähler ist im allgemeinen ein Diskriminator geschaltet, der die Aufgabe hat, Impulse bis zu einer bestimmten Mindestgröße zu unterdrücken. In Abb. 28

ist die Impulshäufigkeit für ein radioaktives Präparat und diejenige für den Null-effekt als Funktion der am Diskriminator eingestellten Spannung zur Unter-drückung kleinerer Impulse angegeben. Entsprechend der Wirkungsweise des Diskriminators nehmen die Impulshäufigkeiten mit zunehmender Diskriminator-spannung ab.

Aus dem Verlauf beider Kurven erkennt man aber, daß es eine günstigste Diskriminatorspannung gibt, bei welcher das Verhältnis der Impulshäufigkeiten von Effekt und Nulleffekt optimal ist (in Abb. 28 für 25 Volt = Betriebs-Dis-kriminatorspannung). Die Möglichkeit einer derartigen Unterscheidung wird mit Erfolg bei der Messung von α- und β-Strahlen angewandt, weil hier die Signalimpulse entsprechend groß gemacht werden können durch ge-eignete Wahl des Kristalls und des optischen Systems.

Bei γ-Strahlen gelingt eine Unterscheidung gegen Störstrahlung nur bedingt, weil γ-Impulse sich in ihrer Größe viel weniger von der Größe der Störimpulse unterscheiden und damit gleichzeitig unterdrückt würden. Außerdem hängt dann die Zahl der regi-strierten γ-Impulse stark von der Konstanz der Ver-vielfacherspannung ab.

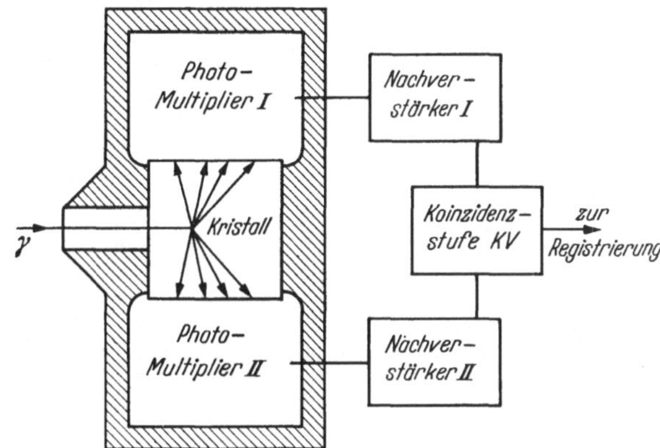

Abb. 29. Koinzidenzanordnung mit 2 Photoelektronenvervielfachern zur Unterdrückung des thermischen Nulleffektes

3. Nach BROSER und KALLMANN und MARSHALL, COLTMANN und BENETT läßt sich eine ähnliche Wirkung erreichen durch Verwendung einer Koinzidenzanord-nung nach Abb. 29. Ein γ-Strahl trifft von links kommend auf den Kristall und regt ihn zur Lumineszenz an. Die Lumineszenzstrahlung gelangt nun gleichzeitig auf zwei Photomultiplier I und II. Nur Ereignisse dieser Art werden durch Ein-schalten eines sog. Koinzidenzverstärkers dem Nachverstärker bzw. dem Zählwerk zugeleitet. Unechte Impulse (Nulleffekt) jeder einzelnen Photokathode werden nur registriert, wenn sie zufällig gleichzeitig in den beiden Photomultipliern ausgelöst werden. Das ist aber unwahrscheinlich und kann im allgemeinen vernachlässigt werden.

4. Eine weitere Möglichkeit ist vor kurzem von HERBERT beschrieben worden. Bei normaler Betriebsspannung am Vervielfacher gelingt es, den Störimpuls um den Faktor 250 zu reduzieren ohne wesentliche Verminderung der Signalimpuls-zahl. Auf Einzelheiten kann an dieser Stelle nicht eingegangen werden, wir ver-weisen auf die Originalarbeit.

Bei modernen Szintillationszählern kann man ohne Bleipanzerung mit einem Nulleffekt von 300—400 Imp./min rechnen.

d) Empfindlichkeit und Auflösungsvermögen des Szintillationszählers

Die große Empfindlichkeit und das hohe Auflösungsvermögen machen den Szintillationszähler zu einem unentbehrlichen Nachweisgerät für radioaktive Strahlung, besonders für γ-Strahlung. Die Empfindlichkeit bei γ-Strahlung ist abhängig von der γ-Energie, und zwar werden γ-Quanten kleinerer Energie bevor-zugt gemessen. So kommt es, daß weichere Streustrahlung (Compton-Streustrah-lung) mit größerer Ausbeute gemessen wird als die primäre γ-Strahlung. Das große Auflösungsvermögen vom Szintillationszähler ist ein weiterer Vorteil gegenüber einem Geiger-Müller-Zählrohr, weil sich wesentlich stärkere Präparate ausmessen lassen, ohne daß Zählverluste auftreten.

e) Verschiedene Arten von Szintillationszählern

Zum Nachweis von α-Strahlen verwendet man Zinksulfid- oder Cadmiumsulfid-Kristalle. Organische Substanzen (wie Stilben, Anthracen u. a.) eignen sich für den Nachweis von β-Strahlen, während NaJ-(Tl)-Kristalle für γ-Strahlung Anwendung finden (s. Abb. 30).

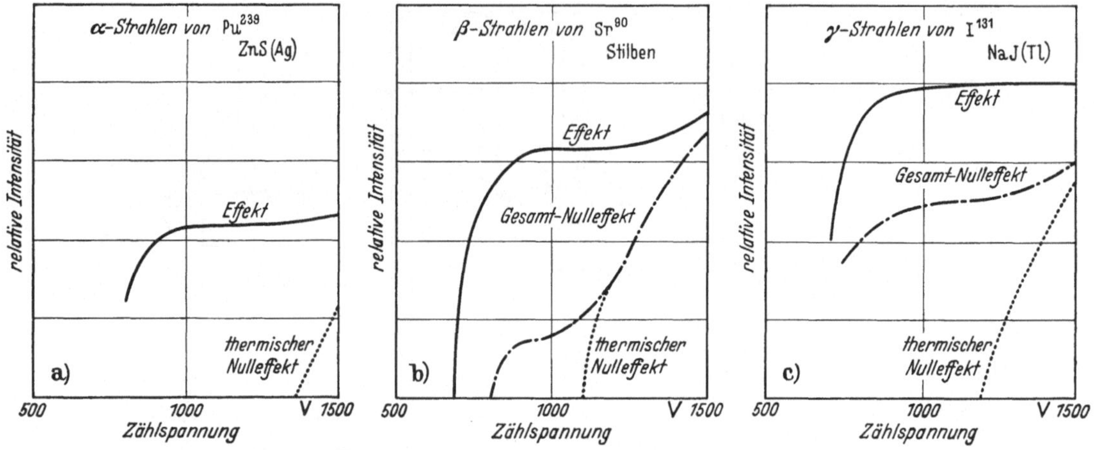

Abb. 30a—c. Charakteristik eines Szintillationszählers für α-, β- und γ-Strahlung
(Tracerlab-Katalog P-20-Scintillation Detector)

Die Empfindlichkeit eines Szintillationszählers wächst u. a. mit der Größe des Kristalls. Große Kristalle sind aber schwer herstellbar. Man macht daher mitunter von der Tatsache Gebrauch, daß auch gewisse Lösungen Licht emittieren, wenn sie einer radioaktiven Zerfallsstrahlung ausgesetzt sind. So wird z. B. als Leuchtstoff eine Lösung von 5 g p-Perphenyl pro Liter Xylen verwendet. Sehr gut bewährt hat sich eine Lösung von 4 g Diphenyloxatol pro Liter Toluol oder 0,05 g 1,4-Di-(2,5-phenyloxazolyl)-benzol pro Liter Toluol. Bei manchen derartigen Lösungen liegt die Wellenlänge des bei Absorption von Strahlung entstehenden Lumineszenzlichtes nicht im Bereich höchster Empfindlichkeit der Photokathode. In diesem Fall wird der Lösung ein zweiter Leuchtstoff zugesetzt (Hayes u. Mitarb.), der empfindlich ist für das vom ersten Leuchtstoff ausgesandte Licht und bei Absorption desselben eine Lumineszenz-Strahlung aussendet, welche in die maximale Empfindlichkeit der Photokathode fällt. Zum Beispiel gibt man 0,01 g Diphenylhexatrien in eine Lösung von 3 g Perphenyl pro Liter Phenylcyclohexan. Die Impulse werden hierdurch um 30% größer, das Auflösungsvermögen wird allerdings etwas verschlechtert.

In neuerer Zeit werden sog. *plastische Phosphore* verwendet (Brownell u. Mitarb.). In durchsichtige Kunststoffe wie z. B. Polystyrol werden entsprechende Leuchtstoffe eingebaut. Der Vorteil solcher plastischer Phosphore darf besonders darin gesehen werden, daß sie sich in jede gewünschte Form bringen lassen, welche für eine Steigerung der Empfindlichkeit gerade angebracht erscheint.

Rahn und Bloembergen (s. a. White und Helf) haben den Vorschlag gemacht, die aktive Substanz in einer phosphoreszierenden Substanz aufzulösen. Die Zählanordnung konnte auch zur Messung der weichen β-Strahlung von C^{14}

benutzt werden. Mit 0,5% Perphenyl in Xylol wurde C^{14}, das zunächst als Na-Caproat vorlag, gemessen. In der Lösung befanden sich 0,031 μC Kohlenstoff 14. Die gemessene Impulszahl betrug 10560 Imp./min, die Nachweiswahrscheinlichkeit war also etwa 15%, bei einem Nulleffekt von 0,3% des Effektwertes, d. h. von 100 β-Teilchen wurden durchschnittlich 15 β-Teilchen registriert. Bei anderer Einstellung des Diskriminators konnten sogar 37% der vorhandenen Aktivität nachgewiesen werden, allerdings mit einem Nulleffekt von bereits 3,2%.

VI. Der radioaktive Zerfall
1. Radioaktivität

Es gibt in der Natur Atomkerne, welche nicht stabil sind und unter Aussendung von Strahlung in andere Atomkerne mit anderen Eigenschaften übergehen. Man nennt solche Atomkerne radioaktive Isotope. Den Vorgang bezeichnet man als *radioaktiven Zerfall.* Der radioaktive Zerfall erfolgt spontan und läßt sich nicht beeinflussen. Welcher Atomkern der in einem radioaktiven Präparat vorhandenen radioaktiven Atomkerne gerade zerfällt, ist völlig ungewiß und zufällig. Es läßt sich aber eine gewisse Wahrscheinlichkeit angeben, wieviel Atomkerne in einer bestimmten Zeitspanne durchschnittlich zerfallen. Jeder radioaktive Atomkern, der sich durch Strahlung kundgetan hat, existiert von nun an nicht mehr, er ist vielmehr in einen anderen Atomkern übergegangen, dessen Aufbau aus den Kernbausteinen ein ganz anderer ist, mit verschiedenen physikalischen und chemischen Eigenschaften.

Die *Zerfallshäufigkeit,* d. h. die Zahl der pro Zeiteinheit zerfallenden Atomkerne *(Aktivität)* ist nur abhängig von der Zahl der insgesamt vorhandenen Atomkerne dieser Art und einer die mittlere Lebensdauer des Radioisotops betreffenden Konstanten, der sog. Zerfallskonstanten λ. Die Größe der Konzentration von radioaktiven Atomkernen innerhalb eines radioaktiven Präparates beeinflußt die beobachtbare Zerfallshäufigkeit nicht, sie ist unabhängig von der Anwesenheit eines gleichartigen Atomkernes. Das zufällige Verhalten bedingt zeitliche Schwankungen der Strahlungsintensitäten. Offenbar sind diese Schwankungen um so kleiner, je mehr radioaktives Material zur Verfügung steht. Die statistischen Schwankungen haben zur Folge, daß die beobachteten Meßeffekte bei wiederholten Messungen an ein und demselben radioaktiven Präparat im allgemeinen verschieden groß sind, aber um einen mittleren Wert herum streuen.

Alle in der Natur vorkommenden Atomkerne, welche einem chemischen Element mit der Ordnungszahl $Z > 83$ zugeordnet sind, sind radioaktiv. Es gibt außerdem acht weitere natürlich radioaktive Strahler, welche leichteren Atomarten zugehören. Es sind dies:

$$K^{40}; Rb^{87}; In^{115}; Sn^{124}; La^{138}; Sm^{147}; Cp^{176} \text{ und } Re^{187}.$$

Die allerschwersten Atomkerne spalten sich spontan. So kommt bei dem radioaktiven Urankern mit der Massenzahl 238 auf 2 Millionen radioaktive Zerfälle durchschnittlich noch eine spontane Spaltung. Der künstlich erzeugte Atomkern Californium 245 zerfällt dagegen fast ausschließlich durch Spaltung. Wie wir bereits besprochen haben, gibt es eine Reihe von Methoden, auf künstlichem Wege radioaktive Atomkerne herzustellen.

2. Zerfallsgesetz
a) Zerfallsgleichung

Durch den radioaktiven Zerfall nimmt die Gesamtzahl der zerfallenden radioaktiven Atomkerne mit der Zeit ab. Es gilt:

$$N = N_0\, e^{-\lambda t} = N_0\, e^{-\frac{0,693}{T} t}$$

Hierin bedeuten:

N_0 = die Anfangsintensität der Strahlung
N = die Intensität der Strahlung zur Zeit t,
λ = die Zerfallskonstante,
T = die Halbwertzeit

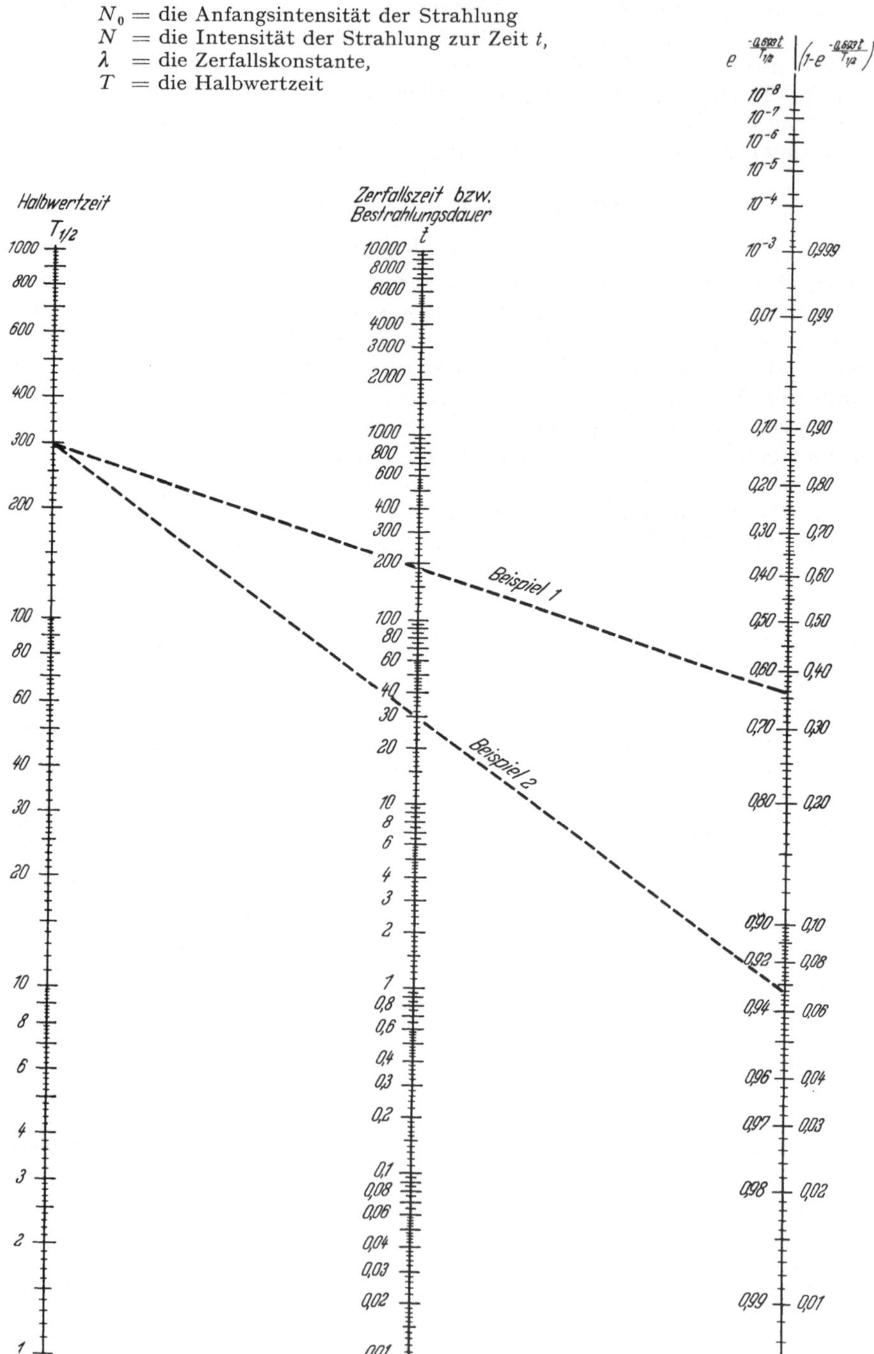

Abb. 31. Nomogramm zur bequemen Berechnung des Intensitätsabfalles durch Zerfall bzw. der Intensitätsvergrößerung bei Bestrahlung eines bestimmten Atomkernes. *Beispiel 1:* Die Intensität einer Strahlungsquelle, deren Radioisotop eine Halbwertzeit von 300 Std. hat, wird in 190 Std. auf 64% ihres Anfangswertes reduziert. *Beispiel 2:* Die Intensität des gleichen Radioisotops beträgt bei einer 30stündigen Bestrahlung mit Neutronen 6,6% des maximalen Wertes (Sättigungswert)

Die Halbwertzeit ist die Zeitdauer, nach welcher die Strahlungsintensität nur noch halb so groß ist wie zu Beginn derselben. Nach zwei Halbwertzeiten ist die Gesamtzahl der ursprünglich vorhandenen Atomkerne auf ein Viertel $(= {}^1\!/_2 \cdot {}^1\!/_2)$ abgesunken.

Mit Hilfe der Abb. 31 läßt sich leicht bestimmen, auf welchen Bruchteil die Aktivität eines radioaktiven Präparates in einer bestimmten Zeit abnimmt. Auf der mittleren Skala ist diese Zeit t aufgetragen, auf der linken Skala die für die Strahlung charakteristische Halbwertzeit T. Aus der Abbildung (Beispiel 1) läßt sich entnehmen, daß die Aktivität eines Strahlers, welchem die Halbwertzeit von 300 sec (Minuten, Stunden) zugeordnet ist, in 190 sec (Minuten, Stunden) auf 64 % der ursprünglichen Aktivität abgesunken ist (s. rechte Skala der Abbildung).

b) Zerfallskurve für ein einzelnes Radioisotop

Wenn wir die zu verschiedenen Zeiten gemessene Aktivität eines radioaktiven Präparates in einem Koordinatensystem auftragen, dabei die Aktivität A als Ordinate in logarithmischem Maßstab, die Zeit t als Abszisse wählen, dann erhalten wir eine gerade Linie. Je langsamer eine radioaktive Substanz zerfällt, je größer also die Halbwertzeit, um so flacher verläuft die Zerfallskurve.

c) Zerfallskurve für ein Gemisch von zwei Radioisotopen

Bei manchen Untersuchungen werden zwei verschiedene, *genetisch voneinander unabhängige Radioisotope* mit verschiedener Halbwertzeit nebeneinander verwendet. Es liegt dann die Aufgabe vor, aus dem beobachteten Meßeffekt auf die Aktivität der einzelnen Radioisotope zu schließen. Anhand von Abb. 32 wollen wir

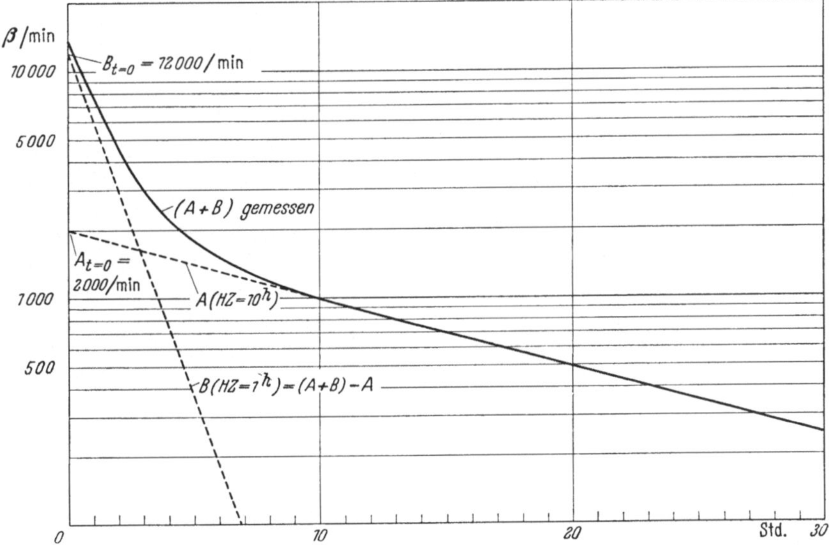

Abb. 32. Zeichnerische Ermittlung der Anfangsaktivitäten zweier Radioisotope verschiedener Halbwertzeit aus der beobachteten Zerfallskurve des Gemisches beider Radioisotope

erklären, wie dies in der Praxis geschehen kann. Wir tragen die zu verschiedenen Zeiten gemessene Zerfallskurve wie vorhin in halblogarithmischem Maßstab auf und erhalten Kurve $A + B$ der Abb. 32. Die Tatsache, daß diese Kurve in ihrem letzten Stück, d. h. für größere Zerfallszeiten, linear verläuft, läßt darauf schließen, daß zu diesem Zeitpunkt der Meßeffekt nur noch von einem der beiden Radioisotope herrührt, das andere Radioisotop aber bereits bis auf einen nicht mehr meßbaren Bruchteil zerfallen ist. Wir verlängern den geradlinigen Teil nach links bis zum Schnittpunkt mit der Ordinate und fassen den hier abgelesenen Wert als Aktivität des zugeordneten Radioisotops A zu Beginn der Messung ($t = 0$) auf (im Beispiel $A_{t=0} = 2000$ Imp./min). Die Zerfallskurve für das zweite Radioisotop B ergibt sich durch Subtraktion der Zerfallskurve A von der gemessenen Zerfallskurve $(A + B)$. Für die Aktivität des zweiten Radioisotops B zum Zeitpunkt $t = 0$ läßt sich aus der Abb. 32 der Wert 12000 Imp./min, entnehmen.

d) Radioaktive Familien, Radioaktive Ketten

Die Zerfallskurve kann ein ganz anderes Aussehen haben, wenn ein Gemisch von zwei Radioisotopen vorliegt, die *genetisch voneinander abhängig* sind. Wir haben darauf hingewiesen, daß z. B. die bei der Uranspaltung entstehenden Spaltprodukte wegen ihres großen Neutronenüberschusses radioaktiv sind und eine Kette von radioaktiven Isotopen bilden. Das erste Glied eines solchen Vielfachzerfalls nennt man *Muttersubstanz*, die daraus entstehende Substanz *Tochtersubstanz*. Bei den primären Spaltprodukten ist selbst wieder die Tochtersubstanz radioaktiv usw. (*radioaktive Kette*). Auch das künstlich erzeugte Neptunium ist der Ausgangspunkt einer radioaktiven Kette. Man spricht hier auch von einer *radioaktiven Familie*. Die Neptuniumfamilie reiht sich in die drei anderen, in der Natur vorkommenden radioaktiven Familien (Thorium-, Uran- und Aktiniumfamilie) ein, die alle drei zu einem stabilen, allerdings nicht dem gleichen Bleiisotop führen. Der stabile Endkern der Neptuniumfamilie ist Wismut 219.

Wenn wir ein Gemisch von Mutter- und Tochtersubstanz betrachten, so zerfallen Mutter- und Tochtersubstanz entsprechend ihren Halbwertzeiten. Für die Muttersubstanz gilt dabei das oben erwähnte einfache Zerfallsgesetz. Der Zerfall der Tochtersubstanz kann dagegen mehr oder weniger dadurch ausgeglichen werden, daß beim Zerfall der Muttersubstanz neue Atomkerne der Tochtersubstanz gebildet werden. Wenn ebensoviele Atomkerne der Tochtersubstanz zerfallen wie neu gebildet werden, so besteht ein *radioaktives Gleichgewicht* zwischen beiden Substanzen. Für den Fall, daß zum Zeitpunkt

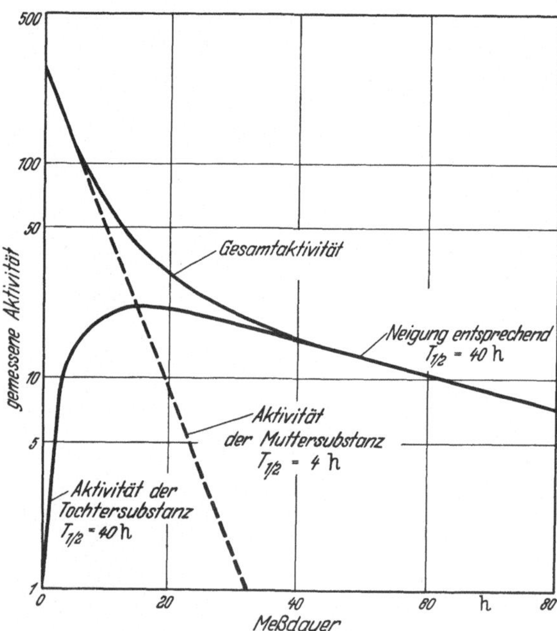

Abb. 33. Zeitliche Änderung der Aktivität von Mutter- und Tochtersubstanz, wenn kein radioaktives Gleichgewicht zwischen beiden herrscht und $T_1 < T_2$ ist

$t = 0$ keine Tochtersubstanz vorhanden war, ergibt die Rechnung für die Aktivität der Tochtersubstanz zu irgend einem späteren Zeitpunkt t sie Beziehung:

$$N_2 = \frac{T_2}{T_1 - T_2}\, N_0\left(e^{-\frac{0{,}693}{T_1} t} - e^{-\frac{0{,}693}{T_2} t}\right).$$

Für den Fall, daß bereits zum Zeitpunkt $t = 0$ die Tochtersubstanz mit einer

Aktivität N_{02} am Meßeffekt beteiligt ist, muß man noch den Wert

$$N_{02}\, e^{-\frac{0,693}{T_2}\, t}$$

hinzufügen. Sind die Halbwertzeiten von Mutter- und Tochtersubstanz etwa von gleicher Größenordnung, so hat die Aktivitätskurve der Tochtersubstanz die in Abb. 33 gezeigte Form. Das Maximum wird erreicht zur Zeit

$$t = 3,32\,\frac{T_1 \cdot T_2}{T_2 - T_1}\,\log_{10}\left(\frac{T_2}{T_1}\right).$$

Wie man sieht, nimmt für $T_2 \gg T_1$ die Intensität der Tochtersubstanz für $t \gg T_2$ mit der der Tochtersubstanz eigenen Halbwertzeit ab. Zerfällt die Tochtersubstanz ebenfalls, so gilt unter der Annahme, daß zum Zeitpunkt $t = 0$ weder Tochter- noch Enkelsubstanz vorhanden war, für die Aktivität der letzteren die Beziehung

$$N_3 = N_1 \lambda_1 \lambda_2 \left\{ \frac{e^{-\lambda_1 t}}{(\lambda_2 - \lambda_1)\,(\lambda_3 - \lambda_1)} + \frac{e^{-\lambda_2 t}}{(\lambda_3 - \lambda_2)\,(\lambda_1 - \lambda_2)} + \frac{e^{-\lambda_3 t}}{(\lambda_1 - \lambda_3)\,(\lambda_2 - \lambda_3)} \right\}.$$

e) Radioaktive Einheiten

Die Zahl der pro Zeiteinheit zerfallenden Atomkerne eines radioaktiven Präparates wird Aktivität genannt. Als Einheit gilt das *Curie*. Ein Präparat hat die Aktivität 1 Curie (Abkürzung: C), wenn pro Sekunde $3,7 \cdot 10^{10}$ Atomkerne zerfallen. Wie an anderer Stelle erläutert wird, bedeutet dies nicht, daß auch $3,7 \cdot 10^{10}$ geladene Teilchen (α- oder β-Teilchen) oder γ-Quanten emittiert werden s. S. 89). Für schwächere Präparate werden kleinere Einheiten gewählt, nämlich

$$1\ \text{mC (Millicurie)} = 10^{-3}\ \text{C}$$
$$1\ \mu\text{C (Mikrocurie)} = 10^{-6}\ \text{C} = 10^{-3}\ \text{mC}$$
$$1\ \text{nC (Nanocurie)} = 10^{-9}\ \text{C} = 10^{-6}\ \text{mC} = 10^{-3}\ \mu\text{C}.$$

1 Nanocurie (1 nC) entspricht also 37 Zerfällen pro Sekunde.

Wir wollen hier den Begriff der Strahlendosis einflechten, weil dieser immer wieder mit der Aktivität eines Präparates verwechselt wird. Die Einheit der Strahlendosis ist 1 Röntgen (1 r) und gleich derjenigen Strahlenmenge, welche in Normalluft $2 \cdot 10^9$ Ionenpaare erzeugt. Die Strahlendosis steht gewiß mit der Aktivität eines Präparates in Zusammenhang. Sie hängt aber noch von anderen Parametern ab. Offenbar ist es für die Beurteilung der Strahlendosis wichtig, in welchem Abstand sich ein radioaktives Präparat bestimmter Aktivität vom bestrahlten Objekt befindet. Je größer der Abstand vom Präparat, um so kleiner ist bei gleicher Präparatstärke die Strahlendosis. Umgekehrt kann eine verhältnismäßig kleine Aktivität in unmittelbarer Nähe des Meßortes eine Strahlendosis verursachen, welche die Toleranzdosis überschreitet. Durch Einschieben von Materie zwischen Strahlen und Objekt wird die Strahlendosis vermindert, ohne daß sich an der Aktivität etwas ändert. Gleiche Aktivität unter sonst gleichen Bedingungen (gleicher Abstand, gleicher Strahlenschutz) ergibt nur dann gleiche Strahlendosis, wenn auch die Art der emittierten Strahlung und deren Energie gleich sind. Wissen wir doch, daß die Ionisationsdichte, welche für die Beurteilung der Strahlendosis maßgebend ist, bei α-Teilchen wesentlich größer ist als bei β-Teilchen. Die Zahl der insgesamt erzeugten Ionen ist außerdem durch die Energie der Strahlung nach oben begrenzt.

3. Trägerlose Substanzen — Spezifische Aktivität

Aus der Aktivität eines radioaktiven Präparates kann man auf das Gewicht der darin enthaltenen radioaktiven Atome schließen. Ohne Rechnung geben wir für dieses Gewicht M die Beziehung an:

$$M = 0{,}32 \cdot 10^{-12} A \cdot I \cdot T \text{ Gramm}$$

$A =$ Atomgewicht bzw. Molekulargewicht, $I =$ Anzahl der mC,
$T =$ Halbwertzeit in Stunden.

Hiernach enthält ein $Ca^{45}Cl_2$-Präparat von $1\ \mu C/1{,}35 \cdot 10^{-10}$ g radioaktives $Ca^{45}Cl_2$; dagegen wiegt 1 mC Kohlenstoff 14 etwa 0,2 mg.

Es muß ausdrücklich festgestellt werden, daß diese Zahlenwerte nur für die reine radioaktive Substanz gelten. In der Praxis liegt das Präparat im allgemeinen als Mischung der reinen radioaktiven Substanz und einer bestimmten Gewichtsmenge nicht radioaktiver Substanz vor, welche im allgemeinen meist dem gleichen chemischen Element angehört. Die Aktivität liegt also verdünnt vor. Die sog. *spezifische Aktivität*, d. h. die Aktivität (z. B. in Curie) pro Gewichtseinheit des Präparates (z. B. in Gramm) und damit die Nachweisempfindlichkeit ist dann kleiner. Im allgemeinen muß man einer trägerlosen, radioaktiven Substanz eine bestimmte Menge eines Stoffes als *Trägersubstanz* zugeben, um Aktivitäts-Verluste z. B. durch Adsorption an Glaswänden zu vermeiden.

Die spezifische Aktivität ist in der Praxis von großer Bedeutung. Sie bestimmt einerseits die Gewichtsmenge, die zur Durchführbarkeit einer Messung bestimmter Genauigkeit notwendig ist. Andererseits läßt sich die Gesamtmenge an radioaktiver Substanz bei vielen Untersuchungen nicht beliebig vergrößern, ohne daß die Versuchsbedingungen gestört werden. Man wünscht deshalb in solchen Fällen eine möglichst hohe spezifische Aktivität.

4. Verschiedene Zerfallsarten

Bereits RUTHERFORD konnte feststellen, daß beim natürlich radioaktiven Zerfall drei Arten von Strahlung auftreten können, α-Teilchen (Heliumkerne), welche doppelt positiv geladen sind und im Magnetfeld abgelenkt werden, β-Strahlung (Elektronen), welche im magnetischen Feld entgegengesetzte Ablenkung wie α-Teilchen erfahren, weil sie negativ geladen sind, und γ-Strahlung, die im Magnetfeld keiner Ablenkung unterliegt.

a) α-Strahlung

Beim α-Zerfall werden α-Teilchen emittiert. Dem Ausgangskern werden dadurch 2 Ladungseinheiten (2 Protonen) und 4 Masseeinheiten (2 Protonen und 2 Neutronen) entzogen. Der α-Zerfall ist also durch folgende Gleichung charakterisiert:

$$_Z A^M \rightarrow {}_{Z-2} A^{M-4} + {}_2 He^4 \qquad \begin{array}{l} Z = \text{Ordnungszahl} \\ M = \text{Massenzahl} \end{array}$$

Beispiel: $\qquad\qquad {}_{88}Ra^{226} \overset{\alpha}{\rightarrow} {}_{86}RaEm^{222}$

Die kinetische Energie und damit auch die Reichweite aller bei einfachem Zerfall emittierten α-Teilchen in Materie ist gleich groß (einige MeV). Bei einer Reihe von α-Strahlern treten mehrere Gruppen von monoenergetischen α-Teilchen auf (komplexer Zerfall), denen verschiedene, aber innerhalb der Gruppe eine einheitliche kinetische Energie zugeordnet ist. So sendet der radioaktive Atomkern $_{88}Ra^{226}$ zwei Gruppen von α-Teilchen aus. Bei der Emission der α-Teilchen der ersten Gruppe geht der radioaktive Ausgangskern in den Grundzustand des (ebenfalls radioaktiven) Folgekerns $_{86}\mathrm{Rn}^{222}$ über. Die kinetische Energie dieser α-Teilchen beträgt 4,881 MeV. Bei der Emission der zweiten Gruppe von α-Teilchen wird zunächst ein angeregter, also ein energiereicherer Zustand des Folgekernes erreicht. Die kinetische Energie dieser α-Teilchen beträgt 4,697 MeV. Der angeregte Zwischenkern ist kurzlebig und geht unter Aussendung eines γ-Quants bestimmter kinetischer Energie, welche gleich der Differenz der kinetischen Energie der beiden α-Gruppen ist, also 0,184 MeV, in den Grundzustand des Folgekernes über.

b) β-Strahlung

Bei den in der Natur vorkommenden Radioisotopen besteht der β-Zerfall in der Aussendung eines (negativen) Elektrons und Umwandlung des zerfallenden Atomkernes in einen Atomkern des nächst höheren chemischen Elementes. Bei künstlich hergestellten Radioisotopen beobachtet man aber auch positiv geladene β^+-Teilchen, sog. *Positronen*. In diesem Falle entsteht nach der Emission des Positrons eine Atomkernart, welche dem nächst niedrigen chemischen Element zugeordnet ist. Für β-Zerfall gelten also folgende beiden Gleichungen:

$$\beta^- \text{-Zerfall:} \quad _Z A^M \rightarrow {}_{Z+1} A^M + \beta^-$$

$$\beta^+ \text{-Zerfall:} \quad _Z A^M \rightarrow {}_{Z-1} A^M + \beta^+.$$

$$\text{Beispiele:} \quad _{15}\mathrm{P}^{32} \xrightarrow{\beta^-} {}_{16}\mathrm{S}^{32}$$

$$\text{bzw.} \quad _6\mathrm{C}^{11} \xrightarrow{\beta^+} {}_5\mathrm{B}^{11}.$$

α) Energieverteilung von β-Strahlung

Bei dem eben erwähnten β-Zerfall des radioaktiven Atomkerns $_{15}\mathrm{P}^{32}$ wird je Zerfall *ein* β-Teilchen emittiert. Einen Teil der bei diesem Zerfall freiwerdenden Energie übernimmt das β-Teilchen (Elektron) als kinetische Energie. Nach FERMI ist diese Energie nicht für alle emittierten Teilchen gleich groß. Es existiert eine kontinuierliche Energieverteilung zwischen der Energie 0 und einer für das betreffende Radioisotop charakteristischen maximalen Energie E_{max} (s. Abb. 34); β-Teilchen mit kleiner und großer kinetischer Energie werden seltener beobachtet. Zerfallselektronen mit einer *mittleren Energie,* die etwa ein Drittel der maximalen Energie ausmacht, treten häufiger auf. Für die Beurteilung der Eigenschaften eines β-Strahlers ist neben seiner Halbwertzeit also nicht nur die maximale kinetische β-Energie, sondern auch die Energieverteilung wichtig.

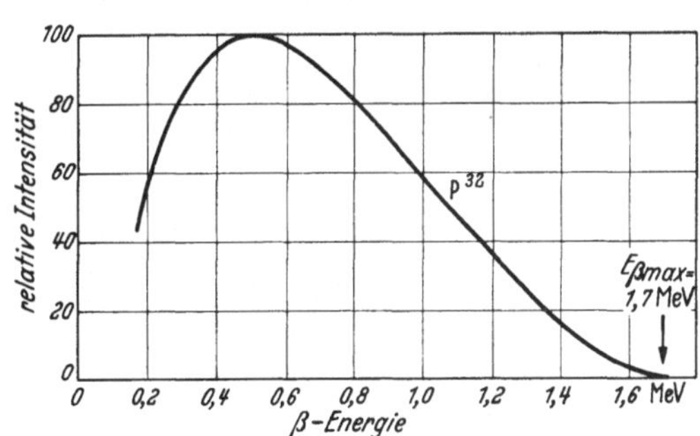

Abb. 34. Energieverteilung der Zerfallselektronen von P^{32}

Da bei jedem β-Zerfall die gesamte Zerfallsenergie zur Verfügung steht, erhebt sich die Frage, wo denn in den Fällen, in welchen das β-Teilchen nur einen Bruchteil dieser Zerfallsenergie mitbekommt, die restliche Energie bleibt.

Zur Aufrechterhaltung des Energiesatzes hat man ein zweites, ungeladenes Zerfallsteilchen sehr kleiner Masse, das *Neutrino*, angenommen, das die betreffende Energiedifferenz als kinetische Energie übernimmt. Nach Versuchen aus neuester Zeit kann an der Existenz dieses zunächst hypothetisch angenommenen Neutrinos nicht mehr gezweifelt werden.

Der radioaktive Zerfall eines P^{32}-Kernes ist schematisch in Abb. 35a dargestellt. Der P^{32}-Kern emittiert ein β-Teilchen, das im Augenblick der Aussendung

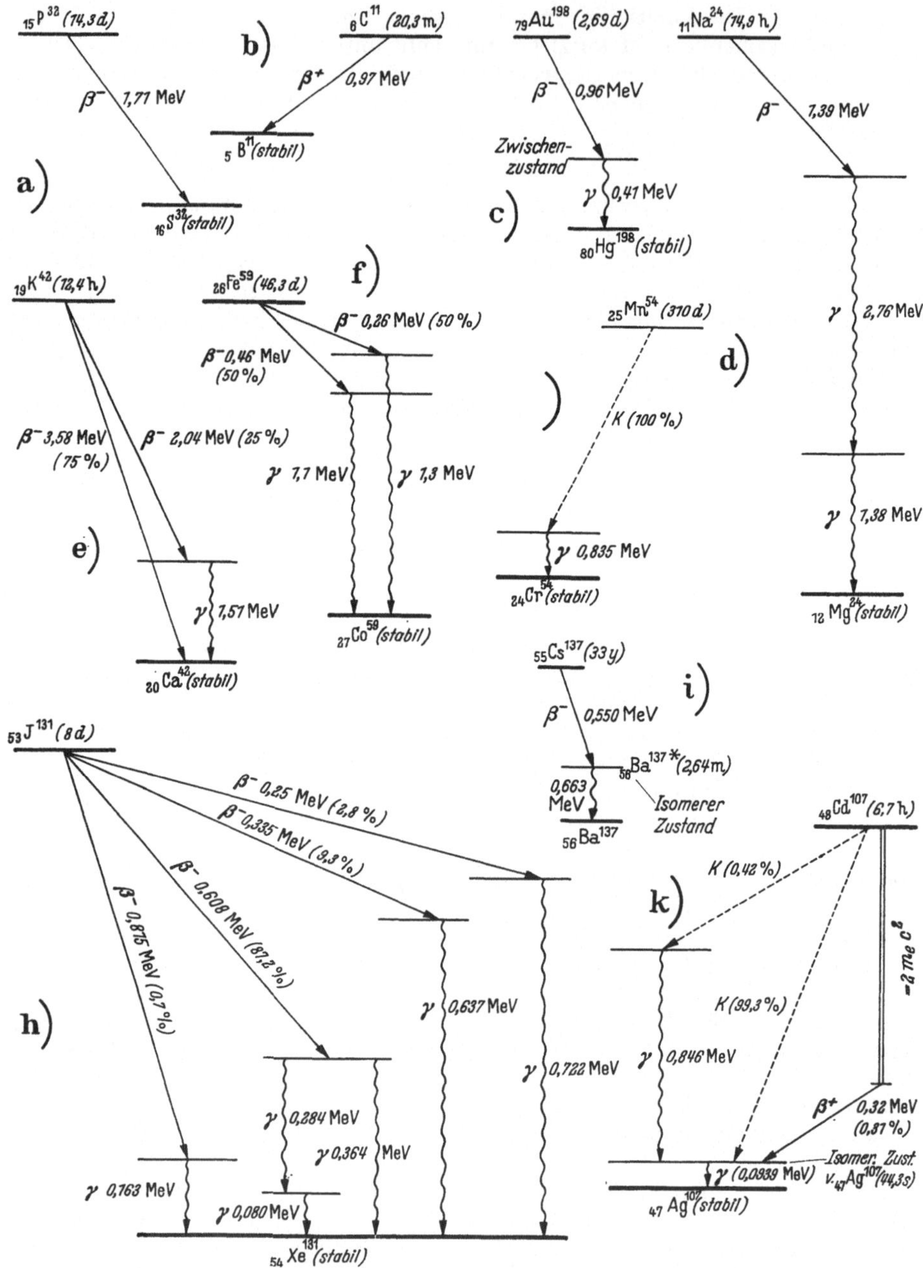

Abb. 35 a—k. Zerfallschemata für verschiedene Radioisotope

durch Umwandlung eines Kernneutrons in ein Kernproton entsteht. Die kinetische Energie des β-Teilchens beträgt maximal 1,708 MeV. Wegen des Verlustes eines negativ geladenen Teilchens (Umwandlung eines Neutrons in ein Proton) muß der entstehende Folgekern die Kernladungszahl $15 + 1 = 16$ haben; an der Masse hat sich vernachlässigbar wenig geändert. Es ist Schwefel 32 ($_{16}S^{32}$) entstanden. Die Kernenergie von $_{16}S^{32}$ ist um 1,7 MeV niedriger als diejenige von P^{32}. Im Schema der Abb. 35a ist dieser Tatbestand durch den Abstand der beiden Energieniveaulinien für P^{32} und S^{32} angedeutet.

Bei der radioaktiven Umwandlung kann, wie gesagt, auch ein positives Elektron, ein Positron (Umwandlung eines Protons in ein Neutron) ausgesandt werden. Als Beispiel sei der Zerfall von Kohlenstoff 11 in Bor 11 gegeben (s. Abb. 35):

$$_{6}C^{11} \xrightarrow[\text{21 Min.}]{\beta^{+}} {}_{5}B^{11}.$$

Die emittierten Positronen besitzen ebenfalls eine kontinuierliche Energieverteilung, ihre Lebensdauer in Materie ist aber sehr kurz. Ein Positron vernichtet sich mit einem negativen Elektron zu zwei γ-Quanten *(Vernichtungsstrahlung)*, die Massen der beiden Elektronen (positiv und negativ) erscheinen in Form von Energie der beiden γ-Quanten (je 0,51 MeV).

Für viele Anwendungen ist die Kenntnis der mittleren β-Energie wichtig (z. B. bei der Berechnung der Strahlendosis), in vielen Fällen ist sie allein ausreichend. Die mittlere Energie läßt sich aus dem β-Spektrum (Energieverteilung) berechnen oder mit Hilfe einer calorimetrischen Messung der freiwerdenden β-Energie bestimmen.

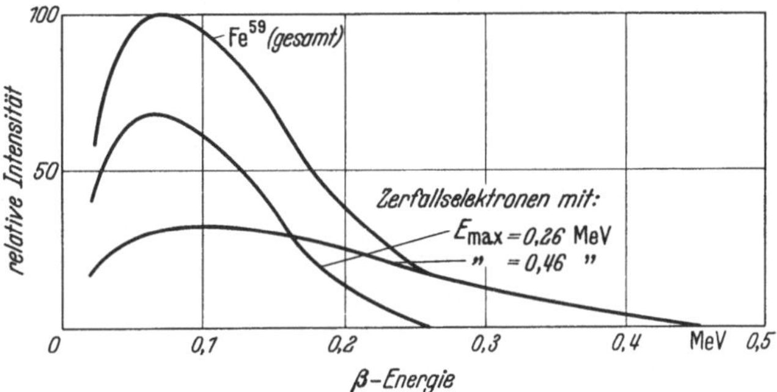

Abb. 36. Aufteilung der bei Fe^{59} beobachteten Energieverteilung auf die beiden β-Gruppen (nach M. DEUTSCH u. Mitarb.)

Ebenso wie beim α-Zerfall können auch beim β-Zerfall mehrere Elektronengruppen ausgesandt werden. Jeder der beiden β-Gruppen kommt eine andere Zerfallsenergie und eine andere Energieverteilung zu (s. Abb. 36).

β) K-Einfang

Der K-Einfang konkurriert mit dem Positronenzerfall. Statt ein Positron auszusenden, kann sich der radioaktive Atomkern ein negatives Atom-Elektron (meist aus der K-Schale) einfangen unter gleichzeitiger Emission eines Neutrinos, welches die gesamte Zerfallsenergie übernimmt. Der entstehende Folgekern ist der gleiche wie beim β^{+}-Zerfall. Da beim K-Einfang die Masse um diejenige eines Elektrons wächst, besteht gegenüber β^{+}-Zerfall, bei welchem eine Elektronenmasse verlorengeht, ein Massenunterschied von 2 Elektronenmassen.

Wie wir heute wissen, sind die Elektronen der Atomhülle in verschiedenen Schalen um den Atomkern untergebracht. Die innerste Schale, die K-Schale, umfaßt außer bei Wasserstoff immer zwei Elektronen. Darauf folgt die L-Schale mit maximal 8 weiteren Elektronen (erstmalig beim Edelgas Argon), dann die M-Schale mit maximal 18 Elektronen usw. Beim K-Einfang sucht sich der radioaktive Kern aus der K-Schale ein Elektron, damit hat sich ein neuer Atomkern (Folgekern) mit einer um eine Einheit niedrigeren Kernladung gebildet. Die Lücke in der K-Schale wird ausgefüllt durch ein Elektron der L-Schale usw. Beim Übergang von einem zum anderen Energiezustand ($L \rightarrow K$), entsteht Röntgenstrahlung, die charakteristisch für den neuentstandenen Folgekern ist. Nur durch diese charakteristische Röntgenstrahlung kann ein K-Einfang überhaupt erkannt werden. Wegen der geringen Energie der ausgesandten Röntgenstrahlung ist der Nachweis sehr schwer und erfordert besondere Hilfsmittel. Die Messung wird vereinfacht, wenn der K-Einfang nicht zum Grundzustand des Folgekerns, sondern zu einem angeregten Energiezustand desselben führt. Der angeregte Kern geht anschließend in den Grundzustand über unter Aussendung eines energiereichen γ-Quants, das wesentlich einfacher beobachtet werden kann als die sehr weiche Röntgenstrahlung.

c) γ-Strahlung

α) Kern-γ-Strahlung

Wir haben nun schon mehrfach davon gesprochen, daß sich der Folgekern beim α- und β-Zerfall zunächst in einem angeregten Zustand befinden kann und der Grundzustand des Folgekerns erst nach Aussendung von γ-Strahlung erreicht wird. Die Energiedifferenz zwischen beiden Kernzuständen übernimmt das emittierte γ-Quant in Form von kinetischer Energie. Es gibt eine Reihe von künstlichen Radioisotopen, welche keine γ-Strahlung *(Kern-γ-Strahlung)* aussenden, also *reine β-Strahler* sind (z. B. C^{14}, P^{32}, S^{35}).

β) Innere Umwandlung

Angeregte Kerne können in Wechselwirkung mit Elektronen der Atomhülle treten, so daß kein γ-Quant ausgesandt, sondern ein Teil der Anregungsenergie zur Loslösung eines Atomelektrons verbraucht wird. Der größere Rest der Anregungsenergie erscheint als kinetische Energie des bei diesem Vorgang entstehenden *Konversionselektrons*, das meist aus der K-Schale stammt. Zur Charakterisierung des Vorganges der inneren Umwandlung wird ein *Konversionskoeffizient*, der gleich dem Durchschnitts-Verhältnis der Zahl der Konversionselektronen und der Zahl der γ-Quanten ist, angegeben. Die innere Umwandlung erfolgt vorzugsweise bei kleinen γ-Energien. Bei einen β-Strahler, der gleichzeitig eine weiche γ-Strahlung aussendet, kann es somit vorkommen, daß neben Zerfallselektronen auch Konversionselektronen gemessen werden, welche eine entsprechend höhere Aktivität vortäuschen. Bei J^{131} erhöht sich die Zahl der Elektronen z. B. um 6,3%. Bei nicht 100%igem Nachweis für energiearme Elektronen verringert sich der angegebene Zuwachs entsprechend.

γ) Kernisometrie

Der Übergang vom angeregten Zustand in den Grundzustand erfolgt im allgemeinen nach einer äußerst kurzen Zeit (10^{-16} sec). Es gibt aber Fälle, wo der angeregte Zustand *metastabil* ist, d. h. für eine meßbare Zeit erhalten bleibt. Wenn wir eine größere Zahl von Zerfällen ein und derselben Art betrachten, so existieren damit zweierlei Atomkerne (der Folgekern im angeregten Zustand und im Grundzustand) einige Zeit nebeneinander. Das sind zwei Atomkerne, welche die gleiche Kernladung und die gleiche Kernmasse besitzen und die man ein *isomeres Paar* nennt.

Als Beispiel möge Ag^{107} dienen (s. Abb. 35k), Ag^{107} wandelt sich im wesentlichen durch K-Einfang, daneben auch unter Positronenaussendung mit einer Halbwertzeit von 6,9 Std. und der in Abb. 35k angegebenen Häufigkeit in den angeregten Kern Ag^{107} um. Dieser angeregte Kern von Ag^{107*} und der Endkern Ag^{107} bilden ein isomeres Paar (Halbwertzeit 44,3 sec). Wenn die γ-Strahlung, die den isomeren Zustand schließlich aufhebt, energiearm ist, entstehen Konversionselektronen. Statt γ-Quanten werden dann Konversionselektronen einheitlicher Energie gemessen. Radioaktive Isotope, die einem isomeren Übergang unterliegen und innere Umwandlung aufweisen, sind übrigens die einzigen natürlichen Quellen für Elektronen einheitlicher Energie.

5. Zerfallschemata

Wir haben gesehen, daß bei bestimmten β-Zerfällen neben Zerfallselektronen auch γ-Quanten ausgesandt werden können. Mit einem Geiger-Müller-Zählrohr können beide Strahlenarten erfaßt werden, die γ-Strahlung allerdings mit wesentlich geringerer Nachweiswahrscheinlichkeit. Im allgemeinen wird hierdurch eine zu große Aktivität beobachtet. Aus diesen und anderen Gründen ist es notwendig, das Zerfallschema des betreffenden Radioisotops zu kennen. Phosphor 32 ist ein reiner β-Strahler, welcher unter Aussendung eines β-Teilchens in den stabilen Schwefel 32-Kern übergeht. Die Zerfallsenergie beträgt 1,7 MeV; sie ist in Abb. 35a durch den Abstand der beiden Energieniveaus von P^{32} und S^{32} festgelegt. Der β^--Zerfall wird durch den Pfeil nach rechts unten angedeutet. Bei Positronenstrahlern, z. B. C^{11} (s. Abb. 35b), zeigt der Pfeil nach links unten. Der Abstand der beiden Kernenergieniveaus ist wiederum gleich der Zerfallsenergie (Maximale β-Energie).

Einen etwas komplizierteren Zerfall finden wir bei Kalium 42. In 75% aller Zerfälle werden β^--Strahlen mit einer maximalen β-Energie von 3,58 MeV ausgesandt, der Folgekern ist Calcium 42 (stabil). 25% der Zerfälle führen unter Aussendung von β-Teilchen mit einer maximalen β-Energie von 2,04 MeV zu einem angeregten Zwischenkern von Calcium 42. Die Anregungsenergie übernimmt das unmittelbar anschließend ausgesandte γ-Quant. Es entsteht wieder der stabile Folgekern Ca^{42}. Für praktische Messungen, besonders für absolute Messungen, ist die Kenntnis solcher Verzweigungen von Wichtigkeit.

Ein β-Zerfall, bei welchem β-Teilchen und *gleichzeitig* ein bzw. zwei γ-Quanten ausgesandt werden, liegt bei Au^{198} bzw. Na^{24} vor. Von dieser Tatsache macht man z. B. bei Absolutmessungen mit Hilfe von Koinzidenzschaltungen Gebrauch, wo beide Strahlenarten zur Messung herangezogen werden und die „gleichzeitige" Aussendung ausgenutzt wird. Den Zerfall von Eisen 59 haben wir schon besprochen. Hier folgt dem β-Teilchen jeder Gruppe ein γ-Quant. Was die Zerfallsenergie (maximale β-Energie) bei der einen Gruppe größer ist, ist die γ-Energie kleiner und umgekehrt, weil beide Zerfallsarten schließlich in den gleichen Folgekern Co^{59} (stabil) übergehen. Ein recht komplizierter β-Zerfall liegt bei dem medizinisch wichtigen J^{131} vor.

Isomere Zustände treten bei Cs^{137} auf. Cs^{137} geht unter Aussendung von β-Strahlung in den isomeren Zustand von Ba^{137} über. Die Halbwertzeit für diesen Zerfall beträgt 33 Jahre. Der isomere Zustand hält sich mit einer Halbwertzeit von 2,6 min. Da die *Muttersubstanz* Cs^{137} eine zur *Tochtersubstanz* Ba^{137} große Halbwertzeit besitzt, ist Cs^{137} im wesentlichen für die Abnahme des Meßeffektes mit der Zeit verantwortlich. Das Radioisotop Cs^{137} kann also als sehr langlebiger γ-Strahler angesehen werden.

6. Gleichzeitige Erzeugung mehrerer Arten von Radioisotopen

Als Geschosse zur Herstellung von Radioisotopen eignen sich neben energiereichen, geladenen Teilchen, γ-Strahlung und Neutronen. Es gibt verschiedene Möglichkeiten, ein und dasselbe Radioisotop herzustellen. Als Beispiel sei P^{32} genannt (s. Tab. 10).

Tabelle 10. *Verschiedene Kernreaktionen, durch welche* $_{15}P^{32}$ *hergestellt werden kann*

$$_{15}P^{31} \, (n,\gamma) \, _{15}P^{32}$$
$$_{16}S^{32} \, (n,p) \, _{15}P^{32}$$
$$_{17}Cl^{35} \, (n,\alpha) \, _{15}P^{32}$$
$$_{15}P^{31} \, (d,p) \, _{15}P^{32}$$
$$_{16}S^{34} \, (d,\alpha) \, _{15}P^{32}$$
$$_{14}Si^{29} \, (\alpha,p) \, _{15}P^{32}$$

Die beiden wichtigsten Umwandlungsarten sind an den Anfang der Aufzählung gestellt.

Leider hat die Vielzahl der Bestrahlungsmöglichkeiten auch Nachteile. Umgekehrt entstehen nämlich bei der Bestrahlung eines ganz bestimmten Isotops eines chemischen Elementes nebeneinander verschiedene Radioisotope. Wir wollen dies anhand eines Ausschnittes aus einer Isotopentabelle (s. Abb. 37) näher erläutern. Die einzelnen stabilen und radioaktiven Isotope sind in dieser n-p-Darstellung so geordnet, daß die Zahl der Neutronen im Atomkern des betreffenden Isotops nach oben, die Zahl der Protonen nach rechts zunimmt. Wir bestrahlen nun eine dünne Eisenfolie im Zyklotron mit energiereichen Deuteronen. Eisen besteht in der Natur aus 4 stabilen Isotopen. Allein aus dem häufigsten Eisenisotop $_{26}Fe^{56}$ entstehen auf Grund der Kernreaktionen

$$_{26}Fe^{56}\ (d,p)\ _{26}Fe^{57}\ (stabil)$$
$$_{26}Fe^{56}\ (d,\alpha)\ _{25}Mn^{54}\ (T = 291\ d)$$
$$_{26}Fe^{56}\ (d,n)\ _{27}Co^{57}\ (T = 270\ d)$$
$$_{26}Fe^{56}\ (d,2\,n)\ _{27}Co^{56}\ (T = 80\ d)$$

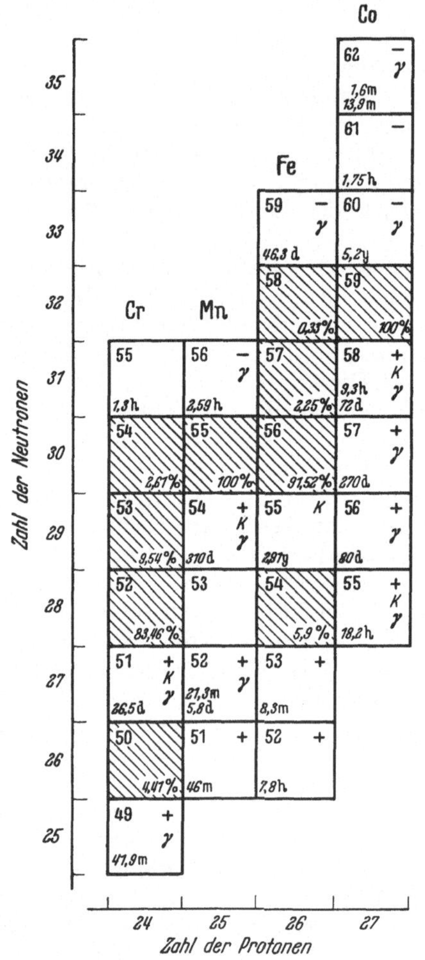

Abb. 37. Übersicht über die stabilen und radioaktiven Isotope der Elemente Chrom, Mangan, Eisen und Kobalt (*p-n*-Darstellung) (Abkürzungen: s=Sekunde; m=Minute; h = Stunde; d = Tage; y = Jahre)

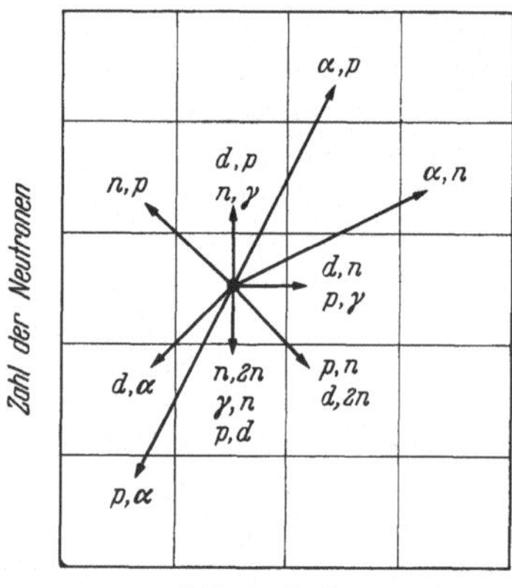

Abb. 38. Schema zum Auffinden der durch Beschuß mit Neutronen, Deuteronen, Protonen oder α-Teilchen entstehenden Isotope

drei verschiedene Radioisotope, nämlich Mn^{54}, Co^{56} u. Co^{57}. Bei der Bestrahlung von Eisen entstehen aber auch aus den anderen drei stabilen Eisenisotopen zusätzliche Radioisotope, nämlich $_{26}Fe^{55}$ ($T = 2{,}6$ a); $_{26}Fe^{59}$ ($T = 45{,}1$ d); $_{25}Mn^{56}$ ($T = 21$ m); $_{25}Mn^{56}$ ($T = 2{,}6$ h); $_{27}Co^{55}$ ($T = 18{,}1$ h) und $_{27}Co^{58}$ ($T = 71{,}3$ d). Bei der Bestrahlung von Eisen entstehen also 9 verschiedene Radioisotope. (Mit Hilfe der Abb. 38 lassen sich die bei einer bestimmten Geschoßart entstehenden Radioisotope leicht auffinden).

Die Vielzahl der möglicherweise entstehenden Radioisotope kann noch größer werden, wenn statt eines Elementes (im Beispiel Eisen) eine entsprechende chemische Verbindung, welche aus ganz verschiedenartigen Atomen aufgebaut ist, bestrahlt wird.

Die Radioisotope, die verschiedenen chemischen Elementen angehören, lassen sich nachträglich chemisch trennen. Mitunter ist es schon ausreichend, daß die entstehenden Radioisotope verschiedene Halbwertzeit haben und die Messung der Strahlungsintensitäten deshalb zu verschiedenen Zeiten das eine oder andere Radioisotop bevorzugt. Auch die ausgesandte Strahlenart oder deren Energie kann zur Unterscheidung zwischen einzelnen Radioisotopen herangezogen werden.

Es ist selbstverständlich, daß nicht alle entstehenden Radioisotope die gleiche Aktivität aufweisen. Einmal liegt das Ausgangsisotop in ganz verschiedener Häufigkeit vor, z. B. ist Eisen 56 in natürlichem Eisen mit etwa 91,5% vertreten, Eisen 57 dagegen nur mit 2,25%. Damit wird auch von vornherein die Bestrahlungsaktivität entsprechend niedriger. Ganz verschieden ist der Wirkungsquerschnitt der einzelnen Isotope bei den oben gezeigten Kernreaktionen.

7. Eigenschaften von radioaktiven Isotopen

Es gibt zwar eine sehr große Zahl von verschiedenen Radioisotopen, doch nur ein Teil derselben eignet sich für medizinische und biologische Untersuchungen, weil dabei ganz bestimmte Eigenschaften der Radioisotope verlangt werden.

Die Halbwertzeit darf nicht zu klein sein; für die meisten Anwendungsbeispiele sollte sie größer als ein Tag sein, in Ausnahmefällen kann sie auch kleiner sein, wenn die Erzeugungsstätte des Radioisotops in der Nähe liegt oder der starke Abfall der Strahlungsintensität in Kauf genommen werden kann. Aus Abb. 39, in welcher die Zahl der Radioisotope verschiedener Halbwertzeit aufgetragen ist, erkennt man, daß allein wegen der ungünstigen Größe der Halbwertzeit ein sehr großer Teil der Radioisotope für die Anwendung in der Medizin oder Biologie entfällt (s. a. Tab. 11 u. 12).

Maßgebend für die Empfindlichkeit des Nachweises von Radioisotopen ist die Art bzw. die Energie der emittierten Zerfallsstrahlung. Obwohl die Technik des Nachweises radioaktiver Strahlung schon ziemlich weit getrieben ist, macht eine genaue Messung energiearmer Strahlung häufig noch große Schwierigkeiten und erfordert zusätzlichen apparativen Aufwand.

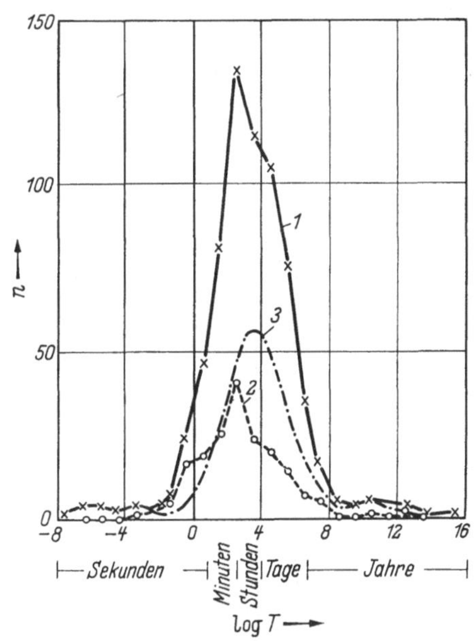

Abb. 39.
Verteilung der Halbwertzeiten nicht stabiler Isotope

Die Größe der spezifischen Aktivität ist von besonderer Bedeutung *(trägerlose Substanzen)*. Je größer die spezifische Aktivität ist, um so geringer ist die für eine exakte Durchführung der radioaktiven Messungen notwendige Gewichtsmenge an radioaktiver Substanz. Gleichzeitig bleibt die Störung der Versuchsbedingungen durch Verabreichung der radioaktiven Substanz in annehmbaren Grenzen. Außerdem ist die Strahlenbelastung entsprechend klein. Bei rein chemischen Versuchen

Tabelle 11. *Halbwertzeiten und Energien für β-Strahlen*

MeV	< 1 h	1—6 h	6—24 h	1—5 d	5—30 d	30 d—1 a	>1 a
0—0,3				Au^{199}	Os^{191}	$*S^{35}$ $*Ca^{45}$ (1) Fe^{59} Nb^{95} Ru^{103} Ce^{144} (2) Ir^{192} Hg^{303}	$*H^{3}$ $*C^{14}$ Ni^{63} Ru^{103} Sb^{125} (2) Cs^{134} Pm^{147} Eu^{155}
0,3—0,5				Br^{32} $*Sn^{121}$ Yb^{175}	Xe^{133} Er^{169}	Sc^{46} Co^{58} (β^+) (2) Fe^{59} Zr^{95} C^{141} Hf^{181} W^{185}	Co^{60}
0,5—0,7		(3) Mn^{56} (2) Ni^{65}	(1) Cu^{64} Te^{127} Gd^{159} Pt^{197}	Rh^{105} W^{187}	I^{131} Tb^{161} Lu^{177}	(1) Sb^{124} Ta^{182} (1) Ir^{192}	Kr^{85} $*Sr^{90}$ (1) Cs^{134} Cs^{137}
0,7—1,0	Zn^{69}	Kr^{35m}	(1) Ga^{72} (1) Gd^{159}	As^{77} Au^{198}	Ag^{111} Pr^{143}	Tm^{170}	Cl^{36} $*Tl^{204}$
1,0—1,5	(1) Cl^{38}	$*Si^{31}$ A^{41} (2) Mn^{56} (3) Ni^{65} Nb^{97} Ru^{105}	Na^{24} $*Pa^{100}$ Er^{171}	Mo^{99} (1) Sb^{122} Ce^{143} Pm^{149} Re^{186} Os^{193} Bi^{210}		$*Sr^{89}$ Y^{91}	
1,5—3,0	Al^{28} Ga^{70} Br^{80}	(1) Mn^{56} (1) Ni^{65} Ba^{139} Nd^{149}	(2) K^{42} (2) Ga^{72} Zr^{97} Pr^{142} Re^{188} Ir^{194}	As^{76} Y^{90} (2) Sb^{122} Ho^{166}	$*P^{32}$ Rb^{86}	In^{114} (2) Sb^{124}	
>3,0	(2) Cl^{38}		(1) K^{42} (3) Ga^{72}			Ce^{144}—Pr^{144}	Ru^{106}—Rh^{106}

* reine β-Strahlen (1) die bei komplexem Zerfall häufigsten Zerfallselektronen (2) die bei komplexem Zerfall zweithäufigsten Zerfallselektronen

Tabelle 12. *Halbwertzeiten und Energien für γ-Strahlen*

MeV	<1 h	1—6 h	6—24 h	1—5 d	5—30 d	30 d—1 a	>1 a
0—0,3		(1) Ba^{139}		Xe^{133m} Pm^{149} Sm^{153} Au^{199}	Xe^{133} (2) Nd^{147}	Ce^{141} Hf^{181} Hg^{203}	
0,3—0,5			Zn^{69m}	Rh^{105} (2) La^{140} Au^{198}	Cr^{51} J^{131}	Ru^{103} Sn^{113} Hf^{175}	
0,5—0,7		Br^{80} Nb^{97}		(1) As^{76} Sb^{122}	(1) Nd^{147}	(1) Sb^{124}	(1) Cs^{134} Cs^{137}
0,7—1,0		(1) Mn^{56} J^{132} Ru^{105}	(1) Ga^{72} Zr^{97}			(1) Sc^{46} Co^{58} Nb^{95} Zr^{95}	(2) Cs^{134}
1,0—1,5		A^{41} Ni^{65} (2) Ba^{139}	(1) Na^{24}	(2) As^{76}	Rb^{86}	(2) Sc^{46} Fe^{59} Zn^{65} (2) Sb^{124}	Co^{60}
1,5—3,0	Al^{28} Cl^{38}	(2) Mn^{56}	(2) Na^{24} K^{42} (2) Ga^{72} Pr^{142}	(1) La^{140}			

(1) die bei komplexem Zerfall häufigste γ-Strahlung.

spielt die Größe der spezifischen Aktivität im allgemeinen keine Rolle. Große Halbwertzeit, geeignete Energie und hohe spezifische Aktivität sind bei therapeutischen Anwendungen von radioaktiven Isotopen jedoch von gleicher Wichtigkeit.

Wie einschränkend solche Forderungen nach bestimmten Eigenschaften des Radioisotops sein können, geht aus dem Hinweis hervor, daß für den Nachweis von Hirntumoren mit Hilfe von darin gespeicherter Radioaktivität als einzig wirklich brauchbarer Positronenstrahler (s. S. 111) nur As^{74} in Frage kommt.

Unerwünscht, aber häufig nicht vermeidbar, sind Verunreinigungen oder Beimengungen von anderen Radioisotopen. Bis heute läßt sich nur ein Teil der bei der Uranspaltung entstehenden Spaltprodukte und deren Folgeprodukte voneinander trennen. Vielfach ist es notwendig oder zweckmäßig, reine β-Strahler zu verwenden. In Tab. 13 finden wir die Eigenschaften der wichtigsten Radioisotope zusammengestellt. Wir finden Halbwertzeit, β- und γ-Energie, wobei die Zahlenangaben in den Klammern Aufschluß geben über das Verzweigungsverhältnis. So kann man z. B. bei $_{19}$K^{40} feststellen, daß bei 100 Zerfällen durchschnittlich 75 mal eine β-Strahlung mit einer maximalen β-Energie von 3,58 MeV ausgesandt wird, während in den restlichen 25 Fällen die β-Strahlung eine maximale Energie von nur 2,04 MeV besitzt. Die Zuordnung der in der nächsten Spalte angeführten γ-Energien ist im allgemeinen nur mit Hilfe des Zerfallsschemas möglich (s. S. 44). Der Typ des Umwandlungsprozesses, welcher von besonderer Wichtigkeit sein kann, wenn *trägerlose* Substanzen gefordert werden oder gleichzeitig entstehende Radioisotope unerwünscht sind, sowie Zahlenangaben über die maximal erhältlichen spezifischen Aktivitäten ergänzen die Tabelle.

4*

Tabelle 13

Art des chem. Elementes	Symbol des Radioisotops	Halbwertzeit T	Strahlenart	β-Energie in MeV	
				E_{max}	E_{mittel}
Antimon	$_{51}Sb^{122}$	2,8 d	$\varkappa, \beta^-, \gamma$	$\varkappa$ (3) 1,41 (63) 1,97 (30) 0,74 (4)	—
	$_{51}Sb^{124}$	60 d	β^-, γ	2,39 (22) 0,63 (56) 1,68 (6) 0,28 (12) 1,07 (4)	—
	$_{51}Sb^{125}$	2,7 a	β^-, γ	0,61 (14) 0,30 (45) 0,44 (12) 0,12 (29)	—
Argon	$_{18}A^{37}$	35 d	$\varkappa$	$\varkappa$ (100)	—
	$_{18}A^{41}$	109 m	β^-, γ	1,25 (100)	—
Arsen	$_{33}As^{74}$	17,5 d	β^-, β^+	β^- 1,36 (16) 0,69 (16) β^+ 1,53 0,92 (68)	—
	$_{33}As^{76}$	26,5 h	β^-, γ	2,97 (50,5) 1,76 (16) 2,41 (31) 0,36 (2,5)	1,18
	$_{33}As^{77}$	38,7 h	β^-, γ	0,7 (97,8) 0,16 (0,5) 0,43 (1,7)	0,24
Barium	$_{56}Ba^{131}$	13 d	$\varkappa, \gamma$	$\varkappa$ (100)	—
	$_{56}Ba^{133}$	7,5 a	$\varkappa, \gamma, e^-$	$\varkappa$ (100)	—
	$_{56}Ba^{140}$	12,8 d	β^-, γ	1,02 (60) 0,48 (40)	—
Brom	$_{35}Br^{82}$	35,9 h	β^-, γ	0,44	—
Cadmium	$_{48}Cd^{115}$	43, d	β^-, γ	1,61 (97) 0,31 (1) 0,68 (2) 0,19 (0,3)	—
		2,3 d	β^-, γ, e^-	1,11 (61,5) 0,63 (12) 0,85 (1,5) 0,59 (23)	—
Caesium	$_{55}Cs^{131}$	10 d	$\varkappa$	$\varkappa$ (100)	—
	$_{55}Cs^{134}$	2,3 a	β^-, γ	0,68 (13) 0,31 ($\sim$5) 0,66 (50) 0,083 ($\sim$32)	0,16
	$_{55}Cs^{137}$	30,0 a	β^-, γ, e^-	1,17 (8) 0,52 (92)	—
Calcium	$_{20}Ca^{45}$	164 d	β^-	0,25	0,09

Tabelle 13 (Fortsetzung)

γ-Energie in MeV		Umwandlungsprozeß	Bestrahlte Substanz	Zusätzlich entstehende Radioisotope		Maximale spez. Aktivität	Bestrahlungseinheit
				Isotop	T	mC/g	in g
1,14 (0,7)	0,68 (3)	(n, γ)	Sb	Sb^{122m}	3,5 m	52	2
1,25 (0,7)	0,57 (66)			Sb^{124}			
2,11 (10)	0,99 (5,4)	(n, γ)	Sb	Sb^{122}		14	2
1,71 (46)	0,60 (100)						
1,38 (6,2)							
0,637	0,425	Sn^{124} (n, γ)	Sn	Sn^{113}	112 d	$169,5 \cdot 10^{-3}$	20
0,601	0,176	$Sn^{125} \rightarrow Sb^{125}$		Sn^{121}	27 h		
0,465	0,035	β^- (10 m)		Sn^{123}	130 d		
				Sn^{125}	9 d		
—		(n, γ)	A	A^{41}		$1,65 \cdot 10^{-3}$ mC/cc	5 cc
1,3 (100)		(n, γ)	A	A^{37}		$39 \cdot 10^{-3}$ mC/cc	5 cc
		p, n	Ge				
2,05 (1,6)	0,64 (8)	(n, γ)	As_2O_3			92	2
1,40 (0,8)	0,55 (41)						
1,20 (9)							
0,53	0,16	Ge^{76} (n, γ)	GeO_2	Ge^{71}	11,4 d	$402 \cdot 10^{-3}$	3
0,25	0,086	$Ge^{77} \rightarrow As^{77}$					
		β^- (12 h)					
0,62	0,21	(n, γ)	$Ba(NO_3)_2$	Ba^{133}		$26 \cdot 10^{-3}$	50
0,50	0,12			Ba^{135m}	29 h		
0,37	usw.			Ba^{139}	85 m		
0,24				Cs^{131}			
0,36 (74)	0,081 (32)	(n, γ)	$Ba(NO_3)_2$	Ba^{131}		$35,5 \cdot 10^{-3}$	50
0,29 (26)	0,070 (6)			Ba^{135m}			
				Ba^{139}	29 h		
				Cs^{131}			
0,54	0,13	U (n, f) $\rightarrow Ba^{140}$	—	La^{140}		—	—
0,30	0,03						
0,16							
1,47 (15)	0,77 (85)	(n, γ)	NH_4Br	Br^{80}		34	7
1,31 (30)	0,69 (30)						
1,03 (30)	0,61 (40)						
0,82 (25)	0,55 (80)						
1,30 (1)	0,49 (0,3)	(n, γ)	Cd	Cd^{107}	6,7 h	4,7	0,5
0,94 (2,3)				Cd^{109}	470 d		
0,34 (50)	0,49 (12)			Cd^{111}	49 m		
0,52 (25)				Cd^{117}	2,9 h		
				In^{117}	1,9 h		
		Ba^{130} (n, γ)	$Ba(NO_3)_2$	Ba^{133}		$26 \cdot 10^{-3}$	50
		$Ba^{131} \rightarrow Cs^{131}$		Ba^{135m}			
		$\varkappa$ (13 d)		Ba^{139}			
1,37	0,605	(n, γ)	Cs_2CO_3	Cs^{134m}		320	2
1,17	0,57						
0,80							
0,662 (82)	e^-: (10)	U (n, f) $\rightarrow Cs^{137}$	—	Cs^{134}		—	—
—		(n, γ)	$CaCO_3$	Ca^{47}	5,8 d	$530 \cdot 10^{-3}$	18
				Ca^{49}	8,5 m		
				Sc^{49}	57 m		

Tabelle 13 (Fortsetzung)

Art des chem. Elementes	Symbol des Radioisotops	Halbwertzeit T	Strahlenart	β-Energie in MeV	
				E_{max}	E_{mittel}
Cer	$_{58}Ce^{141}$	32,5 d	β^-, γ, e^-	0,57 (25) 0,43 (75)	—
	$_{58}Ce^{144}$	285 d	β^-, γ, e^-	0,31 (76) 0,18 (24) (0,26 ($\leqq$ 5))	—
Chlor	$_{17}Cl^{36}$	$3,1 \times 10^5$ a	β^-	0,714	—
Chrom	$_{24}Cr^{51}$	27,8 d	$\varkappa$, γ	$\varkappa$ (100)	—
Eisen	$_{26}Fe^{55}$	2,94 a	$\varkappa$	$\varkappa$ (100)	—
	$_{26}Fe^{59}$	45,1 d	β^-, γ	1,56 (0,3) 0,27 (46) 0,46 (54)	—
Fluor	$_9F^{18}$	1,9 h	β^+	0,7	—
Gallium	$_{31}Ga^{72}$	14,1 h	β^-, γ	3,17 (8) 0,96 (31) 2,53 (9) 0,64 (42) 1,51 (10)	0,46
Germanium	$_{32}Ge^{71}$	11,4 d	$\varkappa$	$\varkappa$ (100)	—
Gold	$_{79}Au^{198}$	2,69 d	β^-, γ, e^-	1,37 (0,025) 0,96 ($\sim$100)	0,34
	$_{79}Au^{199}$	3,15 d	β^-, γ, e^-	0,46 (6) 0,25 (24) 0,30 (70)	—
Hafnium	$_{72}Hf^{175}$	70 d	$\varkappa$, γ, e^-	$\varkappa$ ($\sim$20) ($\sim$80)	—
	$_{72}Hf^{181}$	46 d	β^-, γ, e^-	0,41 (100)	0,2
Indium	$_{49}In^{114}$	50 d	Is. Ü. γ, e^-	—	—
		72 s	$\varkappa$, β, γ	1,98 (96) $\varkappa$ ($\sim$4)	—
Jod	$_{53}J^{131}$	8,04 d	β^-, γ, e^-	0,82 (1) 0,36 (9) 0,61 (87) 0,25 (3)	0,17
	$_{53}J^{132}$	2,26 h	β^-, γ	2,12 (18) 0,90 (20) 1,53 (24) 0,73 (15) 1,16 (23)	—
Iridium	$_{77}Ir^{192}$	74,4 d	$\varkappa$, β^-, γ, e^-	0,67 (50) 0,097 (1) 0,54 (35) $\varkappa$ (6) 0,26 (8)	—
Kalium	$_{19}K^{40}$	10^9 a	β^-, $\varkappa$, γ	1,4	—
	$_{19}K^{42}$	12,5 h	β^-, γ	3,6 (82) 2,0 (18)	1,40
Kobalt	$_{27}Co^{58}$	71 d	$\varkappa$, β^+, γ	0,47 ($\sim$14) $\varkappa$ (86)	—
	$_{27}Co^{60}$	5,25 a	β^-, γ	1,48 ($\sim$0,15) 0,306(100)	0,099

Tabelle 13 (Fortsetzung)

γ-Energie in MeV	Umwandlungs-prozeß	Bestrahlte Substanz	Zusätzlich entstehende Radioisotope		Maximale spez. Aktivität	Bestrah-lungs-einheit
			Isotop	T	mC/g	in g
0,145 (60) e^-: (15)	(n, γ)	CeO_2	Ce^{137} Ce^{139} Ce^{143} Pr^{143}	36 h 140 d	3,1	2
0,134 (8,5) 0,054 (∼0) 0,100 (1,5) 0,042 (∼0) 0,081 (3) 0,034 (∼0)	U (n, f) → Ce^{144}	—	Pr^{144}		—	—
—	(n, γ)	—	—	—	—	—
0,323 (∼8)	(n, γ)	Cr	—	—	15	5
—	(n, γ)	Fe_2O_3, Fe	Fe^{59}		3,7	20
1,29 (43) 0,19 (2,8) 1,10 (57)	(n, γ)	Fe_2O_3, Fe	Fe^{55}		100	20
—	—	—	—	—	—	—
2,51 (17) 0,89 (10) 2,49 (10) 0,83 (83) 2,20 (30) 0,63 (21)	(n, γ)	Ga_2O_3	Ga^{70}		32	0,5
	(n, γ)	GeO_2	Ge^{75} Ge^{77} As^{77}	82 m 12 h 38,7 h	14	3
0,411 (96,4) e^-: (3,6)	(n, γ)	Au	Au^{199}		810	0,1
0,209 (11) 0,050 (0,4) 0,159 (48)	Pt^{198}(n, γ) Pt^{199} → Au^{199} β^- (29 m)	Pt	Pt^{193} Pt^{197}	4 d 18 h	2,4	0,5
0,43 (∼1) 0,23 (∼1) 0,34 (90) 0,113 (∼0,5) 0,32 (∼1) 0,089 (3)	(n, γ)	Hf	Hf^{181}		25	2
0,612 0,135 (∼12) 0,480 (∼84) 0,132 (29) 0,345 (∼12)	(n, γ)	HfO_2	Hf^{175}		32	2
0,19 (20) 1,30 0,72 0,56	(n, γ)	In	In^{116m}		33	0,5
0,72 (3) 0,28 (5) 0,64 (9) 0,08 (2) 0,36 (80)	U (n, f) Te^{131} → J^{131} β^- (24,8 m)	—	Te^{131}		—	—
2,20 (2) 0,78 (85) 1,96 (5) 0,67 (100) 1,40 (12) 0,62 (7) 1,16 (9) 0,53 (27) 0,96 (21)	U (n, f) Te^{132} → I^{132} β^-(27 h)	—	—	—	—	—
0,613 0,308 0,604 0,296 0,484 0,464 e^- (zus. 32) 0,316 abgeschätzt	(n, γ)	Ir	Ir^{194}		$3,2 \cdot 10^3$	1
1,45	—	—	—	—	—	—
1,53 (18)	(n, γ)	K_2CO_3	Na^{24}		2,9	10
1,62 (0,5 0,81 (101)	(n, p)	Ni	Ni^{63}	84 a	$168 \cdot 10^{-3}$	5
1,33 (100) 1,17 (100)	(n, γ)	Co	Co^{60m}	10 m	990	2

Tabelle 13 (Fortsetzung)

Art des chem. Elementes	Symbol des Radioisotops	Halbwertzeit T	Strahlenart	β-Energie in MeV	
				E_{max}	E_{mittel}
Kohlenstoff	$_6C^{14}$	$\sim$5600 a	β^-	0,155	0,05
Krypton	$_{36}Kr^{85}$	10,6 a	β^-, γ	0,67 ($\leqq$ 99,3) 0,15 ($\geqq$ 0,7)	—
Kupfer	$_{29}Cu^{64}$	12,8 h	$\varkappa$, β^-, β^+, γ	$\varkappa$ (43) β^-: 0,57 (38) β^+: 0,66 (19)	—
Magnesium	$_{12}Mg^{28}$	21,4 h	β^-, γ, e^-	0,46 (100)	—
Mangan	$_{25}Mn^{52}$	5,72 d	$\varkappa$, β^+, γ	0,58 (33) $\varkappa$ (67)	—
	$_{25}Mn^{54}$	291 d	$\varkappa$, γ	$\varkappa$ (100)	—
Molybdän	$_{42}Mo^{99}$	68 h	β^-, γ	1,23 (85) 0,45 (14) 0,87 ($\sim$1)	—
Natrium	$_{11}Na^{22}$	2,6 a	$\varkappa$, β^+, γ	1,83 (0,06) $\varkappa$ (11) 0,54 (89)	—
	$_{11}Na^{24}$	15,0 h	β^-, γ	1,39 (100)	0,54
Neodym	$_{60}Nd^{147}$	11,3 d	β^-, γ, e^-	0,83 (60) 0,38 (25) 0,60 (15)	—
Nickel	$_{28}Ni^{63}$	85 a	β^-	0,062	—
Phosphor	$_{15}P^{32}$	14,3 d	β^-	1,71	—
	$_{15}P^{32}$	14,3 d	β^-	1,71	—
Platin	$_{78}Pt^{197}$	18 h	β^-, γ, e^-	0,67 (88,5) 0,47 (0,9) 0,48 (10,6)	—
Polonium	$_{84}Po^{210}$	128,4 d	α, γ	α: 5,298 (100)	—
Quecksilber	$_{80}Hg^{203}$	47 d	β^-, γ, e^-	0,21	0,11
Radium E	$_{83}Ra\,E^{210}$	4,85 d	β^-	1,17	0,33
Ruthenium	$_{44}Ru^{103}$	40 d	β^-, γ	0,72 (3) 0,11 (7) 0,22 (90)	—
	$_{44}Ru^{106}$	1,0 a	β^-	0,039	—
Scandium	$_{21}Sc^{46}$	84 d	β^-, γ	1,48 (0,003) 0,36 ($\sim$100)	0,13
Schwefel	$_{16}S^{35}$	87,1 d	β^-	0,167	—
	$_{16}S^{35}$	87,1 d	β^-	0,167	—

Tabelle 13 (Fortsetzung)

γ-Energie in MeV	Umwandlungsprozeß	Bestrahlte Substanz	Zusätzlich entstehende Radioisotope		Maximale spez. Aktivität	Bestrahlungseinheit
			Isotop	T	mC/g	in g
—	(n, p)	KNO_3	K^{42}		—	—
0,52 ($\sim$0,7)	(n, γ)	Kr	Kr^{85m} Kr^{87}	78 m	$3{,}05 \cdot 10^{-3}$ mC/cc	5 cc
1,34 (0,5)	(n, γ)	Cu	Cu^{66}	5 m	69	2
1,35 (70) 0,40 (31) 0,95 (29) 0,032 (96)	Li^6 (n, α) H^3 Mg^{26} $(H^3$, p) Mg^{28}	Li-Mg Legierung	Al^{28}	2 m	—	1
1,45 (100 0,73 (100) 0,94 (100)	Fe^{56} (p, α n) Mn^{52}	—	—	—		
0,84 (100)	Fe^{56} (d, α) Mn^{54}	—	—	—	—	—
0,78 0,18 0,74 0,04 0,37	(n, γ)	MoO_3	Mo^{101} Tc^{99} Tc^{101}	15 m 15 m	$520 \cdot 10^{-3}$	8
1,28 ($\sim$100)	Mg^{24}(d, α) Na^{22}	—	—	—	—	—
2,76 (100) 1,37 (100)	(n, γ)	Na_2CO_3, NaCl, $NaHCO_3$	Cl^{36} S^{35}, P^{32}, K^{42}		38	10
0,53 (34) 0,092 (26) usw.	(n, γ)	Nd_2O_3	Nd^{149} Pm^{147} Pm^{149}		3,4	0,5
—	(n, γ)	Ni	Ni^{65} Co^{58}		15	5
—	(n, γ)	roter Ph.	—	—	10	25
—	(n, p)	S	S^{35} S^{37}	5 m	$590 \cdot 10^{-3}$	20
0,28 (1,4) 0,19 (2,5) 0,077 (21)	(n, γ)	Pt	Pt^{193} Pt^{199} Au^{199}	4,3 d 31 m 3 d	2,3	0,5
0,8 (1,2 $\cdot$ 10^{-3})	Bi^{209}(n, γ)Bi^{210} $\to Po^{210}\beta^-$(5 d)	Bi_2O_3	—	—	$150 \cdot 10^{-3}$	80
0,279 (83) e^-: (17)	(n, γ)	HgO, Hg	Hg^{197}		9,1	2
—	—	—	—	—	—	—
0,610 (6) 0,495 (90) usw. ($\sim$1)	(n, γ)	Ru	Ru^{97} Ru^{105} Tc^{97} Rh^{105}		6,0	10
—	U (n, f)$\to R^{106}$	—	Rh^{106}		—	—
1,12 ($\sim$100) 0,89 (100)	(n, γ)	Sc_2O_3	Ca^{45}		790	0,5
—	(n, γ)	S	P^{32} S^{37}	5 m	$550 \cdot 10^{-3}$	20
—	Cl^{35}(n, p) S^{35}	KCl	Cl^{38}, P^{32} K^{42} Na^{24}		10,3	10

Tabelle 13 (Fortsetzung)

Art des chem. Elementes	Symbol des Radioisotops	Halbwertzeit T	Strahlenart	β-Energie in MeV	
				E_{max}	E_{mittel}
Selen	$_{34}Se^{75}$	127 d	$\varkappa, \gamma$	$\varkappa$ (100	—
Silber	$_{47}Ag^{110}$	270 d	β^-, γ Js. Ü. γ, e^-	2,86 (3) 0,530 (35) 2,12 (3) 0,087 (59)	0,23
	$_{47}Ag^{111}$	7,5 d	β^-, γ	1,04 (91) 0,70 (8) 0,80 (1)	0,26
Silicium	$_{14}Si^{31}$	2,65 h	β^-, γ	1,47 ($\sim$100)	0,72
Strontium	$_{38}Sr^{89}$	50 d	β^-, γ	1,46 (100)	0,58
	$_{38}Sr^{90}$	28 a	β^-	0,61	—
Tantal	$_{73}Ta^{182}$	111 d	β^-, γ, e^-	0,51 usw.	—
Tellur	$_{52}Te^{127}$	115 d 9,3 h	Is. Ü. γ, e^- β^-	0,68	—
Thallium	$_{81}Tl^{204}$	2,5 bis 4,4 a	$\varkappa, \beta^-$	$\varkappa$ (4) 0,77 (96)	0,28
Thulium	$_{69}Tm^{170}$	127 d	$\varkappa, \beta^-, \gamma, e^-$	$\varkappa$ (0,15) 0,87 (22) 0,97 (78)	—
Tritium	$_{1}T^{3}$	12,26 a	β^-	0,018	—
Wismut	$_{83}Bi^{210}$ (Ra E)	5 d	α, β^-	α: 5,06 ($5 \cdot 10^{-5}$) β^-: 1,17 (100)	—
Wolfram	$_{74}W^{185}$	73,2 d	β^-, γ, e^-	0,37 (10) 0,43 (90)	—
Xenon	$_{54}Xe^{133}$	5,27 d 2,3 d	β^-, γ, e^- Is. Ü. γ, e^-	0,34	—
Yttrium	$_{39}Y^{90}$	64 h	β^-	2,24	0,97
	$_{39}Y^{91}$	57,5 d	β^-, γ	1,55 ($\sim$100) 0,36 (0,22)	
Zink	$_{30}Zn^{65}$	245 d	$\beta^+, \varkappa, \gamma$	β^+: 0,325 (2) $\varkappa$: (98)	—
	$_{30}Zn^{69}$	14 h 51 m	Is. Ü. γ, e^- β^-	β^-: 0,90 (100)	0,31

Tabelle 13 (Fortsetzung)

γ-Energie in MeV		Umwandlungs- prozeß	Bestrahlte Substanz	Zusätzlich entstehende Radioisotope		Maximale spez. Aktivität	Bestrah- lungs- einheit
				Isotop	T	mC/g	in g
0,402 0,305 0,280 0,265 0,199 0,136	0,121 0,097 0,081 0,066 0,024	(n, γ)	Se	Se^{81m}	57 m	4,7	5
1,52 1,39 0,94 0,89 0,81	0,76 0,71 0,68 0,66	(n, γ)	Ag	—	—	21	5
0,340 ($\sim$8) 0,243 ($\sim$1)		$Pd^{110}(n, \gamma)\,Pd^{111}$ $\to Ag^{111}$ β^- (22 m)	Pd	Pd^{103} Pd^{109}		$608 \cdot 10^{-3}$	2
1,26 (0,07)		(n, γ)	SiO_2	—	—	$195 \cdot 10^{-3}$	50
0,91 (0,02)		(n, γ)	$SrCO_3$	Sr^{85} Sr^{87m}	65 d 2,8 h	$76 \cdot 10^{-3}$	30
—		$U(n, f) \to Sr^{90}$	—	Sr^{89}, Y^{90}		—	—
1,23 (14) 1,22 (28) 1,19 (14) 1,12 (29) 0,222 (10)	0,152 (10) 0,100 (11) 0,085 (1) 0,068 (24) 0,066 (2)	(n, γ)	Ta, Ta_2O_5	Ta^{183}		219	2
0,086 ($\sim$0) e^-: (100)		(n, γ)	Te	Te^{121} Te^{123} Te^{125} Te^{129} Te^{131} J^{131}	150 d 110 d 58 d 33 d,70m 25 m 8 d	1,9	20
—		(n, γ)	$TlNO_3$	—	—	19	20
0,084 (3) e^-: (19)		(n, γ)	Tm_2O_3	—	—	$1,25 \cdot 10^3$	1
—		$Li^6(n, \alpha)\,H^3$	—	—	—	—	—
—		(n, γ)	Bi_2O_3	Po^{210}	—	$150 \cdot 10^{-3}$	80
0,77 0,57 } sehr schwach 0,056 (2,5)		(n, γ)	WO_3, W	W^{181} W^{187}	140 d	5,7	5
0,081 (37) e^-: (63) 0,232 (15) e^-: (85)		$Xe^{132}(n, \gamma)$ $Xe^{132m} \to Xe^{133}$ und Is. Ü. (n, γ)	—	Xe^{129m} Xe^{131m} Xe^{135}	8 d Is.Ü 12 d,Is.Ü 9 h	$99 \cdot 10^{-3}$ mC/cc	5 cc
—		(n, γ)	Y_2O_3	—	—	22	20
1,19 (0,22)		$U(n, f) \to Y^{91}$	—	—	—	—	—
1,11 (45)		(n, γ)	Zn	Zn^{69}		6,1	15
0,44 (94) e^-: (6)		(n, γ)	Zn	Zn^{65}		4,6	15

Tabelle 13 (Fortsetzung)

Art des chem. Elementes	Symbol des Radioisotops	Halbwertzeit T	Strahlenart	β-Energie in MeV	
				E_{max}	E_{mittel}
Zinn	$_{50}Sn^{113}$	118 d	$\varkappa, \gamma, e^-$	$\varkappa$ (100)	—
	$_{50}Sn^{121}$	27 h	β^-	0,38	—
Zirkonium	$_{40}Zr^{95}$	65 d	β^-, γ	0,883 (3) 0,364 (54) 0,396 (43)	—

VII. Genauigkeit von radioaktiven Messungen

1. Hohe Nachweisempfindlichkeit

Wir haben an früherer Stelle festgestellt, daß die Nachweiswahrscheinlichkeit eines Geiger-Müller-Zählrohres für energiereiche β-Strahlung praktisch 100%ig ist. Jedes β-Teilchen, welches in das Gasvolumen des Zählrohres eindringt, löst also eine Zählrohrentladung aus und wird registriert. Bei Verwendung von Glockenzählrohren oder zylindrischen Zählrohren wird aus rein geometrischen Gründen (gegenseitige Lage von Präparat und Zählrohr) nur etwa jedes zehnte β-Teilchen erfaßt. Glockenzählrohre haben in günstigen Fällen einen Nulleffekt von etwa 10 Imp./min. Wenn die Größe des Nulleffektes eines Glockenzählrohres als Mindestgröße für die Ausmessung eines radioaktiven Präparates angesehen wird, so muß das Präparat also $10 \cdot 10 = 100$ beobachtbare β-Zerfälle/min aufweisen, d. h. die Aktivität des Präparates müßte sein:

$$\frac{100}{60 \cdot 3,7 \cdot 10^7} = 4,5^1\,10^{-8}\,mC\,.$$

Bei größerem Aufwand lassen sich auch wesentlich kleinere Meßeffekte mit ausreichender Genauigkeit registrieren. Da 1 mC Phosphor 32 (*trägerlos*) ein Gewicht von $3,8 \cdot 10^{-9}$ g hat, wäre die gerade noch nachweisbare Mindestgewichtsmenge an reinem Phosphor 32 $1,7 \cdot 10^{-16}$ g. In der Praxis verwendet man keine vollständig trägerlosen radioaktiven Substanzen, weil z. B. große Meßfehler durch Adsorption eines Teiles der Aktivität an Gefäßwänden zu befürchten sind. Die praktische Nachweisempfindlichkeit nimmt mit der spezifischen Aktivität ab. Je mehr inaktive Substanz zugemischt wird, um so unempfindlicher wird der Nachweis. Es ist interessant, die Empfindlichkeit radioaktiver Messungen mit derjenigen anderer Meßmethoden physikalischer und chemischer Art zu vergleichen. Die radioaktive Methode schneidet bei diesem Vergleich recht günstig ab (s. Tab. 15, S. 62).

2. Berechnung von Meßfehlern

a) Statistische Fehler

Wenn die Messung der Aktivität eines langlebigen radioaktiven Präparates mehrere Male wiederholt wird, und zwar unter absolut gleichen Meßbedingungen, so ergeben sich im allgemeinen verschiedene Meßergebnisse. Die beobachteten

Tabelle 13 (Fortsetzung)

γ-Energie in MeV	Umwandlungs-prozeß	Bestrahlte Substanz	Zusätzlich entstehende Radioisotope		Maximale spez. Aktivität	Bestrahlungs-einheit
			Isotop	T	mC/g	in g
0,393 ($\sim$70) e^-: (2)	(n, γ)	Sn	Sn^{119m} Sn^{121} Sn^{123} Sn^{125} Sb^{125}	$\sim$250 d 27 h 40m 130d 10 m 2,7 a	$164 \cdot 10^{-3}$	20
—	(n, γ)	Sn	Sn^{123} Sn^{125} Sb^{125}	40m 130d 10 m 2,7 a	$630 \cdot 10^{-3}$	20
0,754 (54) 0,722 (43)	(n, γ)	ZrO_2	Nb^{95} Zr^{97} Nb^{97}		$310 \cdot 10^{-3}$	10

Zerfallsereignisse sind voneinander völlig unabhängig, ihre Zahl pro Zeiteinheit unterliegt statistischen Gesetzen. Die beobachteten Impulshäufigkeiten gruppieren sich um einen mittleren Wert. Die Abweichungen von diesem (positiv oder negativ) sind relativ um so kleiner, je größer die insgesamt registrierte Zahl von Impulsen ist (entweder durch stärkeres Präparat oder durch längere Meßdauer). Diese wichtigen Aussagen sollen anhand der Tab. 14 und Abb. 40 erläutert werden. Ein

Tabelle 14.
Schwankungen der Impulshäufigkeit

n	Beobachtete Häufigkeit	p_n beob.	$p_n = \dfrac{m^n}{n!}\, e^{-m}$ (POISSON)
0	5	0,014	0,0129
1	28	0,077	0,0561
2	42	0,116	0,1220
3	65	0,179	0,1770
4	67	0,184	0,1920
5	64	0,176	0,1670
6	42	0,116	0,1210
7	28	0,077	0,0750
8	10	0,028	0,0410
9	7	0,019	0,0200
10	5	0,014	0,0086
11	1	0,003	0,0034
12	0	0	0,0012
13	0	0	0,0004

364 = Zahl der Einzelmessungen
$m = 4,35$

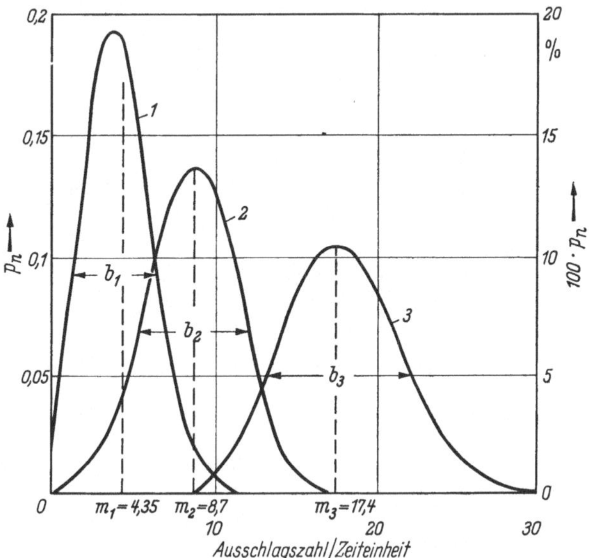

Abb. 40. Beobachtete Verteilungskurven für verschieden große Effekte

bestimmtes Präparat ist 364mal je 15 sec gemessen worden. Dabei wurde, wie die Tab. 13 zeigt, die Impulshäufigkeit $n = 0$ Impulse/15 sec 5mal, die Impulshäufigkeit $n = 1$ Impulse/15 sec 28mal usw. beobachtet. Die relative ʼauf 364 Messungen bezogene) Impulshäufigkeit p_n errechnet sich daraus zu 5:364 = 0,014; 28:364 = 0,077 usw. (s. Tab. 14, Spalte 3). Aus der Tabelle, besonders aber aus der Abb. 40 läßt sich deutlich erkennen, daß sich die beobachteten Meßeffekte um einen Mittelwert $m = 4,35$ gruppieren, der am häufigsten auftritt. Der Mittelwert m

Tabelle 15. *Vergleich der Empfindlichkeit verschiedener Methoden zur Spurenanalyse*
(Empfindlichkeit in γ/cm^3)[1]

Z	Element	Oak Ridge LITR Reactor	Cu-Funken	Kohlebogen	Flammen-spektro-photometer[2]		Empfindliche Farbreaktion	Konduktometrische Titration
1	H							
2	He							
3	Li		0,002		0,02	0,01		
4	Be		0,002		250,0	150,0	0,04	
5	B		0,1	3[6]	10,0	1,0		
6	C		10[4]					
7	N							
8	O							
9	F		0,1					0,25
10	Ne							
11	Na	0,00035	0,1	20,0	0,002	0,001		
12	Mg	0,03	0,01	0,1	1,0	0,1	0,06	
13	Al	0,00005	0,1	0,2	20,0	1,0	0,002	300,0
14	Si	0,05	0,1	2,0			0,1	
15	P	0,001	20,0	50,0			0,01	15,0
16	S	0,2						5,0
17	Cl	0,0015					0,04	10,0
18	A							
19	K	0,004	0,1		0,01	0,05		100,0
20	Ca	0,19	0,1		0,03	0,02		100,0
21	Sc	0,0001	0,005					
22	Ti		0,1	20[6]	2,0	1,0	0,03	~ 10,0
23	V	0,00005	0,05		2,0	1,00	0,2	3,0
24	Cr	0,01	0,05	2,0	1,0	0,06	0,02	1,0
25	Mn	0,00003	0,02	0,2	0,1	0,05	0,001	0,0003
26	Fe	0,45	0,5	0,2	2,0	0,15	0,05	2,0
27	Co	0,001	0,5	40,0	10,0	3,0	0,025	100,0
28	Ni	0,0015	0,1	4,0	10,0	2,0	0,04	0,5
29	Cu	0,00035		0,2	0,1	0,3	0,03	10,0
30	Zn	0,002	2,0	20,0	2000,0	4,0	0,016	10,0
31	Ga	0,00035	1,0		1,0	0,3		
32	Ge	0,002					0,08	
33	As	0,0001	5,0	10,0			0,1	0,4
34	Se	0,0025	50[3]					
35	Br	0,00015						200,0
36	Kr							
37	Rb	0,0015	0,2		0,1	0,2		
38	Sr	0,03	0,5		0,1	0,05		
39	Y	0,0005	0,01		50,0	3,0		
40	Zr	0,015	0,1	30[6]		4,0	0,13	
41	Nb	0,5	0,2	30[6]	20,0	10,0	50,0	
42	Mo	0,005	0,05		30,0	5,0	0,1	5,0
43	Tc							
44	Ru	0,005			10,0	1,5	0,2	
45	Rh				1,0	4,0	0,2	
46	Pd	0,00025	0,5		1,0	0,5	0,1	
47	Ag	0,0055		0,1	0,5	0,5	0,1	1,0
48	Cd	0,0025	2,0	4,0	20,0	6,0	0,01	5,0
49	In	0,000005	1,0		1,0	0,15	0,2	100,0
50	Sn	0,01		0,2	10,0	150,0		2,0
51	Sb	0,0002	5,0	4,0			0,03	10,0
52	Te	0,005	0,5		100,0	15,0	0,5	
53	J	0,0001						1,0
54	Xe							
55	Cs	0,0015	0,5		1,0	1,0		
56	Ba	0,0025	0,1		3,0	0,2		25,0
57	La	0,0001	0,05		5,0	0,15		

Tabelle 15 (Fortsetzung)

Z	Element	Oak Ridge LITR Reactor	Cu-Funken	Kohlebogen	Flammenspektrophotometer [2]		Empfindliche Farbreaktion	Konduktometrische Titration
58	Ce	0,005	0,5		20,0	10,0	0,25	~500,0
59	Pr	0,0001	0,2		100,0	50,0		
60	Nd	0,005	0,2		50,0	5,0		
61	Pm					50,0		
62	Sm	0,00003	0,2		100,0	15,0		
63	Eu	0,0000015	0,02			1,0		
64	Gd	0,001	0,1		10,0	5,0		
65	Tb	0,0002				10,0		
66	Dy	0,0000015	0,5		10,0	5,0		
67	Ho	0,00002	0,2			10,0		
68	Er	0,001	0,5			10,0		
69	Tm	0,0001	0,05			15,0		
70	Yb	0,0001	0,1			1,0		
71	Lu	0,000015	2,0			15,0		
72	Hf	0,001	0,5			—		
73	Ta	0,00035	1,0			—		
74	W	0,00015	0,5			—	0,4	
75	Re	0,00003	2,0			500,0	0,05	
76	Os	0,001				—	1,0	
77	Ir	0,000015	5,0			—	2,0	
78	Pt	0,005	0,02			—	0,2	
79	Au	0,00015	0,2		200,0		0,1	
80	Hg	0,0065	5,0	2,0	100,0		0,08	
81	Tl	0,03		0,2	1,0	5,0		
82	Pb	0,1	0,05	0,2	20,0	5,0	0,03	3,0
83	Bi	~0,02	0,2	0,2	300,0	100,0	1,0	300,0
84	Po					—		
85	At					—		
86	Em					—		
87	Fr					—		
88	Ra		0,1			10,0		
89	Ac					—		
90	Th		0,2			—		
91	Pa		2,0			—		
92	U	0,0005	1,0		10,0	4,0	0,7	
93	Pu		10,0 [5]					

[1] MEINKE, W. W.: Science 121, 179 (1955).

[2] Nach K. FUSS, Beckmann Report 2 (1959) p. 6 Empf. in 10^{-6} Gew.-%.

[3] Proc. 6. int. conference in spectroscopy p. 338 in 10^{-6} Atom-%. London: Pergamon Press 1957.

[4] Proc. 6. int. conference in spectroscopy p. 309 in 10^{-6} Atom-%. London: Pergamon Press 1957.

[5] Proc. 6. int. conference in spectroscopy p. 289 in $\gamma\,\mathrm{cm}^{-3}$. London: Pergamon Press 1957.

[6] Proc. 6. int. conference in spectroscopy p. 280 in 10^{-6} Atom-%. London: Pergamon Press 1957.

errechnet sich dabei in einfacher Weise aus der Gesamtzahl der beobachteten Impulse $(5 \times 0 + 28 \times 1 + 42 \times 2 + \cdots\cdots)$ dividiert durch die Gesamtzahl der Messungen (364).

In Abb. 40 wurden die in Tab. 14 angegebenen p_n-Werte graphisch aufgetragen (Kurve 1). Als Abszisse dient der beobachtete Zahlenwert, als Ordinate die relative, auf die Zahl der Messungen bezogene Häufigkeit, mit welcher dieser Zahlenwert registriert wurde.

Die Kurve 2 rechts daneben ist auf ähnliche Art gewonnen worden, nur mit dem Unterschied, daß die Ablesungen alle 30 sec erfolgt sind (Mittelwert nun 8,7 Imp./30 sec.). Um vergleichbare Kurven zu erhalten, wurden ebenfalls 364 Einzelmessungen durchgeführt (Mittelwert 17,4 Imp./60 sec). Bei der Kurve 3 ganz rechts betrug die Meßdauer 60 sec, bei ebenfalls 364 Einzelmessungen. Welche Aussagen erlaubt nun der Vergleich dieser drei Kurven? Wenn wir die Form der drei Kurven betrachten, so möchte man aus der zunehmenden Verbreiterung der Kurven auf eine größere Streuung um den Mittelwert schließen. Was die absolute Größe der Abweichungen vom Mittelwert anbelangt, ist dies auch der Fall. Die Halbwertbreite wächst von Kurve 1 nach Kurve 3. Wenn wir aber danach fragen, wie häufig eine Abweichung vorkommt, die z. B. 50 % des mittleren Beobachtungswertes, der ja bei der Auswertung der Meßergebnisse allein verwendet wird, ausmacht, so erhalten wir ein ganz anderes Bild. Bei der Kurve 2 ist die ablesbare Wahrscheinlichkeit $p_{4,3} = 0{,}03$, bei Kurve 3 wurde eine Impulshäufigkeit, welche derart stark (um 50 %) vom Mittelwert abweicht, so gut wie gar nicht beobachtet. Man kann bei bekanntem Mittelwert m die Wahrscheinlichkeit berechnen, mit welcher ein anderer, davon abweichender Wert n beobachtet ist. Nach Poisson gilt für diese Wahrscheinlichkeit die Beziehung

$$f_n = \frac{m^n}{n!}\, e^{-m}\,.$$

Die mit dieser Beziehung für unser Beispiel errechneten Zahlenwerte findet man in der letzten Spalte der Tabelle. Daß diese Zahlenwerte nicht ganz mit den beobachteten Werten übereinstimmen, darf bei dem kleinen Meßeffekt und der verhältnismäßig kurzen Gesamtmeßdauer nicht überraschen. In der Praxis verwendet man an Stelle der Poissonschen Beziehung das Gaußsche Fehlergesetz

$$f_n = \frac{1}{\sqrt{2\pi m}}\, e^{-\frac{(n-m)^2}{2m}}\,,$$

b) Mittlerer statistischer Fehler

Wir kennzeichnen ein radioaktives Meßergebnis hinsichtlich seiner Meßgenauigkeit durch Angabe eines mittleren, statistischen Fehlers. Wenn in der Zeit t N Ereignisse beobachtet worden sind, so gilt für den mittleren statistischen Fehler (auch *Standardabweichung* genannt)

$$M = \pm \sqrt{N}\,.$$

Wir können aus dem oben Gesagten aufgrund statistischer Gesetze die Wahrscheinlichkeit angeben, daß der gemessene Wert um M, $2M$, $3M$, ... vom mittleren Wert abweicht. So tritt eine Abweichung, die das Doppelte des mittleren statistischen Fehlers ausmacht, im Durchschnitt in 4,6 von 100 Fällen auf. Für eine 3fache Abweichung ist die Wahrscheinlichkeit nur noch 0,27 % d. h., durchschnittlich wird in knapp 3 von 1000 Fällen der Meßwert den mittleren Wert um das 3fache des mittleren, statistischen über- bzw. unterschreiten.

Die Angabe des mittleren, statistischen Fehlers erhält eigentlich erst seine wesentliche Bedeutung beim Vergleich zweier radioaktiver Messungen. Es ist üblich, zwei Meßergebnisse als verschieden anzusehen, wenn die Differenz der beiden Meßergebnisse größer ist als das Dreifache des mittleren, statistischen Fehlers. Ehe man etwa einen neuen Effekt vermutet, muß man sich selbstverständlich auch über alle anderen Fehlermöglichkeiten im klaren sein.

Die Angabe des mittleren, statistischen Fehlers M bedeutet, daß durchschnittlich in 32 von 100 Fällen das Meßresultat außerhalb der Grenzen

$$N - \sqrt{N} \quad \text{und} \quad N + \sqrt{N}$$

liegt.

In der Literatur wird häufig der *wahrscheinliche Fehler* oder auch der $^{99}/_{100}$ *Fehler* angegeben.

Beim wahrscheinlichen Fehler liegt die Hälfte der Meßwerte außerhalb der Grenzen

$$N - 0{,}6745 \sqrt{N} \quad \text{und} \quad N + 0{,}6745 \sqrt{N}$$

Beim $^{9}/_{10}$- bzw. $^{99}/_{100}$-Fehler liegen 10% bzw. 1% der Meßwerte außerhalb der Grenzen

$$N - 1{,}6449 \sqrt{N} \quad \text{und} \quad N + 1{,}6449 \sqrt{N}$$

bzw.

$$N - 2{,}5758 \sqrt{N} \quad \text{und} \quad N + 2{,}5758 \sqrt{N}.$$

Man kann diese Feststellungen umgekehrt auch so ausdrücken, daß Abweichungen vom Mittelwert, welche größer sind als das $0{,}6745$fache (wahrscheinlicher Fehler) bzw. $1{,}6449$fache ($^{9}/_{10}$-Fehler) bzw. $2{,}5758$fache ($^{99}/_{100}$-Fehler) durchschnittlich beziehentlich 50, 28, 10, 1 mal in 100 Fällen auftreten. Wie schon gesagt, legt man bei der Beurteilung eines Meßergebnisses im allgemeinen den 3 fachen mittleren statistischen Fehler zugrunde.

Vielfach ist der *prozentuale*, mittlere, statistische Fehler von besonderer Bedeutung

$$f = \frac{100}{\sqrt{N}} \% .$$

Die vollständige Angabe eines Meßwertes pro Zeiteinheit $n = \dfrac{N}{t}$ muß nach dem Gesagten lauten

$$E = \frac{N \pm \sqrt{N}}{t} = n \pm \sqrt{\frac{n}{t}} \quad \text{mit:} \quad m = \pm \sqrt{\frac{n}{t}} .$$

c) Berechnung des mittleren statistischen Fehlers, wenn die Meßgröße von mehreren Einzelmessungen abhängt

Bei allen Nachweisgeräten gibt es einen Nulleffekt, welcher den eigentlichen Meßeffekt additiv vergrößert. Selbstverständlich ist die Messung des Nulleffektes ebenfalls mit einem Fehler behaftet. Ist allgemein E eine Größe, die nicht direkt der Beobachtung entnommen werden kann, sondern abhängt von mehreren Meßwerten pro Zeiteinheit $n_1, n_2 \ldots$, also

$$E = f(n_1, n_2 \ldots .),$$

so ergibt sich für den mittleren Fehler der Größe E

$$M = \pm \sqrt{\left(m_1 \frac{\partial E}{\partial n_1}\right)^2 + \left(m_2 \frac{\partial E}{\partial n_2}\right)^2 + \ldots}$$

wobei $\dfrac{\partial E}{\partial n_1}, \dfrac{\partial E}{\partial n_2}$, durch Differentiation der Funktion $E = f(n_1, n_2 \ldots)$ nach n_1, n_2 usw. erhalten werden. Die mittleren Fehler der Beobachtungsgrößen n_1, n_2 lassen sich aus

$$m_i = \pm \sqrt{\frac{n_i}{t_i}}$$

berechnen.

Wenn die Impulshäufigkeit eines radioaktiven Präparates mit derjenigen des Nulleffektes vergleichbar ist, so muß der statistische Fehler des Nulleffektes mit berücksichtigt werden. Für das Präparat (einschließlich Nulleffekt) seien in t_1 min N_1 Impulse beobachtet worden, für den Nulleffekt in t_0 min N_0 Impulse.

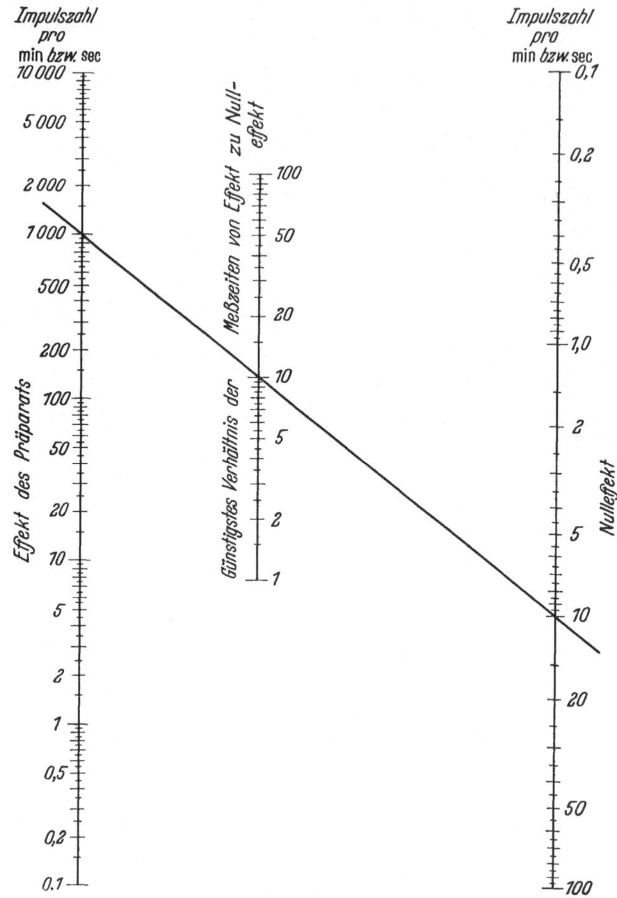

Abb. 41. Günstige Verteilung der Gesamt-Meßdauer auf die Messung von Präparat und Nulleffekt (nach A. A. JARETT)

Für die Nettoangabe der Präparatstärke

$$E = \frac{N_1}{t_1} - \frac{N_0}{t_0} = n_1 - n_0$$

findet man mit

$$m_1 = \pm \sqrt{\frac{n_1}{t_1}}; \quad m_0 = \pm \sqrt{\frac{n_0}{t_0}}$$

und obiger Formel einen mittleren statistischen Fehler von

$$m = \pm \sqrt{\frac{n_1}{t_1} + \frac{n_0}{t_0}} = \pm \sqrt{\frac{N_1}{t_1^2} + \frac{N_0}{t_0^2}} \, .$$

Beispiel 1: $\quad N_1 = 1826$ Imp.; $t_1 = 20$ min

$\qquad\qquad\qquad N_0 = 191$ Imp.; $t_0 = 10$ min

$$n_1 = \frac{N_1}{t_1} = \frac{1826}{20} = 91{,}3; \quad n_0 = \frac{N_0}{t_0} = \frac{191}{10} = 19{,}1;$$

$$E = n_1 - n_0 = 72{,}2 \ \text{Imp./min};$$

$$m = \pm \sqrt{\frac{91{,}3}{20} + \frac{19{,}1}{10}} = \pm 2{,}5 \ .$$

Aus der Angabe dieses Meßbeispieles wollen wir noch etwas anderes entnehmen. Wir nehmen dazu an, den Nulleffekt nicht 10 min, sondern 40 min lang gemessen zu haben ohne Verlängerung der Meßdauer für die Hauptmessung. Wir hätten dann etwa $40 \cdot 19{,}1 = 364$ Impulse registriert. Der gesamte mittlere, statistische Fehler wäre gewesen

$$m = \pm \sqrt{\frac{1826}{400} + \frac{304}{1600}} = \pm 2{,}2 \ ,$$

also nur unbedeutend kleiner trotz der Meßdauerverlängerung um 30 min. Wenn also nur eine beschränkte Meßzeit zur Verfügung steht, so muß man sich fragen, wie diese Zeit am günstigsten auf die Messungen der einzelnen Präparate bzw. den Nulleffekt verteilt werden kann, um möglichst große Meßgenauigkeit zu erzielen. Wir wollen hier nicht auf die Rechnung eingehen, sondern das Ergebnis in Abb. 41 in Form eines Nomogrammes wiedergeben.

Zur Erläuterung der Handhabung des Nomogrammes sei gesagt: Zunächst muß man die beiden Impulshäufigkeiten (Imp./min) für das Präparat und den Nulleffekt ganz roh kennen (im Beispiel 1000 Imp./min bzw. 10 Imp./min). Diese

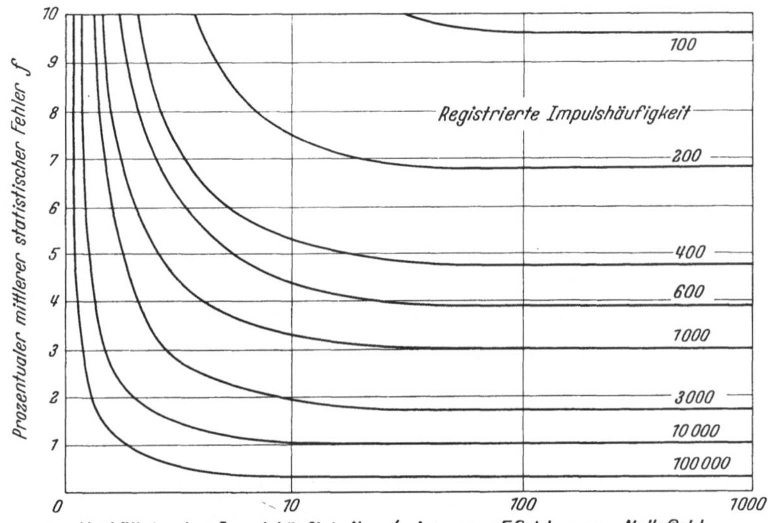

Abb. 42. Prozentualer mittlerer statistischer Fehler in Abhängigkeit von der Größe des Effektes und des Nulleffektes

beiden Zahlenwerte verbindet man mit einer geraden Linie und findet als Schnittpunkt mit der mittleren Zahlenleiter den Wert 10, d. h. das Präparat sollte etwa 10 mal so lang gemessen werden als der Nulleffekt. Als Faustregel läßt sich außerdem angeben:

Die Meßzeiten für Effekt und Nulleffekt können gleich groß genommen werden, wenn das Verhältnis beider Impulshäufigkeiten kleiner als 5 ist. Für Werte größer als 5 mißt man den Effekt etwa fünfmal so lang wie den Nulleffekt. Für große Verhältniswerte (etwa > 150) spielt der Nulleffekt, was die Bestimmung des Meßfehlers anbelangt, keine Rolle mehr. Aus Abb. 42 läßt sich der prozentuale, mittlere statistische Fehler als Funktion des Verhältnisses Präparateffekt zu Nulleffekt direkt ablesen.

Immer dann, wenn die gemessene Präparatstärke auf eine Ausgangsaktivität bezogen wird, ergibt sich als Rechengröße der Ausdruck

$$E = \frac{n_1 - n_e}{n_2 - n_0} \cdot 100\% .$$

Auch hierzu läßt sich mit Hilfe des Gaußschen Fehlerfortpflanzungsgesetzes der mittlere, statistische Fehler bestimmen.

d) Mittlerer, statistischer Fehler für Ratemeter und Ionisationskammer

Nach Kip u. Mitarb. beträgt der mittlere, statistische Fehler bei einem integrierenden Meßgerät

$$\tau = 0{,}71 \sqrt{\frac{n}{RC}} .$$

Dabei bedeutet n die Impulshäufigkeit pro Minute, welche dem abgelesenen Stromwert aufgrund einer einmal vorgenommenen Eichung entspricht, und $R \cdot C$ die Zeitkonstante des Systems. Die Zeitkonstante RC läßt sich leicht bestimmen. Sie ist die Zeit, während welcher der Ausschlag am Milliamperemeter bei Entfernen des Präparates auf den $e$ten Teil, d. h. auf etwa 37% des ursprünglich abgelesenen Meßwertes zurückgeht.

Häufig registriert man den Meßeffekt mit einem Schreiber. Für diesen Fall läßt sich der mittlere, statistische Fehler nach:

$$\tau(T) = \tau \frac{\sqrt{1 + \dfrac{2T}{RC}}}{1 + \dfrac{T}{RC}}$$

berechnen, wobei τ der in der letzten Beziehung angegebene, mittlere statistische Fehler für eine einmalige Ablesung ist, während T die Zeitspanne bedeutet, während welcher die Mittelung des Meßwertes auf dem Diagramm vorgenommen wird.

Beide Gleichungen sind nur gültig, wenn sich der Ausschlag am integrierenden Gerät im Gleichgewichtszustand befindet. Das ist nach der Einstellzeit von

$$t = R \cdot C \left(\tfrac{1}{2} \log 2\, n\, R \cdot C + 0{,}394 \right)$$

der Fall.

3. Zählverluste infolge der zeitweisen Unempfindlichkeit des Zählrohres

a) Rechnerische Erfassung der Zählverluste

Wir haben früher darauf hingewiesen, daß ein Zählrohr bei jedem Impuls eine gewisse Zeit lang unempfindlich ist. Jeder neue Impuls, der zeitlich in diesen Unempfindlichkeits-Intervall (Totzeit etwa 10^{-4} sec) fällt, wird nicht registriert. Je häufiger die Impulse aufeinanderfolgen, um so häufiger kommt dies vor und um so mehr weicht die beobachtete Impulshäufigkeit von der wahren Impulshäufigkeit ab. Wenn n die beobachtete und n_0 die tatsächliche Impulshäufigkeit bedeutet, so gilt:

$$n_0 = \frac{n}{1 - nT} .$$

Es kann auch vorkommen, daß ein Impuls zwar in die Totzeit τ fällt, aber auch darüber hinaus noch andauert. Das Zählrohr registriert diesen Impuls ebenfalls nicht, die Zeit der Unempfindlichkeit wird aber dadurch mehr oder weniger verlängert. Für diesen Fall gilt zwischen der wahren und der beobachteten Impulshäufigkeit die Beziehung:

$$n = n_0 e^{-n_0 \tau} .$$

Bei nicht zu großen Ausschlagszahlen führen beide Gleichungen zu etwa demselben Ergebnis.

Die Zählverluste sind gegeben durch:

$$n_0 - n = \frac{n^2\tau}{1-n\tau} \quad \text{bzw.} \quad \frac{n_0-n}{n_0}\, 100 = n\tau \cdot 100\%.$$

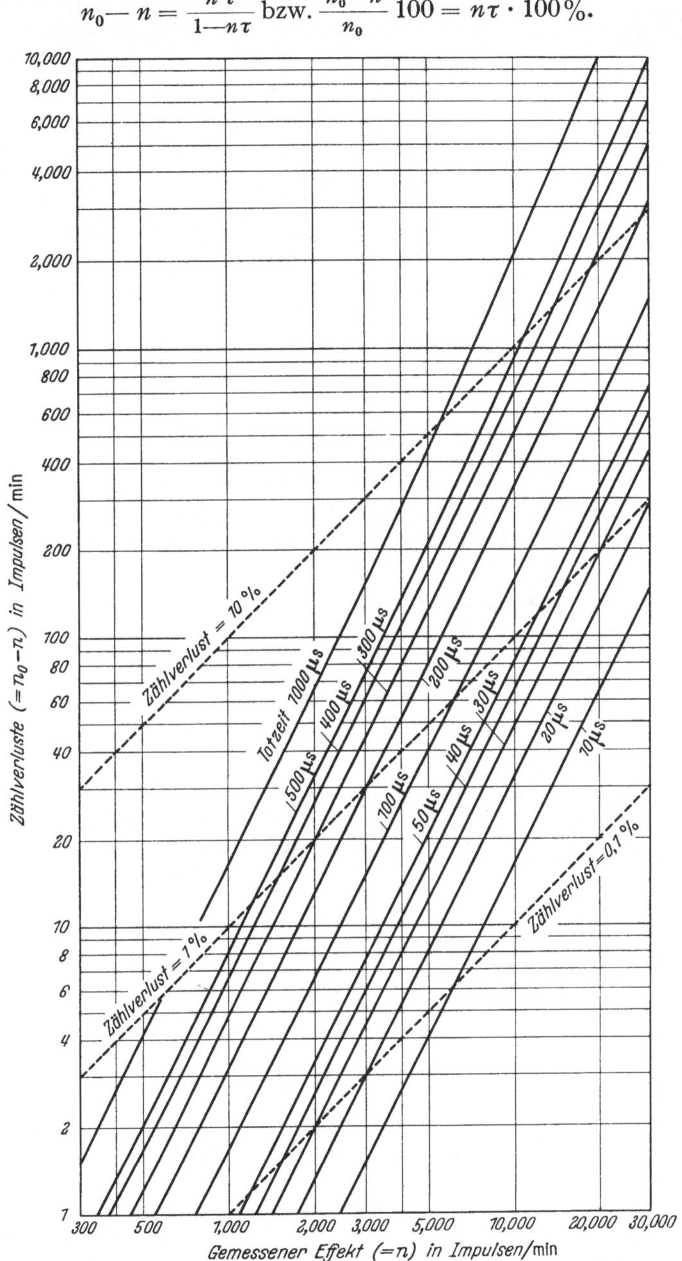

Abb. 43. Zählverluste in Abhängigkeit von der Größe des Effektes und der Totzeit

Man kann entweder τ bestimmen und mit Hilfe obiger Gleichungen die wahre Impulshäufigkeit aus der beobachteten Impulshäufigkeit errechnen oder die Zählverluste direkt bestimmen. Beide Methoden werden im folgenden beschrieben. Bei bekannten τ lassen sich die Zählverluste aus Abb. 43 ablesen.

b) Bestimmung des Auflösungsvermögens der Gesamtzählanordnung

Mit einer Meßanordnung nach Abb. 44 wird die Impulshäufigkeit n_1 (Imp./min) eines Präparates P_1 gemessen, dann für die beiden Präparate P_1 und P_2 zusammen eine zweite Impulshäufigkeit $n_{1,2}$ und drittens die Impulshäufigkeit n_2 für das Präparat P_2 allein bestimmt. Die Präparate P_1 und P_2 lassen sich mit Hilfe des angegebenen Präparatetellers in der Abb. 44 in eine gegenüber dem Zählrohr sehr gut reproduzierbare Lage bringen. Unter Einschaltung der Nulleffektmessung wird die Beobachtung zweckmäßigerweise in umgekehrter Reihenfolge der einzelnen Messungen wiederholt. Die Aktivität der beiden Präparate P_1 und P_2 muß so groß gewählt werden, daß bei Messung der Impulshäufigkeit bereits merkliche Zählverluste auftreten. Das Auflösungsvermögen τ läßt sich dann mit Hilfe folgender Gleichung berechnen:

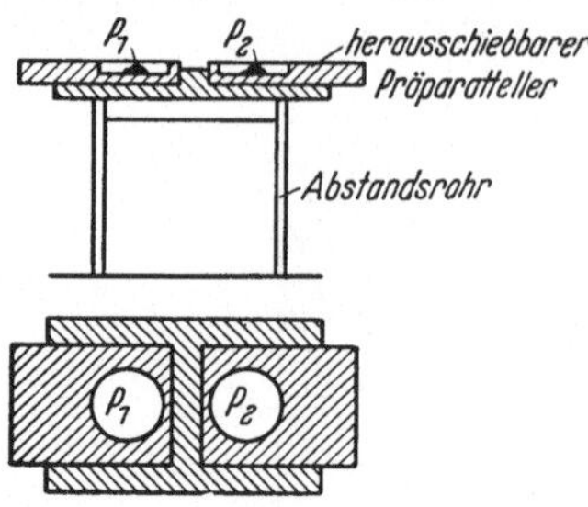

Abb. 44. Anordnung zur Messung der Totzeit (nach K. Schmeiser)

$$\tau = \frac{n_1 + n_2 - n_{1,2} - n_0}{n_{1,2}^2 - n_1^2 - n_2^2} \quad \text{oder}$$

$$\tau = \frac{(n_1 - n_0) + (n_2 - n_0) - (n_{1,2} - n_0)}{2(n_1 - n_0)(n_2 - n_0)}.$$

Es ist sinnvoll, die Bestimmung des Auflösungsvermögens bzw. die Bestimmung der Zählverluste bei verschiedenen Impulshäufigkeiten in bestimmten Zeitabständen zu wiederholen.

c) Direkte Bestimmung der Zählverluste

α) Durch Verdünnung eines flüssigen, radioaktiven Präparates stellt man sich verschiedene Proben her, die einen bekannten Bruchteil der Ausgangsaktivität haben. Die schwächsten Präparate sind in ihrer Stärke so ausgelegt, daß noch keine Zählverluste eintreten, wohl aber bei den stärksten Präparaten. Aus der bekannten Verdünnung und den insgesamt beobachteten Impulshäufigkeiten für die verschiedenen verdünnten Proben lassen sich die Zählverluste für die zu starken Präparate leicht bestimmen.

β) Man registriert für ein starkes Präparat, dessen Halbwertzeit nur wenige Stunden beträgt, die Impulshäufigkeit über mehrere Halbwertzeiten. Zu Beginn der Messungen werden große Zählverluste auftreten. Mit der Zeit wird die Impulshäufigkeit aber wegen des Abklingens der Präparatstärke weniger groß werden. Das macht sich in der Weise bemerkbar, daß die beobachtete Abklingkurve langsam in eine Gerade übergeht, deren Neigung der Neigung der Zerfallskurve des betreffenden Radioisotops entspricht. Der jeweilige Unterschied zwischen der beobachteten Kurve (s. Abb. 45), welche für ein

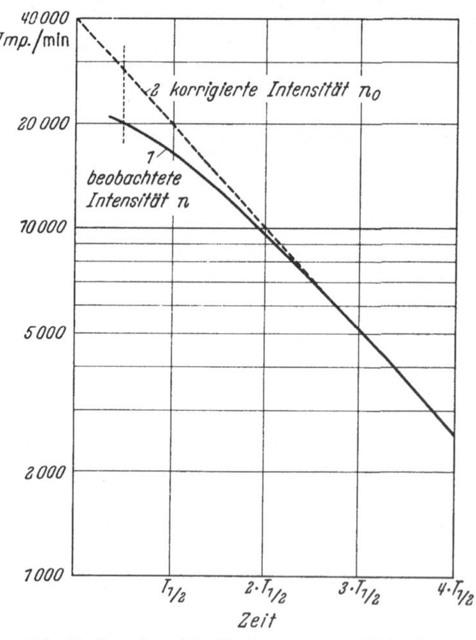

Abb. 45. Experimentelle Bestimmung der Zählverluste durch Beobachtung einer zeitlichen Zerfallskurve

Dysprosiumpräparat mit $T = 2{,}54$ h gilt, und der Zerfallskurve ist identisch mit dem Zählverlust. Aus der Abb. 45 entnehmen wir z. B., daß der beobachteten Impulshäufigkeit $n = 20\,000$ Imp./min eine wahre Impulshäufigkeit von $29\,000$ Imp./min entspricht. Es sind also 9000 Imp./min oder 31% Imp./min ausgelassen worden. Nach Abb. 43 muß die Totzeit τ für die vorliegende Meßanordnung also $\tau = 10^{-3}$ sec betragen haben.

d) Verminderung der Zählverluste durch Verwendung von Untersetzern

In das Auflösungsvermögen τ einer Meßanordnung geht das Auflösungsvermögen des Strahlenmeßgerätes, des Verstärkers und des Zählwerkes ein. Am schlechtesten ist das Auflösungsvermögen des Zählwerkes. Mit einem einfachen Telephonzähler, wie man ihn früher ausschließlich verwendet hat, lassen sich höchstens 10 Impulse pro Sekunde ohne Zählverluste registrieren. Man kann nun eine große Zählhäufigkeit vom Zählwerk fernhalten durch Einschalten eines *Untersetzers*, welcher nur jeden zweiten ankommenden Impuls an das Zählwerk weitergibt. Verwendet man n Untersetzer, so wird nur jeder 2^n. Impuls weitergeleitet, das Zählwerk also entsprechend entlastet. Heute werden fast ausschließlich *Dekadenuntersetzer* verwendet, welche nur jeden zehnten Impuls (statt jeden zweiten Impuls) weiterleiten. Dadurch, daß die Impulse am Ausgang eines Untersetzers zeitlich gleichmäßiger erscheinen, wird das Auflösungsvermögen der Zählanordnung zusätzlich erhöht.

4. Berücksichtigung des radioaktiven Zerfalls im Laufe einer Meßreihe

Wenn die Halbwertzeit des verwendeten Radioisotops klein ist gegenüber der Meßdauer einer zusammenhängenden Meßreihe, so muß eine Umrechnung aller Einzelmeßwerte auf einen einheitlichen Zeitpunkt erfolgen.

Wenn ein Radioisotop vorliegt mit sehr kurzer Halbwertzeit, so muß auch der Zerfall während der Einzelmessung beachtet werden. Zur Auswertung solcher Messungen läßt sich Abb. 46 verwenden. Wir entnehmen dieser Abbildung, daß beispielsweise für ein Radioisotop mit einer Halbwertzeit von 2,58 h und einer Meßdauer von 10 min, ohne Berücksichtigung des radioaktiven Zerfalls, ein Meßfehler von 2% entsteht. Bei der Ausmessung von C^{11}-Präparaten ($T_{1/2} = 33$ min) wäre bei einer Meßdauer von 10 min bereits eine Korrektur von 11% am beobachteten Meßeffekt anzubringen (da $t/T_{1/2} = 0{,}33$).

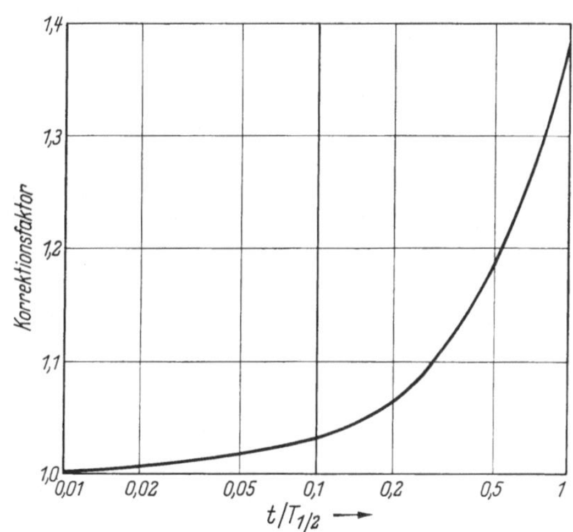

Abb. 46. Korrekturfaktor für radioaktiven Zerfall während der Messung

5. Verwendung von Standardpräparaten

Es ist nützlich und bei genaueren Messungen notwendig, zwischen eine bestimmte Anzahl von Einzelmessungen einer Meßreihe jeweils die Messung eines Standardpräparates, dessen Impulshäufigkeit bekannt ist, einzuschalten. Am besten eignen sich hierfür langlebige Präparate, z. B. Na^{22}. Das Standardpräparat dient zur Überwachung der Zählapparatur. Nicht immer lassen sich gewisse Empfindlichkeitsschwankungen der Zählapparatur (Schwankungen in der Zählrohrhochspannung, Nachlassen der Zählrohrempfindlichkeit u. a.) während einer längeren Meßreihe vermeiden. Dadurch, daß wir das Standardpräparat immer wieder mitmessen, machen sich solche Fehlerquellen bemerkbar, außerdem lassen sich die einzelnen Meßeffekte durch entsprechende Umrechnung auf den „normalen Wert" des Standardpräparates noch auswerten.

6. Hinweise zur Verringerung von Meßfehlern

Die beobachteten Meßeffekte müssen reproduzierbar und ausreichend genau sein. Je schwächer ein radioaktives Präparat ist oder je genauer die Aktivität desselben bestimmt werden soll, um so länger muß es gemessen werden. Hierzu ist zunächst eine zuverlässige Meßapparatur notwendig, bei welcher das Präparat möglichst optimal angebracht ist und alle nicht kontrollierbaren Fehlerquellen vermieden werden. Dazu gehört auch, daß nur saubere, nicht radioaktive Präparateunterlagen verwendet werden und jede evtl. einmal verursachte Verseuchung des Arbeitsplatzes, etwa durch Verspritzen radioaktiver Flüssigkeit oder Verschütten pulverisierter, fester radioaktiver Substanz, sofort beseitigt wird, weil sonst der Nulleffekt des Zählrohres erhöht wird und längere Meßzeiten erforderlich werden. Grundsätzlich sollte vor jeder größeren Meßreihe das Auflösungsvermögen der Meßapparatur und die Kennlinie des Zählrohres bestimmt werden, damit die Betriebsspannung richtig gewählt werden kann. Auch über die Zeitaufteilung auf die einzelnen Messungen sollte man sich vor Beginn der Meßreihe Gedanken machen. Zur Überprüfung der Konstanz der Gesamtzählanordnung ist die Messung eines Standardpräparates mehrfach einzuschalten. Das ist besonders wichtig bei Radioisotopen, die im Vergleich zur Gesamtmeßdauer kurzlebig sind. Obwohl es in bezug auf die statistische Genauigkeit gleichgültig ist, ob der Aktivitätswert eines Präparates durch eine einzige Messung oder durch mehrere Messungen von gleicher Gesamtmeßdauer bestimmt wird, wird vorgeschlagen, den zweiten Weg zu gehen, weil auf diese Weise die Messungen des Nulleffektes und des Standardpräparates häufiger eingeschaltet werden können und damit eine bessere Kontrolle über evtl. Verseuchungen und Empfindlichkeitsänderungen der Apparatur gewährleistet ist. Es ist sinnvoll, die notwendigen Einzelmessungen der radioaktiven Präparate, die wiederholte Messung des Nulleffektes und des Standardpräparates in passender Reihenfolge vorzunehmen, möglichst von schwachen zu stärkeren Präparaten ansteigend und anschließend ohne zeitliche Unterbrechung die gleichen Messungen in umgekehrter Reihenfolge zu wiederholen. Verseuchungen lassen sich so erkennen und Empfindlichkeitsänderungen der Meßanordnung meist ohne besondere Korrektur der Meßwerte ausschalten. Bei relativen Messungen von Präparaten, die das gleiche Radioisotop mit verhältnismäßig kurzer, aber nicht zu kurzer Halbwertzeit enthalten, braucht man bei der so vorgenommenen zeitlichen Reihenfolge der einzelnen Messungen den radioaktiven Zerfall während der Meßdauer nicht zu berücksichtigen, sofern auch das Ausgangspräparat oder ein bekannter Teil desselben mitgemessen wurde. Ein Präparat, dessen Aktivität das erste Mal sehr früh bestimmt wurde, kommt bei der rückläufigen Messung entsprechend spät an die Reihe. Das Mittel aus beiden Messungen wird bei allen Präparaten automatisch auf den Zeitpunkt bezogen, zu welchem die Umkehr der Reihenfolge der Einzelmessungen einsetzt. Diese vereinfachte Methode der Auswertung ist nicht ratsam bei sehr kurzlebigen Radioisotopen, weil dann der Intensitätsabfall während der Meßdauer nicht mehr als angenähert linear angesehen werden kann. Welche Fehler bei Nichtbeachten dieser Tatsache entstehen, mag aus Abb. 46 hervorgehen.

In diesem Zusammenhang möge auf eine Fehlermöglichkeit bei der Messung von radioaktiven Proben hingewiesen werden, welche zwei Radioisotope verschiedener Halbwertzeit enthalten. Das ist z. B. bei Präparaten der Fall, welche radioaktives Natrium enthalten, das im Zyklotron aus Magnesium gewonnen wird. Wenn im Zyklotron Magnesium mit Deuteronen beschossen wird, entsteht gleichzeitig Na^{24} und Na^{22}, letzteres im allgemeinen allerdings in geringerer Aktivität. Im Verlaufe einer lang ausgedehnten Messung von radioaktiven Proben, welche radioaktives Natrium Na^{24} und Na^{22} enthalten, nimmt die Na^{24}-Aktivität wegen der kürzeren Halbwertzeit von Na^{24} schneller ab als diejenige von Na^{22}. Dadurch verschiebt sich das Aktivitätsverhältnis zugunsten von Na^{22}. Das muß beachtet werden.

Wenn man verschiedene Caesium 137-Präparate vergleichen will, muß man die Herkunft der Präparate kennen. Caesium 137 ist ein Spaltprodukt. Daneben entsteht im Reaktor die radioaktive Kette mit der Atommasse 133, deren letztes Glied das stabile Cs^{133} ist. Wird Cs^{133} innerhalb des Reaktors mit Neutronen bestrahlt, so bildet sich Cs^{134}, ein komplexer β-Strahler mit etwa 10 γ-Quanten verschiedener Energie. Werden die Spaltprodukte kontinuierlich aus dem Gebiet hohen Neutronenflusses gebracht, so kann kein Cs^{134} entstehen. In sonst üblichen Reaktortypen verbleiben die Spaltprodukte längere Zeit am Entstehungsort, so daß sich Cs^{134} aus Cs^{133} bildet. Der Wirkungsquerschnitt ist mit 26 barns verhältnismäßig groß. Da eine chemische Trennung von Cs^{137} und Cs^{134} nicht durchführbar ist, erscheint im zweiten Falle also Cs^{134} als *Verunreinigung*. Auf 1 mC Cs^{137} kommen etwa 22 μC Cs^{134}. Da die Halbwertzeit von Cs^{134} mit 2,3 Jahren wesentlich kleiner als diejenige von Cs^{137} mit etwa 30 Jahren ist, fällt die Präparatstärke des Gemisches also schneller ab als eine reine Cs^{137}-Aktivität.

Wir haben bisher nicht von Meßfehlern gesprochen, welche mit der radioaktiven Messung an sich nichts zu tun haben. Die Fehler, welche z. B. beim Abfassen der Versuchsaktivität, beim Injizieren oder Verdünnen derselben oder bei entsprechenden chemischen Prozessen oder präparativen Arbeiten unvermeidbar sind, sind mitunter sehr groß. Es ist sinnvoll, die Genauigkeit radioaktiver Messungen der Gesamt-Versuchsgenauigkeit anzupassen.

Vielfach ist es zweckmäßig, die Aktivität der einzelnen Versuchsabschnitte radioaktiv zu überwachen, um festzustellen, an welcher Stelle evtl. vermeidbare oder unvermeidbare Aktivitätsverluste eintreten. Als Beispiel sei die Überwachung der Synthese von C^{14}-markiertem 2-Phenylbenzimidazol (s. Abb. 47) genannt.

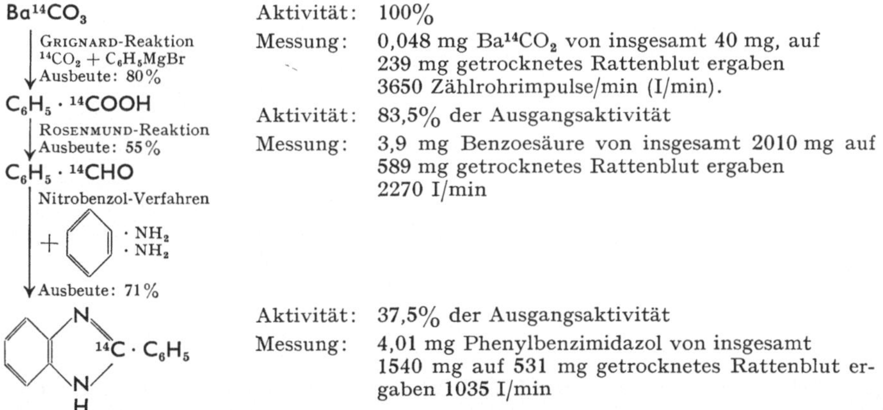

Abb. 47. Schematische Darstellung der 2-Phenyl-benzimidazol-(2-C14)-Synthese mit Angabe der zugehörigen Aktivitäten (nach JERCHEL und SCHMEISER)

B. Messungen an radioaktiven Substanzen

I. β-Messungen von radioaktiven Präparaten in fester Form

1. Relative und absolute Messungen

Bei vielen medizinischen und biologischen Untersuchungen ist es uninteressant, die absolute Stärke der radioaktiven Präparate zu kennen. So genügt es z. B. zum Studium der radioaktiven Substanz innerhalb des Organismus, die beobachteten Meßeffekte einzelner Organproben miteinander zu vergleichen oder den Vergleich bestenfalls noch auf den gleichzeitig beobachteten Meßeffekt eines aliquoten Teiles der Ausgangsaktivität auszudehnen. Als Ergebnis lassen sich dann die einzelnen Proben in Prozenten dieser Ausgangsaktivität angeben. Solche Messungen nennt man *relative Messungen.*

Die Durchführung und Auswertung von relativen Messungen wird besonders einfach, wenn man die Versuchsbedingungen (z. B. gleiche Größe der Proben, gleiche chemische Form, gleiche Präparatunterlagen, gleicher Abstand der Meß-probe vom Nachweisgerät) bei allen Proben einhalten kann. Wir sprechen in voller Absicht immer wieder von einem *beobachteten Meßeffekt,* um darauf hinzuweisen, daß es sich um eine Relativangabe handelt.

Bei der Prüfung der Schilddrüsenfunktion z. B. interessiert die Absolutangabe der von der Schilddrüse gespeicherten Aktivität. Durch gleichzeitige Messung der Strahlenintensität an einem Phantom, das eine bekannte J^{131}-Aktivität enthält, läßt sich auch hier mitunter eine absolute Messung der Präparatstärke umgehen. In vielen anderen Fällen kann dies jedoch nicht geschehen. Absolute Messungen sind wesentlich schwieriger, aufwendiger und weniger genau als relative Messungen.

2. Zählanordnung

In Abb. 48 ist eine Zählanordnung skizziert, welche sich sehr bewährt hat. In einem 7 cm starken und verhältnismäßig großen Eisenpanzer befindet sich ein Stirn-

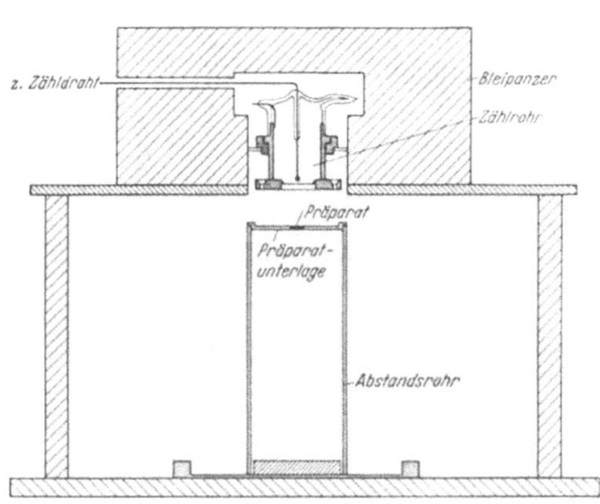

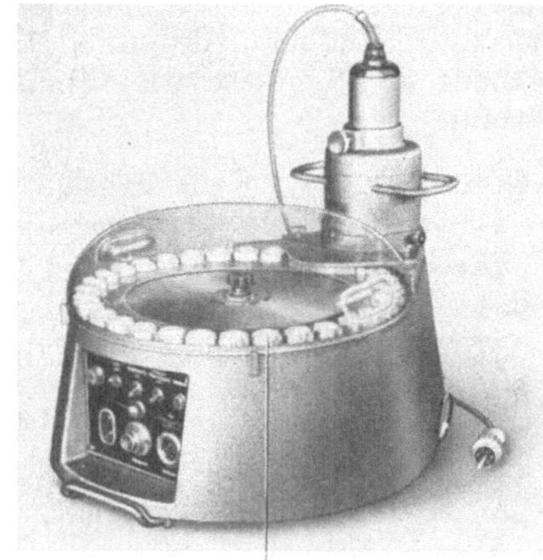

Abb. 48.
Zählanordnung zur Messung von radioaktiven Präparaten

Abb. 49.
Automatischer Probenwechsler (Friesecke und Höpfner)

flächenzähler mit einem Glimmerfenster von etwa 1,0 mg/cm² Dicke, darunter das Präparat. Als Unterlage für das Präparat dient ein kleiner Teller aus Aluminium von 25 mm Durchmesser und etwa 1 mm Stärke mit einem 2—3 mm hohen Rand.

Um das Präparat stets an genau die gleiche Stelle zu bringen, kann der Aluminiumteller auf ein passendes Messingrohr aufgesetzt werden. Notwendige Abstandsänderungen werden durch Auswechseln von Messingrohren passender Länge erreicht. Damit auch die seitliche Lage der Meßproben gegenüber dem Zählrohr fixiert bleibt, kann zum Auswechseln der Meßproben das Abstandrohr auf einem Schieber, der seitliche Führung und rückwärtigen Anschlag aufweist, aus dem Zählbereich herausgezogen werden. Bei Routinemessungen von gleichzeitig mehreren Präparaten eignet sich ein automatischer Probewechsler (s. Abb. 49).

3. Vorzunehmende Korrektionen an den beobachteten Meßeffekten

Wenn keine große Meßgenauigkeit gefordert wird, kann man die mit dieser Zählanordnung beobachteten Meßeffekte direkt miteinander vergleichen und auswerten.

Zur Abkürzung der Meßdauer oder zur Erhöhung der Meßgenauigkeit versucht man, den Meßeffekt möglichst groß zu machen. Das kann in vielen Fällen nicht einfach dadurch geschehen, daß man starke Ausgangspräparate wählt, weil keine Strahlengefährdung verursacht werden darf oder eine toxische Grenze vorgeschrieben ist. Hierdurch erhält man häufig schwache Präparate, die man unter optimalen Bedingungen, z. B. in kleinem Abstand vom Zählrohr zur Messung bringt. Auch durch Vergrößerung des Zählrohrfensters, Verstärkung der Präparatdicke, durch geeignete Herstellung des Präparates u. a. kann dasselbe erreicht werden. Wenn aber verschiedene Meßbedingungen vorliegen, müssen entsprechende Korrektionen an den Meßwerten angebracht werden. Davon soll in den nächsten Abschnitten die Rede sein. Die Umrechnung der Meßeffekte auf gleichen Abstand vom Zählrohr, die Korrektion infolge Absorption der β-Strahlen im Präparat selbst, die verschieden starke Abschwächung der β-Intensität durch verschiedene lange Absorptionswege (besonders wichtig bei energiearmen β-Strahlen), sind meist zu umgehen. Wenn große Genauigkeitsansprüche gestellt werden oder absolute Angaben der Präparateaktivität gefordert werden oder wenn die für eine gewisse Untersuchung notwendige Gesamtaktivität abgeschätzt werden muß, müssen noch weitere Korrektionen an den beobachteten Meßeffekten angebracht werden. Davon wird anschließend die Rede sein.

a) Abhängigkeit des Meßeffektes vom Abstand Präparat—Nachweisgerät

α) *Experimentelle Bestimmung der Abstandkorrektion*

Der Meßeffekt eines radioaktiven Präparates ist um so kleiner, je weiter entfernt dieses vom Nachweisgerät ist. Der Nulleffekt bleibt dabei im allgemeinen konstant. Da man eine möglichst große Impulshäufigkeit wünscht, um die Meßdauer abzukürzen, bringt man das Präparat möglichst nahe an das Zählrohr heran. In der Praxis kommt es häufig vor, daß Meßproben mit sehr verschiedener Aktivitätsstärke gemessen werden sollen. Um Zählverluste (s. S. 68) zu vermeiden, werden die starken Präparate unter ihnen in größerem Abstand (seltener mittels eines Absorbers zwischen Präparat und Zählrohr) gemessen und der beobachtete Meßeffekt mit Hilfe einer experimentell bestimmten Abstandskurve (s. Abb. 50) auf den Normalstand umgerechnet. Es ist wichtig, darauf hinzuweisen, daß die Kurve der Abb. 50 nur für die Zählanordnung und nur für ein ganz bestimmtes Isotop, im Beispiel P^{32}, gültig ist. Bei energieärmeren β-Strahlern ist der Kurvenverlauf etwas anders. Man kann solche Abstandskurven also nur bedingt aus Angaben anderer Forscher übernehmen. Eigene Untersuchungen stellen gleichzeitig eine gute Vorübung für die eigentlichen Messungen dar.

β) Rechnerische Ermittlung der Abstandkorrektion, Geometrie einer Zählrohranordnung

Es läßt sich rechnerisch ermitteln, welcher Bruchteil der vom Präparat nach allen Seiten gleichmäßig emittierten β-Strahlen vom Nachweisgerät erfaßt wird. Je näher das Präparat an das Zählrohr herangebracht wird und je größer dessen

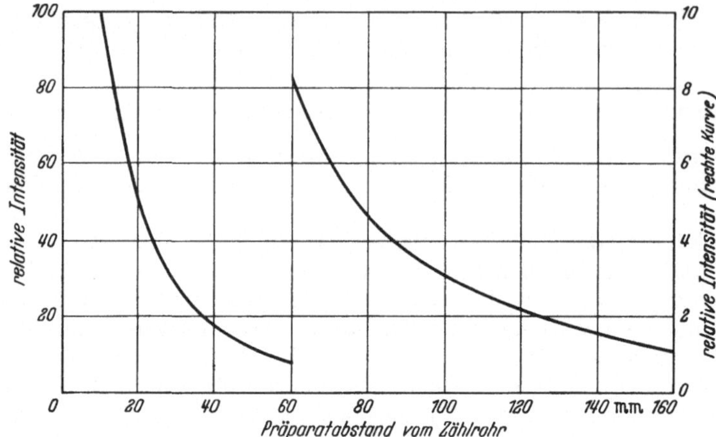

Abb. 50. Impulshäufigkeit bei verschiedenen Abständen eines Präparates vom Zählrohr

Fensteröffnung ist, um so größer ist dieser Bruchteil, also auch die Nachweiswahrscheinlichkeit. Nach Burtt sowie Gleason u. Mitarb. gilt mit den Bezeichnungen der Abb. 51 für den Geometriefaktor G, ein punktförmiges Präparat vorausgesetzt:

$$G = 0,5 \left(1 - \frac{h}{\sqrt{h^2 + r^2}}\right) = 0,5\,(1 - \cos\alpha),\ \mathrm{tg}\,\alpha = \frac{r}{h}\ .$$

Der Abstand h wird gerechnet bis zur Unterkante einer geeigneten Blende, die möglichst nahe am Zählrohrfenster angebracht ist. Die Dicke der Blende ist so bemessen, daß selbst die energiereichsten β-Strahlen der Meßproben darin

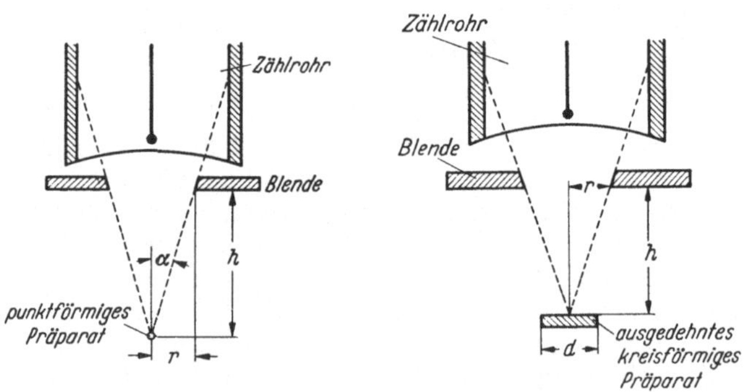

Abb. 51. Zur Erläuterung des Geometriefaktors

absorbiert werden. Demnach können nur β-Strahlen innerhalb eines ganz genau definierten Raumwinkels vom Zählrohr erfaßt werden. Bei Gleason war der Blendenring 1,4 g/cm² stark, Durchmesser der Blendenöffnung $2\,r = 16$ mm, Fensterdurchmesser des Zählrohres 26 mm, der Abstand des Präparates von der Blende $h = 32$ mm, der Winkel α demnach etwa 14°. Die Verwendung einer Blende vor dem Zählrohr hat noch eine andere Bedeutung, nämlich die Reduzierung von Streuung der β-Strahlen an den Seitenwänden der Meßanordnung. β-Strahlen, welche an sich die Zählrohröffnung nicht treffen würden, werden durch Streuung von ihrer ursprünglichen Emissionsrichtung abgelenkt. Ohne Blende würden sie so in das Zählrohrvolumen gelangen und eine größere Impulshäufigkeit vortäuschen.

Die Präparatstärke J_0 ergibt sich durch Division des beobachteten Meßeffektes mit G.

Ein Geometriefaktor $G = 0,1$ z. B. sagt aus, daß nur 10% der insgesamt vom Präparat ausgesandten β-Teilchen vom Zählrohr erfaßt werden, sofern man andere Effekte, über die wir gleich noch sprechen werden, außer acht läßt.

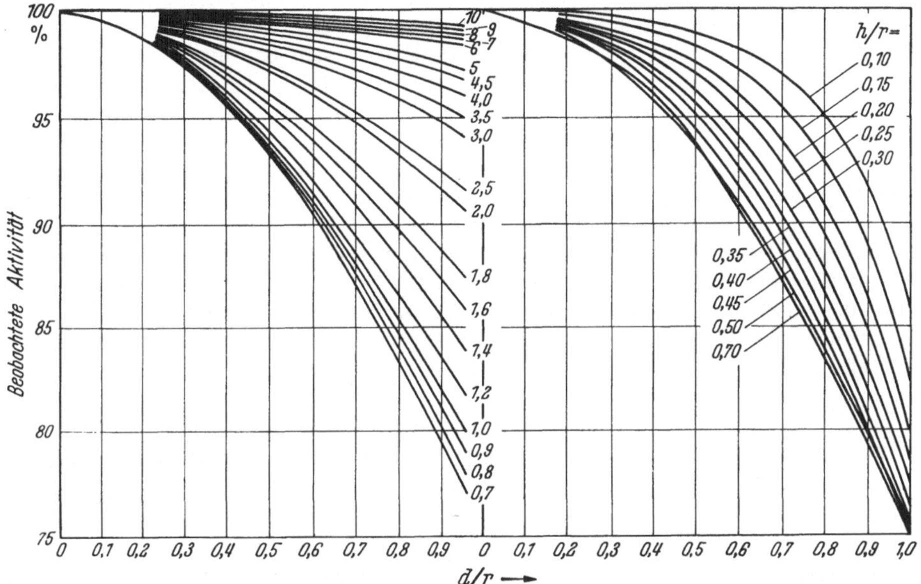

Abb. 52. Vergleich des Geometriefaktors bei kreis- und punktförmigen Präparaten (Zeichenerklärung s. Abb. 51). (Ordinate = Geometriefaktor bei kreisförmigem Präparat [G] bezogen auf Geometriefaktor bei punktförmigem Präparat [G_0] unter sonst gleichen Versuchsbedingungen, $G_0 = 100\%$ gesetzt)

Die Beziehung gilt, wie gesagt, nur für punktförmige oder nahezu punktförmige Präparate. Für ausgedehnte, flächenhafte Präparate wird eine weitere Korrektion notwendig, weil offenbar der Raumwinkel für alle nicht achsennahe Präparatteile merklich kleiner ist. COOK u. Mitarb. haben die Abweichungen von der Soll-Ausschlagszahl punktförmiger Strahlenquellen berechnet. Die Abweichungen sind am kleinsten, wenn sich das Präparat entweder sehr weit vom Zählrohr oder sehr nahe an diesem befindet und außerdem der Durchmesser der Meßprobe kleiner ist als der halbe Fensterdurchmesser des Zählrohres.

In Abb. 52 ist die beobachtbare Strahlenintensität in Prozenten der für ein punktförmiges Präparat bestimmten Werte in Abhängigkeit von d/r (s. Abb. 51) angegeben. Im linken Teil der Abbildung umfaßt der Parameter h/r (s. Abb. 51) den Bereich von 0,7—10, im rechten Teil den Bereich von 0,7—0,1.

Wenn wir z. B. ein flächenhaftes Präparat ausmessen, dessen Durchmesser $d = 20$ mm ist, das einen Abstand $b = 5$ mm von der Blende (Blendendurchmesser $2r = 25$ mm) hat, so erhalten wir mit $d/r = 1,6$ und $h/r = 0,4$ einen Meßeffekt, der nur etwa 85% des Meßeffektes für ein punktförmiges Präparat der gleichen Aktivität ausmacht.

b) Der Einfluß seitlicher Präparatverschiebung

Der Meßeffekt wird kleiner, wenn das Präparat nicht exakt unterhalb der Fensteröffnung des Zählrohres angebracht ist. Der Einfluß einer seitlichen Verschiebung ist um so kleiner, je größer der Abstand des Präparates vom Zählrohr ist.

c) Absorption von β-Strahlung

α) Absorptionsvorgang

Wenn man zwischen das radioaktive Präparat und das Nachweisgerät z. B. Aluminiumfolien zunehmender Dicke legt, so nimmt der beobachtbare Meßeffekt immer mehr ab. Man spricht von Absorption der β-Strahlung in diesem Absorber. Auf S. 12 wurde anhand einer Bahnspur eines Zerfallselektrons in einer photographischen Schicht in groben Umrissen die Geschichte eines Zerfallselektrons geschildert. Wir haben festgestellt, daß sich Streuprozesse und Ionisierungs- bzw. Anregungsvorgänge in bunter Reihenfolge abwechseln, so daß ein Zerfallselektron in mehrfacher Weise von seiner ursprünglichen Richtung abgelenkt und durch Energieverluste langsamer wird, bis es schließlich am Ende seiner Bahn in der Absorberschicht hängen bleibt. Um dieses Zerfallselektron zu charakterisieren, könnte man etwa die gesamte Ablenkung des Zerfallsteilchens von seiner ursprünglichen Richtung angeben. Aus Abb. 8 ließe sich ein Gesamt-*Streuwinkel* von etwa 180° entnehmen. Ebenso charakterisierend wäre die gesamte Bahnlänge von etwa 130 μ *(wahre Reichweite)* des Zerfallselektrons in der als Absorber wirkenden photographischen Emulsion. Das Einzelschicksal eines bestimmten Zerfallselektrons ist aber in unserem Zusammenhang ohne besonderes Interesse. Wichtig ist das durchschnittliche Verhalten sehr vieler Zerfallselektronen.

β) Absorptionsgesetz für β-Strahlung

Das Absorptionsgesetz gibt Auskunft über dieses durchschnittliche Verhalten von Zerfallselektronen. Dabei genügt es für einen sehr großen Teil der Anwendungen festzustellen, welcher Bruchteil der insgesamt von einem radioaktiven Präparat in Richtung auf das Nachweisgerät ausgehenden β-Strahlen bei Vorhandensein eines Absorbers bestimmter Dicke das Zählrohr erreicht. Abb. 53 bringt eine Absorptionskurve für Na[24].

Wir stellen fest, daß der beobachtete Meßeffekt, welcher ein Maß für die im Absorber bestimmter Schichtdicke nicht zurückgehaltene β-Strahlung ist, mit zunehmender Schichtdicke abnimmt. Nach einem steilen Abfall bis etwa 200 mg/cm² Schichtdicke läuft die Absorptionskurve

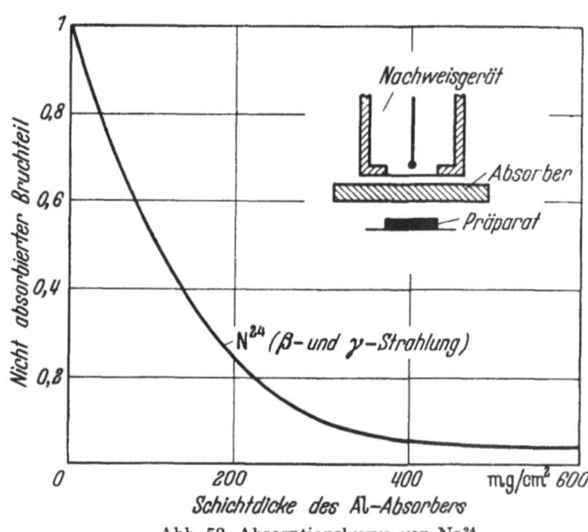

Abb. 53. Absorptionskurve von Na[24]

nach größeren Schichtdicken langsam aus. Auch für sehr große Absorptionsdicken ist noch eine gut meßbare Aktivität vorhanden. Dieser Untergrund wird durch die γ-Strahlung von Na[24], welche gleichzeitig ausgesandt wird, verursacht.

Es ist vielfach üblich und für die Auswertung von Absorptionskurven zweckmäßig, die gemessene Absorptionskurve (abzüglich Nulleffekt) in halblogarithmischem Maßstab aufzutragen. Der beobachtete Meßeffekt wird dabei in logarithmischem Maßstab als Ordinate, die Schichtdicke des Absorbers wie bisher in linearem Maßstab als Abszisse aufgetragen (s. Kurve 1 der Abb. 54). Auch hier stellen wir nach einem steilen Intensitätsabfall bei größeren Absorberdicken einen praktisch horizontal verlaufenden Kurventeil fest (γ-Strahlung von Na^{24}). Der γ-Effekt kann durch Extrapolation auf die Schichtdicke Null für alle Schichtdicken bestimmt werden (Kurve 2). Durch Subtraktion der Kurve 2 von Kurve 1 ergibt sich die Absorptionskurve für die β-Strahlung allein. Für einen reinen β-Strahler hat die Absorptionskurve direkt dieses Aussehen.

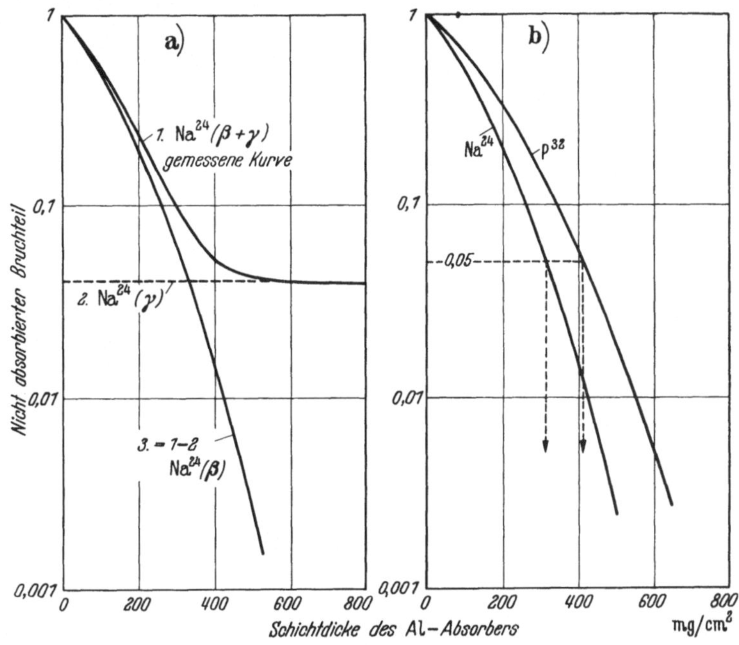

Abb. 54a u. b. a) Zerlegung der beobachteten Absorptionskurve in β- und γ-Anteil. b) Vergleich der β-Absorptionskurven von Na^{24} und P^{32} zur Bestimmung der maximalen Reichweite der Na^{24}-β-Strahlen

Wird ein Präparat unter Einschaltung eines Absorbers der Dicke d mg/cm² gemessen, so muß der Meßeffekt J_d durch den Bruchteil der bei dieser Schichtdicke d noch nicht absorbierten Strahlungsintensität *dividiert* werden, um zur Impulshäufigkeit J_0 ohne Absorber zu gelangen:

$$J_0 = \frac{J_d}{f_a}.$$

Viele der Vorgänge beim Durchsetzen von β-Strahlen durch Materie lassen sich angenähert rechnerisch erfassen, wenn man die Absorptionskurve als Exponentialkurve auffaßt, so daß gilt:

$$J_d = J_0 \cdot e^{-\alpha d}.$$

Die Konstante α, der *Massenabsorptionskoeffizient* (cm²/mg), charakterisiert das mittlere Verhalten der Zerfallselektronen hinsichtlich ihrer Absorbierbarkeit in Materie. Die Konstante α ist für Radioisotope verschiedener Zerfallsenergie verschieden (s. Abb. 55). Im Energiebereich 0,15 MeV bis 3,5 MeV läßt sich α mit Hilfe der folgenden Beziehung auch rechnerisch bestimmen.

$$\alpha = 0{,}017 \cdot E_{max}^{1,43}.$$

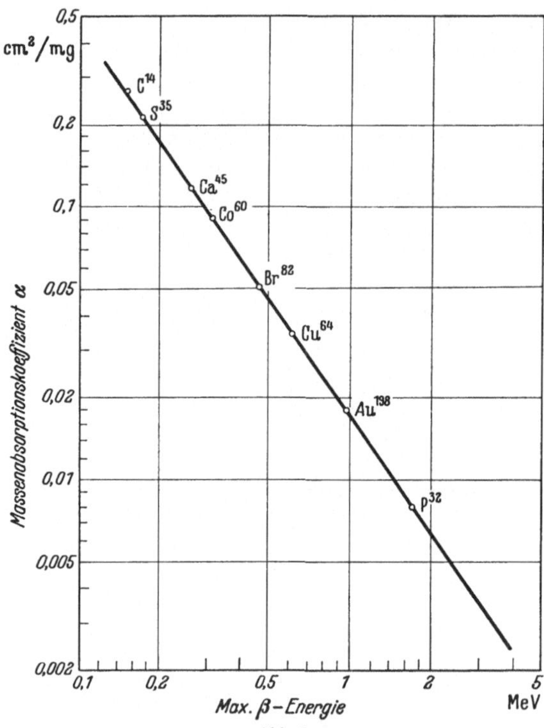

Abb. 55.
Massenabsorptionskoeffizient für Zerfallselektronen in Abhängigkeit von der maximalen β-Energie (n. Meyer-Schützmeister u. Vincent)

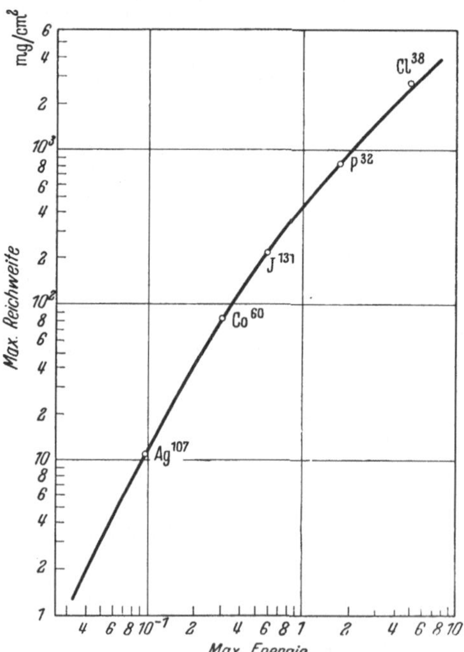

Abb. 56. Energie-Reichweitebeziehung für Zerfallselektronen (nach Gleason, Taylor und Tabern)

Die Form der Absorptionskurve hängt von der Art des Radioisotops und in gewissem Umfang auch von der betreffenden Zählanordnung ab. So lassen sich unterschiedliche Angaben in der Literatur vielfach leicht durch die verschiedene Lage des Absorbers gegenüber dem Zählrohr erklären. Um Streueffekte zu reduzieren, sollte sich der Absorber möglichst nahe am Zählwerk befinden.

γ) Maximale Reichweite

Mit einer gewissen Willkür läßt sich eine *maximale Reichweite* der Zerfallselektronen eines bestimmten Radioisotops definieren, etwa als diejenige Absorberdicke, bei welcher die Intensität auf einen vernachlässigbar kleinen Bruchteil, z.B. 0,1% des Anfangswertes gesunken ist. Wegen des unregelmäßigen Bahnverlaufs der Elektronen in Materie ist diese maximale Reichweite kleiner als die oben erwähnte wahre Reichweite, berechnet für die schnellsten Elektronen eines bestimmten β-Spektrums.

Exaktere Werte für die maximale Reichweite erhält man durch Vergleich der mit der gleichen Zählanordnung gemessenen Absorptionskurven zweier radioaktiver Isotope, wenn die maximale Reichweite für eines der beiden Radioisotope bereits bekannt ist. In Abb. 55 ist als Vergleich die Absorptionskurve von P^{32}, dessen maximale Reichweite bekannt ist, mit eingetragen. Zur Bestimmung der maximalen Reichweite für Na^{24} greifen wir, nach einem Vorschlag von Feather, z. B. die Absorberdicken heraus, für welche die Intensität in beiden Fällen auf $^1/_{10}$, $^1/_{50}$, $^1/_{100}$, $^1/_{500}$, $^1/_{1000}$ . . . . abgesunken ist. Das Verhältnis der zugeordneten Schichtdicken ergeben uns das Verhältnis der $^1/_{10}$, $^1/_{50}$, ... -Reichweiten und als extrapolierten Grenzwert das Verhältnis der maximalen Reichweite beider Radioisotope. Mittels der bekannten maximalen Reichweite des einen Radioisotops läßt sich daraus aber leicht die gesuchte, maximale Reichweite für Na²⁴ berechnen.

FLAMMERSFELD hat folgende empirische Beziehung zwischen der Reichweite und der maximalen β-Energie aufgestellt:

$$E_{max} = 1,92\sqrt{R_{max}^2 + 0,22\,R_{max}}$$
$$\text{oder}$$
$$R_{max} = 0,11\,(\sqrt{1 + 22,4\,E_{max}^2} - 1).$$

Diese Beziehung ist gültig für $0 < E_{max} < 3$ MeV. E wird in MeV, R in g/cm² eingesetzt. In Abb. 56 ist die Energie-Reichweite-Beziehung graphisch dargestellt [Beispiel: R_{max} von J¹³¹-β-Strahlen 220 mg/cm² = 2,2 mm H₂O ($\cong$ Gewebe)].

δ) *Absorption von β-Strahlung im Zählrohrfenster und in der Luftschicht zwischen Präparat und Zählrohr*

Um eine Vorstellung über die Größe dieser Intensitätsschwächung zu bekommen, sei erwähnt, daß eine Luftschicht von nur 0,9 mg/cm² bei C¹⁴ bzw. Ca⁴⁵ eine Verminderung der Impulshäufigkeit von 20 bzw. 10% zur Folge hat (s. Tab. 16).

Tabelle 16. *Prozentuale Intensitätsverminderung durch Absorption in der Zählrohrwand und in der Luftschicht*

	Aktivitätsverminderung in % bei		
	P³²	Ca⁴⁵	S³⁵
Zählrohrwandstärke			
1 mm Al	90	—	—
0,1 mm Al	20	98	—
2,7 mg/cm² Glimmer . .	3	29	45
Dicke der Luftschicht			
1 cm	1	14	25
10 cm	10	84	94
100 cm	73	—	—

Da das oben erwähnte Absorptionsgesetz nur annäherungsweise Gültigkeit hat, ist anzustreben, auch den Einfluß der Absorption im Zählrohrfenster (oder Zählrohrwand) und in der Luftschicht auf den beobachtbaren Meßeffekt experimentell zu bestimmen, und zwar immer wieder mit der gleichen Zählanordnung.

Als Übersicht werden in Abb. 57 Ergebnisse von GLEASON u. Mitarb. wiedergegeben. Wie erwartet, ist auch die Absorption im Zählrohrfenster und in der Luftschicht stark abhängig von der Zerfallsenergie der β-Teilchen und vermindert den Meßeffekt um so stärker, je energieärmer die β-Strahlung des betreffenden Radioisotops ist. Für C¹⁴-Messungen erhält man also beim Übergang von einem normalen Fensterzähler auf ein fensterloses Zählrohr *(Durchstromzähler)* einen wesentlich größeren Meßeffekt. Da vielfach Glimmer als Zählrohrfenster verwendet wird, wird zur Vervollständigung der hier gemachten Angaben noch Abb. 58 beigefügt.

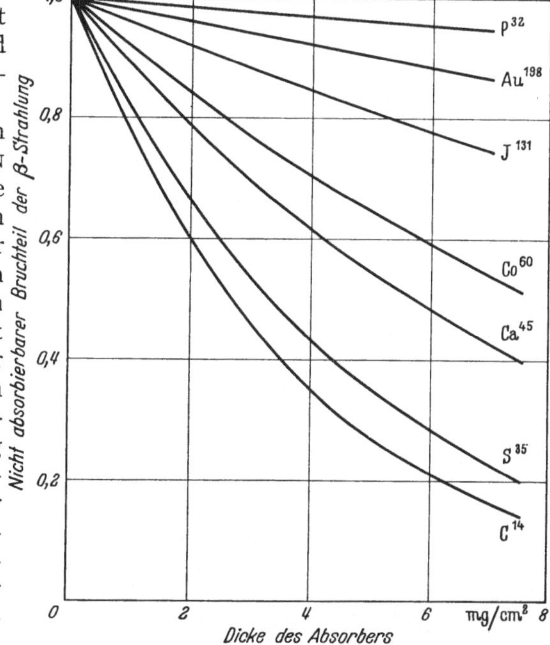

Abb. 57. Absorptionskurven für verschiedene β-Strahler (nach GLEASON u. Mitarb.)

Die Zerfallsteilchen werden von einem radioaktiven Präparat nach allen Seiten gleichmäßig emittiert. Das hat zur Folge, daß β-Teilchen, welche überhaupt in Richtung auf das Zählrohr hin ausgesandt werden, verschieden lange Wege durchlaufen müssen, ehe sie in das wirksame Zählvolumen gelangen. Je größer dieser

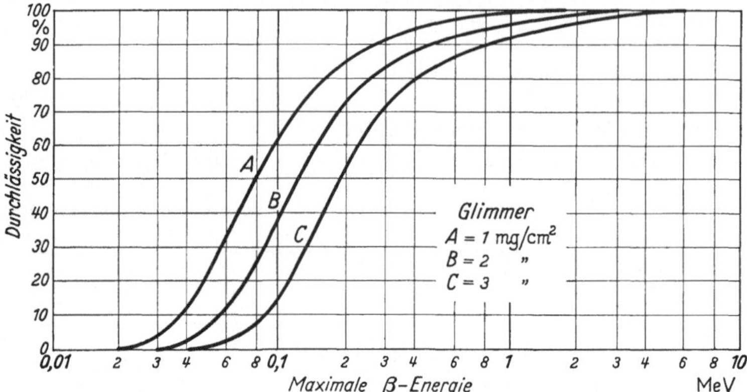

Abb. 58. Durchlässigkeit von Glimmer für β-Teilchen verschiedener Energie

Weg, um so größer wird auch die Absorptionswahrscheinlichkeit für das betreffende β-Teilchen, d. h. um so geringer der beobachtbare Meßeffekt. Man sieht ein, daß die Wegunterschiede (senkrechter bzw. schräger Einfall) um so größer sind, je kleiner der Präparatabstand vom Zählrohr ist. Quantitative Angaben werden in Abb. 59 und Abb. 60 gemacht.

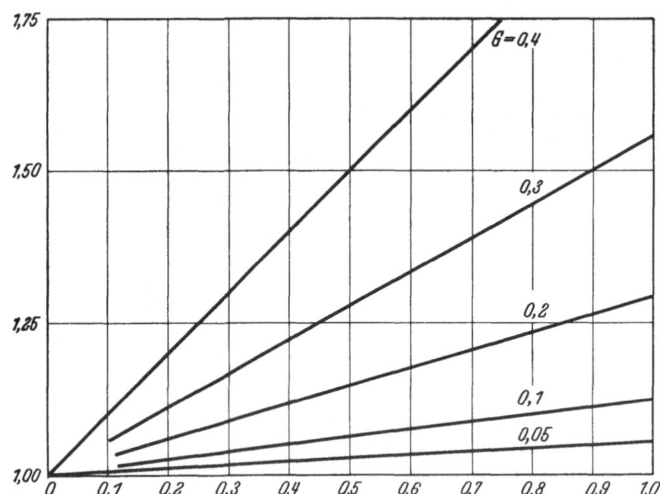

Abb. 59. Einfluß von schrägem Durchgang der β-Teilchen durch Zählrohrfenster und Luftschicht. $I\perp$ = Impulshäufigkeit bei senkrechtem Durchgang. I schräg = Impulshäufigkeit bei schrägem Durchgang (nach Schmeiser)

In Abb. 59 ist der Korrekturfaktor f_s, d. h. das Verhältnis des Meßeffektes für den Fall, daß alle β-Teilchen senkrecht einfallen, zu dem Meßeffekt für verschieden schrägen Einfall als Funktion des Produktes $\alpha \cdot d$ (α = Absorptionskoeffizient, d = Schichtdicke) angegeben. Diese Art der Darstellung wurde gewählt, um auf eine getrennte Wiedergabe der Kurven für verschiedene Radioisotope verzichten zu können. Der Geometriefaktor G (s. S. 75) tritt dabei als Parameter auf. Der beobachtete Meßeffekt ist mit dem Faktor f_s zu multiplizieren, um den Einfluß des schrägen Durchgangs zu eliminieren. Der Absorptions-Korrektionsfaktor f_{as}, welcher gleichzeitig den mehr oder weniger schrägen Durchgang durch Luftschicht und Zählrohrfenster berücksichtigt, ist in Abb. 60 dargestellt, und zwar wiederum als Funktion des Produktes $\alpha \cdot d$.

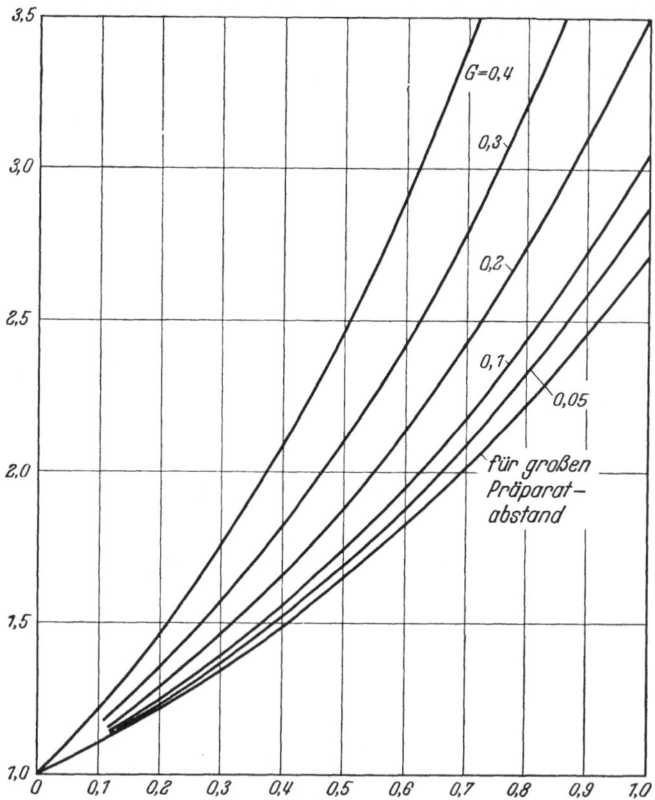

Abb. 60. Gesamtschwächung eines punktförmigen Präparates in Zählrohrfenster und Luftschicht unter Berücksichtigung des schrägen Durchgangs. G = Geometriefaktor (nach SCHMEISER)

d) Selbstabsorption

Die Meßpräparate einer Meßserie fallen meist in ganz verschiedener Gewichtsmenge an. Wenn wir aus Intensitätsgründen möglichst große Teile der Präparate auf gleich großen Präparateunterlagen messen, so haben die Meßproben verschiedene Schichtdicke. Wenn wir die Substanzmenge auf das 2fache (3fache, ...) vermehren, so erhalten wir nicht immer das 2fache (3fache ...) der ursprünglichen Impulshäufigkeit. Ein Teil der aus den unteren Schichten ausgesandten β-Strahlen wird in den darüberliegenden Schichten des Präparates absorbiert (*Selbstabsorption*). Die beobachtete Impulshäufigkeit entspricht damit nicht mehr der auf das Zählrohr gerichteten Strahlung des Präparates; die Strahlungsintensität wird um einen gewissen Bruchteil zu klein gemessen.

Da die Größe der Selbstabsorption von der benutzten Meßanordnung, von der Art des Radioisotops und in geringerem Maße vom Abstand des Präparates vom Zählrohr abhängt, ist es auch hier ratsam, eigene Messungen vorzunehmen. Hierzu stellt man sich aus einer gut durchmischten radioaktiven Substanz eine Reihe von Präparaten verschiedener Schichtdicke, aber gleicher Flächenausdehnung her und mißt diese der Reihe nach durch. Zwei Beispiele für C^{14} und Ca^{45} findet man in Abb. 61. Wenn der Effekt der Selbstabsorption nicht vorhanden wäre, würde man die gestrichelte Gerade (Tangente im Nullpunkt) erhalten haben. Die Selbstabsorptionskurve weicht immer mehr von ihrer ursprünglichen Linearität ab und strebt langsam einem Sättigungswert zu. Der Einfluß der Selbstabsorption ist dabei um so ausgeprägter, je kleiner die kinetische Energie der zur Messung gelangenden β-Strahlung ist.

Da jede Korrektion selbst einen gewissen Fehler aufweist, sollte man bei relativen Messungen bemüht sein, alle Präparate in gleicher Schichtdicke, bei größeren Ansprüchen an die Meßgenauigkeit auch in der gleichen chemischen Form zur Messung zu bringen.

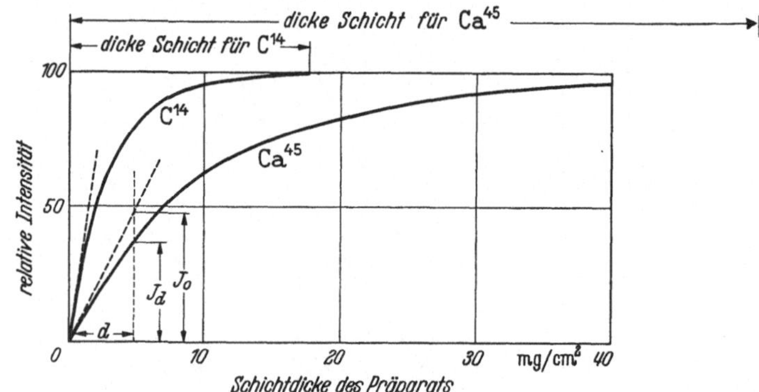

Abb. 61. Einfluß der Selbstabsorption auf die gemessene Präparatstärke (Sättigungskurve). J_0 = Effekt ohne Selbstabsorption, J_d = Effekt mit Selbstabsorption, d = zugehörige Schichtdicke

Die Selbstabsorption kann vernachlässigt werden (Fehler $< 1\%$), wenn die Schichtdicke der radioaktiven Proben *dünn* ist, und zwar kleiner als:

$$d = \frac{1}{50}\, D_{1/2} \text{ mit } D_{1/2} = \frac{0{,}693}{\alpha}$$

($D_{1/2}$ = Halbwertdicke, α = Absorptionskoeffizient für die betreffende β-Strahlung).

Da es mitunter Mühe macht, alle Proben in gleicher Schichtdicke herzustellen und es sehr schwierig ist, eine ausreichende dünne Schicht zu erhalten, verlegt man sich im allgemeinen auf Messungen in *dicker* Schicht. Wie wir aus Abb. 61 entnehmen, nimmt die Impulshäufigkeit von einer bestimmten Schichtdicke der Meßprobe an nicht mehr wesentlich zu. Unabhängig davon, d. h. gleichgültig wie dick wir die Schicht wählen, bleibt der beobachtbare Meßeffekt gleich groß, wenn nur die Schichtdicke ausreichend groß ist. Als Forderung besteht hier die Bedingung

$$d \geqq 0{,}75\, R_{max}\,,$$

wobei R_{max} die auf S. 80 besprochene und in Abb. 56 für verschiedene Radioisotope angegebene maximale Reichweite der β-Strahlen bedeutet. Als Vergleichsgröße für verschieden dicke Präparate kann das Produkt aus der in dicker Schicht beobachteten Meßgröße und der Gesamtmenge des Präparates gewählt werden. Dieses Produkt ist proportional (nicht gleich) der Gesamtaktivität des betreffenden Präparates. Der Vorteil dieser Messung in „dicker Schicht" liegt dar.n, daß die Schichtdicke der einzelnen radioaktiven Proben nicht bekannt zu sein braucht, sie muß allerdings, wie schon betont, in jedem Falle ausreichend dick sein. Als zusätzliche, aber selbstverständliche Forderung kommt hinzu, daß die Präparatoberfläche gleichen Abstand vom Zählrohr hat.

Vielfach reichen die Substanzmessungen von allen Proben nicht zur Herstellung „dicker Schichten" aus. In diesem Fall kann man die radioaktiveren Proben mit einer genügend großen Menge inaktiver Substanz, mit möglichst gleicher chemischer Zusammensetzung, mischen. Die spezifische Aktivität der Probe wird dadurch natürlich kleiner, was aber sehr leicht berücksichtigt werden kann. Gleichgültig, ob dabei die gesamte Menge der so verdünnten Probe zur Messung gelangt oder nicht, ist das Produkt aus Meßeffekt und Gesamtmenge der einzelnen Proben direkt miteinander vergleichbar. Wird mehr inaktive Substanz zugemischt, so verringert sich zwar die spezifische Aktivität der Probe, dafür steigt in gleichem Maße die Substanzmenge, so daß das Produkt aus beiden Größen konstant bleibt. Gute Durchmischung wird dabei vorausgesetzt.

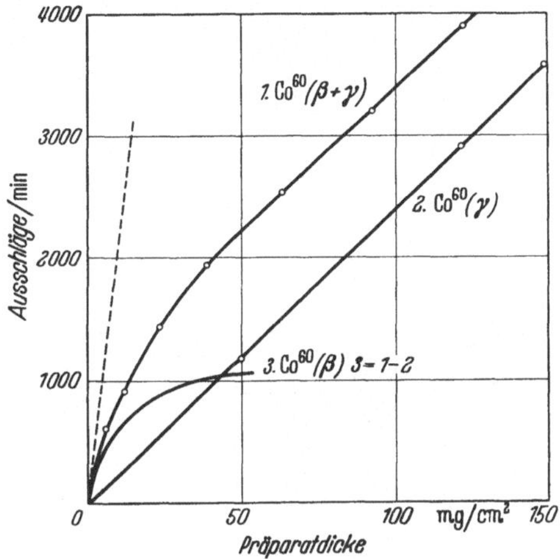

Abb. 62. Sättigungskurve für Co⁶⁰. Kurve 1: gemessen $(\beta + \gamma)$-Effekt. Kurve 2: γ-Effekt allein. Kurve 3: β-Effekt allein

Die Anwendung einer dicken Präparatschicht ohne Rücksicht auf gleiche Schichtdicke ist nur bei reinen β-Strahlern gestattet, aber nicht bei komplexen β-Strahlern, welche gleichzeitig γ-Strahlung aussenden. Darunter fallen leider viele weiche β-Strahler, z. B. Co⁶⁰, für welche man diese Methode vorzugsweise zur Anwendung bringen möchte, weil gerade bei diesen Strahlern die Selbstabsorption groß ist und bei nicht dicker Schicht berücksichtigt werden muß. Wir wollen dies anhand von Abb. 62 erläutern. Die Selbstabsorptionskurve für Co⁶⁰ zeigt hier keine Sättigung in dem bisher verstandenen Sinn. Schuld daran ist die gleichzeitig ausgesandte γ-Strahlung, deren Selbstabsorption in dem betrachteten Meßbereich vernachlässigbar klein ist. Mit zunehmender Schichtdicke macht sich die γ-Strahlung immer stärker bemerkbar, während die β-Strahlung entsprechend ihrer verstärkten Selbstabsorption bei wachsender Schichtdicke in den Hintergrund rückt. Auf diese Weise kommt die Kurve 1 zustande. Man kann sich leicht von der Richtigkeit dieser Auslegung überzeugen, wenn man die Messung unter Zwischenschaltung eines Absorbers für die β-Strahlung wiederholt. Kurve 2 entspricht der Wirkung der γ-Strahlung. Erst nach Subtraktion der γ-Kurve 2 von der normal gemessenen Kurve 1 $(\beta + \gamma)$ ergibt sich die Selbstabsorptionskurve 3, die aber nur geringe praktische Bedeutung hat.

Bei Nichtbeachtung der Wirkung der gleichzeitig ausgesandten γ-Strahlung können, wie man sieht, beträchtliche Fehler entstehen.

Für radioaktive Proben, welche weder in *dünner* noch in *dicker* Schicht vorliegen, muß man an dem beobachteten Meßeffekt eine Korrektion anbringen. Da die Herstellung sehr dünner Präparateschichten sehr schwierig ist und bei Nichtvorhandensein von genügend radioaktiver Substanz eine Zumischung inaktiver Substanz wegen der damit verbundenen Reduzierung der spezifischen Aktivität, also auch des Meßeffektes, nicht sinnvoll sein kann, kommen diese Fälle häufig vor. Der notwendige Korrektionsfaktor wird experimentell bestimmt. Das kann auf verschiedene Arten geschehen.

1. In Abb. 61 war eine für Ca⁴⁵ gemessene Selbstabsorptionskurve (J_d) aufgetragen. Außerdem war gestrichelt eine Gerade als Tangente im Nullpunkt eingezeichnet, welche einem Meßeffekt J_0 ohne Selbstabsorption entspricht. Man

kann aus den Größen J_d und J_0 für jede Schichtdicke die Korrektur

$$f = \frac{J_d}{J_0}$$

den sog. *Selbstabsorptionskoeffizienten* angeben, durch welchen man den für eine bestimmte Schichtdicke beobachteten Meßeffekt J_d dividieren muß, um zur wahren Meßgröße J_0 (ohne Selbstabsorption) zu gelangen. Das Ergebnis solcher Berechnungen ist in Abb. 63 wiedergegeben.

2. Man stellt sich eine Reihe von Präparaten gleicher Aktivität desselben Radioisotops her, die verschiedene Schichtdicken aufweisen. Diese Methode ist sehr einfach und der oben beschriebenen Methode vorzuziehen, weil man nicht an die schwierige Herstellung von sehr dünnen Schichten gebunden ist. Daß die so

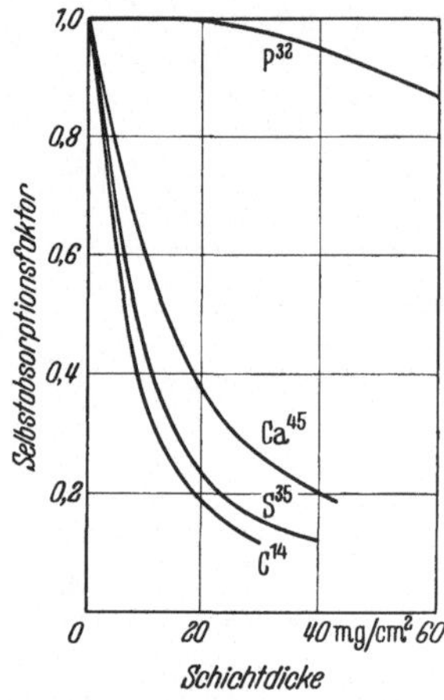

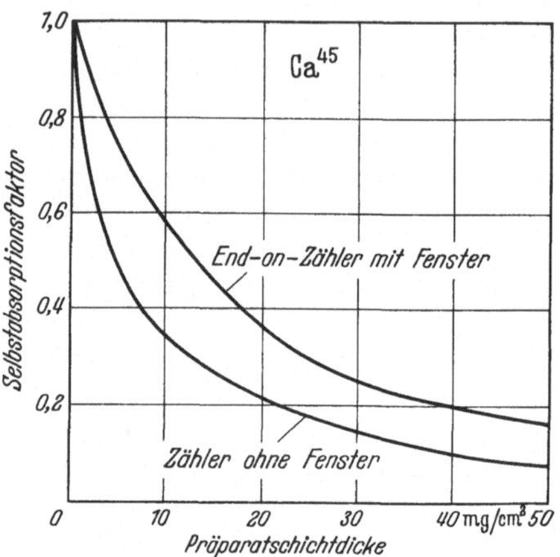

Abb. 63. Verlauf des Selbstabsorptionsfaktors mit der Schichtdicke für verschiedene Isotope

Abb. 64. Einfluß der Dicke des Zählfernrohrfensters auf den Selbstabsorptionsfaktor

erhaltenen Kurven für den Selbstabsorptionskoeffizienten nicht bis zu sehr kleinen Schichtdicken reichen, kann dabei nicht als Nachteil angesehen werden, weil so dünne Schichten auch bei den zur Messung gelangenden Proben aus den erwähnten Gründen vermieden werden.

3. Unter vereinfachten Bedingungen, z. B. unter der Annahme, daß alle zur Messung gelangenden β-Teilchen das Präparat in zur Präparatfläche senkrechter Richtung durchsetzen (was bei großem Präparateabstand angenähert der Fall ist), gilt für den Selbstabsorptionskoeffizienten die rechnerische Beziehung:

$$f_s = \frac{J_d}{J_0} = \frac{1 - e^{-\alpha d}}{\alpha d}.$$

Für C^{14} mit $\alpha = 0,25$ cm²/mg und $d = 20$ mg/cm² wird $\alpha d = 5$ und $f_s = 0,2$.

Wenn größere Meßgenauigkeit gefordert wird, lohnt es sich immer, sich nicht auf Literaturangaben zu verlassen, sondern den Selbstabsorptionsfaktor für das betreffende Radioisotop und die eigene Meßanordnung experimentell zu bestimmen. Der Selbstabsorptionsfaktor hängt nämlich nicht allein von der β-Energie des betreffenden Strahlers ab, sondern in gewissem Ausmaß auch vom Abstand des Präparates vom Zählrohr, weil bei kleinem Abstand alle in Richtung auf das Zählrohr emittierten β-Teilchen zum Teil das Präparat sehr schräg durchlaufen müssen und so einen größeren Absorberweg zu durchsetzen haben. Auch die Flächenausdehnung und die Bauart des Nachweisgerätes haben Einfluß auf die Größe des Selbstabsorptionsfaktors. Comar u. Mitarb. fanden bei Ca⁴⁵-Präparaten ($\alpha = 0,12$ cm²/mg) Unabhängigkeit von der Fensterdicke des Zählrohres im Bereich von 1,8—3,5 mg/cm². Jedoch zeigten sich Unterschiede bei Messungen mit fensterlosen Zählern (s. Abb. 64). Die Unterschiede lassen sich einfach erklären. Wir wissen, daß Zerfallselektronen eines radioaktiven Isotops eine gewisse Energieverteilung aufweisen und damit Energien zwischen Null und einer maximalen β-Energie in Erscheinung treten. β-Strahlen mit relativ kleinen Energien werden bereits in dünnen Materieschichten merklich geschwächt. Auf diese Weise wird bei der Messung des Selbstabsorptionskoeffizienten in Abhängigkeit von verschiedener Präparatdicke der energiereichere Anteil der β-Strahlung bevorzugt. Damit ist aber der flachere Verlauf der Kurve im Falle eines Fensterzählrohres erklärt.

e) Selbststreuung

NERVIK und STEVENSON haben Selbstabsorptionskurven für β-Strahler verschiedener Zerfallsenergie aufgenommen, dabei aber auf die Herstellung von sehr

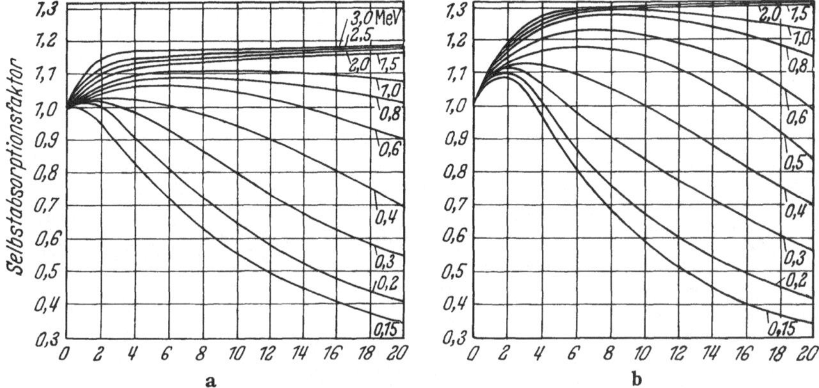

Abb. 65a u. b. Einfluß von Selbstabsorption und Selbststreuung auf den gemessenen Effekt bei verschiedenen Schichtdicken des Präparates und für verschiedene Grenzenergien. [Präparate bestehend aus a) NaCl und b) Pb(NO₃)₂ unter Beimischung von trägerfreien β-Strahlern; die einzelnen Kurven beziehen sich auf verschiedene Grenzenergien der β-Strahler: Ordinate = gemessener Effekt, letzterer = 1 gesetzt für Schichtdicke = 0]

dünnen Präparatschichten besonderen Wert gelegt. Das Ergebnis dieser Untersuchungen (s. Abb. 65) ist nach dem bisher Gesagten etwas überraschend. Die Kurven in Abb. 65 unterscheiden sich in ihrer Form besonders für energiereiche β-Teilchen recht wesentlich von den in Abb. 63 dargestellten Kurven für den Selbstabsorptionskoeffizienten. Ursache für die verschiedene Kurvenform ist die *Selbststreuung*. Die Selbststreuung ist also bei sehr dünnen Präparateschichten nicht zu vernachlässigen. Besonders ist dies zu beachten bei energiereicheren β-Strahlern. Es können Meßfehler von 20% und mehr auftreten, je nach Energie der β-Teilchen und je nachdem, ob leicht- oder schweratomige Substanzen zur Messung gelangen.

Im allgemeinen lassen sich Selbststreuung und Selbstabsorption nicht voneinander trennen. Auf eine Methode, dies zu erreichen, sei hier nur hingewiesen (s. BAKER und KATZ).

f) Rückstreuung

Zur Hälfte werden die β-Strahlen eines Präparates in Richtung auf die Präparatunterlage ausgesandt. Durch Vielfachstreuung an der Präparatunterlage oder im Präparat selbst wird ein bestimmter Teil dieser Strahlen in Richtung auf das Zählrohr abgelenkt und kann, sofern die Strahlen noch ausreichende Energien besitzen, die Präparatschicht, die Luftstrecke und das Zählrohrfenster durchdringen und in das Meßvolumen des Zählrohres gelangen. Das bedeutet eine Erhöhung der wahren Ausschlagszahl. Die Verfälschung des Meßeffektes durch

Rückstreuung kann 50% und mehr betragen. Die Größe der Rückstreuung ist abhängig von der Dicke der Präparatunterlage (s. Abb. 66). Es gilt aber eine Sättigungsdicke, für welche die Größe der Rückstreuung maximal ist.

Die erste Zahl hinter dem Symbol des betreffenden radioaktiven Isotops gibt die Sättigungsdicke an, die zweite Zahl die Größe der Sättigungsrückstreuung für diese Schichtdicke. Da man in der Praxis entweder sehr dünne Folien als Präparatunterlage wählt, für welche die Rückstreuung vernachlässigbar klein ist, oder dicke Unterlagen, für welche bereits Sättigung vorliegt, wird in Abb. 67 auch noch diese Sättigungsrückstreuung wiedergegeben, und zwar in Abhängigkeit von dem Material der Unterlage und der Art des radioaktiven Isotops.

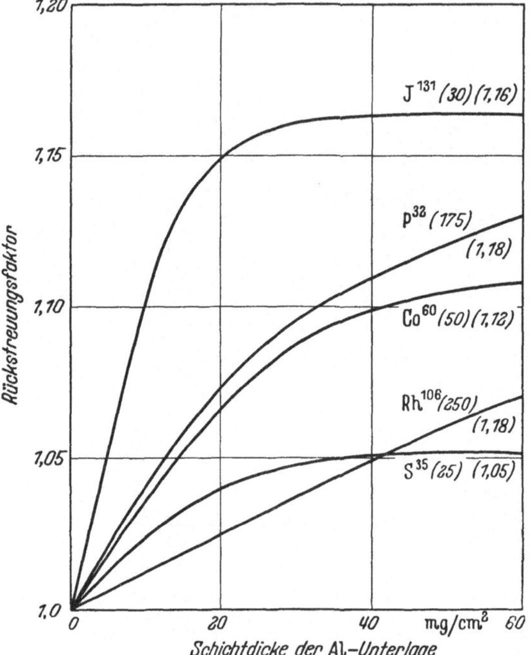

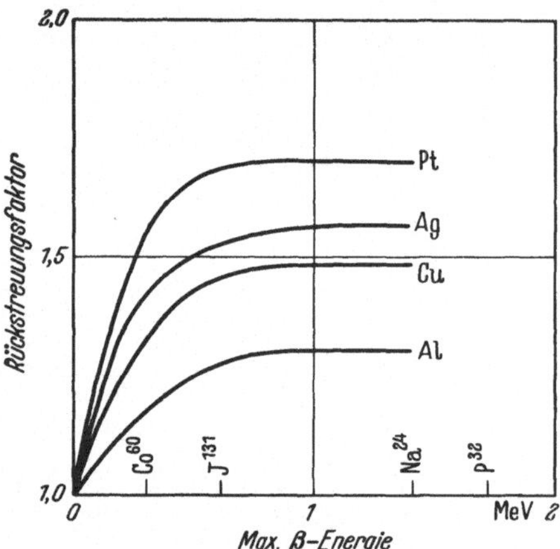

Abb. 66. Rückstreuungsfaktor bei verschiedenen Schichtdicken der Aluminiumunterlage und verschiedenen Isotopen. Die Zahl in der ersten Klammer gibt die Sättigungsdicke für Rückstreuung in mg/cm², die zweite Klammer den Rückstreuungsfaktor bei Sättigungsdicke wieder

Abb. 67. Sättigungsrückstreuung in Abhängigkeit von der Grenzenergie und für verschiedene Materialien (nach Jaffé und Justus)

Der Rückstreuungsfaktor ist für Positronen gleicher Energie ein anderer. So ist nach Seliger die Rückstreuung für Positronen von Na^{22} um etwa 30—40% kleiner als die Rückstreuung für Zerfallselektronen von J^{131}, die etwa die gleiche maximale Energie besitzen. Die Abb. 66 und 67 sind daher nicht gültig für Positronenstrahler.

g) Berücksichtigung des Zerfallschemas bei absoluten Messungen

Wir haben bisher in voller Absicht von einem „beobachteten Meßeffekt" gesprochen. Auch nach Korrektion dieser Meßgröße bezüglich Absorption, Selbstabsorption, Geometriefaktor, schräger Durchgang durch den Absorber, Zählverluste durch endliches Auflösungsvermögen, seitliche Verschiebung, Streuung und Rückstreuung ist die korrigierte Meßgröße noch nicht immer mit der absoluten Aktivität des Präparates identisch. Es müssen noch andere Gesichtspunkte beachtet werden, welche mit der Art des Zerfalls zusammenhängen und nur geklärt werden können, wenn das Zerfallsschema des betreffenden Radioisotops bekannt ist.

Für die Berechnung der mittleren β-Energie, die für die Beurteilung des durchschnittlichen Verhaltens von β-Strahlung in Materie maßgebend ist, ist es z. B.

notwendig zu wissen, in welcher Weise der β-Zerfall vor sich geht, ob es sich, wie etwa bei Phosphor 32, um einen reinen β-Strahler handelt oder ob ein komplexer Zerfall unter Aussendung mehrerer Gruppen von β-Strahlen verschiedener Zerfallsenergie vorliegt.

Aus dem Zerfallsschema von Cs^{137} entnehmen wir, daß γ-Quanten nur in 92% der stattfindenden Zerfälle ausgesandt werden. Als γ-Strahler aufgefaßt, mißt man also, alle sonstigen Korrektionen berücksichtigt, eine um 8% zu niedrige Aktivität.

In anderen Fällen muß man beachten, ob ein Teil der gleichzeitig mit den β-Strahlen ausgesandten γ-Quanten so energiearm ist, daß an deren Stelle Konversionselektronen auftreten. Man beobachtet dann eine größere Zahl von Elektronen, als es der tatsächlichen Aktivität des Präparates entspricht (z. B. bei Jod^{131} 6% mehr).

Da die beiden, bei Co^{60} pro Zerfall ausgesandten γ-Quanten wegen ihrer hohen Energie sehr schwache Konversion aufweisen $(e^-/\gamma = 1,3$ bzw. $1,7 \cdot 10^{-4})$, werden praktisch genau zwei γ-Quanten pro Zerfall beobachtet.

Bei Messung von β-Strahlung ist zu beachten, daß gleichzeitig emittierte γ-Quanten den Meßeffekt erhöhen und eine entsprechend größere Aktivität vortäuschen. Wenn eine γ-Messung stattfindet, ist der Meßeffekt natürlich auch von der Zahl der pro Zerfall emittierten γ-Quanten abhängig. Bei Co^{60} würde die aus dem Meßeffekt errechenbare Präparatstärke um den Faktor 2 zu groß ausfallen.

Bei Positronen-Strahlern ist zu beachten, daß der Einfluß der Absorption, Rückstreuung u. a. auf den Meßeffekt etwas verschieden ist gegenüber Elektronen. Besonders große Meßfehler können entstehen, wenn der K-Einfang mit β^+-Zerfall konkurriert. Um in diesem Falle aus dem korrigierten Meßeffekt auf die absolute Aktivität zu schließen, muß bekannt sein, in wieviel Fällen durchschnittlich K-Einfang und Positronen-Zerfall erfolgt.

MAYNEORD, sowie MARINELLI u. Mitarb. haben die Dosisleistung von γ-Strahlern berechnet. Auch hierzu war die Kenntnis des Zerfallsschemas notwendig, insbesondere die Zahl der pro Zerfall emittierten γ-Quanten und ihre γ-Energie.

Wir haben in vorhergehenden Abschnitten eingehend besprochen, welche Korrektionen an dem Meßeffekt angebracht werden müssen, um aus diesem korrigierten Meßeffekt auf die absolute Aktivität eines Präparates zu schließen. Wir möchten aber darauf hinweisen, daß jede Absolutmessung aufwendig ist und verhältnismäßig große Meßfehler aufweisen kann. Das gilt in gewissem Maße, wenn auch teilweise nicht so stark, für die im nächsten Abschnitt zu besprechenden Absolutmethoden. Es ist daher zweckmäßig, absolute Messungen zu umgehen oder diese physikalischen Instituten zu überlassen, welche über entsprechend ausgebildete Mitarbeiter verfügen.

II. Absolutmessung mit besonderen Meßmethoden

1. Absolutmessung mit dem 4 π-Zähler

Der Zählrohrmethode zum Nachweis von β-Strahlen radioaktiver Substanzen haften schwerwiegende Nachteile an. Von den aus dem Präparat ausgesandten Strahlen wird nur ein mehr oder weniger großer Bruchteil vom Zählrohr erfaßt. Selbst bei Zählrohren, bei denen das Präparat in die Zählrohrfensteröffnung (Durchstromzähler) eingebaut ist, wird maximal die Hälfte der Strahlung ausgenutzt. Bei Zählrohren mit Glimmerfenster wird die Intensität der β-Strahlen außerdem durch Absorption im Fenster und in der Luftschicht, sowie durch Streuung vermindert. Das Zerfallsschema ist entweder unbekannt oder so komplex, daß man genaue Korrektionen für die genannten Erscheinungen nur in einfachen Fällen angeben kann.

Diese Schwierigkeiten werden bei Verwendung eines Doppel-Zählrohres vermieden, welches erstmalig von Haxel und Holtermanns beschrieben wurde. Ein Metallzylinder (s. Abb. 68) enthält zwei zentrisch gehalterte Zähldrähte. In

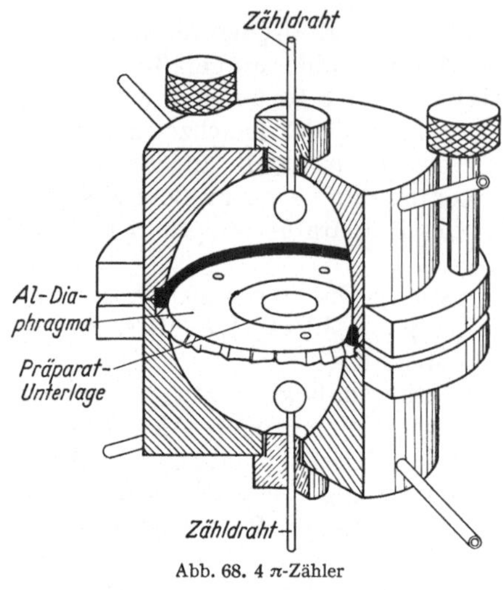

Abb. 68. 4 π-Zähler

einer Zylinderhauptebene ist eine geeignete Trennwand in Form einer dünnen Folie angebracht, welche auf einem Rahmen befestigt ist und in erster Linie als Präparatunterlage dient. Die beiden Zähldrähte sind in der einfachsten Schaltart elektrisch miteinander verbunden, die beiden Zählrohrhälften also parallel geschaltet.

Vorzüge des Doppelzählrohres. Bei dünner Präparatunterlage und Präparatschicht ist Absorption und Selbstabsorption der β-Strahlen vernachlässigbar klein, d. h. es werden alle Strahlen, die vom Präparat ausgehen, auch registriert, entweder von der einen oder von der anderen Zählrohrhälfte. Der effektive Raumwinkel beträgt 4π (4π-Zähler), ist also gegenüber dem ausnutzbaren Raumwinkel bei einem gewöhnlichen Zählrohr um mindestens den Faktor 2 größer.

Beim normalen Zählrohr verfälscht eine gleichzeitig vom Präparat ausgesandte γ-Strahlung den Meßeffekt mehr oder weniger stark. Beim Doppelzählrohr hat das gleichzeitige Auftreten von γ-Strahlen keinen Einfluß auf den Meßeffekt, weil der betreffende Zerfallsakt durch die β-Strahlung praktisch 100%ig erfaßt wird und wegen der Gleichzeitigkeit der Aussendung der γ-Strahlen keine neue Zählrohrentladung eingeleitet werden kann.

Unbequem und nachteilig ist das notwendige Auswechseln der Präparate und die damit verbundene Neufüllung des Zählrohres, welche zu einer Änderung der Zähleigenschaften führen kann.

Bei energiereichen β-Strahlern läßt sich diese Methode mit Vorteil anwenden. Bei energiearmen β-Strahlern macht die Absorption in der Präparateschicht einige Schwierigkeiten. Sofern keine zu große Meßgenauigkeit verlangt wird,

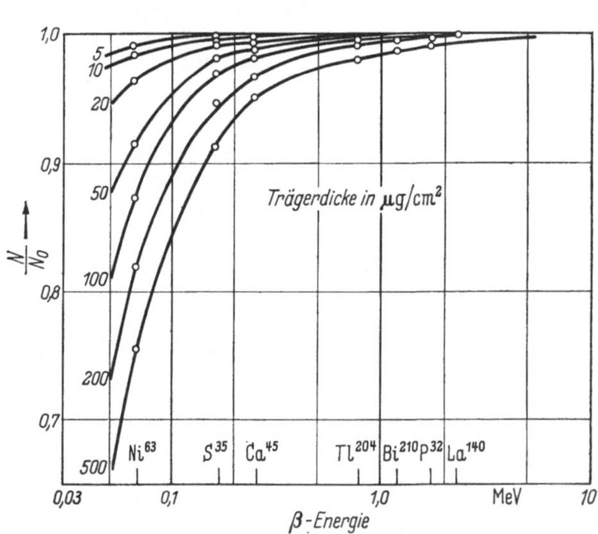

Abb. 69. Korrektion für Absorption im Präparat, gültig für 4π-Zähler
(nach Pate und Jaffé)

läßt sich nach Pate und Jaffe aus der Abb. 69 die notwendige Korrektion ablesen (Weiss). Neuerdings werden 4π-Zähler mit durchströmendem Methan bei Atmosphärendruck betrieben.

2. Absoluteichung mit der Koinzidenzmethode

Um die absolute Stärke eines radioaktiven Präparates aus einer normalen Zählrohrmessung angeben zu können, muß man wissen, welcher Bruchteil der insgesamt ausgesandten β- oder γ-Strahlung infolge des nicht 100%ig ausnutzbaren Raumwinkels, infolge Absorption, Selbstabsorption, Streuung, Rückstreuung u. a. das wirksame Zählrohrvolumen überhaupt erreichen. Sicherlich lassen sich nach dem Gesagten entsprechende Korrektionen an den Meßeffekt anbringen. Da die experimentelle Bestimmung dieser Korrektionen aber stets mit Meßfehlern behaftet ist, ist die Genauigkeit einer so gewonnenen Absolutangabe der Präparatstärke nicht sonderlich groß. Anders ist dies bei der *Koinzidenzmethode*.

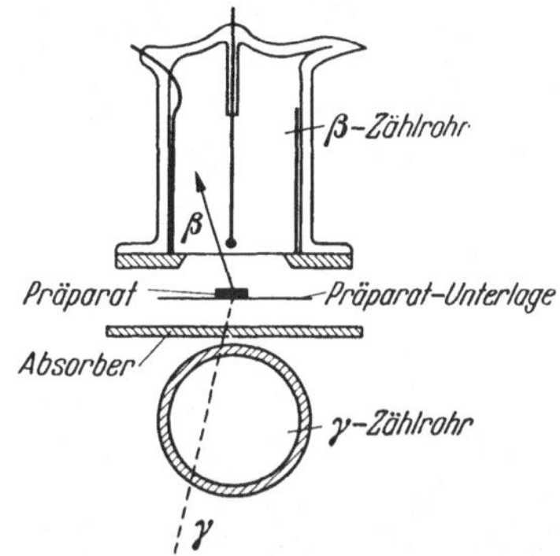

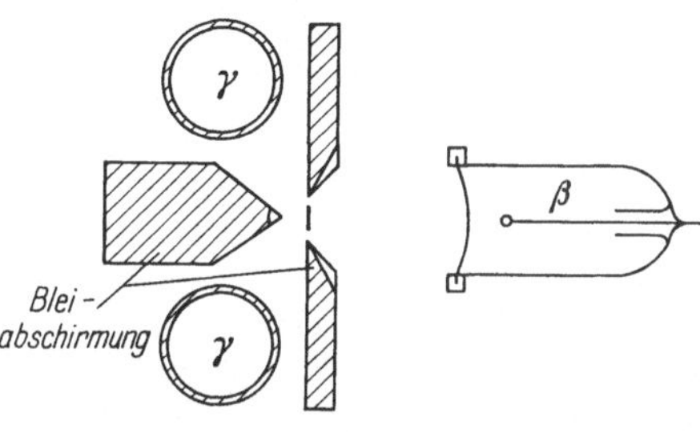

Abb. 70. Koinzidenzanordnung zweier Zählrohre zur absoluten Messung von radioaktiven Präparaten

Abb. 71. Koinzidenzanordnung für (β,γ)- und (γ,γ)-Koinzidenzen

Für radioaktive Isotope, die gleichzeitig β- und γ-Strahlung aussenden, haben 1935 Bothe und v. Baeyer eine Meßmethode angegeben, bei welcher zwei Zählrohre, ein β-Zählrohr und ein γ-Zählrohr (neuerdings statt dessen ein γ-Szintillationszähler), verwendet werden (s. Abb. 70). Das zu messende Präparat befindet sich zwischen beiden Zählrohren. Registriert wird die Zahl B der β-Impulse des β-Zählrohres und die Zahl C der γ-Impulse des γ-Zählrohres. Damit die β-Strahlen nicht auch das γ-Zählrohr ansprechen lassen, wird zwischen Präparat und γ-Zählrohr ein genügend dicker Aluminiumabsorber eingeschaltet, der alle β-Strahlen absorbiert. Neben den Einzelimpulsen B und C wird durch eine *Koinzidenzschaltung* (Bothe und v. Baeyer, sowie Benedetti und Findley) gleichzeitig jedes Ereignis K registriert, bei welchem das β-Zählrohr und das γ-Zählrohr gleichzeitig ansprechen. Aus den drei Messungen B, C und K läßt sich die absolute Stärke des Präparates angeben, und zwar gilt für die absolute Anzahl der Zerfälle N_0:

$$N_0 = \frac{B \cdot C}{K}.$$

Die absolute Zerfallshäufigkeit läßt sich also ohne Kenntnis der Gesamtnachweiswahrscheinlichkeiten für das β- und γ-Zählrohr, der Zähl-Geometrie, der Absorption, der Selbstabsorption u. a. angeben.

Die Koinzidenzmethode ist auch anwendbar, wenn kein einfacher Zerfall vorliegt. Selbst in dem Falle, daß bei einem komplexen Zerfall die Aussendung der einen Art von β-Teilchen direkt in den Grundzustand führt, wie z. B. bei K^{42}, läßt sich die absolute Präparatstärke ohne weitere Kenntnis anderer Faktoren bestimmen. Die einzige Vorbedingung im Falle solcher komplexer Zerfälle ist, daß die Nachweiswahrscheinlichkeiten des β-Zählrohres für beide Arten von β-Strahlen identisch sind. Die Berechnung der Absolutangabe in dieser einfachen Methode versagt, wenn die gleichzeitig ausgesandten γ-Quanten merklich konvertieren. Schwierigkeiten bereitet die Koinzidenz-Eichung bei Positronenstrahlern. Die

Methode ist nicht beschränkt auf (β,γ)-Koinzidenzen. Sie läßt sich auch bei (γ,γ)-Koinzidenzen anwenden (s. Abb. 71), *im allgemeinen* allerdings mit nicht so großer Genauigkeit. Es ergibt sich für die absolute Größe der Aktivität in diesem Falle

$$N_0 = \frac{N_{\gamma_1} \cdot N_{\gamma_2}}{N_{\gamma_1\gamma_2}} (1 + f) \, .$$

Die Größe f bringt die verschiedenen Zählerempfindlichkeiten für die beiden γ-Quanten zum Ausdruck. Die Korrektion f kann bei Co^{60} vernachlässigt werden, sofern nicht die Verbindungslinien Zähler 1-Quelle und Zähler 2-Quelle einen zu kleinen Winkel miteinander einschließen. Wenn man die mit dieser Methode erreichbare Genauigkeit ausnutzen will, müssen zusätzliche Messungen (zufällige Koinzidenzen, Untergrund durch kosmische Höhenstrahlung u. a.) durchgeführt, sowie eingehendere Genauigkeitsbetrachtungen angestellt werden. Wir können im Rahmen dieser Darstellung auf diese Dinge nicht eingehen und verweisen auf die Originalliteratur.

III. Messung von radioaktiven Substanzen in flüssiger Form

Ein Großteil der Präparate fällt zunächst in flüssigem Zustand an. Es erscheint daher zweckmäßig, die radioaktive Messung auch in flüssiger Form vorzunehmen. Einmal erspart man sich die Zeit, die für die Umarbeitung des Präparates in die feste Form notwendig ist, zum anderen schleichen sich bei diesen Arbeiten zusätzliche Fehler ein, welche die Gesamt-Meßgenauigkeit natürlich verschlechtern. Leider ist die Messung von flüssigen, radioaktiven Substanzen nur bei energiereicheren β-Strahlern durchführbar. Bei β-Strahlern ist außerdem die Nachweisempfindlichkeit infolge der großen Selbstabsorption in der Flüssigkeitsschicht im allgemeinen kleiner als bei festen Präparaten.

Wenn auch in kleinerem Ausmaß, so sind grundsätzlich an die für Flüssigkeiten beobachteten Meßeffekte ähnliche Korrektionen für verschiedenen Präparateabstand, Absorption, Selbstabsorption usw. anzubringen wie bei festen Präparaten, so daß wir die Beschreibung dieser Vorgänge nicht zu wiederholen brauchen.

1. Einfache Messung geringer Substanzmengen

Vielfach genügt die einfache Meßanordnung der Abb. 72. Die flüssige, radioaktive Probe befindet sich in einer kleinen Petrischale, möglichst nahe unter dem Fensterzählrohr. Die Dicke der Flüssigkeitsschicht ist so groß gewählt, daß eine weitere Verstärkung keine Zunahme des Meßeffektes verursachen würde (*dicke Schicht*). Für β-Strahler bis etwa 2,5 MeV ist eine Flüssigkeitsschicht von 10 mm Wasser ausreichend. Die Flüssigkeitsoberfläche für alle Proben muß selbstverständlich definierten Abstand vom Zählrohr haben. Wenn der Abstand aus Intensitätsgründen ein anderer sein muß, sind entsprechende Korrektionen an den Meßeffekt anzubringen.

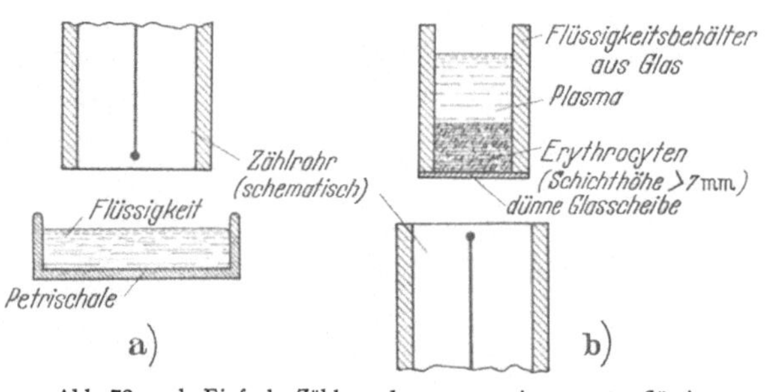

Abb. 72a u. b. Einfache Zählanordnungen zur Ausmessung flüssiger, radioaktiver Proben

Man muß darauf achten, daß während der Messung jeder Verlust an Flüssigkeit durch Verdunsten vermieden wird, weil sich damit der Meßeffekt auf unkontrollierbare Weise verändern würde. Der Verlust an aktiver Flüssigkeit kann beachtlich sein, wenn man es mit einer Flüssigkeit von hohem Dampfdruck zu tun hat. Um Verluste und damit Meßfehler zu vermeiden, gibt man sofort nach dem Eingießen der flüssigen Probe in den Meßbehälter einen Tropfen Zaponlack zu, der sich rasch über die gesamte Flüssigkeitsoberfläche ausbreitet und ein Verdunsten verhindert. Der Boden des zylindrischen Meßgefäßes in Abb. 72 b ist so dünn gewählt worden, daß β-Teilchen darin keine wesentliche Absorption erfahren. Das Zählrohr ist unterhalb des Meßgefäßes angebracht, so daß der Zählrohrabstand sehr genau eingehalten werden kann. Diese Meßgefäße, deren Boden zur einwandfreien Säuberung leicht abnehmbar ist, wurden immer wieder verwendet. Bei einer Versuchsreihe waren sowohl die Erythrocyten (mit P^{32}) als auch das Blutplasma (mit Na^{24}) markiert worden (SCHWAIGER und SCHMEISER). Die Blutproben wurden in den erwähnten Meßgefäßen zentrifugiert, oftmals auch einfach sich selbst überlassen. In beiden Fällen befanden sich die Erythrocyten im unteren Teil, das Plasma im oberen Teil der Meßgefäße, so daß also bei ein und derselben Probe die P^{32}-Aktivität durch ein Zählrohr unterhalb des Meßgefäßes und die Na^{24}-Aktivität durch ein Zählrohr oberhalb des Meßgefäßes bestimmt werden konnte. Die Flüssigkeitshöhe mußte entsprechend groß sein ($\sim$ 15—20 mm), damit erstens keine β-Strahlen von Na^{24} in das untere Zählrohr und umgekehrt gelangen konnten, also jede der beiden Flüssigkeitsschichten in *dicker Schicht* vorlagen.

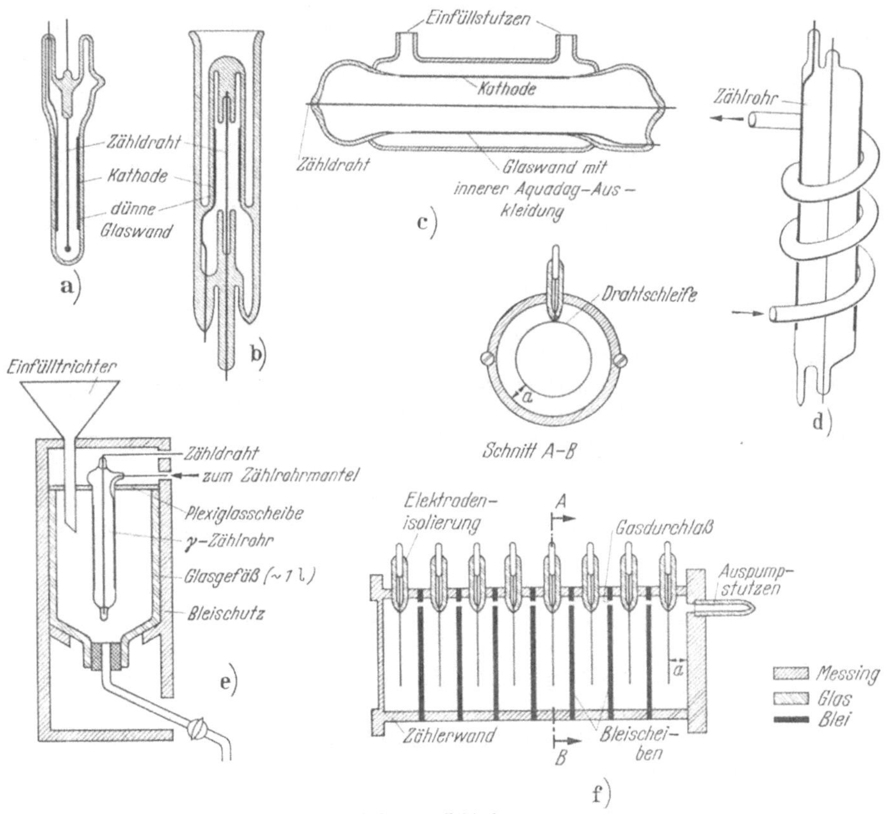

Abb. 73. γ-Zählrohre

2. Veallsches Flüssigkeits-Zählrohr

Das Veallsche Flüssigkeitszählrohr (s. Abb. 73b) dient zur Ausmessung von Flüssigkeitsproben von etwa 15 cm³. Die Vorbereitung zu einer Messung ist denkbar einfach und besteht lediglich im Einfüllen der Flüssigkeit. Wie wir aus Abb. 74 entnehmen, ist der Meßeffekt bei Einhalten einer Mindestfüllhöhe (Flüssigkeitsmenge mindestens 15 cm³) nur wenig von der Flüssigkeitsmenge abhängig, so daß auch die Flüssigkeitshöhe nicht exakt eingehalten zu werden braucht. Außerdem ist er in weiten Grenzen proportional der Präparatstärke (s. Abb. 75).

Die eigentliche Zählrohrwand besteht aus dünnem Glas. Das hat zur Folge, daß nur β-Strahlen von mehr als 0,3 MeV einen Zählrohrimpuls auslösen können. Das Zählrohr von Veall eignet sich deshalb nicht für die Messung von energiearmen β-Strahlen, welche keine γ-Strahlung gleichzeitig aussenden.

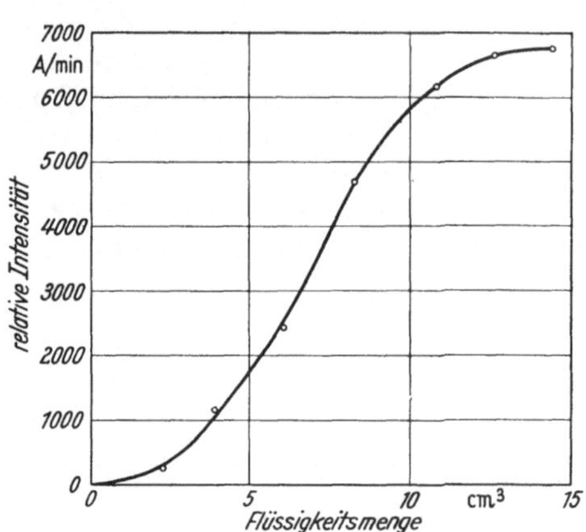

Abb. 74. Impulshäufigkeit eines Veallschen Flüssigkeitszählers für verschieden große Flüssigkeitsmengen

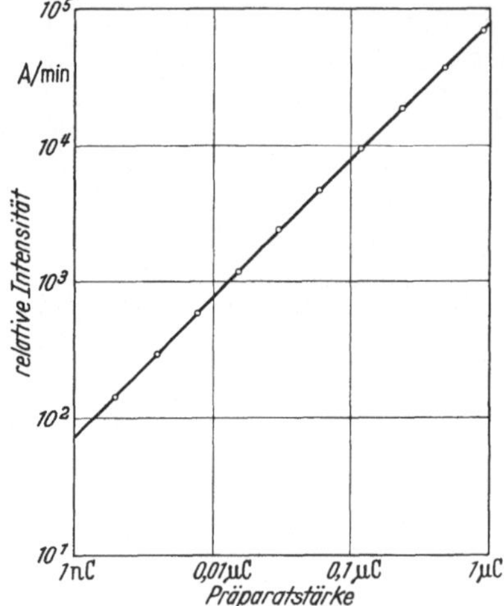

Abb. 75. Abhängigkeit der Impulshäufigkeit eines Veallschen Zählers von der Präparatstärke

Ein wichtiges Wort ist über den Nulleffekt des Veallschen Zählers zu sagen. Der Nulleffekt wird hier nicht nur von der Höhenstrahlung und Umgebungsstrahlung verursacht, sondern auch von der Strahlung von Kalium 40, das in mehr oder weniger großer Konzentration im Glas anzutreffen ist. Die K^{40}-Strahlung aus dem eigentlichen Zählrohrmantel ist immer wirksam. Dagegen wird die K^{40}-Strahlung aus dem äußeren Glasmantel durch die zwischengeschaltete Flüssigkeit entsprechend absorbiert. Es ist also stets darauf zu achten, den Nulleffekt mit inaktiver Flüssigkeit zu messen. Da die meisten Flüssigkeitszähler stark lichtempfindlich sind, müssen *alle* Messungen mit gegen Licht abgedeckten Zählern stattfinden.

Der Flüssigkeitszähler von Veall hat eine feste Zählgeometrie, d. h. es wird stets der gleiche Bruchteil der insgesamt ausgesandten Strahlung zur Messung ausgenutzt. Wegen der festen Schichtdicke ist die Selbstabsorption für ein bestimmtes Radioisotop für alle Meßproben die gleiche, sofern die Proben in gleicher physikalischer und chemischer Form vorliegen.

Ist letzteres nicht der Fall, so können mitunter erhebliche Schwankungen auftreten, die zu entsprechend großen Meßfehlern führen. Als Übersicht wird in Abb. 76 die Abhängigkeit des Meßeffektes von der Dichte der Meßflüssigkeit und der chemischen Zusammensetzung derselben wiedergegeben.

Für P^{32} nimmt der Meßeffekt mit zunehmender Dichte und bei Meßflüssigkeiten, welche Atome höheren Atomgewichtes enthalten, stark ab. Die Meßfehler bei Nichtbeachten dieser Effekte sind beträchtlich.

Bei Co^{60} z. B. ist eine Zunahme des Meßeffektes mit steigender Dichte zu beobachten. Das liegt daran, daß der Meßeffekt bei Co^{60} im wesentlichen durch γ-Strahlung zustande kommt. Mit zunehmender Dichte wird aber die Wahrscheinlichkeit einer γ-Absorption in der Meßflüssigkeit und damit die Erzeugung von Sekundärelektronen, welche den Zählrohr-Entladungsvorgang einleiten, vergrößert.

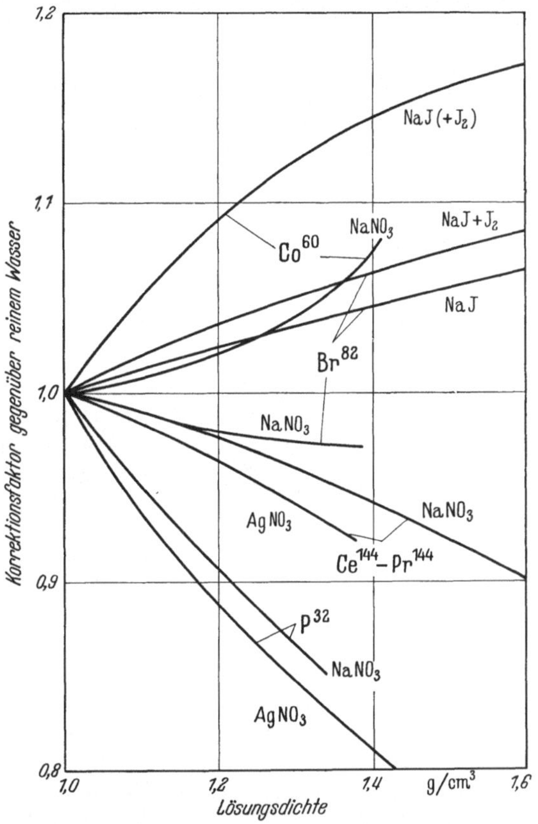

Abb. 76. Einfluß der Dichte und Zusammensetzung der radioaktiven Lösung auf den Meßeffekt (nach Messungen von CHIANG, SIEH-HSUAN und WILLARD, und ROSE und EMERY)

Bei Radioisotopen, welche genügend energiereiche β-Strahlen und γ-Strahlen aussenden, kann Vergrößerung oder Verkleinerung des Meßeffektes festgestellt werden, je nachdem, ob die Wirkung der β-Strahlen oder die der γ-Strahlen überwiegt. Ebenso läßt sich auch eine Abhängigkeit von der chemischen Zusammensetzung feststellen.

3. Große Flüssigkeitsmengen

Zur Messung von großen Mengen radioaktiver Flüssigkeiten eignen sich Zählrohrtypen, wie sie in Abb. 73a, c, d und e skizziert sind. Allerdings muß hier z. T. die γ-Strahlung zur Messung herangezogen werden. Der Zähler der Abb. 73c kann auch als Durchström-Flüssigkeitszähler verwendet werden. Der Zähler der Abb 73a ist als Eintauchzähler bekannt und in Abb 73e in einer festen Zähleinrichtung untergebracht. Als Anhaltspunkt für die Empfindlichkeit dieser Zählanordnung sei angegeben: Die Impulshäufigkeit für 1 l Meßflüssigkeit, die 0,1 µC Jod 131 enthält, betrug 150 Impulse/min. Für besondere Zwecke, z. B. beim Aufsuchen verstärkter Phosphorablagerungen in Hirntumoren, werden *Nadelzählrohre* verwendet.

4. Messung von sehr schwach radioaktiven Flüssigkeiten

Gerade in der Medizin und Biologie müssen oft sehr schwache radioaktive Präparate ausgemessen werden. Auch hier fällt die Meßprobe häufig in flüssiger Form an.

Ein Flüssigkeitszähler mit plastischer Szintillationsmasse ist in Abb. 77 wiedergegeben, außerdem die registrierte Impulshäufigkeit und der Nulleffekt bei verschiedener Einstellung der Diskriminatorspannung und schließlich die Abhängigkeit des Meßeffektes von der Füllhöhe der radioaktiven Flüssigkeit. Die Betriebsspannung des Diskriminators beträgt 20 Volt. Für diesen Wert ist das Verhältnis Effekt zu Nulleffekt optimal, was für schwächere Präparate von großer Bedeutung ist.

Die beschriebene Anordnung mit relativ dickem, plastischen Leuchtstoff eignet sich zum Nachweis von γ-Strahlung. Mit rundem, dünnem, plastischem Leuchtstoff hat Mitchell und Sarkes auch weiche β-Strahlung gemessen (s. Abb. 78). Bei schwachen γ-Strahlern bringt man die Meßflüssigkeit in einen Meßbehälter aus dünnem, leichtem Material, der gerade in das Bohrloch eines Szintillationszählers paßt (s. Abb. 79).

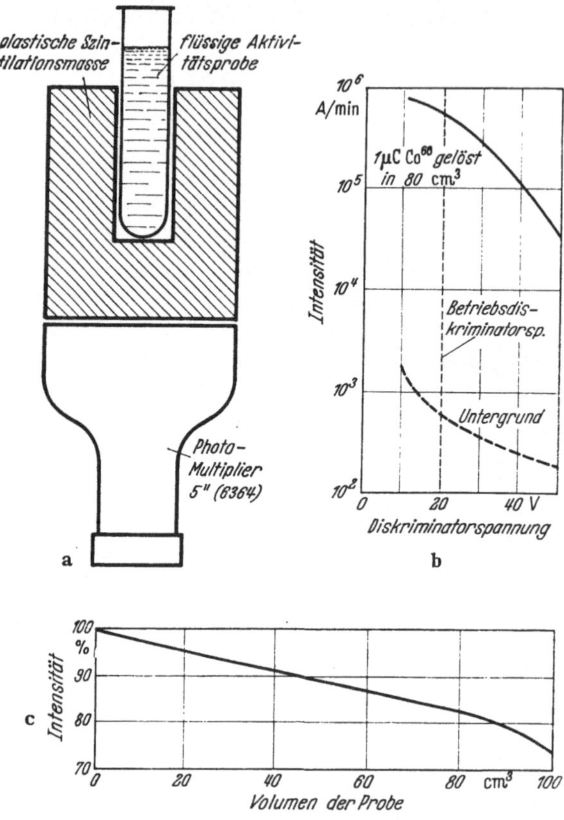

Abb. 77a—c. a) Flüssigkeitszähler mit plastischer Szintillationsmasse. b) Meßeffekt für verschiedene Diskriminatorspannungen. c) Abhängigkeit des Meßeffektes vom Volumen der radioaktiven Probe (nach G. J. Hine und A. Miller)

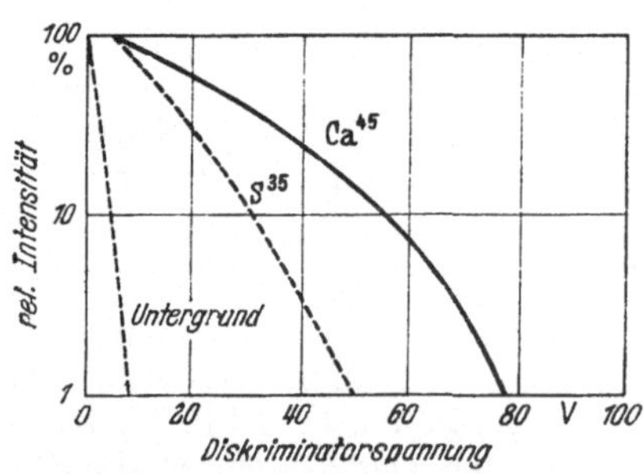

Abb. 78. Abhängigkeit des Meßeffektes von der Höhe der Diskriminatorspannung bei Verwendung eines relativ dünnen plastischen Leuchtstoffes (Dicke 3 mm, Scheibendurchmesser 25 mm)

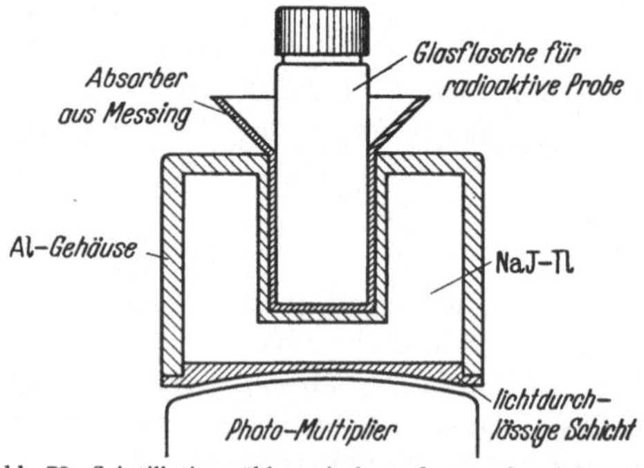

Abb. 79. Szintillationszähler mit besonders großer Ansprechwahrscheinlichkeit für γ-Quanten (für flüssige und feste Proben nach Anger)

Der Wirkungsgrad einer derartigen Meßanordnung unter Verwendung des Bohrloch-Szintillationszählers FH 421/Z6 ist für die drei Radioisotope Co⁶⁰, Cs¹³⁷ und Ce^{144} in Abb. 80 wiedergegeben. Man liest aus dieser Abbildung ab, daß z. B. bei einer mit Cs^{137} markierten Flüssigkeitsmenge von 5 cm³ der effektive Wirkungsgrad etwa 45% beträgt, d. h. es werden durch diese Meßanordnung von 100 Zerfällen von Cs^{137} durchschnittlich 45 Zerfälle erfaßt. Der Wirkungsgrad nimmt mit zunehmender Flüssigkeitsmenge ab. Das liegt daran, daß für neu hinzukommende Mengen die Zählgeometrie (ausgenutzter Raumwinkel) schlechter wird.

Stehen größere Flüssigkeitsmengen zur Verfügung, so verwendet man zweckmäßigerweise zur Aufnahme der Flüssigkeitsprobe Ringschalen, welche über den Kopf des Szintillationszählers gestülpt werden. Der effektive Wirkungsgrad dieser Zähleinrichtung wird in Abb. 81 gezeigt. Bei 250 cm³ Flüssigkeit zeigt η ein Maximum (günstigste Raumwinkelausnutzung).

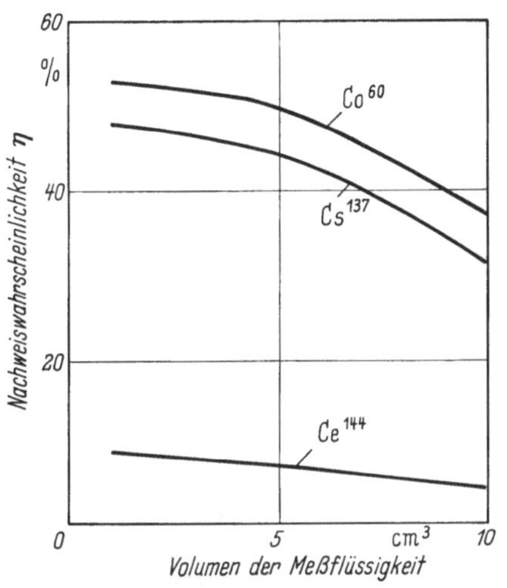

Abb. 80. Nachweiswahrscheinlichkeit bei einem Bohrloch-Szintillationszähler

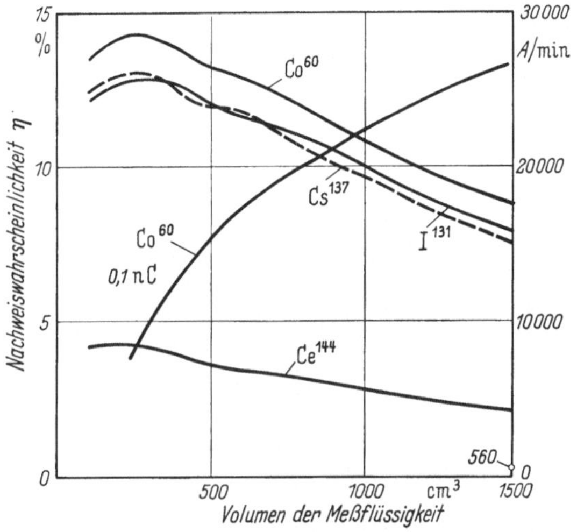

Abb. 81. Nachweiswahrscheinlichkeit einer empfindlichen Szintillationszähleranordnung für Flüssigkeiten nach Abb. 79

Zur Orientierung ist für ein radioaktives Präparat, welches 0,1 nC Co^{60}/cm³ enthält, die zu erwartende Impulshäufigkeit für verschieden große Flüssigkeitsmengen in die Abb. 81 mit eingetragen worden (Ordinate rechts). Wenn Flüssigkeitsmengen von 10 cm³ oder weniger zur Verfügung stehen, mißt man das Präparat selbstverständlich im Bohrloch des Szintillationszählers, weil dann η verhältnismäßig groß ist. Man erhält z. B. für eine radioaktive Meßflüssigkeit von 10 cm³, welche eine Co^{60}-Aktivität von 0,1 nC/cm³ enthält, eine Impulshäufigkeit von 560 Imp./min (s. Abb.81 rechts unten). Nun sei angenommen, daß 25 bzw. 50 cm³ derselben radioaktiven Flüssigkeit (mit 0,1 nC/cm³) vorhanden sind. Frage: Ist es günstiger, einen Teil der Meßflüssigkeit, also maximal 10 cm³ im Bohrloch des Szintillationszählers auszumessen oder die Flüssigkeitsmenge von 25 bzw. 50 cm³ auf 250 cm³ zu verdünnen und diese große Menge in der Ringschale zu messen? Im ersten Falle werden wir, da von den 25 bzw. 50 cm³ nur 10 cm³ verwendet werden könnten, natürlich wie oben eine Impulshäufigkeit von 560 Imp./min erwarten.

Im zweiten Falle würde die Impulshäufigkeit von 800 Imp./min (für die 25 cm³-Probe) bzw. 1600 Imp./min (für die 50 cm³-Probe) beobachtet werden.

Wir erkennen aus dieser Rechnung, daß es sich wirklich sehr lohnt, eine Verdünnung der Aktivität vorzunehmen, sofern mehr als 25 cm³ Meßflüssigkeit vorhanden ist. Es lohnt sich deshalb, weil mit der Erhöhung der Impulsrate bei gleicher Meßgenauigkeit die erforderliche Meßdauer sinkt bzw. bei gleicher Meßdauer eine entsprechend höhere Meßgenauigkeit erreicht wird.

IV. Messung gasförmiger radioaktiver Substanzen

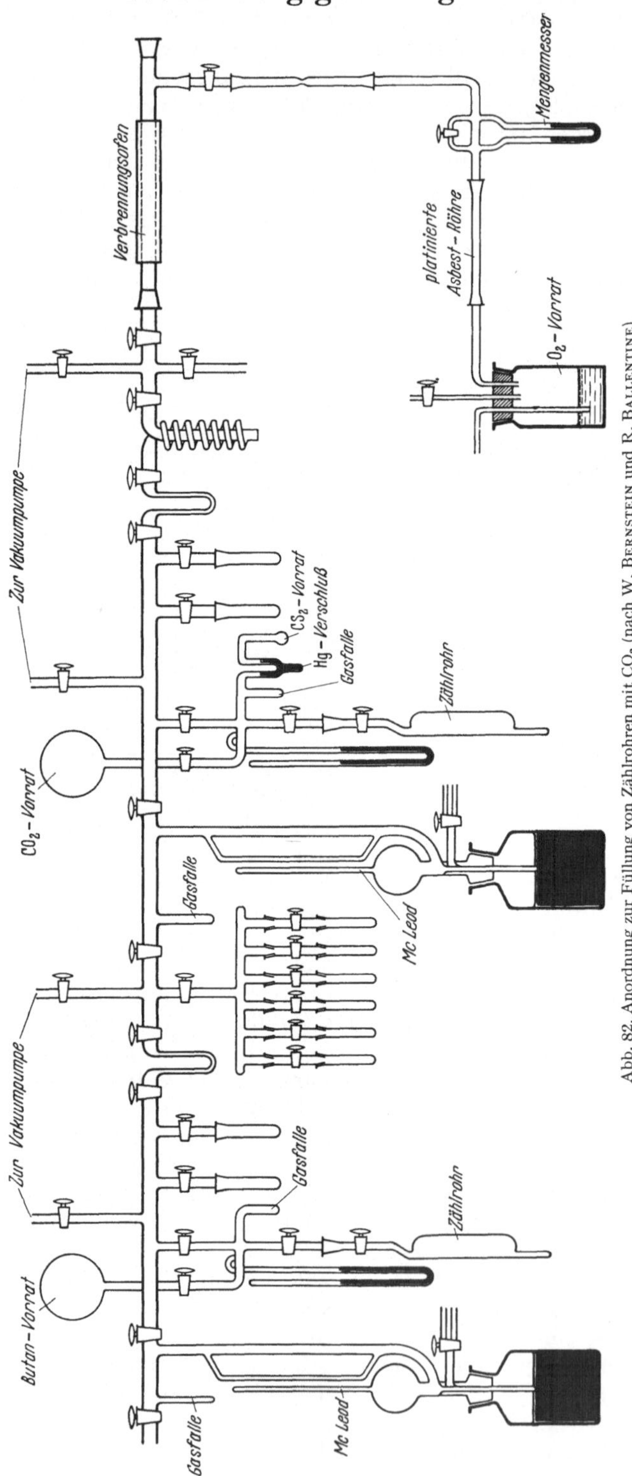

Abb. 82. Anordnung zur Füllung von Zählrohren mit CO_2 (nach W. BERNSTEIN und R. BALLENTINE)

Es liegt nahe, die Schwierigkeiten, die bei Messung fester und flüssiger radioaktiver Substanzen auftreten, nämlich Herstellung gleichmäßiger Präparate, die Abschätzung der Selbstabsorption und der Absorption der ausgesandten Strahlung, Geometrieabhängigkeit u. a. dadurch zu vermeiden, daß man die radioaktive Probe in gasförmigem Zustand zur Messung bringt. Bei energiearmen β-Strahlen ist dies besonders wichtig. Man kann auf diese Weise bei C^{14} etwa 90% der Strahlungsintensität ausnutzen, während bei Verwendung normaler Zählrohre mit dünnem Glimmerfenster nur mit einer Nachweiswahrscheinlichkeit von etwa 5% gerechnet werden darf.

Voraussetzung ist, daß sich das aktive Element durch einen einfachen chemischen Prozeß in die Gasphase überführen läßt. Dies ist bei Kohlenstoff ohne weiteres der Fall. C^{14} wird in Form von $C^{14}O_2$, $C_2^{14}H_2$, $C_2^{14}H_6$ u. a. gemessen. BERNSTEIN und BALLENTINE haben einen Entwicklungsapparat für CO_2 (bzw. H_2S) beschrieben (s. Abb. 82). In einer Stutzenflasche 1 wird durch Zugabe von 49%iger Milchsäure auf Barium- oder Natriumcarbonat CO_2 erzeugt, im Kühler 2 wird das Wasser entfernt (Kühlersubstanz: Trockeneis +

Alkohol), im Kühler 3 wird das CO_2-Gas verflüssigt und die nicht kondensierte Luft sorgfältig durch eine Pumpe 6 abgesaugt. Erst dann gelangt das CO_2-Gas in den Zähler. Leider eignet sich CO_2 allein nicht als Zählrohrgas. Wir haben früher (s. S. 27) darauf aufmerksam gemacht, daß man zur Vermeidung von Nachentladungen keine Gase verwenden darf, die negative Ionen bilden. Das ist zwar direkt bei CO_2 nicht der Fall. Von positiven CO_2-Ionen können aber beim Auftreffen auf eine Metallfläche (Zählrohrwand) je zwei Elektronen eingefangen und dadurch negative Ionen gebildet werden. BROWN und MILLER haben versucht, die Bildung von negativen Ionen durch geeignetes Wandmaterial abzuschwächen, und haben zu diesem Zweck die innere Zählrohrwand mit Graphit ausgekleidet.

Auf diese Weise konnte die Bildung von negativen Ionen allerdings noch nicht vollständig unterdrückt werden. BROWN und MILLER haben deshalb versucht, zu vermeiden, daß positive CO_2-Ionen überhaupt die Zählrohrwand erreichen. Wir wissen, daß sich bei einer Zählrohrentladung um den Zähldraht eine positive Raumladungswolke bildet, die sich in etwa 10^{-4} sec gegen die Kathode (Zählrohrwand) bewegt. In dieser Zeit können die CO_2-Ionen etwa 10^5 Stöße

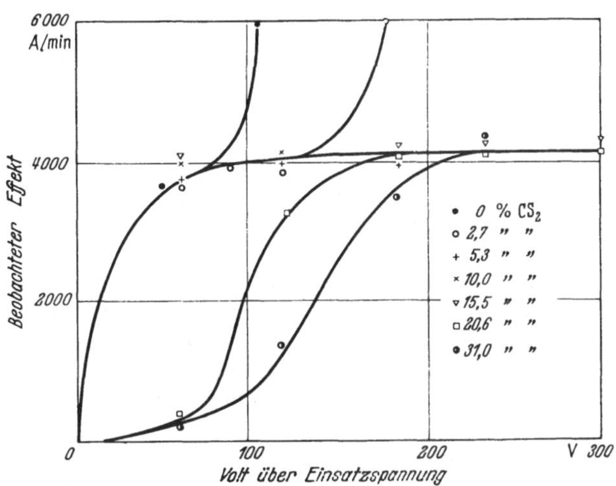

Abb. 83. Kennlinien des Gaszählers bei verschiedenen CS_2-Konzentrationen

mit Nachbarmolekülen machen. Bei Zugabe eines geeigneten Gases, z. B. CS_2, findet eine Ladungsübertragung auf das bisher negative CO_2-Ion statt. BROWN und MILLER haben gefunden, daß bereits 5% CS_2 einen großen Konstanzbereich ermöglichen und lästige Nachentladungen ausreichend vermeiden lassen (s. Abb. 83).

BERNSTEIN und BALLENTINE haben für die $C^{14}O_2$-Messung die Verwendung von Proportionalzählrohren vorgeschlagen. Auf die Vorteile, wie z. B. kleiner Nulleffekt und die Möglichkeit, neben schwachen Präparaten auch sehr starke Präparate zu messen ohne Änderung der Meßbedingungen, haben wir bereits früher hingewiesen. Als Zählrohrgas hat sich Methan bewährt. Dadurch, daß der Zähler bei Atmosphärendruck betrieben wird, sind die Reproduzierbarkeit der Gasfüllung und damit die Zähleigenschaften bei weitem besser gewährleistet als bei einem Geiger-Müller-Zählrohr. Die Neigung der Zählrohrkennlinie betrug im Arbeitsbereich 3% pro 100 Volt. Unbequem ist bei Gaszählern die Neufüllung. Einmal muß der Zähler nach jeder Messung gut gespült werden, um eine Verfälschung der anschließenden Messung durch noch vorhandene Aktivitätsreste zu vermeiden, andererseits ist die Gasprobe nach einer Messung nicht mehr verwendbar. Die Neufüllung des Zählers beanspruchte bei BERNSTEIN und BALLENTINE insgesamt 7 min.

Wie wir bereits oben erwähnt haben, eignet sich reines CO_2 bei Zählrohren wegen der auftretenden Nachentladungen nicht als Füllgas. Wenn man Methan oder Methan-Argon als Zusatzgas wählt, kann die Konzentration von CO_2 nur bis etwa 10% gesteigert werden, ohne wesentliche Verschlechterung der Zähleigen

7*

schaften. Die niedrige Konzentration von CO_2 bedeutet aber eine große Einbuße an Empfindlichkeit. Außerdem ist die Impulshäufigkeit sehr empfindlich abhängig von der Zusammensetzung des Füllgases. Freedmann und Anderson haben eine andere Meßmethode vorgeschlagen, die es gestattet, ohne Verschlechterung der Zähleigenschaften reines CO_2 als Füllgas zu verwenden. Sie machten Gebrauch von einem Messingzählrohr (40 cm Länge und 4 cm Durchmesser), das als Proportionalzählrohr in Verbindung mit einem Impulshöhen-Diskriminator arbeitet (s. später). Die Zählerimpulse werden einem Verstärker, welcher die Impulse linear verstärkt, und anschließend einem Diskriminatorkreis zugeleitet, der alle Impulse unterdrückt, die eine gewisse Größe nicht erreichen oder eine andere, ebenfalls einstellbare Größe überschreiten. Untersetzer, Endstufe und Zählwerk bilden den üblichen Abschluß der Registriereinrichtung.

Die Anwendung eines Diskriminators ist im besonderen Maße nützlich, wenn zwei verschiedene Radioisotope mit verschiedenen Strahlentypen (Messung von β-Strahlen bei gleichzeitiger γ-Strahlung) bzw. bei β-Strahlungen mit verschiedenen Energiespektren ausgemessen werden sollen. Auch dann, wenn sich die beiden Spektren gegenseitig überlappen, ist diese Registriermethode noch vorteilhaft. Bei Messung von C^{14} läßt sich mit der angegebenen schaltungstechnischen Maßnahme das Verhältnis von Proben-Ausschlagszahl zu Nulleffekt um ein Vielfaches erhöhen. Die Methode eignet sich also besonders für sehr schwache Präparate.

Um 1 g Kohlenstoff in Form von CO_2 unterzubringen, müßte das Zählrohrvolumen bei Normaldruck etwa 2000 cm³ betragen. Das ist ein recht großes Zählervolumen, der Nulleffekt also entsprechend hoch. Faltings hat den Gasdruck erhöht. Das bedingt zwar eine höhere Zählerspannung und damit größeren apparativen Aufwand, man kommt aber mit entsprechend kleinerem Zählervolumen aus.

Man kann die Meßempfindlichkeit auch dadurch zusätzlich steigern, daß man nicht CO_2, sondern Gase mit höherem Kohlenstoffgehalt, z. B. C_2H_2, C_2H_6 u. a., verwendet. Eine nähere Beschreibung der Methode findet man bei Crathorn. Bei gasförmigen Absolut-Messungen tritt die Schwierigkeit auf, das empfindliche Zählrohrvolumen zu berechnen. Ein Teil der aktiven Gasprobe befindet sich während der Messung in einem Zählrohrgebiet, in dem kleinere elektrische Feldstärken herrschen und daher mitunter gar keine Zählrohrentladung zustande kommt, obwohl ein Zerfallsteilchen in diesen Teil des Zählers eingedrungen ist. Es kann aber auch der Fall eintreten, daß β-Strahlen die Zählrohrwand erreichen, ohne daß sie eine Ionisation eingeleitet haben. Diese beiden Effekte, den *Zählrohr-Endeffekt* und den *Zählrohr-Wandeffekt*, haben Engelkemeier und Libby eingehend untersucht. Der Zählrohr-Endeffekt ließ sich quantitativ bestimmen durch Messungen an Zählrohren mit verschiedenem Durchmesser und verschiedener Länge, aber Füllung mit den gleichen Gasproben bekannter Aktivität. Die Messungen sind auf C^{14}, Ar^{37} und Kr^{85} ausgedehnt worden. Ein großer Teil des entstehenden Zählverlustes wird allerdings wieder ausgeglichen, weil Strahlung, welche ohne ausreichende Ionisierung die Zählrohrwand erreicht hat, in der Zählrohrwand ein Sekundärelektron auslösen kann und damit die Zählrohrentladung eingeleitet wird.

Eine Möglichkeit, den Endeffekt zu eliminieren, wird von Cockroft und Curan angegeben (s. Abb. 84). Die Halterung des Zähldrahtes im Innern des Zählrohres ist als Isolator ausgebildet, der von einer Metallhülse umschlossen wird und ebenso wie die Halterung selbst etwa einen Zählrohrradius weit in das Zählrohr hineinragt. Die Metallhülse ist vom Zählrohrgehäuse ebenfalls isoliert. Durch einen veränderlichen äußeren Widerstand R kann erreicht werden, daß das Potential auf der Oberfläche der Hülse gleich dem Potential ist, das im gleichen Abstand r vom

Zähldraht auch im Gasraum herrscht. Damit ist die Verzerrung der Feldverhältnisse in der Nähe des Endes des Zähldrahtes ausgeglichen. Die Einstellung des Widerstandes ist nicht kritisch. Mittels dieser Maßnahme ist der Anstieg der Zählerempfindlichkeit am Ende des Zähldrahtes sehr steil. Die noch verbleibende

Empfindlichkeitseinbuße am Anfang des Zähldrahtes wird kompensiert. Damit ist das Zählrohrvolumen exakt definiert, so daß auch Absolutmessungen möglich sind.

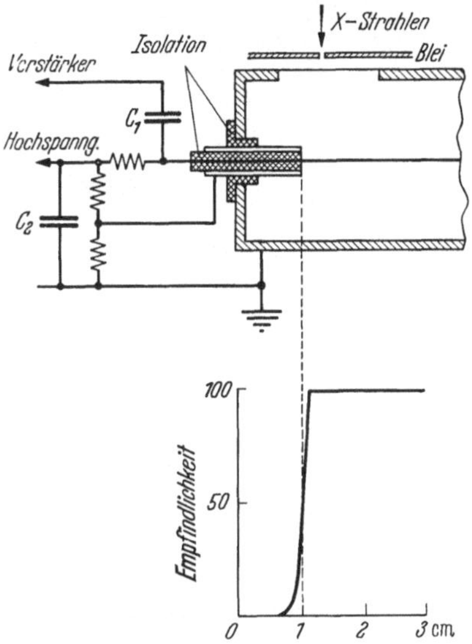

Die Messung aktiver Proben in gasförmigem Zustand kann auch mit Hilfe einer Ionisationskammer geschehen. BROWNELL und LOCKARDT beschreiben diese Methode sehr ausführlich. Der große Vorteil derselben liegt darin, daß man sehr große Proben messen kann, etwa 11 mMol CO_2 (in festem Zustand maximal 0,4 mMol CO_2, mit Zählrohr in gasförmigem Zustand 0,3—0,8 mMol CO_2). Als weitere Vorteile sind zu nennen: Keine Korrektion infolge Absorption, Selbstabsorption und Streuung, konstante und reproduzierbare Geometrie.

Für eine absolute Messung benötigt man allerdings die Kenntnis der mittleren Energie der β-Strahlen, den mittleren Energieverlust pro erzeugtes Ionenpaar sowie die quantitative Bestimmung des Anteils der Strahlung, welcher

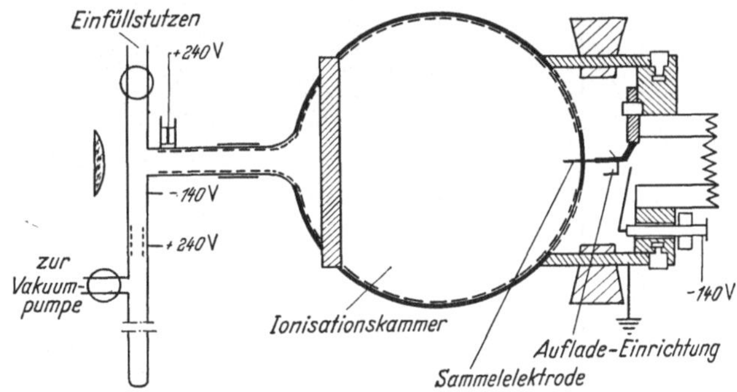

Abb. 84. Elimination des Zählrohr-Endeffektes (nach A. L. COCKROFT und S. C. CURRAN)

in der Kammerwand verlorengeht. Sofern Rekombination möglich ist, ist auch diese zu berücksichtigen. Die Abschätzung der beiden letztgenannten Effekte bereitet erhebliche Schwierigkeiten und läßt vielfach eine direkte Absolutmessung mit der Ionisationskammer scheitern. Trotzdem verdient die Methode erwähnt zu werden, weil man sie leicht zu einer absoluten Methode ausbauen kann durch ein-

maligen Anschluß an eine geeichte radioaktive Substanz. Einzelheiten, ebenso die Theorie der Ionisationskammer, findet man in der Originalarbeit.

Mit dem Lindemann-Elektrometer in Verbindung mit einer geeigneten Ionisationskammer lassen sich bei $C^{14}O_2$ noch 5 Zerfälle/sec nachweisen (JESSE u. Mitarb.).

Abb. 85. Empfindliches Nachweisgerät für β-Strahler (nach HENRIQUES u. Mitarb.)

Zwischen den Stromwerten und der Aktivitätsstärke herrscht innerhalb eines ausgedehnten Bereiches (kleinste zur größten Aktivität 1 : 5720) Linearität.

Mit einer einfachen Zählanordnung nach HENRIQUES u. Mitarb. (s. Abb. 85) konnten in 20 mMol CO_2 (entsprechend etwa 4 g $BaSO_4$) noch $3 \cdot 10^{-5}$ C Kohlenstoff 14 nachgewiesen werden, mit einer Meßgenauigkeit von etwa 2%.

Einen Vergleich der verschiedenen Methoden zur Messung von radioaktiven Präparaten erlaubt Tab. 17.

Tabelle 17. *Vergleich der Nachweisempfindlichkeit verschiedener Meßgeräte*

I	II	III	IV	V	VI	VII	VIII	IX
Nr.	Meßverfahren	Autor	Chemische Form	Berechnungsgrundlage (v = Vol.[cm^3] p = Druck [at.] c = Konz. [gcm^{-3}] f = Dicke [gcm^{-2}])	Substanzmenge (Mol Kohlenstoff)	Leerwert entspricht Curie	Meßausbeute (%)	Grenzaktivität (Curie/Mol)
1	Schirmgitter-Geiger-Zählrohr	Libby	C	$f = 8/400$	0,66	$2,3 \cdot 10^{-12}$	5,5	$6,5 \cdot 10^{-11}$
2	Hochdruck-Proportionalzähler	Crathorn	C_2H_2	$v = 3000 \quad p = 1$	0,25	$1,4 \cdot 10^{-11}$	75	$7,5 \cdot 10^{-11}$
3	Hochdruck-Proportionalzähler	Faltings	C_2H_6	$v = 500 \quad p = 2,7$	0,11	$5 \cdot 10^{-11}$	100 ?	$4,5 \cdot 10^{-10}$?
4	Ionenkammer	Henriques und Margnetti	C_2O	$v = 220 \quad p = 2$	0,02	$5 \cdot 10^{-11}$	$\sim$100	$2,5 \cdot 10^{-9}$
5	Photoplatte	Reinharz und Vanderhaeghe		$c = 2,4 \cdot 10^{-6}/3 \cdot 10^{-6}$	$2 \cdot 10^{-7}$	10^{-15}	$\sim$50	10^{-8}
6	Gas-Geiger-Zählrohr	Rohringer und Broda	CO_2	$v = 24 \quad p = 0,5$	$5 \cdot 10^{-4}$	$2 \cdot 10^{-11}$	$\sim$100	$4 \cdot 10^{-8}$
7	Niederdruck-Proportionalzähler	Bernstein und Ballentine	CO_2	$v = 100 \quad p = 0,15$	$5,5 \cdot 10^{-4}$	$5 \cdot 10^{-11}$	$\sim$100	10^{-7}
8	Strömungs-Proportionalzähler (dünne Schicht)			$f = 2,5 \cdot 10^{-3}/5$ (als C)	$2 \cdot 10^{-4}$	$5 \cdot 10^{-12}$	33	$7,5 \cdot 10^{-8}$
9	Strömungs-Proportionalzähler (dicke Schicht)	Übliche Verfahren;	BaCO$_3$	$f = 0,125/5$	$6 \cdot 10^{-4}$	$5 \cdot 10^{-12}$	5,5	$1,5 \cdot 10^{-7}$
10	Fenster-Geiger-Zählrohr (dünne Schicht)	typische Werte		$f = 10^{-3}/2$ (als C)	$8 \cdot 10^{-5}$	10^{-11}	6	$2 \cdot 10^{-6}$
11	Fenster-Geiger-Zählrohr (dicke Schicht)		BaCO$_3$	$f = 0,05/2$	$2,5 \cdot 10^{-4}$	10^{-11}	1	$4 \cdot 10^{-6}$

V. Nachweis von γ-Strahlung

1. Geiger-Müller-Zählrohr

γ-Strahlung läßt sich nicht direkt, sondern nur über die Sekundärelektronen nachweisen, welche beim Durchgang von γ-Strahlung durch Materie entstehen. Im wesentlichen sind es Photoelektronen einheitlicher Energie und Comptonelektronen mit verschieden großer Energie. Die Absorption von γ-Strahlung hängt von verschiedenen Parametern ab. Es überrascht daher nicht, daß ihre Nachweiswahrscheinlichkeit nicht 100%ig sein kann. Bei einem Geiger-Müller-Zählrohr erfolgt die Absorption fast ausschließlich in der Zählerwand. Der Gaseffekt ist vernachlässigbar klein. Es werden dabei in verschiedener Wandtiefe Sekundärelektronen erzeugt, welche die Restwandstärke zu durchdringen haben, ehe sie das wirksame Gasvolumen des Zählers erreichen. Mit zunehmender Dicke der Zählerwand wächst die γ-Absorption, der Meßeffekt wird größer. Von einer bestimmten Dicke an hat diese Zunahme auf den Meßeffekt aber keinen Einfluß mehr, weil die Sekundärelektronen nur eine gewisse Wandstärke durchdringen können und alle weiter außerhalb erzeugten Sekundärelektronen das Zählrohrvolumen deshalb nicht erreichen. Für die aus γ-Strahlung von 2 MeV entstehenden Photoelektronen von nahezu 2 MeV ist die maximale Reichweite nur etwa 1,5 mm Kupfer. Die Absorption von γ-Strahlung von 2 MeV macht aber andererseits in Kupfer von 1,5 mm Stärke nur wenige Prozente aus. Entsprechend niedrig ist die Nachweiswahrscheinlichkeit.

Verschiedene Ausführungsformen von γ-Zählrohren sind in Abb. 73 dargestellt.

Die γ-Messung ist entsprechend einfacher als die β-Messung, sofern es sich um Relativmessungen handelt. Erst für sehr große Substanzmengen sind Korrektionen infolge Selbstabsorption, Absorption u. a. anzubringen. Bei Absolutmessungen ist Vorsicht geboten, weil die bei der γ-Absorption auftretende Streustrahlung die Meßergebnisse sehr stark verfälschen kann. Wir kommen darauf noch zurück.

γ-Zählrohre werden bevorzugt verwendet bei Aktivitätsmessungen von flüssigen Medien, weil hier z. B. mit dem Eintauchzähler wesentlich größere Flüssigkeitsmengen verwendet werden können und damit die an sich geringe γ-Nachweiswahrscheinlichkeit zum Teil ausgeglichen wird.

Die γ-Nachweiswahrscheinlichkeit läßt sich auch durch Verwendung von schwerem Kathodenmaterial (Wandmaterial aus Blei) und durch Vergrößerung der Wandoberfläche vergrößern. Beides ist geschehen bei dem Vielzellenzählrohr der Abb. 73f. Beim Siebenfach-Zählrohr nach TROST sind 7 γ-Zählrohre parallel geschaltet und in einem Glaskolben (einheitliche Gasfüllung und Spannungszuführung) untergebracht (s. Abb. 86).

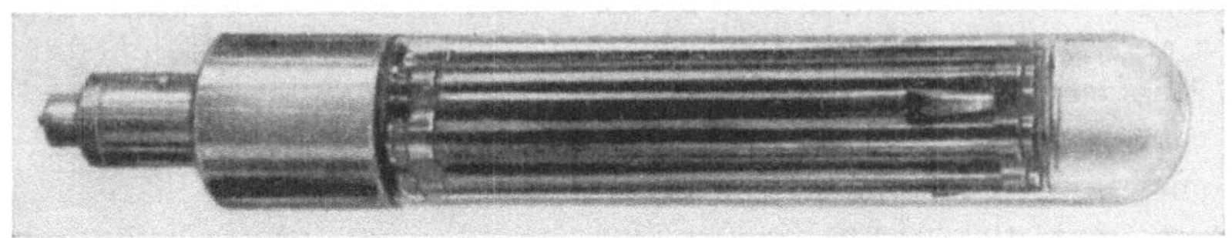

Abb. 86. Siebenfachzählrohr zur Messung von γ-Strahlen (nach TROST)

Für große Flüssigkeitsmengen, z. B. für direkte Urinmessungen, eignet sich eine Anordnung nach Abb. 73e. Sehr empfindlich ist auch eine von WEINER u. Mitarb. beschriebene Zählanordnung, bei welcher sich die Meßflüssigkeit im Innern eines Zählrohrkranzes von γ-Zählrohren befindet. Zur Reduzierung des Nulleffektes ist die gesamte Anordnung von 5 cm Blei umgeben. Mit dieser Zählanordnung lassen sich z. B. 0,2—100 μC J^{131}; 0,2—2,2 mC P^{32} oder 0,5—5 μC Fe^{59} mit großer Genauigkeit messen. Die gerade noch meßbaren minimalen Aktivitäten sind 0,17 μC J^{131}; 0,19 μC; Fe^{59}; 0,27 μC K^{42} oder 0,38 μC Na^{24}, jeweils in 2 l Meßflüssigkeit.

2. γ-Messung mit dem Szintillationszähler

Die γ-Empfindlichkeit eines Szintillationszählers ist mindestens eine Größenordnung größer als diejenige von gewöhnlichen γ-Zählrohren. Es eignen sich besonders NaJ-(Te)-Kristalle. Wegen der großen Reichweite der γ-Strahlen ist es sinnvoll, große Kristalle zu verwenden. Ein NaJ-Kristall bestimmter Größe hat z. B. für 0,1 MeV-γ-Strahlen ein Absorptionsvermögen von etwa 95%. Für γ-Strahlung von 0,4 bzw. 2 MeV sind die Vergleichszahlen 75% bzw. 30%.

Der NaJ-Kristall-Szintillationszähler eignet sich zum Nachweis von γ-Strahlung aus festen und flüssigen radioaktiven Substanzen. Über die Messung von Flüssigkeiten ist schon berichtet worden. Für die Aktivitätsmessung an festen radioaktiven Substanzen werden weiter unten wichtige Anwendungsbeispiele gegeben.

3. γ-Spektroskopie

Eine weitere, und in neuerer Zeit sehr wichtige Möglichkeit, ein oder mehrere Radioisotope zu identifizieren bzw. ihre Strahlungsintensität zu messen, kann man in der γ-Spektroskopie sehen. Man macht von der Tatsache Gebrauch, daß die Amplituden der an einem Szintillationszähler auftretenden Ausgangsimpulse proportional der γ-Energie der primären γ-Strahlung sind, welche auf den Szintillationszähler einfällt. Es gibt grundsätzlich verschiedene Möglichkeiten, die γ-Strahlung und ihre Energie festzustellen und damit das betreffende Radioisotop zu identifizieren bzw. quantitativ auszumessen.

a) Einkanal-Analysator

Im ersten Falle wird zwischen Szintillationszähler bzw. Linearverstärker ein *Diskriminator* eingeschaltet, der befähigt ist, alle Impulse zu unterdrücken, welche entweder kleiner als eine bestimmte Mindestgröße oder größer als eine zweite, ebenfalls vorgebbare Größe sind. Durch den unteren und oberen Schwellwert wird ein Impulshöhen-Kanal festgelegt, durch welchen nur Impulse ganz bestimmter Größe an die nachgeschalteten Verstärker- und Registriereinrichtungen weitergegeben werden. In der Abb. 87 erfüllen nur zwei Impulse diese Bedingung. Alle anderen sind entweder zu klein oder zu groß, werden also nicht registriert. Wenn man nun der Reihe nach die Lage des Kanals jeweils um Kanalbreite verschiebt, beginnend bei einer großen Diskriminatorspannung (etwa 100 Skalenteile)[1], so erhält man nacheinander Impulse ganz bestimmter Größe, welche nach dem oben Gesagten auch ganz bestimmten γ-Energien (Bereich von solchen) entsprechen. Man erhält ein Energiespektrum der γ-Strahlung, dessen Auflösung um so besser ist, je kleiner die Kanalbreite des *Einkanal-Analysators* gewählt wird.

Bei einer festen Einstellung der Gesamtverstärkung der Szintillationszähler-Impulse liegt z. B. die γ-Linie, welche einer Energie von 364 keV entspricht, an einer ganz bestimmten Stelle des aufgenommenen Energiespektrums. Wenn dabei keine γ-Linien größerer γ-Energie interessieren, vergrößert man die Gesamtverstärkung derart, daß diese Linie weiter nach rechts rückt, etwa bis 90% der vollen zur Verfügung stehenden Diskriminatorspannung. Das geschieht in der

---

[1] Man beginnt mit hoher Diskriminatorspannung, also großen Energien, damit bei einer Registrierung mittels Ratemeter und Schreiber das Energiespektrum mit zunehmender Energie auf dem Diagramm von links nach rechts erscheint.

Form, daß man die untere Diskriminatorspannung Null macht und die volle Kanalbreite 100 verwendet, also zunächst alle Impulse erfaßt. Man vergrößert nun den Verstärkungsfaktor am vorgeschalteten Linearverstärker so lange, bis eine Intensitätsabnahme erfolgt, d. h. einige Impulse zu groß und deshalb nicht mehr erfaßt werden. Man steuert also den Linearverstärker mit den größten Impulsen gerade aus, geht dann aber mit dem Verstärkungsfaktor wieder etwas zurück, so daß mit Sicherheit alle Impulse registriert werden. Auf diese Weise hat man den gewünschten Energiebereich gestreckt und dabei die Energieauflösung verbessert, sofern die Kanalbreite gleich groß geblieben ist. Zur Identifizierung der beobachteten γ-Linien ist eine Eichung mit einem Radioisotop, dessen γ-Linien bekannt

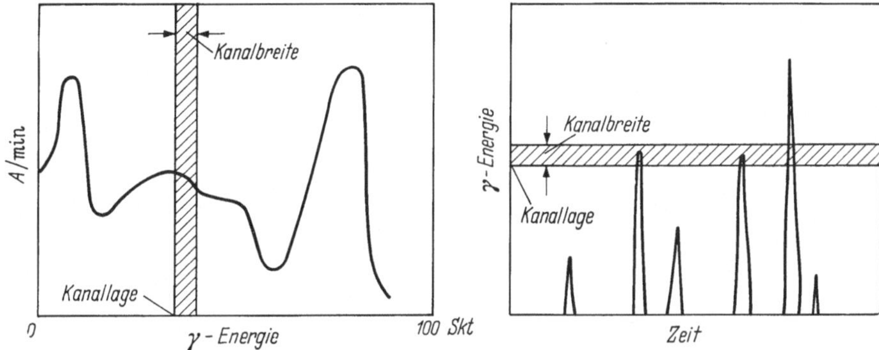

Abb. 87. Zur Impulshöhen-Analyse

sind, notwendig. Die Kenntnis der absoluten Aktivität des Eichstrahlers ist dabei nicht erforderlich. Die Aufnahme des Energiespektrums kann wesentlich erleichtert werden, indem an den Impulshöhen-Analysator ein Ratemeter mit Schreiber angeschlossen wird und das Durchfahren des Energiebereiches stetig und automatisch erfolgt. Die Analyse des so erhaltenen γ-Spektrums kann vereinfacht werden, indem man die Aufnahme des Spektrums in passenden Zeitabständen wiederholt und die Höhe einzelner peaks bzw. die von ihnen eingeschlossene Fläche als Funktion der Zeit aufträgt.

b) Mehrkanal-Analysator

Beim *Mehrkanal-Analysator* wird der gesamte Energiebereich in eine bestimmte Zahl (z. B. 100) von gleichzeitig wirkenden Kanälen aufgeteilt (HUTHINSON). Der apparative Aufwand ist wesentlich größer als beim Einkanalsystem, der zeitliche Aufwand entsprechend geringer.

c) Kombinierter Impulshöhen-Analysator

Wir betrachten zunächst das Energie-Spektrum der Vernichtungsstrahlung (s. Abb. 88b). Neben dem Peak bei 0,511 MeV bemerken wir für kleinere γ-Energien einen sehr hohen und häufig störenden Untergrund. Dieser Untergrund wird verursacht durch die bei einer γ-Absorption durch Comptoneffekt angestoßenen Comptonelektronen, bzw. durch eine um 180° gestreute Rückstrahlung.

Wenn die γ-Energie durch Compton-Absorption verringert wird, entstehen Sekundärelektronen, deren maximale kinetische Energie

$$E_{max} = \frac{2\,\gamma}{1 + 2\,\gamma}\,E_\gamma \ \text{ist,}$$

wobei r das Verhältnis

$$r = \frac{E_\gamma}{m_0 c^2} \text{ mit } m_0 c^2 = 0,511 \text{ MeV}$$

bedeutet. Wie wir aus dieser Beziehung und Abb. 88a ablesen, rückt die Energiestelle, für welche die Comptonelektronen das γ-Spektrum beeinflussen, relativ um so näher an den Photopeak heran, ist also um so störender, je größer die primäre γ-Energie ist. Der Peak für rückgestreute Strahlung (180°) liegt bei $E = E_\gamma - E_{max}$.

Die photoelektrische Absorption geht proportional Z^5 ($Z = $ Ordnungszahl des Absorbers) vor sich, der Compton-Effekt wächst nur mit Z. Mit verhältnismäßig schweratomigem Kristall [NaJ-(Tl)-Kristall] begünstigt man also die photoelektrische Absorption der γ-Energie. Mit einem Anthracen-Kristall, einem organischen Phosphor mit sehr niedriger Ordnungszahl, wird nahezu allein der Compton-Effekt wirksam. Man kann nun für die zu untersuchende γ-Strahlung und beiden Kristallarten gleichzeitig je ein Energiespektrum aufnehmen und die Schaltung der Ausgangsimpulse bei Szintillationszählern so wählen, daß nur die Differenz der beiden Ausgänge zur Registrierung gelangt. Wenn die Empfindlichkeit beider Anordnungen entsprechend richtig aufeinander abgestimmt ist, erhält man als Ergebnis ein Energiespektrum, das frei vom Comptonkontinuum ist und nur die photoelektrischen Peaks aufweist (Peirson). Als Beispiel sei in Abb. 89 das γ-Spektrum der durch Neutronenbestrahlung aktivierten Verunreinigungen von Aluminium angegeben.

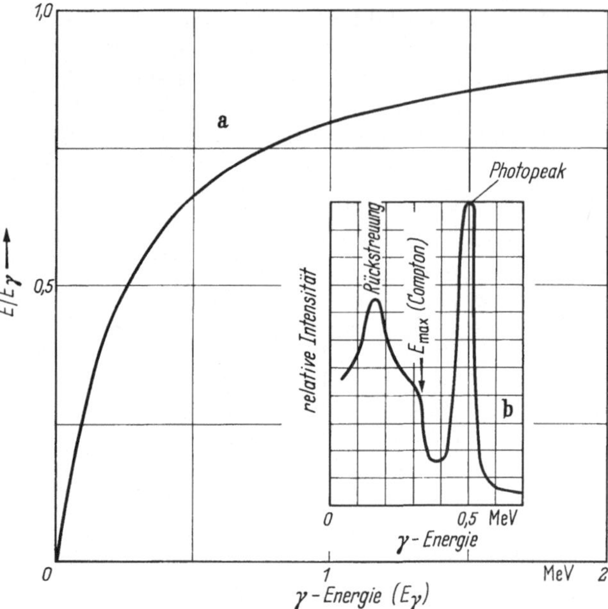

Abb. 88. γ-Streustrahlung (nach Crasemann und Easterday). a) Verhältnis der γ-Energie für Comptonkante zur γ-Energie der beobachteten γ-Linie. b) γ-Spektrum der Vernichtungsstrahlung, ($E = 0,51$ MeV) als Beispiel

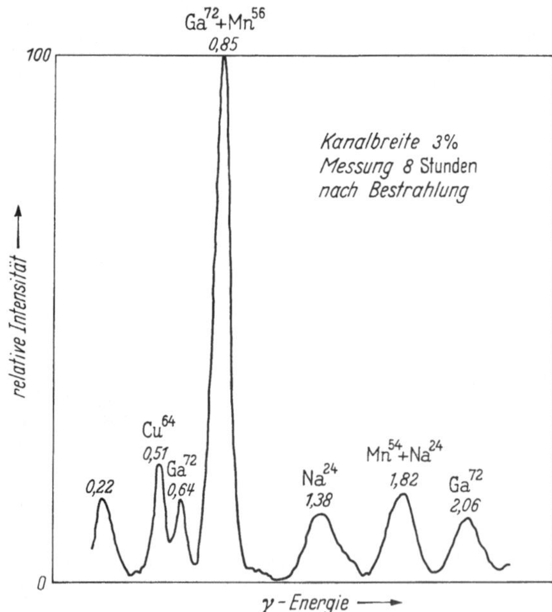

Abb. 89. γ-Spektrum nach Bestrahlung von schwach verunreinigtem Aluminium (nach Peirson)

4. Studium der Schilddrüsenfunktion

a) Mit Hilfe eines Geiger-Zählrohres

Zur Beurteilung der Schilddrüsenfunktion (Hyperthyreose, Euthyreose, Myxödem) wird die absolute Speicherungsfähigkeit von Jod durch die Schilddrüse bestimmt. Man verabreicht z. B. per os eine bestimmte Menge J^{131} in Form von NaJ^{131} zusammen mit wenig inaktivem NaJ. Gemessen wird die Impulshäufigkeit in Abhängigkeit von der Zeit nach Verabreichung. Das Nachweisgerät befindet sich in etwa 50 cm Abstand von der Versuchsperson in Höhe der Schilddrüse. Die

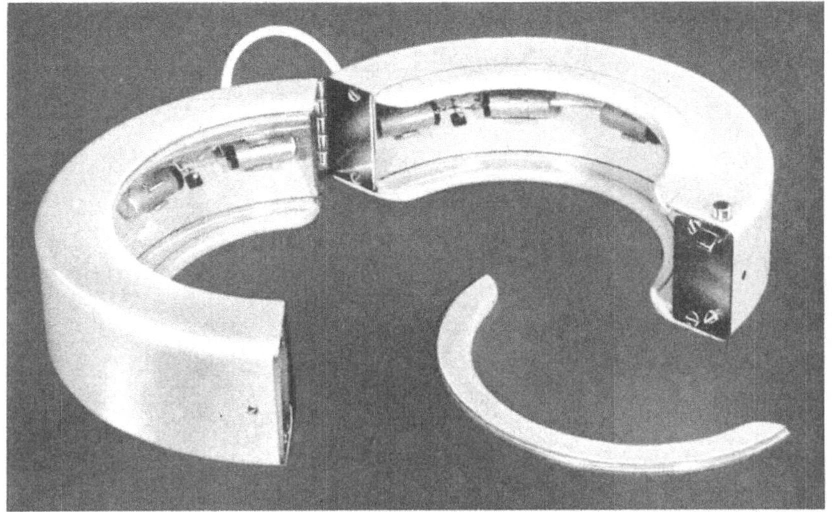

Abb. 90. Ringrohr-Vielfachzähler für Bestimmung der Schilddrüsenaktivität (Philips)

so gemessene Impulshäufigkeit wird verglichen mit der Impulshäufigkeit, welche ein bekannter Bruchteil der Ausgangsaktivität unter ähnlichen Versuchsbedingungen verursacht.

Frühere Messungen wurden ausschließlich mit einem empfindlichen γ-Zählrohr durchgeführt. Auch ein Vielfachzählrohr nach Abb. 90 fand Verwendung. Als Vergleichspräparat diente eine bekannte J^{131}-Aktivität, die von einem Glaskolben mit etwa 2 l Wasser umgeben war. Zur Abschirmung jeder γ-Strahlung, welche vom übrigen Körper ausging, befand sich der Zähler zwischen zwei horizontal gelegten, dicken Bleiplatten (s. Abb. 91b). Abzüglich Nulleffekt fand man z. B. in 46 cm Entfernung von der Schilddrüsenmitte 110 Imp./min. Das verabreichte Präparat ergab vorher in gleichem Abstand 192 Imp./min. Daraus errechnet sich die Speicherungsfähigkeit der Schilddrüse zu

$$\frac{110}{192} \cdot 100 = 57{,}5\,\%.$$

Als mittlerer statistischer Fehler ergab sich $\pm 4{,}5\,\%$. Der tatsächliche Gesamtfehler der Messung ist wesentlich größer.

Wegen der unterschiedlichen Größe der Schilddrüse muß man die Messung in größerem Abstand durchführen. Will man die Verteilung der Jodaktivität in der Schilddrüse studieren, so muß man an den Zähler Blenden bestimmter Form

anbringen (s. Abb. 91a). Die flächenhafte Abtastung der verschiedenen Schilddrüsenbereiche geschieht heute automatisch mit Hilfe eines Scanners (s. Abb. 92).
Dabei kann man zuerst eine Röntgenaufnahme machen und überall dort, wo

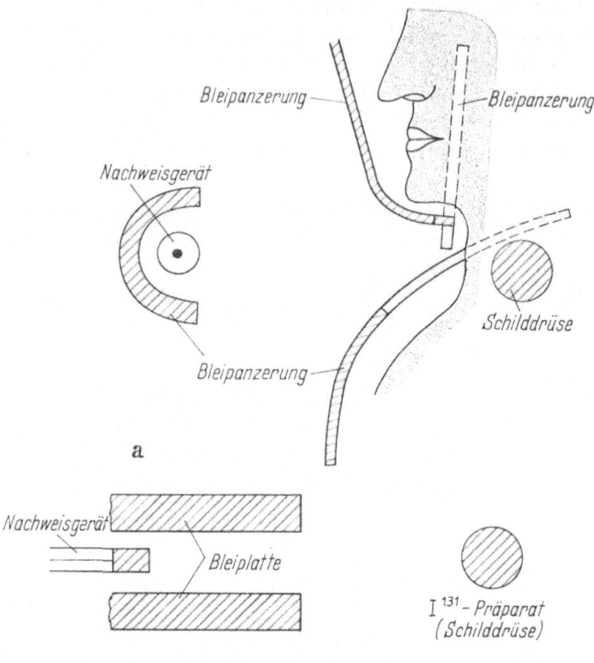

Abb. 91. a u. b) Meßanordnung nach POCHIN. b) Einfache Zählanordnung zur Messung der Schilddrüsenaktivität
(s. LINDNER-SCHMEISER)

Aktivität vorhanden ist, durch Aufblitzenlassen einer gleichzeitig mitgeführten
UV-Lampe den nachträglich genau feststellbaren Speicherungsort auf der Röntgenaufnahme markieren. Durchschnittlich werden etwa 1 μC J^{131} benötigt. Bei der

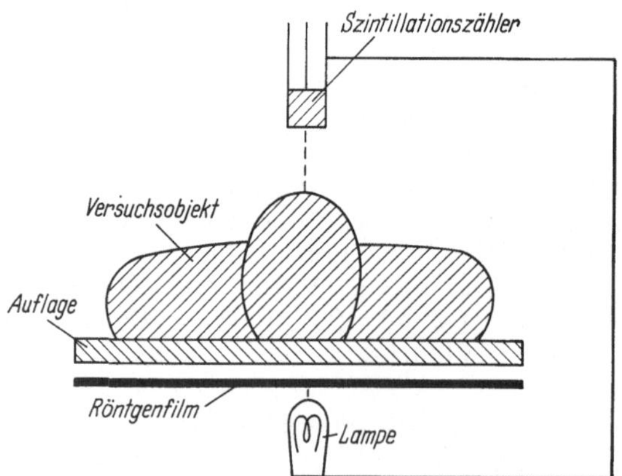

Abb. 92. Anordnung zur Aufnahme der Schilddrüsenaktivität mittels eines Scanners

verhältnismäßig großen biologischen Halbwertzeit von Jod ist die effektive Halbwertzeit von J^{131} etwa gleich der radioaktiven Halbwertzeit von 8 Tagen. Um die
Strahlen bei diagnostischen Versuchen zu reduzieren, verwendet man, wenn möglich J^{132}, das eine Halbwertzeit von nur 2,4 Std. hat.

b) Verwendung eines Szintillationszählers

Die Genauigkeit wird allgemein stark beeinträchtigt durch die in der Umgebung der Schilddrüse entstehende Streustrahlung, welche den Meßeffekt im allgemeinen erhöht (s. Abb. 93). Das Auftreten von Streustrahlung mindert auch

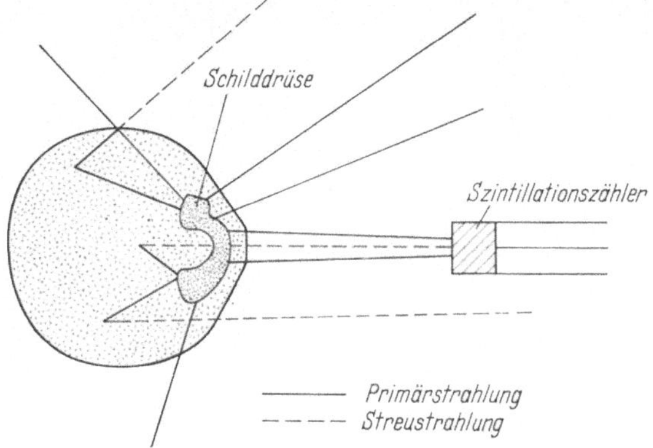

Abb. 93. Primär- und Streustrahlung eines J^{131}-Depots in der Schilddrüse (nach HINE u. Mitarb.)

die Vergleichsmöglichkeit zwischen der Messung am Objekt und einem Vergleichspräparat, dessen Umgebung den wirklichen Verhältnissen ohne allzu großen Aufwand nur angenähert nachgebildet werden kann.

Wie wir im folgenden sehen werden, können diese Fehlermöglichkeiten mit einem NaJ-(Tl)-Kristall-Szintillationszähler vermieden werden.

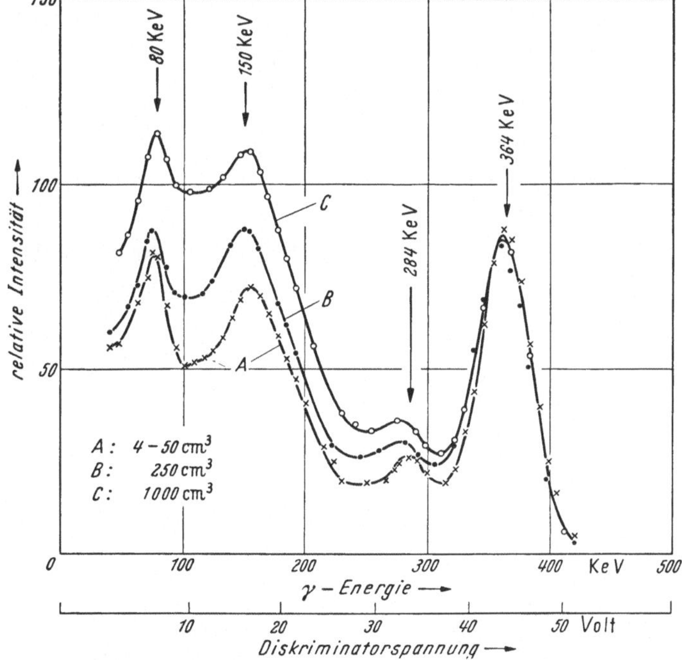

Abb. 94. γ-Spektrum von J^{131} in verschiedenen Präparatanordnungen

Zunächst betrachten wir Abb. 94. Drei gleich starke J^{131}-Präparate wurden in 50, 250 bzw. 1000 cm³ Wasser gelöst. Die von diesen radioaktiven Lösungen ausgehenden γ-Strahlen wurden der Reihe nach mit Hilfe eines γ-Spektrometers

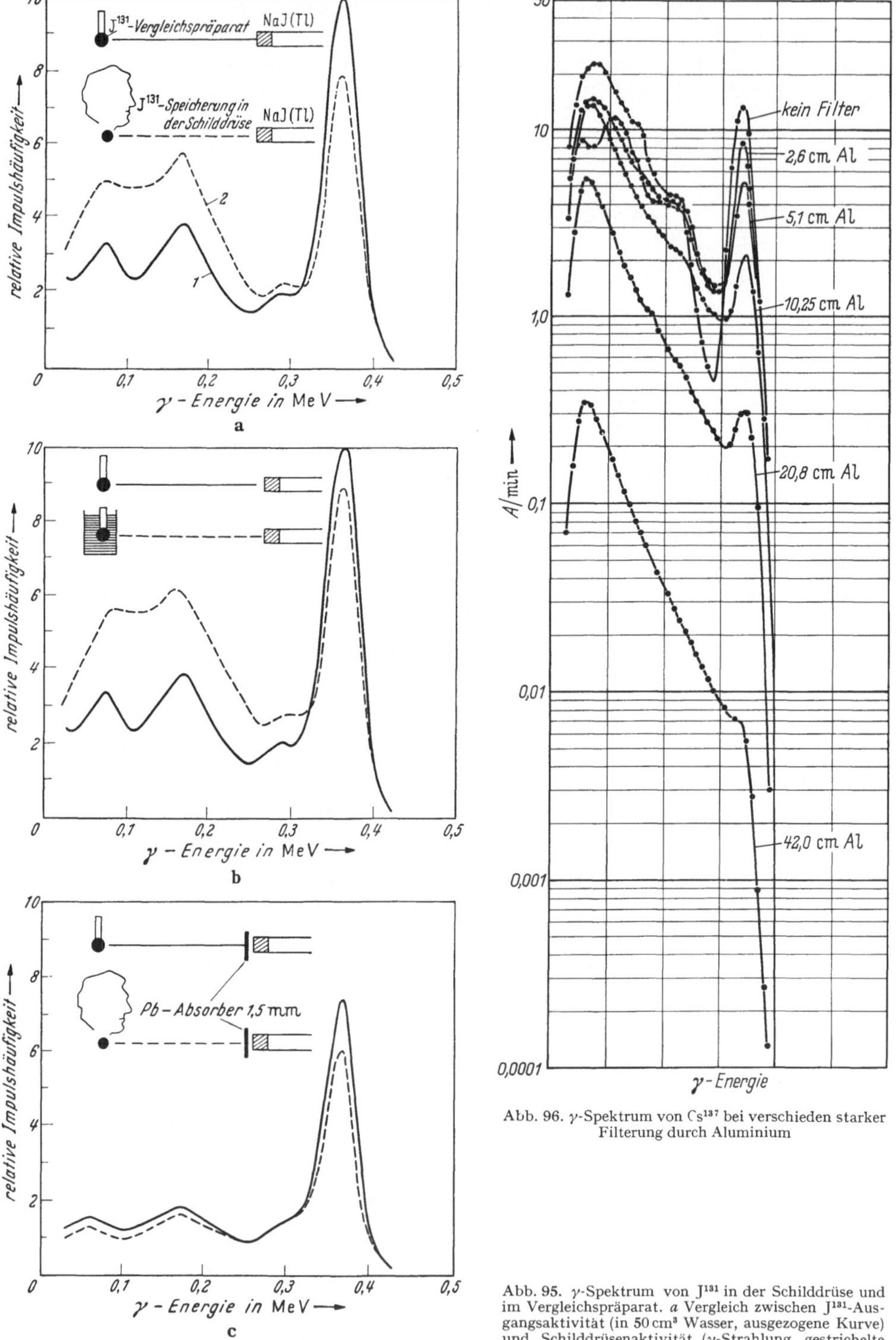

Abb. 96. γ-Spektrum von Cs¹³⁷ bei verschieden starker Filterung durch Aluminium

Abb. 95. γ-Spektrum von J¹³¹ in der Schilddrüse und im Vergleichspräparat. a Vergleich zwischen J¹³¹-Ausgangsaktivität (in 50 cm³ Wasser, ausgezogene Kurve) und Schilddrüsenaktivität (γ-Strahlung, gestrichelte Kurve). b Ausgezogene Kurve = J¹³¹-Ausgangsaktivität wie unter a und gestrichelte Kurve = dasselbe mit Wasserumhüllung. c wie unter a, aber mit jeweils 1,5 mm Bleifolie direkt vor dem Szintillationszähler (nach Tracerlog Nr. 56, 1953) aufgenommen (Kurve 1 bis 3). Mit Ausnahme der 0,364 MeV-γ-Linie sind die Kurven um so mehr überhöht, je größer die Lösungsmenge ist. Schuld daran ist die Comptonstreustrahlung der einzelnen γ-Gruppen, zumal kleinere γ-Energien bevorzugt vom Na J-Kristall erfaßt werden. Nach dieser einleitenden Bemerkung betrachten wir der Reihe nach die Abb. 95a bis 95c. In Abb. 95a wird das Spektrum der J^{131}-Strahlung aus einem Schilddrüsendepot mit einer gleichstarken J^{131}-Aktivität verglichen, welche in 50 cm³ Wasser gelöst war und im gleichen Abstand wie die Schilddrüsenaktivität gemessen wurde. Auch hier sieht man den starken Einfluß der in der Umgebung der Schilddrüse entstehenden Streustrahlung. Da im umliegenden Gewebe auch eine photoelektrische γ-Absorption stattfindet, ist der Photopeak bei 0,364 MeV kleiner als beim Vergleichspräparat. Trotzdem mißt man mit dem Szintillationszähler als Schilddrüsenaktivität insgesamt etwa 125% der Vergleichsaktivität, verursacht durch die Streustrahlung. In Abb. 95b ist die Schilddrüsenaktivität ersetzt durch eine gleichgroße in 50 cm³ aufgelöste Aktivität, die aber zusätzlich von etwa 2000 cm³ Wasser umgeben ist. Die gestrichelten Kurven der Abb. 95a und Abb. 95b stimmen praktisch überein. Der erwähnte Effekt einer starken Intensitätszunahme (für kleinere γ-Energien im Spektrum) rührt also tatsächlich von der in der Umgebung der Schilddrüse entstehenden Streustrahlung her. Die Anordnungen der Abb. 95c unterscheiden sich von denjenigen der Abb. 95a lediglich durch eine zusätzliche Bleifolie von 1,5 mm Stärke direkt vor dem Szintillationszähler. Die Wirkung der Bleifolie auf das Spektrum ist gut erkennbar. Die weiche Streustrahlung wird insgesamt auf etwa 3% reduziert, die Primärstrahlung dagegen insgesamt nur auf 63%. Die Stärke der Bleifolie kann so ausgelegt werden, daß mit dem Szintillationszähler in beiden Fällen (Schilddrüse, Vergleichspräparat) insgesamt dieselbe Impulshäufigkeit gemessen wird. Welch große Rolle die Streustrahlung spielt, kann man auch aus Abb. 96 entnehmen, in welcher das γ-Spektrum von Cs^{137} für verschieden starke Vorfilterung mit Aluminium wiedergegeben ist.

Von Hine u. Mitarb. ist die Verwendung von plastischen Szintillatoren vorgeschlagen worden, bei welchen wegen ihres niedrig atomigen Materials die γ-Absorption bevorzugt durch Comptoneffekt erfolgt. Die geringen Unterschiede zwischen den Energiespektren für Schilddrüsen- und Vergleichsmessung deuten darauf hin, daß die Streustrahlung zum Gesamt-Meßeffekt weniger beiträgt als bei Verwendung von Na J-Kristallen. Die geringere γ-Empfindlichkeit von plastischen Szintillatoren kann durch größere Ausmaße derselben wettgemacht werden.

5. Lokalisierung von Hirntumoren mittels Positronenstrahlern

Wir haben früher erwähnt, daß bei Vernichtung eines Positrons zwei γ-Quanten mit je einer Energie von 0,51 MeV entstehen, welche in genau entgegengesetzter Richtung (180°) auseinanderfliegen.

Man kann von dieser Tatsache Gebrauch machen, um beim Menschen oder Tier eine Stelle selektiver Ablagerung eines Positronenstrahlers von außen sehr genau festzustellen (Sweet u. Mitarb., sowie Allen u. Mitarb.). Man bedient sich hierzu der in Abb. 97 schematisch dargestellten Zählanordnung. Zwei γ-Szintillationszähler Z_1 und Z_2 sind in Koinzidenz geschaltet, so daß ein Ereignis nur registriert wird, wenn in beiden Zählrohren gleichzeitig eine Zählrohrentladung stattfindet. Wenn A_1 eine Ablagerung des Positronenstrahlers bedeutet, so kommt eine Koinzidenz zustande, wenn sich A_1 genau auf der Verbindungsgeraden der beiden Zählerachsen befindet. Wegen der räumlichen Ausdehnung der Zähler treten auch Koinzidenzen auf, wenn der Positronenstrahler A nicht exakt auf der Verbindungslinie liegt. Man kann dies einschränken durch Anbringen einer Blende vor jedem Zähler. Bei großer Entfernung der beiden Zähler ist der Einfluß der Ausdehnung der Zähler gering. Um die gesamte Ausdehnung eines radioaktiven

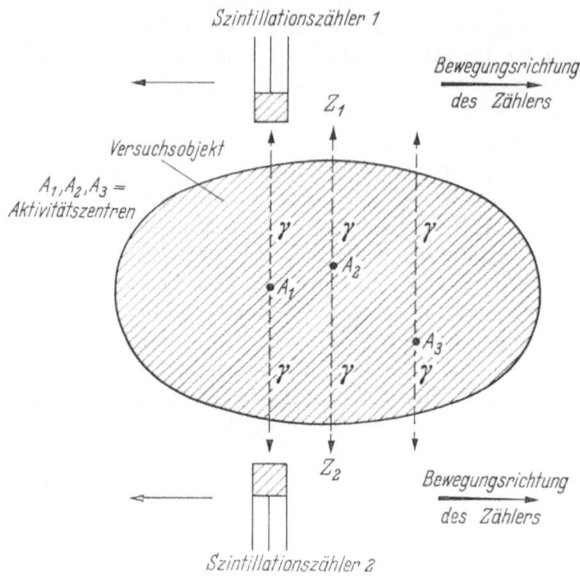

Abb. 97. Schematische Darstellung zur Messung von Vernichtungsstrahlung

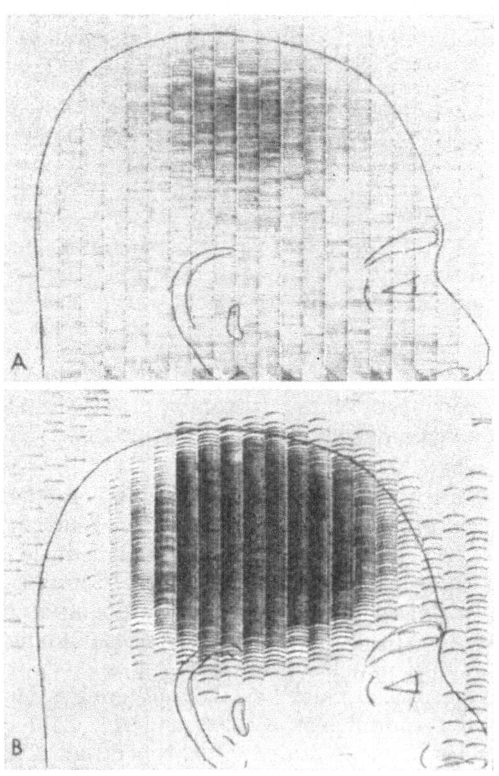

Abb. 98. Zur Lokalisierung von Hirntumoren

Depots zu erfassen, wird das Zählerpaar in gegenseitig unveränderter Lage in waagerechter und senkrechter Richtung am Objekt vorbeigeführt, ähnlich wie bei dem auf S. 108 gezeigten Scanner. Als Resultat erhält man ein auswertbares Diagramm (s. Abb. 98).

Die Auswahl von geeigneten radioaktiven Isotopen ist nicht groß. Vernünftige Halbwertzeit, die Forderung, daß das Isotop möglichst nur Positronen aussendet, also keine zusätzliche und die Messung störende γ-Strahlung, und die wesentliche Eigenschaft der gewünschten selektiven Speicherung im geschädigten Gewebe hat, läßt nur das radioaktive Arsenisotop 74 geeignet erscheinen (1,5 mC/70 kg).

6. Messung der Körperaktivität

Es werden bedeutende Anstrengungen gemacht, empfindliche Meßanordnungen bereitzustellen, um die Körperaktivität zu bestimmen. Die natürliche Körperaktivität besteht aus Ra, Th, C^{14} und K^{40}. Bei der augenblicklichen Verseuchung der Atmosphäre nimmt auch die Größe der Körperaktivität zu, und es ist außerordentlich wichtig, Meßgeräte zur Verfügung zu haben, die es erlauben, in kurzer Zeit eine große Zahl von Menschen zu testen, um daraus einen brauchbaren Durchschnittswert zu erhalten.

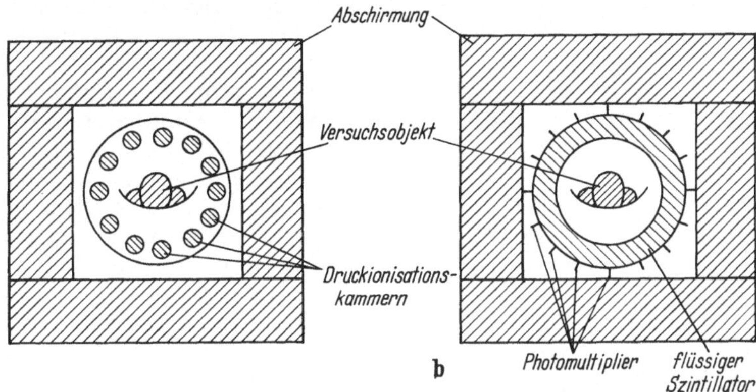

Abb. 99. Schematische Darstellung zweier Meßanordnungen für Messung von Körperaktivitäten *a* mit Hilfe von Druckionisationskammern, *b* mit Hilfe eines flüssigen Szintillators und einer großen Zahl gleichmäßig über die Oberfläche verteilter Photomultipliern

Zwei grundsätzliche Meßanordnungen haben sich für diesen Zweck herausgebildet. Die große Druckionisationskammer (s. Abb. 99a) und flüssige Szintillatoren (s. Abb. 99b und Abb. 100). Obwohl man energiereiche γ-Strahlen, welche von

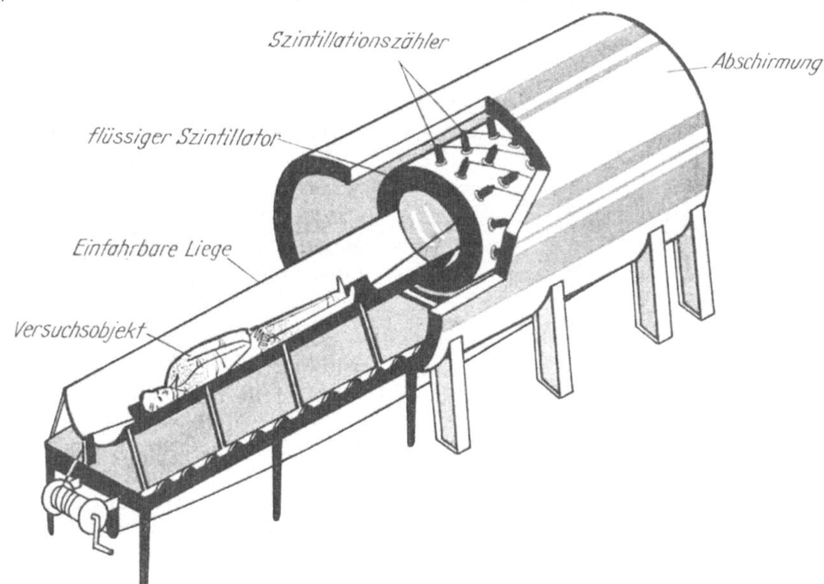

Abb. 100. Szintillationskammer

Na^{22}, Na^{24}, K^{42}, Co^{60}, Cs^{137}, Ra^{226} u. a. ausgesandt werden, mit einer entsprechenden Anordnung von Ionisationskammern gut messen kann, eignet sich diese Methode nicht für schnelle Messungen an einem größeren Bevölkerungsteil. Die Vorteile, verhältnismäßig einfacher Aufbau und stabile Wirkungsweise auch über längere Zeit, machen diesen Nachteil nicht wett.

Wie stark ein zwischen der Strahlenquelle innerhalb des Körpers und dem Nachweisgerät befindlicher Absorber (Gewebe, Knochen, Organe) die Qualität der primären γ-Strahlung ändern kann, mag aus Abb. 96 hervorgehen. Man sieht auch hier, daß von den Veränderungen mit zunehmender Absorberdicke die Streustrahlung am meisten betroffen ist.

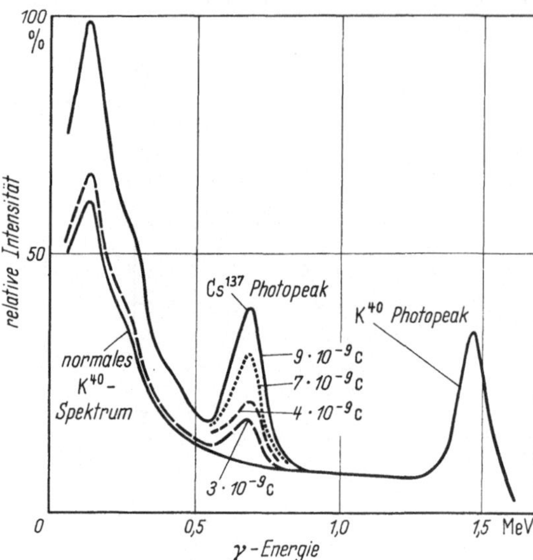

Abb. 101. γ-Spektrum für Cs¹³⁷ und K⁴⁰, Cs¹³⁷-Spektrum für verschieden große Aktivitäten

Ohne Berücksichtigung solcher Effekte dürfte jede Messung dieser Art mit erheblichen Meßfehlern belastet sein. Die Entwicklung von flüssigen Szintillatoren ist so weit fortgeschritten, daß die Szintillationsmethode schon heute für diesen Zweck nahezu allein angewandt wird, weil sie neben einer um einen Faktor 10 empfindlicheren Messung der Aktivität gleichzeitig eine gewisse Unterscheidung zwischen verschiedenen Strahlern gestattet (Abb. 101). Außerdem kann man große Impulse, welche vorwiegend von der kosmischen Höhenstrahlung herrühren, durch einfache Schaltmaßnahmen weitgehend unterdrücken und dadurch die Empfindlichkeit gegenüber der zu messenden Strahlungen entsprechend erhöhen.

Es möge hier eine interessante Feststellung eingeschaltet werden. Bei Verwendung eines NaJ-Kristalls (und 256-Kanal-Analysator) bei Anbringung des Zählers an der aus Abb. 102 ersichtlichen Stelle ist der Meßeffekt unabhängig von Größe und Gewicht des Objektes. Der Vorteil einer solchen Anordnung liegt in den verhältnismäßig niedrigen Kosten.

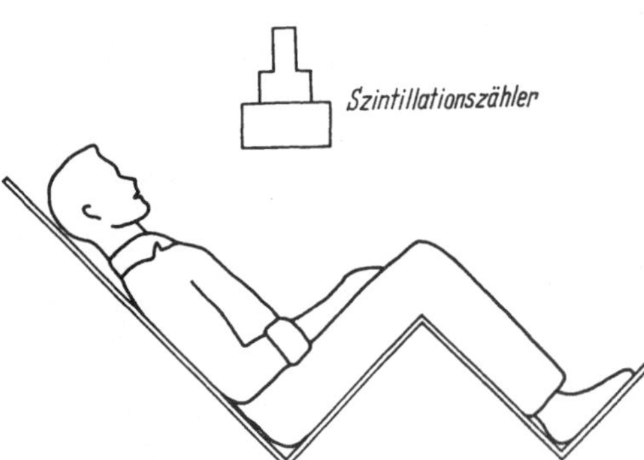

Abb. 102. Gegenseitige Lage von Objekt und Meßgerät, bei welcher der Meßeffekt nahezu unabhängig ist von Größe und Gewicht des Objektes

Neuerdings sind auch große plastische Szintillatoren für in viro-Messungen verwendet worden im Zusammenhang mit einem entsprechend großflächigen Photomultiplier.

Bei der Fehlerbetrachtung von radioaktiven Messungen haben wir festgestellt, daß zur Erreichung einer gewissen Meßgenauigkeit die Meßdauer um so größer sein muß, je kleiner der Meßeffekt gegenüber dem Nulleffekt ist. Bei der Messung der natürlichen Radioaktivität im Körper handelt es sich um eine verhältnismäßig sehr kleine Meßgröße. Die natürliche Körperaktivität beträgt etwa 87 nC C¹⁴;

15 nC K⁴⁰ und 3 nC Ra²²⁶ einschließlich Zerfallsprodukten (s. Johnston). Bei K⁴⁰ ist also mit etwa 510 Zerfällen pro Sekunde zu rechnen. Diese Aktivität ist auf den ganzen Körper verteilt. Da außerdem ein entsprechender Teil der Strahlung durch den ganzen Körper absorbiert wird, ist der Meßeffekt, auch bei allseitiger

Umfassung des Meßobjektes, sehr klein gegenüber dem normalen Meßuntergrund (Nulleffekt), der durch die Vielzahl der Meßeinheiten und der großen Menge an Szintillatorflüssigkeit (500 l) verhältnismäßig groß ist.

Das Hauptaugenmerk muß demnach auf eine Erniedrigung des Nulleffektes gerichtet werden. Durch welche Hilfsmittel dies erreicht werden kann, mag am besten aus der Tab. 18 hervorgehen.

Tabelle 18. *Wirkung verschiedener Maßnahmen zur Reduzierung des Nulleffektes*

Art der Abschirmung bzw. Schaltmaßnahme	Impuls-häufig Imp/min	Reduzierung	
		Größe	Ursache
Keine	450		
+ 5 cm Blei	142	308	Kosmische Ultrastrahlung u. Umgebungsstr.
+ 20 cm Fe	110	32	Verseuchung in Blei
+ 20 cm Fe und Antikoinzidenz .	5	105	Mesonen
+ 20 cm Fe und Antikoinzidenz + 2,5 cm Hg. . .	2	3	Verseuchung in Fe

VI. Messung von schwachen Präparaten energiearmer β-Strahlen

Wenn wir schwache Präparate mit höherer Genauigkeit ausmessen wollen, muß der Nulleffekt entsprechend reduziert werden. Das kann durch entsprechende Abschirmung der Zählereinrichtung gegen die Wirkung der Ultrastrahlung und der Umgebungsstrahlung geschehen. Man erinnere sich an das auf S. 28 Gesagte.

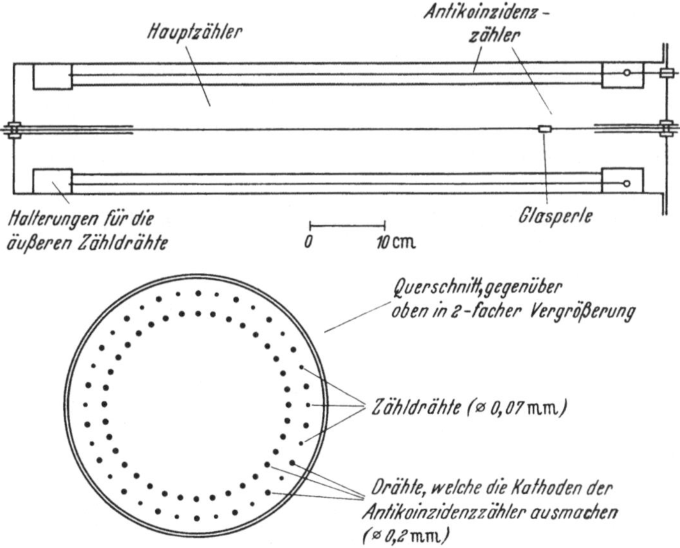

Abb. 103. Antikoinzidenz-Zähler

Eine andere Möglichkeit, die heute bevorzugt oder auch zusätzlich angewandt wird, besteht darin, um den Meßzähler einen Kranz von Zählrohren anzubringen. Die Ausgangsimpulse des Meßzählers werden nur dann registriert, wenn alle anderen Zählrohre des Zählrohrkranzes nicht gleichzeitig ansprechen. Die Unterscheidung solcher Vorgänge läßt sich mit technischen Maßnahmen verwirklichen

(Antikoinzidenzschaltung). Jede Strahlung, welche nicht vom Präparat P, das sich zwischen Meßzähler und dem Zählrohrkranz befindet, ausgeht, sondern von außen her beide Zählerarten durchsetzt, wird ausgeschaltet. In ganz besonders netter Weise ist dies geschehen bei einem Gaszähler für schwache β-Präparate, der erstmalig von Curran u. Mitarb. in der Literatur erwähnt wurde (s. Abb. 103). Entsprechend der Abb. 103 befindet sich in dem zylindrischen Zähler in der Achse des Zählers außer dem Zähldraht ein doppelter Kranz von Zähldrähten. Der äußere Kranz der Zähldrähte besteht abwechselnd aus dünnem (0,07 mm ∅) und dickerem (0,2 mm ∅) VA-Draht. Auf diese Weise besteht das Volumen bis zu diesem inneren Zähldrahtkranz aus 18 Zählrohren, in der Mitte befindet sich das Meßzählrohr. Einzelheiten über Abmessungen des Zählers findet man in der Originalarbeit. Eine andere Zählerart für den gleichen Meßzweck beschreibt Duuren.

VII. Aktivierungsanalyse

Nach einer intensiven Neutronenbestrahlung von Eiweißmolekülen (Phosphorproteid Casein) läßt sich eine β-Strahlung nachweisen, welche dem Radioisotop P^{32} zuzuordnen ist. Diese Methode, eine bestimmte Substanz mittels induzierter Aktivität zu charakterisieren und damit einen analytischen Nachweis derselben zu ermöglichen, nennt man *Aktivierungsanalyse*. Bei sonst üblichen Markierungen mit Radioisotopen muß man das Radioisotop in die betreffende Substanz einbauen. Man muß eine Synthese derselben vornehmen, wobei die Radioaktivität meist in Form einer einfachen chemischen Verbindung vorliegt.

Es gibt eine Reihe von Verbindungen, für welche eine Synthese schwierig oder bisher unbekannt ist. Damit entfällt in solchen Fällen eine Markierung über eine Synthese. Bei der Aktivierungsanalyse liegt die betreffende Verbindung bereits vor, sei es, daß sie einen Versuch von Anfang an mit durchgemacht hat oder im Verlauf der Untersuchung durch einen natürlich oder künstlich ablaufenden Vorgang erst entsteht. Diese Substanz, die also den Versuch bereits durchgestanden hat, wird bestrahlt. Voraussetzung ist, daß sie ein geeignetes Atom enthält, welches bei der Bestrahlung in ein Radioisotop mit günstigen Strahlungseigenschaften übergeht.

Bei Versuchen am lebenden Objekt muß beachtet werden, daß die Versuchsbedingungen durch Verabreichung der markierten Substanz ungestört bleiben. Beim Studium der Schilddrüsenfunktion mit radioaktivem Jod muß der Patient vor dem Versuch auf jodarme Kost gesetzt werden, damit überhaupt das verabreichte Jod vom Körper aufgenommen wird. Mitunter lösen schon verhältnismäßig kleine Mengen bestimmter Substanzen toxische Wirkungen aus. Man ist deshalb auf eine hohe spezifische Aktivität angewiesen. Schließlich muß darauf geachtet werden, daß durch die Verabreichung der radioaktiven Substanz an keiner Stelle des Körpers zu große Ansammlungen an Aktivität entstehen, also keine zu großen Strahlenbelastungen auftreten. Das sind Gründe, die eine normale Markierung unmöglich machen, zumal bei solchen Versuchen meist eine große Verdünnung der markierten Substanz im Körper des Versuchsobjektes eintritt. Nur bei entsprechend hoher spezifischer Aktivität der verabreichten Substanz kann dann mit einem noch meßbaren Effekt gerechnet werden. Da bei der Aktivierungsanalyse die Erzeugung der Radioaktivität und damit die Markierung am Ende des eigentlichen Versuchs erfolgt, kann die Bestrahlung mit entsprechend großer Intensität vorgenommen werden, so daß diese Schwierigkeit entfällt. Es ist dabei im allgemeinen unwichtig, daß bei der Bestrahlung die nachzuweisende Substanz zerstört wird.

Die Empfindlichkeit der Methode ist sehr groß. Sie übertrifft in sehr vielen Fällen alle anderen bekannten Analysenmethoden (s. Tab. 15).

Die Größe der induzierten Aktivität ist

$$A = 0{,}162 \cdot 10^{-4} \cdot \sigma \cdot f\left(1 - e^{-\frac{0{,}693 \cdot t}{T}}\right) \text{Curie/Mol},$$

dabei ist σ der Wirkungsquerschnitt für die betreffende Kernreaktion, f der Neutronenfluß, T die Halbwertzeit des betreffenden Radioisotops und t die Bestrahlungsdauer.

Meist kann man nach der Bestrahlung der zu untersuchenden Substanz auf eine chemische Trennung verzichten, obwohl das die Substanz charakterisierende Radioisotop bei der Bestrahlung nicht allein entstanden ist.

Wenn eine chemische Trennung nicht umgangen werden kann, sei es, daß andere Radioisotope die radioaktive Analyse stören oder eine Anreicherung des Radioisotops, d. h. eine Erhöhung der spezifischen Aktivität durch Verminderung der Balastsubstanz anzustreben ist, so wird diese wesentlich vereinfacht. Einmal kann man die störenden Aktivitäten durch eine orientierende Messung festlegen und die chemische Trennung danach abstimmen. Außerdem läßt sich der Vorgang der Trennung radioaktiv überwachen.

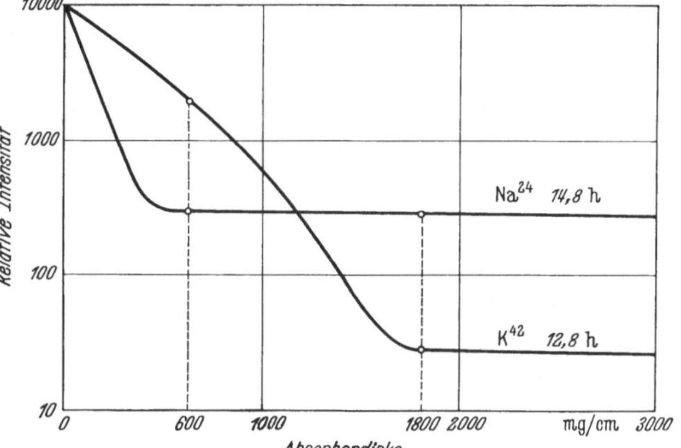

Abb. 104. Bestimmung der Einzelaktivitäten zweier radioaktiver Isotope in einem Substanzgemisch

Die radioaktive Messung besteht in einfachen Fällen darin, die Aktivität der markierten Substanz zu verschiedenen Zeiten nach der Bestrahlung zu messen, d. h. die Zerfallskurve aufzunehmen. Die Analyse einer Zerfallskurve für ein Strahlengemisch ist bereits auf S. 39 beschrieben worden unter der Voraussetzung, daß die Halbwertzeiten der vorhandenen Radioisotope wesentlich verschieden sind.

Nicht ganz so leicht auswertbar sind Absorptionsmessungen, welche eine Aussage über Art und Energie der Strahlung gestatten. Wir wollen den Vorgang der Absorptionsanalyse am Beispiel einer markierten Substanz erläutern, welche Na^{24} und K^{42} enthält. In Abb. 104 finden wir zwei Absorptionskurven für Na^{24} und K^{42}. Man erkennt den verhältnismäßig steilen, anfänglichen Abfall der Absorptionskurve für Na^{24}. Das liegt daran, daß die β-Strahlung von Na^{24} wesentlich weicher als diejenige von K^{42}, also leichter absorbierbar ist. Der fast waagerechte Teil der Absorptionskurve für größere Absorberdicken ist der gleichzeitig emittierten γ-Strahlung zuzuschreiben. Die β-Strahlung von K^{42} ist im Mittel etwa 3 mal so energiereich, deshalb der flachere Abfall der Absorptionskurve. Der γ-Untergrund ist wesentlich niedriger als bei Na^{24}, da pro Zerfall nur 1 γ-Quant ausgesandt wird und dieses γ-Quant wesentlich geringere Energie besitzt.

Zur Analyse genügen zwei Absorptionsmessungen bei an sich beliebigen Absorberdicken. Vorteilhafterweise wählt man im vorliegenden Falle die Absorberdicken 600 mg/cm² und 1800 mg/cm². Bei 600 mg/cm² Schichtdicke des Absorbers erfaßt man 2,8 % der ohne Absorber gemessenen Na^{24}-Aktivität und 22 % der ohne Absorber gemessenen K^{42}-Aktivität, bei 1800 mg/cm² sind die entsprechenden

Prozentsätze 2,7% bzw. 0,18%. Die beiden Meßeffekte müssen danach die Größe haben:

$$E_1 = 2{,}8 \cdot A_1 + 22{,}0 \cdot A_2$$
$$E_2 = 2{,}7 \cdot A_1 + 0{,}18 \cdot A_2 .$$

Daraus ergibt sich die ohne Absorber vorhandene Na^{24}-Aktivität A_1 bzw. die K^{42}-Aktivität A_2 zu:

$$A_1 = \frac{2{,}7 \cdot E_1 - 2{,}8 \cdot E_2}{58{,}9}, \qquad A_2 = \frac{22\,E_2 - 2{,}8\,E_1}{58{,}9} .$$

Wir machen auch darauf aufmerksam, daß die in Abb. 104 dargestellten Absorptionskurven und die sich daraus ergebenden Berechnungen nur für eine bestimmte Zählanordnung Gültigkeit haben.

In neuerer Zeit nimmt man zur Analyse von Strahlengemischen die β- und γ-Spektroskopie zu Hilfe. Bei gleichzeitiger Anwesenheit von Cr^{51} und Fe^{59} (z. B. in Blutproben) läßt sich diese Analyse mit Hilfe eines NaJ-(Tl)-Kristalles vornehmen (s. Abb. 105), bei der Analyse von Na^{24} neben K^{42} wählt man vorteilhafterweise oder zusätzlich einen plastischen Szintillator, der bevorzugt auf β-Strahlung anspricht (s. Abb. 106).

Mit Erfolg wurde die Aktivierungsanalyse nach einer papierchromatischen Trennung der verschiedenen chemischen Verbindungen angewandt (Schmeiser und Jerchel). Erst das fertige Papierchromatogramm wurde der Bestrahlung durch Neutronen oder Deuteronen ausgesetzt. Durch Mitbestrahlung einer bekannten Menge der fraglichen Substanz konnten auch sehr genaue quantitative Aussagen gemacht werden.

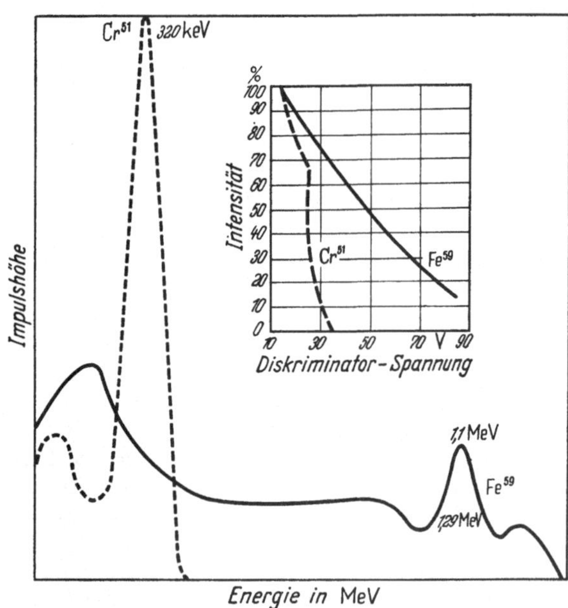

Abb. 105. Zur getrennten Bestimmung von Cr^{51} und Fe^{59} mit Hilfe eines Szintillationszählers (nach Hine u. Mitarb.)

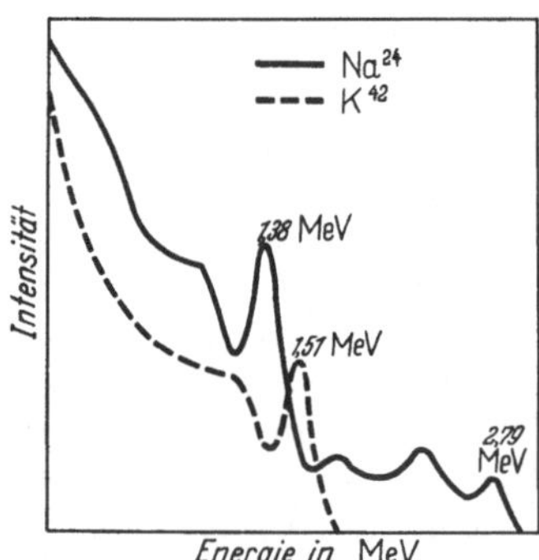

Abb. 106. Zur Bestimmung von Na^{24} und K^{42} aus einem Strahlengemisch

Literatur

Allen, H. C., and J. R. Risser: Nucleonics 13, (1), 28 (1955).
Anger, H. O.: Rev. sci. Instrum. 22, 912 (1951).
Bainbridge, K. T., and E. B. Jordan: Physic. Rev. 50, 282 (1936).
Baker, R. G., and L. Katz: Nucleonics 11, (2), 14 (1953).
Beers, J.: Rev. sci. Instrum. 13, 72 (1942).
Bergold, G. H., and G. R. Hanery: J. sci. Instrum. 36, (1), 39 (1959).

BERNSTEIN, W., u. R. BALLETINE: Rev. sci. Instrum. **21**, 158 (1950).
BLACKETT, P. M. S., and G. P. S. OCCHIEALINI: Proc. roy. Soc. London, Ser. A. **136**, 325 (1932).
BLEULER, E., and G. J. GOLDSMITH: Experimental Nucleonics, p. 325. London: Sir Isaac Pitman & Co. 1952.
BOROWSKI, C. J.: Report of USAEC MDDC-1099.
BOTHE, W.: Physics-Chemische Messungen. S. 634. Leipzig: Ostwald-Luther 1925.
— u. H. J. v. BAEYER: Göttinger Nachr. **1**, 195 (1935).
BRESLER, S. J.: Die radioaktiven Elemente. S. 220. Berlin: VEB-Verlag Technik 1957.
— Die radioaktiven Elemente. S. 223. Berlin: VEB-Verlag Technik 1957.
BROSER, J., u. H. KALLMANN: Z. Naturforsch. **2a**, 439, (1947).
BROWN, S. C., and L. N. MILLER: Rev. sci. Instrum. **18**, 496 (1947).
BROWNELL, G. L., and H. S. LOCKARDT: Nucleonics **10**, (2), 26 (1952).
— W. H. ELLET and H. D. LE VINE: Nucleonics **16**, (12), 68 (1958).
BURTT, B. P.: Nucleonics **5**, (2), 28 (1949).
CAMPION, P. J.: Appl. Radiation and Isotopes **4**, 232 (1959).
CHIANG, R., SIEH-HSUAN and J. E. WILLARD: Science **112**, 81 (1950).
COCKROFT, A. L., and S. C. CURRAN: Rev. sci. Instrum. **22**, 37 (1951).
COCKROFT, J. D., and E. WALTON: Proc. roy. Soc. Lond., Ser. A **129**, 477 (1930).
COMPTON, K. T., and J. LANGMUIR: Rev. mod. Physics **2**, 191 (1930).
COOK, G. B., J. F. DUNCAN and M. A. HEWITT: Nucleonics **8**, (1), 24 (1951).
CORSON, D. R., and R. R. WILSON: Rev. sci. Instrum. **19**, 207 (1948).
CRASEMANN, B., and H. EASTERDAY: Nucleonics **14**, (6), 63 (1956).
CRATHORN, A. R., and W. R. LOOSEMOORE: Radioisotope Conference. London 1954, Bd. II, S. 125.
CURIE, J., et F. JOLIOT: C. R. Acad. Sci. (Paris) **198**, 254 (1934).
BENEDETTI, S. DE, u. R. W. FINDLEY: Handbuch der Physik. S. 222. Springer-Verlag 1958.
DUNWORTH, J. V.: Rev. sci. Instrum. **11**, 167 (1940).
DUUREN, K. VAN: Philips techn. Rdsch. **20**, 179 (1958/59).
ELMORE, W., and M. SANDS: Elektronics experimental techniques. New York 1949.
ENGELKEMEIER, A. G., and W. F. LIBBY: Rev. sci. Instrum. **21**, 550 (1950).
FALTINGS, V.: Naturwissenschaften **39**, 378 (1952).
FEATHER, N.: Proc. Cambridge Philos. Soc. **34**, 599 (1948).
FERMI, E., F. AMALDI, O. d'AGOSTINO, F. RASETTI and E. SERGRÈ: Proc, roy. Soc. London **146**, 483 (1934).
FLAMMERSFELD, A.: Naturwissenschaften **33**, 280 (1946).
FREDMAN, A. J., and E. C. ANDERSON: Nucleonics **10**, (8), 57 (1952).
FÜNFER, E., u. H. NEUERT: Z. Physik **128**, 530 (1950).
GARNER, C. S.: J. chem. Educat. **26**, 542 (1941).
GLEASON, G. J., J. D. TAYLOR and D. L. TABERN: Nucleonics **8**, (5), 12 (1951).
GLASCOCK, R. F.: Isotopie gasanalysis for biochemist. New York 1854.
GOLDSMITH, G. J., H. W. IBSEN and B. T. FELD: Rev. mod. Physics **19**, 261 (1947).
GRAF, W. L., C. L. COMAR and J. B. WHITNEY: Nucleonics **9**, (4), 22 (1951).
GURNEY, R. W., and E. LONDON: Nature (Lond.) **122**, 439 (1928). — GAMOW, G.: Z. Physik **51**, 204 (1928).
HAHN, O., u. F. STRASSMANN: Naturwissenschaften **27**, 11 (1939).
HAIGH, C. P.: Nucleonics **12**, (1), 34 (1954).
HAWLISZEK, FR.: Elektronik **1**, 1 (1954).
HAXEL, O., u. F. G. HOUTERMANN: Z. Physik **124**, 705 (1948).
HAYES, F. N., E. C. ANDERSON and W. H. LANGHAM: Proceedings of the International Conference of peaceful Uses of Atomic Energy, **14**, 182 (1955).
HAYWARD, E., and J. H. HUBBELL: NBS Report, 2264 (1953).
HENRIQUES, F. C., G. B. KISTIAKOWSKY, C. H. MARGRIETTI and W. G. SCHNEIDER: Industr. Engng. Chem., Analyt. Edit. **18**, 349 (1946).
HERBERT, R. J.: Nucleonics **10**, (8), 37 (1952).
HINE, G. J., B. A. BARROWS and J. F. Ross: Nucleonics **15**, (1), 54 (1957).
— and A. MILLER: Nucleonics **14**, (10), 78 (1956).
— B. A. BARROWS, M. POLLYCORE, J. F. Ross and L. A. SARKES: Nucleonics **13**, (2), 23 (1955).
HUTCHINSON, G. W.: Nucleonics **11**, (2), 24 (1953).
JAFFÉ, L., and K. M. JUSTUS: Chem. Soc. **1949**, 341.
JARET, A.: US. atomic Energy commission AECU-246 (1946).
JESSE, W. P., L. A. HANNUM, H. TORSTAT and A. L. HART: Rep. U. S. A. E. C. MDDC 622 (1947).
JERCHEL, D., H. BECKER u. K. SCHMEISER: Z. Naturforsch. **8b**, 294 (1953).
JOHNS, H. E., J. E. TILL and D. V. CORMACK: Nucleonics **12**, (10), 40 (1954).
JOHNSTON, W. H.: A. Conf. 8/P/150 (1955).

Jordan, K.: Atomwirtschaft 496 (1958).
Kip, A., A. Bousquet, R. D. Evans and W. Tuttle: Rev. sci. Instrum. 17, 323 (1946).
Koester, L., u. H. Maier-Leibnitz: S.-B. Heidelberg. Akad. Wiss., Math.-naturwiss. Kl. 1951, 5.
Lauritsen, C. C., and T. Lauritsen: Rev. sci. Instrum. 8, 438 (1937).
Lawrence, E. O., and N. E. Edlersen: Science 72, 376 (1930).
Lindner, F., u. K. Schmeiser: Langenbecks Arch. klin. Chir. 269, 19 (1951).
Manual of Nuclear Instrumentation. p. 16. New York: McGraw Hill 1955.
Maurer, W., u. K. Schmeiser: Das Arbeiten mit Radioisotopen, Hoppe-Seyler-Thierfelder: Handbuch der Physiologisch-Pathologisch-Chemischen Analyse, Bd. II. Heidelberg: Springer-Verlag 1955.
Marinelli, L. D., E. H. Quimly and G. J. Hine: Nucleonics 2, (4), 56 (1948).
Marshall, F., J. Coltman and A. I. Bennet: Rev. sci. Instrum. 19, 744 (1948).
Mayneord, W. V.: Brit. J. Radiol. Suppl. II (1950).
Meyer-Schützmeister, L., u. D. Vincent: Landolt-Börnstein, 6. Aufl. Bd. 1, S. 350 (1952).
Mitchell, M. L., and L. A. Sarkes: Nucleonics 14, (9), 124 (1956).
Moljk, A., R. W. P. Drever and S. C. Curran: Proc. roy. Soc. Lond. Ser. A 239, 433 (1957).
Moteff, J.: Nucleonics 13, (17), 24 (1955).
Nervik, W. E., and P. C. Stevenson: Nucleonics 10, (3), 18 (1952).
Neuert, H.: Ann. Physik 8, 341 (1950); Z. Naturforsch. 5a, 231 (1950).
— u. H. Henschen: Industrie Elektronik 5 (1), 3 (1957).
Neville, O. K.: Atomics 3, (12), 309 (1952).
Pate, B. D., and L. Jaffé: Canad. J. Chem. 33, 929 (1955).
Paul, W., u. H. Steinwedel: Beitrag zu Kai Siegbahn, Beta- and Gamma-Spectroscopy. Amsterdam 1955.
Peirson, D. H.: Nature (Lond.) 173, 990 (1954).
Pochin, E. E., N. B. Myant and A. J. Hocour: Clin. Sci. 8, 135 (1949).
Rahn, M. G., and N. Bloembergen: Science 114, 363 (1951).
Riezler, W., u. W. Walcher: Kerntechnik. Stuttgart: Teubner Verlagsges. 1958.
Rose, G., and E. W. Emery: Nucleonics 9, (1), 5 (1951).
Rundo, J.: J. sci. Instrum. 32, 379 (1955).
Rutherford, E.: Philosophic. Mag. 27, 538, 571, 586 (1919). — Nature (Lond.) 103, 415 (1919).
— Philosophic. Mag. 5, 177 (1903).
Seaborg, G. T.: Chem. Engng. News 25, 2819 (1947).
Seliger, H. H.: Physiologic. Rev. 78, 491 (1950).
Sievert, R. M.: Strahlenther. 99, (2), 185 (1956).
Siri, W. E.: Isotopic Tracers and Nuclear Radiations. New York: McGraw Hill Book Comp. 1949.
Sweet, W. D., and G. L. Brownell: J. Amer. med. Ass. 157, (14), 1183 (1955).
Schmeiser, K.: Radioaktive Isotope. Springer 1957.
— Klin. Wschr. 29, 717 (1951).
— u. D. Jerchel: Angew. Chem. 65, 366 (1953).
— D. Jerchel u. H. Becker: Z. Naturforsch. 8b, 294 (1953).
— u. F. Linder: Langenbecks Arch. klin. Chir. 269, 19 (1951).
— u. W. Maurer: Das Arbeiten mit Radioisotopen. Hoppe-Seyler-Thierfelder, Handbuch der Physiologisch-Pathologisch-Chemischen Analyse, Bd. II. Heidelberg: Springer Verlag 1955.
— Th. Wieland, E. Fischer u. H. Maier-Leibnitz: Naturwissenschaften 36, 280 (1949).
— M. Schwaiger u. E. v. Lüttichau: Chirurg 23, 150 (1952).
Schwarzenbach, G.: Allgem. und anorganische Chemie. Stuttgart: Georg Thieme 1942.
Stever, H. G.: Physic. Rev. 59, 765 (1941).
Trost, A.: Physik. Z. 36, 801 (1936).
Turner, L. A.: Rev. mod. Physics 12, 1 (1940).
Upson, U. L.: Nucleonics 11, (12), 49 (1953).
Dilla, M. A. van, R. L. Schuch and E. C. Anderson: Nucleonics 12, (9), 22 (1954).
Vuccino, S.: J. Physique Radium 16, 462 (1955).
Weiner, E. V., and R. E. Peterson: Nucleonics 13, (7), 53 (1955).
Weiss, C. F.: Radioaktive Standardpräparate. S. 115. Berlin: Deutscher Verlag d. Wissenschaft 1956.
White, G. R.: NBS Rep. 1003 (1952).
White, C. G., and S. Helf: Nucleonics 14, (10), 46 (1956).
Whitehouse, W. J., and J. L. Putman: Radioactive Isotopes. S. 121. Oxford 1953.

Die einzelnen Isotope und Besonderheiten ihrer Bestimmung

Von

Günter Herrmann

Mit 73 Abbildungen

Die Technik zur Messung radioaktiver Isotope wurde in den letzten Jahren wesentlich verbessert. Für die Anwendung radioaktiver Isotope in der Physiologie und Diagnostik ist vor allem die Entwicklung der festen und flüssigen Szintillatoren und die Verbesserung der Gaszählung von Bedeutung. Mancher Fortschritt der Meßtechnik ist undenkbar ohne die Erfolge radioaktiver Indicatoren in der Medizin und Biologie. Eine weitere, beachtenswerte Entwicklung ist der Aufbau von leistungsfähigen Anlagen zur Isotopenerzeugung in Kliniken, Universitäten und Forschungszentren. Dadurch werden im steigenden Maße kurzlebige Isotope verfügbar.

Die modernen Verfahren der Meßtechnik haben sich gegenwärtig keinesfalls allgemein eingeführt. Ihre Benutzung ist in vielen Laboratorien deshalb nicht möglich, weil teure Meßgeräte angeschafft werden müssen. Man verzeichnet deshalb eine Vielfalt der verschiedensten Methoden, und es erscheint unumgänglich, auch diejenigen zu berücksichtigen, die zwar weniger leistungsfähig sind, aber nur einfache, billige und überall vorhandene Meßgeräte erfordern. Einige Verfahren werden in den Einzelheiten geschildert werden, auf andere kann nur hingewiesen werden.

A. Chemische und radiochemische Methoden beim Arbeiten mit Isotopen

I. Auswahl und Herstellung der Isotope

1. Gesichtspunkte bei der Auswahl

a) Herstellung, spezifische Aktivität

Es ist verhältnismäßig einfach festzustellen, welche Isotope für einen bestimmten Zweck zur Verfügung stehen. Statt des zeitraubenden Suchens in Isotopentabellen und Originalarbeiten, das noch vor einigen Jahren notwendig war, braucht man lediglich die Kataloge der Isotopenhersteller[1] zu Rate zu ziehen, in denen alle normalerweise produzierten Isotope — und das sind die meisten der mit guter Aktivität zu gewinnenden — verzeichnet sind. In manchen Fällen hat man sich zwischen mehreren Isotopen oder verschiedenen Herstellungsweisen desselben Isotops zu entscheiden.

Ein wesentlicher Gesichtspunkt für die Auswahl ist die errreichbare *spezifische Aktivität* (Aktivität pro Gewichtseinheit, z. B. Millicurie pro Milligramm, mc/mg), während die Gesamtaktivität des Präparates oft erst in zweiter Linie interessiert.

---

[1] Besonders nützlich ist der Isotopenkatalog der International Atomic Energy Agency (In 1), in dem die Angaben der verschiedenen Hersteller gesammelt sind.

Viele Anwendungen in der Medizin und Biologie verlangen eine möglichst hohe spezifische Aktivität, um der starken Verdünnung durch inaktive Isotope desselben Elements, die beim Versuch eintritt, entgegenzuwirken. Betrachtet man die wesentlichen Quellen für radioaktive Isotope — Aktivierung im Reaktor, im Cyclotron und Isotope der natürlichen radioaktiven Zerfallsreihen — unter diesem Gesichtspunkt, so ergibt sich folgendes Bild:

Im Reaktor aktiviert man in der Regel durch (n, γ)-Reaktion. Diese Reaktionen haben einen hohen Wirkungsquerschnitt und führen — begünstigt durch den hohen Neutronenfluß in den Reaktoren — zu sehr starken Aktivitäten, die sich mit anderen Kernreaktionen nur selten erreichen lassen. Die spezifische Aktivität ist allerdings begrenzt, denn das entstehende Isotop gehört zum gleichen Element wie das Ausgangsisotop. Das Radioisotop ^{32}P, entstanden durch $^{31}_{15}\mathrm{P}\,(n, \gamma)^{32}_{15}\mathrm{P}$, liegt zwar praktisch unwägbar vor. Es ist aber durch eine große, nicht umgesetzte Menge an inaktivem ^{31}P verdünnt. Beide Isotope verhalten sich chemisch gleich, so daß die spezifische Aktivität des ^{32}P-Präparates gegeben ist durch Aktivität ^{32}P/Menge ^{31}P. Nun ist der Neutronenfluß der modernen Reaktoren so hoch, daß in den meisten Fällen eine ausreichende spezifische Aktivität erhalten wird. Durch Aktivierung in Reaktoren mit besonders hohem Neutronenfluß kann eine Steigerung der spezifischen Aktivität um den Faktor 10–-100 erreicht werden[1]. Die Anwendung einer Szilard-Chalmers-Reaktion bringt oftmals eine erhebliche Steigerung der spezifischen Aktivität. Schließlich wird die geringe spezifische Aktivität nicht selten dadurch bedingt, daß das stabile Ausgangsisotop im natürlichen Isotopengemisch selten ist. Material, in dem das betreffende Isotop mit Isotopenseparatoren angereichert wurde, wird in diesen Fällen aktiviert, um die spezifische Aktivität zu erhöhen (z. B. ^{44}Ca (n, γ) ^{45}Ca, normale Häufigkeit des ^{44}Ca 2,0%).

Neben diesen (n, γ)-Reaktionen sind im Reaktor auch Aktivierungen möglich, die zu „trägerfreien", d. h. unverdünnt durch stabile Isotope desselben Elements vorliegenden, Isotopen führen. Hierzu gehört die $(n, \gamma\,\beta)$-Reaktion: das primär entstehende Isotop wandelt sich in das gewünschte durch β-Zerfall um, z. B. $^{130}_{52}\mathrm{Te}\,(n, \gamma)\,^{131}_{52}\mathrm{Te}\xrightarrow{\ \beta^-\ }{}^{131}_{53}\mathrm{J}$. Bei leichten Elementen sind mit den langsamen Neutronen der Reaktoren auch Umwandlungen möglich, die in der Regel schnelle Neutronen verlangen. Auf diese Weise werden z. B. die wichtigen Isotope ^{32}P und ^{35}S trägerfrei gewonnen: $^{32}_{16}\mathrm{S}\,(n, p)\,^{32}_{15}\mathrm{P}$ bzw. $^{35}_{17}\mathrm{Cl}\,(n, p)\,^{35}_{16}\mathrm{S}$. Schließlich liefert die in den Uranstäben des Reaktors ablaufende Kernspaltung trägerfreie Isotope der zwischen $_{30}$Zn und $_{67}$Ho stehenden Elemente in unterschiedlicher Ausbeute[2]. Die wichtigsten dieser Spaltprodukte werden bei der Reinigung des bestrahlten Urans gewonnen und stehen zur Verfügung.

Weitaus größere Möglichkeiten, trägerfreie Isotope zu erzeugen, bietet die Kernumwandlung durch geladene Teilchen im Cyclotron. Bei den meisten Reaktionen mit geladenen Teilchen tritt eine Änderung der Ordnungszahl ein, das entstehende Isotop ist trägerfrei[3]. Die Gesamtaktivität ist allerdings in der Regel im Vergleich zu der im Reaktor erreichbaren gering, außerdem sind die Kosten der Aktivierung höher[4]. An dem Beispiel einer Cyclotron-Reaktion $^{55}_{25}\mathrm{Mn}\,(d, 2n)\,^{55}_{26}\mathrm{Fe}$

---

[1] Normalerweise ist in den Reaktoren ein Fluß von etwa $1 \cdot 10^{12}$ Neutronen/cm² sec zugänglich („Pile-Faktor" 10). In den Hochflußreaktoren kann man mit Pile-Faktoren 100—1000 aktivieren.

[2] Vgl. K. Schmeiser, Allgemeiner Nachweis radioaktiver Isotope, S. 7f. (im folgenden als „Schmeiser, S. . . ." zitiert).

[3] Schmeiser, S. 48, Abb. 38.

[4] Cyclotron-Isotope werden vor allem durch die Firmen N. V. Philips Roxane, Isotopenlaboratorium, Apollolaan 151, Amsterdam (deutsche Vertretung Farbenfabriken Bayer, Pharmazeutische Abteilung, Leverkusen), und Nuclear Science and Engineering Corp., P. O. Box 10901, Pittsburgh 36, Pennsylvania, hergestellt.

soll noch auf ein allgemeines Problem bei der Herstellung trägerfreier Isotope hingewiesen werden. Der Gehalt des beschossenen Mangans an inaktivem Eisen und die Einschleppung von Eisen aus den Reagenzien vermindern die spezifische Aktivität des ^{55}Fe, so daß in der Praxis selten die mögliche spezifische Aktivität erreicht wird.

Eine bequeme Quelle von Isotopen hoher spezifischer Aktivität ist die Bildung kurzlebiger Zerfallsprodukte aus langlebigen Muttersubstanzen. Als Beispiel diene $^{90}_{38}$Sr, (Halbwertszeit $T_{\frac{1}{2}} = 28$ Jahre), das in $^{90}_{39}$Y ($T_{\frac{1}{2}} = 64$ Std.) zerfällt. Dieses ^{90}Y kann trägerfrei abgetrennt werden. Es bildet sich nach der Abtrennung erneut nach, so daß ein Vorrat an ^{90}Sr eine ständige Quelle trägerfreier Präparate von ^{90}Y darstellt. Ein Sonderfall dieser Möglichkeit, radioaktive Präparate durch Nachbildung aus Muttersubstanzen zu gewinnen, sind die natürlichen radioaktiven Zerfallsreihen, in denen ganze Ketten von Folgeprodukten vorliegen. Sie sind noch heute eine wichtige Quelle von Radioisotopen für einige schwere Elemente.

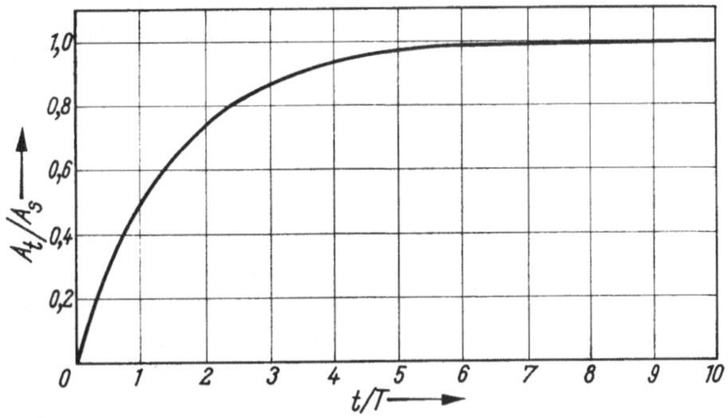

Die Bildung eines kurzlebigen Folgeproduktes aus einer langlebigen Muttersubstanz und ebenso die Bildung eines Radioisotops bei der Bestrahlung erfolgen nach demselben Zeitgesetz:

$$A_t = A_s \left(1 - e^{-0{,}693\, t/T}\right).$$

Abb. 1. Graphische Darstellung der Funktion $A_t = A_s \left(1 - e^{-\ln 2\, t/T}\right)$, gültig für die Bildung eines Radioisotopes mit der Halbwertszeit T aus einer langlebigen Muttersubstanz oder durch Aktivierung eines inaktiven Isotops. A_t Aktivität zur Zeit t, A_s Sättigungsaktivität, t Dauer der Nachbildung bzw. Aktivierung

A_t ist die zum Zeitpunkt t vorliegende Aktivität, T ist die Halbwertszeit des Folgeprodukts bzw. des bei der Aktivierung entstehenden Isotops, und A_s ist eine Konstante, die „Sättigungsaktivität"[1]. Die graphische Darstellung dieser Gleichung (Abb. 1) zeigt, daß die Aktivität zunächst schnell, dann langsamer ansteigt und schließlich konstant bleibt. Nach $t/T = 1$, d. h. die Nachbildung bzw. Aktivierung dauerte eine Halbwertszeit, hat man bereits 50% der möglichen Aktivität erreicht. 3 Halbwertszeiten liefern bereits 87% der Sättigungsaktivität, so daß sich eine Verlängerung der Nachbildung oder Aktivierung (man bezahlt gewöhnlich die Dauer der Aktivierung) nicht lohnt[2].

b) Reinheit[3]

In radioaktiven Isotopen liegen häufig radioaktive Verunreinigungen vor. Das bestrahlte Material enthält fast immer Fremdelemente. Wenn die Hauptreaktion mit geringer Ausbeute abläuft, die Verunreinigungen aber stark aktivierbar sind, führen selbst Spurenbestandteile zu störenden Fremdaktivitäten. Eine zweite Gruppe von Verunreinigungen geht auf Nebenreaktionen bei der Kernumwandlung

---

[1] A_s hat folgende Bedeutung: Bei der Nachbildung aus einer Muttersubstanz ist A_s gleich der Aktivität dieser Muttersubstanz, d. h. nach Ende der Nachbildung ist die Aktivität von Mutter- und Tochtersubstanz gleich groß („radioaktives Gleichgewicht"). Bei der Bildung durch Bestrahlung ist A_s gegeben durch das Produkt $f \cdot \sigma \cdot N$, wobei f der Neutronenfluß (Neutronen/cm² sec) ist, σ der Bildungsquerschnitt des Isotops (in cm²) und N die Menge Substanz, die bestrahlt wird (Zahl der Atome).

[2] Zur Berechnung der Nachbildungsfunktion für beliebige Werte von t/T benutze man Abb. 1 oder — genauer — das von SCHMEISER, S. 38, gebrachte Nomogramm.

[3] Es wird hier nur auf die Verunreinigung durch radioaktive Isotope eingegangen. Bei der Anwendung markierter Verbindungen muß mit Verunreinigungen durch andere, mit demselben Isotop markierte Verbindungen gerechnet werden. Vgl. hierzu den Beitrag von H. GRISEBACH, S. 576 ff.

zurück. Diese beiden Arten von Verunreinigungen lassen sich durch chemische Reinigung des bestrahlten Materials entfernen.

Radioaktive Bestandteile, die chemisch nicht mit dem Hauptbestandteil identisch sind, können zu Fehlmessungen führen, wenn sie im Versuch angereichert werden. Es ist deshalb notwendig, Fraktionen, die nur einen geringen Teil der gegebenen Aktivität enthalten oder unerwartete Effekte anzeigen, auf ihre Identität mit dem eingesetzten Isotop zu prüfen. Gegen diese Störung schützt nicht die Verwendung von Isotopen, die vom Hersteller gereinigt sind. Im allgemeinen wird eine Reinheit von $> 99\%$ oder $> 95\%$ garantiert, lediglich in großem Umfang erzeugte Isotope werden in $> 99,9\%$iger Reinheit geliefert.

Ein Beispiel möge dieses Problem erläutern. FRIERSON et al. (*Fr 8*) beobachteten bei Versuchen mit ^{64}Cu, hergestellt aus ^{63}Cu (n, γ), im Urin eine Halbwertszeit von 28 Std. statt der erwarteten 12,9 Std. Nach Zerfall des kurzlebigen Kupferisotops waren langlebige Verunreinigungen von ^{59}Fe, ^{110}Ag und ^{65}Zn nachweisbar, die im Urin 10—100fach angereichert waren.

Zur Kontrolle vergleicht man die Zerfallskurve, Absorptionskurve der β-Strahlung oder das γ-Spektrum der fraglichen Fraktionen mit dem Ausgangsmaterial. Die Prüfung zweifelhafter Präparate kann auch mit chemischen Methoden durchgeführt werden, insbesondere wenn gewisse Anhalte vorliegen, welche Verunreinigungen vorhanden sind. Es werden dann einige Milligramm der entsprechenden Elemente als Träger zugegeben und abgetrennt. Folgt die Aktivität einem Fremdbestandteil, so ist sie als Verunreinigung identifiziert.

Viele Elemente haben mehrere stabile Isotope. Bei der Aktivierung kann aus jedem Isotop ein radioaktives Isotop entstehen. Diese Verunreinigungen sind chemisch mit dem Hauptbestandteil identisch, so daß die erwähnten Störungen nicht zu befürchten sind. Wenn man diese Verunreinigungen vermeiden will — etwa zur Ausschaltung langlebiger Nebenbestandteile bei der diagnostischen und therapeutischen Anwendung —, muß angereichertes Material aktiviert werden. Zur Gruppe der unvermeidlichen Verunreinigungen gehören auch radioaktive Folgeprodukte. Im Experiment werden diese Folgeprodukte gegebenenfalls an- oder abgereichert, so daß eine Messung erst erfolgen kann, wenn 8—10 Halbwertszeiten des Folgeproduktes verstrichen sind. Nach dieser Zeitspanne ist das Folgeprodukt, falls es irgendwo angereichert war, zerfallen, während die Muttersubstanz, falls sie gegenüber dem Folgeprodukt angereichert wurde, sich wieder im Gleichgewicht mit dem Folgeprodukt befindet und eine Aktivitätsänderung durch Nachbildung nicht mehr eintreten kann. Langlebige Folgeprodukte trennt man zweckmäßig vor dem Versuch ab, vorausgesetzt, daß während des Versuches eine Nachbildung in störendem Umfang nicht eintreten kann. Die Nachbildung von Folgeprodukten kann durchaus erwünscht sein; einige Isotope können überhaupt nur über ihre Folgeprodukte gemessen werden, z. B. das „strahlungslose" ^{210}Pb (RaD) über sein Folgeprodukt ^{210}Bi(RaE).

c) Halbwertszeit, Strahlung

Für die Auswahl und Einsatzmöglichkeit eines Isotops maßgebend ist auch die Halbwertszeit. Hier können sehr gegensätzliche Gesichtspunkte vorliegen. Für Indicatoruntersuchungen bevorzugt man naturgemäß langlebige Isotope, damit die angeschafften Präparate ausgenutzt werden können und die lästige Korrektur des Zerfalls der Präparate bei langdauernden Versuchsreihen entfällt. Eine Grenze ist gewöhnlich dadurch gegeben, daß sehr langlebige Isotope nicht in ausreichenden Aktivitäten gewonnen werden können oder bei extrem langer Halbwertszeit die spezifische Aktivität gering ist. Das Arbeiten mit kurzlebigen Isotopen ist zumindest unbequem, manchmal auch unmöglich, wenn auch Beispiele für die Anwendung von Isotopen mit wenigen Minuten Halbwertszeit bekannt sind und im speziellen Teil behandelt werden. Für die diagnostische und therapeutische Anwendung sind dagegen kurzlebige Isotope vielfach erwünscht. Besonders günstige Möglichkeiten bestehen dann, wenn die Isotope am Anwendungsort erzeugt werden können oder aus einer langlebigen Muttersubstanz „gemolken" werden können.

Hinsichtlich der Strahlungsart am günstigsten sind seit der Entwicklung der Szintillationszähler γ-Strahler. Sie erfordern ein Minimum an Vorbereitung der Probe für die Messung und sind auch in vivo leicht zu messen[1]. Nachteilig ist oftmals die starke Strahlungsbelastung, falls mit starken Präparaten gearbeitet werden muß. Die Abschirmung der γ-Strahlung kann so unbequem werden, daß die Vorteile dieser Strahlenart weitgehend aufgehoben werden. Es sei erwähnt, daß beim β^+-Zerfall grundsätzlich γ-Strahlung auftritt (Vernichtungsquanten), auch wenn die Positronenstrahler nicht ausdrücklich als γ-Strahler gekennzeichnet sind. Energiereiche β^--Strahlung ist ebenfalls bequem zu messen, dagegen erfordert energiearme („weiche") β^--Strahlung eine umständliche Verarbeitung und Präparation der Proben. Leider gehören die beiden wichtigen Isotope Kohlenstoff 14 und Tritium (Wasserstoff 3) zu dieser Gruppe. Jedoch sind für die Messung energiearmer β-Strahler in den letzten Jahren neue und leistungsfähige Verfahren entwickelt worden, die diese Mängel weitgehend ausgleichen. α-Strahler erfordern denselben Aufwand wie weiche β-Strahlung, ihre Anwendung ist aber auf wenige schwere Elemente beschränkt. Besonders überraschende Effekte können bei der Anwendung von Isotopen auftreten, die durch Elektroneneinfang zerfallen. Falls nicht gleichzeitig β^+- oder γ-Strahlung emittiert wird, werden diese Strahler über eine Röntgenstrahlung nachgewiesen. Die Absorption dieser Strahlung in den Präparaten entspricht etwa der bei harter β-Strahlung beobachteten. Sie ist jedoch stark von der Ordnungszahl der Elemente in der Probe abhängig, so daß es schwierig sein kann, Proben wechselnder Zusammensetzung zu vergleichen.

Es ist selbstverständlich, daß die Auswahl der Isotope nach der Art der Strahlung auch die vorhandenen Meßgeräte zu berücksichtigen hat. Die Vorzüge der γ-Strahler werden aufgehoben, wenn Detektoren verwendet werden, die für γ-Strahlung unempfindlich sind.

Es bestehen gewisse Zusammenhänge zwischen der Strahlungsart und der Herstellungsweise derart, daß im Reaktor bevorzugt β^--Strahler erzeugt werden, im Cyclotron bevorzugt β^+-Strahler und durch Elektroneneinfang zerfallende Isotope.

Für die Auswahl der Strahlungsart bei diagnostischen und therapeutischen Anwendungen gelten besondere Gesichtspunkte, auf die hier nicht eingegangen werden soll.

Zusammenfassend ergibt sich, daß allgemein verbindliche Empfehlungen hinsichtlich der Auswahl der Isotope kaum möglich sind. In der Regel wird man im Reaktor erzeugte Isotope bevorzugen. Folgeprodukte langlebiger Muttersubstanzen sind besonders preiswert, jedoch sind günstige Fälle selten.

2. Szilard-Chalmers-Reaktion

Diese eigenartige Möglichkeit zur Erreichung hoher spezifischer Aktivitäten bei (n, γ)-Reaktionen sei am klassischen, von den Entdeckern 1934 benutzten Beispiel erläutert (*Sz 1*). SZILARD und CHALMERS aktivierten Jod durch die Kernreaktion $^{127}J (n, \gamma) \, ^{128}J$, das entstehende ^{128}J ist ein β^--Strahler von 25 min Halbwertszeit. Das Jod wurde als Äthyljodid bestrahlt. Bei der Kernumwandlung wird Energie in Form von γ-Strahlung frei, die dem getroffenen Jod-Atomkern einen Rückstoß erteilt. Die Rückstoßenergie ist größer als die Bindungsenergie der chemischen Bindung, es kommt zu einem Bindungsbruch. Das Jod liegt als reaktionsfähiges „heißes" Atom mit hoher Ladung und kinetischer Energie vor. Es stabilisiert sich z. T. in anorganischer Form. Nach der Bestrahlung kann daher ein Teil des radioaktiven Jods mit SO_2-haltigem Wasser aus dem Äthyljodid ausgeschüttelt werden. Da nur das

---

[1] Nicht alle als γ-Strahler gekennzeichneten Isotope emittieren γ-Strahlung. Energiearme γ-Strahlung ist häufig stark konvertiert, d. h. an Stelle der γ-Strahlung werden Elektronen gleicher Energie ausgesandt.

aktivierte Jod in die anorganische Form umgewandelt wird, ist es trägerfrei aus einer großen Menge Äthyljodid zu gewinnen. Allerdings tritt neben der Szilard-Chalmers-Reaktion eine Zersetzung des organischen Moleküls durch Strahleneinwirkung, durch Licht oder auch chemische Umwandlung ein, so daß neben dem aktiven Jod auch eine mehr oder weniger große Menge an inaktivem Jod in die wäßrige Phase gelangt und die spezifische Aktivität vermindert.

Zur Charakterisierung von Szilard-Chalmers-Reaktionen gibt man die Ausbeute an Aktivität in der angereicherten Form und den Anreicherungsfaktor (spezifische Aktivität der angereicherten Fraktion/spezifische Aktivität des Gesamtpräparates) an.

Der Szilard-Chalmers-Effekt ist durchaus nicht auf Elemente in organischer Bindung beschränkt. Libby (*Li 2*) fand z. B., daß beim Bestrahlen von $KMnO_4$ ein beträchtlicher Teil des aus $^{55}Mn\,(n, \gamma)$ entstandenen 2,6 h ^{56}Mn als MnO_2 vorliegt und durch Filtration der Lösung in hoher spezifischer Aktivität gewonnen werden kann. Hier hat der γ-Rückstoß zu einer Zertrümmerung des festen $[MnO_4]^-$-Komplexions geführt.

Es wurde bereits erwähnt, daß eine Strahlungszersetzung des Materials eintritt. Besonders in Reaktoren ist diese Zersetzung stark, sie führt zu einer laufenden Verminderung der Anreicherung mit fortlaufender Bestrahlungsdauer. Manche Szilard-Chalmers-Reaktionen lassen sich im Reaktor überhaupt nicht anwenden (Adamson u. Williams, *Ad 4, Wi 4*).

Ein Teil der Aktivität liegt nach der Bestrahlung als aktives Ausgangsmolekül vor, im Falle des klassischen Beispiels als Äthyljodid („Retention"). Daneben entstehen weitere organische Jodverbindungen hoher spezifischer Aktivität, ein Effekt, den man auch zur Markierung organischer Verbindungen ausgenutzt hat[1].

Eine andere Variante der Reaktion ist die Trennung von Kernisomeren[2]. Das klassische Beispiel ist der isomere Übergang 4,4 h $^{80m}Br\to$ 18 min ^{80}Br. Baut man ^{80m}Br in eine organische Bromverbindung ein, so entsteht das 18 min ^{80}Br teilweise in anorganischer Form und kann ausgeschüttelt werden. (DeVault u. Libby, *De 6*, Segrè et al., *Se 3*). Bei der Anwendung radioaktiver Isotope in biologischen Systemen kann dieser Effekt zu Fehlmessungen führen, wenn mit Isomerenpaaren gearbeitet werden muß. Die Tochtersubstanz kann durch Bindungsbruch in gewissen Fraktionen angereichert werden und Stoffwechselvorgänge vortäuschen. Man schützt sich dagegen durch eine Kontrolle der Halbwertszeit usw. in den einzelnen Fraktionen.

Spezielle Szilard-Chalmers-Verfahren werden bei der Behandlung der einzelnen Isotope angegeben. Im übrigen sei auf zusammenfassende Darstellungen verwiesen[3].

Die Szilard-Chalmers-Reaktion ist auch bei anderen Kernumwandlungen möglich. $^{35}Cl\,(n, p)^{35}S$ und $^{32}S(n, p)^{32}P$ führen ebenfalls zu einem Bindungsbruch, wenn z. B. CCl_4 oder CS_2 bestrahlt werden. ^{35}S bzw. ^{32}P können auf diesem Wege aus großen Mengen Ausgangsmaterial bequem abgetrennt werden [z. B. Erbacher u. von Laue-Lemcke, (*Er 3*), Maier-Leibnitz (*Ma 8*)], wodurch beide Isotope mit schwachen Neutronenquellen in für biologische Anwendungen ausreichenden Intensitäten hergestellt wurden. Von großer praktischer Bedeutung ist die Reaktion $^{14}N\,(n, p)^{14}C$. Beim Bestrahlen von NH_4NO_3-Lösung entsteht nach Yankwich et al. (*Ya 2*) etwa 83% des ^{14}C als CO_2 und CO, der Rest liegt vorwiegend als Ameisensäure vor. Beim Bestrahlen von Berylliumnitrid, das anschließend in Natronlauge gelöst wird, bildet sich dagegen nur etwa 4% CO_2 und CO, 64% der Aktivität liegen als Methan vor, der Rest vorwiegend als Ameisensäure und Methanol [Yankwich (*Ya 1*)].

Erhöht man die Energie des Geschosses, so steigt die Rückstoßenergie ebenfalls. Es werden rein physikalische Trennungen möglich. Bleuler u. Zünti (*Bl 3*) haben zur Herstellung von 9 min ^{27}Mg durch $^{27}Al\,(n, p)$ eine Aufschlämmung von feinstem Aluminiumoxyd in Wasser mit schnellen Neutronen beschossen. Das ^{27}Mg fliegt durch Rückstoß in die wäßrige Phase und wird durch Filtration abgetrennt. Weitere Beispiele für diese Technik geben Pauly u. Sue (*Pa 6*). Beim Beschuß von Uran mit thermischen Neutronen entsteht ^{239}Np über die rückstoßarme Reaktion $^{238}U\,(n, \gamma)^{239}U \to {}^{239}Np$, während die Spaltprodukte des Urans eine große kinetische Energie haben. Bestrahlt man ein feines U_3O_8-Pulver in Gelatine, so fliegen die Spaltprodukte in die Gelatine, während im U_3O_8 reines ^{239}U und ^{239}Np zurückbleiben [Wolfgang (*Wo 4*)].

Diese Beispiele mögen genügen, um einige Möglichkeiten aufzuzeigen, bei der Herstellung radioaktiver Präparate spezielle kernchemische Effekte auszunutzen.

---

[1] Einzelheiten s. Wolf (*Wo 1*).

[2] Kernisomere sind in Neutronen- und Protonenzahl identische Atomkerne, die sich durch ihren Energieinhalt unterscheiden. Der energiereichere „angeregte" Zustand wandelt sich durch Emission von γ-Strahlung in den energieärmeren „Grundzustand" um.

[3] Vgl. z. B. McKay (*Mc 6*), Barnes, Burgus u. Miskel (*Ba 19*), Harbottle u. Sutin (*Ha 12b*), Willard (*Wi 3*) und Nesmejanow, Sasonow u. Sasonowa (*Ne 7*).

3. Chemisches Verhalten trägerfreier Radioisotope

a) Trägerfreie Isotope

Die Nachweismethoden für radioaktive Strahlung sind so empfindlich, daß bereits sehr geringe Mengen radioaktiver Substanzen erfaßt werden können. In Tab. 1 sind für einige Radioisotope die Gewichtsmengen aufgeführt, die bei einer Aktivität von 1000 Zerfällen/min, entsprechend einer gemessenen Aktivität von etwa 100 Impulsen/min, vorliegen [1].

Damit ergibt sich die einzigartige Möglichkeit, das chemische Verhalten unsichtbarer und unwägbarer Substanzmengen zu untersuchen [2]. Man muß sich allerdings darüber klar sein, daß die aus der Aktivität errechneten Mengen zwar hinsichtlich der radioaktiven Bestandteile richtig sind, daneben aber Verunreinigungen durch stabile Isotope desselben Elements vorliegen, die zwar ebenfalls unsichtbar und unwägbar sein mögen, in ihrer Menge die radioaktiven Isotope jedoch um Größenordnungen übertreffen [3]. Immerhin ist die Gesamtkonzentration des Elements vielfach noch so gering, daß beim chemischen Arbeiten einige — meist unerfreuliche — Effekte auftreten können.

Tabelle 1. *Gewichtsmengen einiger Radioisotope, die 1000 Zerfällen/min oder etwa 100 Impulsen/min entsprechen*

$4,5 \cdot 10^9$ a	^{238}U	$1,4 \cdot 10^{-3}$ g	14 d	^{32}P	$1,5 \cdot 10^{-15}$ g
$2,4 \cdot 10^4$ a	^{239}Pu	$7 \cdot 10^{-9}$ g	8,0 d	^{131}J	$4 \cdot 10^{-15}$ g
5570 a	^{14}C	$1,0 \cdot 10^{-10}$ g	10,6 h	^{212}Pb	$4 \cdot 10^{-16}$ g
12,3 a	^{3}H	$5 \cdot 10^{-14}$ g	112 m	^{18}F	$5 \cdot 10^{-18}$ g
164 d	^{45}Ca	$2,5 \cdot 10^{-14}$ g	20 m	^{11}C	$5 \cdot 10^{-19}$ g
87 d	^{35}S	$1,1 \cdot 10^{-14}$ g	3,1 m	^{208}Tl	$1,6 \cdot 10^{-18}$ g*)
					*) 4500 Atome!

b) Mitfällung, Adsorption

Man würde zunächst erwarten, daß eine in so geringen Konzentrationen vorliegende Substanz nicht fällbar ist. Betrachten wir als Beispiel das ^{212}Pb (ThB) in einer 0,1 m Schwefelsäure. Makromengen Blei würden als $PbSO_4$ ausfallen, dessen Löslichkeitsprodukt $2,0 \cdot 10^{-10}$ beträgt. Nach Tab. 1 ist eine Lösung von ^{212}Pb mit 1000 Zerfällen/min etwa $2,0 \cdot 10^{-15}$ m, es folgt ein Ionenprodukt von $2,0 \cdot 10^{-15} \cdot 0,1$ oder $2,0 \cdot 10^{-16}$, das um viele Größenordnungen unter dem Löslichkeitsprodukt liegt. ^{212}Pb sollte unter diesen Bedingungen in echter Lösung vorliegen und auch nicht mitgefällt werden, wenn ein anderes, schwerlösliches Sulfat in Makromengen ausgefällt wird.

Die Erfahrung zeigt, daß Radioisotope in diesen geringen Konzentrationen durchaus fällbar sind. Für die Mitfällung an Niederschlägen gibt es Regeln, die vor allem durch Arbeiten von FAJANS, HAHN, PANETH u. Mitarb. ermittelt wurden.

Ein trägerfreies Radioisotop kann an einem Niederschlag durch *isomorphen Einbau* in das Kristallgitter mitgefällt werden, d. h. es übernimmt einige Gitterplätze eines verwandten Ions. Voraussetzung ist im allgemeinen, daß die beiden sich vertretenden Partner auch in Makromengen Mischkristalle bilden. Diese Art der Mitfällung ist von den Fällungsbedingungen weitgehend unabhängig. Im Gegensatz zur Mitfällung durch Adsorption (s. u.) ist es z. B. für den Einbau von

---

[1] Die absolute Aktivität A (in Zerfällen/min) ist gegeben durch $A = 0,693 \cdot N/T$, wobei T die Halbwertszeit (in min), N die Zahl der Atome ist. Bei gegebenem A und T ist N leicht zu berechnen. Die Gewichtsmenge G (in g) ergibt sich dann zu $G = N \cdot M/L$, M ist das Atomgewicht, L die Loschmidtsche Zahl $6,02 \cdot 10^{23}$. Im allgemeinen werden etwa 10% der absoluten Aktivität gemessen.

[2] Ausführlichere Darstellungen findet man u. a. bei BONNER u. KAHN (*Bo 3*), BRODA (*Br 7*), BRODA u. SCHÖNFELD (*Br 10*), HAHN (*Ha 3*), HAISSINSKY (*Ha 8*).

[3] „Trägerfrei" bedeutet deshalb lediglich, daß stabile Isotope des betreffenden Elementes nicht absichtlich zugesetzt wurden.

Radium in Bariumsulfat unwesentlich, ob nach der Fällung ein Überschuß an Ba^{2+} oder SO_4^{2-} vorliegt. Das Radioisotop kann bei der Fällung im Niederschlag an- oder abgereichert werden. Die Größe der An- und Abreicherung sowie die Verteilung der Mikrokomponente im Niederschlag werden von der Durchführung der Fällung beeinflußt, ohne daß sich grundsätzliche Unterschiede ergeben. Die gebräuchlichste Fällungsform — schnelle Ausfällung durch ein Reagens mit örtlicher Übersättigung — führt zu einer inhomogenen Verteilung der Mikrokomponente. Bei Anreicherungssystemen sitzt sie bevorzugt im Zentrum des Kristalls, ihre Konzentration nimmt nach außen hin ab. Bei Abreicherungssystemen ist es umgekehrt.

Die andere grundsätzliche Möglichkeit der Mitfällung ist die *Adsorption* am Niederschlag, die weit häufiger zu beobachten ist und stark von den Bedingungen abhängt. Es muß zunächst erwähnt werden, daß die Niederschläge an ihrer Oberfläche mit einer fest haftenden Schicht desjenigen Gitterions belegt sind, das bei der Ausfällung im Überschuß vorliegt. Die Oberfläche von Silberjodid kann demnach mit J^-- oder Ag^+-Ionen beladen sein, je nachdem, ob bei der Fällung mit J^-- oder Ag^+-Überschuß gearbeitet wurde. An den Oberflächenionen werden trägerfreie Isotope adsorbiert, und zwar dann, wenn sie mit diesen Ionen eine schwerlösliche oder wenig dissoziierte Verbindung bilden können. Ein AgJ-J^--Niederschlag adsorbiert trägerfreies Blei, ein AgJ-Ag^+-Niederschlag dagegen nicht. Im allgemeinen ist die Mitfällung umso stärker, je geringer die Löslichkeit oder je fester die Bindung der entstehenden Verbindung ist. Daneben spielen auch elektrostatische Effekte eine Rolle. Ionen mit hoher Ladung, kleinem Radius (im hydratisierten Zustand) oder leicht abstreifbarer Hydrathülle werden bevorzugt adsorbiert. Oberflächenreiche Niederschläge adsorbieren stark und in einer wenig spezifischen Weise. Auch nicht in der Lösung erzeugte, sondern vorgeformte Niederschläge sind wirksam. Im ganzen sind Adsorptionserscheinungen verwickelt und schwer übersehbar.

Die praktisch wichtige Adsorption an Glas und Papier wird vielfach als Ionenaustausch aufgefaßt. Die austauschfähigen Gruppen sind —COOH im Papier, $>Si-OH$ bzw. $>Si-ONa$ im Glas, wobei H^+ bzw. Na^+ gegen andere Kationen ausgetauscht werden. Als Beispiel diene die Adsorption von Blei und Rubidium an Papier und Glas [SCHÖNFELD u. BRODA (*Sch 9*)]. Der Austauschvorgang ist reversibel, das adsorbierte Ion kann durch andere Ionen verdrängt werden, wobei die Wirksamkeit in der Reihenfolge $Pb^{2+} > Cu^{2+} > H^+ > Ba^{2+} > K^+ > Li^+$ abnimmt. Man erkennt die günstige Wirkung von Ionen mit hoher Ladung und kleinem Ionenradius (im hydratisierten Zustand). H^+ nimmt gewöhnlich eine Sonderstellung ein. Die adsorbierte *Menge* nimmt nach den Adsorptionsgesetzen mit der Konzentration zu, bis die austauschfähigen Gruppen abgesättigt sind. Betrachtet man dagegen den adsorbierten *Bruchteil*, so sinkt dieser mit steigender Konzentration, und zwar besonders rasch, wenn das Adsorbens gesättigt ist

Tabelle 2. *Adsorption von Blei an Papier und Glas*, nach SCHÖNFELD u. BRODA (*Sch 9*). Versuchsbedingungen: 30 ml Lösung, 0,06 g Papier bzw. 0,30 g Glaswolle (entsprechend einer geometrischen Oberfläche von 250 cm²), pH-Wert 6,0

Eingestellte Bleikonzentration (Mol/l)	An Papier adsorbiert		An Glas absorbiert	
	Bruchteil (%)	Menge (Mol/g Papier)	Bruchteil (%)	Menge (Mol/cm²)
etwa 10^{-15}	90		92	
etwa 10^{-14}	91		91	
$6,7 \cdot 10^{-9}$	91	$3,0 \cdot 10^{-9}$		
$6,7 \cdot 10^{-8}$	90	$3,0 \cdot 10^{-8}$	92	$7,4 \cdot 10^{-12}$
$6,7 \cdot 10^{-7}$	91	$3,0 \cdot 10^{-7}$		
$6,7 \cdot 10^{-6}$	89	$3,0 \cdot 10^{-6}$	87	$7,0 \cdot 10^{-10}$
$6,7 \cdot 10^{-5}$	58	$1,9 \cdot 10^{-5}$	33	$2,6 \cdot 10^{-9}$
$6,7 \cdot 10^{-4}$	7	$2,4 \cdot 10^{-5}$	4	$3,2 \cdot 10^{-9}$
$6,7 \cdot 10^{-3}$	2	$6,7 \cdot 10^{-5}$		
$6,7 \cdot 10^{-2}$	1	$3,4 \cdot 10^{-4}$		

(Tab. 2). Organische Verbindungen können ebenfalls adsorbiert werden. Starke Verluste von Albumin-^{131}J wurden verschiedentlich beobachtet. REEVE u. FRANKS (*Re 4*) fanden z. B. bei 27 μg Albumin in 50—250 ml reinem Wasser oder 0,9%iger NaCl-Lösung Verluste bis zu 50%, dagegen keine Verluste in 0,1n NaOH oder in Gegenwart von 1 ml Plasma/ 100 ml Lösung. REED u. ROSSALL (*Re 3*) haben die Adsorption von Serum-Albumin an Glas näher untersucht, aus dieser Arbeit sind die Abb. 2 und 3 entnommen.

Metalle adsorbieren im allgemeinen nur geringfügig. Eine starke Adsorption kann allerdings durch elektrochemische Vorgänge erfolgen, wenn Lösungen edler Metalle mit unedlen Metalloberflächen in Berührung kommen und das edlere Metall abgeschieden wird. GORHAM u. FINK (*Go 11*)

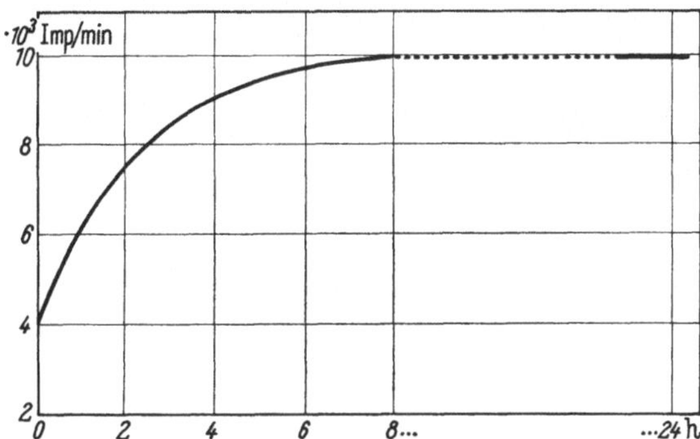

Abb. 2. Anstieg der Zählrate in einem Flüssigkeitszählrohr, das mit ^{131}J-Serumalbumin gefüllt ist, infolge der Adsorption an der Zählrohrwand [nach REED u. ROSSALL (*Re 3*)]

fanden, daß aus einer 0,5 n salzsauren Poloniumlösung beim Durchgang durch eine Injektionsnadel aus Stahl beträchtliche Verluste auftraten, wenn die Ausflußgeschwindigkeit gering war. Bei 0,25 min/ml wurden 2,9%, bei 1,0 min/ml 8,8%, bei 20 min/ml 44% und bei 40 min/ml 87% des Poloniums abgeschieden. In schwach sauren, neutralen oder alkalischen Lösungen trat dagegen kein Verlust ein. Man beachte die gegensätzliche Wirkung des pH-Wertes auf die elektrochemische Abscheidung und die Adsorption an Glas (Tab. 3).

Zur Vermeidung von Adsorptionserscheinungen an Glas, Papier und Niederschlägen sind folgende Maßnahmen zu empfehlen:

1. Zusatz von Träger zur Absättigung der adsorbierenden Gruppen, soweit nicht trägerfrei gearbeitet werden muß. Die Absättigung kann auch vor dem Versuch erfolgen; man spült die Gefäße mit einer inaktiven Lösung der anzuwendenden Ionen aus.

2. Zusatz von Fremdionen, insbesondere hochgeladenen und kleinen Ionen, soweit sie nicht stören.

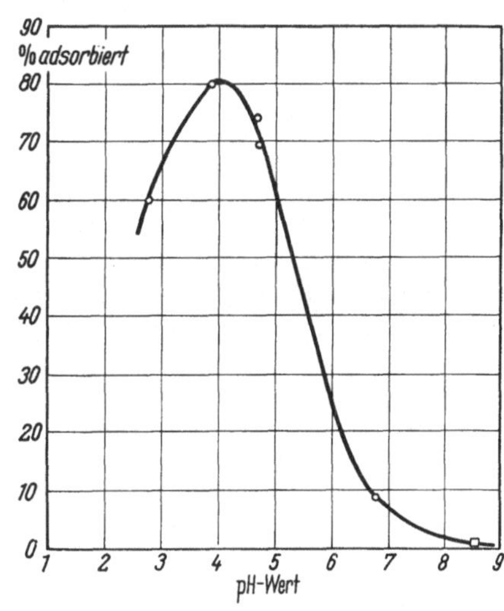

Abb. 3. Adsorption von ^{131}J-Serumalbumin an Glas in Abhängigkeit vom pH-Wert (Gleichgewichtswerte bei 4 mg/l). Das Maximum liegt in der Nähe des isoelektrischen Punktes (pH-Wert 4,9) [nach REED u. ROSSALL (*Re 3*)]

3. Einstellung eines günstigen pH-Wertes, beim Arbeiten mit Kationen säuert man an.

4. Zusatz von Komplexbildnern für das interessierende Element, soweit es die Versuche gestatten.

5. Schnelles Arbeiten, da Adsorptionsvorgänge im allgemeinen langsam ablaufen.

6. Verwendung spezieller Gefäßmaterialien wie silikonisierte Gläser, Kunststoffe usw. (gebrauchte Gefäße adsorbieren oft stärker).

7. Vor allem aber: sorgfältige Kontrolle der benutzten Gefäße usw. auf adsorbierte Aktivitäten, Aktivitätsbilanz.

c) Radiokolloide

Eine „Ausfällung" trägerfreier Radioisotope kann in Lösung auch dann eintreten, wenn kein Niederschlag eines Fremdelements erzeugt wird. Die Lösung bleibt zwar völlig klar — Löslichkeitsprodukte werden in der Regel nicht überschritten —, bei der Filtration durch ein dichtes Filter bleibt jedoch ein großer Teil der Aktivität auf dem Filter zurück. Diese Fällungen haben die typischen Eigenschaften von Kolloiden und werden als *Radiokolloide*[1] bezeichnet. Sie lassen sich u. a. auch durch Dialyse, Diffusion, Sedimentieren und Zentrifugieren nachweisen und abtrennen. Vorbedingung für die Bildung von Radiokolloiden ist, daß das Element in Makromengen unter den gleichen Bedingungen schwerlösliche Verbindungen bildet. Demnach muß bei allen Elementen mit schwerlöslichen Hydroxyden in schwach sauren bis alkalischen Lösungen mit Radiokolloiden gerechnet werden. Bei biologischen Arbeiten ist diese Möglichkeit häufig gegeben, wenn Lösungen leicht hydrolysierender Elemente vor der Anwendung neutralisiert werden. Dazu seien in Tab. 3 einige Beobachtungen über die Adsorption von Polonium an Glas, die wahrscheinlich auf einer Kolloidbildung beruht, wiedergegeben. Falls die Radiokolloide erst im Gewebe entstehen, können Stoffwechselvorgänge vorgetäuscht werden.

Radiokolloide können sehr hartnäckig sein; man kann sie oftmals nur durch stundenlanges Kochen mit Säuren oder Komplexbildnern zerstören oder von Glas usw. entfernen. Fremdsalze fördern die Bildung von Radiokolloiden und damit alle Folgeerscheinungen wie die Adsorption an Glas[2], wenigstens bis zu einer gewissen Fremdsalzkonzentration. Es empfehlen sich ähnliche Gegenmaßnahmen wie die bei der Adsorption erwähnten, wenn sie auch vielfach weniger wirksam sind. Die dort beste Maßnahme — Zusatz von Träger — ist nicht möglich, da Niederschläge ausfallen würden.

Die Ursache der Radiokolloidbildung ist noch immer umstritten. Die eine Auffassung geht dahin, daß echte Kolloide, d. h. größere Teilchenaggregate, vorliegen. Dieser Auffassung wird entgegengehalten, daß die Konzentration für die Aggregatbildung zu niedrig ist und statt dessen eine Adsorption an Fremdkolloiden, Staubteilchen, Glaskörnchen usw. wahrscheinlicher ist. Beide Auffassungen sind durch Experimente gestützt worden.

d) Wertigkeit, Komplexbildung, Gleichgewichtslage

Bei der Anwendung trägerfreier Isotope ist es nicht selten erforderlich, das Isotop in eine definierte chemische Form zu bringen, z. B. eine bestimmte Wertigkeitsstufe. Dabei können erhebliche Schwierigkeiten auftreten. Die Reaktion kann

Tabelle 3. *Adsorption von Polonium an Pyrex-Glas aus 0,9%iger Kochsalzlösung*, nach Gorham u. Fink (*Go 11*)

Zeit-spanne	% Polonium adsorbiert bei p_H-Wert				
	1,0	2,5	4,2	6,5	9,5
1 h	3,4	3,7	−3,2	1,7	5,9
3 h	−2,3	0,8	−1,5	3,7	−1,6
5 h	1,2	−5,9	−6,6	14,6	4,1
29,5 h	−4,4	4,3	15,5	60,6	12,1
4 d	1,1	6,2	31,3	72,0	14,1
21 d	1,7	13,4	32,3	76,3	29,0

---

[1] Vgl. die Übersicht von Schweitzer u. Jackson (*Sch 25*).
[2] Echte Adsorptionserscheinungen werden durch Fremdsalze zurückgedrängt.

in diesem Konzentrationsbereich in unerwarteter Weise ablaufen, z. B. wird die Bildung von freiem Chlor durch die Reaktion $Cl_2 + H_2O = Cl^- + HClO + H^+$ stark behindert. Spuren von Reduktions- und Oxydationsmitteln oder Komplexbildnern können den Zustand der trägerfreien Isotope verändern. Wohlbekannte chemische Reaktionen lassen sich unter Umständen nur schwierig oder überhaupt nicht durchführen. KAHN et al. (*Ka 4*) fanden z. B., daß für die Oxydation und Destillation von trägerfreiem ^{131}J als J_2 durchaus nicht alle Oxydationsmittel brauchbar sind, die bei Makromengen verwendet werden können. ARROL et al. (*Ar 11*) erwähnen, daß ^{131}J aus bestrahltem Uran nur dann mit guter Ausbeute abdestilliert werden kann, wenn mindestens 10 μg Träger vorliegen.

4. Chemische Verfahren bei der Gewinnung radioaktiver Isotope

Bei den einzelnen Isotopen wird auf chemische Verfahren zu ihrer Gewinnung hingewiesen werden. Es erscheint deshalb zweckmäßig, die gebräuchlichsten chemischen Methoden in allgemeiner Form zu erörtern[1].

a) Träger, Isotopenaustausch

Bei der Herstellung radioaktiver Präparate ist es im allgemeinen notwendig, kleine Substanzmengen aus einem großen Überschuß von Fremdsubstanz abzutrennen. Die Mengenunterschiede können in extremen Fällen — Abtrennung von trägerfreien Radioisotopen aus Gramm- oder Kilogramm-Mengen bestrahlter Verbindungen — 15 Größenordnungen betragen. Selbst beim Zusatz von Milligramm-Mengen „Träger" für das abzutrennende Element ist die Aufgabe oft nicht einfach zu lösen. Das Ziel der Trennung ist, mit guter Ausbeute ein chemisch und radiochemisch reines Präparat zu erhalten. Neben dem großen Überschuß an inaktiven Fremdsubstanzen liegt nicht selten ein großer Überschuß an trägerfreien fremden Radioisotopen vor, der ebenso entfernt werden muß. Die Anwendung von Trägern in verschiedenen Varianten erleichtert diese Aufgabe erheblich, nicht nur durch eine Verbesserung der Mengenverhältnisse, sondern auch durch Ausschaltung spezieller Schwierigkeiten beim Arbeiten mit trägerfreien Präparaten.

Verhältnismäßig einfach ist in der Regel die Reinigung eines Isotops, das durch (n, γ)-Reaktion gewonnen wurde und deshalb durch wägbare Mengen stabiler Isotope desselben Elements verdünnt vorliegt. Für die abzutrennenden radioaktiven Verunreinigungen setzt man ausreichende Mengen Träger zu und isoliert den interessierenden Bestandteil nach irgendeinem bewährten Verfahren. Falls die Reinheit noch nicht ausreicht, setzt man wiederum Träger für die Verunreinigungen zu und wiederholt die Trennung. Diese Zusätze bezeichnet man in der englischen Literatur als *"hold-back"-Träger*, speziell, wenn die Mitfällung der Verunreinigungen bei der Ausfällung der Hauptkomponente verhindert werden soll.

Liegt das Radioisotop zunächst trägerfrei vor, so ist ein Zusatz wenigstens einer kleinen Menge Träger — oft genügen Bruchteile von Milligrammen — anzuraten, wenn es die nachfolgenden Versuche gestatten. Dieser Trägerzusatz kann vor allem dann unvermeidlich sein, wenn für das Experiment definierte chemische Verbindungen dargestellt werden müssen. Handelt es sich nur um eine Abtrennung, so benutzt man häufig mit Erfolg *nichtisotope Träger*, d. h., man setzt chemisch ähnliche Elemente zu, die man später wieder entfernt. Für die Abscheidung eines Elementes durch Schwefelwasserstoff wird z. B. Quecksilber als Träger benutzt. Aus dem Niederschlag wird das Quecksilber verflüchtigt, das gewünschte Isotop bleibt trägerfrei zurück.

Die erfolgreiche Anwendung von Trägern ist an eine Voraussetzung gebunden: Isotop und Träger müssen im gleichen chemischen Zustand sein. Diese Voraussetzung ist keinesfalls immer gegeben. Zum Beispiel können Träger und Radioisotop in verschiedener Wertigkeit vorliegen, das Isotop kann als Radiokolloid, der Träger als Ion vorhanden sein usw. In vielen Fällen tritt zwischen den verschiedenen chemischen Zuständen sehr schnell ein *Austausch* ein, wodurch

---

[1] Für die Suche nach chemischen Methoden können folgende Sammlungen und Zusammenfassungen empfohlen werden: BRODA (*Br 7*), BRODA u. SCHÖNFELD (*Br 10*), COOK u. SELIGMAN (*Co 10*), FINSTON u. MISKEL (*Fi 4*), GARRISON u. HAMILTON (*Ga 6*), KLEINBERG (*Kl 2*), LINDNER (*Li 5*), MEINKE (*Me 2, Me 3*), MURIN et al. (*Mu 4*), STEVENSON u. HICKS (*St 8*), speziell Spaltprodukte: CORYELL u. SUGARMAN (*Co 17*), HAHN et al. (*Ha 4*), SAITO et al. (*Sa 3*), SEELMANN-EGGEBERT (*Se 2*); speziell natürliche Radioisotope: ERBACHER (*Er 1*), Actiniden-Elemente: HYDE (*Hy 2*), Lösungsmittel-Extraktion: MORRISON u. FREISER (*Mo 5, Fr 7*), Papier- und Säulenchromatographie: LEDERER u. LEDERER (*Le 1*), Anionenaustauscher: KRAUS u. NELSON (*Kr 3, Ne 5*), Radiokolloide: SCHWEITZER u. JACKSON (*Sch 25*).

das Radioisotop den Zustand des Trägers annimmt. Wenn dieser Austausch nicht erfolgt, muß er dadurch erzwungen werden, daß der Träger nacheinander in die verschiedenen möglichen Formen gebracht wird. Bei der Isolierung von trägerfreiem Jod wird der Träger zum Perjodat oxydiert und anschließend bis zum Jodid reduziert. Er durchläuft alle möglichen Wertigkeitszustände, so daß man sicher sein kann, daß das trägerfreie Isotop mit unbekanntem Wertigkeitszustand durch den Träger erfaßt wird.

b) Mitfällung, Adsorption

Fällungsreaktionen erfordern den Zusatz von Trägern. Sie sind deshalb bei trägerfreien Abtrennungen nur möglich, wenn ein guter nichtisotoper Träger zur Verfügung steht, der später leicht zu entfernen ist. Die Mitfällung durch Mischkristallbildung an gut kristallisierenden Niederschlägen ist günstiger als die Ausfällung durch Adsorption. Die Möglichkeiten, Mischkristallbildungen auszunutzen, sind begrenzt. Dagegen stehen Adsorptionsfällungen in großer Auswahl zur Verfügung. Die Bedingungen bei der adsorptiven Fällung sind genau einzuhalten; es werden leicht Verunreinigungen mitgerissen.

Unselektiv adsorbierende *Spurenfänger* (englisch "scavenger") wie Eisenhydroxyd oder Mangandioxyd werden vielfach benutzt, um ganze Gruppen unerwünschter Radioisotope auszufällen und das gewünschte Isotop zu reinigen.

Die Ausfällung einer Makromenge in Gegenwart eines Radioisotops, das in Lösung bleiben soll, führt meist zu starken Verlusten, ausgenommen beim Zusatz isotoper oder nicht isotoper Träger oder bei der Fällung oberflächenarmer, kristalliner Niederschläge aus sauren Lösungen.

Fällungsreaktionen wurden in der Radiochemie in früheren Jahren sehr häufig verwendet. Sie sind neuerdings durch Lösungsmittelextraktionen, Ionenaustauscher u. a. verdrängt worden, kommen aber bei der Isotopenerzeugung im großen Stil wieder zunehmend in Gebrauch, da es sich um „strahlenfeste" Verfahren handelt.

c) Radiokolloidbildung

Die Radiokolloidbildung ermöglicht sehr einfache Abtrennungen von trägerfreien Radioisotopen aus Makromengen, z. B. Elementen der Ammoniakgruppe aus Erdalkalien. Die Lösung wird ammoniakalisch gemacht und filtriert. Auf dem Filter bleiben die als Radiokolloide vorliegenden trägerfreien Isotope zurück. Sie werden mit starker Salzsäure abgelöst. Durch Neutralisation mit Natronlauge und Verdünnen erhält man sofort eine isotonische Lösung.

d) Auslaugen

Das Auslaugen von Radioisotopen aus festen bestrahlten Verbindungen wird verhältnismäßig wenig benutzt. Einige wichtige Radioisotope werden aber nach diesem Prinzip gewonnen. Zur Darstellung von ^{32}P wird elementarer Schwefel mit Neutronen beschossen — ^{32}S (n, p) ^{32}P — und mit Wasser, Säuren u. a. ausgelaugt. Das Verfahren ist nicht quantitativ, aber sehr einfach.

e) Elektrochemische Verfahren

Elektrochemische Abscheidungen werden in zwei Formen durchgeführt: die stromlose Abscheidung und die Elektrolyse. Sie sind für die Abtrennung von Radioisotopen sehr leistungsfähig, da die Abtrennung an oberflächenarmen Elektroden sauber und ohne Störung durch Adsorption von Fremdionen erfolgt. Die Bedingungen sind definiert und leicht zu reproduzieren; größere Mengen an Fremdsalzen stören selten. Bei der stromlosen Abscheidung schlägt man ein edles Element aus seiner Lösung auf einem Blech aus einem unedlen Metall nieder. Der Niederschlag wird anschließend vcm Blech abgelöst, wobei allerdings — da unedle Metalle benutzt werden — meistens auch das Blech angegriffen wird. Durch Beladen mit Wasserstoff oder Zusatz von Komplexbildnern zur Lösung kann man aber Edelmetalle wie Platin oder Gold so unedel machen, daß unedlere Elemente auf ihnen niedergeschlagen werden. Für die Abscheidung unter Strom verwendet man im allgemeinen Edelmetallelektroden, so daß diese Schwierigkeiten nicht bestehen. Abscheidbar sind unter gewissen Bedingungen auch Elemente, die in wäßriger Lösung nicht zum Metall reduziert werden können. In diesen Fällen findet eine Abscheidung als Hydroxyd statt.

f) Lösungsmittelextraktion

Das Ausschütteln trägerfreier Radioisotope durch Lösungsmittel, die mit Wasser nicht mischbar sind, wird viel benutzt, da Makrokomponenten im allgemeinen nicht stören. Extraktionsverfahren sind einfach und schnell durchzuführen; die Bedingungen sind gut zu reproduzieren und können recht selektiv gestaltet werden. Nicht alle Verfahren lassen sich mit trägerfreien Isotopen durchführen. Die bekannte Extraktion des dreiwertigen Eisens aus salzsaurer Lösung durch Äther ist z. B. nicht möglich.

Voraussetzung für die Extraktion ist die Bildung einer ungeladenen Species, die vom Lösungsmittel aufgenommen wird. Manche Elemente bilden in wäßrigen Lösungen unter gewissen Bedingungen eine ungeladene Verbindung, die extrahiert wird, z. B. Germaniumtetrachorid. Bei anderen Elementen setzt man ein Reagens zu, das mit dem zu extrahierenden Element einen ungeladenen Chelatkomplex bildet, z. B. 8-Oxychinolin, Dithizon usw. Andere Extraktionsreaktionen erfolgen durch Bildung von Ionenassoziaten, d. h. das extrahierte Element liegt als Ion vor, das sich mit einem gegensinnig geladenen Ion des Lösungsmittels vereinigt. Das Lösungsmittel Äther bildet z. B. durch Anlagerung von Wasserstoffion ein positiv geladenes Onium-Ion, das mit dem negativ geladenen $FeCl_4^-$ zu dem extrahierten Assoziat $(C_2H_5)_2O : H^+ FeCl_4^-$ zusammentritt. Durch diesen Mechanismus sind viele Metalle aus stark saurer Lösung als Chlorokomplexe u. a. extrahierbar, eine für die Radiochemie sehr angenehme Möglichkeit. Durch Aussalzmittel — größere Mengen an Fremdsalzen in der wäßrigen Phase — lassen sich manche Extraktionen begünstigen. Man setzt bei der Herstellung von Radioisotopen Extraktionsverfahren auch zur Entfernung wägbarer Komponenten ein. Als Träger für Elemente der Ammoniakgruppe wird z. B. Eisen (III) bevorzugt, weil es durch Extraktion leicht entfernt werden kann.

g) Papierchromatographie

Papierchromatographische Methoden auf Streifen oder an Säulen sind zur Abtrennung von Radioisotopen aus bestrahlten Targets nur selten unmittelbar brauchbar, da die großen Mengen des Targets nicht aufgenommen werden können. Dagegen sind sie zur Reinigung nach Entfernung der Makrokomponente gut geeignet. Eine gewisse Schwierigkeit besteht bei trägerfreien Isotopen darin, daß sie am Papier adsorbiert werden und häufig erst nach Zusatz von etwas Träger zufriedenstellende Trennungen ergeben. Ähnliches gilt für methodisch verwandte Verfahren wie die Elektrophorese auf Papier u. a.

h) Ionenaustauscher

Zur Abtrennung von Radioisotopen aus bestrahlten Proben sind Ionenaustauscher sehr brauchbar, wenn die Makrokomponente nicht adsorbiert wird. Man verwendet Kationen- und Anionenaustauscher, wobei letztere auch für die Adsorption typischer Metalle geeignet sind, wenn diese Metalle anionische Komplexe bilden. Viele Metalle sind dazu, z. B. in stark salzsaurer Lösung, befähigt, und zwar im allgemeinen nur in einem bestimmten Bereich der Säurekonzentration. Dadurch ist es möglich, die trägerfreie Komponente als Anion an einer kleinen Austauschersäule zu adsorbieren, während die Makrokomponente als Kation vorliegt und die Säule passiert. Zur Reinigung des adsorbierten Radioisotops eluiert man die Säule mit geeigneten Säuren. Das Isotop wird in ein Kation umgewandelt und ausgewaschen, die Verunreinigungen bleiben haften oder umgekehrt.

Eine Umkehrung dieses Prinzips ist selbstverständlich mit einer Kationenaustauscher-Säule möglich: Die Mikrokomponente wird als Kation adsorbiert, die Makrokomponente liegt als Anion vor. Ein Nachteil der Kationenaustauscher liegt darin, daß Wasserstoffionen die Adsorption der Kationen behindern, so daß die Lösungen vor der Aufgabe auf die Säule abgestumpft werden müssen. Einfache Trennungen an Kationenaustauschern sind bei Elementen unterschiedlicher Wertigkeit möglich. Die Festigkeit der Bindung am Austauscher steigt mit der Wertigkeit, so daß beim Eluieren einer Kationenaustauscher-Säule mit Säure zunächst die Ionen der niedrigsten Wertigkeit entfernt werden. Zur Desorption der höher geladenen Ionen benötigt man höhere Säurekonzentrationen. Für die Trennung von chemisch sehr ähnlichen Elementen — etwa den Seltenen Erden oder Transplutonium-Elementen — reichen die geringen Unterschiede in der Bindungsfestigkeit nicht aus. Man eluiert dann mit einem Komplexbildner. Glücklicherweise bilden die an der Säule am schwächsten haftenden Elemente dieser beiden Gruppen zugleich die stärksten Komplexe, so daß die Elution durch die Komplexbildung gefördert wird. Die Trennung der genannten Elemente durch Elution mit Citronensäure, Milchsäure oder α-Oxy-isobuttersäure ist eine Methode, ohne die die Entwicklung der Transuran-Chemie undenkbar ist.

Neuerdings führen sich neben den organischen Ionenaustauschern auch anorganische Austauscher ein. Das vor Jahren vielfach benutzte Aluminiumoxyd wird durch andere Austauscher, z. B. Zirkonphosphat, übertroffen. Diese anorganischen Austauscher haben den Vorzug, gegen starke Strahlung unempfindlich zu sein. Sie werden deshalb speziell für die Verarbeitung sehr starker Präparate gebraucht.

i) Destillation, Verdampfung, Kondensation

Die Destillation aus Lösungen oder Schmelzen ist zur Abtrennung trägerfreier Isotope recht brauchbar, da sie vielfach sehr selektiv wirkt. Einige wichtige Isotope werden auf diese Weise gewonnen, z. B. [131]J, das aus wäßrigen Lösungen von bestrahltem Tellur oder Uran nach

Oxydation zu freiem Jod abdestilliert wird. ^{14}C wird als CO_2, CO oder CH_4 aus bestrahlter Ammoniumnitratlösung oder aufgelöstem bestrahltem Berylliumnitrid verflüchtigt. Die Verdampfung aus festen Substanzen wird ebenfalls benutzt; z. B. kann ^{131}J aus bestrahltem Tellurdioxyd bei hohen Temperaturen verdampft werden. Die Verdampfung trägerfreier Präparate von festen Unterlagen macht dagegen häufig Schwierigkeiten, da die Isotope sehr fest haften. Material und Beschaffenheit der Unterlage bestimmen die Verdampfungstemperatur weitgehend. Ein Vorzug der Verdampfungsverfahren liegt darin, daß das verflüchtigte Material auf kleinem Raum, z. B. an einem Kühlfinger, kondensiert und mit wenig Lösungsmittel abgelöst werden kann. Auch bei der Kondensation trägerfreier Isotope treten besondere Effekte auf, die — ebenso wie bei der Verdampfung — darauf beruhen, daß die Oberfläche der Unterlage nicht vollständig bedeckt wird.

II. Vorbereitung biologischer Proben zur Aktivitätsmessung

1. Probenahme, Vorbehandlung, direkte Messung

a) Probenahme und Vorbehandlung

Bei der Entnahme von Geweben, Organen, Exkrementen usw. ist eine saubere Scheidung der einzelnen Fraktionen notwendig, besonders dann, wenn die Gehalte an Aktivität sehr unterschiedlich sind. Oberflächliches Arbeiten kann zu einer erheblichen Verfälschung der Ergebnisse führen, etwa durch Knochenreste im Weichgewebe oder durch Verschmierung von Exkrementen am Tierkörper. In manchen Fällen treten grundsätzliche Schwierigkeiten auf. Es kann z. B. bedenklich sein, abzentrifugierte Blutkörperchen durch Waschen von anhaftender Lösung zu befreien, weil ein Austausch der inkorporierten Aktivität mit der Waschlösung unvermeidlich ist.

Kleinere Proben können vollständig verarbeitet bzw. gemessen werden. Bei großen Proben kann die vollständige Verarbeitung recht mühsam sein, so daß man vorzugsweise nur einen Teil der Probe aufarbeitet, falls die Aktivität zur Messung ausreicht. Eine Zerlegung der Probe in mehrere Anteile ist auch dann notwendig, wenn sie nach verschiedenen Verfahren aufgearbeitet werden muß, die nicht kombiniert werden können. Bei einer Teilung der Probe muß auf Homogenität geachtet werden. Frisches Gewebe wird durch Vermahlen, getrocknetes Gewebe durch Verreiben homogenisiert. In manchen Fällen kann eine sichere Homogenisierung nur durch Veraschung und Lösen der Asche erreicht werden, etwa bei Knochen großer Tiere.

Falls die Probe nicht sofort verarbeitet wird, müssen Veränderungen während der Aufbewahrung vermieden werden. Die Einwirkung von Bakterien und Enzymen kann zu Verlusten durch Bildung flüchtiger Verbindungen führen. Falls definierte chemische Verbindungen isoliert werden sollen, muß eine Verschiebung der Zusammensetzung durch Stoffwechselvorgänge verhindert werden. Diese Effekte werden zweckmäßig durch ausreichende Kühlung ausgeschaltet. In Lösungen können Verluste durch Adsorption an den Behältern und Radiokolloidbildung eintreten.

Aktivitätsbestimmungen in Organen und Geweben werden im allgemeinen auf das Trockengewicht bezogen, um eine Verfälschung durch den sehr unterschiedlichen Wassergehalt auszuschalten. Die Trocknung muß gegebenenfalls sehr vorsichtig erfolgen, damit keine Verluste und Veränderungen eintreten. Es wird vielfach empfohlen, in diesen Fällen im Vakuumexsiccator über Trockenmitteln bei Zimmertemperatur oder höchstens 60° C zu trocknen. In besonderen Fällen mag die Gefriertrocknung notwendig sein. Falls man die Verarbeitung oder Messung im feuchten Zustand vorzieht, wird das Trockengewicht in einem Teil der Probe bestimmt, der nicht zur Analyse benutzt wird. Diese Trocknung kann unbedenklich bei 100—110° C vorgenommen werden.

Im übrigen sei hervorgehoben, daß sich die Methoden zur radiochemischen Analyse biologischer Proben weitgehend an die in der biochemischen Analyse üblichen anlehnen.

b) Direkte Messung

Die direkte Messung der gesamten Probe oder eines Anteils ist besonders bequem. Bei β-Strahlern, vor allem weichen β-Strahlern, sind die Möglichkeiten begrenzt. Die β-Strahlung wird stark absorbiert, so daß nur etwa 100 mg bis 1 g feste Substanz oder 10—20 ml Lösung mit gutem Wirkungsgrad gemessen werden können. Feste Präparate sollten in der Regel getrocknet werden, Lösungen engt man gegebenenfalls ein. Voraussetzung für eine direkte Messung ist demnach, daß die Aktivität der Probe relativ hoch ist. Die Genauigkeit ist im allgemeinen geringer als bei einer Verarbeitung der Probe, da die β-Präparate aus getrockneten Geweben nicht so gleichmäßig sind, wie es für genaue Bestimmungen notwendig wäre. Jedoch ist diese Fehlerquelle in vielen Fällen im Rahmen des Gesamtfehlers durchaus tragbar. Recht genau ist dagegen die direkte Messung von Lösungen. Bei schwachen Präparaten ist die natürliche Radioaktivität des Kaliums zu beachten, verursacht durch das langlebige ^{40}K. COWAN u. WEISS (*Co 18*) fanden bei Messungen eingedampfter Urinproben mit Endfenster-Zählrohren Kaliumaktivitäten von 30 bis 190 Impulsen/min pro Gramm Rückstand.

Die durchdringende γ-Strahlung läßt sich dagegen in beinahe beliebig großen Probemengen direkt bestimmen, vorzugsweise mit einem Natriumjodid-Szintillationszähler. Auf Einzelheiten wird später eingegangen werden. Eine Trocknung ist im allgemeinen nicht notwendig. Die Messung ist so einfach, daß man γ-Strahlung emittierende Radioisotope verwenden sollte, wenn es irgend möglich ist.

c) Allgemeine Gesichtspunkte zur Verarbeitung, Isotopieeffekt

Die weitere Verarbeitung hängt wesentlich davon ab, ob die Aktivitätsgehalte der Gewebe, Organe, Exkremente im Gesamten oder die Aktivität bestimmter chemischer Verbindungen bestimmt werden soll. Im letzteren Fall erfolgt die Verarbeitung nach den speziellen Verfahren der biochemischen Analyse, auf die hier nicht eingegangen werden wird. Die isolierten Verbindungen können häufig direkt gemessen werden, selbst bei weichen β-Strahlern wie ^{14}C oder ^{3}H, da geringe Substanzmengen vorliegen. Sie müssen radiochemisch rein sein. Hier können erhebliche Schwierigkeiten auftreten, falls Verunreinigungen durch Verbindungen hoher spezifischer Aktivität vorhanden sind. Geringe Gehalte dieser Verunreinigungen können die Aktivität erheblich verfälschen, ohne daß sie durch die übliche chemische Reinheitsprüfung — Elementaranalyse, Schmelzpunkt, Spektren usw. — erkannt werden können. Als Kriterium für eine ausreichende radiochemische Reinheit gilt, daß die spezifische Aktivität bei einer weiteren Reinigung unverändert bleibt. Falls bekannt ist, welche Verbindungen als Verunreinigungen vorliegen, ist der Zusatz von Trägern zu empfehlen[1].

Weitere Verfälschungen der Ergebnisse können durch Isotopieeffekte verursacht werden. PIEZ u. EAGLE (*Pi 1*) fanden bei der Austauscher-Chromatographie von Aminosäuren Unterschiede um den Faktor 5 in der spezifischen Aktivität der Anfangs- und Endfraktion einer Elutionsspitze. WEYGAND et al. (*We 12*) beobachteten Isotopieeffekte bei der Umkristallisation von ^{3}H-Zuckerderivaten.

Falls eine Aktivitätsbestimmung der Probe in toto erfolgen soll und eine direkte Messung nicht möglich ist, muß die Probe mehr oder weniger vollständig verascht werden. Durch eine vollständige Veraschung werden alle überflüssigen Bestandteile

---

[1] Dasselbe Problem tritt bei der Herstellung markierter Verbindungen auf, vgl. daher den Beitrag von H. GRISEBACH, S.576 ff.

der Probe entfernt, das interessierende Element wird in eine definierte chemische Form gebracht und isoliert. Dieses Verfahren ist vor allem bei weicher β-Strahlung notwendig. Durch die definierte chemische Form ist eine saubere Präparation möglich. Bei energiereicher β-Strahlung oder γ-Strahlung begnügt man sich häufig mit einer Pseudoveraschung, durch die lediglich eine Homogenisierung der Probe erreicht werden soll. Die Messung erfolgt dann in Lösung oder in einem kleinen Anteil, der eingedampft wird.

Die Veraschung kann bei leichten Elementen zu Isotopieeffekten führen und muß daher vollständig sein. Ganz beträchtliche Fehlmessungen sind möglich, wenn nur ein Teil der C-Atome eines Moleküls markiert ist und die Verbindung bei der Verbrennung stufenweise abgebaut wird. ARMSTRONG et al. (*Ar 4*) beobachteten z. B. bei der nassen und trockenen Veraschung von Harnstoffderivaten größenordnungsmäßige Verschiebungen der spezifischen Aktivität des ^{14}C, wenn einzelne Fraktionen getrennt aufgefangen wurden.

Falls das zu bestimmende Element in der Probe in geringen Mengen oder gar trägerfrei vorliegt, ist es angebracht, bei der Verarbeitung Träger zuzusetzen, vorausgesetzt, daß die Aktivität und nicht die spezifische Aktivität bestimmt werden soll. Letztere würde durch den Träger verändert.

In den folgenden Abschnitten werden einige Verfahren zur Veraschung biologischer Proben geschildert werden[1]. Nicht berücksichtigt sind die bei ^{14}C und ^{3}H üblichen Methoden, die im speziellen Teil behandelt werden.

Man hat die Wahl zwischen nasser und trockener Veraschung. Die trockene Veraschung ist im allgemeinen einfacher (obwohl die Meinungen hierüber auseinander gehen), da sie in elektrischen Öfen ohne ständige Aufsicht durchzuführen ist. Vor allem bei großen Probemengen ist die trockene Veraschung bequemer. Man muß allerdings mit Verlusten flüchtiger Elemente und durch Einbrennen in das Tiegelmaterial rechnen. In geschlossenen Systemen — Bestimmung von ^{14}C, ^{3}H — können nur begrenzte Probemengen trocken verascht werden. Die nasse Veraschung erfordert bei größeren Mengen mehr Aufsicht, ist in der Regel, insbesondere die „Pseudoveraschung", aber schneller als das trockene Verfahren. Verluste sind nur in Ausnahmefällen zu befürchten. Nachteilig ist das Einschleppen von Verunreinigungen durch die Reagenzien, die gelegentlich stören können.

2. Trockene Veraschung

Um die Verluste durch Flüchtigkeit und Reaktion mit dem Tiegelmaterial zu vermeiden, wird eine möglichst niedrige Veraschungstemperatur empfohlen. Andererseits verläuft die Veraschung bei zu niedrigen Temperaturen sehr langsam. Die gewöhnlich verwendete Temperatur liegt bei 500—550°. Die Veraschung dauert dann etwa 12—16 Std., kann aber auch mehrere Tage erfordern. Letzte Reste an Kohlenstoff sind oft sehr schwer zu verbrennen. Diese letzte Phase der Veraschung wird häufig naß durchgeführt. Die Asche wird mit konzentrierter Salpetersäure oder Perchlorsäure so lange abgeraucht, bis eine weiße Asche vorliegt. Andere Veraschungshilfen sind Schwefelsäure, Calcium- oder Magnesiumacetat oder -nitrat.

Als Beispiel sei die Vorschrift von COMAR (*Co 5*) angegeben:

Die bei 110° getrocknete Probe wird in Porzellanschalen in den kalten Ofen gebracht und die Temperatur langsam auf 250° C gesteigert. Man hält die Temperatur einige Stunden auf diesem Wert und steigert dann auf 500—600° C, bis die Veraschung vollständig ist. Die Asche wird mit Wasser befeuchtet und mit konzentrierter Salpetersäure oder Perchlorsäure so lange abgeraucht, bis eine weiße Asche vorliegt. Nach dem Erkalten wird mit Salzsäure aufgenommen und der Rückstand (Kieselsäure) abfiltriert. Die Kieselsäure kann Aktivität festhalten,

---

[1] Eine Übersicht über die verschiedenen Möglichkeiten findet man u. a. bei MIDDLETON u. STUCKEY (*Mi 3*).

in diesen Fällen raucht man in Platintiegeln mit Flußsäure ab oder führt eine Alkalischmelze durch. Die langsame Temperatursteigerung ist wichtig, da sonst eine starke Gasentwicklung eintritt. Leber und Blut neigen dazu, im Temperaturbereich 150—300° C „überzukochen", hier sind große Tiegel angebracht.

Veraschungshilfen in Form von Calcium- und Magnesiumsalzen werden nur dann empfohlen, wenn wenig Asche vorliegt und ein Einbrennen zu befürchten ist.

Die z. T. widerspruchsvollen Angaben über die Flüchtigkeit einzelner Elemente sind von MIDDLETON u. STUCKEY (*Mi 3*) zusammengefaßt worden. Die Verluste beim trockenen Veraschen wurden kürzlich von GORSUCH (*Go 12*) u. PIJCK, HOSTE u. GILLIS (*Pi 2*) mit radioaktiven Indicatoren untersucht. Einige Ergebnisse dieser Arbeiten sind in den Tab. 4 u. 5 zusammengefaßt. Man bemerkt auch hier Widersprüche, die nur z. T. durch Unterschiede in der Versuchsdurchführung verständlich sind. Die Reaktion mit dem Tiegelmaterial hat GORSUCH (*Go 12*) am Blei und Kupfer studiert. Er fand bei 650° in Platin 1–2%, bei gebrauchtem Quarzgut 15%, bei neuem Quarzgut 73% Verlust. Phosphate erhöhen den Effekt. JOYET (*Jo 5*) beobachtete bei Kalium (^{42}K) 15% Verlust in Porzellan, 5% in Quarz. Die Veraschungshilfen haben unterschiedliche Wirkung (Tab. 4), auf den Ablauf der Veraschung wirkt HNO_3 beschleunigend, H_2SO_4 verlangsamend.

Die Frage, in welchem Umfang bei gewissen Elementen Verluste zu befürchten sind, erscheint nach wie vor ungeklärt.

3. Nasse Veraschung

Von den zahlreichen Verfahren[2] zur nassen Veraschung biologischer Proben seien hier diejenigen aufgeführt, die am häufigsten benutzt werden. Es wurde bereits erwähnt, daß bei radiochemischen Bestimmungen vielfach eine unvollständige Veraschung ausreicht.

Tabelle 4. *Verluste durch Flüchtigkeit und Reaktion mit dem Tiegelmaterial beim trockenen Veraschen*, nach GORSUCH (*Go 12*). Arbeitsweise: 2 g Kakaopulver wurden mit 0,1—0,25 ml Indicatorlösung (2—20 μg Träger enthaltend) versetzt und in Quarzgut bei 550° C 16 Std. verascht. Die Asche wurde zweimal mit je 10 ml HCl 1 : 1 gelöst. Veraschungshilfen : konz. HNO_3 wurde nach der Veraschung zugegeben und abgeraucht, um eine weiße Asche zu erhalten. 5 ml 5 nH_2SO_4 bzw. 10 ml 7%ige Lösung von $Mg(NO_3)_2 \cdot 6 H_2O$ wurden vor der Veraschung zugesetzt. Alle Angaben in % der gegebenen Aktivität, die Differenz zu 100% ergibt den flüchtigen Anteil

Element	Veraschungshilfe							
	ohne		HNO_3		H_2SO_4		$Mg(NO_3)_2$	
	löslich	unlösl.	löslich	unlösl.	löslich	unlösl.	löslich	unlösl.
Ag	96	2,5	87	7	97	1	100	0,5
As	88	4	84	7	96	2	99	3
Cd	91	6	76	6	92	2	78	2
Co	99	0,5	96	1,5	98	0	99	0
Cr	98	0,5	99	0	99	0	92	0
Cu	86	14	94	2	96	0,5	98	0,5
Fe	99	0	101	0	100	0	100	0
Hg	0	0						
Mo	99	0	98	0	100	0	98	0
Pb	94	3	98	1	96	1	93	3
Sb	96	1,5	92	1	94	0,5	97	0
Sr	97	0	97	0	100	0	100	0
Zn	96	2	97	0,5	100	0	99	0

Tabelle 5. *Verluste durch Flüchtigkeit und Reaktion mit dem Tiegelmaterial beim trockenen Veraschen*, nach PIJCK, HOSTE u. GILLIS (*Pi 2*). Arbeitsweise: 5 ml Blut und 4 ml Indicatorlösung (50—300 μg Träger enthaltend) wurden in Porzellantiegeln bei 110° C eingetrocknet und in den kalten Ofen gebracht. Es wurde 24 Std. auf 400°, 12 Std. auf 500°, 6 Std. auf 700° und 3 Std. auf 900° C erhitzt. Der Rückstand wurde mit 5 ml 6 n HNO_3 abgeraucht und mit 5 ml 5 n HNO_3 gelöst. Angegeben ist die Ausbeute in %

Element	400°	500°	700°	900°
Ag	65	67	45	21
As	23	0	0	0
Au	19	0,5	0	0
Co	98	75	67	70
Cr	100	99	85	56
Cu	100	98	87	58
Fe	86	82	52	27
Hg	10	0	0	0
Mn	99	96	85	80
Mo	100	97	85	83
Pb	103	69	32	13
Sb	67[1]	82	35	9
V	101	99	70	60
Zn	100	98	69	30

---

[1] Mit 6 n HNO_3 zur Trockene gebracht und 2 Std. auf 400° C erhitzt.
[2] Vgl. die Übersicht von MIDDLETON u. STUCKEY (*Mi 3*).

a) Salpetersäure

Salpetersäure führt bei fettreichen Proben nicht zu einer vollständigen Veraschung. Bei fettarmem Material kann durch mehrfaches Abrauchen mit HNO_3
eine ausreichende Zersetzung erreicht werden.

Smith et al. (*Sm 3*) verwenden z. B. folgendes Verfahren: 10—15 g *Stuhl* werden mit
50 ml konz. HNO_3 einige Zeit stehen gelassen. Nach Zusatz von Siedesteinchen und einem Anti-
schaummittel wird erwärmt, bis die Lösung gelb und klar erscheint. Man engt auf ein kleines
Volumen ein und gibt 25 ml Wasser zu. Falls die Lösung klar bleibt, ist die Zersetzung beendet.
Falls sich Fett abscheidet, wird erneut HNO_3 zugegeben und erhitzt. Im allgemeinen benötigt
man insgesamt 200 ml HNO_3 und 16—18 Std. Bei *Blut* bleiben 5—10 ml mit 10—20 ml Wasser
und 100 ml konz. HNO_3 zunächst 8—12 Std. stehen und werden dann 8—12 Std. erhitzt. *Urin*
wird mit dem gleichen Volumen HNO_3 zersetzt, wobei anfangs starkes Stoßen und Spritzen
auftritt. Bei *Geweben* ist das Verfahren teilweise brauchbar, in anderen Fällen wird nach Zusatz
von 25 ml konz. H_2SO_4 mehrfach mit konz. HNO_3 abgeraucht, bis weiße Nebel auftreten.

Schubert (*Sch 14, 16*) dampft Urin mit HNO_3 ein und raucht den Rückstand so oft
mit konz. HNO_3 ab, bis er weiß erscheint[1].

Die zeitraubende Zersetzung des Fettes wird von Comar (*Co 3,5*) durch Extraktion mit Lösungsmitteln umgangen. Bahner et al. (*Ba 3*) erreichen die Homogenisierung der Probe durch Zusatz von Aceton oder Dioxan, die das Fett lösen und
zugleich mit Wasser mischbar sind.

Eine Beseitigung des Fettes ohne Messung kann in vielen Fällen erfolgen, wenn
Kontrollbestimmungen zeigen, daß es inaktiv ist. Bahner et al. (*Ba 3*) bemerken,
daß bei Versuchen mit ^{181}Hf und ^{198}Au die Aktivität pro Gramm Fett teilweise das
Zehnfache der Aktivität pro Milliliter wäßrige Phase betrug und die kleine Fett-
schicht bis zu 15% der Aktivität enthielt.

Comar (*Co3,5*) verfährt auf folgende Weise: Bis zu 50 g *Gewebe* werden in Stücke geschnitten und in einem 400 ml Becherglas mit 40 ml konz. HNO_3 bedeckt. Nach 10 min erwärmt man
vorsichtig und engt auf einer Heizplatte bis auf 15 ml, zuletzt auf dem Wasserbad zur Trockne
ein. Der Rückstand wird mit warmem Wasser in einen Scheidetrichter überführt, das Becherglas zweimal mit 10 ml Isoamylalkohol nachgespült und die wäßrige Lösung extrahiert. Beide
Lösungen werden aufgefüllt und gemessen. Bei mehr als 35 ml *Blut* nimmt man mehr Säure
und erwärmt sehr vorsichtig, da eine heftige Reaktion eintritt. Bei *Zähnen*, *Knochen* und
Knorpel darf man nicht bis zur Salzausscheidung einengen, da diese schwer in Lösung gehen.
Sehr *fettreiche Proben* wie Knochenmark, Lymphdrüsen spritzen und stoßen stark und werden
deshalb nur auf dem Wasserbad erwärmt. In diesem Falle wird eine Mischung von 10 Teilen
Äthanol, 25 Teilen Diäthyläther und 25 Teilen Petroläther zur Extraktion benutzt. Manche
Exkremente erfordern größere Mengen HNO_3 und sind schwer wieder aufzulösen, falls zur
Trockne eingeengt wurde. Falls die Sammlung der Exkremente mit Filtrierpapier vor-
genommen wurde, wird das Papier mit Wasser befeuchtet, 4—5 ml konz. H_2SO_4 und 10 ml konz.
HNO_3 zugesetzt und erwärmt, bis die Reaktion beendet ist. Dann wird stärker erhitzt bis zur
Verkohlung, 25—30 ml konz. HNO_3 zugegeben und wie oben verfahren. Bei *Milch* werden
40 ml konz. HNO_3 auf 150 ml verwendet und mit einigen Siedesteinchen mäßig erwärmt, bis
das Schäumen nachläßt. Man engt ein, zuletzt auf dem Wasserbad, überführt in einen
Porzellantiegel und bringt die Lösung zur Trockne. Anschließend wird 5 Std. bei 500° verascht.

Bahner et al. (*Ba 3*) rauchen nach der Zersetzung mit konz. HNO_3 die Hauptmenge der
Säure ab und geben Wasser-Aceton oder Wasser-Dioxan zu, bis eine homogene Lösung vorliegt. Je nach Fettgehalt und Salzgehalt ist ein Acetongehalt von 60—80% angemessen. Beim
Zusatz von Aceton können heftige Reaktionen eintreten. Weiter ist die Verdunstung während
der Messung zu beachten. Dioxan ist in dieser Hinsicht vorzuziehen

Es sei erwähnt, daß Cember et al. (*Ce 1*) bei der Bestimmung von ^{35}S in 2 g Proben auf
eine vollständige Zersetzung des Fettes verzichten und auch keine Homogenisierung vornehmen.
Die Probe wird mit konz. HNO_3, anschließend mit 30%igem H_2O_2 digeriert, durch konz. HCl
die HNO_3 zerstört, mit NaOH neutralisiert — dabei scheiden sich Reste organischen Materials
ab — und als $BaSO_4$ gefällt. Die Reste an organischem Material werden mitgerissen, stören die
Messung aber nicht. Im Filtrat wurde keine Aktivität beobachtet.

---

[1] Es sei erwähnt, daß zur Bestimmung von Kationen im Urin anstelle einer Veraschung
auch die Anreicherung und Abtrennung durch Ionenaustauscher möglich ist [Schubert et al.
(*Sch 17*)].

b) Schwefelsäure

Konzentrierte Schwefelsäure ist ein langsam wirkendes Oxydationsmittel und nur in Mischung mit anderen Oxydationsmitteln oder nach Zusatz von Katalysatoren brauchbar. Am häufigsten werden Mischungen aus Schwefelsäure und Salpetersäure verwendet, die Fett bei mehrfacher Anwendung zersetzen [Smith et al. (Sm 3), vgl. Abschnitt a]. Sie wirken aber im Vergleich zu $HClO_4$-haltigen Lösungen recht langsam [Gorsuch (Go 12)]. Nach Middleton u. Stuckey (Mi 3) ist reine Schwefelsäure auch mit Katalysatoren nicht geeignet, um größere Mengen organische Substanz vollständig zu veraschen. Störend wirkt sich vielfach auch aus, daß die Säure nicht leicht zu entfernen ist und viele Salze in starker Schwefelsäure schwer löslich sind. Im allgemeinen wird die Anwendung von Schwefelsäure keine Vorteile bringen.

Auf einige Verfahren sei hingewiesen: Banks et al. (Ba 11) verwenden 2 ml konz. H_2SO_4/g bei 0,1—5 g, mindestens aber 1 ml. Als Katalysator werden 5 mg/ml SeO_2 benutzt. Die Zersetzung reicht aus, wenn die Probe in Lösung gemessen wird, jedoch nicht für die Isolierung von Zink durch Dithizon-Extraktion. Comar (Co 5) zersetzt 100 mg getrocknetes Material mit 2 ml konz. H_2SO_4 und gibt nach einigem Erwärmen 0,5 ml 30%iges H_2O_2 zu. Nach dem Auftreten von weißen Nebeln wird mehrfach H_2O_2 zugetropft, bis die Lösung klar und farblos ist.

c) Formamid

Nach Tabern u. Lahr (Ta 1) lösen sich Organe mittelgroßer Tiere und der Ganzkörper kleiner Tiere nach Homogenisierung in Formamid. Bei großer Probenzahl ist die Homogenisierung noch zu zeitraubend, in diesem Falle können sorgfältig getrocknete Gewebe und Organe auch direkt gelöst werden [Pearce et al. (Pe 2)].

Die Proben werden mit 10—100 ml Wasser homogenisiert und 10 ml mit 10 ml Formamid versetzt. Man erhält bei Zimmertemperatur eine klare kolloidale Lösung. Haare bleiben ungelöst, werden durch ein Tuch abfiltriert und mit Formamid erwärmt, um die Aktivität abzulösen. Fett wird ohne Schwierigkeiten gelöst, bei größeren Knochen ist jedoch eine Zersetzung durch HNO_3 notwendig [Tabern u. Lahr (Ta 1)]. Nach Pearce et al. (Pe 2) wird 2—3 Tage bis zur Gewichtskonstanz bei 80° getrocknet, der Rückstand mit Formamid bedeckt und $^1/_2$ Std. auf 105° C erhitzt. Dann wird im Abzug 1 Std. auf 210° C gebracht, bis vollständige Lösung vorliegt. Verdampfendes Formamid wird nachgegeben. Anschließend füllt man mit 95%igem Äthanol auf. Das Material muß vollständig trocken sein. Haut und Haare werden gelöst, nicht dagegen Knochen. Bei Leber und Verdauungstrakt ist die Lösung u. U. nicht vollständig, man gießt ab und behandelt den Rückstand erneut mit Formamid.

d) Alkalische Zersetzung

Gewebe können durch Erwärmen mit verdünnten Alkalien gelöst oder in eine stabile Suspension gebracht werden. Zur vollständigen Zersetzung ist allerdings eine Schmelze notwendig. Die alkalische Zersetzung wird besonders bei der Bestimmung von Halogenen und Schwefel 35 empfohlen, um Verluste durch Verflüchtigung zu vermeiden.

Perkinson u. Bruner (Pe 9) zersetzen Schilddrüsengewebe über Nacht bei 70° mit 2n NaOH. Michel et al. (Mi 2) benutzen 20%ige KOH, bei fettreichem Material alkoholische KOH. Nach Howarth (Ho 11) können mit NaOH gelatinöse Massen entstehen. Bei KOH stört die natürliche Radioaktivität des Kaliums, so daß LiOH in 20%igem Äthanol empfohlen wird. Die Suspensionen sind für einige Stunden stabil.

Dziewiatkowski (Dz 1) hydrolysiert zur ^{35}S-Bestimmung als $BaSO_4$ zunächst 8—10 Std. mit 10%iger NaOH, dampft dann in Nickeltiegeln ein und schmilzt mit Na_2CO_3—Na_2O_2. Bratt (Br 5) dampft 13 g Schilddrüse mit 25 g NaOH und 40 ml 40%iger NaOH in Nickeltiegeln zur Trockne, erhitzt dann zur Schmelze und gibt von Zeit zu Zeit KNO_3- oder $NaNO_3$-Kristalle zu, bis die Oxydation vollständig ist. Daudel et al. (Da 3) verwenden zur Brombestimmung eine Mikrobombe nach Parr, und zwar für 0,5—100 mg getrocknete Organe 50 mg Zucker, 2 g Na_2O_2 und 200 mg KNO_3, 10 mg NaBr werden als Träger zugegeben. Die Bombe wird 10 min mit einem Mikrobrenner erhitzt. Das Verfahren wird zur Bestimmung von Cl, J, S, As und P empfohlen.

Diese Beispiele mögen zeigen, daß die Teilveraschung durch wäßrige Alkalien gegebenfalls wertvoll sein kann. Die Zersetzung in der Schmelze erscheint dagegen im Vergleich zu anderen Verfahren umständlich, ohne im allgemeinen Vorteile zu bieten.

e) Perchlorsäure

Eine vollständige Veraschung kann in vielen Fällen nur durch Perchlorsäure erreicht werden. Gegen dieses Reagens bestehen vielfach Bedenken, da bei Überhitzungen schwere Explosionen auftreten können. Die Veraschung durch Perchlorsäure erfordert Aufmerksamkeit und Erfahrung und sollte bei Materialien mit unbekanntem Verhalten zunächst an kleinen Proben versucht werden.

Smith (*Sm 5,6,7,8*) und Diehl u. Smith (*Di 2,3*) haben einige Möglichkeiten angegeben, heftige Reaktionen zu vermeiden. Es kommt darauf an, die Veraschung bei möglichst niedriger, konstanter Temperatur durchzuführen und diese erst dann vorsichtig zu steigern, wenn der größte Teil der Probe verascht ist. Durch Anwendung von Säuregemischen kann eine weitere Abschwächung erreicht werden. Die Veraschung erfolgt dann größtenteils durch Salpetersäure, und erst zur Veraschung der letzten Reste wird die Salpetersäure abdestilliert, und die Perchlorsäure wird wirksam. Zuletzt liegt 72%ige $HClO_4$ vor (konstant siedendes Gemisch, 200° C). Noch stärkere Oxydationswirkung erreicht man durch Zusatz von H_2SO_4, die die $HClO_4$ entwässert, so daß Konzentrationen von 85% und mehr möglich sind. Gorsuch (*Go 12*) hat nach diesem Prinzip mit HNO_3—$HClO_4$ oder HNO_3—H_2SO_4—$HClO_4$ gearbeitet und schnelle, ohne Komplikationen verlaufende Veraschungen erhalten. Es muß jedoch bemerkt werden, daß bei diesen Arbeiten mit höchstens einigen Gramm Material gearbeitet wurde. Minto (*Mi 7*) hat bis zu 125 g Gewebe mit HNO_3—$HClO_4$ ohne Schwierigkeiten verascht.

Zur kontrollierten Veraschung benutzt Smith (*Sm 7, Di 2,3*) die in Abb. *4u* wiedergegebene Apparatur. Es wird unter Rückfluß gearbeitet, so daß die Konzentration der $HClO_4$, und damit die Temperatur, konstant bleibt. Durch Drehen des Dreiweghahns kann der Rückfluß unterbunden werden und ein Teil der Oxydationsmischung abdestilliert werden. Auf diese Weise ist eine kontrollierte Temperatursteigerung möglich. Die Apparatur wird über einem Drahtnetz erhitzt, der Abstand zum Drahtnetz soll schnell variiert werden können. Eine Plexiglasschutzscheibe ist auf jeden Fall angebracht.

Die Siedetemperatur von Perchlorsäure liegt bei

50,0%	130° C	66,0%	182° C
56,3	140	67,5	190
60,1	160	70,6	201
62,6	170	72,5	203, azeotropes Gemisch

Zur Oxydation leicht zerstörbarer Verbindungen wird konz. HNO_3 zugegeben, eventuell ist die Anwendung von Kaliumdichromat oder Ammoniumvanadat als Katalysator zweckmäßig. Auf 5—10 g trockenes Gewebe werden 10—20 ml konz. HNO_3 (1,42) und 15—25 ml 70%ige $HClO_4$ angewendet. Man verascht unter Rückfluß, bis die Entwicklung brauner Stickoxyde aufhört, und steigert durch Entnahme kleiner Volumina des Kondensates die Temperatur. Bei Zuckern, Cellulose reicht eine Konzentration von 65% zur Veraschung aus, bei Proteinen wird NH_4VO_3 und eine Konzentration von 66—68% empfohlen [Smith (*Sm 7*)].

Bei fetthaltigem Material scheidet sich u. U. Fett ab, wenn HNO_3 benutzt wird. Die Reaktion zwischen den beiden Phasen ist schwierig zu kontrollieren, so daß bei starker $HClO_4$ plötzliche heftige Reaktionen möglich sind. Diehl u. Smith (*Di 3*) verwenden in diesem Fall H_2SO_4—$HClO_4$, und zwar pro Gramm Probe 15 ml einer Mischung gleicher Volumina konz. H_2SO_4 (96%ig) und konz. $HClO_4$ (70%ig) und 2—3 mg NH_4VO_3. Es wird langsam angeheizt, so daß nach etwa 25 min 210° erreicht sind. Leicht oxydierbare Bestandteile (Alkohole, Zucker, Cellulose) können zu heftigen Reaktionen führen, daher sollten bei unbekanntem Material zunächst 10, dann 100, dann 500 mg verascht werden. In diesen Fällen kann es günstig sein, zunächst mit konz. H_2SO_4 10 min bei 200° zu veraschen, abzukühlen und dann erst $HClO_4$ zuzugeben.

Für sehr fettreiches Material (Knochen, Knochenmark) empfehlen Smith u. Diehl (*Sm 8*) dieses Verfahren unter Verwendung von 100%iger H_2SO_4 (hergestellt durch Vermischen von konz. H_2SO_4 mit Oleum) und 73,6%iger $HClO_4$. Bis zu 3 g Substanz werden mit 10—15 ml

100%iger H_2SO_4 und 1—2 mg NH_4VO_3 versetzt und langsam erwärmt. Um 300° (Siedepunkt 325°) tritt die Reaktion ein unter Entwicklung von SO_2. Man beläßt bei dieser Temperatur, bis die Reaktion abgeklungen ist (etwa 15 min einschließlich Anheizen), kühlt auf 200° ab und gibt 5 ml 73,6%ige $HClO_4$ zu. Nach etwa 5 min dauernder Reaktion bei 200—210° ist die Veraschung beendet.

MINTO (*Mi 7*) verwendet Kjeldahl-Kolben, und zwar soll die Probe, in Gramm gerechnet, weniger als 5% des Volumens in Millilitern ausmachen. Pro g werden 3 ml 70%ige $HClO_4$ und 1 ml konz. HNO_3 zugesetzt und auf dem Wasserbad erhitzt, bis das Schäumen nachläßt (5—20 min). Die trübe Lösung wird in ein Luftbad gebracht, wobei der Kolben in eine Asbestscheibe mit einem Loch von 2,5 cm Durchmesser gesteckt wird, damit der obere Teil des Kolbens nicht überhitzt werden kann. Einige Glasperlen werden zugegeben und vorsichtig erhitzt. Nach

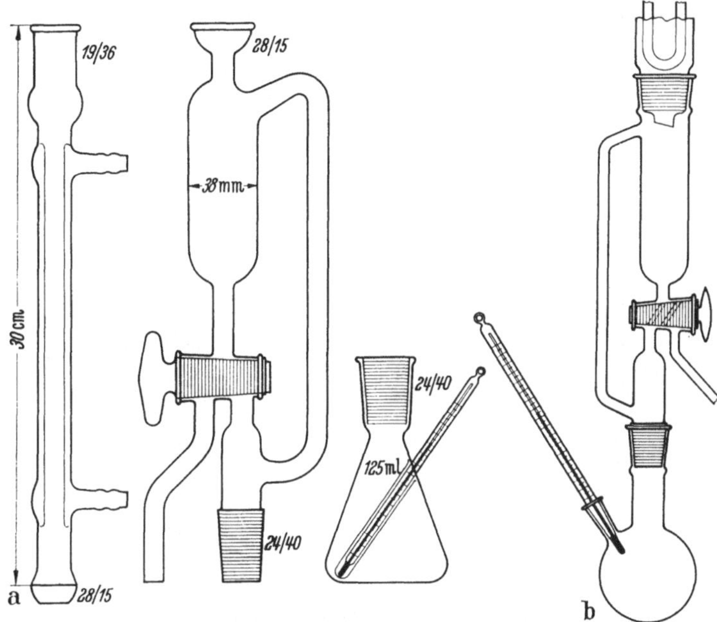

Abb. 4a u. b. Apparaturen zur kontrollierten nassen Veraschung mit Salpetersäure-Perchlorsäure oder Salpetersäure-Schwefelsäure-Perchlorsäure, a nach SMITH (*Sm 7*), b nach GORSUCH (*Go 12*)

wenigen Minuten wird die Lösung klar, das Fett hat sich abgeschieden. Das Erhitzen wird fortgesetzt, bis die Lösung wasserhell oder zartgelb erscheint und $HClO_4$-Dämpfe auftreten. Bei großen Probemengen oder in Gegenwart von viel Fett wird die Lösung von der Oberfläche her braun und schäumt leicht. Man nimmt den Brenner weg und läßt abkühlen. Es werden einige Tropfen konz. HNO_3 an der Kolbenwand zugegeben und erneut erhitzt. Die Lösung wird zunächst klar oder gelb, falls die braune Farbe dann erneut auftritt, wiederholt man den HNO_3-Zusatz. MINTO hat bis zu 125 g Substanz verascht, dabei wird zunächst mit 150 ml konz. HNO_3 einige Stunden in der Kälte, dann auf dem Wasserbad behandelt, bis das Schäumen nachläßt. Dann werden 150 ml $HClO_4$ zugegeben und auf dem Wasserbad erwärmt, bis das Schäumen nachläßt. Die Lösung wird schließlich nach Zusatz von 10 ml konz. HNO_3 und einiger Glasperlen im Luftbad wie beschrieben weiter behandelt. Bei großen Mengen empfiehlt sich eine Aufteilung der Probe, da Kolben von mehr als 800 ml Inhalt unzweckmäßig sind. Bei 5000 Veraschungen traten nur in 6 Fällen stürmische Reaktionen ein, in jedem Falle infolge einer Überhitzung an der Oberfläche der Lösung.

f) Verluste durch Verflüchtigung

In den Tab. 6 u. 7 sind einige Angaben über die Verflüchtigung von Elementen bei der Veraschung mit HNO_3—H_2SO_4—$HClO_4$ zusammengestellt, die neueren Untersuchungen von GORSUCH (*Go 12*) u. PIJCK, HOSTE u. GILLIS (*Pi 2*) entnommen sind. Durch Sammlung des Destillates in einer Apparatur nach Abb. 4

Tabelle 6. *Verflüchtigungen beim nassen Veraschen durch Salpetersäure-Schwefelsäure-Perchlorsäure*, nach Gorsuch (*Go 12*). Arbeitsweise: A, B: 2 g Kakaopulver wurden mit 0,1—0,25 ml Indicatorlösung (2—20 μg Träger) und dem Säuregemisch auf eine kalte Heizplatte gestellt und die Heizplatte erwärmt. Es wurde ein 500 ml Kolben mit Tropfenfänger und Destillieraufsatz, der in einen 150 ml Kolben tauchte, verwendet. Sobald eine stürmische Reaktion eintrat, wurde der Kolben entfernt und beim Nachlassen der Reaktion erneut erwärmt. Nach dem Ende der Umsetzung wurden 5 ml rauchende HNO_3 zugegeben und eingeengt, bis weiße Nebel auftraten. C: Es trat keine stürmische Reaktion ein, so daß fortlaufend erhitzt wurde. D: Die Probe wurde in einem 1 l Becherglas mit 10 ml Wasser, 10 ml konz. HNO_3, 0,5%ig an H_2SO_4, zur Trockne gebracht und mit HNO_3 befeuchtet. Es wurde mehrfach mit konz. HNO_3, zuletzt rauchender HNO_3, zur Trockne abgeraucht, bis eine weiße Asche vorlag. Angegeben ist die Ausbeute im Rückstand, in % der gegebenen Aktivität

	A		B		C		D
HNO_3 (1,42) H_2SO_4 (1,84) $HClO_4$ (1,54)	15 ml — 10 ml		15 ml 5 ml 10 ml		15 ml 10 ml —		s. Text
	Rückstand	Dest.	Rückstand	Dest.	Rückstand	Dest.	Rückstand
Ag	96,5		99		100		94,5
As	99		99		98		95
Cd	100,5		101,5		101,5		98,5
Co	98		98,5		100,5		99,5
Cr	100		100,5		99,5		100,5
Cu	99,5		99		100		99,5
Fe	98,5		99		101,5		96,5
Hg	79	11	89	11	92	6	0
Mo	97		98		101		98
Se	100		100		79	21	1
Sb	96,5		100		99,5		96,5
Sr	99,5		96,5		98		95
Zn	99		98		100		99

Tabelle 7. *Verflüchtigungen beim nassen Veraschen durch Salpetersäure-Schwefelsäure-Perchlorsäure*, nach Pijck, Hoste u. Gillis (*Pi 2*). Arbeitsweise: 5 ml Blut, 10 ml Urin, 250 mg pflanzliches Material, 1,5 g Gewebe wurden mit 5 ml HNO_3—H_2SO_4—$HClO_4$ und 4 ml Indicatorlösung in Pyrexkolben unter langsamer Temperatursteigerung verascht, Gesamtdauer etwa 1,5 Std. Die Oxydationsmischung bestand aus 3 Vol.-Teilen. 66%iger HNO_3, 1 Vol.-Teil 98%iger H_2SO_4 und 1 Vol.-Teil 70%iger $HClO_4$. Angegeben ist die Ausbeute im Rückstand, in % der gegebenen Menge. Zwischen 50 und 300 μg Träger waren vorhanden

können die flüchtigen Anteile erfaßt werden. Sie werden nochmals verascht, wenn befürchtet werden muß, daß die Verflüchtigung als organische Verbindung erfolgt [Gorsuch (*Go 12*)].

Element	Blut	Urin	Pflanzliches Material	Tierisches Gewebe	Rückfluß-Kühler
Ag	100	100	100	100	
As	93	94	95	92	101
Au	77	100	77	65	100
Co	100	100	100	99	
Cr	100	99	101	100	
Cu	102	101	102	102	
Fe	98	92	95	85	100
Hg	24	87	45	30	100
Mn	99	99	98	99	
Mo	101	100	101	101	
Pb	100	100	101	101	
Sb	99	95	94	94	101
V	100	100	100	100	
Zn	99	101	99	102	

4. Vakuumtechnik

Eine Reihe von Methoden zur Bestimmung von Kohlenstoff 14 und Tritium werden im Vakuum durchgeführt, deshalb seien einige Gesichtspunkte beim Aufbau und Betrieb von Vakuumanlagen erörtert[1].

Pumpen. Bei mäßigem Vakuum von etwa 0,01 bis 0,001 mm Hg kommt man mit einer mechanischen Pumpe aus, die gegen Atmosphärendruck arbeitet. Sie soll ein gutes Vakuum

---

[1] Nähere Einzelheiten bei Calvin et al. (*Ca 3*) u. Glascock (*Gl 3*).

auch bei kleinen Undichtigkeiten oder Entgasungsvorgängen garantieren, stabil und korrosionsfest sein und ruhig laufen. Das Ölvolumen soll möglichst klein sein, da mit Kontamination
durch radioaktive Substanzen gerechnet werden muß. CALVIN et al. (*Ca 3*) benutzen z. B.
eine Pumpe mit einer Saugleistung von 27 l/min bei 0,02 mm Hg.

Für hohes Vakuum und für hohe Saugleistungen bei niedrigen Drucken verwendet man
Diffusionspumpen mit Öl oder Quecksilber. Quecksilberpumpen erfordern eine mit flüssiger

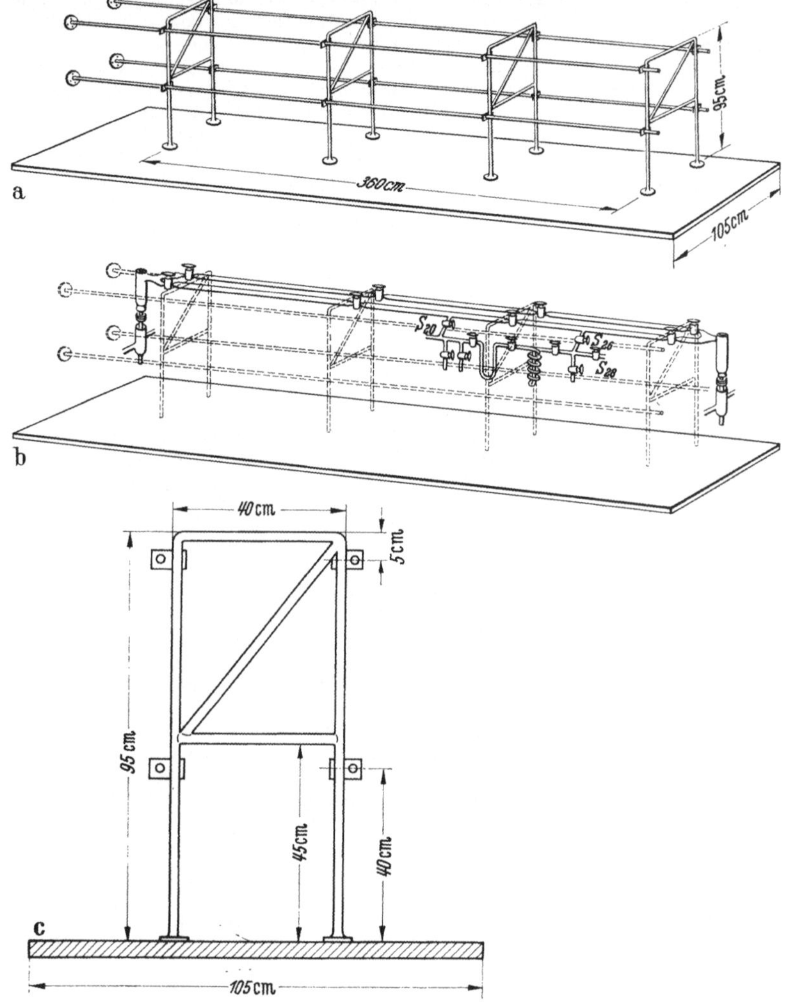

Abb. 5 a—c. Typisches Gestell für eine große Hochvakuumapparatur mit einem Teil der Apparatur [nach GLASCOCK (*Gl 3*)]

Luft gekühlte Falle zwischen Pumpe und Vakuumanlage, da der Dampfdruck bei Zimmertemperatur merklich ist. Eine Verseuchung des Quecksilbers durch radioaktive Substanzen ist
nicht zu befürchten. Ölpumpen verlangen keine Kühlfalle, doch wird bei radioaktiven Arbeiten
eine Falle empfohlen, um die leicht mögliche Verseuchung des Öls zu vermeiden. Nicht kondensierbare Gase werden nicht zurückgehalten, so daß GLASCOCK (*Gl 3*) Quecksilberpumpen vorzieht. In beiden Fällen muß eine Vorvakuumpumpe der erwähnten Art vorhanden sein.
Pumpen aus Glas brechen leicht, was insbesondere bei Quecksilber unangenehm ist, während
Pumpen aus Stahl gegen Wasserdämpfe empfindlich sind. Auf jeden Fall sollte in der Kühlwasserleitung ein Wächter angebracht sein, der die Pumpenheizung abschaltet, falls das Kühlwasser ausfällt. CALVIN et al. (*Ca 3*) benutzen eine Diffusionspumpe mit 10 l/sec bei 10^{-4} mm
in Kombination mit der obengenannten Vorpumpe und erreichen bei einer Apparatur von
500 ml Inhalt in 2 min 10^{-3} mm.

Aufbau. Größere Anordnungen sollten auf einem festen Tisch aufgebaut sein, dessen Platte etwa 50 cm über dem Fußboden ist, damit die Pumpen unter dem Tisch untergebracht werden können. Abb. 5 zeigt einen typischen Aufbau. Als Material werden 1 cm Aluminiumstangen benutzt. Bei größeren Anlagen sind zwei Diffusionspumpen zu empfehlen (Abb. 5b) und eine ringförmige Hauptleitung, die durch Hähne in mehrere Teile aufgeteilt wird. Dadurch ist es möglich, jeden beliebigen Teil der Anlage zu evakuieren und die verschiedenen Teile der Anlage gleichzeitig und unabhängig zu benutzen. GLASCOCK (*Gl 1*) empfiehlt für eine größere Anlage[1] folgende Abmessungen: Die Hauptleitung, die mindestens 80 cm über Tischhöhe sein muß, um das Eindringen von Quecksilber aus Manometern zu verhindern, hat 25 mm Durchmesser mit Hähnen von 15 mm Bohrung (ideal wäre 25 mm). Die eigentliche Apparatur ist mit dieser Hauptleitung durch Hähne von 8 mm Bohrung verbunden, und zwar jeder getrennt abschließbare Teil der Apparatur durch einen Hahn. Seitenarme an der Apparatur haben Hähne von 6 mm Bohrung, Verbindungen zu Vorratsbehältern für Gase solche von 3 mm Bohrung.

Die *Hähne* und *Schliffe* müssen von bester Qualität sein. Hohlstopfen sind vorzuziehen, am besten verwendet man Eckhähne. Das Fetten erfolgt mit Silikonfett, das in Streifen in Richtung der Verjüngung des Stopfens bzw. Schliffs aufgetragen wird, damit beim Einsetzen die Luft entweichen kann und keine Blasen entstehen. Die Fettung erfolgt so, daß keine Fetteilchen in der Bohrung erscheinen und keine Streifen in der Fettung zu sehen sind. Hähne, die zum langsamen und kontrollierten Einfüllen von Gasen in Zählrohre usw. dienen, werden an den Bohrungen an schräg gegenüberliegenden Seiten eingekerbt. In besonderen Fällen benutzt man völlig fettfreie Abschlüsse durch Quecksilberventile (Abb. 6). Eine vernünftige Dimensionierung des Durchmessers der Leitungen und Hahnbohrungen ist wichtig, da bei zu engen Leitungen die Saugleistung der Pumpe nicht ausgenutzt wird.

Kühlfallen. Kühlfallen sind ein wichtiger Bestandteil der Anlagen, da die Bewegung der Gase von einem Teil in einen anderen durch Erwärmen und Kondensation in Fallen erfolgt. Eine vollständige Überführung in einen abgeschlossenen Teil — etwa den Kühlfinger eines Gaszählrohrs — gelingt nur bei Abwesenheit nicht kondensierbarer Gase. Deshalb wird häufig zunächst in einer größeren Falle kondensiert und die nicht kondensierbaren Anteile abgepumpt, ehe in den abgeschlossenen Teil überführt wird. Kühlfallen für Hochvakuum sind einfach und können große Durchmesser haben, damit sie das Auspumpen nicht behindern (Abb. 7a—c).

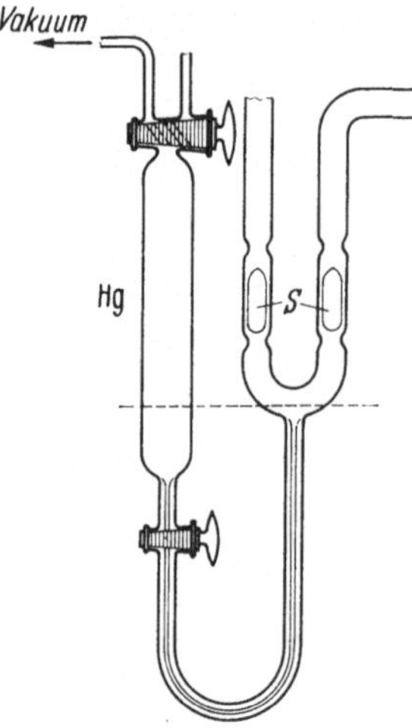

Abb. 6 Quecksilberventil. Das mit Quecksilber gefüllte Gefäß *Hg* liegt in Wirklichkeit vor der Apparatur, d. h. das Capillarrohr steht senkrecht zur Papierebene. Durch Evakuieren von *Hg* wird das Ventil geöffnet, das Quecksilber steht dann in Höhe der gestrichelten Linie. Durch Einlassen von Luft steigt das Quecksilber im U-Rohr und preßt die Schwimmer S (aus geschliffenen Glasstäben oder Metallkugeln) gegen die geschliffene Verjüngung [nach GLASCOCK (*Gl 3*)]

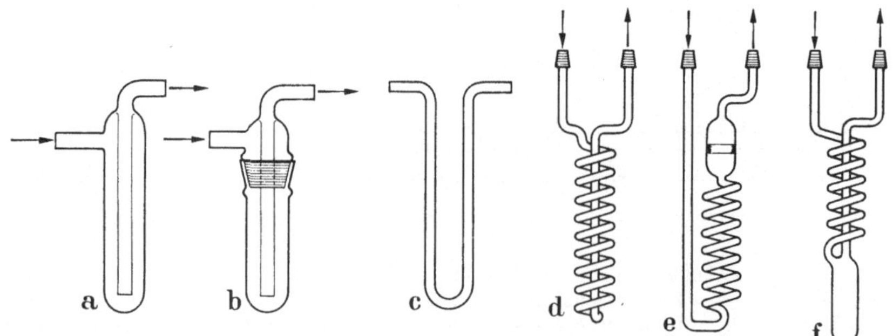

Abb. 7a—f. Typische Kühlfallen; a, b, c für Hochvakuum, d, e, f für mittlere Drucke. Falle e ist mit einer Glasfritte versehen, durch die das Mitreißen von Nebeln im Gasstrom verhindert wird, Falle f wird zur Kondensation größerer Mengen von Flüssigkeiten verwendet [nach CALVIN et al. (*Ca 3*)]

Die freie Weglänge der Gase ist im Hochvakuum so groß, daß eine sichere Kondensation erreicht wird. Bei Drucken im Bereich einiger mm bis cm Hg sind dagegen Spiralfallen mit

---

[1] Einzelheiten der Anlage von GLASCOCK sind von SCHMEISER, S. 98, Abb. 82 schematisch wiedergegeben.

geringem Durchmesser der Leitungen notwendig (Abb. 7 d—f). Es muß sehr vorsichtig verfahren werden, um Nebelbildung zu verhindern.

Töplerpumpe. Zum Transport nicht kondensierbarer Gase benutzt man eine Töpler-Pumpe (Abb. 8). Zu den nicht kondensierbaren Gasen gehören — Kühlung mit flüssiger Luft vorausgesetzt — u. a. Wasserstoff und Methan.

Vakuummeßgeräte. Die Druckmessung erfolgt im einfachsten Falle durch ein U-Rohr-Quecksilbermanometer, brauchbar für 1 atm bis etwa 1 mm Hg. Für geringere Drucke verwendet man u. a. das McLeod-Manometer (vgl. [1], S. 144), bei dem ein bekanntes Volumen des Gases durch Quecksilber abgesperrt und in einer geeichten Capillare komprimiert wird. Aus dem dann vorliegenden Volumen wird der Gasdruck berechnet, der Meßbereich beträgt etwa $10 — 1 \cdot 10^{-5}$ mm Hg. Ein Nachteil ist, daß keine kontinuierliche Anzeige möglich ist. Die nachstehend genannten Instrumente zeigen dagegen kontinuierlich an. Beim Pirani-Vakuummeter wird die druckabhängige Wärmeleitfähigkeit des Gases durch die Widerstandsänderung eines heißen Drahtes gemessen, Meßbereich $0,1—10^{-6}$ mm. Die Temperatur des Drahtes kann in einfacherer Weise mit einem Thermoelement bestimmt werden, der Meßbereich ist dann 0,5—0,001 mm Hg. Beim Ionisations-Vakuummeter von Philips wird der Ionisationsstrom einer Gasentladung gemessen, Meßbereich etwa $0,02—2 \cdot 10^{-5}$ mm. Schließlich kann man das besonders empfindliche $(0,1 — 10^{-7}$ mm) Ionisations-Vakuummeter benutzen, bei dem durch Elektronen (Heizfaden) erzeugte positive Gasionen gesammelt werden und deren Strom gemessen wird.

Volumenmessung. Zur Bestimmung des Gasvolumens benutzt man im einfachsten Fall — Volumina von etwa 1—20 ml — ein U-Rohr-Quecksilbermanometer. Das Manometer ist mit einem absperrbaren Teil der Apparatur verbunden, dessen Volumen aus Eichmessungen bekannt ist. Aus dem Druck im Manometer kann das Volumen des Gases unter Normalbedingungen errechnet werden. Kleinere Gasvolumina werden u. a. im McLeod-Manometer gemessen. Weitere Verfahren werden im Zusammenhang mit speziellen Methoden zur Bestimmung von ^{14}C und ^{3}H behandelt werden.

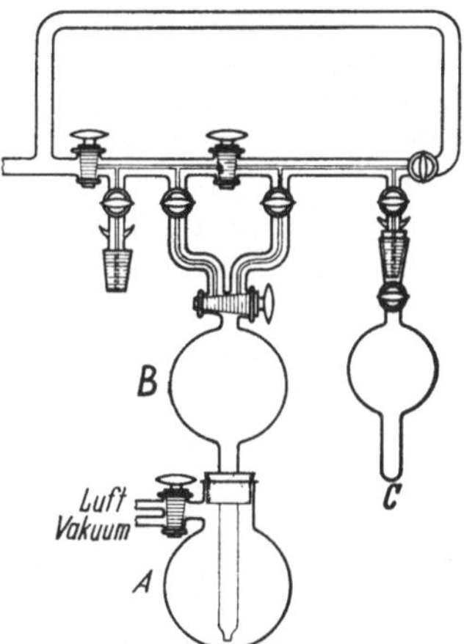

Abb. 8. Töpler-Pumpe zum Befördern nichtkondensierbarer Gase. Die Kolben A, B sind mit Quecksilber gefüllt. Wenn A evakuiert wird, entleert sich das Quecksilber aus B in A, das Gas wird in B eingelassen. Dann wird der Hahn an A zur Luft geöffnet, die das Quecksilber von A nach B und das Gas von B nach C drückt. Anschließend wird die nächste Portion Gas in B gebracht. Die Verbindungsleitungen sind aus Capillarrohr [nach CALVIN et al. (*Ca 3*)]

III. Herstellung von Präparaten für die Aktivitätsmessung, Besonderheiten bei der Messung

1. Zweck und Umfang der Präparation

Bei den typischen Anwendungen radioaktiver Isotope in der Medizin und Biologie wird die Aktivität mehrerer Präparate desselben Isotops verglichen. Diese Fragestellung vereinfacht die Meßtechnik insofern, als es nicht notwendig ist, die wahre Aktivität der Präparate zu bestimmen. Es genügt, einen Teil der insgesamt ausgesandten Strahlung zu erfassen, vorausgesetzt daß dieser Anteil bei allen Präparaten einer Versuchsreihe derselbe ist[1]. Anstelle der schwierigen Methoden der *Absolutmessung*[2] können die einfacheren Verfahren der *Relativmessung* benutzt werden.

Voraussetzung für eine einwandfreie Vergleichsmessung ist die vollkommene Übereinstimmung aller Proben in der Präparation und Anordnung bei der Messung. Diese Bedingung ist in der Praxis nicht immer zu verwirklichen. Sie würde in

---

[1] Die Faktoren, die diesen Anteil bestimmen, werden von SCHMEISER (S. 74 ff.) erörtert. Gelegentliche Absolutmessungen kann man mit den üblichen Geräten durchführen, wenn sie mit Präparaten bekannter absoluter Aktivität geeicht werden. Eichpräparate von allen praktisch wichtigen Isotopen sind erhältlich, z. B. durch das Isotopenlaboratorium, Kernreaktor Bau- und Betriebsgesellschaft, Karlsruhe.

[2] Näheres bei SCHMEISER, S. 89.

manchen Fällen eine sehr umständliche Arbeitsweise bedingen. Man begnügt sich deshalb vielfach mit einfachen, nicht exakten Methoden zur Herstellung von Meßproben und nimmt die dadurch bedingten Fehler in Kauf oder bringt Korrekturen an, wenn der Einfluß auf den Meßwert überschaubar ist.

Ob man mit einer einfachen Präparation auskommt oder zu einem umständlichen Verfahren greifen muß, hängt u. a. von folgenden Faktoren ab.

1. *Art und Energie der Strahlung.* Durchdringende Strahlung, vor allem γ-Strahlung, bedingt im allgemeinen den geringsten Aufwand, da die Proben in Menge, Zusammensetzung, Schichtdicke usw. in beträchtlichen Grenzen schwanken können. Weiche β-Strahlung oder α-Strahlung verlangt dagegen meist eine sehr sorgfältige Herstellung der Präparate und weitgehende Verarbeitung der Probe.

2. *Konzentration, Reinheit.* Man kann nur eine begrenzte Menge an Substanz mit gutem Effekt messen. Reicht die Aktivität dieser Menge zur Bestimmung aus, so ist eine einfache Präparation möglich. Andernfalls muß die Aktivität konzentriert werden, etwa durch Veraschen. Die Asche kann direkt gemessen werden oder weiter verarbeitet werden, um eine noch stärkere Anreicherung zu erhalten. 5 g Muskelgewebe geben z. B. 75 mg Asche mit 0,35 mg Calcium. Die direkte Messung dieser Asche ergibt bei gleicher Präparatfläche nur etwa die Hälfte des Meßwertes, den man nach Zusatz von 2 mg Calcium und Fällung als Calciumoxalat erhält [COMAR et al. *(Co 6)*]. Im äußersten Fall führt man die Aufarbeitung bis zum elementaren Zustand, um alle unerwünschten Bestandteile zu entfernen. Eine weitgehende Verarbeitung ist auch dann erforderlich, wenn radioaktive Verunreinigungen vorliegen, es sei denn, sie werden bei der Messung unterdrückt (Anwendung von Absorbern, γ-Spektrometer). Das natürliche ^{40}K ist besonders zu beachten.

3. *Gewünschte Genauigkeit.* Einfache Präparationsmethoden wie das Eindampfen von Lösungen, die direkte Messung von Aschen, Geweben, Verbindungen ergeben in der Regel größere Schwankungen als die Überführung aller anfallenden Proben in dieselbe, definierte und für die Präparation besonders geeignete Form. In vielen Fällen wird man einfache Verfahren dennoch verwenden können, weil ihre Mängel gegenüber anderen Fehlerquellen nicht ins Gewicht fallen. Genaue Experimente verlangen sorgfältige Probeherstellung und einwandfrei arbeitende Meßinstrumente. Es ist jedoch kaum möglich, die Präparate „fehlerlos" herzustellen, d. h. eine statistische Auswertung der Messungen einer Reihe von parallelen Präparaten ergibt fast immer größere Schwankungen, als nach den Gesetzen des radioaktiven Zerfalls erwartet wird. Die Fehlergesetze[1] geben deshalb nur den Mindestfehler an, der tatsächliche Fehler wird in den meisten Fällen größer sein.

4. *Nachweisverfahren.* Am Beispiel des Kohlenstoffs 14 soll der Einfluß der Nachweismethode auf die Probeherstellung erörtert werden. Die Messung als $Ba^{14}CO_3$ erfordert einen geringen apparativen Aufwand, die Präparation ist verhältnismäßig einfach, die Empfindlichkeit ist aber gering. Die Messung als $^{14}CO_2$ im Gaszählrohr bedingt einen größeren Aufwand und stellt gewisse Anforderungen an die Reinheit des Gases. Da die Empfindlichkeit aber erheblich gesteigert wird, kann die zu verarbeitende Substanzmenge reduziert werden, wodurch die Verarbeitung vereinfacht wird.

5. *Probenzahl.* Bei umfangreichen Versuchsserien sind Kompromisse hinsichtlich der Präparation selten zu vermeiden. Eine Automatisierung der Messung hilft in vielen Fällen weiter.

---

[1] SCHMEISER, S. 60 ff. Die Frage, ob die Meßanordnung nicht bereits größere Schwankungen verursacht, läßt sich nach einem Verfahren von RIEDEL *(Ri 2)* prüfen. Es ist auch zur statistischen Auswertung von Meßreihen brauchbar, durch die die tatsächlichen Fehler ermittelt werden sollen.

Diese Diskussion mag zeigen, daß man durch eine sorgfältige Vorbereitung der Versuche hinsichtlich der Art des Isotops, eingesetzte Aktivität, Nachweismethode usw. die Präparation sehr vereinfachen kann.

2. β-Strahler in fester Form

a) Ausschaltung der Selbstabsorption, allgemeine Gesichtspunkte

Von den die Relativmessung beeinflussenden Faktoren lassen sich die geometrischen Verhältnisse, die äußere Absorption und die Rückstreuung der Strahlung leicht konstant halten. Es ist dazu notwendig, den Durchmesser der Präparate, den Abstand vom Detektor, die Art und Dicke der Präparatunterlage und die Fensterdicke des Detektors festzuhalten. Zur Ausschaltung der Selbstabsorption hat man folgende Möglichkeiten:

1. Es werden dünne Präparate verwendet, die noch keine Selbstabsorption zeigen. Dieses Verfahren setzt hohe spezifische Aktivität voraus, die Präparation ist im allgemeinen schwierig.

2. Man stellt dicke Präparate im Sättigungsbereich der Selbstabsorptionskurve her[1]. Der Meßwert ist proportional der spezifischen Aktivität, das Produkt aus Meßwert und Menge ist proportional der Gesamtaktivität der Probe. Die Herstellung ist einfach, jedoch eignen sich nicht alle Substanzen (Bildung von Rissen usw.). Es tritt ein erheblicher Verlust an Aktivität ein. Die Methode ist nur bei sehr weicher Strahlung praktisch. In Gegenwart von γ-Strahlung ist sie nicht brauchbar[1].

3. Man arbeitet mit konstanter Schichtdicke im Bereich merklicher Selbstabsorption. Die Einwaage konstanter Substanzmengen für die Präparation ist zeitraubend.

4. Man arbeitet im Bereich merklicher Selbstabsorption mit variabler Schichtdicke und korrigiert alle Meßwerte auf eine Schichtdicke. Dazu ist eine Selbstabsorptionskurve notwendig[2]. Da die mathematische Behandlung der Selbstabsorption, insbesondere die Herleitung des Selbstabsorptionskoeffizienten aus den Eigenschaften der Strahlung, nur unvollkommen möglich ist[3], muß diese Korrekturkurve fast immer empirisch durch die Messung einer größeren Präparatserie bestimmt werden. Große Sorgfalt ist angebracht, denn die Kurve wird zur Auswertung vieler Messungen verwendet. Eine Übertragung auf Materialien ähnlicher Zusammensetzung — z. B. bei ^{14}C auf andere organische Verbindungen — ist bei ähnlichen Schichtdicken möglich [vgl. z. B. KARNOVSKY et al. (*Ka 10*)][4].

Die starke Selbstabsorption der β-Strahlung macht es notwendig, daß die Schichtdicke der Präparate sehr gleichmäßig ist. Lösungen werden zur Trockne

---

[1] Vgl. SCHMEISER, S. 83 f.

[2] Vgl. SCHMEISER, S. 85 f.

[3] Es sei hier auf das kürzlich von HENDLER (*He 11*) angegebene Verfahren hingewiesen. Man bestimmt einen Korrekturfaktor $F = S/P$, wobei S die spezifische Aktivität der Standardschichtdicke (Impulse/min · mg), P die scheinbare, d. h. gemessene spezifische Aktivität des Präparates ist. Wird F gegen die Substanzmenge m aufgetragen, ergibt sich eine Gerade. Es sind nur wenige Präparate zur Anfertigung einer Korrekturkurve erforderlich. Bei der Auswertung liest man aus der Kurve für die vorliegende Menge m den Faktor F ab und multipliziert die beobachtete spezifische Aktivität P, um S zu erhalten. Die Methode ist vorerst nur für ^{14}C erprobt.

[4] Eine weitere Möglichkeit zur Ausschaltung der Selbstabsorption besteht darin, β-Strahler über ihre innere Bremsstrahlung zu messen. Diese Strahlung ist durchdringender, die Zählausbeute ist jedoch gering. Vgl. z. B. Messung von ^{90}Sr-^{90}Y bei HOECKER u. SHAW (*Ho 2*), ^{3}H bei AYRES et al. (*Ay 2*), ^{32}P bei LOEVINGER u. FEITELBERG (*Lo 2*).

eingedampft, falls die Lösung nicht direkt gemessen wird, oder der aktive Bestandteil wird ausgefällt. Feste Verbindungen können im trockenen Zustand von Hand verteilt werden oder zu Präparaten gepreßt werden. Eine gute Verteilung erreicht man durch Aufschlämmen in geeigneten Lösungsmitteln und Sedimentation. Niederschläge aus Lösungen werden durch Filtration präpariert, oder der abfiltrierte und getrocknete Niederschlag wird suspendiert. Besonders gleichmäßige Schichten können durch Elektrolyse oder Aufdampfen erzeugt werden. Einige dieser Verfahren sind besonders geeignet für geringe Substanzmengen, etwa das Eindampfen, andere erfordern eine Mindestmenge, etwa die Filtration aus Lösungen.

Zur Korrektur der Selbstabsorption oder zur Bestimmung der spezifischen Aktivität muß das Gewicht des Präparates bekannt sein, entweder durch Präparation einer bekannten Menge oder durch Bestimmung der präparierten Menge, am bequemsten durch Auswaage des Präparates. In letzterem Fall ist es notwendig, daß eine definierte chemische Verbindung vorliegt, doch sind die Ansprüche in dieser Hinsicht wegen der begrenzten Genauigkeit der Aktivitätsmessung nicht vergleichbar mit den in der Gewichtsanalyse üblichen.

Der Zusatz von Trägern ist zweckmäßig, oft unerläßlich, etwa bei der Filtrationstechnik oder zur Erreichung der Sättigungsschicht. Falls die spezifische Aktivität bestimmt werden muß, darf der Träger erst nach der Mengenbestimmung zugegeben werden, oder es muß ein bekannter Teil der Probe für die Mengenbestimmung abgenommen werden.

b) Eindampfen von Lösungen

Dieses einfache Verfahren läßt sich bei kleinen Lösungsmengen hoher Aktivität anwenden. Im allgemeinen darf der Salzgehalt nur gering sein, wenn eine gleichmäßige Probe resultieren soll. Das Eindampfen muß sehr vorsichtig vorgenommen werden, um Verluste durch Spritzen zu verhindern. Lästig ist das Überkriechen mancher Lösungen. Eine Auswaage ist nur möglich, wenn keine Fremdsalze vorhanden sind. Schweitzer u. Eldridge (*Sch 24*) haben die Reproduzierbarkeit des Verfahrens eingehend untersucht. Es ergibt sich aus dieser und anderen Arbeiten[1,2], daß die Methode bis zu Schichtdicken von etwa 5 mg/cm^2 brauchbar ist und bei weicher Strahlung etwa 3%, bei harter Strahlung 1% Fehler[3] zu erwarten sind. Bei Schichtdicken über 10 mg/cm^2 wurden beträchtliche Fehler, z. B. 12—13% bei weicher Strahlung, 3% bei harter Strahlung[4], beobachtet. Bestimmungen in 0,5—1 ml Blut[5] oder Urin[6] mit Bindemitteln oder 0,2 ml Blut, Urin auf Saugpapier[7,10] können selbst bei weichen Strahlern mit 1,5—2,5% Fehler gemacht werden. Durch eine besondere Arbeitsweise ist eine praktisch fehlerlose Präparation harter β-Strahler in dicker Schicht[8] und weicher β-Strahler in dünner Schicht[9] möglich.

---

[1] Calvin et al. (*Ca 3*).

[2] Comar et al. (*Co 6*).

[3] Diese und ähnliche Zahlen an anderer Stelle sollen lediglich einen Anhalt geben. Es handelt sich um Durchschnittswerte aus — nicht immer exakt definierten — Fehlerangaben, die die zu erwartende Standardabweichung einer Einzelmessung charakterisieren sollen. Der Zählfehler ist inbegriffen unter der Annahme, daß er $\sim$ 1% beträgt.

[4] Schweitzer u. Eldrige (*Sch 24*). — [5] Armstrong et al. (*Ar 3*).

[6] Freedberg et al. (*Fr 4*). — [7] Burr u. Wiggans (*Bu 11*).

[8] Wright (*Wr 1*). — [9] McCready (*Mc4*). — [10] Burch et al. (*Bu 6*).

Als Unterlagen werden Schälchen oder Scheiben aus Metall oder Glas benutzt, die mit dem Lösungsmittel nicht chemisch reagieren dürfen. Welches Material günstig ist, sollte durch Versuche festgestellt werden. Bei ^{32}P wurde z. B. auf Stahl die dreifache Streuung der auf Cu, Al und Glas auftretenden gefunden, während für ^{35}S Glas um denselben Faktor schlechter war als die anderen Materialien[1]. Im allgemeinen verwendet man polierte Oberflächen, bei wäßrigen Lösungen kann aber durch rauhe Oberflächen, z. B. geschliffenes Glas[2], oxydierte Kupferscheiben[3], die Verteilung verbessert werden. Chemische Reaktionen der präparierten Verbindung mit der Unterlage scheinen günstig zu sein, so ergab für $^{35}SO_4^{2-}$ Blei die besten Resultate[4].

Es können wäßrige wie organische Lösungen verwendet werden. CALVIN et al. (*Ca 3*) empfehlen für dünne Schichten ein Lösungsmittel, das die vorliegende Verbindung sehr gut löst, während für dickere Schichten eine mäßige Löslichkeit bessere Resultate ergibt. Die Oberflächenspannung des Lösungsmittels ist von Einfluß auf die Ausbreitung, für wäßrige Lösungen wird der Zusatz von Netzmitteln oder kleinen Mengen Alkohol empfohlen, jedoch erhielten SCHWEITZER u. ELDRIDGE (*Sch 24*) mit Netzmitteln größere Streuungen.

Das Eindampfen wird mit Heißluft[2,5] oder unter einem Infrarotstrahler vorgenommen. Bei einer 250 Watt Lampe wird ein Abstand von 10 cm, Präparate auf einem Kreis von 13 cm Durchmesser[6], bzw. 23 cm, Präparate auf einem 10 cm Kreis[1], empfohlen; FREEDBERG et al. (*Fr 4*) dampfen bei 40° C ein. WRIGHT (*Wr 1*) führt die Heißluft durch einen vielfach durchbohrten Messingring (12 cm ∅) von der Seite zu, wodurch zugleich eine Rührung erreicht wird, und erhält sehr gleichmäßige dicke Schichten.

Um eine reproduzierbare Präparatfläche zu erhalten, werden die Präparate während des Eindunstens auf eine Drehscheibe gelegt, die mit etwa 10—20 Umdrehungen/min rotiert[2,7]. Andere Autoren bringen Ringe aus Lack[8,9], Canadabalsam[10] oder mit Äther verdünntem Silikonöl[7] an. Es werden mit Silikonfett präparierte Unterlagen[7,11] oder solche, die mit konzentrischen Ringen versehen sind[11,12,13] verwendet. Reproduzierbare Präparatflächen lassen sich auch dadurch erzielen, daß die Unterlage nur am Rand erhitzt wird[8,9,14,15,16] (Abb.9). Das portionsweise Eindampfen größerer Lösungsmengen ist unbequem. Ein einfaches Verfahren, die Zugabe der Lösung und das Eindampfen selbsttätig durchzuführen, wird von SVENDSEN (*Sv 1*) beschrieben.

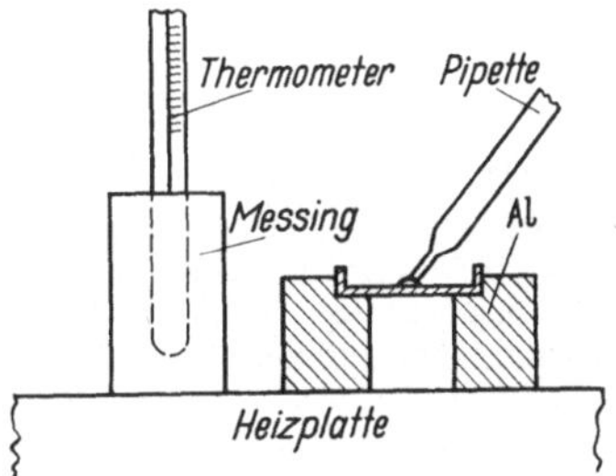

Abb. 9. Herstellung von Meßpräparaten durch Eindampfen kleiner Volumina in einem Meßschälchen aus Metall [nach RYDBERG (*Ry 2*)]

Bei größeren Gehalten an Festsubstanz sind Zusätze an Bindemitteln günstig, um rissige und schlecht haftende Rückstände zu vermeiden, so z. B. Tetraäthylenglykol (25—50 μl/ml bei 1—2 mg/cm²)[8,9], Gelatine (2—3 mg bei 1 ml Urin)[17], Glycerin (0,04 ml bei 0,5 ml Blut)[6], Rohrzucker (0,3 ml 50%ige Lösung bei 2 ml Urin, Serum, Faeces)[18], Lecithin (für Blut, Gewebe)[10]. McCREADY (*Mc 4*) verwendet eine konstante Menge Agar und erreicht für ^{14}C-haltige Lösungen bei einer bestimmten Trocknungsmethode sehr genaue Resultate.

Die Verteilung kann auch durch saugfähiges Papier verbessert werden. CALVIN et al. (*Ca 3*) geben 0,1—0,2 ml Lösung auf ein Schälchen und legen eine Scheibe saugfähiges Papier auf. Ein Tröpfchen Alkohol begünstigt die Ausbreitung. Die Trocknung wird bei 110° oder — vorzugsweise — bei Zimmertemperatur im Vakuum vorgenommen. 0,15 mg/cm² organische Substanz genügen, damit das Papier an der Unterlage haftet, eventuell werden 0,02 mg/cm² Collodium zugesetzt. Das Wellen des Papiers kann durch 1—2 Tropfen 10%ige Zuckerlösung unterbunden werden. Das Auftropfen auf Papier ergibt größere Schwankungen. Größere Lösungsmengen (bis etwa 2 ml) werden auf 5×8 cm große Stücke Papier verteilt, mit

[1] SCHWEITZER u.ELDRIDGE (*Sch. 24*). — [2] CALVIN et al. (*Ca 3*).
[3] HOGNESS et al. (*Ho 3*). — [4] DOHLMAN (*Do 5*).
[5] WRIGHT (*Wr 1*). — [6] ARMSTRONG et al. (*Ar 3*).
[7] WINGO et al. (*Wi 10*). — [8] DODSON et al. (*Do 2*).
[9] HUFFORD u. SCOTT (*Hu 5*). — [10] LOCKSLEY et al. (*Lo 1*).
[11] SVENDSEN (*Sv 1*). — [12] AYRES et al. (*Ay 2*).
[13] SMITH u. BRONSON (*Sm 10*). — [14] WESTRUM (*We 11*).
[15] TUCK (*Tu 1*). — [16] RYDBERG (*Ry 2*).
[17] FREEDBERG et al. (*Fr 4*). — [18] BEARN u. KUNKEL (*Be 3*).

Cellophan bedeckt und um ein zylindrisches Zählrohr gewickelt[1]. Entenman et al. (*En 2*) tropfen größere Lösungsmengen nach und nach auf das warme Papier, um Präparate bis zu 10 mg/cm² zu erhalten. Eine Untersuchung über die notwendige Trocknungszeit, Störungen durch Verflüchtigung und Wasseranziehung bei der Präparation verschiedener Isotope in 0,25 ml Urin und Blut haben Kelly, Burch et al. (*Ke 1, Bu 6*) veröffentlicht. Sie trocknen vorzugsweise bei Zimmertemperatur. Bei Urin stört die Wasseranziehung.

c) Sedimentation, dicke feste Proben

Die Verteilung einer trockenen Substanz von Hand mit einem Spatel, Glasstab usw. genügt nur bei sehr geringen Ansprüchen an die Genauigkeit der Messung. Eine gleichmäßige Verteilung kann durch Einpressen der Substanz in das Meßschälchen oder in eine Preßform erreicht werden, gegebenenfalls mittels einer hydraulischen Presse. Das Verfahren ist vor allem für sehr dicke Präparate geeignet, da gleichmäßige Schichten von mehr als etwa einem Millimeter Dicke oftmals ohne Druck kaum zu erhalten sind. Der wesentliche Nachteil ist die mögliche Übertragung von Aktivität durch die Stempel und Formen. Die Genauigkeit ist recht gut, Popjak (*Po 2*) erhielt z. B. nur Schwankungen im Umfang der Zählfehler.

Popjak (*Po 2*)[2] verwendet einen polierten Stahlstempel, um organische Verbindungen von Hand in Meßschälchen zu pressen. Durch leichtes Drehen des Stempels vor dem Herausnehmen wird das Anhaften von Substanz verhindert. MacKenzie u. Dean (*Ma 5*) haben getrocknetes, vermahlenes und gesiebtes pflanzliches Material unter einer Presse zu 6 mm dicken Präparaten von 2,9 cm Durchmesser gepreßt. Preßlinge aus getrocknetem Gewebe wurden von Comar et al. (*Co 7*) benutzt. Der Zeitgewinn, bedingt durch das Umgehen einer chemischen Verarbeitung, mag unter Umständen so bedeutend sein, daß man die Mängel — Verseuchungsgefahr, Aufwand, geringere Empfindlichkeit — in Kauf nehmen wird.

Michel et al. (*Mi 2*) verwenden einen ausgebohrten plastischen Szintillator, um Gewebeproben im feuchten Zustand mit etwa 5% Genauigkeit zu messen. Das Gewebe wird auf 1—5 mg genau zu Würfeln von 200—300 mg Gewicht geschnitten, durch Trockeneis gefroren und in Reagenzgläser aus Kunststoff überführt.

Gebräuchlicher ist die Verteilung fester Verbindungen durch Suspension in einem Lösungsmittel. Die Verbindung setzt sich in einer gleichmäßigen Schicht auf der Unterlage ab, während das Lösungsmittel bei Zimmertemperatur oder in der Wärme verdampft wird. Es lassen sich brauchbare Schichten beinahe beliebiger Dicke herstellen. Für dünne Schichten weicher β-Strahler wird im allgemeinen eine Genauigkeit von 1,7—2,5% angegeben[3,4,5,6,7], wobei die Genauigkeit der verschiedenen Varianten etwa gleich ist. Dicke Schichten weicher Strahler[8,9] und dünne Schichten harter Strahler[10] lassen sich mit etwa 0,5—0,9% Fehler erhalten. Ein Vorzug mancher Methoden zur Probeherstellung durch Sedimentieren liegt darin, daß mißglückte Präparate ohne Aufwand neu suspendiert werden können.

Die Suspension wird im Meßschälchen selbst oder auch außerhalb, etwa in einem Zentrifugenglas, einem Mörser usw., vorgenommen. Die Teilchengröße und die Art des Lösungsmittels sind von großem Einfluß, für den sich keine allgemeinen Regeln angeben lassen. Die günstigsten Bedingungen müssen von Fall zu Fall ausprobiert werden. Wenn möglich wird man ein niedrig siedendes Lösungsmittel verwenden. Grobe Partikelchen müssen verrieben oder zerdrückt werden. Für dünne Schichten — unterhalb von etwa 2,5 mg/cm² —

---

[1] Über zylindrische Zählrohre mit 1—2 mg/cm² Wandung, vgl. Sugihara et al. (*Su 2*), Johnston (*Jo 1*).

[2] Vgl. auch Burr u. Marcia (*Bu 10*).

[3] Loose (*Lo 3*). — [4] Calvin et al. (*Ca 3*). — [5] Popjak (*Po 2*).

[6] Comar et al. (*Co 6*), Comar (*Co 5*). — [7] Evans u. Huston (*Ev 1*).

[8] Rezanovich (*Re 10*). — [9] Hutchens et al. (*Hu 9*). — [10] Sorensen (*So 1*).

sind feine und gleichmäßige Teilchen wichtig. Es wird empfohlen[1,2] die Substanz in einem Achatmörser mit dem Lösungsmittel anzureiben, grobe Teilchen absitzen zu lassen und die Suspension auf die Unterlage zu geben. Dies wird so lange wiederholt, bis die Substanz vollständig oder größtenteils fein verteilt und überführt ist.

Als Unterlagen können Schälchen und Scheiben aus Metall, Glas und Kunststoff benutzt werden, im allgemeinen mit polierter Oberfläche. Die Präparate haften gewöhnlich recht gut, unter Umständen gibt man zum Lösungsmittel eine kleine Menge Klebstoff.

Auf Scheiben oder in flachen Schälchen müssen dicke Suspensionen aufgebracht und mit einem feinen Glasstab oder einer Platinschleife verteilt werden. Andererseits gelingt die Verteilung meist besser, wenn eine größere Menge Lösungsmittel benutzt wird. Schälchen mit

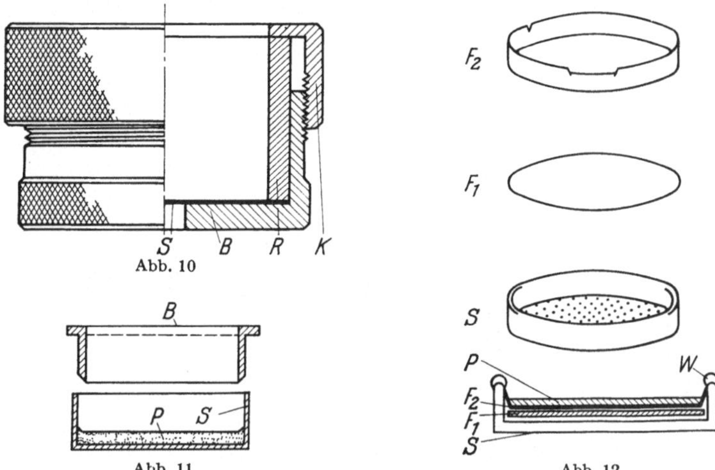

Abb. 10. Gefäß zur Herstellung von Meßpräparaten durch Sedimentation auf eine Metallscheibe S; zur Dichtung wird der Metallring R durch die Kappe K gegen S gedrückt, zur Entnahme von S ist der Boden B in der Mitte durchbohrt [nach CALVIN et al. (Ca 3)]

Abb. 11. Metallblende B zur Abdeckung der ungleichmäßigen Randzone des Meßpräparates P im Schälchen S; die Blende ist aus poliertem Stahl und reicht — eingesetzt — bis etwa 1 mm oberhalb von P [nach REZANOVICH (Re 10)]

Abb. 12. Perforiertes Meßschälchen mit Filter zur Präparation durch Sedimentation und Absaugen. S Schälchen aus Metall oder Kunststoff, F₁, F₂ Filter, P Präparat, W Klebwachs zur Abdichtung [nach ARMSTRONG u. SCHUBERT (Ar 2)]

hohem Rand (5—6 mm) sind praktisch, bedingen aber einen größeren Abstand vom Detektor. Dieser Nachteil kann durch Sedimentation auf eine Scheibe in einem auseinandernehmbaren Gefäß (Abb. 10) vermieden werden[1,2,3]. Kleine Mengen haben die Neigung, sich in der Mitte und am Rande der Unterlage anzusammeln, insbesondere bei Schichten unterhalb von $1{,}5 \text{ mg/cm}^2$[1]. In diesen Fällen versucht man nach dem Verdampfen der Hauptmenge des Lösungsmittels durch Bewegen (kreisförmige Bewegung treibt die Substanz an den Rand) oder Aufstoßen auf eine Unterlage eine gleichmäßige Verteilung zu erhalten[1,2]. Besonders bei dünnen Schichten ist es wichtig, die Sedimentation auf einer waagerechten Unterlage bei Zimmertemperatur und ohne Luftströmung auszuführen. Eine sehr langsame Verdampfung des Lösungsmittels ist angebracht, bei $BaSO_4$-Aufschlämmungen in 1,5 ml Wasser wurde z. B. über Nacht 60 cm unter einer 250 Watt Lampe eingedampft[4]. Bei dicken Schichten ergeben sich Schwankungen durch das Kriechen der Substanz an den Wänden der Schälchen. In diesem Fall blendet man diesen Randteil in der in Abb. 11 gezeigten Weise aus, wenn besondere Genauigkeit angestrebt wird[4].

Das Lösungsmittel kann durch Filtrieren entfernt werden, wenn ein perforiertes Meßschälchen aus Messing oder Kunststoff nach ARMSTRONG u. SCHUBERT (Ar 2), Abb. 12, benutzt wird. In das Schälchen wird zunächst ein genau passendes dickes qualitatives Filter gelegt, darüber wird ein größeres dichtes Filter eingedrückt, das Überstehende abgeschnitten, befeuchtet und mit einem abgeflachten Stab angepreßt. Nach dem Absaugen wird der Rand

---

[1] CALVIN et al. (Ca 5).
[2] DAUBEN et al. (Da 2).
[3] HENDRICKS et al. (He 12).
[4] REZANOVICH (Re 10).

des Filters gegen das Schälchen abgedichtet. Man wäscht mit Aceton und Äther, trocknet und wiegt. Die Suspension wird portionsweise überführt und abgesaugt. Man wäscht das Präparat mit einem leichtflüchtigen Lösungsmittel, trocknet und wiegt aus.

Andere Autoren verwenden Zentrifugen, um die Sedimentation zu beschleunigen[1,2,3,4]. Abb. 13 zeigt eine typische Anordnung[1]. Das Zentrifugieren ist vor allem bei größeren Mengen an feinteiligen Suspensionen vorteilhaft. Eine gewisse Schwierigkeit besteht gewöhnlich darin, eine einwandfreie Abdichtung zu erreichen. Nach dem Zentrifugieren wird abgehebert[2]. Dabei darf das Präparat nicht aufgewirbelt werden. Evans u. Huston[1] ziehen es vor, Suspensionen in Alkohol-Äther bis zum Verdunsten des Lösungsmittels zu zentrifugieren. Die Trocknung der abzentrifugierten Präparate muß vorsichtig geschehen, da sie recht feucht sind[5], es sei denn, man zentrifugiert bis zur Trockne. Comar et al. (Co 5,6) verwenden Meßschälchen von 2,5 cm

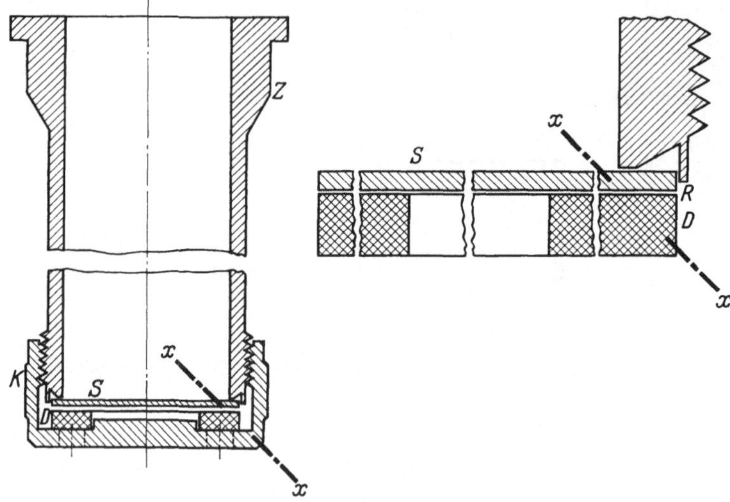

Abb. 13. Zentrifugeneinsatz zur Herstellung von Meßpräparaten. S Metallscheibe als Träger für das Präparat, D Teflondichtung, K Messingkappe, Z Metallzylinder, in die Halterung der Zentrifuge passend, R Ring, der die Verschiebung von S beim Auseinandernehmen verhindert [nach Evans u. Huston (Ev 1)]

Durchmesser und stecken in die Schälchen ein 10 cm langes Plastikrohr, das am Ende auf 2,5 cm Länge um etwa 1 mm verjüngt und in die Schälchen eingepaßt ist. Das Rohr wird mit einer Fassung in ein 50 ml Zentrifugenglas gesetzt und Wasser zwischen Rohr und Glas gegeben, um den Druck auszugleichen und abzudichten.

d) Filtration

Die Filtration wird zur Herstellung radioaktiver Präparate vor allem dann eingesetzt, wenn die zu messende Substanz als Niederschlag in einer Lösung vorliegt oder ausgefällt werden kann. Im letzteren Falle muß ausreichend Träger vorhanden sein, wenn eine quantitative Präparation notwendig ist, es sei denn, man schließt eine Ausbeutebestimmung an. Geringe Niederschlagsmengen lassen sich im allgemeinen schlecht präparieren, da die Filtration zu schnell vor sich geht. Man verwendet Filtriergeräte in der Art der Büchner-Nutschen, in die das Filter eben eingelegt ist. Die Genauigkeit beträgt bei dünnen Schichten weicher Strahler 1,5—2,5%[5,6].

Bei der praktischen Durchführung wird der gut suspendierte Niederschlag in die Nutsche gegossen, während die Pumpe abgestellt ist oder nur schwach saugt. Nach einigen Sekunden erhöht man das Vakuum in der Saugflasche, so daß die Filtration beginnt. Falls in mehreren

[1] Evans u. Huston (Ev 1). — [2] Hutchens et al. (Hu 9). — [3] Larson et al. (La 9). [4] Paoletti u. Paoletti (Pa 3). — [5] Calvin et al. (Ca 3). — [6] Comar et al. (Co 6).

Portionen aufgegeben wird, soll erst nach Überführung der gesamten Menge vollständig ab-gesaugt werden. Das Anhaften oder Hochkriechen von Niederschlag im Schornstein kann durch Zusatz von Netzmitteln, Waschen mit Alkohol oder Verwendung von Teflon-Nutschen[1] verhindert werden. Nach dem Durchsaugen der Lösung wird das Präparat gewaschen, wobei man mit Alkohol, Aceton oder Äther abschließen kann, und durch Durchsaugen von Luft weit-gehend getrocknet. Nicht jeder Niederschlag ist geeignet, so daß es unter Umständen notwen-dig sein kann, nach der Isolierung des Isotops durch eine selektive Fällung eine zweite Fällung

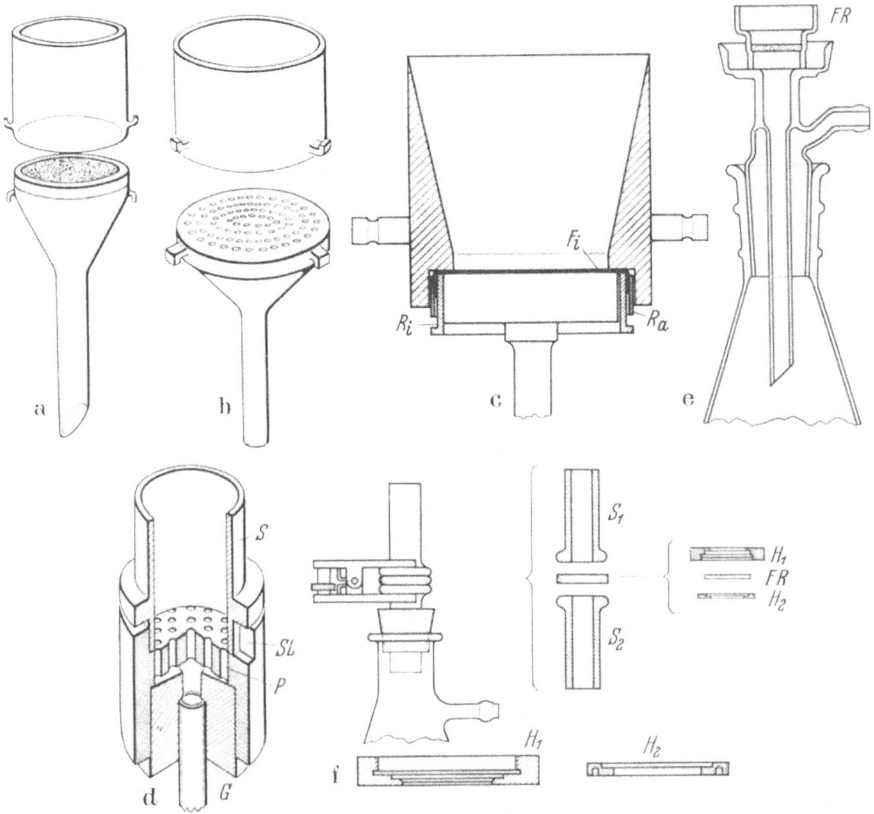

Abb. 14 a—f. Einige Nutschen zur Herstellung von Meßpräparaten durch Filtration. a) Glasnutsche mit Glasfritte, auf die das Filter gelegt wird. b) Porzellannutsche. c) Metallnutsche nach BLOOM (*Bl 4*). Die Nutsche ist aus Edelstahl und hat eine geschlitzte Platte. Das Filter F_i wird zwischen zwei Ringe R_i und R_a eingespannt. Nach der Filtration werden die Ringe mit dem Filter abgenommen und das Präparat eingespannt gemessen. d) Teflonnutsche nach JERVIS (*Je 4*). S Teflon-schornstein, P Teflonfilterplatte, SL Schlitz zum Auseinandernehmen, G Glasrohr. e) Filtriergerät nach SACKS (*Sa 1*). Nach der Filtration, die direkt auf die Fritte FR erfolgt, wird das Glasschälchen mit der Fritte gemessen. f) Filtriergerät nach ANDERSON et al. (*An 3*). S_1, S_2 Glasschornsteine, H_1, H_2 Halterung aus Edelstahl für die Fritte FR, die entnommen und gemessen wird

in einer wenig charakteristischen, aber für die Präparation besonders günstigen Fällungsform auszuführen. Ungeeignet sind z. B. Hydroxyde und andere wasserreiche Niederschläge, da sie beim Trocknen stark schrumpfen und Risse oder Körnchen bilden. Ungeeignet sind auch viele der in der analytischen Chemie bevorzugten grobkristallinen Niederschläge, sie haften schlecht an den Filtern.

Einige Nutschen sind in Abb. 14 wiedergegeben. Glasfritten ergeben eine gleichmäßige Verteilung des Niederschlags. Bei perforierten Platten legt man zwei Filter auf, wobei das unterste, ein dickes qualitatives oder gehärtetes Filter, die Anhäufung des Niederschlags über den Löchern vermindern soll. Porzellannutschen nach Abb. 14b (,,Hahnsche Nutschen") sind billiger und weniger empfindlich als Glasfritten (Abb. 14 a). Neuerdings werden auch Nut-schen aus Metall[2] oder Teflon[1] empfohlen (Abb. 14 c,d).

---

[1] JERVIS (*Je 4*).
[2] BLOOM (*Bl 4*).

Die Filtration kann auf ein Filter oder direkt auf die Glasfritte erfolgen. Bei Filtern hat man gewisse Schwierigkeiten bei der Auswaage und Montage, die sich vermeiden lassen, wenn die Filterplatte[1,2] oder der ganze obere Teil des Filtriergerätes[3,4] abnehmbar ist (Abb. 14 e, f) und das Präparat auf der Fritte gemessen wird. Im letzteren Fall wird der Abstand vom Zählrohr vergrößert, es sei denn, man mißt in der in Abb. 15 gezeigten Weise[4,5]. Dünne Schichten lassen sich direkt auf Fritten schwer reproduzierbar präparieren, da der Niederschlag in die Poren gesaugt wird. Ein Nachteil der Messung von der Fritte ist die zeitraubende Säuberung und Kontrollmessung.

Besondere Maßnahmen zur Dichtung sind im allgemeinen nicht notwendig, es genügt, den Schornstein durch Federn oder Klammern anzudrücken. Bei Filtern ist auch diese Maßnahme vielfach unnötig.

Für die Auswahl des Filtermaterials sind nicht nur die üblichen Gesichtspunkte —

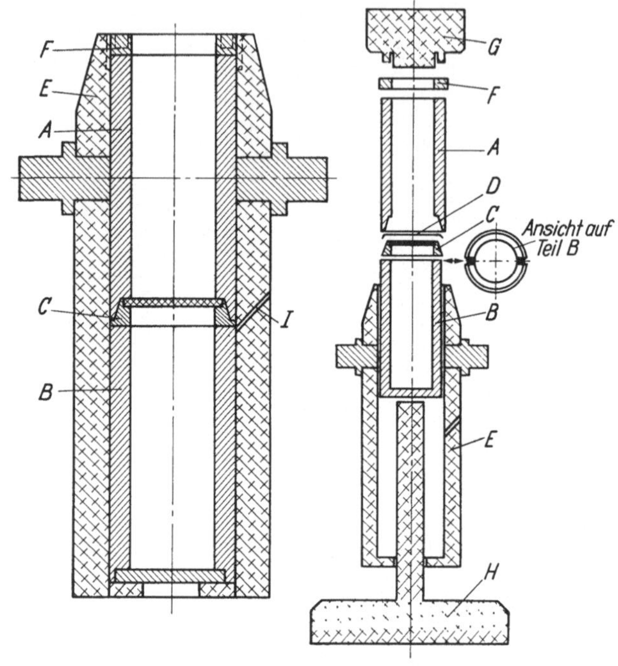

Abb. 15   Abb. 16

Abb. 15. Endfenster-Zählrohr mit strömendem Zählgas für die Messung radioaktiver Präparate in Filtertiegeln. FT Filtertiegel, FE dünnes Zaponlackfenster, mit Aluminium bedampft, ↑↓ Zu- und Ableitung für das Zählgas [nach Norris u. Lawrence (*No 3*)]

Abb. 16. Anordnung zur Präparation durch Abzentrifugieren. A, B sind die beiden Teile des Zentrifugenrohrs, dazwischen der Träger (Stahl) C mit der Filterplatte, auf der das Filter D liegt und durch eine Abschrägung von A (20°) angepreßt wird. E ist ein Aluminiumbehälter, F eine Mutter, die mittels G festgeschraubt wird, H dient zum Herausstoßen von A, B, und I ist eine Bohrung zum Luftaustritt (s. auch die Aufsicht auf B) [nach Bronner u. Jernberg (*Br 11*)]

Undurchlässigkeit für den Niederschlag, Resistenz gegenüber der Lösung — maßgebend. Das Filter muß sich gut für die Messung montieren lassen. Wenn die spezifische Aktivität bestimmt werden soll, werden die Präparate häufig auf dem Filter ausgewogen. Dieses Verfahren setzt voraus, daß das Filtergewicht, das vorher bestimmt wird, konstant bleibt. Papierfilter sind für die feinen Niederschläge, die für die Präparation besonders geeignet sind, oftmals durchlässig. Sie wellen sich beim Trocknen; beim Wiegen sind Schwankungen von 1—3 mg leicht möglich[6]. Membranfilter filtrieren feine Niederschläge vollständig. Sie sind auf 0,02—0,03 mg gewichtskonstant[6], besonders bei der Verwendung glycerinfreier Filter[7]. Sie müssen aber montiert werden. Weiter werden Membranfilter durch die üblichen Lösungsmittel angegriffen, zur Trocknung ist allein 80%iges Äthanol brauchbar. Glasfaserfilter sind dagegen so starr, daß die Auswaage und Messung ohne Montage erfolgen kann[8]. Sie müssen vorgewaschen werden, da sie beim Filtrieren etwa 1 mg an Füllstoffen verlieren. Starre Scheiben aus mit Kunstharzen imprägnierten Filtern haben sich ebenfalls bewährt[7]. Sie sind vor der Filtration mit Alkohol zu befeuchten.

---

[1] Anderson et al. (*An 3*). — [2] Pinajan u. Cross (*Pi 3*). — [3] Sacks (*Sa 1*).
[4] Norris u. Lawrence (*No 3*). — [5] Bernstein u. Ballentine (*Be 10*).
[6] Jervis (*Je 4*). — [7] Scheffer u. Ludwieg (*Sch 4*). — [8] Katz u. Golden (*Ka 14*).

Bei schwer filtrierbaren Lösungen wird Zentrifugieren zur gleichzeitigen Abtrennung und Präparation des Niederschlags empfohlen[1]. Eine Apparatur ist in Abb. 16 dargestellt.

Welche Form der Montage bei Filtern, die nicht genügend starr sind, zweckmäßig ist, hängt nicht zuletzt davon ab, ob das Präparat aufbewahrt werden soll. Man legt das Präparat auf eine Metallscheibe und legt einen Messingring auf[2], klebt es auf einen mit Vaseline gefetteten Ring[3] oder klebt das Filter schon vor der Filtration an einen Aluminiumring von 6 mm Höhe und 1,5 mm Dicke[4]. Auch die in Abb. 17 gezeigte Befestigung[5] wird viel verwendet. Man kann das Filter in ein Meßschälchen einlegen und durch einen Klemmring aus Metall oder Kunststoff festhalten. Zur dauerhaften Montage klebt man das Filter am zweckmäßigsten auf eine Platte aus Metall, Kunststoff oder Pappe, die in die Einschübe des Meßblocks paßt. Wenn Klebstoff verwendet wird, darf bei Membranfiltern nur sehr wenig genommen werden, da die Filter durch das Lösungsmittel leicht schrumpfen und der Niederschlag absplittert. Sehr praktisch sind beiderseitig klebende Kunststoff-Klebebänder. Falls das Präparat nicht mit der Unterlage beseitigt wird, klebt man zur gefahrlosen Entfernung von der Unterlage eine zweite Folie darüber und zieht beide Folien, zwischen denen sich das Präparat befindet, gemeinsam ab.

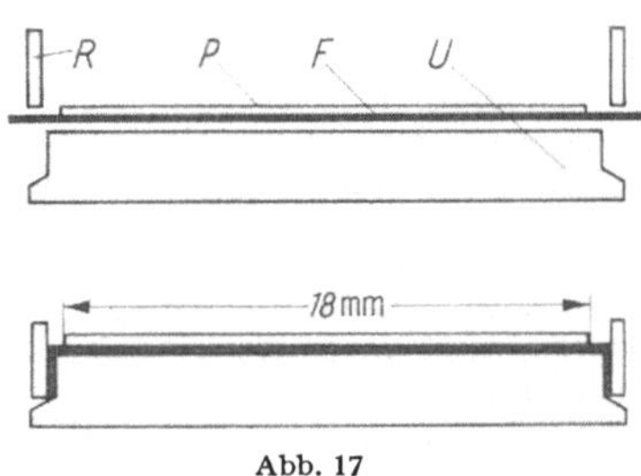

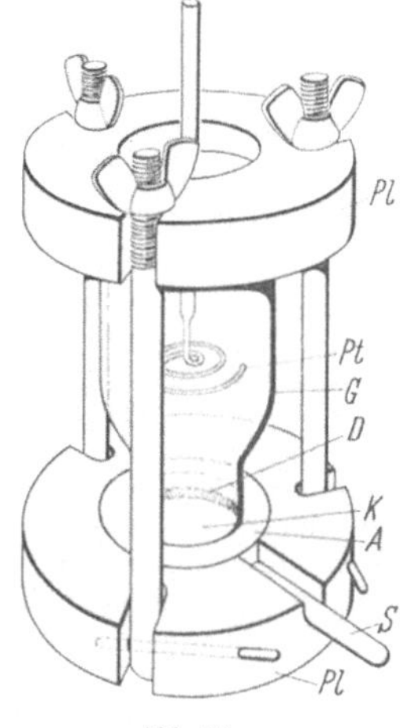

Abb. 17   Abb. 18

Abb. 17. Montage von Filtern mit Niederschlägen zur Zählung. F Filter, P Präparat, U Metallunterlage, R Metallring [nach HENRIQUES et al. (*He 14*)]

Abb. 18. Elektrolysenzelle zur Herstellung von Meßpräparaten. Pl Plexiglashalterung, G Glasgefäß, A Adapter, D Dichtung, Pt Platinanode, K Kathode (Metallscheibe), S Stromanschluß für die Kathode [nach DUNN (*Du 7*)]

e) Elektrolyse, Aufdampfen

Sehr gleichmäßige Schichten werden durch elektrochemische Abscheidung auf Metallblechen und durch Aufdampfen erhalten. Die letztere Methode wird bei Indicatoruntersuchungen kaum benutzt, da sie einen größeren Aufwand bedingt und keine quantitative Präparation möglich ist. Die Elektrolyse ist dagegen gerade bei der biologischen Anwendung radioaktiver Isotope häufig verwendet worden; die meisten der auf diese Weise präparierten Isotope werden neuerdings aber bevorzugt durch γ-Zählung bestimmt.

Die Abscheidung kann stromlos erfolgen durch Niederschlagung eines edlen Elements auf einer unedlen Metallplatte. Meist wird diese Form der Präparation zugleich zur Abtrennung benutzt, z. B. bei der Bestimmung von Polonium in biologischen Proben[6]. Unedle Elemente lassen sich nur durch Elektrolyse abscheiden. Dieses Verfahren ist durchaus nicht auf Elemente beschränkt, die aus Lösung zum Metall reduziert werden können. Eine Anzahl von Elementen kann als Oxyd oder Hydroxyd abgeschieden werden, wobei Hydrolyseerscheinungen in unmittelbarer Nähe der Kathode eine Rolle spielen. Die Schichtdicke kann zwischen unsichtbaren Abscheidungen und einigen mg/cm^2 variiert werden. Die Elektrolyse bedingt bei Reihenuntersuchungen einen größeren apparativen Aufwand, ist aber — wenn die Anlage einmal vorhanden ist — mit wenig Aufsicht durchzuführen.

Als typische Elektrolysezelle sei die von DUNN (*Du 7*) verwendete beschrieben (Abb. 18)[7]. Als Kathoden werden Bleche aus Kupfer, Platin, Stahl u. a. benutzt, die etwa 0,05 mm dick

---

[1] BRONNER u. JERNBERG (*Br 11*). — [2] VON ERICHSEN u. MÜLLER (*Er 5*).
[3] SCHEFFER u. LUDWIEG (*Sch 4*). — [4] MACKENZIE u. DEAN (*Ma 4*). —
[5] HENRIQUES et al. (*He 14*). — [6] Näheres im speziellen Teil.
[7] Weitere Anordnungen vgl. z. B. bei HUFFORD u. SCOTT (*Hu 5*), DODSON et al. (*Do 2*) u. a.

sind und 2,5 oder 3,8 cm Durchmesser haben. Das Glasgefäß ist auswechselbar, so daß ein effektiver Durchmesser von 1,6 oder 3,2 cm erzielt werden kann. Als Dichtungsmaterial verwendet Dunn (*Du 7*) Gummi, neuerdings werden Kunststoffe, vorzugsweise Teflon, empfohlen. Die Platinanode besorgt gleichzeitig die Rührung (etwa 350 Umdrehungen/min). Die Kathoden müssen sorgfältig gereinigt und entfettet werden, etwa durch Eintauchen und Anätzen in Chromschwefelsäure oder Salpetersäure, Spülen mit Wasser, Eintauchen in Aceton und Trocknung. Die Zusammensetzung des Elektrolysebades, die Temperatur und die Dauer der Elektrolyse variieren je nach dem vorliegenden Element. In den meisten Fällen ist vor der Elektrolyse eine chemische Anreicherung und Reinigung erforderlich.

f) Bedecken der Präparate

Man sollte es sich zur Regel machen, alle Präparate — auch wenn sie nur einmal gemessen werden — zu bedecken oder durch Zusätze von Bindemitteln zu schützen, um Verluste und Verseuchungen durch Stäuben zu verhindern. Lediglich bei sehr weichen β-Strahlern muß man häufig auf diese Maßnahme verzichten.

Die Folie, die auf das Präparat gebracht wird, soll keine starke Schwächung der Intensität verursachen[1]. Folien stark schwankender Dicke können nicht benutzt werden, wenn die Schwächung merklich ist. Für harte β-Strahler benutzt man vorteilhaft die handelsüblichen Klebefolien, deren Schichtdicke bei etwa 8—10 mg/cm² liegt. Dünnere, nicht klebende Folien von etwa 0,8—1,0 mg/cm² Dicke sind ebenfalls handelsüblich. Noch dünnere Folien, die selbst bei weicher Strahlung keine Schwächung bewirken, stellt man sich durch Auftropfen einer verdünnten Lösung von Zaponlack usw. auf eine Wasseroberfläche her. Die Lösung breitet sich aus, das Lösungsmittel verdunstet, und eine Folie bleibt zurück. Sie wird mit einem Drahtrahmen herausgehoben, umgekehrt — damit die feuchte Seite nach oben kommt — und auf das Präparat gebracht. Diese dünnen Folien sind sehr empfindlich, gewähren aber doch einen gewissen Schutz. Es ist auch üblich, auf die Präparate ein Fixativ aufzusprühen, etwa mit einer zum Besprühen von Chromatogrammen gebräuchlichen Spritze. Dabei darf der Niederschlag nicht fortgeblasen werden, was man dadurch erreicht, daß das Fixativ senkrecht zum Präparat aufgesprüht wird. Ein dünner Film reicht aus, zu feuchte Präparate verändern sich leicht durch Schrumpfen der Filter.

g) Besondere Maßnahmen bei fensterlosen Zählrohren

Zur Messung weicher β-Strahler werden vielfach fensterlose Zählrohre benutzt, bei denen das Präparat im Zählrohr selbst untergebracht ist. Durch die Verbesserung der geometrischen Bedingungen und die Ausschaltung der Absorption der Strahlung im Zählrohrfenster und der Luftschicht zwischen Zählrohr und Präparat steigt der Meßeffekt gegenüber einem Endfensterzählrohr etwa um den Faktor 6—7, während sich der Nulleffekt nur verdoppelt oder verdreifacht.

Ein typisches fensterloses Zählrohr ("flow-counter") ist in Abb. 19 dargestellt. Die handelsüblichen Typen sind mit einem Drehtisch mit drei Positionen ausgestattet. In der ersten Position wird das Präparat eingeführt, in der zweiten wird vorgeströmt, d. h. die eingebrachte Luft wird durch das ausströmende Zählgas verdrängt, und in der dritten Position wird das Präparat gemessen. Man arbeitet mit strömendem Zählgas unter Atmosphärendruck. Je nach Art des Gases kann das Zählrohr im Auslösebereich oder im Proportionalbereich betrieben werden. Für Messungen im Auslösebereich wird Helium mit 1% Isobutan (die Mischung ist käuflich[2]) verwendet. Für das Proportionalzählrohr ist technisches Methan[3] oder Argon-Methan (9 + 1, „P 10-Gas") brauchbar. Der Vorteil des Betriebs im Auslösebereich liegt darin, daß man nur niedrige Zählspannungen (um 1300 Volt) und weniger leistungsfähige Verstärker benötigt. Im Proportionalbereich sind hohe Zählspannungen erforderlich (um 4000 Volt), es sei denn, es wird P 10-Gas benutzt (um 2000 Volt), weiter sind leistungsfähige Verstärker notwendig[4].

---

[1] Einen Anhalt über die voraussichtliche Schwächung gibt Abb. 58 bei Schmeiser, S. 82.

[2] Reines Helium ist brauchbar, wenn es bei 0° C durch Äthanol oder Äther geleitet wird und mit diesen Löschgasen beladen wird, vgl. z. B. Tait u. Haggis (*Ta 2*), Banks et al. (Ba 9).

[3] Nicht jedes technische Methan ist zu verwenden. Osinski (*Os 1*) benutzt Argon, das bei Zimmertemperatur mit Propanol beladen wird.

[4] Weitere Einzelheiten über die Eigenschaften vgl. z. B. Nader et al. (*Na 1*).

Bei der Anwendung fensterloser Zählrohre treten häufig Störungen auf. Im Proportionalbereich tritt ein deutliches Absinken der Zählrate ein, z. B. um 10% innerhalb von 20 min[1]. Im Auslösebereich werden sehr starke Schwankungen der Zählrate, schlechte Plateaus von ungewöhnlicher Form, große Unterschiede bei Messungen von Parallelpräparaten beobachtet[1,2,3,4,5,6], die die Anwendung des Zählrohrs unmöglich machen. Die Ursache ist eine Störung des Feldverlaufes durch die isolierenden Filter und Niederschläge[1]. Als Gegenmaßnahmen werden empfohlen: Bedampfung der Präparate durch eine dünne Silberschicht[1], Zusatz von 5—10 mg Graphit in kolloidaler Form (Aquadag) bei der Präparation[3,5,6] und Einspannen eines 2 mm dicken Kupferdrahtes quer über der Probe[4]. Oder man verzichtet auf Gaszählrohre und verwendet fensterlose Szintillationszähler mit dünnen plastischen Leuchtstoffen[7] bzw. Schichten aus p-Terphenyl[8].

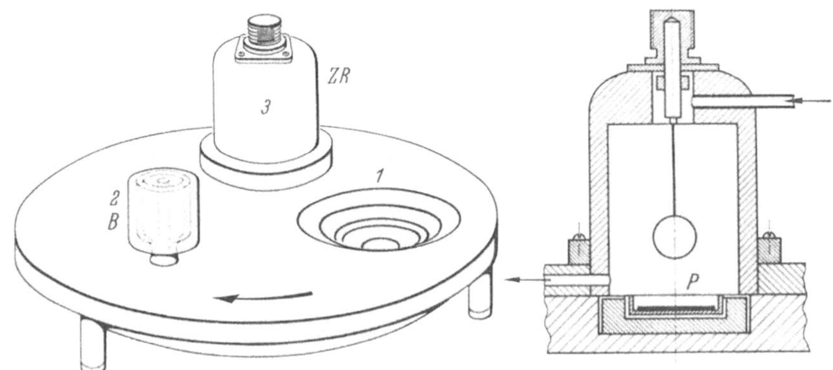

Abb. 19. Fensterloses Zählrohr mit strömendem Zählgas. Das Präparat P wird in Position 1 auf eine Drehscheibe gelegt dann zunächst in 2 mit dem Zählgas gespült und anschließend in 3 gezählt. ZR ist das Zählrohr, B ein Blasenzähler (nach einem von der Firma Packard hergestellten Gerät)

h) Messung von Papierchromatogrammen

Zur Messung der Aktivitätsverteilung auf Papierchromatogrammen kann man das Papier in Streifen schneiden und die Streifen einzeln messen oder eluieren und zu Präparaten eindampfen[9]. Diese Verfahren sind zeitraubend. Deshalb ist es im allgemeinen üblich, die Chromatogramme automatisch zu messen. Sie werden auf eine Trommel oder einen flachen Träger gespannt und kontinuierlich an einem Zählrohr vorbeibewegt, das mit einer Schlitzblende versehen ist[10]. Ein Ratemeter mit Schreiber registriert die Aktivität (Abb. 20, 21).

Der Antrieb des Papierträgers kann von der Schreiberachse aus oder durch einen getrennten Motor erfolgen. Der gemeinsame Antrieb garantiert eine gute Synchronisation;

---

[1] SPANG u. GEBAUHR (*Sp 1*).

[2] VERLY et al. (*Ve 5*).

[3] REID u. ROBBINS (*Re 8*).

[4] DAMON (*Da 1*).

[5] BLAU et al. (*Bl 2*).

[6] BANKS et al. (*Ba 9*).

[7] MITCHELL u. SARKES (*Mi 9*), vgl. SCHMEISER, Abb. 78, S. 96.

[8] SSEMOWA (*Ss 1*). Diese Szintillatoren kann man durch Ausfällen von p-Terphenyl mit Polystyrol als Bindemittel auf einer Glasplatte in der optimalen Dicke selbst herstellen.

[9] Das Eluieren und Eindampfen kann weitgehend automatisiert werden, vgl. SVENDSEN (*Sv 1*).

[10] Typische Anordnungen beschreiben u. a. MÜLLER u. WISE (*Mu 2*), FRIERSON u. JONES (*Fr 9*), LISSITZKY u. MICHEL (*Li 7*), WINTERINGHAM et al. (*Wi 13*), CARLESSON (*Ca 6*), COHN et al. (*Co 1*), ROBERTS u. CARLETON (*Ro 1*) und VIGNE u. LISSITZKY (*Vi 1*).

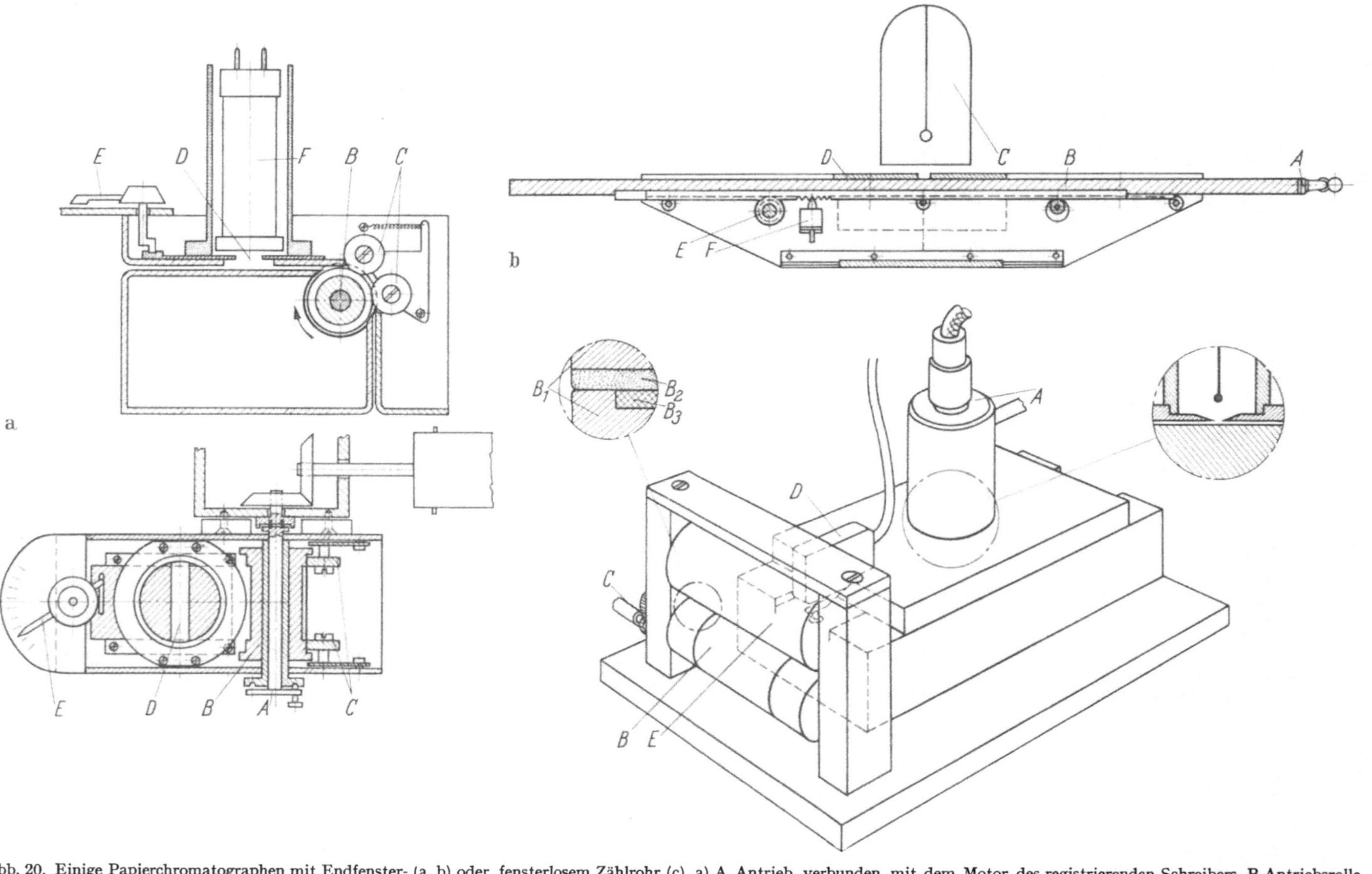

Abb. 20. Einige Papierchromatographen mit Endfenster- (a, b) oder fensterlosem Zählrohr (c). a) A Antrieb, verbunden mit dem Motor des registrierenden Schreibers, B Antriebsrolle, C Gegenrollen, die das Papier andrücken, D Blende, E Anordnung zum Verstellen der Schlitzbreite mit Anzeige, F Zählrohr [nach VIGNE u. LISSITZKY (*Vi 1*)]. b) Das Chromatogramm wird mittels der Spanner A in die Halterung B eingespannt, die vor dem Zählrohr C mit Blende D vorbeigeführt wird. Der Antrieb erfolgt über eine Zahnstange, und zwar diskontinuierlich durch das Handrad E oder — nach Ausschalten der Sperre F — durch einen Motor bei E [nach LINSKENS (*Li 6*)]. c) A ist das fensterlose Zählrohr (vgl. Detail), B die Antriebsrollen (B_1 Hartgummi, B_2 mittelweicher Schaumgummi, B_3 fester Schaumgummi), C die Antriebsachse des registrierenden Schreibers, D ein Schalter, der auf dem Schreiber den Beginn des Chromatogramms markiert [nach LOWENSTEIN u. COHEN (*Lo 6*)]

aktive Flecken lassen sich leicht auf dem Papier auffinden, falls die Verbindung weiter verarbeitet werden soll. Bei getrenntem Antrieb besteht die Möglichkeit, den Papiervorschub des Schreibers zu beschleunigen und damit die Auflösung des geschriebenen Chromatogramms zu steigern. Die Schlitzbreite muß der Breite der Flecken angepaßt sein, das Blech, aus dem die Blende gefertigt ist, muß die β-Strahlung vollständig absorbieren. γ-Strahlen lassen sich nicht ausblenden und führen zu stark verschmierten Registrierungen. Bei sehr scharfen Linien ist auch zu beachten, daß die Dämpfung des Ratemeters so herabgesetzt wird, daß das Ratemeter die Linien in der originalen Form wiedergibt und nicht verzerrt.

Zur Messung weicher β-Strahlung werden fensterlose Zählrohre verwendet. Das Chromatogramm befindet sich in einem geschlossenen Behälter, der mit dem Zählrohr verbunden ist und durch den ebenfalls Zählgas strömt[1]. Wenn der Schlitz

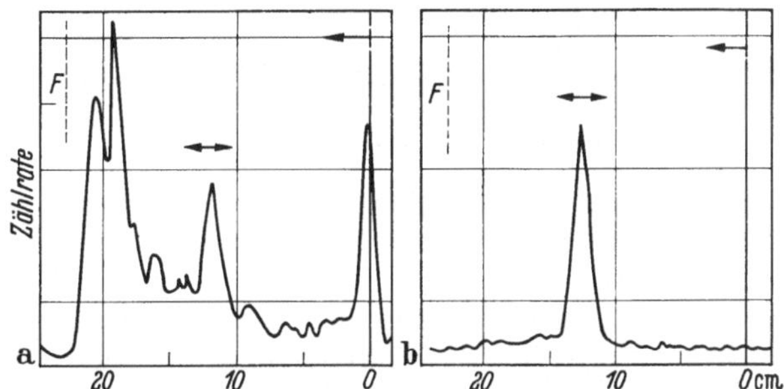

Abb. 21 a u. b. Papierchromatogramm von Adenin-^{3}H vor (a) und nach (b) der Reinigung durch Ionenaustauscherchromatographie, aufgenommen mit einem fensterlosen Radiochromatographen, F Lösungsmittelfront
[nach KISIELESKI u. SMETANA (*Ki 8*)]

im Zählrohr oder die Führung für das Chromatogramm eng gehalten wird und das Zählgas nur durch den Schlitz und die Führung ausströmt, kann der Behälter für das Chromatogramm entfallen[2].

Bei der kontinuierlich aufzeichnenden Anlage besteht die Gefahr, daß kleinere Aktivitäten in den statistischen Schwankungen der Anzeige untergehen, oder — da der Meßbereich des Ratemeters auf die Aktivität der stärksten Spitzen eingestellt wird — übersehen werden. In diesen Fällen empfiehlt sich das stückweise Auszählen durch einen Zähler mit Impulsvorwahl und eine Anordnung, die das Chromatogramm erst nach Abschluß einer jeden Messung um eine Schlitzbreite fortbewegt[3]. Es ist möglich, bei einer schreibenden Anlage einen automatischen Umschalter für Meßbereiche sowie eine automatische Totzeitkorrektur einzufügen[4]. Auch die Ausmessung eines Chromatogramms durch 30 parallel geschaltete Zählrohre wird empfohlen. Jedes Zählrohr lädt einen Kondensator auf, dessen Ladung am Ende der Messung bestimmt wird und die Aktivität angibt[5].

Zweidimensionale Chromatogramme werden nach dem „Scanner"-Prinzip[6] vermessen, d. h. das Chromatogramm wird auf eine Walze gespannt und parallel ein Registrierpapier eingespannt. Das Zählrohr und parallel dazu der Schreibstift fahren die sich langsam drehende Walze ab. Je nach der Stärke der Aktivität werden auf dem Registrierpapier dicht oder weniger dicht liegende Marken geschrieben[7]. Bei einer anderen Anordnung werden die in bestimmten Zeitspannen registrierten Impulszahlen auf einem Papierbogen aufgedruckt[8].

---

[1] HARRISON u. WINTERINGHAM (*Ha 18*), DEMOREST u. BASKIN (*De 3*).

[2] EISENBERG u. LEDER (*Ei 6*), KISIELESKI u. SMETANA (*Ki 8*), OSINSKI (*Os 1*), LOWENSTEIN u. COHEN (*Lo 6*)

[3] ROCKLAND et al. (*Ro 6*), LINSKENS (*Li 6*).

[4] BERTHET (*Be 12*).

[5] GILBERT u. KEENE (*Gi 1*).

[6] Vgl SCHMEISER, Abb. 98, S. *112*.

[7] WINGO (*Wi 9*), ARONOFF (*Ar 9*).

[8] Es handelt sich um eine Anlage der Firma Packard, La Grange, Ill.

Bei Chromatogrammen weicher β-Strahler können auch flüssige und feste Szintillatoren eingesetzt werden. Das Papier wird mit dem Szintillator getränkt und stückweise oder — nach Fixierung des Chromatogramms — kontinuierlich vermessen[1]. Eine andere Möglichkeit ist die, auf das Chromatogramm einen festen Szintillator (z. B. Anthracen) in Lösung aufzusprühen und nach dem Verdunsten zu messen[2]. Schließlich kann das Chromatogramm in Stücke geschnitten werden, die in die Szintillatorlösung gegeben werden[3].

Zur quantitativen Auswertung von Chromatogrammen wird die Fläche unter der auf dem Registrierpapier aufgezeichneten Spitze ausgemessen und mit der Fläche von Standardflecken verglichen.

3. β-Strahler in Lösungen und Suspensionen

a) Messung mit externem Detektor

Die Herstellung gleichmäßiger β-Präparate von Lösungen ist recht einfach: ein konstantes Volumen an Lösung gibt in Behältern konstanter Abmessung stets gleiche Schichtdicken. Der überwiegende Bestandteil der Probe ist das Lösungsmittel, deshalb wirken sich Änderungen in der Zusammensetzung, so lange sie in gewissen Grenzen bleiben, auf den Meßwert nicht aus. Andererseits bedingt die starke Verdünnung der Substanz eine erhöhte Selbstabsorption, so daß weiche β-Strahler in Lösung nur als „dicke" Schicht gemessen werden können. Dünne Präparate können nicht hergestellt werden, die Lösung würde den Boden nicht mehr gleichmäßig bedecken, und die Schichtdicke würde sich durch Verdampfen zu rasch ändern. Unter Berücksichtigung dieser Einschränkungen lassen sich sehr genaue Messungen durchführen, man erreicht den statistischen Zählfehler oder bleibt nur wenig darüber[4, 5, 6, 7]. Es ist nicht erforderlich, daß echte Lösungen vorliegen; stabile Suspensionen sind ebenso brauchbar. Die gebräuchlichsten Möglichkeiten sind: Messung in Schälchen mit Endfensterzählrohren, in speziellen Flüssigkeitszählrohren und in Bohrloch-Detektoren.

FREEDMAN u. HUME (*Fr 6*) verwenden 1 ml Lösung für Zählschälchen von 20 mm Durchmesser. Um die Verdunstung zu verhindern, wird ein dünner Zaponlackfilm aufgebracht. Ein Zusatz von Träger ist notwendig, wenn Störungen durch Adsorption am Schälchen zu befürchten sind. Chemische Reaktionen, z. B. die Ausscheidung von metallischem Silber aus Silberlösungen, verursachten ein Absinken der Zählrate auch bei lackierten Aluminiumschälchen[8]. Der Zaponlackfilm verhindert nicht ein leichtes Verdunsten und eine merkliche Abnahme des Meßwertes im Zeitraum von Tagen, so daß die Schälchen in Exsiccatoren über Wasser aufbewahrt[8] oder Schälchen mit einer dicht schließenden Kappe mit Aluminiumfenster verwendet werden müssen[7]. Eine etwas günstigere geometrische Anordnung läßt sich erhalten, wenn die Lösung in einem dünnwandigen Gefäß auf das umgekehrte Zählrohr gestellt wird[9]. Bei Suspensionen können Meßfehler durch Entmischung eintreten, durch die die Zählrate unter Umständen um den Faktor 2 verändert werden kann[10]. Andererseits kann man diese Entmischung auch zur Bestimmung zweier Isotope in derselben Probe ausnutzen[9].

Wenn Lösungsmittel mit niedrigem Dampfdruck vorliegen, können Lösungen sogar in Flow-countern gemessen werden.

SCHWEBEL, ISBELL et al. (*Sch 22,23 Is 1,2*) verwenden Schälchen von 37 mm Durchmesser und 1,1 mm Tiefe, die 1 ml fassen. Als Lösungsmittel sind geeignet: Formamid für Kohlen-

---

[1] ROUCAYROL et al. (*Ro 16,17*). — [2] SELIGER u. AGRANOFF (*Se 4*).
[3] WANG u. JONES (*Wa 11*). — [4] FREEDMAN u. HUME (*Fr 6*).
[5] SCHWEBEL et al. (*Sch 23*). — [6] ISBELL et al. (*Is 1*).
[7] WALSER et al. (*Wa 8*). — [8] GODDU u. ROGERS (*Go 2*).
[9] SCHMEISER, S. 92. — [10] BAHNER et al. (*Ba 3*).

hydrate[1,2], Dimethylformamid für Substanzen, die in Formamid unlöslich sind[2], Äthylenglykol für basische Verbindungen und wäßrige Lösungen[2], 90%ige Phosphorsäure. Bis zu 0,5 ml einer wäßrigen Lösung werden in 5 ml einer Mischung von 175 g H_2SO_4 und 25 g P_2O_5 gelöst und 1 ml gemessen[3]. Viscose Filme lassen sich auf folgende Weise herstellen[4]: Die Probe wird mit einer Lösung von 1 g Na-O-(Carboxymethyl)-Cellulose, 0,5 g d-Glucose und 10 mg Eosin in 100 ml Wasser vermischt und 1 ml im Schälchen unter einen Infrarotstrahler gebracht, um Wasser zu verdampfen. Anschließend wird 1 Std. in einem Exsiccator über gesättigter Kaliumacetatlösung aufbewahrt und dann gezählt. Ein anderer Verdicker ist 0,5 g Natriumalginat, 0,5 g Glucose, 10 mg Eosin in 100 ml Wasser. Diese Verfahren sind speziell für die Messung von ^{14}C[1,2] und ^3H[3,4] ausgearbeitet worden.

Das Flüssigkeitszählrohr[5] oder das Eintauchzählrohr[6] hat den Vorteil einer konstanten und besonders günstigen Geometrie; die Lösung umgibt den Detektor ringförmig in relativ dünner Schicht. Änderungen in der Zusammensetzung der Lösung wirken sich erst dann aus, wenn beträchtliche Unterschiede vorliegen[7]. Energiearme Strahlung kann wegen der Dicke der Zählrohrwandung nicht gemessen werden. Der wesentliche Nachteil dieser Zählrohre liegt darin, daß die Lösung mit dem Zählrohr in Kontakt kommt. Dadurch treten leicht Verseuchungen ein, die zu umständlichen Reinigungen nach jeder Messung zwingen.

Vorteilhafter sind in dieser Hinsicht Bohrloch-Detektoren[8], bei denen die Lösungen in Reagenzgläsern gemessen werden. Die geometrischen Verhältnisse sind günstig, weiche Strahlung ist aber ebenfalls nicht meßbar. Besonders zweckmäßig sind Detektoren aus plastischen Szintillatoren mit Wandstärken von 2 bis 5 mm, die je nach Dimensionen Lösungsmengen von einigen Millilitern[9] bis zu 100 ml[10] mit gutem Wirkungsgrad messen.

Als Behälter sind dünnwandige Reagenzgläser aus Kunststoff zweckmäßig; eine gleichmäßige Wandstärke ist wichtig, um Schwankungen zu vermeiden. Die Detektoren müssen mit einem lichtdichten Überzug versehen sein, wodurch zusätzliche Absorption von Strahlung eintritt, oder samt der Probe in einem lichtdichten Behälter untergebracht sein, was bei Serienmessungen nicht sehr praktisch ist. Auch die weit verbreiteten Natriumjodid-Bohrlochkristalle sind für denselben Zweck brauchbar, wenn auch nicht so geeignet wie die plastischen Szintillatoren. Die Absorption ist wegen der Abkapselung der Kristalle größer, und die Nulleffekte sind wesentlich höher.

b) Messung strömender Lösungen

In strömenden Lösungen kann diskontinuierlich gemessen werden, d. h. es werden von Hand oder automatisch[11] Proben genommen, die nach den verschiedenen Möglichkeiten verarbeitet und gemessen werden. Dabei fallen unter Umständen so viele Proben an, daß das Verfahren unbequem wird[12]. In diesen Fällen ist es vorteilhafter, die Aktivität der Lösung fortlaufend zu registrieren, vorausgesetzt, daß die Intensität und Energie der Strahlung ausreichend groß ist und durch die fortlaufende Registrierung keine Verfälschung der Resultate zu befürchten ist. Diese Störungen können etwa durch Adsorptionsverluste, Ansteigen des Nulleffektes, Vermischung infolge ungünstiger Strömungsverhältnisse, Verbreiterung

---

[1] SCHWEBEL et al. (*Sch 22*).
[2] SCHWEBEL et al. (*Sch 23*).
[3] ISBELL u. MOYER (*Is 2*).
[4] ISBELL et al. (*Is 1*).
[5] SCHMEISER, S. 93, Abb. 73b.
[6] SCHMEISER, S. 93, Abb. 73a.
[7] SCHMEISER, S. 95, Abb. 76.
[8] SCHMEISER, S. 96, Abb. 77a, 79.
[9] MICHEL et al. (*Mi 2*).
[10] BOLING (*Bo 2*).
[11] Die üblichen Probenwechsler sind für schnell ablaufende Vorgänge zu träge, man kann dann auf schnell laufenden Papierbändern auffangen, vgl. z. B. WILDE et al. (*Wi 2*).
[12] CORFIELD et al. (*Co 15*) beschreiben eine Anlage zum automatischen Sammeln, Eindampfen und Zählen von Proben.

und Verzerrung der Aktivitätsspitzen durch ungünstige geometrische Bedingungen am Detektor oder starke Dämpfung des Ratemeters usw. bewirkt werden.

Bei energiereicher Strahlung ist die fortlaufende Registrierung einfach. Die Lösung kann durch eine Spirale geleitet werden, die in Kunststoff oder Glas eingefräst ist und unter einem Endfenster-Zählrohre angebracht ist[1]. Noch einfacher ist es, die Spirale aus dünnem Kunststoffschlauch anzufertigen. Der Schlauch kann auch um ein zylindrisches Zählrohr gewickelt werden. Eintauchzählrohre können ebenfalls verwendet werden, wenn durch eine Glasspirale im Mantelgefäß Vermischungen und tote Räume ausgeschaltet werden[2]. Die Lösung kann durch einen durchbohrten plastischen Kristall geleitet werden[3].

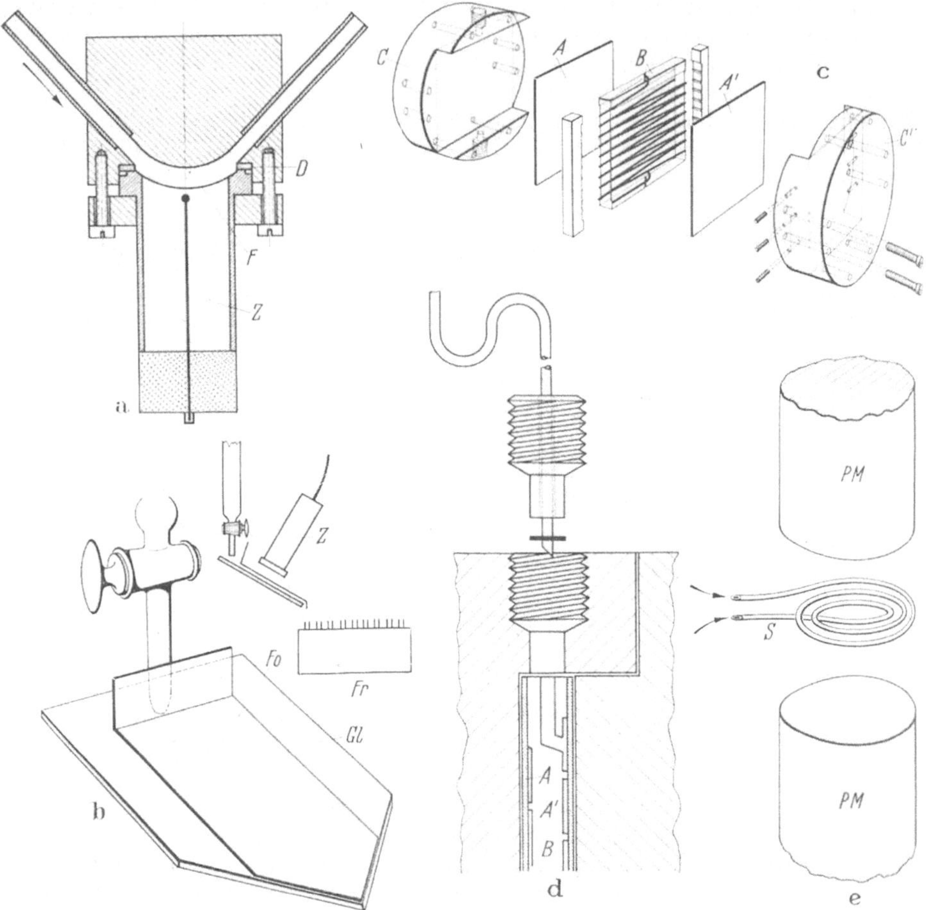

Abb. 22a—e. Anordnungen zum Nachweis weicher β-Strahler in strömenden Lösungen. a) Die Lösung wird direkt über das Fenster F eines Endfensterzählrohrs Z geleitet; D ist eine Dichtung [nach Dobbs (*Do 1*)]. b) Die Lösung wird zwischen einer dünnen Kunststoffolie Fo und einer Glasplatte Gl zu einer dünnen Schicht ausgebreitet, mit dem Zählrohr Z gemessen und mit dem Fraktionssammler Fr gesammelt [nach Vercier u. Raggenbass (*Ve 3*)]. c) Die Lösung strömt in einer Plexiglasführung B an zwei Scheiben aus plastischem Szintillator A, A' vorbei, die mit Plexiglasadaptern C an die Photomultiplier angesetzt sind [nach Schram u. Lombaert (*Sch 10, 11*)]. d) Die Lösung strömt durch eine Capillare aus plastischem Szintillator S zwischen den Photomultipliern PM[4] [Kimbel u. Willenbrink (*Ki 2*); Funt u. Hetherington (*Fu 2*)]

Weiche β-Strahler sind in strömenden Lösungen nur meßbar, wenn die Schichtdicke gering gehalten wird und dicke Absorber zwischen Lösung und Detektor vermieden werden. Hierzu

---

[1] Ketelle u. Boyd (*Ke 6*).
[2] Frimmer (*Fr 10*).
[3] Groom et al. (*Gr 7*).
[4] Der Abstand zwischen PM und S ist in der Zeichnung stark vergrößert.

sind verschiedene Vorschläge gemacht worden. Die Lösung wird in dünner Schicht direkt über das Fenster eines normalen Endfensterzählrohrs (Abb. 22a)[1] oder eines Spezialzählrohrs[2] geleitet. Der direkte Kontakt mit dem Detektor wird vermieden, wenn man die Lösung nach Abb. 22b zwischen einer Glasplatte und einer sehr dünnen Kunststoffolie zu einer 0,02 mm dicken Schicht ausbreitet[3]. Das absorbierende Fenster der Detektoren entfällt, wenn plastische Szintillatoren benutzt werden (Abb. 22c, d)[4]. Neuerdings sind Schläuche aus plastischen Szintillatoren mit 0,7 mm innerem und 1,5 mm äußerem Durchmesser im Handel, die sich bei 80° verformen lassen. Etwa 1 m Schlauch ergibt eine Spirale von 4 cm äußerem Durchmesser und etwa 0,3 ml Inhalt, die zur Messung viscoser und gerinnender Lösungen besonders geeignet ist. Die Spirale wird zwischen zwei Photomultiplier gebracht (Abb. 22e)[5,6]. Sie wird auch für die diskontinuierliche Messung empfohlen, die Lösungen werden eingespritzt[6].

c) Messung mit internem Detektor: flüssige Szintillatoren

Flüssige Szintillatoren werden in steigendem Maße besonders für die Bestimmung weicher β-Strahler verwendet[7]. Die Probe wird im Detektor — eine Lösung von Szintillatoren in geeigneten Lösungsmitteln — aufgelöst. Dadurch ist nicht nur die Probeherstellung sehr vereinfacht; es liegen besonders günstige geometrische Verhältnisse vor, und die Aktivitätsverluste durch Selbstabsorption und äußere Absorption entfallen. Falls die Probe in eine als Lösungsmittel für Szintillatoren geeignete Verbindung überführt werden kann (z. B. Kohlenwasserstoffe, Toluol) und Mengen von 10—100 g zur Verfügung stehen, ist die Messung weicher β-Strahlung mit Szintillatoren empfindlicher als alle anderen Methoden [WAGNER u. GUINN (*Wa 1*); HAYES et al. (*Ha 23*)].

α) *Allgemeines, Meßanordnung*

Das Detektorsystem enthält ein Lösungsmittel, in dem Probe und Phosphor gelöst werden und das die Energie der β-Strahlung auf den eigentlichen Phosphor überträgt. Der Phosphor wandelt einen Teil der Energie in Lichtblitze um, die aus der Photokathode eines Photomultipliers Elektronen auslösen. Am Ausgang des Photomultipliers erscheint ein elektrischer Impuls, dessen Größe proportional der Energie der β-Strahlung ist[8].

Die große Schwierigkeit bei der praktischen Anwendung dieses Systems liegt darin, daß die Impulse bei weichen β-Strahlern sehr klein sind, so daß die thermische Emission von Elektronen aus der Photokathode sehr stört. Ohne besondere Vorkehrungen können deshalb stark schwankende Nulleffekte von 10^4—10^6 Impulsen/min auftreten. Zur Vermeidung dieser und anderer Störungen sind folgende Maßnahmen möglich:[8]

1. Der auf dem Dunkelstrom der Multiplier beruhende Nulleffekt schwankt bei Multipliern desselben Typs um zwei Größenordnungen[9], so daß ausgesuchte Multiplier verwendet werden. Der Effekt sinkt etwa um den Faktor 2 pro 13° C Temperatursenkung[9,10], während der Meßeffekt sogar leicht ansteigt[11]. Unterhalb von —8 bis —10° C bringt eine weitere Temperaturverminderung kaum Vorteile[9,12]. In der Praxis ist die Kühlung oftmals nicht im erwünschten

[1] DOBBS (*Do 1*).

[2] BANGHAM (*Ba 8*).

[3] VERCIER u. RAGGENBASS (*Ve 3*).

[4] SCHRAM u. LOMBAERT (*Sch 10, 11*).

[5] KIMBEL u. WILLENBRINK (*Ki 2*).

[6] FUNT u. HETHERINGTON (*Fu 2*).

[7] Übersichten finden sich bei BELL u. HAYES (*Be 7*), DAVIDSON u. FEIGELSON (*Da 4*), HAYES (*Ha 22*), SCHARPENSEEL (*Sch 3*); eine Bibliographie ist von HENDRICKSON (*He 13*) zusammengestellt worden.

[8] Vgl. SCHMEISER, S. 34 ff.

[9] PACKARD (*Pa 2*).

[10] SWANK (*Sw 2*).

[11] SELIGER u. ZIEGLER (*Se 5*).

[12] BIBRON (*Bi 1*).

Umfang möglich, da das Lösungsmittel, der Szintillator oder die Probe auskristallisieren würde. Der Dunkelstrom steigt mit der anliegenden Hochspannung um mehrere Größenordnungen[1], deshalb soll mit möglichst niedriger Hochspannung und möglichst hoher äußerer Verstärkung gearbeitet werden. Nach Belichten der Photokathode ohne anliegende Spannung steigt der Dunkelstrom um den Faktor 7—30, er geht im Laufe von Wochen auf den ursprünglichen Wert zurück[2,3]. Belichten unter Spannung macht die Multiplier unbrauchbar. Die kleinen Dunkelstromimpulse lassen sich durch Diskriminatoren unterdrücken, vorausgesetzt, daß die zu zählenden Impulse ausreichend größer sind.

2. Eine weitere, wesentliche Verbesserung bringt eine Koincidenzschaltung, besonders in Kombination mit den erwähnten Möglichkeiten. Die Probe wird zwischen zwei Multiplier gesetzt. Nur die in beiden Multipliern gleichzeitig („in Koincidenz") auftretenden Impulse werden registriert[1,4,5]. Da die Dunkelstromimpulse in den beiden Multipliern unabhängig voneinander erscheinen, wird der Nulleffekt bis auf einen Rest an zufälligen Koincidenzen reduziert. Zugleich werden Störungen durch Phosphorescenz (s. u.) ausgeschaltet. Der Nulleffekt läßt sich aber nicht auf das erwartete Maß vermindern, da eine Quelle von Nulleffektsimpulsen hinzukommt. In den Multipliern selbst treten Lichtblitze auf, die vom anderen Multiplier gesehen und als Koincidenz gezählt werden. Dieser Effekt läßt sich dadurch reduzieren, daß die Multiplier gegeneinander durch Blenden und Anstriche abgeschirmt werden und der optische Kontakt nur durch die Probe selbst gegeben ist. Man vermindert den Nulleffekt durch diese Maßnahme um den Faktor 6—8[6,7].

3. Ein Teil des Nulleffektes geht auf die üblichen Ursachen — Höhenstrahlung, Umgebungsstrahlung, radioaktive Verunreinigungen — zurück und kann durch Blei- oder Stahlabschirmungen reduziert werden. Diese Nulleffektsimpulse sind größer als die Impulse weicher β-Strahler und können deshalb zusätzlich durch Auswahl der gewünschten Impulse in einem Zählkanal ausgeschaltet werden. Die erforderlichen Kanalbreiten sind im Vergleich zur γ-Spektroskopie sehr breit, etwa 10—50 oder 10—100 Volt, bedingt durch die breite Energieverteilung der β-Strahlung. Eine wichtige Ursache des Nulleffektes ist die natürliche Kaliumaktivität der Probegläser. Sie ist von einer Tscherenkow-Strahlung im Meßbereich des Tritiums begleitet. Bei Tritiummessungen sind deshalb Gefäße aus kaliumfreiem Glas, Quarz[8] oder Chlortrifluorpolyäthylen[9] anzuraten. Der Nulleffekt wird dadurch bei Tritiummessungen um den Faktor 3—4, bei Kohlenstoff 14 um den Faktor 2—3 reduziert.

4. Um die in der Probe auftretenden Lichtblitze möglichst vollständig auf die Photokathoden zu bringen, wird Silikonöl oder Mineralöl als optische Kupplung gebraucht. Weiter werden die Probegefäße von blanken oder diffusen[10] Reflektoren umgeben. Bei Anlagen nach dem Koincidenzprinzip verzichtet man häufig auf das Öl, da es leicht trüb wird und bei guten Reflektoren wenig Gewinn bringt[10,11]. Sauerstoff wirkt als Löscher (s. u.), so daß durch Durchperlen von Stickstoff[12], Argon[13] oder Entgasung mittels Ultraschall[14] der Meßwert um 20—30% gesteigert werden kann. Die Verbesserung hängt von der Konzentration des Szintillators und der Temperatur ab[15].

5. Durch Belichten der Probegefäße, gelegentlich auch der Probe selbst (s. u.), wird eine starke Phosphorescenz induziert, die besonders im Tritiumbereich zu Zählraten bis zu 100 000 Impulsen/min führen kann[11]. Innerhalb von etwa 10—20 min verschwindet die Phosphorescenz zum großen Teil, ein Rest ist jedoch noch nach Tagen nachweisbar. Nach UV-Belichtung war der Nulleffekt z. B. noch nach zweitägigem Stehen bei —20° C um den Faktor 2—3 erhöht[16]. Pyrex- und insbesondere Quarzgefäße sind weniger anfällig[16]. Durch Erhitzen in einer Gasflamme kann die Phosphorescenz weitgehend gelöscht werden[16]. Bei Koincidenzanlagen führt die Phosphorescenz nur in extremen Fällen zu Störungen[1,10], da das Phosphorescenzlicht jeweils nur von einem Multiplier gesehen wird. Dennoch ist es ratsam, die Probegläschen und Proben selbst nur gedämpftem Licht auszusetzen. Bei Anlagen mit einem Multiplier ist diese Vorsichtsmaßnahme unerläßlich, insbesondere bei Tritiummessungen. Eine Phosphorescenz kann in dem schnellen Abfall der Zählrate und — bei Koincidenz — in den größenordnungsmäßigen Unterschieden in der Zählrate mit und ohne Koincidenz erkannt werden. Zur Aus-

---

[1] PACKARD (*Pa 2*). — [2] GORDON u. HODGSON (*Go 8*). — [3] EABORN et al. (*Ea 1*).
[4] HIEBERT u. WATTS (*Hi 1*). — [5] UTTING (*Ut 1*). — [6] BIBRON (*Bi 1*).
[7] HORROCKS u. STUDIER (*Ho 9*). — [8] AGRANOFF (*Ag 2*). — [9] BELL (*Be 6*).
[10] SWANK (*Sw 2*). — [11] DAVIDSON u. FEIGELSON (*Da 4*). — [12] PRINGLE et al. (*Pr 2*).
[13] OTT et al. (*Ot 1*). — [14] CHLECK u. ZIEGLER (*Ch 2*). — [15] ZIEGLER et al. (*Zi 2*).
[16] BERNSTEIN et al. (*Be 9*).

schaltung werden bei Anlagen mit einem Multiplier speziell präparierte Probebehälter benutzt[1,2]. Es ist auch empfohlen worden, das Meßgefäß fest einzubauen[3,4].

Bei der Anwendung flüssiger Szintillatoren steht man vor der Wahl, eine Apparatur mit einem Multiplier oder eine Koincidenzapparatur einzusetzen (Abb. 23). Bei der Messung energiereicher Strahlung wird die einfachere Anordnung im allgemeinen ausreichen. Schwieriger ist die Wahl bei der Messung weicher

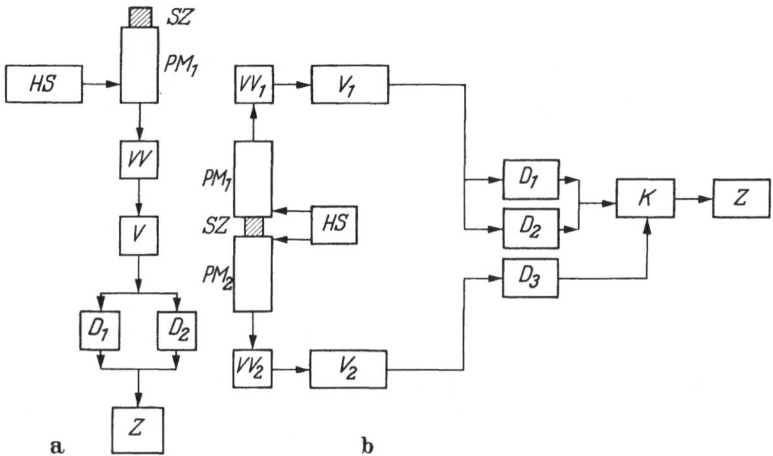

Abb. 23. Blockschaltbild von Anordnungen zur Messung radioaktiver Isotope mit flüssigen Szintillatoren, a) mit einem Photomultiplier, b) mit zwei Multipliern und Koincidenzanordnung. SZ Szintillator, PM Photomultiplier, HS Hochspannungsteil, VV Vorverstärker, V Hauptverstärker, D Diskriminator, Z Zähler. Bei Anordnung b) bilden PM_1, D_1, D_2 den eigentlichen Zählkanal, vergleichbar mit a); der zweite Multiplier PM_2 mit D_3 dient als Monitor, d. h. durch die Koincidenzstufe K werden nur diejenigen Lichtblitze in PM_1 gezählt, die gleichzeitig auch von PM_2 gesehen werden

β-Strahler. In Tab. 8 sind einige Angaben über die Eigenschaften verschiedener Anordnungen zusammengefaßt. Die Anlagen mit einem Multiplier sind in den letzten Jahren in beachtenswerter Weise entwickelt worden. Es ist zu erwarten, daß ihre Leistungsfähigkeit durch Verbesserung einzelner Komponenten noch weiter gesteigert wird. Dennoch werden gegenwärtig für die Messung weicher Strahler vorwiegend Koincidenzanlagen verwendet. Ihr Vorzug ist zweifellos ihre große Flexibilität, die auch unter ungünstigen Bedingungen — Messung von löschend wirkenden Verbindungen, gefärbten Lösungen, schwachen Aktivitäten, zur Phosphorescenz neigenden Systemen, bei höheren Temperaturen — Serienuntersuchungen erlaubt. Die Anlagen mit einem Multiplier sind in dieser Hinsicht unterlegen und insbesondere für Tritium nur begrenzt einzusetzen. Sie haben den großen Vorzug, wesentlich billiger zu sein.

β) Szintillatoren, Lösungsmittel, Löscheffekte

Der Szintillator soll gute Szintillationseigenschaften und gute Löslichkeit haben und preiswert sein. Die Löslichkeit ist vor allem dann wichtig, wenn bei tiefen Temperaturen gezählt wird. Die geringe Löslichkeit schränkt z. B. die Anwendung des guten und billigen p-Terphenyls (Löslichkeit etwa 8 g/l Toluol bei

---

[1] Nach Angaben auf einem Prospekt der Firma Nuclear Enterprises, Edingburgh.
[2] Nach Angaben auf einem Prospekt der Firma Baird Atomics, Cambridge, Mass.
[3] CADDOCK (*Ca 1*).
[4] HOURS u. KAUFMAN (*Ho 10*).

Tabelle 8.

Vergleich einiger Geräte zur Messung radioaktiver Präparate mit flüssigen Szintillatoren

Nr.	Typ[a]	Probe-volumen (ml)	Gefäß-material	Temperatur °C	Tritium[b]		Kohlenstoff 14[b]	
					ε (%)	NE (ipm)	ε (%)	NE (ipm)
1	Ko	25	Glas	etwa —10	8—12	75—100	55	30—60
2	Ko	5	Quarz	etwa —10	13	17	55	5
			Glas			75—100		7—12
3	Ko	20	Quarz	—10	20	35	55	13
4	Ko	20	Quarz	— 8	14—25	13—15		
5	EM	20		+20			50	3
6	EM	5		+20	25	210	67	42
7	EM	20	Quarz	etwa +10	10—20	60—120		
8	EM	25	Quarz	—20	10	380	68	45
			Glas			520		74
9	EM	5	Glas	—20	10—30	700—900	90	60
				+20			50	120

[a] *Ko* Koincidenzanlage, *EM* Anlage mit einem Multiplier.

[b] ε Wirkungsgrad in % (gemessene Aktivität/wahre Aktivität), *NE* Nulleffekt (Impulse/min)

1. HAYES (*Ha 22*), konservative Werte unter Routinebedingungen mit Terphenyl-POPOP-Toluol, PPO-POPOP-Toluol. HTO in PPO-POPOP-Naphthalin-Toluol.

2. AGRANOFF (*Ag 2*), PPO-POPOP-Toluol.

3. UTTING (*Ut 1*), PPO-POPOP-Toluol.

4. BIBRON (*Bi 1*), HTO in PPO-POPOP-Äthanol-Toluol.

5. FUNT et al. (*Fu 3, Pr 3*), Terphenyl-PPO-Toluol, O_2-frei, ausgesuchter Multiplier, sehr dicke Abschirmung.

6. HODGSON et al. (*Ho 1*), spezielle Schaltung mit relativ großer Totzeit, ausgesuchter Multiplier, PBD-POPOP-Toluol.

7. Nach Angaben der Firma Nuclear Enterprises, Edingburgh, für HTO, versilberte Quarzgefäße, ausgewählter Multiplier, Wasserkühlung.

8. BERNSTEIN et al. (*Be 9*), ausgesuchter Multiplier, PBD-Äthanol-Toluol.

9. HAIGH (*Ha 7*), HTO in PPO-Äthanol-Toluol, ausgesuchter Multiplier.

Zimmertemperatur) stark ein zugunsten von 2,5-Diphenyloxazol (Löslichkeit 300 g/l Toluol). Ausgedehnte Untersuchungen zur Auffindung geeigneter Szintillatoren haben vor allem HAYES et al. (*Ha 27, 28, Ot 3*)[1] und KALLMANN u. FURST (*Ka 5*) durchgeführt.

Das Lösungsmittel soll nicht nur Probe und Szintillator leicht lösen, sondern auch die Strahlungsenergie aufnehmen und mit guter Ausbeute auf den Szintillator übertragen. Besonders diese letzte Forderung schränkt die Auswahl an brauchbaren Lösungsmitteln wesentlich ein. Die Eignung zahlreicher Lösungsmittel ist ebenfalls besonders von KALLMANN u. FURST (*Ka 5*) u. HAYES et al. (*Ha 30*) geprüft worden. In vielen Fällen kann eine wesentliche Verbesserung des Systems dadurch erreicht werden, daß neben dem in Konzentrationen von 3—5 g/l vorliegenden primären Szintillator in geringer Konzentration ein sekundärer Szintillator zugesetzt wird [HAYES et al. (*Ha 27*)]. Dieser sekundäre Szintillator bewirkt u. a., daß das Fluorescenzspektrum in das Gebiet optimaler Empfindlichkeit der Photokathode des Multipliers verschoben wird. Einzelheiten über die Wirkungsweise des ganzen Szintillatorsystems sollen hier nicht erörtert werden[2].

---

[1] Eine Zusammenstellung der Ergebnisse an 483 Verbindungen haben HAYES et al. (*Ha 26*) veröffentlicht.

[2] Vgl. hierzu z. B. KALLMANN u. FURST (*Ka 6*).

Von den vielen untersuchten Verbindungen haben sich nur p-Terphenyl (Φ_3), PBD und PPO als primäre, POPOP, αNPO und — in älteren Arbeiten — DPH als sekundäre Szintillatoren in die Praxis eingeführt. Ihre Eigenschaften sind in den Tab. 9 u. 10, die exakten Namen und Strukturformeln in Abb. 24 zusammengestellt.

Tabelle 9. *Einige primäre Szintillatoren*, nach HAYES et al. (*Ha 28*) u. OTT (*Ot 1*)

Verbindung	optimale Konzentration (g/l Toluol)	relative Impulshöhe [1]	
		Al-Reflektor	TiO₂-Reflektor
PBD	10	1,28	1,32
PPO	6,2	1,03	1,03
p-Terphenyl	8,0[2]	1,00	0,86

Tabelle 10. *Einige sekundäre Szintillatoren*, nach HAYES et al. (*Ha 27*). *Relative Impulshöhen beim Zusatz zu 4 g/l p-Terphenyl in Toluol*

Verbindung	Konzentration (g/l)	relative Impulshöhe [3]			
		Multiplier A		Multiplier B	Multiplier C
		Al	TiO₂	TiO₂	TiO₂
ohne sek. Szint.				0,80	0,70
POPOP	0,5			1,47	1,67
	0,1	1,22	1,45	1,38	1,58
BBO	0,1	1,24	1,44		
αNPO	0,5			1,27	1,36
	0,1	1,09	1,21	1,18	1,28
DPH	0,1	0,79	0,94	0,91	1,10

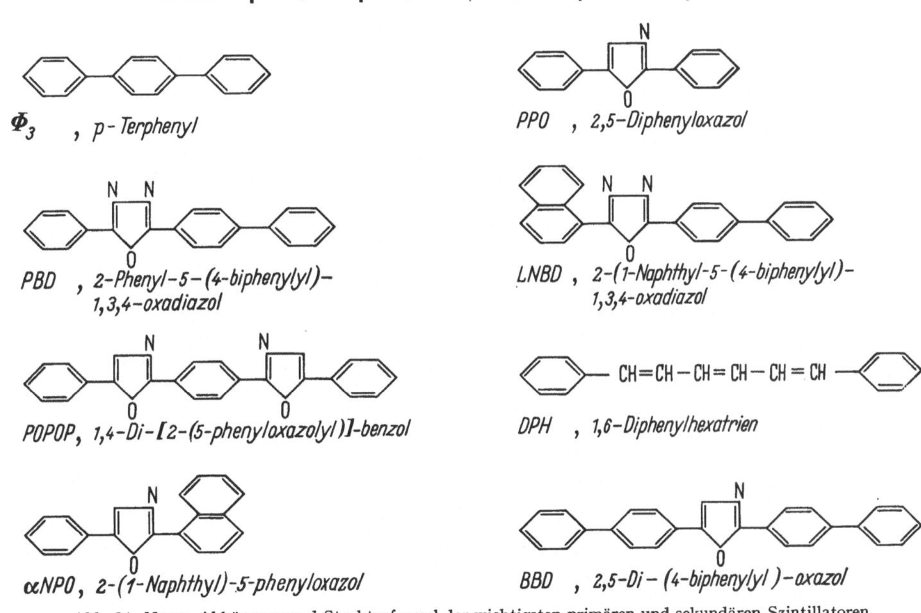

Abb. 24. Name, Abkürzung und Strukturformel der wichtigsten primären und sekundären Szintillatoren

[1] Standard 3 g/l PPO in Toluol.
[2] Löslichkeitsgrenze.
[3] Multiplier A hat eine durchschnittliche spektrale Empfindlichkeit, B und C sind Multiplier mit extremen Empfindlichkeitskurven. „Al, TiO₂" gibt das Reflektormaterial an.

Als Maß für die Güte der Verbindung wird die Impulshöhe im Vergleich zu einem Standardsystem (relative Impulshöhe RIH) bestimmt, wenn die Lösung des Szintillators mit β- oder γ-Strahlung angeregt wird. Diese Impulshöhe steigt mit der Konzentration des Szintillators zunächst an, fällt aber bei hohen Konzentrationen infolge Selbstlöschung wieder ab. Relativ schwerlösliche Verbindungen zeigen häufig kein Maximum, da die Löslichkeit vorher erreicht ist.

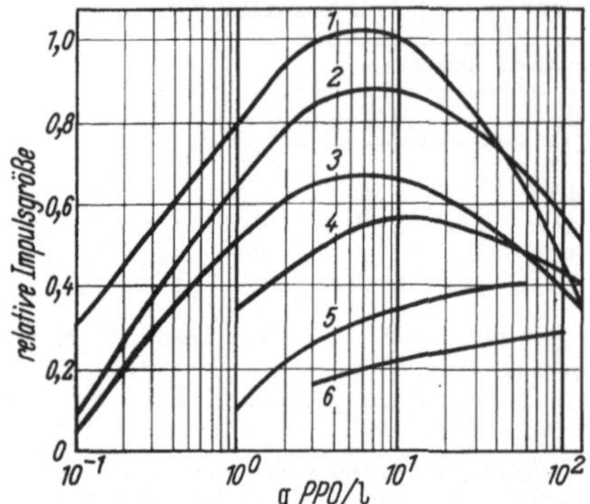

Abb. 25. Abhängigkeit der Impulsgröße von der Konzentration des Szintillators und der Art des Lösungsmittels, am Beispiel 2,5-Diphenyloxazol (PPO). 1 Toluol, 2 Anisol, 3 Fluorbenzol, 4 Dicyclohexyl, 5 Mineralöl, 6 Cyclohexen [nach HAYES et al. (Ha 30)]

Ähnliche Kurven ergeben sich, wenn die Konzentration der sekundären Szintillatoren variiert wird. Als Beispiel mag Abb. 25 dienen, die zugleich zeigt, daß die optimale Konzentration auch vom Lösungsmittel abhängt. Wie die Tab. 9 u. 10 demonstrieren, werden die Impulshöhen durch das Reflektormaterial und die Empfindlichkeitskurve des Multipliers beeinflußt[1], wodurch bei der Anwendung der Szintillatoren unter Umständen verminderte Empfindlichkeiten verursacht werden können.

Es sei zu Tab. 9 noch auf die Verbindung LNBD (Abb. 24) hingewiesen, für die der höchste bisher gefundene Wirkungsgrad gemessen wurde [RIH 1,57 bei 6 g/l Toluol, SCHIMANSKAJA et al. (Sch 6)]. Sehr erfolgversprechend sind auch vorläufige Messungen an methyl- und methoxyl-substituierten Oligophenylenen [NAY et al. (Na 25)]. ARNOLD (Ar 5) fand, daß einige Bleichmittel brauchbare Szintillatoren sind.

In Tab. 11 ist eine Übersicht über die Brauchbarkeit typischer Lösungsmittel gegeben. Die Tabelle zeigt, daß die Auswahl auf

Tabelle 11. *Eignung einiger Lösungsmittel für flüssige Szintillatoren*

Lösungsmittel	relative Impulshöhe		Zählausbeute für ¹⁴C [4]	
	mit 3 g/l PPO [2]	mit optimaler Konz. Terphenyl[3]	relative Zählausbeute 3 g/l PPO	Hochspannung
p-Xylol	1,12	0,92		
m-Xylol.	1,09			
Xylol.	1,07		0,97	+ 70
Phenylcyclohexan	1,02	1,04		
Toluol	1,00	0,84	1,00	± 0
o-Xylol	0,98			
Äthylbenzol	0,96			
Triäthylbenzol	0,96			
Benzol	0,85	0,74		
Anisol	0,83		1,00	+ 70
p-Cymol	0,80	0,48		
1,3-Dimethoxybenzol	0,40		0,81	+140
n-Heptan		0,12	0,70	+210
1,4-Dioxan	0,20	0,46	0,70	+210
1,2-Dimethoxyäthan			0,60	+210
Benzylalkohol	0,45		0,38	+210
Diäthylcarbitol			0,32	+280
Aceton	0,08		0,12	+280
Äthyläther		0,03	0,04	+280
Tetrahydrofuran		0,07	0,02	+280
Äthylalkohol	0		0	+280
Mineralöl	0,27			

[1] Näheres bei SWANK et al. (Sw 3).

[2] Nach HAYES et al. (Ha 30).

[3] Nach KALLMANN u. FURST (Ka 5). Die Originalangaben wurden mit 2,0 multipliziert, um sie statt auf Anthracen auf 3 g/l PPO zu beziehen. Bei [2] und [3] wurde mit externen Strahlenquellen bestrahlt.

[4] Nach DAVIDSON u. FEIGELSON (Da 4). Es wurde ein im System gelöstes ¹⁴C-Präparat zur Anregung benutzt und bei schlechten Lösungsmitteln die Hochspannung um den angegebenen Betrag über 970 Volt erhöht.

wenige, fast ausnahmslos aromatische Lösungsmittel beschränkt ist und vor allem
wasserähnliche Lösungsmittel (und Wasser selbst) ungeeignet sind. Die Reinheit
des Lösungsmittels ist von großer Bedeutung, p-Dioxan verschiedener Herkunft
unterschied sich z. B. in seinem Wirkungsgrad um den Faktor 2, und auch die

beste Qualität wurde durch sorgfältige Reinigung noch um 50% verbessert[1,2].

Von diesen Lösungsmitteln werden fast ausschließlich Toluol und Xylol benutzt, in Sonderfällen — z. B. für Kunststoffbehälter — Phenylcyclohexan oder Triäthylbenzol[3].

Tabelle 12. *Eigenschaften der häufig verwendeten flüssigen Szintillatoren*, nach HAYES et al. (*Ha 27*) u. OTT (*Ot 1*)

Lösungsmittel	primärer Szintillator	sekundärer Szintillator	relative Impulshöhe[4]	
			normal	O_2-frei
p-Xylol	PBD 10 g/l	—	1,18	1,47
Toluol	Φ_3 4 g/l	—	0,74	
Toluol	Φ_3 5 g/l	POPOP 0,5g/l	1,00	1,25
Toluol	PBD 10 g/l	—	1,28	
Toluol	PPO 3 g/l	—	1,00	

Zusammen mit den in Tab. 9 u. 10 erwähnten Szintillatoren
ergeben sich die in Tab. 12 zusammengestellten Kombinationen.

Nur wenige Verbindungsklassen sind in den in Tab. 12 aufgeführten Szintillatoren unmittelbar löslich. Es werden deshalb häufig weitere Lösungsmittel zugegeben, um gewisse Verbindungen in Lösung zu bringen. In den meisten Fällen setzen diese Zusätze den Wirkungsgrad herab. Von besonderer Bedeutung ist die Messung von Wasser (Tritiumbestimmung) oder wäßrigen Lösungen, die nach Zusatz von 1,4-Dioxan oder Äthanol möglich ist. Diese Systeme werden im nächsten Abschnitt (S. 174 ff.) behandelt.

Der Szintillationsvorgang wird nicht nur durch „schlechte" Lösungsmittel behindert. Viele Verbindungen bewirken ein Absinken der Empfindlichkeit, unter Umständen schon bei kleinen Konzentrationen. Man spricht von „Löschern", da der Effekt auf einer Auslöschung des Fluorescenzlichtes beruht. Bei löschenden Verbindungen sinkt die Zählrate mit steigender Konzentration ab (Abb. 26), vergleichbar mit der Wirkung der Selbstabsorption bei festen Präparaten. Die Löschwirkung der verschiedenen Verbindungen ist sehr unterschiedlich (Tab. 13). Es bestehen jedoch gewisse Zusammenhänge mit der Struktur (Tab. 14)[5]. Die Löschwirkung eines Präparates wird unter Umständen nicht durch den Hauptbestandteil, sondern durch geringfügige Verunreinigungen

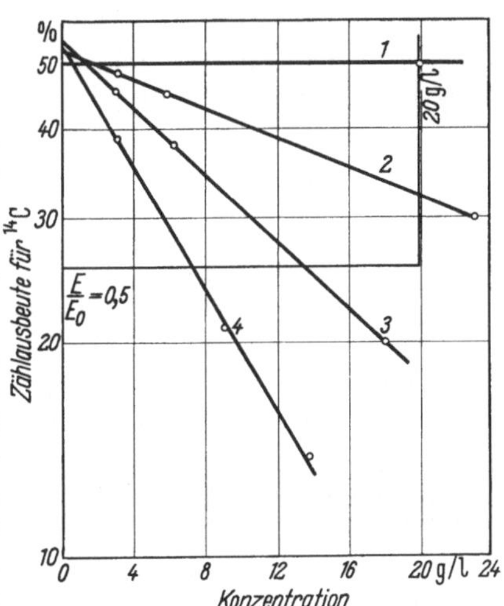

Abb. 26. Einige Beispiele für den Löscheffekt bei flüssigen Szintillatoren; 1 Cholesterol, 2 Essigsäureanhydrid, 3 Brombenzol, 4 Diäthylamin in PPO-POPOP-Toluol-Szintillator [nach KERR et al. (*Ke5*)]

---

[1] Nach DAVIDSON u. FEIGELSON (*Da 4*).

[2] Verschiedene Firmen bringen Lösungsmittel und Szintillatoren mit einem besonderen Reinheitsgrad „für Szintillatoren" auf den Markt.

[3] Brauchbare, nicht feuergefährliche Lösungsmittel mit geringem Dampfdruck sind Isopropylbiphenyl [BUCK u. SWANK (*Bu 5*)] und gewisse Silikonöle [MIRANDA u. SCHIMMEL (*Mi 8*)].

[4] Mit Aluminiumreflektor. Zum Vergleich: relative Impulshöhe eines Anthracenkristalls 2,00.

[5] Weitere Angaben über die Löschwirkung verschiedener Verbindungen und Verbindungsklassen machen KERR et al. (*Ke 5*), GUINN (*Gu 1*), AUDRIC u. LONG (*Au 1*), HELF u. WHITE (*He7*), PENG (*Pe 3*), STITCH (*St 10*), DAVIDSON u. FEIGELSON (*Da 4*) u. a.

bestimmt, die von Probe zu Probe in wechselnden Mengen vorliegen. Hierin liegt eine wesentliche Schwäche der flüssigen Szintillatoren.

Tabelle 13. *Löschung flüssiger Szintillatoren durch organische Verbindungen*, nach Kerr et. al. *(Ke 5)*.

Verbindung	relativer Wirkungsgrad bei 20 mg/ml[1]	Verbindung	Halbwertskonzentration, mg/ml[2]
Äthyläther	1,00 A	Phenylalanin · HCl	18,1 C
Cholesterol	0,96 A, 0,98 B 0,94 C	Serin · HCl	11,7 C
Äthylacetat	0,97 A	Cystein · HCl	10,8 C
Glycerin	0,96 B, 0,97 C	Oxalsäure	9,8 C
Äthanol	0,94 A	Glycin · HCl	9,5 C
Rohrzucker	0,94 C	Cystin · HCl	8,6 C[5]
Dextrose	0,94 C	Na-acetat	8,5 C[4]
Äthylmalonat	0,94 A	Diäthylamin	7,0 A
Wasser	0,92 B	Pyrrol	6,0 C
Essigsäure	0,89 A, 0,83 B, 0,72 C	Tyrosin · HCl	5,8 C[5]
Harnstoff	0,89 C	Trans-Stilben	4,7 A
Benzoesäure	12,1[3] A, 0,86 B, 0,59 C	Trichloressigsäure	4,5 A, 8,5 C
Tristearin	0,83 A, 0,82 B	Acetaldehyd	4,2 A
Wasserstoffperoxyd	0,65 C	Triäthylamin	3,9 A
Aceton	12,7[3] A, 0,78 B, 0,61 C	Thioharnstoff	4,1 C
Pyridin	6,5[3] A, 0,64 B, 0,54 C	CCl_4	3,7 A
Chloroform	0,51 A, 0,58 B, 0,59 C	Phenol	3,0 A
Benzylalkohol	0,70 A	Acetophenon	1,9 A
Essigsäureanhydrid	0,60 A	Anilin	1,6 A
		Benzaldehyd	1,3 A
		CS_2	0,9 A
		Nitromethan	0,8 A
		Nitrobenzol	0,6 A

A Szintillator 4 g/l PPO, 0,1 g/l POPOP in Toluol.
B Szintillator 7 g/l PPO, 0,05 g/l POPOP, 50 g/l Naphthalin in 1,4-Dioxan.
C Szintillator B, mit 150 g/l Wasser.

Die Löschung läßt sich in vielen Fällen durch Zusätze von Naphthalin [Furst et al. *(Fu 4)*] oder sekundären Szintillatoren [Helf u. White *(He 7)*] weitgehend aufheben. Naphthalin verbessert auch ungünstige Lösungsmittel. Es ist durchaus möglich, stark löschende Substanzen mit flüssigen Szintillatoren zu zählen, wenn die spezifische Aktivität ausreichend hoch ist, so daß nur geringe Konzentrationen vorliegen[6].

Zum Nachweis und zur Ausschaltung von Löscheffekten sind folgende Verfahren gebräuchlich.

Tabelle 14. *Löschwirkung funktioneller Gruppen bei aliphatischen Verbindungen*, nach Kerr et al. *(Ke 5)*

Verdünner	schwache Löscher	starke Löscher
R—H	R—COOH	R—SH
R—F	R—NH$_2$	R—OCOCO—R
R—O—R	R—CH=CH—R	R—CO—R
(RO)$_3$PO	R—Br	R—COX
R—CN	R—S—R	R—NH—R
R—OH		R—CHO
R—COO—R		R$_2$N—R
R—Cl		R—J
		R—NO$_2$

---

[1] Wirkungsgrad mit Löscher/Wirkungsgrad ohne Löscher bei ^{14}C.

[2] Die Halbwertskonzentration setzt den Wirkungsgrad auf die Hälfte herab. Die Werte gelten wiederum für ^{14}C.

[3] Halbwertskonzentration.

[4] Extrapoliert von 2,5 mg/ml aus (Löslichkeitsgrenze).

[5] Mit geringem HCl-Überschuß.

[6] Peng *(Pe 3)* hat z. B. Thioharnstoffderivate, Helf u. White *(He 7)* haben Nitroverbindungen gemessen, in beiden Fällen sinkt die Zählrate bei nur 1—3 mg/ml bereits auf die Hälfte ab.

Man stellt eine Reihe von Präparaten her, die eine gleiche Aktivität des zu bestimmenden Isotops in Form der interessierenden Verbindung oder in beliebiger Form enthalten und mit wachsenden Mengen der *inaktiven* Verbindung versetzt werden. Die Zählrate nimmt mehr oder weniger stark ab (Abb. 26), man erhält eine Korrekturkurve. Dieses Verhalten läßt sich durch eine Gleichung

$$N = S \cdot C \cdot e^{-q \cdot C}$$

N Zählrate, C Konzentration, S spezifische Aktivität, q Löschkonstante

wiedergeben. Setzt man eine Serie von Präparaten mit steigenden Mengen der *aktiven* Verbindung an und trägt log (N/C) gegen C auf, so resultiert eine Gerade, deren Extrapolation auf $C = 0$ die spezifische Aktivität der Verbindung ohne Löschung ergibt [PENG (*Pe 3*)]. Beide Verfahren sind analog den zur Korrektur der Selbstabsorption gebräuchlichen Methoden.

Man setzt dabei voraus, daß die Löschwirkung nur auf die Verbindung selbst zurückzuführen ist, eine Annahme, die bei stark löschenden Substanzen erlaubt ist. Im allgemeinen muß man aber befürchten, daß Verunreinigungen die Löschung mitbestimmen. Falls die Messung in einem Gerät mit zwei Zählkanälen durchgeführt wird, wird das Gerät zweckmäßig so eingestellt, daß bei nichtlöschenden Substanzen in beiden Kanälen dieselbe Zählrate gezählt wird[1]. Durch Löschung werden die Impulse verkleinert, der Meßwert des unteren Zählkanals steigt gegenüber dem im oberen Kanal an[2]. Ein Test ist auch durch Verdünnung der Probe möglich, wodurch die Zählrate bei Löschung steigt, bei nicht löschenden Substanzen jedoch nur geringfügig beeinflußt wird[2].

Zur quantitativen Korrektur von Löscheffekten wird nach der Zählung ein „innerer Standard" zugesetzt, d. h. ein Aliquot einer Lösung des vorliegenden Isotops in Form einer beliebigen Verbindung, dessen Zählrate in Abwesenheit von Löschung bekannt ist. Durch Vergleich des Meßwertes des inneren Standards (nach Abzug der Zählrate der Probe) mit dem Sollwert wird die Verminderung der Empfindlichkeit ermittelt und die Zählrate der Probe entsprechend korrigiert. Dieses Verfahren ist jedoch nur brauchbar, wenn die Korrektur nicht zu groß ist[2].

Neben löschenden Substanzen wirken gefärbte Verbindungen auf die Zählrate ein. Verbindungen mit starker Eigenfärbung ergeben geringe Zählausbeuten. Die Färbung durch Fremdbestandteile kann gegebenenfalls durch Aktivkohle usw. reduziert werden. Geringe Mengen an suspendierten Teilchen, z. B. Algensuspensionen[3], stören nicht[4]. Auch in diesen beiden Fällen werden innere Standards gebraucht, um die Meßwerte zu korrigieren.

γ) *Probebereitung*

Die Probebereitung soll unter folgenden Gesichtspunkten erörtert werden:

1. Die Substanz ist im Szintillator löslich.

2. Die Substanz ist nach Zusatz von Wasser oder Alkohol löslich.

3. Die Substanz ist unlöslich, kann aber in eine lösliche Form gebracht werden.

4. Die Substanz wird in unlöslicher Form als Suspension gemessen. Dieser Fall wird im Abschnitt δ (S. 175) behandelt.

Zu 1. Lösliche Verbindungen. Einige wenige für die Biochemie und Physiologie wichtige Verbindungsklassen sind in Toluol oder Xylol oder verwandten „guten"

---

[1] Manche Geräte können so betrieben werden, daß die Probe z. B. im Kanal 10—100(1) gemessen wird, während ein zweiter Zähler nur die in Kanal 10—40(2) fallenden Impulse registriert. Das Ergebnis wird in Kanal 1 abgelesen, während das Verhältnis der Meßwerte (Kanal 2/1) zur Kontrolle der Löschung verwendet wird.

[2] Nach DAVIDSON u. FEIGELSON (*Da 4*).

[3] KASPRZYK u. CALVIN (*Ka 11*).

[4] Die Zählung von Suspensionen wird auf S. 175 ff. behandelt.

Lösungsmitteln löslich. Hierzu gehören z. B. Fettsäuren, Lipoide, Steroide. Die Herstellung der Proben macht keine Schwierigkeiten.

Steroide, Fettsäuren[1] und Lipoide[2] wurden schon bei frühen Anwendungen der Szintillatoren durch Auflösen im Szintillatorsystem bestimmt. Aus Gewebe extrahierte Fettsäuren werden zur Trockne eingedampft[3], mit Toluol aufgenommen und zum Szintillator gegeben[4]. Steroide können, in Benzol oder Benzol-Äthyläther (1 + 1) gelöst, zum Szintillator zugesetzt werden. Bei 1 mg-Mengen von 25 Steroiden ergaben sich keine oder nur geringe Löscheffekte[5]. Cholesteroldigitonid wird in Methanol gelöst, mit Toluol zur Trockne gebracht und in Toluol aufgenommen[6]. Andere Autoren[7] lösen das Digitonid in Dioxan-H_3PO_4 (99 + 1,v/v) und verdünnen 1 ml Lösung mit 1 ml abs. Äthanol und 12 ml Toluol-Szintillator.[8]

Zu 2. Wasser- und alkoholhaltige Szintillatoren. Wasser und Alkohole sind als Lösungsmittel für Szintillatoren nicht brauchbar (vgl. Tab. 11). Wegen der großen Bedeutung der Tritiumbestimmung als HTO sind verschiedene wasserhaltige Szintillatoren entwickelt worden, und zwar Mischungen aus Dioxan-Wasser [FARMER u. BERNSTEIN (*Fa 5*)], Toluol (Xylol)-Äthanol-Wasser [HAYES u. GOULD (*Ha 25*)] und Xylol-Dioxan-Äthanol-Wasser [KINARD (*Ki 3*)]. In allen drei Systemen sinkt der Wirkungsgrad mit steigendem Wassergehalt stark ab. Bei dioxanhaltigen Szintillatoren kann dieser Effekt durch Zusatz von Naphthalin abgeschwächt werden [FURST et al. (*Fu 4*)]. Reines Dioxan gefriert bei +12° C. Durch den Zusatz von Alkohol wird der Gefrierpunkt herabgesetzt, die Beimischung von Xylol verbessert die Zählausbeute, so daß der Szintillator von KINARD (*Ki 3*) gegenwärtig für die Tritiumbestimmung in Wasser bevorzugt wird [JACOBSON et al. (*Ja 3*), BIBRON (*Bi 1*)]. Andere Autoren[10,11] ziehen das Dioxan-Naphthalin-System vor. Ein anderes, zur Messung wasserlöslicher Substanzen geeignetes System haben DAVIDSON und FEIGELSON

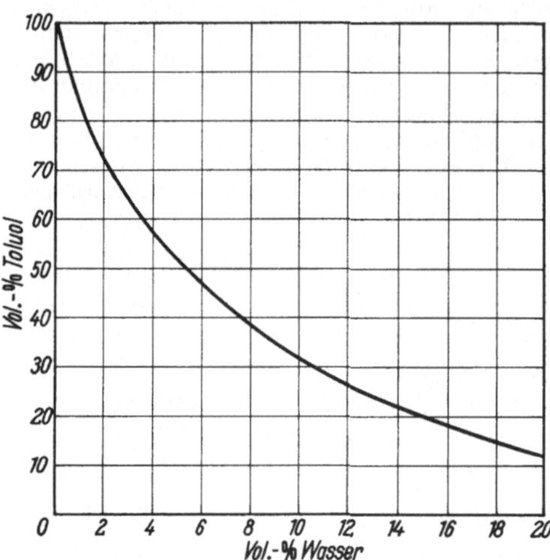

Abb. 27. Mischbarkeitsdiagramm für das System Wasser-Toluol-Äthanol bei —8° C[9]. Die notwendige Menge an Äthanol ergibt sich aus der Differenz zu 100%. (Nach einem Prospekt der Firma *Technical Measurements Co.*)

---

[1] RABEN u. BLOEMBERGEN (*Ra 2*).

[2] ROSENTHAL u. ANGER (*Ro 12*).

[3] Freie Fettsäuren sind in kleinen Mengen flüchtig, deshalb wird empfohlen, Träger zuzusetzen.

[4] FREDRICKSON u. GORDON (*Fr 2*), BRAGDON u. GORDON (*Br 3*).

[5] STITCH (*St 10*).

[6] GOULD et al. (*Go 14*).

[7] KABARA (*Ka 1*).

[8] Ein Sonderfall liegt vor, wenn die Verbindung als Lösungsmittel für Szintillatoren geeignet ist. Falls genügend Material zur Verfügung steht, wird das Meßpräparat durch Auflösen der Szintillatoren in der Verbindung hergestellt. Auf diese Weise lassen sich außerordentlich empfindliche Messungen machen, z. B. der Nachweis von natürlichem ^{14}C als *p*-Cymol [HAYES et al. (*Ha 23*)], oder die Messung von Kohlenwasserstoffen [WAGNER u. GUINN (*Wa 1*)].

[9] Nach ZIEGLER et al. (*Zi 1*) gilt das Diagramm mindestens bis 10 Vol.-% Wasser auch bei —20° C.

[10] WERBIN et al. (*We 7*).

[11] HOURS u. KAUFMAN (*Ho 10*).

(*Da 4*) angegeben. Der „Polyäther 611" enthält 6 Vol. Teile Dioxan, 1 Vol. Teil Anisol, 1 Vol. Teil 1,2-Dimethoxyäthan und 2 Vol. Teile Wasser (oder Äthylenglykol), er ist bis —2° C brauchbar.

FARMER u. BERNSTEIN (*Fa 5*) verwenden *p*-Dioxan mit 5 g/l Φ_3 und 3% Wasser. Durch 72 g/l Naphthalin können bis 24%, bei 100 g/l bis 20% Wasser zugegeben werden, wobei der Wirkungsgrad noch 72—85% des wasserfreien Systems beträgt[1]. Neuerdings verwendet man 10 g/l PPO, 0,25 g/l POPOP und 100 g/l Naphthalin bei 20% Wassergehalt[2,3].

Bei den Wasser-Toluol- bzw .Wasser-Xylol-Gemischen bedingt ein bestimmter Wassergehalt einen bestimmten Zusatz an Äthanol[4], damit sich das System bei tiefen Temperaturen nicht entmischt (Abb. 27). Selbstverständlich wird man die Wassermenge möglichst gering halten, der höchste Wirkungsgrad ist bereits bei 0,01 ml Wasser, 0,19 ml Alkohol und 29.8 ml Toluol erreicht[3]. Wenn niedrige spezifische Aktivitäten vorliegen, ist die optimale Zusammensetzung durch das Produkt von Wirkungsgrad und Wassergehalt gegeben. Als optimal werden angegeben 1 ml Wasser, 9 ml Alkohol, 20 ml Xylol, 5 g/l PPO[5]; 2 ml Wasser, 18 ml Äthanol, 10 ml Toluol, 3 g/l PPO[6]; 2,3 ml Wasser, 28 ml Äthanol, 70 ml Toluol, 4 g/l PPO[7].

Das System von KINARD (*Ki 3*) besteht aus 5 Vol. Teilen Xylol, 5 Vol. Teilen Dioxan, 3 Vol. Teilen Äthanol, 80 g/l Naphthalin, 5 g/l PPO und 0,05 g/l αNPO, es kann bis 7,7% Wasser aufnehmen. Eine Variante mit besseren Szintillatoren ist 7,7 ml Äthanol, 0,3 ml Wasser, 5 ml Xylol, 5 ml Dioxan, 7,5 g/l PPO, 0,075 g/l POPOP, 120 g/l Naphthalin[8].

Urin kann nach Entfärbung durch A-Kohle mit Dioxan-Naphthalin im Verhältnis 1 + 15[9] oder 1 + 24[10] verdünnt und gemessen werden. Andere Autoren[11] empfehlen 1 ml Urin, 10 ml Äthanol, 14 ml Toluol-PPO. Zur Entfärbung können auch Anionenaustauscher benutzt werden[12]. Menschliches Serum kann nach TCA-Fällung in Dioxan-Naphthalin direkt gemessen werden, bei Rattenserum kann die Fällung unterbleiben[10].

Der Polyäther 611 wurde zur Messung von Purinen entwickelt. Die Probe wird in 1 ml Wasser — bei manchen Verbindungen ist Äthylenglykol besser — aufgelöst und mit 4 ml Polyäther verdünnt[13,14]. Als Szintillatoren werden 12 g/l PPO und 0,5 g/l POPOP zugegeben. 1 ml Plasma, mit Wasser 1 + 3 verdünnt, und 1 ml Urin, 1 + 10 verdünnt, können in 4 ml Polyäther gelöst werden[15].1 ml Urin oder 0,2 ml Galle lösen sich in 10 ml Dioxan-Anisol-Dimethoxyäthan 6 + 1 + 1[16].

Die Dioxan-Naphthalin-Szintillatoren sind besonders zur Bestimmung von Zuckern brauchbar (vgl. Tab. 13)[17]. Aus Blutplasma wurde Glucose als Osazon isoliert, in Glucosotriazol umgewandelt und dieses als Lösung in Borsäure-Äthanol (138 mg B_2O_3/5 ml) zum Xylol-PBD-Szintillator gegeben[18].

Zu 3. Umwandlung in eine lösliche Verbindung. Eine in jüngster Zeit viel verwendete Technik zur Probebereitung für flüssige Szintillatoren geht auf PASSMANN et al. (*Pa 5*) zurück. Sie benutzen die starke Base Hyamin-Hydroxyd[19], um CO_2 zu binden und in flüssigen Szintillatoren zu messen. Weitere Untersuchungen ergaben, daß diese Verbindung Carbonsäuren[20], Aminosäuren und Proteine[20,21,22,23], Purine[13],

---

[1] FURST et al. (*Fu 4*).

[2] WERBIN et al. (*We 7*)..

[3] HOURS u. KAUFMAN (*Ho 10*).

[4] Bei der Bestimmung schwacher Präparate ist zu beachten, daß Äthanol aus frischem biologischem Material natürliche ^{14}C-Aktivität enthält (16 Zerfälle/min · g Kohlenstoff).

[5] HAYES u. GOULD (*Ha 25*). — [6] HAIGH (*Ha 7*). — [7] ZIEGLER et al. (*Zi 1*).

[8] JACOBSON et al. (*Ja 3*). — [9] NIELSON (*Ni 1*). — [10] LANGHAM et al. (*La 6*).

[11] OKITA et al. (*Ok 2*). — [12] HAYES et al. (*Ha 24*).

[13] DAVIDSON u. FEIGELSON (*Da 4*). — [14] GOLD u. SODD (*Go 6*). — [15] BEALL u. VAN ARSDEL (*Be 1*). —[16] SANDBERG u. SLAUNWHITE (*Sa 9*). — [17] KERR et al. (*Ke 5*).

[18] STEELE et al. (*St 2*).

[19] Hyamin-Chlorid ist ein Produkt von Rohm und Haas, Philadelphia, Pa. Es handelt sich um [p-Diisobutyl-kresoxy-äthoxy-äthyl]-dimethyl-benzyl-ammonium-chlorid.

[20] RADIN (*Ra 6*). — [21] VAUGHAN et al. (*Va 1*). — [22] STEINBERG et al. (*St 7*).

[23] HERBERG (*He 20*).

Serum[1], getrocknetes[2] und frisches Gewebe[3,4] löst. Andere Amine werden für Kohlendioxyd[5], Schwefelsäure und andere Säuren[6], Glucose[6] benutzt, starke Basen können durch 2-Äthylhexansäure gelöst werden[7]. Schließlich ist Formamid und Dimethylformamid zum Lösen von Gewebe[8] und Gewebeaschen[9] verwendet worden.

Zur Herstellung von Hyamin-Hydroxyd-Lösungen in Toluol und Methanol sei die Methode von EISENBERG (*Ei 5*) angegeben. Für 0,1—0,2 m Lösungen wird eine Anionenaustauschersäule aus Dowex 2 in die OH-Form überführt, mit Wasser, dann mit Methanol gewaschen, bis das Eluat farblos ist und schließlich Methanol durch Toluol verdrängt. Eine gesättigte Lösung von umkristallisiertem Hyamin-Chlorid in Toluol wird aufgegeben und mit Toluol nachgewaschen. Das alkalische Eluat wird aufgefangen und die Konzentration durch Titration mit Säure bestimmt. Die Lösung ist in der Kälte haltbar. Zur Absorption von CO_2 ist die Konzentration zu gering. Für diesen Zweck werden 96 g Hyamin-Chlorid, die aus 4 Vol. Toluol umkristallisiert wurden, mit 1,8 ml Wasser und 100 ml Methanol p.a. in eine braune Glasflasche gebracht und stehen gelassen, bis sich die Lösung auf Zimmertemperatur erwärmt hat. Es werden 25,5 g Ag_2O p.a. zugegeben und genau 10 min kräftig geschüttelt. Die Lösung wird zentrifugiert und das Überstehende in einer klaren Flasche dem Sonnenlicht ausgesetzt. Nach einem Tag wird zentrifugiert, die Lösung erneut 1—2 Tage exponiert und zentrifugiert. Die Lösung ist nunmehr klar, farblos und bei Zimmertemperatur unbegrenzt haltbar. Die Konzentration an freier Base beträgt 0,8—1,0 m.

Die Anwendung der Base zur $^{14}CO_2$-Bestimmung wird im speziellen Teil behandelt werden. Aminosäuren und Proteine können in 1 m Hyamin-Hydroxyd mit 10—20 mg/ml Base gelöst werden. Gemischte Gewebeproteine erfordern etwa ein- bis zweistündiges Erhitzen in geschlossenem Gefäß auf 55—60° C. Unlösliche Salze stören nicht[10,11]. Reine Aminosäuren und Proteine mit Ausnahme von Insulin zeigen keine Löschung[10,11]. Gemischte Gewebeproteine geben dagegen stark schwankende Löschung und starke Phosphorescenz[10,11]. Dieselbe Beobachtung macht HERBERG (*He 20, 21*) bei Geweben, die je nach Gewebeart in 50—500 mg-Mengen mit 3 ml 1,0 m Hyamin-Hydroxyd einen Tag bei 50—60° C geschüttelt werden. Gefärbte Lösungen werden durch Zutropfen von 30%igem H_2O_2 entfärbt. Die Lösungen werden vor der Messung angesäuert, um die Phosphorescenz zu beseitigen. Andernfalls dauert es unter Umständen Tage, bis eine stabile Zählrate beobachtet wird. 0,1 ml Serum kann in der Kälte durch 1 ml Hyamin gelöst werden[1]. Zum Zählen wird 1 + 4 bis 1 + 10 mit Toluol-PPO oder Toluol-PPO-POPOP verdünnt[1,3,4,10,11].

Statt Hyamin kann Primen 81-R[12], 0,25 m bis 2,0 m in Methanol, zum Auffangen von CO_2 verwendet werden[5]. Dieselbe Verbindung wird, als Acetat in Toluol gelöst, zur Bestimmung nichtflüchtiger Säuren verwendet[13]. Sie löst als freie Base Glucose nach zweistündigem verschlossenem Erhitzen auf 65° C in Gegenwart von Methanol[13].

Zur Zersetzung von 150—500 mg Gewebe und 0,3 ml Blut wird 0,5 m alkoholische KOH (3 ml) bei 50—60° angewendet, danach mit 30%igem H_2O_2 tropfenweise entfärbt, angesäuert und mit „Diotol"-Szintillator (500 ml Toluol, 500 ml Dioxan, 300 ml Methanol, 104 g Naphthalin, 6,5 g PPO und 130 mg POPOP) auf 13 ml verdünnt[4].

2 ml Gewebeextrakte mit Proteinen, Lipoiden, Nucleinsäuren werden mit 1 ml Formamid gelöst und mit 8,6 ml abs. Äthanol und 10,4 ml 5,8 g/l PPO-Toluol verdünnt. 2—5 g homogenisiertes Gewebe werden mit 75 ml Formamid 2 Std. bei 145° C unter Rückfluß gekocht, auf 100 ml aufgefüllt und 1,0 ml wie vor verdünnt. Bei Leber muß mit CO_2-Verlusten gerechnet werden, die in einer Hyaminfalle aufgefangen werden[8]. Ascherückstände von 250 mg feuchtem Gewebe oder kleinen Mengen (etwa 1 ml) Blut, Urin nach dem Veraschen mit HNO_3-$HClO_4$-$Mg(NO_3)_2$ lösen sich bei 100° C in 1,0 ml heißem Glycerin und werden mit 6 ml abs. Äthanol-N,N-Dimethylformamid (1 : 3 v/v) und 10 ml Toloul-PPO-POPOP verdünnt[9].

---

[1] CHEN (*Ch 1*). — [2] AGRANOFF (*Ag 1*). — [3] HERBERG (*He 20*).
[4] HERBERG (*He 21*). — [5] OPPERMANN et al. (*Op 1*). — [6] RADIN (*Ra 5*). —
[7] DAVIDSON u. FEIGELSON (*Da 4*). — [8] KINNORY et al. (*Ki 4*). — [9] JEFFAY et al. (*Je 1*).
[10] VAUGHAN at al. (*Va 1*) —[11] STEINBERG et al. (*St 7*).
[12] Primen 81-R (Rohm und Haas, Philadelphia, Pa) ist ein Gemisch primärer Amine mit der Aminogruppe an einem tertiären C-Atom und einem mittleren Molekulargewicht von 191. Das Produkt wird durch Vakuumdestillation bei 160° C gereinigt.
[13] RADIN u. FRIED (*Ra 13*).

Zur Einbringung metallischer Elemente in flüssige Szintillatoren werden ähnliche Verfahren verwendet. Wäßrige Lösungen von Salzen werden bei Salzgehalten bis zu etwa 5—15 mg/ml in Dioxan-Naphthalin aufgenommen[1]. Metallsalze organischer Säuren, z. B. der 2-Äthylhexansäure, sind direkt im Alkohol-Toluol-Szintillator löslich[2]. Eine Reihe von Elementen kann durch Lösungsmittel oder Chelatbildner in organische Phasen extrahiert werden. Einige Extraktionsmittel, z. B. Tri-n-butylphosphat[3,4] und andere Phosphorsäureester[4,5], langkettige Amine[4] usw., sind nur schwach löschende Verbindungen, so daß die Extrakte zu den Szintillatoren zugefügt werden können. Als praktische Anwendung dieser Möglichkeiten sei die Bestimmung von Eisen-Isotopen in flüssigen Szintillatoren erwähnt, die durch Auflösen von Eisen(II)-perchlorat[6] oder Vermischen eines Extraktes in 1,10-Phenanthrolin-Isoamylalkohol[7] mit Alkohol-Toluol Szintillatoren durchgeführt werden kann.

δ) *Messung von Suspensionen und Emulsionen*

Unlösliche Substanzen können als Suspensionen in flüssigen Szintillatoren gemessen werden. HAYES et al. (*Ha 29*) suspendieren ohne Stabilisator, deshalb muß die Probe sofort nach der Herstellung der Suspension gemessen werden. FUNT u. HETHERINGTON (*Fu 1*) setzen 70 g/l Aluminiumstearat zu, das bei 80° C geliert wird. Einfacher ist die Anwendung thixotroper Reagenzien [WHITE u. HELF (*Wh 1*), OTT et al. (*Ot 1*)] oder zähflüssiger Kunststofflösungen [FLEISCHMAN u. SCHACHIDZANJAN (*Fl 4*)], da kein Erwärmen notwendig ist. Eine Umkehr der Suspensionstechnik stellt das von STEINBERG (*St 5, 6*) empfohlene Verfahren zur Zählung wäßriger Lösungen dar. Kügelchen aus plastischen Szintillatoren oder Anthracenkriställchen werden in die wäßrige Lösung gegeben.

Gelartige Szintillatoren können beträchtliche Mengen Substanz ohne Sedimentation aufnehmen, z. B. bis 2 g $BaCO_3$ oder $PbCl_2$[8,9], bis 10 g Knochenasche[8] oder bis 5 g Gewebe, Gewebeasche[10] in 20 ml. Mit steigender Menge fällt die Zählrate ab, jedoch werden auch große Mengen mit gutem Wirkungsgrad gemessen (Abb. 28). Die Probeherstellung ist einfach: die Substanz wird verrieben, damit die Teilchengröße gleichmäßig wird, und durch Schütteln im Gel gleichmäßig verteilt. NATHAN et al. (*Na 4*) fanden bei $Ba^{14}CO_3$ nur Schwankungen im Rahmen der Zählfehler. Die Teilchengröße ist nicht kritisch[11], bei Geweben stört unter Umständen die Eigenfärbung[12,13]. Löscheffekte sind dagegen nicht zu befürchten. Die Suspensionsmessung wird deshalb auch bei Substanzen empfohlen, die sich zwar leicht in Lösung bringen lassen, aber starke Löscher sind[14,15]. Szintillatoren mit thixotropen Reagenzien

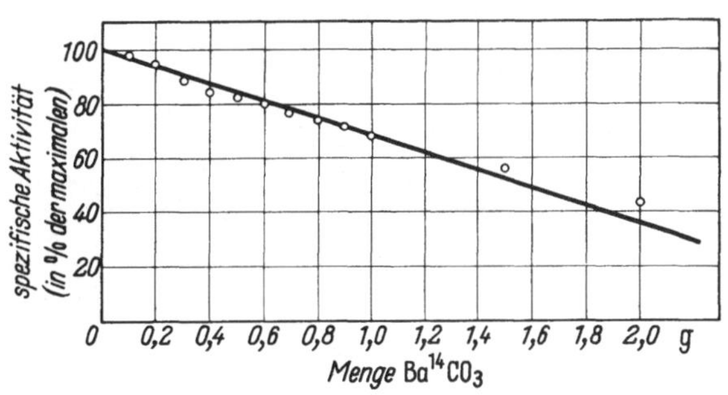

Abb. 28. Suspensionszählung von $Ba^{14}CO_3$ in einem PPO-POPOP-Szintillator mit Thixcin zur Stabilisierung der Suspension [n. NATHAN et al. (*Na4*)]

[1] KALLMANN et al. (*Ka 7*). — [2] RONZIO (*Ro 11*). — [3] AXTMANN u. CATHEY (*Ax 1*).
[4] ERDTMANN u. HERRMANN (*Er 4*). — [5] FOREMAN (*Fo 4*). — [6] DERN (*De 4*).
[7] LEFFINGWELL et al. (*Le 4*). — [8] OTT et al. (*Ot 4*). — [9] NATHAN et al. (*Na 4*).
[10] SCHACHIDZANJAN et al. (*Sch 1*). — [11] WHITE u. HELF (*Wh 1*).
[12] HAYES et al. (*Ha 29*). — [13] DOMERU HAYES (*Do 6*). — [14] HELF et al. (*He 8*).
[15] PENG (*Pe 3*).

nehmen bis etwa 1 ml wäßrige Lösung pro 20 ml zu einer stabilen Emulsion auf[1,2,3].

White u. Helf (*Wh 1*) verwenden 25 g Thixcin[4] und 3 g PPO pro Liter Toluol, die 3 min gut vermischt werden. Man erhält ein gießfähiges Gel, in dem sich die Probe durch kurzes Schütteln leicht verteilen läßt. Ein Zusatz von 0,6 g/l POPOP ist gegebenenfalls günstig[5].

Ott et al. (*Ot 1*) benutzen Siliciumdioxyd extrem kleiner Teilchengröße[6] als thixotropes Reagens für Toluol- und Dioxan-Wasser-Szintillatoren. Eine Konzentration von 3—5% ist günstig. Die Probe und das Reagens werden in das Zählgläschen eingewogen, der Szintillator zugesetzt und geschüttelt.

Fleischman u. Schachidzanjan (*Fl 4*) lösen 5—8% Plexiglasspäne in einem Toluol-Φ_3-POPOP-Szintillator bei 100° C auf. Die Probe wird mit dem Szintillator befeuchtet, das Gel zugegeben und 1—2 min geschüttelt (vgl. auch[7]).

Zur Präparation von Knochen wird die organische Substanz durch Äthylendiamin entfernt, der weiße Rückstand gepulvert und suspendiert[8].

Zur Emulsionszählung wird eine Mischung von 8 ml Emulgator, 10 ml Glycerin, 25 g Thixcin und 2,4 g PPO pro Liter Toluol empfohlen. 0,2 ml wäßrige Lösung werden in 20 ml dieser Mischung durch Schütteln eingebracht[1]. Ein Szintillator aus 3% Thixcin, 5% Hyamin, 0,4% PPO und 0,01% POPOP nimmt 1 ml wäßrige Lösung pro 20 ml auf, die zunächst von Hand, anschließend durch 15 min dauernde Beschallung mit Ultraschall emulgiert werden[2]. In 20 ml Gel-Szintillator aus 4%Cab-O-Sil in Toluol können bis 1,3 ml wäßrige Lösung eingebracht werden[3].

ε) Meßvorgang, Bestimmung mehrerer Isotope in derselben Probe

Die Auswahl der günstigsten Bedingung bei der Zählung der Probe, die nach den erörterten Gesichtspunkten hergestellt und auf die Arbeitstemperatur abgekühlt wurde, soll anhand von Abb. 29 behandelt werden. Zunächst wird der untere Diskriminator des Zählgerätes fest-

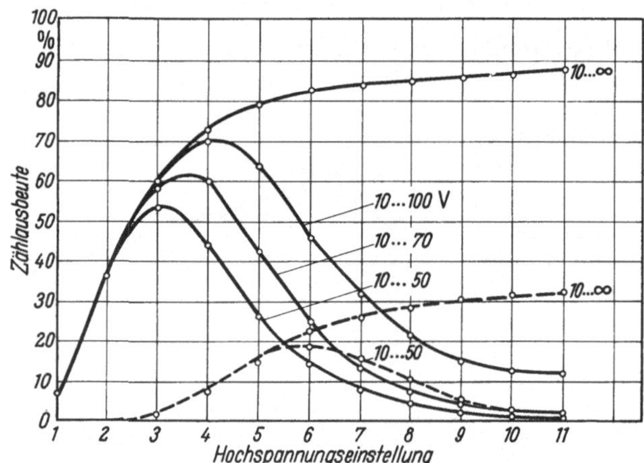

Abb. 29. Typische Kurven für die Zählausbeute bei der Messung mit flüssigen Szintillatoren; —— ^{14}C-Benzosäure, - - - ^{3}H-Toluol in PPO-POPOP-Toluol-Szintillator. 10...50 V etc. bedeuten die Kanalbreite, bei 10...∞ wurde nur ein unterer Diskriminator verwendet [nach Packard (*Pa 2*)]

gelegt. Dazu wird eine mittlere Hochspannung angelegt und der Diskriminator so verstellt, daß der hohe Nulleffekt verschwindet. Eine Einstellung zwischen 4—10 Volt ist praktisch. Nun wird das zu messende Isotop eingebracht und bei festgelegter Kanalbreite eine Kurve nach

---

[1] Radin (*Ra 5*).

[2] Shapira u. Perkins (*Sh 1*).

[3] Gordon u. Wolf (*Go 9*).

[4] Thixcin ist ein Ricinusölderivat der Baker Castor Oil Co., New York.

[5] Nathan et al. (*Na 4*).

[6] Die Autoren verwenden Cab-O-Sil M-5 der G. L. Cabot, Inc., Boston, Mass. In Deutschland wird hochdisperses Siliciumdioxyd durch die Degussa, Frankfurt/Main, hergestellt („Aerosil").

[7] Domer u. Hayes (*Do 6*).

[8] Langham (*La 5*).

Abb. 29 aufgenommen[1]. Nach dieser Abbildung wäre die Messung mit einseitigem Diskriminator $(10 - \infty)$ angebracht. Bei diesem Verfahren sind die Nulleffekte jedoch höher als bei der Anwendung eines Kanals. Bei der Messung mit Kanal stellt man die Hochspannung auf das Maximum der Kurve ein, z. B. auf Stellung 4 bei 10—100 Volt. Welche Kanalbreite die günstigste ist, muß durch Nulleffektsmessung entschieden werden. Die optimalen Bedingungen liegen vor, wenn e^2/NE den Höchstwert hat (e Wirkungsgrad oder Zählrate, NE Nulleffekt).

Abb. 29 zeigt zugleich die Möglichkeit, zwei Isotope in derselben Probe zu messen, am praktisch wichtigen Beispiel ^{3}H-^{14}C. Dazu verwendet man am bequemsten ein Gerät mit zwei Zählkanälen[2]. In unserem Beispiel wird die Hochspannung auf Stellung 5, der erste Kanal auf 10—50 und der zweite auf 50—100 Volt gestellt. ^{14}C wird in Kanal 1 (27% Wirkungsgrad) und in Kanal 2 (36%) gemessen, ^{3}H dagegen nur in Kanal 1 (16%). Durch Eichmessung bestimmt man die Aufteilung der ^{14}C-Aktivität auf beide Kanäle, berechnet aus der Aktivität in Kanal 2 den Anteil ^{14}C-Aktivität in Kanal 1 und zieht diesen Wert von der gemessenen Aktivität ab, es resultiert die ^{3}H-Aktivität. Ein Nachteil dieses Verfahrens ist der relativ hohe Anteil ^{14}C-Aktivität im Tritium-Kanal. Bei niedrigem Verhältnis ^{3}H/^{14}C ist es notwendig, eine höhere Spannung zu wählen oder — besser — den Kanal 1 auf etwa 10—20 oder 10—30 Volt zu verengen[3]. Dadurch teilt sich aber die ^{3}H-Aktivität ebenfalls auf beide Kanäle auf. Bei Einstellung 7 würde z. B. in Kanal 1 ^{3}H mit 16%, ^{14}C jedoch nur noch mit 8% Wirkungsgrad gemessen, Kanal 2 würde ^{3}H mit 10%, ^{14}C mit 23% registrieren[4].

Zur Auswertung der Messungen ist noch zu bemerken, daß der Nulleffekt bei konstanten Bedingungen hinsichtlich Hochspannungseinstellung und Kanalbreite noch vom Wirkungsgrad der Messung, d. h. von der Zusammensetzung der Probe, abhängt. Es ist deshalb notwendig, eine Leerprobe gleicher Zusammensetzung für die Nulleffektsbestimmung zu verwenden, wenn Proben mit starker Löschung gemessen werden. Eine einmal angefertigte Kurve für den Nulleffekt in Abhängigkeit vom Wirkungsgrad kann für nachfolgende Messungen verwendet werden[5].

4. β-Strahler in gasförmigem Zustand

Die Präparation von gasförmigen Proben ist sehr einfach: Das Gas wird in eine Meßkammer oder ins Zählrohr selbst gefüllt. Schwierigkeiten durch Selbstabsorption und ungleichmäßige Schichtdicke sind nicht zu erwarten. Da die meisten Detektoren nur für Temperaturen bis etwa 100° C brauchbar sind, liegen von vornherein starke Begrenzungen vor. Nur selten fallen die zu messenden Isotope gasförmig an, die Herstellung eines Gases bringt einen zusätzlichen Aufwand, der sich im allgemeinen nicht lohnt. Nur bei sehr weichen β-Strahlern sind die Vorteile der internen Messung im Zählrohr so beachtlich, daß sie in großem Umfang verwendet wird. Hierauf wird bei den einzelnen Isotopen eingegangen werden, da jeweils spezielle Methoden verwendet werden müssen. An dieser Stelle sollen nur solche Verfahren behandelt werden, die ganz allgemein für gasförmige Verbindungen brauchbar sind.

Die stationäre Messung kann in Mantelzählrohren — vergleichbar mit den Flüssigkeitszählrohren[6] — oder in kleinen, mit einem dünnwandigen Fenster verschlossenen Kammern ausgeführt werden[7,8,9,10]. Wenn die Meßkammer mit einem plastischen Szintillator versehen ist[11], entfallen die Absorptionsverluste im Fenster.

---

[1] Es genügt, die Abhängigkeit der Zählrate von der Hochspannung zu bestimmen. Der absolute Wirkungsgrad (Abb. 29) wird für die Festlegung der Arbeitsbedingungen nicht benötigt.

[2] Ein Gerät mit zwei Zählkanälen ist keinesfalls Bedingung. Man kann ohne weiteres nacheinander zwei Messungen mit verschiedener Kanaleinstellung durchführen.

[3] Vgl. hierzu OKITA et al. (*Ok 1*).

[4] Zweckmäßiger ist ein Gerät, bei dem die beiden Zählkanäle nicht zwangsläufig aneinandergrenzen, vgl. BLAU (*Bl 1*).

[5] DOMER u. HAYES (*Do 6*).

[6] HERBER (*He 19*).

[7] NORRIS (*No 2*).

[8] REGIER (*Re 6*).

[9] SANDERS (*Sa 10*).

[10] EBERT et al. (*Eb 1*).

[11] SHRANKS (*Sh 3*).

Zur Bestimmung von Gasen, die im Blut gelöst sind (^{85}Kr), entnimmt SANDERS (*Sa 10,11*) 2 ml mit einer Spritze, zieht 2 ml Luft nach und verschließt die Spritze durch einen Hahn. Durch Zurückziehen des Kolbens wird ein Vakuum erzeugt. Die Spritze wird 1 min geschüttelt, damit das Gas aus dem Blut entweicht. Dann wird das Gas in eine evakuierte Meßkammer überführt, die an ein Endfensterzählrohr angesetzt ist. LASSEN u. MUNCK (*La 10*) füllen das Blut selbst in eine dichte Meßkammer ein.

Die Messung in strömenden Gasen, etwa bei der Gaschromatographie, kann ebenfalls in Kammern ausgeführt werden, die um oder unter dem Detektor angebracht sind[1]. Eine Ausführung mit dünnem Fenster ist kürzlich von WOLFGANG u. MACKAY (*Wo 6*) beschrieben worden. Fensterlose Messungen sind in spiralförmig angeordneten Capillaren aus plastischen Szintillatoren möglich[2]. LOWE u. MOORE (*Lo 5*) verwenden flüssige Szintillatoren, durch die das Gas perlt. Die interne Messung weicher β-Strahler in strömenden Gasen ist mit speziellen Zählrohren[3,4,5] oder Ionisationskammern[6] durchgeführt worden. MASON et al. (*Ma 13*) beschreiben eine Ionisationskammer, die bis 250° C verwendet werden kann. Die Methoden zur internen Messung strömender Gase wurden speziell für Kohlenstoff 14 und Tritium entwickelt und werden deshalb dort näher beschrieben. Ebenso wird im Abschnitt „Kohlenstoff 14" näher auf die Messung von Atemluft eingegangen werden.

5. γ-Strahler

Die Messung von γ-Strahlern stellt bedeutend geringere Anforderungen an die Präparationstechnik als die Messung von β-Strahlern. Die Strahlung ist so durchdringend, daß hinsichtlich Menge und Schichtdicke der Proben praktisch keine Grenzen gegeben sind. Bei der Präparation ist lediglich für eine konstante Geometrie zu sorgen. Im allgemeinen beschränkt sich die Vorbereitung der Probe darauf, das Material zu homogenisieren und einen geeigneten Anteil abzunehmen. Die direkte Bestimmung in biologischem Material macht keinerlei Schwierigkeiten. Im übrigen sind selbstverständlich alle Methoden brauchbar, die zur Herstellung von β-Präparaten beschrieben wurden.

Für kleine Proben verwendet man die Natriumjodid-Bohrlochkristalle[7], im allgemeinen mit 4,5 cm Durchmesser und 5 cm Höhe und einer Bohrung von 1,9 cm Durchmesser und 3,0 cm Tiefe. MACINTYRE u. CHRISTIE (*Ma 3*) empfehlen jedoch eine Bohrung von 2,8 cm Durchmesser bei gleichen äußeren Abmessungen. Ihr Vorzug ist, daß Volumenänderungen und Sedimentationsvorgänge weniger in Erscheinung treten. Eine Blutprobe von 6 ml, markiert mit ^{131}J-Serumalbumin, änderte ihre Aktivität innerhalb einer halben Stunde um 10%, wenn ein üblicher Kristall verwendet wurde, um 1,6%, wenn die größere Bohrung benutzt wurde. Für Volumina um 100 ml werden ausgebohrte plastische Szintillatoren empfohlen[8]. Noch größere Volumina — bis zu 1500 ml — werden entweder auf den Kristall gestellt oder — zweckmäßiger — in Ringbechern um den Kristall angeordnet[9,10,11,12].

Strömende Lösungen werden durch Kunststoffschläuche geleitet, die um ein in die Bohrung des Kristalls passendes Glasrohr gewickelt sind[13,14]. Diese Anordnung ist auch zur stationären Messung von Blut empfohlen worden[11]. Die Messung heißer Gase am Ausgang einer Chromatographiesäule mit einem Bohrlochkristall wird von MOUSSEBOIS u. DUYCKAERTS (*Mo 7*) beschrieben[15].

Es sei noch darauf hingewiesen, daß die Anwendung vereinfachter Präparationsmethoden voraussetzt, daß die β-Strahlung durch Absorber abgedeckt wird. In den Bohrlochkristallen können Fehlmessungen dadurch auftreten, daß Gläser unterschiedlicher Dicke benutzt werden und der Anteil an β-Strahlung, der den Detektor erreicht, von Präparat zu Präparat verschieden ist.

---

[1] KUMMER (*Ku 1*), KOKES et al. (*Ko 3*). — [2] FUNT u. HETHERINGTON (*Fu 2*).
[3] WOLFGANG u. MACKAY (*Wo 6*). — [4] WOLFGANG u. ROWLAND (*Wo 7*).
[5] ROWLAND et al. (*Ro 19*). — [6] RIESZ u. WILZBACH (*Ri 4*).
[7] Vgl. SCHMEISER, S. 96, Abb. 79. — [8] HINE u. MILLER (*Hi 2*), vgl. SCHMEISER, S. 96, Abb. 77a. — [9] PFAU u. HEINRICH (*Pf 1*). — [10] JORDAN (*Jo 3*).
[11] DRATZ (*Dr 1*). — [12] SCHMEISER, S. 97. — [13] ALBERT et al. (*Al 1*).
[14] CRANE et al. (*Cr 1*). — [15] Vgl. auch HERR et al. (*He 27*).

6. α-Strahler

Die Herstellung von α-Präparaten erfordert ähnliche Sorgfalt wie die Präparation weicher β-Strahler. Die starke Absorption der Strahlung macht die Anwendung einfacher Verfahren — wie die Messung in Lösung — unmöglich. Da α-Strahler als Indicatoren nur selten verwendet werden und in den wenigen verbleibenden Fällen teilweise über begleitende γ-Strahlung gemessen werden können, erscheint eine nähere Behandlung unnötig. Es seien lediglich einige Hinweise gegeben.

Zur Bestimmung ist im allgemeinen eine vollständige Aufarbeitung des Materials notwendig, damit möglichst dünne Präparate vorliegen. Die Trägermengen müssen gering gehalten werden. Die Messung wird in fensterlosen Detektoren vorgenommen. In fensterlosen Proportionalzälrohren können α-Strahler bereits unterhalb der Einsatzspannung für β-Strahlung gezählt werden, so daß der Nachweis schwacher α-Aktivitäten selbst neben 10^7 ipm β-Strahlung möglich ist[1]. Bei gewichtslosen Präparaten werden die beim α-Zerfall auftretenden Rückstoßatome mitgezählt[2]. Für größere Mengen sind Detektoren mit großer Präparatfläche günstig[3]. Mit starken Störungen des Zählvorgangs durch Beeinflussung des elektrischen Feldes muß gerechnet werden[4]. Diese Effekte können durch Verwendung von Szintillationszählern vermieden werden. Dünne Zinksulfidschirme sind leicht herzustellen[5,6,7], sie sind selektiv für α-Strahlung. Einige Autoren vermischen die Probe mit ZnS und bringen die Mischung unter einen Photomultiplier[8,9]. Für den empfindlichen Nachweis von Radon werden mit ZnS belegte Zählkammern verwendet[10,11]. Flüssige Szintillatoren sind zur α-Messung brauchbar[12,13], wahrscheinlich sogar in Anwesenheit größerer Substanzmengen. Die Impulse sind aber wesentlich kleiner (etwa 1/15) als Impulse von β-Strahlung gleicher Energie, so daß β-Strahlung sehr stört. Empfindlicher als alle genannten Methoden ist der Nachweis mit Kernspuremulsionen[14,15,16]. Hier wird die höchste Empfindlichkeit der Strahlungsmessung erreicht.

B. Die einzelnen Isotope und ihre Bestimmung

In den folgenden Abschnitten werden die für Physiologie, Diagnostik und Therapie wichtigen Isotope behandelt. Dazu seien folgende Erläuterungen vorausgeschickt.

Die *physikalischen Eigenschaften* — Halbwertszeit, Art und Energie der Strahlung, Häufigkeit der einzelnen Umwandlungen — werden ohne näheren Beleg[17] angegeben. Bei kompliziertem Zerfallsschema werden nur die wichtigsten Komponenten berücksichtigt.

Die zur *Herstellung* gebräuchlichen Kernreaktionen und die dabei erreichten spezifischen Aktivitäten sind zusammengestellt. Angaben über Reaktorbestrahlungen sind ohne Beleg[18] und beziehen sich auf einen Neutronenfluß von $1 \cdot 10^{12}$ Neutronen/cm² · sec. (Pilefaktor 10). Bei Cyclotronreaktionen sind Ausbeuten für dicke Targets angegeben. Auf die wichtigsten Verunreinigungen, die zur Gewin-

---

[1] MILLER u. LEBOEUF (*Mi 5*). — [2] CURTIS u. HEYD (*Cu 2*).

[3] McDANIEL et al. (*Mc 5*). — [4] SPANG u. GEBAUHR (*Sp 1*). — [5] REED (*Re 2*).

[6] MOUGIN u. KOECHLIN (*Mo 6*). — [7] BOULENGER u. GOURSKI (*Bo 10*).

[8] ROSHOLT (*Ro 13*). — [9] MAYNEORD et al. (*Ma 21, Tu 5*).

[10] VAN DILLA u. TAYSUM (*Di 4*). — [11] LUCAS (*Lu 1*).

[12] BASSON (*Ba 23*), BASSON u. STEYN (*Ba 24*). — [13] HORROCKS u. STUDIER (*Ho 9*).

[14] SCHAEFER (*Sch 2*). — [15] ROTBLAT u. WARD (*Ro 14*). — [16] SCHWENDIMAN u. HEALY (*Sch 27, 28*).

[17] Die Angaben sind den Isotopentabellen von STROMINGER et al. (*St 8*), HOLLANDER et al. (*Ho 4*), KUNZ u. SCHINTLMEISTER (*Ku 2*), WAY et al. (*Wa 15*) und dem Katalog der IAEA (*In 1*) entnommen.

[18] Vgl. den Katalog der IAEA (*In 1*).

nung und Reinigung üblichen chemischen Verfahren und mögliche Szilard-Chalmers-Reaktionen wird hingewiesen.

Die verschiedenen Möglichkeiten zur *Messung* der einzelnen Isotope werden erörtert und Angaben über die Nachweisgrenze gemacht. Als Nachweisgrenze wird diejenige Aktivität angesehen, die bei einstündiger Messung einen Zählfehler von $2\sigma = 5$ % ergibt, wobei der Nulleffekt durch eine „lange" Messung (angenommen sind 10 Std.) bestimmt wird[1]. In einzelnen Fällen werden zusätzlich Angaben über die nachweisbare spezifische Aktivität gemacht, wenn die bei den einzelnen Verfahren meßbaren Mengen sehr unterschiedlich sind. Es sei erwähnt, daß diese Nachweisgrenzen ohne Schwierigkeiten durch eine Verlängerung der Meßdauer unterschritten werden können. Die zur Verarbeitung gebräuchlichen chemischen Methoden werden erwähnt. Für einige wichtige Isotope werden detaillierte Arbeitsvorschriften angeführt. Schließlich wird auf die Möglichkeit eingegangen, das vorliegende Isotop neben anderen Isotopen in praktisch interessanten Kombinationen zu bestimmen[2]. Nicht behandelt werden dagegen Verfahren zur in vivo-Messung, da diese im allgemeinen in Verbindung mit speziellen diagnostischen und therapeutischen Fragestellungen gebraucht werden.

I. Kohlenstoff

1. Isotope

Erste Untersuchungen biochemischer Probleme wurden mit Hilfe von ^{11}C durchgeführt[3], das durch Beschuß von Borsäure mit 8 MeV Deuteronen nach ^{10}B$(d,n)^{11}$C dargestellt wurde. ^{11}C entweicht während der Bestrahlung als ^{11}CO und ^{11}CO$_2$ aus der Targetkammer, wird über heißem CuO in ^{11}CO$_2$ überführt und mit flüssiger Luft ausgefroren [Ruben et al. (*Ru 4*)]. Die Ausbeute beträgt bei 8—14 MeV 500 μc/μah[4]. Es handelt sich um einen β^+-Strahler von 0,97 MeV Energie, dessen Nachweis durch β- und γ-Messung (Vernichtungsquanten) keine Schwierigkeiten macht. Da die Halbwertszeit nur 20,4 min beträgt, sind Untersuchungen mit ^{11}C nur in der Nähe von Beschleunigern und nur bei schnell ablaufenden Vorgängen möglich.

Kohlenstoff 14, ein reiner β^--Strahler (0,155 MeV) von 5568 Jahren Halbwertszeit, wurde 1940 von Ruben u. Kamen (*Ru 2*) durch die Kernreaktion ^{13}C$(d,p)^{14}$C erstmals dargestellt. Günstiger ist die Kernreaktion ^{14}N$(n,p)^{14}$C, die bereits bei langsamen Neutronen mit sehr guter Ausbeute (Wirkungsquerschnitt 1,75 barn) abläuft.

---

[1] Berechnet nach $(F_{Rn}\%) = 100 \cdot k\,(R_p/t_p + R_u/t_u)^{1/2}/R_n$

$\quad\quad (F_{Rn}\%)$ Fehler von R_n in %,$\quad$ k Wahrscheinlichkeitsfaktor

$\quad\quad\quad R_p$ Zählrate der Probe (Impulse/min)

$\quad\quad\quad R_u$ Zählrate des Nulleffektes (Impulse/min)

$\quad\quad\quad R_n$ Nettozählrate der Probe $(R_p - R_u)$

$\quad\quad\quad t_p,\ t_u$ Dauer der Messung (min)

Mit $F = 5\%$, $k = 2$ (doppelte Standardabweichung, vgl. Schmeiser, S. 64), $t_p = 60$ min, $t_u = 600$ min folgt $R_n = 13{,}3 + 5{,}4\,(R_u + 6)^{1/2}$.

[2] Eine allgemeine Erörterung der Möglichkeit und Genauigkeit von Messungen zweier Isotope nebeneinander findet man bei Tait u. Williams (*Ta 3*). Die Anwendung der γ-Spektroskopie ist u. a. eingehender von Bill et al. (*Bi 3*) und Öbrink u. Ulfendahl (*Oe 1*) behandelt worden.

[3] Buchanan u. Hastings (*Bu 3*) haben eine Zusammenfassung der Anwendungen von ^{11}C publiziert.

[4] Irvine (*Ir 1*), Garrison u. Hamilton (*Ga 6*).

Zur Darstellung verwendete man ursprünglich gesättigte Lösungen vonAmmoniumnitrat[1,2], später festes Calciumnitrat[3] und seit einigen Jahren festes Berylliumnitrid[3]. Das im Reaktor bestrahlte Be_3N_2 wird in 65%iger $H_2SO_4-H_2O_2$ gelöst und ^{14}C in Form von Methan, Kohlenmonoxyd und -dioxyd im Stickstoffstrom ausgetrieben. Die Gase werden bei 750° C durch Kupferoxyd in Kohlendioxyd überführt und in Natriumhydroxyd aufgefangen. Aus dieser Lösung wird ^{14}C als Bariumcarbonat ausgefällt.

Die Kernreaktion ^{14}N (n, p) ^{14}C findet auch in der Natur statt, und zwar durch Einwirkung von Neutronen der kosmischen Strahlung auf Luftstickstoff[4]. Sie hat zur Folge, daß im biologischen Kreislauf stehender Kohlenstoff eine schwache ^{14}C-Aktivität von 16 Zerfällen/min · g enthält. In abgestorbenem Material zerfällt der natürliche Radiokohlenstoff, so daß aus der spezifischen ^{14}C-Aktivität das Alter vorgeschichtlicher Proben bestimmt werden kann[5].

^{14}C ist in Form von Natriumcarbonat, Bariumcarbonat und vielen markierten Verbindungen[6] erhältlich. Die spezifische Aktivität beträgt im allgemeinen 1 mc/mMol, einige Verbindungen sind mit 15 mc/mMol zugänglich[7]. Als radiochemische Reinheit werden $> 99\%$ angegeben.

2. Übersicht über die Methoden zur Bestimmung von Kohlenstoff 14

Die weiche β^--Strahlung des Kohlenstoffs von nur 0,155 MeV Energie führt zu beträchtlichen Schwierigkeiten bei der Bestimmung. Hinzu kommt die starke Verdünnung im Versuch durch inaktiven Kohlenstoff. Die einfachsten Nachweisverfahren — Bestimmung des Materials in festerForm oder in Lösung mit einem Endfensterzählrohr — lassen sich nur begrenzt einsetzen. Bereits eine Schichtdicke von 4 mg/cm² vermindert die Zählrate auf die Hälfte, die „dicke Schicht" wird bei 20 mg/cm² erreicht. Feste Präparate müssen besonders sorgfältig vorbereitet werden.

Eine Übersicht über die verschiedenen Verfahren ist in Abb. 30 gegeben. Die direkte Messung von Kohlenstoff 14 in den anfallenden biologischen Proben ist verhältnismäßig unempfindlich und auch ungenau. Die Entwicklung der flüssigen Szintillatoren hat zwar in dieser Hinsicht beachtliche Möglichkeiten erschlossen; der apparative Aufwand ist jedoch beträchtlich. Im allgemeinen wird eine Verarbeitung des Materials, durch die inaktiver Ballast entfernt wird und alle Proben in einen einheitlichen chemischen Zustand gebracht werden, vorgezogen. Diese Verarbeitung ist vielfach schon deshalb nicht zu umgehen, weil bestimmte chemische Verbindungen isoliert und gemessen werden sollen. Oft reicht die damit verbundene Anreicherung der Aktivität aus, um die direkte Messung zu ermöglichen. Auch in diesem Falle sind die flüsssigen Szintillatoren vorteilhaft.

Bei den gebräuchlichsten Verfahren verbrennt man das Ausgangsmaterial oder die isolierten Verbindungen. Die Verbrennung kann trocken oder naß durchgeführt werden. Das erhaltene Kohlendioxyd wird in Lauge aufgefangen, als Bariumcarbonat gefällt und in Endfensterzählrohren oder fensterlosen Zählrohren gemessen. Dieses Verfahren erfordert den geringsten Aufwand an Meßgeräten. Die Messung fester Präparate ist jedoch nicht besonders empfindlich, bedingt durch die Selbstabsorption und die nicht optimalen geometrischen Verhältnisse. Deshalb sind mit beachtlichem Erfolg Methoden entwickelt worden, bei denen das anfallende Kohlendioxyd in Zählrohre oder Ionisationskammern eingefüllt wird. Die Selbstabsorption wird dadurch ausgeschaltet und zugleich eine ideale Zählgeometrie erhalten. Gewisse Mängel der Gaszählung sind in den letzten Jahren weit-

[1] Ruben u. Kamen (Ru 3).
[2] Norris u. Snell (No 1).
[3] Rupp (Ru 6), Rupp u. Binford (Ru 7).
[4] Anderson et al. (An 3).
[5] Libby (Li 3).
[6] Vgl. den Katalog der International Atomic Energy Agency (In 2).
[7] Reiner Kohlenstoff 14 hätte 63 mc/mMol.

gehend überwunden worden. Neuerdings werden auch bestimmte flüssige Szintillatoren zur Absorption und Messung des Kohlendioxyds eingesetzt.

Mit der Kohlenstoff-14-Bestimmung wird in der Regel eine Kohlenstoff-Analyse verbunden, die bei den gebräuchlichsten Verfahren durch Druckmessung des Kohlendioxyds, Auswaage des Bariumcarbonats oder Rücktitration der Absorptionslauge erfolgt.

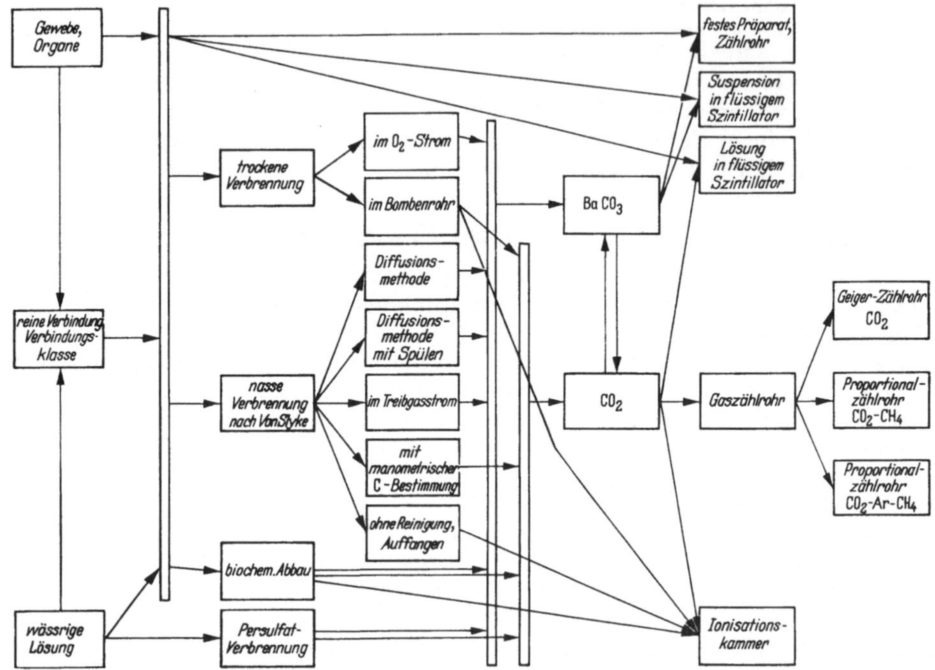

Abb. 30. Schematische Darstellung der verschiedenen Möglichkeiten zur Kohlenstoff-14-Bestimmung

Die Einordnung der einzelnen Arbeiten in die folgenden Abschnitte ist einfach, wenn nur Teile der Methodik behandelt werden, z. B. Verbrennungsverfahren, Zählmethoden usw. Vielfach werden jedoch Vorschriften gegeben, die von der Vorbereitung der Probe bis zur Aktivitätsbestimmung reichen. In diesen Fällen werden die einzelnen Teile der Methode in den verschiedenen Abschnitten beschrieben, wenn es sich um deutlich getrennte, in verschiedenen Apparaturen unabhängig voneinander durchführbare Arbeitsgänge handelt. Auf diese Weise soll ein besserer Vergleich der verschiedenen Modifikationen eines Arbeitsvorgangs ermöglicht werden. Bei manchen Verfahren werden Verbrennung, Mengenbestimmung und Aktivitätsmessung in einem geschlossenen Arbeitsgang in einer geschlossenen Apparatur durchgeführt. Diese Verfahren sind im Zusammenhang behandelt, und zwar in der Regel bei den Verbrennungsmethoden. In den anderen Abschnitten wird dann lediglich ein Hinweis gebracht, soweit Einzelheiten, z. B. die Meßtechnik, auch mit anderen Methoden kombiniert werden können.

3. Direkte Messung biologischer Proben und isolierter Verbindungen
a) Mit externem Detektor

Die direkte Messung in *fester Form* mit *externem Detektor* setzt hohe spezifische Aktivitäten voraus. Bei den üblichen Präparatschälchen von 3—5 cm² Fläche sinkt die Empfindlichkeit bereits bei mehr als 20—30 mg Material stark ab, 60—100 mg genügen zur Herstellung „dicker" Präparate. Die Schwankungen sind beträchtlich. PEARCE et al. (*Pe 3*) fanden z. B. für eingedampfte Lösungen von Gewebe in Formamid bei 5—9 mg/cm^2 Schwankungen von 11% ohne und 7% mit saugfähigem Papier. Einige Autoren erhalten jedoch Genauigkeiten im Rahmen der Zählfehler.

Die verschiedenen Verfahren zur Herstellung der festen Präparate sind an anderer Stelle (S. 174ff.) beschrieben. Hier seien deshalb nur einige Hinweise angeführt. Als Detektoren können die üblichen Endfensterzählrohre verwendet werden. Günstiger, jedoch mit gewissen Fehlerquellen behaftet (S. 156 f.), sind fensterlose Zählrohre.

LARSON u. HARLOW (*La 8*) zählen getrocknetes Gewebe sehr geringer Aktivität und erwähnen besonders die Störung durch natürliches Kalium 40. BURR u. WIGGANS (*Bu 11*) erhielten für sehr kleine Blutmengen (2 Tropfen), die auf Filtrierpapier eingedampft wurden, eine Streuung von 2,0%. HOGNESS et al. (*Ho 3*) haben Urin und Plasma auf oxydierten Kupferscheiben zu Schichten von maximal 1,3 mg/cm^2 eingedampft. Mit Agar als Träger erhielt McCREADY (*Mc 4*) beim Eindampfen kleiner Lösungsmengen sehr genaue Resultate.

Steroide wurden aus Lösungen eingedampft[1,2] oder in Form der Digitonide aus Alkohol-Äther suspendiert[3]. Dicke Schichten von Cholesterol und Cholesterol-Digitonid ergaben, in Meßschälchen eingepreßt, sehr geringe Schwankungen[4]. Proteine wurden aus 1 n NaOH eingedampft[5], oder in trockener Form in 25%igem Äthanol suspendiert[6]. KATZ et al. (*Ka 15*) erhielten unter bestimmten Bedingungen durch TCA-Fällung pulvrige Niederschläge von Plasmaproteinen und Plasmaalbumin, aus denen durch Filtration Meßpräparate hergestellt wurden. Für Purine wird das Eindunsten von Lösungen in 0,05 n HCl empfohlen[6]. Fettsäuren[7] und Lipoide[8] sind durch Eindampfen präpariert worden, wobei Träger notwendig ist, um Verflüchtigungen auszuschalten. POPJAK (*Po 2*) stellte die Präparate durch Pressen her.

Der Vergleich von festen Präparaten verschiedener Verbindungen ist bei dünnen Schichten möglich, wenn der Kohlenstoffgehalt berücksichtigt wird[9,10]. Man muß allerdings mit etwa 10% Fehler rechnen. Bei dicken Präparaten sind beträchtliche Abweichungen zu befürchten, z. T. schon durch einen unterschiedlichen Zustand (z. B. Kristallgröße) derselben Verbindung[11].

Die Messung von *Papierchromatogrammen* ist an anderer Stelle behandelt worden (S. 157ff.). Einige Angaben über Empfindlichkeiten werden in Tab. 17[12] gemacht.

Wegen der starken Selbstabsorption wird ^{14}C nur in Ausnahmefällen in *Lösung* gemessen. SCHWEBEL et al. (*Sch 22,23*) bestimmen Verbindungen hoher spezifischer Aktivität nach Auflösen in einem schwerflüchtigen Lösungsmittel, insbesondere Formamid, in fensterlosen Zählrohren. Einige Möglichkeiten, ^{14}C in strömenden Lösungen — z. B. bei chromatographischen Trennungen — zu messen, sind auf S. 161ff. beschrieben worden. Anhalte über die Empfindlichkeit dieser Methoden werden in Tab. 17[12] gegeben.

b) Mit flüssigen Szintillatoren

Die verschiedenen Verfahren, Gewebe, biologische Flüssigkeiten und isolierte Verbindungen in Suspension oder homogener Lösung in flüssigen Szintillatoren zu zählen, werden auf S. 171ff. behandelt. Einige Angaben über die Empfind-

---

[1] SIPERSTEIN u. MURRAY (*Si 6*). — [2] MIGEON et al. (*Mi 4*).
[3] HELLMAN et al. (*He 9*). — [4] POPJAK (*Po 2*). — [5] GARROW u. PIPER (*Ga 8*).
[6] TYNER et al. (*Ty 1*). — [7] ENTENMAN et al. (*En 2*).
[8] HAVEL u. FREDRICKSON (*Ha 19*). — [9] KARNOVSKY et al. (*Ka 10*).
[10] NELSON u. KROTKOV (*Ne 23*). — [11] WICK et al. (*Wi 1*). — [12] S. 220.

lichkeit der Methoden sind in Tab. 16 (S. 218) aufgenommen. Hinweise auf die Löschwirkung bestimmter Verbindungen werden in Tab. 13 (S. 170) gegeben.

CHEN (*Ch 1*) bemerkt, daß zur Messung von Serum in einem Hyamin-Alkohol-Toluol-Szintillator 0,1 ml Serum optimal sind. Größere Mengen bedingen eine Erhöhung der Alkohol-menge, wodurch die Löschung ansteigt. Für 0,1 ml Serum werden 1 ml 1 m Hyamin, 0,5 ml Äthanol und 5 ml Toluol-Szintillator verwendet. Die langanhaltenden Phosphorescenzeffekte beim Lösen von Geweben in Hyamin können nach HERBERG (*He 21*) durch Ansäuern aus-geschaltet werden. Wie auf S. 174 beschrieben, verwendet HERBERG entweder Hyamin in Kombination mit einem Toluol-Szintillator oder alkoholische KOH mit einem Dioxan-Szintil-lator (,,Diotol''), um Gewebe zu lösen. Durch vorsichtigen Zusatz von H_2O_2 kann der Wirkungs-grad bei stark gefärbten Geweben verbessert werden. Als optimale Mengen ergaben sich für trockene Gewebe, die in 3 ml Hyamin bzw. KOH gelöst und mit 10 ml Szintillator verdünnt werden: 500 mg Niere, Muskel, 140 mg Milz, Leber, 50 mg Lunge für Hyamin; 500 mg Niere, Leber, Lunge, Muskel, Herz, 140 mg Milz für Diotol. Bei Blut sind 0,1 ml (Hyamin) bzw. 0,3 ml (Diotol), nach Trocknung in beiden Fällen 0,6 ml am günstigsten. Anstelle dieser beiden Systeme ist auch Formamid als Lösungsmittel geeignet [KINNORY et al. (*Ki 4*), vgl. S. 174]

4. Verbrennung

a) Allgemeines

Zur Verbrennung werden die in der Elementaranalyse üblichen Verfahren be-nutzt. Die trockene Verbrennung wird bis auf Abänderungen in der Rohrfüllung nach der Mikromethode PREGLS ausgeführt. Neben diesem Verfahren wurde in den letzten Jahren häufig die Verbrennung im Bombenrohr angewendet, die WILZBACH u. SYKES (*Wi 7*) zur ¹⁴C-Bestimmung eingeführt haben. Der wesentliche Vorteil dieser Methode liegt darin, daß eine größere Zahl von Proben gleichzeitig verbrannt werden können und wenig Aufsicht notwendig ist. Neben der trockenen Verbren-nung wird zur Aktivitätsbestimmung häufig die nasse Verbrennung eingesetzt, vor allem in der auf VAN SLYKE u. FOLCH (*Sl 2*) zurückgehenden Variante. Bei man-chen Verbindungen versagt allerdings die nasse Methode. Weiter ist eine gleich-zeitige Wasserstoffbestimmung nicht möglich. Für biologische Flüssigkeiten wird daneben noch die nasse Verbrennung mit Persulfat angewendet. Schließlich kom-men für spezielle Fälle, z. B. den stufenweisen Abbau einer Verbindung zwecks Analyse der Verteilung von ¹⁴C im Molekül, noch andere Möglichkeiten in Frage.

Die Auswahl einer Methode wird nicht nur von den Vor- und Nachteilen der Verbrennungsmethode selbst bestimmt. Maßgebend ist z. B. auch, ob gleichzeitig eine Elementaranalyse durchgeführt werden soll und wie umfangreich und genau diese Analyse sein soll. Handelt es sich nur darum, durch eine Kohlenstoffbestim-mung die spezifische Aktivität der Probe zu bestimmen oder die Vollständigkeit der Verbrennung zu kontrollieren, so kann ein einfaches Verfahren — Auswaage als $BaCO_3$ oder titrimetrische Bestimmung nach Absorption des Kohlendioxyds in Lauge — genügen. Andernfalls wird die ¹⁴C-Bestimmung mit einem der üblichen Verfahren der Elementaranalyse verbunden, wobei gewisse Modifikationen not-wendig sind. Die gebräuchliche Absorption und Auswaage an festen Absorbentien scheidet z. B. aus, da ¹⁴C in dieser Form nicht gemessen werden kann. Deshalb werden überwiegend manometrische Verfahren benutzt. Es ist unter Umständen ratsam, die Komplikationen der Kombination von genauer Analyse und Aktivi-tätsbestimmung zu umgehen und beide getrennt durchzuführen.

Maßgebend für die Auswahl und Durchführung eines Verfahrens ist auch die anschließend eingesetzte Meßmethode. Für die Messung als festes Bariumcarbonat stören z. B. Stickstoffoxyde, die bei der Verbrennung stickstoffhaltiger Verbindun-gen entstehen, nicht; die üblichen, die Stickstoffoxyde absorbierenden oder zer-setzenden Zusätze bei der trockenen Verbrennung sind überflüssig. Die Messung im Gaszählrohr wird dagegen schon durch geringste Spuren dieser Stickstoffoxyde beeinträchtigt, so daß die in der Elementaranalyse zu ihrer Entfernung üblichen Maßnahmen nicht ausreichen.

Die spezifische Aktivität des verbrannten Materials in Impulsen/min · mg Substanz oder Impulsen/min · mg C (oder einer ähnlichen Einheit), kann auf zwei Wegen erhalten werden. Einmal kann die *spezifische Aktivität* des Meßpräparates, bezogen auf seinen Kohlenstoffgehalt, gemessen werden. Sie ist identisch mit der spezifischen Aktivität der verbrannten Substanz, bezogen auf Kohlenstoff, und kann bei bekannter Zusammensetzung der Substanz auf Aktivität/Substanzmenge umgerechnet werden. Bei dem anderen Verfahren wird die *Gesamtaktivität* des Meßpräparates bestimmt. Sie ist identisch mit der Gesamtaktivität der verbrannten Substanz und ergibt mittels der Einwaage die Aktivität/Substanzmenge, woraus bei bekannter Zusammensetzung die Aktivität/mg C erhalten werden kann. Das erste Verfahren erfordert keine genaue Einwaage und keine quantitative Verbrennung und Messung des Präparates. Es genügt im Prinzip, einen beliebigen Teil der Substanz in die Meßform zu überführen und Aktivität und Menge des Meßpräparates zu bestimmen. Dafür müssen die Blindwerte — bei der Verbrennung eingebrachter inaktiver Kohlenstoff — möglichst niedrig gehalten werden, da sie die spezifische Aktivität verfälschen. Beim zweiten Verfahren stören die Blindwerte nicht, die Mengenbestimmung der Meßprobe entfällt, dafür ist eine genaue Einwaage der Substanz, vollständige Verbrennung und Messung erforderlich. In der Praxis sind die Unterschiede zwischen beiden Verfahren nicht so groß. Es ist auf jeden Fall notwendig, auch bei der ersten Methode eine quantitative Verbrennung anzustreben, um Fehlmessungen durch den stufenweisen Abbau der Substanz und durch Isotopieeffekte zu vermeiden. Für das zweite Verfahren soll der Blindwert nicht zu groß werden und eine Mengenbestimmung des Präparates durchgeführt werden, damit kontrolliert werden kann, ob die Verbrennung vollständig war. Welcher der beiden Möglichkeiten man den Vorzug gibt, hängt von der speziellen Fragestellung und auch von der gewählten Verbrennungsmethode ab.

b) Trockene Verbrennung im Sauerstoffstrom

α) *Verschiedene Verfahren*

DAUBEN et al. (*Da 2*) u. CALVIN et al. (*Ca 3*) verwenden die von PREGL für die Mikroelementaranalyse eingeführte Rohrfüllung und Arbeitsweise mit dem Unterschied, daß der Zusatz von Bleidioxyd zum Abfangen von Stickstoffoxyden entfallen kann. Das entstehende Kohlendioxyd wird durch ein Absorptionsgefäß nach Abb. 31 getrieben und in carbonatfreier Natronlauge absorbiert. Nach der Verbrennung wird als Bariumcarbonat gefällt. Stickstoffoxyde und Halogene stören nicht, wohl aber Schwefel, der als Bariumsulfat mitgefällt wird. Der wesentliche Mangel dieses Verfahrens liegt darin, daß die oberflächenreiche, vor allem aus Kupferoxyd bestehende Rohrfüllung Kohlenstoff zurückhält, und zwar etwa 0,05 mg[1], so daß bei weniger als 5 mg Kohlenstoff merkliche Unterwerte erhalten werden. Vor allem aber führt dieses Zurückhalten zu Aktivitätsübertragungen auf die nächste Probe ("Memory"). Für die Verbrennung von Proben sehr unterschiedlicher Aktivität müssen deshalb verschiedene

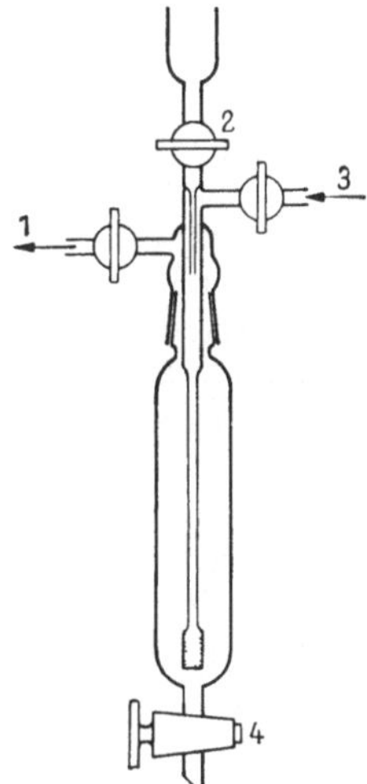

Abb. 31. Gefäß zur Absorption von $^{14}CO_2$ in Natronlauge mit Glasfritte [nach GÖTTE et al. (*Go 5a*)]

---

[1] CALVIN et al. (*Ca 3*).

Apparaturen benutzt werden, oder nach jeder Verbrennung muß eine inaktive Probe zur Säuberung verarbeitet werden.

GLASCOCK (*Gl 2, 3, 4*) verwendet ebenfalls die Kupferoxydfüllung mit Silbernetzen als Absorber für Halogene, Bleichromat für Schwefel. Zur Entfernung der Stickstoffoxyde wird das Kohlendioxyd in einem besonderen Arbeitsgang mit Kupfernetz bei 450° zersetzt. Die Reinigung von Stickstoffoxyden ist bei diesem Verfahren notwendig, da als $^{14}CO_2$ in Gaszählrohren gezählt wird. GLASCOCK hat eine umfangreiche Apparatur beschrieben[1], in der ^{14}C und ^3H gleichzeitig bestimmt werden können. Die Mengenmessung des $^{14}CO_2$ wird manometrisch gemacht; für kleine Volumina wird dabei ein McLeod-Manometer benutzt, so daß Probemengen von weniger als 1 mg noch analysiert werden können. GLASCOCK (*Gl 3*) erwähnt, daß Übertragungen von ^{14}C-Aktivität nicht beobachtet wurden.

GABOUREL et al. (*Ga 7*) verwenden Platinnetz und granulierten Quarz bei 900—950° C als Verbrennungskatalysator, Silberwolle und Mangandioxyd bei 175° C zur Entfernung von Halogenen, Schwefel, Phosphor und Stickstoffdioxyd. HORÁČEK u. GRÜNBERGER (*Ho 8*) benutzen die thermischen Zersetzungsprodukte des Silberpermanganats bei 500° zur Verbrennung und Mangandioxyd auf Silikagel zur Absorption von Stickstoffdioxyd. Beide Methoden wurden speziell zur Ausschaltung der "Memory"-Effekte entwickelt. In beiden Fällen wird in Natronlauge absorbiert, der Kohlenstoffgehalt titrimetrisch bestimmt und ^{14}C als Bariumcarbonat gemessen. Schließlich sei das Verfahren von GAUDIN u. BERENA (*Ga 9*) erwähnt, die die Probe mit Eisenpulver, Zinngranula, Quarzpulver und Aluminiumoxyd in einem Hochfrequenzofen bei 1600° C verbrennen. Die Metalle dienen als Wärmeüberträger. Die Verbrennung dauert nur zwei Minuten.

β) Verfahren von CHRISTMAN, ANDERSON et al.

CHRISTMAN, ANDERSON et al. (*An 3, Ch 7, 8, 9, 10*) haben in einer Serie von Arbeiten eine Methode zur trockenen Verbrennung angegeben, die näher beschrieben sei. Zur Aktivitätsbestimmung wird — neben der Messung als Bariumcarbonat — das Gaszählrohr verwendet, weshalb eine sorgfältige Reinigung des Kohlendioxyds erforderlich ist. Die Mengenbestimmung wird manometrisch mit einem Zweiflüssigkeitsmanometer durchgeführt. Ursprünglich wurde Kupferoxyd-Silber-Platin als Rohrfüllung benutzt[2], die Stickstoffoxyde wurden an Kupfer zersetzt. RUTSCHMANN u. SCHÖNIGER (*Ru 11*) bemerken, daß das in der Elementaranalyse übliche Bleidioxyd bei 180° C ausreicht, um ein für Gaszählung brauchbares Kohlendioxyd zu erhalten, die umständliche Zersetzung am Kupfer demnach überflüssig ist. Später[3] wurde diese Rohrfüllung zugunsten einer von KIRSTEN (*Ki 6, 7*) entwickelten aufgegeben. KIRSTEN benutzt oberflächlich oxydiertes Nickelblech als Katalysator. Durch die kleinere Oberfläche wird der Memory-Effekt ausgeschaltet und ein schnelleres Arbeiten möglich. Zur Absorption der Stickoxyde dient Mangandioxyd[4].

Abb. 32 zeigt die *Anordnung*[3,5,6]. Der Sauerstoff, der in einem Ofen bei 800—1000° C und mittels Magnesiumperchlorat und Natronasbest gereinigt wird, tritt in ein Verbrennungsrohr aus Quarz von 12 mm innerem und 15 mm äußerem Durchmesser ein. Die Strömungsgeschwindigkeit beträgt 30 ml/min. Im Verbrennungsrohr *CT* ist ein Quarzrohr *QT* untergebracht, während in den Ofen ein Nickelrohr *NT* eingeführt ist. Die Probe im Platinschiffchen *PB* und

---

[1] Vgl. SCHMEISER, S. 98, Abb. 82. Die dort abgebildete Anlage ist die von GLASCOCK benutzte.

[2] ANDERSON et al. (*An 3*).

[3] CHRISTMAN et al. (*Ch 7*).

[4] BELCHER u. INGRAM (*Be 4, 5*).

[5] CHRISTMAN u. PAUL (*Ch 8*).

[6] KIRSTEN (*Ki 6, 7*).

der Platinkapsel *GS* wird mit einem beweglichen Elektromagnet *EM* und einem in Glas eingeschmolzenen Eisenstäbchen *IR* direkt in den Verbrennungsofen gefahren. Die dazu nötige Zeitspanne kann variiert werden, gewöhnlich werden 10 min verwendet. Die Ofenfüllung ist ein Stern aus 0,2—0,3 mm Nickelblech *NS*, oberflächlich oxydiert. Es schließt sich an eine durchbrochene Nickelrolle *NR* mit Silberwolle *SW*. Der Verbrennungsofen wird auf 1000° C gehalten, so daß die effektive Verbrennungstemperatur bei 930—970° C liegt. Die Nickelteile werden vor dem ersten Gebrauch 30 min in konzentrierter Schwefelsäure auf 130° C erhitzt und gewaschen. Die Silberwolle wird in Porzellanschiffchen in einem Quarzrohr je eine Stunde im Wasserstoff- und Sauerstoffstrom auf 400° C erhitzt. Nach einer Vorerhitzungszeit von 1—2 Tagen erhält man Blindwerte von weniger als 1 mm Kohlendioxyd.

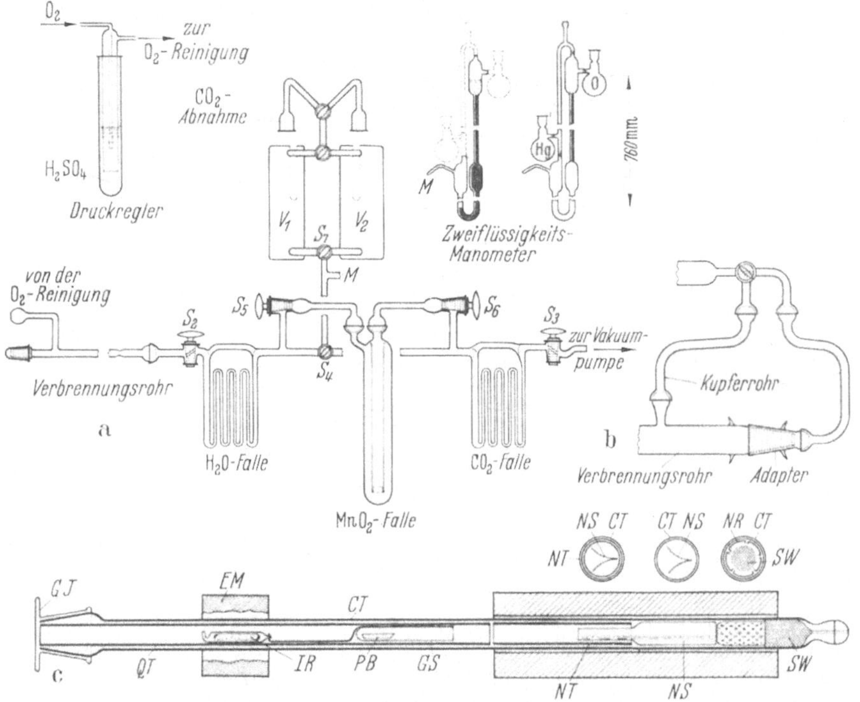

Abb. 32a—c. Apparatur zur Verbrennung von ¹⁴C-Verbindungen im Sauerstoffstrom mit manometrischer C—H-Bestimmung, [nach CHRISTMAN et al. (*Ch 7*)]. a) Gesamtaufbau (*Ch 7*), b) modifizierter Anfangsteil des Verbrennungsrohrs für leichtflüchtige Substanzen [nach CHRISTMAN u. PAUL (*Ch 8*)], c) Füllung des Verbrennungsrohrs [nach KIRSTEN (*Ki 7*)]. Erläuterungen s. Text

Für sehr leicht flüchtige Substanzen wird eine Modifikation des Anfangsteils des Rohres empfohlen[1]. Es kommt zu heftigen Explosionen nach dem Einführen der Probe in der Zeit, bis der Sauerstoffstrom angestellt ist, vermutlich durch Dämpfe, die sich im toten Raum zwischen der Abschlußkappe und dem Eintrittsrohr ansammeln. In der modifizierten Form (Abb. 32b) wird nach dem Einsetzen der Probe zunächst mit Sauerstoff 30 sec durch den Adapter zurückgeströmt und dann der Adapter mit dem T-Hahn verbunden. Der Sauerstoffstrom durch das Verbrennungsrohr wird durch Öffnen des Hahnes am Ende des Verbrennungsrohres in Gang gesetzt und die Probe gegen den Verbrennungsofen bewegt. Während der ganzen Verbrennung strömt der Sauerstoff durch beide Ansätze des Verbrennungsrohres.

Substanzen, die das Quarzrohr angreifen, z. B. alkalihaltige Proben, werden in einem Quarzschiffchen mit 200—500 mg Kupferoxyd vermischt und in ein 25 × 200 mm-Quarzrohr gegeben, das mit einem Druckstopfen mit zwei Schliffen verschlossen ist. Das Rohr wird ausgepumpt und mit 0,5 atm Sauerstoff gefüllt. Bei flüchtigen Substanzen wird mit Sauerstoff gespült und verschlossen. Das Rohr wird eine Stunde auf 700° C erhitzt und heiß an eine Füllapparatur für Zählrohre angesetzt (Abb. 33).

Die normalerweise benutzte Anordnung (Abb. 32a) enthält zwei Kühlfallen nach BUCHANAN u. NAKAO (*Bu 2*), die erste, mit Kohlensäureschnee gekühlte, zum Ausfrieren des Wassers,

---

[1] CHRISTMAN u. PAUL (*Ch 8*).

die zweite mit flüssiger Luft zum Ausfrieren des Kohlendioxyds. Bei stickstoffhaltigen Substanzen wird zwischen beide Kühlfallen eine Mangandioxydfalle für Stickstoffdioxyd eingeschaltet[1]. Diese ist 15 cm lang mit 22 mm äußerem Durchmesser und einem 12 mm-Glasrohr mit grober Glasfritte am Ende. 2,5 g Mangandioxyd 10—20 mesh werden eingefüllt nebst einem Glaswollestopfen, darauf kommt eine 5—6 cm lange Schicht von Magnesiumperchlorat. Nicht jede Qualität von Mangandioxyd ist brauchbar. Die Füllung wird gewechselt, wenn 30 mg NO_2/g MnO_2 adsorbiert sind. Wenn die Mangandioxydfalle in Betrieb ist, wird der Hahn S4 so gestellt, daß das Manometer angeschlossen ist, damit die Strömungsgeschwindigkeit kontrolliert werden kann. Nach Ende der Verbrennung werden S5, S6 und S2 in dieser Reihenfolge geschlossen und dann S4 so gedreht, daß die Wasserfalle mit ausgepumpt wird. Die Mangandioxydfalle wird dagegen nicht ausgepumpt.

Zur *Volumenmessung* wird ein Zweiflüssigkeits-Manometer in Verbindung mit zwei geeichten Kolben V1 und V2 verwendet. Einer der beiden (V2) soll so gewählt sein, daß er normalerweise allein verwendet werden kann. Ein Volumen von 400 ml ergibt im Manometer einen Anstieg von 4,5—5 cm pro Milligramm Kohlenstoff. Der zweite Kolben (V1) von etwa 200 ml Inhalt wird eingesetzt, wenn der Druck zu groß ist, d. h. beide werden dann gemeinsam benutzt. Dies ist insbesondere erforderlich, wenn mehr als 0,6 mg Wasserstoff (als Wasser) vorliegen. Das Manometer selbst ist der kritische Teil der Apparatur und muß mit Sorgfalt hergestellt werden. Die Abb. 32a zeigt das Manometer in seiner ursprünglichen und endgültigen Form. Bei einigen Zentimetern Druck steht das Quecksilber (dunkel) in den beiden unteren Kolben etwa gleich hoch. Das U-Rohr ist aus dickwandigem 10 mm-Rohr und mißt 22 cm vom Boden bis zu den zylindrischen Kolben. Diese beiden Kolben sind 60 mm lang und haben 37 mm äußeren Durchmesser. An einem Kolben sind 10 mm-Rohre angesetzt, eines zum geeichten Volumen, das zweite, nur vorübergehend vorhandene, zum 50 ml-Destillierkolben Hg und zum Kugelschliff am oberen Ende des Manometers. Die Verjüngungen dienen zum Abschmelzen im Vakuum. Am zweiten Kölbchen sitzt ein 1 mm-Capillarrohr von etwas mehr als 50 cm Länge mit einem weiteren Kölbchen 60 × 37 mm und einem über 10 mm-Glasrohr angesetzten 50 ml-Kölbchen O. Gleichzeitig ist das Kölbchen über 10 mm-Rohr mit dem Schliff verbunden.

Zum Füllen wird das sorgfältig entfettete und getrockenete Manometer an eine Hochvakuumleitung angesetzt und in den Kolben Hg reines Quecksilber, in O Dibutoxytetraäthylenglykol gefüllt. Beide Kolben werden verschlossen, ebenso das Rohr M. Das Manometer wird evakuiert und mit einer Flamme sorgfältig abgefächelt. Das Quecksilber wird dann eindestilliert, bis die beiden unteren Kölbchen etwas mehr als halb gefüllt sind. Die Verjüngung unterhalb des Kölbchens Hg wird abgeschmolzen. Das Öl wird durch sorgfältiges Einfrieren und Auftauen entgast und dann eindestilliert, bis das rechte Kölbchen ganz gefüllt ist und das Öl in der Capillare etwa 1—2 cm hoch steht. Man läßt abkühlen. Falls der Ölmeniskus in der Capillare nach wie vor weniger als 3 cm hoch steht und $1 \cdot 10^{-4}$ mm Hg erreicht werden, kann abgeschmolzen werden. Der Nullpunkt kann durch Zugabe oder Entnahme von Quecksilber leicht justiert werden. Als Ableseskala wird ein in Millimeter geteilter Maßstab verwendet.

Zur *Verbrennung* werden der Vorofen und der Verbrennungsofen angestellt, der Haupthahn zur Sauerstoffflasche geschlossen und die Hähne S2, S3 und S7 geöffnet, S4 steht so, daß das Manometer an die Hauptleitung angeschlossen ist. Die Falle vor der Pumpe wird mit flüssiger Luft gekühlt und die Pumpe angestellt. Man beobachtet das Manometer. Hahn S2 wird zeitweise geschlossen und 1 atm Sauerstoff ins Verbrennungsrohr eingelassen. S2 wird dann so eingestellt, daß Sauerstoff in den evakuierten Manometer-Fallen-Teil ausströmt und dort etwa 3 cm Druck herrschen. Nach 15 min Spülen ist die Apparatur vorbereitet. Während dieser Zeit kann ein Blindversuch gemacht werden, indem die Fallen in Aceton-Kohlensäureschnee bzw. flüssigen Stickstoff getaucht werden und etwa 10 min geströmt wird. S2 wird dann geschlossen und auf den ursprünglichen Druck ausgepumpt. S3 wird geschlossen und S4 so gestellt, daß die Kohlensäurefalle mit dem Manometer verbunden ist. S7 steht auf V2. Der flüssige Stickstoff wird durch Wasser ersetzt und nach einiger Zeit der Druck abgelesen. Entsprechend wird der Blindwert in der Wasserfalle bestimmt.

Die Probe wird im Sauerstoffstrom eingeführt und die Endkappe verschlossen. Rechts vom Hahn S2 wird 3 cm Druck gehalten. Die Fallen werden in der angegebenen Weise gekühlt. Der die Probe bewegende Motor wird auf die Vorschubzeit eingestellt. Wenn die Probe im Ofen ist, wird noch einige Zeit nachgespült (im allgemeinen 5 min). Danach wird der Haupthahn zur Sauerstoffbombe geschlossen und das System evakuiert, bis das Manometer den Nullpunkt erreicht (3 bis 5 min). S2 und S3 werden geschlossen, die Kohlendioxydfalle über S4 mit V2 oder V1 und V2 verbunden und der Druck bestimmt.

Nach der Druckmessung wird das Kohlendioxyd mittels flüssiger Luft in das Zählrohr kondensiert, das vor der Verbrennung evakuiert wurde und während des ganzen Vorgangs angeschlossen war. Die nicht überführte Menge wird durch Druckmessung bestimmt und das Zählrohr abgenommen.

---

[1] CHRISTMAN et al. (*Ch 9*).

Die Apparatur wird nunmehr ausgepumpt und die Wasserfalle mit dem Manometer verbunden. Nach der Druckmessung wird wiederum ausgepumpt und die nächste Bestimmung begonnen.

Falls Störungen bei der Zählung beobachtet werden, wird das Kohlendioxyd in einem Kölbchen (Abb. 33 A) kondensiert und über ein mit Zinn(II)-chlorid gefülltes Rohr in eine Falle kondensiert (Abb. 33). Von dort wird ins Zählrohr gegeben. Die Autoren füllen mit P10-Gas auf und zählen im Proportionalbereich[1]. Die Anordnung Abb. 33 enthält ein Zweiflüssigkeitsmanometer, ferner eine Möglichkeit zum Verdünnen zu stark aktiver Proben. Bariumcarbonatpräparate können ebenfalls verarbeitet werden, sie werden mit konzentrierter Schwefelsäure zersetzt und mit flüssiger Luft ausgefroren. Mit dem in Abb. 33 A, B wiedergegebenen System kann Kohlendioxyd abgefüllt und in Bariumcarbonat überführt werden. Dazu wird das Erlenmeyerkölbchen mit Bariumhydroxyd-Bariumchloridlösung gefüllt, über den T-Hahn vorsichtig mit der Wasserstrahlpumpe evakuiert und beide Kölbchen über diesen Hahn verbunden. Kolben A wird geöffnet und in einem Wasserbad erhitzt.

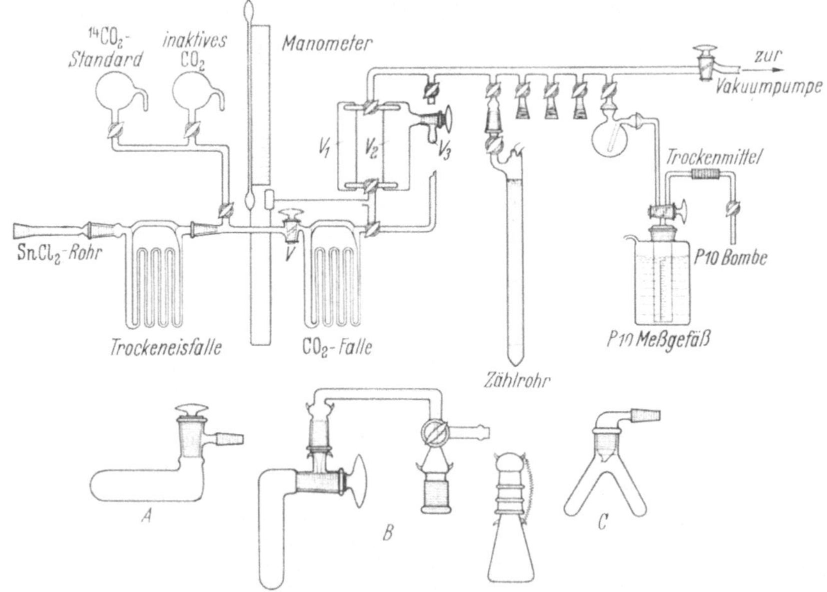

Abb. 33. Reinigung von $^{14}CO_2$ nach der trockenen Verbrennung, Einfüllen in Gaszählrohre; A) Aufbewahrungskölbchen für $^{14}CO_2$, B) Apparatur zur Umwandlung von $^{14}CO_2$ in $Ba^{14}CO_3$, C) Kölbchen für die Zersetzung von $Ba^{14}CO_3$ zu $^{14}CO_2$ [nach CHRISTMAN, ANDERSON et al. (*Ch 7, An 3*)]

Die *Eichung des Manometers* wird durch Verbrennung reinster Substanzen vorgenommen. Bei der von den Autoren[1] benutzten Anordnung war der Anstieg pro Milligramm Kohlenstoff 6,17 cm, pro Milligramm Wasserstoff 35,85 cm. Das Manometer der Zählrohrfüllanlage wird durch Zersetzen bekannter Mengen Bariumcarbonat geeicht[2]. Für die genaue Auswertung der Volumenmessung muß eine Temperaturkorrektur angebracht werden, die mit $0,50\%/°C$ größer ist als die nach den Gasgesetzen erwartete $(0,33\%/°C)$[1]. Auf diese Weise kann für die Mengenbestimmung eine Standardabweichung von $0,24\%$ erreicht werden. Weitere Fehlerquellen werden von CHRISTMAN u. WOLF (*Ch 10*) erörtert.

c) Trockene Verbrennung im Bombenrohr

Die Verbrennung im Bombenrohr haben WILZBACH u. SYKES (*Wi 7*) zur ^{14}C-Bestimmung eingeführt. Die Substanz wird mit Kupferoxyd-Kupfer in einem abgeschmolzenen Pyrex-Rohr bei 640° C verbrannt, das Kohlendioxyd anschließend kondensiert und in eine Ionisationskammer gefüllt. SIMON et al. (*Si 2*) und BUCHANAN u. CORCORAN (*Bu 1*) stellten fest, daß unter diesen Bedingungen nicht alle

---

[1] CHRISTMAN et al. (*Ch 7*).
[2] CHRISTMAN u. WOLF (*Ch 10*).

Verbindungen vollständig verbrannt werden. Sie empfehlen Mischungen von Kaliumperchlorat-Kupferoxyd bei 650° C [(SIMON et al. (*Si 2*)] bzw. Kupferoxyd bei 850° C [BUCHANAN u. CORCORAN (*Bu 1*)]. In diesen beiden Untersuchungen wurden Gaszählrohre benutzt. Die Vorzüge der Verbrennung im Bombenrohr liegen darin, daß mehrere Proben gleichzeitig verarbeitet werden können, ohne daß eine Aufsicht notwendig ist. Es ist möglich, neben Kohlenstoff auch Wasserstoff und Tritium zu bestimmen. Memory-Effekte treten bei dem Verfahren nicht auf[1].

α) *Nach* WILZBACH *und* SYKES

WILZBACH u. SYKES (*Wi 7*) verwenden die in Abb. 34 gezeigte Apparatur.

Das Verbrennungsrohr A ist 17 cm lang und hat 11 mm äußeren Durchmesser. Es ist aus Pyrex 1720-Glas hergestellt und am Ende zu einer leicht abzubrechenden Spitze ausgezogen.

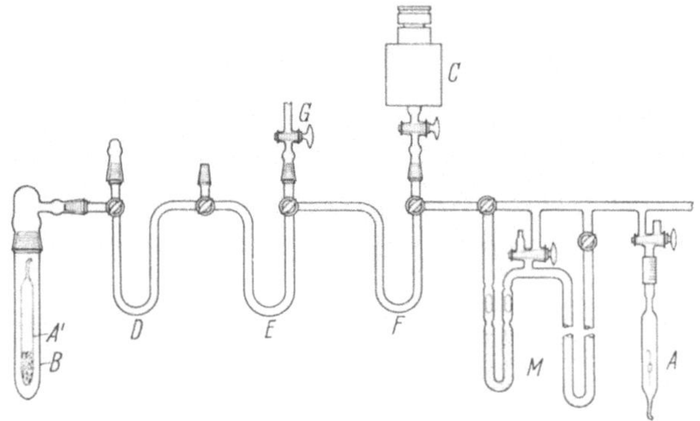

Abb. 34. Apparatur zur Reinigung (Fallen D,E,F,), manometrischen Mengenbestimmung (M) und Füllung von Ionisationskammern (C) mit Kohlendioxyd aus der trockenen Verbrennung im Bombenrohr [nach WILZBACH u. SYKES (*Wi 7*)]

0,75 g Kupferoxyd und 0,25 g reduziertes Kupfer (beide 60 mesh) werden zusammen mit 1—10 mg Substanz eingefüllt, das Rohr verjüngt, evakuiert und abgeschmolzen. Der Inhalt wird geschüttelt, um ihn zu vermischen und Ampullen zu zerbrechen, falls in solchen eingewogen wurde. Man erhitzt 30 min in horizontaler Lage auf 640 ± 10°C. Nach dem Abkühlen wird in das Rohr B eingeführt, evakuiert, durch Drehen von B die Spitze abgebrochen und die Verbrennungsgase in D mit flüssiger Luft kondensiert. Sie werden durch E (−95°C, flüssige Luft-Toluol oder -Dibutyläther) in F (flüssige Luft) destilliert. Zur Mengenbestimmung dient das Manometer M, zur Aktivitätsmessung wird unter Nachspülen mit inaktivem Kohlendioxyd (über G zugeführt) in die evakuierte Ionisationskammer C überführt. Das in E kondensierte Wasser ist zur Wasserstoffbestimmung oder ^{3}H-Bestimmung nicht brauchbar, da die Verbrennungsmischung Wasserstoff zurückhält[2].

β) *Nach* SIMON, DANIEL *und* KLEBE

SIMON, DANIEL u. KLEBE (*Si 2*) benutzen Kaliumperchlorat für nur C, H, O enthaltende Substanzen; bei Gegenwart von Stickstoff, Halogenen oder Schwefel wird gleichzeitig Kupferoxyd zugegeben, während bei Alkali- oder Erdalkalisalzen mit Vanadinpentoxyd vermischt wird. Die Apparatur zur manometrischen Bestimmung von Kohlendioxyd und Wasserdampf und zur Füllung der Gaszählrohre ist in Abb. 35 wiedergegeben.

Die Bombenrohre sind aus Supremaxglas mit 10—12 mm äußerem Durchmesser und 1 mm Wandstärke. Die 38 cm langen Rohre werden in der Mitte ungefähr 25 cm lang ausgezogen. Die Verengung wird mit kleiner Flamme so abgezogen, daß an jeder Hälfte ein etwa 3 cm langes Stück bleibt, das man zu einem sichelförmigen Haken biegt. Es werden 80 mg fein gepulvertes und getrocknetes Kaliumperchlorat für 10 mg Substanz eingewogen und die Substanz (3—60 mg) mit einem Wägeröhrchen möglichst weit in die Bombe hineingebracht. Das

---

[1] Bei der Verbrennung von Gewebeproben verfährt man nach[2], vgl. S. 228.
[2] JACOBSON et al. (*Ja 3*).

Rohr wird etwa 5 cm vom offenen Ende entfernt verjüngt und über einen Hahn auf 0,1 mm Hg evakuiert. Man nimmt mit verschlossenem Hahn ab und schmilzt ab. Flüchtige Substanzen werden in Ampullen eingewogen, die vor dem Erhitzen durch Schütteln zerstört werden. Falls die Substanz Stickstoff, Halogene oder Schwefel enthält, werden außer dem Kaliumperchlorat 20—30 mg feines Kupferoxyd zugesetzt. Die Bomben werden in einer Schutzröhre 40 min auf 650° C erhitzt.

Das zu öffnende Bombenrohr wird in das Quarzrohr K gebracht (30—35 cm Länge, Durchmesser innen 2—3 mm weiter als der Bombendurchmesser). Das Zweiflüssigkeitsmanometer M_2 wird über HW_3 gefüllt und nach der ersten Füllung über HW_1 und HW_3 10—20 Std. evakuiert (vgl. auch S. 188f). F_1 ist die Falle für Wasser; falls auf die Wasserbestimmung verzichtet wird, wird hier ein mit Phosphorpentoxyd auf Glaswolle gefülltes U-Rohr angesetzt. In F_2 wird das Kohlendioxyd ausgefroren. Durch die senkrecht absteigenden Rohre der Fallen schiebt man einen Quarzwollebausch bis an die tiefste Stelle, um das Verstäuben von Eis- oder

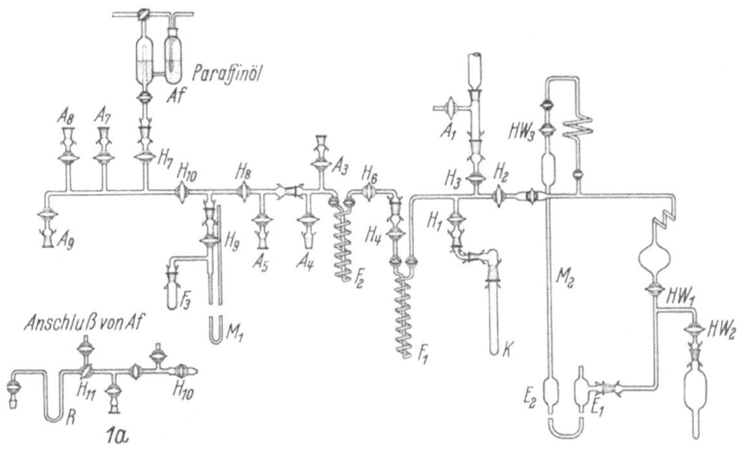

Abb. 35. Vakuumapparatur zur manometrischen Bestimmung von Kohlendioxyd und Wasserdampf und zur Füllung von Gaszählrohren nach trockener Verbrennung im Bombenrohr, Erläuterungen im Text [nach SIMON, DANIEL u. KLEBE (*Si 2*)]

Kohlendioxydkristallen zu verhindern. Das Kohlendioxyd wird mit dem quecksilbergefüllten Manometer M_1 gemessen. Das Meßvolumen ist bei geschlossenem H_9 20 ml, bei geöffnetem H_9 und geschlossenem H_8 und H_{10} 60 ml. A_1, A_3 und A_7 führen zur Vakuumpumpe. An A_1, A_5 und A_8 sind Vakuummeßröhren angeschlossen.

Die zu öffnende Bombe wird mit der Spitze nach oben in K gestellt und die Apparatur auf 10^{-2} bis $3 \cdot 10^{-2}$ mm Hg evakuiert. F_1 wird mit Chloroform-Kohlensäureschnee und F_2 mit flüssiger Luft gekühlt. A_1, H_1, H_2, H_3, A_4, A_5 und H_8 sind geschlossen, H_4 und H_6 stehen auf Durchgang. K wird um 180° gedreht und die Spitze abgebrochen. H_1 wird geöffnet. Nach 2—3 min herrscht, bei A_5 gemessen, wieder das Anfangsvakuum. Jetzt wird H_3 geöffnet und gewartet, bis wiederum das ursprüngliche Vakuum erreicht ist. Sodann werden H_4, H_6 und A_3 geschlossen. Falls die Bombe Kupferoxyd enthielt, wird über K ein auf 380° C erhitzter Ofen geschoben, um Hydrate von Kupfersalzen zu zersetzen. Die Kühlung von F_2 wird entfernt und das Kohlendioxyd in F_3 kondensiert. Mit der Vakuummeßröhre an A_5 kann die quantitative Überführung geprüft werden. Man läßt in ein mit H_9 passend gewähltes Volumen expandieren. Jetzt wird der Ofen von K entfernt, der Stand von M_2 abgelesen, H_1 und H_3 geschlossen, H_2 geöffnet und die Kühlung von F_1 entfernt. Nachdem die beiden Manometer sich eingespielt haben, werden sie abgelesen und der Kohlenstoff- und der Wassergehalt berechnet.

Es gilt

$$\text{mMol CO}_2 = \frac{p\,(V + r^2\pi\,l)\,273,2}{760,0 \cdot 22,4 \cdot T} \quad ; \quad \% \text{C} = \frac{\text{mMol CO}_2 \cdot 12,01 \cdot 100}{m}$$

$$\% \text{H} = \frac{h \cdot t_e \cdot 100 \cdot 0,1119}{h_e \cdot m \cdot t}$$

p Druck im Manometer
r Radius, l Verschiebung des Manometerschenkels
T absolute Temperatur
h Steighöhe

t_e Bezugstemperatur
V geeichtes Volumen des Manometers
m Einwaage
h_e Steighöhe pro mg Wasser
t Arbeitstemperatur

Die Füllung des Gaszählrohres geschieht auf folgende Weise. Das Zählrohr wird an A_9 angeschlossen und seine Ausfriertasche mit flüssiger Luft gekühlt. Anschließend wird über Af eine Mischung von Äthan-CO_2 (3 : 7) durch eine Waschflasche mit konzentrierter Schwefelsäure hinzukondensiert, bis der gewünschte Fülldruck erreicht ist. Die Autoren arbeiten meist mit 500 mm Hg. Falls die Zählapparatur es erlaubt, bei Atmosphärendruck zu arbeiten, wird die Apparatur links von H_{10} wie in Abb. 35a gestaltet. Man kondensiert in das U-Rohr R, nimmt dann die Kühlung weg und spült über H_{11} und A_9 (Vollstopfen) mit Äthan oder Methan ins Zählrohr.

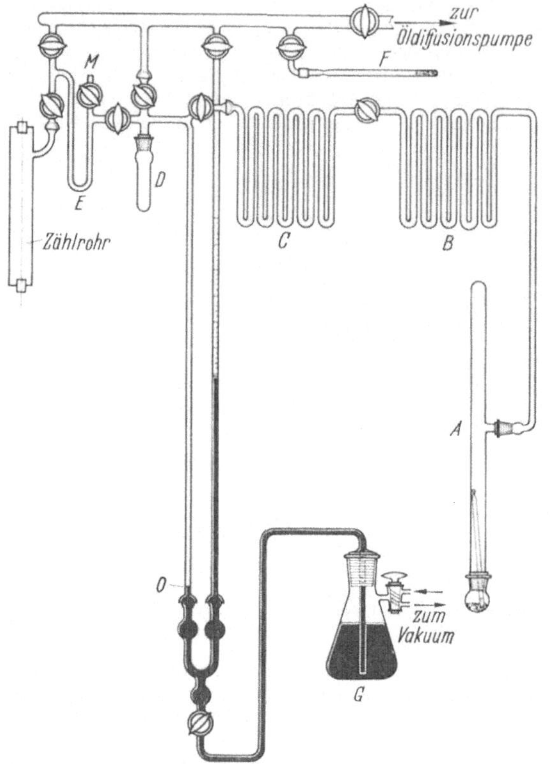

Abb. 36. Apparatur zur Reinigung (Fallen B, C), manometrischen Mengenbestimmung (D, O) und Zählrohrfüllung von Kohlendioxyd aus der trockenen Verbrennung im Bombenrohr [nach Buchanan u. Corcoran (*Bu 1*)]

γ) Nach Buchanan und Corcoran

Die Apparatur von Buchanan u. Corcoran (*Bu 1*) ist in Abb. 36 wiedergegeben.

A ist aus dickwandigem Glas, 50 cm lang mit 24 mm äußerem Durchmesser. Das obere Ende von A ist verdickt, in das untere Ende ist etwas Aluminiumfolie eingelegt, um das Rohr zu schützen. In die Ableitung ist ein kleiner Glaswollebausch eingeführt, damit Glassplitterchen nicht mitgerissen werden. Die Leitungen und Fallen B, C sind aus 12 mm-Glasrohr. Falle B wird in Kohlensäureschnee-Cellosolve gestellt und dient zur Kondensation von Wasser. Falle C wird mit flüssiger Luft gekühlt. Der rechte Zweig des Manometers ist aus 8 mm-Rohr (außen), während das U-Rohr und die Verbindung zum geeichten Gefäß D aus Capillarrohr von 3 mm Innendurchmesser gefertigt sind. Das U-Rohr ist mit Kugelschliffen angesetzt, damit das Manometer zur Reinigung und Volumeneichung geöffnet werden kann. Die geeichte Kapazität des Manometers und Kölbchens beträgt etwa 14 ml. Im U-Rohr sind drei Erweiterungen von je 2 cm Durchmesser, um das Entweichen eingeschlossener Luft zu beschleunigen.

Die Verbrennungsbomben sind aus Vycor Nr. 7900 gefertigt. Sie haben 9 mm äußeren Durchmesser und sind 8—23 cm lang. Nach Gebrauch wird das Rohr am abgebrochenen Ende abgeschnitten, entleert, mit Wasser gespült und eine Stunde in 1%ige Flußsäure gestellt. Anschließend werden die Rohre auf 850° C erhitzt. Ein Rohr kann mehrfach verwendet werden, wenn es jeweils knapp ausgezogen wird. Das Erhitzen erfolgt in Inconel-Rohren von 14 mm äußerem und 10 mm innerem Durchmesser und 23 cm Länge. Einwaagen werden in einseitig verschlossenen Vycor-Röhrchen (4 × 15 mm) vorgenommen.

Als Reagens wird gepulvertes Kupferoxyd verwendet, das auf 850° C erhitzt wird und mit Mangandioxyd und wasserfreiem Kupferchlorid im Verhältnis 5 : 1 : 1 vermischt wird. Letzteres wird aus $CuCl_2 \cdot 2 H_2O$ bei 150° C gewonnen und gepulvert. 5—10 mg Substanz werden eingewogen und in einem Vycorröhrchen auf den Boden der Bombe gebracht. Anschließend wird ein Gramm Verbrennungsmischung mit einem Trichter eingefüllt; die Abschmelzstelle muß sauber bleiben. Das Rohr wird verjüngt und ausgepumpt (Abb. 36 F). Nach dem Abschmelzen wird der Inhalt vermischt, wobei die Abschmelzstelle sauber bleiben muß, da sonst die Bomben beim Erhitzen platzen. Man erhitzt in den Schutzröhrchen 30 min auf 850° C. Nach der Verbrennung werden die Röhrchen in A gebracht und A evakuiert; B und C sind gekühlt. A wird vorsichtig gedreht, um die Bomben zu zerbrechen. Nach 2 min ist das Kohlendioxyd in C kondensiert. Der Teil C—D wird abgesperrt, der Nullpunkt des Manometers kontrolliert und das Kohlendioxyd in D kondensiert (3 min). Jetzt wird die flüssige Luft von D entfernt, ein Wasserbad untergestellt und der Druck abgelesen. Zur Funktion des Manometers sei noch folgendes bemerkt: Das Quecksilber soll, wenn beide Schenkel evakuiert sind, in beiden Schenkeln gleich hoch stehen, andernfalls sind Undichtigkeiten vorhanden oder Luftblasen im Quecksilber. Die genaue Einstellung des Nullpunktes wird durch Öffnen des Hahnes am U-Rohr vorgenommen, wobei Quecksilber aus dem Vorratsgefäß G nachströmt oder — falls G evakuiert wird — in das Vorratsgefäß abgegeben wird. Zur Druckmessung wird das Quecksilber auf gleiche Weise auf O eingestellt und dann der Hahn am U-Rohr verschlossen.

Zur Überführung des Gases ins Zählrohr wird in E kondensiert (3 min), ins Zählrohr expandiert und mit Methan auf eine Atmosphäre aufgefüllt.

δ) *Nach* Götte, Kretz *und* Baddenhausen; *sonstige Verfahren*

Götte et al. (*Go 4*) haben ein sehr einfaches Verfahren zur ^{14}C-Bestimmung durch Verbrennung in einem abgeschlossenen, mit Sauerstoff gefüllten Kolben angegeben.

Die Substanz (0,1—100 mg) wird in ein aschefreies Filtrierpapier eingewickelt (Lösungen werden eingetrocknet) und mit einem Platindraht am Schliffstopfen eines 500 ml-Erlenmeyerkolbens befestigt. Ein Streifen Filtrierpapier dient als Lunte. Der Kolben wird mit 50 ml 1 n Natronlauge und Sauerstoff gefüllt, die Lunte entzündet, der Stopfen aufgesetzt und mit Häkchen befestigt. Nach dem Abkühlen wird zur vollständigen Absorption des Kohlendioxyds umgeschüttelt und anschließend als Bariumcarbonat gefällt. Das Verfahren ist für geringe Aktivitäten nicht geeignet, da pro Versuch etwa 300—500 mg $BaCO_3$ aus dem Papier entstehen.

Die Verbrennung in einer Parr-Bombe ist ebenfalls zur ^{14}C-Bestimmung herangezogen worden. Für kleine Substanzmengen (5 mg) wurde eine spezielle Mikrobombe entwickelt [Calvin et al. (*Ca 3*)]. Die Metallbombe dürfte jedoch gegenüber den anderen Verfahren keine Vorteile bieten.

d) Nasse Verbrennung nach van Slyke

Im Gegensatz zur trockenen Verbrennung, für die verhältnismäßig wenige Varianten beschrieben wurden, sind für die nasse Verbrennung eine ganze Reihe von Modifikationen entwickelt worden. Dies mag nicht zuletzt daran liegen, daß die trockene Verbrennung im Sauerstoffstrom für serienmäßige ^{14}C-Bestimmungen zu umständlich ist und daher die nasse Verbrennung vielfach vorgezogen wird. Erst die jüngste Entwicklung der Bombenverbrennung wird zu einem stärkeren Einsatz der trockenen Verbrennung führen.

Die verschiedenen Verfahren zur nassen Verbrennung werden in folgender Einteilung behandelt. Zunächst werden die gebräuchlichen Oxydationsmittel (α) und die Absorptionslösungen für Kohlensäure (β) erörtert. Im Abschnitt γ) und δ) folgen die Diffusionsmethoden als apparativ einfachste Form der nassen Verbrennung. Die Verbrennung wird bei etwa 20 mm Druck in einer abgeschlossenen Apparatur ausgeführt; das entwickelte Kohlendioxyd diffundiert in die Absorptionslösung. Oxydations- und Absorptionslösung befinden sich entweder in den beiden Schenkeln eines $\wedge$-förmig gestalteten Gefäßes (γ) oder in zwei getrennten Kölbchen, die mit einem Rohr verbunden sind (δ). Im Abschnitt ε) werden Verfahren behandelt, bei denen das Kohlendioxyd während der Verbrennung durch ein Trägergas vom Oxydations- in das Absorptionsgefäß überführt wird. Bei allen in γ—ε) behandelten Verfahren werden die Verbrennung einerseits und die Bestimmung der Kohlenstoffmenge und -aktivität andererseits in getrennten Apparaturen durchgeführt. Im einfachsten Fall wird die Mengenbestimmung durch Rücktitration der vorgelegten Absorptionslauge oder Fällung und Auswaage von Bariumcarbonat, die Aktivitätsmessung als Bariumcarbonat vorgenommen. In diesen Fällen wird nur die Verbrennung beschrieben, die Mengen- und Aktivitätsbestimmung wird auf S. 208 f. behandelt. Bei einigen Verfahren werden dagegen die

Verbrennung, Mengenbestimmung, die dann manometrisch erfolgt, und die Aktivitätsmessung in einer geschlossenen Apparatur ausgeführt. Diese Verfahren sind in ζ) beschrieben. Schließlich wird auf eine Mengenbestimmung verzichtet; die Verbrennungsgase werden direkt in den Detektor überführt (η).

α) Oxydationsmischung, Durchführung

Bei dem von van Slyke u. Folch (*Sl 2*) angegebenen Verfahren wird die Substanz mit Kaliumjodat vermischt und eine Lösung von Chromtrioxyd in rauchender Schwefelsäure-konzentrierter Phosphorsäure zugegeben. Später empfahlen van Slyke et al. (*Sl 4*) ein flüssiges Reagens ohne Chromtrioxyd, dafür wird festes Kaliumdichromat zur Substanz gegeben.

Die Verbrennung nach van Slyke u. Folch (*Sl 2*) wird noch häufig angewendet, deshalb sei die Zusammensetzung der Reagenzien angegeben. 5 g Chromtrioxyd, 33 ml konzentrierte Phosphorsäure (1,72) und 67 ml rauchende Schwefelsäure (20% Schwefeltrioxyd) werden bei 140—150° C gelöst. Für Kohlehydrate wird der Zusatz von 5 g Kaliumjodat zur Lösung empfohlen, da sonst 1—2% des Kohlenstoffs als Kohlenmonoxyd verloren gehen [(van Slyke (*Sl 1*)]. Für 0,3—0,7 mg Kohlenstoff werden 100 mg Kaliumjodat und 1,5 ml flüssiges Reagens, für 2—3,5 mg Kohlenstoff werden 200 mg bzw. 2 ml verwendet.

Die Mischung von van Slyke et al. (*Sl 4*) hat folgende Zusammensetzung:

a) allgemein anwendbare Mischung

A. festes Reagens: Kaliumjodat-Kaliumdichromat 2 : 1

B. flüssiges Reagens: 33 ml konzentrierte Phosphorsäure (1,72), 67 ml rauchende Schwefelsäure (20% Schwefeltrioxyd), 1 g Kaliumjodat, bei 160—190° C gelöst.

Anwendung: 0,4—0,7 mg Kohlenstoff 150 mg A, 2 ml B
          0,7—3,5 mg Kohlenstoff 300 mg A, 2 ml B
          4—7   mg Kohlenstoff 500 mg A, 5 ml B
          7—15 mg Kohlenstoff 1 g   A, 5 ml B.

b) Mischung für Kohlehydrate

A. festes Reagens: Kaliumjodat-Kaliumdichromat 10 : 1

B. flüssiges Reagens: 50 ml konzentrierte Phosphorsäure (1,72), 50 ml konzentrierte Schwefelsäure (1,84), 1,5 g Kaliumjodat, bei 160—190° C gelöst.

Anwendung: wie bei a).

Für spezielle Anwendungen werden Abweichungen in der Zusammensetzung empfohlen. Beim Diffusionsverfahren, d. h. Veraschung in einem evakuierten System mit angeschlossener, Lauge enthaltender Vorlage, behindert der aus dem Kaliumjodat entwickelte Sauerstoff die Diffusion des Kohlendioxyds in die Vorlage. In diesem Fall wird kein Kaliumjodat benutzt [Calvin et al. (*Ca 3*)]. Falls die Probe [131]J enthält, wird ebenfalls ohne Kaliumjodat gearbeitet [Salo u. Blair (*Sa 5*)]. Wäßrige Lösungen können mit der van Slyke-Mischung schlecht verascht werden, in diesen Fällen werden 1,5 g Phosphorpentoxyd pro Milliliter Lösung zugegeben [Heald (*He 1*)]. Manche Verbindungen destillieren in Gegenwart von Dichromat, z. B. Essigsäure. Apelgot (*Ap 1*) benutzt deshalb für 20 mg frisches Gewebe (etwa 2,5 mg Kohlenstoff) 200 mg Natriumsulfat, 300 mg Kaliumchromat, 150 mg Silberchromat und 5 ml konzentrierte Schwefelsäure. Bei 300 mg Gewebe (36 mg Kohlenstoff) werden 1,3 g—3,3 g—1,65 g—40 ml angewendet.

Die von den einzelnen Autoren benutzten Anordnungen unterscheiden sich vor allem darin, wie das Kohlendioxyd aufgefangen wird und die Mengenbestimmung durchgeführt wird. Einzelheiten werden in den folgenden Abschnitten beschrieben werden. Die Verbrennung selbst wird in der Regel nach der von van Slyke et al. (*Sl 2, 4*) gegebenen Vorschrift ausgeführt.

Dazu wird die Substanz mit der angegebenen Menge von festem Reagens vermischt, in die Apparatur eingeführt und das flüssige Reagens zugesetzt. Die Mischung wird mit einem Mikrobrenner erhitzt. Nach kurzer Zeit setzt die Kohlendioxydentwicklung ein, nach 1—2 min „siedet" die Mischung, d. h. es wird stürmisch Sauerstoff frei. Das Schäumen soll nicht zu stark werden, damit keine Verluste eintreten. Insbesondere muß ein Übertreten von Schwefeltrioxyd oder Schwefelsäure verhindert werden, da diese als Bariumsulfat die Kohlenstoffbestimmung und die spezifische Aktivität verfälschen würden. 1,5—2 min nach Beginn des „Siedens" ist die Verbrennung beendet. Bei mehr als 5 mg Kohlenstoff in Form von Kohlehydraten kann eine lästige, starke Jodentwicklung eintreten. In diesem Falle wird nur bis zur Klärung der Lösung und zum Beginn des Siedens erhitzt. Dann werden 2 ml der van Slyke-Folch-Mischung zugegeben und zum Sieden erhitzt. Das Chromtrioxyd oxydiert freies Jod zur Jodsäure.

Um die Blindwerte niedrig zu halten, werden die Glasapparaturen mit Oxydationsmischung gereinigt, vor allem vor der ersten Benutzung.

Die Temperatur ist bei dieser Form der Verbrennung nicht genau festgelegt. Einige Autoren empfehlen deshalb bestimmte Temperaturen, die durch Öl- oder Metallbäder oder elektrische Heizung[1] eingestellt werden. Als Beispiele seien erwähnt: 10 min Erhitzen auf 160° C[2], 2 Std. auf 160—170° C bei schwer verbrennbarem Material[3], 7—9 min auf 210° C[4], $1^1/_2$ Std. auf 210°C[5], 45—60 min auf 140°C (mit speziellem Oxydationsmittel[6]. Beim Vergleich dieser Angaben darf nicht übersehen werden, daß die Dauer des Erhitzens auch davon abhängt, ob die Kohlensäure durch Diffusion oder einen Gasstrom übergetrieben wird. SIMPSON (Si 3) hat eine nähere Untersuchung der notwendigen Temperatur und Erhitzungsdauer durchgeführt. Einige Ergebnisse sind in Tab. 15 zusammengestellt. Im allgemeinen liefert die normale unkontrollierte Erhitzung ausgezeichnete Ergebnisse — wie z. B. die umfangreichen Untersuchungen von VAN SLYKE u. Mitarb. zeigen. Bei schwer verbrennbaren Substanzen, z. B. Guanin, werden jedoch nur unter kontrollierten Bedingungen reproduzierbare Resultate erhalten[7]. SIMPSON (Si 3) empfiehlt, die nasse Verbrennung bei 195° C (Badtemperatur 210°) unter Durchleiten von Stickstoff auszuführen. Ein 10 min dauerndes Erhitzen reicht aus, anschließend wird noch 5 min mit Stickstoff nachgeströmt.

Tabelle 15. *Einfluß von Temperatur und Erhitzungsdauer auf die nasse Verbrennung von Guanin-2-^{14}C, nach* SIMPSON *(Si 3)*

Temperatur °C	Erhitzungsdauer (min)	Spülung (min)	Ausbeuten[8]		spezifische Aktivität[9] %
			Kohlenstoff %	^{14}C %	
200—210	Lösung grün[10]	5	83+	80+	97
Sieden[11]	1,5	10	78	81	102
195	10	5	96	97	100[12]
195	5	5	89	89	100
195	1	5	80+	77+	96
195	1	10	91	91	98
175	10	5	74	74	101
150	10	15	84	77	87
150	10	5	63+	48+	75+
150	1	5	30+	20+	52+

+ Parallelwerte schwanken stark.

β) Absorptionsflüssigkeiten für Kohlendioxyd

Bei den meisten Verfahren wird das Kohlendioxyd zunächst in einer alkalischen Lösung aufgefangen. Als Alternative ist das Ausfrieren bei tiefen Temperaturen zu nennen. Bei wenigen Verfahren wird das gewonnene Kohlendioxyd direkt gemessen.

---

[1] HANKES (Ha 11).
[2] CLAYCOMB et al. (Cl 2).
[3] RABINOWITZ (Ra 3).
[4] THORN u. PING SHU (Th 3).
[5] BORGSTRÖM (Bo 5).
[6] APELGOT (Ap 1).
[7] SIMPSON (Si 3).
[8] Mittelwert aus mehreren Bestimmungen.
[9] Mittelwert aus mehreren Bestimmungen, normalisiert gegen[12].
[10] Erhitzt, bis die Lösung grün wurde.
[11] Temperatur unkontrolliert, normale Ausführung der nassen Verbrennung.
[12] Zur Normalisierung benutzt; von SIMPSON empfohlene Bedingungen.

Bei einigen Methoden wird das Kohlendioxyd direkt in Bariumhydroxydlösung eingeleitet. Das Bariumhydroxyd wird unmittelbar vor dem Versuch filtriert und ist daher carbonatfrei. Nachteilig ist, daß die Einleitungsrohre sich leicht verstopfen, feine Bariumcarbonatniederschläge an den Glaswänden hochziehen und das ausfallende Bariumcarbonat leicht Bariumhydroxyd enthält, so daß die Kohlenstoffbestimmung durch Auswaage oder Titration ebenso wie die Bestimmung der spezifischen Aktivität verfälscht werden. Deshalb werden an Stelle von gesättigten Bariumhydroxydlösungen[1,2,3] verdünnte Lösungen — etwa 0,25 n[4,5] — und verdünnte Lösungen, die Bariumchlorid enthalten[6,7,8], empfohlen.

Bei Natronlauge treten die erwähnten Schwierigkeiten nicht auf. Dafür ist die Natronlauge schwieriger von Carbonat zu befreien. Die hierzu gebräuchlichen Methoden sind: Herstellung durch Auflösung von Natriummetall in Alkohol-Wasser[4], Herstellung aus einer konzentrierten Natronlauge, in der Natriumcarbonat unlöslich ist[4], Ausfällung des Carbonats durch Bariumchlorid[9,10] und Reinigung an Anionenaustauschersäulen[11]. Die angewendeten Konzentrationen schwanken zwischen 0,25 n[10,12,13] und 2,5—3 n[14,15]. Einige Autoren verwenden 0,15—0,3 m Hydrazinhydrochlorid enthaltende Natronlauge, um freie Halogene zu reduzieren[13,16]. Weiter wurden destilliertes Äthylendiamin[17] und eine Lösung von Bariumhydroxyd in Anilin-Äthanol-Wasser[18] als Absorptionslösung empfohlen.

Zur Einbringung von Kohlendioxyd in flüssige Szintillatoren werden stark basische Amine wie „Hyamin"[19,20] und „Primen"[21] verwendet, deren Herstellung und Eigenschaften an anderer Stelle (auf S. 173 ff.) beschrieben ist. Unter Druck lassen sich größere Mengen Kohlendioxyd direkt in Toluol auflösen (2,5 g Kohlenstoff in 75 ml)[22], ein Verfahren, das für Routinemessungen freilich zu umständlich ist.

Zur Herstellung carbonatfreier Natronlauge aus Natriummetall oder konzentrierter Natronlauge sei folgende Vorschrift wiedergegeben[4]. 30 g Natriummetall p.a. werden unter Öl in Stücke geschnitten; alle Krusten werden sorgfältig entfernt. Die blanken Stücke werden mit Filtrierpapier abgetrocknet, zweimal in Hexan gespült, abgetrocknet und unter dem Abzug in eine Flasche mit 300 ml ausgekochtem Äthanol gegeben. Der aufsteigende Wasserstoff und Alkoholdampf schützen ausreichend gegen Kohlendioxyd. Wenn die Reaktion nachläßt, wird vorsichtig ausgekochtes Wasser zugegeben. Die Flasche wird mit einem Natronkalkrohr verschlossen. Nach dem Abkühlen werden 800 ml ausgekochtes Wasser zugegeben. Die Lösung ist dann etwa 1 n. Sie wird in einer Ganzglasapparatur mit angeschlossener Bürette unter Natronkalk aufbewahrt. Über die Spitze der Bürette stülpt man ein Reagenzgläschen. Bei jeder Entnahme werden die ersten Milliliter verworfen. Der Blindwert beträgt weniger als 0,005 mg $BaCO_3$/ml. Die Darstellung aus 50%iger NaOH, in der Na_2CO_3 unlöslich ist und abfiltriert werden kann, liefert einen Blindwert von etwa 0,2 mg $BaCO_3$/ml für eine 1n Lösung.

Die Ausfällung des Carbonats durch Bariumchlorid ist im Prinzip sehr bequem. Die wesentlichen Vorteile des Natriumhydroxyds als Absorptionslösung gehen dabei allerdings verloren, denn die Lösung enthält einen Überschuß Bariumionen, so daß beim Einleiten des Kohlendioxyds sofort ein Niederschlag auftritt. In besonderen Fällen kann man den Bariumüberschuß durch Sulfatfällung entfernen. So werden z. B.[9] 2 Liter 0,86 n Natriumhydroxyd mit

---

[1] Lindenbaum et al. (*Li 4*). — [2] Rabinowitz (*Ra 3*).
[3] Harper et al. (*Ha 16*). — [4] Calvin et al. (*Ca 3*).
[5] Borgström (*Bo 5*). — [6] Van Slyke et al. (*Sl 3*).
[7] Anderson et al. (*An 3*). — [8] Peters u. Gutman (*Pe 11*).
[9] Sinex et al. (*Si 4*). — [10] Horáček u. Grünberger (*Ho 8*).
[11] Davies u. Nancollas (*Da 5*). — [12] Weisburger et al. (*We 4*).
[13] Simpson (*Si 3*). — [14] Skipper et al. (*Sk 1*).
[15] Baker et al. (*Ba 5*). — [16] Van Slyke u. Folch (*Sl 2*).
[17] Swick et al. (*Sw 5*). — [18] Van Nieuwenburg u. Hegge (*Ni 2*).
[19] Radin (*Ra 5*), Passman et al. (*Pa 5*). — [20] Eisenberg (*Ei 5*).
[21] Oppermann et al. (*Op 1*). — [22] Barendsen (*Ba 15*).

100 ml Bariumchloridlösung (enthaltend 12,2 g $BaCl_2 \cdot 2\,H_2O$) gefällt. Nach dem Absitzen werden je 100 ml dieser Lösung mit 2 g Hydrazinsulfat versetzt und vom ausfallenden Bariumsulfat abdekantiert. Aus einer sulfathaltigen Absorptionslösung, in der $^{14}CO_2$ absorbiert ist, würde bei der $Ba^{14}CO_3$-Fällung Bariumsulfat mitfallen, so daß diese Lösung nur bei bestimmten Verfahren verwendet werden kann. HORÁČEK u. GRÜNBERGER (Ho 8) fällen eine in der oben beschriebenen Weise hergestellte carbonatarme Lauge vor dem Einfüllen in das Absorptionsgefäß mit 2 ml 10%iger Bariumchloridlösung und setzen zum Filtrat 0,25 g „Chelaton 2" (vermutlich das Di-Natriumsalz der Äthylendiamintetraessigsäure) zu. Der Komplexbildner verhindert die Bariumcarbonatabscheidung. Bei der späteren Bariumcarbonatfällung (zwecks Präparation) wird die Alkalität durch Zusatz von Ammoniumchlorid vermindert und ein Überschuß Bariumchlorid zugegeben.

DAVIES u. NANCOLLAS (Da 5) verwenden einen Anionenaustauscher in der Cl-Form zur Herstellung carbonatfreier Natronlauge. Eine 50 ml-Säule von Amberlite IRA-400 reicht für einen Liter 0,1 n NaOH. Die Säule wird zunächst solange mit der Lauge gewaschen, bis das Eluat chloridfrei ist. Dann ist die Säule gebrauchsfertig; sie nimmt das Carbonat auf. Die Regenerierung muß über die Cl-Form vorgenommen werden.

Bariumhydroxyd-Bariumchlorid-Lösungen werden z. B. nach folgender Vorschrift bereitet[1]: In einer durch Natronkalk geschützten Flasche wird mit ausgekochtem Wasser eine gesättigte Bariumhydroxydlösung hergestellt. 2,4 l der vom ausgefallenen Bariumcarbonat abgegossenen Lösung werden in einer mit Stickstoff gefüllten Flasche mit 480 ml einer Lösung von 51,8 g wasserfreiem Bariumchlorid in ausgekochtem Wasser verdünnt.

γ) Diffusionsmethode; Verfahren von CLAYCOMB, HUTCHENS und VAN BRUGGEN

Diese einfache Methode sei in der von CLAYCOMB et al. (Cl 2) angegebenen Form beschrieben. Man verwendet eines $\wedge$-förmig Glasgefäß mit einem angesetzten Manometer (Abb. 37). In das Kölbchen A wird die Probe mit der festen Oxydationsmischung, in Kölbchen B die Oxydationslösung, in F carbonatfreie Natronlauge gegeben. Die Anordnung wird über den Hahn D auf Wasserstrahlvakuum evakuiert, durch Drehen von A die Oxydationslösung von B in A gegeben und die Verbrennung durchgeführt. Das Kohlendioxyd diffundiert in die Absorptionslösung. Das Manometer zeigt das Ende der Absorption an.

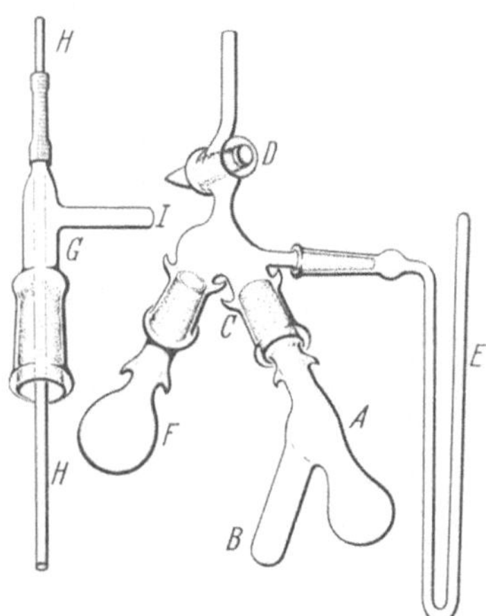

Kolben A ist ein 10 ml fassender Kjeldahlkolben, B hat 6—10 ml Inhalt und ist unter einem Winkel von 130° angesetzt. Der Winkel zwischen den beiden Kölbchen beträgt 100°. Kölbchen F faßt 30 ml. G ist ein Eindampfaufsatz für Lösungen mit einer Capillaren H. Es wird die kaliumjodatfreie van Slyke-Mischung benutzt. Die Autoren verwenden noch die Mischung von VAN SLYKE-FOLCH. Zur Verbrennung wird A 10 min im Ölbad auf 160° C erhitzt, F ist mit 3—4 ml 0,5—0,75 n NaOH gefüllt und mit Eiswasser gekühlt. Nach der Verbrennung wird noch 5 min gewartet. Das Manometer soll dann höchstens 20—30 mm Druck anzeigen. Es wird kohlendioxydfreie Luft eingelassen, die Vorlage mit verdünnter Salzsäure titriert, mit 3 ml 0,5—0,75 n NaOH versetzt und Bariumcarbonat gefällt. Der Blindwert beträgt im allgemeinen 0,4 mg Kohlenstoff (= 6 mg $BaCO_3$).

Abb. 37. Anordnung zur nassen Verbrennung von ^{14}C-Verbindungen (A, B) im Vakuum mit Diffusion des $^{14}CO_2$ in vorgelegte Natronlauge (F); E ist ein Kontrollmanometer, G, H ein Aufsatz zum Eindampfen von Lösungen [nach CLAYCOMB, HUTCHENS u. VAN BRUGGEN (Cl 2)]

Bei dem einfachen Diffusionsverfahren treten leicht Störungen durch Übertritt von Sulfat in die Absorptionslösungen auf. BORGSTRÖM (Bo 5) verwendet deshalb ein bogenförmiges, etwa 60 cm langes Verbindungsrohr zwischen Oxydations- und Absorptionskölbchen. EVANS u. HUSTON (Ev 1) zersetzen das zunächst

---

[1] ANDERSON et al. (An 3)

erhaltene Bariumcarbonat (es wird Bariumhydroxyd vorgelegt) mit Salzsäure und absorbieren das Kohlendioxyd in einer zweiten Vorlage.

Baker et al. (*Ba 5*) verwenden Schraubgläser als Oxydationsgefäße (Abb. 38). Sie werden mit Gummidichtungen abgedichtet. Als Absorptionslösung wird 3 n Natronlauge verwendet. Die mit der Substanz, der Oxydationsmischung und der Lauge gefüllten und verschlossenen Gläser werden 30 min in einem Druckkochtopf oder Autoklaven auf 120° C erhitzt. Die Verbrennung ist nicht bei allen Verbindungen vollständig. Der Blindwert beträgt bei sorgfältiger Reinigung etwa 0,3 mg Kohlenstoff (4,7 mg $BaCO_3$).

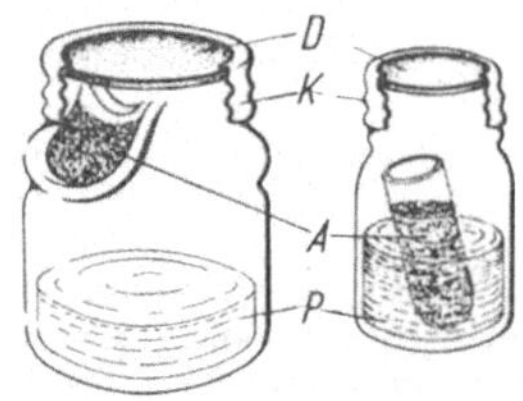

Abb. 38. Einfache Anordnung zur ^{14}C-Bestimmung durch nasse Verbrennung und Diffusion in Natronlauge; P Probe und Verbrennungsmischung, A Absorptionslösung, K Metallkappe, D Gummidichtung [nach Baker, Feinberg u. Hill (*Ba 5*)]

δ) Diffusionsmethode mit Nachspülen; Verfahren von Lindenbaum, Schubert und Armstrong

Die Verbrennung wird wie bei den eben beschriebenen Verfahren bei etwa 20 mm Druck ausgeführt. Die Apparatur ist modifiziert, Blindwerte durch Sulfat sind weniger zu befürchten. Nach der Verbrennung wird ein kohlendioxydfreier Luftstrom eingelassen, der die Reste Kohlendioxyd übertreibt. An Stelle der ursprünglichen Methode von Lindenbaum et al. (*Li 4*) sei die Variante von Peters u. Gutman (*Pe 11*) beschrieben. Sie ist für Kohlenstoffmengen von 0,5—3,0 mg

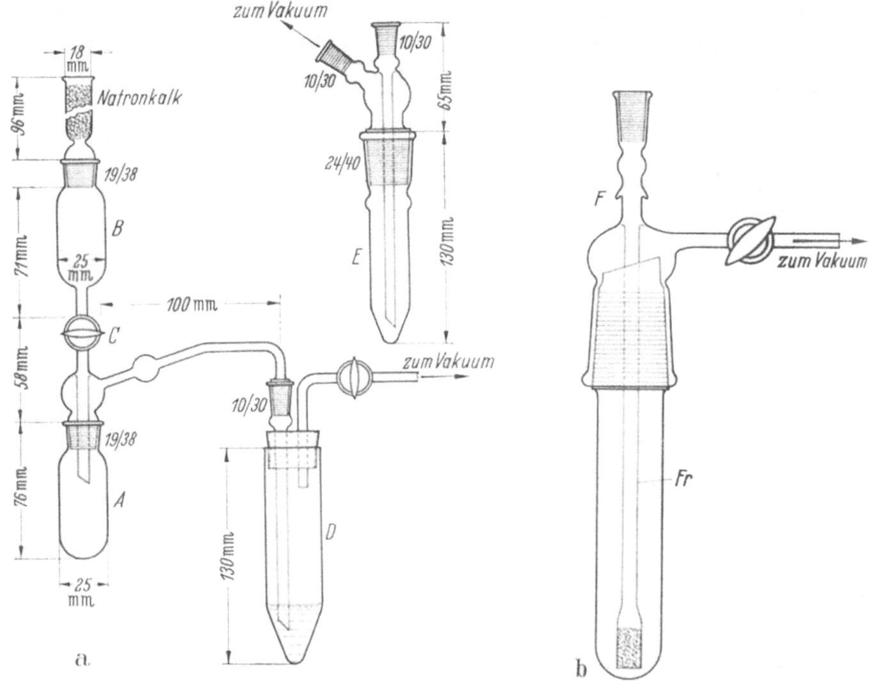

Abb. 39 a u. b. a) Apparatur zur nassen Verbrennung von ^{14}C-Verbindungen im Vakuum mit Nachspülen, Vorlage (D, E) mit Bariumhydroxyd gefüllt [nach Peters u. Gutman (*Pe 11*)]. b) F: Absorptionsgefäß mit Glasfritte Fr für Natronlauge als Absorptionslösung [nach Weisburger, Weisburger u. Morris (*We 4*)]

brauchbar. Als Absorptionslösung wird 0,25 n Bariumhydroxyd mit 20 g/l Bariumchlorid benutzt. Die Verbrennung dauert nur 2—3 min. Der Blindwert beträgt 0,04 mg Kohlenstoff (0,7 mg $BaCO_3$). Die Apparatur ist in Abb. 39a dargestellt.

A ist das Oxydationskölbchen mit 12—13 ml Inhalt, D oder E die Vorlage aus Borosilikatglas. In D oder E werden 4—5 ml 0,25 n Bariumhydroxyd mit 20 g/l Bariumchlorid vorgelegt. In A werden Substanz- und Oxydationsmischung gegeben, aus B fließt die Oxydationslösung zu. Man evakuiert auf 20—25 mm, stellt D in Eiswasser und erhitzt A zwei Minuten zum Sieden. Nach 15 min wird über C kohlendioxydfreie Luft eingelassen, das Einleitungsrohr nach D und D mit 5—6 ml ausgekochtem Wasser gespült und mit 0,1 n HCl titriert. D wird verschlossen, über Nacht bei 5—10° C stehengelassen und das Bariumcarbonat abfiltriert. Nach dem Waschen mit heißem Wasser und Aceton wird 20 min bei 105° C getrocknet, ausgewogen und gemessen.

Weisburger et al. (*We 4*) verwenden für ein ähnliches Verfahren 35 ml 1%ige Natronlauge als Absorptionslösung und ein Absorptionsgefäß nach Abb. 39b. In das Verbindungsrohr zwischen Oxydations- und Absorptionsgefäß wird ein Glaswollebausch gesteckt, um Schwefeltrioxydnebel zurückzuhalten. Der Blindwert beträgt 0,2—0,25 mg Kohlenstoff (3—4 mg $BaCO_3$). Bei dem Verfahren von Thorn u. Ping Shu (*Th 3*) wird zwischen Oxydations- und Absorptionsgefäß ein Rohr mit Kaliumjodid und Zinkspänen eingefügt, um störende Bestandteile des Oxydationsgemischs zu absorbieren.

ε) Nasse Verbrennung im Treibgasstrom; Verfahren von Skipper et al.

Verschiedene Arbeitsgruppen haben Verfahren vorgeschlagen, bei denen das Kohlendioxyd in einem Stickstoff- oder Luftstrom in die Absorptionslösung getrieben wird. Als Absorptionslösung wird 2,5 n NaOH[1], 1 n NaOH[2], 1 n NaOH mit 0,8 mg/ml Hydrazinhydrochlorid[3], 0,25 n NaOH, 0,15 m an Hydrazin[4] sowie gesättigte Bariumhydroxydlösung[5,6] benutzt. Um Schwefeltrioxydnebel zurückzuhalten, wird zwischen Oxydations- und Absorptionsgefäß ein Glaswollepfropfen, der nach jeder Verbrennung erneuert wird[4], oder mit wenig 5 n Schwefelsäure befeuchtete Glaswolle[6] oder ein Röhrchen mit Dinatriumhydrogenphosphat[3] oder eine 5%ige Lösung von Kaliumpermanganat in 0,5 n Schwefelsäure[5] oder eine aufsteigende Vigreux-Kolonne[2] eingeschaltet.

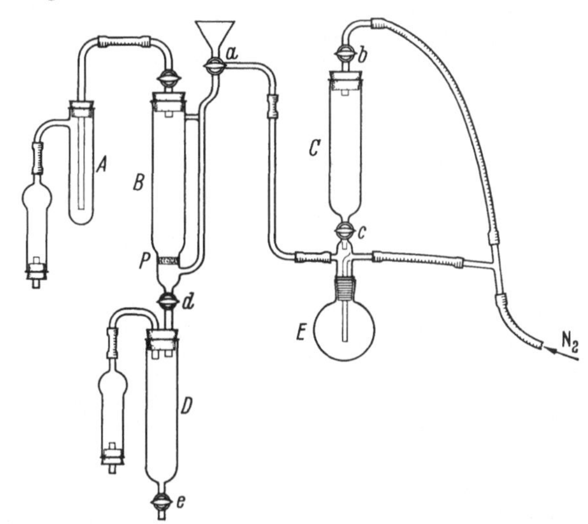

Abb. 40. Apparatur zur nassen Verbrennung von ¹⁴C-Verbindungen im Stickstoffstrom. E Verbrennungskölbchen, B Vorlage mit Absorptionslösung (Natronlauge,) D Fällungsgefäß mit Bariumchloridlösung [nach Skipper et al. (*Sk 1*)]

Die von Skipper et al. (*Sk 1*) benutzte Anordnung zeigt Abb. 40. Die Probe wird in das Gefäß E gebracht, C enthält die Oxydationsflüssigkeit, B die Absorptionslösung (in diesem Falle 2,5 n Natronlauge). Das Treibgas wird durch eine Fritte P fein verteilt. In D befindet sich die Bariumchloridlösung, A enthält gesättigte Bariumhydroxydlösung als Indicator für unvollständige Absorption des Kohlendioxyds. Die Oxydation wird in der üblichen Weise in einem langsamen Stickstoffstrom durchgeführt. Nach der Verbrennung wird mit Stickstoff nachgespült, dann der Inhalt von B über den Hahn d in D gegeben und über den Trichter a

---

[1] Skipper et al. (*Sk 1*).
[2] Apelgot (*Ap 1*).
[3] Adcock (*Ad 5*).
[4] Simpson (*Si 3*).
[5] Rabinowitz (*Ra 3*).
[6] Harper et al. (*Ha 16*).

ausgekochtes Wasser zum Waschen von B eingefüllt. Das in D ausgefallene Bariumcarbonat wird durch den Hahn e (weite Bohrung) in einen tarierten Filtertiegel abfiltriert.

Eine Schliffapparatur mit ähnlicher Arbeitsweise ist von ADCOCK (*Ad 5*) beschrieben worden (Abb. 41). D ist der Oxydationskolben (100 ml), A ein Verbindungsstück, an das das Natronkalkrohr C mit Calciumchloridröhrchen B, der Trichter E und das Röhrchen F angesetzt sind. F ist mit Dinatriumhydrogenphosphat gefüllt und wird bei jeder Verbrennung gewechselt. Das Absorptionsgefäß G ist mit F über ein Glasrohr mit Schliffen verbunden. Es ist 30 cm lang und hat 5 cm Durchmesser. Am Einleitungsrohr H ist eine G3-Fritte von 2 cm Durchmesser angebracht. Am oberen Ende von G wird ein kleines Gläschen mit Bariumhydroxyd als Blasenzähler und zur Kontrolle der Absorption angeschlossen. I ist ein kurzes Rohrstück, das zur Überführung der Absorptionslösung in das Fällungsgefäß K dient, dabei wird über den Ansatz evakuiert. Die Fällung erfolgt im Kolben K (250 ml) mit einem

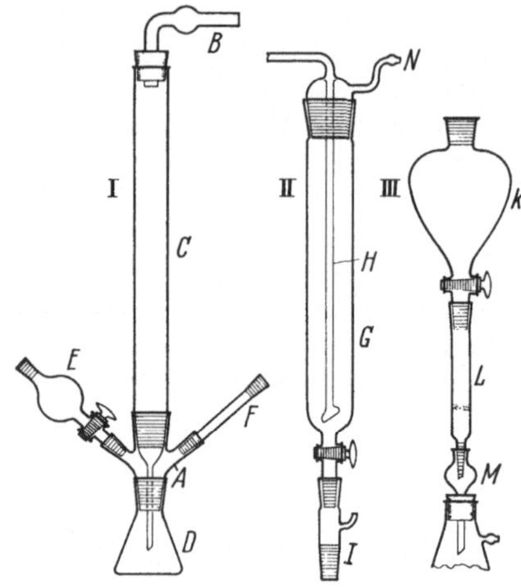

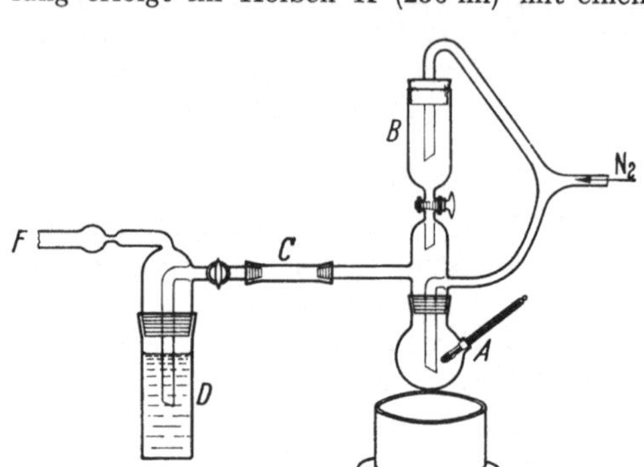

Abb. 41. Anordnung zur nassen Verbrennung (I), Absorption (II) und Bariumcarbonatfällung (III) von ^{14}C-Verbindungen im Luftstrom, Erläuterung s. Text [nach ADCOCK (*Ad 5*)]

Abb. 42. Nasse Verbrennung von ^{14}C-Verbindungen im Stickstoffstrom [nach SIMPSON (*Si 3*)]. A Verbrennungskölbchen, C Glaswollebausch, D Absorptionsgefäß mit Fritte, gefüllt mit Natronlauge

angeschlossenen Trichter L mit Glasfritte G3. M ist ein Adapter zum Ansetzen an die Saugflasche. Für maximal 24 mg Kohlenstoff werden 3 g Kaliumjodat und 30 ml Oxydationslösung nach VAN SLYKE-FOLCH, jedoch mit 120 g Chromtrioxyd pro Liter, angewendet. Als Absorptionslösung dient 1 n Natronlauge mit 0,8 mg/ml Hydrazinhydrochlorid. Während der Verbrennung ist G mit K verbunden. Durch G wird ein schwacher Luftstrom gesaugt. Nach der 5 min dauernden Verbrennung wird 10 min gespült, die Absorptionslösung in K überführt und G und H zweimal (nach Öffnen) mit Wasser gespült. Die Waschwässer werden in K gebracht, K abgenommen, verschlossen, geschüttelt und mit 20 ml Bariumchloridlösung (27 g Bariumchlorid/l) gefällt. Man wartet 15 min, filtriert durch L, wobei auf K ein Absorptionsrohr für CO_2 aufgesetzt wird, wäscht mit ausgekochtem Wasser chloridfrei, trocknet bei 110°C und wiegt aus.

Die von SIMPSON (*Si 3*) benutzte Apparatur ist in Abb. 42 dargestellt. A ist ein 100 ml-Kolben mit Thermometerrohr, B ein graduierter 40 ml-Trichter, C ein Glaswollebausch, der bei jeder Verbrennung gewechselt wird, D das mit 50 ml 0,25 n Natronlauge—0,15 m Hydrazin gefüllte Absorptionsgefäß mit einer Fritte am Einleitungsrohr, E ein Ölbad und F ein Natronkalkrohr. Die Substanz wird mit der festen Oxydationsmischung in A gebracht und die Apparatur mit Stickstoff gespült. Das Gefäß D wird gefüllt, angeschlossen und etwa eine Minute mit Stickstoff gespült. Aus B werden 20 ml Oxydationslösung zugegeben und dann A in ein Ölbad von 210° C gestellt, so daß in A 195° C gemessen werden. Nach 10 min wird das Bad entfernt und die Apparatur weitere 5 min mit Stickstoff gespült. D wird abgenommen, das Einleitungsrohr schnell mit ausgekochtem Wasser gespült und D verschlossen. SIMPSON setzt das Gefäß D anschließend an eine zweite Apparatur (vgl. S. 212) und entwickelt durch Ansäuern Kohlendioxyd, das in Gaszählrohren gemessen wird. Selbstverständlich kann in D auch Bariumcarbonat gefällt werden.

Von den mit Bariumhydroxyd durchgeführten Varianten sei die von HARPER et al. (*Ha 16*) erwähnt (Abb. 43). Zwischen den beiden Gefäßen ist ein 3 cm langes Röhrchen von 8 mm Durchmesser, gefüllt mit Glaswolle und einigen Tropfen 5 n Schwefelsäure, eingefügt. HARPER et al. empfehlen, auf das Natronkalkrohr ein zweites Rohr mit Aktivkohle aufzusetzen, um organische Dämpfe abzuhalten. Die in die Bariumhydroxydlösung tauchenden Glasrohre sind silikonisiert, damit kein Bariumcarbonat anhaftet. Es wird gesättigte Bariumhydroxydlösung benutzt.

Nach der Filtration wird mit 3 ml Wasser, dann mit 3 ml 50%igem Alkohol gewaschen, um das an den Wänden haftende Bariumcarbonat zu sammeln. Schließlich werden Reste an Bariumhydroxyd mit 2×3 ml Wasser ausgewaschen und mit reinem Alkohol nachgewaschen. Der Blindwert liegt bei 0,006 mg Kohlenstoff (0,1 mg $BaCO_3$).

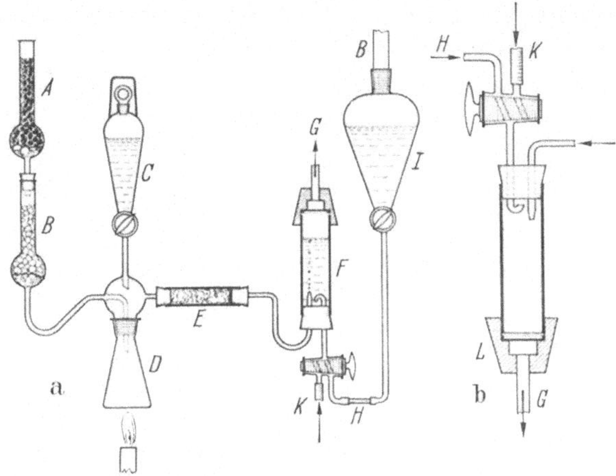

Abb. 43a u. b. NasseVerbrennung von ^{14}C-Verbindungen im Luftstrom mit Absorption in Bariumhydroxydlösung, a) während der Absorption, b) während der Filtration [nach HARPER, NEAL u. ROGERS (*Ha 16*)]. A Aktivkohle, B Natronkalk, C Oxydationslösung, D Verbrennungskölbchen, E Röhrchen mit Glaswolle, mit 5 n Schwefelsäure befeuchtet, F Bariumhydroxydlösung, G zur Pumpe, H Filter, I Bariumhydroxyd-Vorrat, K Einlaß für Waschflüssigkeit, L Filter

RABINOWITZ (*Ra 3*) fügt für schwer verbrennbare Substanzen eine Trockeneisfalle (C in Abb. 44) ein. Nach der Verbrennung kann C mit warmem Wasser gefüllt werden, während A mit Trockeneis gekühlt wird. Unverbranntes Material wird zurücksublimiert und erneut verbrannt. In B können Verbrennungskatalysatoren (z. B. Platinoxyd) eingefüllt werden, die bei

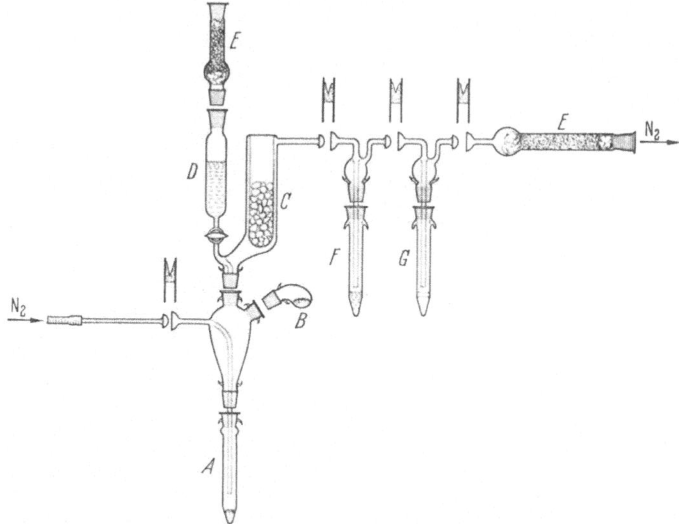

Abb. 44. Nasse Verbrennung von ^{14}C-Verbindungen im Stickstoffstrom mit Absorption in Bariumhydroxydlösung, [nach RABINOWITZ (*Ra 3*)]. A Substanz, B Verbrennungskatalysator, C Trockeneisfalle, D Oxydationslösung, E Natronkalkrohre, F saure Permanganatlösung, G Bariumhydroxydlösung

Bedarf zugesetzt werden. F enthält 5%ige Kaliumpermanganatlösung in 0,5 n Schwefelsäure zur Absorption von Schwefeldi- und trioxyd. In G ist als Absorptionslösung gesättigte Bariumhydroxydlösung untergebracht, die mit Toluol bedeckt wird. Das Bariumcarbonat wird im verschlossenen Rohr G abzentrifugiert, mit Wasser Bariumhydroxyd ausgewaschen und das

Rohr G 10—16 Std. bei 200° C getrocknet. Nach der Auswaage in G wird das Bariumcarbonat zerkleinert, in Aceton suspendiert und in gewogene Schälchen überführt. Bei schwer verbrennbarem Material kann G nochmals als A angesetzt werden und mit Säure Kohlendioxyd entwickelt werden, um das Präparat zu homogenisieren.

ζ) Nasse Verbrennung mit manometrischer Kohlenstoffbestimmung; Verfahren von VAN SLYKE *et al. und* RUTSCHMANN *und* SCHÖNIGER

Bei den bisher geschilderten Methoden wird das Kohlendioxyd in Lauge aufgefangen und seine Menge durch Rücktitration des Laugenüberschusses mit verdünnter Säure[1] oder durch Auswaage des ausgefällten Bariumcarbonates bestimmt[2]. VAN SLYKE et al. absorbieren das Kohlendioxyd in einem mit Lauge gefüllten Manometer, zersetzen die Absorptionslösung durch Säure und bestimmen die Kohlendioxydmenge durch Druckmessung. Anschließend wird das Kohlendioxyd in Bariumcarbonat überführt oder in ein Gaszählrohr abgefüllt (*Sl 1, 3, Si 4*). BUCHANAN u. NAKAO (*Bu 2*) und RUTSCHMANN und SCHÖNIGER (*Ru 11*) frieren das Kohlendioxyd bei tiefen Temperaturen aus, bestimmen die Menge manometrisch und füllen in ein Gaszählrohr ab. Die Anwendung von Gaszählrohren erfordert ein besonders reines Kohlendioxyd[3].

Das von VAN SLYKE et al. (*Sl 1, 3, Si 4*) beschriebene Verfahren ist aus der manometrischen Kohlenstoffbestimmung mit nasser Verbrennung [VAN SLYKE u. FOLCH (*Sl 2*)] entwickelt worden. Abb. 45a zeigt die Verbrennungsapparatur und das Manometer. Die Probe und die feste Oxydationsmischung werden in T gebracht und T an das Manometergefäß C ange-

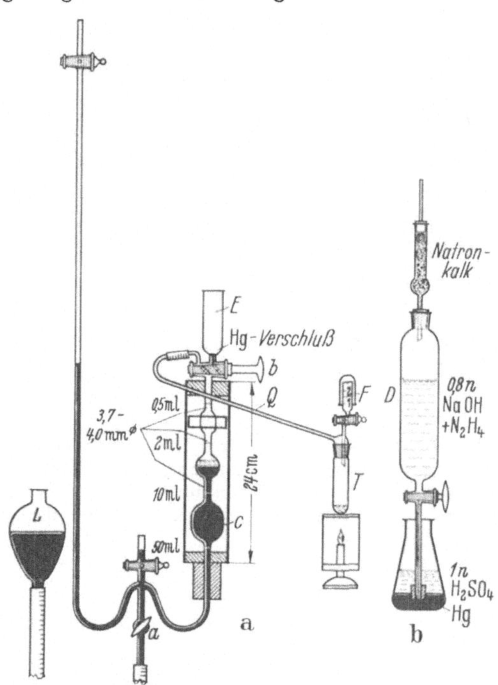

Abb. 45a u. b. Apparatur zur nassen Verbrennung von ¹⁴C-Verbindungen mit manometrischer Kohlenstoffbestimmung nach VAN SLYKE u. FOLCH (*Sl 1, 2*). a) T Verbrennungskölbchen, C Absorptionsgefäß, gefüllt mit Natronlauge. Nach der Absorption wird das Kohlendioxyd in C durch Ansäuren entwickelt und der Druck bei konstantem Volumen gemessen, s. Text. b) Vorratsgefäß für die Absorptionslösung

schlossen. Das Manometergefäß ist mit Marken für 0,5 ml, 2 ml, 10 ml und 50 ml versehen. Durch Senken des Quecksilbers wird das Gefäß über den Hahn b teilweise evakuiert, wobei die in C eingesaugte Luft über b und E durch Heben des Quecksilbers entfernt wird. In C werden dann aus dem Vorratsgefäß nach Abb. 45b durch einen Quecksilberverschluß 2 ml 0,5 n Natronlauge, 0,3 m an Hydrazinsulfat, eingesaugt. L wird bei geöffnetem Hahn a gesenkt, bis das Quecksilber im Manometerrohr etwa auf Höhe der 2 ml-Marke steht. a wird verschlossen, L wie in Abb. 45a plaziert und über b das Gefäß T mit C verbunden. Die Oxydationslösung wird in T gegeben und die Verbrennung durchgeführt. Dabei wird das Quecksilber in C sinken. In Abständen von Sekunden wird a geöffnet und Quecksilber von L in C eingelassen, um das Gasvolumen in C bei etwa 1 ml zu halten. Nach etwa 1 min ist genug Gas entwickelt, um das

---

[1] Näheres auf S. 208f.

[2] Einige Autoren, z. B. SIMPSON (*Si 3*), verzichten auf eine Mengenbestimmung in dieser Form. Aus der Absorptionslösung wird in einem getrennten Arbeitsgang und in einer besonderen Apparatur Kohlendioxyd entwickelt, die Menge manometrisch bestimmt und das Gas in Gaszählrohre überführt.

[3] Näheres auf S. 210ff.

Quecksilber im Manometer bis zur Spitze zu treiben; nunmehr wird a offen gelassen. Die Verbrennung wird auf diese Weise bei etwa 60 cm Druck zu Ende geführt.

Jetzt wird — während die Flamme unter dem Gefäß T bleibt — das Quecksilber in C etwa 20 mal gehoben und gesenkt, und zwar zwischen der 50 ml-Marke und 5 ml-Inhalt in C. Diese Bewegung des Quecksilber kann auch durch einen auf L aufgesetzten Dreiweghahn erfolgen, über den abwechselnd evakuiert und Luft eingelassen wird. Nach der Absorption des Kohlendioxyds wird die Flamme unter T entfernt, Hahn b verschlossen und Q von der Kammer getrennt. Der nunmehr freie gebogenen Zweig des Hahns b wird aus einem kleinen Kölbchen mit Quecksilber gefüllt. Dann werden bei geschlossenem Hahn b die nicht absorbierten Gase durch Heben von L über die Höhe von b unter Druck gesetzt, a geschlossen und b nach E geöffnet. Man öffnet a, bis die Lösung in C gerade bis zum Hahn b steht. a und b werden wiederum verschlossen, L in die Normalstellung (Abb. 45a) gebracht und etwas Quecksilber aus E eingesaugt, um die verbindende Capillare zu füllen. Nunmehr wird die Lösung in C 2 min bei Unterdruck geschüttelt, um Reste an Sauerstoff und Stickstoff in Freiheit zu setzen. Die Gase werden wie beschrieben entfernt.

Aus einem Gefäß nach Abb. 46c werden 2 ml luftfreie 2 n Milchsäure (auf ähnliche Weise von Luft befreit) in E gegeben. 1 ml läßt man in die Kammer treten; der Hahn b wird anschließend mit Quecksilber verschlossen. Der Rest an Milchsäure, der gegen Lufteintritt abschirmte, wird aus E entfernt. Das Quecksilber wird nunmehr bis zur 50 ml-Marke gesenkt, a geschlossen und die Kammer 20—30 sec geschüttelt. Das Quecksilber wird erneut auf die 50 ml-Marke gestellt; C wird nochmals 1,5 min geschüttelt. Je nach Kohlendioxydmenge wird jetzt das Gasvolumen durch Quecksilberzufuhr langsam genau auf 2, 10 oder 50 ml eingestellt und der Druck abgelesen. Bei weniger als 0,7 mg Kohlenstoff wird das kleinste, bei 0,7—3,5 mg das mittlere Volumen benutzt.

Zur Überführung in 2,5 ml 0,25 n Bariumhydroxyd mit 20 mg BaCl$_2 \cdot$2 H$_2$O/ml wird das Gefäß nach Abb. 46b angesetzt. Dazu wird die Luft in A und E evakuiert, h verschlossen, b geöffnet und die Lösung in C bis an b gebracht. b wird verschlossen, das Quecksilber in

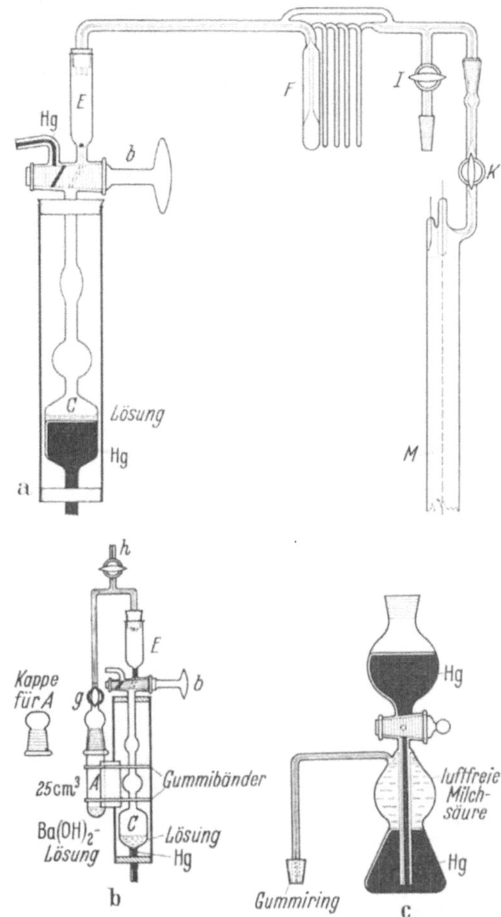

Abb. 46 a—c. Erweiterungen des Manometers von VAN-SLYKE-FOLCH (*Sl 1, 2*) für die ¹⁴C-Bestimmung [nach VAN SLYKE, STEELE u. PLAZIN (*Sl 3*)]. a) Reinigung des Kohlendioxyds und Einfüllen in ein Gaszählrohr, b) Umwandlung des Kohlendioxyds in Bariumcarbonat, c) Vorratsgefäß für luftfreie Milchsäure

C gesenkt, 1,5 min geschüttelt und das frei gewordene Kohlendioxyd erneut überführt. Diese Operation wird wiederholt. Anschließend wird die Lösung bis zum Hahn b gehoben, b verschlossen, mit Quecksilber gefüllt und der Meniskus in C auf die 2 oder 10. ml-Marke gestellt. Der Restdruck wird abgelesen. Die Bariumhydroxydlösung wird sofort mit 0,1 n Salzsäure gegen Phenolphthalein neutralisiert und verschlossen. Sie wird später filtriert, wobei eine quantitative Überführung nicht angestrebt wird, sondern das Bariumcarbonatpräparat ausgewogen wird. Blindwerte werden auf analoge Weise bestimmt. Sie betragen gewöhnlich 4—5 mm (10 ml) bzw. 16—20 mm (2 ml Volumen).

Zur Abfüllung des Kohlendioxyds in Gaszählrohre dient eine Anordnung nach Abb. 46a. Das horizontale Rohr ist 30 cm lang, die Falle aus 3,5 mm Rohr, ausgenommen das erste Stück, das 10—11 mm äußeren Durchmesser haben soll. Die Falle F wird mit Alkohol-Kohlensäureschnee gekühlt, während in M mittels flüssiger Luft das Kohlendioxyd kondensiert wird. Die Apparatur wird mit ausgepumptem Zählrohr M zusammengesetzt, F gekühlt und ebenso M gekühlt (nur das untere Ende). Über b wird evakuiert, K für eine Minute geöffnet und dann b verschlossen. Das Quecksilber in C wird nach Abb. 46a eingestellt, b geöffnet. Nach 30 sec wird das Quecksilber in C zwischen dem Boden der Kammer und dem in Abb. 46b gezeigten Niveau zehnmal bewegt, dann bis zum Hahn b gehoben, b geschlossen, K geschlossen und der Restdruck in C bestimmt. Das Zählrohr wird anschließend mit P10-Gas aufgefüllt.

Die von Buchanan und Nakao (*Bu 2*) benutzte Apparatur ähnelt der in Abb. 36 gezeigten. Näher beschrieben sei hier das Verfahren von Rutschmann u.

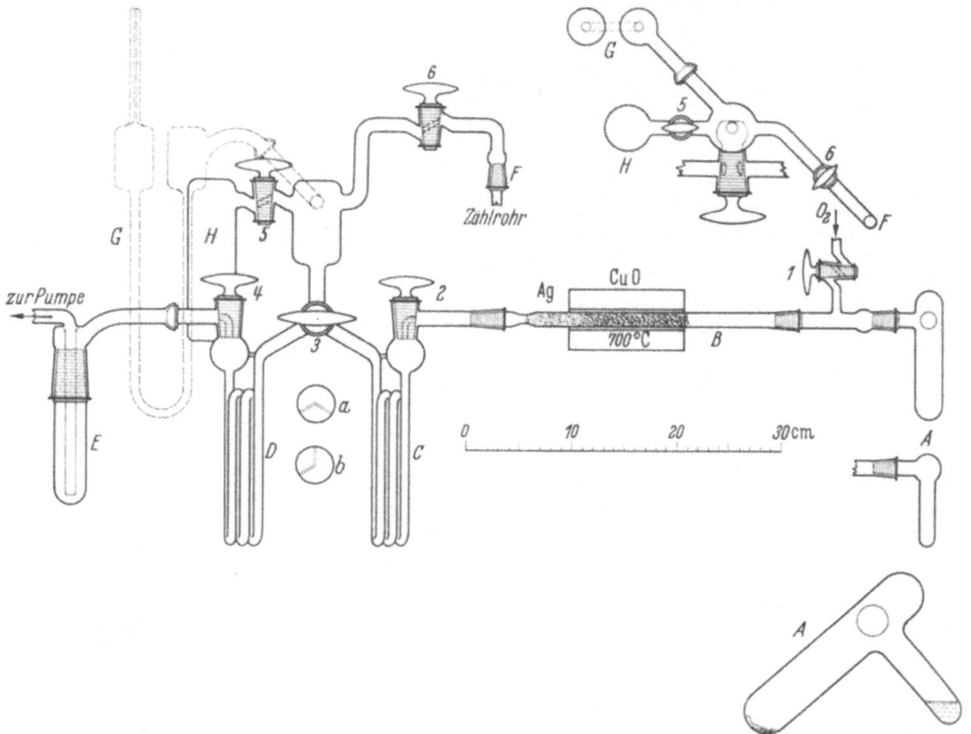

Abb. 47. Apparatur zur nassen Verbrennung von ^{14}C-Verbindungen mit manometrischer Kohlenstoff-Bestimmung und Gaszählung, nach Rutschmann u. Schöniger (*Ru 11*). A Verbrennungskölbchen, B Verbrennungsrohr aus Quarz, C Falle mit Trockeneis-Aceton, D Falle mit flüssiger Luft, E Kühlfalle für die Pumpe, F Zählrohranschluß, G Zweiflüssigkeits-Manometer, H Zusatzvolumen. Detail: Stellung von A beim Ansetzen

Schöniger (*Ru 11*). Die Verbrennungsgase werden — ebenso wie bei Buchanan u. Nakao — nachverbrannt, um mögliche flüchtige Zersetzungsprodukte wie Essigsäure, Methan, Kohlenmonoxyd zu erfassen. Die Apparatur lehnt sich weitgehend an die von Anderson, Christman et al. (*An 3,Ch 7*) für trockene Verbrennungen entwickelte an, insbesondere wird ein Zweiflüssigkeitsmanometer zur Mengenbestimmung verwendet (vgl. S. 186 ff.).

Die Apparatur ist in Abb. 47 dargestellt. Das Manometer ist nur angedeutet. Die Falle C wird ständig durch Kohlensäureschnee-Aceton auf −80° C gehalten und dient zur Kondensation von Wasser und Verunreinigungen des Kohlendioxyds. Das kippbare Oxydationsgefäß A ist in Abb. 47 A nochmals dargestellt. Das Verbrennungsrohr B ist aus Quarz, es ist mit zwei je 3 cm langen Schichten von Kupferoxyd gefüllt, dazwischen befindet sich eine 3 cm lange Schicht von Quarzwolle. Anschließend ist eine 5 cm lange Rolle von Silberdrahtnetz angebracht. Zum Aufbewahren und Abfüllen der Oxydationslösung wird die in Abb. 48 gezeigte kleine Apparatur benutzt. Als Pumpe wird eine zweistufige Ölpumpe mit Gasballast verwendet; das benötigte Vakuum beträgt 0,005—0,001 mm Hg. Der Sauerstoff ist über Kupferoxyd bei 500°C und Natronkalk gereinigt.

Zur Analyse wird Falle E mit flüssiger Luft, Falle C mit Trockeneis-Aceton gekühlt. Das Zählrohr wird bei F angeschlossen. Die Hähne 1, 4, 5, 6 und der Zählrohrhahn sind offen, der Dreiweghahn ist in Stellung a und Hahn 2 ist geschlossen. Man pumpt bis auf 0,005 mm aus (3—5 min) und notiert den Manometerstand. Feste Substanzen werden, in Platinschiffchen eingewogen, in das Kippkölbchen eingeworfen; Lösungen werden mit der Pipette eingefüllt und im Vakuum verdampft. 300 mg festes Oxydationsgemisch werden zugefügt. Mittels des Abfüllgerätes Abb. 48, das mit einer 2 ml-Marke versehen ist, werden 2 ml flüssiges Oxydationsmittel zugesetzt. Das Kölbchen wird in der Stellung Abb. 47 A angesetzt (Apiezonfett), wobei der größere Schenkel mit Trockeneis-Aceton gekühlt wird, falls flüchtige Verbindungen vorliegen. Hähne 1 und 6 werden geschlossen, 2 geöffnet; es wird 3 min gepumpt. Man schließt 4 und läßt durch vorsichtiges Drehen des eingekerbten Hahnes 1 Sauerstoff bis zu einem Manometerstand von 20—25 cm eintreten. Dann werden 1 und 2 geschlossen, 6 geöffnet und der Meßteil der Apparatur während der Verbrennung wieder ausgepumpt (3—4 min). Die Säure wird zur Substanz gekippt und die Verbrennung durchgeführt. Hahn 6 wird geschlossen, Falle D mit

flüssiger Luft gekühlt und nun Hahn 2 (gekerbt) vorsichtig geöffnet. Die Gase strömen aus dem Verbrennungsteil in den Meßteil. Dabei soll der Manometerstand nie mehr als 2,5 cm über den Leerstand ansteigen. Bei voll geöffnetem Hahn wird während 3 min evakuiert, dann wird Hahn 2 geschlossen und noch eine Minute evakuiert.

Man liest den Leerstand des Manometers ab, (p_0), bringt den Dreiweghahn 3 in Stellung b, entfernt die Kühlung von D und erwärmt die Falle mit Wasser auf Zimmertemperatur. Nach einer Minute wird der Manometerstand abgelesen (p_1). Jetzt wird Hahn 6 geöffnet, der unterste Teil des Zählrohrs mit flüssiger Luft gekühlt und nach einer Minute Hahn 6 wiederum geschlossen. Das Manometer wird abgelesen (p_2). Falls es mehr als einige Millimeter über Leerstand

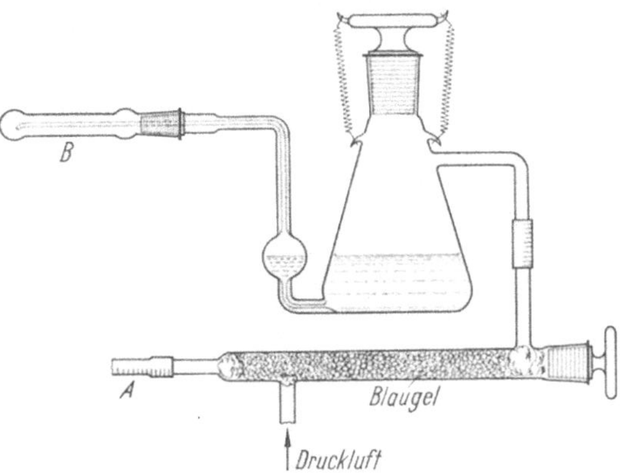

Abb. 48. Kölbchen zum Aufbewahren und Abfüllen von Oxydationsmischung nach VAN SLYKE [nach RUTSCHMANN u. SCHÖNIGER ($Ru\,11$)]

anzeigt, sind unkondensierbare Gase vorhanden, wodurch die Überführungsgeschwindigkeit des Kohlendioxyds in das Zählrohr reduziert wird. Das Zählrohr wird abgenommen und mit Argon-Methan 9 + 1 auf Atmosphärendruck gebracht. An der Verbrennungsapparatur wird Hahn 1 geöffnet und das Kippkölbchen abgenommen. Wenn stark aktive Proben analysiert wurden, sollte die Pumpzeit zu Beginn der folgenden Analyse verlängert werden.

Zur Eichung des Manometers werden bekannte Mengen Benzoesäure verbrannt. Der Kohlenstoffgehalt einer Einwaage E ergibt sich zu

$$\frac{(p_1 - p_0)\,100}{S \cdot E} = \%\,C$$

Die gezählte Menge Kohlenstoff ist gegeben durch $(p_1 - p_2)\,S$ (in mg). S ist die Steighöhe pro Milligramm Kohlenstoff, erhalten durch die Eichung. Die Kohlenstoffwerte sind auf 0,3% genau, eine Analyse ohne Zählung dauert 17—20 min.

η) Direkte Messung der Verbrennungsgase; Verfahren von NEVILLE

Mit einer gegen gasförmige Verunreinigungen unempfindlichen Ionisationskammer können die Verbrennungsgase der nassen Verbrennung ohne weitgehende Reinigung gemessen werden. Diese von NEVILLE ($Ne\,9$) angewendete Methode sei in der von BURR ($Bu\,9$) beschriebenen, verbesserten Form wiedergegeben.

Abb. 49a zeigt die Kammer bei der Vorbereitung. Durch die Stopfen A und B wird wechselweise evakuiert und mit Kohlendioxyd aus einer Bombe gefüllt. Das Kohlendioxyd wird durch eine Apparatur mit Druckregler, Blasenzähler und einem mit Glaswolle gefüllten U-Rohr geführt (Abb. 49a). Nach der abschließenden Evakuierung der Kammer wird E geschlossen; der Ansatz von E wird über A und B mit Kohlendioxyd gefüllt. Die Füllapparatur wird dann über die Hähne C und D durch Lüften der Fritte des Quecksilberventils mit Kohlendioxyd gefüllt, D geschlossen und die Kammer angesetzt (Abb. 49c). E wird geöffnet. wodurch das

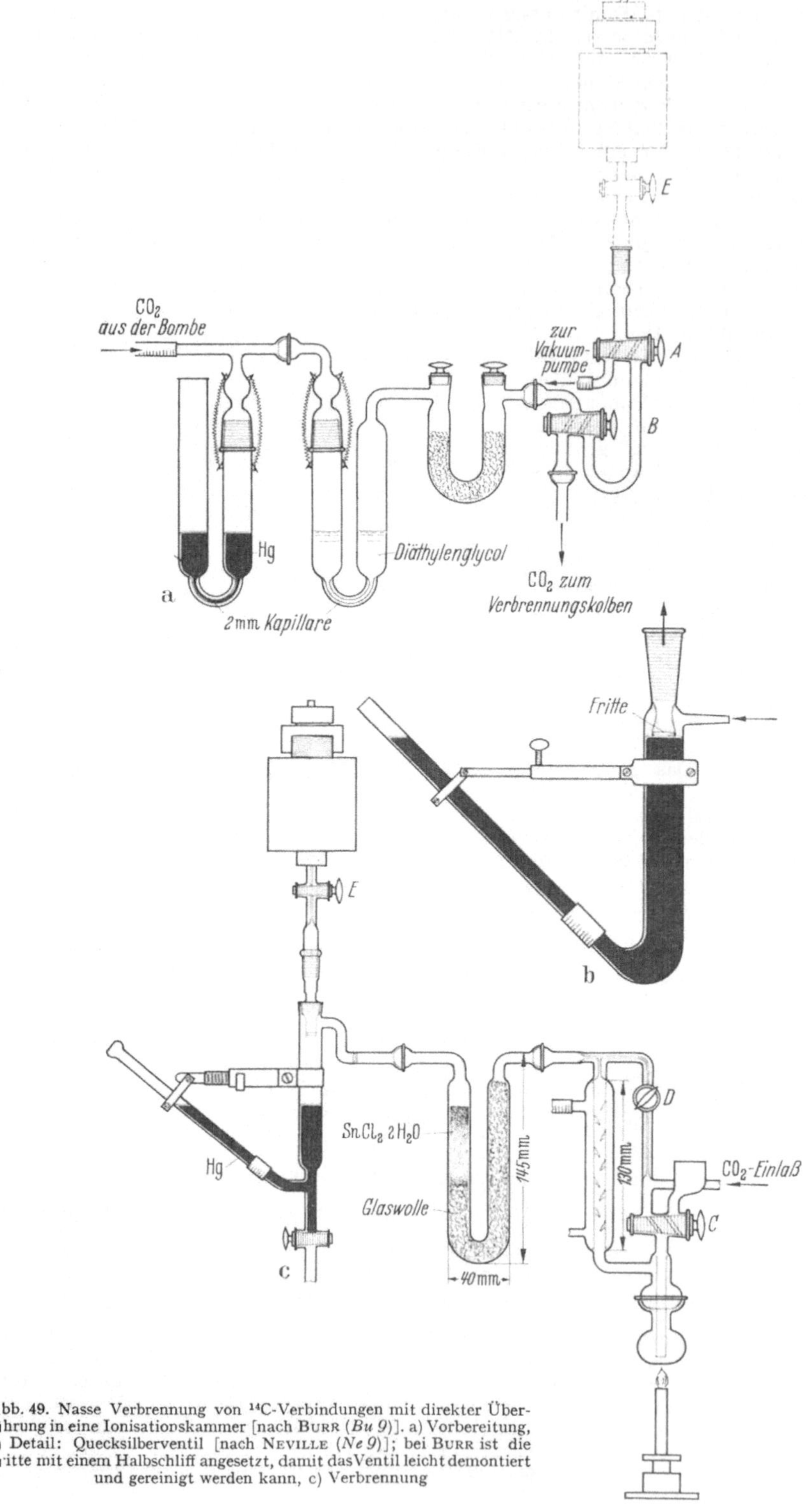

Abb. 49. Nasse Verbrennung von ^{14}C-Verbindungen mit direkter Überführung in eine Ionisationskammer [nach Burr (Bu 9)]. a) Vorbereitung, b) Detail: Quecksilberventil [nach Neville (Ne 9)]; bei Burr ist die Fritte mit einem Halbschliff angesetzt, damit das Ventil leicht demontiert und gereinigt werden kann, c) Verbrennung

Quecksilber gegen die Fritte des Ventils gesaugt wird und das Vakuum in der Ionisationskammer erhalten bleibt. Jetzt wird der Verbrennungskolben mit der Substanz und dem Oxydationsmittel gefüllt, angesetzt und die Oxydationslösung über C eingegeben. Während der Verbrennung sind C und D geschlossen. Anschließend wird C geöffnet und Kohlendioxyd eingeleitet, bis die Kammer auf Atmosphärendruck gebracht ist. Durch die Zinn(II)chlorid-Füllung werden freie Halogene absorbiert, die das Quecksilber des Ventils angreifen und Störungen bewirken. Bei laufender Verarbeitung stickstoffhaltiger Verbindungen wird eine zusätzliche Absorption der Stickstoffoxyde — etwa in Bleidioxyd, das auf 175—180° C geheizt ist — empfohlen [BONNER u. COLLINS (Bo 4)]. Die Methode ist sehr genau, bedingt durch die hohe Meßgenauigkeit der Ionisationskammer. Die Standardabweichung beträgt 0,13%[1,2].

e) Nasse Verbrennung mit Persulfat und sonstige Methoden

Wasserlösliche Verbindungen lassen sich auf sehr einfache Weise durch Persulfat verbrennen. Näher beschrieben sei das Diffusionsverfahren von KATZ et al. (Ka 12). Neben dieser Form der Ausführung kann das Kohlendioxyd auch mit einem Treibgas in die Absorptionslösung überführt werden [CALVIN et al. (Ca 3), ARONOFF (Ar 8)].

In einem 50 ml-Erlenmeyerkolben wird ein Gefäß von etwa 12 mm Durchmesser und 3 cm Höhe festgekittet (Abb. 50a). In den Kolben kommen 500—600 mg Kaliumpersulfat, die Probe (entsprechend 10—80 mg Bariumcarbonat) und 5—15 ml Wasser. Die Mischung wird geschwenkt, um einen Teil des Persulfats zu lösen. Sie wird mit einigen Tropfen verdünnter Schwefelsäure angesäuert, um etwa vorhandenes Carbonat auszutreiben. Ein Milliliter 4%ige Silbernitratlösung wird zugegeben, das kleine Gefäß mit carbonatfreier Natronlauge gefüllt

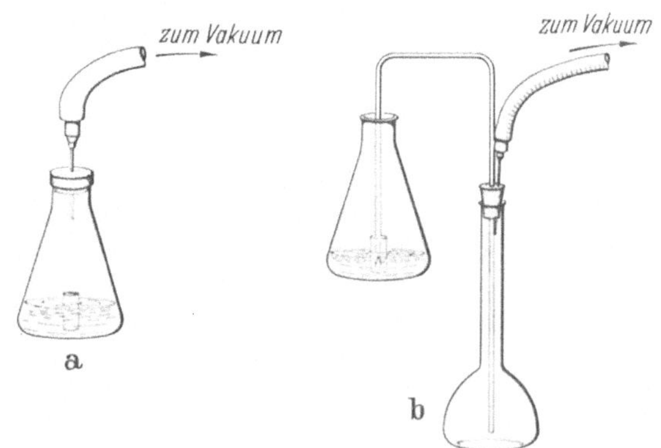

Abb. 50a u. b. Verbrennung wasserlöslicher organischer ^{14}C-Verbindungen mit Persulfat. a) Oxydationskolben, das kleine Gefäß enthält die Absorptionslösung. b) Entnahme der Absorptionslösung [nach KATZ, ABRAHAM u. BAKER (Ka 12)]

und die Flasche mit einer Gummikappe verschlossen. Die Kolben werden über eine Spritzennadel evakuiert. Dann wird auf ein Wasserbad von 40—50° C gestellt, innerhalb von 15—20 min auf 70° C gebracht und weitere 30 min auf 70—75° C erwärmt. Nach dieser Zeitspanne ist der ursprünglich dunkel gefärbte Inhalt entfärbt und wasserklar geworden. Nach dem Abkühlen wird eine Spritzennadel eingestochen, um das Vakuum aufzuheben. Die Kappe wird entfernt und der Inhalt des zentralen Gefäßes abgehebert.

Auf diese Weise sind z. B. Zucker, Oxysäuren, Salze von Säuren, Aminosäuren, niedere Aldehyde u. a. bestimmt worden. Auch der stufenweise Abbau markierter Verbindungen ist verfolgt worden, z. B. bei Milchsäure und Essigsäure [KATZ et al.(Ka 13)]:

$$CH_3-CHOH-COOH \xrightarrow[H^+]{KMnO_4} CH_3-COOH + CO_2$$

$$CH_3-COOH \xrightarrow[H^+]{NaN_3} CH_3-NH_2 + CO_2$$

$$CH_3-NH_2 \xrightarrow[OH^-]{KMnO_4} CO_2$$

RADIN (Ra 5) verwendet eine Lösung von Hyamin in Toluol als Absorptionsmittel für Kohlendioxyd (Näheres auf S. 173 ff.). Diese Lösung wird anschließend mit flüssigem Szintillator vermischt und gezählt. Die Persulfatverbrennung

---

[1] RAAEN u. ROPP (Ra 1). — [2] COLLINS u. ROPP (Co 2)

muß in diesem Falle in der Kälte vorgenommen werden, da in der Wärme zuviel Wasser in die Absorptionslösung gelangt. Falls das Erwärmen notwendig ist, wird zunächst in Natronlauge absorbiert und Kohlendioxyd von dort durch Ansäuern in Hyamin übergeführt.

5. Messung von Kohlenstoff 14 nach der Verbrennung
a) Messung als festes oder gelöstes Carbonat

Im allgemeinen wird aus der alkalischen Absorptionslösung Bariumcarbonat ausgefällt, soweit es nicht schon durch die Anwendung von Bariumhydroxydlösung vorliegt.

Bariumhydroxydlösungen nehmen rasch Kohlendioxyd aus der Luft auf. Deshalb ist bei einigen Verfahren das Absorptionsgefäß mit dem Filter verbunden, so daß die Lösung zur Filtration nicht entnommen werden muß[1]. Falls das Absorptionsgefäß geöffnet wird und die Lösung auf eine Fritte gegossen wird, soll sie zunächst mit 0,1 n Salzsäure gegen Phenolphthalein neutralisiert werden[2,3]. Wenn die Bariumhydroxydlösung vor Gebrauch ebenfalls titriert wird, ergibt sich durch die Titration zugleich die vorliegende Menge an Bariumcarbonat.

Aus natronalkalischen Lösungen wird durch Bariumchloridlösung gefällt. Dabei soll die Alkalität zur Verminderung der Kohlendioxydabsorption und Ausfällung von $Ba(OH)_2$ durch Ammoniumchlorid herabgesetzt werden.

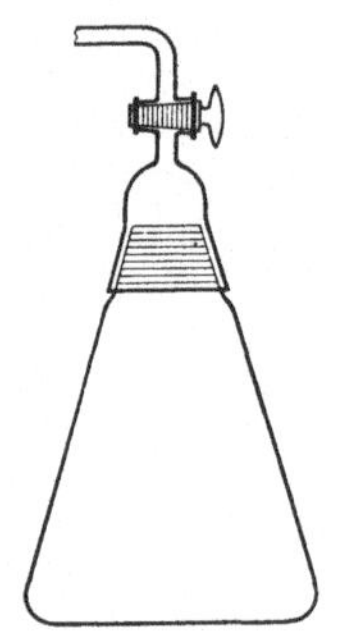

Abb. 51. Kölbchen zur Bariumcarbonatfällung aus der Absorptionslösung [nach Calvin et al. (Ca 3)]

Calvin et al. (Ca 3, Da 2) setzen die dem Alkaligehalt äquivalente Menge Ammoniumchlorid zu und fällen in einem abgeschlossenen, mit der Wasserstrahlpumpe evakuierten Kolben (Abb. 51) mit dem zweifachen Überschuß an Bariumchloridlösung. Nach 15 min wird filtriert, dreimal mit carbonatfreiem Wasser und dann mit Alkohol und Äther gewaschen und bei 110° C getrocknet. Hutchens et al. (Hu 9) fällen bei 45—55° C mit 0,5 n Bariumchlorid, 0,4 n Ammoniumchlorid. Weisburger et al. (We 4) verwenden eine Lösung von 350 g $BaCl_2 \cdot 2\ H_2O/l$ und fällen die ammoniumchloridhaltige Lösung bei 60—70° C mit 1,5 ml Fällungslösung für 15 mg Kohlenstoff. Regier (Re 5) stellte fest, daß die Fällungsbedingungen von Einfluß auf die Qualität der Bariumcarbonatpräparate sind. Die besten Resultate wurden mit großen Kriställchen erhalten (etwa 150 μ). Diese entstehen in stark verdünnten Lösungen, bei hohen Temperaturen und geringer Alkalität (d. h. neben Ammoniumchlorid). Regier empfiehlt Verdünnen auf 100 ml, einen Überschuß an Ammoniumchlorid und schwach siedende Lösung. Durch Zusatz von 0,1 ml einer 0,1%igen Lösung einer oberflächenaktiven Verbindung bei der Fällung sank der Fehler von 3,9 auf 1,9% ab. Als am günstigsten erwies sich ein Methylvinyläther-Maleinsäureanhydrid-Mischpolymerisat [Cahn u. Lind (Ca 2)].

Aus den Fällungen werden nach den verschiedenen, an anderer Stelle beschriebenen[4] Verfahren Präparate hergestellt. Bariumcarbonatpräparate müssen gut getrocknet sein und dürfen nicht an feuchter, kohlendioxydhaltiger Luft aufbewahrt werden, sonst treten durch Austausch mit Kohlensäure Aktivitätsverluste bis zu 50% in 2—2$^1/_2$ Tagen auf[5]:

$$Ba^{14}CO_3 + H_2^{12}CO_3 \rightarrow Ba^{12}CO_3 + H_2^{14}CO_3.$$

Als Lösungsmittel für die Sedimentationsverfahren werden Alkohol-Äther 3 + 1[6] und Aceton[7] verwendet.

Zur Kohlenstoffbestimmung in der natronalkalischen Absorptionslösung wird diese mit 0,1 n Salzsäure gegen Phenolphthalein[8] oder einen Mischindicator[9]

---

[1] Harper et al. (Ha 16). — [2] Van Slyke et al. (Sl 3). — [3] Anderson et al. (An 3).
[4] Vgl. S. 150 ff. — [5] Armstrong u. Schubert (Ar 1). — [6] Hutchens et al. (Hu 9).
[7] Rabinowitz (Ra 3). — [8] Claycomb et al. (Cl 2). — [9] Horáček u. Grünberger (Ho 8); 10 mg Kresolrot, 60 mg Thymolblau, 2 Tropfen 1,0 n NaOH, 70 ml Wasser; Umschlag bei pH 8,4—8,2 von Blau über Rosa nach Gelb, es wird auf Gelb titriert.

titriert. Anschließend werden etwa 2 ml 1 n Natronlauge zugegeben und mit Bariumchlorid wie beschrieben gefällt. Die Titration kann auch nach der Fällung des Bariumcarbonats durch Bariumchlorid vorgenommen werden[1]. Auf jeden Fall ist sehr vorsichtig zu verfahren, damit kein Carbonat mittitriert wird.

Bariumcarbonat ist wegen seines relativ geringen Kohlenstoffgehaltes an sich keine günstige Meßform für ^{14}C. Es wird deshalb von Zeit zu Zeit empfohlen, Calciumcarbonat zu verwenden, das zudem schwerer löslich ist und mit dem Kohlendioxyd der Luft nicht austauscht[2]. Bei Sättigungsschichtdicke erhält man mit Calciumcarbonat die 1,75—1,85fache Aktivität, die Bariumcarbonat ergibt[2,3]. Durch Fällung mit Magnesiumchlorid-Calciumchlorid (1 : 2) wird ein gut filtrierbarer, feinkristalliner Niederschlag erhalten, der etwas Magnesiumhydroxyd enthält. Die Lauge kann gegen Thymolblau zurücktitriert werden[3].

Die ideale Meßform von ^{14}C in fester Form wäre elementarer Kohlenstoff. Tatsächlich wird dieses Verfahren in Ausnahmefällen verwendet, etwa bei der Messung von natürlichem ^{14}C. Die Reduktion des Kohlendioxyds zum Kohlenstoff wird bei 660° C mit Magnesiumpulver und etwas Cadmiumpulver als Katalysator durchgeführt. Nach Zersetzen mit Salzsäure bleibt elementarer Kohlenstoff zurück; die Ausbeute beträgt etwa 85%[4,5].

Es sei an die an anderer Stelle[6] näher behandelte Möglichkeit erinnert, Bariumcarbonat als Suspension in flüssigen Szintillatoren zu zählen[7,8,9]. Mengen von etwa 2 g Bariumcarbonat können ohne Schwierigkeiten gemessen werden[8,9].

Zur Messung der Absorptionslösungen können Kügelchen aus plastischen Szintillatoren[10] oder Anthracenkristalle[11] eingegeben werden[6], man erhält Zählausbeuten von 20—30%. Ebenfalls an anderer Stelle ausführlich behandelt[12] wurde die Möglichkeit, Kohlendioxyd in den stark basischen Aminen Hyamin[13] oder Primen 81-R[14] zu absorbieren. Die Löschwirkung des Systems wird durch die Base bestimmt, die Aufnahme von Kohlendioxyd erhöht die Löschung nicht[15].

b) Messung als Kohlendioxyd

α) Anwendung der Ionisationskammer

Der Vorteil der Messung mit einer Ionisationskammer liegt darin, daß Verunreinigungen des Zählgases, z.B. kleine Mengen an Luft, Wasser usw., nicht stören. Die Verbrennungsgase können deshalb mit geringfügiger Reinigung direkt in die Kammer gefüllt werden, wie z. B. bei dem auf S. 205 beschriebenen Verfahren von NEVILLE (*Ne 9*) u. BURR (*Bu 9*). Lediglich bei einem Wechsel des Hauptbestandteils ändert sich der Wirkungsgrad, z. B. erzeugt Butan bei gleicher Aktivität einen um 60% stärkeren Ionisationsstrom als Kohlendioxyd[16]. Es ist möglich, sehr einfache Meßanordnungen zu verwenden, etwa mit einem Quarzfadenelektroskop[17] oder Lindemann-Elektrometer[18] als Anzeigeinstrument. Neuerdings werden jedoch ausschließlich Schwingkondensator-Elektrometer benutzt, die stabiler und auch empfindlicher sind. Man kann mit diesen Geräten ^{14}C-Bestimmungen mit nur 0,15% Fehler durchführen[19]. Hohe Empfindlichkeiten lassen sich mit Ionisationskammern nur bei einem gewissen Aufwand beim Bau der Kammern und der Nachweisinstrumente erreichen, so daß das Verfahren zwar sehr robust, im Vergleich zu

[1] GABOUREL et al. (*Ga 1*). — [2] BEAMER u. ATCHISON (*Be 2*). — [3] LITTLE (*Li 8*).
[4] ANDERSON et al. (*An 1*). — [5] LIBBY (*Li 3*). — [6] Vgl. S. 175 f., insbesondere auch Abb. 28.
[7] HAYES et al. (*Ha 29*). — [8] NATHAN et al. (*Na 4*). — [9] OTT et al. (*Ot 4*).
[10] STEINBERG (*St 5*). — [11] STEINBERG (*St 6*). — [12] Vgl. S. 173 f.
[13] PASSMANN et al. (*Pa 5*), RADIN (*Ra 5*), EISENBERG (*Ei 5*).
[14] OPPERMANN et al. (*Op 1*). — [15] FREDRICKSON u. ONO (*Fr 3*). — [16] BORKOWSKI (*Bo 6*).
[17] HENRIQUES u. MARGNETTI (*He 15*), vgl. SCHMEISER, S. 101, Abb. 85.
[18] JANNEY u. MOYER (*Ja 4*). — [19] RAAEN u. ROPP (*Ra 1*), COLLINS u. ROPP (*Co 2*).

den Zählrohrmethoden jedoch kostspielig ist. Ein weiterer Mangel ist, daß die Bestimmung schwacher Aktivitäten länger dauert als mit Zählrohren.

Abb. 52 zeigt eine typische Ionisationskammer. Die Qualität der Isolatoren ist von entscheidender Bedeutung[1]. Die Eigenschaften und Betriebsweise werden von BROWNELL u. LOCKHART (*Br 14*) eingehend behandelt. Schwache Aktivitäten werden nach der Aufladungsmethode bestimmt, d. h. das Elektrometer verfolgt die Ladungsänderung der Sammelelektrode, bedingt durch die abgeschiedenen Gasionen. Dazu wird eine geringe Sammelspannung (etwa 300 Volt) zwischen Kammerwand und Elektrode gelegt. Die Elektrode ist mit dem Elektrometer verbunden, der Anstieg der Ladung wird mit einem Schreiber aufgezeichnet. Man bestimmt diejenige Zeit, in der eine bestimmte Ladung (oder Spannung an einem kleinen Kondensator) erreicht ist. Diese Zeitspanne ist umgekehrt proportional der Aktivität. Der Nulleffekt liegt bei guten Kammern von 250 ml Inhalt bei etwa 5×10^{-16} Ampere, entsprechend etwa 200 Zerfällen/min. Bei größeren Aktivitäten ist es bequemer, die an der Elektrode gesammelte Ladung über einen hochohmigen Widerstand ($10^{12}-10^{13}$ Ohm etwa) zur Erde abfließen zu lassen und den dabei auftretenden Spannungsabfall mit dem Elektrometer zu registrieren. Der sich nach einiger Zeit, die von der Größe der Kammer und des Widerstandes abhängt, einstellende Ausschlag am Instrument ist proportional der Aktivität. Zur Mittelwertsbildung schreibt man ihn einige Zeit mit dem Schreiber auf. Messungen mit Ionisationskammern können in jedem Fall erst etwa $1/2$ Std. nach dem Ansetzen der Kammer an das Instrument ausgeführt werden, da beim Ansetzen durch die mechanische Belastung der Isolatoren schwache Ströme entstehen.

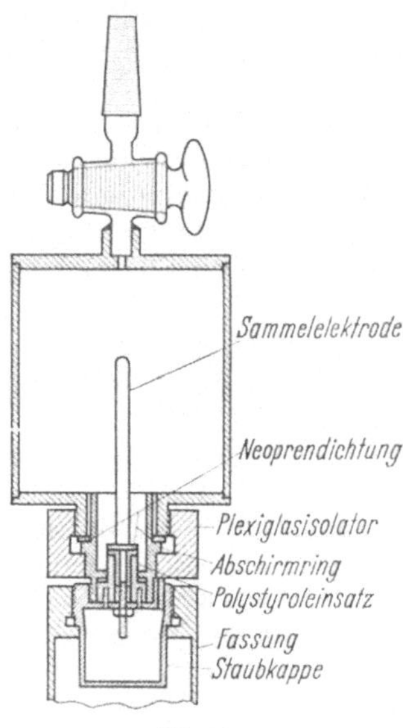

Abb. 52.
Ionisationskammer nach BORKOWSKI mit 250 ml Inhalt [nach BROWNELL und LOCKHART (*Br 14*)]

β) Allgemeines zur Messung in Zählrohren

Die Bestimmung von ^{14}C als Kohlendioxyd in Gaszählrohren erfordert eine sorgfältige Vorbereitung des Kohlendioxyds. Reines Kohlendioxyd ist zwar ein brauchbares Zählgas, aber bereits Verunreinigungen von 0,01 % Stickstoffdioxyd[2], $1 \cdot 10^{-4}$ % Sauerstoff oder $1 \cdot 10^{-5}$ % Chlor[3] vermindern die Zählausbeute merklich und verschlechtern die Plateaus. Andere Zählgase sind wesentlich weniger empfindlich gegen Verunreinigungen. Deshalb wird bei den meisten Verfahren, die in der Praxis angewendet werden, eine Mischung von Kohlendioxyd mit „guten" Zählgasen vorgezogen, obwohl die Empfindlichkeit der Methode durch die Verdünnung des Kohlendioxyds herabgesetzt wird[4].

Zur Reinigung des Kohlendioxyds werden im allgemeinen zunächst leicht kondensierbare Gase bei etwa —80° C ausgefroren, dann das Kohlendioxyd mit flüssiger Luft kondensiert und die nicht kondensierbaren Gase abgepumpt. Diese Reinigung erfolgt teilweise in einem Arbeitsgang mit der Verbrennung. Beispiele hierfür wurden auf S. 184 ff. beschrieben. Manche Autoren isolieren zunächst Bariumcarbonat, das dann in einer gesonderten Zählrohrfüllanlage zersetzt wird. Beispiele hierfür werden unten gegeben.

[1] TOLBERT (*To 1*) verwendet Saphir-Isolatoren.

[2] BRADLEY et al. (*Br 2*).

[3] FERGUSON (*Fe 5*).

[4] Der Ausweg, das Kohlendioxyd in ein „gutes" Zählgas umzuwandeln, führt zu einem für Serienmessungen kaum tragbaren Aufwand. Für spezielle Zwecke — Messungen von natürlichem ^{14}C zur Altersbestimmung — wird dieses Verfahren tatsächlich verwendet, z. B. die Umwandlung in Acetylen (Reaktion von CO_2 mit Li [CRATHORN u. LOOSEMORE (*Cr 2*), BARKER (*Ba 16*)] oder von $SrCO_3$ mit Mg [SUESS (*Su 1*)] bei höheren Temperaturen, Zersetzung der Carbide mit Wasser), Äthylen [FALTINGS (*Fa 2*)] oder Methan (Umsetzung von CO_2 mit H_2 bei 450° C über Rutheniumkatalysatoren [BURKE u. MEINSCHEIN (*Bu 8*)]).

Die Zählrohre können im Auslösebereich (Geiger-Müller-Zählrohr) oder als Proportionalzählrohr betrieben werden. Die letztere Möglichkeit wird heute im allgemeinen bevorzugt. Sie setzt eine gute Zählapparatur voraus mit einem leistungsfähigen, übersteuerungsfesten Verstärker von 1 oder 0,3 Millivolt Empfindlichkeit[1], weiter sind vielfach Zählspannungen von 4—5 Kilovolt nötig, die besondere Hochspannungsteile erfordern. Man hat dafür die Möglichkeit, mit Gasmischungen zu arbeiten, die verhältnismäßig unempfindlich gegen Verunreinigungen sind. Weiter können — ein gutes Zählgerät vorausgesetzt — ohne Schwierigkeiten Aktivitäten von 200000 Impulsen/min gemessen werden. Die typischen Gasfüllungen sind Kohlendioxyd-Methan, Kohlendioxyd-Argon-Methan und reines Kohlendioxyd. Man arbeitet meist bei Atmosphärendruck. Im Auslösebereich vermeidet man diesen Aufwand. Man muß aber spezielle Löschschaltungen mit relativ großer Totzeit einsetzen und schon bei etwa 1000 Impulsen/min mit merklichen Zählverlusten rechnen, was bei vielen Anwendungen nicht stört, da schwache Präparate vorliegen. Die Füllung der Zählrohre ist umständlicher, da im allgemeinen mit Unterdruck gearbeitet wird und die Zusammensetzung der Gasmischung nicht zu stark schwanken darf. Die gebräuchlichen Zählgase sind Kohlendioxyd-Argon-Alkohol, Kohlendioxyd-Schwefelkohlenstoff und reines Kohlendioxyd.

Die Empfindlichkeit der Messungen läßt sich durch Herabsetzung des Nulleffektes mit einer Antikoincidenzschaltung steigern, die auch bei biochemischen Untersuchungen angewendet wird[2,3,4]. Bei Proportionalzählrohren kann das Verhältnis Meßeffekt zu Nulleffekt durch Diskriminatoren verbessert werden[5].

Es werden die verschiedensten Typen von Zählrohren verwendet. Die Rauminhalte liegen gewöhnlich bei etwa 100 ml, jedoch sind auch Zählrohre von 480 ml[6] und 1,5 l[7] Inhalt für Routinemessungen benutzt worden. Einige Beispiele sind in Abb. 53 wiedergegeben. Glaszählrohre mit Silberkathode (durch Versilberung aufgebracht)[8,9], mit Graphitkathode[10,11], Stahlkathode[12,13], Kupfer- oder Messingkathode[14,15,16] werden beschrieben. RUTSCHMANN (*Ru 10*)

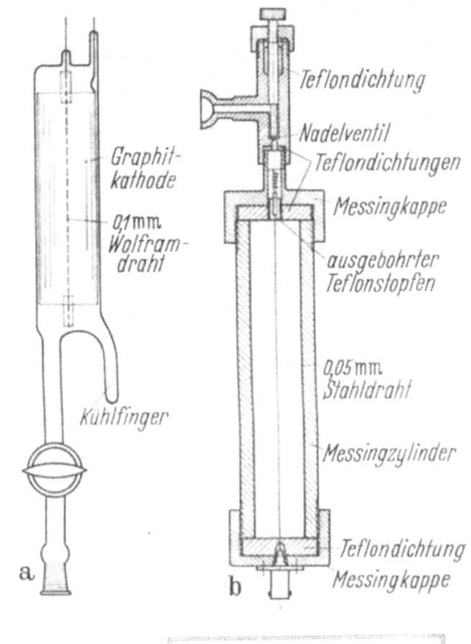

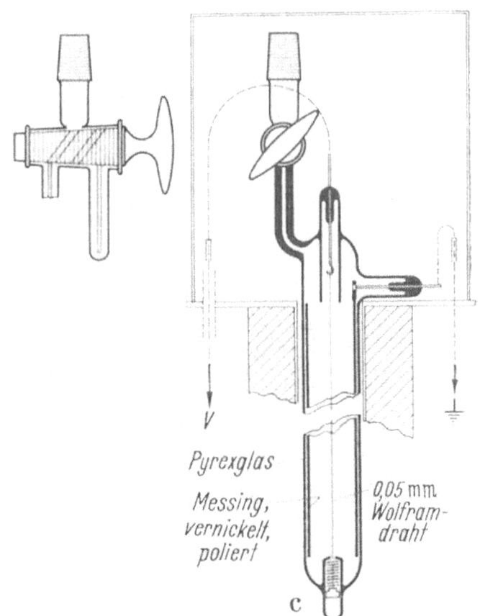

Abb. 53. Einige typische Gaszählrohre. a) Glaszählrohr mit Graphitkathode, 25 mm Durchmesser, 80 mm lang [nach BRADLEY, HOLOWAY u. MCFARLANE (*Br 2*)]. b) Metallzählrohr, 25 mm Durchmesser, 20 cm lang [nach WOLFGANG u. MACKAY (*Wo 6*)]. c) Glaszählrohr mit Metallkathode, 20 mm Durchmesser, 30 cm lang, [nach RUTSCHMANN (*Ru 10*)]

---

[1] SINEX et al. (*Si 4*). — [2] ROHRINGER et al. (*Ro 10*). — [3] SVERAK (*Sv 2*). — [4] CHRISTMAN u. PAUL (*Ch 8*). — [5] FREEDMAN u. ANDERSON (*Fr 5*). — [6] BUCHANAN u. CORCORAN (*Bu 1*). — [7] BUCHANAN u. NAKAO (*Bu 2*). — [8] BERNSTEIN u. BALLENTINE (*Be 11*). — [9] VAN SLYKE et al. (*Sl 3*). — [10] BRADLEY et al. (*Br 2*). — [11] GLASCOCK (*Gl 3*). — [12] GLASCOCK (*Gl 4*). — [13] DELIBRIAS (*De 1*). — [14] BRODA u. ROHRINGER (*Br 9*). —[15] ROHRINGER u. BRODA (*Ro 9*). — [16] RUTSCHMANN (*Ru 10*).

weist darauf hin, daß Silberkathoden durch die Quecksilberdämpfe der Apparaturen schnell zerstört werden und empfiehlt Glaszählrohre mit vernickelter Messingkathode. Christman u. Paul (*Ch 8*) haben in der letzten Zeit häufig extrem hohe Nulleffekte bei Glaszählrohren bemerkt, die bis zum Vierfachen des Normalwertes gehen und wahrscheinlich auf radioaktive

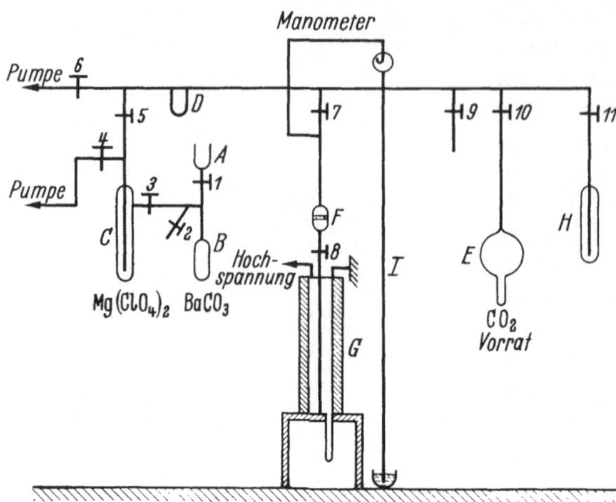

Verunreinigungen zurückzuführen sind. Sie empfehlen Quarz- oder Metallzählrohre, die zudem kaliumfrei sind und daher geringere Nulleffekte als Glaszählrohre haben. Metallzählrohre werden auch von Simon et al. (*Si 2*) u. Wolfgang u. MacKay (*Wo 6*) empfohlen. Simon et al. erwähnen als Nachteil der Glaszählrohre nicht nur ihre Zerbrechlichkeit, sondern auch die Tendenz zu Kriechströmen bei hohen Zählspannungen.

Von den verschiedenen Apparaturen zur Zersetzung von Bariumcarbonat seien die von Apelgot et al. (*Ap 1, 2*) u. Simpson (*Si 3*) verwendeten beschrieben.

Abb. 54. Apparatur zur Zersetzung von Bariumcarbonat durch Säure und Füllen des Gaszählrohres mit Kohlendioxyd [nach Apelgot (*Ap 1*)]

Nach Apelgot (Abb. 54) wird das Bariumcarbonat in B eingefüllt, Hahn 5 geschlossen und die Apparatur über die Pumpen evakuiert. Dann werden alle Hähne geschlossen und die Falle D mit flüssiger Luft gekühlt. Über A wird 50%ige Perchlorsäure in B gegeben, Hahn 3 geöffnet und das Kohlendioxyd in C übergeführt. Es wird neue Perchlorsäure eingetropft, während der Inhalt von C über Hahn 5 in D kondensiert wird. Nach und nach wird das gesamte

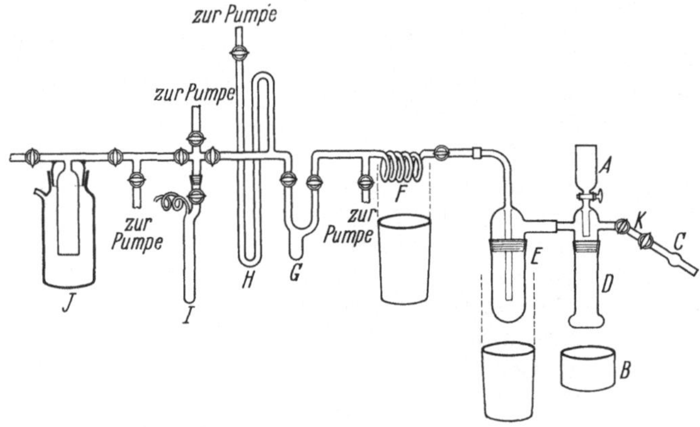

Abb. 55. Apparatur zur Entwicklung von Kohlendioxyd aus Bariumcarbonat (D) mit Reinigung (Fallen E,F,G), manometrischer Mengenbestimmung (H) und Füllung des Zählrohres (I) [nach Simpson (*Si 3*)]. E, F sind mit Trockeneis, G mit flüssiger Luft gekühlt.

Kohlendioxyd in D gebracht. D wird über den Hahn 6 ausgepumpt, dann Hahn 5 und 6 geschlossen, 7 geöffnet und die Kühlung von D entfernt. Nach der Druckmessung wird der Kühlfinger des Zählrohrs gekühlt und Hahn 8 geöffnet. Nicht kondensierbare Gase werden nochmals über Hahn 8 abgepumpt und die Hähne 6, 7, 8 geschlossen. Die Autoren arbeiten mit reinem Kohlendioxyd im Auslösebereich. Zur Entleerung wird mittels flüssiger Luft in H kondensiert.

Simpson (*Si 3*) verwendet die in Abb. 55 dargestellte Anordnung. D ist das Absorptionsgefäß für die Verbrennungsgase, enthaltend 0,25 n Natronlauge, 0,15 m Hydrazinsulfat und

$Na_2{}^{14}CO_3$. Eine Ausfällung des Carbonats wird nicht vorgenommen[1]. Die Apparatur wird auf weniger als 1 mm Hg ausgepumpt und unter Rühren in D (Magnetrührer) aus A 15 ml 60%ige Perchlorsäure zugetropft. Das Kohlendioxyd gelangt über die mit Kohlensäureschnee-Trichloräthylen gekühlten Fallen E und F (für Wasser) in die mit flüssiger Luft gekühlte Falle G. Zur vollständigen Überführung werden dreimal 10 ml kohlendioxydfreie Luft über C mittels K eingelassen und nach jeder Zugabe der Teil F, G, H gut ausgepumpt. Das kondensierte Kohlendioxyd wird in G und H auf Zimmertemperatur gebracht und vollständig oder z. T. in G und H oder H manometrisch gemessen. Dann wird mit flüssiger Luft im Zählrohr I kondensiert. Nach dem Erwärmen des Zählrohres auf Zimmertemperatur wird über J mit Methan auf eine Atmosphäre gebracht. Man wartet 10 bis 15 min bis zur Messung, damit die Füllung vollständig durchmischt ist[2].

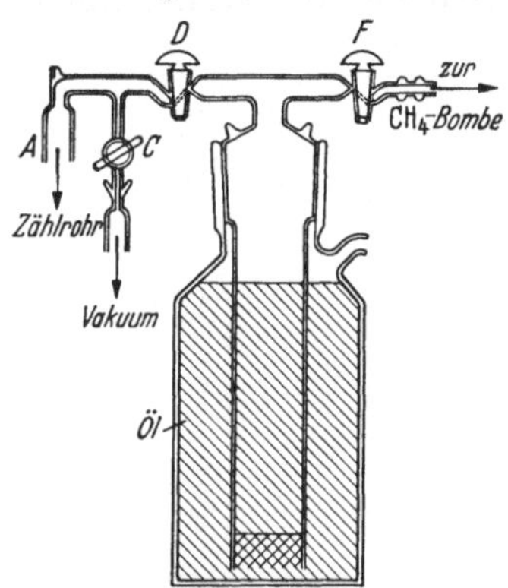

Abb. 56. Gefäß zum Auffüllen von Zählrohren auf Atmosphärendruck [nach van Slyke, Steele u. Plazin (*Sl 3*)], Erläuterung s. Text

Bei Einfüllen von Zählgasen wie Methan in evakuierte Zählrohre kühlen sich diese ab, und es besteht die Gefahr, daß beim Erwärmen auf Zimmertemperatur ein Teil der Zählrohrfüllung in den Methanvorrat zurückströmt. Van Slyke et al. (*Sl 3*) empfehlen daher ein Gefäß nach Abb. 56 zum Füllen der Zählrohre auf Atmosphärendruck. Beim ersten Füllen wird F (Druckstopfen) geschlossen und über D evakuiert, bis das Öl an der Verbindung zwischen F und D steht. D wird geschlossen und über F Methan eingelassen, bis das Reservoir gefüllt ist. Diese Operation wird 4—5mal wiederholt, bis die Luft entfernt ist. F bleibt dann immer offen und mit der Methanbombe verbunden. Es soll ein Überdruck vorliegen, damit keine Luft eindringt.

γ) Zählung im Auslösebereich

Beim Einfüllen von Kohlendioxyd in Argon-Alkohol-Zählrohre erhält man durchaus brauchbare Eigenschaften, wenn auch häufig Mißerfolge berichtet werden. Es scheint notwendig zu sein, eine Löschschaltung anzuwenden.

Von den positiven Resultaten seien erwähnt: Füllungen mit 3 cm Argon, 1,5 cm Äthanol 5 cm Kohlendioxyd (250 Volt Plateau, 1—2%/100 V Anstieg)[3]; 2,9 cm Argon, 0,7 cm Äthanol 0,4 cm Kohlendioxyd (> 60 Volt, 5%/100 Volt)[4]; 1 cm Äthanol und 2—50 cm Kohlendioxyd (250 Volt, 4%/100 Volt, Löschschaltung 200 μsec)[5]; 1 cm Äthanol, 14—75 cm Kohlendioxyd (300—500 Volt, 0—4%/100 Volt, Löschschaltung 1 msec)[6].

Besser geeignet sind Mischungen aus Kohlendioxyd und Schwefelkohlenstoff, deren Eigenschaften in einigen Arbeiten — zuerst von Brown u. Miller (*Br 13*) — eingehend untersucht wurden[7] und die auch für biochemische Arbeiten eingesetzt wurden[8,9]. Sie erfordern eine Löschschaltung. Schwefelkohlenstoff greift Quecksilber an, so daß die Füllapparaturen häufig gereinigt werden müssen.

Der Gehalt an Schwefelkohlenstoff kann in weiten Grenzen variiert werden. Bei niedrigem Kohlendioxyddruck genügt bereits 0,001 cm, bei höheren Drucken 0,2 cm Schwefelkohlenstoff[10,11]. Die Totzeit der Löschschaltung muß den Dimensionen des Zählrohrs angepaßt werden. Bei 1,2 cm Zählrohrdurchmesser sind 130 μsec, bei 1,9 cm 500 μsec und bei 3,2 cm 1,2 msec mindestens erforderlich[10,12]. Bei 2 cm Schwefelkohlenstoff erhält man Plateaus von 300—400 Volt Länge mit kaum merklichem Anstieg und Zählspannungen von etwa 2600 Volt (20 cm CO_2) bzw. 4900 Volt (60 cm CO_2)[10,11,13]. Sogar bei 2 Atmosphären CO_2-Druck werden noch brauchbare Plateaus erhalten[11].

Rohringer u. Broda (*Ro 9, Br 9*) stellten fest, daß mit einer Löschschaltung auch reines Kohlendioxyd brauchbare Zählrohreigenschaften ergibt.

Mit Zählrohren von 25—40 ml Inhalt und 1,8 cm Durchmesser und einer Löschschaltung von 400 μsec Totzeit werden Plateaus von 400—500 Volt Länge und 1%/100 Volt Anstieg

---

[1] Die Verbrennungsmethode ist auf S. 200 beschrieben worden.

[2] Rutschmann (*Ru 10*) wartet 30 min; die in der Apparatur von Simon et al. (*Si 2*, vgl. S. 190 ff.) gefüllten Zählrohre können sofort verwendet werden.

[3] Feldstein u. Broda (*Fe 3*). — [4] Pfaff (*Pf 1*). — [5] Labeyrie (*La 1*). —[6] Delibrias (*De 1*). — [7] Vgl. Schmeiser, S. 99, Abb. 83. — [8] Skipper et al. (*Sk 1*), vgl. S. 200. — [9] Glascock (*Gl 3, 4*). — [10] Hawkins et al. (*Ha 21*). — [11] Eidinoff (*Ei 2*). — [12] Henson (*He 18*). — [13] Brown u. Miller (*Br 11*).

erhalten. Die Zählspannung beträgt 2800 Volt (10 cm CO_2) bis 4600 Volt (40 cm CO_2). Füllung mit Kohlendioxyd auf Atmosphärendruck ist möglich [SVERAK (*Sv 2*)]. APELGOT (*Ap 1, 2*) erhielt mit 200 μsec Totzeit Plateaus ähnlicher Länge mit Anstiegen von 3—6%/100 Volt.

δ) Zählung im Proportionalbereich

Reines Kohlendioxyd wird aus den oben erwähnten Gründen bei biochemischen Arbeiten verhältnismäßig selten als Zählgas im Proportionalzählrohr eingesetzt.

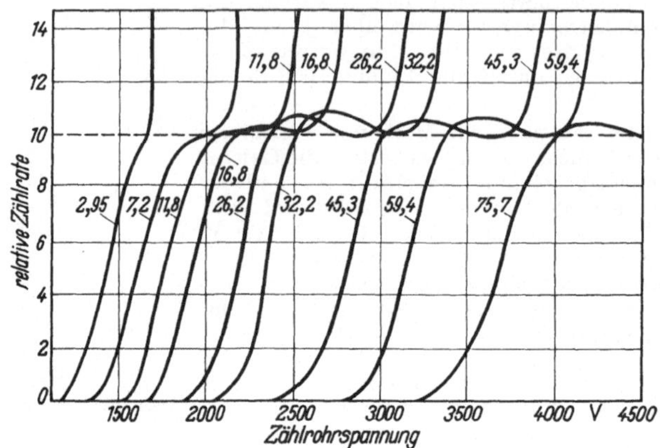

Abb. 57. Zählrohrcharakteristik bei der Zählung von reinem Kohlendioxyd $^{14}CO_2$ im Proportionalbereich in Abhängigkeit von Kohlendioxyddruck (in cm Hg), [nach BUCHANAN u. NAKAO (*Bu 2*)]

Man erhält zwischen etwa 10 und 20 cm Druck brauchbare Plateaus mit gereinigten Verbrennungsgasen der nassen Verbrennung[1] (Abb. 57). Bei höheren Drucken treten Verzerrungen auf, jedoch ist die Zählrate im Minimum der Plateaus überall gleich. BRADLEY et al. (*Br 2*) messen Kohlendioxyd aus der trockenen Verbrennung nach sorgfältiger Reinigung bei 20 cm Druck und erhalten Plateaus von 200 Volt Länge und < 4%/100 Volt Anstieg.

Reines Kohlendioxyd als Füllung für Proportionalzählrohre wurde in den letzten Jahren vorwiegend bei Altersbestimmungen mit natürlichem Radiokohlenstoff eingesetzt, um möglichst große Mengen an Kohlenstoff einzubringen. Dabei wird mit CO_2-Drucken von 3 Atmosphären[2,3,4] bis 10 Atmosphären in Zählrohren von etwa 0,5 l[2,4,5] bis 8 l[3] Inhalt gearbeitet; die erforderlichen Zählspannungen liegen zwischen 8 und 12 kV. Eine Übersicht über diese Verfahren ist von OLSSON (*Ol 1*) publiziert worden.

BERNSTEIN u. BALLENTINE (*Be 11*) haben Mischungen von Kohlendioxyd und Methan empfohlen. Die Zählrohre werden mit Methan auf Atmosphärendruck gefüllt. Bis 200000 Impulse/min können ohne Zählverlust gemessen werden[6]. Selbst nach einer Füllung mit 500000 Impulsen/min genügt ein Auspumpen von 5 min Dauer, um den Nulleffekt zu erreichen.

Diese Methode ist in der von BERNSTEIN u. BALLENTINE (*Be 11*) angegebenen Form von verschiedenen Autoren verwendet und empfohlen worden[1,7,8]. Es werden Glaszählrohre von 2 cm Durchmesser und 30 cm Länge (100 ml Inhalt)[6,7] verwendet, die, senkrecht gemessen, ohne Abschirmung einen Nulleffekt von 125 Impulsen/min, mit 4 cm Blei von 80 Impulsen/min ergeben[7]. Andere Autoren verwenden Metallzählrohre von 1,5 l[1], neuerdings 480 ml[8] Inhalt, letztere haben unabgeschirmt 700, mit 0,6 cm Blei 450 Impulse/min Nulleffekt. Mit steigendem Kohlendioxyddruck verschieben sich die Plateaus (Abb. 58). Falls man nicht bei jeder Füllung eine Charakteristik aufnehmen will, muß die Menge an Kohlendioxyd für ein 100 ml-Zählrohr auf etwa 10—12 cm Druck, entsprechend 7 mg Kohlenstoff, begrenzt werden oder mit Hilfe einer Kurve nach Abb. 59 eine Korrektur angebracht werden. Für viele Anwendungen dürfte eine Probe, die 7 mg Kohlenstoff enthält, zur Bestimmung ausreichen. Die Zählspannungen sind relativ hoch, sie liegen bei etwa 3800 Volt[1,7].

---

[1] BUCHANAN u. NAKAO (*Bu 2*). — [2] DE VRIES u. BARENDSEN (*Vr 1*). — [3] FERGUSON (*Fe 5*). — [4] OLSSON (*Ol 1*). — [5] BRANNON et al. (*Br 4*). — [6] BERNSTEIN u. BALLENTINE (*Be 11*). — [7] VAN SLYKE et al. (*Sl 3*). — [8] BUCHANAN u. CORCORAN (*Bu 1*).

Die hohen Zählspannungen der Kohlendioxyd-Methan-Füllung lassen sich vermeiden, wenn eine Mischung von Argon-Methan (9 + 1, „P 10"-Gas) benutzt wird [SINEX et al. (*Si 4*)]. Eine Spannung von 2000 Volt ist ausreichend. Durch die Plateauverschiebung mit steigendem Kohlendioxyddruck (Abb. 58) ist die in

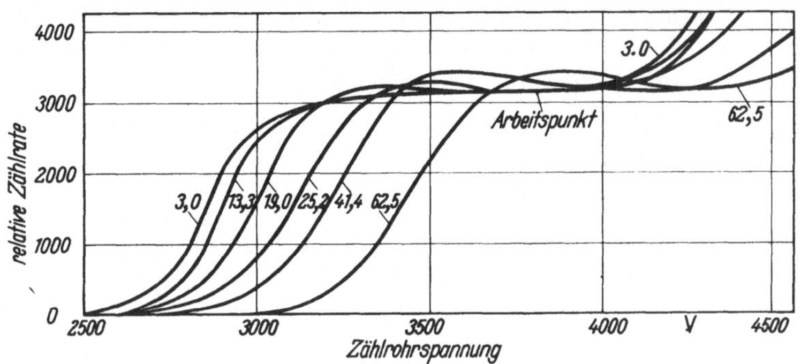

Abb. 58. Zählrohrcharakteristik bei ^{14}C-Kohlendioxyd-Methanzählrohren im Proportionalbereich in Abhängigkeit von Kohlendioxyddruck (in cm Hg), Gesamtdruck eine Atmosphäre [nach BUCHANAN u. NAKAO (*Bu 2*)]

einem 100 ml-Zählrohr ohne Änderung der Zählspannung und ohne Korrektur für denWirkungsgrad meßbare Menge auf etwa 4 mg Kohlenstoff begrenzt (Abb. 59)[1,2,3]. Diese Form der Gaszählung von Kohlendioxyd wird bei bewährten Verfahren zur ^{14}C-Bestimmung durch trockene und nasse Verbrennung verwendet, die an anderer Stelle in Einzelheiten beschrieben werden[4]. Das Zählrohr von WOLFGANG u. MACKAY (*Wo 6*) (Abb. 53)[5] wird ebenfalls mit P 10-Gas betrieben, es ist bis 125° C brauchbar.

SIMON et al. (*Si 2*) verwenden Äthan als Zusatzgas, das im Gegensatz zu Methan durch flüssige Luft ausgefroren werden kann. Zum Auffüllen der Zählrohre wird ein Gemisch von 30% Äthan und 70% Kohlendioxyd benutzt. Bei 50 cm Druck werden in Metallzählrohren (nicht mit Glaszählrohren) selbst bei einer Zusammensetzung von 45 cm Kohlendioxyd und 5 cm Äthan Plateaus von 300 bis 400 Volt mit < 1,2%/100 Volt Anstieg erhalten. Die Zählspannung liegt bei etwa 3800 Volt.

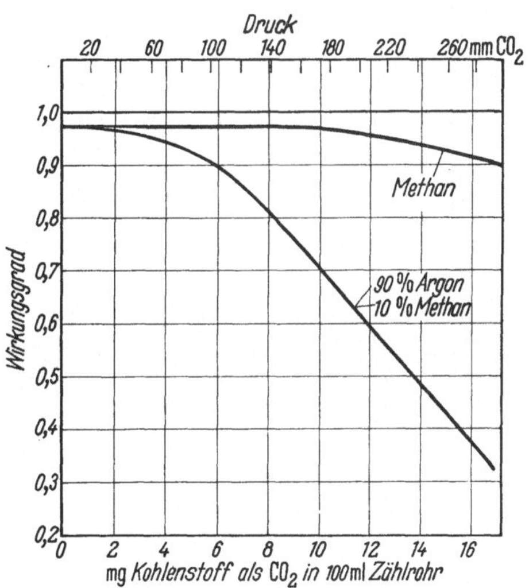

Abb. 59. Wirkungsgrad eines Kohlendioxyd-Methan- oder Kohlendioxyd-Methan-Argon-Proportionalzählrohrs bei fester Zählspannung in Abhängigkeit vom Kohlendioxyddruck, Gesamtdruck eine Atmosphäre; die Daten gelten für ein 100 ml-Zählrohr [nach VAN SLYKE, STEELE u. PLAZIN (*Sl 3*, CH$_4$) und SINEX et al. (*Si 4*, CH$_4$—Ar)]

---

[1] SINEX et al. (*Si 4*).

[2] RUTSCHMANN (*Ru 10*).

[3] CHRISTMAN et al. (*Ch 7*).

[4] Vgl. die Verfahren von CHRISTMAN et al. (*Ch 7*) auf S. 186ff., BUCHANAN u. CORCORAN (*Bu 1*) S. 192f., VAN SLYKE et al. (*Sl 1,3*) und RUTSCHMANN u. SCHÖNIGER (*Ru 11*) S. 202ff.. An diesen Stellen wird auch die Füllung der Zählrohre beschrieben.

[5] S. 211.

ε) Zählung mit Szintillationszählern

Es sind recht wenige Untersuchungen über die Bestimmung von $^{14}CO_2$ mit Szintillationszählern bekannt geworden. Lediglich Hanle, Schneider et al. (*Ha 12, Sch 8, Kr 1*) sowie Shranks (*Sh 3*) scheinen diese Möglichkeit geprüft zu haben. Dazu wurden Kammern mit einem Anthracenkristall (*Ha 12, Sch 8*) oder plastischem Szintillator (*Sh 3*) mit $^{14}CO_2$ gefüllt und an einen Photomultiplier angesetzt. Vorteilhafter sind kugelförmig ausgebohrte plastische Phosphore, mit denen man recht gute Empfindlichkeiten erreicht (*Kr 1*). Das Kohlendioxyd wird in die Hohlkugel eingefüllt.

ζ) Messung in strömenden Gasen, insbesondere Atemluft

Die Bestimmung von $^{14}CO_2$ in Atemluft kann diskontinuierlich vorgenommen werden, wenn durch einen Stoffwechselkäfig kohlendioxydfreie Luft gesaugt wird, die in kohlendioxydfreie Natronlauge geleitet wird[1]. Menschliche Atemluft wird in Ballons gesammelt und anschließend durch ein Gefäß mit Natronlauge gedrückt[2,3] oder in Hyamin-Hydroxyd absorbiert[4]. Aus der Lauge wird nach den üblichen Verfahren Bariumcarbonat isoliert und gemessen; die Hyamin-Base wird mit flüssigen Szintillatoren vermischt und gezählt. Eine andere Möglichkeit ist die, das Kohlendioxyd auszufrieren und anschließend in einer Ionisationskammer zu messen[5]. Für Versuche am Menschen genügen Gaben von etwa 1 μc ^{14}C[4,5].

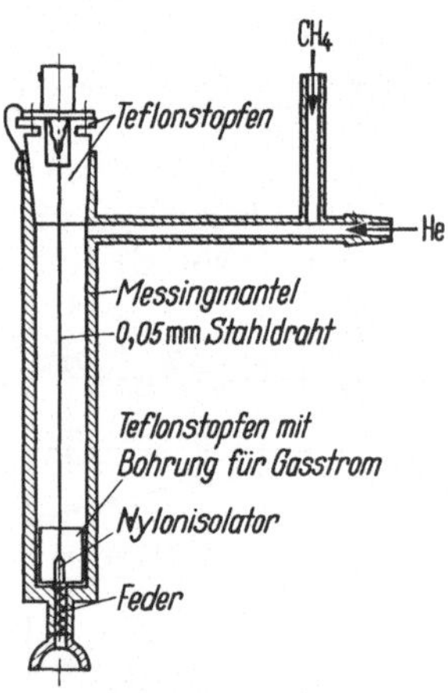

Abb. 60. Gaszählrohr zur kontinuierlichen internen Messung des aus einer Gaschromatographiesäule austretenden Gases nach Zumischen von Methan [nach Wolfgang u. MacKay (*Wo 6*)]

Eine kontinuierliche Messung ist mit einfachen Mitteln dadurch möglich, daß das Gas an einem dünnwandigen Detektor vorbeigeführt wird. Die üblichen Endfensterzählrohre lassen sich leicht mit einer für diesen Zweck geeigneten Meßkammer versehen[6,7]. Man kann das Gas auch zwischen zwei Zählrohren strömen lassen[8]. Ein System mit zwei Endfensterzählrohren, zwischen denen sich eine Meßkammer befindet, ist kürzlich für die $^{14}CO_2$-Messung in Atemluft beschrieben worden[9]. Die beiden Zählrohre sind in Antikoinzidenz geschaltet, damit der Nulleffekt reduziert wird. Der Kohlendioxydgehalt wird durch Infrarotabsorption ebenfalls kontinuierlich aufgezeichnet. Für die Messung von $^{14}CO_2$ in kleinen strömenden Gasmengen sind Schläuche aus plastischen Szintillatoren empfohlen worden, man erreicht eine Zählausbeute von 58%[10].

Verfahren zur internen kontinuierlichen Messung von $^{14}CO_2$ in Atemluft sind von Tolbert et al. (*To 1, 2, 3, 4*) entwickelt worden. Als Detektor wird eine 20 l-Ionisationskammer benutzt, durch die die getrocknete Atemluft geleitet wird. Die Aktivität wird durch den Spannungsabfall an einem hochohmigen Widerstand gemessen[11]. Die Kohlenstoffmenge wird durch Infrarotanalyse ermittelt und in einem Schreibersystem der Aktivitätsverlauf, die ausgeatmete Menge und das Verhältnis Aktivität/Menge (spezifische Aktivität) fortlaufend aufgeschrieben.

---

[1] Skipper et al. (*Sk 1*). — [2] Berlin et al. (*Be 8*). — [3] Adcock (*Ad 5*). —[4] Fredrickson u. Ono (*Fr 3*). — [5] Baker et al. (*Ba 4*). — [6] Kummer (*Ku 1*). — [7] Kokes et al. (*Ko 3*). [8] Wolfgang u. MacKay (*Wo 6*). — [9] LeRoy et al. (*Le 5*). — [10] Funt u. Hetherington (*Fu 2*) — [11] Vgl. S. 209f.

Statt der Messung mit hochohmigen Widerständen kann in einem gleichartigen System auch die Aufladungsmethode[1] benutzt werden[2].

Zur Messung von Gasen bei gaschromatographischen Trennungen ist ein Zählrohr nach Abb. 60 entwickelt worden[3,4]. Das Trägergas Helium, das keine guten Zählrohreigenschaften ergibt, wird fortlaufend mit Methan im Verhältnis 1 :1,0 bis 1 : 1,4 vermischt und das Gemisch, das die zu messenden Verbindungen enthält, kontinuierlich durch das Zählrohr geleitet. Es ist auch möglich, die Gase durch einen flüssigen Szintillator perlen zu lassen[5].

6. Zusammenfassung und Vergleich der verschiedenen Verfahren

Die verschiedenen Verfahren zur Messung von Kohlenstoff 14 seien abschließend nochmals zusammengefaßt (s. a. S. 182). In der Tab. 16 ist die Leistungsfähigkeit der Meßmethoden an Hand der Nachweisgrenze verglichen. Tab. 17 gibt einige Daten über die Nachweisverfahren für strömende Lösungen, Gase und Papier-Chromatogramme.

Als Nachweisgrenze wird diejenige spezifische Aktivität (Zerfälle/min · mg Kohlenstoff angesehen, die bei einstündiger Messung einen Zählfehler von $2\sigma = 5\%$ ergibt[6]. Dabei ist angenommen, daß der Nulleffekt durch eine langdauernde Messung (10 Std.) ermittelt wird. Es ist in der Praxis vielfach üblich, die Nulleffekte über Nacht zu messen. Es muß allerdings erwähnt werden, daß bei der Gaszählung dieses Verfahren auf Schwierigkeiten stößt, da jedes der verwendeten Zählrohre einen etwas anderen Nulleffekt hat und der Nulleffekt aller verwendeten Zählrohre laufend überwacht werden muß. Die Nulleffektsmessungen können deshalb nicht so lange ausgedehnt werden. Die Meßzeit von einer Stunde für die Probe dürfte etwa der bei Reihenuntersuchungen maximal möglichen entsprechen. Es muß betont werden, daß durch eine Verlängerung der Meßzeit, etwa auf 10 Std., eine beträchtliche Steigerung der Empfindlichkeit möglich ist. Als Anhalt hierfür ist in der Spalte „Grenzaktivität" der Tab. 16 die vierfache Standardabweichung $(4\,\sigma)$ einer zehnstündigen Nulleffektsmessung angegeben. Diese Zählrate kann gerade noch eindeutig nachgewiesen werden, vorausgesetzt, daß die Apparatur statistisch einwandfrei arbeitet.

Bei der Betrachtung der Tab. 16 darf auf keinen Fall übersehen werden, daß wichtige Gesichtspunkte wie Zeitbedarf, Kosten der Meßgeräte, laufende Kosten, Anforderungen an die Geschicklichkeit des Bedienenden usw. nicht enthalten sind. Sieht man einmal von diesen Faktoren ab, so ergibt sich etwa folgendes Bild.

Die Zählung fester Präparate erweist sich — wie erwartet — als unempfindlichstes Verfahren. Die Messung „dicker" Schichten ist hinsichtlich der Nachweisgrenze noch am günstigsten. Fensterlose Detektoren verbessern die Empfindlichkeit um den Faktor 4, jedoch muß man mit Schwierigkeiten durch die Störung des elektrischen Feldes im Zählrohr rechnen.

Bei den hochempfindlichen Methoden — flüssige Szintillatoren und Gaszählung — müssen zwei Fälle unterschieden werden. Im ersten Fall — der in der Praxis seltener vorliegt— stehen einige hundert Milligramm Material für die Messung zur Verfügung. In der Tab. 16 findet man die zugehörigen Angaben unter Nr. 9, 11, 12, 15, 20, 21, 25, 26, 27. Für diesen Fall dürfte die Szintillationsmessung eindeutig überlegen sein. Die Gaszählverfahren erreichen zwar ähnliche und sogar bessere (27) Empfindlichkeiten, es dürfte jedoch einige Mühe machen, bei Reihenuntersuchungen diese Mengen zu verbrennen. Die einfachen Verbrennungsmethoden — Bombenrohr, nasse Verbrennung — scheiden aus, so daß die umständliche Verbrennung großer Substanzmengen im Sauerstoffstrom in Kauf genommen werden muß. Besonders beachtenswert ist die hohe Empfindlichkeit der Messung von Geweben in flüssigen Szintillatoren (11).

---

[1] Vgl. S. 209f. — [2] DOMINGUES et al. (*Do 7*). — [3] WOLFGANG u. MACKAY (*Wo 6*).
[4] WOLFGANG u. ROWLAND (*Wo 7*). — [5] LOWE u. MOORE (*Lo 5*). — [6] Vgl. SCHMEISER, S. 60.

Tabelle 16. *Vergleich einiger Methoden*

Verfahren	Detektor		
Feste Präparate im Endfensterzählrohr	Zählrohr mit 1,4 mg/cm² dickem Fenster von 2,5 cm ⌀, Präparate 2,0 cm ⌀ (3 cm²) in 1 cm Abstand		
Feste Präparate im fensterlosen Zählrohr	übliche Ausführung, unabgeschirmt, Präparate wie oben übliche Ausführung, 1 ml Lösung in Formamid kleine Ausführung, abgeschirmt, Präparate wie oben		
Flüssige Szintillatoren	Koincidenzanlage	25 ml Lösung ohne Löschung	
		Hyaminmethode starke Löschung	
		25 ml Suspension	
		3 ml wäßrige Lösung mit suspendiertem Anthracen	
Gaszählung mit Ionisationskammer	250 ml Kammer unabgeschirmt		
Gaszählung mit Gaszählrohr	reines CO_2 in 50 ml Glaszählrohr mit Antikoincidenz in 200 ml Glaszählrohr in 250 ml Metallzählrohr in 1,6 l Metallzählrohr		
	$CO_2 + CH_4$ in 100 ml Glaszählrohr $CO_2 + Ar-CH_4$ (9 + 1) in 100 ml Glaszählrohr in 100 ml Quarzzählrohr in 100 ml Glaszählrohr ⎫ Antikoincidenz in 100 ml Quarzzählrohr ⎭ abschirmung		
Gaszählung mit festen Szintillatoren	Hohlphosphor aus plastischem Szintillator, 34 ml Inhalt		

[1] Bei den meisten der betrachteten Detektoren sind etwa 2—4 cm Bleiabschirmung vorhanden, die Nulleffekte beziehen sich auf diese Anordnung.

[2] Menge Kohlenstoff im Meßpräparat.

[3] Wirkungsgrad: gemessene Zählrate/wahre Aktivität (Zerfallsrate).

[4] Als Grenzaktivität ist diejenige Zählrate (in Impulsen/min, ipm) angegeben, die bei einstündiger Messung einen Meßfehler von $2\sigma = 5\%$ ergibt, wenn der Nulleffekt 10 Std. gemessen wird. Die in Klammern stehende Zahl ist der 4σ-Wert des Nulleffektes bei 10 stündiger Messung. Diese Zählrate kann noch eindeutig festgestellt werden.

[5] Die Nachweisgrenze ist diejenige wahre spezifische Aktivität (in Zerfällen/min pro mg C, zpm/mg C), die das Meßpräparat haben muß, damit die Grenzaktivität gemessen wird.

[6] Angabe der Quellen, denen die zur Berechnung wichtigen Daten entnommen wurden. In einigen Fällen reichen die Daten nicht aus, z. B. fehlen Nulleffekte. Diese Daten wurden aus anderen Angaben mit vergleichbaren Bedingungen ergänzt, ohne daß gesondert darauf hingewiesen wird.

zur Bestimmung von Kohlenstoff 14

Meßform	Menge (mg) Schichtdicke (mg/cm²) Druck (cm Hg)	Menge Kohlenstoff[2] (mg)	Wirkungsgrad[3] (%)	Nulleffekt[1] (ipm)	Grenzaktivität[4] (ipm)	Nachweisgrenze[5] (zmp/mg C)	Quellen[6]	Nr.
	Bedingungen			Messung				
$BaCO_3$	1,0 mg/cm²	0,2	5	20	40 (0,7)	4000	a, b	1
	3,5 mg/cm²	0,7	3,5			1600		2
	20　mg/cm² [7]	3,8	1,0			1000		3
Verbindung[16]	20　mg/cm²	30	0,7			200		4
$BaCO_3$	20　mg/cm²	3,8	7	100	70 (1,6)	250	b, c	5
Verbindung	20　mg/cm²	30	5			50		6
Verbindung	dick[8]	30	1,0			250	e	7
$BaCO_3$	20　mg/cm²	3,8	2,5	11	35 (0,5)	350	d	8
Verbindung	500 mg	250	55	45	50 (1,1)	0,4	f	9
	10 mg	5				18		10
trock. Gewebe	500 mg	250	25			0,8	g	11
Verbindung	120 mg	60	20			4	f, h	12
	10 mg	5				50		13
Frischgewebe	100 mg	12	14	30	45 (0,9)	25	i	14
Verbindung	1000 mg	500	40	45	50 (1,1)	0,25	k	15
	10 mg	5				25		16
$BaCO_3$	200 mg	12	56			7	l	17
Verbindung	100 mg	50	18	65	60 (1,3)	7	m	18
Na_2CO_3	44 mg	5				70		19
CO_2	50 cm	88	[9]	$5 \cdot 10^{-16}$A	$2 \cdot 10^{-16}$A	1,1	n	20
	76 cm	136	[9]	$7 \cdot 10^{-16}$A	$2 \cdot 10^{-16}$A	0,8		21
	76 cm	5[10]				20		22
CO_2	40 cm	13	85	25	43 (0,8)	4	o	23
				5	31 (0,4)	3		24
	40 cm	56	86	250	100 (2,6)	2,2	p	25
	76 cm	135	95	225	95 (2,5)	0,8	q	26
	76 cm	860	92	450	130 (3,5)	0,17	r	27
CO_2	10 cm[11]	7[12]	86	80	65 (1,5)	11	d	28
	7 cm[13]	5[14]	80	75	65 (1,5)	16	s	29
	6 cm[13]	4[15]	84	48	50 (1,1)	15	t	30
				21	41 (0,7)	12		31
				6	32 (0,4)	9		32
CO_2	76 cm	18	88	5	31 (0,4)	1,9	u	33

[7] Entspricht der „dicken Schicht" (Sättigungsschichtdicke der Selbstabsorptionskurve).

[8] 1 mm dicke Lösungsmittelschicht.

[9] Empirisch geeicht, $1 \cdot 10^{-16}$ Ampere entsprechen 50 zpm (50 cm) bzw. 42 zpm (76 cm Druck).

[10] Mit inaktivem CO_2 auf 76 cm aufgefüllt.

[11] Mit CH_4 auf 76 cm aufgefüllt.

[12] Entspricht der maximalen Menge, die ohne Veränderung der Zählspannung gemessen werden kann, vgl. d).

[13] Mit Ar—CH_4 (9 + 1) auf 76 cm aufgefüllt.

[14] Entspricht der maximalen Menge, die ohne Veränderung der Zählspannung gemessen werden kann, vgl. s).

[15] Entspricht der maximalen Menge, die ohne Veränderung der Zählspannung gemessen werden kann, vgl. v).

[16] Typische organische Verbindung, angenommener Gehalt 50% Kohlenstoff.

Quellen zu Tabellen 16

a) Reinharz et al. (*Re 9*).
b) Calvin et al. (*Ca 3*).
c) Comar (*Co 5*).
d) Van Slyke et al. (*Sl 2*).
e) Schwebel et al. (*Sch 23*).
f) Hayes (*Ha 22*).
g) Herberg (*He 21*).
h) Kerr et al. (*Ke 5*).
i) Domer u. Hayes (*Do 6*).
k) White u. Helf (*Wh 1*).
l) Nathan et al. (*Na 4*).
m) Steinberg (*St 6*).
n) Brownell u. Lockhart (*Br 14*).
o) Rohringer et al. (*Ro 10*), Sverak (*Sv 2*).
p) Apelgot et al. (*Ap 2*), Apelgot (*Ap 1*).
q) Wolfgang u. MacKay (*Wo 6*).
r) Buchanan u. Nakao (*Bu 2*).
s) Rutschmann (*Ru 10*).
t) Christman u. Wolf (*Ch 10*), Christman u. Paul (*Ch 8*).
u) Krakau u. Schneider (*Kr 1*).
v) Sinex et al. (*Si 4*).

Tabelle 17. *Vergleich einiger Verfahren zur Messung von Kohlenstoff 14 in strömenden Lösungen, Gasen und auf Papierchromatogrammen*

System	Meßanordnung	Detektor-Volumen v (ml)	Wirkungsgrad ε (%)	Nulleffekt NE (ipm)	$NE/\varepsilon \cdot v$[1]	Quelle
strömende Lösung	Scheiben aus plastischem Szintillator	0,8	5	150	4000	a
	Schlauch aus plastischem Szintillator	0,3	3[2]	26	3000	b
		0,3	0,3[3]	26	30000	b
	Meßkammer zwischen zwei Fensterzählrohren	1,5	1	50	3000	c
strömendes Gas	Meßkammer zwischen zwei Fensterzählrohren	40	30	55	5	d
	interne Messung in einem Strömungszählrohr	13	95	25	2,0[7]	d
	Schlauch aus plastischem Szintillator	0,3	58	50[4]	300[5]	e
	Ionisationskammer	250	50	120	1,0[6]	f
Papierchromatogramm	Endfensterzählrohr		3	20	7	g
	fensterloses Zählrohr, zylindrisch		12	30	2,5	h
	fensterloses Zählrohr, halbkugelförmig		17	150	9	h
	mit flüssigem Szintillator getränkt		35	31	9	g
	mit festem Szintillator bestäubt		16	160	10	h
	Streifen in flüssigem Szintillator, diskontinuierlich		85	100	1,2	i

a) Schram u. Lombaert (*Sch 10, 11*).
b) Kimbel u. Willenbrink (*Ki 2*).
c) Bangham (*Ba 8*).
d) Wolfgang u. MacKay (*Wo 6*).
e) Funt u. Hetherington (*Fu 2*)
f) Brownell u. Lockhart (*Br 14*).
g) Roucayrol et al. (*Ro 16, 17*).
h) Seliger u. Agranoff (*Se 4*).
i) Wang u. Jones (*Wa 11*).

[1] Die Größe $NE/\varepsilon \cdot v$ ist proportional der absoluten Aktivität (Zerfallsrate), die in der Probe vorhanden sein muß, um eine mittlere Zählrate von gleicher Größe wie dieNulleffektsrate zu bewirken. Vorausgesetzt ist dabei, daß das gemessene Volumen klein im Vergleich zu dem Volumen ist, in dem die Aktivität vorliegt. Bei Papierchromatogrammen tritt an Stelle von v die Schlitzbreite der Blende unter dem Detektor. Es wird angenommen, daß diese Schlitzbreite bei den betrachteten Anordnungen gleich ist und deshalb NE/ε angegeben.

[2] Für wäßrige Lösungen. — [3] Für Blut. —[4] Angenommener Wert. — [5] Der sehr enge Schlauch kann nur bei Systemen mit langsamer Strömungsgeschwindigkeit eingesetzt werden.

[6] Durch das große Volumen würde bei vielen Anwendungen die Elutionskurve verzerrt wiedergegeben werden. Typische Anwendungen würden eine Verdünnung des Gases vor der Messung in der Kammer bedingen, so daß $NE/\varepsilon v$ etwa 5—10 betragen würde.

[7] Gilt für Gase, die gute Zählgase sind oder die in nur kleinen Mengen vorliegen, so daß sie neben dem Trägergas als Bestandteil unwesentlich sind. Andernfalls muß mit einem guten Zählgas kontinuierlich verdünnt werden, wodurch $NE/\varepsilon v$ bei etwa 5—20 liegen würde.

Im allgemeinen wird man mit Proben von etwa 10 mg arbeiten, weil die Verbrennungsmethoden oder auch die zur Isolierung bestimmter Verbindungen benutzten biochemischen Verfahren bei größeren Mengen überhaupt nicht oder nur mit Schwierigkeiten durchführbar sind. Die entsprechenden Daten — Nr. 10, 13, 16, 19, 22, 23, 28 bis 32 — zeigen, daß für diesen Fall alle drei Verfahren — Szintillator, Gaszählrohr, Ionisationskammer — etwa gleich empfindlich sind.

Die Vor- und Nachteile dieser Methoden wurden schon verschiedentlich erörtert. Hier seien einige allgemeine Gesichtspunkte nochmals zusammengefaßt. Zur Zeit werden wohl die Gaszählrohre weitaus am häufigsten benutzt, und zwar als Proportionalzählrohr. Gegenüber den Auslösezählrohren hat das Proportionalzählrohr bessere Zählrohreigenschaften. Es ist leichter zu füllen; da bei Atmosphärendruck gezählt werden kann, wird das eingegebene Kohlendioxyd mit einem Zählgas auf Atmosphärendruck aufgefüllt. Die Menge an Kohlenstoff ebenso wie die Aktivität kann in beträchtlichen Grenzen schwanken. Immerhin erfordert die Reinigung der Verbrennungsgase und die Füllung der Zählrohre eine Hochvakuumapparatur, die mit einiger Sorgfalt bedient werden muß. Die gegenüber den Geiger-Müller-Zählrohren größeren Ansprüche an die elektronischen Geräte werden wohl kaum als Nachteil empfunden, denn die Apparaturen lassen sich mit einigen Zusatzgeräten aus fast überall vorhandenen einfachen Zählanordnungen aufbauen. Ihr Preis ist — vor allem im Vergleich zu den Szintillationsgeräten und Ionisationskammeranlagen — verhältnismäßig gering. Sie lassen sich gleichzeitig für andere Detektoren, z. B. Endfensterzählrohre oder Natriumjodid-Szintillationskristalle, verwenden. Ein Mangel der Gaszählverfahren ist darin zu sehen, daß die neueren Verbrennungsmethoden zwar die gleichzeitige Verbrennung einer Serie von Proben gestatten, die Verarbeitung der Verbrennungsgase, die Füllung der Zählrohre und die Messung jedoch einzeln erfolgen müssen und nicht automatisiert werden können.

Dieser Mangel ist auch bei den Ionisationskammermessungen festzustellen. Gegenüber den Gaszählrohren sind sie robuster, was Veränderungen in der Zusammensetzung des Zählgases und Verunreinigungen durch Luft, Wasserdampf usw. anbetrifft. Die Präparation kann deshalb noch weiter vereinfacht werden. Demgegenüber steht der ungleich höhere Preis der Anordnungen und die größere Zeitspanne bis zu Beginn einer Messung und für die Messung selbst. Die jüngste Entwicklung der Gaszählrohrtechnik macht die Ionisationskammer wohl im allgemeinen entbehrlich. Für spezielle Aufgaben ist sie nach wie vor anderen Verfahren überlegen, insbesondere wird man sie für Messungen mit höchsten Ansprüchen an die Meßgenauigkeit in Erwägung ziehen.

Gegen die flüssigen Szintillatoren spricht zur Zeit noch der hohe Preis der Anlagen und die nicht unbeträchtlichen laufenden Kosten. Dafür ist die Präparation denkbar einfach geworden. Es macht keine Schwierigkeit, Serien von Meßproben gleichzeitig zu bereiten, und es ist insbesondere auch möglich, die Messungen ohne jede Aufsicht mit Probenwechslern automatisch durchzuführen. Diese Vorzüge wird man vor allem dann ausnutzen können, wenn große Serien von Proben anfallen. Als störend wird man bei vielen Anwendungen die Löscheffekte empfinden, die zur Doppelmessung einer jeden Probe nach Zugabe eines inneren Standards zwingen und die Genauigkeit der Messungen beeinträchtigen.

Zur Verarbeitung der Proben hat man zwischen einer Reihe von Möglichkeiten zu wählen. Die Verbrennung im Sauerstoffstrom ist das langsamste der Verfahren, kann aber mit einer sehr genauen Elementaranalyse verbunden werden. Die nasse Verbrennung ist in wenigen Minuten durchzuführen, erfordert aber Aufsicht und eine Säuberung und Vorbereitung der Apparatur für die nächste Bestimmung, die einige Zeit in Anspruch nimmt. Die Absorption in Lauge muß man dann anwenden, wenn die Probe als Bariumcarbonat gemessen werden soll. Von den verschiedenen Varianten dieser Methode wird die nasse Verbrennung im Treibgasstrom wohl am häufigsten eingesetzt. Die Methode ist im Prinzip sehr einfach, erfordert aber Sorgfalt, wenn die Blindwerte in erträglichen Grenzen bleiben sollen. Falls man mit Gaszählrohren arbeitet, wird man im allgemeinen auf die Absorption des Kohlendioxyds verzichten und die nasse Verbrennung mit der Reinigung des Gases und der Füllung des Zählrohrs in einer geschlossenen Apparatur kombinieren. Gewisse Schwierigkeiten der nassen Verbrennung werden bei der Verbrennung im Bombenrohr vermieden, die zudem den Vorteil hat, daß eine größere Anzahl von Verbrennungen gleichzeitig durchgeführt werden kann. Das Verfahren ist vor allem in Kombination mit der Gaszählung recht einfach und leistungsfähig.

Bei vielen Aufgaben sind die Anforderungen an die Genauigkeit und Empfindlichkeit der Verfahren gering. In diesen Fällen sollte man die denkbar einfachste Methode verwenden, also die direkte Messung der Probe oder die Umwandlung in Bariumcarbonat zusammen mit der Zählung unter dem Endfensterzählrohr. Aufgaben mit hohen Ansprüchen an die Meßgenauigkeit zwingen zur Verwendung der Ionisationskammer oder der Gaszählrohre, auch wenn die Empfindlichkeit dieser Methoden nicht interessiert. Genaue Bestimmungen erfordern in der Regel verhältnismäßig hohe Aktivitäten.

Nicht zuletzt ist aber die Auswahl eines bestimmten Verfahrens eine Frage des persönlichen Geschmacks und der guten oder weniger guten Erfahrungen, die man mit dieser oder jener Methode zufälligerweise gemacht hat.

II. Wasserstoff

1. Isotope

Wasserstoff 3 (Tritium), das einzige als Indicator geeignete Isotop des Wasserstoffs, wurde 1939 von Alvarez u. Cornog ($Al\,5$) durch die Kernreaktion $^2H\,(d,\,p)\,^3H$ aufgefunden. Tritium kommt auch in der Natur vor[1,2], und zwar entsteht es durch Einwirkung schneller Neutronen der Höhenstrahlung auf Luftstickstoff nach $^{14}N\,(n,\,^3H)\,^{12}C$[3]. Tritium wird in großem Umfang nach der Reaktion $^6Li\,(n,\,\alpha)\,^3H$ hergestellt. Tritium-Gas ist mit spezifischen Aktivitäten bis zu 2,6 c/ml[3], tritiumhaltiges Wasser mit 100 mc/ml bis 5 c/ml[4], beide > 99 %ig rein, erhältlich. Zahlreiche ^3H-markierte Verbindungen sind im Handel ($In\,2$). Einzelheiten über die Abtrennung bei der Darstellung wurden bisher nicht veröffentlicht. Tritium ist ein sehr weicher β^--Strahler mit einer Halbwertszeit von 12,3 Jahren. Die β^--Energie beträgt nur 0,018 MeV. γ-Strahlung wird nicht emittiert.

2. Übersicht über die Methoden zur Bestimmung von Tritium

Die sehr weiche β^--Strahlung des Tritiums verursacht erhebliche Schwierigkeiten bei der Bestimmung dieses Isotops. So sind direkte Messungen in biologischen Proben mit gutem Wirkungsgrad erst seit der Entwicklung der flüssigen Szintillatoren möglich. Wegen der energiearmen Strahlung kann allerdings ohne Gefahr mit recht hohen spezifischen Aktivitäten gearbeitet werden, so daß auch Verfahren mit geringer Zählausbeute eingesetzt werden können[5]. Feste Präparate

---

[1] Grosse et al. ($Gr\,8$). — [2] Faltings u. Harteck ($Fa\,4$).

[3] Störungen durch natürliches Tritium sind nicht zu befürchten; im günstigsten Fall liegen etwa 0,01 Zerfälle/min · mg H vor [v. Butlar u. Libby ($Bu\,15$)].

[4] Entspricht reinem T_2-Gas bzw. T_2O.

[5] Tritiumpräparate emittieren mit sehr geringer Intensität eine energiearme γ-Strahlung (Bremsstrahlung), die in einem Endfensterzählrohr etwa 1,3 Impulse/min · μc ergibt. Die Halbwertsdicke für die Absorption dieser Strahlung beträgt aber immerhin auch nur 6 mg/cm² [Ayres et al. ($Ay\,2$)].

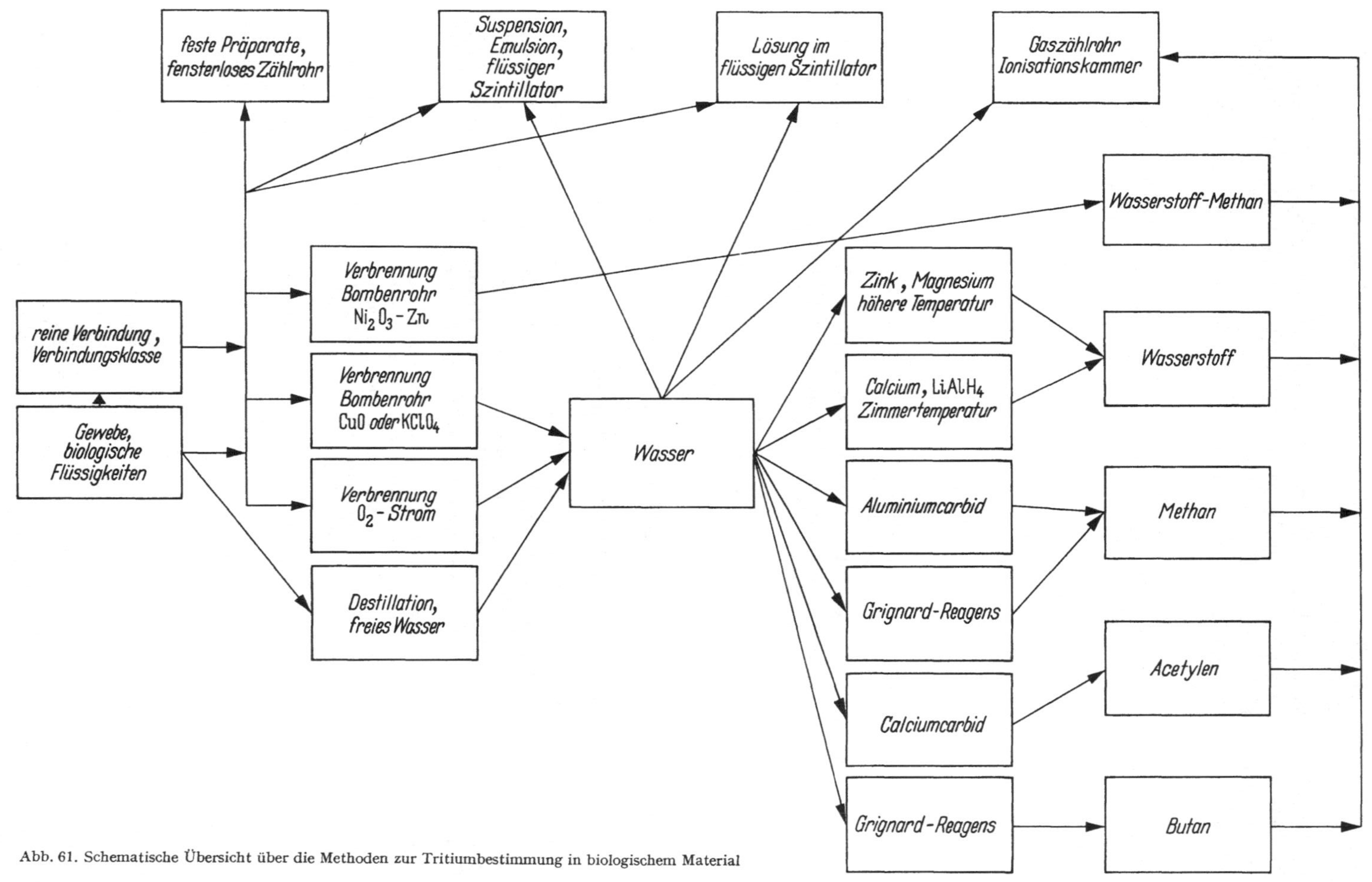

Abb. 61. Schematische Übersicht über die Methoden zur Tritiumbestimmung in biologischem Material

zeigen bereits oberhalb von 20 $\mu g/cm^2$ Schichtdicke Selbstabsorption, die ,,dicke Schicht" wird bei etwa 900 $\mu g/cm^2$ erreicht[1].

Die zweite grundsätzliche Schwierigkeit bei der Anwendung von Tritium liegt in dem großen Massenunterschied zum ,,normalen" Wasserstoff ^1H; Isotopieeffekte sind sehr leicht möglich.

Die am häufigsten verwendete Bestimmungsmethode ist die Gaszählung in Zählrohren oder Ionisationskammern. Durch eine spezielle ,,Verbrennung" im Bombenrohr kann ein direkt brauchbares Zählgas (Mischung von Wasserstoff und Methan) erhalten werden. Im allgemeinen wird im Sauerstoffstrom oder im Bombenrohr zu Wasser verbrannt[2]. Wasserdampf kann im Gemisch mit Zählgasen als Füllung für die Gaszählung verwendet werden, führt jedoch zu starken "Memory"-Effekten. Die meisten Autoren ziehen es deshalb vor, das Wasser durch Umsetzung mit Metallen in Wasserstoff umzuwandeln, der in die Detektoren gefüllt wird. Andere Möglichkeiten zur Gewinnung von Zählgasen aus Wasser sind die Umsetzung mit Carbiden zu Acetylen oder Methan und mit Grignard-Reagenzien zu Methan oder Butan. Die Umwandlung kann umgangen werden durch Zählung des Wassers in flüssigen Szintillatoren oder durch Anwendung von Austauschreaktionen. Im letzteren Fall wird der Isotopenaustausch zwischen Wasser und einer geeigneten Meßform (oder der zu bestimmenden Verbindung und Wasser) ausgenutzt. Bei allen Reaktionen, die nicht quantitativ ablaufen, treten Isotopieeffekte auf, und es müssen Korrekturen für die Verschiebung der Isotopenzusammensetzung angebracht werden.

Abb. 61 gibt eine Übersicht über die wichtigsten Verfahren[3]. Einige dieser Methoden wurden ursprünglich für die Deuteriumbestimmung entwickelt.

3. Direkte Messung biologischer Proben und isolierter Verbindungen

a) Mit externem Detektor, Papierchromatogramme

Endfensterzählrohre scheiden als Detektoren aus, da die Reichweite der Tritium-β^--Strahlung nur $0,3^4-0,6^5$ mg/cm^2 beträgt. Im fensterlosen Zählrohr lassen sich dünne Schichten mit der maximal möglichen Ausbeute von 50% messen. Bereits bei $0,7-0,9$ mg/cm^2 [1,4,5] ist die Sättigungsschichtdicke erreicht, die Zählausbeute beträgt dann etwa 4%[1,4,5,6] (vgl. Abb. 62).

Der Verlauf einer Selbstabsorptionskurve (Abb. 62) hängt stark von der Art der Verbindung ab. Bei Substanzen, die sich kristallin abscheiden, ist die effektive Schichtdicke der Kristalle wesentlich größer als die berechnete mittlere Schichtdicke, die Selbstabsorption macht sich deshalb schon bei sehr dünnen Schichten bemerkbar. (Abb. 62a). Als Folgerung ergibt sich, daß die Aktivität verschiedener Verbindungen nur bei Schichtdicken oberhalb von etwa 100 $\mu g/cm^2$ verglichen werden kann. Bei dünnen Schichten sind starke Schwankungen infolge von unterschiedlicher Kristallgröße auch bei Präparaten derselben Verbindung zu erwarten. Andererseits treten bei dicken Schichten Störungen durch Aufladungseffekte auf[1,7,8,9,10]. Ayres et al. (Ay 2) empfehlen deshalb mittlere Schichtdicken von etwa 160 $\mu g/cm^2$ Die Abweichungen werden bei der Anwendung dicker Schichten mit 4%[1] und $1-2$%[4,6,9]. angegeben, dünne Schichten ergeben Fehler von $4-6$[1,4,7], unter Umständen 12%[7].

Die Präparate werden durch Eindampfen von Lösungen[1,4,5,6,7], eventuell mit Saugpapier[1] oder spezieller Erhitzungstechnik[5,11], oder Einpressen in Schälchen unter Zufügen von Graphit[9] hergestellt. Isbell et al. (Is 1) verwenden Verdickungsmittel[12], um besonders gleichmäßige Präparate zu erhalten.

[1] Jackson u. Lampe (Ja 1). — [2] Die nasse Verbrennung scheidet selbstverständlich aus. [3] Vgl. auch Robinson (Ro 4). — [4] Isbell et al. (Is 1). — [5] Rydberg (Ry 2). — [6] Eidinoff u. Knoll (Ei 3). — [7] Ayres et al. (Ay 2). — [8] Verly et al. (Ve 5). — [9] Banks et al. (Ba 10). — [10] Vgl. S. 156f. — [11] Vgl. Abb. 9., S. 149. — [12] Vgl. S. 160f.

Papierchromatogramme können mit fensterlosen Zählrohren gemessen werden, wie an anderer Stelle erörtert wurde[1]. Man erhält eine Zählausbeute von 0,15 bis 0,25 %[2,3]. Durch Szintillationszählung mit aufgestäubten festen Szintillatoren[3] läßt sich die Zählausbeute auf 0,8—1,5 % steigern.

b) Mit flüssigen Szintillatoren

Bei der direkten Messung biologischer Proben oder isolierter Verbindungen[4] in flüssigen Szintillatoren kann man Zählausbeuten von etwa 12 % bei Nulleffekten von 75—100 Impulsen/min erwarten (Probevolumen 25 ml)[5]. Lösch- und Phosphorescenzeffekte stören unter Umständen beträchtlich, z. B. bei der Messung von Gewebeproteinen und Geweben selbst[6,7,8]. Diese Schwierigkeiten lassen sich aber überwinden, so daß eine empfindliche Tritiumbestimmung selbst in diesen Materialien möglich ist.

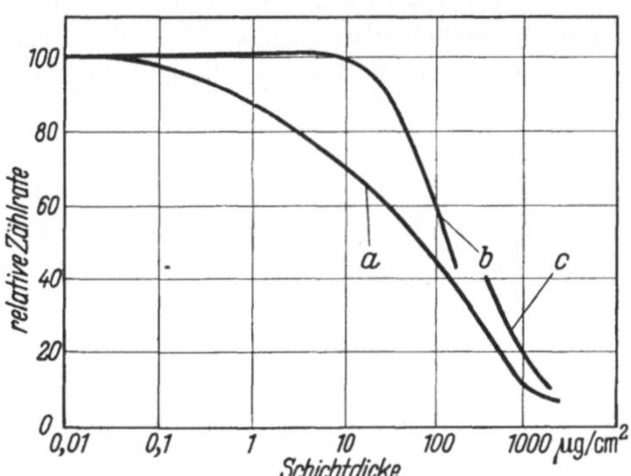

Abb. 62. Typische Selbstabsorptionskurven bei der Messung fester Tritiumverbindungen, *a*) nach RYDBERG (*Ry 2*), *b*) nach JACKSON u. LAMPE (*Ja 1*), *c*) nach EIDINOFF u. KNOLL (*Ei 3*), entnommen aus RYDBERG (*Ry 2*). Die Abb. demonstriert den Einfluß der Natur der Verbindung auf die Selbstabsorptionskurve, es wurden benutzt p-Aminosalicylsäure (*Ry 2*), Triglyceride, Fette, Seifen (*Ja 1*) und Cholinderivate (*Ei 3*)

Bei der Messung von Aminosäuren, Proteinen und gemischten Gewebeproteinen nach dem Hyaminverfahren[9] wurden bei 10 mg-Mengen Zählausbeuten von 5% und nur geringe Löschwirkungen festgestellt. HERBERG (*He 21*) hat die Messung von Geweben und Blut nach Auflösen mit Hyamin[9] oder alkalischer Zersetzung und Mischung mit Diotol[9] näher untersucht. Störende Färbungen werden durch Wasserstoffperoxyd, Phosphorescenz durch Ansäuern beseitigt. Die optimalen Probemengen liegen bei fast allen Gewebearten (feucht oder trocken) bei 140—150 mg in 15 ml Szintillator, die Zählausbeute beträgt im Mittel 7%. Für Blut ist die optimale Menge 0,1 ml[8,10]. Serum kann nach TCA-Fällung in einem Naphthalin-Dioxan-Szintillator mit 6—9% Zählausbeute gemessen werden, es werden 0,3 ml verwendet. Rattenserum wird ohne TCA-Fällung direkt im Szintillator gelöst und der Niederschlag abzentrifugiert[11]. Urin muß mit Aktivkohle entfärbt werden, da sonst Löschwirkungen von 50—100% eintreten[12]. Man wendet 1 g Kohle auf 30 ml Urin an, filtriert 2,0 ml ab, die in einem Äthanol-Toluol-Szintillator mit etwa 3% Zählausbeute zu messen sind. Oder man gibt 2 ml Urin durch einen kleinen Trichter mit Fritte, der 0,5 g Aktivkohle enthält; anschließend wird mit 25 ml Naphthalin-Dioxan-Szintillator verdünnt, die Zählausbeute ist 6—9%[11,13].

Tritiumhaltige Verbindungen können auch in Suspension gezählt werden, man erhält bei 50—200 mg-Mengen Zählausbeuten von 10—5%[14]. Bei stark löschenden Verbindungen kann gegenüber der Messung in Lösung eine Steigerung der Zählrate um den Faktor 5 beobachtet werden[14]. In Milch wurde Tritium als Emulsion gemessen; dazu wurden bis zu 1,3 ml Milch in 20 ml Gelszintillator (4% g an hochdispersem Siliziumd oxyd) emulgiert[15]. Wasserlösliche Substanzen lassen sich durch Zusatz von Anthracenkristallen mit etwa 0,5% Zählausbeute (3 ml Lösung) zählen[16].

---

[1] Vgl. S. 157 ff. und OSINSKI (*Os 1*), KISIELESKI u. SMETANA (*Ki 8*) sowie Ref.[2,3].

[2] AYRES et al. (*Ay 2*).

[3] SELIGER u. AGRANOFF (*Se 4*).

[4] Die Messung von reinem Wasser in flüssigen Szintillatoren wird auf S. 235 behandelt.

[5] HAYES (*Ha 22*). — [6] VAUGHAN, STEINBERG et al. (*Va 1, St 7*). — [7] HERBERG (*He 20*). [8] HERBERG (*He 21*). — [9] Vgl. S. 173 ff. — [10] CHEN (*Ch 1*). — [11] LANGHAM et al. (*La 6*). — [12] OKITA et al. (*Ok 2*). — [13] Vgl. auch S. 226. — [14] HELF et al. (*He 8*). — [15] GORDON u. WOLFE (*Go 9*). — [16] STEINBERG (*St 6*).

4. Überführung des Tritiums in die Meßform

a) Abdestillation von Wasser

Zur Bestimmung von tritiumhaltigem Wasser in Blut, Urin, Gewebe wird das Wasser abdestilliert. Die Destillation wird im allgemeinen im Vakuum vorgenommen und das Destillat ausgefroren[1,2]. Nur auf diese Weise können die kleinen Wassermengen sicher erfaßt werden. Auch die Vakuumsublimation von gefrorenem Urin oder Blut ist empfohlen worden[1,3]. Thompson (*Th 2*) homogenisiert die Probe mit Benzol und destilliert — wie bei Wasserbestimmungen üblich — das Benzol ab. Das mitgeführte Wasser scheidet sich in der Vorlage vom Benzol. Dieses Verfahren wurde auch bei Urin und Plasma benutzt[4]. Bei der Verarbeitung größerer Mengen Urin kann selbstverständlich bei Normaldruck destilliert werden. Für die Messung des Destillats mit flüssigen Szintillatoren wird vor der Destillation mit Aktivkohle entfärbt[5]. Urinproben können auch direkt mit Metallen zu Wasserstoff umgesetzt werden.

b) Verbrennung zu Wasser

α) Im Sauerstoffstrom

Die Verbrennung kann in Anlehnung an die Elementaranalyse im Sauerstoffstrom erfolgen mit dem Unterschied, daß zum Auffangen des Wassers kein festes Adsorbens verwendet werden kann. Dieses Verfahren wurde mit der klassischen Rohrfüllung aus Kupferoxyd in Quarzrohren bei 700° C [6] von verschiedenen Autoren benutzt[7,8,9,10,11]. Dabei treten starke Memory-Effekte auf, wenn Proben unterschiedlicher Aktivität nacheinander verarbeitet werden. Nach der Verbrennung einer inaktiven Verbindung mußten z. B. nicht weniger als 5 Verbrennungen der aktiven Probe durchgeführt werden, bis die spezifische Aktivität konstant war[12]. Allerdings beziehen sich die meisten Beobachtungen über die Memory-Effekte auf die Verbrennung einschließlich der nachfolgenden Umwandlung des Wassers in ein Zählgas. Ciccarone et al. (*Ci 1*) stellten fest, daß nach einer Abänderung dieses letzten Teils der Verarbeitung und nach Anwendung von Platinnetz anstelle von Kupferoxyd im Verbrennungsrohr der Memory-Effekt verschwand.

Das Verfahren von Ciccarone et al. (*Ci 1*) sei etwas näher beschrieben (Abb. 63). Trokkener Sauerstoff wird durch einen Quecksilberdruckregler (1) über Magnesiumperchlorat (2) geleitet und im Ofen (3) über CuO bei 700° C gereinigt. 4 ist eine Falle mit Kohlensäureschnee, 5 ein Blasenzähler mit konzentrierter Schwefelsäure, 6 ein Trockenrohr mit Magnesiumperchlorat und 7 das Verbrennungsrohr aus Quarz. In 8 wird das Wasser kondensiert und anschließend in die mit Magnesium gefüllten Gläschen 9 überführt. Es wird bei Unterdruck verbrannt. Das Verbrennungsrohr ist auf 700° C geheizt und mit Platinnetz zwischen zwei Pfropfen aus Silberwolle gefüllt. Die Substanz wird in einem Platinschiffchen eingeführt. Auf der vom Ofen abgewandten Seite befindet sich noch ein Pfropfen aus Platinwolle.

Man regelt mittels Hahn r_2 die Strömungsgeschwindigkeit auf eine Blase pro Sekunde (5). r_1 wird geschlossen, b geöffnet und die Substanz 7 cm vor den Ofen gebracht; 3 cm hinter die Substanz kommt der Platinpfropfen. b wird verschlossen, r_1 geöffnet. Die Falle 8 wird in Trockeneis gestellt. Die Verbrennung wird mit einem Mecker-Brenner durchgeführt, der, beginnend noch vor dem Platinpfropfen, langsam am Rohr entlang gegen den Ofen bewegt wird. Dabei soll der Sauerstoffstrom nie unterbrochen sein (5). Diese Operation dauert etwa 10 min. Man führt den Brenner nochmals am Rohr entlang, diesmal in 5 min. Dabei soll das Rohr auf Rotglut kommen. Man spült 10 min mit Sauerstoff nach, schließt r_1 und öffnet r_2 vorsichtig ganz, um das Rohr auszupumpen. Nach 2 min wird r_2 geschlossen, man pumpt etwa 5 min die Falle 8 und die Röhrchen 9 gut aus und schließt dann r_3. Die Kühlung wird von 8 entfernt und unter eines

---

[1] Jacobson et al. (*Ja 3*). — [2] Pinson u. Langham (*Pi 4*). — [3] Cooper et al. (*Co 14*). — [4] Werbin et al. (*We 17*). — [5] Nielson (*Ni 1*). — [6] Vgl. S. 185 ff. — [7] Glascock (*Gl, 1 2, 3, 5*). — [8] Biggs et al. (*Bi 2*). — [9] Banks et al. (*Ba 10*). — [10] Eidinoff (*Ei 4*). — [11] Verly et al. (*Ve 6,8*), Verly (*Ve 4*). — [12] Ciccarone et al. (*Ci 1*).

der Röhrchen gebracht. Wenn das Eis verschwunden ist, wird 8 vorsichtig erwärmt. Nach 10 min wird das Röhrchen 9 abgeschmolzen[1].

PAYNE et al. (*Pa 8*) benutzen zur Vermeidung von Memory-Effekten eine Metallapparatur aus Kupfer mit einem Verbrennungsrohr aus Inconel.

Das Verbrennungsrohr ist mit Platinnetz gefüllt und wird auf 1000° C gehalten. Die Probe wird in einem gesonderten Ofen innerhalb von 30—45 min auf 700° C gebracht und dann 15 min auf dieser Temperatur gehalten. Zum Teil wird auch eine Schnellverbrennung mit zwei schnell abkühlenden 700 Watt-Heizelementen durchgeführt.

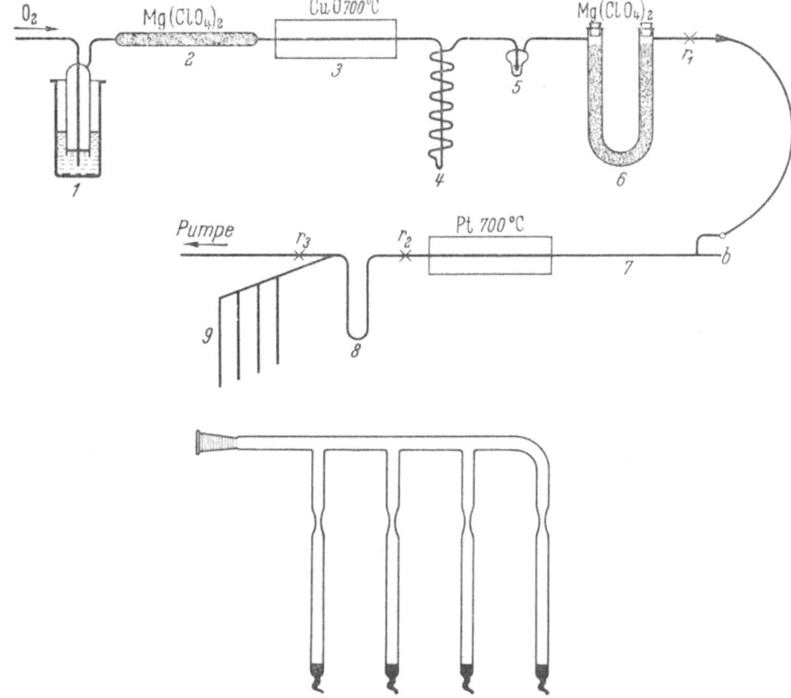

Abb. 63. Apparatur zur Tritiumbestimmung in organischen Verbindungen durch Verbrennen im Sauerstoffstrom; Detail: Rechen mit Bombenrohren, Magnesiummetall enthaltend, für die Umwandlung des Wassers in Wasserstoff [nach CICCARONE, THOMAS u. VERLY (*Ci 1*)]

β) *Verbrennung im Bombenrohr*

Die Verbrennung im Bombenrohr[2] hat den Vorzug, daß eine größere Anzahl von Proben nebeneinander verbrannt werden können und daß Memory-Effekte entfallen. SIMON et al. (*Si 2*) verbrennen analog zu dem an anderer Stelle[3] beschriebenen Verfahren für Kohlenstoff mit Kaliumperchlorat. JACOBSON et al. (*Ja 3*) verwenden Kupferoxyd-Kupfer nach WILZBACH u. SYKES (*Wi 7*)[4], während PAYNE u. DONE (*Pa 9, 10, Do 8*) unter hohem Sauerstoffdruck in einer Metallbombe verbrennen.

SIMON et al. (*Si 2*) verwenden 3—60 mg Substanz mit 80 mg Kaliumperchlorat pro 10 mg und Verbrennungsröhrchen aus Supremax, die an anderer Stelle[3] beschrieben sind. Für die Tritiumbestimmung sind die Röhrchen zweimal — 3 und 6 cm vom oberen Rand — verengt. Sie werden an der äußeren Verengung abgeschmolzen und 40 min auf 650° C erhitzt. Nach dem Abkühlen wird die Bombe mit einem Ende 2—4 cm tief in flüssige Luft getaucht, um Wasser und Kohlendioxyd auszufrieren. Anschließend wird das Kohlendioxyd abgepumpt, während man die Bombe auf —70° C hält. Falls gleichzeitig Kohlenstoff oder ¹⁴C bestimmt werden soll,

---

[1] Die Umwandlung des Wassers in Wasserstoff wird auf S. 231 f. behandelt. — [2] Vgl. S. 189 ff. — [3] Vgl. S. 190 ff. — [4] Vgl. S. 190.

wird die Bombe dabei über einen kurzen Vakuumschlauch und einen Vakuumhahn an H_1 (Abb. 35)[1] angeschlossen und das Kohlendioxyd nach F 2 sublimiert. Nach der Entfernung des Kohlendioxyds bringt man 1 g amalgamiertes Zink in die Bombe, verschließt sie an der zweiten Verengung wieder und erhitzt abermals 40 min auf 650° C[2].

JACOBSON et al. (*Ja 3*) verwenden die Bombenverbrennung mit Kupferoxyd-Kupfer. Die Tritiumausbeute ist bei diesem Verfahren nicht ganz quantitativ, da die Verbrennungsmischung bis zu 3% des Tritiums zurückhält. Bei biologischen Experimenten kann dieser Fehler jedoch vielfach in Kauf genommen werden. Die Apparatur ist in Abb. 64 wiedergegeben. Das Verfahren wurde vor allem für Gewebe und Blut angewendet.

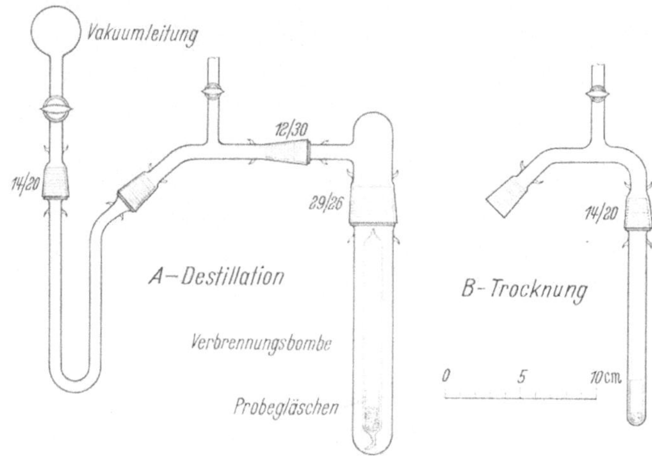

Abb. 64. Anordnung zur Tritiumbestimmung in biologischen Proben durch Verbrennung im Bombenrohr [nach JACOBSON et al. (*Ja 3*)]

Das feuchte Gewebe wird in Stücken — entsprechend 5—25 mg Trockengewicht — in einem tarierten Pyrexröhrchen in Teil B gebracht und durch Evakuieren mit einer Ölpumpe und Eintauchen in ein Wasserbad von 70° C getrocknet. Die flüchtigen Bestandteile werden im U-Rohr mit Trockeneis-Trichloräthylen oder — vorzugsweise — flüssiger Luft kondensiert. In diesem Kondensat kann die Aktivität des Gewebewassers bestimmt werden. Dazu wird der Gewichtsverlust der Probe bestimmt — er entspricht der kondensierten Wassermenge — und die Wassermenge auf insgesamt 100 mg erhöht. Zu dem ausgewogenen Röhrchen mit der Probe werden 0,75 g Kupferoxyd 40—60 mesh und 0,25 g reduziertes Kupfer 40—60 mesh (aus dem CuO bei 300—350° C im Wasserstoffstrom erhalten) zugefügt. Bei Flüssigkeiten (Blut, Gewebe-homogenisate) wird zuerst das Kupfer-Kupferoxyd eingefüllt, dann 0,3 ml Flüssigkeit zugesetzt und im gefrorenen Zustand getrocknet. Die Verbrennungsrohre aus Pyrex 1720 Glas sind 14 cm lang und haben 11 mm Durchmesser[3]. Sie werden mit der Ölpumpe evakuiert, abgeschmolzen und eine Stunde horizontal auf 650 ± 10° C erhitzt. Nach dem Abkühlen werden die Bombenrohre geschüttelt, um Klümpchen und unverbranntes Material zu zerkleinern, und erneut 1 Std. auf 650° C erhitzt. Falls bei größeren Mengen noch verkohltes Material zu erkennen ist, verbrennt man ein drittes Mal. Das Röhrchen wird in die Apparatur Abb. 64 A gebracht, die 0,10 ml Wasser im U-Rohr enthält. Das U-Rohr wird gekühlt und die Apparatur evakuiert. Die Spitze der Bombe wird durch Drehen des Gefäßes abgebrochen und der Hahn zum Vakuum kurz geöffnet. Man destilliert das Wasser 5 min mit geschlossenem Hahn, öffnet dann den Hahn zur Pumpe für 10 min und erhitzt während dieser Zeit 3 min mit einer Flamme. Das Kältebad wird entfernt, Luft eingelassen, die Apparatur auseinandergenommen und das U-Rohr sofort verschlossen. Der Inhalt des U-Rohrs wird mit 5,0 ml 96%igem Alkohol in zwei Anteilen in das Zählgläschen gebracht. Die erste Portion (2 ml) wird von der gebogenen Seite der Falle aus zugesetzt, während das Wasser noch gefroren ist, und mit aufgesetzten Kappen vermischt. Die zweite Portion (3 ml) dient zum Spülen. Es werden 10 ml Szintillator[4] zugegeben. Durch den Wassergehalt des Alkohols (200 mg) und die zum U-Rohr gegebene Menge (100 mg) ist der Wassergehalt konstant, auch wenn die Menge des Verbrennungswassers variiert.

---

[1] S. 191. — [2] Dieser Teil des Verfahrens wird auf S. 231 beschrieben. — [3] Vgl. S. 190.
[4] 7,5 g PPO, 75 mg POPOP, 120 g Naphthalin, 500 ml Xylol, 500 ml Dioxan, vgl. S. 172f.

PAYNE u. DONE (*Pa 9, 10, Do 8*) verbrennen in einer Stahlbombe unter Sauerstoff (Abb. 65). Die Probe wird, in Zigarettenpapier eingewickelt, an einem Nickeldraht befestigt. In die Bombe werden 10—12 g wasserfreies Natriumsulfat gebracht, die das Wasser aufnehmen. Nach dem Verschließen mit der Überwurfmutter F wird Sauerstoff bis zu einem Druck von 20—24 atm eingefüllt und ein Strom von 30 A durchgeschickt. Das nach der Verbrennung am Natriumsulfat adsorbierte Wasser wird anschließend mit Aluminiumcarbid umgesetzt[1].

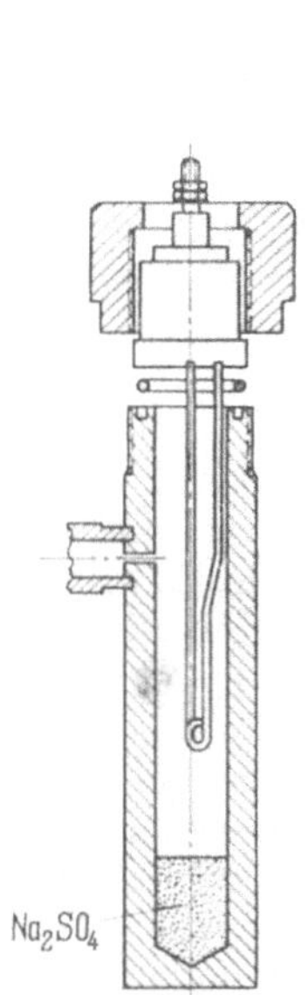

Abb. 65. Stahlbombe zur Verbrennung tritiumhaltiger Verbindungen unter Sauerstoffdruck; das entstehende Wasser wird an Natriumsulfat adsorbiert und anschließend mit Aluminiumcarbid zu Methan umgesetzt [nach PAYNE u. DONE (*Pa 10*)]

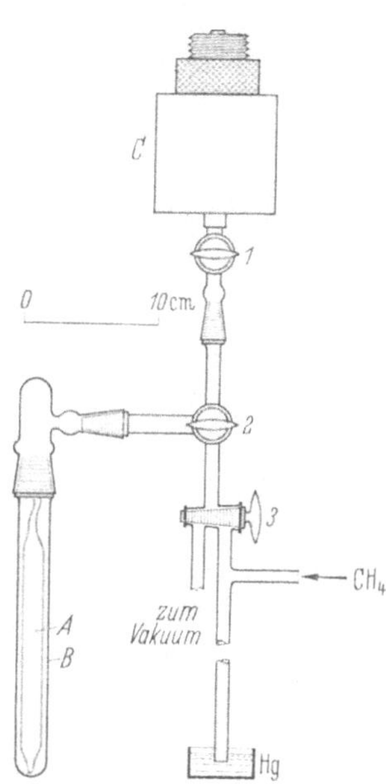

Abb. 66. Apparatur zur Überführung von Wasserstoff-Methan, entstanden durch Umsetzung tritiumhaltiger Verbindungen mit Nickel-(III)-oxyd-Zink im Bombenrohr, in eine Ionisationskammer [nach WILZBACH, KAPLAN u. BROWN (*Wi 6*)]

BOGDANOV et al. (*Bo 1*) zersetzen in Stahlbomben bei 800—1000° C und 200 bis 300 atm Druck durch Pyrolyse und verbrennen die beim Öffnen austretenden Pyrolysegase im Sauerstoffstrom.

c) Überführung in Wasserstoff

α) Umwandlung der Substanz in Wasserstoff-Methan nach WILZBACH

Bei diesem von WILZBACH, KAPLAN u. BROWN (*Wi 6*) angegebenen Verfahren wird die Verbindung durch Erhitzen mit Zinkmetall, Nickel (III)-oxyd und Wasser in einem Bombenrohr in ein Wasserstoff-Methan-Gemisch überführt. Diese Gasmischung wurde von WILZBACH et al. (*Wi 5*) zunächst für Tritiumbestimmungen mit Ionisationskammern benutzt, sie ist jedoch auch zur Füllung von Proportionalzählrohren brauchbar[2,3].

Die Apparatur ist in Abb. 66 wiedergegeben. Die Bombenrohre sind 17 cm lang und haben 11 mm Durchmesser, sie sind aus Pyrex 1720 Glas[4,5]. In die Rohre werden 1,5 g Zinkmetall 40 mesh, 100 mg Nickel-(III)-oxyd[6], 5—6 mg Wasser und 5—10 mg Substanz gegeben. Feste

---

[1] Vgl. S. 234. — [2] SIMON et al. (*Si 2*). — [3] CHRISTMAN (*Ch 6*). — [4] Gewöhnliches Pyrexglas (7740), Quarz und Vycor sind für Wasserstoff durchlässig. — [5] Vgl. auch S. 190.— [6] Nicht jedes Nickeloxyd ist brauchbar[2], bei dem verwendeten Produkt handelt es sich um Nickel-Oxide-Black 1—2792 der J. T. Baker Chemical Co, Phillipsburg, New Jersey, mit einer Zusammensetzung zwischen NiO und Ni_2O_3 (Nickelgehalt 77,0%)[2].

Proben werden in Porzellanschiffchen, Lösungen in Ampullen eingebracht. Die Bombenrohre werden ausgezogen, evakuiert (auf 1 mm), abgeschmolzen und geschüttelt, damit die Ampullen zerbrechen und der Inhalt gut vermischt wird. Die Rohre werden 30 min auf 660—670° C erhitzt[1]. Nach dem Erkalten wird die Bombe in B eingeführt, B evakuiert und durch Drehen die Spitze der Bombe abgebrochen. Das Gas dehnt sich in C aus; der gemessene Bruchteil wird aus den bekannten Volumina der Apparatur berechnet. Anschließend wird die Kammer mit Methan auf eine Atmosphäre aufgefüllt.

Scharpenseel (*Sch 3*) setzt an den Hahn 2 zunächst ein U-Rohr an, das mit flüssigem Stickstoff gekühlt wird. In dieser Falle darf sich nur so viel abscheiden, daß ein Manometer höchstens 0,05 mm Hg anzeigt, andernfalls ist die Verbrennung unvollständig gewesen.

Mit Harnstoff, aromatischen Halogeniden[2], primären Aminen[3], Verbindungen mit Amino- und Halogengruppen[4] werden etwas zu niedrige Werte erhalten, bei Ammoniumsalzen versagt das Verfahren[3].

β) Umsetzung mit Zink oder Magnesium bei höheren Temperaturen

Die Umwandlung von Wasser in Wasserstoff durch Metalle ist nur bei höheren Temperaturen quantitativ, da andernfalls ein Teil des Wassers in Metallhydroxyd überführt wird. Wasserstoff ist kein gutes Zählgas, so daß mit Gasmischungen gezählt werden muß (ausgenommen Ionisationskammern). Weiter ist Wasserstoff nicht kondensierbar und daher nur durch Töpler-Pumpen zu transportieren und vollständig in die Detektoren einzufüllen. In vielen Fällen begnügt man sich damit, einen bekannten Teil der Gesamtmenge in den evakuierten Detektor einströmen zu lassen. Trotz dieser Mängel wird die Umwandlung in und Messung als Wasserstoff am häufigsten zur Tritiumbestimmung verwendet.

Zur Umsetzung von Wasser in Wasserstoff wird Zink bei 400° C[5,6,7] oder neuerdings in Bombenrohren bei 650° C[2,3], Magnesium bei 600° C[10,11,12] oder Magnesiumamalgam bei 400° C[8,13] verwendet. In den älteren Arbeiten wurden im allgemeinen relativ große Glasapparaturen, in denen mit einer Metallfüllung mehrere, oft zahlreiche Proben umgesetzt wurden, angewendet. Diese Apparaturen führen zu sehr starken Memory-Effekten[5,6]; die Umsetzung zu Wasserstoff ist die Hauptquelle für den Memory-Effekt bei der Tritiumbestimmung[12]. Deshalb werden in den neueren Verfahren möglichst kleine Gefäße mit einer frischen Metallfüllung für nur eine Umsetzung angewendet. Die drei Möglichkeiten der Umwandlung seien in Varianten beschrieben, die diesen Gesichtspunkt berücksichtigen.

Der Memory-Effekt ist auf eine Adsorption des Wassers und einen Austausch mit OH-Gruppen der Glasoberfläche zurückzuführen. Für eine typische Apparatur der älteren Bauweise betrug die in die nächste Probe verschleppte Menge z. B. 62 μg Wasser[5].

Dubbs (*Du 1*) verwendet zur Umsetzung mit Zink bei 400° C die in Abb. 67 gezeigte Anordnung.

0,01 ml Wasser oder biologische Flüssigkeiten werden im Proberohr eingefroren. Die Verjüngung wird mit einem Kügelchen aus Aluminiumfolie verschlossen und eine 3 cm lange Schicht aus 0,3 g Zinkstaub-Asbest-Pulver (1 + 1) darauf geschichtet[9]. Während die Probe mit Trockeneis gekühlt wird, wird mit dem 25 Watt-Heizmantel auf 400° C erhitzt und 10 min ausgepumpt. Wenn der Druck konstant ist, wird der Hahn zur Pumpe geschlossen, die Kühlung entfernt und statt dieser ein 50° C warmes Wasserbad untergestellt. In 20 min ist die Probe reduziert. Für jede Probe sollte ein neues Rohr benutzt werden. Die Gaspipette kann jedoch wiederverwendet werden. Die Methode ist zur Deuteriumbestimmung ausgearbeitet worden, für Tritium wären einige kleine Änderungen der Apparatur angebracht.

---

[1] Die Abweichungen in der Durchführung des Verfahrens gegenüber der Originalarbeit[2] beruhen auf einer persönlichen Mitteilung von K. E. Wilzbach (1958). — [2] Wilzbach et al. (*Wi 6*). — [3] Simon et al. (*Si 2*). — [4] Scharpenseel (*Sch 3*). — [5] Graff u. Rittenberg (*Gr 1*). — [6] Alfin-Slater et al. (*Al 3*). — [7] Dubbs (*Du 1*). — [8] Swain et al. (*Sw 1*).— [9] Zinkstaub auf Glaswolle wird von Pinson u. Langham (*Pi 4*) benutzt. — [10] Allen u. Ruben (*Al 4*). — [11] Melander (*Me 5*). — [12] Ciccarone et al. (*Ci 1*). — [13] Henriques u. Margnetti (*He 16*).

Das Verfahren von WILZBACH et al. (*Wi 6*)[1] kann auch zur Zersetzung von Wasser verwendet werden. Dazu werden 1,5 g 40 mesh Zink ins Bombenrohr eingefüllt und 10 min auf 660—670° C erhitzt. SIMON et al. (*Si 2*)[3] verwenden 1 g Zinkamalgam[2] für die aus 3—60 mg Substanz erhaltene Wassermenge und erhitzen 40 min auf 650° C.

Die Bombe wird anschließend in die Apparatur Abb. 68[4], Teil A, gebracht und an H_1 ein Zählrohr oder eine Ionisationskammer Z angesetzt. Über H_2 werden A und Z mit der übrigen Apparatur auf 10^{-2} mm Hg evakuiert. Bei M befindet sich eine Vakuummeßröhre (nicht eingezeichnet). Nun wird H_2 so gedreht, daß nur A und Z verbunden sind. H_3 und H_7 werden geschlossen

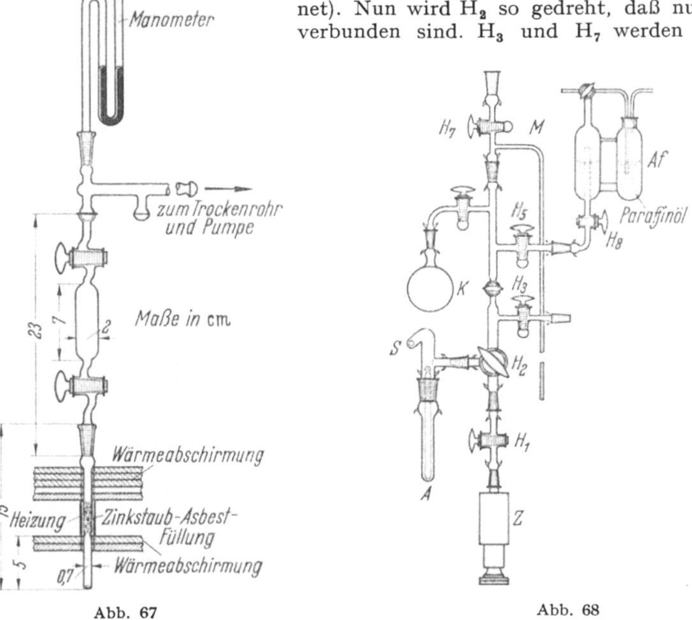

Abb. 67   Abb. 68

Abb. 67. Umwandlung von tritiumhaltigem Wasser in Wasserstoff durch Zinkstaub bei 400° C [nach DUBBS (*Du 1*)]

Abb. 68. Vakuumapparatur zur Füllung von Gaszählrohren oder Ionisationskammern mit Tritium-Wasserstoff, der durch Zersetzung von tritiumhaltigem Wasser mit Zink im Bombenrohr erhalten wird; Erläuterung s. Text [nach SIMON, DANIEL u. KLEBE (*Si 2*)]

und die Apparatur einschließlich des Kolbens K durch Af mit Methan oder Äthan auf Atmosphärendruck gefüllt. H_8 und H_5 bleiben geöffnet, während ein mäßiger Methanstrom fließt. Die Spitze der Bombe wird durch die Stahlkugel S zertrümmert. Nach einer Minute wird H_2 so gedreht, daß A abgetrennt ist und die Verbindung zum oberen Teil der Apparatur hergestellt ist. Dadurch wird der Wasserstoff zwischen H_2 und Z in Z überführt und zugleich auf Atmosphärendruck aufgefüllt. Nach etwa 15 min kann gezählt werden.

Zur Tritiumbestimmung in Urin werden 0,035 ml ausgefroren und im Vakuum durch Zink destilliert, das auf 400° C erhitzt wird[5].

Reines Zink ergibt unter Umständen geringe Blindwerte an inaktivem Wasserstoff, z. B. 0,4 ml aus 3 g nach Erhitzen auf 640° C. Magnesium zeigt diesen Blindwert nicht[6].

Die Umsetzung mit reinem Magnesium muß bei mindestens 550° C vorgenommen werden. CICCARONE et al. (*Ci 1*)[7] verwenden Magnesiumspäne für Grignard-Reaktionen, die vermahlen werden und auf 16—30 mesh ausgesiebt werden. Pro Probe wird ein frisches Röhrchen nach Abb. 64[8] verwendet, das 100 mg Magnesiumpulver enthält. Die Füllung der Röhrchen mit Wasser ist an anderer Stelle[7] bereits

---

[1] Vgl. S. 190. — [2] Zinkgrieß, in schwach schwefelsaurer Lösung mit Quecksilber-(II)-chloridlösung behandelt. Durch die Verwendung von Amalgam wird die Umsetzung mit Sicherheit vollständig. —[3] Vgl. S. 227 f. — [4] Vgl. Abb. 35, S. 191. — [5] SCHUBERT et al. (*Sch 16*). — [6] CICCARONE et al. (*Ci 1*). — [7] Vgl. S. 226 f. — [8] S. 227.

beschrieben worden. Nach dem Füllen werden die Röhrchen abgeschmolzen und eine Stunde auf 550° C erhitzt.

Die Umsetzung mit Magnesiumamalgam bei 400° C soll in der von SWAIN et al. (*Sw 1*) angegebenen Form beschrieben werden. Die Bombenrohre sind aus normalem Pyrexglas, 10 mm Durchmesser, angefertigt, in die 0,3 g Magnesiumgrieß und 0,3 g Quecksilber zusammen mit der Probe eingefüllt werden (Abb. 69).

Das Bombenrohr wird auf 0,05 mm Hg evakuiert, abgeschmolzen und geschüttelt, bis das Proberöhrchen zerbricht und Magnesium und Quecksilber gut vermischt sind. Dann wird 1—2 Std. auf 400—410° C erhitzt. Zum Füllen der Ionisationskammern wird die Apparatur Abb. 69 verwendet. Die Töpler-Pumpe T kann mit verschiedenen Mengen Quecksilber

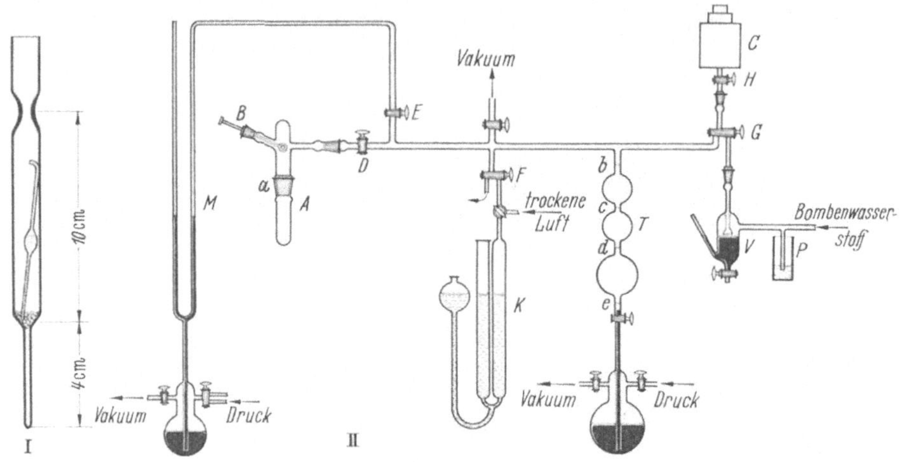

Abb. 69. Bombenrohr (I) zur Umwandlung von tritiumhaltigem Wasser in Wasserstoff durch Magnesiumamalgam be 400° C. (II) Füllapparatur für Ionisationskammern mit manometrischer Mengenbestimmung (M) und Töplerpumpe T [nach SWAIN, KREITER u. SHEPPARD (*Sw 1*)]

gefüllt werden, so daß das Volumen der Apparatur verändert werden kann. Das Volumen zwischen F und G und der Eichmarke b einschließlich Manometer M beträgt 60 ml, während die drei Kugeln zwischen den Eichmarken 50, 50 und 100 ml Inhalt haben. Die Volumeneichung erfolgt durch Abmessung bekannter Luftvolumina in K und Bestimmung des Druckes in der Apparatur nach Eingabe dieses Volumens. Die Volumina von G—H und von C sind ebenfalls bekannt. Das Bombenrohr wird mit Kupfernetz umwickelt und in A mittels B abgebrochen, nachdem vorher auf mindestens 10^{-2} mm evakuiert wurde. D und E werden geöffnet, das Quecksilber in T auf b eingestellt und M abgelesen. G und H werden geöffnet, das Quecksilber in T einige Male zwischen b und e bewegt und dann auf die gewünschte Marke eingestellt. C wird nunmehr mit Wasserstoff über das Ventil V auf eine Atmosphäre aufgefüllt. Man erhält mit Magnesiumamalgam einen Blindwert, der etwa 1 mg Wasser entspricht. Die Reaktion ist auch nach 2 Std. noch nicht ganz vollständig, jedoch sind die gemessenen Aktivitäten gut zu reproduzieren.

γ) Umsetzung mit Calcium bei Zimmertemperatur, sonstige Verfahren

Die Umwandlung von Wasser in Wasserstoff kann mit Calciummetall bei Zimmertemperatur durchgeführt werden. Die Umsetzung ist nicht quantitativ, was kein unbedingter Nachteil ist, wenn Isotopieeffekte ausgeschlossen sind. Das Verfahren ist vor allem von FALLOT et al. (*Fa 1*) empfohlen worden.

FALLOT et al. (*Fa 1*) verwenden ein Kölbchen nach Abb. 70a und eine Füllapparatur nach Abb. 70b. Der Kolbenhals ist 30—40 cm lang, der seitliche Ansatz ist ein Schliff mit einem 20—30 cm langen Rohr. 2,5 ml tritiumhaltiges Wasser werden in eine Ampulle eingewogen und sofort abgeschmolzen. Sie wird mit 15—20 g Calciummetallspänen in den Kolben gebracht, A abgeschmolzen, über B evakuiert und abgeschmolzen. Die Ampulle wird durch Schütteln zerstört und der Kolben 24 Std. stehen gelassen. Dann wird der Kolben an die Füllanlage

Abb. 70b angesetzt, evakuiert und mit dem Eisenkern das Röhrchen B abgebrochen. Mit der Töpler-Pumpe wird der Wasserstoff nach und nach in eine 1,3 l-Ionisationskammer überführt. Isotopieeffekte sind auf Grund der langen Kontaktzeit unwahrscheinlich. Memoryeffekte werden dadurch umgangen, daß für jede Bestimmung neues Calcium verwendet wird und die Kolben sorgfältig mit Salzsäure und Aceton gereinigt und getrocknet werden.

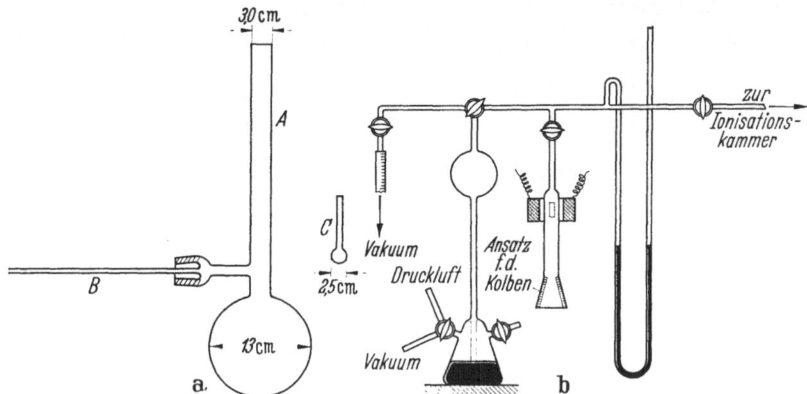

Abb. 70. Umwandlung von tritiumhaltigem Wasser in Wasserstoff durch Calciummetall bei Zimmertemperatur. a) Zersetzungskolben, b) Füllanlage mit Töplerpumpe und Manometer [nach FALLOT, AEBERHARDT u. MASSON (*Fa 1*)]

Die Umsetzung mit Calcium wird zur Bestimmung von Tritium im Urin bei der Überwachung von Arbeitern atomtechnischer Anlagen benutzt. In diesem Falle wird der Detektor schon während des Auftropfens auf Calciummetall an die Apparatur angeschlossen und gefüllt[1,2].

ISBELL u. MOYER (*Is 2*) verdünnen tritiumhaltiges Wasser mit Schwefelsäure und tropfen es in einer evakuierten Apparatur mit angeschlossener Ionisationskammer (Kühlfalle für Wasser dazwischen) auf Magnesiumspäne.

BIGGS et al. (*Bi 2*) verwenden zur Überführung von Wasser in Wasserstoff eine gesättigte Lösung von Lithium-Aluminium-Hydrid in wasserfreiem Diäthylcarbitol. Dieses Verfahren wird auch von TOLBERT (*To 1*) empfohlen (Abb. 71).

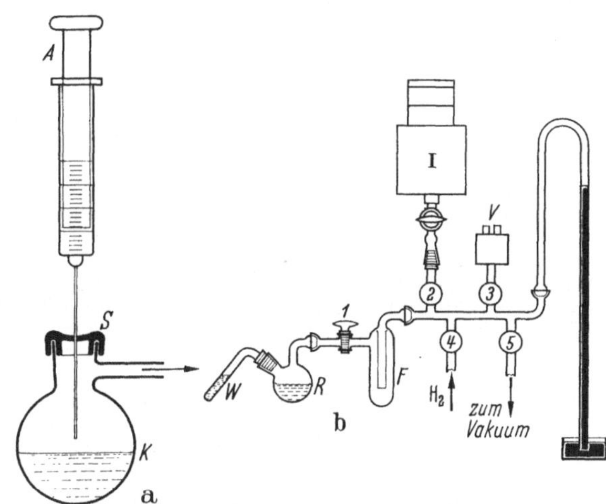

Abb. 71. Umwandlung von tritiumhaltigem Wasser in Wasserstoff durch Lithiumaluminiumhydrid, gelöst in Diäthylcarbitol, a) einfache Durchführung: Die Probe wird langsam durch den Gummistopfen S in den Kolben K mit dem Reagens gespritzt, b) Wasserprobe W, Lithium-aluminiumhydrid in R, Falle F mit flüssiger Luft, I Ionisationskammer, V Vakuummeßgerät [nach TOLBERT (*To 1*)]

d) Umwandlung in andere Zählgase

Es sind verschiedene Verfahren ausgearbeitet worden, um aus tritiumhaltigem Wasser Gase mit guten Zähleigenschaften zu gewinnen. Die Gase sollen möglichst kondensierbar sein, um das Füllen der Detektoren zu erleichtern. Weiter soll die

[1] NIELSON (*Ni 1*).
[2] McCLELLAND (*Mc 2*).

Darstellung bei Zimmertemperatur erfolgen können. Vorgeschlagen wurden vor allem die Umsetzung mit Metallcarbiden zu Acetylen oder Methan und mit Grignard-Reagenzien zu Methan und Butan. Alle Verfahren ergeben eine Aufteilung des Wasserstoffs, nur ein Teil findet sich im Wasserstoffgas wieder. Damit besteht aber die Gefahr von Isotopenanreicherungen:

$$Al_4C_3 \quad + 12\,T_2O = 4\,Al(OT)_3 + 3\,CT_4$$
$$CH_3MgJ + \quad T_2O = MgJOT + CH_3T$$
$$CaC_2 \quad + \quad 2\,T_2O = Ca(OT)_2 + C_2T_2$$

α) Umsetzung mit Metallcarbiden

Durch Zersetzung des Wassers mit Calciumcarbid wird Acetylen[1,2], mit Aluminiumcarbid wird Methan[3,4,5,6] erhalten. Die Reaktion mit Calciumcarbid ergibt theoretisch 50%, praktisch $53 \pm 1\%$ Ausbeute[1]. Sie wird von Finkelstein u. Lesimple (Fi 2) als bestes der vorgeschlagenen Verfahren zur Umwandlung in organische Zählgase empfohlen. Die Anwendung von Aluminiumcarbid ist vor allem von Payne et al. (Wh 2, Pa 9, 10, Do 8) beschrieben worden.

Finkelstein u. Lesimple (Fi 2) füllen 0,1—1,5 ml Wasser in einen 1 l-Kolben, fügen 3 g Calciumcarbid zu, evakuieren und kippen das Carbid in das Wasser. Nach einer Stunde Schütteln wird das Acetylen mit flüssiger Luft kondensiert und in Zählrohre oder Ionisationskammern gefüllt. Tritium wird im Calciumhydroxyd angereichert, jedoch nur um den Faktor 1,025.

Zur Umsetzung mit Aluminiumcarbid werden 0,25—0,30 ml Wasser in ein kupfernes druckfestes Reaktionsgefäß von etwa 2,5 cm Durchmesser und 20 cm Länge zusammen mit 5 g wasserfreiem Natriumsulfat eingefüllt[7]. 3,0 g feingepulvertes Aluminiumcarbid werden, in Filtrierpapier eingewickelt, im Verschluß der Bombe untergebracht, diese zugeschraubt und evakuiert. Man erhitzt $^3/_4$ Std. auf 120° C, kühlt ab und überführt den Inhalt der Bombe ins Zählrohr. Nicht alle kommerziellen Produkte von Aluminiumcarbid geben ein brauchbares Zählgas[3], Erhitzen im Vakuum (10^{-3} mm) auf 200° C verbessert die Qualität[5].

β) Umsetzung mit Grignard-Reagenzien

Grignard-Reaktionen wurden von Robinson (Ro 2, 3) u. Glascock (Gl 1, 2, 3, 5) angewendet. Robinson (Ro 3) benutzt eine Metallapparatur und setzt eine 0,2 ml-Probe mit 8 ml 1 n Methyl-Magnesiumjodid im Vakuum zu Methan um. Es tritt eine leichte Isotopenfraktionierung ein; das Verhältnis der spezifischen Aktivitäten des Wasserstoffs im Methan und Wasser ist 0,227 statt 0,250. Glascock (Gl 1, 2, 3, 5) setzt Wasser mit n-Butyl-Magnesiumbromid bei 120° C im Vakuum um. Das entstehende Butan ist mit flüssiger Luft leicht zu kondensieren. Beide Verfahren sind verhältnismäßig umständlich.

e) Anwendung von Austauschreaktionen

Zur bequemen Einführung von Tritium in die Meßform sind auch Isotopenaustauschreaktionen angewendet worden, von denen einige als Beispiele erwähnt seien. Grundsätzlich ist bei diesen Verfahren mit Isotopieeffekten zu rechnen.

Wasser wurde aus organischen Lösungsmitteln an Calciumoxyd adsorbiert und mit Äthanol umgesetzt, das das Tritium durch Austausch übernimmt[8]. Auch der durch Alkali katalysierte Austausch zwischen Wasser und Aceton wurde zur Überführung von Tritium in ein Zählgas verwendet[9]. Tritiumhaltiges Wasser wurde mit Ammoniumchlorid 10 min stehen gelassen, abdestilliert und das nunmehr im Ammoniumchlorid befindliche Tritium in fester Form gezählt[10]. Zur Einbringung von Tritium in flüssige Szintillatoren wurde der Austausch zwischen Wasser und Toluol in Gegenwart von 50%iger Schwefelsäure ausgenutzt. Die Reaktionszeit betrug 1—2 Tage, die Ausbeute an Tritium in Toluol etwa 25%[11].

---

[1] Wing u. Johnston (Wi 8). — [2] Finkelstein u. Lesimple (Fi 2). — [3] Payne, Done et al. (Wh 2, Pa 9,10, Do 8). — [4] Payne u. Done (Pa 10). — [5] Herczynska (He 22). — [6] Banks et al. (Ba 10). — [7] Vgl. das auf S. 229 beschriebene Verbrennungsverfahren. — [8] Joris u. Taylor (Jo 4). — [9] Bradley u. Bush (Br 1). — [10] Jenkins (Je 3). — [11] Dostrovsky (Do 9).

5. Messung von Tritium

a) Messung als Wasser mit flüssigen Szintillatoren

Reines tritiumhaltiges Wasser kann mit gutem Wirkungsgrad in flüssigen Szintillatoren gemessen werden. Die verschiedenen Systeme zur Einbringung von Wasser in die Szintillatoren werden an anderer Stelle[1] behandelt. Tritiumbestimmungen in Wasser sind mit dem Xylol (Toluol)-Äthanol-Szintillator[2,3,4], dem Dioxan-Naphthalin-[5,6] und dem Xylol-Dioxan-Äthanol-Naphthalin-System[7,8,9] sowie dem Polyäther (611)[10] durchgeführt worden. Angaben über die Zählausbeuten und Empfindlichkeiten werden in Tab. 18[11] gebracht. Wasser stört den Szintillationsvorgang, so daß die Menge, die mit guter Zählausbeute gemessen

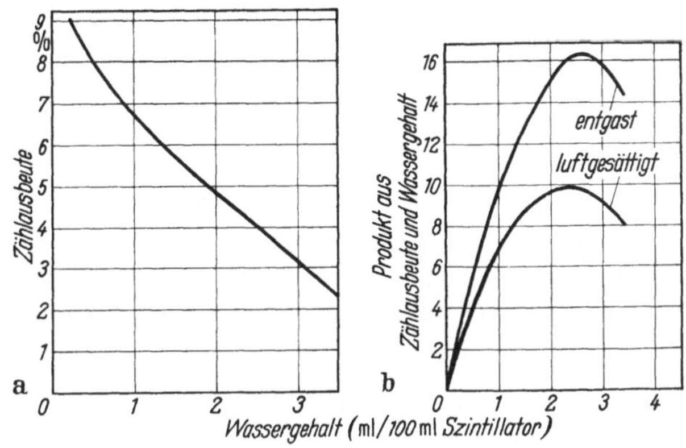

Abb. 72. Zählung von Tritium als Wasser in Alkohol-Toluol-Szintillatoren. a) Absinken der Zählrate mit steigendem Wassergehalt, b) optimale Bedingungen. Die Zusammensetzung der Wasser-Alkohol-Toluol-Mischung entspricht der aus Abb. 27 zu entnehmenden [nach ZIEGLER, CHLECK u. BRINKERHOFF) (*Zi 1*)]

werden kann, verhältnismäßig gering ist. Abb. 72a zeigt das Absinken der Zählausbeute in einem Toluol-Äthanol-Wasser-System. Bei der Messung geringer spezifischer Aktivitäten ist diejenige Wassermenge optimal, die das höchste Produkt aus Wirkungsgrad und Menge ergibt (Abb. 72b). Als am günstigsten erweist sich der Dioxan-Naphthalin-Szintillator[5,6].

Für extrem schwache Proben wurden 170 ml Szintillator in einem fest eingebauten metallischen Meßgefäß benutzt[6]. Nach der Zählung genügt eine Spülung mit Äthanol, um die Probe bis auf eine Restaktivität von 0,01% zu entfernen. Verschiedene Chargen von Dioxan zeigten erhebliche Unterschiede in der Zählausbeute[6]. Die Zählrate von Standardpräparaten sank im Zeitraum von Wochen merklich ab[10].

Es ist möglich, kleine Mengen Wasser als Emulsion in flüssigen Szintillatoren zu zählen[11,12,13,14]. Auch die Suspension eines wasserunlöslichen festen Szintillators, z. B. Anthracen, in tritiumhaltigem Wasser wurde als Meßmethode vorgeschlagen, man erreicht Zählausbeuten von etwa 0,5%[15].

b) Gaszählung als Wasserdampf

Wasserdampf stört in kleinen Mengen den Zählvorgang im Auslöse- oder Proportionalzählrohr nicht. Es können beim Zusatz geeigneter Zählgase durchaus Wasserdampfdrucke bis zu etwa 1,5 cm (entspricht dem Dampfdruck bei Zimmer-

---

[1] Vgl. S. 171 ff. — [2] HAYES u. GOULD (*Ha 25*). — [3] ZIEGLER et al. (*Zi 1*). — [4] HAIGH (*Ha 7*). — [5] WERBIN et al. (*We 7*). — [6] HOURS u. KAUFMAN (*Ho 10*). — [7] KINARD (*Ki 3*). — [8] BIBRON (*Bi 1*). — [9] JACOBSON et al. (*Ja 3*). — [10] GOLD u. SODD (*Go 6*). — [11] Vgl. S. 176. — [12] RADIN (*Ra 5*). — [13] SHAPIRA u. PERKINS (*Sh 1*). — [14] GORDON u. WOLFE (*Go 9*). — [15] STEINBERG (*St 6*).

temperatur) eingestellt werden. Der schwerwiegende Nachteil dieser recht einfachen Methode ist der starke Memory-Effekt. Die Zählrohre können — gleichgültig ob Glas- oder Metallzählrohre verwendet werden — nur durch mehrfaches Spülen mit inaktivem Wasserdampf, langes Auspumpen und Ausheizen wieder auf den Nulleffekt gebracht werden. Das Verfahren wird deshalb nur noch selten benutzt.

In älteren Arbeiten[1,2] wurden geringe Wasserdampfdrucke (bis 2 mm) zusammen mit der klassischen Argon-Äthanol-Füllung verwendet. Spätere Arbeiten ergaben, daß auch bei 1,5 cm Wasserdampfdruck Plateaus von etwa 400 Volt Länge mit geringem Anstieg erhalten werden können, wenn Löschschaltungen von etwa 500 μsec Totzeit[3] angewendet werden. Als Zählgase wurden 10—15 cm Argon-Äthanol[4], 76 cm Helium-Isobutan („Q-Gas")[5], 0,5 cm Xylol — 11 cm Argon[6] oder 13 cm Argon-Äthylformiat (9 + 1) zugesetzt. Die letztere Angabe stammt von FRY (Fr 12), der die Messung als Wasserdampf neuerdings nochmals empfohlen hat. Nach FRY geben die meisten handelsüblichen Glaszählrohre mit Stahlkathode nur nach Ätzen mit einem Gemisch von 18% konzentrierter Salzsäure, 22% konzentrierter Schwefelsäure und 60% Wasser, Spülen mit Wasser und Ausheizen bei 350° C brauchbare Resultate. Im Proportionalzählrohr können bis zu 8 mm Wasserdampf neben 10—20 cm Methan gemessen werden[7]. MERRITT (Me 11) benützt ein auf 90° C gehaltenes Methan-Proportionalzählrohr von 500 ml Inhalt, in das bis zu 10 μl Wasser eingebracht werden.

c) Messung mit der Ionisationskammer

Die Ionisationskammer mit Schwingkondensator-Elektrometer als Anzeigeinstrument[8] wird häufig zur Tritiumbestimmung verwendet. Das Verfahren wurde von BIGGS et al. (Bi 2) empfohlen und von WILZBACH et al. (Wi 5) und VERLY et al. (Ve 4, 6) näher geprüft. Die Methode wurde auch bei biochemischen Arbeiten verwendet[9,10,11]. Insbesondere in Kombination mit der Verbrennungsmethode von WILZBACH et al. (Wi 6)[12] liegt der wesentliche Vorteil darin, daß Schwankungen in der Zusammensetzung des eingefüllten Gases und Verunreinigungen durch Fremdgase in beträchtlichem Umfang auftreten können, ohne das Resultat zu beeinflussen.

Die relative Stromstärke bei konstanter Tritium-Zerfallsrate beträgt z. B. mit Wasserstoff als Füllgas 0,68, Stickstoff 0,82, Kohlendioxid 0,84, Methan 1,00 und Argon 1,06[14]. Nach der Umsetzung mit Zink-Nickeloxyd kann der Anteil des Methans an der Methan-Wasserstoff-Mischung je nach Verbindung zwischen 40 und 80% liegen[13]. Dieser Unterschied würde einen Meßfehler von nur 10% bewirken[14]; selbst dieser Fehler kann nicht auftreten, weil die Kammer mit Methan aufgefüllt wird. Druckänderungen von 40 auf 70 cm Hg verändern die Anzeige bei Methan als Hauptbestandteil um nur 2,5%, bei Wasserstoff um 7%[14]. Neben der nach WILZBACH et al. (Wi 6) erhaltenen Gasmischung sind Wasserstoffgas bzw. Acetylen nach der Umsetzung von Wasser mit Zink[9,15] oder Calcium[10,11] bzw. Calciumcarbid[15] in Ionisationskammern gemessen worden. Memory-Effekte treten nicht auf.[16]

d) Gaszählung als Wasserstoff

Die Gaszählung von Wasserstoff im Auslösebereich ergibt im allgemeinen keine besonders guten Zählrohreigenschaften. Der Füllvorgang ist verhältnismäßig umständlich, da mehrere Gase in definierten Drucken eingefüllt werden müssen. Bei einigen Verfahren werden brauchbare Plateaus nur mit Löschschaltungen erhalten. Deshalb wird in der letzten Zeit vorzugsweise im Proportionalbereich gezählt. Die Zählrohrcharakteristik ist wesentlich besser, der Füllvorgang ist sehr einfach, da in den meisten Fällen mit einem Zählgas auf Atmosphärendruck aufgefüllt wird.

---

[1] PACE et al. (Pa 1). — [2] GRENON u. VIALLARD (Gr 5). — [3] FRY (Fr 12). — [4] CAMERON (Ca 4). — [5] BUTLER (Bu 16). — [6] MEUNIER et al. (Me 13). — [7] DREVER u. MOLJK (Dr 4). — [8] HENRIQUES u. MARGNETTI (He 16) haben eine Ionisationskammer mit einem Quarzfadenelektroskop benutzt, vgl. SCHMEISER, S. 101, Abb. 85. — [9] PINSON u. LANGHAM (Pi 4). — [10] FALLOT et al. (Fa 1). — [11] NIELSON (Ni 1). — [12] Vgl. S. 229f. — [13] ROWLAND et al. (Ro 19). — [14] WILZBACH et al. (Wi 5). — [15] FINKELSTEIN u. LESIMPLE (Fi 2). — [16] VERLY et al. (Ve 4, 6).

Wegen der besseren Zählrohreigenschaften kann mit konstanter Zählspannung gearbeitet werden, während bei den Auslösezählrohren im allgemeinen für jede Füllung eine Charakteristik aufgenommen werden muß. Bei Glaszählrohren treten unter Umständen auch mit Wasserstoff als Füllgas Memory-Effekte auf[1], die bei Metallzählrohren nicht beobachtet werden[2].

Mit reinem Wasserstoff von Atmosphärendruck können brauchbare Plateaus (200 Volt lang, 1%/100 Volt Anstieg) im Auslösebereich erhalten werden, wenn eine Löschschaltung von mindestens 200 μsec Totzeit benutzt wird[3]. Dieses Verfahren ist ebenso einfach wie die Proportionalzählung. Die klassische Argon-Alkohol-Füllung ergibt nur bei geringen Wasserstoffdrucken (1 mm) gute Plateaus[4,5]. Bei Drucken von 1—3 cm sind die Plateaus nur 40—50 Volt lang, selbst bei Anwendung von Löschschaltungen[6,7]. Etwas bessere Resultate geben Wasserstoff-Methan (9 + 1 cm)[8], vor allem Wasserstoff-Toluol (34 + 0,5 cm)[9] und Wasserstoff-Argon-Äthylen[10,11,12]. Typische Zusammensetzungen für die letztgenannte Mischung sind z. B. 2 cm Äthan, 6 cm Argon und 2—10 cm Wasserstoff[10]. Mit einer Löschschaltung von 1,2 msec Totzeit wurden noch mit 70 cm Wasserstoff, 6 cm Argon und 5 cm Äthan Plateaus von 300 Volt Länge erhalten[11]. Mit 15 mm Toluol wurden für Wasserstoffdrucke zwischen 5 und 60 cm gute Plateaus erhalten; im optimalen Bereich (um 15 cm H_2) z. B. 600 Volt lange Plateaus mit < 1%/100 Volt Anstieg[13].

Im Proportionalzählrohr werden vorwiegend Wasserstoff-Methan-Mischungen verwendet[1]. Bei 5 cm Wasserstoff und 65 cm Methan wurden z. B. Plateaus von 1000 Volt Länge erhalten[14]. Mit steigenden Mengen Wasserstoff werden die Plateaus kürzer und verschieben sich zu niedrigeren Spannungen, bei 50 cm Wasserstoff und 26 cm Methan hat man noch ein Plateau von 200 Volt Länge[15]. Der Memory-Effekt scheint bei sorgfältig getrocknetem Wasserstoff nicht aufzutreten[15,16]. Glaszählrohre werden evakuiert, 2—3mal mit Methan gespült und nochmals evakuiert; sie ergeben dann einen normalen Nulleffekt[15]. Bei Metallzählrohren genügt es, zweimal 3—5 min auszupumpen, die Restaktivität ist dann höchstens 10^{-2}—10^{-3}%[2]. Das bei der Verbrennung nach WILZBACH et al. (Wi 6) anfallende Wasserstoff-Methan-Gemisch kann in Proportionalzählrohren nach Auffüllen mit Methan gemessen werden[15,16]. Auffüllen mit Propan auf 50 cm wird ebenfalls empfohlen[17]. Propangefüllte Zählrohre sind besonders unempfindlich gegen Fremdgase.

e) Gaszählung als Methan, Acetylen und Butan

Die nach den oben beschriebenen[18] Verfahren aus Wasser erhaltenen Gase werden — ausgenommen Acetylen — ohne Zusatz anderer Gase gezählt. Memory-Effekte sind nicht zu befürchten, wenn auf die Löslichkeit dieser Gase in Hahnfett geachtet wird.

Methan wurde mit 20—40 cm Druck im Proportionalbereich gezählt[19,20,21]. Die Plateaus sind etwa 300 Volt lang. Mit einem bei 200° C im Hochvakuum ausgeheizten Aluminiumcarbid erhält man ein Methan, das auch im Auslösebereich gezählt werden kann[22]. Butan wurde bei etwa 14 cm Druck im Auslösebereich gemessen[23]. Acetylen wurde mit 1—5 cm Druck, mit Argon auf 8—10 cm aufgefüllt, im Auslösebereich gezählt[24].

f) Messung in strömenden Gasen

Externe Detektoren können bei der weichen Strahlung des Tritiums nicht verwendet werden. Für die Messung bei gaschromatographischen Trennungen wurden Ionisationskammern benutzt, durch die das aus der Trennsäule austretende Gas

[1] BERNSTEIN u. BALLENTINE (Be 11). — [2] SIMON et al. (Si 2). — [3] HEALY u. SCHWENDIMAN (He 2). — [4] GRENON u. VIALLARD (Gr 5). — [5] RIECK et al. (Ri 1). — [6] EIDINOFF (Ei 1). — [7] FRISBY (Fr 11). — [8] MELANDER (Me 5). — [9] FALTINGS (Fa 3). — [10] WOLFGANG u. LIBBY (Wo 5). — [11] BROWN u. GRUMMITT (Br 12). — [12] McCLELLAND (Mc 2). — [13] CAMERON u. PICKETT (Ca 4a). — [14] EIDINOFF et al. (Ei 4). — [15] VERLY et al. (Ve 7). — [16] CHRISTMAN (Ch 6). — [17] ROWLAND et al. (Ro 19). — [18] S. 234. — [19] WHITE et al. (Wh 2). — [20] PAYNE u. DONE (Pa 9). — [21] ROBINSON (Ro 13). — [22] HERCZYNSKA (He 22). — [23] GLASCOCK (Gl 1, 2, 3, 5). — [24] FINKELSTEIN u. LESIMPLE (Fi 2).

Tabelle 18. *Vergleich einiger Methoden*

Verfahren	Detektor	
Feste Präparate im fensterlosen Zählrohr	übliche Ausführung, unabgeschirmt, Präparate 2,0 cm $\varnothing$ (3 cm²) in 1 cm Abstand	
Flüssige Szintillatoren	Koincidenzanlage	25 ml Toluolszintillator, ohne Löschung
		Toluol-Äthanol Xylol-Dioxan-Naphthalin Toluol-Hyamin
		25 ml Toluol-Äthanol Xylol-Dioxan-Naphthalin
		25 ml Dioxan-Naphthalin
		170 ml 25 ml Polyäther 611
		25 ml Suspension
		25 ml Emulsion 3 ml Lösung mit suspendiertem Anthracen
Gaszählung mit Ionisationskammer	250 ml Kammer unabgeschirmt	
Gaszählung mit Gaszählrohr	100 ml Zählrohr, Auslösebereich	
	30 ml Zählrohr, Auslösebereich 60 ml Zählrohr, Auslösebereich, Antikoincidenz 100 ml Zählrohr, Proportionalbereich 100 ml Quarzzählrohr, Auslösebereich, Antikoincidenz	
	200 ml Zählrohr, Proportionalbereich 130 ml Zählrohr, Proportionalbereich 100 ml Zählrohr, Auslösebereich	

[1] Bei den meisten der betrachteten Detektoren sind etwa 2—4 cm Bleiabschirmung vorhanden, die Nulleffekte beziehen sich auf diese Anordnung.

[2] Menge Wasserstoff im Meßpräparat.

[3] Wirkungsgrad: gemessene Zählrate/wahre Aktivität (Zerfallsrate).

[4] Als Grenzaktivität ist diejenige Zählrate (in Impulsen/min, ipm) angegeben, die bei einstündiger Messung einen Meßfehler von $2\sigma = 5\%$ ergibt, wenn der Nulleffekt 10 Std. gemessen wird. Die eingeklammerten Zahlen geben die im äußersten Fall noch nachweisbare Zählrate an, vgl. Tab. 16, S. 218f.

[5] Die Nachweisgrenze ist diejenige wahre spezifische Aktivität (in Zerfällen/min pro mg H, zpm/mg H), die das Meßpräparat haben muß, damit die Grenzaktivität gemessen wird.

[6] Angaben der Quellen, denen die zur Berechnung wichtigen Daten entnommen wurden. In einigen Fällen reichen die Daten nicht aus, z. B. fehlen die Nulleffekte. Diese Daten wurden aus anderen Quellen mit vergleichbaren Bedingungen ergänzt, ohne daß gesondert darauf hingewiesen wird.

[7] Typische organische Verbindung, angenommener Gehalt 10% Wasserstoff.

[8] „Dicke" Schicht, d. h. im Sättigungsbereich der Selbstabsorptionskurve.

[9] $1 \cdot 10^{-16}$ A = 290 zpm. — [10] $1 \cdot 10^{-16}$ A = 190 zpm. — [11] Mit Methan auf Atmosphärendruck aufgefüllt.

zur Bestimmung von Tritium

Bedingungen			Messung				Quellen[6]	Nr.
Meßform	Menge (mg, ml) Schichtdicke (mg/cm²) Druck (cm Hg)	Menge Wasserstoff[2] (mg)	Wirkungs-grad[3] (%)	Nulleffekt[1] (ipm)	Grenz-aktivität[4] (ipm)	Nachweis-grenze[5] (zpm/mg H)		
Verbindung[7]	0,02 mg/cm²	0,006	50	100	70 (1,6)	25000	a	1
	0,2 mg/cm²	0,06	16			7000	b	2
	0,8 mg/cm²[8]	0,24	4			7000	c	3
	20 mg/cm²[8]	6	0,2			6000	a	4
Verbindung	500 mg	50	12	90	70 (1,6)	12	d	5
	30 mg	3				200		6
H_2O	27 mg	3	9			300	e	7
H_2O	27 mg	3	13			200	f	8
trock. Gewebe	140 mg	14	7			70	g	9
Frischgewebe	140 mg	3	7			300		10
H_2O	0,6 ml	66	4	90	70 (1,6)	25	e	11
	0,5 ml	55	13			9	f	12
	1,2 ml	140	14	15	35 (0,4)	1,8	h	13
H_2O	5 ml	550	9	90	70 (1,6)	1,4	v	14
Urin	1,0 ml	110	7	90	70 (1,6)	9	i	15
H_2O	32 ml	3500	6	100	70 (1,6)	0,3	w	16
	5 ml	550	4	90	70 (1,6)	3	x	17
Verbindung	200 mg	20	5	90	70 (1,6)	7	k	18
	30 mg	3	8			30		19
H_2O	1,2 ml	140	8	90	70 (1,6)	6	y	20
H_2O	3,0 ml	330	0,5			40	l	21
Verbindung	100 mg	10	0,5			1300		22
H_2	76 cm	22	[9]	$6 \cdot 10^{-16}A$	$1,0 \cdot 10^{-16}A$	11	m	23
$H_2 + CH_4$	76 cm[11]	3	[10]		$0,8 \cdot 10^{-16}A$	70		24
H_2O (Dampf)	1,5 cm[12]	0,18	80	80	65 (1,5)	450	n	25
H_2	76 cm	2,7	80	25	43 (0,8)	20	o	26
	65 cm[13]	4,7	80	4	30 (0,3)	8	p	27
	25 cm[14]	3,0	80	75	65 (1,5)	25	q	28
				6	32 (0,4)	13	q, r	29
CH_4	20 cm	9,4	80	100	70 (1,6)	25	s	30
	40 cm	3,1[15]	80	100	70 (1,6)	30	t	31
C_2H_2	5 cm[16]	0,5	80	75	65 (1,6)	160	u	32

a) Jackson u. Lampe (*Ja 1*).
b) Ayres et al. (*Ay 2*).
c) Isbell et al. (*Is 1*).
d) Hayes (*Ha 22*).
e) Ziegler et al. (*Zi 1*).
f) Jacobson et al. (*Ja 3*).
g) Herberg (*He 21*).
h) Bibron (*Bi 1*).
i) Langham et al. (*La 6*).
k) Helf et al. (*He 8*).
l) Steinberg (*St 6*).
m) Wilzbach et al. (*Wi 5*).

n) Fry (*Fr 12*).
o) Healy u. Schwendiman (*He 2*).
p) Brown u. Grummitt (*Br 12*).
q) Verly et al. (*Ve 7*).
r) Christman u. Paul (*Ch 8*).
s) White et al. (*Wh 2*).
t) Robinson (*Ro 3*).
u) Finkelstein u. Lesimple (*Fi 2*).
v) Werbin et al. (*We 7*).
w) Hours u. Kaufman (*Ho 10*).
x) Gold u. Sodd (*Go 6*).
y) Shapira u. Perkins (*Sh 1*).

[12] Mit 13 cm Argon-Äthylformiat (9 + 1).
[13] Mit 6 cm Argon und 5 cm Äthylen.
[14] Mit Methan auf Atmosphärendruck aufgefüllt.
[15] Bezogen auf das zur Umsetzung in Methan benutzte Wasser, Reaktionsgleichung:
$CH_3MgJ + T_2O = CH_3T + MgJOT$. — [16] Mit 5 cm Argon.

geleitet wird[1]. Eine bis 250° C brauchbare Kammer ist beschrieben worden[2]. Ebenfalls bei höheren Temperaturen brauchbar sind Proportionalzählrohre besonderer Konstruktion (Abb. 60)[3]. Das Helium als Trägergas für die chromatographische Trennung wird vor Eintritt in das Zählrohr kontinuierlich mit Methan im Verhältnis 1 : 1—1 : 1,4 vermischt. Auf diese Weise kann die Aktivität der an der Säule austretenden Tritiumverbindungen kontinuierlich gemessen und aufgezeichnet werden[4,5].

6. Zusammenfassung und Vergleich der verschiedenen Verfahren

Für die Tritiumbestimmung stehen bei weitem nicht so viele und verschiedenartige Verfahren zur Verfügung wie für die ^{14}C-Bestimmung. Die direkte Messung in Endfensterzählrohren scheidet aus; im fensterlosen Zählrohr ist sie mit geringer Empfindlichkeit möglich, aber verhältnismäßig ungenau und störanfällig. Empfindliche direkte Messungen lassen sich nur mit flüssigen Szintillatoren machen, wobei man mit Störungen durch Löscheffekte und Phosphorescenz zu rechnen hat.

Zur Umwandlung in eine Meßform wird man entweder die Umsetzung mit Zink-Nickeloxyd im Bombenrohr verwenden, durch die man unmittelbar ein brauchbares Zählgas erhält, die aber nicht mit einer C-H—Analyse kombiniert werden kann. Die Verbrennung zu Wasser wird man vorzugsweise ebenfalls im Bombenrohr durchführen. Falls eine Anlage für flüssige Szintillatoren zur Verfügung steht, kann das Wasser sofort gemessen werden. Andernfalls muß in einer zweiten Stufe mit Zink oder Magnesium bei höheren Temperaturen in Wasserstoff umgewandelt werden. Auch bei dieser Reaktion sollten wegen des Memory-Effektes möglichst kleine Reaktionsgefäße benutzt werden. Die anderen Möglichkeiten, aus Wasser Zählgase zu gewinnen (Methan, Butan, Acetylen), sind wohl durch die neueren Verfahren zur Gaszählung von Wasserstoff überholt.

Die Nachweisverfahren sind in Tab. 18 zusammengefaßt[6]. Einige allgemeine Gesichtspunkte über die Eignung der verschiedenen Methoden zur Bestimmung weicher β-Strahler wurden beim Kohlenstoff 14 im Zusammenhang mit der parallelen Tab. 16 (auf S. 217ff.) erörtert. Sie sollen hier nicht wiederholt werden. Für die beiden dort erwähnten Fälle — Bestimmung beim Vorliegen großer Probemengen und bei Substanzmengen von etwa 10 mg — ergibt sich nach Tab. 18 für Tritium folgendes Bild. Für die im allgemeinen verarbeiteten und verbrannten kleinen Mengen sind die Gaszählmethoden etwa um eine Größenordnung empfindlicher als die flüssigen Szintillatoren. Bei den Gaszählmethoden wird man die Proportionalzählrohre mit Wasserstoff-Methan-Füllung vorziehen. Die Empfindlichkeit der Messung von Tritium mit flüssigen Szintillatoren wird nicht wesentlich davon beeinflußt, ob die Substanz selbst gelöst wird oder zuerst verbrannt und als Wasser bestimmt wird. Bei großen Probemengen mit dem praktisch wichtigen Fall der Bestimmung von tritiumhaltigem Wasser in Urin, Blut, Gewebe usw. ergibt sich dagegen, daß die flüssigen Szintillatoren empfindlicher sind als die Gaszählverfahren.

Unabhängig davon, welchem Verfahren man den Vorzug gibt, kann festgestellt werden, daß die Bestimmungsmethoden für Tritium in den letzten Jahren erheblich verbessert wurden. Die wesentlichen Schwierigkeiten sind überwunden.

---

[1] Riesz u. Wilzbach (*Ri 4*).

[2] Mason et al. (*Ma 13*).

[3] Wolfgang u. MacKay (*Wo 6*), vgl. S. 216

[4] Rowland et al. (*Ro 19*).

[5] Wolfgang u. Rowland (*Wo 7*).

[6] Vgl. die Erläuterungen zu der gleichartigen Tabelle für Kohlenstoff 14, Tab. 16, S. 218f..

III. Stickstoff, Sauerstoff, Phosphor und Schwefel

1. Stickstoff und Sauerstoff

Von beiden Elementen sind keine langlebigen Isotope bekannt. Die längsten Halbwertszeiten haben ^{13}N (10,0 min) und ^{15}O (2,0 min). Sie sind in wenigen Fällen als Indicatoren für biochemische und medizinische Untersuchungen verwendet worden[1,2,3]. Beim Sauerstoff besteht die Möglichkeit, mit angereichertem stabilem Sauerstoff 18 zu arbeiten und diesen nach Aktivierung als ^{18}F $(T = 112\ \mathrm{min})$ — ^{18}O(p, n)^{18}F — zu bestimmen[4,5].

^{13}N $(E_{\beta+} = 1,2\ \mathrm{MeV},\ E_\gamma = 0,51\ \mathrm{MeV})$ wird durch ^{12}C(d, n)^{13}N dargestellt, die Ausbeute beträgt 1,0 mc/μAh[6] (bei 8 MeV). Durch die Reaktion ^{14}N(γ, n)^{13}N erhält man 40 mc/l Luft bei 25 MeV und 10 kW[7]. Die Reaktion ^{16}O(γ, n)^{15}O gibt dieselbe Ausbeute[7]. Durch die Reaktion ^{14}N(d, n)^{15}O bekommt man etwa 2,5 mc/μA im Liter Luft[2,3]; die Deuteronenenergie soll nicht höher sein als 3 MeV, um Verunreinigungen durch ^{11}C und ^{13}N auszuschalten. Der Nachweis von ^{13}N oder ^{15}O erfolgt zweckmäßig durch γ-Messung (für ^{15}O vgl. [3]).

2. Phosphor

Günstigstes Isotop ist ^{32}P mit 14,2 Tagen Halbwertszeit und einer β^--Strahlung von 1,7 MeV; γ-Strahlung liegt nicht vor. ^{32}P kann durch ^{31}P(n, γ)^{32}P dargestellt werden. Der in großen Mengen erzeugte trägerfreie ^{32}P wird jedoch nach ^{32}S(n, p)^{32}P gewonnen, eine Reaktion, die mit guter Ausbeute[8] mit langsamen Neutronen im Reaktor durchgeführt wird. Die spezifische Aktivität der als Orthophosphorsäure in verdünnter Salzsäure oder als isotonische Lösung mit p$_\mathrm{H}$ 7 vertriebenen Präparate ist größer als 1000 c/g, die Reinheit besser als 99%. Salze der Phosphorsäure und markierte Verbindungen[9] sind mit etwa 5 mc/mMol zugänglich.

Zur Darstellung von ^{32}P werden Kilogramm-Mengen von bestrahltem Schwefel im geschmolzenen Zustand (120° C) unter Druck bei 125° C oder 135° C mit 0,1—0,2 n HNO$_3$ extrahiert[10,11]. Zur Reinigung von Kationen wird über eine Kationen-Austauschersäule gegeben. Vom gelösten Schwefel, der aktiven ^{35}S enthält, wird durch Ausfällung des ^{32}P an Lanthanhydroxyd abgetrennt; Lanthan wird anschließend an einer Kationenaustauschersäule entfernt[10,11]. Die Darstellung läßt sich vereinfachen, wenn der Schwefel bei der Extraktion nicht geschmolzen wird, sondern in fester Form mit siedendem Wasser, das 2-Octanol als Netzmittel enthält, extrahiert wird[12]. Unter diesen Bedingungen wird Schwefel nicht gelöst. Die Temperatur soll oberhalb von 95,5° C liegen, da durch die Umwandlung des rhombischen in den monoklinen Schwefel während der Extraktion die Ausbeute erhöht wird. Man extrahiert je nach Teilchengröße 70—80% des ^{32}P.[13]

^{32}P enthält unmittelbar nach der Herstellung etwa 1% ^{33}P aus ^{33}S(n, p)^{33}P. ^{33}P ist ein weicher β^--Strahler (0,25 MeV) von 24,4 d Halbwertszeit; er reichert sich deshalb in alten ^{32}P-Präparaten an. ^{33}P wäre für Doppelindicatorversuche mit Phosphor interessant, die Darstellung ausreichender Aktivitäten ist jedoch nur mit an ^{33}S stark angereichertem Schwefel möglich[14].

Die Bestimmung von Phosphor 32 ist verhältnismäßig einfach. Die durchdringende β-Strahlung macht es möglich, einfache Meßanordnungen und Präparationsmethoden einzusetzen. Die Schichtdicke der Präparate braucht nicht so gleichmäßig zu sein wie bei weichen β-Strahlern. Die besonders bequeme Messung als Lösung kann mit guter Zählausbeute angewendet werden. Lediglich bei der Bestimmung stark verdünnter Proben hat man Schwierigkeiten, weil keine γ-Strahlung vorhanden ist.

---

[1] RUBEN et al. (*Ru 1*). — [2] DYSON et al. (*Dy 4*). — [3] TER-POGOSSIAN u. POWERS (*Te 1*). — [4] FOGELSTRÖM-FINEMAN et al. (*Fo 2*). — [5] FLECKENSTEIN et al. (*Fl 3*). — [6] GARRISON u. HAMILTON (*Ga 6*). — [7] MACGREGOR (*Ma 2*). — [8] Wirkungsquerschnitt 20—150 mbarn, vgl. ROCHLIN (*Ro 7*). — [9] Zusammenstellung vgl. (*In 2*). — [10] RUPP (*Ru 6*), RUPP u. BINFORD (*Ru 7*). — [11] ARROL (*Ar 10*). — [12] SAMSAHL (*Sa 7*), SAMSAHL u. TAUGBÖHL (*Sa 8*). — [13] Mit schwachen Neutronenquellen läßt sich ^{32}P in guter Ausbeute durch Bestrahlen großer Mengen CS$_2$ [^{32}S(n, p)^{32}P] bzw. CCl$_4$ [^{35}Cl(n, α)^{32}P] darstellen, vgl. HEVESY (*He 29*), KAMEN (*Ka 8*), MAIER-LEIBNITZ (*Ma 8*). [14] FOGELSTRÖM u. WESTERMARK (*Fo 1*), WESTERMARK et al. (*We 10*).

Die Zählrate fester Präparate ist bei mäßigen Schichtdicken unabhängig von der Schichtdicke[1]. Erst bei 300 mg/cm^2 sinkt sie auf die Hälfte des mit dünner Schicht gemessenen Wertes ab[2]. Äußere Absorber schwächen nur wenig[3], die Halbwertsdicke in Aluminium beträgt 80 mg/cm^2. Die „dicke Schicht" wird erst bei etwa 600 mg/cm^2 erreicht.

Die trockene oder nasse Veraschung ist ohne Schwierigkeiten möglich; beim trockenen Verfahren soll Magnesiumnitrat zugegeben werden, um das Einbrennen in die Tiegelglasur zu verhindern[2]. Vielfach wird man auf das Veraschen verzichten und homogenisierte Gewebeproben usw. verwenden können.

In Tab. 19 sind einige typische Nachweisverfahren zusammengestellt. Für den Vergleich der verschiedenen Methoden maßgebend sind die Spalten „ε^2/NE" und „Nachweisgrenze". Sie charakterisieren die Brauchbarkeit der Verfahren für zwei typische Fälle.

Im ersten Fall ist die zur Verfügung stehende Probemenge gering, etwa bis zu 100 mg Festsubstanz oder 1 ml Lösung. Zum Vergleich dient ε^2/NE, der Wert soll möglichst groß sein. Man erhält mit einfachen Meßanordnungen — Endfensterzählrohr, Flüssigkeitszählrohr, Bohrlochdetektor — etwa dieselbe Empfindlichkeit. Eine Verbesserung bringt erwartungsgemäß das fensterlose Zählrohr und — mit ungleich größerem Aufwand — der flüssige Szintillator und die Szintillatorcapillare.

Im zweiten Fall stehen größere Probemengen zur Verfügung. Hier ist die Messung in Lösung oder Suspension vorteilhaft, deshalb sind die Nachweisgrenzen auf die Volumeneinheit bezogen. Man entnimmt dieser Spalte, daß eine möglichst große Probe zweckmäßig ist. Die Messung im Flüssigkeitszählrohr oder Bohrlochdetektor ist bei 10 ml-Proben etwa gleich empfindlich, letzterer ist bei größeren Mengen überlegen. Eine weitere Steigerung der Empfindlichkeit ist möglich, wenn große Probemengen zur Trockene eingedampft werden oder ^{32}P ausgefällt wird. Dieses Verfahren ist aber zeitraubender als die Messung in Lösung.

Bei der Messung von Lösungen ist auf die Neigung des Phosphors zu achten, an Glas[4], Kunststoff[5] und auch plastischen Szintillatoren[6] adsorbiert zu werden. KAMEN (Ka 9) empfiehlt, ^{32}P-haltige Phosphatlösungen mit mindestens 1/1000 m Träger zu versetzen.

Bei besonders genauen Messungen, geringen Aktivitäten oder neben Fremdaktivitäten läßt sich die Verarbeitung der Probe nicht immer umgehen. Die bisher genannten, einfacheren Verfahren geben im allgemeinen größere Schwankungen.

Die Schwankungen sind durch Ungleichmäßigkeiten der Schicht fester Präparate, Dichteschwankungen der Lösung und schwankende Nulleffekte (Adsorption) beim Flüssigkeitszählrohr bedingt. Bei den Bohrlochdetektoren stört die Adsorption nicht, dafür müssen die Präparateröhrchen aus Kunststoff gleichmäßig dick sein, damit die Schwächung der Strahlung bei allen Präparaten konstant ist[7].

Die bevorzugte Fällungsform, die zugleich zur Auswaage brauchbar ist, ist Magnesiumammoniumphosphat[8]. Aus veraschten biologischen Proben kann diese Verbindung nicht unmittelbar ausgefällt werden, es muß eine selektive Fällung als Ammoniumphosphormolybdat vorausgehen[9,10].

Die Fällung des Ammoniumphosphormolybdats erfolgt in stark saurer Lösung durch Zusatz von Ammoniummolybdat. Aschen sollen zunächst 30 min auf dem Wasserbad stehen, damit Pyrophosphat, das beim trockenen Veraschen entstehen kann, in Orthophosphat umgewandelt wird[11]. Der Niederschlag kann zur Messung benutzt werden, ergibt aber keine besondere Genauigkeit[8] und relativ dicke Schichten. Zur Auswaage ist er nicht brauchbar. Deshalb wird er in Ammoniak gelöst und als Magnesiumammoniumphosphat gefällt. Nach Waschen mit Alkohol und Äther kann als $MgNH_4PO_4 \cdot 6\,H_2O$ ausgewogen werden[8,9]. Beide

---

[1] Vgl. SCHMEISER, S. 87, Abb. 65a, b. — [2] COMAR (Co 3). — [3] Vgl. SCHMEISER, S. 81, Abb. 57. — [4] KAMEN (Ka 9). — [5] GAMBLE et al. (Ga 3). — [6] FUNT u. HETHERINGTON (Fu 2). — [7] MICHEL u. BROWNELL (Mi 2). — [8] HAHN u. ANDERSON (Ha 5). — [9] MACKENZIE u. DEAN (Ma 4). — [10] LOOSE (Lo 3). — [11] ENNOR u. ROSENBERG (En 1).

Tabelle 19. *Vergleich einiger Methoden zur Bestimmung von Phosphor 32*

Detektor, Präparat		Probe-volumen (ml)	Wirkungs-grad[1] (%)	Null-effekt (ipm)	Nachweis-grenze[2] (zpm/ml)	ε^2/NE[4]	Quelle[1]
Endfenster-zählrohr	Lösung eingedampft oder gefällt, Prä-parat 2 cm $\varnothing$	0,2 1,0 10 100	10	20	2000 400 40 4	5	a
	Lösung in 2 cm $\varnothing$- Schälchen	2[3]	2	20	1000	0,2	b
Fensterloses Zählrohr	wie oben	0,2 10 100	60	100	600 12 1,2	36	c
Flüssigkeits-zählrohr	Becherform, 10 ml Inhalt	10	5	10	70	2,5	d
Plastischer Szintillator	Bohrlochform, 20 ml Inhalt 100 ml Inhalt	1,0 18 10 100	20 9 10 5	80 150	300 40 80 16	5 1 0,7 0,2	e, f e
Na J-Bohrloch-kristall	Bremsstrahlungs-messung	5	0,8	240	2500	0,003	g,h
Capillarrohr aus plastisch. Szintillator	Spirale, 2 Multiplier	0,3	75	10	150	550	i
Flüssiger Szintillator	wäßrige Lösung in 60 ml Toluol-Äthanol	1,0	90	150	90	55	k
	Toluol-lösliche Sub-stanz in 25 ml	10[5]	95	70	7	130	
Vielfach-Zähl-rohranlage	6 Zählrohre um 2 l Gefäß	2000	$2 \cdot 10^{-3}$	1200	50		l, m

a) COMAR (*Co 3*). — b) TABERN u. LAHR (*Ta 1*). — c) Vgl. SCHMEISER S. 87, Abb. 65 a u. b. — d) VEALL (*Ve 1*). — e) BOLING (*Bo 2*). — f) MICHEL u. BROWNELL (*Mi 2*). — g) LOE-VINGER u. FEITELBERG (*Lo 2*). — h) GAMBLE et al. (*Ga 3*). — i) FUNT u. HETHERINGTON (*Fu 2*). — k) GUINN (*Gu 1*). — l) VEALL u. FETTER (*Ve 2*). — m) WEHNER u. PETERSON (*We 1*).

Fällungen sind Standardverfahren der chemischen Analyse, so daß eine detaillierte Vorschrift in allen Lehr- und Handbüchern der analytischen Chemie zu finden ist. Als Variante sei erwähnt die Extraktion des Phosphormolybdats durch Isobutanol-Benzol (1 + 1), wobei als Lösung gemessen oder eingedampft wird[6,7]. Das Phosphat kann mit Soda zurückextrahiert und als Magnesiumammoniumphosphat gefällt werden[7]. Ein aliquoter Teil wird zur colorimetri-schen Phosphorbestimmung mit Zinn-(II)-chlorid versetzt[7]. Die Extraktionsmethode dürfte

---

[1] Vgl. die Erläuterungen zu Tab. 16 u. 18, S. 218f., 238f.

[2] Vgl. die Erläuterungen zu Tab. 16 u. 18; die Nachweisgrenze ist hier jedoch auf den Milliliter Lösung bezogen.

[3] „Dicke" Schicht.

[4] (Wirkungsgrad)[2]/Nulleffekt.

[5] Um die Nachweisgrenze bei der Messung einer in Toluol, evtl. unter Zusatz von Hyamin o. ä., gut löslichen Verbindung mit den anderen Verfahren zu vergleichen, wurde angenommen, daß dieselbe Substanz bei anderen Nachweisverfahren in 10 ml eines beliebigen Lösungs-mittels gelöst wird.

[6] ENNOR u. ROSENBERG (*En 1*).

[7] ERNSTER et al. (*Er 7*).

besonders für kleine Phosphatmengen vorteilhaft sein, wenn neben der Aktivitätsmessung eine Mengenbestimmung notwendig ist.

^{32}P kann im allgemeinen ohne Schwierigkeiten neben anderen Isotopen bestimmt werden[1]. Wenn es sich um β,γ-Strahler handelt, wird man eine β-Messung, die beide Isotope erfaßt, und eine γ-Messung durchführen. Von den gebräuchlichen reinen β-Strahlern haben nur wenige eine ähnlich harte Strahlung, so daß ^{32}P in der Regel durch Abdecken der zweiten Komponente mit Absorbern bestimmt werden kann. Bei plastischen Szintillatoren verändert man die Diskriminatoreinstellung. Mit einem Zweikanal-Zählsystem und plastischem Szintillator wurden ^{32}P und ^{131}J in strömendem Blut kontinuierlich nebeneinander bestimmt. Die in den ^{131}J-Kanal (energieärmerer Strahler) fallende ^{32}P-Aktivität wurde automatisch abgezogen[2].

3. Schwefel

a) Isotope

Schwefel 35 ist ein energiearmer β^--Strahler von 87 Tagen Halbwertszeit. Die β^--Energie ist mit 0,167 MeV fast genau gleich der des Kohlenstoffs 14. Andere Schwefelisotope brauchbarer Eigenschaften existieren nicht. Die Darstellung könnte nach ^{34}S(n, γ)^{35}S erfolgen, man zieht jedoch die Reaktion ^{35}Cl(n, p)^{35}S vor, die trägerfreie Präparate ergibt. Sie ist auch im Reaktor mit guter Ausbeute möglich[3]. ^{35}S wird als H_2SO_4 in verdünnter Salzsäure oder isotonische neutrale Lösung mit spezifischer Aktivität von > 1000 c/g und $> 99\%$iger Reinheit geliefert. Zahlreiche markierte anorganische und organische Verbindungen sind zugänglich[4].

Zur Darstellung wird Kaliumchlorid bestrahlt. Es wird in Wasser gelöst; ^{35}S liegt dann als Sulfat vor. Das Kalium wird an einer Kationenaustauschersäule gegen Wasserstoffion ausgetauscht. Das salzsaure Eluat wird eingeengt und die Salzsäure (mit ^{36}Cl) abdestilliert. Die ^{35}SO$_4^{2-}$-Lösung enthält etwas ^{32}P, das man zerfallen läßt oder an einer Säule von Aluminiumspänen adsorbiert[5]. In einer Variante des Verfahrens wird der größte Teil Kaliumchlorid zunächst durch Einleiten von Salzsäuregas ausgefällt[6]. Eine Vereinfachung ist dadurch möglich, daß man ^{35}SO$_4^{2-}$ an einer Anionenaustauschersäule (in der Cl$^-$-Form) adsorbiert. Durch Elution mit 0,1 m HCl wird zunächst ^{32}P, dann ^{35}S desorbiert[7,8].

Bei der Bestimmung sind ähnliche Schwierigkeiten zu überwinden wie bei der ^{14}C-Messung mit einem nicht unwesentlichen Unterschied: ^{35}S wird bei der Anwendung im allgemeinen nicht in dem Umfang verdünnt wie ^{14}C. Es besteht nicht in demselben Maß die Notwendigkeit, hochempfindliche Methoden zu entwickeln und anzuwenden. Der übliche Weg ist folgender: Die Probe wird — soweit eine direkte Messung ausscheidet — naß verascht und dadurch in Sulfat überführt. Das Sulfat wird als Barium- oder Benzidinsulfat gefällt und in fester Form gemessen. Verfahren wie die Messung mit flüssigen Szintillatoren oder die interne Messung in Gaszählrohren, die beim ^{14}C mit Erfolg entwickelt wurden, werden vorerst nur vereinzelt verwendet.

b) Veraschung

Das zur Veraschung notwendige Verfahren hängt von der Art der Probe ab. Einige Verbindungen, z. B. Methionin, lassen sich nur schwer zu Sulfat oxydieren.

Von den gebräuchlichen Verfahren ist zunächst die klassische Methode von Carius — Oxydation mit rauchender Salpetersäure im Bombenrohr — zu nennen.

---

[1] Bei sorgfältigen Messungen fester Präparate ist auf ^{33}P zu achten, dessen Strahlung stark absorbierbar ist; eventuell legt man 50 mg/cm^2 Aluminium auf.

[2] Groom et al. (*Gr 7*). — [3] Wirkungsquerschnitt 16 mbarn, vgl. Rochlin (*Ro 7*). — [4] Zusammenstellung vgl. (*In 2*). — [5] Rupp (*Ru 6*), Rupp u. Binford (*Ru 7*). — [6] Hudswell et al. (*Hu 3*). — [7] Deshpande (*De 5*).

[8] Mit schwachen Neutronenquellen können starke Präparate durch Bestrahlen großer Mengen CCl$_4$ erhalten werden, vgl. Kamen (*Ka 8*), Hevesy (*He 29*), Erbacher u. Laue-Lemcke (*Er 3*).

Sie wurde für die ^{35}S-Bestimmung u. a. von HENRIQUES et al. (*He 14*) u. YOUNG et al. (*Yo 1*) verwendet. Nachteilig ist nicht nur die unbequeme Verwendung der Bombenrohre, sondern auch die erhöhte Verseuchungsgefahr beim Platzen der Bomben[1]. Näher beschrieben sei das von YOUNG et al. (*Yo 1*) angegebene Verfahren.

300—500 mg Frischgewebe (1—2 mg S) werden in Pyrexglasbombenrohren von 2,5 cm Durchmesser und 30—50 cm Länge mit 1,2 ml rauchender Salpetersäure (1,59—1,60) und 5—10 mg Natriumbromid mindestens 4 Std. auf 300° C erhitzt. Falls weniger als 1 mg Schwefel vorliegt, wird Sulfatträger zugegeben. Nach der Veraschung wird auf dem Wasserbad unter Durchsaugen von Luft in einem geschlossenen Kölbchen eingeengt, mit 3 ml Wasser in das Fällungsgefäß überführt, 2 ml 95%iges Äthanol zugegeben und als Benzidinsulfat gefällt. Bei Blutproben hoher Aktivität werden 0,2 ml mit 1 mg Schwefel als Sulfat verascht. Bei niedrigen Aktivitäten werden 1 ml Blut, 1 ml Wasser und 1 ml rauchende Salpetersäure auf dem Wasserbad eingeengt und anschließend mit Natriumbromid und 1 ml rauchender Salpetersäure im Bombenrohr verascht. Tierkörper werden mit rauchender Salpetersäure (0,67 ml/g) versetzt; nach einigen Stunden wird das Fett im Scheidetrichter abgetrennt. Das Volumen der wäßrigen Phase wird bestimmt, 0,5 ml entnommen und im Bombenrohre verascht. Das Fett wird in rauchender Salpetersäure suspendiert, das Volumen gemessen, 1 ml abgenommen und verascht. Von Urin werden 0,2 ml mit Träger, von Faeces nach Homogenisieren ein Aliquot verascht.

Bequemer ist die Veraschung mit Salpetersäure und Perchlorsäure, die jedoch lange Zeit braucht, damit Sulfat erhalten wird[2]. In manchen Fällen mag die Umsetzung mit konzentrierter Salpetersäure ohne Perchlorsäure genügen[3].

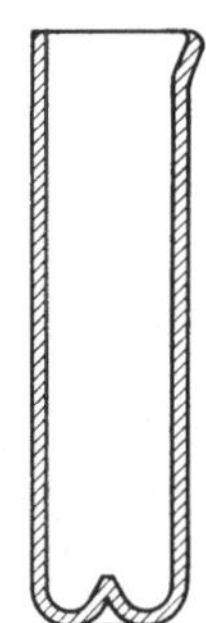

Abb. 73. Zentrifugenglas zur nassen Veraschung und Ba^{35}SO$_4$-Fällung [nach WALKENSTEIN u. KNEBEL (*Wa 5*)]

MAASS et al. (*Ma 1*) verwenden konzentrierte Salpetersäure zur Pseudoveraschung stark aktiver Proben, die anschließend nicht als Sulfat gefällt, sondern zur Trockne gedampft werden. DOHLMAN (*Do 5*) erhitzt zunächst mit rauchender Salpetersäure, dann mit Wasserstoffperoxyd und dampft den Rückstand nach Lösen in Wasser in Bleischälchen ein.

Für die Veraschung mit Salpetersäure-Perchlorsäure haben GAITONDE u. RICHTER (*Ga 2*) und WALKENSTEIN u. KNEBEL (*Wa 5*) fast identische Vorschriften angegeben, von denen die letztere geschildert sei. Es wird ein speziell geformtes Zentrifugenglas von 40 ml Inhalt benutzt (Abb. 73), das das Zentrifugieren und Waschen erleichtert und das Stoßen verhindert. 2 g Gewebe, Blut, Faeces oder 5 ml Urin werden in dem tarierten Glas mit 15 ml einer Mischung aus konzentrierter Salpetersäure und 60%iger Perchlorsäure (3 + 1) versetzt. Wenn das Schäumen abgeklungen ist, werden 50 mg Kupferdraht zugegeben und das Glas — nach dem Ende der Reaktion — zu $^4/_5$ in ein Luftbad von 180° C gebracht. Falls die Lösung nach einer Stunde nicht völlig klar ist, werden nochmals 5 ml Oxydationsmischung zugesetzt. Man bringt zur Trockne (3—5 Std.) und erhitzt im Luftbad auf 280° C. Wenn keine Dämpfe mehr auftreten, wird unter 100° C abgekühlt, 5 ml 1 n HCl zugegeben und zur Lösung erwärmt. Anstelle des Kupferdrahtes kann eine mit Kupfernitrat gesättigte Salpetersäure benutzt werden[4].

KATZ u. GOLDEN (*Ka 14*) verwenden konzentrierte Salpetersäure — 70%ige Perchlorsäure (2 + 1) mit 10 mg Cu(NO$_3$)$_2$ · 3 H$_2$O/ml. Für 2 ml Plasma oder 100 mg Gewebe werden 5 ml Mischung und 2 Tropfen Ammoniumvanadat (1%ig in 20%iger HNO$_3$) benutzt. Die Mischung wird in 30—60 min auf 1—2 ml eingedampft. Bei starker Reaktion wird zunächst mit 5—10 ml 50%iger Salpetersäure vorbehandelt. Man digeriert 2 Std. unter Rückfluß der Perchlorsäure (50 ml Erlenmeyer-Kolben, Glasperlen) und destilliert dann die Perchlorsäure weitgehend ab ($^1/_2$ Std.). Der Rückstand (grüngelb bis orange) soll beim Erwärmen mit 10 ml Wasser glatt in Lösung gehen.

JEFFAY et al. (*Je 1*) wenden eine HNO$_3$-HClO$_4$-Mischung derselben Zusammensetzung an, bei der $^1/_4$ der Salpetersäure mit Magnesiumnitrat gesättigt ist (50—60 g/100 ml). Auf 0,25 g Frischgewebe oder 0,5 ml Serum werden 1 ml, auf 0,5 ml Urin 0,5 ml Oxydationsmischung verwendet. Die Temperatur wird innerhalb von 1—2 Std. auf 260—280° C gesteigert, bis die Mischung trocken ist, und nochmals mit 0,5—1 ml abgeraucht.

---

[1] VON ERICHSEN u. MÜLLER (*Er 6*). — [2] TARVER (*Ta 4*). — [3] TAYLOR et al. (*Ta 5*). — [4] GAITONDE u. RICHTER (*Ga 2*).

In schwierigen Fällen wird die Peroxydschmelze angewendet, eventuell in einer Parr-Bombe[1,2].

DZIEWIATKOWSKI (*Dz 1*) u. MAASS et al. (*Ma 1*) hydrolysieren das getrocknete Gewebe zunächst auf dem Wasserbad in Eisentiegeln 6—8 Std. mit 10 ml 10%iger Natronlauge. Man engt auf 1 ml ein, gibt 4 g wasserfreie Soda zu und läßt über Nacht bei 105° C. Dann werden 4 g Natriumperoxyd zugesetzt und geschmolzen. Die Schmelze wird mit konzentrierter Salzsäure gelöst und neutralisiert. Benzidinsulfat kann aus diesen Lösungen nicht gefällt werden, da die Löslichkeit durch die hohe Salzkonzentration erhöht wird[3].

c) Präparation

Die direkte Messung biologischer Proben oder isolierter Verbindungen ist bei relativ hohen spezifischen Aktivitäten vielfach verwendet worden. Die Genauigkeit wird bei kleinen Mengen, auf Saugpapier eingedampft, mit 2% angegeben[4]. Bei größeren Mengen ist die Genauigkeit geringer (3%[5] bzw. 10%[6]).

Als Beispiele seien erwähnt: 2 Tropfen Blut wurden auf Saugpapier[4]; Blutproben, Plasma, Serum, Urin bis zu 25 mg/cm² direkt in den Schälchen eingedampft[5,6]. Präparate aus Gewebehomogenisaten und Faeces sind auf dieselbe Weise hergestellt worden[7,8]. Proteinfällungen wurden in 1 n Natronlauge[9], Penicillinderivate in Wasser[10] gelöst und eingedampft. Urin und homogenisierte Stuhlproben wurden als Lösung in mit einem Aluminiumfenster verschlossenen Meßschälchen gemessen[11]. Die Wirkung verschiedener Salze auf die Selbstabsorptionskurve wurde von MELCHIOR u. GOLDKAMP (*Me 6*) untersucht.

Zu Sulfat oxydierte Proben werden als Barium- oder Benzidinsulfat gefällt[12]. Benzidinsulfat läßt sich recht gut zu Präparaten verarbeiten, insbesondere bei kleinen Sulfatmengen. Der Niederschlag ist jedoch verhältnismäßig löslich und erfordert daher einen Reagenzüberschuß. Neben großen Fremdsalzmengen fällt er häufig nicht vollständig. Phosphat ergibt ebenfalls eine schwerlösliche Fällung[3]. Die feinen Bariumsulfatniederschläge lassen sich besonders bei kleinen Mengen weniger gut präparieren. Bei einer gegebenen spezifischen Aktivität ergibt Bariumsulfat eine größere Zählrate als Benzidinsulfat, Bleisulfat steht zwischen beiden[13].

Zur *Bariumsulfatfällung*[14] wird die Lösung (25 ml) auf einen p_H-Wert von 0,5—1,0 gebracht und siedend tropfenweise mit einem Überschuß an 5%iger Bariumchloridlösung gefällt, die mindestens eine Woche alt sein soll. Als Fällungsgefäß wird ein Zentrifugenglas nach Abb. 73 verwendet. Man stellt 2 Std. aufs Dampfbad und spült dann den Rand des Glases mit 2 Tropfen 20%igem ,,Tween 80"[15] und anschließend mit Wasser ab. Nach dem Zentrifugieren wird dekantiert, 4 Tropfen 2%iges Tween 80 auf den Rand des Röhrchens gegeben, der Niederschlag mit 0,05 n HNO_3 aufgewirbelt und zentrifugiert. Das Waschen wird wiederholt, wobei aber vor dem Zentrifugieren 20 min auf das Dampfbad gestellt wird. Man wiederholt das Waschen, bis die Waschlösung chloridfrei ist, und wäscht zuletzt zweimal mit 50%igem Alkohol. Die Autoren trocknen in den Fällungsgläschen bei 180° C (2 Std.) und wiegen in den Gläschen aus. Beim Trocknen wird Wasser nicht vollständig entfernt, es entsteht ein Fehler von etwa +3%, so daß bei genauen Messungen Standards auf dieselbe Weise hergestellt werden müssen. Andere Autoren fällen auf ähnliche Weise bei p_H-Wert 3[16]. Zur Präparation durch Sedimentation wird Alkohol[14,17] oder Wasser[18] benutzt.

Zur *Benzidinsulfatfällung* wird der Veraschungsrückstand mit 1 n HCl aufgenommen und auf 1 ml eingeengt. Man stumpft mit 1 n NaOH gegen Kongorot ab und gibt 2—3 ml Wasser und 2 ml 95%igen Alkohol zu. 2 ml Benzidin-Hydrochlorid (5 g in 40 ml 1 n HCl lösen, mit 50%igem Äthanol auf 250 ml verdünnen, aufkochen, filtrieren, in dunkler Flasche aufbewahren) werden zugesetzt und nach 30—60 min (gelegentlich umrühren) filtriert. Man wäscht mit 1 ml Wasser, das mit Benzidinsulfat gesättigt ist, und 1—2 ml 95%igem Äthanol. Diese Vor-

---

[1] VON ERICHSEN u. MÜLLER (*Er 6*). — [2] DAUDEL et al. (*Da 3*). — [3] TARVER (*Ta 4*).— [4] BURR u. WIGGANS (*Bu 11*). — [5] RYAN et al. (*Ry 1*). — [6] PODDAR (*Po 1*). — [7] SCHREIER u. LESOINE (*Sch 12*). — [8] EVERETT u. SIMMONS (*Ev 2*). — [9] GARROW u. PIPER (*Ga 8*). — [10] GORDON et al. (*Go 10*). — [11] WALSER et al. (*Wa 8*). — [12] DOHLMAN (*Do 5*) dampft die Sulfatlösungen in Bleischälchen ein. — [13] GÖTTE u. THEIS (*Gö 5*). — [14] WALKENSTEIN u. KNEBEL (*Wa 5*). — [15] Polyoxyäthylen-sorbitan-monooleat. — [16] LARSON, MAASS et al. (*La 9, Ma 1*). — [17] HENDRICKS et al. (*He 12*). — [18] REZANOVICH (*Re 10*), vgl. S. 151.

schrift gilt für mehr als 0,4 mg Schwefel. Bei 0,05—0,1 mg wird aus 1 ml Lösung mit 1 ml Äthanol und 1 ml Reagens gefällt[1,2].

Um die Selbstabsorption herabzusetzen, sind reine $H_2{}^{35}SO_4$-Lösungen mit Lithiumcarbonat neutralisiert worden und zu Lithiumsulfat eingedampft worden[3,4]. Noch günstiger ist die Überführung in elementaren Schwefel als Meßform[4,5,6], die gegenüber Bariumsulfat die 6fache Zählrate ergibt. Dazu wird mit metallischem Aluminium reduziert, das entstandene Bariumsulfid mit Säure zersetzt und $H_2{}^{35}S$ in 2 n NaOH aufgefangen. Diese Lösung wird in gepufferte Jodlösung eingegossen und der ausfallende Schwefel in der Wärme koaguliert[6].

d) Messung

Schwefel 35 wird fast ausschließlich als Barium- oder Benzidinsulfat in End-fenster- oder fensterlosen Zählrohren gemessen. Die bei ^{14}C neuerdings viel benutzten Gaszählverfahren und flüssigen Szintillatoren werden noch verhältnis-mäßig wenig verwendet.

Veraschungsrückstände können in Glycerin-Dimethylformamid gelöst und mit flüssigen Szintillatoren vermischt werden[7]. Selbstverständlich können alle an anderer Stelle beschriebenen[8] Verfahren zur Einbringung von biologischen Proben und Verbindungen in flüssige Szintillatoren benutzt werden. Thioharnstoffderivate sind in Suspension gemessen worden[9]. Schwefelsäure und Benzidinsulfat wurden durch Amine („Primen 81-R"[8]) eingeführt[10,11].

Zum Auflösen von Veraschungsrückständen [$HNO_3—HClO_4—Mg(NO_3)_2$] wird der trockene Rückstand bei 150° C auf dem Sandbad mit 1,0 ml 100°C heißem Glycerin versetzt und nach dem Abkühlen 6 ml Äthanol-N,N-Dimethylformamid (1 : 3, v/v) zugesetzt. Die Lösung wird mit 10 ml Toluol-PPO-POPOP Szintillator vermischt. Bei größeren Probemengen löst sich der Rückstand u. U. nicht vollständig, wodurch kein Fehler entsteht. Die Ver-aschung wird in den Zählgläschen durchgeführt. Die Zählausbeute beträgt 49%[7]. Die Um-setzung saurer Verbindungen — z. B. $H_2{}^{35}SO_4$ — mit Primenacetat ist an anderer Stelle[8] beschrieben worden. 10 mMol Primen nehmen bis 4 mMol Sulfat ohne wesentliche Löschung auf. Benzidinsulfat kann in Primen gelöst werden, 50 mg löschen aber bereits zu 65%. Bei größeren Mengen wird daher in Alkali-Äther gelöst und an einer Kationenaustauschersäule in Schwefelsäure überführt[10]. Aus Natriumsulfatlösungen kann Sulfat nach Ansäuern mit Wein-säure durch Di-(2-Äthylhexyl)-Amin in Toluol extrahiert werden[11].

Die Messung gasförmiger ^{35}S-Verbindungen mit externen Detektoren macht selbstverständlich keine Schwierigkeiten[12,13]. Die interne Gaszählung ist noch wenig ausgearbeitet. BERNSTEIN u. BALLENTINE (Be 11) erwähnen, daß Schwefelwasser-stoff mit 3,4 cm Partialdruck in Methan-Proportionalzählrohren mit Chrom-kathode ohne Schwierigkeiten gezählt werden kann. MERRITT u. HAWKINS (Me 12) haben Schwefeldioxyd in Methan-Proportionalzählrohren gemessen. Bis 4,5 mm SO_2 haben keinen Einfluß auf das Plateau, bis 7,5 mm sind tragbar.

Zur Umwandlung von Bariumsulfat in Schwefeldioxyd wurde mit einem Überschuß an rotem Phosphor versetzt und unter 50 cm Sauerstoff in einem verschlossenen Kolben elektrisch gezündet. Das Schwefeldioxyd wurde mit flüssigem Sauerstoff kondensiert und durch Destilla-tion gereinigt[14].

Für die Messung in strömenden Lösungen wurden die an anderer Stelle[15] be-schriebenen Detektoren aus plastischem Szintillator[16] bzw. Capillaren aus plasti-schem Szintillator[17] verwendet.

Ein Vergleich der verschiedenen Methoden erübrigt sich. Auf Grund der ähn-lichen Eigenschaften können die für Kohlenstoff 14 gegebenen Tab. 16 u. 17[18] benutzt werden. Als Alternative zur Zählung in fester Form stehen gegenwärtig nur die

---

[1] GAITONDE u. RICHTER (Ga 2). — [2] YOUNG et al. (Yo 1). — [3] COOLEY u. YOST (Co 12). — [4] COOLEY et al. (Co 13). — [5] EATON et al. (Ea 2). — [6] VON ERICHSEN u. MÜLLER (Er 5). — [7] JEFFAY et al. (Je 1). — [8] Vgl. S. 171 ff. — [9] CHEN (Ch 1). — [10] RADIN u. FRIED (Ra 6). — [11] RADIN (Ra 5). — [12] NORRIS (No 2). — [13] MAI u. BAB (Ma 7). — [14] MERRITT u. HAWKINS (Me 12). — [15] Vgl. S. 162ff. — [16] SCHRAM u. LOMBAERT (Sch 10, 11). — [17] KIMBEL u. WIL-LENBRINK (Ki 2). — [18] S. 218 ff.

flüssigen Szintillatoren zur Verfügung. Die Gaszählmethoden sind für die Serienmessung noch nicht genügend entwickelt; die Überführung in geeignete Zählgase ist zu umständlich. Es erscheint fraglich, ob größere Mengen ^{35}S-haltiger Gase in die Zählrohre überhaupt eingebracht werden können, so daß möglicherweise die interne Gaszählung nicht die Vorteile bietet, die ihre breite Anwendung beim ^{14}C rechtfertigen.

IV. Halogene

1. Fluor

Fluor 18[1], ein β^+-Strahler von 1,87 Std. Halbwertszeit, kann im Cyclotron durch die Reaktionen $^{18}O(p, n)^{18}F$, $^{18}O(d, 2n)^{18}F$ und $^{16}O(\alpha, pn)^{18}F$ dargestellt werden. Bei kleineren Beschleunigern kann die Reaktion $^{19}F(n, 2n)^{18}F$ in Verbindung mit einem Szilard-Chalmers-Prozeß[2] benutzt werden. Im Reaktor wird ^{18}F durch Bestrahlung von Lithiumcarbonat mit Neutronen gewonnen. Aus dem Lithium entsteht zunächst nach $^6Li(n, \alpha)t$ Tritium, das über $^{16}O(t, n)^{18}F$ das gewünschte Isotop ergibt[3].

Mit dem Cyclotron erhält man nach $^{16}O(\alpha, pn)$ ^{18}F bei 38 MeV 5,0 mc/μAh[4]. Reaktionen am ^{18}O sind durch die geringe Häufigkeit dieses Isotops benachteiligt, so daß an ^{18}O angereichertes Wasser verwendet wird[5,6,7]. Mit 3% ^{18}O bekommt man bei 10 MeV Aktivitäten von $6-9 \cdot 10^7$ Impulsen/min. Als Target wird Wasser benutzt, man erhält sofort eine trägerfreie wäßrige Lösung von ^{18}F[5,6,7,8,9,11]. Mit Borsäure als Target entsteht das ^{18}F überwiegend als Gas und kann in Wasser aufgefangen werden[10]. Die Reaktion $^{18}O(d, 2n)^{18}F$ ergibt bei 16 MeV 0,2—0,4 mc/μAh[10]. Bei der Darstellung im Reaktor wird das bestrahlte Lithiumcarbonat in wenig Salzsäure gelöst und über eine mit 0,5 n HCl vorbehandelte Aluminiumoxydsäule gegeben. ^{18}F wird adsorbiert und von ^{24}Na und anderen Kationen getrennt. Anschließend wird ^{18}F mit 50 ml 0,1 n NaOH eluiert. Man erhält aus 10 g Lithiumcarbonat nach 24 stündiger Bestrahlung mit $4 \cdot 10^{12}$ Neutronen/cm² sec Fluß etwa 7 mc[3].

Die Bestimmung von ^{18}F macht keine Schwierigkeiten. Neben der β^+-Strahlung (0,65 MeV) treten Vernichtungsquanten auf. Man wird deshalb vorzugsweise Szintillationszähler verwenden[8,9].

Gewebe wurde mit 20%iger Natronlauge zersetzt und in Schälchen unter Endfensterzählrohren gemessen[6]. Ebenfalls mit Endfensterzählrohren wurde ^{18}F im Zahnschmelz bestimmt. Andere Autoren[11] haben nach Lösen der Zähne in Salzsäure die Lösung gezählt. Als Meßform im festen Zustand wurde PbClF benutzt[1]. Verfahren zur Messung gasförmiger Fluorverbindungen sind ebenfalls beschrieben worden[1].

2. Chlor

Chlor 36 fällt bei der Darstellung von ^{35}S durch Bestrahlung von Kaliumchlorid im Reaktor an[12]. Die Bildungsreaktion ist $^{35}Cl(n, \gamma)^{36}Cl$. Es handelt sich um einen langlebigen β^--Strahler ($T = 3,1 \cdot 10^5$ Jahre, $E_\beta = 0,71$ MeV, keine γ-Strahlung). ^{36}Cl wird in spezifischen Aktivitäten von 100—200 μc/g Cl geliefert.

Falls die spezifische Aktivität oder die Eigenschaften ungünstig sind, kann in der Nähe von Bestrahlungsanlagen mit ^{34}Cl ($T = 32$ min) oder ^{38}Cl ($T = 37$ min) gearbeitet werden. Beide Isotope haben harte β-Strahlung (oberhalb 4 MeV) und γ-Strahlung (oberhalb 1 MeV). ^{34}Cl ist durch $^{31}P(\alpha, n)$ oder $^{33}S(d, n)$, ^{38}Cl durch $^{37}Cl(d, p)$ zu gewinnen[13]. Im letzteren Falle erhält man bei 14—16 MeV 20—40 mc/μAh[13,14]. ^{38}Cl ist auch im Reaktor durch $^{37}Cl(n, \gamma)$ darzustellen. Man erreicht 60 mc/g Cl und kann die spezifische Aktivität durch Szilard-Chalmers-Trennung noch erheblich steigern. Beim Bestrahlen von Chlorbenzol mit 0,1 Vol.-% Anilin im Reaktor wurden beim Ausschütteln mit Wasser 60—80% des ^{38}Cl mit einem Anreicherungsfaktor von etwa

[1] Vgl. die Übersicht von Adams et al. (*Ad 1*). — [2] Aten et al. (*At 1*). — [3] Stang et al. (*St 1*). — [4] Garrison u. Hamilton (*Ga 6*). —[5] Hein et al. (*He 4*). — [6] Hein et al. (*He 5*). — [7] Carlson et al. (*Ca 7*). — [8] Myers et al. (*My 1*). — [9] Wallace-Durbin (*Wa 7*). — [10] Kamen (*Ka 9*). — [11] Volker et al. (*Vo 1*). — [12] Vgl. S. 244. — [13] Kamen (*Ka 8*), der auch die chemische Verarbeitung beschreibt. — [14] Clarke u. Irvine (*Cl 1*), Irvine (*Ir 1*).

4000 in der wäßrigen Phase gefunden[1]. Beim Bestrahlen von Polyvinylchlorid und chlorierten Polyäthylenen, als Pulver in Wasser suspendiert, findet man $50-60\%$ des ^{38}Cl mit einer etwa 300fachen Anreicherung in der wäßrigen Phase[1].

In Urin, Plasma usw. kann ^{36}Cl ohne Störung durch Eindampfen bestimmt werden[2]. Isolierte Verbindungen wurden mit sehr guter Genauigkeit nach Sedimentation gemessen[6]. Durch 91 mg/cm^2 Schichtdicke wird die Zählrate auf die Hälfte vermindert. Gewebe wird man möglichst ohne Veraschung, z. B. nach Trocknung oder alkalischer Zersetzung und Eindampfen, messen. Falls sich eine vollständige Veraschung nicht vermeiden läßt, kann nur der alkalische Aufschluß[3], eventuell in der Parr-Bombe[4], angewendet werden.

Comar (*Co 5*) dampft 5 g Gewebe mit 20 ml 5%iger Sodalösung in einer Platinschale zur Trockne und erhitzt auf Rotglut. Die Schmelze wird mit heißem Wasser ausgelaugt, der Rückstand verglüht und mit Säure extrahiert. Beide Extrakte werden vereint.

Als Meßform nach dem Aufschluß kommen Silberchlorid und Quecksilber-(I)-chlorid in Frage[5]. Beide ergeben, in etwa 1 n HNO$_3$ durch Silber- bzw. Quecksilber-(I)-nitrat gefällt, bei sorgfältiger Ausführung sehr genaue Resultate. Bei der Messung erhält man im Flowcounter die 10fache[7], im Flüssigkeitszählrohr 1/20[5] der mit dem Endfensterzählrohr gemessenen Zählrate. Messungen als Lösung[8] oder Suspensionen[9] in flüssigen Szintillatoren ergeben Zählausbeuten von $80-70\%$.

3. Brom und Astat

Langlebigstes *Brom*isotop ist ^{82}Br mit 36 Std. Halbwertszeit, weicher β^--Strahlung (0,44 MeV) und zahlreichen harten γ-Linien[10]. Es wird im Reaktor mit etwa 400 mc/g Br durch Bestrahlung von Ammoniumbromid erhalten. Mit organischen Bromverbindungen, z. B. Brombenzol, läßt sich die spezifische Aktivität steigern[11]. Zur Bestimmung in Plasma und Urin wurde in Meßschälchen eingetrocknet[12]. Die Selbstabsorption macht sich schon bei 1 mg/cm^2 bemerkbar[12]. Gewebeproben wurden nach Zersetzung mit Kalilauge in Meßschälchen eingedampft[13]. Im allgemeinen wird man die γ-Messung bevorzugen. Nasse Veraschung ist in Gegenwart von Silbernitrat möglich[14]. Zur Veraschung wurde Natriumperoxyd in der Parr-Bombe benutzt[4]. Als Fällungs- und Meßform ist Silberbromid verwendet worden[16].

Für *Astat* wird ^{211}At, mit 7,2 Std. Halbwertszeit durch α-Strahlung und Elektroneneinfang zerfallend, benutzt. Es entsteht durch ^{209}Bi $(\alpha, 2n)$ bei 29 MeV mit etwa 150 μc/μAh[17]. Zur Abtrennung wird Astat aus der bestrahlten Wismut-Gold-Legierung bei 700° C auf einen mit flüssiger Luft gekühlten Kühlfinger destilliert, mit physiologischer Kochsalzlösung und etwas Natriumsulfit abgelöst und zur Entfernung von Radiokolloiden zentrifugiert[17]. Anstelle der früher üblichen α-Messung nach Veraschung und Fällung wird neuerdings die γ-Zählung der charakteristischen Röntgenstrahlung (80 keV) bevorzugt, die direkt mit der Probe durchgeführt wird[15,18].

4. Jod

a) Isotope

Das wichtigste Jodisotop ist ^{131}J ($T = 8{,}0$ Tage, $E_{\beta^-} = 0{,}61$, $E_\gamma = 0{,}36$ MeV[19]). Für diagnostische und therapeutische Zwecke werden noch ^{132}J ($T = 2{,}26$ Std., harte β^-- und γ-Strahlung[19]) und ^{133}J ($T = 20{,}8$ Std., β^-- und γ-Strahlung[20]) verwendet. Letztere sind für diesen Zweck nicht nur wegen ihrer kürzeren Halbwertszeit, sondern auch wegen ihrer günstigeren Strahlungseigenschaften vorteilhaft.

Die mittlere β-Energie $(\overline{E}_\beta)$, die mittlere γ-Energie $(\overline{E}_\gamma)$ und das Verhältnis $\overline{E}_\beta/\overline{E}_\gamma$ betragen für ^{131}J, ^{132}J und ^{133}J: $\overline{E}_\beta$ 0,19, 0,49 und 0,41 MeV/Zerfall, $\overline{E}_\gamma$ 0,40, 2,0 und 0,58 MeV/Zerfall

[1] Sharp et al. (*Sh 2*) — [2] Kelly et al. (*Ke 1*). — [3] Comar (*Co 5*). — [4] Daudel et al. (*Da 3*), vgl. S. 139. — [5] Kahn et al. (*Ka 3*). — [6] Sorensen (*So 1*). — [7] Borkowski (*Bo 6*.) — [8] Guinn (*Gu 1*). — [9] Helf et al. (*He 8*). — [10] Vgl. Schmeiser S. 52.

[11] Brombenzol ergibt Anreicherungsfaktoren von besser als 400 und Ausbeuten von etwa 50%, vgl. Sharp et al. (*Sh 2*). Eine Übersicht über die zahlreichen Arbeiten findet man bei Barnes et al. (*Ba 19*).

[12] Reid et al. (*Re 7*). — [13] Twombly u. Schoenewaldt (*Tw 1*). — [14] Moore et al. (*Mo 1*). — [15] Asling et al. (*As 1*). — [16] Winteringham (*Wi 12*). — [17] Parrott et al. (*Pa 4*). — [18] Hamilton et al. (*Ha 10*). — [19] Nähere Angaben vgl. Schmeiser, S. 54/55. — [20] E_β 1,3 (94%) und 0,4 (6%) MeV, E_γ 0,52 (94%), 0,85 (5%) und 1,4 (1%) MeV.

und $\overline{E}_\beta/\overline{E}_\gamma$ 0,47, 0,24 und 0,71. Für therapeutische Zwecke wurde noch [124]J vorgeschlagen[1], ein vorwiegend durch Elektroneneinfang zerfallendes Isotop ($T = 4,5$ Tage) mit besonders hoher $\overline{E}_\beta$ von 0,82 MeV/Partikel. [124]J kann durch [124]Te(p, n) oder [124]Te$(d, 2n)$ gewonnen werden, entsteht aber zusammen mit zahlreichen Jodisotopen, von denen vor allem [126]J (13 d), [130]J (12 h) und [131]J (8 d) stören. Im [125]J steht ein langlebiger Indicator zur Verfügung ($T = 60$ Tage), der jedoch schlecht zu messen ist[2].

[131]J wird auf zwei Wegen erhalten. Durch Bestrahlen von Tellur mit Neutronen entsteht es nach $^{130}\text{Te}(n, \gamma)^{131}\text{Te} \xrightarrow[\text{25 min}]{\beta^-} {}^{131}\text{J}$. Bei der Uranspaltung wird es als Folgeprodukt von [131m]Te ($T = 1,2$ Tage) und [131]Te ($T = 25$ min) erhalten. [132]J und [133]J sind nur durch Uranspaltung darzustellen, ihre Muttersubstanzen [132]Te und [133]Te haben 3,2 Tage bzw. 1,1 Std. Halbwertszeit. Alle drei Jodisotope werden trägerfrei gewonnen. Bei [131]J werden spezifische Aktivitäten von besser als $1 \cdot 10^4$ c/g J und eine Reinheit von besser als 99,9% erreicht. Viele markierte Jodverbindungen sind im Handel[3].

Bei der Gewinnung von [131]J wird das bestrahlte Tellur in chromtrioxydhaltiger Schwefelsäure gelöst, das zum Jodat oxydierte Jod mit Oxalsäure reduziert und abdestilliert[4]. Einfacher ist die trockene Destillation aus bestrahltem Tellurdioxyd im Hochvakuum bei 700° C[5]. Die Destillation aus wäßriger Lösung kann durch Verwendung von Tellursäure als Ausgangsprodukt vereinfacht werden, da die oxydierende Auflösung des Targets und die Reduktion des Jods entfallen[6]. Wegen der verhältnismäßig geringen Ausbeute des Te$(n, \gamma \beta)$-Prozesses (6 mc/g Te) wird der größte Teil des [131]J heute aus bestrahltem Uran gewonnen. Aus 1 kg Uran, das 2 Wochen bestrahlt wurde, erhält man etwa 1 c [131]J. Beim Auflösen des Urans in Salpetersäure wird der größte Teil des Jods verflüchtigt. Das überdestillierte Jod wird durch weitere Destillationen gereinigt[7,8]. Es enthält etwa 10 μg [129]J/kg U ($T = 1,7 \cdot 10^7$ Jahre), ohne das die Destillation schwierig ist[7]. Trägerfreies Jod ist nur unter ganz bestimmten Bedingungen mit guter Ausbeute zu destillieren[9].

[132]J wird im Gleichgewicht mit seiner Muttersubstanz [132]Te ($T = 3,2$ Tage) verschickt und aus dieser unmittelbar vor Gebrauch abgetrennt. Am nächsten Tag hat sich [132]J erneut nachgebildet. Aus einem Vorrat von [132]Te kann etwa 2 Wochen lang laufend [132]J entnommen werden. Das aus frischem [132]Te abgetrennte [132]J enthält maximal 0,3% [131]J[10, 11, 12]; mit zunehmendem Alter des [132]Te sinkt der Gehalt an [131]J, da dessen Muttersubstanz [131]Te ($T = 1,2$ Tage) schneller zerfällt als [132]Te.

Zur Abtrennung von [132]Te aus Uran wird die salpetersaure Lösung über eine Aluminiumoxydsäule gegeben. Nach dem Waschen mit verdünnter Salpetersäure, Wasser und verdünntem und konzentriertem Ammoniak wird das trägerfrei adsorbierte Tellur mit 2—4 m Natronlauge desorbiert[13]. Bei einem anderen Verfahren wird das [132]Te mit Träger durch Zinn-(II)-chlorid als elementares Tellur gefällt[11]. Als „[132]J-Generator" wird eine Aluminiumoxydsäule (2,5 cm Durchmesser, 15 cm lang, 20 g Inhalt) verwendet, die mit der trägerfreien Tellurlösung bei pH-Wert 8 beladen wird. Sie wird mit Wasser und verdünntem Ammoniak gewaschen und trocken verschickt. Zur Entnahme von [132]J werden 25 ml 0,01 m Ammoniak aufgegeben. Das Eluat enthält 65% des [132]J mit 10^{-3}% des Tellurs[10,13]. Die Abtrennung des [132]J kann auch durch Destillation erfolgen[11]. Unter bestimmten Bedingungen bildet sich das [132]J als freies Jod nach; zur Entnahme genügt es dann, einen Luftstrom durchzusaugen[14].

[133]J wird aus bestrahltem U_3O_8 gewonnen, das in 20%iger Schwefelsäure durch Zutropfen von Wasserstoffperoxyd gelöst wird. Dabei geht das [133]J über. Pro Ansatz werden etwa 150 mc gewonnen[10]. Etwa 10 Std. nach Bestrahlungsende stellt das [133]J 47% der Aktivität, 3%, 35% und 15% entfallen auf [131]J, [135]J und [132]J[10]. Die beiden letzten Isotope klingen mit 6,7 Std. bzw. 2,3 Std. schneller ab als [133]J, [131]J reichert sich dagegen an.

---

[1] Dyson u. Francois (*Dy 2*).

[2] Elektroneneinfang mit 0,035 MeV γ-Strahlung, stark konvertiert. Darstellung durch [125]Te(p, n) mit 62 μc/μAh bei 22 MeV (Martin et al., *Ma 11*).

[3] Zusammenstellung vgl. (*In 2*). — [4] Kenny u. Spragg (*Ke 4*). — [5] Samsahl u. Taugböhl (*Sa 8*). — [6] Constant (*Co 8*). — [7] Arrol et al. (*Ar 11*). — [8] Rupp (*Ru 6*). — [9] Kahn et al. (*Ka 4*). — [10] Stang et al. (*St 1*). — [11] Cook et al. (*Co 9*).

[12] Kurven über die zweckmäßige Nachbildungszeit und den [131]J-Gehalt in Abhängigkeit vom Alter des [132]Te findet man bei Winsche et al. (*Wi 11*).

[13] Tucker et al. (*Tu 2*). — [14] Arnott u. Peruma (*Ar 6*).

Tabelle 20. *Vergleich einiger Nachweisverfahren für Jod 131*

Detektor, Präparat		Probe-volumen (ml)	Wirkungs-grad[1] (%)	Null-effekt[1] (ipm)	ε^2/NE	Nachweis-grenze[1] (zpm/ml)	Quelle[1]
Endfenster-Zählrohr	Festes Präparat[2], 2 cm ⌀, mäßige Schichtdicke	1 10 100	10	20	5	400 40 4	a
Fensterloses Zählrohr	Festes Präparat[2], 2 cm ⌀, mäßige Schichtdicke	1 10 100	40	100	16	170 17 1,7	a, n
Endfenster-Zählrohr	Zählrohr umgekehrt, Lösung in Pappbecher aufgestellt	5	0,6	45	0,008	1700	b
Flüssigkeits-Zählrohr	Becherform nach VEALL	10	0,4	9	0,018	900	c
	Becherform nach MARINELLI	150	0,12	15	0,001	200	d
	„Texas"-Zählrohr	75	8	300	0,21	18	a
Plastischer Szintillator	Bohrlochform	1	5	200	0,12	2000	e
Vielfach-γ-Detektor	6 γ-Zählrohre um große Probe	2000	0,4	1200	$1 \cdot 10^{-4}$	30	f, g
NaJ-Szintilla-tionskopf	40 × 25 mm Vollkristall, Probe auflieg.	10	15	60	4	40	h
	18 × 24 mm, Probe in Ringbecher	10	6	28	1,3	75	i
	45 × 50 mm Bohrlochkristall mit 18 × 38 mm Bohrung	4	40	300 190[3]	5 8	70 55	k, n
	desgl. mit 35 × 40 mm Bohrung	20	25	400 230[3]	1,6 2,3	25 18	k, n
	75 × 75 Bohrlochkristall mit Einkanal-Impulshöhenanalysator	4	18	10	32	50	l
	60 × 60 mm Bohrlochkristall mit Ringbecher	300 500 1000 1500	13 12 10 8	480	0,35 0,30 0,21 0,13	3,5 2,3 1,4 1,2	m

a) BRUNER u. PERKINSON (*Br 16*).
b) SINGER u. ARMSTRONG (*Si 5*).
c) VEALL (*Ve 1*).
d) FEITELBERG (*Fe 1*).
e) MICHEL u. BROWELL (*Mi 2*).
f) VEALL u. VETTER (*Ve 2*).
g) WEHNER u. PETERSON (*We 1*).

h) FELLINGER et al. (*Fe 4*).
i) HAIGH (*Ha 6*).
k) BASKIN et al. (*Ba 22*).
l) COMAR et al. (*Co 7*).
m) JORDAN (*Jo 3*).
n) WEISBURGER u. LIPNER (*We 3*).

b) Bestimmung

In Tab. 20 sind einige Nachweisverfahren zusammengestellt. Die Tabelle zeigt, daß die Szintillationszähler schon hinsichtlich der Empfindlichkeit den Vorzug verdienen. Hinzu kommt die sehr vereinfachte Probebereitung; in vielen Fällen

---

[1] Vgl. die Anmerkungen zu Tab. 16, 18 und 19, S. 218f., 238f, 243.
[2] Oder eingedampfte Lösung.
[3] Besonders starke Abschirmung.

kann die Probe direkt gemessen werden, in anderen genügt eine einfache Homogenisierung, z. B. bei Gewebe mit 2 n Natronlauge in Gegenwart von etwas Jodidträger und Natriumbisulfit[1].

Im einzelnen ergibt sich aus Tab. 20: Falls nur begrenzte, kleine Probemengen zur Verfügung stehen, ist ein Verfahren mit hohem ε^2/NE vorzuziehen. Hier kann mit einem einfachen Endfenster- oder fensterlosen Zählrohr eine befriedigende Empfindlichkeit erreicht werden, allerdings mit einer — im Vergleich zum Szintillationszähler — etwas umständlicheren Präparation und geringerer Genauigkeit. Bei mittleren Probemengen — 10—20 ml Lösung bzw. Substanzmengen, die in diesem Volumen gelöst oder homogenisiert werden — erreicht man mit Szintillationszählern die beste Empfindlichkeit. Stehen noch größere Mengen zurVerfügung, kann die Empfindlichkeit mit einer Ringbecheranordnung um eine weitere Größenordnung verbessert werden („Nachweisgrenze"). Die vergleichbar guten Nachweisgrenzen für 100 ml-Proben im Zählrohr würden eine sehr umständliche Präparation voraussetzen.

Bei der direkten Messung kleiner Probemengen im Zählrohr muß auf die Flüchtigkeit des Jods geachtet werden. Urin und andere biologische Lösungen wurden mit 0,1 mg Natriumjodid und 2—3 mg Gelatine eingedampft. Bei 15—80 mg/cm² war die Zählrate von der Schichtdicke praktisch unabhängig[2, 3]. 20 mg Gewebe wurden nach Zersetzen mit 1%iger Natronlauge (1 ml pro g) in Gegenwart von J^--Träger und Silbernitrat eingedampft[4]. Bei trägerfreien Präparaten sind die Verluste durch Verflüchtigung bereits nach einer Stunde merklich, sie sind je nach Art der Unterlage verschieden groß[5].

Falls eine Verarbeitung nicht umgangen werden kann, z. B. beim Nachweis sehr geringer Aktivitäten, können folgende Verfahren verwendet werden. Die Probe wird durch Chromsäure-Schwefelsäure in Gegenwart von Jodid verascht, mit Schwefeldioxyd Jodat zu Jodid reduziert und durch Zusatz von Jodat freies Jod gebildet, das in Tetrachlorkohlenstoff extrahiert wird. Nach Rückextraktion wird als Silberjodid gefällt[6]. Nach Zersetzung mit Permanganat-Schwefelsäure wird Jodat mit Oxalsäure zu Jod reduziert und dieses abdestilliert[7]. Anstelle der Destillation kann Jod aus der Aufschlußlösung als Palladiumjodid gefällt werden[8]. Nach Schmelzen mit Natriumhydroxyd-Kaliumnitrat wurde die gelöste Schmelze angesäuert und das freiwerdende Jod mit Tetrachlorkohlenstoff extrahiert[9]. Aus Urin kann Jod bei p_H-Wert 5 an einer Säule von Silberchlorid auf Asbest adsorbiert und mit 0,1 n schwefelsaurem Chlorwasser wieder desorbiert werden[10]. Anstelle der Silberchlorid-Asbestfüllung wurde geraspeltes Silberchlorid[11] und Silberchlorid-Cellulose[12] verwendet; die Desorption kann mit bromgesättigter 0,1 n Schwefelsäure erfolgen[12]. Diese Verfahren eignen sich auch zur Entfernung von ¹³¹J aus Urin. Zur Bestimmung geringster Mengen ¹³¹J in Urin wird nach Permanganat-Oxydation Oxalsäure zugesetzt, destilliert und das Destillat — in Natronlauge aufgefangen — nach Ansäuern und Zugabe von Natriumnitrit mit Tetrachlorkohlenstoff extrahiert. Das rückextrahierte Jod wird als Silberjodid gemessen[13].

Neben ⁵¹Cr wurde ¹³¹J durch γ-Spektrometrie bestimmt[14, 15]. Für die Messung neben ³²P in strömenden Lösungen sind plastische Szintillatoren mit Impulshöhenanalyse verwendet worden[16].

V. Alkalimetalle

1. Natrium

Für Natrium lassen sich als Indicatoren verwenden ²²Na ($T = 2{,}6$ Jahre, $E_{\beta^+} = 0{,}54$, E_γ 1,28 MeV) und ²⁴Na ($T = 15{,}0$ Std., $E_\beta = 1{,}39$, $E_\gamma = 1{,}37$ und 2,76 MeV). ²²Na wird im Cyclotron durch die Reaktion ²⁴Mg(d, α)²²Na[17] oder

[1] Perkinson u. Bruner (Pe 9). — [2] Freedberg et al. (Fr 4). — [3] Armstrong et al. (Ar 3). — [4] Goldsmith et al. (Go 7). — [5] Gevantman u. Pestaner (Ge 1). — [6] Perlman et al. (Pe 10). — [7] Rall et al. (Ra 7). — [8] Barry (Ba 21). — [9] Bratt (Br 5), vgl. S. 139. — [10] Purves (Pu 1). — [11] Arnott u. Wells-Cole (Ar 7). — [12] Helwig et al. (He 10). — [13] Mariott (Ma 12). — [14] Adams et al. (Ad 2, 3). — [15] Öbrink u. Ulfendahl (Oe 1). — [16] Groom et al. (Gr 7).
[17] Ausbeuten bei 15—30 MeV 2,0 $\mu c/\mu$Ah [Bakker (Ba 6), Clarke u. Irvine (Cl 1), Gruverman u. Kruger (Gr 9)].

^{25}Mg(p, α) ^{22}Na gewonnen[1]. Im Reaktor ist die Reaktionsfolge ^{6}Li$(n, \alpha)t$, ^{20}Ne(t,n) ^{22}Na möglich, d. h. eine Bestrahlung von Lithium-Aluminium-Spänen in Neon-Atmosphäre ergibt ^{22}Na[2]. ^{24}Na kann nach ^{23}Na(n, γ) ^{24}Na mit 400 mc/g Na gewonnen werden. Trägerfrei ist es durch ^{27}Al$(d, p\alpha)$ ^{24}Na[3] oder ^{26}Mg(d, α) ^{24}Na[4] zugänglich.

Zur Abtrennung von Natriumisotopen aus Magnesium sind mehrere Verfahren angegeben worden. Nach Ausfällen der Hauptmenge Magnesium durch Ammoniak wird an einer Kationenaustauschersäule adsorbiert und Natrium mit 0,35 n HCl eluiert[5,6]. Selbst aus großen Mengen Magnesium kann mit 200 μg Natriumträger als Natrium-Magnesium-Uranylacetat gefällt werden[7,8]. Das Uran wird als Peroxyd entfernt, der Rest mit Dibutylphosphat extrahiert[8]. Bestrahltes Magnesiumoxyd wird mit heißem Wasser mehrfach ausgelaugt[9], restliches Magnesium kann papierchromatographisch beseitigt werden[10]. Die Abtrennung von Natriumisotopen aus Aluminium wurde an Kationenaustauschern analog zum erwähnten Verfahren vorgenommen[11].

Wie bei allen γ-Strahlern verdient die Szintillationszählung den Vorzug. Lediglich kleine Probemengen werden unter Umständen günstig nach Eindampfen mit Zählrohren gezählt[12,13]. Mit einem 45×50 mm Natriumjodidkristall mit 4 ml-Bohrung hat man bei ^{22}Na 63%, mit 20 ml-Bohrung 40% Zählausbeute[14]. Soweit Daten bekannt sind[15], sind die Zählausbeuten mit denen von ^{131}J etwa vergleichbar, Tab. 20 ist deshalb zum Vergleich der verschiedenen Verfahren brauchbar.[15]

^{24}Na läßt sich neben ^{42}K auf verschiedene Weise bestimmen. Die β^--Strahlung des ^{42}K ist energiereicher, die γ-Strahlung energieärmer und seltener. Zur Bestimmung beider Isotope wurden die γ-Spektrometrie[16], β^--Messungen mit und ohne Absorber[17], β^--Messung in zwei Flüssigkeitszählrohren verschiedener Wandstärke[18] und die Zählung in einem β^-- und einem γ-Detektor[19] verwendet.

2. Kalium

Vorwiegend wird ^{42}K verwendet, das 12,5 Std. Halbwertszeit und harte β^-- und γ-Strahlung hat [E_β 3,6 (82%), 2,0 (18%) MeV, E_γ 1,53 (18%) MeV]. Es wird im Reaktor nach ^{41}K(n, γ) ^{42}K gewonnen, man erhält 32 mc/g K. Trägerfrei kann es aus ^{40}Ar(α, pn) erhalten werden[20]. Bei dieser Kernreaktion entsteht zusätzlich durch ^{40}Ar(α, p) ^{43}K mit 22,4 Std. Halbwertszeit[21].

^{42}K-Präparate enthalten häufig als Verunreinigungen ^{24}Na und ^{86}Rb[22]; vom ^{24}Na kann durch Perchloratfällung abgetrennt werden[23]. Bei sehr schwachen Präparaten mit größeren Mengen an natürlichem Kalium muß auf ^{40}K geachtet werden[24].

---

[1] Ausbeute 0,4 μc/μAh bei 22 MeV, MARTIN et al. (*Ma 11*).

[2] COOK u. SHAFER (*Co 11*).

[3] Ausbeute 45 μc/μAh bei 14 MeV [CLARKE u. IRVINE (*Cl 1*)], 2,2 mc/μAh bei 30 MeV [BAKKER (*Ba 6*)].

[4] Ausbeute 230 μc/μh bei 14 MeV, CLARKE u. IRVINE (*Cl 1*), IRVINE (*Ir 1*).

[5] RIGHTMIRE et al. (*Ri 5*). — [6] GRUVERMAN u. KRUGER (*Gr 9*). — [7] IRVINE u. CLARKE (*Ir 2*). — [8] HUDSWELL et al. (*Hu 3*). — [9] DREHMANN (*Dr 3*). — [10] LEDERER (*Le 2*). — [11] HOLLBACH u. YAFFE (*Ho 5*)· — [12] ARMSTRONG et al. (*Ar 3*). — [13] FORBES u. PERLEY (*Fo 3*). — [14] BASKIN et al. (*Ba 22*).

[15] Einige Zählausbeuten für ^{24}Na von in Tab. 20 (S. 251) enthaltenen Detektoren: Flüssigkeitszählrohr nach VEALL 6% [VEALL (*Ve 1*)], 2 l-Zählanordnung mit 6 Zählrohren 0,7% [VEALL u. VETTER (*Ve 2*)], plastischer Szintillator mit Bohrloch 20% [MICHEL et al. (*Mi 2*)]; als Suspension in flüssigen Szintillatoren ergab ^{22}Na 60% Zählausbeute [FUNT u. HETHERINGTON (*Fu 1*)].

[16] ORVIS u. ALBERT (*Or 1*), ÖBRINK u. ULFENDAHL (*Oe 1*).

[17] TAIT u. WILLIAMS (*Ta 3*).

[18] ESNOUF (*Es 1*), MUNRO et al. (*Mu 3*).

[19] BURROWS u. ROSS (*Bu 12*), ROBINSON et al. (*Ro 5*).

[20] Bei 38 MeV erhält man 2,0 mc/μAh, GARRISON u. HAMILTON (*Ga 6*).

[21] Bei 38 MeV erhält man 1,0 mc/μAh[1], bei 17 MeV 15 μc/μAh [DYSON u. FRANCOIS (*Dy 3*)]. — [22] CORSA et al. (*Co 16*). — [23] WALKER u. WILDE (*Wa 6*). — [24] MRAZ u. PATRICK (*Mr 1*).; ^{40}K ergibt 29 β-Strahlen/sec pro g K ($E_{\beta-}$ 1,3 MeV) und etwa 3 γ-Strahlen/sec pro g K (1,46 MeV).

Zur Bestimmung wird man — neben direkter Messung kleiner Proben[1,2] — vorzugsweise die γ-Szintillationszähler einsetzen[3]; dabei wird im allgemeinen noch ein Teil der harten β^--Strahlung mitgezählt. Ausgebohrte plastische Szintillatoren geben für 100 ml Lösung noch 15%, mit 1 ml sogar 50—60% Zählausbeute[4,5]. Die Veraschung macht keine Schwierigkeiten. Der Nachweis neben ^{24}Na wird unter „Natrium" behandelt.

3. Lithium, Rubidium, Caesium und Francium

Das langlebigste *Lithium*isotop (^{8}Li) hat 0,8 sec Halbwertszeit.

Für *Rubidium* verwendet man ^{86}Rb, aus ^{85}Rb(n, γ) mit etwa 60 mc/g Rb zu erhalten. Es hat 18,7 Tage Halbwertszeit, $E_\beta = 1,8$ MeV, $E\gamma = 1,08$ MeV (9%). ^{86}Rb enthält meist etwas ^{134}Cs. Trägerfreies ^{86}Rb kann durch ^{88}Sr(d, α) gewonnen werden[6]. Als γ-Strahler ist ^{86}Rb leicht zu bestimmen[3]; die energiereiche β-Strahlung vereinfacht die β-Zählung, falls diese vorgezogen wird.

Als Indicatoren für *Caesium* stehen ^{134}Cs und ^{137}Cs zur Verfügung. ^{134}Cs hat 2,2 Jahre Halbwertszeit und ein komplexes Zerfallsschema[7], u. a. mit zahlreichen harten γ-Linien. Es wird durch ^{133}Cs(n, γ) mit 75 mc/g erhalten. ^{137}Cs, 27 Jahre Halbwertszeit, $E_\beta = 0,52$ (92%) und 1,17 (8%) MeV, $E_\gamma = 0,66$ MeV, fällt als eines der wichtigsten Spaltprodukte an und wird in großen Mengen trägerfrei hergestellt[8]. Beide Isotope sind über ihre γ-Strahlung gut zu messen[3]. Beim trockenen Veraschen in Porzellanschalen treten Verluste durch Einbrennen ein, es muß deshalb naß verascht werden[9]. Zur Bestimmung sehr geringer Aktivitäten in Urin wurde von Natrium und Kalium an Phenol-Sulfosäure-Harzaustauschern getrennt[10,11].

^{131}Cs ist ein nur durch Elektroneneinfang mit Emission von 30 keV Röntgenstrahlung zerfallendes Isotop von 10 Tagen Halbwertszeit, das wegen dieser weichen Strahlung für manche therapeutische und diagnostische Zwecke interessant ist. Es entsteht durch ^{130}Ba(n, γ) ^{131}Ba $\xrightarrow[11\,d]{E\,E}$ ^{131}Cs. Zur Gewinnung von ^{131}Cs sind verschiedene Methoden beschrieben worden[12].

Das langlebigste *Francium*isotop, ^{223}Fr, hat 22 min Halbwertszeit, wurde aber doch für biologische Untersuchungen verwendet[13]. Es entsteht aus dem natürlichen Radioisotop ^{227}Ac $\xrightarrow{\alpha}$ und ist ein β^--Strahler (1,15 MeV) mit wenig weicher γ-Strahlung. Zur Darstellung geeignete Verfahren sind in einer Übersicht beschrieben[14] worden, die durch einige papierchromatographische Verfahren zu ergänzen ist[15].

---

[1] Corsa et al. (*Co 16*).

[2] Walker u. Wilde (*Wa 6*).

[3] Mraz u. Patrick (*Mr 1*).

[4] Boling (*Bo 2*).

[5] Michel et al. (*Mi 2*).

[6] Ausbeute bei 30 MeV 20 μc/μAh, Bakker (*Ba 6*).

[7] Vgl. Schmeiser S. 52—53.

[8] Zur Abtrennung von anderen Spaltprodukten wird ^{137}Cs durch Phosphorwolframsäure [Saddington (*Sa 2*), Warner (*Wa 12*)], Nickelferrocyanid [Ayers et al. (*Ay 1*)] oder Ammoniumalaun [Lamb et al. (*La 2*), Rupp (*Ru 6*)] gefällt.

[9] Hood u. Comar (*Ho 7*).

[10] Stewart et al. (*St 9*).

[11] Bezüglich der Bestimmung sehr geringer ^{137}Cs-Aktivitäten, die durch Kernwaffenversuche verstreut werden, vgl. zusammenfassende Darstellungen [Herrmann (*He 28*)].

[12] Das bestrahlte Barium wird durch Fällung von BaCO$_3$, BaCl$_2$ und La(Fe)(OH)$_3$ gereinigt. Nach einigen Tagen hat sich ^{131}Cs gebildet; Barium wird als BaCl$_2$ gefällt [Finkle u. Cohn (*Fi 3*)]. Reste Barium im Filtrat können an einer Kationenaustauschersäule [Salvetti (*Sa 6*)] oder papierchromatographisch [Lederer (*Le 3*)] entfernt werden. Harper et al. (*Ha 15*) bestrahlen als Bariummetall und destillieren dieses bei 850° C von Caesium ab.

[13] Perey (*Pe 5*).

[14] Hyde (*Hy 1*).

[15] Perey u. Adloff (*Pe 6, 7*).

VI. Erdalkalimetalle

1. Beryllium und Magnesium

[7]Be ist ein durch Elektroneneinfang und 0,48 MeV γ-Strahlung (12%) zerfallendes Isotop von 53 Tagen Halbwertszeit. Es wird durch [7]Li(p, n)[1] oder [7]Li$(d, 2n)$[2] dargestellt. Auch die Reaktion [12]C$(p, 3p\,3n)$ ist benutzt worden[3].

Zur Gewinnung wird aus der salzsauren Lösung des Targets Eisenhydroxyd ausgefällt, das das [7]Be mitreißt. Nach Lösen in starker Salzsäure wird das Eisen durch Adsorption an einem Anionenaustauscher[4] oder Extraktion mit Isopropyläther[7] entfernt. Als Träger kann auch Aluminiumhydroxyd benutzt werden, das in 1 m HF-0,01 m HCl gelöst wird und über einen Anionenaustauscher gegeben wird. [7]Be wird adsorbiert und anschließend mit 1 m HCl eluiert[8]. Auf den Hydroxydträger kann man verzichten und die mit Ammoniak auf p_H-Wert 9 gestellte Lösung durch eine feine Glasfritte saugen. Das abfiltrierte [7]Be-Radiokolloid wird anschließend mit 0,1n HCl abgelöst[9]. Zur Bestimmung ist ein γ-Szintillationszähler am günstigsten. Falls verascht wird, ist die nasse Veraschung vorzuziehen, da Einbrennverluste beobachtet wurden[10].

Für *Magnesium* steht [28]Mg mit 21,1 Std. Halbwertszeit und harter β^-- und γ-Strahlung[11] zur Verfügung. Es kann im Reaktor durch Bestrahlung einer Lithium-Magnesium-Legierung, möglichst mit angereichertem [6]Li, durch die Reaktionsfolge [6]Li$(n, \alpha)t$, [26]Mg(t, p)[28]Mg dargestellt werden[12,13]. Man erhält Präparate von 400—500 μc/g Mg[14,15]. Trägerfreie Gewinnung ist durch [27]Al$(\alpha, 3p)$[16], [30]Si$(p, 3p)$[17] und [35,37]Cl$(p, 6p\,2\,[4]n)$[18] möglich. Zur Bestimmung sind γ-Szintillationszähler vorzuziehen[14].

In Serum und Urin wurde Calcium als Oxalat abgetrennt und [28]Mg im Filtrat als Magnesium-Ammonium-Phosphat gefällt[15]. Die Abtrennung aus der Lithium-Magnesium-Legierung schließt Mg(OH)$_2$-Fällungen, Verkochen von ^{18}F, Fällung von [24]Na als NaCl durch HCl, Fe(OH)$_3$- und H$_2$S-Fällungen ein[12,13]. Aus Aluminium wird durch Lösen in Natronlauge und Abfiltrieren des [28]Mg-Radiokolloids mit einer Glasfritte isoliert.

2. Calcium

Im allgemeinen wird als Indicator [45]Ca, ein weicher β^--Strahler von 0,25 MeV Energie und 164 Tagen Halbwertszeit, verwendet. Es entsteht durch [44]Ca(n, γ) mit 0,6 mc/g Ca. Höhere spezifische Aktivitäten von 0,2—1 c/g werden aus angereichertem [44]Ca gewonnen. Völlig trägerfreie Präparate können im Cyclotron durch [45]Sc(n, p) oder [45]Sc$(d, 2p)$ erhalten werden. Die energiearme Strahlung erschwert die Bestimmung, da die Selbstabsorption schon bei 3 mg/cm² merklich wird[19] und bei

---

[1] Ausbeute 77 μc/μAh bei 8 MeV[4], 170 μc/μAh bei 20—22 MeV[4,5].

[2] Ausbeute 48 μc/μAh bei 15 MeV[4], 150 μc/μAh bei 30 MeV[6].

[3] Bei einstündiger Bestrahlung mit 160 MeV Protonen erhält man etwa 500 μc, MELLISH u. PAYNE (*Me 9*).

[4] GRUVERMAN u. KRUGER (*Gr 9*).

[5] MARTIN et al. (*Ma*). *11*

[6] BAKKER (*Ba6*).

[7] CROWLEY et al. (*Cr 3*).

[8] NELSON et al. (*Ne 5*).

[9] HAYMOND et al. (*Ha 31*).

[10] TORIBARA u. SHERMAN (*To 6*), vgl. jedoch [7].

[11] Im Gleichgewicht mit der Tochtersubstanz [28]Al ($T = 2,3$ min) liegen vor E_{β^-} 0,42 (50%) und 2,87 (50%) MeV, E_γ 0,03 (50%), 0,4 (15%), 0,95 (15%), 1,35 (75%) und 1,78 (50%) MeV.

[12] MELLISH u. CROCKFORD (*Me 7*).

[13] STANG et al. (*St 1*).

[14] BARNES u. BROWNELL (*Ba 17*).

[15] AIKAWA (*Ai 1*).

[16] Ausbeute 0,1 μc/μAh bei 41 MeV, HUDIS (*Hu 2*).

[17] JONES u. KOHMAN (*Jo 2*); aus 2 g Si entstehen bei 350 MeV etwa 0,5 μc/Std., die chemische Abtrennung ist angegeben.

[18] Vgl. [12]; 15—20 g KCl geben bei 160 MeV etwa 40 μc/Std., die Trennung wird beschrieben.

[19] NORRIS u. LAWRENCE (*No 3*).

14,6 mg/cm² die Zählrate bereits auf die Hälfte gesunken ist[1]. Die dicke Schicht wird bei 45 mg/cm² erreicht. Diese Schwierigkeiten können durch Anwendung von ^{47}Ca, ein β^--γ-Strahler[2] von 4,7 Tagen Halbwertszeit, vermieden werden. ^{47}Ca kann aus angereichertem ^{46}Ca durch (n, γ)-Reaktion mit 600 mc/g Ca gewonnen werden[3].

^{45}Ca enthält wegen der geringen Ausbeute häufig Verunreinigungen, die durch Fe(OH)$_3$- und H$_2$S-Fällung sowie Fällung des Calciums als Nitrat (80%ige Salpetersäure) und Carbonat entfernt werden[4]. Frisches ^{45}Ca enthält ferner ^{47}Ca. Zur Abtrennung von trägerfreien Präparaten aus Scandium wird das Scandium bei pH-Wert 4,0 mit 0,5 m Thenoyltrifluoraceton (TTA) in Benzol extrahiert und anschließend das Calcium bei pH-Wert 8 ebenfalls extrahiert[5,6].

Die einfache direkte Bestimmung in eingedampften biologischen Lösungen, z. B. Blut[7], oder in Aschen der trockenen oder nassen Veraschung[8] wird bei geringeren Ansprüchen an die Empfindlichkeit und Genauigkeit häufig verwendet. Man muß mit Fehlern von etwa 4% rechnen[7,8]. Da der Calciumgehalt der Aschen im allgemeinen gering ist, läßt sich durch Fällung des Calciums die Empfindlichkeit etwa um den Faktor 2 steigern[9] und die Genauigkeit auf 1,9—2,3% verbessern[8,10]. Dazu wird Calcium nach der Veraschung aus saurer Lösung als Oxalat gefällt. Diese Fällung ergibt nicht nur eine gute Meß- und Wägeform, sondern gewährleistet auch die Abtrennung von Phosphat, Aluminium, Magnesium u. a. In Plasma und Urin kann ohne Veraschung direkt gefällt werden.

Bei der Bestimmung ist auf Inhomogenitäten der Probe zu achten, z. B. wurden 15—20% Schwankungen für parallele Proben desselben Materials beobachtet[11]. Comar et al. (Co 3, 6) verwenden 20 g Gewebe oder 2 g Knochen, Zähne, lösen die Asche in 2 n Salzsäure und füllen in einen Meßkolben. Für die Bestimmung wird ein Anteil, entsprechend etwa 200 mg (Gewebe) bzw. 50 mg (Knochen, Zähne) Asche entnommen. Man bringt die Lösung in ein Zentrifugenglas, setzt 1 ml gesättigte Ammoniumoxalatlösung, 2 Tropfen 0,05%ige Methylrotlösung und 4 ml Essigsäure (1 + 4) zu und macht mit Ammoniak 1 + 4 unter Rühren eben ammoniakalisch. Dann wird mit Essigsäure auf zartrosa (pH-Wert 5,0) eingestellt und über Nacht stehen gelassen. Die Lösung wird zentrifugiert, der Niederschlag in 10 ml Ammoniak (1 + 49) suspendiert und zentrifugiert. Man löst in 2 ml Schwefelsäure 1 + 4 auf und titriert bei 80° C mit 0,02 n Kaliumpermanganat. Nach der Titration werden 8 mg Calciumträger zugesetzt, mit Ammoniak 1 + 4 neutralisiert und mit 3 ml gesättigter Ammoniumoxalatlösung gefällt. Man setzt am besten zunächst nur soviel Oxalat zu, daß eben ein Niederschlag erscheint, erhitzt einige Minuten auf 80—90° C und fügt dann die ganze Menge zu. Falls keine Calciumbestimmung erforderlich ist, kann die erste Fällung ohne Träger entfallen. Bei Faeces verascht man 20 g, füllt auf 50 ml auf, läßt absitzen und benutzt 10 ml für die Bestimmung. Die Titration entfällt, statt dessen wird der Oxalatniederschlag ohne Träger gefällt und ausgewogen.

Norris u. Lawrence (No 3) empfehlen 2—4 mg Ca als günstigste Menge, jedoch dürfen 20 µg—120 mg vorliegen. Die Fällung wird bei pH-Wert 4,5—5,0 (Bromkresolgrün auf Gelbgrün) ausgeführt, und zwar in folgenden Endvolumina (maximal) 1 ml (20 µg), 3 ml (500 µg), 5 ml (1 mg), 10 ml (10 mg), 100 ml (100 mg Ca). Die Auswaagen werden nach Trocknen bei 100° C als CaC$_2$O$_4 \cdot$ H$_2$O vorgenommen, zur Titration wird in 1 n Perchlorsäure gelöst und bei Zimmertemperatur cerimetrisch titriert.

Schulert et al. (Sch 20) lösen Knochen in Salzsäure und fällen, um Störungen durch Phosphat zu vermeiden, mit Ammonoxalat-Oxalsäure bei pH-Wert 3,0—3,5. Der pH-Wert muß unter 3,5 gehalten werden. Bei Gewebeaschen wird eine Sodaschmelze in Platin bei 1200° C eingeschaltet. Nach dem Lösen des Schmelzrückstandes in Salzsäure wird Eisenhydroxyd durch Ammoniak bei pH-Wert 7 ausgefällt, im Filtrat Ammoniak verkocht und mit Ammoniumoxalat-Oxalsäure gefällt.

10 ml Plasma werden in schwach saurer Lösung mit 8 mg Calcium versetzt, 3 ml Ammoniumoxalat zugegeben und über Nacht stehen gelassen[8]. Für 1—5 ml Urin oder 1—2 ml Plasma

---

[1] Comar (Co 5).

[2] ^{47}Ca hat E_{β^-} 0,66 (83%) und 1,94 (17%), E_γ 1,31 (71%), 0,82 und 0,49 (je 5%) MeV und ein Folgeprodukt, ^{47}Sc, mit 3,4 Tagen Halbwertszeit und $E_{\beta^-} = 0,44$ (60%) und 0,60 (40%) MeV, $E_\gamma = 0,16$ MeV (60%).

[3] Bauer u. Wendberg (Ba 26). — [4] Rupp u. Binford (Ru 7). — [5] Rupp (Ru 6).— [6] Garrison u. Hamilton (Ga 6). — [7] Armstrong et al. (Ar 3). — [8] Comar et al. (Co 6). — [9] Vgl. S. 146. — [10] Norris u. Lawrence (No 3). — [11] Schulert et al. (Sch 20).

werden 15 mg Ca^{2+} und 5 ml gesättigte Ammoniumoxalatlösung zugesetzt und mit Ammonium-acetat-Essigsäurepuffer p_H-Wert 4 eingestellt[1]. Es wird 3—4mal mit 1n Ammoniak, gesättigt mit Calciumoxalat, gewaschen. Nach einer TCA-Fällung im Serum befindet sich das Calcium vollständig im Filtrat[2].

Hinsichtlich der Empfindlichkeit der verschiedenen Meßmethoden gelten etwa dieselben Verhältnisse wie beim Kohlenstoff 14 (S. 218). Die Auswahl an Verfahren ist jedoch ungleich geringer. Es wird fast ausschließlich mit festen Präparaten und Endfenster- oder fensterlosen Zählrohren gemessen. Die Messung von Veraschungslösungen[3] mag bei hohen Aktivitäten vorteilhaft sein. Flüssige Szintillatoren können die Empfindlichkeit verbessern. Sie wurden zur Messung von Lösungen[4, 5] und von $^{45}CaCO_3$, $^{45}CaC_2O_4$ sowie ^{45}Ca in Knochen als Suspension[4] angewendet.

LUTWAK (*Lu 2*) löst den aus 1—2 ml Serum erhaltenen Oxalatniederschlag in 0,3 ml konzentrierter Salzsäure, gibt 3 ml Äthanol und 5 ml PPO-Toluol-Szintillator zu und spült mit 1 ml Äthanol nach. Die Zählausbeute beträgt 63% bei 70 Impulsen/min Nulleffekt. Durch eine Lösung von 10 Vol.-% 2-Äthylhexansäure in Toluol kann Calcium aus Serum ausgeschüttelt werden; es sind 4 Extraktionen notwendig.

3. Strontium, Barium und Radium

Der günstigste Indicator für *Strontium* ist ^{85}Sr, ein durch Elektroneneinfang und 0,51 MeV γ-Strahlung mit 64 Tagen Halbwertszeit zerfallendes Isotop. Es wird durch $^{84}Sr(n, \gamma)$ aus angereichertem ^{84}Sr mit etwa 500 mc/g Sr erhalten. Trägerfrei ist es durch $^{85}Rb(p, n)$[6] oder $^{85}Rb(d, 2n)$[7] zu gewinnen. Zwei weitere langlebige Strontiumisotope, ^{89}Sr ($T = 51$ Tage) und ^{90}Sr ($T = 28$ Jahre), sind ebenfalls geeignet, aber als reine β^--Strahler nicht so bequem zu messen. ^{89}Sr wird durch (n, γ)-Prozeß mit niedriger spezifischer Aktivität erhalten (0,1 mc/g Sr). Aus bestrahltem Uran werden ^{89}Sr und ^{90}Sr in großem Umfang trägerfrei dargestellt.

Zur Gewinnung von ^{89}Sr und ^{90}Sr aus den Abwässern der Aufbereitung von bestrahltem Uran werden die Strontiumisotope durch starke Salpetersäure als Nitrate gefällt[10,11], wobei Blei als Träger verwendet werden kann, das anschließend als Dioxyd elektrolytisch entfernt wird[12]. Für kleinere Chargen werden Trennungen an Kationenaustauschern benutzt[13]. Bei der Abtrennung aus Rubidium wird ^{85}Sr mit Bleinitrat mitgefällt und Blei als Sulfid entfernt[8]. Andere Möglichkeiten sind die Mitfällung an Eisenhydroxyd in Gegenwart von Carbonat, Eisen wird anschließend durch Extraktion entfernt[14], und die Mitfällung an Bariumcarbonat mit Barium-Strontiumtrennung an Kationenaustauschern[15].

Der Nachweis von ^{85}Sr durch γ-Zählung macht keine Schwierigkeiten[16,17]. Mit einem Einkanal-Impulshöhenanalysator wurde eine Zählausbeute von 10% mit Nulleffekten von 10 Impulsen/min erhalten[16]. ^{89}Sr und ^{90}Sr sind in fester Form oder als Lösung gut zu zählen[18], erfordern aber eine Verarbeitung der Probe. ^{90}Sr sollte dabei im Gleichgewicht mit dem Folgeprodukt ^{90}Y gemessen werden, dessen Nachbildung allerdings erst nach etwa 14 Tagen abgeschlossen ist[19]. Zur Bestimmung sehr geringer ^{89}Sr- und ^{90}Sr-Aktivitäten in biologischen Proben sind im Zusammenhang mit der durch Kernwaffenversuche verstreuten Aktivität eine Reihe von Verfahren entwickelt worden, die fast alle auf der Ausfällung von Strontiumnitrat durch

---

[1] BLAU et al. (*Bl 2*). — [2] KRANE et al. (*Kr 2*). — [3] CARLSSON (*Ca 8*). — [4] LANGHAM (*La 5*). — [5] LUTWAK (*Lu 2*). — [6] Ausbeute 23 μc/μAh (15 MeV)[8] bzw. 63 μc/μAh (22 MeV)[9] — [7] Ausbeute 16 μc/μAh bei 15 MeV[8]. — [8] GRUVERMAN u. KRUGER (*Gr 9*). — [9] MARTIN (*Ma 11*). — [10] AYERS et al. (*Ay 1*). — [11] LAMB et al. (*La 2*). — [12] HEALY et al. (*He 3*). — [13] RUPP (*Ru 6*). — [14] OVERSTREET et al. (*Ov 1*). — [15] MELLISH u. PAYNE (*Me 9*). — [16] SCHULERT et al. (*Sch 20*). — [17] SPENCER et al. (*Sp 3*). — [18] E_{β^-} ^{89}Sr 1,5 MeV, ^{90}Sr 0,54 MeV, ^{90}Y 2,2 MeV.

[19] Da im biologischen System eine Trennung von Mutter- und Tochtersubstanz möglich ist, müssen schon aus diesem Grunde vor der Messung 10 Halbwertszeiten des Folgeprodukts abgewartet werden.

rauchende Salpetersäure beruhen[1]. Bei Indicatoruntersuchungen kann die Suspensionszählung in flüssigen Szintillatoren benutzt werden[2], die auch direkt auf in Knochen enthaltenes ^{90}Sr angewendet wurde[3]. ^{90}Sr wurde in biologischen Proben ohne Verarbeitung durch Bremsstrahlungsmessung bestimmt[4].

Für *Barium* steht im ^{140}Ba ein β-γ-Strahler[5] von 12,8 Tagen Halbwertszeit zur Verfügung, der durch γ-Messung bequem zu bestimmen ist. Die Anwendung und Bestimmung wird durch Nachbildung von ^{140}La, 40 Std. Halbwertszeit und β-γ-Strahlung[6], kompliziert. ^{140}Ba ist ein Spaltprodukt; es wird nach den eben geschilderten Verfahren mit ^{89}Sr und ^{90}Sr zusammen isoliert und von diesen durch Chromatfällung des Bariums aus essigsaurer Lösung[7] oder an Ionenaustauschern[8] getrennt. ^{131}Ba entsteht durch ^{130}Ba (n, γ) mit etwa 100 μc/g Ba und zerfällt durch Elektroneneinfang und γ-Strahlung[5] mit 11,5 Tagen Halbwertszeit zu ^{131}Cs $(T = 10$ Tage[9]). Für ^{140}Ba und ^{131}Ba verwendet man zweckmäßig γ-Szintillationszähler; ^{140}Ba ist im Gleichgewicht mit ^{140}La auch bequem durch β-Messung zu bestimmen[10].

Günstigster Indicator für *Radium* ist ^{224}Ra (ThX), ein α-Strahler von 3,6 Tagen Halbwertszeit. ^{224}Ra kann über die β^-- und besonders die γ-Strahlung seiner Folgeprodukte bequem gemessen werden. Bestimmend für die Nachbildung ist ^{212}Pb $(T = 10,6$ Std.)[11]. Zur Gewinnung geht man von natürlichem ^{228}Th (RdTh) aus und fällt dieses mit Eisen-(III)-Träger durch carbonatfreies Ammoniak aus. Im Filtrat befindet sich das ^{224}Ra[12]. Kationenaustauscher können ebenfalls zur Trennung verwendet werden[13]. Inkorporiertes ^{224}Ra (oder dessen Muttersubstanzen, z. B. „Thorotrast") kann durch sein Folgeprodukt Thoron, ^{220}Rn $(T = 56$ sec), in der Atemluft nachgewiesen werden[14]. Zur Bestimmung neben anderen natürlichen Radiumisotopen nutzt man die unterschiedlichen Halbwertszeiten aus[15].

Auf die für den Strahlenschutz wichtige Bestimmung kleinster Aktivitäten des natürlichen ^{226}Ra $(T = 1622$ Jahre) kann nur hingewiesen werden. Man fällt zunächst an Bleisulfat[16] oder Calciumphosphat[17], anschließend an wenig Bariumsulfat mit und mißt die α-Aktivität des Bariumsulfats. Bei manchen Verfahren wird das Folgeprodukt Radon, ^{222}Rn (3,82 Tage), aus der Lösung eines nassen oder trockenen Aufschlusses (mit Sodaschmelze) ausgetrieben, nachdem die Lösung einige Zeit abgeschlossen zur Nachbildung des Gases gestanden hat. Das Radon wird in Ionisationskammern[18] oder Zinksulfid-Szintillationszählern[19] gezählt. Inkorporiertes ^{226}Ra wird über den Radongehalt der Atmenluft bestimmt, das nach Konzentrierung an Aktivkohle in Ionisationskammern[20, 21] oder Zählrohre überführt wird.

VII. Chrom, Mangan, Eisen, Kobalt, Kupfer und Zink

1. Chrom

^{51}Cr zerfällt mit 27,8 Tagen Halbwertszeit durch Elektroneneinfang, der zu 9% von einer gut meßbaren γ-Strahlung (0,32 MeV) begleitet ist. Im Reaktor erhält man durch ^{50}Cr (n, γ) etwa 80 mc/g Cr. Höhere spezifische Aktivitäten lassen sich durch Szilard-Chalmers-Prozeß[22] oder Bestrahlung von angereichertem ^{50}Cr[23]

---

[1] Vgl. die Übersicht von Herrmann (*He 28*). — [2] Helf et al. (*He 8*). — [3] Langham (*La 5*). — [4] Hoecker u. Shaw (*Ho 2*). — [5] Vgl. Schmeiser S. 52—53.

[6] E_β^- 0,42 (16), 0,86 (12), 1,15 (20), 1,36 (30), 1,62 (14) und 2,20 MeV (8%), E_γ 0,34 (18), 0,48 (39), 0,82 (35), 0,91 (11), 1,60 (94) und 2,54 (6%) MeV.

[7] Ayers et al. (*Ay 1*).

[8] Rupp (*Ru 6*).

[9] S. 254.

[10] Vgl. Anm. 19, S. 257.

[11] Es treten starke Fraktionierungen ^{224}Ra-^{212}Pb auf, vgl. Wolf u. Born (*Wo 2*); deshalb sind unbedingt 5 Tage bis zur Messung abzuwarten.

[12] Wolf u. Born (*Wo 3*). — [13] Radhakrishna (*Ra 4*). — [14] Rundo et al. (*Ru 5*) — [15] Hursh et al. (*Hu 8*). — [16] Russell et al. (*Ru 8*).

[17] Harley u. Foti (*Ha 14*), McClelland (*Mc 2*).

[18] Hursh u. Gates (*Hu 7*), Hudgens et al. (*Hu 1*), Bate et al. (*Ba 25*).

[19] Lucas (*Lu 1*), van Dilla u. Taysum (*Di 4*).

[20] Hursh (*Hu 6*).

[21] Stehney et al. (*St 3, 4*).

[22] In festem Kaliumchromat oder Chromtrioxyd liegen nach der Bestrahlung im Reaktor 10—40% der Aktivität als Cr^{3+} vor und können z. B. an Fe(OH)$_3$ mitgefällt werden, vgl. Ottar (*Ot 5*), Harbottle (*Ha 12a*), Green et al. (*Gr 3a*).

[23] Hudswell et al. (*Hu 3*).

erhalten; Präparate mit 3—20 c/g sind zugänglich. Trägerfreies ^{51}Cr kann durch ^{51}V (p, n) [1] oder ^{51}V $(d, 2n)$ [2] dargestellt werden [3].

Bei der Bestimmung in Blut usw. ist ein γ-Szintillationszähler anzuraten. Man erhält folgende Zählausbeuten und Nachweisgrenzen (in Klammern): 40×20 mm Vollkristall, 10 ml Blut 0,9% [4] (900), 45×50 mm Bohrlochkristall, 4 ml 4,3% [5] (600), 50×50 mm Bohrlochkristall mit großer Bohrung, 20 ml 2,5% [5] (250 zpm/ml). Falls Blutproben eingedampft werden, soll dies bei 60° C geschehen, da bei 83° C Verflüchtigung eintreten kann [6]. Zur Bestimmung neben ^{59}Fe sind γ-Zähler mit Bleiabsorbern [4] oder einseitigem Diskriminator [7] bzw. Einkanal-Impulshöhenanalysatoren [8], neben ^{131}J ein einseitiger Diskriminator [9] oder Einkanalgerät [10] benutzt worden.

2. Mangan

Durch Reaktorbestrahlung erhält man nach ^{55}Mn (n, γ) ^{56}Mn ein kurzlebiges Isotop ($T = 2{,}6$ Std.) mit harter β^-- und γ-Strahlung [11]. Da die spezifische Aktivität sehr hoch ist — man erreicht etwa 4 c/g Mn —, wird ^{56}Mn auch heute noch für biologische Experimente verwendet [12]. Die spezifische Aktivität kann durch Bestrahlung von Kaliumpermanganat oder Cyclopentadienyl-Mangan-Tricarbonyl nochmals um den Faktor 100 gesteigert werden [13].

Dazu wird das Permanganat nach der Bestrahlung in Wasser gelöst und die Aktivität mit etwa 70% Ausbeute als Mn(IV) mit einer Glasfritte abfiltriert [14] oder an Fe(OH)$_3$ mitgefällt [13,15]. Die organische Verbindung wird in Chloroform gelöst und die Mn^{2+}-Aktivität mit 5%iger HCl ausgeschüttelt, Ausbeute etwa 50% [13].

Bequemer ist es, mit den langlebigen Isotopen ^{52}Mn ($T = 5{,}7$ Tage) oder ^{54}Mn ($T = 290$ Tage) zu arbeiten. Beide zerfallen durch Elektroneneinfang (^{52}Mn zu 35% durch β^+-Zerfall) mit gut zu messender energiereicher γ-Strahlung [16]. Sie entstehen durch ^{52}Cr (p, n) ^{52}Mn und ^{54}Cr (p, n) ^{54}Mn, ^{52}Cr $(d, 2n)$ ^{52}Mn und ^{53}Cr (d, n) ^{54}Mn bzw. ^{54}Fe (d, α) ^{52}Mn und ^{56}Fe (d, α) ^{54}Mn stets gemeinsam [17]. ^{54}Mn kann im Reaktor nach ^{54}Fe (n, p) gewonnen werden [23].

Zur Bestimmung der drei Manganisotope wird man vorzugsweise einen γ-Szintillationszähler verwenden.

---

[1] Ausbeute 450 μc/μAh bei 22 MeV, MARTIN et al (Ma 11).

[2] Ausbeute bei 30 MeV 280 μc/μAh, BAKKER (Ba 6.).

[3] Zur Abtrennung aus Vanadiumetall wird in 6 n HNO$_3$ gelöst und mit NaOH-Überschuß ^{51}Cr an Fe(OH)$_3$ ausgefällt. Man löst in HNO$_3$, oxydiert mit Bromwasser zu CrO$_4^{2-}$ und fällt die Verunreinigungen mit NaOH, vgl. GILE et al. (Gi 7).

[4] LIBBY u. HAND (Li 1). — [5] BASKIN et al. (Ba 22). — [6] GRAY u. STERLING (Gr 3).— [7] LOUGH u. HERTSCH (Lo 4). — [8] MITCHELL et al. (Mi 10). — [9] WEINSTEIN u. BEUTLER (We 2). — [10] ADAMS et al. (Ad 2, 3), ÖBRINK u. ULFENDAHL (Oe 1).

[11] E_{β^-} 2,8 (50%), 1,04 (30%), 0,65 (20%), E_γ 2,1 (20%), 1,81 (30%), 0,85 (100%) MeV.

[12] MAYNARD u. COTZIAS (Ma 20).

[13] SHARP et al. (Sh 2).

[14] DREHMANN (Dr 2).

[15] Weitere nützliche Angaben bei RIEDER et al. (Ri 3), McCALLUM u. MADDOCK (Mc 1).

[16] Vgl. SCHMEISER S. 56—57.

[17] Die Ausbeuten sind (μc/μAh)

		^{52}Mn	^{54}Mn
Fe $+ d$	14 MeV	0,05 [18]	1,0—1,4 [20,21]
	30 MeV		5 [19]
Cr $+ p$	20 MeV	90 [22]	0,5 [20,21]
			87 [21]*
Cr $+ d$	14 MeV	80—140 [20,21]	
		400 [19]	

* mit 80%igem ^{54}Cr.

[18] KAMEN (Ka 9). — [19] BAKKER (Ba 6). — [20] IRVINE (Ir 1). — [21] GRUVERMAN u. KRUGER (Gr 9). — [22] MARTIN et al. (Ma 11).

[23] Wirkungsquerschnitt 23 mbarn [MELLISH et al. (Me 10)] bzw. 11—60 mbarn [ROCHLIN (Ro 7)].

Zur Darstellung von ^{52}Mn und ^{54}Mn wurden u. a. folgende Verfahren benutzt. Bei der Gewinnung aus Eisen wird die Hauptmenge des Eisens durch Äthyläther aus 6 n HCl extrahiert. Die wäßrige Phase wird in 8 n HCl über einen Anionenaustauscher gegeben, Mangan läuft durch, Eisen(III) und (aktives) Kobalt werden adsorbiert[1]. Chromtargets werden als Cr(III) in 5%iger Oxalsäure über einen Kationenaustauscher gegeben und das adsorbierte Mangan (Chrom läuft durch) mit 1 n HCl eluiert[2]. Aus der Targetlösung in 1 m Kaliumrhodanid wird zunächst bei pH-Wert 3 (aktives) Vanadin durch 0,01 m 8-Oxychinolin in Methylisobutylketon extrahiert. Anschließend wird Mangan durch dasselbe Extraktionsmittel aus 8 m Kaliumrhodanidlösung vom pH-Wert 7 ausgeschüttelt[3].

3. Eisen

Die beiden als Indicatoren geeigneten Eisenisotope sind ^{55}Fe und ^{59}Fe. ^{55}Fe hat 2,6 Jahre Halbwertszeit und zerfällt durch Elektroneneinfang unter Emission von 5,9 keV Mangan-Röntgenstrahlung. ^{59}Fe hat 45 Tage Halbwertszeit, verhältnismäßig weiche β^--Strahlung (0,27 und 0,46 MeV) und harte γ-Strahlung (1,1 und 1,3 MeV)[4]. Von diesen beiden Isotopen ist ^{59}Fe mit Szintillationszählern bequem zu bestimmen, während die Messung von ^{55}Fe große Schwierigkeiten macht. Die Röntgenstrahlung zeigt bereits 1% Selbstabsorption bei 0,3 mg/cm², die Halbwertsdicke in Aluminium beträgt 6 mg/cm². Dazu kommt, daß die gebräuchlichen Detektoren auf Röntgenstrahlung verhältnismäßig schlecht ansprechen. Man sollte deshalb ^{59}Fe vorziehen und ^{55}Fe nur bei Doppelindicatorversuchen einsetzen[5].

Im Reaktor entstehen beide Isotope nebeneinander durch ^{54}Fe(n,γ) und ^{58}Fe (n,γ). Man erhält etwa 0,3 mc ^{59}Fe und 0,7mc ^{55}Fe pro Gramm Eisen. Höhere spezifische Aktivitäten lassen sich durch Szilard-Chalmers-Prozeß erreichen. Dazu wird Kalium-[6,7] oder Magnesium[8]-Eisen-(II)-cyanid bestrahlt; das aktive Eisen liegt nach der Bestrahlung z. T. nicht komplex vor[9]. In der Praxis macht das Verfahren einige Schwierigkeiten[9], so daß gegenwärtig hohe spezifische Aktivitäten durch Bestrahlung von angereichertem ^{54}Fe bzw. ^{58}Fe dargestellt werden[10]. Man erhält Präparate mit 0,5—10 mc ^{59}Fe/g Fe und < 10% ^{55}Fe bzw. > 0,5 c/g ^{55}Fe mit < 10% ^{59}Fe. Häufigste Verunreinigung ist ^{60}Co[11,12]. Trägerfreie Präparate sind durch ^{59}Co$(d, 2p)$ ^{59}Fe[13] und ^{55}Mn$(d, 2n)$ ^{55}Fe[15] oder ^{55}Mn(p, n)^{55}Fe[16] zu erhalten. Im Reaktor ist die Reaktion ^{59}Co(n, p) ^{59}Fe mit 6 mbarn Wirkungsquerschnitt durchführbar, der hohe Überschuß an langlebigem ^{60}Co macht das Verfahren aber praktisch bedeutungslos[17]. Die Cyclotronreaktionen ergeben ^{55}Fe- und ^{59}Fe-Präparate, die vom anderen Eisenisotop frei sind.

---

[1] Gruverman u. Kruger (*Gr. 9*). — [2] Russell (*Ru 9*). — [3] Irvine u. Lemmerman (*Ir 4*) — [4] Vgl. Schmeiser S. 54—55.

[5] Francois u. Szur (*Fr 1*) empfehlen ^{52}Fe, es hat 8,4 Std. Halbwertszeit und eine 21 min-Tochtersubstanz. Im Gleichgewicht liegen β^+-Strahlung von 0,8 und 2,6 MeV, γ-Strahlung von 0,17 und 1,46 MeV und Vernichtungsstrahlung vor.

[6] Tompkins et al. (*To 5*).

[7] Hudswell u. Taylor (*Hu 4*).

[8] Swartout u. Rice (*Sw 4*).

[9] Das Kalium-Eisen(II)-cyanid wird nach dem Auflösen ammoniakalisch gemacht, es scheidet sich eine als Träger für die Aktivität ausreichende Menge Fe(OH)$_3$ ab[7]. Beim Auflösen von Magnesium-Eisen-(II)-cyanid tritt eine Trübung auf, die die Aktivität mitreißt[8]. Die Anreicherungsfaktoren sinken bei langer Bestrahlung von anfangs 700—1800 auf 40—80 ab[6,8].

[10] Hudswell et al. (*Hu 3*).

[11] Rupp (*Ru 6*), Rupp u. Binford (*Ru 7*).

[12] Michailowicz u. Lederer (*Mi 1*), papierchromatographischer Nachweis von ^{60}Co in ^{55}Fe- bzw. ^{59}Fe-Präparaten.

[13] Ausbeute bei 30 MeV 2 μc/Ah[14]; Herstellung von eisenarmen Kobalttargets vgl. Dunn (*Du 8*).

[14] Bakker (*Ba 6*).

[15] Ausbeute bei 30 MeV 10 μc/μAh[14], bei 14 MeV 3,7[1] bzw. 0,7 μc/μAh, [Irvine (*Ir 1*)].

[16] Ausbeute bei 22 MeV 10—14 μc/μAh[1], Martin et al. (*Ma 11*).

[17] Mellish et al. (*Me 10*), Kenny et al. (*Ke 3*).

Zur Gewinnung von ^{59}Fe aus Kobalt wird die Lösung ammoniakalisch gemacht, das radiokolloide Eisen abfiltriert, mit Ammoniak gewaschen und in Säure gelöst[1]. Bei einem anderen Verfahren wird das Eisen aus 8 n HCl mit Isopropyläther extrahiert[2]. Zur Gewinnung von ^{55}Fe aus Mangan wird in 4 n HCl über einen Anionenaustauscher gegeben, der das ^{55}Fe adsorbiert, während Mangan durchläuft. Eisen wird anschließend mit 0,5 n HCl eluiert[3].

Zur Bestimmung von ^{59}Fe werden seit einigen Jahren vorwiegend γ-Szintillationszähler verwendet. Bei ^{55}Fe wird man bei starken Präparaten die direkte Messung mit Spezialzählrohren (s. u.) oder fensterlosen Zählrohren versuchen; vielfach wird sich eine Verarbeitung nicht umgehen lassen. Zur Präparation wurde früher häufig die elektrolytische Abscheidung benutzt, für die eine Reihe von Verfahren beschrieben sind. Die Abtrennung durch Extraktion und Eindampfen des Extraktes ist etwas bequemer.

Die Elektrolyse wird zweckmäßig in Gegenwart von etwa 10 mg Eisen (Präparatfläche 3—5 cm^2) aus gesättigter Ammonoxalatlösung, die etwa 0,3 m schwefelsauer ist, durchgeführt. Man arbeitet mit 0,85 A, 8—10 V und hält den p_H-Wert stets unterhalb von 7. Nach $2^1/_2$Std

Tabelle 21. *Vergleich einiger Meßmethoden für Eisen 59*

Detektor, Präparat		Probevolumen (ml)	Wirkungsgrad[4] (%)	Nulleffekt (ipm)	Nachweisgrenze[4] (zpm/ml)	ε^2/NE[5]	Quelle
Endfenster-Zählrohr	Elektrolyse	1,0 10	16	12	220 22	21	a
Fensterloses Zählrohr	Elektrolyse	1,0 10	50	100	140 14	25 0,005	b
Flüssigkeitszählrohr		10	0,4	30	1100	0,005	a
Plastischer Szintillator	Bohrlochform	10	10	240	100	0,4	a
Mehrfach-γ-Detektor	12 Zählrohre	2000	0,1	2000	250		c
NaJ-Szintillationszähler	24 × 18 mm Vollkristall, Ringbecher	10	4	30	110	0,5	d
	45 × 50 mm Bohrlochkristall	4	22	300	120	1,6	e
	50 × 50 mm Bohrlochkristall, große Bohrung	20	12	400	50	0,4	e
	60 × 60 mm Kristall	500	7	480	4		f
	Ringbecher	1500	4		2,2		
Flüssiger Szintillator		0,2	40	80	800	20	g

a) LAMERTON et al. (*La 3*).

b) Typische Werte

c) WEHNER u. PETERSON (*We 1*).

d) HAIGH (*Ha 6*).

e) BASKIN et al. (*Ba 22*).

f) JORDAN (*Jo 3*), anhand der Werte für ^{60}Co abgeschätzt.

g) LEFFINGWELL et al. (*Le 4*).

---

[1] GILE et al. (*Gi 6*).

[2] DUNN (*Du 9*).

[3] GRUVERMAN u. KRUGER (*Gr 9*).

[4] Vgl. Tab. 16 u. 18, S. 218 f., S. 238 f.

[5] (Wirkungsgrad)^2/Nulleffekt, bei kleinen Probemengen maßgebender Faktor.

ist die Abscheidung auf den Kupferblechen vollständig[1]. Varianten sind z. B. die Elektrolyse aus gesättigter Oxalsäure-gesättigtem Ammoniumoxalat 1 + 5[2]. Vor der Elektrolyse muß die veraschte Probe (die bereits 10 mg Eisen enthält) mit Ammoniak gefällt werden, was nur bei vollständiger Veraschung gelingt[3]. Bei größeren Probemengen scheidet sich während der Elektrolyse häufig Calciumphosphat ab. In diesen Fällen wird das Eisen vor der Elektrolyse mit Cupferron extrahiert[4]. Die Elektrolyse kann umgangen werden, wenn die Probe nach dem Veraschen in Gegenwart von 10 μg-Eisen(III)-Träger aus einer schwach sauren, 2%igen Kaliumrhodanidlösung mit Isoamylalkohol-Äthyläther (1 + 1) extrahiert wird und ein Aliquot des Extraktes in Stahlschälchen zur Trockne gedampft wird[5].

Wie Tab. 21 zeigt, ist die Messung im fensterlosen Zählrohr nach Elektrolyse bei kleinen Probemengen (ε^2/NE soll groß sein) die empfindlichste Zählmethode für ^{59}Fe, die nur durch die kostspieligeren flüssigen Szintillatoren errreicht wird. Bei mittleren Probemengen sind die Elektroabscheidung und der Natriumjodid-Szintillationszähler etwa gleichwertig, während bei großen Probemengen letzterer überlegen ist. Die praktischste Methode ist in jedem Fall der NaJ-Szintillationszähler.

Zur ^{55}Fe-Messung werden Spezialzählrohre benutzt, die mit einem 0,75 mm-Berylliumfenster versehen und mit Argon gefüllt sind[3]. Das Fenster läßt Röntgenstrahlung gut durch, die Gasfüllung spricht verhältnismäßig gut auf die Mangan-Röntgenstrahlung an. Man erhält eine Zählausbeute von 1,5%[6]. Eine Steigerung der Zählausbeute kann erreicht werden, wenn dünne Schichten präpariert und in fensterlosen Zählrohren gezählt werden. Man arbeitet mit Methan als Zählgas und zählt die energiearmen Auger-Elektronen[5].

Zum Nachweis von ^{55}Fe neben ^{59}Fe wird mit einem normalen Endfensterzählrohr und einem Spezialzählrohr (s. o.) gezählt. Das Endfensterzählrohr zählt ^{55}Fe und ^{59}Fe, letzterer Detektor jedoch nur ^{59}Fe[3]. Nach einer Messung beider Isotope im fensterlosen Zählrohr wurden 0,6 mg/cm² Absorber aufgedeckt, die die ^{55}Fe Auger-Elektronen bis auf eine Restaktivität von 1,5% (Röntgenstrahlung) abdecken, während ^{59}Fe zu 66% durchgelassen wird[5]. Die Bestimmung von ^{59}Fe neben ^{51}Cr bzw. ^{60}Co ist bei jenen Isotopen erwähnt.

Zur Einführung von Eisenisotopen in flüssige Szintillatoren wird nach nasser Veraschung mit TCA-Natriumacetat p_H-Wert 5,0 eingestellt, zentrifugiert und mit Isoamylalkohol Verunreinigungen extrahiert. Anschließend wird das Eisen mit 1,10-Phenanthrolin in Isoamylalkohol extrahiert und zum Äthanol-Toluol-Szintillator gegeben[7]. Oder eine Eisenhydroxydfällung wird in möglichst wenig Perchlorsäure gelöst, mit Ascorbinsäure reduziert und mit Äthanol-Toluol-Szintillator vermischt[8].

4. Kobalt

Durch Bestrahlung von Kobalt im Reaktor entsteht nach ^{59}Co(n, γ) ^{60}Co mit 5,25 Jahren Halbwertszeit und β^--Strahlung von 0,31, γ-Strahlung von 1,33 und 1,17 (je 100%) MeV. Man erhält etwa 100 mc/g Co; da ^{60}Co in großem Umfang durch langdauernde Bestrahlung produziert wird, sind Präparate von 2—50 c/g zu erhalten. Eine Steigerung der spezifischen Aktivität ist durch Szilard-Chalmers-Reaktion möglich, für die — infolge der Tendenz des dreiwertigen Kobalts zur Bildung starker Komplexe — mehrere Verfahren angegeben wurden[9]. Trägerfreies ^{60}Co kann im Cyclotron durch ^{63}Cu$(d, p\alpha)$ ^{60}Co[10], im Reaktor durch ^{60}Ni(n, p)[11] erhalten werden, jedoch mit geringer Ausbeute.

Isotope mit kürzerer Halbwertszeit und ebenfalls günstigen Strahlungen sind ^{56}Co (T = 77 Tage), ^{57}Co (270 Tage) und ^{58}Co (71 Tage). Alle drei emittieren γ-Strah-

---

[1] MALETSKOS u. IRVINE (*Ma 10*). — [2] DUNN (*Du 7*). — [3] PEACOK et al. (*Pe 1*). — [4] PETERSON (*Pe 12*). — [5] REDISKE et al. (*Re 1*). — [6] SAYLOR u. FINCH (*Sa 13*). — [7] LEFFINGWELL et al. (*Le 4*). — [8] DERN (*De 4*).

[9] Vgl. BURGUS u. MISKEL (*Bu 7*) und die neueren Arbeiten von CHRISTIAN u. MARTIN (*Ch3*), BUSER u. IMOBERSTEG (*Bu 13*) und NATH et al. (*Na 3*). Die letzteren beiden Gruppen erhielten auch im Reaktor Anreicherungsfaktoren von $> 10^6$ bzw. etwa 100 bei guter Ausbeute.

[10] Ausbeute bei 30 MeV 0,17 μc/μAh [BAKKER (*Ba 6*)].

[11] Wirkungsquerschnitt 0,5—7 mbarn [MELLISH et al. (*Me 10*), ROCHLIN (*Ro 7*)].

lung[1], sie sind deshalb einfach nachzuweisen. Sie werden trägerfrei im Cyclotron hergestellt, und zwar als Mischung mit ^{56}Co und ^{57}Co als Hauptbestandteile durch ^{56}Fe$(d, 2n)$ ^{56}Co und ^{56}Fe(d, n) ^{57}Co[2] oder ^{56}Fe(p, n) ^{56}Co und ^{56}Fe(p, γ) ^{57}Co[4], während man durch Beschuß von Nickel mit Protonen reines ^{57}Co erhält[6]. ^{58}Co ist durch ^{64}Zn$(d, 2\alpha)$[7] oder — im Reaktor — ^{58}Ni(n, p)[8] zu gewinnen. Auch die ^{55}Mn(α, xn)-Reaktionen sind zur Darstellung verwendet worden[9].

Bei der Gewinnung aus Eisen durch Deuteronenbeschuß löst man in Salzsäure, äthert das Eisen aus und adsorbiert aus 8 n HCl an einem Anionenaustauscher. Gleichzeitig erzeugtes ^{54}Mn wird durch 8 n HCl, die Kobaltisotope mit 4 n HCl eluiert; restliches Eisen bleibt auf der Säule[3]. Man kann das Eisen mit dem ^{54}Mn aus einer bromhaltigen Lösung durch Ammoniak fällen, die Kobaltisotope verbleiben im Filtrat[10]. Aus Mangan wird durch Extraktion des Kobalts mit α-Nitroso-β-Naphthol in Benzol aus einer Lösung vom p_H-Wert 1—4 abgetrennt[9]. Zur Abtrennung aus Nickel adsorbiert man das Kobalt aus 12 n HCl

Tabelle 22. *Vergleich einiger Meßmethoden für Kobalt 60*

Detektor, Präparat		Probe-volumen (ml)	Wirkungs-grad[12] (%)	Null-effekt (ipm)	Nachweis-grenze[12] (zpm/ml)	ε^2/NE [13]	Quelle
Endfenster-zählrohr	festes Präparat	1,0	7	20	600	2,5	a
	gefällt	10			60		
Fensterloses Zählrohr	festes Präparat	1,0	50	100	140	25	a
	gefällt	10			14		
Plastischer Szintillator	Bohrlochform	80	25	600	7	1,0	b
Na J-Szintilla-tionszähler	45 × 50 mm Bohrloch-kristall	4	39	300	70	5	c
	mit Konzentrierung	1000[14]			0,3		d
		280[14]			1,0		e
	60 × 60 mm Bohrloch-kristall	20	23	400	28	1,3	c
		20	29	575	24	1,5	f
	+ Einkanaldiskrimi-nator		7	16	25	3	f
	45 × 50 mm Kristall mit Ringbecher	1000	2,5	270	4	0,02	g
	+ Einkanaldiskrimi-nator		1,0	45	5	0,02	g
	60 × 60 mm Kristall mit Ringbecher	1500	9	575	1,1	0,14	f
	+ Einkanaldiskrimi-nator		0,5	5	4	0,05	f

a) Typische Werte. — b) HINE u. MILLER (*Hi 2*). — c) BASKIN et al. (*Ba 22*). — d) KINNORY et al. (*Ki 5*). — e) BUCHHOLZ (*Bu 4*). — f) PFAU u. HEINRICH (*Pf 2*). — g) DRATZ (*Dr 1*).

[1] Eigenschaften: ^{56}Co E_β^+ 1,50 MeV (19%), Elektroneneinfang (81%), E_γ 0,84 (100), 1,03 (16), 1,22 (70), 1,76 (17), 2,02 (12), 2,56 (16), 3,25 (12), MeV Vernichtungsquanten; ^{57}Co Elektroneneinfang, E_γ 0,14 (100%) MeV; ^{58}Co $E_{\beta+}$ 0,47 (15%) MeV, Elektroneneinfang, E_γ 0,81 MeV (100%).

[2] Ausbeuten bei 30 MeV ^{56}Co 40, ^{57}Co 10 μc/μAh[11], bei 15 MeV ^{57}Co 3,7 μc/μAh[3].

[3] GRUVERMAN u. KRUGER (*Gr 9*).

[4] ^{56}Co-Ausbeute bei 22 MeV 70 μc/μAh[5].

[5] MARTIN et al. (*Ma 11*).

[6] Es handelt sich um die Reaktionen ^{58}Ni$(p, 2p)$, $(p, pn\beta^+)$ und $(p, 2n\,2\beta^+)$, Ausbeute bei 22 MeV 50[5] bzw. 22[3] μc/μAh.

[7] Ausbeute bei 30 MeV 0,04 μc/μAh[11].

[8] Wirkungsquerschnitt 45—200 mbarn, man erhält > 1700 c/g Ni [MELLISH et al. (*Me 10*), ROCHLIN (*Ro 7*), MELLISH u. PAYNE (*Me 8*)].

[9] DICK u. KURBATOW (*Di 1*). — [10] MAXWELL et al. (*Ma 16*). — [11] BAKKER (*Ba 6*). — [12] Vgl. Tab. 16 u. 18, S. 218 f., 238 f. — [13] (Wirkungsgrad)²/Nulleffekt. — [14] Ursprüngliches Volumen.

an einem Anionenaustauscher, Nickel läuft durch. Kobalt wird anschließend mit Wasser eluiert[1].

Einige gebräuchliche Nachweismethoden sind in Tab. 22 verglichen. Der γ-Szintillationszähler erweist sich erwartungsgemäß als günstigster Detektor. Nur in einem speziellen Fall — Bestimmung in begrenzter kleiner Probemenge — kann durch die umständliche Verarbeitung zu einem festen Präparat eine optimale Empfindlichkeit erhalten werden (Spalte ε^2/NE). Stehen größere Probemengen zur Verfügung, verdient die Szintillationszählung unbedingt den Vorzug. Bei der ^{60}Co-Vitamin B_{12}-Bestimmung in Urin wird zur Steigerung der Empfindlichkeit die Konzentrierung aus großen Probemengen empfohlen; jedoch erreicht man nach Tab. 22 mit Ringbecher-Zählanordnungen ähnliche Empfindlichkeiten auch ohne Konzentrierung.

Von den Verfahren zur ^{60}Co-Bestimmung mit Verarbeitung sei die Fällung als $Co(OH)_3$ durch Natronlauge-Natriumperborat oder als Kobaltsulfid in schwach saurer Lösung erwähnt. Beide Verbindungen werden gelöst und Kobalt elektrolytisch abgeschieden[3]. Die Elektrolyse wurde auch aus stark ammoniakalischer Lösung vorgenommen[4]. Zur Konzentrierung von ^{60}Co-Vitamin B_{12} wird 1 l Urin mit 4 ml 1 n $CoCl_2$-Lösung, 300 g Ammoniumchlorid und 5 ml n-Octylalkohol versetzt und mit 6 ml 8%iger Ammoniumsulfidlösung gefällt. Man filtriert durch ein doppeltes Glasfaserfilter, faltet das Filter zusammen und zählt im γ-Meßkopf[5]. Nach einem anderen Verfahren werden zu 70 ml neutralisiertem Urin 1 ml 18 n Schwefelsäure und 0,4 g Aktivkohle gegeben, 15 min geschüttelt und zentrifugiert. Es werden aus einer Probe 4 70 ml-Anteile verarbeitet und die Aktivkohle vereint im γ-Detektor gemessen[6].

Zum Nachweis von ^{60}Co neben ^{59}Fe, die beide fast gleiche γ-Linien besitzen, verwendet man die Summen-γ-Linie des ^{60}Co[7], d. h. in einem Bohrlochkristall werden die beiden in Koincidenz emittierten γ-Linien mit guter Zählausbeute gleichzeitig registriert und erscheinen als Summenlinie von 2,50 MeV. ^{59}Fe stört nicht, da seine γ-Linien nicht in Koincidenz emittiert werden.

5. Kupfer

^{64}Cu entsteht durch ^{63}Cu (n, γ), im Reaktor erhält man 700 mc/g; durch Szilard-Chalmers-Trennung kann eine spezifische Aktivität von 20—50 c/g erreicht werden. Die Halbwertszeit ist kurz (12,8 Std.), es liegen β^-- (0,57 MeV, 39%), β^+-Strahlung (0,66 MeV, 19%) und Elektroneneinfang (42%) vor, γ-Strahlung (1,34 MeV) ist nur mit 0,5% am Zerfall beteiligt. Trägerfreie Präparate sind durch ^{64}Zn$(d, 2p)$ und ^{66}Zn(d, α) mit starker Intensität herzustellen[8]. Im Reaktor ist die Reaktion ^{64}Zn(n, p) möglich[11]. Weitere Darstellungsweisen sind ^{64}Ni$(d, 2n)$ und ^{64}Ni(p, n). Günstiger hinsichtlich der Halbwertszeit ist ^{67}Cu $[T = 58$ Std., $E_{\beta^-} = 0,39$ (45), 0,48 (35), 0,58 (20%), $E_\gamma = 0,09$ (40) und 0,18 (100) MeV]. Es kann durch ^{67}Zn$(d, 2p)$ gewonnen werden[12].

Zur Szilard-Chalmers-Trennung wird u. a. Kupfer-Phthalocyanin benutzt[2], das im Reaktor mit steigender Bestrahlungsintensität abnehmende Anreicherungsfaktoren ergibt, die aber

[1] Rupp (*Ru 6*).

[2] Herr u. Götte (*He 26*).

[3] Ballentine u. Burford (*Ba 7*).

[4] Dunn (*Du 7*), Maletskos u. Irvine (*Ma 10*).

[5] Kinnory et al. (*Ki 5*).

[6] Buchholz (*Bu 4*).

[7] Odeblad et al. (*Od 1*).

[8] Ausbeute bei 30 MeV 1,2[9], bei 19 MeV 0,6[10] mc/μAh.

[9] Bakker (*Ba 6*).

[10] Garrison u. Hamilton (*Ga 6*).

[11] Wirkungsquerschnitt 22—30 mbarn, Rochlin (*Ro 7*), Mellish et al. (*Me 10*).

[12] Ausbeute bei 30 MeV 1,5[9], bei 19 MeV 10[10] μc/μAh.

immer noch bei etwa 50[1] bis 400[2] liegen. Zur trägerfreien Abtrennung aus Zink wird zunächst die Galliumaktivität aus 5,5 n HCl mit Äther extrahiert und dann das Kupfer bei p_H-Wert 1,0—1,2 mit Dithizon in Chloroform ausgeschüttelt[3]. Eine schwach saure Lösung von bestrahltem Zinksulfat wird mit einigen Milligrammen frisch gefälltem Wismutsulfid geschüttelt, das Sulfid gelöst und in Ammoniak eingegossen; Kupfer bleibt in Lösung[4]. Die bestrahlte Zinksulfatlösung wird zur Niederschlagung des Kupfers mit Zinkpulver geschüttelt, dieses gelöst und Kupfer aus saurer Lösung elektrolytisch abgeschieden[5]. Zur Abtrennung aus Nickel wird die Dithizonextraktion benutzt[6].

^{64}Cu und ^{67}Cu können durch γ-Messung bestimmt werden, im ersteren Fall über die Vernichtungsquanten der β^+-Strahlung. Der Wirkungsgrad beträgt bei ^{64}Cu mit einem Bohrlochkristall 5%[7].

^{64}Cu ist in kleinen Proben von Serum, Urin, Faeces durch Eindampfen bestimmt worden[8]. Urin, Blut, Plasma, Gewebe (nach feuchtem Veraschen) wurden vorzugsweise in Lösung gemessen[9]. Nach der nassen Veraschung wurde mit Dithizon extrahiert und die organische Phase direkt gemessen[6]. Andere Autoren haben feste Präparate durch H_2S-Fällung[10] oder Ausfällung von Kupfermetall durch Aluminium[11] hergestellt. Die Elektrolyse ist ebenfalls benutzt worden[12].

6. Zink

Das gebräuchlichste Zinkisotop ist ^{65}Zn, Halbwertszeit 265 Tage, das fast ausschließlich durch Elektroneneinfang, zu 44% begleitet von γ-Strahlung (1,11 MeV), zerfällt. Es entsteht durch die Reaktion ^{64}Zn(n, γ) mit etwa 4 mc/g; Szilard-Chalmers-Präparate mit 200 mc/g sind erhältlich. Trägerfrei kann es durch ^{65}Cu$(d, 2n)$[13] oder ^{65}Cu(p, n)[14] hergestellt werden. Die (n, γ)-Präparate enthalten kurz nach der Herstellung ^{69m}Zn$(13,8$ h$)$-^{69}Zn$(51$ min$)$[17] mit 4,5 mc/g Zn. Im Cyclotron entsteht ^{63}Zn aus ^{63}Cu$(p, 2n)$[18]; ^{63}Zn hat 9,3 Std. Halbwertszeit[19]. In der Nähe von Beschleunigern und Reaktoren können diese kurzlebigen Zinkisotope unter Umständen eingesetzt werden.

Für die Szilard-Chalmers-Trennung verwendet man Zink-Phthalocyanin[20] und erreicht damit im Reaktor Anreicherungsfaktoren von etwa 50[1,2]. Für die Darstellung aus Kupfer werden Kupferteile von Cyclotrons verwendet. Bei den meisten der beschriebenen Verfahren wird

---

[1] PAYNE et al. (*Pa 7*).

[2] SHARP et al. (*Sh 2*).

[3] HAYMOND et al. (*Ha 35*).

[4] BORN u. DREHMANN (*Bo 7*).

[5] ERBACHER et al. (*Er 2*).

[6] SCHULTZE u. SIMMONS (*Sch 21*).

[7] BUSH (*Bu 14*).

[8] BEARN u. KUNKEL (*Be 3*).

[9] COMAR (*Co 4*).

[10] SCHUBERT et al. (*Sch 13*).

[11] HAVINGA u. BYKERK (*Ha 20*).

[12] DUNN (*Du 7*).

[13] Ausbeute bei 30 MeV 20 μc/μAh [BAKKER (*Ba 6*)], 14 MeV 3,5 μc/μAh [CLARKE u. IRVINE (*Cl 1*)].

[14] Ausbeute bei 20 MeV 9,3[15] bzw. 15 μc/μAh[16].

[15] MARTIN et al. (*Ma 11*).

[16] GRUVERMAN u. KRUGER (*Gr 9*).

[17] 0,90 MeV β^-- und 0,44 MeV γ-Strahlung.

[18] Ausbeute 18 mc/μAh[15].

[19] β^+-Strahlung von 0,66 MeV, γ-Strahlung von 0,59 MeV, Vernichtungsquanten; Tochtersubstanz 9,7 min ^{62}Cu mit 2,9 MeV β^+-Strahlung.

[20] HERR (*He 23*).

zunächst nach dem Auflösen das Kupfer durch Elektrolyse aus saurer Lösung entfernt. Anschließend wird das ^{65}Zn aus Tartrat, Dithionit und Cyanid enthaltender, auf p_H-Wert 5,5 gepufferter Lösung mit Dithizon extrahiert[1] oder aus neutraler Lösung elektrolytisch abgeschieden[2] oder an einer Cellulosesäule mit Butanol-HCl vom Rest Kupfer getrennt[3]. Die Entfernung des Kupfers kann unterbleiben, wenn ^{65}Zn aus 1 n HCl an einer Anionenaustauschersäule adsorbiert wird. Kupfer, Nickel und Kobalt bleiben nicht haften. Anschließend wird ^{65}Zn mit 0,0005 n HCl eluiert[4].

Für die Bestimmung ist ein γ-Szintillationsdetektor zu empfehlen. Der Wirkungsgrad eines Bohrlochkristalls beträgt 13%[5]. Gegenüber der mindestens um den Faktor 10 weniger empfindlichen[6] Messung mit dem Flüssigkeitszählrohr erspart man sich das Veraschen der Probe. Zum Teil wurde das Zink aus der veraschten Probe mit Dithizon extrahiert und der Extrakt gemessen[7]. Auch die elektrolytische Präparation ist beschrieben worden[8].

VIII. Die Isotope der restlichen Elemente

Auf eine eingehendere Behandlung weiterer Elemente wird verzichtet. Die wichtigsten Radioisotope der restlichen Elemente und Hinweise zur Herstellung und Bestimmung sind in Tab. 23 zusammengestellt. Die Elemente sind alphabetisch geordnet mit Ausnahme der Elemente der Seltenen Erden und Transplutonium-Gruppe, die unter diesen Stichworten zusammengefaßt behandelt werden. Es sind nicht sämtliche Elemente jener Gruppen berücksichtigt, sondern nur einige besonders geeignete Isotope. Wegen der sehr engen chemischen Verwandtschaft wird das Verhalten eines Elements der Gruppe im allgemeinen zugleich für die ganze Gruppe charakteristisch sein.

Außer der Halbwertszeit werden die physikalischen Eigenschaften der Isotope nur dann (in Fußnoten) erwähnt, wenn sie in der Tab. 13 von SCHMEISER[9] nicht aufgeführt sind.

Folgende Abkürzungen werden verwendet:

In Spalte a): nat.: natürliches Radioisotop; tf: trägerfrei. Die spezifischen Aktivitäten bei (n, γ)-Prozessen beziehen sich auf $1 \cdot 10^{12}$ Neutronen/cm^2 sec Fluß und vier Wochen Bestrahlung. Bei Isotopen von mehr als 1 Woche Halbwertszeit kann die spezifische Aktivität durch längere Bestrahlung gesteigert werden.

In Spalte b): SC: Szilard-Chalmers-Reaktion; Literaturhinweise werden nur gegeben, wenn die Arbeiten in der Übersicht von BURGUS u. MISKEL (*Bu* 7) nicht enthalten sind.

In Spalte c): Folgepr.: Folgeprodukt(e).
γ: Messung mit γ-Detektor, im allgemeinen Szintillationszähler, insbesondere Bohrlochdetektor.
β: Messung über die β-Strahlung, α: über die α-Strahlung.
Rö.: Röntgenstrahlung, VQ: Vernichtungsquanten.
ZR: Zählrohr.

---

[1] MALETSKOS et al. (*Ma 9*).
[2] YUASA (*Yu 1*).
[3] TUPPER u. WATTS (*Tu 3*).
[4] GRUVERMAN u. KRUGER (*Gr 9*).
[5] WAKELEY et al. (*Wa 4*).
[6] BANKS et al. (*Ba 11*).
[7] BANKS et al. (*Ba 12*).
[8] DUNN (*Du 7*), MALETSKOS u. IRVINE (*Ma 10*).
[9] S. 52 ff.

Tabelle 23. *Die Isotope der restlichen Elemente, ihre Herstellung und Bestimmung*

Element	Massenzahl	Halb-wertszeit	Herstellung, spezifische Aktivität, Ausbeute [a]	Chemische Verfahren [b]	Bestimmung [c]
Actinium	227	22 a[1]	nat., ^{231}Pa $\xrightarrow{\alpha}$ tf oder ^{226}Ra $(n, \gamma \beta^-)$, tf	vgl. [2-4]	nur über Folgeprodukte, diese γ od. β^- [5]. Sehr geringe Aktivitäten nach Veraschung, Fällung, α [7, 8, 9]
	228	6,1 h[10]	nat., ^{228}Ra $\xrightarrow{\beta^-}$, tf	[2, 11]	γ
Aluminium	26	$8 \cdot 10^5$ a	Mg (d, xn), etwa 10 μc/g[12]	[13]	γ
Antimon	122	2,8 d	Sb (n, γ), 500 mc/g Sn (d, xn) tf	s. ^{124}Sb	γ, vgl. ^{124}Sb
	124	60 d	Sb (n, γ), 35 mc/g Sn (d, xn) tf	SC: [17-20, 271] [26]	γ; β^- in getrocknetem Gewebe[21]; β^- nach nassem Veraschen u. Eindampfen[22]
	125	2,7 a	Sn $(n, \gamma \beta^-)$, tf mit 30 μc/g Sn	[23-25]	γ
Argon	37	35 d	^{37}Cl (p, n) tf, 110 μc/μAh[31]; ^{40}Ca (n, α)		interne Gaszählung
	39	265 a[42]	^{39}K (n, p), tf, 0,5 μc/g K[43]		externe Gaszählung
	41	1,8 h	Ar (n, γ) 0,4 mc/ml		externe Gaszählung
Arsen	74	17,5 d	Ge (d, xn), tf, 31 μc/μAh[27], 80 μc/μAh[28], Ge (p, xn), tf, 50—170 μc/μAh[27, 31, 32]	[27, 29, 30]	γ; β^- in getrocknetem Gewebe[33], naß verascht im Flüssigkeits-ZR[34]
	76	1,10 d	As (n, γ) 900 mc/g, mit SC 10—30 c/g	SC: [16, 17, 35-39, 271]	γ; nach nasser Veraschung eingedampft, β^- [40]
	77	1,6 d	Ge $(n, \gamma \beta^-)$ tf	S. ^{74}As	γ, β^-
Blei	203	2,2 d[41]	Tl (d, xn) tf; Tl (p, n) tf 220 μc/μAh[31]	[44]	γ
	210	19,4 a[45]	nat., ^{226}Ra $\rightarrow$ tf	[11, 46, 47]	β^- über Folgepr. ^{210}Bi nach Veraschen, Eindampfen[48] oder PbS-Fällung[49]
	212	10,6 h[50]	nat., ^{228}Th $\rightarrow$ tf	[11, 51, 52, 266]	mit Folgeprod. γ oder Eindampfen, β^- [53, 267], Veraschen, PbS-Fällung, β^- [54]
Bor					längste Halbwertszeit 0,02 sec (^{12}B)
Cadmium	109	1,3 a[56]	Ag (d, xn), tf, 3 μc/μAh[27], Ag (p, n) tf 5 μc/μAh[31]	[27, 55]	γ, weich, daher Konzentrierung notwendig
	115 m	43 d	Cd (n, γ), 1,5 mc/g		Eingedampft, β^- [57], γ b. starken Aktivitäten
	115	2,3 d	Cd (n, γ), 40 mc/g		γ; β^- s. o.
Gallium	67	3,2 d[58]	Zn (d, n) tf, 700 μc/μAh[28], [59], 60 μc/μAh[27]	[27, 60]	γ
	72	14 h	Ga (n, γ) 300 mc/g	SC: [61, 62]	γ; verascht, eingedampft β^- [63]
Germanium	71	11 d	Ge (n, γ) 120 mc/g Ga $(d, 2n)$ tf, Ga (p, n) tf 300 μc/μAh	[64, 65], SC: [271] [66]	naß unter Rückfluß veraschen, GeS$_2$-Fällg., fensterloses Zählrohr [67]; getrocknetes Gewebe im fensterlosen ZR[68]
	77	11 h[69]	Ge (n, γ)		γ

Tabelle 23 (Fortsetzung)

Element	Massenzahl	Halbwertszeit	Herstellung, spezifische Aktivität, Ausbeute[a]	Chemische Verfahren[b]	Bestimmung[c]
Gold	194	$1,65\,\mathrm{d}$[70]	Pt(p, xn) tf, 2,2 mc/μAh[31], Pt(d, xn) tf	s. ^{199}Au	γ
	195	$180\,\mathrm{d}$[71]	Pt(p, xn) tf 16μc/μAh[31], Pt(d, xn) tf 25 μc/μAh[28]	s. ^{199}Au	fest, fensterloses ZR
	196	$5,5\,\mathrm{d}$[72]	Pt(p, xn) tf, Pt(d, xn) tf	s. ^{199}Au	γ
	198	$2,6\,\mathrm{d}$	Au(n, γ) 8 c/g Au Pt(d, xn) tf	SC: [17]	γ[73]; homogenisierte Lösung β^-[74], Elektrolyse[75]
	199	$3,2\,\mathrm{d}$	Pt$(n, \gamma\beta^-)$ tf 20 mc/g Pt Pt(d, xn) tf	[76-78]	γ
Hafnium	175	$70\,\mathrm{d}$	Hf(n, γ) 50 mc/g Lu(p, n) tf 33μc/μAh[31]		γ
	181	$45\,\mathrm{d}$	Hf(n, γ) 100 mc/g		γ; naß verascht, als Lösung od. trocken β^-[79]
Helium					längste Halbwertszeit 0,8 sec (^{6}He)
Indium	111	$2,8\,\mathrm{d}$[80]	Cd(p, xn) tf 1,3 mc/μAh[31] Cd(d, xn) tf 18 μc/μAh[27]	27, 81, 82, 268	γ
	114 m	$50\,\mathrm{d}$	In(n, γ) 100 mc/g Cd(d, xn) tf 14 μc/μAh[28]	SC: [61] s. ^{111}In	γ[83]
Iridium	192	$74\,\mathrm{d}$	Ir(n, γ) 6 c/g Os(d, xn) tf	SC: [17, 61] 84	γ
Krypton	85	$10,6\,\mathrm{a}$	U(n, f) 20 c/g Kr	85, 86	externes ZR; Bestimmung in Blut vgl. [87, 88]
Molybdän	99	$2,8\,\mathrm{d}$	Mo(n, γ) 5 mc/g Zr(α, n) tf U(n,f) tf	SC: [61] 89 90	γ, dabei Nachbildung ^{99m}Tc (6,0 h) abwarten; naß veraschen, β^- in Lösung[91]
Neon					gut zugänglich nur ^{23}Ne (T = 40 sec)
Neptunium	237	$2,2 \cdot 10^6\,\mathrm{a}$[92]	^{238}U$(n, 2n\beta^-)$, ^{235}U $(2n, 2\gamma\beta^-)$ 0,7 mc/g[95]	2, 93, 94, 130	Nachweis kleinster Aktivitäten: Veraschen, Fällen, α[8, 9], evtl. Elektrolyse[96, 97]
	239	$2,43\,\mathrm{d}$[98]	U$(n, \gamma\beta^-)$ tf	SC: [17, 99-102]	
Nickel	56	$6,4\,\mathrm{d}$[103]	Fe$(\alpha, 2n)$ tf		γ
	57	$1,5\,\mathrm{d}$[104]	Fe(α, n) tf, Co$(p, 3n)$ tf		γ
	63	$125\,\mathrm{a}$	Ni(n, γ) 80 μc/g Cu(n, p) tf[105]	105	sehr weich, daher veraschen, Elektrolyse, fensterloses ZR[106]; als Suspension im flüssigen Szintillator[270]
	65	$2,6\,\mathrm{h}$[107]	Ni(n, γ) 7 mc/g		γ
Niob	95	$35\,\mathrm{d}$[108]	^{95}Zr $\xrightarrow{\beta^-}$ tf, U(n, f) tf	24, 109	γ
Osmium	185	$97\,\mathrm{d}$[110]	W(α, xn) tf	111, 112	γ
	191	$16\,\mathrm{d}$[113]	Os(n, γ) 110 mc/g	SC: [114, 115]	γ
Palladium	103	$17\,\mathrm{d}$[116]	Pd(n, γ) 5 mc/g[117] Rh(p, n) tf 0,5 mc/μAh[31] Rh(d, xn) tf	SC: [61, 62] 118, 119	Röntgenstrahlung, mit festem Präparat; γ nur schlecht
	109	$13\,\mathrm{h}$[120]	Pd(n, γ) 500 mc/g		β^-; γ ungünstig

Tabelle 23 (Fortsetzung)

Element	Massenzahl	Halb-wertszeit	Herstellung, spezifische Aktivität, Ausbeute [a]	Chemische Verfahren [b]	Bestimmung [c]
Platin	191	$3,0\,\mathrm{d}$ [121]	Os (α, xn) tf, Ir (p,n) tf 0,2 mc/μAh [31]	122	γ
	193 m	$4,3\,\mathrm{d}$ [123]	Pt (n, γ) 60 mc/g [124] Os (α, xn) tf, Ir (p, n) tf 0,3 mc/μAh [31]	SC: [17,61,125] s. [191]Pt	γ
	197	18 h	Pt (n, γ) 20 mc/g	s. [193m]Pt	β^-; γ ungünstig
Plutonium	239	$2,4\cdot10^4\mathrm{a}$ [126]	U $(n, \gamma\,2\beta^-)$, 60 mc/g [127]	2, 128, 129	α; trocken veraschen, Asche lösen, Anteil eindampfen [131,132,153], Anteil fällen (LaF$_3$) [133], Elektrolyse [97,134]. Messung in flüssigem Szintillator [135, 269]. Bestimmung geringster Aktivitäten in Urin vgl. [7,8, 137-140], in Stuhl vgl. [136]
Polonium	206 210	$8,8\,\mathrm{d}$ [141] 138 d	Po $(\alpha, 2n)$ tf nat., ^{210}Pb $\xrightarrow{\beta-}$ tf Bi $(n, \gamma\,\beta^-)$ tf 100 μc/g Bi	3, 11, 46, 47, 142	γ α, nach nasser Veraschung u. elektrochemischer Abscheidung [146,143,144]. Bestimmung geringster Aktivitäten in Urin vgl. [143-146]. Elektrochemische Abscheidung vgl. auch [147]. Zählung mit flüssigem Szintillator vgl. [148]
Protactinium	231	$3,4\cdot10^4\mathrm{a}$ [149]	nat., 40 mc/g [150]	3, 151	α, stärkere Präparate γ. Kleinste Mengen in Urin vgl. [8,145]. Elektrolyse vgl. [97]
	233	$27\,\mathrm{d}$ [152]	Th $(n, \gamma\,\beta^-)$ tf 240 mc/g Th	78, 154	γ
Quecksilber	197 m 197 203	$1,0\,\mathrm{d}$ } [155] $2,7\,\mathrm{d}$ } 47 d	Hg (n, γ) 360 mc/g Au $(d, 2n)$ tf 6 μc/μAh [156] Hg (n, γ) 10 mc/g	s. [203]Hg 156 157	γ γ [158]; bei nasser Veraschung Rückflußkühler anwenden [159]; beim Eindampfen biologischer Lösungen zur Trockne starke Verluste [160]
Radon	222	3,8 d			vgl. Radium
Rhenium	183	$70\,\mathrm{d}$ [161]	W (p, xn) tf, W (d, xn) tf Ta (α, xn) tf	111,112, 162	γ
	184	$2,2$ [163]	W (p, xn) tf, W (d, xn) tf Ta (α, xn) tf	s. [183]Re	γ
	186	$3,7\,\mathrm{d}$ [164]	Re (n, γ) 3,2 c/g W (p, xn) tf, W (d, xn) tf	SC: [165,166] s. [183]Re	γ
Rhodium	101	$4,5\,\mathrm{d}$ [167]	Ru (p, xn) tf 1,1 mc/μAh [31] Ru (d, xn) tf	168,119	γ
	102	$210\,\mathrm{d}$ [169]	Ru (p, xn) tf 8 μc/μAh [31] Ru (d, xn) tf	s. [101]Rh	γ
	105	$1,5\,\mathrm{d}$ [170]	Ru $(n, \gamma\,\beta)$ tf 20 mc/g Ru	s. [101]Rh	γ, β^-

Tabelle 23 (Fortsetzung)

Element	Massenzahl	Halbwertszeit	Herstellung, spezifische Aktivität, Ausbeute [a]	Chemische Verfahren [b]	Bestimmung [c]
Ruthenium	97	$2,9\,d^{171}$	Mo $(\alpha,\ xn)$ tf	[172]	γ
	103	40 d	Ru $(n,\ \gamma)$ 23 mc/g, U $(n,\ f)$ tf, Mo $(\alpha,\ xn)$ tf	s. ^{106}Ru [172]	γ
	106	$1,0\,a^{173}$	U $(n,\ f)$ tf	[24, 86]	γ; trockene Veraschung möglich, Messung geringer Mengen nach Anreicherung[175, 176]
Scandium	46	84 d	Sc $(n,\ \gamma)$ 1,4 c/g, Ti $(n,\ p)$ tf[177], Ti $(d,\ xn)$ tf	[30, 178, 179]	γ
	47	$3,4\,d^{180}$	Ti $(d,\ xn)$ tf Ca $(n,\ \gamma\,\beta^-)$ tf, $0,5\,\mu$c/mg[181]	s. ^{46}Sc [182]	γ
Selen	75	121 d	Se $(n,\ \gamma)$ 6 mc/g; ^{74}Se $(n,\ \gamma)$ 5 c/g; As (p, n) 60μc/μAh[31] tf; As $(d,\ xn)$ tf	SC: [17] [183, 184]	γ[185], Trocknung Gewebe, Urin bringt Verluste[185], nass verascht[184]
Seltene Erden	^{140}La	$40\,h^{186}$	^{140}Ba $\xrightarrow{\ \beta^-\ }$ tf	[187, 188, 189]	γ; β^- nach trockenem Veraschen, vgl.[190], dort auch weitere Isotope der seltenen Erden. Bestimmung sehr kleiner Mengen im Urin vgl.[7]
	^{141}Ce	32 d	U $(n,\ f)$ tf Ce $(n,\ \gamma)$ 12 mc/g	[24, 86, 191, 192]	
	^{144}Ce	$285\,d^{193}$	U $(n,\ f)$ tf	s. ^{141}Ce	
	^{143}Pr	$14\,d^{194}$	U $(n,\ f)$ tf, Ce $(n,\ \gamma\,\beta^-)$ tf	s. ^{141}Ce [189]	
	^{139}Ce	$140\,d^{195}$	La $(d,\ xn)$ tf 3μc/μAh, La $(p,\ xn)$ tf $6\ \mu$c/μAh[27]	[27]	
	^{148}Pm	$42\,d^{196}$	Nd (p, n) tf	[78]	
	^{147}Pm	$2,7\,a^{197}$	U $(n,\ f)$ tf	s. ^{141}Ce	
	^{177}Lu	$7\,d^{198}$	Lu $(n,\ \gamma)$ 8 c/g		
Silber	105	$45\,d^{199}$	Pd $(d,\ xn)$ tf	[200, 78]	γ
	106	$8\,d^{201}$	Pd $(d,\ xn)$ tf	s. ^{105}Ag	γ
	110 m	250 d	Ag $(n,\ \gamma)$ 15 mc/g	s. ^{105}Ag	γ
	111	7,5 d	Pd $(n,\ \gamma\,\beta^-)$ tf 5 mc/g Pd Pd $(d,\ xn)$ tf	s. ^{105}Ag	γ; β^- nach Veraschen direkt[202] oder mit Fällung[203]
Silicium	31	2,6 h	Si $(n,\ \gamma)$ 2 mc/g P (n, p) 25 mbarn tf[207]	[206]	β^- nach Veraschung, Schmelze u. Lösen im Flüssigkeits-ZR[204, 205]
Tantal	177	$2,2\,d^{208}$	Hf $(d,\ xn)$ tf, Hf $(p,\ xn)$ tf 1,4 mc/μAh[31]	[66]	γ
	181	115 d	Ta $(n,\ \gamma)$ 250 mc/g		γ
Technetium	96	$4,2\,d^{209}$	Mo (p, n) tf 0,2 mc/μAh[31]	s. ^{99m}Tc	γ
	97 m	$91\,d^{210}$	Ru $(n,\ \gamma\,EE)$ tf 15 μc/g Ru		schwierig, γ, Rö, fest
	99 m	$6,0\,h^{211}$	Mo $(n,\ \gamma\,\beta^-)$ tf 4 mc/g Mo	[212, 90]	γ
	99	$2,1\cdot10^5\,a^{213}$	U $(n,\ f)$, 17 mc/g[214]	[86, 24, 93]	weiche β^-, fest
Tellur	123 m	$104\,d^{215}$	Te $(n,\ \gamma)$ Sb $(p,\ xn)$ tf 18μc/Ah[31] Sb $(d,\ xn)$ tf	SC: [17] [216]	γ
	127 m/127	105 d	Te $(n,\ \gamma)$ 300 μc/g	SC: [17]	β^-
	132	$3,2\,d^{217}$	U $(n,\ f)$ tf	[218]	naß verascht unter Rückfluß, Flüss.-ZR[219]

Tabelle 23 (Fortsetzung)

Element	Massenzahl	Halb-wertszeit	Herstellung, spezifische Aktivität, Ausbeute [a]	Chemische Verfahren [b]	Bestimmung [c]
Thallium	201	$3,0$ d [220]	Hg (d, xn) tf, Hg (p, xn) tf $0,9$ mc/μAh [31]	[221]	γ
	202	12 d [222]	Hg (d, xn) tf, Hg (p, xn) tf 40 μc/μAh [31]	s. [201]Tl	γ
	204	4 a	Tl (n, γ) $2,5$ mc/g, erhältlich 200 mc/g		β^- im getrockneten Gewebe [223] od. nach nassem Veraschen u. Extraktion [224]
Thorium	230	$8 \cdot 10^4$ a [225]	nat., 19 mc/g [228]	[226]	α, Asche zur Trockne [227], Nachweis kleinster Aktivitäten in Urin vgl. [7,8,9]
	232	$1,4 \cdot 10^{10}$ a [225]	nat., $0,1$ μc/g [228]		Nachweis kleiner Mengen [232]Th durch Kolorimetrie ist empfindlicher; Folgeprodukte im Urin vgl. [229]; [220]Rn in Atemluft vgl. [230]
	234	24 d [231]	nat., [238]U $\xrightarrow{\alpha}$ tf	[232-234]	γ
Titan	45	$3,1$ h [235]	Sc (p, n) 100 mc/μAh [31]		γ
Transplutoniumelemente	[241]Am [242]Cm	460 a [236] 160 d [236]	Pu $(2n, \gamma \beta^-)$ tf Pu $(3n, \gamma 2\beta^-)$ tf	[2]	starke Präparate γ, sonst α nach Veraschen, Fällung [237], Elektrolyse vgl. [96,97]. Kleinste Aktivitäten in Urin vgl. [7,8,9]
Uran	233	$1,5 \cdot 10^5$ a [236]	Th $(n, \gamma 2\beta^-)$ 10 mc/g [238]	[239,240]	größere Aktivitäten γ, sonst α, Elektrolyse vgl. [96,97]. Auch im flüssigen Szintillator [135]
	235	$7 \cdot 10^8$ a [236]	nat., $2,2$ μc/g [238]		Kleinste Aktivitäten im Urin vgl. [241,145]
	237	$6,7$ d [243]	U $(n, 2n)$, U (p,pn)	SC: [17,99-102]	γ
	238	$4 \cdot 10^9$ a [236]	nat., $0,3$ μc/g [238]		fluorimetrische Bestimmung empfindlicher
Vanadin	48	16 d [244]	Ti $(d, 2n)$ tf 75 [27], 350 [28] μc/μAh, Ti (p, xn) tf 125 μc/μAh [27]	[27,179,30,245, 246]	γ
Wismut	206	$6,3$ d [247]	Pb (d, xn) tf $0,8$ mc/μAh [28] Pb (p, xn) tf $0,3$ mc/μAh [31]	[27,248,249]	γ
	207	8 a [251]	Pb (d, xn) tf $0,5$ μc/μAh [250] Pb (p, xn) tf $0,2-0,8$ μc/μAh [27,31]	s. [206]Bi	γ
	210	$5,0$ d [252]	nat., [210]Pb $\xrightarrow{\beta^-}$ tf	[46,47,142,11]	nur β^-, veraschen, eindampfen [252]
Wolfram	181 185	145 d [253] 73 d	Ta (d, xn) tf $4,5$ μc/μAh [27] W (n, γ) 11 mc/g	[27,254]	fest, schwierig β^- nach Lösen in KOH und Eindampfen [255]
Xenon	133m/133	$5,3$ d	U (n,f) tf, Xe (n,γ) $1,0$ mc/ml	[86,24]	externe Messung mögl.
	127	34 d [256]	J (d, xn) tf	[66]	externe Messung mögl.

Tabelle 23 (Fortsetzung)

Element	Massenzahl	Halb-wertszeit	Herstellung, spezifische Aktivität, Ausbeute[a]	Chemische Verfahren[b]	Bestimmung[c]
Yttrium	88	104 d[257]	Sr (d, xn) tf 40 μc/μAh[258], 55 μc/μAh[28] Sr (p, xn) tf 20—30 μc/μAh[27,31]	27, 259	γ
	90	2,7 d	^{90}Sr $\xrightarrow{\beta-}$ tf	260,261,263, 242, 189	β^- trockenes Gewebe[174] Asche[153], Bremsstrahlung[39]
	91	58 d	U (n, f) tf	86, 24, 191, 192	β^- s. ^{90}Y, geringe Aktivitäten im Urin[7,14]
Zinn	113	119 d	Sn (n, γ) 250 μc/g[262] Cd (α, xn) tf	SC: 15, 16 81	γ
	121	1,2 d	Sn (n, γ) 6 mc/g	s. ^{113}Sn	β^-
Zirkon	89	3,3 d[265]	Y $(d, 2n)$ tf		γ
	95	65 d[264]	Zr (n, γ) 0,8 mc/g U (n, f) tf	66,6 24	γ

[1] E_β-0,04 MeV, keine γ-Strahlung; Folgeprodukte starke β-γ-Strahler, Nachbildung langsam (18 d ^{227}Th und 12 d ^{223}Ra). — [2] Hyde (Hy 2). — [3] Bagnall (Ba 1). — [4] Hagemann (Ha 1,2). — [5] Campbell et al. (Ca 5). — [6] Mealey (Me 1). — [7] Schubert (Sch 14). — [8] Schubert et al. (Sch 16). — [9] Jenkins u. Snedden (Je 2). — [10] E_β-1,1 (53), 2,2 (10%) MeV u. a., E_γ linienreich, bis 1,6 MeV. — [11] Erbacher (Er 1). — [12] Bei 100 Std. Beschuß mit 200 μA, 15 MeV und 0,003% Al im Mg[13]. — [13] Kohman et al. (Ko 2), Rightmire et al. (Ri 5). — [14] Schubert et al. (Sch 17). — [15] Spano u. Kahn (Sp 2). — [16] Sharp et al. (Sh 2). — [17] Burgus u. Miskel (Bu 7). — [18] Williams (Wi 4). — [19] Kahn (Ka 2). — [20] Nefedow u. Ewticheew (Ne 1). — [21] Ness et al. (Ne 8). — [22] Bahner (Ba 2). — [23] Robinson u. Kahn (Ro 6). — [24] Rupp (Ru 6). — [25] Kleemann u. Herrmann (Kl 1). — [26] Maxwell et al. (Ma 19). — [27] Gruverman u. Kruger (Gr 9); Angaben für 15 MeV Deuteronen oder 15 MeV Protonen. — [28] Bakker (Ba 6), 30 MeV Deuteronen. — [29] Green u. Kafalas (Gr 4). — [30] Schindewolf u. Irvine (Sch 7). — [31] Martin et al. (Ma 11), 22 MeV Protonen. — [32] Ferner entstehen 76d ^{63}As (8), 50 h ^{71}As (1400), 26 h ^{72}As (2100 μc/μAh)[31]. — [33] Lanz et al. (La 7). — [34] Morrison u. Oliver (Mo 4). — [35] Müller u. Broda (Mu 1). — [36] Laurent u. Simonnin (La 11). — [37] Maddock u. Sutin (Ma 6). — [38] Saito et al. (Sa 4). — [39] Hoecker u. Shaw (Ho 2). — [40] Ducoff et al. (Du 2). — [41] 0,28 MeV γ-Strahlung. — [42] E_β- 0,56 MeV, keine γ. — [43] Wänke u. König (Wa 2). [44] Haymond et al. (Ha 32). — [45] E_β- 0,02, E_γ 0,05 (5%) MeV, Folgeprodukte 5d ^{210}Bi, 138d ^{210}Po. — [46] Frierson u. Jones (Fr 9). — [47] Bouissières u. Ferradini (Bo 8). — [48] Schubert u. White (Sch 19). — [49] Christiansen et al. (Ch 5). — [50] Im Gleichgewicht mit den Folgeprodukten ^{212}Bi und ^{208}Tl: E_β- 0,36, 1,8, 2,3, E_γ 0.24, 0,56, 0,75, 2,6 MeV u. a. — [51] Broda et al. (Br 8). — [52] Harrison et al. (Ha 17). — [53] Alexander (Al 2). — [54] Ginsburg u. Weatherall (Gi 15). — [55] Maxwell et al. (Ma 18). — [56] 22 keV Rö, 0,09 MeV γ. — [57] Walsh u. Burch (Wa 9). — [58] E_γ 0,18 (80), 0,30 (64), 0,39 (13). — [59] Mit 3,6 mc/μAh ^{66}Ga, 9,5 h, harte β^--γ-Strahlung. — [60] Graham u. Seaborg (Gr 2). — [61] Herr (He 23). — [62] Payne et al. (Pa 7). [63] Brucer u. Bruner (Br 15). — [64] Baraboschkin (Ba 13). — [65] Salvetti (Sa 6). — [66] Garrison u. Hamilton (Ga 6). — [67] Dudley u. Wallace (Du 5). — [68] Dudley (Du 3). — [69] E_β-0,71 (23), 1,38 (35), 2,20 (42%) MeV, γ-Spektrum linienreich 0,37 bis 2,0 MeV; Folgeprodukt ^{77}As (s. dort). — [70] Linienreiches γ-Spektrum bis 2,3 MeV, Hauptlinie 0,33 MeV. — [71] 67 keV Rö. — [72] E_β- 0,30, $E\gamma$ 0,34 MeV. — [73] Zählausbeute im 4 ml Bohrlochkristall 40%, im 20 ml-Bohrloch 22%, Baskin et al. (Ba 22). — [74] Ganz u. Brucer (Ga 5). — [75] Dunn (Du 6). — [76] Gile et al. (Gi 12). — [77] Kidson (Ki 1). — [78] Mellish u. Payne (Me 9). — [79] Kittle et al. (Ki 9). — [80] $E\gamma$ 0.17, 0,25 MeV. — [81] Maxwell et al. (Ma 17). — [82] Jacobi (Ja 2). — [83] Zählausbeute 1%, Smith et al. (Sm 4). — [84] Haymond et al. (Ha 33). — [85] Ayers et al. (Ay 1). — [86] Lamb et al. (La 2). — [87] Sanders (Sa 10), Sanders u. Morrow (Sa 11). — [88] Lassen u. Munck (La 10). — [89] Stout u. Meagher (St 11). — [90] Tucker et al. (Tu 2). — [91] Comar (Co 4). — [92] α-Zerfall mit 0,09 MeV γ (30%), Folgeprodukt ^{233}Pa (s. dort). — [93] Saddington (Sa 2). — [94] Nairn u. Collins (Na 2). — [95] Spezifische Aktivität von reinem ^{237}Np. — [96] Ko (Ko 1). — [97] Mitchell (Mi 11). — [98] E_β-0,35 (55), 0,44 (15), 0,72 (6%), $E\gamma$ 0,11 (100), 0,23 (40) MeV u. a., Folgeprodukt ^{239}Pu. — [99] Götte (Go 3). — [100] Henry u. Herczeg (He 17). — [101] Wolfgang (Wo 4). — [102] Zolotow u. Alimarin (Zo 1). — [103] Linienreiches γ-Spektrum, u. a. 0,17 (100), 0,28 (30), 0,48 (40), 0,81 (80), Folgeprodukt 77 d ^{56}Co (s. dort). — [104] E_β+ 0,85 (43%), $E\gamma$ 1,37

(86%) u. a., Folgeprodukt 270 d ^{57}Co (s. dort). — [105] Im Reaktor Wirkungsquerschnitt 3 mbarn, PREISS et al. (*Pr 1*). — [106] WASE et al. (*Wa 14*). — [107] E_β - 0,60 (29), 2,10 (57%), E_γ 0,37, 1,15 MeV. — [108] E_{β^-} 0,16 (100), E_γ 0,76 (100%) MeV. — [109] HARDY u. SCARGILL (*Ha 13*). — [110] Mehrere γ-Linien zwischen 0,6 und 0,9 MeV. — [111] GILE et al. (*Gi 3*). — [112] BRICKAM et al. (*Br 6*). — [113] E_{β^-} 0,14 (100), E_γ 0,13 (100%) MeV. — [114] HERR u. DREYSER (*He 25*). — [115] MITCHELL u. MARTIN (*Mi 12*). — [116] Elektroneneinfang, schwache γ-Strahlung, Folgeprodukt ^{103}Rh, schwache γ-Strahlung. — [117] Enthält 7,6 d ^{111}Ag aus Pd (n, $\gamma\beta^-$), Entfernung vgl. MEINKE u. SUNDERMAN (*Me 4*), ROUSER u. HAHN (*Ro 18*), SILICO et al. (*Si 1*). — [118] GILE et al. (*Gi 14*). — [119] LEDERER (*Le 2*). — [120] E_{β^-} 1,0 (100), E_γ 0,09 (10%) MeV. — [121] Viele γ-Linien bis 0,5 MeV. — [122] GILE et al. (*Gi 8*). — [123] 0,13 MeV γ-Strahlung. — [124] Enthält ^{199}Au, Reinigung vgl. [77]. — [125] HALDAR (*Ha 9*). — [126] α-Strahler. — [127] Spezifische Aktivität von reinem ^{239}Pu. — [128] CULLER (*Cu 1*). — [129] FLANARY (*Fl 1*). — [130] FLANARY u. PARKER (*Fl 2*). — [131] KATZ et al. (*Ka 16*). — [132] FOREMAN et al. (*Fo 5*). — [133] SCOTT et al. (*Sc 1*). — [134] MOORE u. SMITH (*Mo 3*). — [135] LANGHAM (*La 5*). — [136] MAXWELL et al. (*Ma 15*). — [137] SCHWENDIMAN u. HEALY (*Sch 27, 28*). — [138] MILLIGAN (*Mi 6*). — [139] SANDERS (*Sa 12*). — [140] SMALES et al. (*Sm 1*). — [141] Linienreiches γ-Spektrum, Folgeprodukt ^{206}Bi (s. dort). — [142] RADHAKRISHNA (*Ra 4*). — [143] VITTUM et al. (*Vi 2*). — [144] THOMAS (*Th 1*). — [145] McCLELLAND (*Mc 2*). — [146] MEYER (*Me 14*). — [147] FELDMAN u. FRISCH (*Fe 2*). — [148] BASSON u. STEYN (*Ba 24*). — [149] α-Strahler mit linienreichem γ-Spektrum um 0,3 MeV. — [150] Spezifische Aktivität von reinem ^{231}Pa (ohne Folgeprodukte). — [151] GOBLE et al. (*Go 1*). — [152] E_{β^-}0,26 (28), 0,15 (37%), E_γ 0,31 (30%) MeV. — [153] SCHUBERT et al. (*Sch 15*). — [154] MOORE u. REYNOLDS (*Mo 2*). — [155] Mehrere γ-Linien zwischen 0,07 und 0,16 MeV. — [156] IRVINE u. GOODMAN (*Ir 3*), 12 MeV Deuteronen. — [157] NEFEDOW et al. (*Ne 2*). — [158] AIKAWA et al. (*Ai 2, 3*). — [159] Vgl. S. 141 f. — [160] KELLY et al. (*Ke 1*). — [161] Zahlreiche γ-Linien um 0,2 MeV. — [162] GILE et al. (*Gi 2*). — [163] E_γ 0,16 MeV. — [164] E_{β^-} 1,0, E_γ 0,14 (20%) MeV. — [165] HERR (*He 24*). — [166] SCHWEITZER u. WILHELM (*Sch 26*). — [167] E_γ 0,14 und 0,29 MeV. — [168] GILE et al. (*Gi 11*). — [169] E_{β^-} 1,15, E_{β^+} 1,24, 0,76 MeV, E_γ u. a., 0,20, 0,48, 0,64 und 1,08 MeV. — [170] E_{β^-} 0,57, E_γ 0,32 (5%) MeV. — [171] E_γ 0,11, 0,22, 0,33, 0,56 MeV. — [172] GILE et al. (*Gi 9*). — [173] Mit der Tochtersubstanz 30 sec ^{103}Rh E_{β^-} 3,6 (68), 3,1 (11), 2,4 (12%) u. a., E_γ 0,51 (30), 0,62 (15%) MeV. — [174] DUDLEY u. GREENBERG (*Du 4*). — [175] BARRACLOUGH (*Ba 20*). — [176] KENNEDY u. FITZGERALD (*Ke 2*). — [177] Wirkungsquerschnitt im Reaktor 4 mbarn, MELLISH et al. (*Me 10*). — [178] GILE et al. (*Gi 4*). — [179] WALTER (*Wa 10*). — [180] E_{β^-} 0,44 (60), 0,60 (40%), E_γ 0,16 (40%) MeV. — [181] Aus angereichertem ^{46}Ca. — [182] DUVAL u. KURBATOW (*Du 11*). — [183] GARRISON et al. (*Ga 7*). — [184] McCONNELL (*Mc 3*). — [185] HEINRICH u. KELSEY (*He 6*). — [186] E_{β^-} komplex zwischen 0,4 und 2,2 MeV. E_γ 0,48 (39), 0,82 (35), 1,60 (94%) MeV u. a. — [187] KRUGER u. CORYELL (*Kr 4*). — [188] PERKINS (*Pe 8*). — [189] PEPPARD et al. (*Pe 4*). — [190] DURBIN et al. (*Du 10*). — [191] NERVIK (*Ne 6*). — [192] SMITH u. HOFFMANN (*Sm 9*). — [193] E_{β^-} 0,31 (38), 3,0 (49%), E_γ 1,3 (5), 0,7 (1%). — [194] E_{β^-} 0,93 MeV. — [195] E_γ 0,17 MeV. — [196] E_{β^-} 0,6 MeV. — [197] E_{β^-} 0,22 MeV. — [198] E_{β^-} 0,5 (90%), E_γ 0,11 (5), 0,21 (5%) MeV. — [199] Mehrere γ-Linien von 0,3—0,4 MeV. — [200] HAYMOND et al. (*Ha 34*). — [201] Zahlreiche γ-Linien zwischen 0,2 und 2,6 MeV, vor allem 0,51, 1,05 und 1,53 MeV. — [202] GAMMILL et al. (*Ga 4*). — [203] WEST et al. (*We 9*). — [204] ROTBÜHR u. SCOTT (*Ro 15*). — [205] HOLT u. YATES (*Ho 6*). — [206] WENNERBLOM et al. (*We 6*). — [207] Im Reaktor, ROCHLIN (*Ro 7*). — [208] γ-Linien zwischen 0,1 und 1,1 MeV. — [209] E_γ 0,84, 0,77 MeV. — [210] E_γ 0,10 MeV, Rö. — [211] E_γ 0,14 MeV. — [212] TRIBALAT u. BEYDON (*Tr 1*). — [213] E_{β^-} 0,29 MeV. — [214] Spezifische Aktivität von reinem ^{99}Tc. — [215] E_γ 0,16 MeV, hervorstechende γ-Linie des komplexen Isotopengemischs nach Te (n, γ); durch Te (n, $\gamma\beta^-$) entsteht u. a. ^{131}J. — [216] DeMEIO u. HENRIQUES (*De 2*). — [217] E_{β^-} 0,22 MeV, E_γ 0,23 MeV, Folgeprodukt ^{132}J. — [218] Vgl. ^{132}J, S. 250. — [219] BARNES et al. (*Ba 18*). — [220] Mehrere γ-Linien um 0,15 MeV. — [221] GILE et al. (*Gi 10*). — [222] E_γ 0,44 MeV. — [223] THYRESSON (*Th 4*). — [224] BARCLAY et al. (*Ba 14*). — [225] α-Strahler mit mehreren Folgeprodukten. — [226] CARSWELL u. FLETCHER (*Ca 9*). — [227] SCHUBERT u. WALLACE (*Sch 18*). — [228] Ohne Folgeprodukte. — [229] ROTBLAT u. WARD (*Ro 14*). — [230] RUNDO u. WARD (*Ru 5*). [231] E_{β^-} 0,10, 0,19, 2,3 MeV, E_γ-komplex, 0,2—1,8 MeV mit dem Folgeprodukt 1,2 min ^{234}Pa. — [232] ATEN u. BARENDREGT (*At 2*). — [233] BOUISSIÈRES et al. (*Bo 9*). — [234] VAN R. SMIT et al. (*Sm 2*). — [235] E_{β^+} 1,0 MeV VQ. — [236] α-Strahler mit weicher γ-Strahlung. — [237] SCOTT et al. (*Sc 2, 3*). — [238] Spezifische Aktivität des Reinisotops. — [239] WELLS u. NICHOLS (*We 5*). — [240] GRESKY (*Gr 6*). — [241] MASON (*Ma 14*). — [242] DOERING et al. (*Do 3*). — [243] E_{β^-} 0,25 (75%), $E_\gamma$linienreich, u. a. 0,21 MeV. — [244] E_{β^+} 0,69 (56%), E_γ 1,0 (50), 1,3 (50%) MeV, VQ. — [245] IRVINE u. LEMMERMAN (*Ir 5*). — [246] NELSON et al. (*Ne 5*). — [247] Linienreiches γ-Spektrum mit 0,51, 0,85, 1,72 MeV. — [248] GILE et al. (*Gi 5*). — [249] NELSON u. KRAUS (*Ne 4*). — [250] VAN DER WERFF (*We 8*), 26 MeV Deuteronen. — [251] E_γ 0,57 (100), 1,06 (80), 1,77 (10) MeV. — [252] CHRISTIANSEN et al. (*Ch 4*), Folgeprodukt ^{210}Po, s. dort. — [253] 58 keV Rö. — [254] GILE et al. (*Gi 13*). — [255] WASE (*Wa 13*). — [256] Mehrere γ-Linien bei 0,15—0,4 MeV. — [257] E_γ 0,91 (100), 1,85 (100) MeV. — [258] CLARKE u. IRVINE (*Cl 1*). — [259] KURBATOV u. KURBATOV (*Ku 3*). — [260] LANGE et al. (*La 4*). — [261] DYRSSEN (*Dy 1*). — [262] Enthält ^{125}Sb, Reinigung vgl. [25]. — [263] Reinheitsprüfung von ^{90}Y auf ^{90}Sr: DOERING et al. (*Do 4*). — [264] Reinigung vom Folgeprodukt ^{95}Nb, vgl. [109] u. SCHERFF

u. Herrmann (*Sch 5*). — [265] E_β^+ 0,91, E_γ 0,91 MeV, VQ. — [266] Gorsuch (*Go 13*). — [267] Hevesy u. Nylin (*He 30*). — [268] Lawson u. Kahn (*La 12*). — [269] Foreman (*Fo 4*). — [270] Helf u. White (*He 8*). — [271] Murin et al. (*Mu 5*).

Herrn Professor Dr. F. Strassmann danke ich für die freundliche Durchsicht des Beitrages, Herrn Dipl.-Chem. K. E. Seyb für die Übersetzung russischer Arbeiten und Fräulein R. Weis für das Lesen der Korrekturen.

Literatur[1]

Ad 1 Adams, R. M., I. Sheft and J. J. Katz: The radioactive isotope F 18: Preparation, properties and uses, Proc. 2nd Intern. Conf. Peaceful Uses Atomic Energy, Genf 1958, Vol. **20**, 219. Genf: United Nations 1958.

Ad 2 Adams, R., I. C. Woodward, M. G. Crane and J. E. Holloway: The simultaneous determination of ^{51}Cr and ^{131}J activities in doubly labeled blood. J. Lab. clin. Med. **52**, 754 (1958).

Ad 3 — — — — Two-channel gamma counting of ^{51}Cr and ^{131}I. Int. J. appl. Radiat. **3**, 156 (1958).

Ad 4 Adamson, A. W., and R. R. Williams: Szilard-Chalmers-reactions, I. Principles of enrichment, in Coryell u. Sugarman (*Co 17*), p. 176.

Ad 5 Adcock, L. H.: The isolation of carbon as barium-carbonate in studies with carbon 14. Analyst **82**, 449 (1957).

Ag 1 Agranoff, B. W.: Low level tritium counting techniques, in Bell u. Hayes (*Be 7*), p. 220.

Ag 2 — Silica vials improve low-level counting. Nucleonics **15**, No. 10, 106 (1957).

Ai 1 Aikawa, J.: ^{28}Mg tracer studies of magnesium metabolism in animals and human beings. Proc. 2nd Intern. Conf. Peaceful Uses Atomic Energy, Genf 1958, Vol. **24**, 148. Genf: United Nations 1958.

Ai 2 Aikawa, J. K., A. J. Blumberg and D. A. Catterson: Distribution of ^{203}Hg-labeled mercaptomerin in organs of normal rabbits. Proc. Soc. exp. Biol. (N. Y.) **89**, 204 (1955).

Ai 3 — and W. R. Carlson: The rectal absorption of mercaptomerin labeled with ^{203}Hg. Amer. J. med. Sci. **230**, 622 (1955).

Al 1 Albert, S. N., W. A. Spencer, M. Finkelstein, J. Shibuya, S. Alpert and C. S. Coakley: A plastic coil simplifying liquid phase counting. J. Lab. clin. Med. **48**, 471 (1956).

Al 2 Alexander, E.: Thorium B labelled red corpuscles. Ark. Kemi **4**, 363 (1952).

Al 3 Alfin-Slater, R. B., S. M. Rock and M. Swislocki: Determination of isotope ratios of known deuterium hydrogen samples using a mass spectrometer. Analyt. Chem. **22**, 421 (1950).

Al 4 Allen, M. B., and S. Ruben: Tracer studies with radioactive carbon and hydrogen. The synthesis and oxydation of fumaric acid. J. Amer. chem. Soc. **64**, 948 (1942).

Al 5 Alvarez, L. W., and R. Cornog: Helium and hydrogen of mass 3. Physic. Rev. **56**, 613 (1939).

An 1 Anderson, E. C., J. R. Arnold and W. F. Libby: Measurement of low level radiocarbon. Rev. sci. Instrum. **22**, 225 (1951).

An 2 — W. F. Libby, S. Weinhouse, A. F. Reid, A. D. Kirshenbaum and A. V. Grosse: Natural radiocarbon from cosmic radiation. Physic. Rev. **72**, 931 (1947).

An 3 Anderson, R. C., Y. Delabarre and A. A. Bothner-By: Chemical analysis and isotopic assay of organic compounds. Analyt. Chem. **24**, 1298 (1952).

Ap 1 Apelgot, S.: Méthode de mesure propre au radiocarbone. J. Phys. Radium (Paris) **18**, 78 A (1957).

Ap 2 — A. Roumegous, G. Patureau et E. Moustacchi: Mesure du radiocarbone dans un compteur à gaz carbonique seul. Bull. Soc. Chim. biol. (Paris) **37**, 1363 (1955).

Ar 1 Armstrong, W. D., and J. Schubert: Exchange of carbon dioxide between barium carbonate and the atmosphere. Science **106**, 403 (1947).

Ar 2 — — Determination of radioactive carbon in solid samples. Analyt. Chem. **20**, 270 (1948).

Ar 3 — L. Singer and B. R. Dunshee: Measurements of radioisotopes in blood applied to determinations of the true hematocrit. Proc. Soc. exp. Biol. (N. Y.) **80**, 639 (1952).

Ar 4 — — S. H. Zbarsky and B. Dunshee: Errors of combustion of compounds for ^{14}C Analysis. Science **112**, 531 (1950).

Ar 5 Arnold, J. R.: New liquid scintillation phosphors. Science **122**, 1139 (1955).

---

[1] Die Titel russischer Arbeiten werden in deutscher Übersetzung angegeben. Report-Literatur kann u. a. beim Gmelin-Institut für Anorganische Chemie und Grenzgebiete, Abteilung Atomkernenergie-Dokumentation, Frankfurt/Main, eingesehen werden

Ar 6 ARNOTT, D. G., and C. P. PERUMA: An emanating source for ^{132}I. Int. J. appl. Radiat. 2, 85 (1957).

Ar 7 — and J. WELLS-COLE: A rapid method for the extraction of radioiodide from urine. Nature (Lond.) 171, 269 (1953).

Ar 8 ARONOFF, S.: Techniques in radiobiochemistry. Ames: Iowa State College Press 1956.

Ar 9 — A two-dimensional scanner for radio-chromatogramms. Nucleonics 14, No. 6, 92 (1956).

Ar 10 ARROL, W. J.: Apparatus for large-scale production of phosphorus-32. Nucleonics 11, No. 5, 26 (1953).

Ar 11 — J. CHADWICK and J. EAKINS: The preparation from irradiated uranium of iodine 131 and certain other fission products. Progr. Nuclear Energy, Ser. III: Process Chemistry, Vol. 1, 356. London: Pergamon Press 1956.

As 1 ASLING, C. W., P. W. DURBIN, M. E. JOHNSTON and M. W. PARROTT: Demonstration of the concentration of astatine 211 in the mammary tissue of the rat. Endocrinology 64, 579 (1959).

At 1 ATEN, A. H. W., B. KOCH and J. KOMMANDEUR: The chemical state of F 18 from the fast neutron irradiation of fluorobenzene. J. Amer. chem. Soc. 77, 5498 (1955).

At 2 ATEN, J. B. T., and F. BARENDREGT: The efficiency of an uranium-X-separation method. Physica 16, 760 (1950).

Au 1 AUDRIC, B. N., and J. V. P. LONG: Measurement of low energy β-emitters by liquid scintillation counting. Research 5, 46 (1952).

Ax 1 AXTMANN, R. C., and L. CATHEY: Liquid scintillators containing metallic ions. Int. J. appl. Radiat. 4, 261 (1959).

Ay 1 AYERS, A. L., W. B. LEWIS and C. E. STEVENSON: Production of high specific activity radioisotopes, Proc. 2nd Intern. Conf. Peaceful Uses Atomic Energy, Genf 1958, Vol. 20, 27. Genf: United Nations 1958.

Ay 2 AYRES, P. J., W. H. PEARLMAN, J. F. TAIT and S. A. S. TAIT: The biosynthetic preparation of (16-^{3}H)-aldosterone and (16-^{3}H)-corticosterone. Biochem. J. 70, 230 (1958).

Ba 1 BAGNALL, K. W.: Chemistry of the rare radioelements. Polonium - actinium. London: Butterworth Scientific Publications 1957.

Ba 2 BAHNER, C. T.: Localization of antimony in blood. Proc. Soc. exp. Biol. (N. Y.) 86, 371 (1954).

Ba 3 — D. B. ZILVERSMIT and E. McDONALD: The preparation of wet ashed tissues for liquid counting. Science 115, 597 (1952).

Ba 4 BAKER, E. M., B. M. TOLBERT and M. MARCUS: Assay of breath carbon-14 dioxide of humans using ionization chambers. Proc. Soc. exp. Biol. (N. Y.) 88, 383 (1955).

Ba 5 BAKER, N., H. FEINBERG and R. HILL: Analytical procedures using a combined combustion-diffusion vessel. Simple wet-combustion method suitable for routine carbon-14 analysis. Analyt. Chem. 26, 1504 (1954).

Ba 6 BAKKER, C. J.: Production and physical properties of radioisotopes. Rec. Trav. chim. Pays-Bas 74, 281 (1955).

Ba 7 BALLENTINE, R., and D. D. BURFORD: Radiochemical assay of cobalt-60. Analyt. Chem. 26, 1031 (1954).

Ba 8 BANGHAM, D. R.: A simple helium-ethanol flow counter for monitoring chromatograph-column effluents containing weak β-emitting isotopes. Biochem. J. 62, 552 (1956).

Ba 9 BANKS, T. E., L. W. BLOW and G. E. FRANCIS: A windowless flow-type geiger counter for the assay of solid materials containing soft β-emitting isotopes. Biochem. J. 64, 408 (1954).

Ba 10 — J. C. CRAWHALL and D. G. SMITH: Some techniques in the assay of tritium. Biochem. J. 64, 411 (1954).

Ba 11 — R. L. F. TUPPER, R. W. E. WATTS and A. WORMALL: The determination of ^{65}Zn in tissues with geiger and scintillation counters. Biochem. J. 59, 149 (1955).

Ba 12 — — and A. WORMALL: The fate of some intravenously injected zinc compounds. 1. The determination of ^{65}Zn in tissues. Biochem. J. 47, 466 (1950).

Ba 13 BARABOSCHKIN, A. N.: Herstellung von radiochemisch reinem Germanium. Zhur. Neorg. Khim. 2, 2680 (1957), in Russ.

Ba 14 BARCLAY, R. K., W. C. PEACOCK and D. A. KARNOFSKY: Distribution and excretion of radioactive thallium in the chick embryo, rat and man. J. Pharmacol. exp. Ther. 107, 178 (1953).

Ba 15 BARENDSEN, G. W.: Radiocarbon dating with liquid CO_2 as diluent in a scintillation solution. Rev. sci. Instrum. 28, 431 (1957).

Ba 16 BARKER, H.: Radiocarbon dating: Large-scale preparation of acetylene from organic material. Nature (Lond.) 172, 631 (1953).

Ba 17 BARNES, B. A., and G. L. BROWNELL: A comparison of the distribution of magnesium-28 with that of potassium-42 and calcium-45. Proc. 2nd Intern. Conf. Peaceful Uses Atomic Energy, Genf 1958, Vol. 26, 204. Genf: United Nations 1958.

Ba 18 BARNES, D. W. H., G. B. COOK, G. E. HARRISON, J. F. LOUTIT and W. H. A. RAYMOND: The metabolism of ^{132}tellurium-iodine mixture in mammals. J. Nuclear Energy 1, 218 (1955).

Ba 19 BARNES, J. W., W. H. BURGUS and J. A. MISKEL: Chemical phenomena accompanying nuclear reactions (hot-atom chemistry), in WAHL u. BONNER (*Wa 3*), p. 244.

Ba 20 BARRACLOUGH, J.: The determination of radio-ruthenium in seaweed ash, IGO-AM/ W-70 (1957).

Ba 21 BARRY, M.: A method for the measurement of radioiodine in biological materials. J. biol. Chem. 175, 179 (1948).

Ba 22 BASKIN, R., H. L. DEMOREST and S. SANDHAUS: Gamma counting efficiency of two well-type NaI crystals. Nucleonics 12, No. 8, 46 (1954).

Ba 23 BASSON, J. K.: Absolute alpha counting of astatine-211. Analyt. Chem. 28, 1472 (1956).

Ba 24 — and J. STEYN: Absolute alpha standardization with liquid scintillators. Proc. Phys. Soc. (London) A 67, 297 (1954).

Ba 25 BATE, B. L., H. L. VOLCHOK and J. L. KULP: A low-level radon counting system. Rev. sci. Instrum. 25, 153 (1954).

Ba 26 BAUER, G. C. H., and B. WENDBERG: External counting of ^{47}Ca and ^{85}Sr in studies of localized skeletal lesions in man. J. Bone Joint Surgery 41 B, 558 (1959).

Be 1 BEALL, G. N., and P. V. VAN ARSDEL: Liquid scintillation counting of histamine-C 14 and its metabolites. J. Lab. clin. Med. 54, 487 (1959).

Be 2 BEAMER, W. H., and G. J. ATCHISON: Quantitative techniques with carbon 14. Analyt. Chem. 22, 303 (1950).

Be 3 BEARN, A. G., and H. G. KUNKEL: Metabolic studies in Wilsons disease using ^{64}Cu. J. Lab. clin. Med. 45, 623 (1955).

Be 4 BELCHER, R., and G. INGRAM: A rapid microcombustion method for the determination of carbon and hydrogen. Analyt. Chim. Acta 4, 118 (1950).

Be 5 — — The absorption of nitrogen oxides in the microdetermination of carbon and hydrogen. Analyt. chim. Acta 4, 401 (1950).

Be 6 BELL, C. G.: Some engineering applications of liquid scintillation counting, in BELL u. HAYES (*Be 7*), p. 156.

Be 7 — and F. N. HAYES (ed.): Liquid scintillation counting. London, New York, Paris, Los Angeles: Pergamon Press 1958.

Be 8 BERLIN, N. I., B. M. TOLBERT and J. H. LAWRENCE: Studies in glycine-2-^{14}C metabolism in man. I. The pulmonary excretion of ^{14}CO$_2$. J. clin. Invest. 30, 73 (1950).

Be 9 BERNSTEIN, W., C. BJERKNES and R. STEELE: Single phototube liquid scintillation counting of ^{14}C, in BELL u. HAYES (*Be 7*), p. 74.

Be 10 — and R. BALLENTINE: A methane flow beta-proportional counter. Rev. sci. Instrum. 20, 347 (1949).

Be 11 — — Gas phase counting of low energy beta emitters. Rev. scient. Instrum. 21, 158 (1950).

Be 12 BERTHET, R.: Une méthode d'enregistrement continu de la radioactivité au cours de chromatographies. Biochim. biophys. Acta 15, 1 (1954).

Bi 1 BIBRON, R.: Mesure par scintillation des faibles activités de carbone et du tritium. L'Onde Électrique 39, 40 (1959).

Bi 2 BIGGS, M. W., D. KRITCHEVSKY and M. R. KIRK: Assay of samples doubly labeled with radioactive hydrogen and carbon. Analyt. Chem. 24, 223 (1952).

Bi 3 BILL, A., K. J. ÖBRINK and H. R. ULFENDAHL: An easy way of calculating the composition of a two-component system from two-channel spectrometry. Int. J. appl. Radiat. 7, 152 (1959).

Bl 1 BLAU, M.: Separated channels improve liquid scintillation counting. Nucleonics 15, No. 4, 90 (1957).

Bl 2 — H. SPENCER, J. SWERNOY, J. GREENBERG and D. LASZLO: Effect of intake level on the utilization and intestinal excretion of calcium in man. J. Nutr. 61, 507 (1957).

Bl 3 BLEULER, E., u. W. ZÜNTI: Die Zerfallsenergien von ^{19}O, ^{25}Na, ^{27}Mg, ^{28}Mg und ^{42}K. Helv. phys. Acta 20, 195 (1947).

Bl 4 BLOOM, B.: Filter paper support for mounting and assay of radioactive precipitates. Analyt. Chem. 28, 1638 (1956).

Bo 1 BOGDANOW, K. M., M. I. SCHALNOW and J. M. STUCKENBERG: The use of tritium in the study of periodic biological phenomena. Proc. 2nd Intern. Conf. Peaceful Uses Atomic Energy, Genf 1958, Vol. 25, 215 Genf: United Nations 1958.

Bo 2 BOLING, E. A.: Improved plastic well scintillators for beta counting. Int. J. appl. Radiat. 5, 293 (1959).

Bo 3 BONNER, N. A., and M. KAHN: Some aspects of the behavior of carrier-free tracers. Nucleonics 8, No. 2, 46, No. 3, 40 (1951); Behavior of carrier-free tracers, in WAHL and BONNER (*Wa 3*), p. 102 ff.

Bo 4 BONNER, W. A., and C. J. COLLINS: An isotope effect during ozonisation. J. Amer. chem. Soc. **75**, 3693 (1953).

Bo 5 BORGSTRÖM, B.: An apparatus for the wet combustion of organic compounds for ^{14}C assay. Acta chem. scand. **5**, 1187 (1951).

Bo 6 BORKOWSKI, C. J.: Instruments for measuring radioactivity. Analyt. Chem. **21**, 348 (1949).

Bo 7 BORN, H. J., u. U. DREHMANN: Über die Gewinnung von radioaktivem Kupfer in gewichtsloser Form. Naturwissenschaften **32**, 159 (1944).

Bo 8 BOUISSIÈRES, G., et C. FERRADINI: Emploi de la dithizone pour séparer et purifier le radium D, le radium E et le polonium. Analyt. chim. Acta **4**, 610 (1950).

Bo 9 — N. MARTY et J. TEILLAC: Préparation de UZ (^{234}Pa) et étude de sonrayonnement β. C. R. Acad. Sci. Paris **237**, 324 (1953).

Bo 10 BOULENGER, R., and E. GOURSKI: Detectors for weak activity from alpha emitters and application of these detectors to measurement of contamination of water, aerosols and working surfaces. Proc. 2nd Intern. Conf. Peaceful Uses Atomic Energy, Genf 1958, Vol. **23**, 362. Genf: United Nations 1958.

Br 1 BRADLEY, J. E. S., and D. J. BUSH: A simple method for the assay of tritium in water samples. Int. J. appl. Radiat. **1**, 233 (1956).

Br 2 — R. C. HOLLOWAY and A. S. McFARLANE: Assay of ^{14}C in the gas phase as carbon dioxide. Biochem. J. **57**, 192 (1954).

Br 3 BRAGDON, J. H., and R. S. GORDON: Tissue distribution of ^{14}C after the intravenous injection of labeled chylomicrons and unesterified fatty acids in the rat. J. clin. Invest. **37**, 574 (1958).

Br 4 BRANNON, H. R., M. S. TAGGART and M. WILLIAMS: Proportional counting of carbon dioxide for radiocarbon dating. Rev. sci. Instrum. **26**, 269 (1955).

Br 5 BRATT, D. H.: Analytical methods for the determination of iodine 131 in biological material, R & DB (W) TN-55 (1953).

Br 6 BRICKAM, G. S., S. E. TURNER and L. O. MORGAN: Radiochemical separation of tungsten, rhenium and osmium. Analyt. Chem. **22**, 200 (1950).

Br 7 BRODA, E.: Advances in radiochemistry and in the methods of producing radioelements by neutron irradiation. Cambridge: Cambridge University Press 1950.

Br 8 — H. FABITSCHOWITZ u. T. SCHÖNFELD: Einfache Emaniermethode zur Herstellung reinster Radioblei- und Wismutlösungen. Mh. Chem. **83**, 482 (1952).

Br 9 — u. G. ROHRINGER: Die Messung von Radiokohlenstoff mit dem Gas-Geiger-Zählrohr. Z. Elektrochem. **58**, 634 (1954).

Br 10 — u. T. SCHÖNFELD: Radiochemische Methoden in der Mikrochemie, in Handbuch der mikrochemischen Methoden, Bd. 2, S. 1. Wien: Springer 1955.

Br 11 BRONNER, F., and N. A. JERNBERG: Simple centrifuge filtration assembly for preparation of solid samples for radioassay. Analyt. Chem. **29**, 462 (1957).

Br 12 BROWN, R. M., and W. E. GRUMMITT: The determination of tritium in natural waters. Canad. J. Chem. **34**, 220 (1956).

Br 13 BROWN, S. C., and W. W. MILLER: Carbon dioxide filled Geiger-Müller counters. Rev. sci. Instrum. **18**, 496 (1947).

Br 14 BROWNELL, G. L., and H. S. LOCKHART: CO_2 ion-chamber techniques for radiocarbon measurement. Nucleonics **10**, No. 2, 26 (1952).

Br 15 BRUCER, M., and H. D. BRUNER: A study of gallium 72. I. Physics and radiation characteristics of gallium 72. Radiology **61**, 537 (1952).

Br 16 BRUNER, H. D., and J. D. PERKINSON: A comparison of iodine-131 counting methods. Nucleonics **10**, No. 10, 57 (1952).

Bu 1 BUCHANAN, D. L., and B. J. CORCORAN: Sealed tube combustions for the determination of carbon-14 and total carbon. Analyt. Chem. **31**, 1635 (1959).

Bu 2 — and A. NAKAO: A method for simultaneous determination of carbon-14 and total carbon. J. Amer. chem. Soc. **74**, 2389 (1952).

Bu 3 BUCHANAN, J. M., and A. B. HASTINGS: The use of isotopically marked carbon in the study of intermediary metabolism. Physiol. Rev. **26**, 120 (1946).

Bu 4 BUCHHOLZ, C. H.: Concentration of vitamin B_{12} from urine by adsorption on carbon. A sensitive assay of radiocyanocobalamin in the Schilling test for pernicious anemia J. clin. Med. **52**, 653 (1958).

Bu 5 BUCK, W. L., and R. K. SWANK: Use of isopropylbiphenyl as solvent in liquid scintillators. Rev. sci. Instrum. **29**, 252 (1958).

Bu 6 BURCH, G., P. REASER, T. RAY and S. THREEFOOT: A method for preparing biologic fluids for counting of radioelements. J. Lab. clin. Med. **35**, 626 (1950).

Bu 7 Burgus, W. H., and J. A. Miskel: Hot-atom chemistry, in Wahl u. Bonner (*Wa 3*), p. 466.

Bu 8 Burke, W. H., and W. G. Meinschein: ^{14}C dating with a methane proportional counter. Rev. sci. Instrum. **26**, 1137 (1955).

Bu 9 Burr, J. G.: Apparatus for wet combustion of organic compounds containing carbon-14. Analyt. Chem. **26**, 1395 (1954).

Bu 10 Burr, W. W., and J. A. Marcia: Preparation of pressed samples for counting carbon-14-labeled compounds. Analyt. Chem. **27**, 571 (1955)

Bu 11 — and D. S. Wiggans: Direct determination of ^{14}C and ^{35}S in blood. J. Lab. clin. Med. **48**, 907 (1956).

Bu 12 Burrows, B. A., and J. F. Ross: The use of radiosodium and radiopotassium. Tracer studies in man. Proc. 1st Intern. Conf. Peaceful Uses Atomic Energy, Genf 1955, Vol. **10**, 430. New York: United Nations 1956.

Bu 13 Buser, W., u. U. Imobersteg: Austauschreaktionen und Szilard-Chalmers-Effekt an Kobalt- und Kupferhexacyanocobaltat (III). Experientia (Basel) **9**, 288 (1953).

Bu 14 Bush, J. A.: Studies on copper metabolism. XVI. Radioactive copper studies in normal subjects and in patients with hepatolenticular degeneration. J. clin. Invest. **34**, 1766 (1955).

Bu 15 Butlar, H. von, and W. F. Libby: Natural distribution of cosmic ray produced tritium II. J. Inorg. Nuclear Chem. **1**, 75 (1955).

Bu 16 Butler, E. B.: Counting tritiated water at high humidities in the Geiger region. Nature (Lond.) **176**, 1262 (1955).

Ca 1 Caddock, B. D.: Diskussionsbemerkung. Proc. symposium on the use of liquid scintillation counting for measuring tritium and carbon-14, Westcliff-on-Sea 1958. Southend-on-Sea: EKCO Electronics 1958.

Ca 2 Cahn, A., and R. M. Lind: An improved procedure for plating uniform $BaCO_3$ precipitates. Int. J. appl. Radiat. 3, 44 (1958).

Ca 3 Calvin, M., C. Heidelberger, J. C. Reid, B. M. Tolbert and P. E. Yankwich: Isotopic carbon. Techniques in its measurement and chemical manipulation. New York: Wiley 1949.

Ca 4 Cameron, J. F.: Measurement of tritium in water samples. Nature (Lond.) **176**, 1264 (1955).

Ca 4a — and B. J. Puckett: Geiger gas counting methods of assaying tritiated hydrogen and tritiated water, AERE-R-3092 (1960).

Ca 5 Campbell, J. E., E. S. Robajdek and D. S. Anthony: The metabolism of ^{227}Ac and its daughters ^{227}Th and ^{223}Ra by rats. Radiat. Res. **4**, 294 (1956).

Ca 6 Carlesson, G.: The separation of small amounts of inorganic cations by chromatographic methods. II. An automatic scanner for radiopaper chromatograms. Acta chem. scand. **8**, 1693 (1954).

Ca 7 Carlson, C. H., L. Singer, D. H. Service and W. D. Armstrong: Preparation of carrierfree radiofluoride with a new estimate of the half-life of ^{18}F. Int. J. appl. Radiat. **4**, 210 (1959).

Ca 8 Carlsson, A.: Metabolism of radiocalcium in relation to calcium intake in young rats. Acta pharmacol. (Kbh.) **7**, Suppl. 1 (1951).

Ca 9 Carswell, D. J., and J. M. Fletcher: The recovery of thorium-230. Progr. Nuclear Energy, Ser. III: Process Chemistry, Vol. **2**, 80. London, New York, Paris, Los Angeles: Pergamon Press 1958.

Ce 1 Cember, H., J. A. Watson and T. B. Grucci: Procedures for digestion and radio-assay of animal tissue. Nucleonics **12**, No. 8, 40 (1954).

Ch 1 Chen, P. S.: Liquid scintillation counting of ^{14}C and ^{3}H in plasma and serum. Proc. Soc. exp. Biol. (N. Y.) **98**, 546 (1958).

Ch 2 Chleck, D. J., and C. A. Ziegler: Ultrasonic degassing of liquid scintillators. Rev. sci. Instrum. **28**, 466 (1957).

Ch 3 Christian, D., and D. S. Martin: Preparation of $^{58\,m}$Co by a (γ, n) reaction. Physic. Rev. **80**, 1110 (1950).

Ch 4 Christiansen, I. A., G. Hevesy et S. Lomholt: Recherches, par une méthode radiochimique, sur la circulation du bismuth dans l'organisme. C. R. Acad Sci. Paris **178**, 1324 (1924).

Ch 5 — — — Recherches, par une méthode radiochimique, sur la circulation du plomb dans l'organisme. C. R. Acad. Sci. Paris **179**, 291 (1924).

Ch 6 Christman, D. R.: Tritium counting in glass proportional counting tubes. Chemist Analyst **46**, 5 (1957).

Ch 7 — N. E. Day, P. R. Hansell and R. C. Anderson: Improvements in isotopic carbon assay and chemical analysis of organic compounds by dry combustion. Analyt. Chem. **27**, 1935 (1955).

Ch 8 CHRISTMAN, D. R., and C. M. PAUL: Gas-proportional counting of carbon-14 and tritium, and the dry combustion of organic compounds. Analyt. Chem. 32, 131 (1960).

Ch 9 — J. E. STUBER and A. A. BOTHNER-BY: Dry combustion and volumetric determination of isotopic carbon and hydrogen in organic compounds. Removal of nitrogen dioxide, and gas temperature correction factors. Analyt. Chem. 28, 1345 (1956).

Ch 10 — and A. P. WOLF: Inherent errors and lower limit of activity detection in gas-phase proportional counting of carbon-14. Analyt. Chem. 27, 1939 (1955).

Ci 1 CICCARONE, P. A., G. THOMAS et W. G. VERLY: Dosage du tritium dans un compteur proportionnel. II. Préparation des échantillons. Nukleonik 1, 329 (1959).

Cl 1 CLARKE, E. T., and J. W. IRVINE: Experimental yields with 14 MeV deuterons. Physic. Rev. 70, 893 (1946).

Cl 2 CLAYCOMB, C. K., T. T. HUTCHENS and J. T. VAN BRUGGEN: Techniques in the use of ^{14}C as a tracer. I. Apparatus and techniques for wet combustion of non-volatile samples. Nucleonics 7, No. 3, 38 (1950).

Co 1 COHN, D. V., G. W. BUCKALOO and W. E. CARTER: Automatic paper-strip scanner for detecting radioactivity. Nucleonics 13, No 8, 48 (1955).

Co 2 COLLINS, C. J., and G. A. ROPP: A study of the accuracy obtained in Van Slyke combustion and radioassay of carbon-14 compounds. J. Amer. chem. Soc. 77, 4160 (1955).

Co 3 COMAR, C. L.: Radioisotopes in nutritional trace element studies. I. Nucleonics 3, No 3, 32 (1948).

Co 4 — The use of radioisotopes of copper and molybdenum in nutritional studies, in W. D. McELROY and B. GLASS (ed.): Copper metabolism, p. 191. Baltimore 1950.

Co 5 — Radioisotopes in biology and agriculture, principles and practice. New York, Toronto, London: McGraw-Hill 1955.

Co 6 — S. L. HANSARD, S. L. HOOD, M. P. PLUMLEE and B. F. BARRENTINE: Use of calcium-45 in biological studies. Nucleonics 8, No. 3, 19 (1951).

Co 7 — B. F. TRUM, U. S. G. KUHN, R. H. WASSERMAN, M. M. NOLD and J. C. SCHOOLEY: Thyroid radioactivity after nuclear weapons test. Science 126, 16 (1957).

Co 8 CONSTANT, R.: Production de ^{131}I sans porteur a partir d'acide tellurique. J. Inorg. Nuclear Chem. 7, 133 (1958).

Co 9 COOK, G. B., J. EAKINS and N. VEALL: The production and clinical application of ^{132}I. Int. J. appl. radiat. 1, 85 (1956).

Co 10 — and H. SELIGMAN: Chemical treatment of isotopes produced in a nuclear reactor. Fortschr. chem. Forsch. 3, 411 (1955).

Co 11 COOK, L. G., and K. D. SHAFER: The production of ^{22}Na by a $(^{3}H, n)$ reaction in a nuclear reactor. Canad. J. Chem. 32, 94 (1954).

Co 12 COOLEY, R. A., and D. M. YOST. The rate of exchange of elementary radiosulfur with sulfur monochloride. J. Amer. chem. Soc. 62, 2474 (1940).

Co 13 — — and E. McMILLAN: The non-interchange of elementary radiosulfur with carbon disulfide. J. Amer. chem. Soc. 61, 2970 (1939).

Co 14 COOPER, J. A. D., N. S. RADIN and C. BORDEN: A new technique for simultaneous estimation of total body water and total exchangeable body sodium using radioactive tracers. J. Lab. clin. Med. 52, 129 (1958).

Co 15 CORFIELD, M. C., S. DILWORTH, J. C. FLETCHER and R. GIBSON: A machine for the automatic chromatography and assay of mixtures of radioactive substances. Int. J. appl. Radiat. 5, 42 (1959).

Co 16 CORSA, L., J. M. OLNEY, R. W. STEENBURG, M. R. BALL and F. D. MOORE: The measurement of exchangeable potassium in man by isotope dilution. J. clin. Invest. 29, 1280 (1950).

Co 17 CORYELL, C. D., and N. SUGARMAN (ed.): Radiochemical Studies: The Fission Products. New York, Toronto, London: McGraw Hill 1951.

Co 18 COWAN, F. P., and J. WEISS: Analysis of urine for gross activity. Nucleonics 10, No 2, 33 (1952).

Cr 1 CRANE, M. C., R. ADAMS and I. WOODWARD: Cardiac output measured by the injection method with use of radioactive material and continuous recording. J. Lab. clin. Med. 47, 802 (1956).

Cr 2 CRATHORN, A. R., and W. R. LOOSEMORE: Gas counting of natural radiocarbon. Proc. 2nd Radioisotope Conf. Oxford 1954, Vol. 2, 123. London: Butterworth Scientific Publications 1954.

Cr 3 CROWLEY, J. F., J. G. HAMILTON and K. G. SCOTT: The metabolism of carrier-free radioberyllium in the rat. J. biol. Chem. 177, 975 (1949).

Cu 1 CULLER, F. L.: Reprocessing of reactor fuel and blanket materials by solvent extraction. Progr. Nuclear Energy, Ser. III: Process Chemistry, Vol. 1, 172. London: Pergamon Press 1956.

280 Günter Herrmann: Die einzelnen Isotope und Besonderheiten ihrer Bestimmung

Cu 2 Curtis, M. L., and J. W. Heyd: Routine energy measurements of soft radiations. Analyt. Chem. 27, 1073 (1955).

Da 1 Damon, P. E.: Loop-line windowless flow Geiger counter. Rev. Sci. Instr. 22, 587 (1951).

Da 2 Dauben, W. G., J. C. Reid and P. E. Yankwich: Techniques in the use of carbon 14. Analyt. Chem. 19, 828 (1947).

Da 3 Daudel, P., M. Flon et C. Herczeg: Application de la méthode de minéralisation par attaque au peroxyde de sodium dans la microbombe de Parr, au dosage du radiobrome dans le matériel biologique. C. R. Acad. Sci. Paris 228, 1059 (1949).

Da 4 Davidson, J. D., and P. Feigelson: Practical Aspects of internal-sample liquid-scintillation counting. Int. J. appl. Radiat. 2, 1 (1957).

Da 5 Davies, C. W., and G. H. Nancollas: Preparation of carbonate-free sodium hydroxyde. Nature (Lond.) 165, 237 (1950).

De 1 Delibrias, G.: Dosage de $^{14}CO_2$ dans un compteur G. M. J. Inorg. Nuclear Chem. 1, 238 (1955).

De 2 Demeio, R. H., and F. C. Henriques: Tellurium. IV. Excretion and distribution in tissue studied with a radioactive isotope. J. biol. Chem. 169, 609 (1947).

De 3 Demorest, H. L., and R. Baskin: Gas flow counters for scanning paper chromatograms and paper ionograms. Analyt. Chem. 26, 1531 (1954).

De 4 Dern, R. S.: Liquid scintillation counting of the isotope ^{55}Fe, in Bell u. Hayes (Be 7), p. 205.

De 5 Deshpande, R. G.: Extraction of ^{35}sulphur from pile irradiated potassium chloride. J. Chromatogr. 2, 117 (1959).

De 6 DeVault, D. C., and W. F. Libby: Evidence for gamma-radioactivity of 4,5 hours ^{80}Br from radiobromate. Physic. Rev. 55, 322 (1939).

Di 1 Dick, J. L., and M. H. Kurbatov: The carrier-free separation of the radioactive isotopes ^{56}Co, ^{57}Co and ^{58}Co from a manganese target. J. Amer. chem. Soc. 76, 5245 (1954).

Di 2 Diehl, H., and G. F. Smith: The rôle of perchloric acid in macrowet oxidation of organic matter in the preparation for micro-determination of trace elements. Proc. Intern. Sympos. Microchemistry, Birmingham 1958, p. 36. Oxford, London, New York, Pasadena: Pergamon Press 1960.

Di 3 — — Wet oxidation of organic matter employing mixed perchloric and sulphuric acids at controlled temperatures and graded high potentials. Talanta 2, 209 (1959).

Di 4 Dilla, M. A. van, and D. H. Taysum: Scintillation counter for assay of radon gas. Nucleonics 13, No. 2, 68 (1955).

Do 1 Dobbs, H. E.: A simple arrangement, using a standard Geiger-Müller tube, for the continuous monitoring of radioactive effluents from a chromatography column. J. Chromatogr. 2, 572 (1959).

Do 2 Dodson, R. W., A. C. Graves, L. Helmholz, D. L. Hufford, R. M. Potter and J. G. Povelites: Preparation of foils, in A. C. Graves and D. K. Froman (ed.): Miscellaneous physical and chemical techniques of the Los Alamos project, p. 1. New York, Toronto, London: McGraw-Hill 1952.

Do 3 Doering, R. F., W. D. Tucker and L. G. Stang: A simple procedure for milking yttrium 90 from strontium 90. BNL-472, p. 22 (1957).

Do 4 — — — A rapid method for the detection of ^{90}Sr contamination in ^{90}Y. BNL-4440 (1959).

Do 5 Dohlman, C. H.: A method of assaying small amounts of ^{35}S in tissues. Ark. Kemi 11, 255 (1957).

Do 6 Domer, F. R., and F. N. Hayes: Background vs. efficiency in liquid scintillators. Nucleonics 18, No. 1, 100 (1960).

Do 7 Domingues, F. J., K. J. Gildner, R. R. Baldwin and J. R. Lowry: An instrument and technique for the continuous measurement of respiratory CO_2 patterns in metabolic tracer studies. Int. J. appl. Radiat. 7, 77 (1959).

Do 8 Done, J., and P. R. Payne: Investigation on rat serum albumine marked with tritium-labeled leucine. Biochem. J. 64, 266 (1956).

Do 9 Dostrovsky, J., P. Avinur and A. Nir: Liquid Scintillation counting method of natural tritium, in Bell u. Hayes (Be 7), p. 283.

Dr 1 Dratz, A. F.: Well-bottom container improves gamma counting. Nucleonics 15, No 8, 83 (1957).

Dr 2 Drehmann, U.: Versuche über die Anreicherung von radioaktivem Mangan (^{56}Mn). Naturwissenschaften 29, 708 (1941).

Dr 3 — Über die Abtrennung und Anreicherung des künstlich radioaktiven Natriumisotops ^{24}Na. Naturwissenschaften 33, 24 (1946).

Dr 4 Drever, R. W. P., and A. Moljk: Measurement of tritium as water vapor. Rev. Sci. Instrum. 27, 650 (1956).

Du 1   DUBBS, C. A.: Determination of deuterium. Analyt. Chem. **25**, 828 (1953).

Du 2   DUCOFF, H. S., W. B. NEAL, R. L. STRAUBE, L. O. JACOBSON and A. M. BRUES: Biological studies with arsenic 76. II. Excretion and tissue localisation. Proc. Soc. exp. Biol. (N. Y.) **69**, 548 (1949).

Du 3   DUDLEY, H. C.: Pharmacological studies of radiogermanium (^{71}Ge). Arch. industr. Hyg. **8**, 528 (1953).

Du 4   — and J. GREENBERG: Influence of chelates on the metabolism of radioyttrium. III. J. Lab. clin. Med. **52**, 533 (1958).

Du 5   — and E. J. WALLACE: Pharmacological studies of radiogermanium (^{71}Ge). Arch. industr. Hyg. **6**, 263 (1952).

Du 6   DUNN, R. W.: Recovery and estimation of radioactive isotopes from biological tissues. J. Lab. clin. Med. **33**, 1169 (1948).

Du 7   — Recovery and estimation of radioisotopes from Biological materials. II. The electroplating apparatus. Procedures for copper, silver, zinc, mercury, iron and cobalt. J. Lab. clin. Med. **37**, 644 (1951).

Du 8   — Methods of producing radioiron. Nucleonics **10**, No. 7, 8 (1952).

Du 9   — Techniques related to production of ^{59}Fe. Nucleonics **10**, No. 8, 40 (1952).

Du 10 DURBIN, P. W., M. H. WILLIAMS, M. GEE, R. H. NEWMAN and J. G. HAMILTON: Metabolism of the lanthanons in the rat. Proc. Soc. exp. Biol. (N. Y.) **91**, 78 (1956).

Du 11 DUVAL, J. E., and M. H. KURBATOV: Separation of carrier-free scandium from a gallium target. J. Amer. chem. Soc. **75**, 2246 (1953).

Dy 1   DYRSSEN, D.: Separation of strontium-90 and yttrium-90 and the preparation of carrier-free yttrium-90. Acta chem. scand. **11**, 1277 (1957).

       — and S. EKBERG: Mixed solvent effect with dibutyl phosphate: modification of a method for the preparation of carrier-free ^{90}Y. Acta Chem. Scand. **13**, 1909 (1959).

Dy 2   DYSON, N. A., and P. E. FRANCOIS: Some observations on the decay of iodine 124 and their implications in radioiodine therapy. Phys. in Med. Biol. **3**, 111 (1958).

Dy 3   — — The preparation of potassium-43 using an interrupted cyclotron beam. Int. J. appl. Radiat. **7**, 150 (1959).

Dy 4   — P. HUGH-JONES, G. R. NEWBERY and J. B. WEST: The preparation and use of oxygen-15 with particular reference to its value in the study of pulmonary malfunction. Proc. 2nd Intern. Conf. Peaceful Uses Atomic Energy, Genf 1958, Vol. **26**, 103. Genf: United Nations 1958.

Dz 1   DZIEWIATKOWSKI, D. D.: Fate of ingested sulfide sulfur labeled with radioactive sulfur in the rat. J. biol. Chem. **161**, 723 (1945).

Ea 1   EABORN, C., E. MATSUKAWA and R. TAYLOR: Measurement of tritium. Rev. sci. Instrum. **28**, 725 (1957).

Ea 2   EABORN, S. E., R. W. HYDE and M. H. ROAD: Tracer techniques used in study of coke sulfur. Analyt. Chem. **21**, 1062 (1949).

Eb 1   EBERT, K. H., H. KÖNIG u. H. WÄNKE: Eine neue Methode zur Bestimmung kleinster Uranmengen und ihre Anwendung auf die Urananalyse von Steinmeteoriten. Z. Naturforsch. **12a**, 763 (1957).

Ei 1   EIDINOFF, M. L.: The quantitative measurement of tritium: Hydrogen-alcohol-argonmixtures. J. Amer. chem. Soc. **69**, 2504 (1947).

Ei 2   — Measurement of radiocarbon as carbon dioxide inside Geiger-Müller counters. Analyt. Chem. **22**, 529 (1950).

Ei 3   — and J. E. KNOLL: The measurement of radioactive hydrogen in solid samples — comparison with gas counting. Science **112**, 250 (1950).

Ei 4   — — D. K. FUKUSHIMA and T. F. GALLAGHER: Equilibrium between protium, deuterium and tritium in the system hydrogen-acetic acid; isotopic fractionation factors in a catalytic hydrogenation. J. Amer. chem. Soc. **74**, 5280 (1952).

Ei 5   EISENBERG, F.: Preparation of the alkaline adsorbent for radioactive CO_2 in liquid scintillation counting, in BELL u. HAYES (*Be 7*), p. 123.

Ei 6   — and I. G. LEDER: Improved scanner for radioactive paper strips. Analyt. Chem. **31**, 627 (1959).

En 1   ENNOR, A.H., and H. ROSENBERG: The separation and determination of ^{24}Na and ^{32}P in animal tissues. Biochem. J. **52**, 591 (1952).

En 2   ENTENMAN, C., S. R. LERNER, I. L. CHAIKOFF and W. G. DAUBEN: Determination of carbon 14 in fatty acids by direct mounting techniques. Proc. Soc. exp. Biol. (N. Y.) **70**, 364 (1949).

Er 1   ERBACHER, O.: Fortschritte in der Mikrochemie. IV. Radiochemie. Trennung on Elementen in unwägbarer Menge. Angew. Chem. **54**, 485 (1941).

Er 2   — W. HERR u. U. EGIDI: Gewinnung des künstlich radioaktiven Kupfers ^{64}Cu in unwägbarer Menge aus Zinkchlorid. Z. anorg. Chem. **256**, 41 (1948).

Er 3 Erbacher O., u. H. von Laue-Lemcke: Gewinnung des künstlich radioaktiven Schwefels ^{35}S in unwägbarer Menge aus Tetrachlorkohlenstoff. Z. anorg. Chem. **259**, 249 (1949).

Er 4 Erdtmann, G., u. G. Herrmann: Über die Zählung von Radioisotopen metallischer Elemente in flüssigen Szintillatoren. Z. Elektrochem., im Druck (1960).

Er 5 Erichsen, L. von, u. G. Müller: Untersuchungen zur Methodik der ^{35}S-Aktivitätsbestimmung am elementaren Schwefel. Angew. Chem. **69**, 737 (1957).

Er 6 — u. R. Müller: Methodik des Arbeitens mit dem radioaktiven Schwefel-Isotop ^{35}S. Angew. Chem. **64**, 580 (1952).

Er 7 Ernster, L., R. Zetterström and O. Lindberg: A method for the determination of tracer phosphate in biological material. Acta Chem. scand. **4**, 942 (1950).

Es 1 Esnouf, M. P.: A method for determining ^{24}Na and ^{42}K when present together in liquid samples. Brit. J. Appl. Phys. **9**, 161 (1958).

Ev 1 Evans, E. A., and J. L. Huston: Radiocarbon combustion and mounting techniques. Analyt. Chem. **24**, 1682 (1952).

Ev 2 Everett, N. B., and B. S. Simmons: The distribution and excretion of ^{35}S sodium sulfate in the albino rat. Arch. Biochem. **35**, 152 (1952).

Fa 1 Fallot, P., A. Aeberhardt et J. Masson: Méthode de dosage de l'eau tritiée et ses applications en clinique humaine. Int. J. appl. Radiat. **1**, 237 (1957).

Fa 2 Faltings, V.: Die Messung natürlicher ^{14}C-Aktivitäten im Proportionalzählrohr. Naturwissenschaften **39**, 378 (1952).

Fa 3 — Tritiumzähler mit Wasserstoff-Füllung und Toluoldampfzusatz. Naturwissenschaften **40**, 409 (1953).

Fa 4 — u. P. Harteck: Der Tritiumgehalt der Atmosphäre. Z. Naturforsch. **5a**, 438 (1950).

Fa 5 Farmer, E. C., and I. A. Bernstein: Determination of specific activities of tritium-labeled compounds with liquid scintillators. Science **117**, 279 (1953).

Fe 1 Feitelberg, S.: Radioiodine: Instrumentation, in S. C. Werner (ed.). The Thyroid, p. 183. London, Toronto, Melbourne, Sidney, Wellington: Cassell 1955.

Fe 2 Feldman, I., and M. Frisch: Precision plating of polonium. Analyt. Chem. **28**, 2024 (1956).

Fe 3 Feldstein, O., and E. Broda: Simple equipment to estimate radiocarbon. Nature (Lond.) **168**, 599 (1951).

Fe 4 Fellinger, K., R. Höfer and H. Vetter: Salivary and thyroidal radioiodide clearances of plasma in various states of thyroid function. J. clin. Endocr. **16**, 449 (1956).

Fe 5 Ferguson, G. J.: Radiocarbon dating system. Nucleonics **13**, No. 1, 18 (1955).

Fi 1 Fink, R. M. (ed.): Biological studies with polonium, radium and plutonium. New York, Toronto, London: McGraw-Hill 1950.

Fi 2 Finkelstein, A., and M. Lesimple: Le dosage du tritium dans l'eau tritiée. J. Nuclear Energy **2**, 101 (1955).

Fi 3 Finkle, B., and W. E. Cohn: Preparation of carrier-free 10 d ^{131}Cs tracer, in Coryell u. Sugarman (*Co 17*), p. 1654.

Fi 4 Finston, H. L., and J. Miskel: Radiochemical separation techniques. Ann. Rev. Nuclear Sci. **5**, 269 (1955).

Fl 1 Flanary, J. R.: A solvent extraction process for the separation of uranium and plutonium from fission products by tributyl phosphate. Progr. Nuclear Energy, Ser. III: Process Chemistry, Vol. **1**, 195. London: Pergamon 1956.

Fl 2 — and G. W. Parker: The development of recovery processes for neptunium-237. Progr. Nuclear Energy, Ser. III: Process Chemistry, Vol. **2**, 501. London, New York, Paris, Los Angeles: Pergamon Press 1958.

Fl 3 Fleckenstein, A., E. Gerlach, J. Janke u. P. Marmier: Die Bestimmung des Turnovers von ATP, Kreatinphosphat und Orthophosphat in lebenden Muskeln mittels $H_2^{18}O$ und anschließender Aktivierung durch Protonenbeschuß. Naturwissenschaften **46**, 365 (1959).

Fl 4 Fleischman, D. G., u. L. G. Schachidzanjan: Ein neuer Gelphosphor zur Zählung von Suspensionen. Atomnaya Energ. **6**, 669 (1959) (russ.).

Fo 1 Fogelström, I., and T. Westermark: Production of ^{33}P by neutron irradiation of sulfur. Nucleonics **14**, No. 2, 62 (1956).

Fo 2 Fogelström-Fineman, I., O. Holm-Hansen, B. M. Tolbert and M. Calvin: A tracer study with ^{18}O in photosynthesis by activation analysis. Int. J. appl. Radiat. **2**, 280 (1957).

Fo 3 Forbes, G. F., and S. Perley: Estimation of total body sodium by isotopic dilution. I. Studies on young adults. J. clin. Invest. **30**, 558 (1950).

Fo 4 Foreman, H., unveröff. Arbeiten, nach Rapkin (*Ra 8*).

Fo 5 — T. T. Trujillo, O. Johnson and C. Finnegan: Ca-EDTA and the excretion of plutonium. Proc. Soc. exp. Biol. (N. Y.) **89**, 339 (1955).

Fr 1 Francois, P. E., and L. Szur: Use of iron-52 as a radioactive tracer. Nature (Lond.) **182**, 1665 (1958).

Fr 2   FREDRICKSON, D. S., and R. S. GORDON: The metabolism of albumin-bound ^{14}C-labeled unesterified fatty acids in normal human subjects. J. clin. Invest. 37, 1504 (1958).

Fr 3   — and K. ONO: An improved techniques for assay of ^{14}CO$_2$ in expired air using the liquid scintillation counter. J. Lab. clin. Med. 51, 147 (1958).

Fr 4   FREEDBERG, A. S., R. BUKA and M. J. McNANUS: Comparative value and accuracy of measurements of urinary ^{131}I by beta and by gamma ray counting. J. clin. Endocr. 9, 841 (1949).

Fr 5   FREEDMAN, A. J., and E. C. ANDERSON: Low-level counting techniques. Nucleonics 10, No. 8, 57 (1952).

Fr 6   — and D. N. HUME: A precision method of counting radioactive liquid samples. Science 112, 461 (1950).

Fr 7   FREISER, H., and G. H. MORRISON: Solvent extraction in radiochemical separations. Ann. Rev. Nuclear Sci. 9, 221 (1959).

Fr 8   FRIERSON, W. J., S. L. HOOD, I. B. WHITNEY and C. L. COMAR: Radiocontaminants in biological studies with copper 64. Arch. Biochem. 38, 397 (1952).

Fr 9   — and J. W. JONES: Radioactive tracers in paper partition chromatography of inorganic ions. Analyt. Chem. 23, 1447 (1951).

Fr 10   FRIMMER, M.: Technik des pharmakologischen Tierexperiments bei Verwendung radioaktiver Isotope. Angew. Chem. 65, 126 (1953).

Fr 11   FRISBY, J. H., and D. ROAF: Quantitative measurement of samples of tritium. Proc. Phys. Soc. (Lond.) 64 B, 169 (1951).

Fr 12   FRY, R. M.: The determination of tritium as water vapour in a Geiger-Müller counter, AERE-R-2867 (1959).

Fu 1   FUNT, B. L., and A. HETHERINGTON: Suspension counting of carbon-14 in scintillating gels. Science 125, 986 (1957).

Fu 2   — — Spiral capillary plastic scintillation flow counter for beta assay. Science 129, 1429 (1959).

Fu 3   — S. SOBERING, R. W. PRINGLE and W. TURCHINETZ: Scintillation techniques for the detection of natural radiocarbon. Nature (Lond.) 175, 1042 (1955).

Fu 4   FURST, M., H. KALLMANN and F. H. BROWN: Increasing fluorescence efficiency of liquid scintillation system. Nucleonics 13, No. 4, 58 (1955).

Ga 1   GABOUREL, J. D., M. J. BAKER and C. W. KOCH: Simultaneous determination of total carbon and carbon-14 activity. Combustion method. Analyt. Chem. 27, 795 (1955).

Ga 2   GAITONDE, M. K., and D. RICHTER: The uptake of ^{35}S into rat tissue after injection of (^{35}S)-methionine. Biochem. J. 59, 690 (1955).

Ga 3   GAMBLE, J. L., A. W. KLEMENT and E. B. ROGERS: Scintillation counter assay of ^{131}I and ^{32}P in blood volume studies. Proc. Soc. exp. Biol. (N. Y.) 85, 172 (1954).

Ga 4   GAMMILL, J. C., B. WHEELER, E. L. CAROTHERS and P. F. HAHN: Distribution of radioactive silver colloids in tissues of rodents following injection by various routes. Proc. Soc. exp. Biol. (N. Y.) 74, 691 (1950).

Ga 5   GANZ, A., and M. BRUCER: Blood clearance and tissue distribution studies in the dog following intravenous administration of radioactive colloidal gold (aurcoloid). J. Lab. clin. Med. 52, 20 (1958).

Ga 6   GARRISON, W. M., and J. G. HAMILTON: Production and isolation of carrier-free radioisotopes. Chem. Rev. 49, 237 (1951).

Ga 7   — R. D. MAXWELL and J. G. HAMILTON: Carrier-free radioisotopes from cyclotron targets. V. Preparation and isolation of ^{75}Se from arsenic. J. Chem. Phys. 18, 155 (1950).

Ga 8   GARROW, J., and E. A. PIPER: A simple technique for counting milligram samples of protein labelled with ^{14}C or ^{35}S. Biochem. J. 60, 527 (1955).

Ga 9   GAUDIN, A. M., and H. E. BERGNA: High frequency induction furnace in the determination of radiocarbon. Analyt. Chem. 27, 467 (1955).

Ge 1   GEVANTMAN, L. H., and J. F. PESTANER: Counting losses in I$^-$, I$_2$ on paint and metal surfaces. Nucleonics 14, No. 11, 109 (1956).

Gi 1   GILBERT, G. W., and J. P. KEENE: An array of Geiger counters for measuring chromatograms or other distributions of radioactivity. Proc. 1st Intern. Conf. Radioisotopes in Scient. Res., Paris 1957, Vol. 1, 698. London, New York, Paris, Los Angeles: Pergamon Press 1958.

Gi 2   GILE, J. D., W. M. GARRISON and J. G. HAMILTON: Carrier-free radioisotopes from cyclotron targets. IX. Preparation and isolation of ^{183,184}Re from tantalum. J. Chem. Phys. 18, 995 (1950).

Gi 3   — — — Carrier-free radioisotopes from cyclotron targets. XI. Preparation and isolation of ^{185}Os and ^{183,184}Re from tungsten. J. Chem. Phys. 18, 1419 (1950).

Gi 4   — — — Carrier-free radioisotopes from cyclotron targets. XIII. Preparation and Isolation of ^{44,46,47,48}Sc from titanium. J. Chem. Phys. 18, 1685 (1950).

Gi 5 Gile, J. D., W. M. Garrison and J. G. Hamilton: Carrier-free radioisotopes from cyclotron targets. XIV. Preparation and isolation of $^{204, 206}$Bi from lead. J. Chem. Phys. **19**, 256 (1951).

Gi 6 — — — Carrier-free radioisotopes from cyclotron targets. XVII. Preparation and isolation of ^{59}Fe from cobalt. J. Chem. Phys. **19**, 1217 (1951).

Gi 7 — — — Carrier-free radioisotopes from cyclotron targets. XVIII. Preparation and isolation of ^{51}Cr from vanadium. J. Chem. Phys. **19**, 1217 (1951).

Gi 8 — — — Carrier-free radioisotopes from cyclotron targets. XIX. Preparation and isolation of $^{191, 193}$Pt from osmium. J. Chem. Phys. **19**, 1426 (1951).

Gi 9 — — — Carrier-free radioisotopes from cyclotron targets. XX. Preparation and isolation of $^{97, 103}$Ru from Molybdenum. J. Chem. Phys. **19**, 1426 (1951).

Gi 10 — — — Carrier-free radioisotopes from cyclotron targets. XXI. Preparation and isolation of $^{200, 201, 202}$Tl from mercury. J. Chem. Phys. **19**, 1427 (1951).

Gi 11 — — — Carrier-free radioisotopes from cyclotron targets. XXIII. Preparation and isolation of $^{100, 101, 102, 105}$Rh from ruthenium. J. Chem. Phys. **19**, 1428 (1951).

Gi 12 — — — Carrier-free radioisotopes from cyclotron targets. XXV. Preparation and isolation of $^{195, 196, 198, 199}$Au from platinum. J. Chem. Phys. **20**, 339 (1952).

Gi 13 — — — Carrier-free radioisotopes from cyclotron targets. XXVI. Preparation and isolation of ^{181}W from tantalum. J. Chem. Phys. **20**, 523 (1952).

Gi 14 — H. R. Haymond, W. M. Garrison and J. G. Hamilton: Carrier-free radioisotopes from cyclotron targets. XVI. Preparation and isolation of ^{103}Pd from rhodium. J. Chem. Phys. **19**, 660 (1951).

Gi 15 Ginsburg, M., and M. Weatherall: The acute distribution of intravenously administered lead acetate in normal and BAL-treated rabbits. Brit. J. Pharmacol. **3**, 223 (1948).

Gl 1 Glascock, R. F.: Estimation of tritium and some preliminary experiments on its use as a label for water. Nucleonics **9**, No. 5, 29 (1951).

Gl 2 — A combustion technique for the assay of tritium, ^{13}C and ^{14}C in a single 10 mg sample of biological material. Biochem. J. **52**, 699 (1952).

Gl 3 — Isotopic gas analysis for biochemists. New York: Academic Press 1954.

Gl 4 — Gas counting techniques in biochemistry. I. Combustion of labelled compounds and the gas counting of carbon 14. Atomics **6**, 328 (1955).

Gl 5 — Gas counting techniques in biochemistry. II. The determination of tritium and some applications. Atomics **6**, 363 (1955).

Go 1 Goble, A. G., J. Golden, A. G. Maddock and D. J. Toms: The extraction of Protactinium from refinery residues. Progr. Nuclear Energy Ser. III. Process Chemistry, Vol. **2**, 86. London, New York, Paris, Los Angeles: Pergamon Press 1958.

Go 2 Goddu, R. F., and L. B. Rogers: Counting of radioactivity in liquid samples. Science **114**, 99 (1951).

Go 3 Götte, H.: Eine Methode zur schnellen Abscheidung der Seltenen Erden und des Elements 93 aus der Uran-Spaltung. Angew. Chem. **60**, 19 (1948).

Go 4 — R. Kretz u. H. Baddenhausen: Vereinfachte Bestimmung ^{14}C-haltiger Verbindungen. Angew. Chem. **69**, 560 (1957).

Go 5 — u. G. Theis: Die quantitative Analyse von Thioharnstoff. Ein Beispiel für die radiometrische Bestimmung von Radio-Schwefel enthaltenden Verbindungen. Angew. Chem. **67**, 637 (1955).

Go 5a — H. Becker u. F. Weigel: Das Arbeiten mit radioaktiven Atomarten (Chemischer Teil), in Hoppe-Seyler/Thierfelder, Handbuch der physiologisch- und pathologisch-chemischen Analyse, Bd. II, **2**, 773. Berlin, Göttingen, Heidelberg: Springer 1955.

Go 6 Gold, S., u. V. Sodd: Tri ium. R. A. Taft Sanitary Engn. Center report R 59-2 (1959), vgl. Rapkin (*Ra 8*).

Go 7 Goldsmith, R. E., C. D. Stevens and L. Schiff: Concentration of iodine in the human stomach and other tissues as determined with radioactive iodine. J. Lab. clin. Med. **35**, 497 (1950).

Go 8 Gordon, B. E., and T. S. Hodgson: Dark adaption reduces photomultiplier thermal noise. Nucleonics **14**, No. 10, 64 (1956).

Go 9 Gordon, C. F., u. A. L. Wolfe: Liquid scintillation counting of aqueous solutions. Analyt. Chem. **32**, 574 (1960).

Go 10 Gordon, M., A. J. Virgona and P. Numerof: An isotope dilution assay for total penicillins. Analyt. Chem. **26**, 1208 (1954).

Go 11 Gorham, A. T., and R. M. Fink: General methods used in polonium distribution and excretion experiments, in Fink (*Fi 1*), p. 7.

Go 12 Gorsuch, T. T.: Radiochemical investigation on the recovery for analysis of trace elements in organic and biological material. Analyst. **84**, 135 (1959).

Go 13 — The separation of lead-212 from thorium. Analyst **85**, 225 (1960).

Go 14 GOULD, R. G., G. V. LeROY, G. T. OKITA, J. J. KABARA, P. KEEGAN and D. M. BER-
       GENSTAL: The use of ^{14}C-labeled acetate to study cholesterol metabolism in man. J. Lab.
       clin. Med. **46**, 372 (1955).
Gr 1   GRAFF, J., and D. RITTENBERG: Microdetermination of deuterium in organic compounds.
       Analyt. Chem. **24**, 878 (1952).
Gr 2   GRAHAM, D. C., and G. T. SEABORG: The distribution of minute amounts of material
       between liquid phases. J. Amer. chem. Soc. **60**, 2325 (1938).
Gr 3   GRAY, S. J., and K. STERLING: The tagging of red cells and plasma proteins with
       radioactive chromium. J. clin. Invest. **29**, 1604 (1950).
Gr 3a GREEN, J. H., G. HARBOTTLE and A. G. MADDOCK: The chemical effects of radiative
       thermal neutron capture, 2. Potassium chromate. Transact. Faraday Soc. **49**, 1413 (1953).
Gr 4   GREEN, M., and J. A. KAFALAS: Preparation and isolation of carrier-free ^{74}As from
       germanium cyclotron targets. J. Chem. Phys. **22**, 760 (1954).
Gr 5   GRENON, M., et R. VIALLARD: Méthode pour la détermination du tritium. J. chim.
       Phys. **49**, 623 (1952).
Gr 6   GRESKY, A. T.: The separation of ^{233}U and thorium from fission products.Progr.
       Nuclear Energy, Ser. III: Process Chemistry, Vol. **1**, 212. London: Pergamon Press.
       1956.
Gr 7   GROOM, A. C., P. W. ROBERTS and S. ROWLANDS: Simultaneous recording of instan-
       taneous counting rates of ^{32}P and ^{131}I in the blood stream of an animal. Proc. 1st Intern.
       Conf. Radioisotopes in Scientif. Res., Paris, 1957, Vol. **3**, 616. London, New York,
       Paris, Los Angeles: Pergamon Press 1958.
Gr 8   GROSSE, A. V., W. M. JOHNSTON, R. L. WOLFGANG and W. F. LIBBY: Tritium in
       Nature. Science **113**, 1 (1951).
Gr 9   GRUVERMAN, I. J., and P. KRUGER: Cyclotron-produced carrier-free radioisotopes.
       Int. J. appl. Radiat. **5**, 21 (1959).
Gu 1   GUINN, V. P.: Liquid scintillation counting in industrial research, in BELL u. HAYES
       (*Be 7*), p. 167.
Ha 1   HAGEMANN, F.: The chemistry of actinium, in G. T. SEABORG and J. J. KATZ (ed.):
       The actinide elements, p. 14. New York, Toronto, London: McGraw-Hill 1954.
Ha 2   — Actinium processing. Prog. Nuclear Energy, Ser. III. Process Chemistry, Vol. **2**,
       p. 99. London, New York, Paris, Los Angeles: Pergamon Press 1958.
Ha 3   HAHN, O.: Applied radiochemistry. Ithaca: Cornell University Press 1936.
Ha 4   — F. STRASSMANN u. W. SEELMANN-EGGEBERT: Die chemische Abscheidung der bei
       der Spaltung des Urans entstehenden Elemente und Atomarten. Z. Naturforsch. **1**, 545
       (1946).
Ha 5   HAHN, R. B., and R. L. ANDERSON: Radiochemical methods for the determination of
       phosphorus 32, AECU-2910.
Ha 6   HAIGH, C. P.: Gamma ray scintillation counters for weak radioactive solutions.
       Nucleonics **12**, No. 1, 34 (1954).
Ha 7   — A simple liquid scintillation counter for measuring tritium and carbon-14. Proc. 1st
       Intern. Conf. Radioisotopes in Scient. Res., Paris 1957, Vol. **1**, 663. London, New
       York, Paris, Los Angeles: Pergamon Press 1958.
Ha 8   HAISSINSKY, M.: La chimie nucléaire et ses applications. Paris: Masson 1957.
Ha 9   HALDAR, B. C.: Chemical consequences of the (n, γ)-reaction on platinum complexes.
       J. Amer. chem. Soc. **76**, 4229 (1954).
Ha 10 HAMILTON, J. G., P. W. DURBIN and M. W. PARROTT: Accumulation of astatine 211 by
       thyroid gland in man. Proc. Soc. exp. Biol. (N. Y.) **86**, 366 (1954).
Ha 11 HANKES, L. V.: Electric heater for van Slyke-Folch carbon combustion apparatus.
       Analyt. Chem. **27**, 166 (1955).
Ha 12 HANLE, W., K. HENGST u. W. SCHNEIDER: Nachweis von radioaktivem Kohlenstoff mit
       der Szintillationsmethode. Z. Naturforsch. **7b**, 633 (1952).
Ha 12a HARBOTTLE, G.: Szilard-Chalmers reaction in crystalline compounds of chromium.
       J. Chem. Phys. **22**, 1083 (1954).
Ha 12b — and N. SUTIN: The Szilard-Chalmers reaction in solids. Adv. inorg. nucl. Chem. **1**,
       267 (1959).
Ha 13 HARDY, C. J., and D. SCARGILL: The preparation of solutions of radiochemically pure
       niobium (^{95}Nb) and zirconium (^{95}Zr). J. Inorg. Nuclear Chem. **9**, 322 (1959).
Ha 14 HARLEY, J. H., and S. FOTI: Determination of microgram quantities of radium. Nu-
       cleonics **10**, No. 2, 45 (1952).
Ha 15 HARPER, P. V., K. A. LATHROP, L. BALDWIN, Y. ODA and L. KRYSHTAL: Isotopes
       decaying by electron capture: a new modality in brachytherapy. Proc. 2nd Intern.
       Conf. Peaceful Uses Atomic Energy, Genf 1958, Vol. **26**, 417. Genf: United Nations 1958.
Ha 16 — W. B. NEAL and G. R. ROGERS: A rapid semimicro method for the determination of
       ^{14}C. J. Lab. clin. Med. **36**, 321 (1950).

Ha 17 HARRISON, A. D. R., A. J. LINDSAY and R. PHILLIPS: The electrolytic separation from thorium nitrate of thorium C (^{212}Bi) and thorium B (^{212}Pb) in chloride solution. Analyt. Chim. Acta 13, 459 (1955).

Ha 18 HARRISON, A., and F. P. W. WINTERINGHAM: 4 π beta counter for scanning paper chromatograms. Nucleonics 13, No. 3, 64 (1955).

Ha 19 HAVEL, R. J., and D. S. FREDRICKSON: The metabolism of chylomicra. I. The removal of palmitic acid-1-^{14}C labeled chylomicra from dog plasma. J. clin. Invest. 35, 1025 (1956).

Ha 20 HAVINGA, E., and R. BYKERK: The relation between the nature of the bond in copper salts used for intravenous injection, and the rate of absorption of copper by the liver. Rec. Trav. chim. Pays-Bas 66, 184 (1947).

Ha 21 HAWKINS, R. C., R. F. HUNTER and W. B. MANN: On the efficiency of gas counters with carbon dioxide and carbon disulphide. Canad. J. Res. 27B, 555 (1949).

Ha 22 HAYES, F. N.: Liquid scintillators: Attributes and applications. Int. J. appl. Radiat. 1, 46 (1956).

Ha 23 — E. C. ANDERSON and J. R. ARNOLD: Liquid scintillation counting of natural radiocarbon. Proc. 1st Intern. Conf. Peaceful Uses Atomic Energy, Genf 1955, Vol. 14, 188. New York: United Nations 1956.

Ha 24 — — and W. H. LANGHAM: The role of liquid scintillators in nuclear medicine. Proc. 1st. Intern. Conf. Peaceful Uses Atomic Energy, Genf 1955, Vol. 14, 182. New York: United Nations 1956.

Ha 25 — and R. G. GOULD: Liquid scintillation counting of tritium-labeled water and organic compounds. Science 117, 480 (1953).

Ha 26 — V. N. KERR, D. G. OTT, E. HANSBURY and B. S. ROGERS: Survey of organic compounds as primary scintillation solutes, LA-2176 (1958).

Ha 27 —, D. G. OTT and V. N. KERR: Pulse-height comparison of secondary solutes. Nucleonics 14, No. 1, 42 (1956).

Ha 28 — — — and B. S. ROGERS: Pulse height comparison of primary solutes. Nucleonics 13, No. 12, 38 (1955).

Ha 29 — B. S. ROGERS and W. H. LANGHAM: Counting suspensions in liquid scintillators. Nucleonics 14, No. 3, 48 (1956).

Ha 30 — — and P. C. SANDERS: Importance of solvent in liquid scintillators. Nucleonics 13, No. 1, 46 (1955).

Ha 31 HAYMOND, H. R., W. M. GARRISON and J. G. HAMILTON: Carrier-free radioisotopes from cyclotron targets. XII. Preparation and isolation of ^{7}Be from lithium. J. Chem. Phys. 18, 1685 (1950).

Ha 32 — — — Carrier-free radioisotopes from cyclotron targets. XXII. Preparation and isolation of ^{203}Pb from thallium. J. Chem. Phys. 19, 1427 (1951).

Ha 33 — — — Carrier-free radioisotopes from cyclotron targets. XXIV. Preparation and isolation of ^{188,190,192}Ir from osmium. J. Chem. Phys. 20, 199 (1952).

Ha 34 — — — Carrier-free radioisotopes from cyclotron targets. VI. Preparation and isolation of ^{105,106,111}Ag from palladium. J. Chem. Phys. 18, 391 (1950).

Ha 35 — R. D. MAXWELL, W. M. GARRISON and J. D. HAMILTON: Carrier-free radioisotopes from cyclotron targets. VIII. Preparation and isolation of ^{64,67}Cu from zinc. J. Chem. Phys. 18, 901 (1950).

He 1 HEALD, P. J.: An improved procedure for the determination of carbon in organic compounds in aqueous solutions. Biochem. J. 49, 684 (1951).

He 2 HEALY, J. W., and L. C. SCHWENDIMAN: Hydrogen counter for analysis of dilute tritium oxide. Radiat. Res. 4, 278 (1956).

He 3 HEALY, T. V., P. E. CARTER and P. E. BROWN: The extraction of strontium from fission product solutions. Progr. Nuclear Energy, Ser. III. Process Chemistry, Vol. 1, 363. London: Pergamon Press 1956.

He 4 HEIN, J. W., J. BONNER, F. BRUDEVOLD and H. C. HODGE: In vitro studies of the uptake of fluoride on tooth surfaces from 1 ppm radioactive fluoride solutions. J. dent. Res. 33, 661 (1954).

He 5 — — — F. A. SMITH and H. C. HODGE: Distribution in the soft tissue of the rat of radioactive fluoride administered as sodium fluoride. Nature (Lond.) 178, 1295 (1956).

He 6 HEINRICH, M., and F. E. KEISEY: Selenium metabolism: Loss of selenium from mouse tissues on heating. Fed. Proc. 13, 364 (1954).

He 7 HELF, S., and C. G. WHITE: Liquid scintillation counting of carbon-14-labeled organic nitrocompounds. Analyt. Chem. 29, 13 (1957).

He 8 — — and R. N. SHELLEY: Radioassay of finely divided solids by suspension in a gel scintillator. Analyt. Chem. 32, 238 (1960).

He 9 HELLMAN, L., R. S. ROSENFELD and T. F. GALLAGHER: Cholesterol synthesis from ^{14}C-acetate in man. J. clin. Invest. 33, 142 (1954).

He 10 HELWIG, H. L., W. A. REILLY and J. N. CASTLE: A method for concentrating and determining iodide in urine. J. Lab. clin. Med. **49**, 490 (1957).

He 11 HENDLER, R. W.: Self-absorption correction for carbon-14. Science **130**, 772 (1959).

He 12 HENDRICKS, R. H., L. C. BRYNER, M. D. THOMAS and J. O. IVIE: Measurement of the activity of radiosulfur in barium sulfate. J. Phys. Chem. **47**, 469 (1943).

He 13 HENDRICKSON, R. M.: Short bibliography on organic scintillators and their application, LA-2265 (1958).

He 14 HENRIQUES, F. C., G. B. KISTIAKOWSKY, C. MARGNETTI and W. G. SCHNEIDER: Radioactive studies: Analytical procedure for measurement of long-lived radioactive sulfur, ^{35}S, with a Lauritzen electroscope and comparison of electroscope with a special Geiger counter. Analyt. Chem. **18**, 349 (1946).

He 15 — and G. MARGNETTI: Analytical method for determination of long-life carbon, ^{14}C. Analyt. Chem. **18**, 417 (1946).

He 16 — — Analytical procedure for measurement of radioactive hydrogen (tritium). Analyt. Chem. **18**, 420 (1946).

He 17 HENRY, R., and C. HERCZEG: Utilisation du recul pour la séparation des produits de fission de l'uranium. Proc. 1st Intern. Conf. Radioisotopes in Scient. Res., Paris 1957, Vol. **2**, 168. London, New York, Paris, Los Angeles: Pergamon Press 1958.

He 18 HENSON, A. F.: The measurement of radioactive carbon in gas counters. Brit. J. appl. Phys. **4**, 217 (1953).

He 19 HERBER, R. H.: Method of radioassay of volatile compounds. Rev. Sci. Instrum. **28**, 1049 (1957).

He 20 HERBERG, R. J.: Phosphorescence in liquid scintillation counting of proteins. Science **128**, 199 (1958).

He 21 — Determination of carbon-14 and tritium in blood and other whole tissues. Liquid scintillation counting of tissue. Analyt. Chem. **32**, 42 (1960).

He 22 HERCZYNSKA, E.: Estimation of tritio-methane in GM-counters. Naturwissenschaften **46**, 169 (1959).

He 23 HERR, W.: Über die Isolierung von Radioisotopen des Zn, Ga, In, V, Mo, Pd, Os, Ir, Pt in praktisch trägerfreiem Zustand nach dem (n, γ)-Rückstoßverfahren aus Phthalocyanin-Metallkomplexen. Z. Naturforsch. **7b**, 201 (1952).

He 24 — Verteilung und chemische Reaktionen der durch (n, γ)-Prozeß entstandenen radioaktiven Rückstoßatome in verschiedenen Rhenium-Salzen. Z. Elektrochem. **56**, 911 (1952).

He 25 — u. R. DREYER: Die Herstellung von ^{191}Os und ^{193}Os-Präparaten sehr hoher spezifischer Aktivität. Z. anorg. Chem. **293**, 1 (1957).

He 26 — u. H. GÖTTE: Gewinnung eines praktisch trägerfreien Radio-Kupferpräparates ^{64}Cu von hoher Aktivität aus Cu-Phthalocyanin. Z. Naturforsch. **5a**, 629 (1950).

He 27 — F. SCHMIDT u. F. STÖCKLIN: Radio-Gaschromatographie von neutronenbestrahlten Alkylhalogeniden und die Identifizierung von Rückstoßreaktionsprodukten. Z. analyt. Chem. **170**, 301 (1959).

He 28 HERRMANN, G.: Chemische Überwachung der Verbreitung radioaktiver Substanzen. Angew. Chem. **71**, 561 (1959).

He 29 HEVESY, G.: Radioactive indicators. Their application in biochemistry, animal physiology, and pathology. New York, London: Interscience Publishers 1948.

He 30 — and G. NYLIN: Application of "thorium B" labeled red corpuscles in blood volume studies. Circulat. Res. **1**, 102 (1953).

Hi 1 HIEBERT, R. D., and R. J. WATTS: Fast coincidence circuit for ^{3}H and ^{14}C measurements. Nucleonics **11**, No. 12, 38 (1953).

Hi 2 HINE, G. J., and A. MILLER: Large plastic well makes efficient gamma counter. Nucleonics **14**, No. 10, 78 (1956).

Ho 1 HODGSON, T. S., B. E. GORDON and M. E. ACKERMAN: Single-channel counter for carbon-14 and tritium. Nucleonics **16**, No. 7, 89 (1958).

Ho 2 HOECKER, F. E., and E. I. SHAW: The metabolism of ^{90}Sr and ^{90}Y and the influence of lactation on retention. Proc. 2nd Intern. Conf. Peaceful Uses Atomic Energy, Genf 1958 Vol. **24**, 190. Genf: United Nations 1958.

Ho 3 HOGNESS, J. R., L. J. ROTH, E. LEIFER and W. H. LANGHAM: The quantitative determination of ^{14}C-activity in biological systems by direct plating. J. Amer. chem. Soc. **70**, 3840 (1948).

Ho 4 HOLLANDER, J. M., I. PERLMAN and G. T. SEABORG: Table of isotopes. Rev. mod. Phys. **25**, 469 (1953).

Ho 5 HOLLBACH, N., and L. YAFFE: Separation of high specific activity ^{22}Na from irradiated aluminium. Canad. J. Chem. **34**, 1508 (1956).

Ho 6 HOLT, P. F., and D. M. YATES: Tissue silicon: A study of the ethanol-soluble fraction, using ^{31}Si. Biochem. J. **54**, 300 (1953).

Ho 7　Hood, S. L., and C. L. Comar: Metabolism of cesium 137 in rats and farm animals. Arch. Biochem. 45, 423 (1953).

Ho 8　Horáček, J., u. D. Grünberger: Modifizierte Schnellmethode zur Bestimmung von ^{14}C. Coll. Czechoslov. Chem. Commun. 9, 1974 (1958), Original (tschechisch) Chem. Listy 51, 1944 (1957).

Ho 9　Horrocks, D. L., and M. H. Studier: Low level plutonium-241 analysis by liquid scintillation techniques. Analyt. Chem. 30, 1747 (1958).

Ho 10　Hours, R. M., and W. J. Kaufman: Low level tritium measurement with the liquid scintillation spectrometer. Sanitary Engn. Labor., Univ. of California, Progr. report No. 1 (1959) and paper presented at the Nuclear Congress New York 1960, Vgl. Rapkin (Ra 8).

Ho 11　Howarth, F.: Tissue suspensions for estimations of radioactivity. Nature (Lond.) 163, 249 (1949).

Hu 1　Hudgens, J. E., R. O. Benzing, J. P. Cali, R. C. Meyer and L. C. Nelson: Determination of radium or radon in gases, liquids or solids. Nucleonics 9, No. 2, 14 (1951).

Hu 2　Hudis, J.: Production of carrier-free ^{28}Mg from aluminum. J. Inorg. Nuclear Chem. 4, 247 (1957).

Hu 3　Hudswell, F., B. J. Miles, B. R. Payne, J. A. Payne, P. Scargill and K. J. Taylor: The preparation for dispensing of miscellaneous radioisotopes, AERE-I/R-1386 (1954).

Hu 4　— and K. J. Taylor: Radio-isotopes of iron—preparation of solutions of high specific activity, AERE-I/M-18 (1952).

Hu 5　Hufford, D. L., and B. F. Scott: Techniques for the preparation of thin films of radioactive material, in Seaborg, Katz u. Manning (Se 1), p. 1149.

Hu 6　Hursh, J. B.: Measurement of breath radon by charcoal adsorption. Nucleonics 12, No. 1, 62 (1954).

Hu 7　— and A. A. Gates: Body radium content of individuals with no known occupational exposure. Nucleonics 7, No. 1, 46 (1950).

Hu 8　— L. T. Steadman, W. B. Looney and M. Colodzin: The excretion of thorium and thorium daughters after thorotrast administration. Acta radiol. 47, 481 (1957).

Hu 9　Hutchens, T. T., C. K. Claycomb, W. J. Cathey and J. T. van Bruggen: Techniques in the use of ^{14}C as a tracer. II. Preparation of $BaCO_3$ plates by centrifugation. Nucleonics 7, No. 3, 41 (1950).

Hy 1　Hyde, E. K.: Radiochemical methods for the isolation of element 87 (francium). J. Amer. chem. Soc. 74, 4181 (1952).

Hy 2　— Radiochemical separation methods for the actinide elements. Proc. 1st Intern. Conf. Peaceful Uses Atomic Energy, Genf 1955, Vol.. 7, 281. New York: United Nations 1956.

In 1　*International Atomic Energy Agency*: International directory of radioisotopes. I. Unprocessed and processed radioisotope preparations and special radiation sources. Wien 1959.

In 2　*International Atomic Energy Agency*: International directory of radioisotopes. II. Compounds of carbon 14, hydrogen 3, iodine 131, phosphorus 32 and sulphur 35. Wien 1959.

Ir 1　Irvine, J. W.: Production of radionuclides. Nucleonics 3, No. 2, 5 (1948).

Ir 2　— and E. T. Clarke: Cyclotron targets: Preparation and radiochemical separation. III. ^{22}Na. J. Chem. Phys. 16, 686 (1948).

Ir 3　— and C. Goodman: Radioactive mercury in mercury-vapor measurements. J. appl. Phys. 14, 496 (1943).

Ir 4　— and R. D. Lemmerman: Solvent extraction for radiochemical separations. Vanadium and manganese from chromium. Analyt. Chem. 23, 681 (1951).

Is 1　Isbell, H. S., H. L. Frush and R. A. Peterson: Tritium labeled compounds I. Radioassay of tritium-labeled compounds in "infinitely thick" films with a windowless, gas-flow, proportional counter. J. Res. Natl. Bur. Standards 63A, 171 (1959).

Is 2　— and J. D. Moyer: Tritium-labeled compounds II. General purpose apparatus, and procedures for the preparation, analysis, and use of tritium oxide and tritium-labeled lithium borohydride. J. Res. Natl. Bur. Standards 63A, 177 (1959).

Ja 1　Jackson, F. L., and H. W. Lampe: Direct counting of tritium-tagged solid and liquid samples. Analyt. Chem. 28, 1735 (1956).

Ja 2　Jacobi, E.: Eine trägerlose Trennung des radioaktiven Indiums von Cadmium. Helv. phys. Acta 22, 66 (1949).

Ja 3　Jacobson, H. I., G. N. Gupta, C. Fernandez, S. Hennix and E. V. Jensen: Determination of tritium in biological material. Arch. Biochem. 86, 89 (1960).

Ja 4　Janney, C. D., and B. J. Moyer: Routine use of ionization chamber method for ^{14}C assay. Rev. Sci. Instrum. 19, 667 (1948).

Je 1　Jeffay, H., F. O. Olubajo and W. R. Jewell: Determination of radioactive sulfur in biological material. Analyt. Chem. 32, 306 (1960).

Je 2   JENKINS, E. N., and G. W. SNEDDEN: The analysis of urine for traces of americium and other alpha emitters, AERE-C/R-1399 (1954).

Je 3   JENKINS, W. A.: Estimating the tritium content of tritiated water. Analyt. Chem. 25, 1477 (1953).

Je 4   JERVIS, R. E.: The use of molecular filter membrane in mounting and assaying of radioactive precipitates. Talanta 2, 89 (1959).

Jo 1   JOHNSTON, W. H.: Low-level counting methods for isotopic tracers. Science 124, 801 (1956).

Jo 2   JONES, J. W., and T. P. KOHMAN: Synchrocyclotron production and properties of magnesium 28. Physic. Rev. 90, 495 (1953).

Jo 3   JORDAN, K.: Messung von Flüssigkeiten geringer spezifischer Aktivität mit dem Szintillationszähler. Atomwirtschaft 3, 496 (1958).

Jo 4   JORIS, G. G., and H. S. TAYLOR: The use of tritium in the determination of the solubility of water in solvents. The solubility of water in benzene. J. Chem. Phys. 16, 45 (1948).

Jo 5   JOYET, G.: Method of determining relative dosage of biological samples. Nucleonics 9, No. 6, 42 (1951).

Ka 1   KABARA, J. J.: A quantitative micromethod for the isolation and liquid scintillation assay of radioactive free and ester cholesterol. J. Lab. clin. Med. 50, 146 (1957).

Ka 2   KAHN, M.: Enrichment of antimony activity through the Szilard-Chalmers separation. J. Amer. chem. Soc. 73, 479 (1951).

Ka 3   — A. J. FREEDMAN, R. D. FELTHAM and N. L. LARK: Counting techniques for chlorine 36. Nucleonics 13, No. 5, 58 (1955).

Ka 4   — — and C. G. SHULTZ: Distillation of "carrier-free" iodine-131 activity. Nucleonics 12, No. 7, 73 (1954).

Ka 5   KALLMANN, H., and M. FURST: Fluorescent liquids for scintillation counters. Nucleonics 8, No. 3, 31 (1951).

Ka 6   — — The basic processes occurring in the liquid scintillator, in BELL u. HAYES (Be 7), P. 3.

Ka 7   — — and F. H. BROWN: Liquid scintillators with heavy elements. Nucleonics 14, No. 4, 48 (1956).

Ka 8   KAMEN, M. D.: Isotopic tracers in biology. 2nd ed. New York: Academic Press 1948.

Ka 9   — Isotopic tracers in biology, 3rd ed. New York: Academic Press 1957.

Ka 10 KARNOVSKY, M. L., J. M. FOSTER, L. I. GIDEZ, D. D. HAGERMAN, C. V. ROBINSON, A. K. SOLOMON and C. A. VILLEE: Correction factors for comparing activities of different carbon-14-labeled compounds assayed in flow proportional counters. Analyt. Chem. 27, 852 (1955).

Ka 11 KASPRZYK, Z., and M. CALVIN: Search for unstable CO_2 fixation products in algae using low-temperature liquid scintillators. Proc. nat. Acad. Sci. (Wash.) 45, 952 (1959).

Ka 12 KATZ, J., S. ABRAHAM and N. BAKER: Analytical procedures using a combined combustion-diffusion vessel. Improved method for combustion of organic compounds in aqueous solution. Analyt. Chem. 26, 1503 (1954).

Ka 13 — — and I. L. CHAIKOFF: Analytical procedures using a combined combustion-diffusion vessel. An improved method for the degradation of carbon-14-labeled lactate and acetate. Analyt. Chem. 27, 185 (1955).

Ka 14 — and S. B. GOLDEN: A rapid method for ^{35}S radioassay and gravimetric sulfur determination in biological material. J. Lab. clin. Med. 53, 658 (1959).

Ka 15 — A. L. SELLERS, J. MARMORSTON and S. RAUCH: A rapid method for preparation of plasma proteins for radioassay. J. Lab. clin. Med. 50, 489 (1957).

Ka 16 — M. H. WEEKS and W. D. OAKLEY: Relative effectiveness of various agents for preventing the internal deposition of plutonium in the rat. Radiat. Res. 2, 166 (1955).

Ke 1   KELLY, F., C. T. RAY, S. A. THREEFOOT and G. E. BURCH: Influence of self-absorption, volatization and deliquescence in counting of radioelements. J. Lab. clin. Med. 35, 606 (1950).

Ke 2   KENNEDY, M. R., and J. J. FITZGERALD: Analysis of ^{106}Ru in vegetation, KAPL-1052 (1954).

Ke 3   KENNY, A. W., W. R. E. MATON and W. T. SPRAGG: Preparation of carrier-free iron-59. Nature (Lond.) 165, 482 (1950).

Ke 4   — and W. T. SPRAGG: The extraction of carrier-free ^{131}I from pile-irradiated tellurium. J. chem. Soc. 1949, Suppl., 323.

Ke 5   KERR, V. N., F. N. HAYES and D. G. OTT: Liquid scintillators III. The quenching of liquid scintillator solutions by organic compounds. Int. J. appl. Radiat. 1, 284 (1957).

Ke 6   KETELLE, B. H., and G. E. BOYD: The exchange adsorption of ions from aqueous solutions by organic zeolites. IV. The separation of the yttrium group rare earths. J. Amer. chem. Soc. 69, 2801 (1947).

Ki 1   KIDSON, G. V., and W. L. ELSDON: The purification and deposition of irradiated platinum by preferential distillation. Int. J. appl. Radiat. 3, 352 (1958).

Ki 2 KIMBEL, K. H., u. J. WILLENBRINK: Fortlaufende Messung schwacher β-Strahler in Flüssigkeiten mit Szintillatorschlauch. Naturwissenschaften **45**, 567 (1958).

Ki 3 KINARD, F. E.: Liquid scintillator for the analysis of tritium in water. Rev. sci. Instrum. **28**, 293 (1957).

Ki 4 KINNORY, D. S., E. L. KANABROCKI, J. GRECO, R. L. VEATCH, E. KAPLAN and Y. T. OESER: A liquid scintillation method for measurement of radioactivity in animal tissue and tissue fractions, in BELL u. HAYES (*Be* 7), p. 223.

Ki 5 — E. KAPLAN, Y. T. OESTER and A. A. IMPERATO: Determination of urinary excretion of radiocobalt labeled vitamin B_{12} by cobalt sulfide precipitation. J. Lab. clin. Med. **50**, 913 (1957).

Ki 6 KIRSTEN, W.: Recent developments in quantitative organic microanalysis. Analyt. Chem. **25**, 74 (1953).

Ki 7 — Micro- and semimicrodetermination of carbon and hydrogen. Mikrochemie **35**, 217 (1950).

Ki 8 KISIELESKI, W. E., and F. SMETANA: Tritium in biological samples. Atompraxis **4**, 261 (1958).

Ki 9 KITTLE, C. F., E. R. KING, C. T. BAHNER and M. BRUCER: Distribution and excretion of radioactive hafnium 181 sodium mandelate in the rat. Proc. Soc. exp. Biol. (N. Y.) **76**, 278 (1951).

Kl 1 KLEEMANN, E., u. G. HERRMANN: Abtrennung von ^{125}Sb aus ^{113}Sn durch galvanische Abscheidung des Antimons. Int. J. appl. Radiat. **7**, 149 (1959).

Kl 2 KLEINBERG, J. (ed.): Collected radiochemical procedures, LA-1721 u.AECD-3674 (1954).

Ko 1 KO, R.: Electrodeposition of the actinide elements. Nucleonics **15**, No. 1, 72 (1957).

Ko 2 KOHMAN, T. P., R. A. RIGHTMIRE, W. D. EHMAN and J. R. SIMANTON: Aluminium 26: Properties, production, assay, natural occurrence and potential usefulness. Proc. 1st Intern. Conf. Radioisotopes in Scient. Res., Paris 1957, Vol. **1**, 1. London, New York, Paris, Los Angeles: Pergamon Press 1958.

Ko 3 KOKES, R. J., H. TOBIN and P. H. EMMETT: New microanalytic-chromatographic technique for studying catalytic reactions. J. Amer. chem. Soc. **77**, 5861 (1955).

Kr 1 KRAKAU, G., u. H. SCHNEIDER: Empfindliche Meßmethoden für Radiokohlenstoff. Atomkernenergie **3**, 515 (1958).

Kr 2 KRANE, S. M., G. L. BROWNELL, J. B. STANBURY and H. CORRIGAN: The effect of thyroid disease on calcium metabolism in man. J. clin. Invest. **35**, 874 (1956).

Kr 3 KRAUS, K. A., and F. NELSON: Anion exchange studies of the fission products. Proc. 1st Intern. Conf. Peaceful Uses Atomic Energy, Genf 1955, Vol. **7**, 113. New York: United Nations 1956.

Kr 4 KRUGER, P., and C. D. CORYELL: Radiochemical study of the separation of lanthanum from barium by cation exchanger. J. Chem. Educ. **32**, 280 (1955).

Ku 1 KUMMER, J. T.: Counter design for gaseous weak beta emitters. Nucleonics **3**, No. 1, 27 (1948).

Ku 2 KUNZ, W., u. J. SCHINTLMEISTER: Tabellen der Atomkerne, 2 Bände. Berlin: Akademie-Verlag 1958/1959.

Ku 3 KURBATOW, J. D., and M. H. KURBATOV: Isolation of radioactive yttrium and some of its properties in minute concentrations. J. Phys. Chem. **46**, 441 (1942).

La 1 LABEYRIE, J.: Perfectionnement aux compteurs de Geiger-Müller contenant du CO_2. J. Phys. Radium (Paris) **12**, 146 (1951).

La 2 LAMB, E., H. E. SEAGREN and E. E. BEAUCHAMP: Fission product pilot plant and other developments in the radioisotope program at the Oak Ridge National Laboratory. Proc. 2nd Intern. Conf. Peaceful Uses Atomic Energy, Genf 1958, Vol. **20**, 38. Genf: United Nations 1958.

La 3 LAMERTON, L. F., E. H. BELCHER and E. B. HARRIS: Experimental studies in normal and irradiated rats using radioactive iron. Proc. 2nd Radioisotope Conf. Oxford 1954, Vol. **1**, 210. London: Butterworth 1954.

La 4 LANGE, G., G. HERRMANN u. F. STRASSMANN: Die Darstellung von Strontium 90-freiem Yttrium 90 durch Elektrolyse. J. Inorg. Nuclear Chem. **4**, 146 (1957).

La 5 LANGHAM, W. H.: Applications of liquid scintillation counting to biology and medicine, in BELL u. HAYES (*Be* 7), p. 135.

La 6 — W. J. EVERSOLE, F. N. HAYES and T. T. TRUJILLO: Assay of tritium activity in body fluids with the use of a liquid scintillation system. J. Lab. clin. Med. **47**, 819 (1956).

La 7 LANZ, H., P. C. WALLACE and J. G. HAMILTON: The metabolism of arsenic in laboratory animals using ^{74}As as a tracer. Univ. Calif. Publ. Pharmacol. **2**, 253 (1950).

La 8 LARSON, P. S., and E. S. HARLOW: Some current applications of carbon 14 to animal and human physiological research: Studies with tobacco and its constituents. Proc. 1st Intern. Conf. Radioisitopes in Scient. Res., Paris 1957, Vol. **3**, 62. London, New York, Paris, Los Angeles: Pergamon Press 1958.

La 9   LARSON, F. C., A. R. MAASS, C. V. ROBINSON and E. S. GORDON: Self-absorption of ^{35}S-radiation in bariumsulfate. Analyt. Chem. 21, 1206 (1949).
La 10 LASSEN, N. A., and O. MUNCK: The cerebral blood flow in man determined by the use of radioactive krypton. Acta physiol. scand. 33, 30 (1955).
La 11 LAURENT, H., et P. SIMONNIN: Préparation de ^{76}As par effet Szilard à partir d'acide cacodylique. J. Phys. Radium (Paris) 14, 294 (1953).
La 12 LAWSON, K. L., and M. KAHN: Adsorption and solvent extraction procedures for the separation of carrier-free indium from cadmium. J. Inorg. Nuclear Chem. 5, 87 (1957).
Le 1   LEDERER, E., and M. LEDERER: Chromatography. A review of principles and applications. Amsterdam, London, New York, Princeton: Elsevier 1957.
Le 2   LEDERER, M.: Paperchromatography of inorganic ions. V. The preparation of carrier-free isotopes by paper chromatography. Analyt. Chim. Acta 8, 134 (1953).
Le 3   — Paperchromatography of inorganic ions. IX. A note on the preparation of carrier-free ^{131}Cs. Analyt. Chim. Acta 11, 528 (1954).
Le 4   LEFFINGWELL, T. P., G. S. MELVILLE and R. W. RIESS: A semimicrotechnique for iron 59 beta determinations in biologic material. J. Lab. clin. Med. 53, 622 (1959).
Le 5   LeRoy, G. V., G. T. OKITA, E. C. TOCUS and D. CHARLESTON: Continuous measurement of specific activity of $^{14}CO_2$ in expired air. Int. J. appl. Radiat. 7, 273 (1960).
Li 1   LIBBY, R. L., and K. HAND: Differentiation of ^{59}Fe and ^{51}Cr in mixtures. J. Lab. clin. Med. 48, 289 (1956).
Li 2   LIBBY, W. F.: Reaction of high-energy atoms produced by slow neutron capture. J. Amer. chem. Soc. 62, 1930 (1940).
Li 3   — Radiocarbon dating. Chicago: Univ. of Chicago Press 1955.
Li 4   LINDENBAUM, A., J. SCHUBERT and W. D. ARMSTRONG: Rapid wet combustion method for carbon determination. Analyt. Chem. 20, 1120 (1948).
Li 5   LINDNER, M. (ed.): Radiochemical procedures in use at the University of California Radiation Laboratory (Livermore), UCRL-4377 (1954).
Li 6   LINSKENS, H. F.: Meß-Einrichtung für Radio-Chromatogramme und -pherogramme. J. Chromatogr. 1, 471 (1958).
Li 7   LISSITSKY, S., et R. MICHEL: Journée de la chromatographie sur papier. Substances organiques marquées par les radioisotopes. Bull. Soc. chim. Fr. 1952, 891.
Li 8   LITTLE, E. C. S.: A method for determining carbon-14 by combustion using calcium carbonate. Nature (Lond.) 184, 900 (1959).
Lo 1   LOCKSLEY, H. B., H. POWSNER and W. H. SWEET: A tissue-to-metal adhesive useful in Geiger counting. Science 116, 572 (1952).
Lo 2   LOEVINGER, R., and S. FEITELBERG: Simplified beta counting. Nucleonics 13, No. 4, 42 (1955).
Lo 3   LOOSE, R. D. E.: Étude comparative de quelques méthodes pour la détermination des isotopes ^{32}P, ^{45}Ca et ^{35}S dans les tissus végétaux. Chim. et Ind. (Paris) 76, 1291 (1956).
Lo 4   LOUGH, S. A., and G. J. HERTSCH: Estimating ^{59}Fe-^{51}Cr-mixtures. Nucleonics 13, No. 7, 66 (1955).
Lo 5   LOWE, A. E., and D. MOORE: Scintillation counter for measuring radioactivity of vapours. Nature (Lond.) 182, 133 (1958).
Lo 6   LOWENSTEIN, J. M., and P. P. COHEN: A windowless flow counter for paper strips. Nucleonics 14, No. 5, 98 (1956).
Lu 1   LUCAS, H. F.: Improved low-level alpha-scintillation counter for radon. Rev. sci. Instrum. 28, 680 (1957).
Lu 2   LUTWAK, L.: Estimation of radioactive calcium-45 by liquid scintillation counting. Analyt. Chem. 31, 340 (1959).
Ma 1   MAASS, A. R., F. C. LARSON and E. S. GORDON: The distribution in normal tissues of radioactive sulfur fed as labeled methionine. J. biol. Chem. 177, 209 (1949).
Ma 2   MACGREGOR, M. H.: Isotope production with an electron linear accelerator. Proc. 2nd Intern. Conf. Peaceful Uses Atomic Energy, Genf 1958, Vol. 20, 10. Genf: United Nations 1958.
Ma 3   MacINTYRE, W. J., and J. H. CHRISTIE: A well scintillation counter for improved volume efficiency. J. Lab. clin. Med. 50, 653 (1957).
Ma 4   MACKENZIE, A. J., and L. A. DEAN: Procedure for measurement of ^{31}P and ^{32}P in plant material. Analyt. Chem. 20, 559 (1948).
Ma 5   — — Measurement of ^{32}P in plant material by the use of briquets. Analyt. Chem. 22, 489 (1950).
Ma 6   MADDOCK, A. G., and N. SUTIN: The chemical effects of radiative thermal neutron capture. III. Triphenylarsine and triphenylstibine. Trans. Faraday Soc. 51, 184 (1955).
Ma 7   MAI, K. L., and A. L. BABB: Scintillation counter for vapor-phase analysis. Nucleonics 13, No. 2, 52 (1955).

Ma 8 MAIER-LEIBNITZ, H.: Herstellung und Messung künstlich radioaktiver Phosphor-präparate für chemische Untersuchungen. Angew. Chem. **51**, 545 (1938).

Ma 9 MALETSKOS, C. J., E. W. BACKOFEN and J. W. IRVINE: Preparation of ^{65}Zn of high specific activity from copper bombarded with 16 MeV deuterons. J. Chem. Phys. **19**, 796 (1951).

Ma 10 — and J. W. IRVINE: Quantitative electrodeposition of radiocobalt, zinc, and iron. Nucleonics **14**, No. 4, 84 (1956).

Ma 11 MARTIN, J. A., R. S. LIVINGSTON, R. L. MURRAY and M. RANKIN: Radioisotope production rates in a 22 MeV cyclotron. Nucleonics **13**, No. 3, 28 (1955).

Ma 12 MARRIOTT, J. E.: The determination of iodine-131 in urine. Analyst **84**, 33 (1959).

Ma 13 MASON, L. H., H. J. DUTTON and L. R. BAIR: Ionization chamber for high-temperature gas-chromatography. J. Chromatogr. **2**, 322 (1959).

Ma 14 MASON, M. G.: Recommended bio assay procedures for uranium, in J. B. HURSH (ed.): Chemical methods for routine bioassay, p. 59, AECU-4024 (1958).

Ma 15 MAXWELL, E., R. FRYXELL and W. H. LANGHAM: Determination of plutonium in human feces. J. biol. Chem. **172**, 185 (1948).

Ma 16 MAXWELL, R. D., J. D. GILE, W. M. GARRISON and J. G. HAMILTON: Carrier-free radio-isotopes from cyclotron targets. IV. Preparation and isolation of ^{54}Mn and $^{56,57,58}Co$. J. Chem. Phys. **17**, 1340 (1949).

Ma 17 — H. R. HAYMOND, D. R. BROMBERGER, W. M. GARRISON and J. G. HAMILTON: Carrier-free radioisotopes from cyclotron targets: I. Preparation and isolation of ^{113}Sn and ^{114}In from cadmium. J. Chem. Phys. **17**, 1005 (1949).

Ma 18 — — W. M. GARRISON and J. G. HAMILTON: Carrier-free radioisotopes from cyclotron targets: II. Preparation and isolation of ^{109}Cd from silver. J. Chem. Phys. **17**, 1006 (1949).

Ma 19 — — — Carrier-free radioisotopes from cyclotron targets: III. Preparation and isolation of $^{122,124}Sb$ from tin. J. Chem. Phys. **17**, 1340 (1949).

Ma 20 MAYNARD, L. S., and G. C. COTZIAS: The partition of manganese among organs and intracellular organelles of the rat. J. biol. Chem. **214**, 489 (1955).

Ma 21 MAYNEORD, W. V., J. M. RADLEY and R. C. TURNER: The alpha-ray activity of humans and their environment. Proc. 2nd Intern. Conf. Peaceful Uses Atomic Energy, Genf 1958, Vol. **23**, 150. Genf: United Nations 1958.

Mc 1 MCCALLUM, K. J., and A. G. MADDOCK: The chemical effects of radiative neutron capture. I. Permanganates. Trans. Faraday Soc. **49**, 1150 (1953).

Mc 2 MCCLELLAND, J.: Analytical procedures of the industrial hygiene group, LA-1858 (1958).

Mc 3 MCCONNELL, K. P.: Distribution and excretion studies in the rat after a single subtoxic subcutaneous injection of sodium selenate containing radioselenium. J. biol. Chem. **141**, 427 (1941).

Mc 4 MCCREADY, C. C.: A direct-plating method for the precise assay of carbon-14 in small liquid samples. Nature (Lond.) **181**, 1406 (1958).

Mc 5 MCDANIEL, E. W., H. J. SCHAEFER and J. K. COLEHOUR: Dual proportional counter for low-level measurement of alpha activity of biological material. Rev. sci. Instrum. **27**, 864 (1956).

Mc 6 MCKAY, H. A. C.: The Szilard-Chalmers process. Prog. Nuclear. Phys. **1**, 168 (1950).

Me 1 MEALEY, J.: Turnover of carrier-free zirconium-89 in man. Nature (Lond.) **179**, 673 (1957).

Me 2 MEINKE, W. W. (ed.): Chemical procedures used in bombardment work at Berkeley, AECD-2738, 3084 (1950/1951).

Me 3 MEINKE, W. W.: Nucleonics. Analyt. Chem. **28**, 736 (1956); **30**, 686 (1958); **32**, 104 R (1960).

Me 4 — and D. N. SUNDERMAN: Isotope exchange permits large silver-111 beta-ray sources. Nucleonics **13**, No. 12, 58 (1955).

Me 5 MELANDER, L.: On the determination of radioactive hydrogen. Acta chem. scand. **2**, 440 (1948).

Me 6 MELCHIOR, J. B., and A. H. GOLDKAMP: Quantitative determination of ^{35}S-labeled compounds in complex mixtures. Analyt. Chem. **26**, 233 (1954).

Me 7 MELLISH, C. E., and G. W. CROCKFORD: Production of ^{28}Mg in the pile and cyclotron at Harwell. Int. J. appl. Radiat. **1**, 299 (1957).

Me 8 — and J. A. PAYNE: Production of carrier-free cobalt 58 by pile irradiation of nickel. Nature (Lond.) **178**, 275 (1956).

Me 9 — — The production and separation at AERE Harwell of ^{7}Be, ^{52}Mn, ^{148}Pm, ^{48}V, ^{85}Sr, ^{199}Au, ^{111}Ag, ^{233}Pa, AERE-I/M-53 (1959).

Me 10 — — and R. L. OTLET: The production of threshold reactions in a graphite reactor. Proc. 1st Intern. Conf. Radioisotopes in Scient. Res., Paris 1957, Vol. **1**, 35. London, New York, Paris, Los Angeles: Pergamon Press 1958.

Me 11 MERRITT, W. F.: System for counting tritium as water vapor. Analyt. Chem. 30, 1745 (1958).

Me 12 — and R. C. HAWKINS: The absolute assay of sulfur-35 by internal gas counting. Analyt. Chem. 32, 308 (1960).

Me 13 MEUNIER, P., M. BONPAS et J. P. LEGRAND: Compteurs de Geiger à comptage interne contenant de la vapeur d'eau tritiée. J. Phys. Radium (Paris) 16, 148 (1955).

Me 14 MEYER, H. E.: Polonium determination in urine, feces and blood. Proc. 2nd Annu. Meeting on Bio-assay and Analyt. Chem., Fernald, Ohio, 1955, p. 7. WASH-736 (1956).

Mi 1 MICHAILOWICZ, A., et M. LEDERER: Sur la présence de Co et Mn dans ^{55}Fe provenant de la pile. J. Phys. Radium (Paris) 13, 669 (1952).

Mi 2 MICHEL, W. S., G. L. BROWNELL and J. MEALEY: Designing sensitive plastic-well counters for beta rays. Nucleonics 14, No. 11, 96 (1956).

Mi 3 MIDDLETON, G., and R. E. STUCKEY: The preparation of biological material for the determination of trace metals. I. A critical review of existing procedures. Analyst 78, 532 (1953).

Mi 4 MIGEON, C. J., A. S. SANDBERG, H. A. DECKER, D. F. SMITH, A. C. PAULS and L. T. SAMUELS: Metabolism of 4-^{14}C-cortisol in man: Body distribution and rates of conjugation. J. clin. Endocrin. 16, 1137 (1956).

Mi 5 MILLER, D. G., and M. B. LEBOEUF: Effect of high beta backgrounds on precision alpha counting. Nucleonics 11, No. 4, 28 (1953).

Mi 6 MILLIGAN, M. F.: Recommended bio-assay procedures for plutonium, in J. B. HURSH (ed.): Chemical methods for routine bioassay, p. 1, AECU-4024 (1958).

Mi 7 MINTO, W. L.: General methods used in polonium digestion and excretion experiments. 4. Digestion of tissues and excreta, in FINK (*Fi 1*), p. 15.

Mi 8 MIRANDA, H. A., and H. SCHIMMEL: New liquid scintilland. Rev. sci. Instrum. 30, 1128 (1959).

Mi 9 MITCHELL, M. L., and L. A. SARKES: Detection of ^{35}S and ^{45}Ca with a plastic scintillator. Nucleonics 14, No. 9, 124 (1956).

Mi 10 MITCHELL, T. G., R. P. SPENCER and E. R. KING: The use of radioisotopes in diagnostic hematologic procedures. III. Simultaneous ^{51}Cr and ^{59}Fe studies. Amer. J. clin. Pathol. 28, 461 (1957).

Mi 11 MITCHELL, R. F.: Electrodeposition of actinide elements at tracer concentrations. Analyt. Chem. 32, 326 (1960).

Mi 12 — and D. S. MARTIN: Szilard-Chalmers process for osmium from hexachloroosmate (IV) targets. J. Inorg. Nuclear Chem. 2, 286 (1956).

Mo 1 MOORE, F. D., L. H. TOBIEN and J. C. AUB: Studies with radioactive di-azo dyes. III. The distribution of radioactive dyes in tumorbearing mice. J. clin. Invest. 22, 161 (1943).

Mo 2 MOORE, F. L., and S. A. REYNOLDS: Determination of ^{233}Pa. Analyt. Chem. 29, 1596 (1957).

Mo 3 — and G. W. SMITH: Electrodeposition of plutonium. Nucleonics 13, No. 4, 66 (1955).

Mo 4 MORRISON, F. O., and W. F. OLIVER: The distribution of radioactive arsenic in the organs of poisoned insect larvae. Canad. J. Res. D 27, 265 (1949).

Mo 5 MORRISON, G. H., and H. FREISER: Solvent extraction in analytical chemistry. New York: Wiley 1957.

Mo 6 MOUGIN, P., et Y. KOECHLIN: Fabrication des scintillateurs α insensibles à la lumière ambiante. J. Phys. Radium (Paris) 17, 135 A (1956).

Mo 7 MOUSSEBOIS, C., et G. DUYCKAERTS: Note sur la radiochromatographie gazeuse. J. Chromatogr. 1, 200 (1958).

Mr 1 MRAZ, F. R., and H. PATRICK: Factors influencing excretory patterns of cesium 134, potassium 42 and rubidium 86 in rats. Proc. Soc. exp. Biol. (N. Y.) 94, 409 (1957).

Mu 1 MÜLLER, H., u. E. BRODA: Der Szilard-Chalmers-Effekt an Sauerstoffsäuren des Arsens. Mh. Chem. 82, 48 (1951).

Mu 2 MÜLLER, R. H., and E. N. WISE: Use of beta-ray dosimetry in paper chromatography. Analyt. Chem. 23, 207 (1951).

Mu 3 MUNRO, D. S., H. RENSCHLER and G. M. WILSON: The assay of mixtures of sodium-24 and potassium-42 in clinical tracer studies with particular reference to the measurement of exchangeable sodium and potassium. Phys. in Med. Biol. 2, 239 (1958).

Mu 4 MURIN, A. N., W. D. NEFEDOW u. I. A. JUTLANDOW: Die Erzeugung und Abtrennung trägerfreier radioaktiver Isotope. Uspechi Chimii 24, 527 (1955), russ., engl. Übersetzung AERE-Lib/Trans 722 (1956).

Mu 5 — — W. I. BARANOWSKI u. D. K. POPOW: Chemische Wirkungen der (γ, n)-Reaktion. Uspechi Chimii 26, 164 (1957), russ., franz. Übers. CEA-tr-r-315 (1960).

My 1 MYERS, H. M., J. G. HAMILTON and H. BECKS: A tracer study of the transfer of ^{18}F to teeth by topical application. J. dent. Res. 31, 743 (1952).

Na 1   NADER, J. S., G. R. HAGEE and L. R. STETTER: Evaluating the performance of the internal counter. Nucleonics **12**, No. 6, 29 (1954).

Na 2   NAIRN, J. S., and D. A. COLLINS: The recovery of neptunium-237. Progr. Nucl. Energy, Ser. III: Process Chemistry, Vol. **2**, 518. London, New York, Paris, Los Angeles: Pergamon Press 1958.

Na 3   NATH, A., J. SHANKAR and B. SRIVASTA: Study of the possibility of preparation of high specific activity cobalt-60 through the Szilard-Chalmers reaction. Proc. 2nd Intern. Conf. Peaceful Uses Atomic. Energy, Genf 1958, Vol. **20**, 58. Genf: United Nations 1958.

Na 4   NATHAN, D. G., J. D. DAVIDSON, J. G. WAGGONER and N. I. BERLIN: The counting of barium carbonate in a liquid scintillation spectrometer. J. Lab. clin. Med. **52**, 915 (1958).

Na 5   NAY, U., H. J. EICHHOFF, G. HERRMANN u. H. O. WIRTH: Substituierte p-Oligophenylene als Solute für flüssige Szintillatoren. Z. Elektrochem., im Druck (1960).

Ne 1   NEFEDOW, W. D., u. L. N. EWTICHEEW: Anreicherung von Radioisotopen des Antimons durch Rückstoß mit Hilfe von Triphenylfluorantimon. Zhur. Fiz. Khim. **30**, 2090 (1956), in russ., franzö s. Übers. CEA-tr-r 655.

Ne 2   — E. N. SINOTOWA u. W. I. KATSAPOW: Anreicherung der radioaktiven Isotope des Quecksilbers. Zhur. Fiz. Khim. **30**, 1867 (1956), in russ., franzö s. Übers. CEA-tr-r 669.

Ne 3   NELSON, C. D., and G. KROTKOV: Specific activities of carbon counted in a methane flow proportional counter either as organic carbon or as barium carbonate. Arch. Biochem. **59**, 294 (1955).

Ne 4   NELSON, F., and K. A. KRAUS: Anion exchange studies. XI. Lead (II) and bismuth (III) in chloride and nitrate solutions. J. Amer. chem. Soc. **76**, 5916 (1954).

Ne 5   — R. M. RUSH and K. A. KRAUS: Anion exchange studies. XXVII. Adsorbability of a number of elements in HCl-HF solutions. J. Amer. chem. Soc. **82**, 339 (1960).

Ne 6   NERVIK, W. E.: An improved method for operating ion-exchange resin columns in separating the rare-earth elements. J. Phys. Chem. **59**, 690 (1955).

Ne 7   NESMEJANOW, A. N., L. A. SASONOW u. I. S. SASONOWA: Der chemische Zustand der bei Kernumwandlungen entstehenden Atome. Uspechi Chimii **22**, 133 (1953), in russ., deutsche Übers. Sowjetwiss. **6**, 347 (1953).

Ne 8   NESS, A. T., F. J. BRADY, D. B. COWIE and A. H. LAWTON: Anomalous distribution of antimony in white rats following the administration of tartar emetic. J. Pharmacol. exp. Ther. **90**, 174 (1947).

Ne 9   NEVILLE, O. K.: ^{14}C tracer studies in the rearrangements of unsymmetrical α-diketones: Phenylglyoxal to mandelic acid. J. Amer. chem. Soc. **70**, 3499 (1948).

Ni 1   NIELSON, J. M.: Recommended procedures for tritium, in J. B. HURSH (ed.): Chemical methods for routine bioassay, p. 38. AECU-4024 (1958).

Ni 2   NIEUWENBURG, C. J. VAN, and L. A. HEGGE: On the absorption of carbon dioxide by baryta in an organic solvent. Analyt. Chim. Acta **5**, 68 (1951).

No 1   NORRIS, L. D., and A. H. SNELL: Production of ^{14}C in a nuclear reactor. Nucleonics **5**, No. 3, 18 (1949).

No 2   NORRIS, T. H.: A gas-sample counting method for soft β-emitters. J. Amer chem. Soc. **74**, 2396 (1952).

No 3   NORRIS, W. P., and B. J. LAWRENCE: Determination of calcium in biological material. A combined method for semimicrodetermination of ^{40}Ca and radioassay of ^{45}Ca. Analyt. Chem. **25**, 956 (1953).

Od 1   ODEBLAD, E., L. MEURMAN and D. ZILIOTTO: On the analysis of ^{60}Co-^{59}Fe-mixtures by a coincidence technique. Acta radiol. **44**, 336 (1955).

Oe 1   ÖBRINK, K. J., and H. R. ULFENDAHL: Gamma spectrometry for analysis of mixtures of radioisotopes in biological and medical research. Int. J. appl. Radiat. **5**, 99 (1959).

Ok 1   OKITA, G. T., J. J. KABARA, F. RICHARDSON and G. V. LEROY: Assaying compounds containing ^{3}H and ^{14}C. Nucleonics **15**, No. 6, 111 (1957).

Ok 2   — J. SPRATT and G. V. LEROY: Liquid scintillation counting for assay of tritium in urine. Nucleonics **14**, No. 3, 76 (1956).

Ol 1   OLSSON, I.: A ^{14}C dating station using the CO_2 proportional counting method. Ark. Fysik **13**, 37 (1958).

Op 1   OPPERMANN, R. A., R. F. NYSTROM, W. O. NELSON and R. E. BROWN: Use of tertiary alkyl primary C_{12}-C_{14} amines for the assay of $^{14}CO_2$ by liquid scintillation counting. Int. J. appl. Radiat. **7**, 38 (1959).

Or 1   ORVIS, A. L., and A. ALBERT: Gamma counting of radiosodium and radiopotassium in the bioassay of aldosteron and related steroids. Endocrinology **56**, 218 (1955).

Os 1   OSINSKI, P. A.: Detection and determination of tritium labelled compounds on paper chromatograms. Int. J. appl. Radiat. **7**, 306 (1960).

Ot 1   OTT, D. G.: Chemistry of the counting samples: Scintillation solutes, in BELL u. HAYES (*Be 7*), p. 101.

Ot 2   OTT, D. G., F. N. HAYES, J. E. HAMMEL and J. F. KEPHART: Argon treatment of liquid
       scintillators to eliminate oxygen quenching. Nucleonics 13, No. 5, 62 (1955).
Ot 3   — — E. HANBURY and V. N. KERR: Liquid scintillators. V. Absorption and fluorescence
       spectra of 2,5-diaryl-oxazoles and related compounds. J. Amer. chem. Soc. 79, 5448
       (1957).
Ot 4   — C. R. RICHMOND, T. T. TRUJILLO and H. FOREMAN: Cab-O-Sil suspensions for
       liquid scintillation counting. Nucleonics 17, No. 9, 106 (1959).
Ot 5   OTTAR, B.: Szilard and Chalmers effect by irradiation of hexavalent chromium in an
       atomic pile. Nature (Lond.) 172, 362 (1953).
Ov 1   OVERSTREET, R., L. JACOBSEN, K. SCOTT and J. G. HAMILTON: Preparation of carrier-
       free strontium tracer from deuteron bombarded rubidium, in CORYELL u. SUGARMAN
       (Co 17), p. 1489.
Pa 1   PACE, N., L. KLINE, H. K. SCHACHMAN and M. HARFENIST: Studies on body composi-
       tion. IV. Use of radioactive hydrogen for measurement in vivo of total body water.
       J. biol. Chem. 168, 459 (1947).
Pa 2   PACKARD, L. E.: Instrumentation for internal liquid scintillation counting, in BELL u.
       HAYES (Be 7), p. 50.
Pa 3   PAOLETTI, P., u. R. PAOLETTI: Eine einfache Methode zur Gewinnung von Ba^{14}CO$_3$-
       Proben durch Zentrifugieren. Atompraxis 3, 222 (1957).
Pa 4   PARROTT, M. W., W. M. GARRISON, P. W. DURBIN, M. JOHNSTON, H. S. POWELL and
       J. G. HAMILTON: The production and isolation of astatine 211 for biological studies,
       UCRL-3065 (1955).
Pa 5   PASSMANN, J. M., N. S. RADIN and J. A. D. COOPER: Liquid scintillation technique
       for measuring carbon-14-dioxide activity. Analyt. Chem. 28, 486 (1956).
Pa 6   PAULY, J., et P. SUE: Application du recul nucléaire à la préparation d'isotopes
       radioactifs sous entraineur. J. Phys. Radium (Paris) 18, 22 (1957).
Pa 7   PAYNE, B. R., P. SCARGILL and G. B. COOK: The Szilard Calmers reaction in metal
       phthalocyanines irradiated in a nuclear reactor. Proc. 1st Intern. Conf. Radioisotopes
       in Scient. Res., Paris 1957; Vol. 2, 154. London, New York, Paris, Los Angeles:
       Pergamon Press 1958.
Pa 8   PAYNE, P. R., J. G. CAMPBELL and D. F. WHITE: The combustion of tritium-labeled
       organic compounds. Biochem. J. 50, 500 (1952).
Pa 9   PAYNE, P. R., and J. DONE: Assay of tritium-labeled substances: A "combustion-
       bomb" method for preparation of gas for counting. Nature (Lond.) 174, 27 (1954).
Pa 10 — — The routine assay of tritium in water and labelled substances in the range
       20 — 10^4 μμc. Phys. in Med. Biol. 3, 16 (1958).
Pe 1   PEACOCK, W. C., R. D. EVANS, J. W. IRVINE, W. M. GOOD, A. F. KIP, S. WEISS and
       J. G. GIBSON: The use of two radioactive isotopes of iron in tracer studies of erythro-
       cytes. J. clin. Invest. 25, 605 (1946).
Pe 2   PEARCE, E. M., F. DEVENUTO, W. M. FITCH, H. E. FIRSCHEIN and U. WESTPHAL:
       Rapid determination of radiocarbon in animal tissues. Analyt. Chem. 28, 1762 (1956).
Pe 3   PENG, C. T.: Liquid scintillation counting of some sulfur-35 labeled organic compounds,
       in BELL u. HAYES (Be 7), p. 198.
Pe 4   PEPPARD, D. F., G. W. MASON and S. W. MOLINE: The use of dioctylphosphoric acid
       extraction in the isolation of carrier-free ^{90}Y, ^{140}La, ^{144}Ce, ^{143}Pr and ^{144}Pr. J. Inorg.
       Nuclear Chem. 5, 141 (1957).
Pe 5   PEREY, M.: Le francium: Élément 87. Bull. Soc. chim. Fr. 1951, 779.
Pe 6   — et J. P. ADLOFF: Séparation chromatographique du francium. C. R. Acad. Sci.
       Paris. 236, 1163 (1953).
Pe 7   — — Séparation actinium-actinium K (^{223}Fr) par chromatographie sur papier. C. R.
       Acad. Sci. Paris. 239, 1389 (1954)
Pe 8   PERKINS, R. W.: Filtration-precipitation separation of barium-140 from lanthanum-
       140. Analyt. Chem. 29, 152 (1957).
Pe 9   PERKINSON, J. D., and H. D. BRUNER: Preparation of tissues for iodine-131 counting.
       Nucleonics 10, No. 11, 66 (1952).
Pe 10 PERLMAN, I., I. L. CHAIKOFF and M. E. MORTON: Radioactive iodine as an indicator of
       the metabolism of iodine. I. The turnover of iodine in the tissues of the normal animal,
       with particular reference to the thyroid. J. biol. Chem. 139, 433 (1941).
Pe 11 PETERS, J. H., and H. R. GUTMAN: Micromethod for measurement of carbon-14-
       labeled material. Analyt. Chem. 25, 987 (1953).
Pe 12 PETERSON, R. E.: Separation of radioactive iron from biological material. Analyt.
       Chem. 24, 1850 (1952).
Pf 1   PFAFF, W.: Eine Methode zur Messung geringer Kohlenstoff-Aktivitäten. Angew. Chem.
       66, 107 (1954).

Pf 2 Pfau, A., u. H. C. Heinrich: Eine kombinierte Ringbecher-Bohrloch-Szintillations-detektor-Meßanordnung zur schnellen Bestimmung sehr geringer spezifischer Aktivitäten Gamma-Quanten emittierender Radionukleide. Atompraxis **5**, 14, 100, 160 (1959).

Pi 1 Piez, K. A., and H. Eagle: ^{14}C isotope effect on the ion-exchange chromatography of amino acids. J. Amer. chem. Soc. **78**, 5284 (1956).

Pi 2 Pijck, J., J. Hoste and J. Gillis: Trace element losses during mineralization of organic material — a radiochemical investigation. Proc. Intern. Sympos. Microchemistry, Birmingham 1958, p. 48. Oxford, London, New York, Paris: Pergamon Press 1960.

Pi 3 Pinajan, J. J., and J. M. Gross: Use of sintered-glass disk in preparation of radioactive precipitates. Analyt. Chem. **23**, 1056 (1951).

Pi 4 Pinson, E. A., and W. H. Langham: Physiology and toxicology of tritium in man. J. appl. Physiol. **10**, 108 (1957).

Po 1 Poddar, R. K.: Quantitative measurement of ^{35}S in biological samples. Nucleonics **15**, No. 1, 82 (1957).

Po 2 Popjak, G.: Preparation of solid samples for assay of ^{14}C. Biochem. J. **46**, 560 (1950).

Pr 1 Preiss, I. L., R. W. Fink, and B. L. Robinson: The beta spectrum of carrier-free ^{63}Ni. J. Inorg. Nuclear Chem. **4**, 233 (1957).

Pr 2 Pringle, R. W., L. D. Black, B. L. Funt and S. Sobering: A new quenching effect in liquid scintillators. Physic. Rev. **92**, 1582 (1952).

Pr 3 — W. Turchinetz and B. L. Funt: Liquid scintillation techniques for radiocarbon dating. Rev. sci. Instrum. **26**, 859 (1955).

Pu 1 Purves, H. D.: Recovery of radioactive iodine from urine. Nature (Lond.) **169**, 111 (1952).

Ra 1 Raaen, V. F., and G. A. Ropp: Precision obtained with vibrating reed electrometer in radioassaying meta- and para-substituted benzoic-alpha-carbon-14 acids. Analyt. Chem. **25**, 174 (1953).

Ra 2 Raben, M. S., and N. Bloembergen: Determination of radioactivity by solution in a liquid scintillator. Science **114**, 363 (1951).

Ra 3 Rabinowitz, J. L.: Apparatus for wet oxidation of organic samples and carbon dioxide trapping for subsequent radioactive assay. Analyt. Chem. **29**, 982 (1957).

Ra 4 Radhakrishna, P.: Quelques séparations des radioéléments par l'échange ionique. J. chim. Phys. **51**, 354 (1954).

Ra 5 Radin, N. S.: Methods of counting acids and other substances by liquid scintillation counting, in Bell u. Hayes (*Be 7*), p. 108.

Ra 6 — and R. Fried: Liquid scintillation counting of radioactive sulfuric acid and other substances. Analyt. Chem. **30**, 1926 (1958).

Ra 7 Rall, J. E., H. W. Johnson, M. H. Power and A. Albert: The determination of radioactive iodine in biological material. Proc. Soc. exp. Biol. (N. Y.) **75**, 390 (1950).

Ra 8 Rapkin, E.: The determination of radioactivity in aqueous solutions. Techn. Bull. Packard Instrum. Co. (1960).

Re 1 Rediske, J. H., R. F. Palmer and J. F. Cline: Assay of iron-55 and iron-59 in biological samples. Analyt. Chem. **27**, 849 (1955).

Re 2 Reed, C. W.: An end-window alpha scintillation counter for low countig rates. Nucleonics **7**, No. 6, 56 (1950).

Re 3 Reed, G. W., and R. E. Rossall: Radioactive tracer investigations of the adsorption of serum albumin on glass surface. Proc. 1st Intern. Conf. Radioisotopes in Scient. Res., Paris 1957, Vol. 2, 502. London, New York, Paris, Los Angeles: Pergamon Press 1958.

Re 4 Reeve, E. B., and J. J. Franks: Errors in plasma volume measurements from adsorption losses of albumine-^{131}I. Proc. Soc. exp. Biol. (N. Y.) **93**, 299 (1956).

Re 5 Regier, R. B.: Preparation of barium carbonate for assay of radioactive carbon 14. Analyt. Chem. **21**, 1020 (1949).

Re 6 — Radiometric determination of ^{85}Kr. Analyt. Chem. **31**, 54 (1959).

Re 7 Reid, A. F., G. B. Forbes, J. Bondurant and J. Etheridge: Estimation of total chloride in man by radiobromide dilution. J. Lab. clin. Med. **48**, 63 (1956).

Re 8 — and M. C. Robbins: Colloidal graphite in the preparation of samples for gas-flow counting. Science **116**, 148 (1952).

Re 9 Reinharz, M., G. Rohringer u. E. Broda: Empfindlichkeitsvergleich verschiedener Meßverfahren für Radiokohlenstoff. Acta phys. Austriaca **8**, 285 (1954).

Re 10 Rezanovich, A.: Solid sources for measuring radioactivity of ^{35}S. Int. J. appl. Radiat. **3**, 251 (1958).

Ri 1 Rieck, H. G., I. T. Myers and R. F. Palmer: A tritiated water standard. Radiat. Res. **4**, 451 (1956).

Ri 2 Riedel, O.: Statistical purity in nuclear counting. Nucleonics **12**, No. 6, 64 (1954).

Ri 3 Rieder, W., E. Broda u. J. Erber: Die Dissoziation von Permanganation durch lokale Energiezufuhr. Mh. Chem. **81**, 657 (1950).

Ri 4   RIESZ, P., and K. WILZBACH: Labeling of some C_6 hydrocarbons by exposure to tritium. J. Phys. Chem. **62**, 6 (1958).

Ri 5   RIGHTMIRE, R. A., T. P. KOHMAN and A. J. ALLEN: Production of carrier-free aluminum-26 and sodium-22. Int. J. appl. Radiat. **2**, 274 (1957).

Ro 1   ROBERTS, H. R., and F. J. CARLETON: Determination of specific activity of carbon-14 labeled sugars on paper chromatograms using an automatic scanning device. Analyt. Chem. **28**, 11 (1956).

Ro 2   ROBINSON, C. V.: A methane proportional counting method for the assay of tritium. Rev. sci. Instrum. **22**, 353 (1951).

Ro 3   — Improved methane proportional counting method for tritium assay. Nucleonics **13**, No. 11, 90 (1955).

Ro 4   — Gas counting of tritium. Proc. Symposium on Tritium in Tracer Applications, New York 1957. Vgl. Nucleonics **16**, No. 3, 62 (1958).

Ro 5   — W. L. ARONS and A. K. SOLOMON: An improved method for simultaneous determination of exchangeable body sodium and potassium. J. clin. Invest. **34**, 134 (1955).

Ro 6   ROBINSON, J. D., and M. KAHN: A preparation of carrier-free ^{125}Sb from neutron irradiated stannous chloride. J. Amer. chem. Soc. **75**, 2004 (1953).

Ro 7   ROCHLIN, R. S.: Fission-neutron cross sections for threshold reactions. Nucleonics **17**, No. 1, 54 (1958).

Ro 8   ROCKLAND, L. B., J. LLEBERMAN and M. S. DUNN: Automatic determination of radioactivity on filter paper chromatograms. Analyt. Chem. **24**, 778 (1952).

Ro 9   ROHRINGER, G., u. E. BRODA: Einfache höchstempfindliche Messung von Radiokohlenstoff. Z. Naturforsch. **8b**, 159 (1953).

Ro 10 — L. SVERAK, E. BRODA u. K. LIEBSCHER: Anwendung des Antikoinzidenzprinzipes auf die Radiokohlenstoffbestimmung in der Biochemie. Mh. Chem. **86**, 117 (1955).

Ro 11 RONZIO, A. R.: Metal loaded scintillator solutions. Int. J. appl. Radiat. **4**, 196 (1959).

Ro 12 ROSENTHAL, D. J., and H. O. ANGER: Liquid scintillation counting of tritium and ^{14}C labeled compounds. Rev. sci. Instrum. **25**, 670 (1954).

Ro 13 ROSHOLT, J. N.: Quantitative radiochemical methods for determination of the sources of natural radioactivity. Analyt. Chem. **29**, 1398 (1957).

Ro 14 ROTBLAT, J., and G. WARD: Analysis of the radioactive content of tissues by α-track autoradiographie. Phys. in Med. Biol. **1**, 57 (1956).

Ro 15 ROTHBÜR, L., and F. SCOTT: A study of the uptake of silicon by wheat plants with radiochemical methods. Biochem. J. **65**, 241 (1957).

Ro 16 ROUCAYROL, J. C., E. OBERHAUSEN et R. SCHULER: Emploi de scintillateurs liquides pour la mesure des activités béta molles sur papier filtre avec une bonne sensibilité. Proc. 1st Intern. Conf. Radioisotopes in Scient. Res., Paris 1957, Vol. **1**, 648. London, New York, Paris, Los Angeles: Pergamon Press 1958.

Ro 17 — E. OBERHAUSER and R. SCHUSSLER: Liquid scintillators in filter paper — a new detector. Nucleonics **15**, No. 11, 104 (1957).

Ro 18 ROUSER, G., and P. F. HAHN: Separation of the radioisotopes of silver and palladium. J. Amer. chem. Soc. **74**, 2398 (1952).

Ro 19 ROWLAND, F. S., J. K. LEE and R. M. WHITE: Gas counting of tritium-labeled compounds. Conf. Radioact. Isotopes in Agriculture. Stillwater/Oklahoma 1959.

Ru 1   RUBEN, S., W. Z. HASSID and M. D. KAMEN: Radioactive nitrogen in the study of N_2 fixation by non-leguminous plants. Science **91**, 578 (1940).

Ru 2   — and M. D. KAMEN: Radioactive carbon of long half-life. Physic. Rev. **57**, 549 (1940).

Ru 3   — — Long-lived radioactive carbon: ^{14}C. Physic. Rev. **59**, 349 (1941).

Ru 4   — — and W. Z. HASSID: Photosynthesis with radioactive carbon. II. Chemical properties of the intermediates. J. Amer. chem. Soc. **62**, 3443 (1940).

Ru 5   RUNDO, J., A. H. WARD and P. G. JENSEN: Measurement of thoron in the breath. Phys. in Med. Biol. **3**, 101 (1958).

Ru 6   RUPP, A. F.: The preparation of radioisotopes. Progr. Nucl. Energy, Ser. III: Process Chemistry, Vol. **1**, 345. London: Pergamon Press 1956.

Ru 7   — and F. T. BINFORD: Production of radioisotopes. J. appl. Phys. **24**, 1069 (1953).

Ru 8   RUSSELL, E. R., R. C. LESCO and J. SCHUBERT: Determining radium in exposed humans. Nucleonics **7**, No. 1, 60 (1950).

Ru 9   RUSSELL, H. T.: Isolation of carrierfree ^{54}Mn and ^{125}I from cyclotron targets, Nucl. Sci. Engn. **7**, 323 (1960).

Ru 10 RUTSCHMANN, J.: Über ein Proportional-Gaszählrohr für $^{14}CO_2$. Helv. chim. Acta **40**, 433 (1957).

Ru 11 — u. W. SCHÖNIGER: Über eine Methode zur Analyse ^{14}C-markierter Verbindungen durch nasse Verbrennung. Helv. chim. Acta **40**, 428 (1957).

Ry 1 Ryan, R. J., L. R. Pascal, T. Inoye and L. Bernstein: Experiences with radiosulfate in the estimation of physiologic extracellular water in healthy and abnormal man. J. clin. Invest. 35, 1119 (1956).

Ry 2 Rydberg, J.: Determination of the absolute activity of solid tritium samples. Acta chem. scand. 12, 399 (1958).

Sa 1 Sacks, J.: All-glass-filtration apparatus for radioactive tracer experiments. Analyt. Chem. 21, 876 (1949).

Sa 2 Saddington, K.: The extraction of individual fission products from chemical process wastes. Proc. 1st Intern. Conf. Radioisotopes in Scient. Res., Paris 1957, Vol. 2, 707. London, New York, Paris, Los Angeles: Pergamon Press 1958.

Sa 3 Saito, N., T. Kiba and K. Kimura: Radiochemical studies of fissile and fission produced elements. Proc. 2nd Intern. Conf. Peaceful Uses Atomic Energy, Genf 1958, Vol. 20, 198. Genf: United Nations 1958.

Sa 4 — M. Furukawa and I. Tomita: On the enrichment of arsenic 76 by hot-atom-effect. J. Chem. Phys. 27, 1432 (1957).

Sa 5 Salo, T., and B. Blair: A gas-counting method for determination of carbon-14 of proteins labeled with both carbon-14 and iodine-131. Arch. Biochem. 86, 10 (1960).

Sa 6 Salvetti, F.: Sulla preparazione del ^{131}Cs e del ^{71}Ge. Ricerca sci. 29, 1546 (1959).

Sa 7 Samsahl, K.: Das Jener-Verfahren zur Herstellung von trägerfreiem Phosphor 32 aus neutronenbestrahltem Schwefel. Atompraxis 4, 14 (1958).

Sa 8 — and K. Taugböhl: Separation of carrier-free isotopes by diffusion methods. Proc. 1st Intern. Conf. Peaceful Uses Atomic Energy, Genf 1955, Vol. 14, 89. New York: United Nations 1956.

Sa 9 Sandberg, A. A., and W. R. Slaunwhite: Studies on phenolic steroids in human subjects. II. The metabolic fate and hepato-biliary-enteric circulation of ^{14}C-estrone and ^{14}C-estradiol in women. J. clin. Invest. 36, 1267 (1957).

Sa 10 Sanders, R. J.: Use of a radioactive gas (^{85}Kr) in diagnosis of cardiac shunts. Proc. Soc. exp. Biol. (N. Y.) 97, 1 (1958).

Sa 11 — and A. G. Morrow: A new diagnostic method in the study of congenital heart disease: The krypton-85 test for circulatory shunts. Proc. 2nd Intern. Conf. Peaceful Uses Atomic Energy, Genf 1958, Vol. 26, 99. Genf: United Nations 1958.

Sa 12 Sanders, S. M.: Determination of plutonium in urine, DP-146 (1956).

Sa 13 Saylor, L., and C. A. Finch: Determination of iron absorption using two isotopes of iron. Amer. J. Physiol. 172, 372 (1953).

Sch 1 Schachidzanjan, L. G., D. G. Fleischman, W. W. Glasunow, W. G. Leontjew u. W. P. Nesterow: Messung der natürlichen Radioaktivität in menschlichen Organen. Doklady Akad. Nauk SSR 125, 208 (1959), in russ.

Sch 2 Schaefer, H.: Nachweis und Messung kleinster Alpha-Aktivitäten in biologischen Substanzen durch Bahnspurauszählung in der Photoemulsion. Strahlentherapie 77, 613 (1947/1948).

Sch 3 Scharpenseel, H. W.: Tritium und ^{14}C Direktmarkierung und Flüssigkeits-Szintillations-Spektrometrie. Angew. Chem. 71, 640 (1959).

Sch 4 Scheffer, F., u. H. Ludwieg: Kunstharz-imprägnierte Filterscheiben und Membranfilter zur Aktivitätsmessung von Niederschlägen und Suspensionen. Atompraxis 4, 331 (1958).

Sch 5 Scherff, H. L., u. G. Herrmann: Zur Herstellung von ^{95}Nb-freiem ^{95}Zr durch TTA-Extraktion. J. Inorg. Nuclear Chem. 11, 247 (1959).

Sch 6 Schimanskaja, N. P., A. P. Kilimow u. A. P. Grekow: Szintillationseigenschaften einiger 1,3,4-Oxadiazolderivate. Optika i Spektroskopiya 6, 194 (1959) (russ.); engl. Übers.: Optics and Spectroscopy 6, 124 (1959).

Sch 7 Schindewolf, U., and J. W. Irvine: Preparation of carrier-free vanadium, scandium and arsenic activities from cyclotron targets by ion exchange. Analyt. Chem. 30, 906 (1958).

Sch 8 Schneider, H.: Untersuchungen an ^{14}C mit dem Szintillationszähler. Z. angew. Phys. 7, 409 (1955).

Sch 9 Schönfeld, T., u. E. Broda: Ionenadsorption an Papier und Glasoberflächen. Mikrochemie 36/37, 537 (1951).

Sch10 Schram, E., et R. Lombaert: Nouveau dispositif à scintillation pour le dosage continu de rayonnements β peu pénétrants en milieu aqueux et son application à l'analyse radiochromatographique. Proc. 1st Intern. Conf. Radioisotopes in Scient. Res., Paris 1957, Vol. 1, 626. London, New York, Paris, Los Angeles: Pergamon Press 1958.

Sch11 — — Détermination continue du carbone-14 et du soufre-35 en milieu aqueux par un dispositif à scintillation. Application aux effluents chromatographiques. Analyt. Chim. Acta 17, 417 (1957).

Sch12 Schreier, K., u. W. Lesoine: Untersuchungen über den ^{35}S-Methionin-Stoffwechsel bei Ratten nach einem chirurgischen Eingriff. Strahlentherapie 102, 209 (1957).

Sch 13 SCHUBERT, G., W. MAURER u. W. RIEZLER: Radioaktive Indikatoren bei Untersuchungen über den Kupferstoffwechsel. II. Absorption, Speicherung und Ausscheidung des Radiokupfers im Tierexperiment und beim Menschen. Z. ges. inn. Med. **3**, 170 (1948).

Sch 14 SCHUBERT, J.: Estimating radioelements in exposed individuals. III. Bioassay operations and procedures. Nucleonics **8**, No. 4, 59 (1951).

Sch 15 — M. P. FINKEL, M. R. WHITE and G. M. HIRSCH: Plutonium and yttrium content of the blood, liver, and skeleton of the rat at different times after intravenous administration. J. biol. Chem. **182**, 635 (1950).

Sch 16 — L. S. MYERS and J. A. JACKSON: The analytical procedures of the bioassay group at the Argonne National Laboratory, ANL-4509 (1951).

Sch 17 — E. R. RUSSELL and L. B. FARABEE: The use of ion exchange for the determination of radioelements in large volumes of urine. Science **109**, 316 (1949).

Sch 18 — and H. WALLACE: The effect of zirconium and sodium citrate on the distribution and excretion of simultaneously injected thorium and radiostrontium. J. biol. Chem. **183**, 157 (1950).

Sch 19 — and M. R. WHITE: Effect of sodium and zirconium citrates on distribution and excretion of injected radiolead. J. Lab. clin. Med. **39**, 260 (1952).

Sch 20 SCHULERT, A. R., E. A. PEETS, D. LASZLO, H. SPENCER, M. CHARLES and J. SAMACHSON: Comparative metabolism of strontium and calcium in man. Int. J. appl. Radiat. **4**, 144 (1959).

Sch 21 SCHULTZE, M. O., and S. J. SIMMONS: The use of radioactive copper in studies on nutritional anemia of rats. J. biol. Chem. **142**, 97 (1942).

Sch 22 SCHWEBEL, A., H. S. ISBELL and J. V. KARABINOS: A rapid method for the measurement of carbon 14 in formamide solution. Science **113**, 465 (1951).

Sch 23 — — and J. D. MOYER: Determination of carbon 14 in solutions of ^{14}C-labeled materials by means of a proportional counter. J. Res. Nat. Bur. Standards **53**, 221 (1954).

Sch 24 SCHWEITZER, G. K., and J. S. ELDRIDGE: Reproducibility of radioactive sample preparation techniques. Analyt. Chim. Acta **16**, 189 (1957).

Sch 25 — and M. JACKSON: Radiocolloids. J. chem. Educat. **29**, 513 (1952).

Sch 26 — and D. L. WILHELM: Szilard-Chalmers reaction in some rhenium compounds. J. Inorg. Nuclear Chem. **3**, 1 (1956).

Sch 27 SCHWENDIMAN, L. C., and J. W. HEALY: A sensitive analytical method for the determinations of very low level plutonium in humans. Proc. 2nd Intern. Conf. Peaceful Uses Atomic Energy, Genf 1958, Vol. **23**, 144. Genf: United Nations 1958.

Sch 28 — — Nuclear-track techniques for low-level Pu in urine. Nucleonics **16**, No. 6, 78 (1958).

Sc 1 SCOTT, K. G., D. J. AXELROD, H. FISHER, J. F. CROWLEY and J. G. HAMILTON: The metabolism of plutonium in rats following intramuscular injection. J. biol. Chem. **176**, 283 (1948).

Sc 2 — — and J. G. HAMILTON: The metabolism of curium in the rat. J. biol. Chem. **177**, 325 (1949).

Sc 3 — D. H. COPP, D. J. AXELROD and J. G. HAMILTON: The metabolism of americium in the rat. J. biol. Chem. **175**, 691 (1948).

Se 1 SEABORG, G. T., J. J. KATZ and W. M. MANNING: The transuranium elements. Research papers. New York, Toronto, London: McGraw-Hill 1949.

Se 2 SEELMANN-EGGEBERT, W.: Die chemische Abscheidung der bei der Spaltung des Urans entstehenden Elemente und Atomarten. II. Z. Naturforsch. **2a**, 569 (1947).

Se 3 SEGRÈ, E., R. S. HALFORD and G. T. SEABORG: Chemical separation of nuclear isomers. Physic. Rev. **55**, 321 (1939).

Se 4 SELIGER, H. H., and B. W. AGRANOFF: Solid scintillation counting of hydrogen-3 and carbon-14 in paper chromatograms. Analyt. Chem. **31**, 1607 (1959).

Se 5 — and C. A. ZIEGLER: Liquid-scintillator temperature effects. Nucleonics **14**, No. 4, 49 (1956).

Sh 1 SHAPIRA, J., and W. H. PERKINS: Liquid scintillation counting of aqueous solutions of carbon-14 and tritium. Science **131**, 414 (1960).

Sh 2 SHARP, R. A., R. A. SCHMITT, C. A. SUFFREDINI and D. R. RANDOLPH: Studies of the Szilard-Chalmers processes, GA-910 (1959).

Sh 3 SHRANKS, D. R.: A scintillation counter for the assay of radioactive gases. J. sci. Instrum. **33**, 1 (1956).

Si 1 SILICO, F., M. D. PETERSON and G. G. RUDOLPH: Separation of radioactive silver-111 from pile-irradiated palladium. Analyt. Chem. **28**, 365 (1956).

Si 2 SIMON, H., H. DANIEL u. J. F. KLEBE: Die Messung von ^{14}C und ^{3}H in der Gasphase. Angew. Chem. **71**, 303 (1959).

Si 3 SIMPSON, L.: A simplified procedure for proportional counting of ^{14}C labeled carbon dioxide. Int. J. appl. Radiat. **3**, 172 (1958).

Si 4   SINEX, F. M., J. PLAZIN, D. CLAREUS, W. BERNSTEIN, D. D. VAN SLYKE and R. CHASE: Determination of total carbon and its radioactivity. II. Reduction of required voltage and other modifications. J. biol. Chem. **213**, 673 (1955).

Si 5   SINGER, L., and W. D. ARMSTRONG: Liquid sample Geiger counter. Nucleonics **11**, No. 8, 55 (1953).

Si 6   SIPERSTEIN, M. D., and A. W. MURRAY: Cholesterol metabolism in man. J. clin. Invest. **34**, 1449 (1955).

Sk 1   SKIPPER, H. E., C. E. BRYAN, L. WHITE and O. S. HUTCHISON: Techniques for in vitro tracer studies with radioactive carbon. J. biol. Chem. **173**, 371 (1948).

Sl 1   SLYKE, D. D. VAN: Wet carbon combustion and some of its applications. Analyt. Chem. **26**, 1706 (1954).

Sl 2   — and J. FOLCH: Manometric carbon determination. J. biol. Chem. **136**, 509 (1940).

Sl 3   — R. STEELE and J. PLAZIN: Determination of total carbon and its radioactivity. J. biol. Chem. **192**, 769 (1951).

Sl 4   — J. PLAZIN and J. R. WEISIGER: Reagents for the van Slyke-Folch wet carbon combustion. J. biol. Chem. **191**, 299 (1951).

Sm 1   SMALES, A. A., L. AIREY, G. N. WALTON and R. O. R. BROOKS: The determination of plutonium in urine, AERE-C/R-533 (1955).

Sm 2   SMIT, J. VAN R., M. PEISACH and F. W. E. STRELOW: The carrierfree separation of UZ from 100 kg uranyl nitrate. Proc. 2nd Intern. Conf. Peaceful Uses Atomic Energy, Genf 1958, Vol. **20**, 62. Genf: United Nations 1958.

Sm 3   SMITH, F. A., R. J. DELLA ROSA and L. J. CASARETT: Analytical and autoradiographic methods for polonium 210, UR-305 (1955).

Sm 4   SMITH, G. A., R. G. THOMAS, R. BLACK and J. K. SCOTT: The metabolism of indium 114m administered to the rat by intratracheal intubation, UR-500 (1957).

Sm 5   SMITH, G. F.: Destruction of organic matter in blood fibrin, and chromacized medical catgut by wet oxidation. Analyt. Chem. **18**, 257 (1946).

Sm 6   — The wet ashing of organic matter employing hot concentrated perchloric acid. The liquid fire reaction. Analyt. Chim. Acta **8**, 397 (1953).

Sm 7   — Wet oxidation of organic matter employing perchloric acid at graded oxidation potentials and controlled temperatures. Analyt. Chim. Acta **17**, 175 (1957).

Sm 8   — and H. DIEHL: The wet oxidation of bone. Digestion with 100 per cent sulphuric acid followed by the addition of dioxonium perchlorate. Talanta **3**, 41 (1959).

Sm 9   SMITH, H. L., and D. C. HOFFMAN: Ion-exchange separations of the lanthanides and actinides by elution with ammonium alpha-hydroxy-isobutyrate. J. Inorg. Nuclear Chem. **3**, 243 (1956).

Sm 10 SMITH, R. E., and J. F. BRONSON: An improved radioactivity measuring cup. Science **107**, 603 (1948).

So 1   SORENSEN, P.: Reproducibility of mounting of solid samples of chlorine-36 compounds for radioactivity measurement. Analyt. Chem. **27**, 391 (1955).

Sp 1   SPANG, A., u. W. GEBAUHR: Über Fehlerquellen durch Feldstörungen bei der Aktivitäts-messung an radiochemischen Präparaten im Gasdurchflußzähler. Nukleonik **1**, 160 (1958).

Sp 2   SPANO, H., and M. KAHN: Enrichment of tin activity through the Szilard-Chalmers separation. J. Amer. chem. Soc. **74**, 568 (1952).

Sp 3   SPENCER, H., M. BROTHERS, E. BERGER, H. E. HART and D. LASZLO: Strontium 85 metabolism in man and effect of calcium on strontium excretion. Proc. Soc. exp. Biol. (N. Y.) **91**, 155 (1956).

Ss 1   SSEMOWA, R. W.: Verwendung von Terphenyl zur β-Messung. Atomnaya Energ. **5**, 177 (1958) (russ.).

St 1   STANG, L. G., W. D. TUCKER, R. F. DOERING, A. J. WEISS, M. W. GREENE and H. O. BANKS: Development of methods for the production of certain short-lived radioisotopes. Proc. 1st Intern. Conf. Radioisotopes in Scient. Res., Paris 1957, Vol. **1**, 50. London, New York, Paris, Los Angeles: Pergamon Press 1958.

St 2   STEELE, R., W. BERNSTEIN and C. BJERKNES: Single phototube liquid scintillation counting of ^{14}C: Application to an easily isolated derivate of blood glucose. J. appl. Physiol. **10**, 319 (1957).

St 3   STEHNEY, A. F., and H. F. LUCAS: Studies on the radium content of humans arising from the natural radium of their environment. Proc. 1st Intern. Conf. Peaceful Uses Atomic Energy, Genf 1955, Vol. **11**, 49. New York: United Nations 1956.

St 4   — W. P. NORRIS, H. F. LUCAS and W. H. JOHNSTON: A method for measuring the rate of elimination of radon in breath. Amer. J. Roentgenol. **73**, 774 (1955).

St 5   STEINBERG, D.: Radioassay of carbon-14 in aqueous solutions using a liquid scintillation spectrometer. Nature (Lond.) **182**, 740 (1958).

St 6   STEINBERG, D.:: Radioassay of aqueous solutions mixed with solid crystalline fluors. Nature (Lond.) **183**, 1253 (1959).

St 7   — M. VAUGHAN, C. B. ANFINSEN, J. D. GORRY and J. LOGAN: The preparation of tritiated proteins by the Wilzbach method and a simple method for liquid scintillation counting of radioactive proteins, in BELL u. HAYES (*Be 7*), p. 230.

St 8   STEVENSON, P. C., and H. G. HICKS: Separation techniques used in radiochemistry. Ann. Rev. Nuclear Sci. **3**, 221 (1953).

St 9   STEWART, C. G., E. VOGT, A. J. W. HITCHMAN and N. JUPE: The excretion of strontium-90 and cesium-137 by the human. Proc. 2nd Intern. Conf. Peaceful Uses Atomic Energy, Genf 1958, Vol. 23, 123. Genf: United Nations 1958.

St 10 STITCH, S. R.: Liquid scintillation counting for ^{14}C-steroids. Biochem. J. **73**, 287 (1959).

St 11 STOUT, P. R., and W. R. MEAGHER: Studies of the molybdenum nutrition of plants with radioactive molybdenum. Science **108**, 471 (1948).

St 12 STROMINGER, D., J. M. HOLLANDER and G. T. SEABORG: Table of isotopes. Rev. mod. Phys. **30**, 585 (1958).

Su 1   SUESS, H. E.: Natural radiocarbon measurement by acetylene counting. Science **120**, 5 (1954).

Su 2   SUGIHARA, T. T., R. L. WOLFGANG and W. F. LIBBY: Large thin-wall Geiger counter. Rev. sci. Instrum. **24**, 511 (1953).

Su 3   SUTIN, N., and R. W. DODSON: The Szilard-Chalmers reaction in ferrocene. J. Inorg. Nuclear Chem. **6**, 91 (1958).

Sv 1   SVENDSEN, R.: A method by which radioactive material may be transferred from a paper chromatogram to a planchet. Int. J. appl. Radiat. **2**, 282 (1957).

Sv 2   SVERAK, L.: Eine einfache und empfindliche Methode zur Bestimmung von Radiokohlenstoff (^{14}C). Mikrochemie **1956**, 1069.

Sw 1   SWAIN, C. G., V. P. KREITER and W. A. SHEPPARD: Procedure for routine assay of tritium in water. Analyt. Chem. **27**, 1157 (1955).

Sw 2   SWANK, R. K.: Limits of sensitivity of liquid scintillation counters, in BELL u. HAYES (*Be 7*), p. 23.

Sw 3   — W. L. BUCK, F. N. HAYES and D. G. OTT: Spectral effects in the comparison of scintillators and photomultipliers. Rev. sci. Instrum. **29**, 279 (1958).

Sw 4   SWARTOUT, J. A., and H. M. RICE: Preparation of radioiron of high specific activity, AECD-3983 (1948).

Sw 5   SWICK, R. W., D. L. BUCHANAN and A. NAKAO: Ethylenediamine, a carbonate-free alkali for carbon dioxide absorption. Analyt. Chem. **24**, 2000 (1952).

Sz 1   SZILARD, L., and T. A. CHALMERS: Chemical separation of the radioactive element from its bombarded isotope in the Fermi effect. Nature (Lond.) **134**, 463 (1934).

Ta 1   TABERN, D. L., and T. N. LAHR: A simplified method for determining radioisotopes in tissues. Science **119**, 739 (1954).

Ta 2   TAIT, J. E., and G. H. HAGGIS: Demountable Geiger-Müller counter using filling gases at atmospheric pressure. J. sci. Instrum. **26**, 269 (1949).

Ta 3   — and E. S. WILLIAMS: Assay of mixed radioisotopes. Nucleonics **10**, No. 12, 46 (1952).

Ta 4   TARVER, H.: Radioactive sulfur and its applications in biology. Advanc. biol. med. Phys. **2**, 281 (1951).

Ta 5   TAYLOR, J. D., R. K. RICHARDS and J. C. DAVIN: Excretion and distribution of radioactive ^{35}S-cyclamate-sodium (sucaryl sodium) in animals. Proc. Soc. exp. Biol. (N. Y.) **78**, 530 (1951).

Te 1   TER-POGOSSIAN, M., and W. E. POWERS: The use of radioactive oxygen 15 in the determination of oxygen content in malignant neoplasms. Proc. 1st Intern. Conf. Radioisotopes in Scient. Res., Paris 1957, Vol. 3, 625. London, New York, Paris, Los Angeles: Pergamon Press 1958.

Th 1   THOMAS, R. C.: Recommended bio-assay for polonium, in J. B. HURSH (ed.). Chemical methods for routine bioassay, p. 13, AECU-4024 (1958).

Th 2   THOMPSON, R. C.: Studies of metabolic turnover with tritium as a tracer. I. Gross studies on the mouse. J. biol. Chem. **197**, 81 (1952).

Th 3   THORN, J. A., and P. SHU: A new apparatus for rapid determination of carbon by wet combustion. Canad. J. Chem. **29**, 558 (1951).

Th 4   THYRESSON, N.: Experimental investigation on thallium poisoning in the rat. Acta derm. (Kyoto) **31**, 3 (1951).

To 1   TOLBERT, B. M.: Ionization chamber assay of radioactive gases. UCRL-3499 (1956).

To 2   — A. M. HUGHES, M. R. KIRK and M. CALVIN: Effect of coenzyme A on the metabolic oxidation of labeled fatty acids: Rate studies, instrumentation and liver fractionation. Arch. Biochem. **60**, 301 (1956).

To 3   — M. KIRK and F. UPHAM: Carbon-14 respiratory pattern analyzer for clinical studies. Rev. sci. Instrum. **30**, 116 (1959).

To 4   TOLBERT, B. M., J. H. LAWRENCE and M. CALVIN: Respiratory carbon-14 patterns and physiological state. Proc. 1st Intern. Conf. Peaceful Uses Atomic Energy, Genf 1955, Vol. 12, 281. New York: United Nations 1956.

To 5   TOMPKINS, E. R., W. E. COHN, A. W. ADAMSON and R. R. WILLIAMS: Szilard Chalmers reactions. III. Enrichment of iron activity, in CORYELL u. SUGARMAN (Co 17), p. 199.

To 6   TORIBARA, T. Y., and R. E. SHERMAN: Analytical chemistry of micro quantities of beryllium. Analyt. Chem. 25, 1595 (1953).

Tr 1   TRIBALAT, S., et J. BEYDON: Isolement du technetium. Analyt. Chim. Acta 8, 22 (1953).

Tu 1   TUCK, D. G.: The preparation of samples for α-counting by the direct evaporation of organic solutions. Analyt. Chim. Acta 17, 271 (1957).

Tu 2   TUCKER, W. D., M. W. GREENE, A. J. WEISS and A. MURRENHOFF: Methods of preparation of some carrier-free radioisotopes involving sorption on alumina, BNL-3746 (1958).

Tu 3   TUPPER, R., and R. W. E. WATTS: Separation of radioactive zinc from cyclotron-irradiated copper. Nature (Lond.) 173, 349 (1954).

Tu 4   TURNER, R. C., J. M. BRADLEY and W. V. MAYNEORD: The alpha-ray activity of human tissues. Brit. J. Radiol. 31, 397 (1958).

Tw 1   TWOMBLY, G. H., and E. F. SCHOENEWALDT: The metabolism of radioactive dibromo-estrone in man. Cancer (Philad.) 3, 601 (1950).

Ty 1   TYNER, E. P., C. HEIDELBERGER and G. A. LePAGE: Intracellular distribution of radioactivity in nucleic acid nucleotides and proteins following simultaneous adminstration of ^{32}P and glycine-2-^{14}C. Cancer Res. 13, 186 (1953).

Ut 1   UTTING, G. R.: The design of a commercial liquid scintillation coincidence counter, in BELL u. HAYES (Be 7), p. 67.

Va 1   VAUGHAN, M., D. STEINBERG and J. LOGAN: Liquid scintillation counting of ^{14}C- and ^{3}H-labeled amino acids and proteins. Science 126, 446 (1957).

Ve 1   VEALL, N.: A Geiger-Müller counter for measuring the beta-ray activity of liquids, and its application to medical tracer experiments. Brit. J. Radiol. 21, 347 (1948).

Ve 2   — and H. VETTER: An apparatus for the rapid estimation of tracer quantities of radioactive isotopes in excreta. Brit. J. Radiol. 25, 85 (1952).

Ve 3   VERCIER, P., et A. RAGGENBASS: Détection en continu des rayonnements β dans les solvants aqueux et organiques. Int. J. appl. Radiat. 5, 213 (1959).

Ve 4   VERLY, W. G.: Contribution à l'étude du métabolisme du groupe méthyle labile. Arch. int. Physiol. 64, 402 (1956).

Ve 5   — S. BRICTEUX-GRÉGOIRE, G. KOCH and E. DEMEY: Windowless flow counters and measurement of the soft beta radioactivity of thick solid samples. Proc. 2nd Intern. Conf. Peaceful Uses Atomic Energy, Genf 1958, Vol. 21, 131. Genf: United Nations 1958.

Ve 6   — — — et G. ESPREUX: Dosage de l'hydrogène radioactif. Bull. Soc. chim. belge 64, 491 (1955).

Ve 7   — G. HUNEBELLE et G. THOMAS: Dosage du tritium dans un compteur proportionnel. Nukleonik 1, 325 (1959).

Ve 8   — J. R. RACHELE, V. DU VIGNEAUD, M. L. EIDINOFF and J. E. KNOLL: A test of tritium as a labeling devise in a biological study. J. Amer. chem. Soc. 74, 5941 (1952).

Vi 1   VIGNE, J., et S. LISSITZKY: Dispositif pour l'enregistrement automatique continu de la radioactivité des chromatogrammes sur papier. J. Chromatogr. 1, 309 (1958).

Vi 2   VITTUM, E. K., W. L. MINTO and R. L. FINK: General methods used in polonium distribution and excretion experiments. 5. Plating procedure, in FINK (Fi 1), p. 18.

Vo 1   VOLKER, J. F., H. C. HODGE, H. J. WILSON and S. N. VAN VOORHIS: The adsorption of fluoride by enamel, dentin, bone and hydroxyapatite as shown by the radioactive isotope. J. biol. Chem. 134, 543 (1940).

Vr 1   VRIES, H. L. DE, and G. W. BARENDSEN: Radio-carbon dating by a proportional counter filled with carbondioxide. Physica 19, 987 (1953).

Wa 1   WAGNER, C. D., and V. P. GUINN: For low specific activity: Use scintillation counting. Nucleonics 13, No. 10, 56 (1955).

Wa 2   WÄNKE, H., u. H. KÖNIG: Eine neue Methode zur Kalium-Argon-Altersbestimmung und ihre Anwendung auf Steinmeteorite. Z. Naturforsch. 14a, 860 (1959).

Wa 3   WAHL, A. C., and N. A. BONNER (ed.): Radioactivity applied to chemistry. New York: Wiley 1951.

Wa 4   WAKELEY, J. C. N., B. MOFFATT, A. CROOK and J. R. MALLARD: The distribution and radiation dosimetry of zink-65 in the rat. Int. J. appl. Radiat. 7, 225 (1960).

Wa 5   WALKENSTEIN, S. S., and C. M. KNEBEL: Method for routine determination of sulfur 35 in biological material. Analyt. Chem. 29, 1516 (1957).

Wa 6   WALKER, W. G., and W. S. WILDE: Kinetics of radiopotassium in the circulation. Amer. J. Physiol. 170, 401 (1952).

Wa 7 WALLACE-DURBIN, P.: The metabolism of fluorine in the rat using ^{18}F as a tracer. J. dent. Res. 33, 789 (1954).
Wa 8 WALSER, M., A. F. REID and D. W. SELDIN: A method of counting radiosulfur in liquid samples and its application to the determination of ^{35}S excretion following injection of ^{35}SO$_4^{2-}$. Arch. Biochem. 45, 91 (1953).
Wa 9 WALSH, J. J., and G. E. BURCH: The rate of disappearance from plasma and subsequent distribution of radiocadmium (^{115m}Cd) in normal dogs. J. Lab. clin. Med. 53, 59 (1959).
Wa 10 WALTER, R. I.: Preparation of carrier-free scandium and vanadium activities from titanium cyclotron targets. J. Inorg. Nuclear Chem. 6, 63 (1958).
Wa 11 WANG, C. H., and D. E. JONES: Liquid scintillation counting of paper chromatograms. Biochem. biophys. Res. Comm. 1, 203 (1959).
Wa 12 WARNER, B. F.: The production of kilocurie sources of caesium-137. Progr. Nucl. Energy, Ser. III: Process Chemistry, Vol. 2, 487. London, New York, Paris, Los Angeles: Pergamon Press 1958.
Wa 13 WASE, A. W.: Absorption and distribution of radio-tungstate in bone and soft tissues. Arch. Biochem. 61, 272 (1956).
Wa 14 — D. M. GROSS and M. J. BOYD: The metabolism of nickel, I. Spatial and temporal distribution of ^{63}Ni in the mouse. Arch. Biochem. 51, 1 (1954).
Wa 15 WAY, K. (ed.): Nuclear data sheets, fortlaufende Publikation. Washington: National Academy of Sciences, National Research Council.
We 1 WEHNER, E. V., and R. E. PETERSON: GM well counter for determining activity in large volumes. Nucleonics 13, No. 7, 64 (1955).
We 2 WEINSTEIN, I. M., and E. BEUTLER: The use of ^{51}Cr and ^{59}Fe in a combined procedure to study erythrocyte production and destruction in normal human subjects and in patients with hemolytic or aplastic anemia. J. Lab. clin. Med. 45, 616 (1955).
We 3 WEISBURGER, J. H., and H. J. LIPNER: Which ^{131}I counting system is best for laboratory use? Nucleonis 12, No. 5, 21 (1954).
We 4 — E. K. WEISBURGER and H. P. MORRIS: An improved carbon-14 wet combustion technique. J. Amer. chem. Soc. 74, 2399 (1952).
We 5 WELLS, I., and C. M. NICHOLS: Plant experience in the extraction of uranium 233. Progr. Nucl. Energy, Ser. III: Process Chemistry, Vol. 1, 223. London: Pergamon Press 1956.
We 6 WENNERBLOM, A., K. E. ZIMEN and E. EHN: Silicon 31: Separation from irradiated phosphorus, half-life, β-energy. Svensk Kem. Tidskr. 63, 207 (1951).
We 7 WERBIN, H., I. L. CHAIKOFF and M. R. IMEDA: Rapid sensitive method for determining ^{3}H-water in body fluids by, liquid scintillation spectrometry. Proc. Soc. exper. Biol. (N. Y.) 102, 8 (1959).
We 8 WERFF, J. T. VAN DER: Bismuth-206, a new radioactive isotope for therapy. Proc. 2nd Radioisotope Conf., Oxford 1954, Vol. 1, 36. London: Butterworth 1954.
We 9 WEST, H. D., R. R. ELLIOTT, A. P. JOHNSON and C. W. JOHNSON: In vivo localization of radioactive silver at predetermined sites in tissues. Amer. J. Roentgenol. 64, 830 (1950).
We 10 WESTERMARK, E. G. T., I. G. A. FOGELSTRÖM-FINEMAN and S. R. FORBERG: An approach to the production of phosphorus-33 in millicurie quantities. Proc. 1st Intern. Conf. Radioisotopes in Scient. Res., Paris 1957, Vol. 1, 19. London, New York, Paris, Los Angeles: Pergamon Press 1958.
We 11 WESTRUM, E. F.: An improved technique for precise alpha radiometric assay, in SEABORG et al. (Se 7), p. 1185.
We 12 WEYGAND, F., H. SIMON u. K. D. KEIL: Isotopeneffekt beim Umkristallisieren tritiumhaltiger Substanzen. Chem. Ber. 92, 1635 (1959).
Wh 1 WHITE, C. G., and S. HELF: Suspension counting in scintillation gels. Nucleonics 14, No. 10, 46 (1956).
Wh 2 WHITE, D. F., I. G. CAMPBELL and P. R. PAYNE: Estimation of radioactive hydrogen (tritium). Nature (Lond.) 166, 628 (1950).
Wi 1 WICK, A. N., H. N. BARNET and N. ACKERMAN: Self absorption curves of ^{14}C-labeled barium carbonate, glucose, and fatty acids. Analyt. Chem. 21, 1511 (1949).
Wi 2 WILDE, W. S., J. M. O'BRIEN and I. BAY: Time relation between potassium ^{42}K outflux, action potential and concentration phase of heart muscle as revealed by the effluogram. Proc. 1st Intern. Conf. Peaceful Uses Atomic Energy, Genf 1955, Vol. 12, 318. New York: United Nations 1956.
Wi 3 WILLARD, J. E.: Chemical effects of nuclear transformations. Ann. Rev. Nuclear Sci. 3, 193 (1953).
Wi 4 WILLIAMS, R. R.: The Szilard-Chalmers reaction in the chain-reacting pile. J. Phys. Chem. 52, 603 (1948).

Wi 5 Wilzbach, K. E., A. R. van Dyken and L. Kaplan: Determination of tritium by ion current measurement. Analyt. Chem. 26, 880 (1954).

Wi 6 — L. Kaplan and W. G. Brown: The preparation of gas for assay of tritium in organic compounds. Science 118, 522 (1953).

Wi 7 — and W. Y. Sykes: Determination of isotopic carbon in organic compounds. Science 120, 494 (1954).

Wi 8 Wing, J., and W. H. Johnston: Method for counting tritium in tritiated water. Science 121, 674 (1955).

Wi 9 Wingo, W. J.: Apparatus for automatic scanning two-dimensional paper chromatograms for radioactivity. Analyt. Chem. 26, 1527 (1954).

Wi 10 — J. H. Gast and F. L. Aldrich: Use of silicones in preparation of samples for radioactivity measurements. Science 115, 714 (1952).

Wi 11 Winsche, W. E., L. G. Stang and W. D. Tucker: Production of iodine-132. Nucleonics 8, No. 3, 14 (1951).

Wi 12 Winteringham, F. P. W.: Preparation of silver bromide precipitates for radioactivity measurements. Nature (Lond.) 164, 183 (1949).

Wi 13 — A. Harrison and R. G. Bridges: Radioactive tracer-paper-chromatography techniques. Analyst. 77, 19 (1952).

Wo 1 Wolf, A. P.: Isotopen-Markierung organischer Verbindungen durch Neutronen-Bestrahlung. Angew. Chem. 71, 237 (1959).

Wo 2 Wolf, P. M., u. H. J. Born: Über die Verteilung natürlich-radioaktiver Substanzen im Organismus nach parentaler Zufuhr. Strahlentherapie 70, 342 (1941).

Wo 3 — — Über den Reinheitsgrad von Thorium X-Präparaten. Strahlentherapie 70, 349 (1941).

Wo 4 Wolfgang, R.: Nuclear recoil as a means of fission product separation. J. Inorg. Nuclear Chem. 2, 180 (1956).

Wo 5 — and W. F. Libby: Absolute excitation function of the ^{9}Be(d, t) reaction. Physic. Rev. 85, 437 (1952).

Wo 6 — and C. F. MacKay: New proportional counters for gases and vapors. Nucleonics 16, No. 10, 69 (1958).

Wo 7 — and F. S. Rowland: Radioassay by gas chromatography of tritium- and carbon-14-labeled compounds. Analyt. Chem. 30, 902 (1958).

Wr 1 Wright, M. L.: Preparation of uniform solid samples for radioactive assay. Nature (Lond.) 168, 289 (1951).

Ya 1 Yankwich, P. E.: Chemical forms assumed by ^{14}C produced by neutron irradiation of berylliumnitride. J. Chem. Phys. 15, 374 (1947).

Ya 2 — G. K. Rollefson and T. H. Norris: Chemical form assumed by ^{14}C produced by neutron irradiation of nitrogenous substances. J. Chem. Phys. 14, 131 (1946).

Yo 1 Young, L., M. Edson and J. A. McCarter: The measurement of radioactive sulphur (^{35}S) in biological material. Biochem. J. 44, 179 (1949).

Yu 1 Yuasa, T.: Préparation d'une source de zinc 65 d'activité spécifique très élevée. C. R. Acad. Sci. Paris 236, 2498 (1953).

Zi 1 Ziegler, C. A., D. J. Chleck and J. Brinkerhoff: Radioassay of low specific activity tritiated water by improved liquid scintillation techniques. Analyt. Chem. 29, 1774 (1957).

Zi 2 — H. H. Seliger and I. Jaffe: Three ways to increase efficiency of liquid scintillators. Nucleonics 14, No. 5, 84 (1956).

Zo 1 Zolotow, Ju. A., u. I. P. Alimarin: Isolierung von ^{239}Np in radiochemisch reiner Form durch Kernrückstoß von Spaltprodukten. Atomnaya Energ. 6, 70 (1959), (russ.); engl. Übers.: J. Nuclear Energy 11A, 193 (1960).

Determination of tritium in biological material

By

Elwood von Jensen

With 1 Figure

With the increasing use of tritium as a radioactive tracer for biochemical studies, the availability of a simple and accurate method for the determination of this isotope in organic compounds and especially in biological materials is of considerable practical importance. Because of the low energy of the β-emanation from tritium disintegration (0.018 MEV), direct counting of thin films of tritiated material using end-window or gas-flow counters is not well suited for precise measurements. In general, determination of tritium has been carried out either by converting all the hydrogen of the sample to gaseous compounds, which can be assayed in a proportional counter or in an ionization chamber, or by incorporation of the tritium into a suitable liquid scintillation system in which the light flashes produced by the impact of β-particles on a fluorescent substance present in the solution are measured photoelectrically.

Until recently, tritium has been assayed in gas counting systems, usually as hydrogen or as hydrocarbon gases, since water vapor itself is not satisfactory as a counting gas. In typical assay procedures, the sample is combusted to produce water which then is either reduced to hydrogen (6), treated with aluminum carbide to form methane (14) or added to butylmagnesium bromide to yield butane (4). A simpler procedure consists of heating the organic compound in a sealed tube with zinc, nickel oxide and water to yield the tritium directly for assay as a mixture of hydrogen and methane (15). More complete information concerning the gas counting of tritium is available elsewhere (4, 9).

With recent advances in techniques and automatic instrumentation (1, 3, 11) liquid scintillation counting of tritium is currently replacing the more laborious gas counting procedures, especially for routine assays involving large numbers of determinations. For the liquid scintillation counting of tritium in biological material, two major problems must be considered. First, the sample must be homogeneously dispersed in the solution containing the fluorescent material, and, second, substances which "quench" the scintillation must be eliminated or else an appropriate correction made for their effect on the efficiency of counting. The scintillation counting of tritium in biological material may be carried out by a direct procedure, in which sample preparation is relatively simple, but the counting more involved and uncertain, or by the more laborious transformation of the tritium of the sample to some definite compound which can then be counted with relative ease and accuracy.

The most satisfactory method for the direct scintillation counting of tritium in proteinaceous biological materials is the procedure of VAUGHAN, STEINBERG and LOGAN (12), in which the sample is dissolved in methanolic Hyamine hydroxide (p-diisobutylcresoxyethoxyethyldimethylbenzylammonium hydroxide) and this solution added to the counting mixture. Because of its simplicity of sample preparation, the Hyamine procedure is well suited for assays involving many samples, and it is receiving considerable application (2, 7). However, this method suffers from certain limitations. The maximum sample size is usually small, and, due to the variable quenching by different tissue constituents, each sample must be counted with and without the addition of an internal standard of known radioactivity. Even then, difficulties may be encountered due to a phosphorescence phenomenon observed with certain proteins and tissues (7), and the procedure appears to be unsatisfactory in the presence of appreciable amounts of hemoglobin.

The direct scintillation counting of gels prepared by mixture of fine suspensions of insoluble biological material with Thixcin, which has been used for the determination of carbon-14 (13), is not satisfactory for the very weak β-radiation of tritium, since small discrepancies in the homogeneity of the suspension particles lead to large self-absorption errors (10).

The simplest alternative to direct scintillation counting of biological material is the combustion of the sample to furnish water which can be assayed conveniently and accurately by liquid scintillation counting (5). Although such combustions generally have been carried out in a train apparatus (4), the combustion train suffers from two disadvantages. Not only is the daily capacity of a train rather limited, especially in comparison to the counting capacity of a modern automatic scintillation counter, but, more important, the train apparatus presents "memory" difficulties. A small fraction of the radioactivity, usually negligible in respect to the total amount present, is left behind in the train, so that if a sample of high activity precedes one of rather low activity, the latter determination may be in considerable error unless blank runs are carried out between determinations to flush out the system. Limitations due to capacity and memory are overcome by carrying out combustions in individual sealed tubes (15, 16).

With the foregoing considerations in mind, a method for the determination of tritium in blood, tissues, and organic compounds has been developed in this laboratory which effects a reasonable compromise between time and labor on the one hand, and accuracy and general applicability on the other (8). In this procedure, the dried blood or tissue samples are converted to water, carbon dioxide and nitrogen by heating with copper and copper oxide at 650° in sealed tubes with break-off tips according to the procedure described by Wilzbach and Sykes (16) for the determination of isotopic carbon in organic compounds[1]. The tubes are broken in an evacuated apparatus and the tritiated water allowed to distill into a cold trap containing a definite amount of ordinary water (100 mg) which both acts as a scavenge for the tritiated water and, along with the water content of the 96% alcohol to be added, serves to keep the water content of the final counting mixture at a fairly constant level of about 300 mg. Since water is a mild scintillation quencher in the counting system employed, its amount in the counting mixture should be such that it is relatively unaffected by variations in the amount of water produced from the combustion of the samples. The condensed water is then washed with 96% ethanol into the scintillation counting solution and the radioactivity determined. By employing several vacuum manifolds for the drying, tube sealing and water distillation steps, a large number of samples may be processed simultaneously.

By this procedure nearly two thousand determinations of tritium in blood and mammalian tissues have been carried out in this laboratory with quite satisfactory

---

[1] The statement in this article that the combustion procedure is not suitable for the determination of isotopic hydrogen is based on the fact that with certain organic compounds up to 3% of the tritium may be retained in the combustion mixture. For most biological experiments, this limitation, if present, would not be too serious, and it was upon the suggestions of Drs. Wilzbach and W. G. Brown that this combustion technique was investigated.

results. The accuracy of the method in determination of a known amount of tritiated estradiol in the presence of non-radioactive tissue is illustrated by the data in Table 1, whereas the reproducibility of the results with aliquot protions of liver powder sampled from animals injected with tritiated estradiol is illustrated in Table 2.

Table 1. *Accuracy of Tritium Assay*

Direct Counting[1]		Combustion[2]		
DPM		No tissue added[3] DPM	Tissue added, mg	DPM
	8,115	8,022	10.1	(10,198)[4]
	8,053	7,821	4.4	8,291
	7,971	7,633	21.2	7,969
	7,811	7,597	14.8	7,834
Mean 50 λ	7,988	7,768		8,031
	17,210		13.2	16,940
	17,130		17.9	16,850
	16,960		6.4	16,560
	16,790		23.8	16,400
			9.1	16,310
			3.4	(15,060)[4]
Mean 100 λ	17,020			16,610

[1] For direct counting, a 50 or 100 λ aliquot of a toluene solution of tritiated estradiol (200 γ per ml) was placed in each counting bottle, the toluene evaporated *in vacuo* and then 96% ethanol (5 ml) water (100 λ) and the fluor solution (10 ml) added for counting.

[2] For combustion, a 50 or 100 λ aliquot of the toluene solution was added to each combustion cup containing copper, copper oxide and various amounts of dry, non-radioactive rat kidney powder. The cups were placed in the combustion tubes which then were constricted, evacuated, sealed, and heated according to the general assay procedure.

[3] After evaporation of the toluene, the total organic sample assayed in these determinations was of the order of 8 γ. The lower result obtained no doubt reflects losses in the extremely small amount of tritiated water distilled.

[4] These figures, which differ markedly from the other results, have been disregarded in calculating the mean values.

Table 2. *Reproducibility of Tritium Assay.*
Dry Liver Powders from Rats Injected with Tritiated Estradiol

Powder #1		Powder # 2	
Sample size, mg	DPM/mg[1]	Sample size, mg	DPM/mg
Assay March, 1958:		Assay Jan. 1959:	
24,1	362	21,5	339
23,5	351	17,5	329
25,8	339	9,1	324
25,4	324	12,7	320
		24,0	315
		15,9	315
Assay Nov., 1958:		5,5	314
19,7	347	13,5	313
10,2	346	10,7	313
26,6	342	11,8	312
		16,8	310
	Mean 344	27,8	302
	Median 346	Mean 317	
		Median 314	

[1] Corrected for decay over intervening period

Experimental

The wet tissue sample, preferably in several pieces, representing 5 to 25 mg dry weight (Note 1), is weighed in a tared Pyrex cup and dried in the apparatus B, Figure 1, by evacuation with an oil pump for 30 min at about 70°. For the drying and subsequent tube sealing and water distillation steps, it is convenient to operate with vacuum manifolds each with six ports about 15cm apart so that six samples can be processed simultaneously on each manifold. The volatile constituents are condensed in the cold U-trap (Note 2), and the radioactivity of this tissue water may be determined in the manner described below for

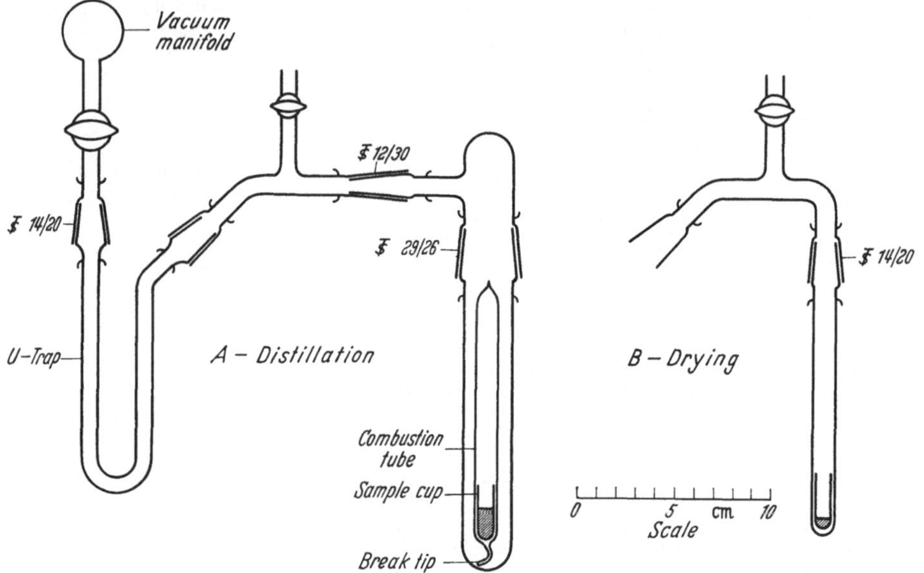

Fig. 1. Apparatus for Tritium Assay

the water of combustion (Note 3). The cup with the dried sample is weighed, and 0.75 g of 40—60 mesh copper oxide (Note 4) and 0.25 g of 40—60 mesh reduced copper (Note 5) are added.

When liquid blood or tissue homogenates are being assayed, the copper-copper oxide mixture is first placed in the cup and 0.3 ml of the liquid added to it with subsequent drying from the frozen state.

Each cup is then inserted in a combustion tube made of 11 mm. Pyrex *1720* glass (Note 6), one end of which has been drawn out to form a break-tip (Figure 1). The combustion tubes are constricted about 14 cm from the break-tip end and connected glass-to-glass inside rubber tubing to glass joints fitting into the manifold ports. The tubes are then evacuated with the oil pump and sealed off at the constriction with a hand torch. The sealed tubes are heated in a horizontal position for one hour in a furnace at $650 \pm 10°$ C. After cooling, the tubes are agitated to break up any lumps of uncombusted carbonaceous material and heating is repeated for one hour at 650°, after which combustion generally is complete. With larger amounts of certain tissues, appreciable carbonaceous material sometimes is still evident; in such cases, a third heating period is employed.

The combustion tube is placed in the distillation apparatus (A, Figure 1), which contains 0.10 ml of water in the U-trap. The U-trap is immersed in the cold bath (Note 2) and the system evacuated. The stopcock to the manifold is closed, and the vessel holding the combustion tube (break-tip down) is rotated upwards around its joint and then swung down sharply so as to break the tip of the combustion tube. After high vacuum has been re-established, distillation of the water into the U-trap is effected with the system shut off from the pump for 5 min followed by a 10-min period with the pump connection open during which the vessel holding the combustion tube is warmed for 3 min with a Bunsen burner flame. The cold bath is removed, air is admitted to the system and the U-trap removed and quickly capped to prevent evaporation of tritiated water.

The contents of the U-trap are transferred to the counting bottle (Note 7) with 5.0 ml of 96% ethanol in two portions. The first portion of ethanol (2 ml) is added quickly while the condensed water is still frozen an mixing effected with the U-trap capped to prevent evaporation of tritiated water; the second portion (3 ml) is used as a rinse. Then, 10 ml of the fluor solution (Note 8) is added and the radioactivity determined in a scintillation counter. The counting efficiency is determined by counting 0.1 ml of a standard prepared by dilution of tritiated water obtained from the U. S. National Bureau of Standards. Efficiencies under these conditions run 12 to 14% in the Packard Tricarb Automatic Liquid Scintillation Spectrometer used in this laboratory.

Notes:

1. Larger samples of nitrogen-contraining materials are not recommended with this size combustion tubes since the pressure developed on heating may become sufficient to burst the tube.

2. Cooling may be effected either with Dry Ice in trichloroethylene or with liquid nitrogen, the latter being preferable when it is available. When liquid nitrogen is used, the cold bath is applied immediately prior to evacuation of the system to prevent condensation of oxygen in the trap.

3. The amount of tissue water is determined by the loss in weight of the sample on drying, and an additional amount of water equal to the difference between this figure and 100 mg is added to the counting mixture.

4. Prepared by grinding reagent grade copper oxide in a mortar and pestle or in a ball mill taking the portion which passes a 40 mesh but not a 60 mesh sieve. Material not passing the 40 mesh sieve is subjected to regrinding. The copper oxide as well as the reduced copper are conveniently added from a small measuring scoop which delivers the proper amount.

5. Prepared by reducing 40—60 mesh copper oxide in a hydrogen stream at 300—350°. A year's supply can be prepared in one operation.

6. Pyrex *1720* glass, which does not soften at 650°, is obtainable on special order from the Corning Glass Company, Corning, N. Y. Delivery may take a few months so a stock should be kept on hand. The sample cups (8 × 25 mm) need not be of *1720* glass, but they should be of ordinary Pyrex or similar hard glass since at 650° soft glass cups fuse with the combustion tubes, often causing breakage on cooling.

7. In this laboratory, counting is done in 20ml, *25 × 61* mm screw cap bottles of low potassium glass.

8. The fluor stock solution consists of 7.5 g diphenyloxazole, 75 mg. POPOP and 120 g naphthalene (recrystallized grade) dissolved in a mixture of 500 ml of reagent grade xylene and 500 ml of dioxane (either spectro grade or redistilled from calcium hydride).

References

1. Bell, C. G., jr., and F. N. Hayes, Ed.: Liquid scintillation counting. New York -London-Paris: Pergamon Press 1958.
2. Chen, P. S., jr.: Liquid scintillation counting of C^{14} and H^3 in plasma and serum. Proc. Soc. exp. Biol. (N. Y.) **98**, 546 (1958).
3. Davidson, J. D., and P. Feigelson: Practical aspects of internal-sample liquid scintillation counting. Int. J. appl. Rad. and Isotopes **2**, 1 (1957).
4. Glascock, R. F.: Isotopic gas analysis for biochemists. Ch. 5, 8, 9. New York, N. Y.: Academic Press, Inc. 1954.
5. Hayes, F. N., and R. G. Gould: Liquid scintillation counting of tritium-labeled water and organic compounds. Science **117**, 480 (1953).
6. Henriques, F. C., jr., and C. Margnetti: Analytical procedure for measurement of radioactive hydrogen. Indust. Engng. Chem., Anal. Ed. **18**, 420 (1946).
7. Herberg, R. J.: Phosphorescence in liquid scintillation counting of proteins. Science **128**, 199 (1958).
8. Jacobson, H. I., G. Gupta, C. Fernandez, S. Hennix and E. v. Jensen: Determination of tritium in biological material. Arch. Biochem. Biophys. **86**, 89 (1960).
9. Kamen, M. D.: Radioactive tracers in biology. 3rd ed. p. 276 ff. New York, N.Y.: Academic Press, Inc. 1957.
10. Okita, G. T.: Personal communication.
11. Sinex, F. M., et al: Tritium tracing-A rediscovery. Nucleonics **16**, No. 3, 62 (1958).
12. Vaughan, M., D. Steinberg and J. Logan: Liquid scintillation counting of C^{14}- and H^3-labeled amino acids and proteins. Science **126**, 446 (1957).
13. White, C. G., and S. Helf: Suspension counting in scintillating gels. Nucleonics **14**, No. 10, 46 (1956).
14. White, D. F., I. G. Campbell and P. R. Payne: Estimation of radioactive hydrogen. Nature (Lond.) **166**, 628 (1950).
15. Wilzbach, K. E., L. Kaplan and W. G. Brown: Preparation of gas for the assay of tritium in organic compounds. Science **118**, 522 (1953).
16. — and W. Y. Sykes: Determination of isotopic carbon in organic compounds. Science **120**, 494 (1954).

Nachweis stabiler Isotope

Von

Helmut Liebl

Mit 6 Abbildungen

1. Stabile Isotope als Indicatoren

Bei der Untersuchung von Stoffwechselproblemen gibt es Fälle, wo die Anwendung von radioaktiven Isotopen als Indicatoren nicht zum Ziele führt, sei es daß die Wirkung der Strahlen vermieden werden soll, oder daß es von dem betreffenden Element kein geeignetes radioaktives Isotop gibt. Letzteres ist der Fall gerade bei den Elementen Wasserstoff, Stickstoff und Sauerstoff, die im Stoffwechsel eine große Rolle spielen. Auch beim Kohlenstoff stieß man lange Zeit auf Schwierigkeiten, bis das radioaktive Isotop C^{14} in größeren Mengen hergestellt werden konnte. Glücklicherweise kommen von diesen vier Elementen in der Natur seltene stabile Isotope vor, die angereichert und als Indicatoren verwendet werden können. Aus folgender Tabelle ist die natürliche Zusammensetzung dieser vier Elemente zu ersehen.

Tabelle 1. *Natürliche Zusammensetzung der Elemente Wasserstoff, Kohlenstoff, Stickstoff und Sauerstoff*

Element	Wasserstoff		Kohlenstoff		Stickstoff		Sauerstoff		
Isotop	H^1	H^2	C^{12}	C^{13}	N^{14}	N^{15}	O^{16}	O^{17}	O^{18}
Häufigkeit in % . . .	99,985	0,015	98,892	1,108	99,635	0,365	99,759	0,037	0,204

Die geeigneten Indicatoren sind also das schwere Wasserstoffisotop H^2 oder D (Deuterium) und die schweren Isotope C^{13}, N^{15} und O^{18}. Bekannt sind z. B. die Arbeiten von SCHOENHEIMER, RITTENBERG u. a. mit angereichertem N^{15} über den Eiweißstoffwechsel im lebenden Organismus.

Im Prinzip sind stabile Isotope aller Elemente für Indicatorversuche geeignet, jedoch wird man, wenn dies möglich ist, radioaktive Isotope wegen des einfacheren Nachweises vorziehen. Es gibt aber auch Fälle, wo eine gleichzeitige Indizierung mit mehreren verschiedenen Isotopen notwendig oder zweckmäßig ist. Hier ist man auf stabile Isotope angewiesen, wenn entweder als zweiter Indicator nur eines der oben genannten Isotope in Frage kommt oder wenn bei gleichzeitiger Verwendung mehrerer radioaktiver Isotope eine saubere Trennung der verschiedenen Strahlenarten nicht möglich ist. Unter Umständen kann auch die höhere Meßgenauigkeit, die mit stabilen Isotopen gegenüber radioaktiven zu erreichen ist, deren Verwendung angebracht erscheinen lassen, besonders bei Anwendung der Isotopenverdünnungsmethode, die an anderer Stelle dieses Buches beschrieben ist.

Das Meßproblem beim Arbeiten mit stabilen Isotopen als Indicatoren besteht in jedem Falle darin, die Probe in ihre verschieden schweren Bestandteile zu zerlegen, also nach Massen aufzuspalten, und die Häufigkeitsverhältnisse der verschiedenen Massen zu bestimmen. Das geschieht auf elektromagnetischem Wege.

In Analogie zu den optischen Spektrographen, die von weißem Licht ein Farbenspektrum entwerfen, heißen Apparate, die ein Gemisch verschiedener Massen in ein „Massenspektrum" zerlegen, Massenspektrographen oder Massenspektrometer. Von Massenspektrographen spricht man dann, wenn das Massenspektrum photographisch aufgenommen wird, von Massenspektrometern, wenn es elektrometrisch registriert wird.

2. Apparate

a) Ionenerzeugung

Damit ein Atom oder Molekül durch elektrische und magnetische Felder beeinflußbar wird, muß es elektrisch geladen, also ionisiert werden. Am einfachsten lassen sich Gase ionisieren, deshalb muß die Versuchssubstanz vor der Analyse in eine gasförmige Form übergeführt werden, was auf chemischem Wege im allgemeinen keine Schwierigkeiten bereitet. Die gasförmige Probe wird aus dem Vorratsgefäß durch eine enge Capillare in die Ionenquelle geleitet und dort durch Elektronenstoß ionisiert. Abb. 1 zeigt schematisch eine solche Elektronenstoß-Ionenquelle. Von einem elektrisch geheizten Wolframfaden W werden Elektronen emittiert und durch eine Gleichspannung von etwa 100 V zum Stoßkästchen K hin beschleunigt. Ein Teil

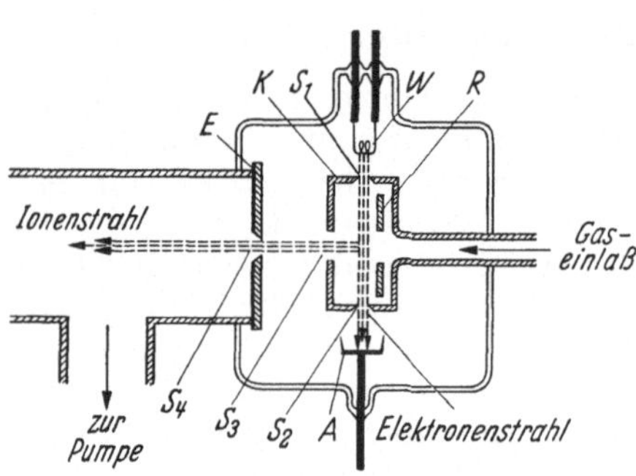

Abb. 1. Elektronenstoß-Ionenquelle

davon fliegt durch die Schlitze S_1 und S_2 des Kästchens K zum Auffänger A und ionisiert unterwegs die im Kästchen K befindlichen Gasmoleküle. Die so erzeugten Ionen werden von einem schwachen von der Elektrode R erzeugten elektrischen Feld durch den Schlitz S_3 aus dem Kästchen herausgedrückt, mit einigen tausend Volt zur Elektrode E hin beschleunigt und fliegen durch den Spalt S_4 mit annähernd gleicher kinetischer Energie in die Versuchsapparatur, in der sie nach Massen zerlegt werden sollen. Im Ionisierungsraum herrscht ein Druck von etwa 10^{-4} Torr, in der Versuchsapparatur hinter der Elektrode E dagegen muß durch dauerndes Pumpen ein Hochvakuum von etwa 10^{-6} Torr gehalten werden.

b) Massentrennung

α) **Magnetfeld.** Das einfachste Mittel zur Zerlegung eines Ionenstrahls gleicher Energie nach verschiedenen Massen ist ein homogenes magnetisches Sektorfeld. In einem homogenen Magnetfeld beschreiben Ionen mit zur Feldrichtung senkrechter Flugrichtung Kreisbahnen, deren Radius dem Impuls mv (Masse mal Geschwindigkeit) proportional ist. Da nun die kinetische Energie $mv^2/2$ für alle Ionen die gleiche ist, haben die verschiedenen Massen verschiedene Impulse und der Ionenstrahl wird nach Massen aufgespalten (Abb. 2). Außerdem tritt eine sog. Richtungsfokussierung ein, d. h. Ionen, die in einem kleinen Winkelbereich aus dem Eintrittsspalt S kommen, werden hinter dem Feld wieder gesammelt, wie sich leicht zeichnerisch verifizieren läßt, indem man die geraden und die Kreisbogenstücke der Ionenbahnen tangential zusammensetzt. Auf diese Weise werden im Punkt P_0 alle Ionen der Masse m_0 vereinigt, im Punkte P_1 alle Ionen der Masse m_1. Man kann diese beiden Fokussierungsorte als Bilder des Eintrittsspaltes S ansprechen.

β) **Auflösung.** Wegen der endlichen Spaltbreite und insbesondere wegen der unvermeidbaren kleinen Energie-Ungleichheit der Ionen haben auch die Spaltbilder eine gewisse seitliche Ausdehnung und wenn der Massenunterschied zu klein ist, verschwimmen die beiden Bilder zu einem; man sagt, die Massen werden nicht mehr aufgelöst. Als Auflösungsvermögen bezeichnet man den Kehrwert des kleinsten relativen Massenunterschieds, der gerade noch getrennt wird, also das Verhältnis $m_0/(m_1 - m_0)$. Das Auflösungsvermögen hängt wegen der Bildfehler auch noch vom Öffnungswinkel des Ionenstrahlbündels ab. Je größer der Öffnungswinkel gemacht wird, desto besser wird auch die Intensität, desto schlechter wird aber dafür das Auflösungsvermögen.

Mit einem magnetischen Sektorfeld erreicht man ein Auflösungsvermögen von etwa 100, d. h. die Massenzahlen[1] 100 und 101 werden gerade noch getrennt. Nun ist es, wie wir später noch ausführlicher sehen werden, häufig so, daß verschiedene Molekülarten die gleiche Massenzahl haben; z. B. haben Stickstoffgas N_2^{14} und

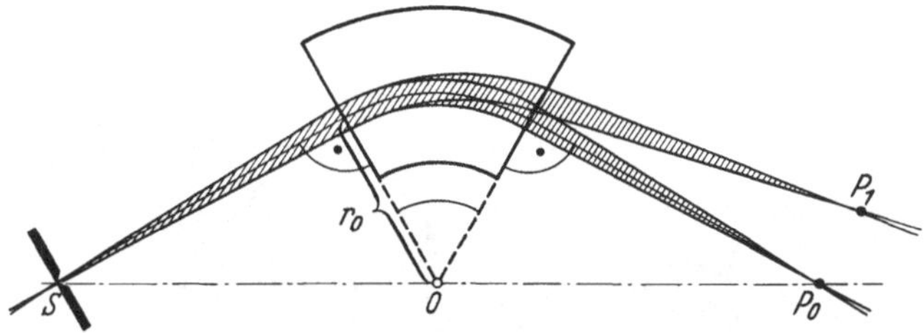

Abb. 2. Ein aus dem Spalt S kommendes Ionenstrahlbündel einheitlicher Energie wird durch ein magnetisches Sektorfeld nach verschiedenen Massen aufgespalten und hinter dem Feld an den Orten P_0 bzw. P_1 wieder gesammelt

Kohlenmonoxyd $C^{12}O^{16}$ beide die Massenzahl 28, wie die Addition der oberen Indizes ergibt. Bei Häufigkeitsmessungen an Stickstoffproben besteht daher große Gefahr zu Fehlmessungen, da CO immer im Restgas der Apparatur vorhanden ist. Das N_2^{14}-Molekül und das $C^{12}O^{16}$-Molekül bestehen aus genau den gleichen Elementarbausteinen: Der Stickstoffkern besteht aus sieben Protonen und sieben Neutronen, im N_2^{14}-Molekül sind also 14 Protonen und 14 Neutronen enthalten; der Kohlenstoffkern besteht aus 6 Protonen und 6 Neutronen, der Sauerstoffkern aus 8 Protonen und 8 Neutronen, was im $C^{12}O^{16}$-Molekül wiederum im ganzen 14 Protonen und 14 Neutronen ergibt; die Gesamtzahl der Hüllenelektronen ist ebenfalls in beiden Fällen 14. Trotzdem ist die Masse der beiden Moleküle nicht genau die gleiche. Beim Zusammentritt der Protonen und Neutronen zu den Atomkernen ist nämlich Bindungsenergie freigeworden, — ganz analog dem Auftreten von Wärme bei einer exothermen chemischen Reaktion —, und nach der Relativitätstheorie ist ein bestimmter Energiebetrag E mit der Masse $m = E/c^2$ (c = Lichtgeschwindigkeit) behaftet. Ein Atomkern hat also eine kleinere Masse als seine Einzelbausteine zusammengenommen. Die verschiedenen Bindungsenergien der Kerne des N^{14}, des C^{12} und des O^{16} haben daher einen kleinen Massenunterschied des N_2^{14}- und $C^{12}O^{16}$-Moleküls zur Folge, so daß die beiden Massen bei entsprechend hoher Auflösung des Massenspektrometers getrennt werden können. Die N_2^{14}-Masse beträgt 28,01506 ME (Massen-Einheiten), die $C^{12}O^{16}$-Masse 28,00382 ME, der Unterschied also 0,01124 ME. Damit erhält man ein notwendiges Auflösungsvermögen von $28/0,01124 \approx 2500$ (s. a. Abb. 6).

γ) **Hochauflösende Apparate.** Eine solch hohe Auflösung erreicht man, indem man vor das magnetische Sektorfeld ein elektrisches Sektorfeld setzt, dessen

---

[1] Unter Massenzahl versteht man die Anzahl der in dem betreffenden Ion enthaltenen Nucleonen = Summe der Protonen + Summe der Neutronen.

Feldlinien radial verlaufen. Ein solches elektrisches Sektorfeld hat ebenso richtungsfokussierende Eigenschaften wie ein magnetisches Sektorfeld, lenkt aber Ionen nicht wie das magnetische Sektorfeld nach ihrem Impuls, sondern nach ihrer kinetischen Energie ab, unabhängig von ihrer Masse. Der Ionenstrahl etwas ungleicher Energie, den die Ionenquelle liefert, wird also im elektrischen Sektorfeld aufgefächert und man kann mittels einer Blende hinter dem elektrischen Feld Ionen nahezu gleicher Energie aussondern und ins Magnetfeld zur Massentrennung weiterlaufen lassen. Durch einen Kunstgriff in der Wahl der geometrischen Daten der Kombination läßt sich außerdem noch erreichen, daß alle durch die Blende kommenden Ionen noch etwas verschiedener Energie ebenso wie die etwas

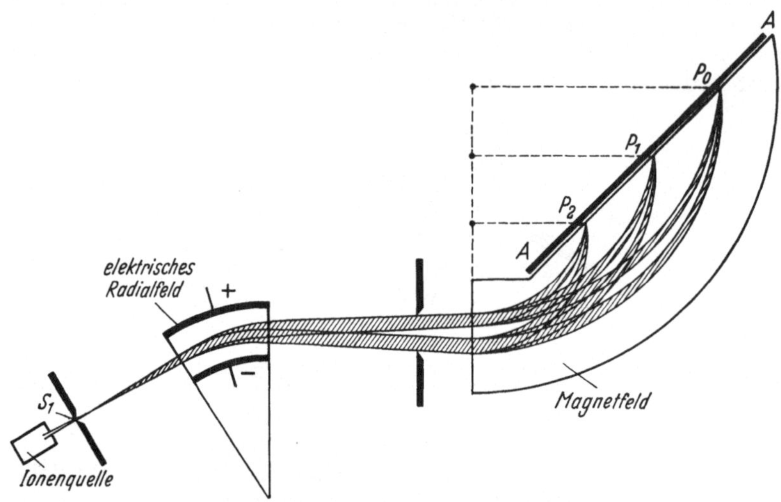

Abb. 3. Doppelfokussierender Massenspektrograph nach Mattauch und Herzog. Aus dem Eintrittsspalt S_1 kommende Ionen etwas verschiedener Richtung und Energie werden an den Orten P_0, P_1 und P_2, die drei verschiedenen Massen entsprechen, fokussiert

verschiedener Anfangsrichtungen zu einem scharfen Spaltbild vereinigt werden. Solche Apparate nennt man wegen der gleichzeitigen Richtungs- und Energiefokussierung „doppelfokussierend". Eine schematische Darstellung eines doppelfokussierenden Apparates gibt Abb. 3, wo der Verlauf zweier Ionenstrahlbündel etwas verschiedener Energie für drei verschiedene Massen dargestellt ist.

Mit einem solchen Apparat normaler Größe (Länge der Ionenbahnen etwa 1 m) kann man leicht ein Auflösungsvermögen von 20000 und mehr erreichen. Aus Intensitätsgründen ist es aber ratsam, die Breite der strahlenbegrenzenden Spalte und Blenden so groß zu wählen, daß das erforderliche Auflösungsvermögen nicht zu sehr überschritten wird.

c) Ionennachweis

Bei Häufigkeitsmessungen ist es technisch bequemer, wenn die verschiedenen Massen nicht räumlich, sondern zeitlich getrennt werden. Am Ort des Spaltbildes, z. B. an der Stelle P_0 in den Abb. 2 und 3, ist ein enger Schlitz ähnlich dem Eintrittsspalt und dahinter ein Faraday-Käfig als Ionen-Auffänger fest montiert. Durch kontinuierliche Änderung des Magnetfeldes wird das Massenspektrum über diesen Auffängerspalt hinweggeführt. Der im Faraday-Käfig ankommende Ionenstrom wird elektrisch verstärkt und von einem Linienschreiber registriert. Ist der Ionenstrom selbst zu schwach, was in der Regel bei hochauflösenden Apparaten der Fall ist, so wird anstelle des Faraday-Käfigs hinter den Austrittsspalt ein Sekundär-Emissions-Verstärker gesetzt, der in Abb. 4 schematisch dargestellt ist. Die Ionen treffen auf die erste Elektrode A_1, schlagen dort Sekundär-Elektronen

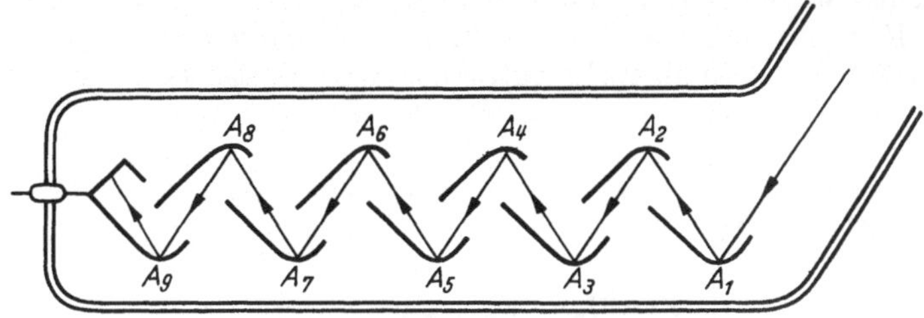

Abb. 4. Sekundär-Emissions-Verstärker

heraus, die mit etwa 300 V gegen die zweite Elektrode A_2 beschleunigt werden und dort wieder Sekundär-Elektronen auslösen usw., so daß die letzte Elektrode einen etwa 100 000 mal größeren Strom liefert, als der einfallende Ionenstrom beträgt.

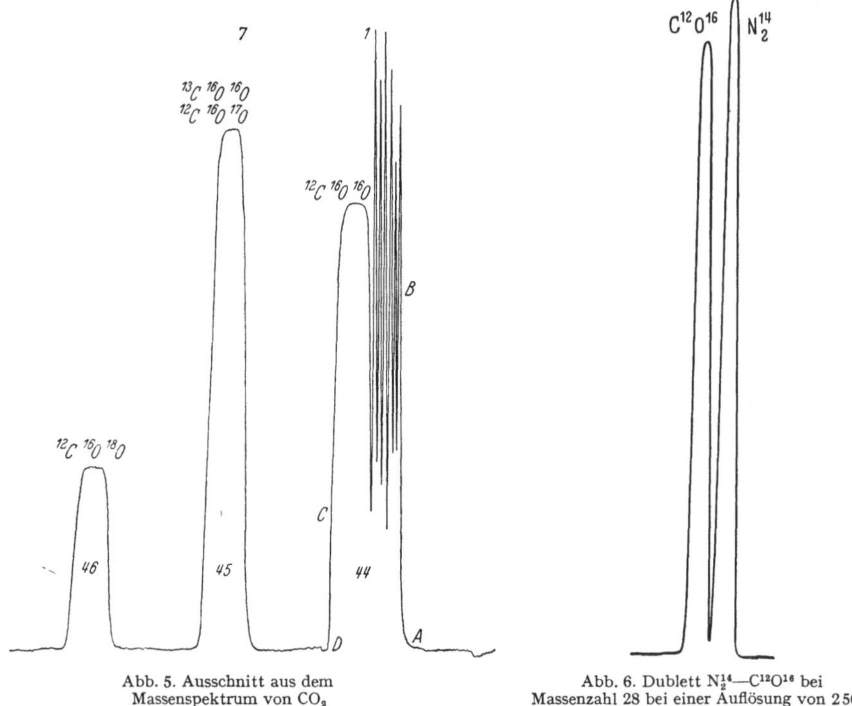

Abb. 5. Ausschnitt aus dem
Massenspektrum von CO_2

Abb. 6. Dublett N_2^{14}—$C^{12}O^{16}$ bei
Massenzahl 28 bei einer Auflösung von 2500

Da die Intensität der verschiedenen Massenlinien sich häufig um Zehnerpotenzen unterscheidet und zur Ausmessung möglichst große Höhe der Linien auf dem Registrierstreifen erwünscht ist, muß die Empfindlichkeit der Registriereinrichtung umschaltbar sein und zwar in genau bekannten Abstufungen. Die Umschaltung erfolgt entweder von Hand oder auch automatisch in der Weise, daß die Empfindlichkeit des Schreibers selbsttätig um einen bestimmten Faktor, z. B. 2, zurückgeschaltet wird, sobald die Schreibfeder einen bestimmten Maximalausschlag überschreitet. Abb. 5 zeigt eine auf diese Weise erhaltene Registrierung des CO_2-Spektrums mit einem Massenspektrometer der Firma Metropolitan Vickers. Die Registrierung begann von rechts mit der starken $C^{12}O_2^{16}$-Linie, bei der die Empfindlichkeit sechsmal zurückgeschaltet wurde. Nach jeder Linie stellt sich von selbst wieder der empfindlichste Bereich ein. Das Auflösungsvermögen bei dieser Registrierung war etwa 140; die beiden verschiedenen Massen bei Massenzahl 45 sind deshalb nicht getrennt. Abb. 6 zeigt eine Registrierung des Dubletts N_2^{14}— $C^{12}O^{16}$ bei der Massenzahl 28 bei einer Auflösung von 2500, ebenfalls mit einem Apparat der Metropolitan Vickers aufgenommen (vgl. S. 313). Bei einer Auflösung von nur 140 würde dieses Dublett ebenfalls als eine einzige Linie registriert werden.

d) Käufliche Massenspektrometer

Bis vor etwa 12 Jahren waren massenspektrometrische Untersuchungen auf Laboratorien beschränkt, die sich die notwendigen Apparate selber bauen konnten. Heute aber können komplette Massenspektrometer mit allem Zubehör von der Industrie bezogen werden. Dabei handelte es sich bisher fast ausschließlich um nur mit einem magnetischen Sektorfeld ausgerüstete Apparate geringer Auflösung. In zunehmendem Maße beginnt man aber jetzt auch mit dem Bau hochauflösender Massenspektrometer. In der Entwicklung führend war, anschließend an die Arbeiten von A. O. Nier, die Firma Consolidated Engineering Corporation (CEC), Pasadena (USA). Inzwischen werden auch von anderen Firmen in verschiedenen Ländern Massenspektrometer kommerziell hergestellt (z. B. General Electric, Apparatus Dept., USA; Metropolitan Vickers, Manchester, England; Atlas-Werke, Bremen; Process & Instruments, Brooklyn 22, New York; C. G. de télégraphie sans fil, Paris; Italettronica, Rom; Vard Company, Pasadena; Beckman Instrument Inc., Fullerton, Calif.; Philips, Niederlande).

3. Analyse der wichtigsten Isotope

a) Restgase

Vor Beginn einer Messung muß die Apparatur mittels Quecksilber- oder Öldiffussionspumpen evakuiert werden, und zwar mindestens bis zu einem Druck von 10^{-6} Torr. Auch dann ist noch ein Massenspektrum der Restgase feststellbar, die teils aus der atmosphärischen Luft stammen, teils von den Wänden der Apparatur abgegeben werden. Besonders stark sind immer die Linien von H_2O bei Massenzahl 18 und von CO bei Massenzahl 28. Leicht treten auch, vor allem bei Verwendung von Öldiffussionspumpen, Kohlenwasserstoffe und Bruchstücke davon auf.

Hat man nur ein Massenspektrometer geringer Auflösung zur Verfügung, so sind die Störlinien bei den betreffenden Massenzahlen durch Testregistrierungen zu berücksichtigen und entsprechende Korrektionen an den Ergebnissen anzubringen, was nicht immer einfach ist. Dabei muß auch besondere Sorgfalt auf äußerste Reinheit der Proben verwendet werden, da Linien des Massenspektrums der Verunreinigungen zufällig gerade mit den Meßlinien zusammenfallen können.

Zuverlässiger und bequemer mißt man mit hochauflösenden Massenspektrometern, bei denen Störlinien und Meßlinien getrennt erscheinen. Auch beim Einlaß der Gasprobe in die Ionenquelle darf der Druck in der Apparatur hinter dem Eintrittsspalt nicht viel über 10^{-6} Torr steigen, weil sonst durch die Zusammenstöße der Ionen mit den Restgasmolekülen eine Verbreiterung der Linien und Verschlechterung des Auflösungsvermögens eintreten würde.

b) Wasserstoff

Am besten geeignet zur Bestimmung des Mengenverhältnisses von schwerem zu normalem Wasserstoff ist Wasserstoffgas H_2. Es liefert folgendes Massenspektrum:

Die Linien bei den Massenzahlen 6 und 4 treten nur auf, wenn der schwere Wasserstoff einen wesentlichen Anteil ausmacht. Beträgt das schwere Isotop nur einen relativ kleinen Anteil, was meistens der Fall ist, dann wird das Isotopenverhältnis bestimmt aus dem Verhältnis der Linien $(H^1H^2) : (H_2^1)$. Um die beiden Dubletts bei den Massenzahlen 2 und 3 aufzulösen, ist ein Auflösungsvermögen von 2000 erforderlich. Hat man keine so hohe Auflösung, so wird die Bestimmung sehr erschwert wegen der Überlagerung der H_3^1-Linie über die Meßlinie H^1H^2. Das anomale 3atomige H_3^1-Ion entsteht wahrscheinlich in der Ionenquelle durch Stöße zwischen Wasserstoffmolekülen und -ionen. Die Bildung dieser Ionen ist druckproportional und man muß dann, um das richtige Isotopenverhältnis zu bekommen, zum Druck Null extrapolieren.

Tabelle 2
Massenspektrum von Wasserstoffgas H_2

Massenzahl	6	4	3	2	1
Ionen	H_3^2	H_2^2	H^1H^2 H_3^1	H_2^1 H^2	H^1

c) Kohlenstoff

Zur Kohlenstoffuntersuchung eignet sich am besten Kohlendioxyd CO_2. Es liefert folgendes Massenspektrum:

Tabelle 3. *Massenspektrum von Kohlendioxyd CO_2*

Massenzahl	46	45	44	30	29	28
Ionen	$C^{12}O^{16}O^{18}$	$C^{13}O_2^{16}$ $C^{12}O^{16}O^{17}$	$C^{12}O_2^{16}$	$C^{12}O^{18}$	$C^{13}O^{16}$ $C^{12}O^{17}$	$C^{12}O^{16}$

Massenzahl	22	18	17	16	13	12
Ionen	$^1/_2\,C^{12}O_2^{16}$	O^{18}	O^{17}	O^{16}	C^{13}	C^{12}

Die halbe Masse von $C^{12}O_2^{16}$ bei Massenzahl 22 rührt vom doppelt geladenen $C^{12}O_2^{16}$-Ion her. Die Ablenkung im Massenspektrometer geht nämlich nach dem Verhältnis Ladung/Masse (e/m), so daß ein zweifach geladenes Teilchen genauso abgelenkt wird, als hätte es die halbe Masse und nur einfache Ladung.

Das gesuchte Isotopenverhältnis $(C^{13}) : (C^{12})$ bekommt man aus den Höhen der Linien bei Massenzahl 45 und 44, (s. a. Abb. 5). Die beiden Massen bei Massenzahl 45 werden erst bei einem Auflösungsvermögen von 50000 getrennt. Das ist aber nicht erforderlich, da man den Anteil des $C^{12}O^{16}O^{17}$ an der Höhe der Linie bei 45 genau kennt. Das Verhältnis $(O^{17}) : (O^{16})$ ist $3{,}75 : 10000$ (s. Tab. 1), also beträgt das Verhältnis $(C^{12}O^{16}O^{17}) : (C^{12}O_2^{16})$ wegen der zwei Sauerstoffatome im CO_2-Molekül das Doppelte, nämlich $7{,}5 : 10000$ (vgl. S. 319). Um diesen Bruchteil der Höhe der $C^{12}O_2^{16}$-Linie bei 44 muß man demnach die Linie bei 45 vermindern, um die Höhe der $C^{13}O_2^{16}$-Linie allein zu erhalten.

Als Störlinien kommen allenfalls Kohlenwasserstoffe (C_3H_8) in Frage. Zu deren Abtrennung genügt jedoch schon eine Auflösung von 600. Wichtiger ist es auf die Anwesenheit von CO_2 selbst im Restgas zu achten, das aus der atmosphärischen Luft stammen kann.

d) Stickstoff

Zur Untersuchung eignet sich am besten Stickstoffgas N_2. Es liefert folgendes Massenspektrum:

Tabelle 4. *Massenspektrum von Stickstoffgas N_2*

Massenzahl	30	29	28	15	$14^1/_2$	14
Ionen	N_2^{15}	$N^{14}N^{15}$	N_2^{14}	N^{15} $^1/_2\,N_2^{15}$	$^1/_2\,N^{14}N^{15}$	N^{14} $^1/_2\,N_2^{14}$

Das Isotopenverhältnis wird bestimmt aus den Linien bei den Massenzahlen 28 und 29. Die Ionen von N_2^{15} bei Massenzahl 30 und 15 treten nur auf, wenn das natürliche $(N^{15}):(N^{14})$-Verhältnis beträchtlich zugunsten von N^{15} verändert ist. In diesem Falle kann auch die N_2^{15}-Linie zur Auswertung mit herangezogen werden.

Bei diesen beiden Massenzahlen können eine Menge Störlinien auftreten, von denen die wahrscheinlichsten zusammen mit den Meßlinien in der Reihenfolge steigender Massen aufgeführt seien:

Massenzahl 28: $C^{12}O^{16}$, N_2^{14}, $C^{12}C^{13}H_3^1$, $C_2^{12}H_4^1$.

Massenzahl 29: $C^{13}O^{16}$, $N^{14}N^{15}$, $N_2^{14}H^1$, $C^{12}C^{13}H_4^1$, $C_2^{12}H_5^1$.

Am meisten stört die $C^{12}O^{16}$-Linie bei Massenzahl 28. Zu ihrer Abtrennung von der N_2^{14}-Linie ist eine Auflösung von 2500 nötig (vgl. S. 313 u. Abb. 6). Die Kohlenwasserstoffe liegen weiter ab. Mit dieser Auflösung werden bei Massenzahl 29 die $N_2^{14}H^1$-Linie und die Kohlenwasserstoffe von der Meßlinie $N^{14}N^{15}$ getrennt, die $C^{13}O^{16}$-Linie jedoch nicht. Zu deren Abtrennung müßte man die Auflösung auf nahezu 6000 erhöhen. Man kann statt dessen aber auch eine Korrektion anbringen, indem man die Höhe der Meßlinie $N^{14}N^{15}$ um $1,1\%$ der Höhe der $C^{12}O^{16}$-Linie vermindert, da dies der Anteil des $C^{13}O^{16}$ an der Meßlinie ist (s. Tab. 1).

Die Bestimmung des Isotopenverhältnisses aus den Linien bei Massenzahl 14 und 15 ist nicht ratsam, da erstens hier die Intensität etwa zehnmal kleiner ist und zweitens die Auswertung durch das Auftreten der doppelt geladenen Moleküle, deren Linien mit denen der einfach geladenen N-Atome zusammenfallen, erschwert wird.

Es versteht sich von selbst, daß beim Arbeiten mit Stickstoff mit äußerster Sorgfalt darauf zu achten ist, daß die Probe nicht durch atmosphärische Luft verunreinigt wird. Die Anwesenheit von Luft im Restgas der Apparatur kann durch Aufsuchen der Masse 32 von O_2 geprüft werden. Analoges gilt für den nun folgenden Sauerstoff, wo umgekehrt durch Aufsuchen der N_2-Masse bei 28 die Anwesenheit von Luft kontrolliert werden kann.

e) Sauerstoff

Von den beiden schweren Sauerstoffisotopen wird wegen seiner größeren natürlichen Häufigkeit meist das Isotop O^{18} als Indicator verwendet.

Zur Analyse eignet sich Sauerstoffgas O_2. Es liefert folgendes Spektrum:

Tabelle 5. *Massenspektrum von Sauerstoffgas O_2*

Massenzahl	36	34	33	32	18	17	16
Ionen	O_2^{18}	$O^{16}O^{18}$	$O^{16}O^{17}$	O_2^{16}	O^{18} $^1/_2\,O_2^{18}$	O^{17} $^1/_2\,O^{16}O^{18}$	O^{16} $^1/_2\,O_2^{16}$

Das Isotopenverhältnis $(O^{18}):(O^{16})$ wird bestimmt aus den Linien bei 32 und 34. Übersteigt der O^{18}-Anteil das natürliche Maß beträchtlich, so tritt, ähnlich wie beim Stickstoff, auch die O_2^{18}-Linie bei Massenzahl 36 auf und kann zur Auswertung mit herangezogen werden.

Als Störlinien kämen vielleicht unter irgendwelchen besonderen Umständen die Schwefelisotope S^{32}, S^{33}, S^{34} und S^{36} in Frage, die aber schon bei einer Auflösung von 2000 abgetrennt würden.

Um die Gefahr einer Fälschung der Messung durch atmosphärischen Sauerstoff zu vermeiden, kann die Probe auch zu CO_2 umgesetzt und das Isotopenverhältnis $(O^{18}):(O^{16})$ aus dem Verhältnis der $C^{12}O^{16}O^{18}$- und $C^{12}O_2^{16}$-Linien bei Massenzahl 46 und 44 bestimmt werden (s. Tab. 3 u. Abb. 5).

Die Verwendung der Linien der Atom-Ionen ist aus den gleichen Gründen wie beim Stickstoff nicht zu empfehlen; außerdem kommt hier noch eine Erhöhung der O^{16}-Linie durch aus dem Wasserdampf stammenden Sauerstoff hinzu, der stets in der Apparatur vorhanden ist, und bei geringerer Auflösung als 1600 überlagert sich der O^{18}-Linie die H_2O-Linie selbst.

f) Zur Auswertung

α) **Bestimmung des Isotopenverhältnisses.** Die Bestimmung des gesuchten Isotopenverhältnisses aus den registrierten Linienhöhen ist einfach. Ist das betreffende Element nur einatomig in den untersuchten Ionen eingebaut, so ist das Verhältnis der Linienhöhen direkt gleich dem gesuchten Isotopenverhältnis. So ist im Fall des Kohlenstoffs das Verhältnis der Linienhöhen $(C^{13}O_2^{16}):(C^{12}O_2^{16})$ schon das gesuchte Isotopenverhältnis $(C^{13}):(C^{12})$. Ist das betreffende Element doppelt in den registrierten Ionen enthalten, so sind drei der Masse nach verschiedene Ionenarten möglich, wenn es sich um zwei verschiedene Isotope handelt. Bezeichnen wir das eine Isotop mit A, das andere mit B, so gibt es die Kombinationen AA, AB und BB. Ist das Mengenverhältnis der beiden Isotope $(A):(B) = x:1$, so ist nach der Statistik das Mengenverhältnis der Kombinationen $(AA):(AB):(BB) = x^2:2x:1$. So ist die natürliche Zusammensetzung des Stickstoffgases, wo das Isotopenverhältnis $(N^{15}):(N^{14})$ nach Tab. 1 $0,00366:1$ oder $0,366:100$ beträgt, gegeben zu $(N_2^{15}):(N^{14}N^{15}):(N_2^{14}) = 0,00134:0,732:100$. Zur Auswertung muß man also die halbe Höhe der AB-Linie durch die Höhe der BB-Linie dividieren und hat damit das gesuchte x. Das trifft zu bei den in den vorigen Abschnitten besprochenen Meßlinien für Wasserstoff, Stickstoff und Sauerstoff. Bei letzterem ist das Verhältnis $(C^{12}O^{16}O^{18}):(C^{12}O_2^{16})$ das gleiche wie $(O^{16}O^{18}):(O_2^{16})$.

β) **Meßgenauigkeit.** Absolute Häufigkeitsmessungen sind mit einem guten Massenspektrometer auf einige Prozent genau durchführbar. Soll die Meßgenauigkeit weiter gesteigert werden, so muß eine Reihe von systematischen Fehlern und Meßfehlern berücksichtigt werden, die bei EWALD und HINTENBERGER (S. 190 ff.) eingehend besprochen sind.

Bei Untersuchungen mit Indicatoren kommt es aber meist gar nicht auf die absolute Häufigkeit der Isotope an, sondern man will Änderungen des Häufigkeitsverhältnisses messen. Wenn die untersuchten Proben jeweils mit einer Standardprobe verglichen werden, fallen alle systematischen Fehler heraus und man erreicht eine wesentlich höhere Genauigkeit. Eine Änderung des Häufigkeitsverhältnisses von 1% kann im allgemeinen ohne große Schwierigkeiten festgestellt werden.

Literatur

Monographien

1. Aston, F. W.: Mass spectra and isotopes. London: Edward Arnold & Co. 1942.
2. Ewald, H., u. H. Hintenberger: Methoden und Anwendungen der Massenspektroskopie. Weinheim: Verlag Chemie 1953.
3. Barnard, G. P.: Modern mass spectrometry. Institute of Physics, London 1953.
4. Ewald, H.: Massenspektroskopische Apparate. In Handbuch der Physik, Bd. XXXIII.
5. Inghram, M. G., and R. J. Hayden: A handbook on mass spectroscopy; Nuclear Science Series. Report No. 14. Washington 1954.
6. Duckworth, H. E.: Mass spectroscopy. Cambridge University Press 1958.
7. Smith, M. L.: Electromagnetically enriched isotopes and mass spectrometry. London: Butterworths Scientific Publ. 1956.
8. Wilson, D. W., A. O. Nier and S. P. Reimann: Preparation and measurement of isotopic tracers. Michigan: J. W. Edwards Ann Arbor 1946.
9. Calvin, M., C. Heidelberger, J. C. Reich, B. M. Tolbert and P. E. Yankwich: Isotopic carbon, techniques and its measurement and chemical manipulation. New York: J. Wiley and Sons Inc. London: Chapman and Hall 1949.
10. Schoenheimer, R.: The dynamic state of body constituents. Havard University Press 1942.

Tabellen

11. Mattauch, J., u. A. Flammersfeld: Isotopenbericht 1949. Sonderheft Z. Naturforsch. Tübingen 1949
12. Bainbridge, K. T., and A. O. Nier: Relative isotopic abundances of the elements; Nuclear science series. Report No. 9. Washington 1950.

Tagungsberichte

13. Third annual meeting, A. S. T. M. Committee E-14 in mass spectrometry.
14. Mass spectrometry. London: Institute of Petroleum 1952.
15. Applied mass spectroscopy. London: Institute of Petroleum 1954.
16. Joint conference on mass spectrometry. London: Pergamon Press Sept. 1958.
17. Solvay Congress, Brüssel 1947. Rapports et discussions sur les isotopes. Brüssel: R. Stoop 1948.
18. A symposium on the use of isotopes in Biology and Medicine; Madison: University of Wisconsin Press 1948.
19. Cold Spring Harbor Symposia on Quantitative Biology, Vol. 13: Biological applications of tracer elements. The Biological Laboratory, Cold Spring Harbor. New York 1948.

Zusammenfassende Artikel

20. Nier, A. O.: The mass spectrometer and its application to isotope abundance measurements in tracer isotope experiments; in (8), S. 11.
21. Rittenberg, D.: The preparation of gas samples for mass spectrographic isotope analysis; in (8), S. 31.
22. — The use of N^{15} and D for the study of chemical processes in the living cell; in (17), S. 391.
23. Bentley, R.: The use of stable isotopes in biological chemistry; in (14), S. 117.
24. Hintenberger, H.: A survey of the use of stable isotopes in dilution analyses; in (7), S. 177.
25. Inghram, M. G.: Stable isotope dilution as an analytical tool. Ann. Rev. Nucl. Sci. 4, 81 (1954).
26. Bentley, R.: Oxygen 18 as a tracer element. Nucleonics 4, 18 (1948).
27. Buchanan, J. M., Hastings and A. Baird: The use of isotopically marked carbon in the study of intermediary metabolism. Physiol. Rev. 26, 120 (1946).
28. Radin, N. S.: Isotoptechnic in biochemistry I—V; Nucleonics Sept., Okt., Dez. 1947; Jan., Febr. 1948.
29. Weygand, F.: Anwendungen der stabilen und radioaktiven Isotope in der Biochemie. Angew. Chem. 61, 285 (1949).
30. Bernhard, K.: Neuere Ergebnisse der Stoffwechselforschung mit Hilfe der Isotopentechnik. Bull. Schweiz. Akad. med. Wiss. 5, 331 (1949); s. a. Beiträge zur Anwendung der Isotopentechnik (Schweiz. Akad. med. Wiss.) Basel: B. Schwabe & Co. 1950.

Autoradiographie

Von

Eberhard Harbers

Mit 18 Abbildungen

Bei der autoradiographischen Lokalisation von Radioelementen erfolgt deren Nachweis mit Hilfe einer Photoemulsion, die in möglichst engem Kontakt mit dem radioaktiven biologischen Objekt, z. B. einem Gewebsschnitt, exponiert wird. Nach beendeter Exposition und anschließendem Entwickeln gibt die Schwärzung in der Photoemulsion Menge und Verteilung des radioaktiven Materials im Gewebe wieder. Als erster hat bereits 1904 LONDON von diesem Untersuchungsprinzip Gebrauch gemacht (Abb. 1), das in der Folgezeit noch mehrfach bei biologischen Versuchen mit natürlich radioaktiven Stoffen angewandt wurde. In neuerer Zeit wurde die Autoradiographie ein wichtiges Untersuchungsverfahren für die experimentelle Biologie und Medizin, nachdem es gelungen war, künstlich auch von den Elementen niederer Ordnungszahlen radioaktive Isotope zu erzeugen und diese mit Hilfe von Reaktoren in größeren Mengen herzustellen. In Zusammenarbeit mit der Industrie (insbesondere Ilford und Kodak Ltd. in England) wurden neue autoradiographische Methoden entwickelt — besonders durch PELC in England und LEBLOND in Kanada —, die es erlauben, die Verteilung von Radioelementen auch in mikroskopischen Dimensionen zu bestimmen. Im Zuge dieser Entwicklung sind die autoradiographischen Verfahren zum Nachweis radioaktiver Stoffe in Gewebsschnitten oder in Zellausstrichen jetzt vor allem ein Rüstzeug der Histochemie geworden (BOURNE; HARBERS).

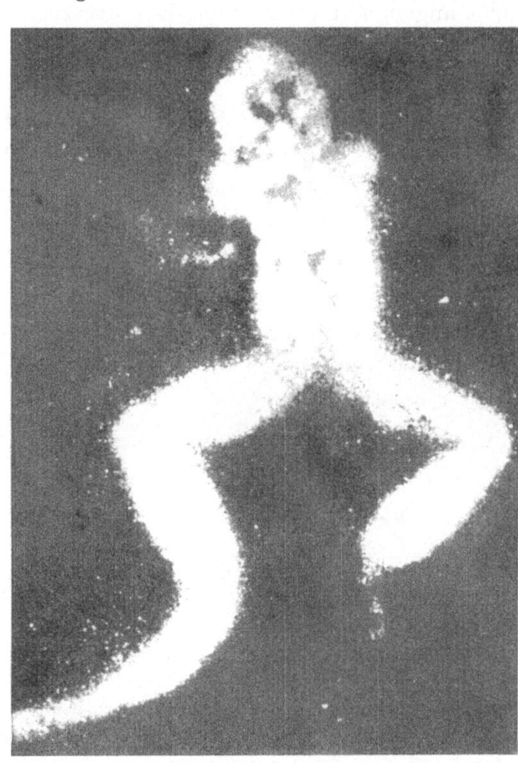

Abb. 1. Erstes Autoradiogramm von einem biologischen Objekt. Frosch nach Inhalation von Radium-Emanation (nach LONDON)

Neben der Bezeichnung ,,Autoradiographie'' sind vor allem in der älteren Literatur *verschiedene andere* Bezeichnungen für dieses Untersuchungsverfahren zu finden (z. B. Autographie, Autophotographie, Curiegraphie, Historadiographie,

Histoautoradiographie, Mikroradioautographie, Organoradiumgraphie, Radium-graphie, Radiographie oder — auch jetzt noch häufig — Radioautographie). Von TAUXE, MOSER und BOYD sowie BOYD (1955) wurden die Fragen der Nomenklatur diskutiert und als *zweckmäßige Ausdrücke „Autoradiographie" für die Methode* und *„Autoradiogramm" für das Präparat* vorgeschlagen.

Insbesondere im anglo-amerikanischen Schrifttum sind zahlreiche Übersichts-referate zur Autoradiographie erschienen [u. a. FITZGERALD; FITZGERALD, SIMMEL, WEINSTEIN und MARTIN; GROSS, BOGOROCH, NADLER und LEBLOND; HERZ; NIKLAS und MAURER; TAYLOR (1956)]. Von BOYD (1955) wurden die methodischen Grundlagen (allerdings unter weitgehender Vernachlässigung der Probleme der Gewebsvorbehandlung) in einem Buch ausführlich dargestellt. In deutscher Sprache liegt ein umfassender Handbuchartikel vor, in dem sowohl über die Methodik als auch über die Ergebnisse autoradiographischer Untersuchungen berichtet wird (HARBERS). In dem nachstehenden Beitrag wird eine kurze Über-sicht der verschiedenen autoradiographischen Verfahren und ihrer Anwendungs-möglichkeiten gegeben; dabei werden sowohl die Vorzüge als auch die Grenzen der einzelnen Methoden diskutiert. Die zitierten Publikationen bilden nur eine kleine Auswahl aus der bereits sehr umfangreichen Literatur zu diesem Arbeitsgebiet (eine angenähert vollständige Literaturzusammenstellung findet sich in dem oben angeführtem Handbuchartikel).

A. Physikalische Grundlagen der Autoradiographie

I. Strahlenwirkung auf die Photoemulsion

Bei der Einwirkung ionisierender Strahlen auf eine Photoemulsion wird in ähnlicher Weise wie durch sichtbares Licht ein latentes Bild erzeugt, das mit Hilfe eines Reduktionsmittels (Entwickler) sichtbar gemacht werden kann. Der Effekt der verschiedenen Strahlenarten auf die Emulsion ist unterschiedlich. Er ist abhängig von der Geschwindigkeit, Ladung und Energie der emittierten Teilchen; ferner wird das autoradiographisch gewonnene Bild noch von der Art und der

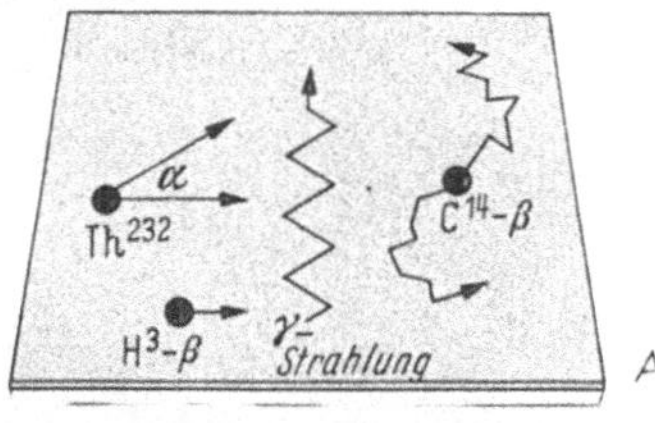

Abb. 2. Schematische Darstellung der Einwir-kung verschiedener Strahlenarten auf eine hoch-empfindliche Kernemulsion. *A* demonstriert die Wirkung von Thorium²³² (Emission von α-Teil-chen), C¹⁴, Tritium (H³) und einem γ-Strahler während der Exposition. *B* zeigt die Emulsion nach dem Entwickeln mit Bahnspuren der α-Teil-chen und der β-Teilchen von C¹⁴. Die β-Teilchen des H³ haben eine so geringe Reichweite und Energie, daß sie nur zur Ausbildung weniger Silbergranula in unmittelbarer Nähe der Strahlungsquelle führen. Die γ-Strahlung wird nur sehr wenig absorbiert; sie hat daher kaum einen Effekt auf die Photoemulsion (nach FITZGERALD, SIMMEL, WEINSTEIN und MARTIN)

Empfindlichkeit der verwendeten Emulsion bestimmt. Bei den gewöhnlichen Photoemulsionen sind stets zahlreiche Ionisationen zur Bildung entwickelbarer Silbergranula erforderlich. Mit den besonders empfindlichen Typen der modernen „Kernemulsionen" (Nuclear Emulsions von Eastman Kodak, USA; Ilford Ltd. und Kodak Ltd., England), die primär für kernphysikalische Untersuchungen ent-wickelt wurden, können einzelne α- oder β-Teilchen als sog. Bahnspur selbst bei

geringer spezifischer Ionisation nachgewiesen werden (Abb. 2 und 3). Diese Kernemulsionen zeichnen sich durch eine besonders hohe Konzentration an Silber-
halogenkristallen aus (10^9 bis 10^{12} pro cm², je nach Korngröße und Dicke der

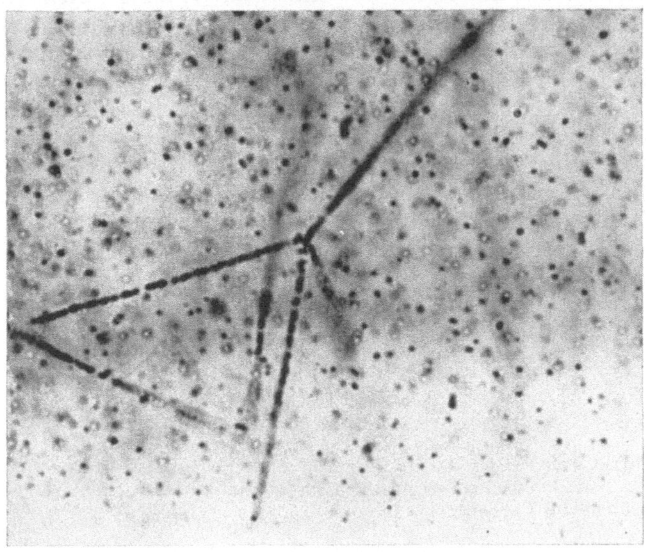

Abb. 3. α-Bahnspuren von Thorium X und Folgeprodukten (nach Bachmann, Harbers und Neumann)

Emulsion); dabei ist die Korngröße mit 0,2—0,5 μ Durchmesser außerordentlich
gering. Das Aussehen der Bahnspuren wird vor allem bestimmt durch die spezifische Ionisation, die der pro Weglängeneinheit abgegebenen Energie der Teilchen
direkt proportional ist (vgl. Abb.5), ferner durch die Reichweite der Teilchen. α-Teilchen führen durch ihre besonders hohe spezifische Ionisation zu Bahnspuren, die sich aus dicht aneinandergereihten Silberkörnern zusammensetzen (Abb. 2 und 3); wegen ihrer großen Masse werden die α-Teilchen praktisch nicht gestreut. β-Teilchen haben bei gleicher kinetischer Energie eine wesentlich größere Reichweite als α-Teilchen (vgl. Abb. 4); da die spezifische Ionisation kleiner ist, kommt es nur zur Ausbildung von verhältnismäßig wenigen Silbergranula pro Weglängeneinheit. Wegen ihrer geringen Masse werden β-Teilchen innerhalb der Emulsion

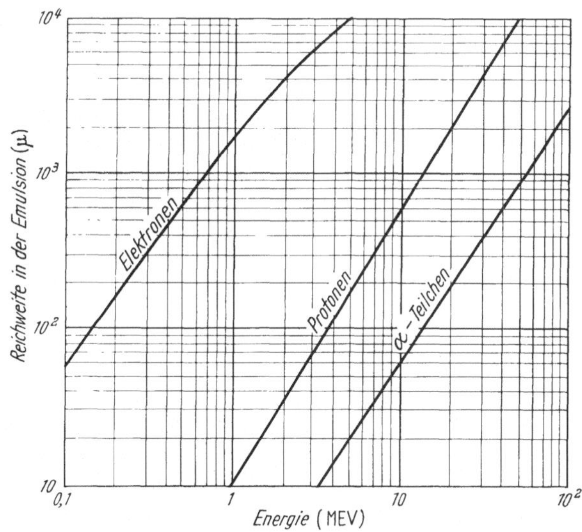

Abb. 4. Reichweite verschiedener geladener Teilchen in Kernemulsionen
in Abhängigkeit von der Energie der Teilchen (nach Webb)

gestreut; die Bahnspuren haben daher keinen geradlinigen Verlauf (Abb. 2).Die
Länge der einzelnen Bahnspuren ist unterschiedlich entsprechend dem Energie-

spektrum des β-Zerfalls und ist selbst bei schwachen β-Strahlern wie C^{14} oder S^{35} mit maximal 90 bzw. 100 μ in der Photoemulsion recht groß. Mit abnehmender kinetischer Energie wächst die spezifische Ionisation (vgl. Abb. 5); daher ist am Ende der β-Bahnspuren die Dichte der Silbergranula am größten (Abb. 2).

Beim β-Zerfall werden häufig noch zusätzlich γ-Quanten emittiert, die über die Bildung von Sekundärelektronen ebenfalls auf die Photoemulsion einwirken. Wegen der im Vergleich zu den β-Teilchen nur sehr geringen Absorption der γ-Strahlung kann deren Effekt im allgemeinen vernachlässigt werden (s. Abb. 2). Über ein besonderes Verfahren zum autoradiographischen Nachweis von K-Strahlern wird S. 334 berichtet.

Für autoradiographische Untersuchungen werden von der Industrie verschiedene Spezialemulsionen hergestellt, die sich hinsichtlich ihrer Empfindlichkeit in 3 Gruppen einteilen lassen (Herz):

1. Geringe Empfindlichkeit (Nachweis von α-Teilchen als Bahnspur möglich; hierzu sind auch die K-Platten von Agfa, Wolfen, geeignet).

2. Mittlere Empfindlichkeit (α-Teilchen und langsame Elektronen bis zu etwa 100 keV führen zur Ausbildung von Bahnspuren).

3. Hohe Empfindlichkeit (Nachweis schneller Elektronen mit minimalstem Ionisationsvermögen möglich; s. Abb. 5).

Buckaloo und Cohn stellten Autoradiogramme mit Farbfilm (Ektachrom, Tageslichtfilm, Eastman-Kodak) her. Schwache β-Strahler (C^{14}) führten zu bläulichen, energiereichere (P^{32}) zu grünen bis grüngelben Farben.

Wegen der einfacheren Handhabung werden im allgemeinen die unempfindlicheren Emulsionen der ersten Gruppe bevorzugt. Die Empfindlichkeit wird noch weiter dadurch herabgesetzt, daß diese Emulsionen im Hinblick auf ein gutes Auflösungsvermögen in sehr dünner Schichtdicke verwendet werden müssen (s. S. 325). Für den minimalsten photographischen Effekt sind daher bei β-Strahlern

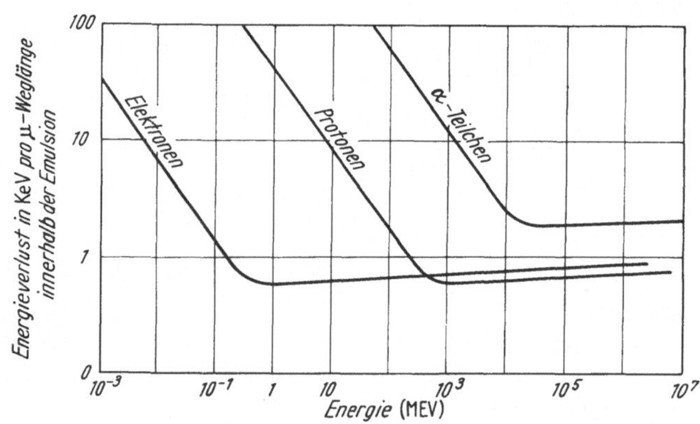

Abb. 5. Energieverluste in keV pro μ Weglänge in Abhängigkeit von der kinetischen Energie (in MeV) für Elektronen, Protonen und α-Teilchen (nach Herz)

stets zahlreiche Teilchen erforderlich. Aus Abb. 5 ist zu ersehen, daß geladene Teilchen um so mehr Energie pro Weglängeneinheit verlieren, je geringer ihre kinetische Energie ist. Daraus ergibt sich, daß die Photoemulsion gegenüber langsamen Elektronen (hohe spezifische Ionisation) empfindlicher ist als gegenüber schnellen (geringere spezifische Ionisation). Bei schwachen β-Strahlern benötigt man daher geringere Aktivitäten als bei energiereichen, um den gleichen photographischen Effekt zu erzielen (Tab. 1).

Die hochempfindlichen Emulsionen, in denen selbst energiereiche β-Teilchen zu Bahnspuren führen, haben den Vorteil, daß sehr kleine Aktivitäten nachgewiesen werden können und die Expositionszeiten nur kurz zu sein brauchen; ferner kann der Geübte im allgemeinen die Bahnspuren gut von artefiziellen Effekten auf die Photoemulsion unterscheiden. Das Arbeiten mit diesen Emulsionen, die eine möglichst große Schichtdicke haben sollten, erfordert allerdings viel Erfahrung. Zudem ist bei energiereichen β-Strahlern das Auflösungsvermögen nicht sehr gut. Störend ist außerdem die begrenzte Haltbarkeit dieser empfindlichen Emulsionen.

Tabelle 1. *Ausgangsaktivität und Zahl der erforderlichen β-Teilchen pro cm², um bei Röntgenfilm (Eastman No-screen Film) nach zweiwöchiger Exposition einen Schwärzungsgrad von 0,6 zu erreichen* (aus HERZ)

Art des Radioelements	$E_{\beta\,max}$ MeV	Aktivität in μC/cm²	Elektronen pro cm²
C^{14}	0,155	$3,6 \cdot 10^{-4}$	$0,38 \cdot 10^{7}$
Ca^{45}	0,254	$4,6 \cdot 10^{-4}$	$2,0 \ \cdot 10^{7}$
J^{131}	0,605	$9,8 \cdot 10^{-4}$	$2,65 \cdot 10^{7}$
P^{32}	1,69	$2,1 \cdot 10^{-3}$	$7,2 \ \cdot 10^{7}$

II. Auflösungsvermögen

Zur Frage des Auflösungsvermögens in Autoradiogrammen wurden verschiedene theoretische (DONIACH und PELC; NADLER 1951) und experimentelle (vor allem GROSS, BOGOROCH, NADLER und LEBLOND; STEVENS) Untersuchungen durchgeführt. Werden β-Strahler nicht durch Bahnspuren, sondern mit unempfindlicheren Emulsionen durch lokale Konzentrationen von Silbergranula nachgewiesen — wie es bis jetzt meist geschieht —, so wird ein optimales Auflösungsvermögen erreicht, wenn Gewebeschnitt und Emulsion sehr dünn sind und der Abstand zwischen beiden möglichst gering ist. Abb. 6 zeigt schematisch in einem Gewebsschnitt zwei punktförmig angenommene Strahlungsquellen A_1 und A_2 sowie ihre Einwirkung auf die darüber liegende Photoemulsion. Da die β-Teilchen gleichmäßig nach allen Seiten emittiert werden, kommt es in der Emulsion nicht zu punktförmiger Abbildung der beiden Strahlungsquellen, sondern diese erscheinen als einander überlappende, mehr oder weniger ausgedehnte Schwärzungsbereiche. Das Diagramm über der Zeichnung gibt den Verlauf der Schwärzungsintensität wieder, wie ihn der Betrachter des Autoradiogramms sieht. Die zwei Strahlungszentren können zwar gerade noch unterschieden werden, doch läßt sich ihre wahre Ausdehnung nicht beurteilen. Eine Trennung der beiden Bildpunkte B_1 und B_2

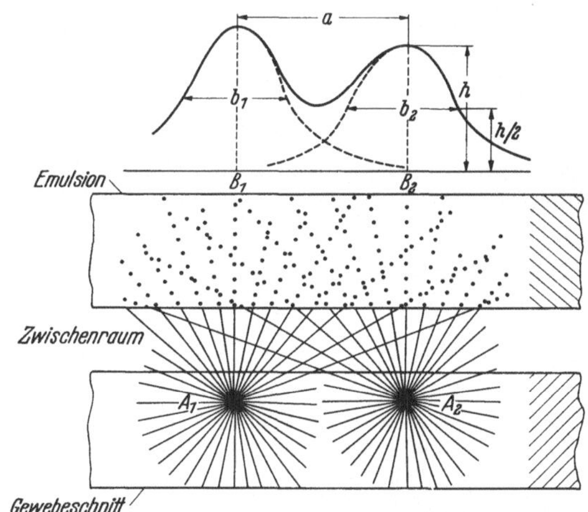

Abb. 6. Schematische Darstellung der Wirkung zweier punktförmiger β-Strahlenquellen in einem Gewebsschnitt auf die darüber liegende Photoemulsion (nach SCHMEISER)

ist nur möglich, solange die Halbwertsbreiten (b_1 und b_2) der einander überlappenden Schwärzungskurven kleiner sind als der Abstand a der beiden Strahlungsquellen (DONIACH und PELC). Aus Abb. 6 ist zugleich anschaulich zu entnehmen, daß im Hinblick auf ein gutes Auflösungsvermögen die Dicke des Gewebsschnittes und der Abstand zwischen Gewebe und Emulsion möglichst klein sein sollten; die Schichtdicke der Emulsion spielt dem gegenüber eine nicht ganz so große Rolle (Abb. 7).

Die Güte des Auflösungsvermögens hängt noch von verschiedenen weiteren Faktoren ab. Eine grobkörnige Emulsion (z. B. hochempfindlicher Röntgenfilm) erlaubt keine feinere Lokalisation von Radioelementen. Durch zu ausgedehnte Expositionszeit oder zu lang dauerndes Einwirken des Entwicklers kommt es künstlich zu einer Vergrößerung des Schwärzungsbereiches (vgl. Abb. 8). Eine geringere Reichweite der β-Teilchen hat erst dann einen wesentlichen Einfluß auf

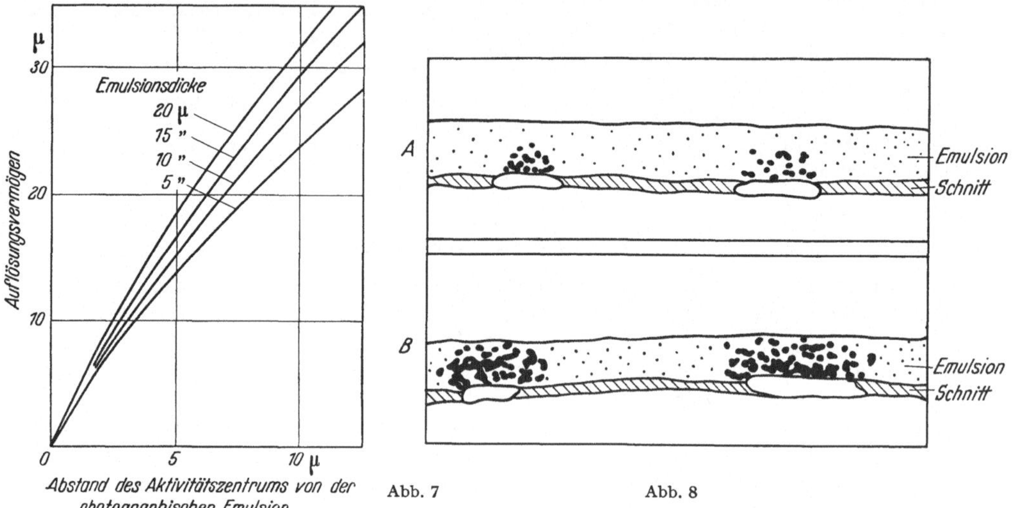

Abb. 7   Abb. 8

Abb. 7. Auflösungsvermögen in Abhängigkeit vom Abstand zwischen Gewebsschnitt und Photoemulsion bei verschiedenen Emulsionsdicken für β-Strahler mit mittlerer Zerfallsenergie (aus GROSS, BOGOROCH, NADLER und LEBLOND)

Abb. 8. Quergeschnittenes autoradiographisches Präparat der Schilddrüse nach Aufnahme von Radiojod. Bei *A* war eine günstige Expositionszeit gewählt worden; die Silbergranula lokalisieren sich über den darunter liegenden Follikeln. Bei *B* zu lange Expositionszeit; dadurch größere Ausdehnung der Schwärzungsbereiche über die Follikel hinaus, zugleich stärkere Schleierbildung (aus GROSS, BOGOROCH, NADLER und LEBLOND)

das Auflösungsvermögen, wenn die maximale Zerfallsenergie unter 0,2 MeV liegt. Ein wegen seiner geringen Zerfallsenergie ($E_{max}= 18$ keV) für autoradiographische Untersuchungen besonders gut geeignetes Radioelement ist das Wasserstoffisotop Tritium ($_1H^3$); die Reichweite der emittierten β-Teilchen in der Photoemulsion ist kleiner als 2 μ (vgl. Abb. 2).

Bei geringer kinetischer Energie zeigen die β-Teilchen eine hohe spezifische Ionisation, die zu einer nachhaltigeren Wirkung auf die Photoemulsion führt (Abb. 5 und Tab. 1). Während bei anderen Nachweisverfahren die schwachen β-Strahler meßtechnisch mehr oder weniger große Schwierigkeiten bereiten, bieten sie bei der Autoradiographie sowohl im Hinblick auf die Empfindlichkeit der Methode als auch auf das Auflösungsvermögen gerade die günstigsten Bedingungen.

Zum Nachweis der Bahnspuren von α- oder β-Teilchen sind möglichst dicke Emulsionen zu verwenden, um die Bahnspuren über eine größere Weglänge verfolgen zu können. α-Teilchen haben eine so geringe Reichweite, daß ihre Bahnspuren in ganzer Länge erfaßt und gegebenenfalls ausgemessen werden können (ROTBLAD und WARD). Da die α-Bahnspuren geradlinig verlaufen, läßt sich meist ihr Ursprung im Gewebe recht gut bestimmen, wenn der Schnitt nicht zu dick ist. β-Teilchen werden gestreut (s. Abb. 2); der erkennbare Beginn ihrer Bahnspuren erlaubt daher im allgemeinen keine so präzise Zuordnung zu den Strukturen des Gewebes.

In Tab. 2 sind die Eigenschaften von einigen der bei autoradiographischen Untersuchungen häufig verwandten Emulsionen im Hinblick auf Empfindlichkeit und Auflösungsvermögen zusammenfassend wiedergegeben.

Tabelle 2. *Zusammenstellung der Eigenschaften von einigen bei autoradiographischen Untersuchungen häufig benutzten Emulsionen* (aus FITZGERALD, WEINSTEIN, SIMMEL und MARTIN)

Art der Emulsion	Korngröße μ	Empfindlichkeit	Auflösungsvermögen	Schleierbildung	Anwendungsmöglichkeiten
Rö-Film	0,5—8,0	recht hoch, jedoch keine Bahnspurdarstellung möglich	gering	stark	Makro-Autoradiogramme, Orientierungsversuche
NTB	0,2—0,3	mittel	gut	gering	"Mounting"-Verfahren
NTB$_3$	0,2—0,3	hoch für β-Bahnspuren	gut	sehr rasch zunehmend (Alterung)	β-Bahnspurdarstellung
NTA	0,2—0,3	hoch für α-Bahnspuren	gut	gering, jedoch mit der Zeit zunehmend	αBahnspurdarstellung
Ilford G. 5 flüssige Emulsion	0,2—0,3	hoch für Bahnspurdarstellung	gut	gering, jedoch rasch zunehmend	alle Arten der Bahnspurdarstellung
Kodak Ltd. Stripping-Film (AR10)	0,2—0,3	gering	gut	gering	beste Emulsion für cytologische Lokalisation

III. Dosierung der Radioelemente und Expositionszeit

Um ein gutes autoradiographisches Präparat herstellen zu können, muß der Gewebsschnitt eine ausreichende Menge des verabfolgten Radioelements enthalten. Für das Ausmaß der im Gewebe verbleibenden Radioaktivität spielen zahlreiche Faktoren eine Rolle wie biologisches Verhalten des radioaktiv markierten Stoffes, Zeitspanne nach der Verabfolgung des Isotopes, Organart, Vorbehandlung des Gewebes, usw. Es ist daher nicht möglich, allgemein gültige Aussagen über geeignete Dosen bei der Verabfolgung von Radioelementen für autoradiographische Untersuchungen zu machen. Von BOYD (1955) wurden zahlreiche Angaben aus der Literatur in einer Übersicht zusammengestellt, die gegebenenfalls zur Orientierung nützlich sein kann.

Für die Güte des Autoradiogramms spielt ferner die richtige Expositionszeit eine entscheidende Rolle. Um diese nicht empirisch ermitteln zu müssen, wurden von einigen Autoren (u. a. BRANSON und HANSBOROUGH; MARINELLI und HILL; DONIACH, HOWARD und PELC; NIKLAS, OEHLERT und ROESCH) Beziehungen angegeben, die sich meist auf vor der Exposition durchzuführende Zählrohrmessungen stützen. Nach Eichung der Meßanordnung läßt sich die günstigste Expositionszeit leicht errechnen. Leider erlauben diese Verfahren jedoch nur eine grob angenäherte Ermittlung der Expositionszeit, da eine ungleichförmige Verteilung des Radioelements im Gewebe — die ja gerade im Autoradiogramm erfaßt werden soll — nicht berücksichtigt werden kann. Beschränkt sich die Aufnahme des Isotops nur auf wenige und sehr kleine Gewebsbezirke, reicht unter Umständen die Empfindlichkeit der Zählrohrmeßanordnung nicht aus, um diese Aktivitäten, die zu einem positiven Autoradiogramm führen können, überhaupt nachzuweisen (FITZGERALD, SIMMEL, WEINSTEIN und MARTIN). Schließlich können verschiedene Herstellungsserien der gleichen Emulsion unterschiedlich empfindlich sein.

Aus diesen Erfahrungen ergibt sich, daß bei jeder noch nicht erprobten Versuchsanordnung die erforderliche Dosis des Radioelements und die geeigneten Expositionszeiten zunächst empirisch ermittelt werden müssen. Eine Orientierung ist meist durch einfache Vorversuche mit Zählrohrmessungen möglich. Dabei sind die von Pelc angegebenen Beziehungen zur Abschätzung der erforderlichen Mindestkonzentrationen im Gewebe recht nützlich:

$$C_s = \frac{12,5 \cdot f}{d} \ \mu C/ml \qquad \text{für NTB-Stripping-Film}$$

$$C_R = \frac{0,625 \cdot f}{d} \ \mu C/ml \qquad \text{für Röntgenfilm}$$

Es bedeuten:

C = Minimalste Radioelementskonzentration für ein positives Autoradiogramm
f = Verhältnis der Volumina von radioaktiven zu nichtradioaktiven Gewebsbereichen
d = Expositionszeiten in Tagen

Im allgemeinen ist f zunächst eine unbekannte Größe (in extremen Fällen kann f bis zu 1 : 100 sein). Die oben angeführte Beziehung ist ferner nur gültig, wenn die Expositionszeit die Halbwertszeit des verwendeten Radioelements nicht überschreitet.

Bei kurzlebigen Isotopen ist es wenig sinnvoll, die Expositionszeit auf mehr als 3 Halbwertszeiten auszudehnen, da dann bereits fast 90% der Radioatome zerfallen sind. Bei langlebigen Isotopen wie z. B. C^{14} kann sehr lange, gegebenenfalls über Monate, exponiert werden. Extrem große Expositionszeiten führen jedoch zu gesteigerter Schleierbildung; ferner besteht die Gefahr der Artefaktbildung durch Einflüsse des Gewebes auf die Photoemulsion (vgl. S. 343). Wenn es erforderlich ist, eine Expositionszeit von 2 Wochen zu überschreiten, sollten daher stets unter gleichartigen Bedingungen Kontrollpräparate mit nicht-radioaktiven Gewebsschnitten hergestellt und exponiert werden, um Artefaktmöglichkeiten ausschließen zu können. Wird bei ausreichender Radioaktivität des Gewebes zu lange exponiert, so führt dies zu unerwünschter Ausdehnung der Schwärzungsbereiche im Autoradiogramm (s. S. 343 und Abb. 8).

B. Autoradiographische Methoden

Im Laufe des letzten Jahrzehntes wurden für Untersuchungen an histologischen Präparaten zahlreiche autoradiographische Verfahren entwickelt. Im folgenden werden 4 der gebräuchlichsten Methoden in ihrem Prinzip beschrieben; auf Modifikationen und weitere Verfahren wird anschließend kurz hingewiesen. Abgesehen von den Vorzügen und Nachteilen im Hinblick auf Empfindlichkeit des Nachweises, Auflösungsvermögen, Arbeitsaufwand, usw. wird die Wahl der zweckmäßigsten oder oft einzig möglichen Methode des weiteren noch bestimmt durch die Art der Gewebsvorbehandlung, die für die jeweils vorliegende Fragestellung erforderlich ist. Die korrekte Gewebsvorbehandlung, z. B. die Art der Fixierung, ist entscheidend wichtig für die Zuverlässigkeit der Aussagen autoradiographischer Untersuchungen (s. S. 335).

I. Kontakt-Methode

Das einfachste autoradiographische Verfahren ist die sog. Kontakt-Methode (im anglo-amerikanischen Schrifttum häufig auch „apposition method" genannt). Das radioaktive Gewebe wird als Schnitt in engem Kontakt mit einem Film oder einer Photoplatte exponiert; nach dem Entwickeln werden Schnittpräparat und

Autoradiogramm meist getrennt betrachtet (Abb. 9). In dieser Form erlaubt die Methode allerdings keine feinere Lokalisation. Mit Hilfe von Markierungen, z. B mit radioaktiver Tinte (HOLT und WARREN) ist es möglich, Gewebsschnitt und Autoradiogramm später zur Auswertung angenähert wieder deckungsgleich

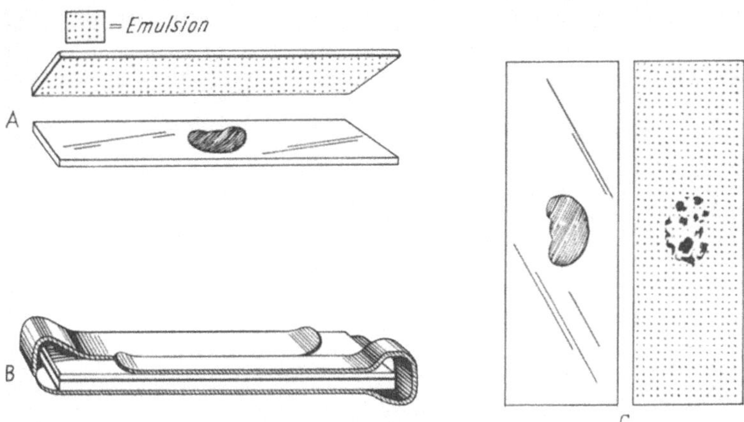

Abb. 9. Kontakt-Methode: Objektträger mit radioaktivem Gewebsschnitt und Photoplatte werden aufeinandergelegt (*A*) und — mit leichtem Druck zusammengehalten — exponiert (*B*). Zum Entwickeln und Färben werden histologisches und autoradiographisches Präparat wieder getrennt (*C*). (aus FITZGERALD, SIMMEL, WEINSTEIN und MARTIN)

zusammenzubringen. Von HOECKER und ROOFE wurde ein „Klappverfahren" entwickelt, dessen Prinzip in Abb. 10 wiedergegeben ist. Beim Kontakt-Verfahren können sowohl ungefärbte Paraffinschnitte (Entparaffinieren und Färben erst nach dem Entwickeln) als auch gefärbte Schnitte (die dann zweckmäßig mit einem dünnen Schutzüberzug versehen werden; s. S. 343) benutzt werden.

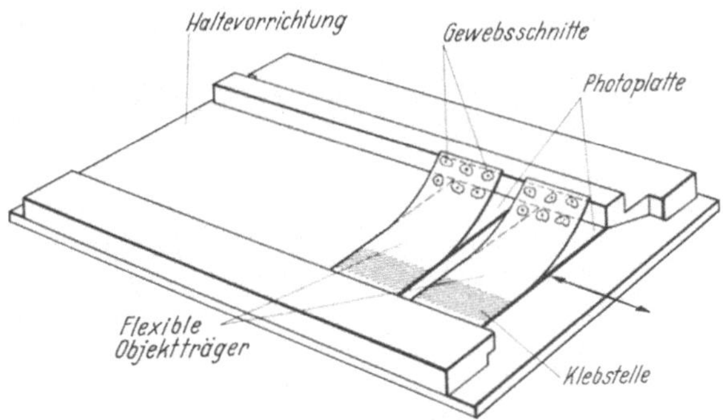

Abb. 10. Kontakt-Methode als „Klappverfahren". Die Schnitte befinden sich auf einem flexiblen Objektträger und lassen sich zum Entwickeln und Färben von der Photoplatte abheben (aus HOECKER und ROOFE)

Die Kontakt-Methode hat den Vorzug der Einfachheit. Bei Verwendung von Röntgenfilm ist die Empfindlichkeit zudem recht groß. Das Verfahren erlaubt keine feinere Lokalisation, reicht dagegen aus für Untersuchungen, bei denen nur eine grobe Orientierung verlangt wird. Zur quantitativen Autoradiographie (s. S. 342) kann der Schwärzungsgrad der Emulsion ohne störende Einflüsse des darüber liegenden Gewebes photometrisch bestimmt werden.

II. "Mounting"-Verfahren

Bei den sog. "Mounting"-Verfahren werden Photoplatten als Objektträger benutzt; die radioaktiven Gewebsschnitte werden an der Emulsionsseite der Platten aufgebracht. Emulsion und Schnitt bleiben auch nach der Exposition beim Entwickeln und Färben zusammen. In Abb. 11 ist das Prinzip der Methode dargestellt. Im allgemeinen werden Paraffinschnitte verwendet; es ist dann nach beendeter Exposition vor dem Entwickeln zunächst in frischem Xylol (zweimal wenige Minuten) zu entparaffinieren. Bevor die Präparate in den Entwickler

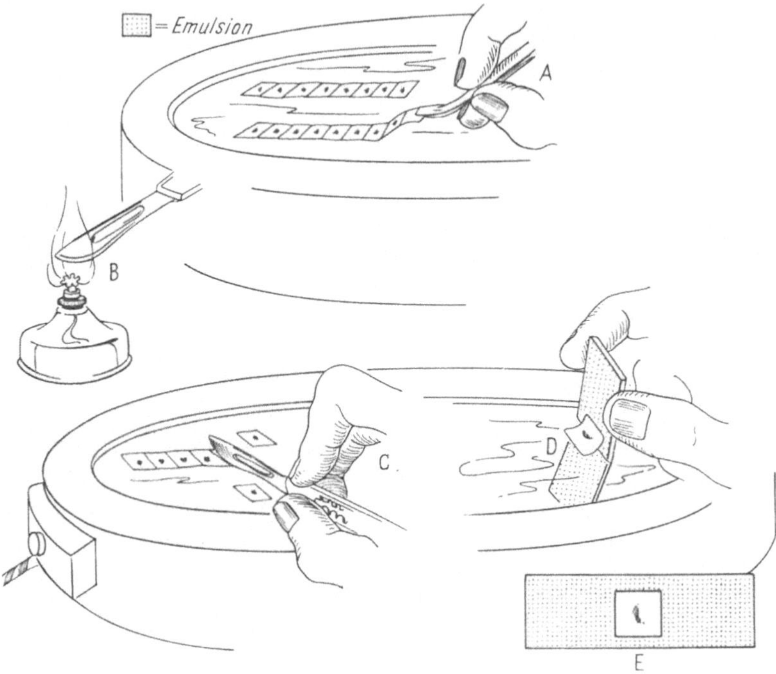

Abb. 11. "Mounting"-Verfahren: Photoplatten dienen als Objektträger. Die Paraffinschnitte werden nach dem Strecken auf dem Wasser (*A* und *B*) auf die Emulsion gebracht (D), anschließend getrocknet und exponiert. *E* zeigt das fertige Präparat (aus FITZGERALD, SIMMEL, WEINSTEIN und MARTIN)

gebracht werden können, muß das Xylol aus dem Gewebe völlig verdunstet sein (dazu genügen 15—20 min in einer gut gelüfteten Dunkelkammer). Nach Entwickeln, Fixieren und Wässern werden die Präparate häufig gleich eingedeckt und zur Auswertung ungefärbt mit dem Phasenkontrast-Mikroskop betrachtet. Das Färben der Schnitte bereitet mitunter Schwierigkeiten, da durch Entwickler und Fixierer die Färbeeigenschaften des Gewebes verändert sein können; ferner wird sehr leicht die Emulsion mit angefärbt. Von SIMMEL, FITZGERALD und GODWIN sowie DISERENS und HALL wurden daher für das "Mounting"-Verfahren besondere Färbemethoden mit Metanilgelb und Eisenhämatoxylin bzw. Alaun-Cochenille entwickelt.

Die "Mounting"-Methode ist verhältnismäßig leicht durchzuführen; jedoch führt sie oft zu histologisch wenig schönen Präparaten. Sie ist ein sehr wichtiges Verfahren, da sie es erlaubt, nicht-entparaffinierte Schnitte zu verwenden. Um einen Kontakt der Paraffinschnitte mit Wasser zu vermeiden, wurden von EDWARDS sowie von GALLIMORE, BAUER und BOYD besondere Techniken entwickelt, bei denen die Schnitte trocken auf die Emulsion gebracht werden können. Auf diese Weise ist es möglich, bei Fixierung des Gewebes durch Gefriertrocknung auch wasserlösliche radioaktive Stoffe zuverlässig im Autoradiogramm zu lokalisieren (vgl. S. 335). Von BOYD (1948) sowie von BOYD, CASARETT und WILLIAMS wurden weitere Modifikationen zur autoradiographischen Untersuchung von Zellausstrichen (Blut, Knochenmark, Ascitestumorzellen) beschrieben.

III. Stripping-Film

Das Stripping-Film-Verfahren ist jetzt wohl die am häufigsten angewandte autoradiographische Methode. Der Film wird von den Herstellerfirmen (Ilford

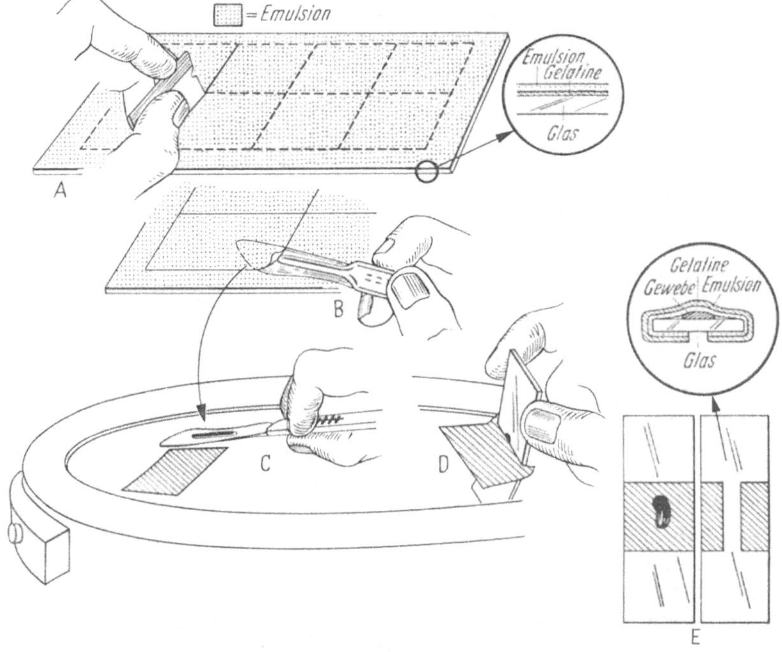

Abb. 12. Darstellung des Stripping-Film-Verfahrens. Beschreibung im Text (aus FITZGERALD, SIMMEL, WEINSTEIN und MARTIN)

und Kodak) auf großen Glasplatten geliefert. In der Dunkelkammer sind mit einer Rasierklinge die gewünschten Stücke abzugrenzen (Abb. 12, *A*). Nach kurzer Zeit beginnt der Film an den Schnitträndern sich abzuheben und kann — eventuell vorsichtig unterstützt mit einem Skalpell — abgezogen werden (Abb. 12, *B*). Die Filmstücke werden dann um 180° gedreht und auf die Oberfläche eines Wasserbades gebracht (Aqua dest.; Temperatur 20° C), so daß sie mit der Emulsionsseite nach unten schwimmen (ein Eintauchen der Filmstücke ist unbedingt zu vermeiden). Nach Strecken und Glätten des Filmes (3—5 min; Abb. 12, *C*) werden die Objektträger mit den radioaktiven Gewebsschnitten in das Wasser eingetaucht und zusammen mit dem Film herausgehoben (Abb. 12, *D*). Der Film ist dann noch glatt zu ziehen, an den Seiten herumzuschlagen (Abb. 12, *E*) und — nach Abtropfen des Wassers — in kühlem Luftstrom zu trocknen. Nach dem Exponieren wird sofort entwickelt. Die neuen Stripping-Filme sind meist permeabel für Farbstoffe in wäßrigen Lösungen; es kann daher gegebenenfalls noch nach dem Entwickeln gefärbt werden, wenn die Gewebsschnitte nicht zuvor mit einer Schutzschicht überzogen wurden (s. S. 343). Zur Auswertung der Autoradiogramme müssen die Präparate eingedeckt werden.

Die Stripping-Film-Methode ist recht leicht durchzuführen, so daß selbst der Ungeübte brauchbare Präparate herstellen kann. Durch den engen Kontakt zwischen Emulsion und Gewebe sowie die dünne Schichtdicke der Emulsion (meist 5 μ) ist das Auflösungsvermögen sehr gut. Die Methode erlaubt eine zuverlässige quantitative Auswertung der Autoradiogramme durch Auszählen der Silbergranula (s. S. 342), da die Schichtdicke der Emulsion recht gleichmäßig ist. Der Anwendbarkeit des Stripping-Film-Verfahrens sind jedoch Grenzen gezogen. Die Empfindlichkeit der gebräuchlichen Stripping Filme ist nicht groß (vgl. Tab. 2). Weitere Einschränkungen ergeben sich aus der erforderlichen Gewebsvorbehandlung. Vor dem Aufbringen des Filmes müssen die Schnitte entparaffiniert werden. Durch das Einwirken von Paraffin und Xylol kommt es zur Extraktion von Lipoiden; bei üblicher histologischer Technik werden außerdem wasserlösliche Gewebsbestandteile ausgewaschen (s. S. 335). Die normale Stripping-Film-Methode gestattet daher nur die autoradiographische Darstellung von radioaktiven Stoffen, die weder wasser- noch fettlöslich sind. Von CANNY wurde eine Modifikation beschrieben, die auch die autoradiographische Untersuchung von wasserlöslichem Material erlauben soll. Die Fixierung des Gewebes erfolgt durch Gefriertrocknung. Die entparaffinierten Schnitte werden in Chloroform getaucht; ebenso wird der Stripping-Film nach Strecken auf dem Wasserbad mit Chloroform gespült und dann wie üblich auf die Objektträger gebracht. Bei diesem Verfahren kann erst nach dem Entwickeln der Emulsion gefärbt werden.

IV. Flüssige Emulsionen

BÉLANGER und LEBLOND entwickelten eine Methode zur Herstellung von Autoradiogrammen, bei der flüssige Emulsionen als dünne Schicht auf dem Gewebsschnitt ausgestrichen werden (im anglo-amerikanischen Schrifttum meist mit "coating technic" bezeichnet). Die Emulsion wird entweder fertig bezogen oder von Photoplatten gewonnen, nachdem diese etwa 10 min in Aqua dest. bei 20° C eingetaucht waren; mit einem scharfkantigen Glasstab läßt sich dann die Emulsion abschaben und in einem Becherglas sammeln. Zur Herstellung der autoradiographischen Präparate muß die Emulsion auf 37° C erwärmt werden, damit sie völlig flüssig wird (Abb. 13, A). Um die Temperatur konstant zu halten (vor allem, um 37° C nicht zu überschreiten!), ist es zweckmäßig, einen Heiztisch mit automatischer Temperaturregelung zu verwenden. Im allgemeinen werden die Gewebsschnitte vor dem Aufbringen der Emulsion gefärbt, anschließend meist mit einer dünnen Schutzschicht versehen (s. S. 343). Mit einem Schreibdiamanten ist auf dem Objektträger der Bereich, der von der Emulsion bedeckt werden soll, abzugrenzen. In der Dunkelkammer werden die Objektträger zunächst erwärmt (Abb. 13, A), mit einer ebenfalls vorgewärmten Pipette wird die flüssige Emulsion auf den Gewebsschnitt getropft (meist ein Tropfen auf 3—4 mm²) und mit einem feinen Pinsel gleichmäßig ausgestrichen (Abb. 13, B und C). Die so gewonnenen Präparate (D) werden noch 1—2 min bei 37° C gehalten, damit sich eine glatte Oberfläche auf der Emulsion bildet, dann allmählich abgekühlt und in waagerechter Lage exponiert. Nach dem Entwickeln und Fixieren ist ein längeres Wässern (maximal 15 min in Aqua dest.) zu vermeiden, da es sonst sehr leicht zu Faltenbildungen oder gar einem Abblättern der Emulsion kommen kann. Über eine aufsteigende Alkoholreihe (3 min in jeder Lösung) werden die Präparate entwässert und dann eingedeckt. Von MESSIER und LEBLOND wurde kürzlich eine Modifikation des oben geschilderten Verfahrens beschrieben, bei der die Objektträger einfach in die Emulsion eingetaucht werden.

Das Arbeiten mit flüssigen Emulsionen erfordert wesentlich mehr Geschick und Erfahrung als die Stripping-Film-Methode. Durch die Möglichkeit, sehr dünne

Emulsionsschichten herstellen zu können, und durch den engen Kontakt zum Gewebe ist das Auflösungsvermögen im allgemeinen recht gut. Für quantitative Untersuchungen durch Auszählen der Silbergranula sind flüssige Emulsionen nicht zu empfehlen, da die Schichtdicke der Emulsion nicht konstant zu sein pflegt (s. S. 342). Die aus der erforderlichen Gewebsvorbehandlung resultierenden Einschränkungen zur Anwendung von Stripping-Film (vgl. S. 332) gelten in gleicher Weise für die in Abb. 13 dargestellte Methode.

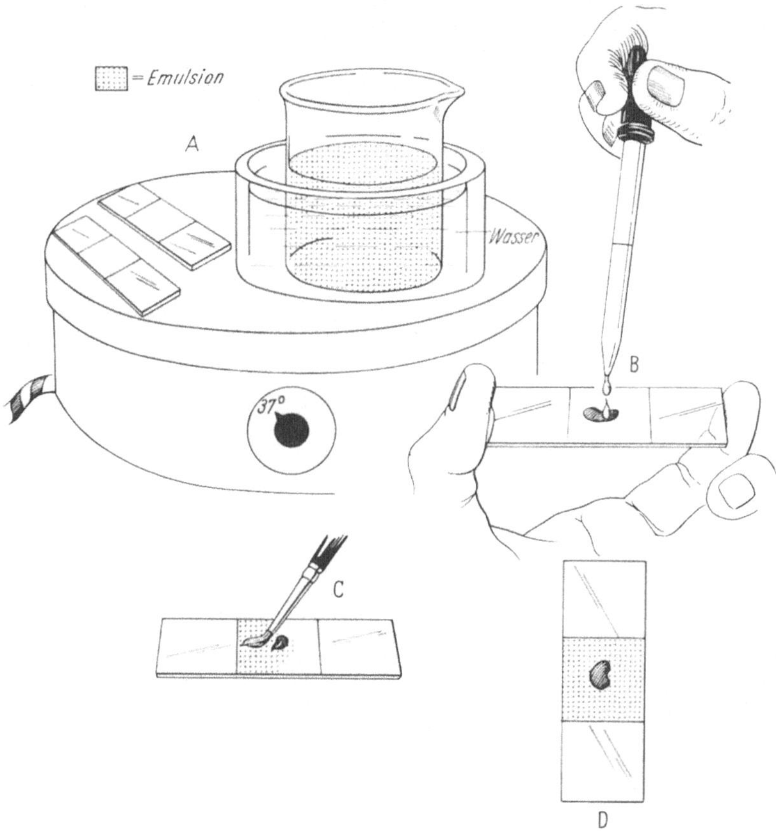

Abb. 13. Herstellung autoradiographischer Präparate mit flüssiger Emulsion (aus FITZGERALD, SIMMEL, WEINSTEIN und MARTIN)

Bei der Bahnspurdarstellung — vor allem von β-Teilchen — werden jetzt bevorzugt flüssige Emulsionen benutzt. Wenn während der Lagerung der Emulsion bereits einige Bahnspuren als latentes Bild erzeugt wurden, so können diese vor dem Aufbringen auf das Gewebe durch Rühren der Emulsion in einfacher Weise „verwischt" werden; es kommt also mit dem Altern der Emulsion lediglich zur Zunahme der Schleierbildung. Um die Bahnspuren über größere Weglängen verfolgen zu können, muß die Emulsion möglichst dick aufgetragen werden. Bei der Untersuchung von Zellsuspensionen ist es gegebenenfalls möglich, die Zellen direkt in die Emulsion hineinzubringen (LEVI); auf diese Weise werden ähnlich wie beim 4π-Zählrohr alle β-Teilchen erfaßt, deren Energie ausreicht zur Erzeugung von Bahnspuren.

V. Weitere autoradiographische Verfahren

BÉLANGER (1950) beschrieb eine autoradiographische Methode, die die Verwendung nicht-vorbehandelter Gewebsschnitte erlaubt. Die Schnitte werden mit einem dünnen Celloidinüberzug versehen, dann die flüssige Emulsion aufgebracht und exponiert. Nach beendeter Exposition, Entwickeln und Fixieren ist das Präparat mit Hilfe einer Rasierklinge vorsichtig vom Objektträger zu lösen (Abb. 14, *A*) und dann umgekehrt (daher *"inverted method"*) auf einen neuen Objektträger zu kleben (Abb. 14, *B*). Anschließend kann gefärbt werden. Die praktische Durchführung dieses Verfahrens ist allerdings nicht immer ganz einfach.

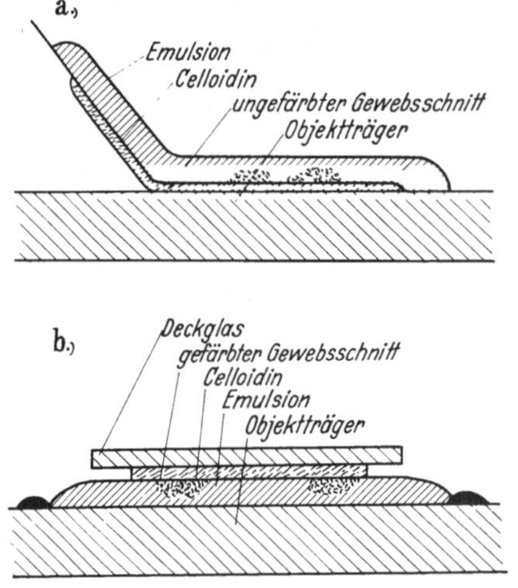

Abb. 14a u. b. Umkehrmethode: a) zeigt im Querschnitt das Präparat vor dem „Umkehren"; b) fertiges Präparat nach dem „Umkehren" (aus BÉLANGER 1950)

Von GOMBERG wurde ein Verfahren angegeben zur Imprägnierung von Gewebsschnitten mit einer lichtempfindlichen Schicht („*nasse Autoradiographie*"), das später von SIESS und SEYBOLD weiterentwickelt wurde. Einzelheiten dieser Methode, die mit einem verhältnismäßig großen Arbeitsaufwand verbunden ist, sind der Originalbeschreibung zu entnehmen. Der enge Kontakt der lichtempfindlichen Salze mit dem Gewebe führt zu einem guten Auflösungsvermögen. Es können jedoch keine wasserlöslichen radioaktiven Gewebsbestandteile nachgewiesen werden; ferner ist die Gefahr der Artefaktbildung offenbar recht groß.

Für autoradiographische Untersuchungen mit einem K-*Strahler* (Be[7]) benutzten KAYLOR und VAN CLEAVE eine Modifikation des Kontaktverfahrens. Zwischen Gewebsschnitt und Emulsion werden $12{,}5\ \mu$ dicke Folien aus Gold oder Platin gelegt; durch die in der Folie erzeugten Sekundärelektronen kommt es zur Schwärzung der Photoemulsion. Die Methode erlaubt keine feinere Lokalisation.

In der Klinik werden bei lokaler therapeutischer Anwendung von Radioisotopen diese mitunter durch Auflegen eines Röntgenfilmes auf die Körperoberfläche lokalisiert („*MakroAutoradiographie* in vivo"). Durch zusätzliche Röntgenbelichtung des aufgelegten Films wird eine Zuordnung der radioaktiven Gewebsbereiche erleichtert. Über die Anwendung dieses Prinzips berichten u. a. JOHANSSON und SKANSE, KELLERSHON und PELLERIN, LOEHR und vor allem J. H. MÜLLER.

Von MAYR, BRUNER und BRUCER wurde ein autoradiographisches Verfahren zum *Nachweis von (nicht-radioaktivem!) Bor* beschrieben. Im natürlich vorkommenden Bor ist zu 18,5% das stabile Isotop B^{10} enthalten. Bei Beschuß mit Neutronen kommt es bei einem Teil der B^{10}-Kerne zu einer (n, α)Reaktion. Es entsteht instabiles B^{11}, das unter Emission von α-Teilchen zu Li^{7} zerfällt. Von dieser Reaktion wurde beim Bor-Nachweis Gebrauch gemacht, indem die Gewebsschnitte in engem Kontakt mit einer Kernemulsion dem Neutronenfluß eines Radium-Beryllium-Präparates ausgesetzt wurden; die entstandenen α-Bahnspuren gaben die Verteilung des B^{10} wieder. ODEBLAD und TOBIAS versuchten in ähnlicher Weise *stabilen Phosphor P^{31} autoradiographisch nachzuweisen*. Die Gewebsschnitte wurden nach Mikro-Veraschung mit Deuteronen (8—19 MeV, erzeugt in einem Cyklotron) beschossen. Über eine (d,p)Reaktion kommt es zur Bildung von radioaktivem P^{32}, dessen Verteilung autoradiographisch bestimmt wurde.

C. Gewebsvorbehandlung

I. Allgemeines zur Gewebsvorbehandlung

Zur Herstellung histologischer Präparate wird normalerweise das Gewebe zunächst fixiert (im allgemeinen werden dazu wäßrige eiweißfällende Lösungen verwendet). Das Schneiden erfolgt dann entweder nach anschließender Einbettung (in Paraffin oder Carbowax) oder nach Einfrieren des Gewebes (Gefrierschnitte). Liegt das Radioelement in den Zellen in wasserlöslicher Form vor, so werden durch diese Art der Gewebsbehandlung beträchtliche Teile des radioaktiven Materials extrahiert (als Beispiel Tab. 3). In gleicher Weise können auch aus den Schnitten noch radioaktive Stoffe ausgewaschen werden (Tab. 4). Das Gewebe wird ferner meist in aufsteigender Alkoholreihe entwässert; dabei werden Lipoide, die ebenfalls Radioelemente aufnehmen können, extrahiert. Die Möglichkeit, daß durch die Gewebsvorbehandlung ein Teil des aufgenommenen Radioelements herausgelöst werden kann, wurde von manchen Autoren nicht genügend oder gar nicht beachtet. Bei einer Reihe älterer autoradiographischer Untersuchungen, gelegentlich aber auch noch bei neueren Publikationen, sind daher die erhobenen Befunde zumindest fragwürdig. Es ist mitunter die Auffassung zu finden, daß eine teilweise Extraktion von radioaktivem Material unbedenklich sei, sofern noch genügend Radioaktivität im Gewebe verbleibt, um ein positives Autoradiogramm bekommen zu können. Dies ist ein gefährlicher Trugschluß! Denn mit dem Herauslösen des Radioelements kommt es zugleich zu völlig unkontrollierbaren Verlagerungen im Gewebe, so daß die Autoradiogramme keinesfalls die ursprüngliche Verteilung wiedergeben, wie sie in vivo vorlag. Es ist daher *bei autoradiographischen Versuchen grundsätzlich zu fordern, daß die Gewebsvorbehandlung so erfolgt, daß keine Extraktion — und damit Verlagerung — von radioaktivem Material aus der untersuchten Gewebsfraktion möglich ist.* Dabei ist die *Forderung entweder, daß alle radioaktiven Fraktionen erhalten bleiben; oder aber es sollen* bewußt *einige Gewebsbestandteile* — und zwar möglichst *quantitativ* — *herausgelöst werden, um im Autoradiogramm nur bestimmte Zellbestandteile selektiv darzustellen.* Das zuletzt genannte Untersuchungsprinzip wird im folgenden Abschnitt behandelt.

Die Art der jeweils möglichen Gewebsvorbehandlung hängt von den Löslichkeitsverhältnissen des radioaktiven Materials ab. Liegt das Radioelement entweder in wasser- oder aber in fettlöslicher Form vor (jedoch nicht in beiden zugleich!), empfiehlt sich die *Fixierung durch Gefriertrocknung. Zum Einbetten* ist *bei wasserlöslichen Stoffen Paraffin, bei fettlöslichen* dagegen *Carbowax* zu verwenden. Zur Herstellung von Autoradiogrammen ist dann in erster Linie die "Mounting"-Methode geeignet (s. S. 330).

Tabelle 3. *Restaktivität von Thorium X im Gewebe nach 16stündiger Fixierung in verschiedenen Fixierungsmitteln, ausgedrückt in Prozent der Aktivität unfixierten Gewebes* (aus HARBERS und NEUMANN 1954a)

Fixierungsmittel (Einwirkzeit 16 Std.)	Gewebsaktivität nach Fixierung	
	Leber %	Niere %
Unbehandeltes Gewebe . .	100	100
Aceton —27° C	78	76
Aceton +20° C	—	68
Absoluter Alkohol —27° C	77	47
Absoluter Alkohol +20° C	76	42
Formol 10%	77	44
Ringer-Lösung	59	45
Carnoy	54	34
Stieve	41	17
Bouin	34	15

Tabelle 4. *Verluste von Thorium X aus Gewebsschnitten nach einstündiger Behandlung der Schnitte mit verschiedenen Flüssigkeiten.* Fixierung durch Gefriertrocknung (aus HARBERS und NEUMANN 1954a)

Einwirkende Flüssigkeit	Aktivitätsverluste %
Unbehandelte Kontrollschnitte . .	0
Absoluter Alkohol	73
Xylol	69
Benzol	66
Chloroform	61
Aceton	57
Wasser	41

Besonders schwierig werden die Verhältnisse, wenn ein wasserlösliches Radioelement, z. B. P^{32}-markiertes Orthophosphat, mit zur Lipoidsynthese verwendet wird, und die Verteilung der Gesamtaktivität im Gewebe untersucht werden soll; es finden sich dann radioaktive Stoffe sowohl in der wäßrigen („säurelöslichen") als auch in der Lipoidfraktion. In solchen Fällen läßt sich eine Extraktion — und damit Verlagerung — von Radioelementen nur vermeiden, wenn *native Gefrierschnitte* hergestellt und diese in der Kälte (bei —20° C) exponiert werden. Von Taugner, Wagenmann u. Mitarb. wurden die optimalen Bedingungen dieses Untersuchungsprinzips ausgearbeitet. Die Herstellung der Gefrierschnitte erfolgt im „Kyrostaten" (System Dittes-Duspiva). Mit einem elektrisch aufgeladenen Pinsel werden die Schnitte auf die Photoplatte gebracht, auf dieser mit einer Mischung aus Hexan-Vaseline (30:1 bis 10:1) gestreckt und festgeklebt, anschließend in der Kälte exponiert. Da bei diesem Verfahren unfixierte Gewebsschnitte verwendet werden, lassen sich nicht ohne weiteres Präparate entsprechend der "Mounting"-Methode herstellen Von Taugner u. Mitarb. wurden zum Entwickeln zumeist Schnitte und Photoplatte getrennt und später — wie bei Kontakt-Autoradiogrammen (s. S. 328) — vergleichend betrachtet.

Bei autoradiographischen *Untersuchungen zum Mineralstoffwechsel von Knochengewebe oder von Zähnen darf nicht* in üblicher Weise *entkalkt werden*, da damit das verwendete Radioelement extrahiert würde. In der Literatur sind verschiedene Verfahren beschrieben, die das Schneiden von nicht-entkalktem Knochen zur Herstellung von Autoradiogrammen erlauben (u. a. Arnold; Lacroix; Leblond, Wilkinson, Bélanger und Robichon; Roofe, Hoecker und Voorhees; Sognnaes, Shaw, Solomon und Harvold; Woodruff und Norris). Neben der Schneidetechnik spielt noch die Art des zum Einbetten gewählten Materials (in neuerer Zeit werden meist Kunstharze genommen) eine Rolle.

Von einigen Autoren wurde versucht, die *Radioelemente in situ* zu *fällen*, um so ihre Ausschwemmung während der Gewebsvorbehandlung zu verhindern. Abgesehen davon, daß es meist sehr schwierig oder ganz unmöglich ist, solche Fällungen quantitativ durchzuführen und dabei gleichzeitig Artefaktmöglichkeiten auszuschließen, kann auf diese Weise im allgemeinen nur ein Teil des radioaktiven Materials im Gewebe zurückgehalten werden (z. B. bei Fällung von P^{32}-Orthophosphat können die übrigen P^{32}-haltigen Stoffe der „säurelöslichen" Fraktion durchaus extrahiert werden). Es werden deshalb derartige Verfahren zur Fällung in situ in neuerer Zeit kaum noch angewandt.

II. Selektive Darstellung bestimmter Gewebsfraktionen

Bei der autoradiographischen Darstellung einzelner definierter Gewebsfraktionen im Rahmen von Stoffwechseluntersuchungen soll die im Gewebe zurückbleibende Radioaktivität ausschließlich Bestandteil der interessierenden Fraktion sein. Daraus ergibt sich die Forderung, daß außer dieser Fraktion sämtliche radioaktiven Stoffe zu extrahieren sind; bei der dazu erforderlichen Behandlung der Gewebsschnitte soll zugleich die untersuchte Fraktion quantitativ erhalten bleiben. Diese Forderungen sind nicht immer leicht und oft gar nicht zu erfüllen, da die histochemischen Verfahren — im Gegensatz zur Fraktionierung von Gewebshomogenaten — nur relativ schonende Eingriffe erlauben, um die Struktur des Gewebes hinreichend zu erhalten. Besonders schwierig werden die Verhältnisse, wenn eine markierte Vorstufe angeboten wird, die an zahlereichen Synthesevorgängen teilnimmt, so daß sich eine Vielzahl verschiedenartiger radioaktiver Gewebsbausteine bildet. Dies ist z. B. der Fall bei Versuchen mit P^{32}-markiertem Orthophosphat, das in Nucleinsäuren, Phospho-Proteine, Phospholipoide und verschiedene niedermolekulare Stoffe der säurelöslichen Fraktion eingebaut wird; mit den zur Zeit zur Verfügung stehenden histochemischen

Methoden ist es nicht möglich, die P^{32}-haltigen Nucleinsäuren ohne die Gegenwart von P^{32}-Phospho-Proteinen im Gewebsschnitt darzustellen (vgl. S. 340). Der beste Weg, die geschilderten Schwierigkeiten zu umgehen, ist die *Verwendung von spezifischen markierten Vorstufen*, die nur zur Synthese der jeweils untersuchten Zellbausteine verwendet werden; bei der Behandlung der Schnitte ist dann lediglich dafür Sorge zu tragen, daß der nichtausgenutzte Anteil der angebotenen Vorstufe quantitativ extrahiert wird. Es gibt jedoch nicht in allen Fällen solche spezifischen Vorstufen; oder aber diese sind Intermediärprodukte, die in der Zelle gebildet werden und nicht exogen zugeführt werden können.

Wenn von einer histochemischen Methode behauptet wird, daß sie im Autoradiogramm die selektive Darstellung einer bestimmten Gewebsfraktion erlaubt, so sollte dafür stets durch quantitativ-chemische Untersuchungen der Beweis erbracht werden. Histochemische Färbereaktionen sind zur Klärung solcher Fragen *meist kein geeignetes Kriterium*, vor allem dann nicht, wenn die durch Extraktion zu beseitigenden Fraktionen eine erheblich höhere spezifische Aktivität aufweisen als die im Gewebe verbleibenden radioaktiven Zellbausteine. Die Erfahrungen aus zahlreichen biochemischen Untersuchungen hinsichtlich der Schwierigkeiten, Gewebsbausteine in ausreichender radiochemischer Reinheit zu isolieren, mahnen bei der Anwendung — und vor allem bei der Interpretation der Befunde! — von histochemischen Verfahren, die nicht sorgfältig geprüft wurden, zu äußerster Vorsicht.

1. Nucleinsäuren

Die älteren autoradiographischen Untersuchungen zum Nucleinsäurestoffwechsel wurden mit P^{32}-markiertem Orthophosphat durchgeführt. Nach Extraktion der säurelöslichen (z. B. mit eisgekühlter 5%iger Trichloressigsäure) und der Lipoid-Fraktion (mit Äther-Alkohol und Chloroform) sollte nach Meinung verschiedener Autoren die im Gewebe verbleibende P^{32}-Aktivität den Nucleinsäuren zuzuordnen sein. Quantitativ-chemische Untersuchungen zeigten jedoch, daß — vor allem in Säugetiergeweben — stets ein beträchtlicher Anteil des P^{32} auf radioaktive Phospho-Proteine zurückzuführen ist, die sich nicht unter Erhaltung der Nucleinsäuren aus den Schnitten extrahieren lassen. *Es muß* daher *bei autoradiographischen Untersuchungen des Nucleinsäurestoffwechsels mit markiertem Orthophosphat stets die Anwesenheit von Phospho-Proteinen, deren P^{32}-Aktivität die der Nucleinsäuren* mehr oder weniger *überdeckt, in Kauf genommen werden.*

Phosphat wird bei der Synthese beider Nucleinsäurearten, der Ribonucleinsäure (RNS) und der Desoxyribonucleinsäure (DNS) verwendet. Soll im Autoradiogramm nur eine der beiden Nucleinsäuren dargestellt werden, ist die andere quantitativ zu extrahieren. Der Extraktion muß eine Hydrolyse vorangehen, die entweder enzymatisch (mit Pancreas-Ribonuclease für die RNS, mit Desoxyribonuclease für die DNS) oder durch vorsichtige Säurebehandlung (meist wird 10%ige Perchlorsäure verwendet) vorgenommen wird; bei der Säurehydrolyse wird nur die RNS abgebaut, während die DNS überwiegend erhalten bleibt. Diese im Rahmen der Histochemie bewährten Methoden können bei autoradiographischen Untersuchungen durchaus unzureichend sein. Quantitativ-chemische Untersuchungen zeigten, daß es *nach Ribonuclease-Einwirkung nicht möglich* ist, die *RNS quantitativ aus den Gewebsschnitten zu entfernen* (HARBERS und NEUMANN 1955). Das gleiche gilt für die Perchlorsäurebehandlung, bei der zudem die DNS anhydrolysiert wird und dadurch nicht quantitativ erhalten bleibt (HARBERS und NEUMANN 1954b). Bei Untersuchungen des DNS-Stoffwechsels mit P^{32} ist der Fehler durch Verunreinigung mit Phospho-Proteinen und nicht-extrahierter RNS besonders groß, wenn das Gewebe bereits kurze Zeit nach der Verabfolgung des

Radioelements untersucht wird. Die Verhältnisse werden günstiger, wenn der Zeitraum nach der Aufnahme des P^{32} größer ist. RNS und Phospho-Proteine haben einen erheblich höheren Umsatz als die DNS; sie geben einen wesentlichen Teil ihrer P^{32}-Aktivität daher rasch wieder ab, während die DNS das eingebaute markierte Phosphat festhält (Tab. 5). Allerdings wirken sich diese Unterschiede im Umsatz der 3 P-Fraktionen nur bei rasch wachsenden Geweben in solcher Weise aus.

Tabelle 5. *Anteil der DNS an der P^{32}-Aktivität von Gewebsschnitten des Mäusesarkom 180 nach Ribonuclease-Behandlung* (aus Harbers und Neumann 1954b)

Zeitspanne zwischen P^{32}-Injektion und Tötung	Anteil der DNS an der verbliebenen Gewebsaktivität %
4 Std.	39
36 Std.	78
5 Tage	85

Howard und Pelc (1951a und b) sowie Pelc und Howard (1951 und 1952) extrahierten bei pflanzlichen Zellen (Wurzelspitzen von *Vicia faba* Keimlingen) die RNS nach vorsichtiger Hydrolyse mit N HCl; Taylor (1953) sowie Taylor und McMaster machten bei ähnlichen Untersuchungen an *Tradescantia* und *Lilium longiflorum* von der Perchlorsäure- und Ribonuclease-Behandlung Gebrauch. Offenbar ist bei den von diesen Autoren verwendeten botanischen Objekten die RNS leichter zu extrahieren als aus Säugetiergeweben (es wurden keine quantitativ-chemischen Tests durchgeführt). Die Beobachtung, daß bei sonst gleichen Bedingungen Perchlorsäure- und Ribonuclease-Behandlung nicht zu gleichartigen Präparaten führten (Taylor und McMaster), zeigen allerdings ebenfalls, daß diese Verfahren zum Herauslösen der RNS nicht wirklich zuverlässig sind.

Die störenden Effekte der Phospho-Proteine bei der autoradiographischen Darstellung der Nucleinsäuren lassen sich in einfacher Weise vermeiden, wenn statt P^{32}-Orthophosphat organische markierte Vorstufen angeboten werden. Unter den zahlreichen Stoffen, die bei der Nucleinsäurebildung verwendet werden, sollte man jedoch nur solche wählen, die nicht auch noch an anderen Synthesevorgängen teilnehmen — wie z. B. Glycin oder Formiat. Ferner ist es wünschenswert, daß die betreffende Vorstufe gut ausgenutzt wird, also eine hohe Einbaurate hat. Dies ist z. B. der Fall bei C^{14}-Orotsäure oder bei C^{14}-Adenin, das bereits mehrfach zu autoradiographischen Untersuchungen verwendet wurde (u. a. Ficq; Hornsey und Howard; Lajtha). Ganz allgemein werden Nucleoside meist intensiv beim Nucleinsäurestoffwechsel ausgenutzt; dabei sind die Desoxyriboside zugleich recht spezifische Vorstufen für die DNS. Seit kurzem sind einige mit Tritium markierte Pyrimidinnucleoside im Handel[1]. Unter diesen ist das H^3-*Thymidin* ein besonders interessanter Stoff, da er *spezifisch nur in die DNS eingebaut* wird und durch die geringe Zerfallsenergie des zur Markierung verwendeten Tritium die Herstellung von *Autoradiogrammen mit optimalem Auflösungsvermögen* erlaubt (u. a. Taylor, Woods und Hughes). Abb. 15 zeigt als Beispiel ein Autoradiogramm der Chromosomen von der Lilie *Bellevalia romana* (Taylor 1958). Das H^3-Thymidin ist jedoch nicht nur ein ausgezeichnetes *Hilfsmittel zum Studium des Chromosomenstoffwechsels*, sondern es erlaubt *ferner, die Entwicklung spezifischer Zellformen bei Differenzierungsvorgängen* zu *verfolgen*. Die DNS ist der Träger der „Information" der Zellen, d. h. sie bildet das eigentliche Material der Gene und ist somit ein bleibender Zellbestandteil, der vor jeder Mitose verdoppelt und dann zu gleichen Teilen an die Tochterzellen weitergegeben wird. Ist durch Einbau von H^3-Thymidin die DNS einer Zelle radioaktiv geworden, so bleibt diese Markierung erhalten bzw. sie wird bei nachfolgenden Mitosen an die Tochterzellen weitergegeben und so „verdünnt". Die hieraus resultierenden Möglichkeiten autoradiographischer Untersuchungen werden S. 346 diskutiert.

---

[1] Schwarz Laboratories, Inc., 230 Washington Str., Mount Vernon, N. Y., USA. — In Deutschland lieferbar über die Kernreaktor Bau- und Betriebs-Gesellschaft G.m.b.H., Karlsruhe, Isotopen-Laboratorium.

Außer Thymidin sind noch die Riboside Cytidin und Uridin mit Tritium markiert erhältlich. Beide sind Vorstufen, die sowohl in die RNS als auch in die DNS eingebaut werden. Soll nur eine der beiden Nucleinsäuren dargestellt werden, muß daher eines der oben angeführten Extraktionsverfahren angewandt werden.

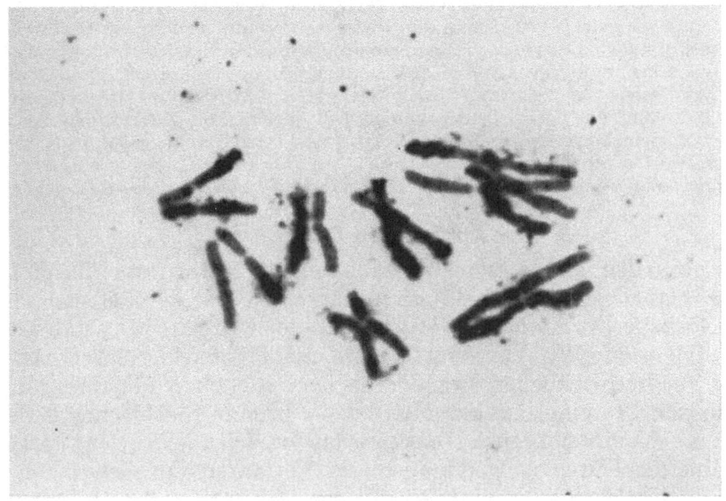

a

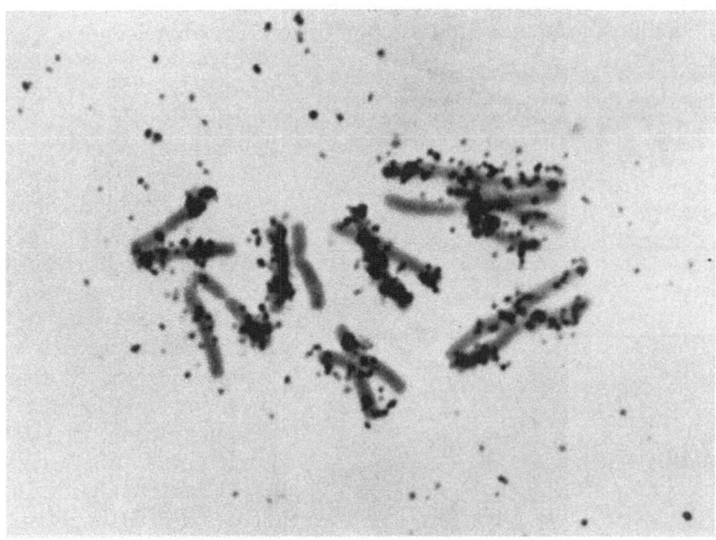

b

Abb. 15. Chromosomen von *Bellevalia romana*, deren DNS durch Aufnahme von H³-Thymidin markiert wurde. Bei *a* ist auf die Chromosomen, bei *b* auf die Photoemulsion scharf eingestellt. Das H³-Thymidin wurde nur kurzzeitig angeboten; anschließend wurden 2 Teilungsvorgänge abgewartet. Nach der 2. Verdoppelung ist nur noch ein Teil der Chromosomen markiert; dadurch lassen sich Crossing over-Vorgänge direkt im Autoradiogramm (s. das Chromosomenpaar rechts unten) demonstrieren (aus TAYLOR 1958)

Es gibt keine spezifischen Vorstufen, die nur bei der RNS-Bildung und nicht gleichzeitig auch noch bei der DNS-Synthese verwendet werden. Einige 5-Fluorpyrimidine, das sind antagonistisch wirkende Pyrimidinanaloge, werden — allerdings unter gleichzeitiger Hemmwirkung — lediglich in die RNS, dagegen nicht in die DNS eingebaut (HARBERS, CHAUDHURI und Heidelberger); mit diesen Stoffen würde eine einfache selektive Darstellung der RNS möglich sein. Desoxyriboside gelten im allgemeinen als spezifische Vorstufen der DNS. Wird von ihnen jedoch wesentlich mehr angeboten als die Zellen zur DNS-Synthese verwerten können, kommt es zu partiellem Abbau der Desoxyriboside (Harbers und Heidelberger 1959a) und die dabei freigesetzten Basen können dann mit bei der RNS-Bildung verwendet werden. Da Thymin nur in der DNS vorkommt, besteht bei Verwendung von markiertem Thymidin praktisch jedoch nicht die Gefahr der Ausnutzung zur RNS-Synthese.

Ein Einbau markierter Vorstufen in die Nucleinsäuren findet nicht nur bei der Neubildung ("net synthesis") statt, sondern auch noch endständig an den bereits vorhandenen Molekülen (Harbers und Heidelberger 1959b). Solch endständiger Einbau erfolgt bei der RNS des „löslichen Cytoplasma" im Zusammenhang mit ersten Schritten zur Proteinsynthese. Man darf vielleicht annehmen, daß die endständige Anlagerung von Nucleotiden an die Makromoleküle der Nucleinsäuren ganz allgemein Ausdruck ihrer Funktion ist. Aus diesen Beobachtungen *ergibt sich für Untersuchungen zum Nucleinsäurestoffwechsel mit Hilfe markierter Vorstufen, daß deren Einbau nicht einfach* als *Zeichen einer echten Neubildung* gewertet werden darf.

2. Phospho-Proteine

Bei der normalen histologischen Vorbehandlung bleiben die Phospho-Proteine im Gewebe quantitativ erhalten, während andere P-haltige Zellbestandteile (vor allem säurelösliche Fraktion und Phospholipoide) weitgehend extrahiert werden. Bei autoradiographischen Untersuchungen mit P^{32}-markiertem Orthophosphat geht daher ein beträchtlicher Teil der nachgewiesenen Radioaktivität auf P^{32}-haltige Phospho-Proteine zurück. Mit der — primär für biochemische Zwecke entwickelten — Methode von Schneider lassen sich die Nucleinsäuren quantitativ extrahieren. Durch Anwendung dieses Verfahrens an Gewebsschnitten ist eine angenähert selektive autoradiographische Darstellung der Phospho-Proteine möglich (Tab. 6). Bei Fixieren in Carnoyscher Lösung werden säurelösliche Fraktion und Lipoide bereits weitgehend herausgelöst; zur vollständigeren Extraktion der Phospholipoide sind die Schnitte in der absteigenden Alkoholreihe noch zweimal mit Chloroform zu behandeln. Die Hydrolyse und Extraktion der Nucleinsäuren in den Schnitten erfolgt durch 15 min dauernde Einwirkung von 5%iger Trichloressigsäure bei 90° C (Schneider). Die Präparate können vor Herstellung der Autoradiogramme (am einfachsten ist die Stripping-Filmmethode) gefärbt werden.

Tabelle 6. *Anteil der Phospho-Proteine an der gesamten verbliebenen Radioaktivität von Gewebsschnitten, nachdem diese entspr. der Methode von* Schneider *vorbehandelt worden waren.* Die Zeitspanne zwischen Injektion des P^{32}-Orthophosphats und der Tötung der Versuchstiere (C3H-Mäuse mit Mamma-Carcinomen) betrug jeweils 3 Std. (aus Harbers und und Backmann)

Gewebsart	Anteil der Phospho-Proteine an der verbliebenen gesamten Radioaktivität des Gewebes %
Leber	77
Niere.	84
Gehirn	70
Milz	65
Tumor (Mamma-Ca. C3H)	79

Die Phospho-Proteine bilden eine mengenmäßig nur sehr kleine Gewebsfraktion, die sich jedoch durch einen außerordentlich hohen Umsatz auszeichnet. Deshalb sollte die Zeitspanne zwischen Verabfolgung des P^{32}-Orthophosphats und der Entnahme des Gewebes nicht zu lang sein (maximal 4—5 Std.). Die P^{32}-Aktivität der Phospho-Proteine wird verhältnismäßig rasch wieder abgegeben; damit wächst der relative Anteil der Aktivität anderer Phosphat-Fraktionen, die nicht vollständig extrahiert werden können, so daß die Methode keine selektive autoradiographische Darstellung der Phospho-Proteine mehr erlaubt.

3. Proteine

Für autoradiographische Untersuchungen zum Proteinstoffwechsel wurden verschiedene markierte Aminosäuren verwendet wie C^{14}-Glycin (u. a. Boyd und

Levi; Ficq, Gavosto und Errera), 2-C^{14}-Phenylalanin (Ficq; Ficq und Brachet) und S^{35}-Thioaminosäuren (u. a. Feldman und Waddington; Niklas, Oehlert und Roesch; Oehlert, Schultze und Maurer; Schultze, Oehlert und Maurer). Glycin ist keine sehr geeignete Vorstufe, da es außer bei der Proteinneubildung noch zur Purinsynthese verwendet wird und damit zur Bildung von markierten Nucleinsäuren führt. Bei der Gewebsvorbehandlung sind die freien markierten Aminosäuren möglichst vollständig herauszulösen. Die erforderliche Extraktion wird durch geeignete Fixierungsmittel, z. B. ein Formalin-Trichloressigsäuregemisch (Niklas, Oehlert und Roesch), erleichtert; nach der Fixierung noch vorhandene freie Aminosäuren werden bei der histologischen Aufarbeitung der Schnitte ausgewaschen.

Pflanzen und verschiedene Mikroorganismen können anorganisches Sulfat verwenden zur Biosynthese von Thioaminosäuren, die dann anschließend mit zur Proteinbildung benutzt werden. In solchen Fällen läßt sich der Eiweißstoffwechsel in einfacher Weise durch Verabfolgung von S^{35}-markiertem Sulfat untersuchen [Howard und Pelc (1951a); Pelc und Howard (1952)].

4. Thyreoglobulin

Markiertes Jodid wird im normalen Säugetierorganismus rasch von der Schilddrüse aufgenommen. Bereits kurze Zeit nach der Verabfolgung lokalisiert sich das Radiojod in den Follikelzellen; später reichert es sich im Kolloid an (vgl. Abb. 17). Das bei üblicher Fixierung im Autoradiogramm nachgewiesene Radioelement ist überwiegend eiweißgebunden und Bestandteil des Thyreoglobulin. Bogoroch, Israelowitch und Leblond konnten in quantitativ-chemischen Untersuchungen zeigen, daß bereits 30 min nach Gabe von markiertem Jodid (anschließende Fixierung in Bouinscher Lösung) 75% des in der Schilddrüse enthaltenen Radiojods in die Thyreoglobulinfraktion eingebaut waren. Bei größerer Zeitspanne nach der Verabfolgung des Radioelements wird der Anteil des Thyreoglobulin an der nach der Fixierung im Gewebe verbleibenden Aktivität noch wesentlich größer; Reste an freiem markierten Jodid werden zudem später bei der histologischen Aufarbeitung der Schnitte extrahiert.

5. Sulfo-Mucopolysaccharide

Freies Sulfat wird vom Säugetierorganismus bei der Synthese von Sulfo-Mucopolysacchariden verwendet. Da die Schwefelsäureester (vor allem Chondroitinsulfat) im Sauren unlöslich sind, lassen sie sich nach Verabfolgung von S^{35}-Sulfat und Fixierung in saurem Milieu (z. B. saures Formol, p$_H$ 3,8; Dziewiatkowski) recht selektiv in Autoradiogrammen darstellen. Von Boström wurde der Umsatz der Sulfo-Mucopolysaccharide vergleichend autoradiographisch und mit biochemischer Methodik untersucht. Aus den Befunden geht hervor, daß bis zu 24 Std. nach der Injektion von markiertem Sulfat lediglich ein geringer Teil der S^{35}-Aktivität in den Gewebsschnitten den Sulfo-Mucopolysacchariden zuzuschreiben ist. Eine zuverlässige *selektive autoradiographische Darstellung der Sulfo-Mucopolysaccharide* ist daher wohl *nur bei größeren Zeitspannen nach der Verabfolgung des* S^{35}-*Sulfats (> 24 Std.)* zu erwarten.

Durch Behandlung der Gewebsschnitte *mit verschiedenen Hyaluronidasen* ist offenbar noch eine *weitere Analyse der* autoradiographisch lokalisierten *Sulfo-Mucopolysaccharide möglich* (Bélanger 1954). Chondroitinsulfat A, das in erster Linie in hyalinem Knorpel vorkommt, wird durch Hyaluronidase aus Testes und Pneumokokken hydrolysiert und kann dann aus dem Gewebsschnitt extrahiert werden. Chondroitinsulfat B ist gegen diese beiden Hyaluronidasen resistent; Chondroitinsulfat C wird nur durch Hyaluronidase aus Testes angegriffen (Meyer und Rapport).

D. Quantitative Autoradiographie

Eine *quantitative Auswertung* von Autoradiogrammen *setzt standardisierte Versuchsbedingungen voraus* hinsichtlich der Dosis des verabfolgten Radioelements, Dicke der Gewebsschnitte, Expositionszeit, Entwickeln, usw. Gleichmäßig dicke Schnitte sind am besten nach Einbettung in Paraffin zu gewinnen; Gefrierschnitte zeigen meist eine erhebliche Variation in der Schnittdicke. Eine *weitere Voraussetzung* für quantitative Untersuchungen ist die *Reproduzierbarkeit der Gewebsvorbehandlung*, daß also entsprechend den jeweiligen Forderungen entweder die gesamte Aktivität oder die bestimmter Gewebsfraktionen im Autoradiogramm nachgewiesen wird. *Unkontrollierbare Effekte der histologischen Vorbehandlung* (z. B. unterschiedliche Auswaschung von einem Teil des radioaktiven Materials) *machen* eine *quantitative Auswertung* von vornherein *sinnlos*.

I. Photometrische Bestimmung des Schwärzungsgrades der Emulsion

Da das auf der Emulsion liegende Gewebe die — meist photoelektrisch vorgenommene — Messung beeinträchtigt, kann diese Methode nur in Verbindung mit dem Kontakt-Verfahren (s. S. 328) angewandt werden. Die methodischen Probleme wurden von Odeblad (1952) eingehend diskutiert.

II. Auszählung von Silbergranula pro Flächeneinheit

Dieses vielfach angewandte Verfahren erlaubt eine quantitative Auswertung bei erheblich geringerer Konzentration der Radioelemente und in wesentlich kleineren Gewebsbereichen. Es ist also sehr viel empfindlicher als die zuerst geschilderte Methode, erfordert zudem keine teure Meßvorrichtung; der der Emulsion aufliegende Gewebsschnitt behindert im allgemeinen nicht die Auswertung. Voraussetzung für die Anwendbarkeit der Auszählmethode ist eine konstante Dicke der Photoemulsion; diese Forderung ist am ehesten erfüllt bei Benutzung von Stripping-Film oder bei dem "Mounting"-Verfahren (s. S. 330 und S. 331). Auch ohne Einwirkung von Radioelementen bilden sich in der Photoemulsion mehr oder weniger entwickelbare Silbergranula (Schleierkörner; vgl. S. 343). Um vergleichbare Größen für unterschiedliche Gewebsaktivitäten bekommen zu können, ist daher in Kontrollpräparaten die Zahl der Schleierkörner pro Flächeneinheit zu bestimmen und dieser „Leerwert" von den bei der Auszählung der Autoradiogramme gewonnenen Werten abzuziehen. Bei guten Emulsionen soll der „Leerwert" nur etwa 10 Granula pro $100 \mu^2$ betragen.

Die langwierige Granula-Auszählung ist nicht für Reihenuntersuchungen geeignet. Von Dudley und Pelc wurde daher ein automatisches Zählgerät entwickelt, das selbsttätig den in einem Mikroskop eingestellten Gewebsbereich abtastet und die gezählten Granula registriert; von Mazia, Plaut und Ellis wurde ebenfalls ein Gerät zur Auswertung von Autoradiogrammen beschrieben. Die methodischen Fragen zur quantitativen Auswertung von Autoradiogrammen durch Auszählen der Silberkörner wurden von Nadler (1953) sowie von Plaut und Mazia ausführlich diskutiert.

III. Bahnspurauszählung

Durch Auszählen von α-Bahnspuren pro Flächeneinheit ist eine recht genaue — gegebenenfalls sogar absolute — Bestimmung der Konzentration eines Radioelements im Gewebe möglich (Miller und Hoecker; Rotblad und Ward; Schaefer). Die quantitative Auswertung von β-Bahnspuren ist sehr viel schwieriger, da stets nur ein Teil der Bahnspuren sicher erkannt werden kann (vgl. S. 326).

Über die Durchführung von β-Bahnspurauszählungen berichten u. a. Campbell, Campbell und Persson sowie Levi.

E. Ergänzende Hinweise zur Herstellung autoradiographischer Präparate

In Ergänzung zu den verschiedenen bereits diskutierten methodischen Problemen sollen hier noch einige allgemeine Gesichtspunkte zur Herstellung autoradiographischer Präparate behandelt werden.

Auch ohne Einwirkung radioaktiver Stoffe bildet sich in der Photoemulsion stets eine gewisse Menge entwickelbarer Silberkörner. Diese mehr oder weniger störende Schleierbildung ("fog" im anglo-amerikanischen Schrifttum) in den Autoradiogrammen kann durch verschiedenartige Einflüsse noch gesteigert werden, gegebenenfalls zu regelrechten pseudophotographischen Effekten führen.

Bei längeren Expositionszeiten besteht die Gefahr, daß aus den Gewebsschnitten reduzierende Stoffe in die Photoemulsion hineindiffundieren. Dieses von Boyd und Board mit „Histochemographie" bezeichnete Phänomen wurde von Board auf die Einwirkung freier SH-Gruppen zurückgeführt. Everett und Simmons konnten jedoch zeigen, daß der Gewebseinfluß nicht allein auf SH-Radikale zurückgeht; durch langdauerndes Wässern ließen sich die reduzierenden Stoffe aus den Schnitten extrahieren. Es gelang jedoch nicht, durch Abdecken der Schnitte mit einem Schutzüberzug (Celloidin, Cellulose, Silicone, u. a.) die histochemographischen Effekte, die bei verschiedenen Geweben offenbar sehr unterschiedlich sind, völlig zu verhindern. Bei der Hypophyse ist anscheinend die Gefahr, daß die Gewebsschnitte auf die Emulsion einwirken, besonders groß (Ascenci, Baoto und Passalacqua). Im weiteren spielt noch die Art der Gewebsvorbehandlung eine Rolle; so kann z. B. Fixierung in Formol zu pseudophotographischen Effekten führen, wenn das Fixierungsmittel nicht hinreichend ausgewaschen wurde (Williams).

Um die Möglichkeiten der Artefaktbildung durch Gewebseinflüsse auszuschließen oder diese als solche erkennen zu können — vor allem bei Expositionszeiten von über 2 Wochen —, *sollten,* insbesondere bei neuartigen Versuchsanordnungen, *stets Kontrollpräparate mit nicht-radioaktiven Gewebsschnitten unter gleichen Bedingungen exponiert werden.*

Das Ausmaß der Schleierbildung hängt ferner noch vom Alter der Emulsion ab. Die hochempfindlichen Kernemulsionen haben zugleich die stärkste Tendenz zur Schleierbildung (vgl. Tab. 2). *Um* die störende *Schleierbildung einzuschränken,* haben sich *folgende Maßnahmen* bewährt:

1. Es sollten *möglichst frische Emulsionen* verwendet werden. Temperatur während des Lagerns und Exponierens 2—6° C.

2. *Mechanische Einwirkungen* auf die Emulsionen (Pressen, Reißen usw.) sind zu *vermeiden.*

3. Wenn die Vorbehandlung des Gewebes dies erlaubt (es muß dann — außer bei der Umkehr-Methode; s. S. 334 — allerdings vorher gefärbt werden), sollten die Schnitte mit einem geeigneten *Schutzüberzug* versehen werden. Ein häufig angewandtes Verfahren besteht darin, die Objektträger mit den Schnitten in eine Celloidinlösung einzutauchen (zweimal in eine 1%ige Lösung, Äther-Alkohol als Lösungsmittel. Weiterführen durch 95%igen und absoluten Alkohol; dann über Nacht trocknen lassen). Günstiger ist vielleicht das von Guidotti und Passalacqua beschriebene Überziehen mit einem Plexiglasfilm. Solche Schutzüberzüge können bei langen Expositionszeiten histochemographische Wirkungen zwar nicht völlig ausschließen, mindern aber wesentlich die Gefahr solcher Effekte.

4. Im Rahmen der den Emulsionen beigegebenen Anweisungen sind möglichst *kurze Entwicklungszeiten* anzustreben. Die erforderliche Zeit zum Entwickeln hängt von der Konzentration des Entwicklers und von der Dicke der Emulsion ab. Beim "Mounting"-Verfahren ist ferner der Diffusion des Entwicklers durch den aufliegenden Gewebsschnitt Rechnung zu tragen.

5. Die spontane Schleierbildung kann — selbst bei Emulsionen gleicher Herstellung — sehr variieren; *gegebenenfalls sind die besten Emulsionen durch Stichproben* zu *ermitteln.*

Bei Tragen von moderner Kunststoffbekleidung, die zu beträchtlichen elektrostatischen Aufladungen führen kann, besteht noch eine weitere Artefaktmöglichkeit. Durch Berühren leitender Gegenstände kann es zu Entladungen kommen, deren Lichterscheinungen ausreichen, um in der Dunkelkammer auf die Photoemulsion einzuwirken. Diese Effekte lassen sich am einfachsten verhindern oder zumindest einschränken durch eine genügend hohe Luftfeuchtigkeit in der Dunkelkammer. Boyd (1955) berichtet, daß sich sein Mitarbeiter in der Dunkelkammer stets das Handgelenk über einen mit der Wasserleitung verbundenen Kupferdraht erdet.

Im Hinblick auf mögliche Streustrahlungseffekte werden zum *Exponieren* der autoradiographischen Präparate zweckmäßig lichtdichte *Kästen aus Kunststoff* verwendet. Um nach beendeter Exposition eine gleichmäßige Entwicklung zu erreichen, werden die waagerecht in den Entwickler eingetauchten Präparate vorsichtig hin und her bewegt. Während des Entwickelns kann ein kleiner Teil des reduzierten Silbers in Lösung gehen und sich dann gegebenenfalls als hauchdünne Schicht auf der Oberfläche der Emulsion absetzen; unter fließendem Wasser läßt sich diese Schicht vorsichtig wieder abwischen. Wurde das Gewebe vor Aufbringen der Emulsion mit Haematoxylin gefärbt, so kann dies ebenfalls zu einem Herauslösen von Silbergranula führen [Bogoroch, zit. bei Boyd (1955)]. Geringe Fettspuren behindern das Eindringen des Entwicklers und führen damit zu ungleichmäßiger oder unvollständiger Entwicklung.

Ein sehr störender Effekt beim Entwickeln, Fixieren oder Wässern der Präparate kann ein *Verziehen oder Sichwerfen der Emulsion* sein, das dann sehr leicht Verschiebungen gegenüber dem Gewebsschnitt zur Folge hat. Um die Gefahr solcher Erscheinungen möglichst einzuschränken, sind zunächst einmal die Objektträger vor Gebrauch gründlich (am besten mit Chromschwefelsäure) zu reinigen; dadurch kommt es zu einem zuverlässigeren Haften der Emulsion. Bei Verwendung von Stripping-Film sollten die Stücke nicht zu knapp bemessen werden, um genügend Material zum Umschlagen des Films zur Verfügung zu haben (vgl. Abb. 12). Das Entwickeln der Präparate in waagerechter Lage (siehe oben) trägt mit dazu bei, die oben angeführten Effekte zu verhindern.

Die angeführten Beispiele demonstrieren, daß die Gefahr der Artefaktbildung bei der Herstellung autoradiographischer Präparate außerordentlich groß ist. Eine eingehende Diskussion solcher Artefaktmöglichkeiten findet sich in dem Buch von Boyd (1955) und vor allem in einem Artikel von Odeblad (1953).

F. Aussagemöglichkeiten
autoradiographischer Untersuchungen

Autoradiographische Untersuchungen von Stoffwechselvorgängen werden nach dem gleichen Prinzip durchgeführt wie es in der Biochemie geschieht: Es sind markierte Vorstufen ("precursors") anzubieten, die an der Synthese der interessierenden Zellbausteine teilnehmen; der Einbau der Vorstufen sowie gegebenenfalls die anschließende Wiedergabe der Radioaktivität vermitteln dann Einblicke in die Umsatzverhältnisse der untersuchten Gewebsfraktion. Während *biochemische Methoden* es jetzt *erlauben, verschiedene Zellfraktionen* (Zellkerne, Mitochondrien, Mikrosomen und „lösliches Cytoplasma") aus einem Gewebe *zu isolieren, gestatten* sie im allgemeinen *nicht, die Architektur eines Gewebes zu berücksichtigen und Stoffwechselvorgänge den verantwortlichen Zelltypen zuzuordnen. Solche Zuordnungen* sind *jedoch* häufig *bei autoradiographischen Untersuchungen möglich.* Abb. 16 zeigt als Beispiel das Autoradiogramm einer Nervenzelle und demonstriert deren außerordentlich hohen Eiweißumsatz; vom umgebenden Gewebe wurden die angebotenen S^{35}-markierten Aminosäuren dagegen kaum ausgenutzt. Die in solchen Fällen bestehende Überlegenheit autoradiographischer Methoden darf allerdings nicht zu ihrer Überschätzung verleiten. *Aus einem Autoradiogramm kann lediglich auf die Aktivität einer Gewebsfraktion rückgeschlossen werden, dagegen nicht auf* die Konzentration des Radioelements in der betreffenden Fraktion, also *die spezifische Aktivität,* da das Autoradiogramm keinerlei Hinweise auf die jeweils vorliegende Menge der untersuchten Zellbestandteile im Gewebe gibt.

Gleich intensive Schwärzungen in einem Präparat müssen daher nicht notwendig gleiche Konzentrationen des verabfolgten Radioelements in einer Gewebsfraktion bedeuten. Es kann in einem Gewebsbereich eine nur in geringer Menge vorliegende Fraktion sehr viele Radioatome eingebaut haben (hohe spezifische Aktivität), während an anderer Stelle die Fraktion nicht so rasch umgesetzt wurde und daher auch weniger von dem Radioelement aufgenommen hat. Ist an dieser zweiten Stelle des Präparates nun die Menge der untersuchten Fraktion größer, so können im Autoradiogramm über beiden Gewebsbezirken gleichartige Schwärzungen vorliegen und den unbefangenen Betrachter dazu verführen, auch gleiche Gewebskonzentrationen — und damit gleiche Umsatzgrößen — anzunehmen.

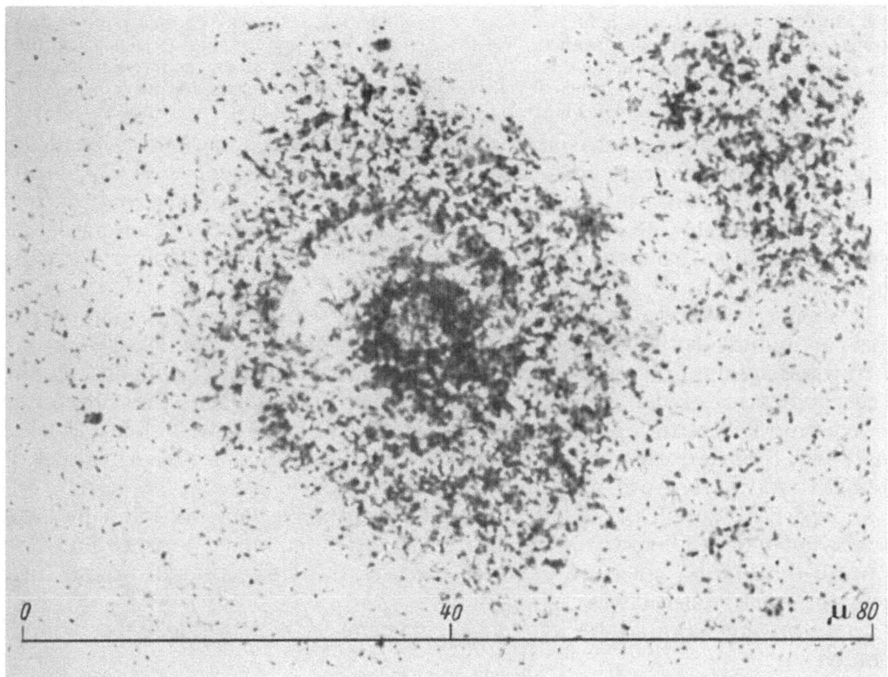

Abb. 16. Ungefärbtes Autoradiogramm einer Ganglienzelle aus der Formatio reticularis gigantocellularis des Kaninchens (3 Std. nach oraler Gabe von S^{35}-markiertem Hefeeiweiß). Stärkste Silberkorndichte über der Umgebung des Nucleolus, Aufhellung über peripheren Karyoplasmabereichen, dunkler Ring über der Kernmembran
(aus SCHULTZE, OEHLERT und MAURER)

Die hier diskutierten Konsequenzen gelten für Untersuchungen mit physiologischen Stoffen, die mit einem Radioelement markiert sind. *Bei Versuchen mit nicht-physiologischen markierten Substanzen, z. B.* mit Pharmaka, oder mit Radioisotopen von Elementen, die normalerweise nicht im Organismus vorkommen, *geben die Autoradiogramme direkt die Konzentrationsverteilung* der betreffenden Stoffe *wieder*.

In einigen Fällen lassen sich *durch quantitativ-histochemische Bestimmungen ergänzend die Mengen der autoradiographisch untersuchten Fraktionen* in den verschiedenen Gewebsbereichen *ermitteln*. Das ist z. B. bei Untersuchungen zum Mineralstoffwechsel im Knochengewebe möglich mit Hilfe von Röntgenabsorptionsmessungen („Radiographie"; ENGFELDT, ENGSTRÖM und ZETTERSTRÖM), oder bei der Desoxyribonucleinsäure durch quantitative Auswertung der Feulgen-Reaktion (TAYLOR und McMASTER).

Die *Aussagemöglichkeiten autoradiographischer Untersuchungen* werden *erheblich eingeschränkt, wenn nur ein mehr oder weniger großer Anteil der im Gewebsschnitt enthaltenen Radioaktivität Bestandteil der interessierenden Fraktion* ist. Dieser Anteil an der Gesamtaktivität kann in verschiedenen Geweben unterschiedlich sein (vgl. Tab. 6); er kann aber auch für eine Gewebsart variieren in Abhängigkeit von der Zeit nach der Verabfolgung des Radioelements (als Beispiel s. Tab. 5). Der zuverlässigste Weg, diese Schwierigkeiten zu umgehen, ist die *Verwendung spezifischer Vorstufen*, die lediglich zur Synthese der untersuchten Gewebsbestandteile verwendet und dabei zugleich möglichst gut ausgenutzt werden (s. S. 336 und S. 338).

Die *Ausnutzung einer Vorstufe hängt von zahlreichen Faktoren ab.* Sie wird wesentlich mit bestimmt vom Eindringvermögen des Stoffes in die Zellen (Permeabilität der Zellmembran?) sowie von den verschiedenen Schritten des Intermediärstoffwechsels, die dem Einbau in das untersuchte Endprodukt vorausgehen. Vergleichende Untersuchungen über das Zusammenspiel dieser Vorgänge bei Verwendung verschiedener Vorstufen demonstrieren eindringlich, daß deren *Einbau in ein hochpolymeres Endprodukt kein gültiges Maß für die Umsatzgrößen* bildet (Harbers, Chaudhuri und Heidelberger).

Um ein möglichst *klares Bild* über das Verhalten eines markierten Stoffes im Organismus *zu gewinnen, sollte* nach einmaliger Verabfolgung *stets der zeitliche Verlauf von Aufnahme — und* gegebenenfalls *Wiederabgabe — der Radioaktivität* in der untersuchten Gewebsfraktion *verfolgt werden.* Die wechselnden autoradiographischen Bilder können Ausdruck verschiedenartiger biologischer Vorgänge sein:

1. Markierte Vorstufen nehmen an Stoffwechselprozessen teil und werden dabei zur Bildung der untersuchten Gewebsfraktionen, die — möglichst selektiv — im Autoradiogramm dargestellt werden sollen, mit verwendet. Zunächst kommt es zu einem Anstieg der Gewebsaktivität, die nach Erreichen eines Maximums entweder nur kurzzeitig wieder abfällt, um dann etwa konstant erhalten zu bleiben *(bleibender Einbau), oder* aber *kontinuierlich* weiter *abnimmt.* Die Abnahme der Radioaktivität kann Ausdruck sein

a) für den Abbau *(Katabolismus)* der untersuchten Gewebsfraktion; ein rasches Verschwinden der radioaktiven Moleküle weist auf einen hohen Umsatz hin.

b) für die *Bildung eines* radioaktiven *Sekretes*, das sich häufig direkt im Autoradiogramm darstellen läßt.

Die Vorgänge a) und b) können gegebenenfalls gleichzeitig nebeneinander ablaufen.

2. Mit zunehmender Zeit nach der Verabfolgung einer markierten Vorstufe kommt es häufig zu *Veränderungen in der Lokalisation* der radioaktiven Gewebsfraktion. Diese sind zurückzuführen auf

a) Verlagerung radioaktiven Materials, *innerhalb der Zelle* (z. B. Goldstein und Plaut), *durch Sekretion* [s. o., 1, b)] *oder* auf *Wanderung markierter Zellen.*

b) *Wachstumsvorgänge* (vor allem in Knochen und Zähnen), bei denen sich in radioaktiven Gewebsbezirken neugebildetes — nicht-radioaktives — Material angelagert hat.

Abb. 17 zeigt ein Beispiel für 2, a). Kurze Zeit nach der Verabfolgung von radioaktivem Jodid lokalisiert sich dieses in eiweißgebundener Form in den Epithelzellen der Schilddrüse; später findet sich markiertes Thyreoglobulin nur im Kolloid (vgl. S. 341).

Mit radioaktiven Vorstufen für die Desoxyribonucleinsäure (DNS) ist es möglich, *neugebildete Zellen zu markieren* und *Einblicke in deren* weiteres *Schicksal zu gewinnen.* So konnten z. B. Pelc und Howard (1956) auf diese Weise den zeitlichen Verlauf der Spermatogenese in der Maus recht genau verfolgen. Mit H³-Thymidin steht jetzt eine spezifische — und außerdem verhältnismäßig billige — Vorstufe für die DNS-Neubildung zur Verfügung (s. S. 338), die zahlreiche interessante Untersuchungsmöglichkeiten, etwa zur Frage der Herkunft bestimmter Zellformen, oder des zeitlichen Verlaufes von Differenzierungsvorgängen, u. a.

eröffnet. Über erste Anwendungen dieses Untersuchungsprinzips mit Hilfe von H³-Thymidin berichten HUGHES, BOND u. Mitarb. sowie MALONEY und PATT.

Autoradiographische Untersuchungsmethoden spielen ferner eine wichtige Rolle bei der *Ermittlung der Strahlendosis nach Aufnahme radioaktiver Stoffe.* Bei

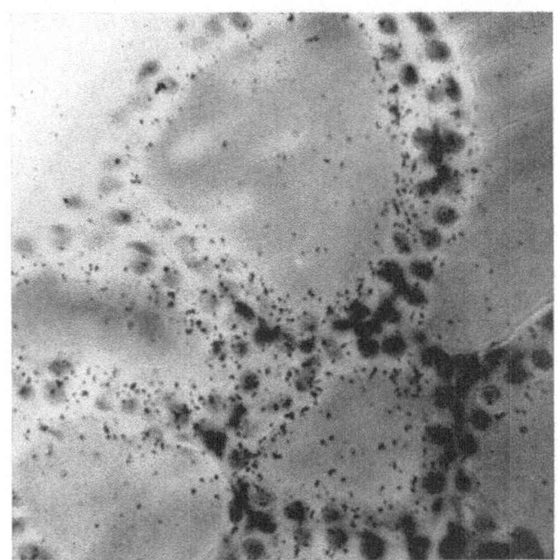

a

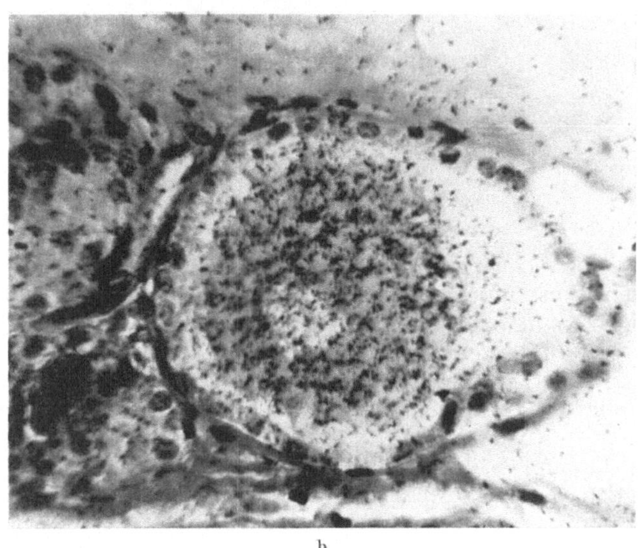

b

Abb. 17a u. b. a) Autoradiogramm der Rattenschilddrüse 1 Std. nach Verabfolgung von radioaktivem Jodid; das Radioelement konzentriert sich vor allem in den apikalen Bereichen der Epithelzellen. b) Entsprechendes Autoradiogramm 24 Std. nach der Verabfolgung von Radiojod; stärkste Anreicherung im Kolloid (aus LEBLOND und GROSS)

den rechnerischen Ansätzen zur Bestimmung der Strahlendosis wird u. a. meist vereinfachend angenommen, daß das Radioelement im Gewebe gleichmäßig verteilt sei. Diese Annahme ist jedoch häufig durchaus nicht erfüllt! Wenn es sich um schwache β- oder um α-Strahler handelt, kommt es lokal in Gewebsbezirken, in denen sich das radioaktive Material anreichert, zu Strahlendosen, die ein Vielfaches von dem errechneten „Durchschnittswert" betragen können. Abb. 18 zeigt als Beispiel das Autoradiogramm von einer Rattentibia nach Aufnahme von Radium. In den Anreicherungszonen ("hot spots") war die Strahlendosis um den Faktor 10 höher als die „theoretische Dosis", die eine gleichmäßige Verteilung des Radiums voraussetzte. Die Unsicherheit der *gebräuchlichen Strahlendosisbestimmungen*, die *zweckmäßig durch geeignete autoradiographische Untersuchungen ergänzt* werden sollten, ist oft recht groß (vgl. Harbers und Doering).

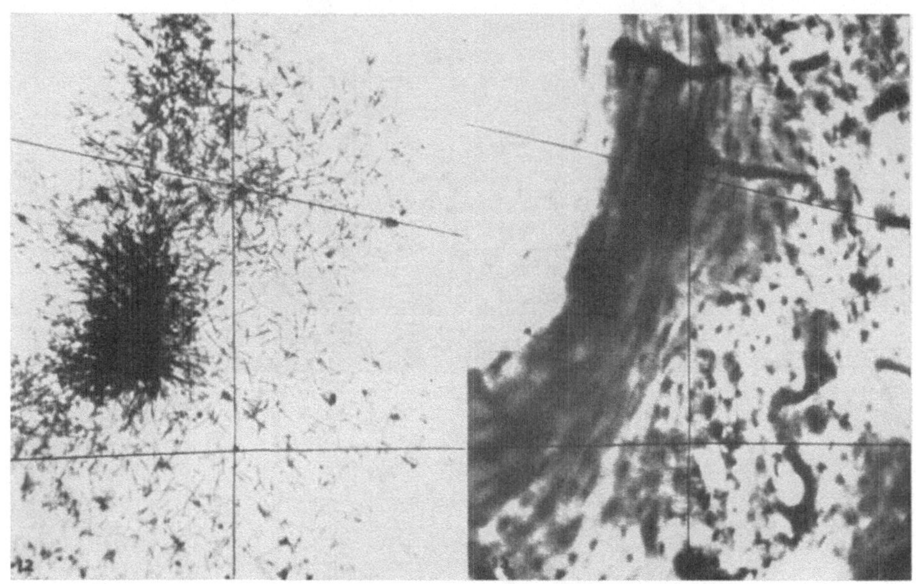

Abb. 18. Autoradiographischer Nachweis von Radium in der quergeschnittenen Tibia einer Ratte. Links das Autoradiogramm (α-Bahnspurdarstellung), rechts das zugehörige histologische Präparat (aus Hoecker und Roofe)

Bei allen biologischen Anwendungen von Radioelementen werden die Versuchsobjekte einer mehr oder weniger großen *Strahlenbelastung* ausgesetzt, die unter Umständen *die zu untersuchenden Vorgänge störend beeinflußt*; H³-Thymidin, eine für zahlreiche Fragestellungen besonders geeignete Vorstufe (s. oben), führt nach Einbau in die DNS praktisch zu selektiver Strahleneinwirkung auf den strahlenempfindlichen Zellkern. Um die Gefahr störender Strahleneffekte klein zu halten, sollten — vor allem bei Langzeitversuchen, die notwendig zu höheren Strahlendosen führen — die Radioelemente in möglichst geringer Aktivität verabfolgt werden, gerade ausreichend, um gute autoradiographische Präparate herstellen zu können.

Literatur

Arnold, J. S.: A method for embedding undecalcified bone for histologic sectioning, and its application to radioautography. Science **114**, 178—180 (1951).

Ascenci, A., G. Boato and F. Passalacqua: Presence of organic iodine in the pituitary. Nature (Lond.) **169**, 886 (1952).

Bachmann, R., E. Harbers u. K. Neumann: Autoradiographische Untersuchung von Thoriumpräparaten (Peteosthor), Verh. anat. Ges. 48. Versammlg. Kiel. Sonderbd. Anat. Anz. 154—163 (1950).

Bélanger, L. F.: A method for routine detection of radiophosphates and other radioactive compounds in tissues. The inverted autograph. Anat. Rec. 107, 149—159 (1950).
— Autoradiographic visualization of the entry and transit of S^{35} in cartilage, bone, and dentine of young rats and the effect of hyaluronidase in vitro. Canad. J. Biochem. 32, 161—169 (1954).
— and C. P. Leblond: A method for locating radioactive elements in tissues by covering histological sections with a photographic emulsion. Endocrin. 39, 8—13 (1946).
Board, F. A.: Sulfhydryl detection by histochemography. J. cell. comp. Physiol. 38, 377—387 (1951).
Bogoroch, R., M. Israelovitch and C. P. Leblond: The chemical nature of the materials retained in radioautographic preparations of thyroid glands of rats after radioiodine administration. J. Nat. Cancer Inst. 12, 255 (1951).
Boström, H.: Chemical and autoradiographic studies on the sulphate exchange in sulphomucopoly-saccharides. Ark. Kemi 6, 43—57 (1953).
Bourne, G. H.: Autoradiography. Biol. Rev. Cambridge Philos. Soc. 27, 108—131 (1952)
Boyd, G. A.: Autoradiographs of C^{14} incorporated in individual blood cells. Science 108, 529—531 (1948).
— Autoradiography in biology and medicine. New York: Academic Press 1955.
— and F. A. Board: A preliminary report on histochemography. Science 110, 586—588 (1949).
— G. W. Casarett and A. I. Williams: Making autoradiographs of individual blood cells. Stain Technol. 25, 13—16 (1950).
— and H. Levi: C^{14}-β-track autoradiography. Science 111, 58—59 (1950).
Branson, H., and L. A. Hansborough: The quantitative theory of autoradiography illustrated through experiments with P^{32} in the chick embryo. Science 108, 327—328 (1948).
Buckaloo, G. W., and D. V. Cohn: Color autoradiography. Science 123, 333 (1956).
Campbell, D.: Track autoradiographs with iron^{59} and sulfur^{35} with quantitative evaluation. Nature (Lond.) 167, 274—275 (1951).
— and B. H. Persson: Use of track autoradiography in studies on the sulfur metabolism of connective tissues. Experientia (Basel) 7, 304—306 (1951).
Canny, M. J.: High resolution autoradiography of water-soluble substances. Nature (Lond.) 175, 857—858 (1955).
Diserens, H. W., and O. Hall: A method for radioautographic localization of isotopes in tissues. Texas Rep. Biol. a. Med. 10, 286—294 (1952).
Doniach, I., A. Howard and S. R. Pelc: Autoradiography. Progr. Biophys. 3, 1—26 (1953).
— and S. R. Pelc: Autoradiographic technique. Brit. J. Radiol. 23, 184—192 (1950).
Dudley, R. A., and S. R. Pelc: Automatic grain counter for assessing quantitatively high-resulotion autoradiographs. Nature (Lond.) 172, 992—993 (1953).
Dziewiatkowski, D. D.: Radioautographic studies on S^{35}-labeled sulfate-sulfur metabolism in the articular cartilage and bone of suckling rats. Transactions 4th Conference on Metabolic Interrelations, p. 74—99 (1952).
Edwards, L. C.: An adhesive transfer method for cutting and mounting thin sections for autoradiography. Stain Technol. 30, 163—168 (1955).
Engfeldt, B., A. Engström and R. Zetterström: Renewal of phosphate in bone materials. II. Radioautographic studies of the renewal of phosphate in different structures of bone. Biochim. biophys. Acta 8, 375—380 (1952).
Everett, N. B., and B. S. Simmons: Observations on the histochemical reduction of photographic emulsion in radioautography. Anat. Rec. 117, 25—35 (1953).
Feldman, W., and C. H. Waddington: The uptake of methionine-S^{35} by the chick embryo and its inhibition by ethionine. J. Embryol. exp. Morphol. 3, 44—58 (1955).
Ficq, A.: Étude autoradiographique du métabolisme des protéines et des acides nucléique au cours de l'oogénèse chez les bactraciens. Exp. Cell Res. 9, 286—293 (1955).
— et J. Brachet: Distribution de l'acide ribonucléique et incorporation de phénylalanine-2-C^{14} dans les protéines. Exp. Cell Res. 11, 135—145 (1956).
— F. Gavosto et M. Errera: Incorporation in vitro de glycine-1-C^{14} cellules individuelles de la moelle osseuse. Exp. Cell Res. 6, 69—75 (1954).
Fitzgerald, P. J.: Radioautography, its use in cytology. In "Analytical Cytology" (R. C. Mellors, Edit.). New York: McGraw Hill Book Comp. 1955.
— E. Simmel, J. Weinstein and C. Martin: Radioautography: Theory, technic, and applications. Lab. Invest. 2, 181—222 (1953).
Gallimore, E. R., E. C. Bauer, and G. A. Boyd: A non-leaching technic for autoradiography. Stain Technol. 29, 95—98 (1954).
Goldstein, L., and W. Plaut: Direct evidence for nuclear synthesis of cytoplasmic ribose nucleic acid. Proc. nat. Acad. Sci. (Wash.) 41, 874—880 (1955).

Gomberg, H. J.: A new high-resolution system of autoradiography. Nucleonics 9, No. 4, 28—43 (1951).

Gross, J., R. Bogoroch, N. J. Nadler and C. P. Leblond: The theory and methods of the radioautographic localization of radioelements in tissues. Amer. J. Roentgenol. 65, 420 bis 458 (1951).

Guidotti, G., and F. Passalacqua: On the preparation of specimens for autoradiography. Experientia (Basel) 12, 117—118 (1956).

Harbers, E.: Autoradiographie als histochemisches Untersuchungsverfahren. Handbuch der Histochemie, Band I, 1, S. 400—598. Stuttgart: Gustav Fischer 1958.

— u. R. Backmann: Autoradiographische Darstellung von Phospho-Proteinen in Gewebsschnitten mit Hilfe von Radiophosphor. Z. Naturforsch. 10 b, 385—388 (1955).

— N. K. Chaudhuri and C. Heidelberger: Studies on fluorinated pyrimidines. VIII. Further biochemical and metabolic investigations. J. biol. Chem. 234, 1255—1262 (1959).

— u. P. Doering: Dosisfragen und Strahlenschädigungen bei Anwendung von Radioisotopen. Klin. Wschr. 1955, 777—784.

— and C. Heidelberger: Studies on nucleic acid biosynthesis in Ehrlich ascites cells suspended in a medium permitting growth. J. biol. Chem. 234, 1249—1254 (1959a).

— Incorporation of labeled ribonucleoside-5'-monophosphates into ribonucleic acid in a cytoplasmic fraktion of rat liverhomogenates. Biochim. biophys. Acta 35, 381—388 (1959 b).

— u. K. Neumann: Autoradiographie als histochemische Methodik. Klin. Wschr. 1954, 337—342 (1954 a).

— — Grundlagen der autoradiographischen Darstellung der Nucleinsäuren in Gewebsschnitten mit Hilfe von Radio-Phosphor. Z. Naturforsch. 9 b, 175—180 (1954 b).

— — Quantitativ-chemische Untersuchungen zur färberischen Darstellung der Pentosenucleinsäure in Gewebsschnitten. Z. Naturforsch. 10 b, 357—359 (1955).

Herz, R. H.: Photographic fundamentals of autoradiography. Nucleonics 9, No. 3, 24—39 (1951),

Hoecker, F. E., and P. G. Roofe: Structural differences in bone matrix associated with metabolized radium. Radiol. 52, 856—865 (1949).

Holt, M. W., and S. Warren: A radioautographic method for detailed localization of radioactive isotopes in tissues without isotope loss. Proc. Soc. exp. Biol. (N. Y.) 73, 545—549 (1950).

Hornsey, S., and A. Howard: Autoradiographic studies with mouse Ehrlich ascites tumor. Ann. N. Y. Acad. Sci. 63, 915—928 (1956).

Howard, A., and S. R. Pelc: Synthesis of deoxyribose nucleic acid and nuclear incorporation of S^{35} as shown by autoradiographs, CIBA Foundation Conference on Isotopes in Biochemistry, 138—151. Philadelphia: The Blakistan Co. 1951a.

— — Nuclear incorporation of P^{32} as demonstrated by autoradiographs. Exp. Cell Res. 2, 178—187 (1951 b).

Hughes, W. L., V. P. Bond, G. Brecher, E. P. Cronkite, R. B. Painter, H. Quastler and F. G. Sherman: Cellular proliferation in the mouse as revealed by autoradiography with triatiated thymidine. Proc. nat. Acad. Sci. (Wash.) 44, 476—481 (1958).

Johansson, S. A. E., and B. Skanse: A photographic method of determining the distribution of radioactive material in vivo. Acta radiol. (Stoçkh.) 39, 317—322 (1953).

Kaylor, C. T., and D. C. van Cleave: Radiographic visualization of the deposition of radioberyllium in the rat. Anat. Rec. 117, 467—481 (1953).

Kellershon, C., et P. Pellerin: Sur la possibilité d'obtenir l'autoradiographie d'un organe in vivo. C. R. Acad. Sci. (Paris) 239, 111—113 (1954).

Lacroix, P.: Autoradiographies du tissu osseux spongieux. Experientia (Basel) 8, 426 (1952).

Lajtha, L. G.: Detection of adenine carbon-14 in deoxyribonucleic acid by autoradiography. Nature (Lond.) 173, 587 (1954).

Leblond, C. P., and J. Gross: Thyreoglobulin formation in the thyroid follicle visualized by the "coated autograph" technique. Endocrin. 43, 306—324 (1948).

— G. W. Wilkinson, L. F. Bélanger and J. Robichon: Visualization of bone formation in the rat with the help of P^{32} radioautographs. Amer. J. Anat. 86, 289—341 (1950).

Levi, H.: Quantitative β-track autoradiography of single cells. Exp. Cell Res. 7, 44—51 (1954).

Loehr, W. M.: Chest radioautography. Amer. J. Roentgenol. 68, 355—359 (1952).

London, E. S.: Études sur la valeur physiologique et pathologique de l'émanation du radium. Arch. Élect. méd. 12, 363—372 (1904).

Maloney, M. A., and H. M. Patt: Granulocyte life cycle. Fed. Proc. 17, 406 (1958).

Marinelli, L. D., and R. F. Hill: Radioautography. Some physical and radiobiological aspects of the technique as applied to thin specimens. Amer. J. Roentgenol. 59, 396—403 (1948).

Mayr, J., H. D. Bruner and M. Brucer: Boron detection in tissues using the (n,α) reaction. Nucleonics 11, No. 10, 21—25 (1953).

Mazia, D., W. S. Plaut and G. W. Ellis: A method for the quantitative assessment of autoradiographs. Exp. Cell Res. **9**, 305—312 (1955).

Messier, B., and C. P. Leblond: Preparation of coated radioautographs by dipping sections in fluid emulsion. Proc. Soc. exp. Biol. (N. Y.) **96**, 7—10 (1957).

Meyer, K., and M. M. Rapport: The mucopolysaccharides of the ground substance of connective tissue. Science **113**, 596—599 (1951).

Miller, B. L., and F. Hoecker: Quantitation of alpha-emitters in bone. Nucleonics **8**, No. 5, 44—52 (1951).

Müller, J. H.: Zur klinischen Bedeutung des autoradiographischen Verfahrens bei der Verwendung von kurzlebenden künstlichen radioaktiven Isotopen (Autoorganographie, Autoangiographie). Experientia (Basel) **4**, 406—407 (1948).

— Autoradiographies humaines (Automammagraphies, Autohépatographies, Autoangiographies, etc.) obtenues à l'aide d'un isotope radioactif artificiel (Z^{63}). J. Radiol. Électrol. **30**, 290—293 (1949).

Nadler, N. J.: Some theoretical aspects of radioautography. Canad. J. med. Sci. **29**, 182—194 (1951).

— The quantitative estimation of radioactive isotopes by radioautography. Amer. J. Roentgenol. **70**, 814—823 (1953).

Niklas, A., u. W. Maurer: Autoradiographie, in Hoppe-Seyler-Thierfelder, „Handbuch der physiologisch-chemischen Analyse", Band II, 10. Aufl. Berlin-Göttingen-Heidelberg: Springer 1955.

— W. Oehlert u. Roesch: Autoradiographische Untersuchung der Größe des Eiweißstoffwechsels verschiedener Organe, Gewebe und Zellarten. Beitr. path. Anat. **116**, 92—123 (1956).

Odeblad, E.: Contributions to the theory and technique of quantitative autoradiography with P^{32} with special reference to the granulosa tissue of the Graafian follicles in the rabbit. Acta radiol. (Stockh.) Suppl. 93 (1951).

— Artefacts in autoradiography. Acta radiol. (Stockh.) **39**, 192—204 (1953).

— and C. A. Tobias: Autoradiography after activation of histological sections with deuterons. Arch. Biochem. Biophys. **49**, 452 (1954).

Oehlert, W., B. Schultze u. W. Maurer: Autoradiographische Untersuchung der Größe des Eiweißstoffwechsels der verschiedenen Zellen des Zentralnervensystems. Beitr. path. Anat. **119**, 343—376 (1958).

Pelc, S. R.: Radiation dose in tracer experiments involving autoradiography, CIBA Foundation Conference on Isotopes in Biochemistry, 138—151. Philadelphia: The Blakiston Co. 1951.

— and A. Howard: Chromosome metabolism as shown by autoradiographs. Exp. Cell Res. Suppl. **2**, 269—278 (1952).

— — A difference between spermatogonia and somatic tissues of mice in the incorporation of (8-^{14}C)-adenine into deoxyribonucleic acid. Exp. Cell Res. **11**, 128—134 (1956).

Plaut, W., and D. Mazia: The distribution of newly synthesized DNA in mitotic division. J. Biophys. biochem. Cytol. **2**, 573—587 (1956).

Roofe, P. G., F. E. Hoecker and C. D. Voorhees: A rapid bone sectioning technic. Proc. Soc. exp. Biol. (N. Y.) **72**, 619—621 (1949).

Rotblad, J., and G. Ward: Analysis of the radioactive content of tissues by α-track autoradiography. Physics in Med. a. Biol. **1**, 57—70 (1956).

Schaefer, H.: Nachweis und Messung kleinster α-Aktivitäten in biologischen Substanzen durch Bahnspurauszählung in der Photoemulsion. Strahlenther. **77**, 613—628 (1948).

Schmeiser, K.: Autoradiographie, in „Künstliche radioaktive Isotope in Physiologie, Diagnostik und Therapie". 1. Aufl., S. 76—92. Berlin-Göttingen-Heidelberg: Springer 1953.

Schneider, W. C.: Phosphorus compounds in animal tissues. I. Extraction and estimation of desoxypentose nucleic acid and pentose nucleic acid. J. biol. Chem. **161**, 293—303 (1945).

Schultze, B., W. Oehlert u. W. Maurer: Autoradiographische Untersuchung zum Mechanismus der Eiweißneubildung in Ganglienzellen. Beitr. path. Anat. **120**, 58—84 (1958).

Siess, M., u. G. Seybold: Das Imprägnierungsverfahren der Autoradiographie von Gewebsschnitten. Z. wiss. Mikrosk. **63**, 156—170 (1957).

Simmel, E. B., P. J. Fitzgerald and J. T. Godwin: Staining of radioautographs with metanil yellow and iron hematoxylin. Stain Technol. **26**, 25—28 (1951).

Sognnaes, R. F., J. H. Shaw, A. K. Solomon and E. Harvold: A method for radioautography of specimens composed of both hard and soft structures. Anat. Rec. **104**, 319—329 (1949).

Stevens, G. W. W.: Resolution testing in autoradiography. Nature (Lond.) **161**, 432—433 (1948).

— Radioactive microphotographs for resolution testing in autoradiography. Brit. J. Radiol. **23**, 723—730 (1950).

Taugner, R., U. Wagenmann, H. Hole, G. Grigoleit, R. Droh u. J. Gillissen: Serienmäßige Herstellung von Gefrierschnitt-Autoradiogrammen mit optimalem Kontakt. Naunyn-Schmiedebergs Arch. exp. Path. Pharmak. **234**, 336—342 (1958).

Tauxe, W. N., A. H. Moser and G. A. Boyd: Etymology of autoradiography. Science **120**, 149—150 (1954).

Taylor, J. H.: Autoradiographic detection of incorporation of P^{32} into chromosomes during meiosis and mitosis. Exp. Cell Res. **4**, 164—173 (1953).

— Autoradiography at the cellular level. Physical Techniques in Biological Research, Vol. 3, Cells and Tissues. New York: Acad. Press 1956.

— Sister chromatid exchanges in tritium-labeled chromosomes. Genetics **43**, 515—529 (1958).

— and R. McMaster: Autoradiographic and microphotometric studies of deoxyribose nucleic acid during microgametogenesis in *Lilium longiflorum*. Chromosoma **6**, 489—521 (1954).

— P. S. Woods and W. L. Hughes: The organization and duplication of chromosomes as revealed by autoradiographic studies using Tritium-labeled thymidine. Proc. nat. Acad. Sci. (Wash.) **43**, 122—128) (1957).

Webb, J. M.: The reaction of ionizing particles with the photographic emulsion to produce the latent image, Manual for autoradiographic course, Oak Ridge Institute of Nuclear Studies. Oak Ridge, Tenn. 1951.

Williams, A. I.: A method for prevention of leaching and fogging in autoradiographs. Nucleonics **8**, No. 6, 10—14 (1951).

Woodruff, L. A., and W. P. Norris: Sectioning of undecalcified bone. With special reference to radioautographic application. Stain Technol. **30**, 179—188 (1955).

Aspects of the biological Effects of Radiation

By

L. F. Lamerton

With 2 Figures

Introduction

The field of radiobiological investigation is now so vast that it is quite impracticable in a short review to attempt to cover the whole of the subject. Also there are a number of excellent comprehensive reviews available, such as that edited by HOLLAENDER (1954). A selection of topics has to be made and in the present review the main topics discussed, apart from general considerations of the physical interaction of radiation and matter which are essential to any understanding of the subject, will be the mechanism of cytological effects of radiation, some problems of tissue response, in particular with regard to fractionation and protraction of radiation, and the problem of radiation-induced malignancy. Each of these topics is of significance in the clinical use of radiation and they are also subjects which are being very actively investigated at the present time.

The physical basis of the interaction between radiation and matter

Radiation only produces changes in matter by virtue of the fact that it delivers energy. In living material this absorption of energy may initiate chemical reactions leading to the particular biological responses observed. A knowledge of the amount of energy that can be absorbed by a molecule from radiation, compared with the amount received as a result of thermal collision, is important for an understanding of the difference in biological effect of various types of radiation. The energy imparted by thermal collisions between molecules will, of course, vary statistically about a mean value characterised by the temperature, and as the temperature rises, so will the mean energy of molecules. The significance of the figures can best be appreciated from examples given by SCHRÖDINGER (1948). At room temperatures an activation energy corresponding to 17000 calories per mole will be received by a molecule in thermal collision on the average every one-tenth of a second. Thus chemical reactions requiring an activation energy of 17000 cal/Mol can proceed reasonably rapidly at room temperatures under the action of thermal collisions. If an activation energy of, say, 29000 cal/Mol is needed, this will be achieved on the average by a given molecule only every 16 months, and at room temperatures such a reaction will obviously proceed at a negligible rate.

The absorption by matter of radiation energy is a quantum phenomenon, so that the maximum energy that can be received by a molecule is equal to the quantum energy of the particular radiation involved, though for the short wavelength electromagnetic radiation the actual energy acquired by a single molecule will be much less than the quantum energy. Table 1 gives a list of the values of the quantum energy for a number of radiations over the range of the electromagnetic spectrum.

Table 1

Designation	Wavelength	Energy of quantum	
		in calories per mole	in electron volts
Far infra-red	100 μ	280	0.01
Near infra-red	1 μ	28000	1.2
Visible light (violet Hg line) . . .	4358 Å	65000	2.8
Ultra-violet (Hg resonance line) .	2357 Å	112000	4.8
Grenz-rays	region of 1 Å		order of $10 \cdot 10^3$
Low voltage X rays	region of 0.3 Å		order of $40 \cdot 10^3$
High voltage X rays	region of 0.06 Å		order of $200 \cdot 10^3$
γ rays from radium	region of 0.015 Å		order of 10^6

It can be seen that for wavelengths longer than the near infra-red (1 μ) the quantum energies are no greater than thermal energies at room temperature and therefore with wavelengths above this value one would not expect any specific biological effects of the radiation. The effects observed are in fact those arising from heating in the tissues.

Except for one or two processes, most of the specific effects of radiation are found to occur only at wavelengths shorter than the long wavelength limit of visible light, and are, in general, far more pronounced in the ultra-violet region than in the visible region.

In the ultra-violet region the quantum energy absorbed is large enough to produce sufficient change in the electronic energy levels to result in major differences in the chemical reactivity of the molecule. Besides changes in the electronic energy levels within the atom, known as "excitation", radiation in the ultra-violet region may have sufficient quantum energy to remove the peripheral electrons out of the atoms, that is to produce "ionisation". As the wavelength of the radiation becomes shorter the quantum energy will be sufficient to produce greater disturbance in electronic energy levels and ionisation may take place as a result of electrons being completely removed from all levels within the atoms. The difference in biological effect between the non-ionising and the ionising regions of the electromagnetic spectrum is very great indeed. A patient can tolerate without much discomfort a dose of infra-red radiation which produces a general rise in temperature of the order of one degree Centigrade. With X radiation, however, the lethal dose for a man from a single whole-body exposure is of the order of 400 r, corresponding to an energy absorption sufficient to raise the temperature of the body by only $^1/_{1000}°$ C.

The spatial distribution of ionisation

The passage of a beam of ionising radiation through matter will result in changes, either ionisation or excitation or both, in certain of the atoms of the medium. The distribution in space of the atoms in which these changes have taken place is a matter of considerable importance in the study of the initial processes in the biological actions of radiation. If the change induced by radiation increases the chemical reactivity of the atom or molecule of which the atom is a part, then the types of chemical reaction taking place in the tissue will depend on the concentrations in which the activated atoms and molecules are produced.

The initial process in the absorption of high energy electromagnetic radiation is an ionisation resulting in the production of an electron which may have considerable energy of motion. This electron in its passage through the medium will cause ionisation and excitation in atoms along its track. For a study of the spatial distribution of ionisation in the material we require to know both the energy with which the electron will be ejected by the incident quantum and also the way in which this electron will deliver its energy to the medium.

The incident quantum may interact with matter to produce an electron in one of several ways. It may undergo (a) a "Photoelectric collision", when the quantum is fully absorbed and the whole of its energy is converted into energy of motion of the ejected electron, less the amount of energy necessary for detaching the electron from the atom, or (b) a "Compton collision", when the quantum gives up only part of its energy to an electron, the remainder appearing as a scattered quantum of lower energy. The Compton electron, as the ejected electron is called in the latter case, will have less energy than a photoelectron ejected by a quantum of the same energy. There is a third type of interaction between electromagnetic radiation and matter that can take place only when the quantum has an energy of greater than 1.02 MeV. This is known as "pair production". The quantum, on coming into the field of the nucleus of an atom, may disappear, giving rise to an electron and a positron. The positron will itself be annihilated after a short time, producing the so-called "annihilation" radiation, which in its turn may produce further ionisation.

The relative frequency of occurrence of each of these types of interaction will depend on the energy of the incident electromagnetic radiation and the atomic number of the material. When one is dealing with substances of low atomic number such as soft tissue, the photoelectric effect will be predominant at low energies up to about 50 kV, but at higher energies the absorption becomes increasingly due to the Compton effect.

A moving electron delivers up its energy only in small amounts, so that the passage of the primary electron produced by the absorption of the incident quantum will be marked by the production of secondary or "δ" electrons of low energy. The average energy imparted to them will be of the order of 100 eV. Since an energy of about 30 eV is needed in tissue-like substances to produce one ion-pair the δ electrons cannot produce more than a few ionisations and some, given only an energy of a few eV, will be unable to produce any further ionisation. The net result is that the passage of the initial fast-moving electron will be marked by clusters of ion-pairs along its path produced wherever a δ electron is liberated. The average number of ion-pairs per cluster is found to be about 3. The average distance between clusters will depend on the speed of the primary electron. The rate of loss of energy per unit distance suffered by the electron is approximately inversely proportional to the square of its velocity. Thus the distance between clusters will be less for the slower moving electrons.

Knowing the average energy of the primary electrons produced by an electromagnetic radiation of given wavelength a value can be obtained for the mean linear ion density, that is the ion-pairs per μ of tissue, also known as the "specific ionisation", and from this a value obtained for the average distance between clusters. Results of such calculations are shown in Table 2 below, which is taken from GRAY (1947).

Table 2

Radiation	Mean linear ion density (ions per micron of tissue)	Average distance between clusters[1] μ
γ radiation from radium filtered by 0.5 mm Pt	11	0.3
X rays produced at 1000 kV	15	0.2
X rays produced at 200 kV	80	0.04
X rays produced at 30—180 kV . . .	100	0.03
Characteristic X rays from copper (8 kV)	145	0,02

[1] Based on average of 3 ion-pairs per cluster.

A more detailed treatment of the variation of specific ionisation with energy of radiation than that given by GRAY has been described by CORMACK and JOHNS (1952) but the mean values obtained are similar to those of Table 2.

Instead of mean linear ion density another parameter is sometimes used to describe the distribution of physical events along the track of the ionising particle. This is the "linear energy transfer" or LET (ZIRKLE, 1954), and is expressed as electron volts of energy delivered per micron of track. It has the advantage of being a more directly measurable quantity than specific ionisation and also takes account of energy used in excitation processes. However, for the present purpose of a more graphic description of the processes involved, the concept of mean linear ion density is preferable. It must be recognised, however, that mean linear ion density takes no account of the increase in density of ionisation at the end of the track of a moving electron.

The biological significance of the distance between clusters can be appreciated by considering the effect of electromagnetic radiations on small organisms. If the organism is of the order of a few hundredths of a μ in diameter, it is clear that the passage through it of a primary electron liberated by a γ-ray may well produce no ionisation within it, whereas the passage through it of a quantum of soft X-rays will leave a number of clusters of ionisation in the organism.

Since the mean primary electron energy varies very little for quantum energies of 15—90 keV (that is over the range of X-ray tube voltages from about 30 to 180 kV), the mean distance between clusters will also vary very little and biological effects depending on the average distance between clusters will show little variation with wavelength in this range.

On theoretical grounds no particle of unit charge can produce less than about 6 ion-pairs per μ of path. Consequently, whatever the radiation, the average distance between clusters cannot exceed 0.5 μ.

One must consider also the spatial distribution of ionisation with radiations other than electromagnetic, for instance beams of α-particles, protons or neutrons. The rate of loss of energy per unit distance of any charged particle is approximately proportional to Z^2/v^2 where Z is the charge on the particle and v is the velocity. The density of ionisation will therefore increase with the charge and decrease with the velocity. An electron and a proton having the same velocities will produce the same density of ionisation. However, for a proton and an electron having the same kinetic energy, the proton, which will have the smaller velocity, will produce a greater density of ionisation.

An α-particle, on account both of its greater charge and greater mass, will produce a greater density of ionisation than a proton of the same energy. Of the ionising particles at present known, those producing the greatest ion density are the atomic particles arising from the fission process, which will have both a large charge and a large mass. A beam of neutrons produces ionisation by virtue of the protons it ejects from the irradiated material, and thus the density of ionisation will be that corresponding to protons of the particular energy produced.

Table 3, taken from GRAY (1947), gives values of the mean linear ion density for some of these particulate radiations. With these highly ionising particles the ionisation cannot be resolved into clusters along a line in the same way as for the ionisation produced by electrons. In fact, for densities of ionisation produced by α-particles, the ionisation must be considered to be produced in a narrow column rather than along a line.

The average density of ionisation along the path is a factor that must be taken into consideration in the biological effects of different particles. Another factor, important for certain effects, is the distance over which a high density of ionisation can be maintained. Thus an electron will produce an ionisation density exceeding 300 ions per μ only over the last 0.5 μ or so of its path, whereas a proton, being a heavier particle, can maintain this ionisation density for about 70 μ.

Table 3

Radiation	Mean linear ion density (ions per micron of tissue)	ionising particle
Neutrons of energy 12 MeV	290	Proton
Neutrons of energy 8 MeV	380	Proton
Neutrons of energy 0.9 MeV (Deuterium ions bombarding Li)	840	Proton
Neutrons of energy 0.4 MeV (Deuterium ions bombarding deuterium).	1100	Proton
α particles from natural disintegration of radium . . .	3700	α particle
α particles from artificial disintegration of Bo or Li by slow neutrons	9000	α particle
Atomic rays from uranium fission	130000	Atomic particle

Number of ion-pairs produced per röntgen

In addition to data on the average distance between clusters of ionisation when a tissue is subject to radiation of a given wavelength one must know the average number of ion-pairs produced per unit dose of radiation. The unit of dose of ionising radiation, the röntgen, represents, by definition, the production of $1/e$ ion-pairs in 0.001293 grammes of air, where e is the charge on the electron in electrostatic units.

Since the electronic charge is $4.774 \cdot 10^{-10}$ e.s.u., the number of ion-pairs produced per gramme of air is

$$\frac{1}{4.774 \cdot 10^{-10}} \cdot \frac{1}{0.001293} = 1.6 \cdot 10^{12}.$$

For the purposes of calculation one can assume that soft tissue behaves as compressed air in so far as the ionisation produced in it is concerned, the effective atomic numbers of air and soft tissue being about equal. The number of ion-pairs produced per gramme of soft tissue per röntgen will therefore be $1.6 \cdot 10^{12}$. The number of ion-pairs produced per cubic micron of unit density tissue per röntgen will therefore be about 1.6.

As a unit of radiation dose the röntgen is being replaced by the "rad" which is a measure of the radiation energy actually absorbed per unit mass of tissue at the point in question, one rad representing the absorption of 100 ergs per gramme of tissue. This unit has a number of advantages when considering radiation dose at surfaces, and for tissues which differ substantially from soft tissue in atomic constitution and also when dealing with high energy radiations. The details of this unit will not be discussed in the present review, but it can be assumed that within soft tissue the radiation energy absorbed is little different for the same dose either in röntgens or rads.

Radiation chemistry

The subject of radiation chemistry will not be dealt with in great detail here but the main conclusions must be reviewed on account of their importance in radiobiological theory. For more detailed discussion and bibliography BACQ and ALEXANDER (1955) may be consulted.

The basic observation of radiation chemistry is that when certain substances are irradiated in dilute aqueous solutions the effects produced are found to be not the result of direct irradiation of the solute but to be due to radiation products of the water. It is also found that the amount of solute changed by irradiation of dilute aqueous solutions is much reduced if certain other substances, the so-called "protective agents", are present in the solution. These phenomena have been explained on the theory that OH and H radicals are produced by the action of radiation on the water molecules. Both these free radicals are very reactive chemically and the effects observed on the solute are then interpreted as due to reactions between these free radicals and the solute molecules. The action of the protective agents is believed to be due to their affinity for the free radicals.

Subsequent reactions between the OH and H radicals and water molecules are believed to produce certain other molecules and free radicals, important among which are H_2O_2 and HO_2, both having strong oxidising properties. A considerable amount of work has been done on the production of H_2O_2 in the irradiation of water (Bonét-Maury, 1952). It has been found that:

a) In pure, oxygen-free water irradiated by X-or γ-radiation very little H_2O_2 is produced.

b) In water containing dissolved oxygen there is measurable H_2O_2 formation after X irradiation and the quantity produced depends on the amount of dissolved oxygen, the temperature and the p_H.

c) With α rays and other radiations having specific ionisation above a certain level, the production of H_2O_2 in water is easily demonstrated, and the yield appears to be very little dependent on amount of oxygen, temperature or p_H.

These observations can be reasonably well explained. Along the track of an α particle the OH radicals will be very close together, and this will lead to a high probability for the process $OH + OH \rightarrow H_2O_2$ though the reaction may not be as direct as that indicated.

With X-rays and γ-rays the concentration of OH radicals along the axis will be much lower than for α-particles. The chance of production of H_2O_2 will then be reduced not only because of the greater distance between the OH radicals produced, but also because of the greater chance of there combination reaction $H + OH \rightarrow H_2O$.

The effect of oxygen in producing H_2O_2 in water irradiated with X- and γ-rays is believed to be due to the reaction $H + O_2 \rightarrow HO_2$ (hydroperoxide radical), which can then form H_2O_2. By this process the O_2 will also reduce the extent of the $OH + H$ recombination reaction.

Quantitative data on the concentration and distribution of the various types of radicals and ions

Attempts have been made to obtain quantitative data on the distribution and concentration of the various active agents produced in the irradiation of water, their diffusion rates, the probabilities of recombination, and the possibility of the products of irradiation from various tracks intermingling before recombination reactions have eliminated most of the radicals, since the types of biological effect produced are likely to be largely determined by these factors.

On the basis of the work of Jaffé (1913), who made measurements on the saturation current in an insulating liquid (hexane) when irradiated with α-rays, Lea (1946, 1947) estimated the spatial distribution of the H and OH radicals and concluded that initially the H radicals would be found in a column of radius of the order of 15 mμ around the track of the ionising particle, while the OH radicals would lie very close to the centre of this column. In the case of α-rays he concluded that the recombination of H and OH would be nearly complete by the time the column had diffused to a few times its initial radius. Thus, if the general conclusions from these calculations are correct, the chemical effects produced by α-rays in aqueous solutions will be confined to the immediate vicinity of the α-ray track. They will occur in a very short time after the production of the ionisation and there will be no mingling of radicals produced by different α-rays. With X-rays the specific ionisation will have a much lower value and the column of radicals will be expected to broaden a great deal more than in the case of α-rays before recombination accounts for most of the radicals. For dosage-rates that are not too high, however, the calculations indicate (LEA, 1947) that there will not be a great deal of mingling of radicals from separate tracks. As in the case of α-rays the reaction of the radicals with the solute will occur mainly at points very close to the track of the ionising particle.

More recent theoretical studies (BURTON, MAGEE and SAMUEL, 1952; SAMUEL and MAGEE, 1953) suggest modifications to the form of free radical distribution as proposed by LEA, but the general conclusion is not altered that the active radicals from water will produce their main effect at very small distances, the order of millimicrons, from the path of the ionising particle or from the cluster of ionisation produced.

The primary biological effects of radiation

Quantitative theories of the primary biological effects of radiation date from the early 1920's, when a firm physical basis was being established for the specification of radiation dose and when quantitative data on biological effect were being collected. The basic fact to be explained was that, as a method of producing certain types of biological change, radiation was an extremely efficient agent, the number of ionisations caused by biologically effective doses being very small compared with the number of molecules in the material irradiated. This presented difficulties for any generalised "poison" theory of radiation action. Since a dose of 1 r represents the production of only about $2 \cdot 10^{12}$ ion-pairs per gramme of unit density material, a dose of 100 r, which under certain circumstances can produce substantial biological change, will give $2 \cdot 10^{14}$ ion-pairs in $6 \cdot 10^{23}/18$ molecules of water. Assuming an ionic yield of unity the molecular concentration of any drug so formed would be 1 in 10^8, and this concentration is less than that for which most drugs have any marked effect. However, at the time when this was being considered, the possibility of chemical change confined closely to track of the the ionising particle and therefore yielding high local concentrations of reactants, was not recognised.

The alternative theory, the so-called "target" theory, assumed that radiation produced its effect by direct action on some essential structure or structures in the organism.

The first suggestion that the irradiation death of organisms was a result of the absorption of a limited number of quanta appears to have been made by BLAU and ALTENBURGER (1923), though CROWTHER (1924), two years later, brought forward the idea independently. Since then the target theory and its implications have been analysed by a number of workers (see LEA, 1946; and TIMOFÉEFF-RESSOVSKY and ZIMMER, 1947). The simplest type of target theory interprets the biological change as due to the production of a single ion pair or cluster in a "sensitive volume" in the organism. If it is assumed that the sensitive volumes or "targets" of all the organisms studied are identical and that there is no recovery from the effect, the implications of such a theory are:

a) an exponential curve will be obtained relating percentage survivors to dose,

b) the number of organisms changed per given dose will be independent of dosage-rate and of interval between exposures,

c) the yield in terms of $\dfrac{\text{number of organisms changed}}{\text{number of ion pairs produced}}$ will decrease with increase in specific ionisation.

Result c) follows since more that one ion pair or cluster may be formed in the same organism by the passage of a single particle.

Finally, on the basis of this simple target theory, it should be possible to estimate the size of the sensitive volume. If the sensitive volume is spherical in shape and all the conditions given above are satisfied the volume will be equal to $\dfrac{1}{s \cdot D_{37}}$ where s is the number of ion clusters per unit volume per unit dose produced in the medium, and D_{37} is the dose of radiation leaving 37% survivors.

If it is assumed that the change in the organism is due not to the production within the sensitive volume of a single ion cluster but to the passage through it of an ionising particle, the results a) and b) above will still hold and an estimate can again be made of target size. Methods of calculation for this and for other cases is given in LEA (1946).

On the basis of target theory, sigmoid survival curves can be explained on the assumption that more than one ion cluster or passage of an ionising particle through the sensitive volume is necessary to produce the biological change. By assuming different values for the number of necessary events a range of sigmoid curves can be obtained.

Application of the target theory to virus inactivation

As LEA and other workers have shown, the inactivation of viruses provides a very good example of a "single-hit" type of target theory action, in which the conditions a), b) and c) above are satisfied. For small viruses such as Phage 13 the results are consistent with the theory that an ionisation occurring anywhere within the volume of the virus leads to inactivation and the calculation of virus size from the radiation data agrees well with that determined in other ways. With certain other viruses the sensitive volume is found to be considerably smaller than the actual volume of the viruses, but in these larger viruses electron microscopy will show the presence of an internal structure.

An example of a radiation effect explicable on a multi-hit target theory is given by the work of LATARJET (1952) relating to the multiplication of viruses within cells.

The application of target theory concepts has been greatly extended by POLLARD (1953) in his studies of the structure of some biologically important molecules.

The success in the application of a simple form of target theory to the problem of the inactivation by radiation of viruses is undoubtedly due to the relative simplicity of virus structure compared, for instance, to the structure of the mammalian cell, and due to the fact that the action of radiation in these experiments is not mediated to any great extent by the secondary chemical effects of radiation. It is hardly to be expected that a simple target theory would be sufficient to explain the radiation changes occurring in so highly complex a physico-chemical system as the cell. Nevertheless the findings with viruses suggest that similar types of action could be of great importance for certain components of the cell system.

Cytological effects of radiation

The response of a cell to radiation will depend on its type and its physiological state at the time of exposure. One of the first generalisations made was expressed in 1906 in the "Law" of BERGONIÈ and TRIBONDEAU, which can be quoted thus: "Immature cells and cells in an active state of division are more sensitive to X-rays than are cells which have already acquired their fixed adult morphological and physiological characteristics". In spite of the fact that this law was proposed at such an early stage in the development of radiobiology, it cannot yet be replaced by any more accurate proposition, though this is probably a reflection of our lack of knowledge of the factors which confer radiosensitivity on a cell. Certainly "being in an active state of division" is one of the main factors. On the other hand, there are examples in the mammal of non-dividing cells being severely affected by small doses of radiation (less than 100 r), though these may perhaps be classed under the heading of "immature" cells. The lymph gland lymphocytes (TROWELL, 1952) may come in this class.

There is a large amount of evidence, direct and indirect, which indicates that for proliferating cells radiation damage to the nucleus greatly outweighs in importance effects arising from irradiation of the cytoplasm (see GRAY, 1951). This is not the unanimous conclusion of all workers (DURYEE, 1949) and under certain circumstances irradiated cytoplasm may exert an important influence.

After irradiation of dividing cells using radiation doses within the therapeutic range the following effects may be observed:

a) Inhibition of mitosis. The division of a cell may be held up for many hours following irradiation.

b) Chromosome "breakage" and "interchange". During metaphase, breaks may be observed in the chromosomes of irradiated cells. Also abnormal chromosomes may be observed which could be interpreted as the result of recombination of chromosome parts not originally joined ("interchange").

c) Chromosome "stickiness". The chromosomes appear to have difficulty in separating during the process of division.

d) Precocious maturation. Cells cease division and start to differentiate earlier than normal.

The extent of these changes varies with the phase of the mitotic cycle in which the cell is irradiated and also with the dose of radiation given. Effects a) and c) do not necessarily cause the cell permanent injury, although consideration of the extent of the mitotic inhibition produced by the radiation may be of importance in deciding the optimum fractionation or protraction in radiotherapeutic treatment (KOLLER and SMITHERS, 1946). The production of chromosome breaks with the subsequent interchanges, however, often appears to cause mechanical difficulties in the process of cell division. This effect has been considered by many workers to be the main, or one of the main, causes of cell death. Fig. 1 shows the photomicrograph of a preparation of rat tumour tissue (WALKER rat carcinoma 256) following a dose of 300 r of X-radiation. Chromosome fragmentation is shown by the cell in metaphase, and "bridge formation", preventing division, is demonstrated in the cell in anaphase. This photomicrograph is reproduced by courtesy of Professor P. C. KOLLER of the Chester Beatty Research Institute, Institute of Cancer Research, Royal Cancer Hospital, London. The death of a cell could also result from the loss of a piece of chromosome if the chromosome fragment lost contains essential genetic material. It is not intended here to discuss the various forms of chromosome break and interchange that can result from irradiation. This has been very adequately reviewed by a number of workers (LEA, 1946; KAUFMANN, 1954).

The mechanism of chromosome breakage has been considered in great detail from the point of view of a target theory type of action (LEA, 1946; TIMOFÉEFF-RESSOVSKY and ZIMMER, 1947), and on the basis of work done with Tradescantia pollen grains and a number of other materials a strong case can be made for the theory that a chromosome break is the result of an individual ionising particle passing through, or very close to, the chromosome thread. Chromosome interchanges would then be the result of subsequent rejoining of broken ends from different chromatids or chromosomes. From the data obtained with radiation of different specific ionisations Lea concluded that a breakage efficiency approaching unity would be achieved by a particle of ion density sufficient to produce 15 to 20 ions within the chromosome thread. To explain effects of dose rate on the frequency of chromosome interchange it was necessary to assume that the broken ends of the chromosomes remain "open" for a finite period of time, of at least several minutes.

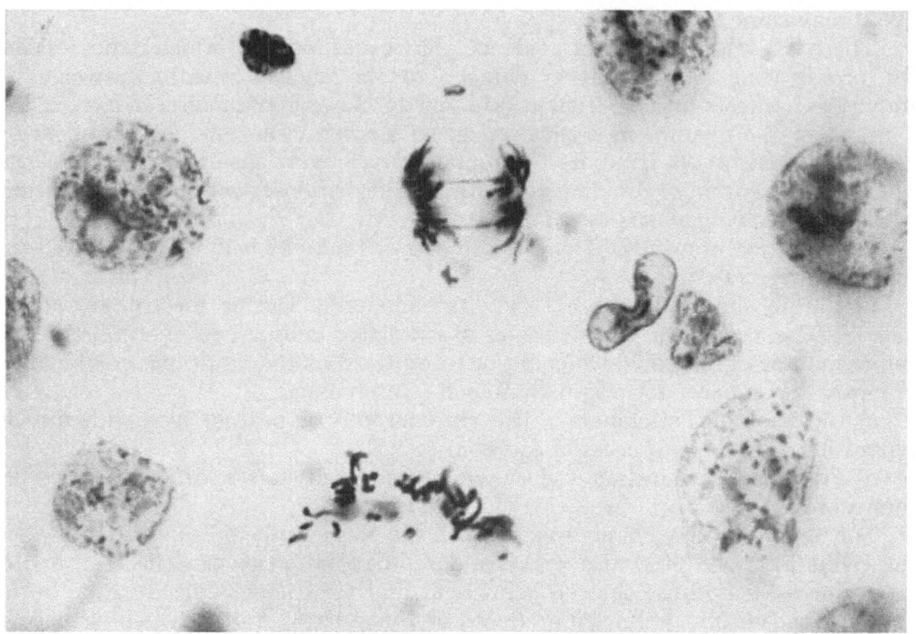

Fig. 1. Photomicrograph of preparation of rat tumour tissue (Walker rat carcinoma 256) following the dose of 300 r. Chromosome fragmentation can be seen and also the formation of a "bridge" at anaphase, preventing completion of division (Courtesy of Prof. P. C. Koller).

An objection the target theory has to meet is that the amount of chromosome damage produced by radiation can be modified by a number of factors, including variation of oxygen tension during irradiation, which indicates a part being played by the radiation products of water. However, a reconciliation between the target theory as proposed and the facts of radiation chemistry is possible, since the products of irradiated water themselves will form only a narrow column along the path of the ionising particle and will not spread very far before being inactivated.

Any theory of chromosome breakage by radiation has to take into account that chromosome breaks and interchanges very similar to those appearing after radiation exposure can occur spontaneously under certain conditions and also by the action of agents other than radiation, and in particular by certain classes of drugs, notably those of the nitrogen and sulphur mustard series (Koller, 1958). The fact that chromosome breaks and rearrangements occur after radiation exposure cannot, by itself, be taken as proof of a target theory type of action of radiation, It may be that chromosome abnormalities should be considered as one of the general types of response of a cell to injurious agents.

The comparative effects of radiation and of the so-called "radiomimetic" drugs (though it may be more correct to speak of radiation as "chemomimetic") offer one of the most promising lines of attack on the mechanism of action of both radiation and of the drugs. Detailed studies have shown up interesting differences between the action of radiation on the one hand and the radiomimetic drugs on the other and also between the various classes of radiomimetic drugs. There are, for instance, differences in the distribution of breaks along the chromosome. Also the stage of maximum sensitivity for the cell appears to occur later in the mitotic cycle for radiation than for certain of the drugs for which such investigations have been made. The data of REVELL (1953), using Vicia Faba as the experimental material, indicate that whereas the highest frequency of chromosome breaks under X-radiation occurs when the exposure is given in the stage of later interphase or early prophase, with a bis-epoxide the stage of highest sensitivity for chromosome damage occurs in early interphase and drops as prophase is approached. These, and other differences, between radiation and the radiomimetic drugs have been discussed in detail by various workers (GRAY, 1954; BACQ and ALEXANDER, 1955). The reasons for the difference are still very obscure, but it is clear that one cannot necessarily assume an identity of primary effect for radiation and the drugs, in spite of the fact that the end results are similar.

Biochemical basis of radiation effect

Because the process of cell division is bound up so closely with the metabolism of deoxyribonucleic acid (DNA) within the cell, much of the work on the biochemical basis of the cytological effects of radiation has been concerned with the effect of radiation on DNA synthesis and metabolism. This subject has recently been reviewed by KELLY (1957) who concludes that many of the reports of the effect of radiation- on DNA synthesis should be interpreted not as demonstrating a specific radiation induced lesion in the biosynthesis of DNA but as the result of cell population changes in the irradiated material. This difficulty could be avoided by studying DNA synthesis in single cells, using high resolution autoradiographic techniques. LAJTHA and his colleagues(1958)have made such studies using cultures of human bone marrow and have demonstrated effects of radiation on DNA synthesis which vary with the stage of the cell cycle at which the radiation exposure is given. However, radiation doses of at least 100 r are needed to show appreciable effects whereas considerable cell changes including chromosome abnormalities can be observed with radiation doses lower than this. There is no justification on present data for concluding that the biochemical changes induced in DNA synthesis necessarily represent the main primary mechanism by which radiation damages cells.

Survival curves for mammalian cells

A major difficulty in the way of studying the radiation response of mammalian cells has been the lack of techniques for obtaining quantitative survival data.

In this connection the recent work of PUCK and his colleagues (1956, 1957) is of very great interest. PUCK has developed a technique whereby single mammalian somatic cells can be cultured on plaques and counts made of colonies derived from single cells, in the same way as for bacterial cultures. The radiation response of a number of types of human cell, normal and malignant, has been studied, and a remarkable similarity found. Various effects can be observed, the most obvious being the inability of cells to form colonies at all, or to form only "microcolonies" and then cease division. It is found that cells affected in this way sometimes grow in size to produce giant cells many times the normal volume, a good example of the radiosensitivity of the division process compared with other cellular metabolic processes.

Counts of the number of cells unaffected by radiation allow curves of survival against dose to be drawn. These are of a sigmoid shape and for the majority of cells investigated correspond closely to what would be expected from a "two-hit" curve in target theory. The authors conclude that these cells are being killed by a two-hit process, which could be interpreted by damage at certain sites on each of two chromosomes. For all types of cell investigated the dose response has been very similar and doses of the order of 100 r are required to inactivate about half the cells. This level of radiation dose is lower than has often been quoted in the past for lethal effect on mammalian cells, but is not inconsistent with observations on the proliferating tissues of the body, such as the intestinal mucosa and the blood-forming tissues.

Clearly confirmation of the mechanism suggested from the shapes of the curves is needed. Also it must be recognised that cells in culture may not respond in the same way as cells *in vivo*. Nevertheless, the importance of this work, and its future possibilities, cannot be underestimated.

General conclusions on mechanism of action of radiation on cells

The only conclusion that can be reached from present data on the mechanism of cytological effects of radiation is that dogmatism is quite unjustified. A target theory type of action on chromosomal structures has by no means been disproved as a major cause of cell death. On the other hand there are probably other mechanisms which can lead to severe cytological damage.

Whatever mechanism is proposed it must account for the high efficiency of radiation in producing cell change, in terms of the number of ionisations produced within the material. A lead may come from more detailed knowledge of the internal structure of cells, which might show the presence of membranes or other structures for which damage in a localised area could have serious consequences. The electron microscope studies showing a pattern of membranes within the cytoplasm (Sjöstrand and Hanzon, 1954) of the cell are of great interest in this respect.

Effects of radiation on various tissues

In discussing the radiation response of any tissue it is necessary to consider carefully what is meant by "radiosensitivity". The radiosensitivity of a tissue can be defined in a number of ways, in terms of functional impairment, of histological damage or of impairment of subsequent capacity for repair, and the comparison of the radiosensitivity of different tissues may depend very greatly on the particular definition used.

The evidence at present available indicates that, with one or two exceptions, very high doses of radiation are needed for a direct effect on the functioning of the mature, nondividing cells of the body. Impairment of function of a tissue will normally occur either as a result of damage to dividing cells within that tissue or as physiological consequence of damage in other tissues.

From the point of view of the direct effects of radiation on function the most radiosensitive tissues are, as would be expected, the renewal tissues of the body. These are the tissues in which there is a continual and substantial loss of mature cells, which is compensated for by the presence of a zone of actively dividing cells, and they include the blood forming tissues, the intestinal epithelium, the gonads and the skin. Impairment of function in these tissues will depend on the efficiency of repair processes as well as on the severity of the radiation changes produced in the proliferating zone. Depending on the time taken by the cell for maturation and on the speed of operation of homeostatic mechanisms, radiation doses below a certain level may have little if any effect on tissue function. On the other hand, at higher dosage levels the repair mechanisms may themselves be affected by the radiation. For these reasons the renewal tissues are likely to show a substantial non-linearity of response between radiation dose and impairment of function. It is difficult to generalise further, since knowledge of the mechanisms of homeostasis in many of the tissues of the body is so fragmentary. In the following paragraphs some details of the radiation response of two of the renewal tissues of the body, the intestinal epithelium and the bone marrow, will be discussed.

Response of the small intestine

QUASTLER (1956) has demonstrated that the epithelium of the small intestine is one of the most convenient of the renewal tissues of the body on which to make quantitative studies of the radiation response. Following irradiation of the intestinal epithelium cellular damage is observed in the proliferating cells contained in the *crypts* of *Lieberkühn*. BLOOM (1948) and others have shown it is very difficult to observe histological damage with doses of less than 25 or 50 r, but this is a reflection not of lack of radiation injury but of the rapidity of processes of repair and of clearance of cell debris. As the radiation dose is increased above this level there is progressive depletion of the proliferating zone in the crypts which is then reflected in a depletion of the mature cells which constitute the villi.

If the regenerative process in the crypt has not advanced sufficiently before the villus has become depopulated the integrity of the intestinal lining will be lost. From work on mice two modes of intestinal death can be distinguished (QUASTLER, 1956; QUASTLER and ZUCKER, 1959). In one the intestinal lining is completely lost and death occurs in 3 to 5 days, and in the other a thin and grossly altered cell lining is maintained until death occurs in 5 to 7 days. The threshold dose for either effect is about 1000 rad delivered in one short exposure.

The various species of experimental animal differ in respect of the radiation dose required to produce death by failure of intestinal function. For instance, the mouse can withstand a considerably higher dose than the rat. This may be related to the life of the mature cell on the villus. Autoradiographic studies with tritiated thymidine have shown that in the jejunum of the mouse a cell travels from the base to tip of the villus in about 30 hr, whereas in the rat the time is much shorter, about $18^1/_2$ hr, so that in the rat regenerative processes will have less time to operate before disappearance of the villi (QUASTLER et al. 1959).

With higher doses of radiation the recovery of the gut will be considerably affected by the deteriorating condition of the whole animal, as well as by damage to the vascular system of the gut. To determine the limit of radiation dose which will still allow recovery of crypt cells it is therefore necessary to irradiate limited portions of the intestine. QUASTLER (personal communication) reports that recovery can still occur after doses as high as 6000 r. It is not known whether this represents recovery from a few crypt cells which have survived this very large dose or whether recovery has been initiated by some form of stem cell which is much more resistant than the normal crypt cell.

Response of the blood forming tissues

The analysis of the radiation response of the blood forming tissues presents a much more difficult problem than that of the intestinal epithelium because of the much greater histological complexity of the tissues involved, and quantitative histological studies involve very considerable difficulties.

The most sensitive cells are the blast forms of each of the series (BLOOM, 1948) with the earlier stem cells and the later more mature cells being less radiosensitive. The erythrocyte and the mature forms of the myeloid series both appear to be very resistant to direct radiation damage at least up to doses of some thousands of r, but as mentioned earlier the lymphocyte has been reported as much less radioresistant (Schrek, 1945; Trowell, 1953).

Radiation doses of the order of 200 r will cause very substantial cellular changes in the bone marrow, but studies made in the rat (Elson et al., 1956) indicate that it is a complex process, there being two phases of marrow depopulation, one within a day or so of radiation, and the other after an interval of about 6 days. This effect is also shown in the quantitative study made by Harriss (1958) of the erythroid elements in the rat bone marrow after a dose of 200 r. Her studies also give evidence that the emergence of the late cell forms into the circulating blood is delayed when the population of earlier precursors is depleted by radiation.

It is not yet clear whether the second fall observed in the marrow cellularity is a result of a particular type of damage produced by ionising radiation, or whether it is a manifestation of a more general aspect of the recovery process in the bone marrow. Comparative studies with various cytotoxic drugs may throw light in this question (Elson, Galton and Till, 1958).

The maximum dose of whole body radiation which will allow bone marrow recovery is from about 250 r to 800 r, depending on the species of animal. Shielding of a part of the bone marrow during radiation will greatly reduce the severity of the bone marrow response (Lamerton and Baxter, 1955), as a result of the compensatory platelet production and haematopoiesis in the irradiated area, and also possibly of other factors. It is difficult to determine the radiation dose that can be tolerated by the stem cells of the haematopoietic system, since repopulation of irradiated areas from non-irradiated areas will occur very efficiently.

The extent to which the changes in population of the mature cells of the peripheral blood follow the changes in the population of their precursors will depend on a number of factors, of which the life span in the blood of the cells is one of the most important. Other factors which may be of importance are mobilisation of cells from sites of sequestration or from extravascular sites, effects of radiation on the normal mechanisms of cell death and removal from the blood and also indirect effects arising from irradiation of other tissues of the body.

Mobilisation from extravascular sites may be the explanation of the transient rise in granulocytes often observed soon after irradiation. The significance of this mechanism may be of more importance than has been realised in the past if there is confirmation of the reports of large extravascular pools of mature white cells. So far as the mechanisms of cell removal from the blood are concerned there is no evidence that radiation dosage at moderate levels will seriously affect the functioning of the reticulo-endothelial system in this respect. However, the effective cell life of the red cell can be reduced by radiation-induced haemorrhage. The reason for the post-irradiation haemorrhage has been variously ascribed to increased capillary permeability, to thrombocytopenia and to the existence of a circulating anti-coagulant (Jacobson 1954). There is evidence that all three factors may play a part, but the balance of the evidence suggests that platelet fall is the major factor and that severe haemorrhage does not occur unless the platelet count has fallen below a critical level.

Radiation effects on other tissues

The intestinal epithelium and the blood forming tissues have been discussed in some detail to provide examples of the types of problems that arise in studies of the radiation response of the renewal tissues of the body. A review of the literature on the radiation response of these and other tissues of the body will be found in the reports of Patt and Brues (1954) and Jacobson (1954).

When one considers the tissues of the body which normally have little or no mitotic activity, such as kidney, lung, liver, muscle and nervous tissue most workers have reported little evidence of functional impairment or morphological change in the cells except with high doses of radiation, generally of the order of many thousands of r. Depending on the type and sensitivity of the technique employed it is possible that some, at least, of these tissues will be found to have appreciable response at a lower dose of radiation. At the present time there is considerable discussion, and disagreement, between different workers on the functional response of the central nervous system at low doses of radiation. The claim of LEBEDINSKY, GRIGORYEV and DEMIRCHOGLYAN (1958) that radiation doses of a fraction of a roentgen can affect the cortical electrical activity in a time of a few seconds could be an example of a direct radiation effect detected with a very sensitive technique or it may be evidence of an effect in the central nervous system secondary to other tissue changes.

Apart from the question of immediate morphological or functional change it is very necessary to consider whether irradiation can affect the capacity for repair of the tissue after injury. For this type of investigation the liver is a very suitable tissue, since it is capable of very rapid regeneration after injury. ALBERT (1958) has studied the regeneration of the mouse liver and has made the very interesting observation that when the animal is irradiated prior to a liver injury being inflicted, the regenerating liver will show in its dividing cells various types of chromosome abnormalities. It would therefore appear that the liver cell can, in its resting phase, accumulate chromosomal injury. This is a very pertinent observation from the point of view of radiation hazard considerations since it indicates that radiation damage can accumulate in tissues and become apparent when regeneration is required. On the other hand ALBERT's work gives no evidence that the hidden chromosomal abnormalities affect the normal functioning of the non-dividing cell.

The radiation response of the vascular tissues which also have the property of regeneration after injury, is a factor of great importance in the radiotherapy of localised malignant conditions. SPEAR (1953) describes the changes in blood vessels following irradiation and discusses their significance in the response of locally irradiated parts of the body. Irradiation will produce dilatation of the capillaries, but this effect is reversible for single doses of up to 600 r or 700 r. Above this dosage level some permanent injury is produced. In addition the vascular system can be affected, if the radiation dose is sufficient, by changes occurring in the connective tissues. A study of the effect of pre-irradiation on the capacity for regeneration of the vascular tissues along the lines of the investigations made for liver would be of very great interest.

Effects of protraction of radiation exposure on tissue response

There is enough clinical and experimental data to show that the response to protracted radiation may differ from that to acute exposure not only in degree, but also in kind. This is not unreasonable since prolonged stress of any system can bring out properties of that system not evident in the response to an acute stress.

It is also to be expected that different tissues of the body will react in different ways to protraction of radiation, depending on the types of primary injury and on the capacity for repair and adaptation of the tissue involved. Indeed, the differential response of various tissues to fractionated radiation exposure is the basis of much of the technique of radiotherapy. It is, however, a field in which the experimentalist has not done a great deal of work. The problems involved are complex and it is necessary to distinguish between modification of the primary injury produced by radiation and effects arising from repair and adaptation. In general, one will expect that when the radiation is given over a relatively long period of time, of weeks or longer, the significance of effects of tissue repair and adaptation will be more marked than when the exposure is given over a much shorter time, of a few hours. There may also be differences in response depending on whether a given dose is delivered continuously over a period of time or given in discrete fractions with the same overall period of exposure.

A number of experiments, mainly on the lethal effects of radiation, have been reported comparing periods of exposure of a few minutes with those of several hours (Patt and Brues, 1954). In most cases the effect observed has been relatively small, with a reduction in efficiency of a given dose of radiation by a factor of rather less than 2 when it is spread out over 24 hr. There are one or two exceptions to this generalisation. Stearner and Tyler (1957) have shown that the survival of newly hatched chickens is profoundly affected by dosage-rate. The second exception concerns a long term effect, the induction of leukaemia in mice by whole body radiation, where a fractionated dose is more efficient than a single dose. This is described in more detail later.

When the radiation is spread out over a long period of time various experiments have shown that the lethal effectiveness of a given dose of radiation is very greatly reduced. The changes in blood count produced are also much less severe. The classic series of experiments carried out in this field are those of Lorenz et al. (1954), when mice, guinea pigs and rabbits were exposed daily to doses of from 0.11 to 8.8 r/day, given in 8 hr periods. Some of these animals accumulated doses of many thousands of r before death. The blood changes in these animals show a large species effect. Most mice, even at 8.8 r/day, did not have a very severe reduction in blood count up to death. Guinea pigs, on the other hand, showed severe blood changes in the groups given 2.2 r/day and many died with a severe terminal anaemia. At 1.1 r/day no terminal anaemia was observed, even although the maximum accumulated dose was about 2800 r, a dose sufficient to induce terminal anaemia at the higher dosage rates. It would appear that, so far as the blood forming tissues were concerned, the guinea pig could compensate for the damage produced at 1.1 r/day, at least for a long period of time, but not at higher dosage-rates.

There are some reports of the response of different tissues of fractionated exposures over various periods of time. Bloom (1950) studied the gut of mice with a daily radiation dose of 60—80 r. She found that the intestinal mucosa appeared to acquire some radioresistance. Mitotic activity returns and cell debris is reduced in spite of the continued daily irradiation and damage resulting from subsequent treatment with a single dose of 200 r is diminished, Vogel et al. (1957) studied the erythropoietic system of the rat using Fe^{59} techniques and could detect no impairment of function resulting from weekly radiation exposures of 150 r for 5 weeks. There is evidence from other experiments that the renewal tissues of the body can under protracted irradiation develop some type of adaptation, often at a lower level of activity than normal, at least for a considerable time. Quastler et al. (1959) have studied the response of the small intestine of the rat to continuous radiation up to dose-rates of about 400 rad/day and find evidence that the proliferating cell, possibly as a result of some radiation-induced change, becomes better able to withstand the continuing radiation insult and the tissue is able to maintain a proliferative zone, though of smaller size than normal. Further studies of mechanisms of repair and adaptation under protracted and fractionated radiation may eventually throw light on the serious practical problem of acquired radioresistance of certain types of malignant tissue.

In order to provide data for radiotherapy attempts have been made to express mathematically the effects of dose protraction and fractionation on various tissues.

The recent review of DU SAULT (1956) may be consulted for data on the present position in this field.

Delayed effects of radiation

The preceding discussion has been concerned with the short term effects of radiation exposure. Although there are many important gaps in our knowledge of these effects their basis is becoming reasonably well established. With regard to the delayed effects of radiation the position is much less clear. Clinical and experimental work give many examples of serious delayed effects of radiation exposure, including permanent tissue damage, serious impairment of function and development of neoplasia. However, there is a remarkable lack of knowledge on the relationship of the incidence and severity of these effects with the radiation dose and other exposure conditions, the relationship with preexisting pathological states and in general on the mechanisms of production.

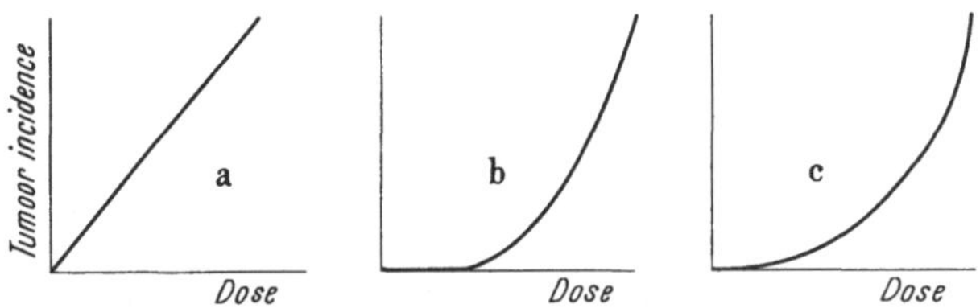

Fig. 2. Possible forms of relationship between tumour incidence and radiation dose.

Of the various delayed effects of radiation exposure the present discussion will be confined to the problem of radiation-induced malignancies, a subject in which it is necessary to distinguish carefully between experimental data and theoretical speculation.

The basic problem is essentially this: to what extent does radiation-induced malignancy result from a specific radiation change in an individual cell and to what extent are other factors, such as generalised radiation damage in the tissue, responsible for the development of the tumour? The one extreme view, as put forward by LEWIS (1957), assumes that radiation-induced malignancy results from some type of somatic point-mutation in a single cell and that the relationship between tumour incidence and dose is the same as that generally accepted for mutations in germ cells i. e. a linear relationship, without threshold, the relationship being independent of dose-rate or fractionation of exposure. The tumour incidence-dose relationship will then be as shown in Fig 2 (a).

The opposing view assumes that radiation produces no specific malignant change in individual cells, but that the malignancy is an indirect result of tissue and physiological changes produced by the radiation. This would normally lead to a tumour incidence-dose relationship of the form Fig. 2 (b), that is, a non-linear relationship with a definite dose threshold. Other theories, in which both direct and indirect effects of radiation play a part could lead to relationships of the general form of Fig. 2 (b), or of Fig. 2 (c) which gives a non-linear relationship without a true threshold. The relationships represented by Figs. 2 (b) and 2 (c) may become indistinguishable from one another in a practical case if the initial slope of the curve in Fig. 2 (c) is very small.

It is, of course, quite unjustifiable to assume à priori that the same form of relationship will apply to all types of radiation-induced malignancy and for all radiation conditions. It must also be recognised that the chance of tumour production will, except for very special circumstances, depend on the volume of the particular tissue irradiated. The effect of dose-rate and fractionation of the radiation will be important in determining the type of relationship if adequate dose-incidence data are not available. The finding of a dose-rate effect will normally exclude a linear relationship of the type 2 (a).

Clinical data

The main sources of clinical data on radiation-induced malignancies are as follows:

a) Radium workers (bone tumours).

b) Uranium miners (lung tumours).

c) Radiologists and radiation workers. The main types of malignancy reported are skin tumours (chiefly among the early radiologists) and leukaemias.

d) Patients treated by radiotherapy. There are reports of tumours arising in various tissues following radiotherapeutic procedures, mainly tumours of skin and bone and, in patients treated for ankylosing spondylitis, of leukaemia. In young children treated for thymic enlargement there are reports of thyroid carcinoma and of leukaemia.

e) Survivors of atomic bombing in Japan (leukaemia).

f) Children whose mothers had abdominal diagnostic examination during pregnancy (leukaemias).

The levels of radiation dose received by these groups of people have been discussed by various workers and references will be found in Glücksmann, Lamerton and Mayneord (1957). For the tumours arising in the occupational groups mentioned above estimation of the radiation dose received is always difficult and often impossible, but the evidence available suggests that the radiation doses received by the tissues in which the tumours arose have been high, of the order of many hundreds or thousands of röntgens. The tumours in adults following radiotherapy procedures have also been high, of the order of one thousand röntgens or more.

There is very little of the available clinical data which can provide any information on dose response relationships, apart from the data of Court Brown and Doll (1957) on the incidence of leukaemia in patients with ankylosing spondylitis who have been treated by irradiation of the spine alone or of the spine and other parts of the skeleton. Any analysis that is made of data from this study must itself involve a number of assumptions concerning the mechanism of action. A decision has to be made as to whether appropriate dose parameter to be used is maximum dose to bone marrow, mean dose throughout the bone marrow or some function of dose and volume irradiated. Also assumptions have to be made concerning the latent period and the effect of changes in fractionation and protraction of the radiation exposure. Court Brown and Doll show that, with certain assumptions, a linear relationship between tumour incidence and dose of form Fig. 2 (a) can be derived. With other assumptions a curvilinear relationship of form Fig. 2 (c) is found, and the data are not inconsistent with a threshold relationship of form Fig. 2 (b) (Pochin, 1958; Court Brown and Doll, 1958).

The radiation exposures of the survivors of the atomic bombing in Japan are very uncertain and cannot give any reliable information on dose-response relationhip (U. N. Report, 1958). It is unlikely that any victim who developed leukaemia received a whole body dose of less than 100 r, and it must be remembered that in many cases these persons also suffered other injury.

A very important consideration is whether the young child is more susceptible than the adult to radiation-induced malignancy. One comparative study concerns the production of thyroid tumours. In adults irradiation of the neck region has, of course, been a relatively common procedure for thyrotoxicosis and other benign conditions. Goolden (1957), in his review of the late effects of irradiation of the neck region, reported finding only one thyroid tumour in an adult attributable to radiation, whereas a number of other types of tumours of tissues in the neck region have been reported, including some 18 cases of pharyngeal cancer. However a number of investigators (see Simpson and Hempelmann, 1957) report a high incidence of thyroid tumours in children and adolescents who were given X-irradiation of the neck region in infancy, mainly for thymic enlargement, with skin doses in some cases as low as 250 r. Increased incidence of leukaemia was also reported. It does not follow from these results that the child must necessarily be considered more susceptible than the adult to all types of radiation-induced tumours since hormonal disturbances arising from irradiation of thymus and thyroid may have been an important factor in the cases mentioned above. However, the appearance of osteochondromas in the irradiated group of infants suggests that malignant bone tumours might also be induced by radiation more easily than in the adult.

Stewart, Webb and Hewitt (1958) claim that abdominal radiodiagnostic examination during pregnancy may occasionally cause leukaemia or cancer to develop later in the child. The basis of the claim is that the proportion of mothers who had pre-natal radiographic examination was greater in the case of children dying from leukaemia or other malignancy than in a group of normal children. If it is assumed that the radiation exposure is, in fact, the leukaemogenic factor operating and that the data are fully representative, a calculation from the figures given shows that the present incidence of childhood leukaemia would be about doubled if every pregnant mother had an abdominal diagnostic radiograph.

Further studies of the relationship between childhood malignancy and pre-natal diagnostic exposure are badly needed to show whether the results of Stewart and her colleagues can be confirmed. Any analysis of such data is greatly complicated by ignorance of the factors, quite apart from radiation, which affect the incidence of childhood leukaemia. Childhood leukaemia is a disease whose incidence has increased greatly in recent years, far more than could be accounted for on the most pessimistic view of the effect of increased radiation exposure.

It is evident from this brief review that the clinical data supplies very little information on the types of dose-relationship holding in any given case. There is evidence, in the production of skin tumours and bone tumours, that indirect effects may be of considerable importance. Skin tumours have been observed only in areas of skin previously showing considerable radiation damage (for references see Glücksmann et al., 1957) and the histological studies made suggest that gross tissue damage may be a necessary prelude to radiation-induced skin malignancy. The bone tumours reported following radiotherapy have occurred mainly in inflamed or infected areas of bone (Jones, 1953).

Experimental data

The experimental data on radiation-induced malignancy have been the subject of a number of reviews. One of the main findings is the very considerable species difference for various types of tumour under the same conditions of radiation. Secondly, indirect effects of radiation, particularly hormonal disturbances, are sometimes found to be of great importance as in the production of ovarian tumours in mice and mammary tumours in various species, and most clearly in the so-called "conditioned" tumours, of the pituitary in mice and the thyroid in rats. The presence of inflammation or infection in the irradiated tissue can greatly increase the effectiveness of radiation in producing sarcoma in some species.

Radiation-induced leukaemia in mice has been widely investigated (Kaplan and Brown, 1952; Kaplan et al., 1956; Mole, 1958). Dose-rate and fractionation of the radiation exposure profoundly affect the leukaemia incidence. Shielding a part of the femur during the radiation exposure, or bone marrow injection following the exposure, will greatly reduce the incidence of the leukaemia. A most interesting finding is that the tumour can apparently start in the tissues of a non-irradiated thymus which has been grafted on to an irradiated thymectomised mouse (Kaplan et al., 1956), giving one instance of a malignant tumour which is radiation-induced, but which can arise from cells which were not themselves irradiated.

Certain types of chromosome abnormality have been demonstrated in the leukaemia cells of mice (Ford and Mole, 1958). This may prove to be a very important observation from the point of view of the significance of specific radiation damage to individual cells in the induction of mouse leukaemia.

There are very few experimental data which are relevant to the problem of dose-response relationships at low levels of radiation dose. A great deal of work has been done on the production of bone tumours in animals following administration of bone-seeking isotopes (Finkel, 1958), but although the results are not inconsistent with a substantial threshold dose of radiation, experiments with very large numbers of animals would be required to obtain significant data at the lower levels of radiation dose.

Recently Shellabarger et al. (1957) have reported the induction of mammary tumours in certain strains of rat, where it is possible that there is a linear relationship between tumour incidence and dose down to dosage levels of 25 r. Further studies on this tumour, particularly with regard to the mechanisms involved, will be of the greatest interest.

General conclusions on radiation-induced tumours

In a short review on this subject it is not possible to do justice to the wealth of clinical and experimental data available or to many of the problems involved. However, the brief summary given should indicate the complexity of the subject and the magnitude of our ignorance on the mechanisms involved.

The extent to which specific radiation changes individual cells are an important part of the mechanism is still unsolved, but there is no doubt that with many types of tumours factors of an indirect nature play an important part. Because of this it is probably fair to conclude that only under very special circumstances could a true linear relationship between tumour incidence and dose hold.

References

Albert, M. D.: X-irradiation-induced mitotic abnormalities in mouse liver regenerating after carbon tetrachloride injury. I. Total-body irradiation, II. Partial-body irradiation. J. nat. Cancer Inst. 20, 309, 321 (1958).

Bacq, Z. M., and P. Alexander: Fundamentals of radiobiology. London: Butterworth 1955.

Blau, M., u. K. Altenburger: Über einige Wirkungen von Strahlen. Z. Physik 12, 315 (1923).

Bloom, M. A.: Acquired radioresistance of the crypt epithelium of the duodenum. Radiology 55, 104 (1950).

Bloom, W.: Histopathology of irradiation. New York: McGraw Hill 1948.

Bonet-Maury, P.: Chemical phenomena in irriadiated pure water. Disc. Faraday Soc. 12, 72 (1952).

Burton, M., J. L. Magee, and A. H. Samuel: Excited molecule theory of radiation chemistry in liquids. J. chem. Physics 20, 760 (1952).

Cormack, D. V., and H. E. Johns: Electron energies and ion densities in water irradiated with 200 keV, 1 MeV and 25 MeV radiation. Brit. J. Radiol. 25, 369 (1952).

COURT BROWN, W. M., and R. DOLL: Leukaemia and aplastic anaemia in patients irradiated for ankylosing spondylitis. M. R. C. Report. London: H. M. Stationery Office 1957.
— — Radiation and leukaemia. Lancet 1958 I, 162.
CROWTHER, J. A.: Some considerations relative to the actions of X-rays on tissue cells. Proc. roy. Soc. B 96, 207 (1924).
DURYEE, W. R.: The nature of radiation injury to amphibian cell nuclei. J. nat. Cancer Inst.: 10, 735 (1949).
ELSON, L. A., D. A. G. GALTON, L. F. LAMERTON, and M. TILL: Comparison of the physiological response to radiation and to radiomimetic chemicals — bone marrow effects. Progress in Radiobiology p. 285. Edinburgh: Oliver and Boyd 1956.
— — and M. TILL: Action of chlorambucil (CB 1348) and busulphan (myleran) on haemopoietic organs of the rat. Brit. J. Haematol. 4, 355 (1958).
FINKEL, M. P.: Mice, men, and fallout. Science 128, 637 (1958).
FORD, C. E., and R. H. MOLE: Chromosomes and carcinogenesis: observations on radiation-induced leukaemias. Second United Nations International Conference on the Peaceful Uses of Atomic Energy, P/98, United Nations, New York 1958. (In the Press.)
GLUCKSMANN, A., L. F. LAMERTON, and W. V. MAYNEORD: Carcinogenic effects of radiation. Cancer, Vol. 1, Ed. R. W. RAVEN, p. 497. London: Butterworth 1957.
GOOLDEN, A. W. G.: Radiation cancer. A review with special reference to radiation tumours in the pharynx, larynx and thyroid. Brit. J. Radiol. 30, 626 (1957).
GRAY, L. H.: The distribution of the ions resulting from the irradiation of living cells. Brit. J. Radiol. Suppl. No. 1, 7 (1947).
— Biological actions of ionizing radiations. Progr. Biophysics Biophys. Chem. 2, Chap. 8 (1951).
— Some characteristics of biological damage induced by ionizing radiations. Rad. Res. 1, 189 (1954).
HARRISS, E. B.: The effect of whole body irradiation on bone marrow as studied by radioactive iron incorporation. Radioactive Isotope in Klinik und Forschung 3, p. 6. Berlin: Urban and Schwarzenberg 1958.
HOLLAENDER, A. (Editor): Radiation biology. Vol. 1, New York: McGraw Hill 1954.
JACOBSON, L. O.: The hematologic effects of ionizing radiation. Radiation biology, Vol. (2), Chap. 16. New York: McGraw Hill 1954.
JAFFÉ, G.: Zur Theorie der Ionisation in Kolonnen. Ann. Physik. (Lpz.) 42, 303 (1913).
JONES, A.: Irradiation sarcoma. Brit. J. Radiol. 26, 273 (1953).
KAPLAN, H. S., and M. B. BROWN: A quantitative dose-response study of lymphoid-tumor development in irradiated C 57 black mice. J. nat. Cancer Inst. 13, 185 (1952).
— W. H. CARNES, M. B. BROWN and B. B. HIRSCH: Indirect induction of lymphomas in irradiated mice. I. Tumor incidence and morphology in mice bearing non-irradiated thymic grafts. II. Factors of irradiation of the host. III. Rôle of the thymic graft. IV. Genetic evidence of the origin of the tumor cells from the thymic grafts. Cancer Res. 16, 422, 426, 429, 434 (1956).
KAUFMANN, B. P.: Chromosome aberrations induced in animal cells by ionizing radiations. Radiation biology, 1 Vol. (2). Chap. 9. New York: McGraw Hill 1954.
KELLY, L. S.: Effect of radiation on DNA synthesis in mammalian cells. Progr. Biophys. Biophys. Chem. 8, 143 (1957).
KOLLER, P. C.: Comparative effects of alkylating agents on cellular morphology. Ann. N. Y. Acad. Sci. 68, 783 (1958).
— and D. W. SMITHERS: Cytological analysis of the response of malignant tumours to irradiation a s an approach to a biological basis for dosage in radiotherapy. Brit. J. Radiol. 19, 89 (1946).
LAJTHA, L. G., R. OLIVER, T. KUMATORI and F. ELLIS: On the mechanism of radiation effect on DNA synthesis. Rad. Res. 8, 1 (1958).
LAMERTON, L. F., and C. F. BAXTER: An experimental study of radiation-induced anaemia with reference to shielding procedures and platelet changes. Brit. J. Radiol. 28, 87 (1955).
LATARJET, R.: Some factors influencing cell radiosensitivity by acting at the level of the primary biochemical action. Symposium on radiobiology, Chap. 13. New York: Wiley 1952.
LEA, D. E.: Actions of radiations on living cells. Cambridge: Cambridge University Press 1946. Also 2nd Edition, 1955.
— The actions of radiations on dilute aqueous solutions: the spatial distribution of H and OH. Brit. J. Radiol. Suppl. 1, 59 (1947).
LEBEDINSKY, A. V., Y. G. GRIGORYEV, and G. C. DEMIRCHOGLYAN: The biological effect of small doses of ionizing radiation. Second United Nations International Conference on the Peaceful Uses of Atomic Energy, P/2068, United Nations, New York 1958. (In the Press.)
LEWIS, E. B.: Leukaemia and ionizing radiation. Science 125, 965 (1957).

Lorenz, E., L. O. Jacobson, W. E. Heston, M. Shimkin, A. B. Eschenbrenner, M. K. Deringer, J. Donigar, and R. Schweisthal: Effects of long-continued total-body gamma irradiation on mice, guinea pigs and rabbits. III. Effects on life span, weight, blood picture, and carcinogenesis and the role of the intensity of radiation. Biological effects of external X and gamma radiation, Chap. 3. New York: McGraw Hill 1954.

Mole, R. H.: The development of leukaemia in irradiated animals. Brit. med. Bull. **14**, 174 (1958).

Patt, H. M., and A. M. Brues: The pathological physiology of radiation injury in the mammal. I. Physical and biological factors in radiation action. II. Specific aspects of the physiology of radiation injury. Radiation biology, Vol. 1 (2), Chaps. 14 and 15. New York: McGraw Hill 1954.

Pochin, E. E.: Radiation and leukaemia. Lancet **1958**, **I**, 51.

Pollard, E. C.: Primary ionization as a test of molecular organization. Advanc. Biol. Med. Phys. **3**, 153 (1953).

Puck, T. T.: The genetics of somatic mammalian cells. Advanc. Biol. Med. Phys. **5**, 75 (1957).

— and P. I. Marcus: Action of X-rays on mammalian cells. J. exp. Med. **103**, 653 (1956).

Quastler, H.: The nature of intestinal radiation death. Rad. Res. **4**, 303 (1956).

— J. P. M. Bensted, L. F. Lamerton, and S. M. Simpson: Brit. J. Radiol. **32**, 501 (1959).

— and M. Zucker: Rad. Res. (1959) (In course of publication.)

Report of the United Nations Scientific Committee on the Effects of Atomic Radiation. United Nations, New York 1958.

Revell, S. H.: Chromosome breakage by X-rays and radiomimetic substances in vicia. Heredity, Suppl. **6**, 107 (1953).

Samuel, A. H., and J. L. Magee: Theory of radiation chemistry. II. Track effects in radiolysis of water. J. chem. Physics **21**, 1080 (1953).

Sault, L. du: Time-dose relationships. Amer. J. Roentgenol. **75**, 597 (1956).

Schrek, R.: Radiosensitivity of lymphocytes and granulocytes in vitro according to the method of unstained cell counts. Proc. Soc. exp. Biol. (N. Y.) **58**, 285 (1945).

Schrödinger, E.: What is life? Cambridge 1948.

Shellabarger, C. J., E. P. Cronkite, V. P. Bond, and S. W. Lippincott: The occurrence of mammary tumors in the rat after sublethal whole-body irradiation. Rad. Res. **6**, 501 (1957).

Simpson, C. L., and L. H. Hempelmann: The association of tumors and roentgen ray treatment of the thorax in infancy. Cancer **10**, 42 (1957).

Sjöstrand, F. S., and V. Hanzon: Membrane structures of cytoplasm and mitochondria in exocrine cells of mouse pancreas as revealed by high resolution electron microscopy. Exp. Cell Res. **7**, 393 (1954).

Spear, F. G.: Radiations and living cells. Chap. **6**. London: Chapman and Hall 1953.

Stearner, S. P., and S. A. Tyler: An analysis of the role of dose and dosage rate in the early radiation mortality of the chick. Rad. Res. **7**, 253 (1957).

Stewart, A., J. Webb, and D. Hewitt: A survey of childhood malignancies. Brit. med. J. **1958**, 1495.

Timoféeff-Ressovsky, N. W., u. K. G. Zimmer: Das Trefferprinzip in der Biologie. Leipzig 1947.

Trowell, O. A.: The sensitivity of lymphocytes to ionizing radiation. J. Path. Bact. **64**, 687 (1952).

— The effect of environmental factors on the radiosensitivity of lymph nodes cultured in vitro. Brit. J. Radiol. **26**, 302 (1953).

Vogel, H. H., jr., J. W. Clark, D. L. Jordan, H. Alt, J. Cooper, and W. Rambach: The effect of single and spaced multiple doses of C 60 γ and fission neutron radiation on the incorporation of Fe 59 into the rat erythropoietic system. Argonne National Semi-Annual, Report, ANL-5732, 113 (1957).

Zirkle, R. E.: The radiobiological importance of linear energy transfer. Radiation biology, Vol. 1 (1) Chap. 6. New York: McGraw Hill 1954.

Late Effects
of Internally Deposited Radioisotopes

By

T. T. Odell Jr., and A. C. Upton

A. Introduction

Late effects of internally deposited radioisotopes include physiological and anatomical changes, neoplasms, and life shortening. Genetic changes inherited in the offspring of the first and subsequent generations can also be considered late effects but will not be considered in this chapter. Previous reviews on this subject include those of TULLIS and JOHNSON (1958), FURTH and TULLIS (1956), BLOOM and BLOOM (1954), and FURTH and UPTON (1953).

Inquiry into the late effects of irradiation from internally deposited radio-activity is still in its early stages, especially in man, since many radioisotopes have only recently become available, and study of their late effects requires observation of isotope-treated persons throughout their lives.

Some of the radioemitters included in this discussion are radioactive isotopes of elements that occur normally in animals. Many other radioisotopes, however, are of elements that do not occur normally in the body or that occur only in very small amounts. The biological effects of these foreign elements have become of interest because they have been used in medicine or industry or because they are by-products of the atomic energy industry or of atomic weapons.

The radiation hazard from internally deposited radioisotopes differs in important respects from the hazard of external radiation. First, the radiation is continuous with the decay of the radioisotope and persists until the isotope is exhausted or removed from the body. Second, since an internal radioisotope is in immediate contact with living cells, it can injure by producing a relatively small radiation flux in a small volume of tissue. In this regard, α emitters and weak β emitters (C^{14}, H^3) may produce significant damage when lodged internally, although they constitute no hazard externally. Third, radioisotopes may be concentrated in irregular foci within the body, resulting in uneven distribution of radioactivity. Because the dose to tissue is thus not uniform, the attendant hazards tend to be more difficult to assess.

B. Physical and biological factors influencing the effects of internally deposited radioisotopes

I. Uptake and distribution

The route of entry of an isotope into the body may affect its biological action by influencing its uptake and localization. The most important natural entrances are via the oral and respiratory routes, but the intact skin and wounds are also major natural portals. Radioactive isotopes have also been injected into the body by intraperitoneal, intravenous, and other routes.

The chemical properties of a radioisotope and of the compound it is in also affect its uptake and localization. Insoluble materials are poorly absorbed from the lungs or intestinal tract and, when introduced into the bloodstream, are rapidly localized in the reticuloendothelial system by phagocytosis. The fate of soluble radioelements dissolved in the blood varies with their metabolic pathways, some elements being preferentially concentrated in certain tissues (e. g., calcium in bone, iodine in the thyroid gland). For such isotopes, the organs of predilection are called the "critical organs."

Species differences also influence isotope distribution (e. g., inorganic S^{35}-sulfate is incorporated largely into sulfonated mucopolysaccharides in most mammals; however, in ruminants microorganisms of the gut utilize sulfate for the synthesis of amino acids, which are then built into proteins of the ruminant host).

II. Half lives of internal emitters

The physical half life of an internally deposited isotope and of any radioactive daughter isotopes in its chain of decay and the excretion rate of the isotope(s) determine the exposure time and cumulative dose to the affected tissue.

The elimination rate of an isotope from the body or its biological half life depends on the metabolism (turnover) and excretion of the isotope. Biological and physical half lives are combined in one formula to give the effective half life:

$$T = \frac{T_b\,T_r}{T_b + T_r}$$

where T_b is the biological half life and T_r is the radioactive (or physical) half life.

The physiological state of the body while it is being exposed to an isotope may greatly affect the biological half life; e. g., the reason that I^{131} is useful for the study of thyroid function is that the amount of iodine taken up and retained by the thyroid gland varies with the functional activity of the organ.

The uptake, distribution, and retention of a radioisotope may also be influenced by the concentration of the corresponding stable isotope present, which, in turn, may be modified by metabolism and diet.

Exploration of various means of enhancing the rate of excretion of internally deposited radioisotopes has emphasized the difficulty of the problem and the need for additional research [Schubert (1955).]

III. Quality of emitted radiations

The energy of very soft β particles, such as are emitted by tritium, is absorbed essentially within the cell containing the emitter, whereas high-energy γ rays may penetrate through many centimeters of tissue and damage distant organs containing little or no isotope. Because of the short path and high linear energy transfer (LET) of α particles, α emitters are especially dangerous when deposited internally. Because, however, they produce little damage if not absorbed, they may contaminate the skin or pass through the intestinal tract without harm.

IV. Maximum permissible concentration of internal radioisotopes

Maximum permissible concentrations (MPC) of radioisotopes deposited internally in the body have been estimated by various organizations, notably the International Commission on Radiation Protection (ICRP) (ICRP Handbook, 1955; Morgan 1958) and the National Committee on Radiation Protection (NCRP) under the sponsorship of the United States National Bureau of Standards (Handbook 69, 1959).

These estimates have been made by various means. Limits for certain internally deposited isotopes have been set by comparing their damage with that from Ra^{226} in animal experiments. Relatively little information directly applicable to man is available for most isotopes other than Ra^{226}. The MPC of Ra^{226} in the body was set at 0.1 μc in 1941 (N.B.S. Handbook H 27, 1941) by the NCRP (Handbook 52, 1953); some investigators, however, believe this limit should be lowered [LOONEY (1958)].

Calculation of the body burden of an internally deposited radioactive isotope is generally difficult. Depending upon the physical characteristics of the isotope and its fate in the body, measurements of radioactivity may be made on excreta or exhaled air, on tissue specimens obtained at autopsy or by biopsy (including autoradiography), by external counting (e. g., thyroid), or by a combination of these methods. The methods used for determining the dose delivered to tissue by internal emitters have been described [MARINELLI et al. (1948); LOEVINGER et al. (1956)].

C. Effects of inhaled radioactivity on the respiratory tract

To be deposited in the lungs to a significant extent, insoluble particles must be less than 10 μ in diameter; larger ones are removed in the nose by filtration or in the bronchi by ciliary action and are often swallowed [STANNARD (1958)]. Retention in the lungs depends on the size and shape of the particles and how rapidly they are transferred from the lungs and respiratory tract by ciliary or phagocytic action. Some soluble particulates may also be trapped in the lungs by chemical binding to tissue proteins or by changing to an insoluble form [CEMBER (1958); HODGE and THOMAS (1958)].

The hazard of inhaled materials, like that of any internally deposited radioactive isotope, is their continuous irradiation of the area in which they localize. In the respiratory tract, the cumulative radiation dose may become very large. In a persistently contaminated atmosphere, the lungs may be re-exposed continuously to a radioisotope even though the isotope is quickly removed from the respiratory system. Calculation of the radiation dose to the lungs by an internal emitter is complicated by uneven distribution of the radioactive particles; e. g., the concentration of particulates in the pulmonary lymph nodes may eventually be as much as 50 times that in the lung parenchyma [HODGE and THOMAS (1958); STANNARD (1958)]. A given dose of radiation may be more damaging, however, when spread evenly through the lungs than when concentrated in localized areas throughout the same volume of tissue [CEMBER et al. (1956)].

Fibrosis (pneumoconiosis) and tumors have been produced in the lungs of rats and mice by the introduction of various particles, including inhaled Ce^{144} oxide [LISCO and FINKEL (1949); CEMBER (1958)], implanted $Sr^{90}CO_3$ glass beads [CEMBER (1958)], intratracheally injected $BaS^{35}O_4$ [CEMBER (1958)], and pellets of $Ru^{106}\text{-}Rh^{106}$ implanted in the bronchi [KUSHNER et al. as cited in CEMBER (1958)]. In these experiments the calculated doses of absorbed energy, based on uniform distribution, range from about 1,000 to 200,000 rads.

Nonspecific pneumonitis and various lung tumors, including benign papillary cystadenomas, squamous cell carcinomas, a fibrosarcoma, and an undifferentiated tumor have been noted in a few mice injected intratracheally with $Pu^{239}O_2$ and $Ru^{106}O_2$ [THOMPSON et al. (1958); TEMPLE et al. (1959)]. One tumor appeared after a dose of 0.003 μc of $Pu^{239}O_2$ (115 rads), and two others after 0.06 μc of $Pu^{239}O_2$ (2300 rads). A few tumors were also seen in a small number of animals treated with 0.15 to 4.5 μc of $Ru^{106}O_2$ (300 to > 9000 rads).

The hazards of uranium and thorium mining and processing are well known. Studies of the Schneeburg (Saxony) and Joachimsthal (Czechoslovakia) miners were critically summarized by Lorenz (1944). The disease common to the Schneeburg miners was first diagnosed as lung cancer by Haerting and Hesse in 1879. In 1926 it was recognized that the Joachimsthal miners were similarly affected. During the time that records have been kept, about 50% of the deaths among these miners have resulted from lung cancer, the average latent period from beginning of exposure being about 18 years. Although the levels of radioactivity in the newer American mines are similar to those in European mines, no increase in incidence of lung cancer among American miners has yet been reported, perhaps because of the relatively short period of operation of these mines [Cember (1958)]. Investigators earlier suggested that a variety of factors, such as arsenic in the mines and respiratory disease, might be implicated, but radon gas has been the agent of primary concern in more recent years. The concentration of radon gas in the European and American mines averages about 3×10^{-9} curie per liter of air.

No clear-cut cases of induction of lung cancer in experimental animals by exposure to radon gas are known, although several investigators have reported that doses of 5×10^{-7} curie per liter of air, or higher, given over a period of several weeks kill many of the mice so exposed. The pathological findings in these animals are, however, typical of the acute radiation syndrome brought about by external radiation [Lorenz (1944)].

The distribution, excretion, and toxicology of uranium have been studied extensively [Voegtlin and Hodge (1953)]. Introduced into the bloodstream, uranium is so toxic chemically, that, before enough of it is deposited in bone to provide a significant source of radiation, death occurs from kidney damage [Hodge (1956); Bernard (1958)]. Forty days after a sublethal intravenous dose of uranium, about 20 to 25% remains in the skeleton, the rest having been excreted. Since uranium is very poorly absorbed into the body, it is not likely to be a radiation hazard unless it is deposited in the lungs. Hodge and Thomas (1958), however, found no tissue damage in lungs of dogs and monkeys exposed continuously for 2 years to an atmosphere containing uranium and thorium oxide particulates in amounts that resulted in very large absorbed doses of radiation. There is also no known evidence of human lung injury from exposure to uranium, although many people have been exposed. Lack of apparent damage to lung tissue from uranium may result from effective dose reduction owing to uneven distribution of the radioactivity.

D. Bone-seeking radioelements

I. Radium and mesothorium

The long-term effects of internally deposited radium (Ra^{226}), mesothorium, and their decay daughters in luminous-dial painters and in persons treated medically with radium have been carefully studied by several groups of investigators. Watch dial painting began about 1915, and adequate safety measures were taken around 1925 to 1927. Aub and associates (1952) published an extensive study of 30 patients who had received radium and mesothorium at least 25 years before. Looney (1955, 1956a, b) evaluated effects in 78 patients including those studied earlier by Aub. "Radium salts were given orally and intravenously for hypertension, arthritis, anemia, and other disorders from about 1915 to 1930. The rationale for the medical use of radium was based on the belief that it relieved pain, activated enzymes, and reduced blood pressure" (Looney (1955)]. The amount of radium retained varied widely among patients but in the majority ranged from 0.1 to 10 μc measured 10 to 33 years after exposure (1 μc of Ra^{226} $\cong$ 1 μg of Ra^{226}).

The amount of radium in the body is estimated by measuring the radioactive radon gas, a disintegration daughter of radium, which is expired from the lungs [MARINELLI et al. (1955)], by radiochemical analysis of the feces, by whole-body counting with a scintillation counter, or by determining the activity observed in bone biopsies. Of the radium taken into the body, 90 to 99.9% is eliminated during the first year, much of it during the first week. The amount eliminated decreases with increasing time after administration so that the elimination coefficient after 20 years is 0.02 to 0.16% of the body content [LOONEY (1955, 1956a, b)]. In man, most of the radium eliminated leaves the body in the feces [SEIL et al. (1915)]; but in the rat, the amounts in urine and feces are reported to be similar (SILBER-STEIN (1950)].

Radium that persists in the body is deposited primarily in the mineral part of the skeleton. Some, however, is distributed throughout the soft tissues during the period immediately after injection, and the rapid excretion of radium in man during the first week probably represents elimination from soft tissues predominantly. In the rat, 83% of the body content, or 50% of an intravenously injected dose, is found in the skeleton at the end of 1 day, and, by the tenth day, 99% of the retained radium is in the skeleton [SILBERSTEIN (1950)].

Radium is unevenly distributed within bones, there being "hot spots" in which the concentration may be 10 or more times as high as the average value of the bone; this has been demonstrated by autoradiography [AUB et al. (1952); LOONEY and WOODRUFF (1953); ROWLAND et al. (1958)]. LAMERTON (1958) calculated that the dosage to the bone in one of these "hot spots" in a patient with a body burden of 3.5 μc of radium was 48 rads per week.

Various bone changes have been observed, especially "formation of an atypical osseous tissue in the trabecular spaces of cancellous bone, and well-differentiated areas of destruction in compact bone" [LOONEY (1955)]. This may give the bone a mottled appearance. Other observed bone changes are spontaneous fractures, loss of teeth, necrosis and osteomyelitis of the maxilla, mandible, and temporal bone, and tumors of the bone or surrounding tissues. According to the data of the Boston and Chicago studies, major bone damage was as common (17 of 78) as bone tumors (15 of 78). The latent period for bone changes and malignancy was usually 15 to 30 years. Nearly half the malignant tumors have been osteogenic sarcomas in the bones of the extremities and the pelvis. Fibrosarcomas have also been seen, as well as carcinomas of epithelia in close contact with bones of the head, such as the paranasal sinuses [LOONEY (1958)]. Skeletal changes observable in roentgenograms were seen in persons having a total body burden of 0.4 μc of radium; major skeletal damage was seen in patients having a body concentration of 0.7 μc; and bone tumors were observed when 0.8 μc or more of radium was present [LOONEY (1958)]. Pathological changes were not always correlated with the observed body burden of radium, radium often being present in the absence of histological changes.

Deposition of radium in bone has also caused hematological changes by irradiation of the bone marrow. The peripheral red and white cell counts have been reduced through hypoplasia of the marrow. At least one death from aplastic anemia has been reported, although anemia has not usually been pronounced. Internally deposited radium has apparently not produced any cases of leukemia.

In 1958 the Massachusetts Institute of Technology initiated a program of searching out persons exposed to radium poisoning and establishing a central catalog agency (Radioactivity Center, M. I. T., Cambridge, Massachusetts) that would serve as a major source of information on the effects of radioelements in the body.

II. Strontium-90

Calcium and strontium, chemically similar, are metabolized similarly. Fission products include two radioisotopes of strontium, Sr^{90} and Sr^{89}, with physical half lives of 28 years and 53 days, respectively; both are β emitters.

Since calcium makes up part of the inorganic mineral structure of bone, strontium also localizes in this material. There is, however, a discrimination in favor of calcium in the uptake of these two elements by plants and animals: (1) plants generally favor uptake of calcium over strontium from the soil in a ratio of about 2:1; (2) the concentration of strontium in milk and cheese from livestock is about one-fifth to one-tenth that in the plants they eat; and (3) calcium is preferentially retained by the mammalian body, the exact calcium/strontium uptake ratio (about 2:1 to 7:1) being dependent on diet and other factors [Comar et al. (1957); Engström et al. (1957); Palmer et al. (1958)]. The concentration of strontium in man is therefore about one-tenth that in the soil and plants [Libby (1956)].

The rate of uptake of strontium also influences its deposition, chronic uptake giving a more uniform distribution in bone than acute uptake. Taking these differences into account, Björnerstedt and Engström (1959) reevaluated the question of maximum permissible body burden of Sr^{90}.

The effects of intravenous injection of an equilibrium mixture of Sr^{90}-Y^{90} on tumor induction and life span in CF_1 mice have been studied by Finkel et al. (1958). The mice were injected when about 70 days old, and in one experiment have been observed through the maximum life span of controls, 1045 days. The incidence of osteogenic sarcomas and of hemangioendotheliomas of bone marrow was directly correlated with dose. The incidence of osteogenic sarcomas was significantly increased in mice receiving 0.044 mc per kg and 91% of those receiving 0.9 mc per kg died with one or more grossly visible bone tumors, multiple tumors being common in mice receiving more than 0.44 mc per kg [Finkel et al. (1957)]. The latent period was never shorter than 150 days, or about 15% of the maximum life span. Epidermoid carcinomas of the oral cavity may also have been induced. The incidence of fibrosarcomas adjacent to bone and of benign skeletal tumors was apparently not influenced by radiostrontium. The tumor incidence was slightly greater when the dose was divided into 20 injections given over a period of 4 weeks than when given as a single injection, probably because of a more even distribution of the isotope in the bones. The lowest dose of Sr^{90} that caused a statistically significant reduction in life span was, as in the case of bone tumor induction, 0.044 mc per kg. Injection of this amount "resulted in a retained dose of about 0.005 mc/kg, which corresponds to 350 μc/70 kg man, 350 times the maximum permissible concentration (MPC) for workers in the field of atomic energy, or 3500 times MPC for the general population" [Finkel et al. (1958)].

Although the total number of tumors of hematopoietic tissues was not influenced in these CF_1 mice, a strain that has a high natural incidence of such tumors, their time of appearance was hastened by only one-fifth the lowest dose that induced malignant bone tumors and decrease in life span. Since the life span of man is about 20 times that of the mouse and the physical half life of Sr^{90} is about 28 years, doses smaller than those used in the mouse might produce detrimental effects late in the lifetime of man.

The results of these Sr^{90} experiments suggest that there may be a threshold dose in mice below which treated and control animals are indistinguishable [FINKEL et al. (1958)]: however, proof of the existence of a threshold would require enormous numbers of experimental animals [KAMB and PAULING (1959)] and would be of doubtful significance at best [MOLE (1958)], particularly in view of the great variation in dose response for induction of different types of tumors and of the same type of tumor in different species and strains.

No tumors resulting from radioactive strontium have been reported in man.

III. Strontium-89

BRUES (1949) reported shortened survival and an increased incidence of tumors in mice injected at about 42 days of age with 0.5 to 5 mc per kg of Sr^{89}. Only tumors in and near the bone were induced. Multiple primary tumors were common, and osteogenic sarcomas predominated although other malignant tumors of mesenchymal and endothelial origin were also observed. In CF_1 and ABC mice the lowest dose given as a single intraperitoneal injection that produced tumors, primarily osteogenic sarcomas of the long bones, was 0.2 mc per kg [FINKEL et al. (1955)].

In rats injected intraperitoneally with a total cumulative dose of 0.5 mc per kg or more given on 10 consecutive days ($< 10\% Sr^{90}$), osteogenic sarcomas appeared (usually in the distal end of the femur and proximal end of the tibia) after a minimum latent period of 240 days; squamous cell carcinomas in tissue closely overlying bone were also seen [KUZMA and ZANDER (1957)].

A dose of 0.1 to 1.0 mc per kg of Sr^{89} was injected into 11 dogs, some of which have been observed for over 11 years [FINKEL et al. (1956)]. In contrast to findings with other bone-seeking isotopes, such as radium and plutonium, bone tumors induced by radiostrontium apparently are not necessarily preceded by radiologically evident bone changes. About 11 years after treatment four of the dogs in the lower part of the dose range are still alive. The other seven (including animals in all parts of the dose range) died $2^1/_2$ to $10^1/_2$ years after treatment, most of them with bone tumors.

IV. Calcium-45

Although calcium and strontium are both bone seekers, over 1 mc per kg of Ca^{45} injected intravenously is required for induction of osteogenic sarcomas in mice, as compared with 0.044 mc per kg of Sr^{90} [FINKEL and BISKIS (1958); ANDERSON et al. (1957)]. This is possibly related to the much shorter physical half life of Ca^{45} (163 days) and to its weaker β emission. The shorter latent period for tumor induction by Ca^{45} than by Sr^{90} is also consistent with the high initial dose from the relatively short-lived Ca^{45} as the primary cause of tumors in contrast to the long-continued irradiation by smaller amounts of Sr^{90} (physical half life, 28 years).

The minimum dose of Ca^{45} given in ten daily injections that produced osteogenic sarcomas in the rat was 2.5 mc per kg, whereas the dose of Sr^{89} was 0.5 mc per kg of body weight [KUZMA and ZANDER (1957)].

V. Plutonium

Plutonium-239, a transuranic element produced from U^{238} by neutron capture, decays by α emission and has a half life of 100 years. When Pu^{239} is administered orally, only a very small fraction is absorbed from the intestinal tract. THOMPSON et al. (1958) reported that adult rats absorbed only 3×10^{-5} ($\sim 0.003\%$) of an intragastric dose given chronically, and other reports have estimated the amount absorbed from the gastrointestinal tract as less than 0.01% [Katz et al. (1955)]. Of the small amount of plutonium absorbed from the digestive tract, about 80% goes to the skeleton and 8% to the liver [Carritt et al. (1947); Katz et al. (1955)]. When injected intravenously, about 50% goes to bone and 10 to 40% to the liver [Carritt et al. (1947); Schubert et al. (1950)]. Plutonium is excreted very slowly after about the first week and has a biological half life of several months [Copp et al. (1947)]. The results of inhalation depend on the solubility of the material inhaled and are discussed in Sec. C. Unbroken skin is a very effective barrier to plutonium.

In contrast to radium, calcium, strontium, and yttrium, which are distributed in the apatite structure of bone, plutonium is deposited in the organic matrix of the periosteal and endosteal layers [Carritt et al. (1947); Schubert et al. (1950); Arnold and Jee (1959)]. There is thus greater irradiation of bone marrow by Pu^{239} than by radioisotopes deposited in the mineral part of bone, but only those marrow cells immediately adjacent to the endosteum are irradiated because of the short range of the α particles emitted.

Intravenous doses of 0.003 to 0.030 mc per kg produce an overgrowth of bone in the mouse, which in the femur is more extensive in the distal metaphysis than in the epiphysis and diaphysis [Bloom and Bloom (1949)]. Similar changes are seen in rats given higher doses; these are associated with more extensive changes in other tissues, especially in the hematopoietic system and testes [Metcalf et al. (1950)]. The lowest intravenous dose that produces malignant bone tumors in CF_1 female mice is in the range of 0.0001 to 0.0005 mc per kg and a minimal dose for life shortening is apparently less than 0.003 mc per kg [Finkel (1953)]. Lymphoid tumors and leukemia are also seen [Finkel (1956)].

In intravenously injected beagles, a retained dose of 0.00027 mc per kg caused hematologic effects in the first year [Dougherty et al. (1955)].

VI. Rare earths

The rare earths (atomic numbers 57 to 71), also called lanthanons, and yttrium (atomic number 39), which behaves like the rare earths chemically, make up a significant percentage of the fission products of uranium and plutonium. They have been tested for clinical use in treatment of cancer. Although differences in physical half life and in quality of emissions must be considered when assessing the pathological effects of their radioisotopes, these elements are usually categorized as bone seekers since their major retention is in bone [Norris et al. (1956); Durbin et al. (1955)].

Rare earths injected intravenously tend to form aggregates or colloids and are taken up into the reticuloendothelial system, especially the liver. Cerium-144 chloride given intravenously to rats concentrates in the liver within the first 6 days, and, on leaving the reticuloendothelial system, part goes to bone and the remainder is excreted, the concentration in bone gradually rising with time [Anthony and Lathrop (1947)]. Of several rare earths studied thus far, less than 1% of an oral dose is absorbed [Hamilton (1949)].

In rats dying 200 or more days after injection of 2 to 3 mc per kg of Ce^{144} chloride, many deaths are attributable to hepatic failure. In those receiving 1 to 2 mc per kg, osteogenic sarcoma appears after a similar latent period, frequently in the metaphyses of long bones [Norris et al. (1956)].

In rats given oral doses of Y^{91}, carcinoma of the colon is observed after a latent period of 135 to 548 days [Lisco et al. (1947)], and in mice injected intramuscularly or subcutaneously with yttrium phosphate, malignant tumors arise at the site of injection after 300 or more days [NORRIS et al. (1956)].

E. Radioelements deposited predominantly in soft tissue

I. Thorium

Thorium-232 is the only naturally occurring isotope of thorium. It decays (6 α and 4 β) through a number of daughters, including Ra^{228} and Ra^{224}, to a stable isotope of lead, Pb^{208} and has a physical half life of 1.389×10^{10} years.

Thorotrast, a colloidal suspension of thorium dioxide, was used from 1930 to 1945 in diagnostic radiology, primarily for visualization of the liver, spleen, and cerebral arteries. Its use was then curtailed because of degenerative and fibrotic changes at the site of injection and because of the hazard of tumor production [HURSH et al. (1957); JOHANSEN (1955)]. The usual dose of thorotrast was equivalent to about 3.75 μg of radium.

The excretion of thorium after thorotrast administration is negligible; i. e., in one patient, about 0.004% of the dose was excreted per day between the 24th and 108th days after administration. Excretion of the radium daughters, although relatively rapid at first, soon drops to a low rate, especially in the case of Ra^{228}. A large percentage of the radioactivity administered as thorotrast is therefore retained, the biological half life being estimated to exceed 400 years [HURSH et al. (1957)].

Thorium and its decay products are distributed largely in the reticuloendothelial system, with highest concentrations in liver and spleen and lower concentrations in other reticuloendothelial organs, such as bone marrow [HURSH et al. (1957); POHLE and RITCHIE (1934)]. Although thorium dioxide may be fairly evenly distributed in the liver and spleen initially, it later shows a reticular pattern in these organs and also concentrates in the lymph nodes draining the liver and spleen. The radium daughters Ra^{228} and Ra^{224} are not distributed and excreted in the manner characteristic of Ra^{226} but become fixed in aggregate particles (probably through entrapment in thorium dioxide) that are taken up and retained by the reticuloendothelial system [HURSH et al. (1957)].

Some cases of tumor induction by thorotrast have been reported in man, but they are infrequent in relation to the number of persons treated [THOMAS et al. (1951); HURSH et al. (1957)]. Possibly more cases of tumor induction will be seen after a longer latent period, although a regular result of thorotrast administration has been degeneration and fibrosis in the areas of its deposition. Such changes have been described for animals by POHLE and RITCHIE (1934) and in man by THOMAS et al. (1951) and others. Hypoplasia of the bone marrow has also been reported.

II. Polonium-210 (radium F)

This radioisotope is essentially an α emitter having a physical half life of 138 days and no radioactive daughter elements.

About 70% of an intravenous dose of neutralized polonium chloride given to rats remains in the body 10 days after injection, and about 1% after 300 days. If it is given orally, the concentration in tissue is only 1 to 2% of that found after intravenous administration. A similar excretion pattern is observed in man [SILBERSTEIN et al. (1950)]. The highest concentrations after intravenous administration in rats have been found in spleen, kidneys, lymph nodes, and erythrocytes, with somewhat smaller amounts in bone marrow, adrenals, pancreas, thymus, and thyroid. The specific activity in testes increased with time, possibly owing to testicular atrophy [Silberstein et al. (1950)]. After oral administration, tissue concentrations were somewhat different, being higher in erythrocytes and lower in kidneys and spleen [Casarett (1956)].

After intravenous doses of 0.005 to 0.020 mc per kg in rats, Casarett (1952) found extensive damage in many tissues, including kidneys (estimated radiation dose, 1000 to 2000 rep), bone marrow, thymus, lymph nodes, and seminiferous epithelium of the testes, but minor histopathological changes after a dose of 0.001 mc per kg. Tumors, especially of the kidneys, connective tissue, endothelium and adrenal medulla, were also increased in frequency and earlier in onset after 0.005 and 0.010 mc per kg. Anthony and coworkers (1956) reported kidney lesions (tubular damage) in all rats killed 350 or more days after administration of single doses of 0.0036 mc per kg; their lowest effective single dose was 0.0005 mc per kg, after which occasional mild kidney lesions and focal fibrosis of the heart were seen.

Although rats injected with 0.00025 mc per kg were not detectably affected, a statistically significant reduction in survival occurred after a single dose of 0.00075 mc per kg and a suggested reduction occurred after 0.00051 mc per kg in the experiments of Anthony et al. (1956) and possibly after a slightly higher minimal dose in the experiments of Stannard et al. (1955).

Both groups of investigators also studied the effect of a chronically maintained level of polonium. A persistent body burden of 0.00001 mc per kg (maintained by monthly injections) produced no distinguishable effect on body weight, tumor incidence, or life span [Anthony et al. (1956)], whereas there was a significant life shortening by a maintained level of 0.0006 mc per kg and possibly some effect at a 0.00005 mc per kg level [Stannard et al. (1955)]. It has been suggested that, since approximately the same effects result from a single dose of polonium as from the same total cumulative dose given in multiple injections, the damage from polonium is irreparable [Blair (1953)].

III. Colloidal gold

Colloidal suspensions of various β-emitting isotopes have been administered by intracavitary, interstitial, and intravenous routes in the diagnosis and treatment of various neoplasms. Distribution of radioactive colloids injected by interstitial or intracavitary routes is restricted essentially to the site of injection. The use of colloids of Au^{198}, chromic phosphate-P^{32}, Y^{90} chloride, and Lu^{177} chloride was reviewed by Andrews et al. (1956) and by Rosenthal and Lawrence (1958).

Little is yet known about the late effects of such colloids. Cirrhosis of the liver was produced in dogs by large doses of colloidal Au^{198} given intravenously, associated with ascites in animals pretreated with colloidal iron [Hahn and Meng (1958)]. Intravenous radiogold also caused liver damage in rats [Koletsky and Gustafson (1952)]. In mice, 44 μc of colloidal Au^{198} injected intravenously produced hepatomas [Upton et al. (1956)].

IV. Iodine

As is well known, iodine is selectively concentrated by the thyroid gland. Radioactive iodine has been used at low levels as a tracer for determining thyroid function, at higher levels in the treatment of hyperthyroidism, and in very large doses in therapy of metastatic thyroid carcinoma. Very small amounts of I^{131} from fallout have been detected in thyroids of domesticated and wild animals [Van Middlesworth (1958)].

The average radiation dose to the thyroid from I^{131} is about 1 rad per μc but may be as high as 3 rads per μc in hyperthyroidism (more of the isotope is retained);

the dose to the whole body is estimated to be 0.5 to 1.0 rad per mc, or about $^1/_{1000}$ of that to the thyroid itself [SINCLAIR (1956)]. About 60% of an oral dose of I^{131} is excreted in 24 hr in a euthyroid individual, most of the remainder being concentrated in the thyroid gland.

Five cases of leukemia in patients treated with I^{131} for hyperthyroidism (some of whom were also treated with X rays) have been reported [POCHIN et al. (1956); WERNER and QUIMBY (1957); WERNER et al. (1957); Proceedings of the Conference on Radioiodine (1956)]. It is questionable, however, whether I^{131} treatment was the cause of leukemia in view of the many patients treated with I^{131} for hyperthyroidism who have not developed leukemia, the low doses of radiotion to the body from I^{131} (< 8 mc; about 8 to 25 rads), and the short induction time ($1^1/_2$ to $2^1/_2$ years). When much higher doses of I^{131} are used for the treatment of thyroid carcinoma an increased incidence of leukemia may be more reasonably expected [DELARUE et al. (1953); BLOM et al. (1955); SEIDLIN et al. (1956)]. SEIDLIN reported acute myeloid leukemia in two patients of 16 treated for metastatic thyroid carcinoma (about 1500 mc over a 4 to 5 year period).

In 15 patients given large doses of I^{131} to eradicate pulmonary metastases of thyroid cancer, lung fibrosis occurred after 3 months to 5 years; two patients died [RALL et al. (1957)]. No tumors of the thyroid resulting from I^{131} treatment have been reported in man. Neoplasms of the thyroid have been produced in rats, however, by I^{131} treatment [DONIACH (1950); LINDSAY et al. (1957)], and shortened life expectancy in female rats given doses of 30 mc per kg of I^{131}, or more, has been noted [DURBIN, ASLING, JOHNSTON, and HAMILTON (1958)]. In sheep, daily feeding of I^{131}, beginning in utero in doses of 0.005 mc per day or more have also produced thyroid tumors (usually adenomas, but one fibrosarcoma); the first tumor appeared when the sheep was 53 months old [THOMPSON et al. (1958)].

Thyrotrophic pituitary tumors have been produced in mice by ablation of the thyroid gland with I^{131} [FURTH et al. (1953)] or surgery [DENT et al. (1956)], but such tumors have not been noted thus far in man [RUSSFIELD (1958)].

V. Astatine-211

Astatine-211, a radioactive halogen with a half life of 7.5 hr, also has an affinity for thyroid tissue and a metabolic pathway like that of iodine.

Because At^{211} decays by α emission (70-μ path), radiation damage from At^{211} is confined to the thyroid; I^{131}, however, which decays by β emission (max. path, 2000 μ), may also destroy the parathyroids and damage adjacent structures [HAMILTON et al. (1954)].

In rats, an intravenous dose of 1.8 mc per kg of At^{211} depressed body weight gain to about the same extent as 10 to 70 mc per kg of I^{131} [HAMILTON et al. (1954)]. On the basis of physiological and pathological effects on the thyroid, At^{211} was estimated to be about 2.8 times as effective as I^{131} in rats (BASSON and SHELLABARGER (1956)].

DURBIN and collaborators (1958) confirmed the earlier observation [HAMILTON et al. (1954)] of increased numbers of mammary tumors in rats given sublethal amounts of At^{211}, but the relative importance of local irradiation of the breast and endocrine imbalance in the production of these tumors is not known.

VI. Sulfur-35

Sulfur-35 has been used as a tracer in studies of the metabolism of proteins (S^{35}-methionine) and mucopolysaccharides (S^{35}-inorganic sulfate). Because of the low energy of its β emission (0.167 MeV), S^{35} is not a particularly hazardous isotope, the $LD_{50}/30$ days exceeding 1000 mc per kg in mice [Gottschalk and Beers (1958)]. Since sulfate is concentrated in sulfated mucopolysaccharides, especially cartilage, its use in the treatment of chondrosarcomas and mucoid tumors is contemplated [Gottschalk and Allen (1952); Rubin et al. (1957)]. In mice, however, 100 to 200 mc per kg was required to produce persistent damage to cartilage (Gottschalk and Beers (1958)].

VII. Phosphorus-32

Phosphorus-32 has been used in the treatment of various neoplastic diseases, especially polycythemia vera and leukemia, because it is acquired more avidly by rapidly dividing cells than by those that divide slowly, being incorporated into deoxyribonucleic acid and many other phosphorus-containing compounds. Although this selective localization of P^{32} is not outstanding, it is concentrated to some extent by tissues with a relatively high rate of cell turnover, such as bone marrow, spleen, lymph nodes, and liver, producing damage similar to that resulting from external whole-body irradiation. It is also gradually concentrated in bone.

Bone tumors have been produced in rats by P^{32}, the smallest dose producing a tumor being 1 mc per kg, which corresponds to several times the usual therapeutic dose in man [Koletsky and Christie (1954); Lamerton (1958)]. Cutaneous squamous cell carcinomas were also noted on the heads of P^{32}-injected rats, presumably resulting from P^{32} contained in the cranial bones [Koletsky and Christie (1954)].

Leukemia after treatment of polycythemia vera with P^{32} has been noted but may not necessarily be associated with P^{32} treatment, since the blood picture of some polycythemic patients who subsequently became leukemic was significantly different before P^{32} therapy from that of P^{32}-treated patients who did not later become leukemic [Masouredis and Lawrence (1957)].

F. Radioisotopes in tracer experiments

A number of radioisotopes are being used in tracer amounts for studying physiology and metabolism (e. g., Fe^{59}, Cr^{51}, C^{14}, and H^3 have been used in studies of the production and life span of various blood cells, and Co^{60}-labeled vitamin B_{12} has been used in the study of erythropoiesis and vitamin B_{12} metabolism) [Sheppard (1958); Ashmore et al. (1958); Meneeley et al. (1958)]. By the nature of the experiments, the amounts used are small and are not expected to produce late effects, although many more years of experience will be needed to verify this.

G. Exposure to fallout from nuclear detonations

I. Formation of fallout

"The conditions of fallout are determined largely by the amount and type of material vaporized into the fireball of the bomb itself" [Libby (1956)]. A nuclear detonation high in the air produces a relatively small amount of radioactive material in the form of a fine aerosol, much of which rapidly decays while the remainder is very widely dispersed. Conversely, a bomb fired at the surface of the earth not only produces its own fission products but by means of the neutrons released may also transform materials of the earth's surface into radioisotopes. In addition, heavier particulates that can trap or adsorb fission radioisotopes may be formed through the action of heat on the earth's crust. The composition of the earth's surface (coral, granite, water) at the point of detonation therefore partly determines the nature of the fallout.

Most of the fission products are released as oxides, which are poorly absorbed into the body but may be deposited in the lungs or pass through the digestive tract (see Sec. C). Those fission products that provide the greatest internal radiation hazard are predominantly bone seekers, especially Sr^{90}. Iodine-131 (critical organ, thyroid) and Cs^{137} (critical organ, muscle), however, are also formed in relatively large amounts.

In addition to fallout from weapons, there are, of course, the waste fission products formed in the operation of reactors, disposal of which will become an increasingly important problem as nuclear energy is harnessed for power [GLUECKAUF (1956)]. Such radioactive wastes, occasionally released into the atmosphere in reactor accidents, constitute another potential source of fallout.

II. Biological effects of fallout

Few data are available thus far. Studies of persons heavily exposed to fallout from a nuclear detonation in the Marshall Islands suggest that, despite injury from external contamination, late effects attributable to internally deposited emitters will be negligible in these victims, since their absorption of fission products was not great [CRONKITE et al. (1956)]. The amount of internal contamination by mixed fission products, estimated by comparing the excretion of radioisotopes in the exposed persons with that in animals from which tissue concentrations were also determined, was less than 0.0003 mc per kg [COHN et al. (1956)].

The hazard to mankind of the increased environmental radiation from fallout is difficult to assess. Although the level of contamination is still but a fraction of the natural background [U. N. Report (1958)], the build-up of long-lived radiostrontuim in the bones of growing children and the occurrence of relatively high

Table 1. *Critical organs and long-term pathological effects of some biologically important isotopes*

| Isotope | Physical half life[1] | Critical organ(s) | Oral retention | Minimum single dose needed to produce | | Animal | Investigator |
				Tumors	Life shortening		
Ra^{226} ..	1620 y	Mineral part of bone	Rel. small	0.8-μc burden	—	Man	LOONEY (1958)
Sr^{90} ..	28 y	Mineral part of bone	$^1/_{10}$ Ca^2	0.044 mc/kg[3]	0.044 mc/kg[3]	Mouse	FINKEL et al. (1958)
Sr^{89} ..	53 d	Mineral part of bone	$^1/_{10}$ Ca^2	0.2 mc/kg[4]	—	Mouse	FINKEL et al. (1955)
Ca^{45} ..	163 d	Mineral part of bone	—	1 mc/kg[3]	—	Mouse	FINKEL and BISKIS (1958)
Pu^{239} ..	100 y	Organic matrix of bone; liver	< 0.01%	0.0005 mc/kg[3]	0.003 mc/kg[3]	Mouse	FINKEL (1953)
Po^{210} ..	138 d	Soft tissues	~ 1.5% (10 d)	0.005 mc/kg[3]	0.00075 mc/kg[3]	Rat	CASARETT (1952) ANTHONY et al. (1956)
Au^{198} .. colloid	2.7 d	Reticuloendothelial system	—	2.93 mc/kg[3]	—	Mouse	UPTON et al. (1956)
I^{131} ..	8 d	Thyroid gland	~ 40%	~0.05 mc/kg[3]	—	Rat	LINDSAY et al. (1957)
At^{211} ..	7.5 h	Thyroid gland	—	0.5 mc/kg[3]	—	Rat	DURBIN, PARROT et al. (1958)
P^{32} ..	14.3 d	Soft tissues	—	1 mc/kg[3]	—	Rat	KOLETSKY and CHRISTIE (1954)

[1] h = hours; d = days; y = years. [2] About one tenth as much Sr^{90} or Sr^{89} as Calcium was retained. [3] Injected intravenously. [4] Injected intraperitoneally.

25*

focal concentrations of fallout in certain circumscribed geographic regions have prompted renewed efforts to put an end to the testing of atomic weapons. The existing magnitude of the risk from fallout and the future dosage to be expected from weapons detonated to date have been discussed elsewhere [FINKEL (1958); PAULING (1958); TOTTER et al. (1958); INGLIS (1958); LANGHAM (1958)].

H. Conclusion

The late pathological effects of radioisotopes are similar to those of external radiations and include the induction of degenerative changes, neoplasms, and shortening of the life span (Table 1). The probability of the induction of these effects varies with the amount of radiation absorbed, the dose rate, the quality of the radiation (LET), the distribution of the absorbed dose in tissue, and the genetic and physiological constitution of the organism irradiated. Consequently, the effects of radioisotopes vary greatly, depending on such factors as the physical half life and chemical nature of the isotope and of its decay products; the chemical and physical properties of the form in which the isotope is encountered; the route of entry of the isotope into the body; and the uptake, distribution, metabolism, and rate of elimination of the isotope from the body. Because of the great diversity among radioisotopes in these properties, a wide variety of effects has been observed. In general, the most hazardous radioisotopes appear to be those with long half lives, energetic emissions, and a predilection to become localized in the skeleton. Although these attributes are characteristic of many fission products, the biological effects of which have yet to be thoroughly evaluated, they are also shared by radium, which has been extensively studied in man and animals. One of the tasks of future research, therefore, will be the extension to other isotopes of the knowledge now available for radium. In addition, increasing efforts will be needed to elucidate effects on man and his food chain of small quantities of isotopes in the environment.

References

ANDERSON, W. A. D., G. E. ZANDER, and J. F. KUZMA: Cancerogenic effects of Ca^{45} and Sr^{89} on bones of CF_1 mice. A. M. A. Arch. Path. 62, 262 (1956).

ANDREWS, G. A., R. M. KNISELY, E. L. PALMER, and A. L. KRETCHMAR: Therapeutic usefulness of radioactive colloids, comparative value of gold-198, chronic phosphate (P-32), yttrium-90, and lutecium-177. Proc. Int. Conf. Peaceful Uses of Atomic Energy, Geneva, 1955, Vol. 10. p. 122. New York: United Nations 1956.

ANTHONY, D. S., R. K. DAVIS, R. N. COWDEN, and W. P. JOLLEY: Experimental data useful in establishing maximum permissible single and multiple exposure to Polonium. Proc. Int. Conf. Peaceful Uses of Atomic Energy, Geneva, 1955, Vol. 13. p. 215. New York: United Nations 1956.

— and K. A. LATHROP: Acute radiotoxicity of injected $Cerium^{144}$ in the rat USAEC Unclassified Report MDDC-1326, 1947. (For sale at Office of Technical Services, Commerce Department, Washington, D. C.).

ARNOLD, J. S., and W. S. S. JEE: Autoradiography in the localization and radiation dosage of Ra^{226} and Pu^{239} in the bones of dogs. Lab. Invest. 8, 194, (1959).

ASHMORE, J., M. L. KARNOVSKY, and A. B. HASTINGS: Intermediary metabolism. In Radiation Biology and Medicine, edited by W. D. CLAUS. Reading, Mass., Addison-Wesley, 1958, p. 738.

AUB, J. C., R. D. EVANS, L. H. HEMPELMANN, and H. S. MARTLAND: The late effects of internally deposited radioactive materials in man. Medicine 31, 221 (1952).

BASSON, J. K., and C. J. SHELLABARGER: Determination of the RBE of alpha-particles from Astatine-211 as compared to beta-particles from Iodine-132 in the rat thyroid. Radiat. Res. 5, 502 (1956).

BERNARD, S. R.: Maximum permissible amounts of natural uranium in the body, air and drinking water based on human experimental data. Hlth. Phys. 1, 288 (1958).

BJÖRNERSTEDT, R., and A. ENGSTRÖM: Maximum permissible body burden of Strontium-90. Science 129, 327 (1959).

Blair, H. A.: The shortening of life span by injected radium, polonium and plutonium. United States Atomic Energy Commission Unclassified Report UR-274, 1953. (Available only from USAEC depository libraries.)

Blom, P. S., A. Querido, and C. H. W. Leeksma: Acute leukaemia following x-ray and radioiodine treatment of thyroid carcinoma. Brit. J. Radiol. 28, 165 (1955).

Bloom, M. A., and W. Bloom: Late effects of radium and plutonium on bone. A. M. A. Arch. Path. 47, 494 (1949).

Bloom, W., and M. A. Bloom: Histological changes after irradiation. In Radiation Biology, Vol. I, edited by A. Hollaender. p. 1091. New York: McGraw-Hill Book Co. 1954.

Brues, A. M.: Biological hazards and toxicity of radioactive isotopes. J. clin. Invest. 28, 1286 (1949).

Carritt, J., R. Fryxell, J. Kleinschmidt, R. Kleinschmidt, W. Langham, A. San Pietro, R. Schaffer, and B. Schnap: The distribution and excretion of plutonium administered intravenously to the rat. J. biol. Chem. 171, 273 (1947).

Casarett, G. W.: Histopathology of alpha radiation from internally administered polonium. United States Atomic Energy Commission Unclassified Report UR-201, 1952. (Available only from USAEC depository libraries.)

— Pathologic effects of orally administered polonium. United States Atomic Energy Commission Unclassified Report Ur-477, 1956. (Available only from USAEC depository libraries.)

Cember, H.: Bronchogenic carcinoma from radioactive particulates. Second United Nations Int. Conf. Peaceful Used of Atomic Energy, 1958, A/Conf. 15 paper 900.

— J. A. Watson, and T. B. Grucci: Pulmonary radiation effects as a function of absorbed energy distribution. Amer. ind. Hyg. Ass. Quart. 17, No. 4, 397 (1956).

Cohn, S. H., R. W. Rinehart, J. K. Gong, J. S. Robertson, W. L. Milne, V. P. Bond, and E. P. Cronkite: Internal deposition of radionuclides in human beings and animals. In some effects of ionizing radiation on human beings, USAEC Unclassified Report TID-5353, 1956. (For sale by Superintendent of Documents, Government Printing Office, Washington, D. C.).

Comar, C. L., R. H. Wasserman, S. Ullberg, and G. A. Andrews: Strontium metabolism and strontium-calcium discrimination in man. Proc. Soc. exp. Biol. (N. Y.) 95, 386 (1957).

Copp, D. H., D. J. Axelrod, and J. G. Hamilton: The deposition of radioactive metals in bone as a potential health hazard. Amer. J. Roentgenol. 58, 10 (1947).

Cronkite, E. P., V. P. Bond, and C. L. Dunham: Some effects of ionizing radiation on human beings. A report on the Marshallese and Americans Accidentally Exposed to Radiation from Fallout and a Discussion of Radiation Injury in the Human Being, USAEC Unclassified Report TID-5358, 1956. (For sale by Superintendent of Documents, Government Printing Office, Washington, D. C.).

Delarue, J., M. Tubiana, and J. Dutreix: Cancer de la thyroïde traité par l'iode radioactif; terminaison par une leucémievaigue après une amélioration importante. Bull. Ass. franç. Cancer 11, 263 (1953).

Dent, J. N., E. L. Gadsden, and J. Furth: Further studies on induction and growth of thyrotropic pituitary tumors in mice. Cancer Res. 16, 171 (1956).

Doniach, I.: The effect of radioactive iodine alone and in combination with methylthiouracil and acetylaminofluorene upon tumor production in the rats' thyroid gland. Brit. J. Cancer 4, 223 (1950).

Dougherty, J. H., J. Z. Bowers, R. C. Bay, and P. Keyanonda: Comparison of hematologic effects of internally deposited radium and plutonium in dogs. Radiology 65, 253 (1955).

Durbin, P. W., C. W. Asling, M. E. Johnston, and J. G. Hamilton: Long term sequelae of massive doses of I¹³¹ in rats. Amer. J. Roentgenol. 79, 1010 (1958).

— — — M. W. Parrott, N. Jeung, M. H. Williams, and J. G. Hamilton: The induction of tumors in the rat by Astatine-211. Radiat. Res. 9, 378 (1958).

— M. H. Williams, M. Gee, R. N. Newman, and J. G. Hamilton: The metabolism of the lanthanons in the rat. Proc. Soc. exp. Biol. (N. Y.) 91, 78 (1956).

Engström, A., R. Björnerstedt, C.-J. Clemedson, and A. Nelson: Bone and radiostrontium. New York: Wiley 1957.

Finkel, M. P.: Mice, Men, and fallout. Science 128, 637 (1958).

— Relative biological effectiveness of internal emitters. Radiology 67, 665 (1956).

— Relative biological effectiveness of radium and other alpha emitters in CF No. 1 female mice. Proc. Soc. exp. Biol. (N. Y.) 83, 494 (1953).

— and B. O. Biskis: Comparative carcinogenicity of Ra²²⁶, Sr⁹⁰ and Ca⁴⁵ in mice. USAEC Unclassified Report ANL-5916, p. 18, 1958. (For sale at Office of Technical Service, Department of Commerce, Washington, D. C.)

— — and G. M. Scribner: The influence of strontium-90 upon life span and neoplasms of mice. Second United Nations Int. Conf. Peaceful Uses of Atomic Energy, A/Conf. 15 paper 911, 1958.

Finkel, M. P., R. Flynn, J. Clark, G. Scribner, J. Lestina, H. Lisco, and A. Brues: Toxicity of radiostrontium in carnivores: Current status of the long-term cat and dog experiments. USAEC Unclassified Report ANL-5696, p. 16, 1956. (For sale at Office of Technical Services, Department of Commerce, Washington, D. C.)
— — J. Lestina, and D. M. Czajka: Radiostrontium at "optimum carcinogenic level" in the dog: Effect upon morbidity of total blood exchange shortly after injection. USAEC Unclassified Report ANL-5732, p. 15, 1957. (For sale at Office of Technical Services, Department of Commerce, Washington, D. C.)
— H. Lisco, and A. M. Brues: Toxicity of Strontium[89] in mice: Malignant bone tumors. USAEC Unclassified Report ANL-5378, p. 106, 1955. (Available only from USAEC depository libraries.)
Furth, J., W. T. Burnett jr., and E. L. Gadsden: Quantitative relationship between thyroid function and growth of pituitary tumors secreting TSH. Cancer Res. 13, 298 (1953).
— and J. L. Tullis: Carcinogenesis by radioactive substances. Cancer Res. 16, 5 (1956).
— and A. C. Upton: Vertebrate radiobiology: Histopathology and carcinogenesis. Ann. Rev. nuclear Sci. 3, 303 (1953).
Glueckauf, E.: Long-Term aspect of fission product disposal. Proc. Int. Conf. Peaceful Uses of Atomic Energy, Geneva 1955, Vol. 9, p. 3. United Nations 1956.
Gottschalk, R. G., and H. C. Allen jr.: Uptake of radioactive sulfur by chondrosarcomas in man. Proc. Soc. exp. Biol. (N. Y.) 80, 334 (1952).
— and H. N. Beers: Selective toxicity of radioactive sulfate for mouse cartilage and bone marrow. A. M. A. Arch. Path. 65, 298 (1958).
Hahn, P. F., and H. C. Meng: Internal irradiations of dogs with radioactive colloidal gold: Synergistic effect of iron. Cancer 11, 591 (1958).
Hamilton, J. G.: The metabolism of the radioactive elements created by nuclear fission. New Engl. J. Med. 240, 863 (1949).
— P. W. Durbin, and M. Parrott: The accumulative and destructive action of Astatine-211 (eka-iodine) in the thyroid gland of rats and monkeys. J. clin. Endocr. 14, 1161 (1954).
Hodge, H. C.: Mechanism of uranium poisoning. Proc. Int. Conf. Peaceful Uses of Atomic Energy, Geneva 1955, Vol. 13. p. 229. New York: United Nations 1956.
— and R. G. Thomas: The question of health hazards from the inhalation of insoluble uranium and thorium oxides. Second United Nations Int. Conf. Peaceful Uses of Atomic Energy, Geneva, 1958, Vol. 23. p. 302. New York: United Nations 1958.
Hursh, J. B., L. T. Steadman, W. B. Looney, and M. Colodzin: The excretion of thorium and thorium daughters after thorotrast administration. Acta radiol. (Stockh.) 47, 418 (1957).
ICRP Handbook 1955: Recommendations of the International Commission on Radiological Protection. C. Report of International Sub-committee on permissable dose for internal radiation. Brit. J. Radiol. Suppl. 6, 23 (1955).
Inglis, D. R.: Future radiation dosage from weapons tests. Science 127, 1222 (1958).
Johansen, C.: Histological changes in man and rabbits after parental thorium administration. In Radiobiology Symposium 1954, edited by Z. M. Bacq and P. Alexander, p. 358. New York: Academic Press 1955.
Kamb, B., and L. Pauling: The effects of Strontium-90 on mice. Proc. nat. Acad. Sci. (Wash.) 45, 54 (1959).
Katz, J., H. A. Kornberg, and H. M. Parker: Absorption of plutonium fed chronically to rats. I. Fraction deposited in skeleton and soft tissues following oral administration of solutions of very low mass concentration. Amer. J. Roentgenol. 73, 303 (1955).
Koletsky, S., and J. H. Christie: Carcinogenic activity of radioactive phosphorus. Proc. Soc. exp. Biol. (N. Y.) 86, 266 (1954).
— and G. Gustafson: Liver damage in rats from radioactive colloidal gold. Lab. Invest. 1, 312 (1952).
Kuzma, J. F., and G. Zander: Cancerogenic effects of Ca[45] and Sr[89] in Sprague-Dawley rats. A. M. A. Arch. Path. 63, 198 (1957).
Lamerton, L. F.: Radiation dosimetry aspects of bone tumor production. Strahlenther. Sonderb. 38, 41 (1958).
Langham, W. H.: Potential hazard of world-wide Sr[90] fallout from nuclear weapons testing. Hlth. Phys. 1, 105 (1958).
Libby, W. F.: Radioactive fallout and radioactive strontium. Science 123, 657 (1956).
Lindsay, S., G. D. Potter, and I. L. Chaikoff: Thyroid neoplasms in the rat: A comparison of naturally occurring and I[131] induced tumors. Cancer Res. 17, 183 (1957).
Lisco, H., A. M. Brues, M. P. Finkel, and W. Grundhauser: Carcinoma of the colon in rats following the feeding of radioactive yttrium. Cancer Res. 7, 721 (1947).
— and M. P. Finkel: Observations on lung pathology following inhalation of radioactive cerium. Fed. Proc. 8, 360 (1949).

LOEVINGER, R., J. G. HOLT, and G. J. HINE: Internally administered radioisotopes. In radiation dosimetry, edited by G. J. HINE and G. L. BROWNELL. p. 801. New York: Academic Press 1956.

LOONEY, W. B.: Effects of radium in man. Science 127, 630 (1958).

— Late effects (twenty five to forty years) of the early medical and industrial use of radioactive materials. Their relation to the more accurate establishment of maximum permissible amounts of radio-active elements in the body, Part I. J. Bone Jt. Surg. 37 A, 1169 (1955).

— Late effects (twenty five to forty years) of the early medical and industrial use of radioactive materials. Their relation to the more accurate establishment of maximum permissible amounts of radioactive elements in the body, Part II. J. Bone Jt. Surg. 38 A, 175 (1956a).

— Late effects (twenty five to forty years) of the early medical and industrial use of radioactive materials. Their relation to the more accurate establishment of maximum permissible amounts of radioactive elements in the body, Part III. J. Bone Jt. Surg. 38 A, 392 (1956b).

— and L. A. WOODRUFF: Investigation of radium deposition in human skeleton by gross and detailed autoradiography. A. M. A. Arch. Path. 56, 1 (1953).

LORENZ, E.: Radioactivity and lung cancer; a critical review of lung cancer in miners of Schneeberg and Joachimsthal. J. nat. Cancer Inst. 5, 1 (1944).

MARINELLI, L. D., C. E. MILLER, P. F. GUSTAFSON, and R. E. ROWLAND: The quantitative determination of gamma-ray emitting elements in living persons. Amer. J. Roentgenol. 73, 661 (1955).

— E. H. QUIMBY, and G. J. HINE: Dosage determination with radioactive isotopes. II. Practical considerations in therapy and protection. Amer. J. Roentgenol. 59, 260 (1948).

MASOUREDIS, S. P., and J. H. LAWRENCE: The problem of leukemia in polycythemia vera. Amer. J. med. Sci. 233, 268 (1957).

MENEELEY, G. R., W. L. ALSOBROOK, J. M. MERRILL, O. J. BALCHUM, R. L. WEILLAND, and C. O. T. BALL: Metabolism of the major mineral elements of the animal body. In Radiation Biology and Medicine, edited by W. D. CLAUS. Reading, Mass., Addison-Wesley, 1958, p. 787.

METCALF, R. G., G. CASARETT, and G. A. BOYD: Pathology studies on rats injected with polonium, plutonium, and radium. In biological studies with polonium, radium and plutonium, edited by R. M. FINK. p. 257. New York: McGraw-Hill Book Co. 1950.

MOLE, R. H.: The dose-response relationship in radiation carcinogenesis. Brit. med. Bull. 14, 184 (1958).

MORGAN, K. Z.: Current status of the internal dose problem. Hlth. Phys. 1, 125 (1958).

National Bureau of Standards Handbook H 27: Safe handling of radioactive luminous compound, 1941.

National Committee on Radiation Protection (NCRP): Maximum permissible body burdens and maximum permissible concentrations of radionuclides in air and in water for occupational exposure. National Bureau of Standards Handbook 69, 1959.

NORRIS, W. P., H. LISCO, and A. M. BRUES: The radiotoxicity of cerium and yttrium. In Rare Earth Conf. USAEC Unclassified Report ORINS-12, 1956. (For sale at Office of Technical Services, Commerce Department, Washington, D. C.).

PALMER, R. F., R. C. THOMPSON, and H. A. KORNBERG: Factors affecting the relative deposition of strontium and calcium in the rat. Science 128, 1505 (1958).

PAULING, L.: Genetic and somatic effects of Carbon-14. Science 128, 1183 (1958).

POCHIN, E. E., N. B. MYANT, and B. D. CORBETT: Leukaemia following radioiodine treatment of hyperthyroidism. Brit. J. Radiol. 29, 31 (1956).

POHLE, E. A., and G. RITCHIE: Histological studies of the liver, spleen and bone marrow in rabbits following the intravenous injection of thorium dioxide. Amer. J. Roentgenol. 31, 512 (1934).

Proceedings of the Conference on Radioiodine, Argonne Cancer Research Hospital, Chicago, edited by D. E. CLARK. USAEC Unclassified Report ACRH-100, 1956. (For sale at Office of Technical Services, Commerce Department, Washington, D. C.).

RALL, J. E., J. B. ALPERS, C. G. LEWALLEN, M. SONENBERG, M. BERMAN, and R. W. RAWSON: Radiation pneumonitis and fibrosis: A complication of radioiodine treatment of pulmonary metastases from cancer of the thyroid. J. clin. Endocr. 17, 1263 (1957).

ROSENTHAL, D. J., and J. H. LAWRENCE: Radioisotopes in medicine. In Radiation Biology and Medicine, edited by W. D. CLAUS. p. 471. Reading, Mass.: Addison-Wesley 1958.

ROWLAND, R. E., J. JOWSEY, and J. H. MARSHALL: Structural changes in human bone containing Ra^{226}. Second United Nations Int. Conf. Peaceful Uses of Atomic Energy, A/Conf. 15 paper 910, 1958.

RUBIN, P., K. C. BRACE, H. GUMP, R. SWARM, and J. R. ANDREWS: The radiotoxic effects of S^{35} in growing cartilage. Consideration of radioactive sulfur (S^{35}) as a possible radiotherapeutic agent in chondrosarcomas. Radiology 69, 711 (1957).

RUSSFIELD, A. B.: Hypophyseal changes in hypothyroidism induced by radioactive iodine in man. A. M. A. Arch. Path. **66**, 79 (1958).

SCHUBERT, J.: Removal of radioelements from the mammalian body. Ann. Rev. Nucl. Sci. **5**, 369—412 (1955).

— M. P. FINKEL, M. R. WHITE, and G. M. HIRSCH: Plutonium and yttrium content of blood, liver and skeleton of the rat at different times after intravenous administration. J. biol. Chem. **182**, 635 (1950).

SEIDLIN, S. M., E. SIEGEL, A. A. YALOW, and S. MELAMED: Acute myeloid leukemia following prolonged iodine-131 therapy for metastatic thyroid carcinoma. Science **123**, 800 (1956).

— A. A. YALOW, and E. SIEGEL: Blood radiation dose during radioiodine therapy of metastatic thyroid carcinoma. Radiology **63**, 797 (1954).

SEIL, H. A., C. H. VIOL, and M. A. GORDON: The elimination of soluble radium salts taken intravenously and per os. N. Y. med. J. **101**, 896 (1915).

SHEPPARD, C. W.: Facets and fashions in physiological tracer experiments. In Radiation Biology and Medicine, edited by W. D. CLAUS. p. 713. Reading, Mass.: Addison-Wesley 1958.

SILBERSTEIN, H. E.: Radium distribution and excretion studies with rats, in Biological studies with polonium, radium, and plutonium, edited by R. M. FINK. p. 179. New York: McGraw-Hill Book Co. 1950.

— W. L. MINTO, R. M. FINK, G. A. BOYD, R. G. METCALF, W. MANN, C. P. KIMBALL, and A. T. GORHAM: Polonium distribution and excretion experiments with animals. p. 35. New York: McGraw-Hill Book Co. 1950.

SINCLAIR, W. K.: Basic radiation dosimetry relevant to the internal administration of I^{131}. Dose variations due to physiological factors and histological structure. In Proc. of Conf. on Radioiodine, edited by D. E. CLARK. USAEC Unclassified Report ACRH-100, p. 1, 1956. (For sale at Office of Technical Services, Commerce Department, Washington, D. C.).

STANNARD, J. N.: An evaluation of inhalation hazards in the nuclear energy industry. Second United Nations Int. Conf. Peaceful Uses of Atomic Energy, Geneva, 1958, Vol. 23. p. 306. New York: United Nations 1958.

— H. A. BLAIR, and R. C. BAXTER: The effects of a maintained body burden of polonium in the rat. III. Mortality, life span, and growth. USAEC Unclassified Report UR-395, 1955. (Available only from USAEC depository libraries.)

TEMPLE, L. A., D. H. WILLARD, S. MARKS, and W. J. BAIR: Induction of lung tumors by radioactive particles. Nature (Lond.) **183**, 408 (1959).

THOMAS, S. F., G. W. HENRY, and H. S. KAPLAN: Hepatolienography: past, present, future. Radiology **57**, 669 (1951).

THOMPSON, R. C., W. J. BAIR, S. MARKS, and M. F. SULLIVAN: Evaluation of internal exposure hazards for several radioisotopes encountered in reactor operations. Second United Nations Int. Conf. Peaceful Uses of Atomic Energy, Geneva, 1958, Vol. 23, p. 283. New York: United Nations 1958.

TOTTER, J. R., M. R. ZELLE, and H. HOLLISTER: Hazard to man of Carbon-14. Science **128**, 1490 (1958).

TULLIS, J. L., and H. A. JOHNSON: The biological significance of some important internal emitters. In Radiation Biology and Medicine, edited by W. D. CLAUS. p. 341. Reading, Mass.: Addison-Wesley 1958.

United Nations: Report of the United Nations Scientific Committee on the Effects of Atomic Radiation. General Assembly, Official Records, Thirteenth Session Supplement No. 17 (A/3838): New York 1958.

UPTON, A. C., J. FURTH, and W. T. BURNETT JR.: Liver damage and hepatomas in mice produced by radioactive colloidal gold. Cancer Res. **16**, 211 (1956).

VAN MIDDLESWORTH, L.: Iodine-131 fallout in bovine fetus. Science **128**, 597 (1958).

VOEGTLIN, C., and H. C. HODGE: The pharmacology and toxicology of uranium compounds. Chronic inhalation and other studies. New York: McGraw-Hill Book Co. 1953.

WERNER, S. C., B. COELHO, and E. H. QUIMBY: Ten year results of I^{131} therapy of hyperthyroidism. Bull. N. Y. Acad. Med. **33**, 783 (1957).

— and E. H. QUIMBY: Acute leukemia after radioactive Iodine (I^{131}) therapy for hyperthyroidism. J. Amer. med. Ass. **165**, 1558 (1957).

Medikamentöse Beeinflussung
des Strahlenschadens

Von

Alexander Catsch

Mit 1 Abbildung

Eine zusammenfassende Darstellung der Prophylaxe und Therapie der Strahlenschäden wird für diejenigen, die in erster Linie an der praktisch-ärztlichen Seite des Problems interessiert sind, wegen des fast vollständigen Fehlens klinischer Erfahrungen unbefriedigend bleiben müssen. Die Zahl der Strahlenunfälle konnte bisher glücklicherweise auf ein äußerstes Minimum beschränkt bleiben, damit entfiel aber auch die Möglichkeit, die Wirksamkeit in Frage kommender Pharmaka oder anderer Maßnahmen unmittelbar am Menschen in adäquater Weise zu prüfen. Der dem Strahlentherapeuten als sog. Strahlenkater geläufige Symptomenkomplex kommt als „Testreaktion" insofern in nur sehr bedingtem Maße in Frage, als eine hier effektive Therapie — über die Vielzahl entsprechender Möglichkeiten orientieren neuere Darstellungen von ELLINGER (54) sowie OESER und RÜLE (127) — bei dem wesentlich schwereren Zustandsbild des akuten Strahlensyndroms, wie es nach Einwirkung höherer Strahlendosen auf ausgedehnte Teile des Körpers zur Beobachtung kommt, keineswegs von gleicher Wirksamkeit zu sein braucht und, soweit bisher untersucht, versagt. Man war und ist somit fast ausschließlich auf das Tierexperiment angewiesen; die Schwierigkeiten und Gefahren, denen man bei extrapolatorischen Schlüssen von tierexperimentellen Befunden auf die Verhältnisse beim Menschen begegnet, brauchen nicht besonders hervorgehoben zu werden.

Als *Schutzsubstanzen* werden allgemein solche Pharmaka bezeichnet, denen eine Wirksamkeit nur bei Verabfolgung vor der Strahleneinwirkung zukommt, während der Begriff der *therapeutischen* Effektivität solchen Substanzen bzw. Maßnahmen vorbehalten sein sollte, die auch bei nachträglicher Verabreichung den Ablauf der biologischen Strahlenreaktion zu beeinflussen imstande sind. Eine darüber hinausgehende Systematisierung dürfte zum gegenwärtigen Zeitpunkt nicht einfach sein, da es bisher noch nicht gelungen ist, bezüglich des Wirkungsmechanismus verschiedener Substanzen zu Aussagen zu gelangen, die über die Bildung mehr oder weniger begründeter Hypothesen hinausgehen; ein Sachverhalt, der insofern kaum überrascht, als auch unsere Kenntnisse über Art und Ablauf der strahleninduzierten Reaktionen im biologischen Substrat sowie über die pathogenetische Relevanz einzelner Symptome noch beträchtliche Lücken aufweisen.

Herabgesetzte Resistenz gegenüber bakteriellen Infektionen, Neigung zu Hämorrhagien sowie die schwere Schädigung der Hämatopoese stellen die dominierenden Symptome des akuten Strahlensyndroms und damit auch die naheliegenden Ansatzpunkte für therapeutische Bemühungen dar. Antibiotica, vornehmlich solche mit breitem Wirkungsspektrum und über längere Zeit verabreicht, beeinflussen nicht nur die Bakteriämie nach dem Strahleninsult, sondern erhöhen auch die Überlebensrate [(*69*), hier auch weitere Literatur]. Ein praktisch ins Gewicht fallender Erfolg ist allerdings nur dann zu erwarten, solange nicht eine irreversible Schädigung der Abwehrfunktionen vorliegt; bei höheren Strahlendosen sowie nach Einwirkung schneller Neutronen (*168*), bei der bakterielle Infektionen eine nur untergeordnete Rolle zu spielen scheinen, lassen Antibiotica dementsprechend jegliche Wirksamkeit vermissen. Die therapeutische Verabfolgung von Antibioticis wird zwar allgemein [z. B. (*37, 88, 128*)] auch für den Menschen gefordert, bei der Beurteilung der Erfolgsaussichten dürfte jedoch eine gewisse Zurückhaltung angezeigt sein, da das Tierexperiment ausgeprägtere Unterschiede in der Effektivität bei verschiedenen Säugetieren aufdecken konnte. Properdin bzw. Zymosan, welches den Properdinspiegel des Bluts und damit auch die Infektionsresistenz erhöht, sollen nach PILLEMER (*137*) die Strahlenmortalität herabsetzen, was aber von anderen Autoren (*68, 80*) nicht bestätigt werden konnte. Ein nur theoretisches Interesse dürfte den — nicht widerspruchsfreien — Angaben zukommen, denen zufolge prophylaktische Verabfolgung bakterieller Endotoxine oder ähnlich wirkender Stoffe die Überlebensrate erhöht (*100, 114, 136, 154*).

Der erhöhten hämorrhagischen Tendenz des strahlengeschädigten Organismus liegen fraglos verschiedene Faktoren ursächlich zugrunde. Dementsprechend können Blutungsneigung und Gerinnungszeit — allerdings nicht die Mortalität — durch unterschiedliche Maßnahmen wie Transfusion von Thrombocyten (*38*) oder Verabfolgung der Heparinantagonisten Protamin bzw. Toluidinblau (*2*) unter Kontrolle gehalten werden. Da eine erhöhte Brüchigkeit der Capillaren pathogenetisch ebenfalls eine nicht unwesentliche Rolle zu spielen scheint, konnte für Stoffe mit entsprechendem Angriffsort (Rutin und verwandte Substanzen) ein günstiger Einfluß erwartet und auch nachgewiesen werden [Literatur bei (*130, 131*)]; die Ergebnisse bezüglich der letalen Strahlenwirkungen blieben jedoch auch hier nicht frei von Widersprüchen und wenig überzeugend. Für die Praxis erscheinen Rutin und ähnliche Präparate zumindest als nicht kontraindiziert; dies gilt um so mehr, als sie auch die Regenerationsvorgänge im Knochenmark zu intensivieren scheinen (*71*).

Zahlreiche Versuche wurden unternommen, die Störungen der Hämatopoese und auch die Strahlenmortalität durch die sich hier anbietenden Pharmaka und Präparate — Leberpräparate, Kobalt, Folsäure, B_{12}, andere Vitamine u. ä. m. — zu beeinflussen, entscheidende Erfolge wurden jedoch nicht erzielt [s. zusammenfassende Darstellungen (*19, 130, 131*)]. In den Vordergrund des Interesses rückte in den letzten Jahren dagegen in immer stärkerem Maße die therapeutische Wirksamkeit von aus bestimmten Organen gewonnenen Homogenisaten bzw. Zellsuspensionen. Die Grundlagen hierfür wurden durch die von JACOBSON u. Mitarb. (*81*) durchgeführten Untersuchungen geschaffen, die sich mit dem Einfluß des physikalischen Schutzes verschiedener Organe, d. h. ihrer Abschirmung durch Bleifolien, auf den Ablauf der biologischen Strahlenreaktion befaßten. Jede Teilkörperbestrahlung führt zwar infolge reduzierter Integraldosis zu einer geringeren Allgemeinschädigung als Bestrahlungen des gesamten Körpers, werden jedoch gewichtsmäßig nur unbedeutende Teile blutbildenden Gewebes von der Bestrahlung nicht betroffen, so ist mit einer darüber hinausgehenden und spezifischen Schutzwirkung zu rechnen. Als entscheidend erwies sich weiterhin, daß die gleiche Wirkung, d. h. erhebliche Intensivierung der hämatopoetischen Regeneration, insbesondere der Erythropoese (*58*), sowie eine starke Reduktion der Strahlenmortalität, auch durch eine nach der Bestrahlung erfolgende parenterale Applikation von Milzgewebe (*25, 30*), Knochenmarkszellen (*103*) oder Transfusion leukämoiden Bluts (*35, 153*) erreicht werden kann. Wie nachhaltig der Einfluß der Organhomogenisate ist, zeigt die Höhe des sog. Dosisreduktionsfaktors, d. h. des Verhältnisses gleichwirksamer Strahlendosen bei behandelten und Kontrolltieren, der etwa 1,6—1,8 beträgt (*62, 96*). Die ebenfalls zu beobachtende Erhöhung der Resistenz gegenüber bakteriellen Infektionen (*72, 150, 155, 171*) kann durch Antibiotica noch potenziert werden (*32, 112, 139, 144*). Die Tatsache, daß Organhomogenisate die strahleninduzierte Hemmung der DNS-Synthese in Milz und Knochenmark, aber nicht in der Darmmucosa aufheben (*56, 106*), steht in Übereinstimmung mit der wesentlich schlechteren therapeutischen Ansprechbarkeit der sog. gastrointestinalen Mortalitätskomponente (*57, 160*) sowie des Strahleninsults durch Einwirkung schneller Neutronen (*28, 140, 169*), bei dem der gastrointestinale „Mechanismus" der Mortalität eine dominierende Rolle spielt. Die demnach offensichtliche Spezifität der therapeutischen Effektivität der Milz- und Knochenmarks-

homogenisate findet ihren Ausdruck auch darin, daß sie nur die Häufigkeit der strahleninduzierten Lymphome und Leukämien (*33, 84*), nicht aber die der Tumoren anderer Lokalisation (*33, 108*) herabsetzen. Die intravenöse bzw. weniger wirksame intraperitoneale Applikation der Zellsuspensionen erfolgte in den bisherigen Untersuchungen unmittelbar oder innerhalb weniger Stunden nach der Strahleneinwirkung; die praktisch überaus vordringliche Frage nach der Effektivität zu späteren Zeitpunkten fand noch keine erschöpfende Bearbeitung.

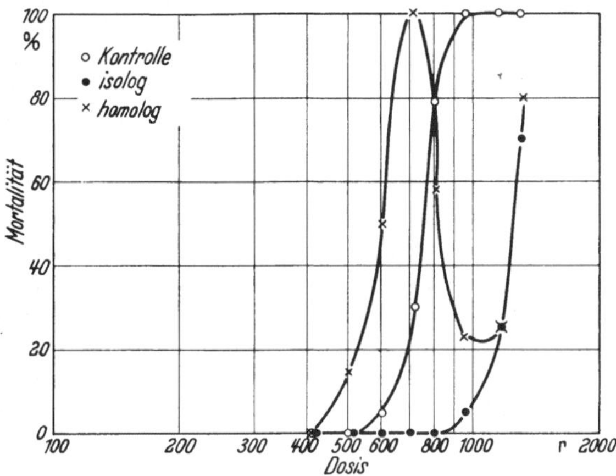

Abb. 1. Akute Strahlenmortalität von Mäusen nach Behandlung mit iso- und homologem Knochenmark. [Nach Gengozian u. Makinodan (*62*)]

Mäuse und Ratten stellen die bisher am eingehendsten untersuchten Versuchsobjekte dar, die therapeutische Effektivität konnte jedoch, zumindest in qualitativer Beziehung, auch für andere Säugetiere — Goldhamster (*156*), Kaninchen (*75, 138*), Hunde (*3*) und Affen (*41*) im einzelnen — nachgewiesen werden. Trotz Fehlens ausreichender quantitativer Untersuchungen unterliegt es keinem Zweifel, daß die Wirksamkeit bei verschiedenen Säugetieren stark variieren kann; so sind beispielsweise die bei Ratten zu erzielenden Resultate durchgehend schlechter als bei der Maus (*25, 57, 160*); selbst verschiedene Mäuselinien zeigen erhebliche Unterschiede (*85, 96*). Die Effektivität ist weiterhin in starkem Maße von dem Grad der genetischen Verwandtschaft zwischen Wirts- und Spenderorganismus abhängig. Wird nicht isologes Material, sondern homo- oder heterologes verwendet, d. h. gehört der Spender einer anderen Linie oder einer anderen Art als der Empfänger an, so müssen zur Erzielung eines annähernd gleich hohen Effekts mehr Zellen (in der Größenordnung von 10^8 Zellen) injiziert werden im Vergleich zu $10^6—10^7$ bei isologem Material (*62, 111, 167*). Wie aus Abb. 1 zu ersehen ist, manifestiert sich die Wirksamkeit nichtisologen Materials ferner nur im höheren Strahlendosisbereich (*24, 62, 144, 163*) und erfährt schließlich noch insofern eine Einschränkung, als nach Ablauf von 3—5 Wochen der Zustand der Tiere sich plötzlich verschlechtert und zu einer hohen Spätmortalität führt, die bei Verwendung isologer Organe vermißt wird (*8—11, 24, 31, 34, 61, 62, 111, 144, 164*). Mit Hilfe cytologischer, histochemischer und immunologischer Untersuchungsmethoden konnte gezeigt werden, daß nichtisologe Zellen — im Gegensatz zu den normalen Verhältnissen — im strahlengeschädigten Organismus, dessen immunbiologische Reaktivität durch die Bestrahlung herabgesetzt oder aufgehoben ist, angehen und die wirtseigenen blutbildenden Gewebe ersetzen können; es handelt sich, mit anderen Worten, um echte Transplantate und Bildung sog. Strahlenchimären (*24, 59, 101, 110, 111, 116, 117, 121, 125, 126, 151*). Dies erklärt auch zwanglos die fehlende Wirksamkeit bei niederen Strahlendosen, bei denen die noch erhaltenen immunologischen Abwehrfunktionen des Organismus das Angehen des Implantats verhindern, und auch das Auftreten der sog. Spätmortalität, die übereinstimmend auf eine in vivo ablaufende Antigen-Antikörper-Reaktion zurückgeführt wird. Während es sich nach MAKINODAN (*111*) um eine Abwehrreaktion der sich mit der Zeit erholenden Wirtszellen gegen das Implantat handelt, lassen sich auch Befunde zugunsten der anderen Möglichkeit, der Reaktion des Transplantats gegen das Wirtsgewebe, anführen; wird beispielsweise embryonales Gewebe implantiert, dessen immunologische Reaktivität bekanntlich wesentlich schwächer ausgeprägt ist, so erreicht die Spätmortalität ein erheblich geringeres Ausmaß (*8, 165*).

Mit dem Nachweis des Angehens der Implantate entfällt naturgemäß eines der entscheidenden Argumente zugunsten der Annahme, daß es sich bei dem wirksamen Prinzip der Homogenate um einen humoralen Faktor handelt, eine Auffassung, wie sie vor allem von JACOBSON (*81*) vertreten wurde. Der therapeutische Effekt kann jetzt befriedigend auf die Übernahme der Funktionen der strahlengeschädigten blutbildenden Gewebe durch das Implantat zurückgeführt werden; die Möglichkeit jedoch, daß daneben humorale oder subcelluläre Faktoren doch eine gewisse Rolle spielen, läßt sich allerdings im Hinblick auf nachstehend angeführte Befunde nicht mit Sicherheit ausschließen. Die Wirksamkeit der Organhomogenisate erstreckt sich bei Bestrahlung trächtiger Tiere auch auf den Fetus (*129*). COLE et al. (*29*) konnten nach Auftrennung der Milzhomogenisate in verschiedene subcelluläre Fraktionen eine eindeutige Wirksamkeit für die Kernfraktion nachweisen, die nach Behandlung mit DNS-ase verlorengeht (*26*), was bedeuten würde, daß die DNS einen integrierenden Bestandteil des wirksamen Prinzips darstellt. BARNES et al. (*7*) fanden allerdings in einer analogen Versuchsanordnung die Kernfraktion ineffektiv. Die Angaben von LUTCHNIK (*104, 105*) über die Wirksamkeit von Hefeextrakten bzw. RNS-Präparaten konnten neuerdings (*41 a*) bestätigt werden. Ein gewisser, wenn auch wenig ausgeprägter und schwer reproduzierbarer Effekt scheint Leberautolysaten (Prohepar) zuzukommen (*73, 95, 113*). Aus dem Knochenmark extrahierte Alkoxylglycerinester zeigen einen günstigen Einfluß auf die Strahlenleukopenie des Menschen (*21*). Die therapeutische Wirksamkeit zellfreien, aus der Milzvene gewonnenen Blutplasmas (*1, 51—53*) ist zwar erwiesen, dürfte aber in quantitativer Beziehung mit der von Organimplantaten kaum vergleichbar sein. Versuche, chemisch auch nur annähernd definierte zellfreie Fraktionen aus der Milz zu gewinnen, sind über orientierende und wenig überzeugende Versuche (*63*) noch nicht hinausgekommen.

Was die Verwendung von Organhomogenisaten beim Menschen betrifft, so liegen bisher, wenn man von den Angaben über günstige Beeinflussung der Strahlenleukopenie durch Transfusion von Leukocytensuspensionen (*5, 48, 145*) absieht, keine Erfahrungen vor, auch begegnet die praktische Durchführung erheblichen Schwierigkeiten. Selbst wenn die Frage der Bereitstellung und Konservierung effektiver Präparate geklärt wäre — gewisse Ansatzpunkte geben die Untersuchungen mit in vitro gezüchteten oder bei tiefen Temperaturen konservierten Knochenmarkskulturen (*10, 16, 166*) — sollten die Erfolgsaussichten insofern vorsichtig beurteilt werden, als beim Menschen in der Regel nur homologes Material zur Anwendung gelangen kann, für welches aber bezüglich der Effektivität bis jetzt noch die bewußten Einschränkungen gelten.

Da endokrine Faktoren bei der Pathogenese des akuten Strahlensyndroms zweifellos eine gewisse Rolle — im Sinne der Selyeschen Vorstellungen — spielen, erscheint eine hier ansetzende Therapie nicht unbegründet. Entsprechende Untersuchungen, die wir vor allem ELLINGER [(54), hier auch weitere Literatur] verdanken, zeigen, daß eine prophylaktische Verabreichung des adrenocorticotropen Hormons der Hypophyse und vor allem eine nach der Bestrahlung einsetzende Applikation von Mineralo-Corticosteroiden — nicht aber des Cortisons — den akuten Strahleninsult im Tierexperiment und auch den Strahlenkater günstig beeinflussen. Das somatotrope Hormon der Hypophyse scheint dagegen nur eine Wirkung bezüglich der strahleninduzierten Gewichtsabnahme zu zeigen; die Überlebensrate wird kaum beeinflußt, von vereinzelten Autoren konnte sogar eine Potenzierung des Strahlenschadens beobachtet werden (6, 12, 18, 64, 90, 146, 157). Die Frage, ob der Schutzwirkung oestrogener Hormone (135, 162), die zur Erzielung eines eindeutigen Effektes in relativ hoher Dosierung 10 Tage vor der Bestrahlung injiziert werden müssen, eine Stimulierung der Hämatopoese oder ein am Zwischenhirn-Hypophyse-Nebennierenrinde-System angreifender Wirkungsmechanismus zugrunde liegt, ist noch nicht eindeutig geklärt. Gonadotropes Hormon der Hypophyse sowie Testosteron, welches bei therapeutischer Verabreichung die Strahlenmortalität erhöht (54), sollen aber die Regenerationsvorgänge in den strahlengeschädigten männlichen Keimdrüsen intensivieren (83, 123).

Es ist gesichert, daß das vegetative Nervensystem an der Pathogenese des Strahlenkaters maßgeblich beteiligt ist, desgleichen auch die recht günstigen Resultate bei entsprechender Therapie, die allerdings im Hinblick auf die oft erstaunlichen Effekte jeglicher symptomatischen Therapie beim Strahlenkater nicht überschätzt werden dürfen. Im Tierexperiment konnte bis jetzt eine überzeugende Beeinflussung der Strahlenmortalität durch am Vegetativum angreifende Pharmaka nicht nachgewiesen werden. Eine Ausnahme stellen die allerdings noch nicht bestätigten Ergebnisse von LARKIN (99) und LUTCHNIK (105) dar, denen zufolge eine über längere Zeit nach der Bestrahlung durchgeführte Medikation von Atropin zu einer erhöhten Überlebensrate führt. Neuerdings wird die Bedeutung des zentralen Nervensystems für den Ablauf des akuten Strahlensyndroms, vor allem von russischen Autoren, nachdrücklich hervorgehoben. Untersuchungen über die Wirkungen von am ZNS angreifenden Pharmaka auf den strahlengeschädigten Organismus sind zwar noch kaum über das Stadium orientierender Versuche hinausgekommen, die ersten Ergebnisse lassen jedoch eine Intensivierung dieser Forschungsrichtung angezeigt erscheinen. Im einzelnen konnte eine Senkung der Mortalität bei einer der Bestrahlung vorangehenden Verabreichung für Pervitin, Benzedrin und Serotonin (94, 98) nachgewiesen werden; bemerkenswert ist weiterhin die mit einem Dosisreduktionsfaktor von rund 1,4 relativ hohe Schutzwirksamkeit der Rauwolfia-Alkaloide sowie der Umstand, daß die Zeitspanne, innerhalb derer das Pharmakon seine Effektivität behält, größer zu sein scheint als bei den übrigen bisher bekannten Schutzsubstanzen (98, 115). Ein therapeutischer Effekt wurde bisher nur für Strychnin (161) und intravenös appliziertes Novocain (105) beschrieben.

Die schon seit längerem diskutierte Frage der unter Einwirkung der Bestrahlung entstehenden sog. Strahlentoxine ist noch nicht eindeutig geklärt; ebenfalls nicht frei von Widersprüchen, im wesentlichen wohl aber negativ sind die Versuche, die hypothetischen Toxine mit Hilfe von Polyvinylpyrrolidon (Periston) und ähnlichen Substanzen zu entgiften (13, 17, 42, 142).

In den vorangehenden Abschnitten wurden mehrfach Stoffe angeführt, denen eine Wirksamkeit nur in dem Fall zukommt, wenn sie vor der Bestrahlung zugeführt werden. Während es sich hierbei im wesentlichen um eine Beeinflussung physiologischer Funktionen und Regulationen handelt, zumindest eine solche sehr wahrscheinlich ist, dürfte der Effektivität sulfhydrylhaltiger Substanzen, welche die bisher wohl am eingehendsten untersuchte Gruppe der Schutzsubstanzen darstellen, ein grundsätzlich anderer Wirkungsmechanismus zugrunde liegen. Die erstmalig von PATT et al. (*135*) gemachte Beobachtung, daß Verabreichung von Cystein bzw. Glutathion kurzfristig vor der Bestrahlung bei Ratten und Mäusen zu einer erheblichen Senkung der akuten Strahlenmortalität führt, konnte im weiteren von zahlreichen Autoren in vollem Umfang bestätigt und durch den Nachweis einer Schutzwirksamkeit auch für andere SH-Körper (vgl. Zusammenstellung in Tab. 1) ergänzt werden [Literatur bei (*4, 87*)].

Tabelle 1. *Zusammenstellung einiger schwefelhaltiger Schutzsubstanzen*

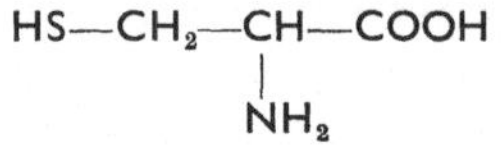

$$HS-CH_2-CH-COOH$$
$$|$$
$$NH_2$$

Cystein

$$HS-CH_2-CH_2-NH_2$$

Cysteamin

$$H_2N-CH_2-CH_2-S-S-CH_2-CH_2-NH_2$$

Cystamin

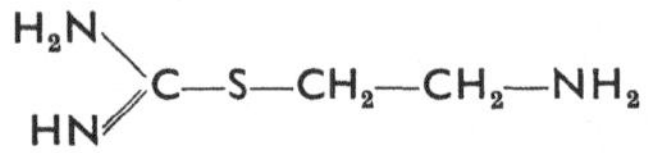

$$\begin{array}{c} H_2N \\ {\diagdown} \\ {}C-S-CH_2-CH_2-NH_2 \\ {\diagup} \\ HN \end{array}$$

Aminoäthylisothiuronium

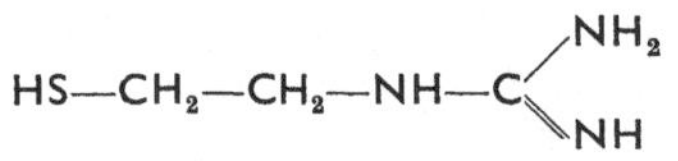

$$HS-CH_2-CH_2-NH-C{\diagup{NH_2}\atop\diagdown{NH}}$$

Merkaptoäthylguanidin

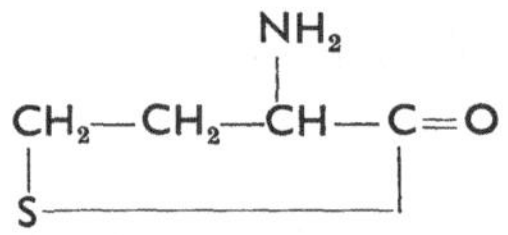

$$\begin{array}{c} NH_2 \\ | \\ CH_2-CH_2-CH-C=O \\ || \\ S\rule{3cm}{0.4pt} \end{array}$$

Homocysteinthiolakton

Ihr Wirkungsmuster dürfte, wenn man Unterschiede quantitativer Art außer acht läßt, im wesentlichen wohl das gleiche sein: Es liegt außer der bereits erwähnten Reduktion der akuten Mortalität auch eine Beeinflussung einer Vielzahl morphologischer und biochemischer Strahlenreaktionen vor, so auch der für die Pathogenese des Strahlensyndroms relevanten Schädigung der Hämatopoese und der Hemmung der DNS-Synthese, wobei es vor allem die Regenerationsvorgänge sind, die durch die SH-Substanzen im Sinne eines früheren Einsetzens und eines intensiveren Verlaufs beeinflußt werden, während das Ausmaß der sog. initialen Schäden nach Ansicht verschiedener Autoren sich nur wenig von dem im ungeschützten Organismus unterscheidet. CRONKITE et al. (*39*) möchten die Wirksamkeit der SH-Substanzen dementsprechend ausschließlich auf den Schutz eines den Ablauf der Regeneration bestimmenden und noch hypothetischen Faktors bzw. Mechanismus zurückgeführt wissen; diese Auffassung kann in ihrer einseitigen Formulierung jedoch nicht mehr aufrechterhalten werden, seitdem mit Hilfe quantitativer Untersuchungsmethoden — cytologischer wie auch biochemischer Art — eine eindeutig schwächere Ausprägung auch der Initialschäden gesichert werden konnte (43, 60, 122). Gewinnt man aufgrund der Tatsache, daß die Schutzwirksamkeit sich auf verschiedene und voneinander weitgehend unabhängige Strahlenschäden erstreckt, den Eindruck einer generellen Effektivität — etwa im Sinne einer allgemeinen Reduktion der Strahlendosis, so bedarf er doch insofern einer Einschränkung, als Effektivitätsunterschiede quantitativer Art vorliegen: Eine formale Analyse der zeitlichen Absterbeordnung (23), der Dosis-Effekt-Kurven (22, 74, 118, 119) sowie Versuchsanordnungen mit Bestrahlungen isolierter Körperabschnitte (159) zeigen, daß die verschiedenen Mortalitätsmechanismen in ihrer Ansprechbarkeit starke Unterschiede aufweisen: Der stärkste Schutz mit einem Dosisreduktionsfaktor von rund 2 liegt zweifelsohne für das sog. Knochenmarksyndrom vor, während die gastrointestinale Mortalitätskomponente mit einem Dosisreduktionsfaktor von nur 1,3 in wesentlich schwächerem Maße und der zentralnervös bedingte Strahlentod (147) überhaupt nicht beeinflußt werden. Versuche, die mutagenen Strahlenwirkungen bei der Maus (86), Drosophila (77, 86) und dem Seidenspinner (124) durch SH-Substanzen zu beeinflussen, hatten ebenfalls ein negatives Ergebnis. Ineffektiv scheinen die SH-Substanzen auch bezüglich der Strahlenspätschäden, insbesondere der Tumoren, zu sein (79, 108, 120); eine Beurteilung der Verhältnisse wird jedoch wegen des Fehlens adäquater Kontrollen, d. h. die gleiche Strahlendosis überlebender, nicht behandelter Tiere, erschwert. Die unterschiedliche bzw. fehlende Schutzwirksamkeit der SH-Substanzen erscheint jedoch insofern nicht überraschend, als sie sich im Organismus nicht gleichförmig auf alle Organe verteilen und ein Schutz naturgemäß nur in dem Organ oder der Organstruktur erwartet werden kann, in denen zum Zeitpunkt der Bestrahlung die zur Erzielung eines optimalen Effekts erforderliche Konzentration gegeben ist. Ein Vergleich entsprechender Befunde zeigt auch tatsächlich, daß das Wirkungsmuster der SH-Substanz ihrem Verteilungsmuster (49) parallel geht. Zur vollen Charakterisierung der SH-Substanzen sei noch erwähnt, daß ihre Effektivität bei fraktionierten Bestrahlungen nicht unerheblich abnimmt (91, 118, 141).

Cystin, Methionin und andere Substanzen, in deren SH-Gruppen der Wasserstoff durch fest gebundene Substituenten ersetzt ist, sind wirkungslos. Es lag deshalb der Gedanke nahe, für alle Substanzen mit freien SH-Gruppen generell eine Schutzwirksamkeit zu postulieren. Systematische Untersuchungen von LANGENDORFF u. Mitarb. [(87), hier auch weitere Literatur] zeigten jedoch, daß dies — zumindest was Säugetiere betrifft — nicht der Fall ist, vielmehr die Schutzwirksamkeit an eine bestimmte spezifische Konfiguration — im wesentlichen handelt es sich um Abkömmlinge des Cysteins und seines Decarboxylierungsprodukts, des Cysteamins — gebunden zu sein scheint. Zugunsten dieser, auch von anderen Autoren (47, 148) bestätigten Vorstellungen läßt sich anführen, daß bestimmte SH-Körper sogar strahlensensibilisierend wirken können (87). Im Widerspruch zu den vorstehend angeführten Vorstellungen scheint nun aber die Tatsache zu stehen, daß Substanzen ohne freie SH-Gruppen (vgl. Tab. 1), wie das Cystamin (4) und das neuerdings in den Vordergrund des Interesses getretene Aminoäthylisothiuronium (46, 149), bei parenteraler und auch peroraler (4, 93, 119) Verabreichung in ihrer Wirksamkeit den bisher bekannten SH-Substanzen nicht nachstehen. Es liegt jedoch ein nur scheinbarer Widerspruch vor, da das Cystamin im Organismus zu Cysteamin reduziert wird (4), während das Aminoäthylisothiuronium sich im physiologischen p_H-Bereich zu dem wirksamen (149, 152) Merkaptoäthylguanidin umlagert (67, 149). Noch nicht geklärt ist, ob bei den sowohl parenteral als auch peroral wirksamen Thiolaktonen (*20, 97*) in vivo eine SH-Gruppe freigesetzt wird.

Untersuchungen dieser Art verfolgten naturgemäß neben der Klärung vorwiegend theoretischer Fragen ein praktisch bedeutungsvolles Ziel, nämlich die Auffindung wirksamerer Substanzen. Wird der Begriff einer größeren Effektivität im Sinne höherer Dosisreduktionsfaktoren verstanden, so sind die vorstehend angeführten Ergebnisse als negativ anzusehen, da bis jetzt noch keine Substanzen gefunden wurden, die höhere Dosisreduktionsfaktoren als Cystein und Cysteamin aufweisen. Desgleichen sind auch noch keine Substanzen bekannt, bei denen die Zeitspanne zwischen Applikation und Bestrahlung in nennenswertem Maße größer als bei den bisher bekannten SH-Substanzen sein darf; die zeitlich äußerst beschränkte Wirksamkeit der Schutzsubstanzen muß natürlich ihre praktische Bedeutung in Frage stellen. Was die therapeutische Breite betrifft, so geben die Untersuchungen von SHAPIRA et al. (*149*) an Isothiuroniumderivaten gewisse Anhaltspunkte und Hinweise in Richtung zumindest in dieser Beziehung wirksamerer Substanzen. Hier muß allerdings vor Verallgemeinerungen gewarnt werden: Aminoäthylisothiuronium, welches bei Mäusen eine ausreichende therapeutische Breite besitzt (*46, 149*) und dessen Wirksamkeit auch bei Affen nachgewiesen wurde (*40*), versagt vollkommen beim Hund (*15*), offenbar wegen seiner bei dieser Tierart unerwartet hohen Toxicität. Eine Verbesserung der Effektivität kann schließlich durch Kombination mit anderen therapeutischen Maßnahmen erreicht werden. So ergeben Isothiuronium und Verabfolgung von Knochenmarkszellen den sehr hohen Dosisreduktionsfaktor von 3 (*78*), additiv verhalten sich weiterhin die Wirkungen von Cysteamin und Thymusextrakt (*66*).

Bezüglich des Wirkungsmechanismus der SH-Substanzen wird allgemein und davon ausgehend, daß die SH-Substanzen nur dann wirksam sind, wenn sie zum Zeitpunkt der Bestrahlung im Organismus vorhanden sind, angenommen, daß es sich um eine verminderte Ausbeute an freien Wasserradikalen handelt (*4, 65, 131, 143*), denen bekanntlich — zumindest in den letzten Jahren — eine entscheidende Rolle, im Sinne der sog. indirekten Strahlenwirkungen, zugesprochen wurde. Die geringere Ausbeute an freien Radikalen könnte sowohl durch ihre Reaktion mit den SH-Substanzen, die damit gewissermaßen als konkurrierende „Radikalabfänger" fungieren würden, bedingt sein als auch durch die Autoxydation der Schutzsubstanzen, die zu einer Herabsetzung des intracellulären Sauerstoffpartialdrucks führt. Zugunsten dieser Vorstellungen schienen die Tatsachen zu sprechen, daß D-Cystein die gleiche Wirksamkeit wie die L-Form zeigt (*43*), was naturgemäß eine mehr biochemisch orientierte Deutung wenig wahrscheinlich macht, sowie die erheblich geringere bzw. fehlende Schutzwirksamkeit bei Bestrahlungen unter anaeroben Bedingungen oder mit schnellen Neutronen (*132*), da in letzterem Fall die Radikalausbeute unabhängig vom Sauerstoffpartialdruck ist. Überlegungen von DOHERTY et al. (*47*) zeigen weiterhin, daß auch die ausgeprägte Abhängigkeit der Effektivität von der chemischen Konfiguration sich zwanglos auf dem Boden der sog. Radikalhypothese deuten läßt. Schwierigkeiten ernsterer Art entstehen jedoch durch folgende Befunde und lassen es fraglich erscheinen, ob die erwähnten Deutungsversuche die Gesamtheit des Schutzphänomens erfassen: Es konnte bei Säugetieren eine Additivität zwischen SH-Substanzen und Sauerstoffmangel nachgewiesen werden (*44*); die Schutzwirksamkeit bleibt bei Bestrahlung biologischer Elementareinheiten auch unter solchen Bedingungen erhalten, welche die Beteiligung freier Wasserradikale als intermediäre Energieüberträger ausschließen (*45, 55*). Eine befriedigende Deutung dieses Sachverhalts geben die von ELDJARN und PIHL (*50*) entwickelten Vorstellungen und der Nachweis, daß die Schutzsubstanzen mit relevanten körpereigenen SH-Gruppen unter Bildung gemischter Disulfide reagieren; die Schutzwirkung würde in diesem Fall dahingehend zu deuten sein, daß sowohl die direkt als auch indirekt absorbierte Strahlenenergie zur Wiederauflösung der Disulfidbindung verbraucht wird, damit aber eine unschädliche Form der Energiedissipation darstellt. Die Diskussion des Wirkungsmechanismus würde unvollständig bleiben, wenn einige vorerst noch nicht befriedigend und kaum auf dem Boden der bisherigen Hypothesen deutbare Befunde unerwähnt blieben: Bei Tieren, die sich nach und während der Bestrahlung im Zustand des Winterschlafs befinden (*89*), oder bei Teilkörperbestrahlungen (*92, 107*) — wobei allem Anschein nach das Vorhandensein intakten blutbildenden Gewebes den entscheidenden Faktor darstellt — zeigen SH-Substanzen auch bei *nachträglicher* Verabreichung eine Wirkung, die allerdings im Fall der Teilkörperbestrahlung relativ schwach und nicht immer reproduzierbar (*109, 158*) ist. Diese Befunde würden die von verschiedenen Autoren [Literatur bei (*87*)] nachgewiesene gute Ansprechbarkeit des Strahlenkaters, dem ja in der Regel eine Strahleneinwirkung eines umschriebenen Körperabschnitts zugrunde liegt, auf therapeutische Verabreichung von Cysteamin verständlich machen. Loiseleur und Velley (*102*) fanden an einer allerdings beschränkten Zahl von Tieren eine erhöhte Überlebensrate bei gleichzeitiger Verabfolgung von Cystein, Glucose und Ascorbinsäure nach der Bestrahlung; eine Überprüfung dieses Befunds hatte ein negatives Ergebnis (*133*).

Auf eine Aufzählung der zahlreichen, nicht zu der Gruppe der schwefelhaltigen Stoffe gehörenden Schutzsubstanzen kann hier verzichtet werden, da sie weder in praktischer Beziehung einen Fortschritt darstellen, noch in theoretischer Hinsicht, d. h. bezüglich des Wirkungsmechanismus, wesentlich neue Gesichtspunkte zur Diskussion stellen; Interessierte werden auf andere Darstellungen dieser Forschungsrichtung (*4, 19, 54, 130*) verwiesen.

Wir glauben gezeigt zu haben, daß in der Frage einer kausalen Therapie des Strahlenschadens bisher trotz intensiver Bemühungen, die zweifellos in theoretischer Beziehung wesentliche Erkenntnisse und auch gewisse Ansatzpunkte brachten, keine entscheidenden Fortschritte erzielt wurden bzw. daß wir von einer auch beim Menschen realisierbaren Therapie und Prophylaxe weit entfernt sind. Der Wert der bisher bekannten Schutzsubstanzen, deren Wirksamkeit beim Menschen zwar noch nicht befriedigend nachgewiesen, aber durchaus wahrscheinlich ist, wird durch ihre zeitlich äußerst beschränkte Effektivität in starkem Maße eingeengt. Man bleibt somit zum gegenwärtigen Zeitpunkt im wesentlichen auf rein palliative oder symptomatische Maßnahmen angewiesen. Dies gilt in noch stärkerem Maße für die sog. Strahlen*spät*schäden.

Literatur

Die Zusammenstellung erhebt keinen Anspruch auf Vollständigkeit. Den Zugang zu weiterem Schrifttum vermitteln die mit * gekennzeichneten Arbeiten bzw. Monographien.

1. Allen, B. R., H. G. Wardell and M. Clay: Science **123**, 1080 (1956).
2. Allen J. G., M. Sanderson, M. Milham, A. Kirschon and L. O. Jacobson: J. exp. Med. **87**, 71 (1948).
3. Alpers, E. L., and S. J. Baum: Radiat. Res. **7**, 298 (1957).
4.*Bacq, Z. M., u. P. Alexander: Grundlagen der Strahlenbiologie. Stuttgart 1958.
5. Bagdassarov, A. A.: 5. Kongr. Europ. Ges. Hämatologie **1956**, 42.
6. Barlow, J. C., and E. A. Sellers: Radiat. Res. **2**, 461 (1955).
7. Barnes, D. W. H., M. P. Esnouf and L. A. Stocken: Advanc. Radiobiol. **1957**, 211.
8. — P. L. T. Libery and J. F. Loutit: Nature (Lond.) **181**, 488 (1958).
9. — and J. F. Loutit: Nucleonics **12**, Nr. 5, 68 (1954).
10. — — J. nat. Cancer. Inst. **15**, 901 (1955).
11. — — Progr. Radiobiol., **1956** 291.

12. BAXTER, H., R. G. RANDALL, G. C. McMILLAN, J. A. DRUMMOND and K. A. MacKENZIE: Plast. reconstr. Surg. **16**, 387 (1955).
13. BECKER, J., u. H. KIRCHBERG: Strahlenther. **98**, 343 (1955).
14. BEKKUM, D. W. van: Acta physiol. pharmacol. neerl. **4**, 508 (1956).
15. BENSOW, R. E., S. MICHAELSON and J. W. HOWLAND: UR-452 (1956).
16. BILLEN, D.: Nature (Lond.) **179**, 574 (1957).
17. BLONDAL, H.: Brit. J. Radiol. **30**, 219 (1957).
18. BLOODWORTH, J. M., J. L. MORTON, D. SHOFFSTALL and G. J. HAMWI: Cancer **10**, 884 (1957).
19.*BOND, V. P., and E. P. CRONKITE: Ann. Rev. Physiol. **19**, 299 (1955).
20. BRAUN, W., G. STILLE u. V. WOLF: Arzneimittelforsch. **7**, 753 (1957).
21. BROHULT, A.: Advanc. Radiobiol. **1957**, 241.
22. CATSCH, A.: Advanc. Radiobiol. **1957**, 181.
23. — R. KOCH u. H. LANGENDORFF: Fortschr. Röntgenstr. **84**, 462 (1956).
24. COHEN, J. A., O. VOS and D. W. van BEKKUM: Advanc. Radiobiol. **1957**, 134.
25. COLE, L. J., and M. E. ELLIS: Amer. J. Physiol. **173**, 487 (1953).
26. — — Radiat. Res. **1**, 347 (1954).
27. — — Cancer Res. **14**, 738 (1954).
28. — — Fed. Proc. **16**, 449 (1957).
29. — M. C. FISHLER and V. P. BOND: Proc. nat. Acad. Sci. (Wash.) **38**, 759 (1953).
30. — — M. E. ELLIS and V. P. BOND: Proc. Soc. exp. Biol. (N. Y.) **80**, 112 (1952).
31. — J. G. HABERMEYER and V. P. BOND: J. nat. Cancer Inst. **16**, 1 (1955).
32. — — and P. C. NOWELL: Radiat. Res. **7**, 139 (1957).
33. — P. C. NOWELL and M. E. ELLIS: J. nat. Cancer Inst. **17**, 435 (1956).
34. CONGDON, C. C., and E. LORENZ: Amer. J. Physiol. **176**, 297 (1954).
35. — T. W. McKINLEY, H. SUTTON and P. URSO: Radiat. Res. **4**, 424 (1956).
36. — D. UPHOFF and E. LORENZ: J. nat. Cancer Inst. **13**, 73 (1952).
37. CRONKITE, E. P.: Milit. Med. **118**, 328 (1956).
38. — and G. BRECHER: Fed. Proc. **11**, 411 (1952).
39. — — and W. H. CHAPMAN: Proc. Soc. exp. Biol. (N. Y.) **76**, 396 (1951).
40. CROUCH, B. G., and R. R. OVERMAN: Science **125**, 1092 (1957).
41. — — Fed. Proc. **16**, 27, (1957).
41a. DETRE, K. D., and S. C. FINCH, Science **128**, 656 (1958).
42. DETRICK, L. E., V. DEBLEY and T. J. HALEY: J. Amer. Pharm. Ass. **43**, 449 (1954).
43. DEVIK, F.: Brit. J. Radiol. **27**, 463 (1954).
44. — u. F. LOTHE: Acta radiol. (Stockh.) **27**, 243 (1955).
45. DOERMAN, A. D.: Zit. nach J. D. WATSON, J. Bact. **63**, 473 (1952).
46. DOHERTY, D. G., and W. T. BURNETT: Proc. Soc. exp. Biol. (N. Y.) **89**, 312 (1955).
47. — — and R. SHAPIRA: Radiat. Res. **7**, 13 (1957).
48. DUBOVIY, E. D., E. L. ŠVARZMAN, G. A. FOJGEL i R. S. ROMANYUK: Vestn. Rentgenol. **31**, 25, Nr. 1 (1956).
49. ELDJARN, L.: Scand. J. clin. Lab. Invest. **6**, Suppl. 13 (1954).
50. — and A. PIHL: Progr. Radiobiol. **1956**, 249.
51. ELLINGER, F.: Rad. Clin. **23**, 299 (1954).
52. — Proc. Soc. exp. Biol. (N. Y.) **92**, 670 (1956).
53. — Nav. Med. Res. Inst. **15**, 779 (1957).
54.*— Medical Radiation Biology. Springfield, Ill. 1957.
55. EPSTEIN, H. T., and D. SCHARDL: Nature (Lond.) **179**, 100 (1957).
56. ERICKSON, C. A., R. K. MAIN and L. J. COLE: Radiat. Res. **5**, 332 (1956).
57. FISHLER, M. C., L. J. COLE, V. P. BOND and W. L. MILNE: Amer. J. Physiol. **177**, 236 (1954).
58. FLIEDNER, T. M.: Strahlenther. **106**, 212 (1958).
59. FORD, C. E., J. L. HAMERTON, D. W. H. BARNES and J. F. LOUTIT: Nature (Lond.) **177**, 452 (1956).
60. GEBERTZOFF, M. A., u. Z. M. BACQ: Experientia (Basel) **10**, 341 (1954).
61. GENGOZIAN, N., and T. MAKINODAN: J. Immunol. **77**, 430 (1956).
62. — — Cancer Res. **17**, 970 (1957).
63. GOLDFEDER, A., and G. E. CLARKE: Radiat. Res. **6**, 318 (1957).
64. GORDON, L. E., C. P. MILLER and H. J. HAHNE: Proc. Soc. exp. Biol. (N. Y.) **83**, 85 (1953).
65. GRAY, L. H., Progr. Radiobiol. **1956**, 267.
66. GROS, C. M., et J. COMSA: C. R. Acad. Sci. (Paris) **236**, 1611 (1953).
67. HAGEN, U., u. G. BLUMENFELD: Z. Naturforsch. **11**b, 607 (1956).
68. HALEY, T. J., W. G. McCORMICK, E. F. McCULLOH and A. M. FLESHER: Proc. Soc. exp. Biol. (N. Y.) **91**, 438 (1956).

69.*HAMMOND, C. W.: Radiat. Res. **1**, 448 (1954).
70. — H. H. VOGEL, J. W. CLARK, D. B. COOPER and C. P. MILLER: Radiat. Res. **2**, 354 (1955).
71. HARTWEG, H.: Strahlenther. **102**, 305 (1957).
72. HATCH, M. H.: Bact. Proc. **61**, 32 (1954).
73. HERRMANN, A., u. H. MAURER: Med. Klin. **50**, 1058 (1955).
74.*HERVE, A., et D. J. MEWISSEN: J. belge Radiol. **41**, 59 (1958).
75. HILFINGER, M. F., J. H. FERGUSON and P. A. RIEMENSCHNEIDER: J. Lab. clin. Med. **42**, 581 (1953).
76. HIRSCH, B. B., M. B. BROWN, C. S. NAGAREDA and H. S. KAPLAN: Radiat. Res. **5**, 52 (1956).
77. HÖHNE, G., H. A. KÜNKEL u. R. STRUCKMANN: Naturwissenschaften **42**, 491 (1955).
78. HOLLAENDER, A.: Proc. Internat. Conf. Peaceful Us. Atom. Energ., Geneva, **16**, 106 (1956).
79. HOLLCROFT, J., E. LORENZ, E. MILLER, C. C. CONGDON, R. SCHWEISTHAL and D. UPHOFF: J. nat. Cancer Inst. **18**, 615 (1957).
80. HOLLINGSWORTH, J. W., S. C. FINCH and P. B. BEESON: J. Lab. clin. Med. **48**, 227 (1956).
81.*JACOBSON, L. O.: Cancer Res. **12**, 315 (1952).
82. — E. K. MARKS and E. O. GASTON: Proc. Soc. exp. Biol. (N. Y.) **91**, 135 (1956).
83. JOEL, C. A.: Endokrinologie **24**, 310 (1942).
84. KAPLAN, H. S., M. B. BROWN and J. PAULL: J. nat. Cancer Inst. **14**, 303 (1953).
85. — and J. PAULL: Proc. Soc. exp. Biol. (N. Y.) **79**, 670 (1952).
86. — and M. F. LYON: Science **118**, 776, 777 (1953).
87.*KOCH, R.: Fortschr. Röntgenstr. **85**, 767 (1956).
88. — u. H. LANGENDORFF: Dtsch. med. Wschr. **79**, 1162 (1954).
89. KÜNKEL, H. A., G. HÖHNE u. H. MAASS: Z. Naturforsch. **12**b, 144 (1957).
90. LACASSAGNE, A., et H. TUCHMANN-DUPLEIS: C. R. Acad. Sci. (Paris) **236**, 440 (1953).
91. LANGENDORFF, H., u. A. CATSCH: Strahlenther. **101**, 536 (1956).
92. — — u. R. KOCH: Strahlenther. **102**, 51 (1957).
93. — u. R. KOCH: Naturwissenschaften **43**, 524 (1956).
94.*— — Strahlenther. **102**, 58 (1957).
95. — — A. CATSCH u. U. HAGEN: Strahlenther. **102**, 298 (1957).
96. — M. LANGENDORFF u. U. HAGEN: Strahlenther. **107**, 567 (1958).
97. LANGENDORFF, M., u. R. KOCH: Strahlenther. **106**, 451 (1958).
98.*— H.-J. MELCHING, H. LANGENDORFF, R. KOCH u. R. JACQUES: Strahlenther. **104**, 338 (1957).
99. LARKIN, J. C.: Amer. J. Roentgenol. **62**, 547 (1949).
100. LAURELL, G., and L. PHILIPSON: Acta Path. scand. **38**, 58 (1956).
101. LINDSLEY, D. L., T. T. ODELL and F. G. TAUSCHE: Proc. Soc. exp. Biol. (N. Y.) **90**, 512 (1955).
102. LOISELEUR, J., et G. VELLEY: C. R. Acad. Sci. (Paris) **231**, 521 (1950).
103. LORENZ, E., D. UPHOFF, T. R. REID and E. SHELDON: J. nat. Cancer Inst. **12**, 197 (1951).
104. LUTSCHNIK, N. V.: Biochimiya **23**, 146 (1958).
105. — Biofizika **3**, 332 (1958).
106. MAIN, R. K., L. J. COLE and V. P. BOND: Arch. Biochem. Biophys. **50**, 143 (1955).
107. MAISIN, J., G. LAMBERT, M. MANDART and H. MAISIN: Nature (Lond.) **171**, 971 (1953).
108. — P. MALDAGUE, A. DUNJIC and H. MAISIN: Progr. Radiobiol. **1956**, 463.
109. — and R. WOLFE: UCRL-3328 (1956).
110. MAKINODAN, T.: Proc. Soc. exp. Biol. (N. Y.) **92**, 174 (1956).
111. — J. cell. comp. Physiol. **50**, 157, 327, Suppl. 1 (1957).
112. MARSTON, R. Q., H. J. RUTH and W. W. SMITH: Proc. Soc. exp. Biol. (N. Y.) **83**, 289 (1953).
113. MAURER, H., u. M. RIPECKYI: Münch. med. Wschr. **1956**, 1279.
114. MEFFERD, R. B., D. T. HENKEL and J. B. LOEFER: Proc. Soc. exp. Biol. (N. Y.) **83**, 54 (1953).
115. MELCHING, H.-J., u. M. LANGENDORFF: Naturwissenschaften **44**, 377 (1957).
116. MERWIN, R. M., and C. C. CONGDON: J. nat. Cancer Inst. **19**, 875 (1957).
117. — and E. L. HILL: J. nat. Cancer Inst. **14**, 819 (1954).
118. MEWISSEN, D. J.: Radiat. Res. **6**, 85 (1957).
119. — Acta radiol. (Stockh.) **48**, 141 (1957).
120. — and M. BRUCER: Nature (Lond.) **179**, 201 (1957).
121. MITCHISON, N. A.: Brit. J. exp. Path. **37**, 239 (1956).
122. MOLE, R. H., and D. M. TEMPLE: Nature (Lond.) **180**, 1278 (1957).
123. MONRIGLIANO, E., and J. M. ESSENBERG: Radiology **42**, 273 (1944).

124. Nakao, Y., Y. Tazima and T. Sugimura: Radiat. Res. 3, 400 (1955).
125. Nowell, P. C., L. J. Cole, J. G. Habermeyer and P. L. Roan: Cancer Res. 16, 258 (1956).
126. Odell, T. T., u. L. H. Smith: Acta haemat. 19, 114 (1958).
127.*Oeser, H., u. W. Rüle: Strahlenther. 106, 364 (1958).
128. Oughterson, A. W., and S. Warren (Edit.): Medical effects of the atomic bomb in Japan. New York 1956.
129. Pantelouris, E. M.: Nature (Lond.) 181, 563 (1958).
130.*Pany, J.: Wien. klin. Wschr. 69, 605, 621 (1957).
131.*Patt, H. M.: Physiol. Rev. 33, 35 (1953).
132. — J. W. Clark and H. H. Vogel: Proc. Soc. exp. Biol. (N. Y.) 84, 189 (1953).
133. — S. Mayer and D. E. Smith: ANL-4625, 51 (1951).
134. — R. L. Straube, E. B. Tyree, M. N. Swift and D. E. Smith: Amer. J. Physiol. 159, 269 (1949).
135. — E. B. Tyree, R. L. Straube and D. E. Smith: Science 110, 213 (1949).
136. Perkins, E. H., S. Marcus, K. K. Gyi and F. Miya: Radiat. Res. 8, 502 (1958).
137. Pillemer, L., and O. Ross: Science 121, 732 (1955).
138. Porter, K. A.: Brit. J. exp. Path. 38, 401 (1957).
139. — and J. E. Murray: J. nat. Cancer Inst. 20, 189 (1958).
140. Randolph, M. L., C. C. Congdon, I. S. Urso and D. L. Parrish: Science 125, 1083 (1957).
141. Rugh, R., and H. Clugston: Radiat. Res. 1, 437 (1954).
142. — J. Suess and J. Scudder: Nucleonics 11, 52, Nr. 8 (1953).
143. Salerno, P. R., and H. L. Friedell: Fed. Proc. 12, 364 (1953).
144. Santos, G. W., L. J. Cole and P. L. Roan: USNRDL-TR-181 (1957).
145. Sedgenidse, G. A., I. S. Amossov i. L. F. Ssinenko: Med. Radiol. 3, 3 Nr. 2 (1958).
146. Selye, H., E. Salgado and J. Procopio: Acta endocr. (Kbh.) 9, 337 (1952).
147. Semenov, L. F.: Med. Radiol. 3, 70, Nr. 3 (1958).
148. — i. E. A. Prokudina: Med. Radiol. 1, 70, Nr. 4 (1956).
149. Shapira, R., D. G. Doherty and W. T. Burnett: Radiat. Res. 7, 22 (1957).
150. Silverman, M. S., V. Greenman, M. E. Ellis and L. J. Cole: Radiat. Res. 6, 474 (1957).
151. Simmons, E. L., L. O. Jacobson and J. Denko: Advanc. Radiobiol. 1957, 214.
152. Smith, L. H.: Exp. Cell Res. 13, 627 (1957).
153. — and C. C. Congdon: Arch. Path. (Chicago) 63, 502 (1957).
154. Smith, W. W., I. M. Alderman and R. E. Gillespie: Amer. J. Physiol. 191, 124 (1957).
155. — and R. Q. Marston: Fed. Proc. 12, 135 (1953).
156. — — L. Gonshery, I. M. Alderman and H. J. Ruth: Amer. J. Physiol. 183, 98 (1955).
157. Spellman, M. W., F. E. Roth, L. Blank and C. W. Lillehei: Cancer 8, 172 (1955).
158. Straube, R. L., and H. M. Patt: Proc. Soc. exp. Biol. (N. Y.) 84, 702 (1953).
159. Swift, M. N., S. T. Taketa and V. P. Bond: Fed. Proc. 11, 158 (1952).
160. — — — Radiat. Res. 4, 186 (1956).
161. Tenchov, G., S. Balnev i A. Sakhatchier: Vestn. Rentgenol. 4, 14 (1955).
162. Treadwell, A. G., W. W. Gardner and J. H. Lawrence: Endocrinology 32, 161 (1943).
163. Trentin, J. J.: Proc. Soc. exp. Biol. (N. Y.) 93, 98 (1956).
164. — Proc. Soc. exp. Biol. (N. Y.) 92, 688 (1956).
165. Uphoff, D. E.: J. nat. Cancer Inst. 20, 625 (1958).
166. Urso, I. S., and C. C. Congdon: J. appl. Physiol. 10, 315 (1957).
167. Urso, P., and C. C. Congdon: Blood 12, 251 (1957).
168. Vogel, H. H., J. W. Clark, C. W. Hammond, D. B. Cooper and C. P. Miller: Fed. Proc. 13, 445 (1954).
169. — — D. L. Jordan, N. Bink and R. R. Barhorst: Proc. Soc. exp. Biol. (N. Y.) 95, 409 (1957).
170. Vos, O., J. A. G. Davids, W. W. H. Weyzen and D. W. van Bekkum: Acta physiol. pharmacol. neerl. 4, 482 (1956).
171. Williams, F. P., and C. C. Congdon: ANL-4840 (1952).

Therapeutische Möglichkeiten bei Inkorporation von Radioisotopen

Von

Alexander Catsch

Mit 3 Abbildungen

Wenn man von der wohl einzigen Ausnahme des U^{238} absieht, wird die Toxicität inkorporierter Radioisotope ausschließlich durch die von ihnen emittierte Strahlung, nicht aber — auch nicht zu einem Teil — durch ihre chemisch-pharmakologischen Eigenschaften bedingt. Es erschiene somit naheliegend, zumindest nicht unbegründet, von der therapeutischen Anwendung sog. Schutzsubstanzen oder anderer Pharmaka[1], die bei einer von *außen* auf den Organismus einwirkenden Bestrahlung günstige Resultate zeitigten, sich auch eine gewisse Wirksamkeit im speziellen Fall inkorporierter Strahler zu versprechen. Verabreichung von sulfhydrylhaltigen Substanzen über längere Zeit führt tatsächlich zu einer Reduktion der Radiotoxicität von P^{32}, gemessen an der Überlebensrate (*72*); die Wirksamkeit ist jedoch mit einem sog. Dosisreduktionsfaktor von nur 1,4 wesentlich geringer als bei einer Ganzkörperbestrahlung von außen und wird bei anderen Isotopen wie Au^{198} (*37, 47*) oder J^{131} (*25*) z.T. überhaupt vermißt. Hiervon abweichend ist nur die Angabe von ODEBLAD (*85*), der bei Untersuchung von Strahlenschäden des Ovars keinen Schutz des 2,3-Dimercaptopropanols bei Röntgenbestrahlung, wohl aber im Falle des P^{32} nachweisen konnte. Die wachstumshemmende Wirkung subletaler P^{32}-Dosen kann nach ROSENTHALL und MARVIN (*90*) durch Verabreichung von Aureomycin weitgehend hintangehalten werden. Der therapeutische Wert isologer Knochenmarkszellsuspensionen bei Vergiftung mit Radioisotopen wurde bisher nur für Rn nachgewiesen (*65*). Mit diesen wenigen und keineswegs systematischen Befunden dürften die bisher zu dieser Frage durchgeführten Untersuchungen im wesentlichen auch schon erschöpft sein. Die Vernachlässigung dieser Forschungsrichtung ist jedoch nicht zufällig, und zwar wegen folgender Überlegungen: Die oben erwähnten Isotope weisen ausnahmslos verhältnismäßig sehr kurze effektive Verweilzeiten im Organismus auf; da nun aber alle bisher bekanntgewordenen Schutzsubstanzen durch eine in zeitlicher Beziehung äußerst beschränkte Wirksamkeit gekennzeichnet sind, läßt ihre Anwendung bei Vergiftungen mit den vom praktischen Gesichtspunkt wesentlich mehr interessierenden Radioisotopen mit großer Verweilzeit und HWZ von vornherein keine günstigen und sicherlich keine entscheidenden Ergebnisse erwarten. Eine effektive Therapie der Inkorporation der praktisch bedeutungsvollen Isotope — Spaltprodukte, Radium und Transurane in erster Linie — kann zum gegenwärtigen Zeitpunkt nur in einer Intensivierung ihrer Ausscheidung aus dem Organismus gesehen werden. Diese Formulierung ist jedoch zu allgemein gehalten und bedarf folgender Präzisierung: Eine Steigerung der Ausscheidungsrate wird als nicht voll befriedigend anzusehen sein, solange ihr nicht eine stärkere Reduktion der

---

[1] Vgl S. 393 ff.

Radioaktivität in dem jeweiligen kritischen Organ parallelgeht, d. h. demjenigen Organ, dessen Schädigung durch aufgenommene Radioaktivität sich am nachteiligsten für den Gesamtorganismus auswirkt. Da nun für die überwiegende Mehrzahl der in Frage kommenden Radioisotope das Skelet das relevante Organ darstellt — sei es wegen einer ausgeprägten Affinität zum Knochengewebe, sei es im Hinblick auf die Verweilzeit im Skelet, die in der Regel diejenige in den parenchymatösen Organen um Größenordnungen übertrifft —, muß dementsprechend von einer therapeutischen Substanz verlangt werden, daß sie die im Knochengewebe fixierten Radioisotope zu mobilisieren oder — falls die Möglichkeit eines ausreichend frühzeitigen Eingreifens gegeben ist — ihre Ablagerung im Skelet hintanzuhalten vermag.

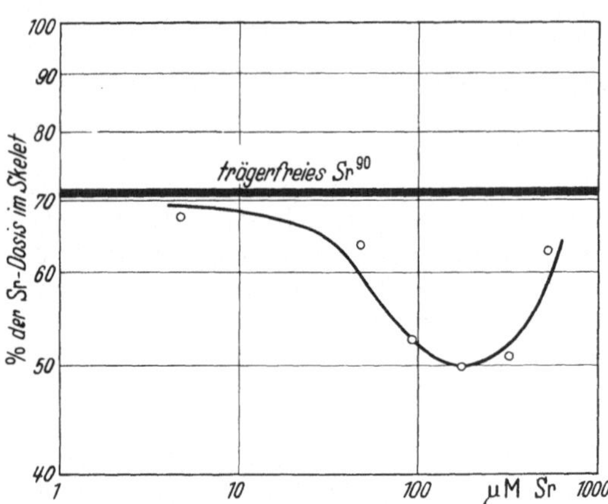

Abb. 1. Abhängigkeit des prozentualen Sr-Gehalts im Skelet der Ratte von der Trägerdosis. 2. Tag nach intraperitonealer Verabreichung. [Nach Catsch u. Melchinger (12b)]

Eine der Möglichkeiten, das Verhalten von Radioisotopen im Organismus zu beeinflussen — ob in der therapeutisch angestrebten Richtung, sei zunächst dahingestellt —, hängt damit zusammen, daß die Radioisotope in den meisten Fällen in sog. trägerfreier Form, zumindest aber in hoher spezifischer Aktivität vorliegen. Liegt nun der Aufnahme eines Isotops oder seiner Speicherung in einem bestimmten Gewebe eine chemische Reaktion, ein Austausch- oder Adsorptionsvorgang zugrunde, so wird die beschränkte Kapazität der verantwortlichen Phase entsprechend dem Massenwirkungsprinzip einen limitierenden Faktor darstellen müssen, und zwar in dem Sinne, daß eine Erhöhung der Konzentration durch Zusatz des stabilen Isotops des gleichen Elements zu einer herabgesetzten Aufnahme des *isotopisch verdünnten Radionuclids* führt. Daß der Trägereffekt sich bei einer Reihe von Radioisotopen — z. B. La* (62), Ce* (11) und Y* (5) — nur in einer Abänderung des Verteilungsmusters, und zwar in Richtung einer erhöhten Speicherung in den Organen des RES, nicht aber in einer Steigerung der Ausscheidung manifestiert, hat seine Ursache darin, daß es bei Erhöhung der Konzentration gleichzeitig und infolge Überschreitens entsprechender Löslichkeitsprodukte zu der Bildung von Metallkolloiden, beispielsweise -hydroxyden, kommt. Bei den Alkali- und Erdalkalimetallen können diese Faktoren weitgehend vernachlässigt werden, wären zumindest nur bei sehr hohen Konzentrationen zu berücksichtigen. Dementsprechend konnte auch eine erhöhte Ausscheidung für isotopisch verdünntes Cs* (59) und Sr* (7, 18, 66) nachgewiesen werden. Der Trägereffekt im Falle des Sr* bleibt allerdings auf einen relativ engen Dosisbereich beschränkt und mit einer Reduktion von maximal etwa 30% unbefriedigend gering, da einerseits die Austauschkapazität des Knochengewebes als sehr hoch anzusetzen ist, die Verabfolgung höherer Trägerdosen aber andererseits zu einer wieder ansteigenden Aufnahme im Skelet (Abb. 1) und zu höheren Konzentrationen in der Leber führt (12b, 53), was aller Wahrscheinlichkeit nach durch eine Übersättigung des Blutplasmas in bezug auf Sr⁺⁺ und HPO₄⁻⁻ bedingt wird. Der therapeutische Wert der isotopischen Verdünnung erfährt noch dadurch eine weitere Einbuße, daß sie bei bereits abgeschlossener Fixierung des Sr* im Skelet ohne jegliche Wirkung bleibt (18, 91). Der Versuch, analoge Wirkungen durch *nichtisotopische,* aber hinsichtlich chemischen und biologischen Verhaltens dem Radionuclid verwandte Träger zu erreichen (sog. Pseudoisotopie), ist naheliegend und wird überdies bei bestimmten Radionucliden durch die Toxicität der entsprechenden stabilen Isotope diktiert. Bisher liegen zu dieser Frage jedoch nur vereinzelte und z. T. nicht widerspruchsfreie Ergebnisse vor: Während erhöhte Zufuhr von Kalium eine Intensivierung der Cs*-Ausscheidung zur Folge hat (*76, 79*), ist die Verabreichung von Calcium im Falle von Sr* ineffektiv bzw. äquimolaren Dosen von stabilem Strontium eindeutig unterlegen (*7,12b,53,66*). Ob die von SPENCER et al. (*102*) beim Menschen beobachtete Erhöhung der Sr*-Ausscheidung nach Infusion von Calciumgluconat als Trägereffekt aufzufassen oder durch die evtl. komplexierenden Eigenschaften des Gluconats bedingt ist, sei dahingestellt. Eine überraschend hohe Wirksamkeit konnten CATSCH et al. (*7,12b*) für Magnesiumsalze (Mg-Chlorid, -Thiosulfat) beobachten, allerdings nur bei hoher und praktisch kaum realisierbarer Dosierung.

Im Prinzip um einen nichtisotopischen Trägereffekt handelt es sich auch bei der Wirksamkeit der von SCHUBERT u. Mitarb. (*93—99, 114—116*) in die Therapie eingeführten *Zirkonpräparate.* Unter der Voraussetzung, daß die Zeitspanne zwischen parenteraler Verabreichung des Zirkonpräparats (Citrats oder Maleats) und Inkorporierung des Radioisotops klein ist, d. h. wenige Stunden beträgt, gelingt es, die Ablagerung sowohl im Skelet als auch in den parenchymatösen Organen in erheblichem Maße herabzusetzen und die Ausscheidung mit dem Urin zu erhöhen. Am ausgeprägtesten erweist sich die Wirkung des Zirkoncitrats im Falle des Y* und Pu sowie bei Inkorporierung eines Spaltproduktgemisches (*16, 38*), weniger stark, wenn auch noch eindeutig nachweisbar, ist sie für Sr* (*12a, 14, 98*), Ce* (*9*) und Th^{230} (*98*). Wie SCHUBERT und WHITE (*99, 116*) zeigen, wird hierbei im wesentlichen nur der zum Zeitpunkt der Zirkonverabreichung noch im Blutkreislauf befindliche Bruchteil des Radioisotops zur Ausscheidung gebracht, das bereits in den Organen bzw. im Skelet abgelagerte Radioisotop jedoch in kaum nennenswertem Maße mobilisiert. Die Wirksamkeit erweist sich auch dementsprechend bei spät einsetzender Medikation als sehr gering (*8, 41, 56*). Im Vergleich zu diesen, an Ratten erhobenen Befunden scheint Zirkoncitrat bei Hunden eine etwas höhere Effektivität aufzuweisen (*51, 94*), was allem Anschein nach damit zusammenhängt, daß Pu, um welches es sich in diesem Fall handelt, beim Hund in stärkerem Maße im Knochenmark und damit auch in einer evtl. dem Zirkoncitrat zugänglicheren Form gespeichert wird (*1*). Eine annähernd maximale Reduktion des Pu-Gehalts im Skelet kann schon mit relativ kleinen Dosen von etwa 30—50 mg Zr/kg erreicht werden; bei geringeren Dosen bleibt die Ausscheidung trotz wesentlich niedrigerer Werte im Skelet nur unbedeutend erhöht, dagegen wird eine verstärkte Ablagerung in der Leber nachweisbar (*99*). Bei anderen Radioisotopen muß aber in der Regel zur Erreichung einer nennenswerteren Wirkung höher dosiert werden. Die Erfahrungen über die Anwendung von Zirkonpräparaten beim Menschen sind vorerst noch lückenhaft, die Resultate nicht überzeugend und insofern entmutigend, als hierbei — im Gegensatz zu der sehr geringen Toxicität der Zirkonpräparate bei Versuchstieren (*71*) — toxische Symptome unspezifischer Art und Vestibularisstörungen beobachtet wurden (*21, 39, 60, 83*), die allerdings nach SCHUBERT (*96*) auf die bei der Sterilisierung der Präparate im Autoklaven entstehenden Zerfallsprodukte zurückzuführen wären und sich somit grundsätzlich vermeiden ließen. Gewisse Schwierigkeiten bereitet weiterhin auch die Frage der Dosierung: Die sich aus den oben angeführten tierexperimentellen Befunden ergebende Notwendigkeit, zumindest bei bestimmten Radioisotopen, hohe Dosen zu verabreichen, erscheint schon im Hinblick auf die Citratkomponente des Präparats nicht unbedenklich. NORWOOD et al. (*84*) empfehlen aufgrund ihrer Erfahrungen eine Dosis von 7,1 mg Zr/kg (in Form des nach der Vorschrift von Schubert (*95*) hergestellten Zirkoncitrats), die langsam und zur Vermeidung calcipriver Effekte gleichzeitig mit 10 ml 10% Calciumgluconat i. v. infundiert werden sollte. Schubert (*96*) hält eine wiederholte Medikation nur in den Fällen für angezeigt, in denen höhere Konzentrationen des Radioisotops im Blut nachweisbar bleiben. Was den Wirkungsmechanismus des Zirkoncitrats betrifft, kommt es nach Schubert (*95*) bei den p_H-Werten des Blutplasmas zu der Bildung kolloidaler, aber noch nierengängiger Zirkonhydroxyde bzw. -phosphate, welche Radioisotope entweder durch Adsorption bzw. Kopräzipitation oder durch Ionenaustausch zu binden und damit auch zur Ausscheidung zu bringen imstande sind. Bei Zutreffen dieser Arbeitshypothese sollten Salze anderer leicht hydrolysierender Metalle ebenfalls wirksam sein, was auch für Mn, Al, Fe und Ti tatsächlich nachgewiesen werden konnte (*115*). Versuche mit Polyelektrolyten mit ionenaustauschenden Eigenschaften (*9*) sowie Farbstoffen (*115*) blieben bisher jedoch ergebnislos.

Ein in seinem Wesen dem Wirkungsmechanismus der Zirkonverbindungen ähnliches Prinzip, die „Maskierung" der Radioisotope, liegt auch bei der therapeutischen Anwendung *komplexbildender Substanzen* vor. Die zugrunde gelegten Vorstellungen sind zwar an sich nicht erst neueren Datums und entsprechende Hinweise zur Frage der Therapie von Metallvergiftungen finden sich schon in der älteren Literatur, praktisch ins Gewicht fallende Ergebnisse konnten jedoch erst vor wenigen Jahren erzielt werden. Die wesentlichen Voraussetzungen allgemeiner Art, die im Falle eines effektiven Komplexbildners erfüllt sein müßten, sind sein weitgehend inertes Verhalten im Organismus, d. h. mit anderen Worten fehlende Speicherung der Substanz oder ihr Abbau durch Einbezogenwerden in Stoffwechselprozesse, und vor allem eine hohe Stabilität (im komplex-chemischen Sinne) der Komplexverbindung mit dem entsprechenden radioaktiven Metallion. Die zuletzt erwähnte Formulierung ist dahingehend zu erweitern, daß die Stabilität der betreffenden Metallkomplexe auch bei Berücksichtigung der spezifischen physiologischen Verhältnisse (z. B. des p_H) hoch und größer ist als die Affinität des Komplexbildners zu körpereigenen Kationen, Ca^{++} in erster Linie, und größer auch als die Affinität des betreffenden Radioisotops zu körpereigenen Komplexliganden, z. B. Proteinen oder Nucleinsäuren. Auf die Beteiligung konkurrierender Reaktionspartner dürften auch vor allem das vollkommene Versagen oder die geringe Wirksamkeit verschiedener, im weiteren zu besprechender Substanzen zurückzuführen sein. Eine auch nur semiquantitative Analyse, wie sie beispielsweise von Schubert (*95*) versucht wurde, der an sich schon schwer übersehbaren Verhältnisse wird noch durch weitere Faktoren wie Verweilzeit und Permeabilitätsvermögen der Komplexverbindungen sowie die Kinetik der Austauschreaktionen in erheblichem Maße erschwert.

Es dürfte sich erübrigen, die verschiedenen mit negativen bzw. wenig befriedigenden Resultaten untersuchten Substanzen im einzelnen aufzuführen; es wäre nur zu erwähnen, daß das sog. BAL (2,3-Dimercaptopropanol), welches sich bei einer Reihe von stabilen Metallen bewährt zu haben schien, bei den meisten Radioisotopen — Pu (*55*), Y* (*92*), Ra (*82, 113*) und Sr* (*57*) — vollkommen versagt. Das einzige Radioisotop, für welches eine eindeutige Erhöhung seiner Ausscheidung bzw. Reduktion der Toxicität durch BAL bisher nachgewiesen wurde, ist Po^{210} (*49, 50*). Das Interesse der letzten Jahre konzentrierte sich im wesentlichen auf eine zu der Gruppe der synthetischen Polyaminopolycarboxylsäuren (s. Tab. 1) gehörende Substanz, die *Äthylendiamintetraessigsäure* (ÄDTA).

Die ÄDTA ist, falls — wie allgemein üblich — in Form ihrer Calcium-Verbindung verabreicht, relativ wenig toxisch, zumindest bei Anwendung über kürzere Zeitspannen, sie wird innerhalb weniger Stunden in unveränderter Form praktisch zu 100% mit dem Urin ausgeschieden und geht mit zwei- und mehrwertigen Metallionen Chelatverbindungen von äußerst hoher Stabilität ein; als Metallchelate, die einen speziellen Fall der Komplexverbindungen darstellen, werden heterocyclische Ringstrukturen verstanden. Die relativen Chelatstabilitäten, d. h. bei Berücksichtigung konkurrierender körpereigener Reaktionspartner, scheinen jedoch im Hinblick auf die zumindest bei einigen Radioisotopen überraschend niedrige Effektivität nicht ausreichend hoch zu sein. Am günstigsten

Tabelle 1. *Zusammenstellung einiger praktisch bedeutungsvoller Polyaminosäuren*

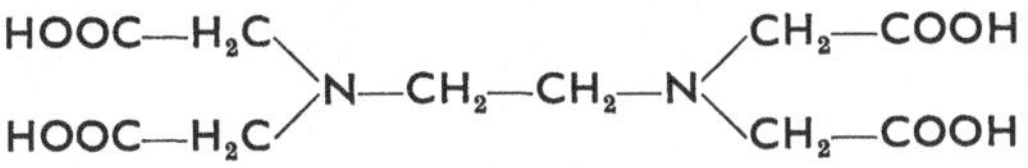

$$HOOC{-}H_2C{\diagdown}N{-}CH_2{-}CH_2{-}N{\diagup}^{CH_2{-}COOH}_{CH_2{-}COOH}$$

Äthylendiamintetraessigsäure

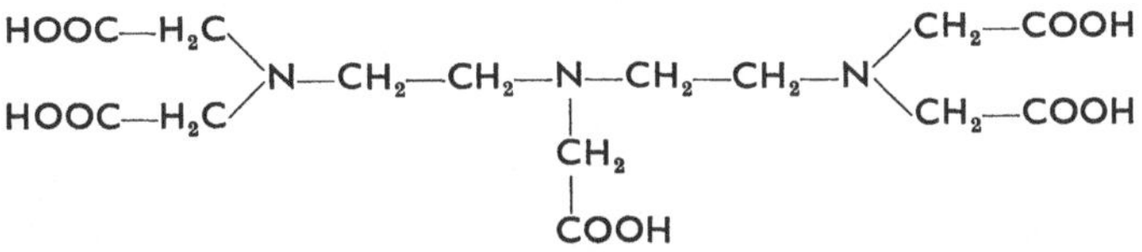

$$HOOC{-}H_2C{\diagdown}N{-}CH_2{-}CH_2{-}N{-}CH_2{-}CH_2{-}N{\diagup}^{CH_2{-}COOH}_{CH_2{-}COOH}$$

|
CH₂
|
COOH

Diäthylentriaminpentaessigsäure

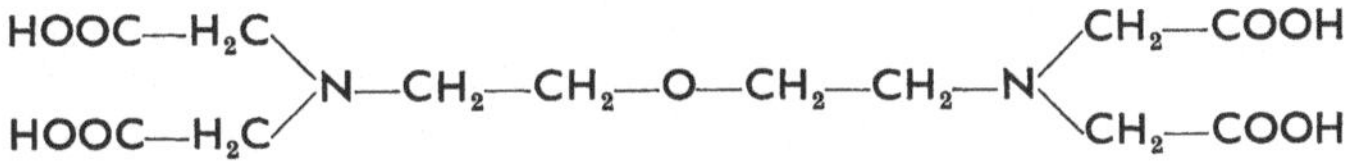

$$HOOC{-}H_2C{\diagdown}N{-}CH_2{-}CH_2{-}O{-}CH_2{-}CH_2{-}N{\diagup}^{CH_2{-}COOH}_{CH_2{-}COOH}$$

Diaminodiäthyläthertetraessigsäure

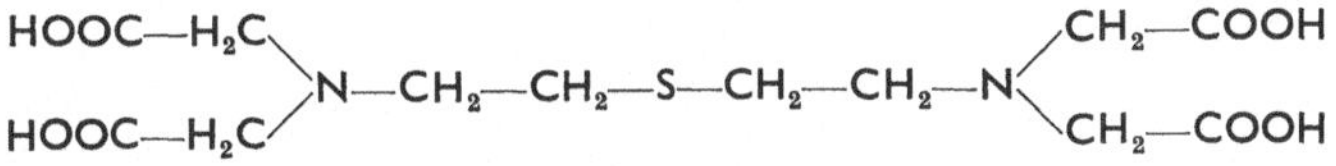

$$HOOC{-}H_2C{\diagdown}N{-}CH_2{-}CH_2{-}S{-}CH_2{-}CH_2{-}N{\diagup}^{CH_2{-}COOH}_{CH_2{-}COOH}$$

Diaminodiäthylsulfidtetraessigsäure

liegen noch die Verhältnisse für Pu (*4, 28, 29, 35, 42, 52, 56, 61, 100, 112*) und Y* (*4, 12, 15, 22, 23, 28, 29, 35, 45, 56, 63, 100, 108*): Bei frühzeitiger Verabreichung der ÄDTA liegt eine relativ weitgehende Reduktion ihrer Ablagerung sowohl in den parenchymatösen Organen als auch im Skelet vor; die Skelet-Effektivität scheint allerdings bei sonst vergleichbaren Versuchsbedingungen schwächer ausgeprägt zu sein als beim Zirkoncitrat (*51, 52, 110*). Die Intensivierung der Ausscheidung mit dem Urin läßt sich zwar auch noch für Ce* (*8—11, 100*), La* (*62*) sowie ein Spaltproduktgemisch (*16, 38*) nachweisen, ihr liegt hier jedoch ausschließlich eine Reduktion der Radioaktivität in der Leber und anderen Organen zugrunde, während die Konzentration im Knochengewebe durch die ÄDTA praktisch unverändert bleibt. Die Ablagerung des selektiv im Skelet fixierten Sr* bleibt ebenfalls unbeeinflußt (*4, 14, 56, 88, 103, 108*) bzw. wird sogar etwas erhöht (*12a*). Mit den Zirkonverbindungen gemeinsam hat die ÄDTA eine ausgeprägte Wirksamkeit bei prophylaktischer Verabreichung (*4, 16, 38*) sowie die bestenfalls nur geringe Wirksamkeit bei peroraler Verabreichung (*29, 42*). Der Effektivitätsverlust bei spät einsetzender Therapie ist zwar nicht so ausgeprägt wie im Falle des Zirkoncitrats, aber immer noch erheblich: Die Reduktion des Pu- oder Y*-Gehalts im Skelet, die selbst bei massiver Dosierung der ÄDTA über längere Zeit erreicht werden kann, bleibt unbefriedigend gering (*12, 15, 29, 42*), im Falle des Ce* wird sie sogar überhaupt vermißt (*8—10*).

Die Angaben von Cohn et al. (15) über eine stärkere Beeinflussung der Y*-Ausscheidung bei alternierender Verabreichung von Na- und Ca-ÄDTA können wegen Fehlens adäquater Kontrollen als nicht überzeugend angesehen werden. Zur Frage der Abhängigkeit der Effektivität von der ÄDTA-Dosis liegen bisher nur vereinzelte Angaben vor, die aber eine ausgeprägte Dosisabhängigkeit erkennen lassen (42). Mit der Notwendigkeit, über längere Zeit hoch zu dosieren, gewinnt die Frage evtl. toxischer Nebenerscheinungen und der therapeutischen Breite der ÄDTA an Bedeutung. Im Hinblick auf das breite Wirkungsspektrum der ÄDTA könnte vor allem an eine Verarmung des Organismus an biologisch wichtigen Spurenelementen gedacht werden; von Rieders (89) wurde zwar beim Menschen unter dem Einfluß von ÄDTA eine gesichert erhöhte Ausscheidung von Spurenelementen mit dem Urin beobachtet, andere Autoren (43) sind aber trotzdem der Ansicht, daß eine ernstere Verarmung an Spurenelementen nicht zu erwarten sei und bisher auch noch nicht beobachtet werden konnte; in diesem Zusammenhang wird darauf hingewiesen, daß Metalle, sofern ihnen wesentliche biologische Funktionen zukommen, in der Regel in Form überaus stabiler Chelate vorliegen und damit einer Mobilisierung durch ÄDTA praktisch entzogen sein sollten. Diese Auffassung scheint jedoch insofern einer Einschränkung zu bedürfen, als die Herabsetzung des Nierenclearance sowie der tubulären Leistungen (107) und möglicherweise auch die tierexperimentell (33) und klinisch (13, 24) nachgewiesenen morphologischen Nierenschädigungen (im wesentlichen nephrotischer Art), die nach Verabreichung von ÄDTA beobachtet wurden, aller Wahrscheinlichkeit nach auf die Chelierung bestimmter Metalle zurückzuführen sind. Die Nierenschädigung soll zwar nach Aussetzen der Medikation voll rückbildungsfähig sein, auch den vereinzelten Todesfällen (13, 24, 74, 109), die der ÄDTA zur Last gelegt werden, dürfte z. T. eine sehr unvorsichtige Dosierung zugrunde liegen, gleichwohl sollte diesen Erfahrungen durch strengere Indikation, zurückhaltendere Dosierung und vor allem durch eine sorgfältige klinische Kontrolle mehr Rechnung getragen werden. Die bisher beim Menschen erzielten Resultate (21, 34, 45, 46, 83, 84) sind auch insofern nicht voll befriedigend, als eine stärkere Intensivierung der Ausscheidung inkorporierter Radioisotope nur bei relativ frühzeitiger Therapie beobachtet wurde. Was Dosierung und Behandlungsschema betrifft, führen wir die Empfehlungen von Norwood et al. (83, 84) an: Die Maximaldosis pro Tag (appliziert in 2 einstündigen i. v. Infusionen) soll 74 mg Ca-ÄDTA/kg nicht überschreiten. Die Behandlungsdauer kann bis zu 5 Tagen betragen; vor Durchführung einer zweiten Behandlung, die in der Regel auch die letzte sein sollte, sind 5—7 therapiefreie Tage einzuschalten. Die Substanz wird zweckmäßigerweise in 5%iger Glucose verdünnt. Im Hinblick auf das unterschiedliche Wirkungsmuster der ÄDTA und des Zirkoncitrats lag der Gedanke nahe, von einer kombinierten Anwendung beider Substanzen eine insgesamt größere Wirksamkeit zu erwarten. Andererseits ist jedoch zu bedenken, daß dies unter Umständen zu einem negativen Synergismus führen könnte, da der Chelatbildner durch Bindung des Zirkoniums dessen Effektivität aufhebt. Dementsprechend wird auch in Versuchen mit Pu (36) und einem Spaltproduktgemisch eine Additivität vermißt (38), im Falle des Sr* ist die Wirksamkeit der Kombination sogar der alleinigen Verabreichung von Zirkoncitrat eindeutig unterlegen (14). Im Gegensatz hierzu und überraschenderweise konnten Katz et al. (52) eine deutliche Additivität feststellen; Foreman (31) hält diese, mit relativ sehr hohen und toxischen Dosen erzielten Ergebnisse jedoch nicht für überzeugend und die Kombinationstherapie vorerst noch nicht für indiziert.

Der vorstehende Abriß des gegenwärtigen Standes der ÄDTA-Therapie dürfte wohl gezeigt haben, daß ein ausgesprochenes Bedürfnis nach wirksameren

Substanzen vorliegt. Die Angabe von FOREMAN (29), daß das sog. Fe-3-specific (Dihydroxyäthylglycin) der ÄDTA überlegen ist, konnte von CATSCH et al. (8, 9, 12) nicht bestätigt werden; die von DUDLEY et al. (22, 23) sowie SEMENOFF und TREGUBENKO (100) untersuchten Polyaminosäuren zeigten ebenfalls eine von ÄDTA nur wenig unterschiedliche Wirksamkeit. Im Gegensatz hierzu scheinen gewisse Abkömmlinge der ÄDTA, in deren verlängerte Alkylenbrücke sog. Heteroatome bzw. -gruppen eingebaut sind (s. Tab. 1), einen entscheidenden Fortschritt darzustellen: Die Diaminodiäthyläthertetraessigsäure, vor allem aber die *Diäthylentriaminpentaessigsäure* (DTPA) zeigt bei den bisher untersuchten Isotopen — Ce* (8—11), La* (58), Y* (12, 58) und Pu (36a, 101) eine im Vergleich zu ÄDTA wesentlich höhere Effektivität, auch bei spät einsetzender, prophylaktischer oder peroraler Applikation. Die unterschiedliche Wirksamkeit der Chelatbildner zeigen in überzeugender Weise die in Tab. 2 zusammengestellten Daten.

Die Wirksamkeit der DTPA bleibt über einen sehr breiten Dosisbereich erhalten; vorerst nur orientierende Untersuchungen (11) lassen bezüglich der toxischen Dosen keine stärkeren Unterschiede zu ÄDTA erkennen, so daß die therapeutische Breite der DTPA aller Wahrscheinlichkeit nach ausreichend sein sollte.

Tabelle 2. *Ce^{144}- bzw. Y^{91}-Gehalt des Skelets von Ratten (in % der zugeführten Menge) nach Behandlung mit ÄDTA und DTPA während der 2. Woche* (nach CATSCH et al. 10, 12)

Behandlung	Ce^{144}	Y^{91}
keine	29,8	58,9
ÄDTA	27,0	48,3
DTPA	17,7	38,2

Ein wesentlicher Nachteil ist allerdings, daß die DTPA keine Beeinflussung der Sr*-Ausscheidung zeigt. Dies ist kein zufälliger Befund, vielmehr insofern Ausdruck einer allgemeinen Gesetzmäßigkeit, als für die Affinität aller bisher bekannten Chelatbiidner das Verhältnis Ca > Sr > Ra gilt, d. h. die relative Stabilität der Sr-Chelate zu niedrig ist, um einen stärkeren Einfluß auf das Verhalten von Sr* im Organismus erwarten zu lassen. Diese Feststellung bedeutet zwar nicht, daß Chelatbildner von vornherein und absolut unwirksam sein müssen — dies zeigen die Ergebnisse mit Natriumcitrat (6, 98), Brenzkatechindisulfonsäure, Diaminodiäthyläthertetraessigsäure und Diaminodiäthylsulfidtetraessigsäure (12a) und vor allem mit Poly- und Metaphosphaten (4, 6, 12a) —, ihre Effektivität ist jedoch mit einer Senkung des Sr*-Gehaltes des Skelets um maximal 30% nicht sehr hoch und mit den für andere Radioisotope erzielten Ergebnissen nicht vergleichbar. Die kondensierten Phosphate, die nach THILO (106) als lösliche Ionenaustauscher aufzufassen sind, zeigen eine starke Beeinflussung des biologischen Verhaltens auch anderer Radioisotope (4, 8—12, 100), ihrer praktisch-therapeutischen Anwendung dürfte jedoch momentan eine nicht ausreichende therapeutische Breite noch entgegenstehen. Eine prinzipielle Schwierigkeit besteht für die Anwendung von Komplexbildnern und therapeutische Bemühungen überhaupt: Die Mobilisierbarkeit von im Knochengewebe fixierten Radioisotopen bleibt über eine nur relativ beschränkte Zeitspanne nach erfolgter Inkorporation erhalten und nimmt im weiteren infolge Knochenwachstums, Rekristallisation sowie intrakristallinen Austausches in starkem Maße ab.

Das der Anwendung von Substanzen mit komplexbildenden bzw. ionenaustauschenden Eigenschaften zugrunde liegende Prinzip ist die Intensivierung der Ausscheidung durch eine Änderung des chemischen oder physiko-chemischen Zustands des inkorporierten Radioisotops. Eine grundsätzlich andere Möglichkeit — ein Weg, der, historisch gesehen, zuerst beschritten wurde — bietet sich, allgemein formuliert, in einer *Beeinflussung physiologischer Funktionen* und Abläufe. Da es sich bei den ersten zur Beobachtung gelangenden Vergiftungsfällen um Radium handelte und die weitgehende Ähnlichkeit im biologischen Verhalten dieses

Elements mit Calcium schon sehr früh erkannt wurde, war es nur folgerichtig, von Maßnahmen, die den Calciumstoffwechsel beeinflussen, auch günstige Resultate in bezug auf Radium zu erwarten. Nach orientierenden und nicht widerspruchsfreien Versuchen mit Vitamin D, dem Hormon der Nebenschilddrüse u. ä. m. (*20, 26, 27*) konnten Aub et al. (*2*) für die zwar nur beschränkte Zahl von drei Patienten, aber in sehr eingehenden und sorgfältigen Untersuchungen eine eindeutige Erhöhung der Radiumausscheidung (um den Faktor von maximal 8) durch calciumarme Kostform, Ammoniumchlorid sowie Parathormon nachweisen. Entsprechende Erfahrungen für Sr* liegen, da Vergiftungen mit Sr* bisher glücklicherweise vermieden werden konnten, noch nicht vor, doch zahlreiche tierexperimentelle Befunde (*17—19, 73, 88*) bestätigen den einschneidenden Einfluß, den verschiedene Diäten auf die Ausscheidung von Sr*, allerdings nicht von anderen Radioisotopen wie Y* oder Pu (*17*), ausüben. Am eindrucksvollsten demonstriert dies die in Abb. 2 wiedergegebene Versuchsreiche von Ray et al. (*88*). Es dürften aber auch keine Zweifel darüber bestehen, daß die praktische Bedeutung solcher Eingriffe, die ja eine sehr schwere Alteration des gesamten Stoffwechsels darstellen müssen, äußerst beschränkt ist. Weniger

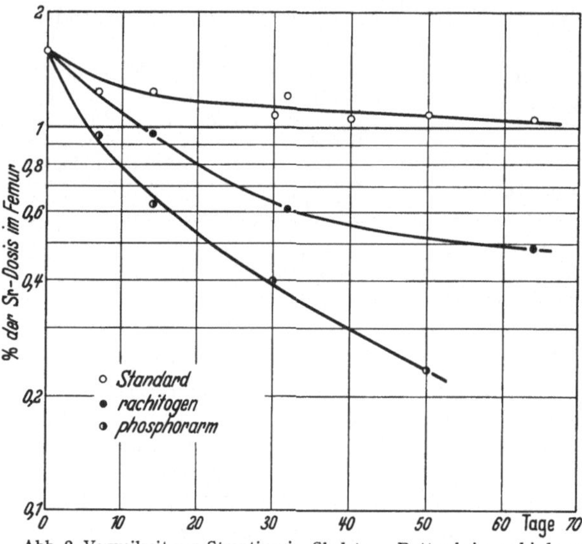

Abb. 2. Verweilzeit von Strontium im Skelet von Ratten bei verschiedenen Kostformen. [Nach Ray et al. (*88*)]

drastische Maßnahmen, wie die Verabreichung von Parathormon, A. T. 10, Cortison, Vitamin A, D u. ä. m., hingegen ergaben negative Resultate oder im besten Fall eine nur geringfügige Beeinflussung der Ausscheidungsraten (*3, 10, 12a, 40, 54, 56, 75, 81, 86—88*). Negativ waren auch die Versuche, durch Kombination von Parathormon und Chelatbildner bzw. Zirkoncitrat eine stärkere Wirkung zu erreichen (*1, 10, 12a, 56*); nur Graul et al. (*40*) stellten eine etwas höhere Sr*-Ausscheidung nach Verabreichung von Parathormon und ÄDTA fest. Überzeugend dagegen sind die Untersuchungen von Nerurkar und Sahasrabudhe (*81*), die für Radium D eine ausgesprochene Potenzierung der ÄDTA-Wirkung durch Vitamin A, das ja bekanntlich die Resorptionsvorgänge im Knochen beeinflußt, feststellen konnten.

Da die Mobilisierbarkeit des im Knochen fixierten Sr* die des Ca übertrifft (*105*), könnten unter Umständen günstige Resultate von einer sog. künstlichen Niere erwartet werden; diesbezügliche Untersuchungen (*40, 64*) befinden sich aber vorerst noch im Anfangsstadium und lassen eine endgültige Stellungnahme nicht zu. Beachtung verdient der Vorschlag von Schubert (*95*), die Ausscheidung radioaktiver Erdalkalimetalle mit dem Urin durch eine Hemmung ihrer tubulären Rückresorption, die mehr als 99% ausmacht, zu intensivieren; praktisch konnte er jedoch noch nicht verwirklicht werden, weil die bisher bekannten Tubulusblocker die Ausscheidung der Erdalkalien kaum beeinflussen. Versuche mit Sr* und Diamox bzw. Mictine waren ergebnislos (*66, 67*). Einen überraschend starken Einfluß auf die Ausscheidung des Ce* sowie eine gewisse Potenzierung bestimmter

Polyaminosäuren konnten CATSCH und Lê (8) für die cholagoge Dehydrocholsäure (Decholin) nachweisen.

Die vorangehenden Abschnitte gingen davon aus, daß das betreffende Radioisotop sich im Blutkreislauf befindet oder bereits in den Organen abgelagert ist, und ließen die naturgemäß größere Erfolgsaussichten bietenden Möglichkeiten eines therapeutischen Eingreifens zu einem Zeitpunkt, zu dem eine nennenswerte *Resorption des Isotops* in den Blutkreislauf *noch nicht stattgefunden hat*, bewußt außer acht. Die Eintrittspforten, die im Falle einer Inkorporation in Betracht zu ziehen wären, sind Digestionstrakt, Atemwege sowie radioaktiv kontaminierte Verletzungen. Gelangen Radioisotope in den Magen-Darm-Trakt, so können die Verhältnisse insofern als relativ günstig beurteilt werden, als der überwiegende Teil der in Frage kommenden Radioisotope in nur sehr geringem Umfang resorbiert wird. Die Therapie kann sich somit in solchen Fällen auf die bei Vergiftungen mit stabilen Metallen und Giften üblichen Maßnahmen allgemeiner Art, wie Magenspülungen, Verabreichung von Emeticis oder Laxantien, beschränken. Bei den radioaktiven Isotopen der Erdalkalien und des Caesiums, die eine wesentlich höhere Resorption aufweisen, sollte hingegen eine Hemmung oder Herabsetzung ihrer Resorption angestrebt werden, was auf den ersten Blick keinen grundsätzlichen Schwierigkeiten begegnen und durch Verabreichung von Adsorbentien, Ionenaustauschern oder durch Überführung in eine unlösliche Form verwirklicht werden sollte. Die tatsächlich bisher erzielten Ergebnisse sind jedoch insofern enttäuschend, als verschiedene Substanzen, wie Calciumphosphat

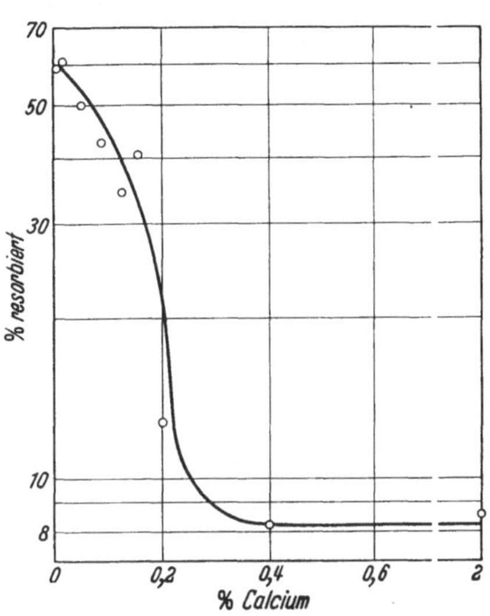

Abb. 3. Abhängigkeit der enteralen Sr*-Resorption bei Ratten vom Calciumgehalt der Ernährung. [Nach COPP u. GREENBERG (18)]

(18), Bariumsulfat in Form des Röntgenkontrastbreis (4), Magnesium- oder Natriumsulfat, kationenaustauschende Harze, Amidopolyphosphat, Pectin, Phytin (68), um nur die wesentlichsten zu nennen, die Resorption des Sr* um bestenfalls 50—70 % und überdies auch nur dann, wenn sie kurzfristig vor oder nach dem Isotop verabreicht werden, zu reduzieren imstande sind. Im Hinblick auf die immens praktische Bedeutung dieser Frage erscheint es zweckmäßig, auch die ineffektiven Substanzen, wie Bentonit, Kaolin, Methylcellulose, Gelatine, Agar, Phenolphthalein, mineralische Öle oder ÄDTA, hier anzuführen. Verabreichung von Milchpulver, Tanninsäure, Inulin oder Natriumalginat führte nach MACDONALD et al. (68) sogar zu einer erhöhten Resorption. Die Angabe von COPP und GREENBERG (18), daß die intestinale Resorptionshöhe auch bei isotopischer Verdünnung des Sr* gleich bleibt, konnte durch systematische Untersuchungen von HARRISON et al. (44) in vollem Umfang bestätigt werden. Im Gegensatz hierzu verhält sich die Resorption des Sr* umgekehrt proportional zu der Dosis gleichzeitig verfütterten Calciums (70); diese Abhängigkeit vom Calciumgehalt tritt besonders deutlich dann zu Tage, wenn der Calciumgehalt der Nahrung längere Zeit vor Verabreichung des Sr* erhöht ist (18) (vgl. hierzu Abb. 3). Diesen Ergebnissen sowie ähnlichen Untersuchungen über den Einfluß der Nahrungszusammensetzung auf die Resorption von Sr* oder Cs* (77, 78, 80, 86, 111) dürfte im Hinblick auf die zunehmende Kontaminierung von Trinkwasser und Lebensmitteln mit radioaktiven Spaltprodukten in der Zukunft erhebliche Bedeutung zukommen.

Vor noch weitgehend ungeklärten Fragen steht die Therapie, wenn eine Inhalation radioaktiven Materials vorliegt und wenn es sich hierbei um Isotope in unlöslicher, kolloidaler und damit nicht resorbierbarer Form handelt, die in der Regel im Lungengewebe Depots von z. T. extrem langer Verweilzeit bilden. Da wirksame Mittel, mit Hilfe derer die deponierte Radioaktivität in die oberen Abschnitte der Atemwege und evtl. zur Expektoration gebracht werden könnte, bisher nicht bekannt sind, andererseits aber die Ausbildung radioaktiver „Herde" (hot spots) ernstere Gewebsschäden erwarten läßt, erhebt sich die Frage, ob eine Solubilisierung und Resorption der radioaktiven Partikel durch parenterale Verabreichung von Chelatbildnern erreicht werden könnte. Orientierende und noch nicht beweisende Untersuchungen (*16, 36, 42*) ergaben gewisse Hinweise für die Realisierbarkeit dieses Wegs; es wäre wünschenswert, besagte Versuche mit den neueren, wirksamen Substanzen, z. B. der DTPA, zu wiederholen. Was die Behandlung radioaktiv verseuchter Verletzungen betrifft, so sollte stets die chirurgische Wundtoilette mit einer nach Möglichkeit vollständigen Entfernung der kontaminierten Gewebsteile in Erwägung gezogen werden. Sollte dies nicht oder nicht in vollem Umfang möglich sein, so gibt eine parenterale Verabreichung von Chelatbildnern die Möglichkeit, die Resorption des Isotops aus dem Gewebe zu intensivieren (*36, 42, 46*).

Literatur

1. Arnold, J. S.: ANL-5584, 131 (1956).
2. Aub, J. C., R. D. Evans, D. M. Gallagher and D. M. Tibbetts: Ann. intern. Med. **11**, 1443 (1938).
3. Bacon, J. A., H. Patrick and S. L. Hansard: Proc. Soc. exp. Biol. (N. Y.) **93**, 349 (1956).
4. Catsch, A.: Strahlenther. **99**, 290 (1956).
5. — Naturwissenschaften **43**, 242 (1956).
6. — Naturwissenschaften **44**, 94 (1957).
7. — Experientia (Basel) **13**, 312 (1957).
8. — and D. Kh. Lê: Nature (Lond.) **180**, 609 (1957).
9. — — Strahlenther. **104**, 494 (1957).
10. — — — Strahlenther. **107**, 298 (1958).
11. — — u. H. Melchinger: Strahlenther. **106**, 606 (1958).
12. — u. H. Melchinger: Strahlenther. **107**, 437 (1958).
12a.— — Strahlenther. **108**, 63 (1959).
12b.— — Strahlenther. **109**, 561 (1959).
13. Clarke, N. R., C. N. Clarke and R. E. Mosher: Amer. J. med. Sci. **229**, 142 (1955).
14. Cohn, S. H., and J. K. Gong: Proc. Soc. exp. Biol. (N. Y.) **83**, 550 (1953).
15. — — and M. C. Fishler: Nucleonics **11**, 56, Nr. 1 (1953).
16. — — and W. L. Milne: Arch. Indust. Hlth **14**, 533 (1956).
17. Copp, D. H., D. J. Axelrod and J. G. Hamilton: Amer. J. Roentgenol. **58**, 10 (1947).
18. — and D. M. Greenberg: MDDC-1001, 11 (1947).
19. Cramer, C. F., and D. H. Copp: Amer. J. Physiol. **167**, 776 (1951).
20. Craver, L. F., and H. Schlundt: J. Amer. med. Ass. **105**, 959 (1935).
21. Dobson, R. L.: ANL-5584, 28 (1956).
22. Dudley, H. C.: J. Lab. clin. Med. **45**, 792 (1955).
23. — and J. Greenberg: J. Lab. clin. Med. **47**, 891 (1956).
24. — A. C. Ritchie, A. Schilling and W. H. Baker: New. Engl. J. Med. **252**, 331 (1955).
25. Ferraris, G. M., e E. Pansa: Radioter. Radiobiol. Fis. Med., ser. 3,11, 361 (1956).
26. Flinn, F. B.: J. Amer. med. Ass. **96**, 1763 (1931).
27. — and S. M. Seidlin: Johns Hopk. Hosp. Bull. **45**, 269 (1929).
28. Foreman, H.: Arch. Indust. Hyg. Occup. Med. **7**, 137 (1953).
29. — J. Amer. pharm. Ass., Sci. Ed. **42**, 629 (1953).
30. — ANL-5584, 12 (1956).
31. — ANL-5584, 23 (1956).

32. Foreman, H., and C. Finnegan: J. biol. Chem. **226**, 745 (1957).
33. — — and C. C. Lushbaugh: J. Amer. med. Ass. **160**, 1042 (1956).
34. — P. A. Fuqua and B. C. Scudder: Arch. Indust. Hyg. Occup. Med. **10**, 226 (1954).
35. — and J. G. Hamilton: AECD-3247 (1951).
36. — T. T. Trujillo, O. Johnson and C. Finnegan: Proc. Soc. exp. Biol. (N. Y.) **89**, 339 (1955).
36a. Fried, J. F., E. H. Graul, J. Schubert and W. M. Westfall: Atompraxis **5**, 1 (1959).
37. Goldie, H., G. J. Tarleton and P. F. Hahn: Proc. Soc. exp. Biol. (N. Y.) **77**, 790 (1951).
38. Gong, J. K., W. L. Milne and S. H. Cohn: USNRDL-426 (1953).
39. Graham, T. E.: ANL-5584, 48 (1956).
40. Graul, E. H., H. Hundeshagen u. W. Schömer: Strahlenther. **106**, 391 (1958).
41. Hackett, P. L.: Proc. Soc. exp. Biol. (N. Y.) **83**, 710 (1953).
42. Hamilton, J. G., and K. G. Scott: Proc. Soc. exp. Biol. (N. Y.) **83**, 301 (1953).
43. Hardy, H. L., H. B. Elkins, B. P. Ruotolo and J. Quimby: J. Amer. med. Ass. **154**, 1171 (1954).
44. Harrison, G. E., H. G. Jones and A. Sutton: Brit. J. Pharmacol. **12**, 336 (1957).
45. Hart, H. E., J. Greenberg, R. Lewin, H. Spencer, K. G. Stern and D. Laszlo: J. Lab. clin. Med. **46**, 182 (1955).
46. Hathaway, E. A., A. J. Finkel, J. Sedlet and P. F. Gustafson: ANL-5584, 24 (1956).
47. Herve, A.: Z. med. Isotopenforsch. **1**, 128 (1957).
48. Holland, J. F., E. Danielson and A. Sahagian-Edwards: Proc. Soc. exp. Biol. (N. Y.) **84**, 359 (1953).
49. Hursh, J. B.: J. Pharm. exp. Ther. **103**, 450 (1951).
50. — Proc. Soc. exp. Biol. (N. Y.) **79**, 210 (1952).
51. Joffe, M. H., and L. A. Temple: HW-28636, 92 (1953).
52. Katz, J., M. H. Weeks and W. D. Oakley: Radiat. Res. **2**, 166 (1955).
53. Kawin, B.: HW-41500, 14 (1956).
54. — Nature (Lond.) **179**, 871 (1957).
55. — and D. J. Copp: Proc. Soc. exp. Biol. (N. Y.) **84**, 576 (1953).
56. — — and J. G. Hamilton: UCRL-812 (1950).
57. Kisieleski, W. E., W. P. Norris and L. A. Woodruff: Proc. Soc. exp. Biol. (N. Y.) **77**, 694 (1951).
58. Kroll, H., S. Korman, E. Siegel, H. E. Hart, B. Rosoff, H. Spencer and D. Laszlo: Nature (Lond.) **180**, 919 (1957).
59. Kurlandskaya, E. B.: Mater. Toksik. Radioakt. Veschestv **1**, 200, (1957).
60. Langham, W. H.: WASH-490 (1954).
61. — and R. E. Carter: LA-1309 (1951).
62. Laszlo, D., D. M. Ekstein, R. Lewin and K. G. Stern: J. nat. Cancer. Inst. **13**, 559 (1952).
63. Lewin, R., B. Rosoff, H. E. Hart, K. G. Stern and D. Laszlo: Advanc. Radiobiol., Edinburgh and London **1957**, 298.
64. Looney, W. B., C. J. Maletskos, M. Helmick, J. Readon, J. Cohen and W. Guild: Radiology **68**, 255 (1957).
65. Lorenz, E., and C. C. Congdon: Proc. IV. Int. Congr. Internat. Soc. Hematol. S. 192. New York 1954.
66. MacDonald, N. S.: ANL-5584, 83, (1956).
67. — P. Noyes and P. C. Lorick: Amer. J. Physiol. **188**, 131 (1957).
68. — R. E. Nusbaum, F. Ezmirlian, R. C. Barbera, G. V. Alexander, P. Spain and D. E. Rounds: J. Pharmacol. exp. Ther. **104**, 115 (1952).
69. — — — — P. Spain and D. E. Rounds: Arch. Biochem. Biophys. **43**, 129 (1953).
70. — P. C. Spain, F. Ezmirlian and D. E. Rounds: J. Nutr. **57**, 555 (1955).
71. McClinton, L. T., and J. Schubert: J. Pharmacol. exp. Ther. **94**, 15 (1948).
72. Mewissen, D. J., and C. L. Comar: ORINS, Med. Div. Midyear Rep. Dec. 31, 31 (1956).
73. Middlesworth, L. van: MDDC-1022 (1947).
74. Moeschlin, S.: Schweiz. med. Wschr. **87**, 1091 (1957).
75. Mraz, F. R., M. LeNoir, J. J. Pinajian and H. Patrick: Arch. Biochem, Biophys. **63**, 73 (1956).
76. — — — — Arch. Biochem. Biophys. **66**, 177 (1957).
77. — and H. Patrick: Proc. Soc. exp. Biol. (N. Y.) **94**, 745 (1957).
78. — — Arch. Biochem. Biophys. **71**, 121 (1957).
79. — — Proc. Soc. exp. Biol. (N. Y.) **96**, 497 (1957).
80. — — J. Nutr. **61**, 535 (1957).
81. Nerurkar, M. K., and M. B. Sahasrabudhe: Proc. Ind. Acad. Sci. **44**, 73 (1956).

82. Neuman, K., u. E. Harbers: Naunyn-Schmiedebergs Arch. exp. Path. Pharmak. **217**, 64 (1953).
83. Norwood, W. D.: ANL-5584, 36 (1956).
84. — P. A. Fuqua and B. C. Scudder: Indust. Med. Surg. **25**, 135 (1956).
85. Odeblad, E.: Acta radiol. (Stockh.) **40**, 493 (1953).
86. Patrick, H., and J. A. Bacon: J. biol. Chem. **228**, 535 (1957).
87. Posin, D. Q.: Proc. Montana Acad. Sci. **4**, 15 (1943).
88. Ray, R. D., D. E. Stedman and N. K. Wolff: J. Bone Jt. Surg. 38-A, 637 (1956).
89. Rieders, F.: Fed. Proc. **14**, 382 (1955).
90. Rosenthall, L., and J. F. Marvin: Proc. Soc. exp. Biol. (N. Y.) **85**, 379 (1954).
91. Rubanovskaya, A. A., i V. F. Uschakova: Mater. Toksikol. Radioakt. Veschestv **1**, 197 (1957).
92. Scott, K. G., J. Crowley and H. Foreman: AECD-3247 (1951).
93. Schubert, J.: Science **105**, 389 (1947).
94. — J. Lab. clin. Med. **34**, 313 (1949).
95. — Ann. Rev. Nucl. Sci. **5**, 369 (1955).
96. — ANL-5584, 42 (1956).
97. — M. P. Finkel, M. R. White and G. M. Hirsch: J. biol. Chem. **182**, 635 (1950).
98. — and H. Wallace: J. biol. Chem. **183**, 157 (1950).
99. — and M. R. White: J. biol. Chem. **184**, 191 (1950).
100. Semenoff, D. I., i I. P. Tregubenko: Biochimiya **23**, 59 (1958).
101. Smith, V. H.: Nature (Lond.) **181**, 1792 (1958).
102. Spencer, H., M. Brothers, E. Berger, H. E. Hart and D. Laszlo: Proc. Soc. exp. Biol. (N. Y.) **91**, 155 (1956).
103. — J. Samachson and D. Laszlo: Proc. Soc. exp. Biol. (N. Y.) **97**, 565 (1958).
104. Stevens, R. H.: Radiology **39**, 39 (1942).
105. Talmage, R. V., J. C. Schooley and C. L. Comar: Proc. Soc. exp. Biol. (N. Y.) **95**, 413 (1957).
106. Thilo, E.: Angew. Chem. **67**, 141 (1955).
107. Tregubenko, I. P.: Dokl. Akad. Nauk URSS **100**, 874 (1956).
108. Vaughan, J. M., and M. L. Tutt: Lancet **1953**, 856.
109. Vogt, W., u. H. Cottier: Schweiz. med. Wschr. **87**, 665 (1957).
110. Wager, R. W., and L. A. Temple: HW-30437, 114 (1954).
111. Wasserman, R. H., C. L. Comar and M. M. Nold: J. Nutr. **59**, 371 (1956).
112. Weeks, M. H., W. D. Oakley and R. C. Thompson: Radiat. Res. **2**, 237 (1955).
113. Weikel, J., and E. Lorenz: Radiology **51**, 865 (1948).
114. White, M. R.: ANL-5584, 100 (1956).
115. — and J. Schubert: J. Pharm. exp. Ther. **104**, 317 (1952).
116. — — Radiat. Res. **6**, 349 (1957).

Die maximal zulässige Strahlenbelastung

Von

Gerhard Schubert, Günter Höhne und Hans A. Künkel

1. Einleitung

Alle Schutzmaßnahmen beim Umgang mit ionisierenden Strahlen verfolgen den Zweck, das Ausmaß einer ungewollten oder unvermeidlichen Strahlenexposition auf ein unschädliches Minimum zu reduzieren. Sie basieren daher auf der Festlegung einer Grenzdosis oder Grenzdosisleistung, die erfahrungsgemäß auch auf die Dauer weder die Gesundheit des exponierten Individuums noch die seiner Nachkommenschaft gefährdet. Sowohl die Beobachtungen über Strahlenschädigungen beim Menschen durch Röntgen- und γ-Strahlen als auch vor allem zahlreiche Befunde der Strahlenbiologie lassen jedoch erkennen, daß es keine echte, allgemeingültige „Toleranz-" oder „Verträglichkeitsdosis" gibt, die man bedenkenlos einem Menschen zumuten kann. Eine sog. *maximal zulässige Strahlenbelastung* kann dementsprechend nur eine obere Grenze der zumutbaren Belastung darstellen, bei der das Risiko einer Strahlenschädigung nach allen heutigen strahlenbiologischen und strahlengenetischen Kenntnissen sowohl für das einzelne Individuum als auch für die Gesamtheit einer größeren strahlenexponierten Bevölkerungsmasse auf das kleinstmögliche Maß beschränkt ist. Eine derartige zulässige Strahlenbelastung sollte bei jeder Exposition mit ionisierenden Strahlen nicht nur eingehalten, sondern so weit wie möglich *unterschritten* werden.

Für die Festlegung einer höchstzulässigen Strahlenbelastung erscheint es sehr wesentlich, zwischen der somatischen Strahlenwirkung und der genetischen Strahlenwirkung streng zu unterscheiden. Somatische Schädigungen treten nach lokaler oder totaler Strahleneinwirkung von außen oder innen in Form lokaler oder allgemeiner Früh- bzw. Spätreaktionen in Erscheinung. Sie manifestieren sich aber ausschließlich am bestrahlten Individuum. In allen diesen Fällen handelt es sich letztlich um strahleninduzierte patho-physiologische Prozesse, also um Vorgänge, die an den Funktionsstrukturen des Organismus und seiner Bausteine ablaufen. Charakteristisch für viele somatische Strahlenreaktionen ist, daß das Ausmaß der Reaktion nach einer bestimmten Bestrahlung entscheidend von der Art und dem Zustand des biologischen Materials abhängt. Sie besitzen daher häufig einen Schwellenwert, unterhalb dessen die Strahlenwirkung durch Reparations- und Erholungsvorgänge abgeschwächt, gelegentlich sogar vollkommen überwunden werden kann. Grundsätzlich anders liegen dagegen die Verhältnisse bei der Strahlenschädigung der Erbsubstanz.

Die erbtragenden Strukturen jeder Zelle — die Chromosome mit den Genen — sind besonders strahlenempfindlich. Sie werden durch ionisierende Strahlen im allgemeinen nachdrücklicher geschädigt als diejenigen cellulären Funktionsstrukturen, an welchen die verschiedensten Lebensvorgänge ablaufen. Die Strahlenschädigung der Erbsubstanz manifestiert sich immer als *irreversible*, bleibende Änderung, als sog. Mutation, und tritt sowohl in Keimzellen als auch in Somazellen auf. Mutationsvorgänge in den Keimzellen sind jedoch von besonderer Konsequenz, indem die Risiken des Strahlenschadens hier in ihrer Auswirkung nicht auf das betroffene Individuum beschränkt, sondern auf die *folgenden* Generationen ausgedehnt sind.

Hinsichtlich der genetischen Auswirkung einer Bestrahlung ist vor allem die Klasse der *Punktmutationen* von Bedeutung. Solche Erbänderungen sind durch echte Eingriffe oder submikroskopische Umbauvorgänge an der Erbsubstanz des Genortes bedingt. Sie werden in der Regel rezessiv vererbt; ihre Manifestation erfolgt also niemals am bestrahlten Individuum und meist auch nicht in der unmittelbaren Nachkommenschaft, sondern erst in späteren Generationen beim Auftreten homozygoter Individuen. Je nach der Manifestationsart unterscheidet man Letal- und Subletalfaktoren, Detrimentals (Geschädigte) und sichtbare Mutationen. Diese Mutationstypen findet man prinzipiell bei allen Lebewesen. Ihr Nachweis beim Menschen ist verständlicherweise nur selten möglich. Aus der Drosophila-Genetik ist jedoch bekannt, daß entsprechend der obigen Charakteristik mindestens 99% aller Punktmutationen eine schädigende Wirkung haben, die sich homozygot stets ausprägt, aber häufig schon bei heterozygoten Individuen eine Vitalitätsminderung bedingt. Fast jede derartige Erbänderung ist also gleichbedeutend mit einer *Erbschädigung*.

Nach den gesicherten Erfahrungen der Strahlengenetik gilt nun sehr allgemein, daß die Häufigkeit der strahleninduzierten Punktmutationen linear mit der Bestrahlungsdosis wächst — auch in niedrigen Dosisbereichen — und unabhängig von der zeitlichen Verteilung der Dosis ist. Es ist daher mit Sicherheit anzunehmen, daß auch kleinste Strahlendosen entsprechend ihrem Ionisationsvermögen mutagen wirken und sich über die Dauer der Generationszeit eines Individuums voll summieren. Eine genetisch ungefährliche Strahlendosis gibt es also prinzipiell *nicht*. Hierin liegt die Besonderheit der Strahlenwirkung auf das Erbgut und die außerordentliche Schwere der genetischen Gefährdung von Organismen durch ionisierende Strahlen.

Das Ausmaß der späteren Manifestation der genetischen Strahlenwirkung hängt natürlich sehr entscheidend von dem Umfang der Gesamtstrahlenbelastung des Erbgutes einer Bevölkerung ab. Die ständig zunehmende Strahlenbelastung immer größerer Bevölkerungskreise durch die vielfältige zivilisatorische Strahlenanwendung und insbesondere durch die technische Nutzung der Atomenergie hat allerdings dazu geführt, daß die genetische Strahlenschädigungsgefahr heute nicht nur individuell die Nachkommenschaft einer recht kleinen, umschriebenen Gruppe von Menschen betrifft, sondern bereits zu einem Kollektivproblem geworden ist, das bei der Festlegung einer zulässigen Strahlenbelastung einer besonderen Berücksichtigung bedarf. Eine sichere Beurteilung des genetischen Risikos, dem ein großer Teil der derzeitigen Menschheit durch die Strahleneinwirkung ausgesetzt ist, stößt allerdings noch aus verschiedenen Gründen auf Schwierigkeiten. Das spontane und induzierte Mutationsgeschehen beim Menschen ist in quantitativer Hinsicht nur ungenau bekannt. Auch über die Auswirkungen einer Mutationssteigerung auf das im Laufe der Entwicklung der Menschheit zustande gekommene Gleichgewicht zwischen dem Zugang neuer Mutationen und der Ausmerzung derselben durch Selektionsvorgänge kann vorerst nur wenig Sicheres gesagt werden. Immerhin lassen es die gesicherten Erfahrungen der experimentellen Strahlengenetik und der Populationsgenetik als notwendig erscheinen, jede unvermeidliche Bestrahlung der Erbsubstanz des Menschen so gering wie möglich zu halten.

Wie aufgezeigt, erscheint es also auf Grund strahlenbiologischer Erfahrungen unmöglich, eine gänzlich ungefährliche Strahlendosis anzugeben, die *oberhalb* der natürlichen Strahlenbelastung liegt, der alle Lebewesen ausgesetzt sind. Für die genetische Strahlenwirkung gibt es keine „Toleranzdosis" im strengen Sinne. Wieweit bei den somatischen Strahlenschädigungen grundsätzlich mit einer derartigen Grenzdosis zu rechnen ist, kann heute trotz zahlreicher experimenteller Befunde nicht sicher gesagt werden. Die Festlegung einer maximal zulässigen Strahlenbelastung kann demnach nur darin bestehen, eine „*akzeptable*" Strahlenexposition anzugeben, bei der das Risiko der Strahlenschädigung sowohl vom Standpunkt des Individuums als auch vom Standpunkt des Kollektivs nach allen bisherigen Erfahrungen auf ein Minimum herabgesetzt ist.

Ein Schutz gegenüber einer Strahleneinwirkung von *außen* — etwa bei der Handhabung von radioaktiven Substanzen im radiochemischen Laboratorium oder bei der Verwendung der Radioisotope als externe Strahlenquelle — kann nach den Erfahrungen der röntgenologischen Strahlenschutzpraxis leicht in hinreichender Weise durchgeführt werden. Eine besondere und schwerwiegende Gefährdung ist jedoch immer dann gegeben, wenn radioaktive Substanzen *inkorporiert* werden. Eine Einverleibung strahlender Substanzen bedeutet fast immer eine nicht mehr beeinflußbare Strahlenbelastung des gesamten Körpers und insbesondere bestimmter Organe auf mehr oder minder lange Zeit. Hier kann nur durch eine Beschränkung der Inkorporation auf eine maximal zulässige Menge einer radioaktiven Substanz erreicht werden, daß an keiner Stelle des Körpers die Grenze der zulässigen Strahlenbelastung überschritten wird.

2. Dosis und Dosisleistung

Die Definition des Begriffs „Strahlendosis", die Festlegung von Dosiseinheiten sowie die Entwicklung und Standardisierung geeigneter Meßmethoden sind seit über 4 Jahrzehnten das Ziel gemeinsamer Bemühungen von Physikern und Radiologen. Die zahlreichen sich diesen Bemühungen entgegenstellenden Schwierigkeiten, welche sich in der Vielzahl der seither vorgeschlagenen, zeitweise benutzten und wieder verworfenen Definitionen und Einheiten wiederspiegeln, können auch heute noch nicht als restlos überwunden gelten. Nicht immer ist hierbei sehr glücklich verfahren worden; nicht immer ist auf eine saubere, naturwissenschaftlich exakte Trennung der Begriffe „Größe", „Einheit" und „Meßvorschrift" geachtet worden.

Die Hauptschwierigkeit liegt in der gleichzeitigen Erfüllung von 3 Grundforderungen, nämlich in der exakten Definition einer physikalischen Größe, welche zugleich in einer sinnvollen und möglichst leicht überschaubaren Relation zu ihrer biologischen Wirkung stehen und andererseits möglichst genau und möglichst einfach meßbar sein soll. Ihre Einheit soll zudem möglichst leicht reproduzierbar, auf die bekannten physikalischen Grundeinheiten zurückzuführen sein und ferner möglichst keine Materialkonstanten enthalten.

Es ist unmöglich, hier alle Dosiseinheiten aufzuführen, die bisher vorgeschlagen oder benutzt wurden. Eine Anzahl von ihnen, wie z. B. die X-Einheit und die HOLZKNECHT-Einheit waren durch bestimmte photochemische Reaktionen definiert. Die sog. FÜRSTENAU-Einheit war durch die Änderung der Leitfähigkeit des Selens festgelegt. Für eine relativ lange Zeit hat — allerdings fast ausschließlich in der Medizin — eine biologisch definierte Dosiseinheit praktische Anwendung gefunden: die Hauteinheitsdosis (HED), gelegentlich auch Hauterythemdosis genannt (1920). Als Beispiel für die Unsicherheit der damaligen Dosimetrie sei die ursprüngliche Definition dieser Einheit angeführt: „1 HED ist diejenige Strahlenmenge, die nach einer Woche eine leichte Rötung, nach 3 Wochen eine bräunliche Verfärbung und nach 6 Wochen eine deutliche Bräunung der Haut hervorruft auf einem Hautfeld von 6 × 8 cm² Fläche bei 23 cm Focus-Haut-Abstand mit harter Strahlung".

Der Unsicherheitsfaktor dieser Einheit soll nach späteren Vergleichsmessungen mit der Ionisationskammer mehrere 100 r betragen haben.

Erst als man erkannte, daß die biologische Wirksamkeit der Röntgenstrahlen in überwiegendem Maße auf die Entstehung von Ionisationen im lebenden Gewebe zurückzuführen ist, konnte eine geeignete Definition und eine brauchbare Maßeinheit der Strahlendosis geschaffen werden.

Bereits in den zwanziger Jahren wurde daher die Größe „Strahlendosis" allein auf die Ionisationswirkung bezogen. Ihre Einheit wurde als „Röntgen" (r) bezeichnet. Später wurde auf Grund internationaler Übereinkunft für Röntgen- und γ-Strahlung folgende Definition eingeführt: „1 Röntgen soll eine solche Menge von Röntgen- oder γ-Strahlung sein, daß die mit ihr verbundene Corpuscularemission bezogen auf 0,001293 g Luft in Luft Ionen beiderlei Vorzeichens erzeugt, welche eine freie Elektrizitätsmenge von 1 elektrostatischen Einheit mit sich führen". Als Meßvorschrift besteht für diese Einheit die Forderung, daß die Zahl der in das Meßvolumen von außen eintretenden Elementarladungen gleich der aus dem Volumen austretenden sein muß, mit anderen Worten: daß Elektronengleichgewicht herrschen muß. Dies ist im allgemeinen bei Röntgen- und γ-Strahlen stets der Fall, wenn das Meßvolumen (z. B. eine Fingerhutkammer) von einer ausreichend dicken Schicht eines „luftäquivalenten" Materials umgeben ist. Wie bereits erwähnt, ist das Röntgen nur für Röntgen- und γ-Strahlen definiert. Auch für diese ist es jedoch nur bis zu Quantenenergien von 2—3 MeV anwendbar, da nur in diesem Energiebereich Elektronengleichgewicht garantiert ist. Eine Anwendung der alten Röntgeneinheit auf Quantenstrahlungen höherer Energien sowie auf Corpuscularstrahlungen ist jedoch aus den oben genannten Gründen nicht mehr statthaft. Mit der Einführung der ultraharten Strahlen in die medizinische Praxis und der ständig zunehmenden Anwendung radioaktiver Stoffe auf den verschiedensten Gebieten wurde die Forderung nach einer Neudefinition geeigneter Dosisgrößen und einer Schaffung neuer Einheiten für eine Beschreibung und Messung ionisierender Strahlungen immer dringlicher.

Von Parker wurde daher 1948 eine weitere Dosiseinheit „rep" vorgeschlagen (Abkürzung von roentgen equivalent physical), welche zumindest den Vorteil hatte, definitionsgemäß auf alle Strahlenarten und alle Energiebereiche anwendbar zu sein. Insbesondere für β-Strahlen sowie für ultraharte Strahlungen wurde sie mehrere Jahre hindurch allgemein verwendet. Inzwischen waren jedoch für diese Einheit mindestens 4 verschiedene Definitionen in Gebrauch, die sich zwar voneinander nur geringfügig (auch in den Zahlenwerten) unterschieden, eine exakte Anwendung jedoch außerordentlich erschwerten.

Die neuen, der Internationalen Kommission für radiologische Einheiten und Meßmethoden (ICRU) vorliegenden Vorschläge versuchen in dieses Durcheinander Ordnung hineinzubringen. In diesen Empfehlungen wird zwischen folgenden Größen unterschieden: der Energiedosis (absorbed dose) und der Ionendosis (ion dose). Diese Größen sind folgendermaßen definiert:

1. Die Energiedosis D einer ionisierenden Strahlung ist der Grenzwert des Quotienten $\Delta E/\Delta m$, wobei ΔE die auf Materie der Masse Δm übertragene Strahlungsenergie darstellt.

$$D = \lim_{\Delta m \to 0} \frac{\Delta E}{\Delta m}$$

Die Einheit der Energiedosis ist das „rad" (von radiation).

$$1 \text{ rad} = 100 \text{ erg} \times \text{g}^{-1} = 10^{-2} \text{ Joule} \times \text{kg}^{-1}$$

Dieser Begriff Energiedosis ist also ganz allgemein nur als Energieabsorption pro Gramm Materie definiert, wobei weder über die Art der Materie noch über die Art der Energieübertragung (Wechselwirkung mit Atomhüllen oder Wechselwirkung mit Atomkernen) eine Aussage gemacht ist. Unter ionisierender Strahlung wird hier sowohl eine Strahlung geladener Teilchen, wie z. B. Elektronen, Protonen, Deuteronen, α-Strahlen usw. verstanden, welche sowohl direkt wie auch über ihre Sekundärteilchen ionisieren, als auch Röntgen-, γ- und Neutronen-

Strahlen, welche hauptsächlich indirekt ionisieren, aber auch direkt Ionisationen erzeugen können.

Um die Energiedosis an einem bestimmten Punkt zu bestimmen, ist es notwendig, eine kleines Stück Materie Δm zu betrachten und die auf dieses Stück Materie übertragene Energie ΔE durch Δm zu dividieren. Natürlich muß die Größe des betrachteten Materiestückchens so gewählt sein, daß die Energieverteilung noch als gleichförmig angenommen werden kann. Andererseits darf Δm nicht so klein sein, daß die Zahl der darin erfolgenden Elementarakte so gering ist, daß statistische Schwankungen gegenüber benachbarten Materiestückchen gleicher Größe ins Gewicht fallen. Die hier aufgeführten Grenzwerte sind daher alle nur als sog. „physikalische Grenzwerte" zu betrachten. Da die Energiedosis auf jede Art von Materie bezogen sein kann, ist es notwendig, die Art des Stoffes, in welchem die Absorption erfolgt, stets anzugeben.

Ein Nachteil dieser neuen Einheit „rad" liegt zweifellos darin, daß es im allgemeinen nicht möglich ist, die Energiedosis *direkt* zu messen. Lediglich bei sehr hohen Dosisleistungen kann die in Wärmeenergie umgewandelte Strahlungsenergie bei einfachen Versuchsanordnungen mit empfindlichen Instrumenten bestimmt werden. Eine Bestimmung der Energiedosis, z. B. im lebenden Gewebe, ist im allgemeinen nur auf indirektem Wege möglich.

2. Die *Ionendosis I* einer ionisierenden Strahlung ist der Grenzwert des Quotienten $\Delta Q/\Delta m_L$, wobei ΔQ die in *Luft* der Masse Δm_L gebildete totale Ionenladung darstellt.

$$I = \lim_{\Delta m_L \to 0} \frac{\Delta Q}{\Delta m_L}$$

Die Einheit der Ionendosis ist das „Röntgen" (r).

$$1 \text{ r} = 1 \text{ esL}/0,001293 \text{ g} = 2,58 \times 10^{-4} \text{ Coulomb} \times \text{kg}^{-1}$$

Die Definition eines zweiten Dosisbegriffes hat ihren Grund in der Tatsache, daß bis zum heutigen Tage immer noch Ionisationsmessungen in Luft die weitaus größte praktische Bedeutung unter allen Meßverfahren besitzen. Auch für die indirekte Ermittlung der Energiedosis im lebenden Gewebe kommt neben anderen größtenteils noch in der Entwicklung begriffenen Meßmethoden vor allem die Ionisationsmessung in Betracht. Deshalb hat die auf die Masse der Luft bezogene Ionisierung die Benennung als Dosisgröße behalten. Zu beachten ist hier natürlich, daß sowohl die geometrische Form sowie das Material der verwendeten Ionisationskammer wesentliche Faktoren bei der Umrechnung der Ionendosis in die Energiedosis sind. Ohne näher auf die Problematik der Beziehung zwischen den beiden Dosisbegriffen einzugehen (hier sei auf die einschlägige Literatur verwiesen), soll an dieser Stelle nur erwähnt werden, daß unter ganz bestimmten Voraussetzungen (u. a. keine Störung des Flusses der ionisierenden Teilchen durch das Einbringen einer Meßkammer) die Ionendosis im Meßvolumen mit der Energiedosis im Medium durch die Bragg-Graysche Beziehung miteinander verknüpft sind. (Bei gleichbleibendem Absorber unterscheiden sich Ionendosis und Energiedosis nur um einen konstanten Faktor. Für biologisches (weiches) Gewebe entspricht einer Ionendosis von 1 r eine Energiedosis von 93 erg/g = 0,93 rad.)

Wird die Messung der Ionendosis für Röntgen- oder γ-Strahlung (mit Energien bis zu 3 MeV) bei Elektronengleichgewicht durchgeführt, so entspricht dies einer Messung in der alten Röntgeneinheit. Hierfür wurde der Begriff „Standard-Ionendosis" vorgeschlagen.

Die pro Zeiteinheit verabfolgte Dosis wird als *Dosisleistung* bezeichnet. Man spricht also von Energiedosisleistung und von Ionendosisleistung. Sie sind definiert als die Grenzwerte der Quotienten der entsprechenden Dosen dividiert durch die Zeit Δt für $\Delta t \to 0$.

Da verschiedene Strahlenarten entsprechend ihrer mittleren spezifischen Ionisation bei gleicher physikalischer Dosis eine unterschiedliche biologische Wirksamkeit haben können, wurde als *Biologische Dosiseinheit* das „rem" (roentgen equivalent man) eingeführt. Diese Einheit trägt den Unterschieden in der biologischen Wirksamkeit der einzelnen Strahlenarten insbesondere für den Strahlenschutz weitgehend Rechnung. Allerdings sind die hier verwendeten Faktoren der Relativen Biologischen Wirksamkeit (RBW) nur Mittelwerte, die sich aus zahlreichen Untersuchungen an den verschiedensten strahlenbiologischen Einzelreaktionen ergeben. In den im folgenden Abschnitt aufgeführten Bestimmungen für die maximal zulässigen Dosen ist aus Gründen der Vereinfachung die noch zu tolerierende Strahlenbelastung jeweils im biologischen Dosismaß, also in der Einheit rem angegeben. In der Tabelle 1 sind die Umrechnungsfaktoren von rad in rem für die einzelnen Strahlenarten zusammengestellt.

Tabelle 1. *Umrechnung der Energiedosis (rad) in biologische Dosiseinheiten (rem) bei verschiedenen Strahlenarten*

Röntgenstrahlen	1 rad = 1 rem
γ-Strahlen.	1 rad = 1 rem
β-Strahlen	1 rad = 1 rem
Schnelle Neutronen (bis 10 MeV)	1 rad = 10 rem
Protonen (bis 10 MeV)	1 rad = 10 rem
α-Strahlen	1 rad = 10 rem
Schwere Rückstoßkerne. . . .	1 rad = 20 rem

3. Maximal zulässige Dosen

Wie in den vorangehenden Abschnitten gezeigt wurde, kann nach dem augenblicklichen Stand unserer Kenntnis auf dem Gebiete der Strahlenbiologie und der Strahlengenetik ein Grenzwert der Strahlendosis, unterhalb dessen mit keinerlei somatischen oder genetischen Schädigungen zu rechnen ist, nicht angegeben werden. Alle Bemühungen um die Aufstellung sog. „Toleranzdosen" können somit nur zum Ziele haben, gewisse Höchstwerte der Strahlenbelastung festzulegen, bei denen die Möglichkeit einer Strahlenschädigung des menschlichen Organismus und seiner Erbsubstanz so gering gehalten wird, daß sie eben noch „toleriert" werden kann, ohne andererseits die friedliche Nutzung der ionisierenden Strahlen zu stark zu behindern. Es würde im Rahmen dieses Buches zu weit führen, die historische Entwicklung, welche mit der Einführung des Begriffs „Toleranzdosis" durch MUTSCHELLER in den zwanziger Jahren begann, im einzelnen aufzuzeigen. Es sei hier nur darauf hingewiesen, daß diese Entwicklung trotz frühzeitiger Bemühungen um eine internationale Regelung in den einzelnen Ländern zunächst recht verschieden verlaufen ist. Erst in den letzten Jahren zeigte sich infolge des zunehmenden Einflusses der verschiedenen übernationalen Gremien eine verstärkte Tendenz zur Angleichung der höchstzulässigen Dosiswerte in den einzelnen Ländern.

Die neuesten vom Rat der Europäischen Atomgemeinschaft (Euratom) erlassenen Richtlinien, welche sich eng an die Empfehlungen der Internationalen Strahlenschutzkommission (I.C.R.P.) anschließen, zeigen gegenüber früheren Empfehlungen insofern einen grundlegenden Unterschied, als hier für verschiedene Personengruppen unterschiedliche höchstzulässige Dosiswerte festgelegt sind. So wird bezüglich der zulässigen Strahlenbelastung zwischen den „beruflich strahlenexponierten Personen", der „Gesamtbevölkerung" und „besonderen Bevölkerungsgruppen" unterschieden. Hierbei werden unter „beruflich strahlenexponierten Personen" solche Personen verstanden, die in einem sog. „Kontrollbereich" einer

Beschäftigung nachgehen, bei der sie den mit ionisierenden Strahlungen verbundenen Gefahren ausgesetzt sind. Der „Kontrollbereich" ist definiert als ein Bereich, in welchem sich ein ionisierender Strahler befindet, in dem mit der Möglichkeit gerechnet werden muß, daß beruflich strahlenexponierte Personen eine höhere Dosis empfangen als 1,5 rem pro Jahr, und innerhalb dessen physikalische Strahlenschutzkontrollen und ärztliche Kontrollen durchgeführt werden. Zu den „besonderen Bevölkerungsgruppen" gehören z. B. Personen, die sich zwar auf Grund ihrer Tätigkeit gelegentlich oder ständig in einem Kontrollbereich aufhalten, die aber nicht als „beruflich strahlenexponiert" zu betrachten sind, ferner solche Personen, die sich normalerweise in der Umgebung des Kontrollbereiches aufhalten und aus diesem Grunde einer höheren Strahlenbelastung ausgesetzt sein können, als für die Gesamtbevölkerung festgesetzt ist, schließlich aber auch solche Personen, die zwar gelegentlich oder auch regelmäßig mit Geräten umgehen, welche ionisierende Strahlen aussenden oder radioaktive Stoffe enthalten, jedoch in solcher Menge, daß die emittierte Strahlung keine Überschreitung der zulässigen Personendosis zur Folge haben kann. (Hier ist z. B. an Schuhdurchleuchtungsgeräte gedacht oder an schwach aktive Präparate zu Meßzwecken u. dgl.).

Ein weiterer Begriff, der in den genannten Richtlinien enthalten ist, ist der sog. „Überwachungsbereich". Unter diesem wird jeder an einen Kontrollbereich angrenzende räumliche Bereich verstanden, in welchem ständig die Gefahr besteht, daß die für die Gesamtbevölkerung höchstzulässige Dosis überschritten wird, und in dem physikalische Strahlenschutzkontrollen durchgeführt werden.

Einer solchen Aufteilung in verschiedene Personengruppen, für welche unterschiedliche zulässige Höchstwerte der Strahlenexposition festgelegt sind, liegen vor allem populationsgenetische Gesichtspunkte zugrunde. Das Ziel aller Strahlenschutzmaßnahmen ist nicht nur, die Strahlenexposition der Personen, welche ionisierenden Strahlen ausgesetzt sind, so niedrig wie möglich zu halten, sondern auch die Zahl dieser Personen so weit wie möglich zu beschränken.

a) Ganzkörperbestrahlungen

Die höchstzulässige Dosis für eine beruflich strahlenexponierte Person wird unter Zugrundelegung einer durchschnittlichen Jahreshöchstdodis von 5 rem und unter Berücksichtigung des Lebensalters bestimmt. Sie wird nach der Formel

$$D_{max} = 5 \, (n - 18) \text{ rem} \tag{1}$$

errechnet, wobei mit n das Lebensalter in Jahren bezeichnet ist. Für $n = 18$ ergibt sich eine Dosis $D = 0$, das bedeutet also, daß keine Person unter 18 Jahren eine Tätigkeit ausüben darf, bei der sie beruflich der Gefahr ionisierender Strahlen ausgesetzt ist.

Weiterhin ist festgesetzt, daß für beruflich strahlenexponierte Personen die während eines Zeitraumes von 13 aufeinanderfolgenden Wochen akkumulierte Dosis insgesamt 3 rem nicht überschreiten darf. Die Verabfolgung einer einzelnen Dosis von 3 rem ist nur ausnahmsweise zulässig. Natürlich muß eine solche zeitweilige Überexposition der obigen Grundformel entsprechend wieder „eingespart" werden. In keinem Fall darf jedoch eine Jahresdosis von 12 rem überschritten werden. Auf diese Weise sind die Strahlenschutzvorschriften trotz der Herabsetzung der maximalen Dosen von ihrer früheren teilweise sehr schematischen Formulierung abgegangen und enthalten innerhalb gewisser Grenzen Ausweichmöglichkeiten. So kann z. B., wenn die in früheren Lebensjahren akkumulierte Dosis mit Sicherheit bekannt ist und unter der nach Formel (1) errechneten höchstzulässigen Dosis liegt, eine weitere Exposition nach der Quartalrate von 3 rem in

13 Wochen solange fortgesetzt werden, bis die nach Formel (1) bestimmte Maximal-dosis erreicht ist.

Ist die in früheren Lebensjahren akkumulierte Dosis nicht mit Sicherheit bekannt, so wird davon ausgegangen, daß sie der nach Formel (1) ermittelten Höchstdosis entspricht.

Auch die Möglichkeit des Unfalles ist in den genannten Richtlinien berück-sichtigt worden. Erhält eine beruflich strahlenexponierte Person infolge eines Un-falles eine Dosis über 3 rem (bis zu 25 rem), so muß diese Dosis bei der Berechnung der höchstzulässigen Strahlenbelastung nach Formel (1) berücksichtigt werden, vorausgesetzt, daß eine solche Überschreitung der Maximaldosis nur einmal im Leben des Betreffenden erfolgt ist. Wird diese höchstzulässige Gesamtdosis (nach Formel (1)] jedoch überschritten, so bleibt der überschreitende Wert außer Be-tracht. Für den Fall einer gewollten außergewöhnlichen Bestrahlung (z. B. zur Verhütung eines größeren Unfalles), kann für beruflich strahlenexponierte Per-sonen ausnahmsweise eine Dosis von 12,5 rem zugelassen werden. Diese Dosis darf allerdings nur einmal im Leben empfangen werden und muß ebenfalls béi Anwen-dung der Formel (1) berücksichtigt werden. Das weibliche Personal darf im übrigen einer solchen „gewollten außergewöhnlichen Bestrahlung" vor dem Ende des Fort-pflanzungsalters nicht ausgesetzt werden.

Neben dem oben bereits erwähnten strikten Verbot jedweden beruflichen Um-gangs mit ionisierenden Strahlen für alle Personen, die das 18. Lebensjahr noch nicht vollendet haben, dürfen auch schwangere oder stillende Frauen nicht zu Beschäftigungen zugelassen werden, mit denen das Risiko einer erhöhten Strahlen-belastung verbunden ist.

b) Teilkörperbestrahlungen

Für beruflich strahlenexponierte Personen sind bezüglich Teilkörperbestrah-lungen in bestimmten Fällen höhere Dosen zugelassen, sofern die Gesamtheit der blutbildenden Organe, die Keimdrüsen und die Augen keine höheren Dosen auf-genommen haben, als durch die Formel (1) festgelegt ist. So sind z. B. bei Bestrah-lung von außen für Hände, Unterarme und Füße Dosen bis zu 15 rem in 13 Wochen bzw. 60 rem pro Jahr zugelassen.

Handelt es sich bei einer Strahleneinwirkung von außen um wenig durch-dringende Strahlen, die praktisch bereits völlig in der Haut absorbiert werden, so darf die Dosis bis zu 8 rem in 13 Wochen bzw. 30 rem im Jahr betragen.

Aus dieser Sonderregelung für Teilkörperbestrahlungen ist deutlich ersichtlich, daß die neuerlichen Verschärfungen in den Strahlenschutzbestimmungen vor allem im Hinblick auf die Gefährdung des menschlichen Erbgutes festgesetzt wurden, welche mit der wachsenden Zahl derer, die mit ionisierenden Strahlen in Berührung kommen, in ständigem Zunehmen begriffen ist. Zur Vermeidung somatischer Schäden ist vor allem die höchstzulässige Belastung des blutbildenden Systems und der Augenlinsen sehr niedrig gehalten. Um andererseits die Anwendung ioni-sierender Strahlen nicht zu stark zu behindern, sind für die Extremitäten wesent-lich höhere Dosen erlaubt worden.

c) Die höchstzulässigen Dosen für besondere Bevölkerungsgruppen und für die Gesamtbevölkerung

Eine wesentliche Verschärfung des Strahlenschutzes wird aus den oben an-gedeuteten Gesichtspunkten für die sog. besonderen Bevölkerungsgruppen gefor-dert. So sollen alle diejenigen Personen, welche sich gelegentlich in einem Kontroll-bereich aufhalten, ohne beruflich mit ionisierenden Strahlen umzugehen, imHöchst-falle eine Dosis von 1,5 rem pro Jahr erhalten. Das gleiche gilt für Personen, welche mit den oben erwähnten schwachen Strahlungsquellen umgehen. Für alle Personen, die sich normalerweise in der Umgebung eines Kontrollbereiches aufhalten, ist sogar nur eine maximale Jahresdosis von 0,5 rem zugelassen.

Für die Gesamtbevölkerung ist jedoch die höchstzulässige bis zum Alter von 30 Jahren akkumulierte Strahlendosis auf 5 rem festgesetzt. Hierbei ist selbstverständlich eine Strahleneinwirkung auf Grund der natürlichen Umweltstrahlung sowie evtl. ärztlicher Untersuchungen und therapeutischer Maßnahmen außer Betracht gelassen.

4. Strahlenbelastung bei Inkorporation von radioaktiven Substanzen

a) Dosisberechnung bei inkorporierten radioaktiven Substanzen

Eine Inkorporation von radioaktiven Substanzen beim Menschen ist nur zulässig, wenn man sich über die Höhe der daraus resultierenden Strahlenbelastung im klaren ist. Bei der therapeutischen Anwendung von Radioisotopen wird es zwar nur darauf ankommen, den Kranken vor einer übermäßigen und unnötigen Strahlenbelastung zu schützen. Alle diagnostischen oder Indikatoruntersuchungen setzen jedoch unabdingbar voraus, daß lediglich eine solche Menge an radioaktiver Substanz appliziert wird, bei der die Einhaltung der maximal zulässigen Strahlendosis im gesamten Organismus gewährleistet ist. Allein auf diese Weise ist die Einführung von radioaktiven Substanzen in den Organismus ohne Gefahr möglich.

Radioisotope werden im allgemeinen in gelöster Form injiziert oder oral verabreicht. Fast immer werden sie in verschiedenem Maße selektiv in einzelnen Geweben oder Organen abgelagert und mehr oder minder schnell aus dem Körper eliminiert. Es ist offensichtlich, daß unter solchen Umständen die im Körper wirksame Strahlendosis nicht einwandfrei zu ermitteln ist. Eine Dosisbestimmung *durch direkte Messung* der emittierten Strahlung im oder am Körper dürfte meist undurchführbar sein. Zumindest in einfachen Fällen und unter gewissen vereinfachenden Voraussetzungen ist jedoch eine rechnerische Ermittlung der von einem inkorporierten Isotop gelieferten Gewebsdosis an Hand der bekannten physikalischen Größen wie Strahlenqualität, Strahlenenergie und Halbwertszeit möglich. Können ferner die biologischen Größen bezüglich der Aufnahme, Ablagerung und Ausscheidung eines Isotops und damit die Verteilung der radioaktiven Substanz im Körper berücksichtigt werden, so läßt sich oft mit einer befriedigenden Genauigkeit die im Organismus bzw. in einzelnen Organen oder Geweben wirksam werdende Strahlendosis abschätzen.

Eine Berechnung der von inkorporierten radioaktiven Substanzen im Organismus (oder auch in Einzelorganen) hervorgerufenen Gewebsdosis auf Grund der Kenntnis der physikalischen Größen ist nur unter vereinfachenden Annahmen möglich. Voraussetzung für die Gültigkeit der folgenden Dosisformeln ist daher:

1. eine homogene Verteilung der radioaktiven Substanz im Körper bzw. Einzelorgan,

2. eine stabile Verteilung des Isotops, d. h. also das Fehlen jeglicher Ausscheidung,

3. eine konstante Absorption der emittierten β- oder γ-Strahlung im gesamten Körper, d. h. eine Vernachlässigung der Absorptionsunterschiede in verschiedenen Gewebsarten.

Es ist klar, daß die wirkliche Verteilung eines Isotops nur in Ausnahmefällen annähernd homogen ist und daß immer mehr oder minder schnell eine Ausscheidung aus dem Körper einsetzt. In Fällen, wo eine Anreicherung radioaktiver Substanzen in einem Gewebe oder Organ zu erwarten ist, darf daher eine errechnete

Dosis nur mit äußerster Vorsicht unter Berücksichtigung eines entsprechenden Sicherheitsfaktors angewendet werden. Zur Abschätzung der wirklichen Dosis aus der berechneten ist demnach eine genaue Kenntnis der Verteilungs- und Ausscheidungsverhältnisse im menschlichen oder tierischen Körper unbedingt erforderlich.

Eingehende Untersuchungen über den Zusammenhang von Isotopenkonzentration und Strahlendosis sind mehrfach angestellt worden. Insbesondere wurden von Marinelli, Hine und Quimby eine Reihe von Formeln angegeben, die unter den erwähnten Voraussetzungen eine genauere Berechnung der von einem Isotop gelieferten β- oder γ-Strahlendosis gestatten. Diese Dosisformeln erlauben die Bestimmung der maximal zulässigen Menge ("safe tracer concentration") eines Isotops, d. h. derjenigen Aktivitätskonzentration, die in den ersten 24 Std. nach Verabfolgung gerade die zulässige Strahlendosis je Tag liefert. Die folgenden Dosisformeln entstammen den Arbeiten von Marinelli u. Mitarb. sowie von Meyer-Schützmeister.

α) β-Strahler

Ist ein β-Strahler (Elektronen- oder Positronenstrahler) homogen und stabil in einem Körper verteilt, dessen lineare Dimensionen im Vergleich zur Reichweite der β-Teilchen groß sind, so gestaltet sich die Berechnung der β-Strahlendosis verhältnismäßig einfach; die Absorption der β-Strahlen kann dann im gesamten Körper als konstant angesehen werden. Diese letztgenannte Voraussetzung gilt bei der Anwendung von Radioisotopen sowohl beim Menschen als auch bei nicht allzu kleinen Versuchstieren sicher immer.

Ergibt sich nach Verabfolgung eines β-Strahlers die Isotopenkonzentration im Gewebe zu c mC/kg bzw. c μC/g, ist E die mittlere Elektronenenergie in MeV und T die Halbwertszeit des Isotops in *Tagen*, so beträgt — wenn man von den oberflächennahen Geweben absieht — die beim totalen Zerfall insgesamt absorbierte β-Strahlendosis

$$D_\beta = 74\ \bar{E}_\beta\, Tc = K_\beta\, c \quad \text{(rad)} \tag{1}$$

Dabei gibt

$$K_\beta = 74\ \bar{E}_\beta\, T$$

unmittelbar die Dosis in (rad) für jedes vollständig zerfallene μC pro g Gewebe an.

Aus der Gleichung (1) können weitere, für praktische Zwecke sehr nützliche Formeln abgeleitet werden. Soll die Dosis für einen Zeitraum berechnet werden, der nicht sehr klein gegen die Halbwertszeit ist, so ist eine Berücksichtigung des Abfalls der Aktivität erforderlich. Die innerhalb einer Zeit von t Tagen freiwerdende Dosis ist proportional dem Anteil der in diesem Zeitraum zerfallenden Atome und ergibt sich damit nach dem Zerfallsgesetz zu

$$d_\beta(t) = D_\beta(1 - e^{-0,693\,t/T})\ \text{(rad).} \tag{2}$$

Daraus folgt, daß nach der Zeit T die Dosis D_β auf $\tfrac{1}{2}\,D_\beta$ abgesunken ist. Die Gleichung (2) erweist sich nun als wichtig für die Berechnung derjenigen Isotopenkonzentration, die die maximal zulässige Strahlendosis, d. h. also 0,014 rad/Tag liefert. Innerhalb des ersten Tages nach Applikation des Isotops entsteht nämlich in 1 g Gewebe eine Strahlendosis von

$$d_\beta(1) = K_\beta\, c\ (1 - e^{-0,693/T})\ \text{(rad),} \tag{3}$$

wobei $(1 - e^{-0,693/T}) = f_d$ die Zerfallsrate des Isotops in 24 Std. ist. Die maximal zulässige Konzentration der radioaktiven Substanz S_β läßt sich nun leicht angeben. Mit $t = 1$ wird

$$0,014 = K_\beta \cdot S_\beta \cdot f_d$$

Hieraus folgt, wenn S_β in μC/kg Gewebe angegeben wird,

$$S_\beta = \frac{14}{K_\beta \cdot f_d} \; (\mu\text{C/kg}) \,. \tag{4}$$

β) γ-Strahler

Gewöhnlich werden beim Zerfall radioaktiver Isotope β-Teilchen emittiert, die negativ oder positiv geladen sind. Bei einem Teil der Isotope findet man außerdem eine γ-Strahlung. Hinterläßt der β-Zerfall einen angeregten Folgekern, so resultiert eine aus ein oder mehreren Quanten bestehende Kerngammastrahlung. Bei allen Positronenstrahlern tritt zusätzlich eine γ-Strahlung von 0,51 MeV als Folge der Neutralisierung der Positronen durch Elektronen auf (sog. Vernichtungsstrahlung). Während die von der β-Strahlung gelieferte Dosis eine einfach zu berechnende und praktisch konstante Größe ist, gestaltet sich die Berechnung der γ-Strahlendosis wesentlich komplizierter. Auch bei homogener Verteilung der Substanz und bei Vernachlässigung einer Ausscheidung ist die im Körper absorbierte Strahlendosis nicht konstant. Die γ-Strahlen werden infolge ihrer großen Durchdringungsfähigkeit auf Strecken absorbiert, die gegenüber den Körperdimensionen nicht mehr klein sind; ferner ist ihre Absorption stark materialabhängig. Dadurch ergeben sich an verschiedenen Stellen des Körpers durchaus verschiedene Dosiswerte. Im Innern des Körpers ist die Bestrahlung stärker als in den peripher liegenden Gebieten.

Eine Bestimmung der γ-Strahlendosis wird nun ermöglicht durch die Verwendung einer von MARINELLI eingeführten Konstanten I_γ. Diese Dosiskonstante wird durch Berechnung der Ionisation in Luft durch die Strahlenquelle gewonnen. Sie gestattet die Messung der Aktivität eines γ-Strahlers in r, und zwar gibt I_γ die Dosisleistung (r/h) einer punktförmigen Strahlenquelle von 1 mC in 1 cm Luftentfernung an. Ist I_γ bekannt, so ist die γ-Strahlendosis leicht zu bestimmen. Enthält das Gewebe nach Verabfolgung eines radioaktiven Isotops mit der Halbwertszeit T in *Stunden* eine Isotopenmenge von $c\ \mu$C je Gramm, so ergibt sich beim totalen Zerfall eine Dosis von

$$D_\gamma = 1{,}44\, I_\gamma T\; 10^{-3}\, cg = K_\gamma\, cg \;(\text{r}) \,, \tag{5}$$

wobei die Größe

$$K_\gamma = 1{,}44\, I_\gamma\, T\; 10^{-3}$$

die Zahl der r in Luft angibt, die 1 μC des Isotops als punktförmige Quelle ungefiltert in 1 cm Abstand bei totalem Zerfall liefert, und der „geometrische" Faktor g sowohl die Größe und Gestalt der durchstrahlten Gewebsmasse als auch die unterschiedliche Absorption der γ-Strahlung berücksichtigt. Dieser Faktor hängt in komplizierter Weise von der Dichte des Gewebes, von dem Ort der Messung und von dem linearen Absorptionskoeffizienten der γ-Strahlung ab und muß für jeden Punkt des Körpers gesondert bestimmt werden. Praktisch läßt sich g nur für den einfachsten Körper exakt berechnen. Falls der Rumpf des menschlichen Körpers durch einen Zylinder von 40 cm Durchmesser und 60 cm Höhe angenähert dargestellt wird, ist $g = 314 - 4140\,\mu$, wobei μ (cm^{-1}) den linearen Absorptionskoeffizienten der γ-Strahlung im Gewebe darstellt. Für den Energiebereich von 0,08 — 2 MeV ist μ ziemlich konstant 0,03.

Die in einem Zeitraum von t Tagen ausgestrahlte Dosis ergibt sich analog wie bei den β-Strahlern zu

$$d_\gamma(t) = K_\gamma cg\,(1 - e^{-0{,}693\,t/T})\;(\text{r}) \,, \tag{6}$$

und die in den ersten 24 Std. gelieferte Strahlenmenge beträgt dann

$$d_\gamma(1) = K_\gamma cg f_d \,. \tag{7}$$

wobei f_d wiederum die Zerfallsrate des Isotops pro Tag ist. Auch für γ-Strahler läßt sich die maximal zulässige Aktivitätskonzentration für den ersten Tag nach Verabfolgung des Isotops leicht ermitteln; wenn d (1) = 0,016 r/Tag ist, so folgt

$$S_\gamma = \frac{16}{K_\gamma \, g f_d} \; (\mu C/kg) \, . \tag{8}$$

Da die im Körper zur Wirkung gelangende Strahlendosis örtlich sehr verschieden ist, muß S_γ stets für den Ort der größten Dosisleistung, also für das Körperzentrum, angegeben werden. Die geometrisch komplizierte Gestalt des menschlichen Körpers erschwert jedoch die Bestimmung des Faktors g erheblich. Sie wird daher durch den im vorangehenden erwähnten Zylinder angenähert. Die Berechnung der maximal zulässigen Isotopenkonzentration unter dieser Voraussetzung dürfte gewährleisten, daß bei homogener Verteilung die wirksame Strahlendosis pro Tag an keiner Körperstelle größer ist als 0,016 r, vorausgesetzt, daß der maximale Durchmesser des menschlichen Rumpfes an keiner Stelle größer ist als 40 cm.

γ) Mischstrahler

Bei den gleichzeitig β- und γ-Strahlen emittierenden radioaktiven Isotopen erfordert eine Berechnung der höchstzulässigen Aktivitätsmenge selbstverständlich eine Berücksichtigung beider Strahlenqualitäten. Da die am ersten Tag freiwerdende Gesamtstrahlensodis $d_{\beta+\gamma}$ bei einer Isotopenkonzentration von $c \, \mu C/g$ sich auf

$$d_{\beta+\gamma} \, (1) = (K_\beta + 0,93 \, g K_\gamma) \, c f_d \; (\text{rad}) \tag{9}$$

beläuft, ergibt sich die Aktivitätskonzentration S, die eine Gesamtstrahlendosis von 0,014 rad/Tag liefert, zu

$$S = \frac{14}{(K_\beta + g K_\gamma) \, f_d} \; (\mu C/kg) \, . \tag{10}$$

Gelegentlich werden bei Indicatoruntersuchungen auch radioaktive Präparate verwendet, die aus mehreren Isotopen in *unterschiedlichem Mischungsverhältnis* zusammengesetzt sind. In solchen Fällen muß aus der maximal zulässigen Konzentration der einzelnen Isotope die zulässige Gesamtkonzentration bestimmt werden. Enthält ein Präparat z. B. die Isotope I und II mit den Aktivitäten C (I) und C (II), liegen diese in dem Mischungsverhältnis $z = C$ (I)/C (II) vor und sind die zulässigen Konzentrationen der Isotope S_I und S_{II}, dann läßt sich die neue Konzentration S (I) (bezogen auf das Isotop I) bzw. S (II) (bezogen auf das Isotop II) nach der folgenden von Meyer-Schützmeister angegebenen Formel leicht berechnen:

$$S \, (I) = z \, S \, (II) = \frac{1}{\dfrac{1}{S_I} + z \cdot \dfrac{1}{S_{II}}} \, . \tag{11}$$

Die für die Durchführung von Dosisberechnungen und zur Bestimmung von maximal zulässigen Aktivitätskonzentrationen erforderlichen Zahlenwerte der Konstanten K_β und K_γ sind von Marinelli u. Mitarb., von Meyer-Schützmeister u. a. für eine große Zahl von radioaktiven Isotopen ursprünglich in rep berechnet und mit weiteren Angaben über Strahlung, Halbwertzeit, mittlere β-Strahlenenergie sowie γ-Strahlenenergie tabellarisch zusammengestellt worden. Die vollständigste und mit den neuesten Werten versehene Zusammenstellung dieser Größen (nunmehr bezogen auf die Einheit rad) findet man in dem Tabellenwerk von B. Rajewsky: „Strahlendosis und Strahlenwirkung". Hier findet man auch alle gesicherten Angaben über das Verhalten der verschiedenen Elemente im menschlichen Körper (Biologische Halbwertzeit, Resorptions- und Retentionsgrößen).

b) Maximal zulässige Konzentrationen radioaktiver Substanzen in Trinkwasser und Atemluft

Die im Abschnitt 4. a) durchgeführten Berechnungsmethoden für die aus einer einmaligen Inkorporation von radioaktiven Stoffen resultierende Strahlendosis stellen eine rein physikalische Betrachtung unter Annahme stark vereinfachter und den biologischen Verhältnissen fast nie entsprechender Voraussetzungen dar. Zu diesen Voraussetzungen gehörte: eine homogene Verteilung der inkorporierten Menge im Körper binnen kurzer Zeit nach der Applikation und eine stabile Konzentration der radioaktiven Substanz über lange Zeiten, d. h. also keine Anreicherung in bestimmten Organen und keine Ausscheidung aus dem Organismus. Zur Durchführung einer solchen Dosisabschätzung ist lediglich die Kenntnis folgender physikalischer Größen notwendig: Qualität der Zerfallstrahlung, Energie (bzw. mittlere Energie) der emittierten Teilchen, ihr im Gewebe absorbierter Anteil (geometrischer Faktor) und die physikalische Halbwertszeit.

Die effektive Strahlenbelastung ist jedoch von den verschiedensten biologischen Gegebenheiten abhängig, wie z. B. von der Art der Aufnahme der radioaktiven Substanz in den Körper, von ihrer Verteilung und Anreicherung in den einzelnen Organen und von ihrer Ausscheidung. Diese wieder können abhängig sein von der speziellen Stoffwechselsituation des einzelnen Individuums usw. So kann z. B. die Speicherung von radioaktivem Eisen in den blutbildenden Organen (Leber, Milz und Knochenmark) die Normalwerte um ein Vielfaches überschreiten, falls ein Eisenmangelzustand vorhanden ist. Die Ablagerung von Radiostrontium in der Knochensubstanz hängt entscheidend vom Calciumspiegel des Organismus ab. Die Radiojodaufnahme durch die Schilddrüse variiert in weiten Grenzen und ist ein hervorragendes diagnostisches Mittel für den Funktionszustand dieses Organs.

Als sog. ,,kritisches Organ" für eine bestimmte radioaktive Substanz wird dasjenige Körperorgan bezeichnet, von welchem anzunehmen ist, daß seine mit der Inkorporation verbundene Strahlenbelastung besonders gefährlich für die Gesundheit des Individuums ist, weil die betreffende Substanz sich in diesem Organ besonders anreichert bzw. die Ausscheidung besonders langsam erfolgt. Unter der ,,biologischen Halbwertszeit" einer bestimmten Substanz versteht man diejenige Zeitspanne, während welcher sich die Anfangskonzentration dieser Substanz um die Hälfte vermindert. Sie kann bezogen sein auf ein bestimmtes Organ oder Gewebe oder auch auf den Gesamtorganismus. Für die biologische Strahlenwirkung ist also sowohl die physikalische Halbwertszeit ,T' als auch die biologische Halbwertszeit ,T_b' des betreffenden Radionuclids zu berücksichtigen. Beide zusammen ergeben die sog. ,,effektive Halbwertszeit"

$$T_{eff} = \frac{T \cdot T_b}{T + T_b} \, . \tag{12}$$

Die im folgenden aufgeführte Tabelle der maximal zulässigen Konzentrationen radioaktiver Stoffe im Trinkwasser und in der Atemluft berücksichtigt alle diese biologischen und physikalischen Gegebenheiten für den sog. ,,Standardmenschen" nach dem heutigen Stand der Kenntnis dieser Daten. Sie ist ferner für die *Dauerzufuhr* der betreffenden radioaktiven Substanz berechnet und auf das jeweilige kritische Organ bezogen. In denjenigen Fällen, wo die biologischen Daten noch nicht hinreichend bekannt sind bzw. wo die radiochemische Zusammensetzung der radioaktiven Kontamination unbekannt ist, ist ein entsprechender Sicherheitsfaktor bereits einkalkuliert.

Tab. 2. *Höchstzulässige, durchschnittliche Konzentrationen im Trinkwasser und in der Atmungsluft*
Die Werte in der Spalte A gelten für kontrollierte Bereiche, in denen sich beruflich strahlen-exponierte Personen nicht länger als 40 Std. in der Woche aufhalten; die Werte in der Spalte B sind obere Grenzwerte für Daueraufenthalt in nicht kontrollierten Bereichen.

Atom-Nr.	Radionuclid[1]		A		B	
			Wasser $\mu C/cm^3$	Luft $\mu C/cm^3$	Wasser $\mu C/cm^3$	Luft $\mu C/cm^3$
1	H^3 (H_2^3O)	l	0,1	2×10^{-5}	3×10^{-3}	5×10^{-7}
	(H_2^3)	ä B		2×10^{-3}		4×10^{-5}
4	Be^7	l	0,05	6×10^{-6}	2×10^{-3}	2×10^{-7}
		ul	0,05	10^{-6}	2×10^{-3}	4×10^{-8}
6	C^{14} (CO_2)	l	0,02	4×10^{-6}	8×10^{-4}	10^{-7}
		ä B		5×10^{-5}		10^{-6}
9	F^{18}	l	0,02	5×10^{-6}	8×10^{-4}	2×10^{-7}
		ul	0,01	3×10^{-6}	5×10^{-4}	9×10^{-8}
11	Na^{22}	l	10^{-3}	2×10^{-7}	4×10^{-5}	6×10^{-9}
		ul	9×10^{-4}	9×10^{-9}	3×10^{-5}	3×10^{-10}
11	Na^{24}	l	6×10^{-3}	10^{-6}	2×10^{-4}	4×10^{-8}
		ul	8×10^{-4}	10^{-7}	3×10^{-5}	5×10^{-9}
14	Si^{31}	l	0,03	6×10^{-6}	9×10^{-4}	2×10^{-7}
		ul	6×10^{-3}	10^{-6}	2×10^{-4}	3×10^{-8}
15	P^{32}	l	5×10^{-4}	7×10^{-8}	2×10^{-5}	2×10^{-9}
		ul	7×10^{-4}	8×10^{-8}	2×10^{-5}	3×10^{-9}
16	S^{35}	l	2×10^{-3}	3×10^{-7}	6×10^{-5}	9×10^{-9}
		ul	8×10^{-3}	3×10^{-7}	3×10^{-4}	9×10^{-9}
17	Cl^{36}	l	2×10^{-3}	4×10^{-7}	8×10^{-5}	10^{-8}
		ul	2×10^{-3}	2×10^{-8}	6×10^{-5}	8×10^{-10}
17	Cl^{38}	l	0,01	3×10^{-6}	4×10^{-4}	9×10^{-8}
		ul	0,01	2×10^{-6}	4×10^{-4}	7×10^{-8}
18	A^{37}	ä B		6×10^{-3}		10^{-4}
18	A^{41}	ä B		2×10^{-6}		4×10^{-8}
19	K^{42}	l	9×10^{-3}	2×10^{-6}	3×10^{-4}	7×10^{-8}
		ul	6×10^{-4}	10^{-7}	2×10^{-5}	4×10^{-9}
20	Ca^{45}	l	3×10^{-4}	3×10^{-8}	9×10^{-6}	10^{-9}
		ul	5×10^{-3}	10^{-7}	2×10^{-4}	4×10^{-9}
21	Sc^{46}	l	10^{-3}	2×10^{-7}	4×10^{-5}	8×10^{-9}
		ul	10^{-3}	2×10^{-8}	4×10^{-5}	8×10^{-10}
21	Sc^{47}	l	3×10^{-3}	6×10^{-7}	9×10^{-5}	2×10^{-8}
		ul	3×10^{-3}	5×10^{-7}	9×10^{-5}	2×10^{-8}
21	Sc^{48}	l	8×10^{-4}	2×10^{-7}	3×10^{-5}	6×10^{-9}
		ul	8×10^{-4}	10^{-7}	3×10^{-5}	5×10^{-9}
23	V^{48}	l	9×10^{-4}	2×10^{-7}	3×10^{-5}	6×10^{-9}
		ul	8×10^{-4}	6×10^{-8}	3×10^{-5}	2×10^{-9}

Tabelle 2 (Fortsetzung)

Atom-Nr.	Radionuclid[1]		A		B	
			Wasser μC/cm³	Luft μC/cm³	Wasser μC/cm³	Luft μC/cm³
24	Cr⁵¹	l	0,05	10^{-5}	2×10^{-3}	4×10^{-7}
		ul	0,05	2×10^{-6}	2×10^{-3}	8×10^{-8}
25	Mn⁵²	l	10^{-3}	2×10^{-7}	3×10^{-5}	7×10^{-9}
		ul	9×10^{-4}	10^{-7}	3×10^{-5}	5×10^{-9}
25	Mn⁵⁴	l	4×10^{-3}	4×10^{-7}	10^{-4}	10^{-8}
		ul	3×10^{-3}	4×10^{-8}	10^{-4}	10^{-9}
25	Mn⁵⁶	l	4×10^{-3}	8×10^{-7}	10^{-4}	3×10^{-8}
		ul	3×10^{-3}	5×10^{-7}	10^{-4}	2×10^{-8}
26	Fe⁵⁵	l	0,02	9×10^{-7}	8×10^{-4}	3×10^{-8}
		ul	0,07	10^{-6}	2×10^{-3}	3×10^{-8}
26	Fe⁵⁹	l	2×10^{-3}	10^{-7}	6×10^{-5}	5×10^{-9}
		ul	2×10^{-3}	5×10^{-8}	5×10^{-5}	2×10^{-9}
27	Co⁵⁸ ᵐ	l	0,08	2×10^{-5}	3×10^{-3}	6×10^{-7}
		ul	0,06	9×10^{-6}	2×10^{-3}	3×10^{-7}
27	Co⁵⁸	l	4×10^{-3}	8×10^{-7}	10^{-4}	3×10^{-8}
		ul	3×10^{-3}	5×10^{-8}	9×10^{-5}	2×10^{-9}
27	Co⁶⁰	l	10^{-3}	3×10^{-7}	5×10^{-5}	10^{-8}
		ul	10^{-3}	9×10^{-9}	3×10^{-5}	3×10^{-10}
28	Ni⁵⁹	l	6×10^{-3}	5×10^{-7}	2×10^{-4}	2×10^{-8}
		ul	0,06	8×10^{-7}	2×10^{-3}	3×10^{-8}
28	Ni⁶³	l	8×10^{-4}	6×10^{-8}	3×10^{-5}	2×10^{-9}
		ul	0,02	3×10^{-7}	7×10^{-4}	10^{-8}
28	Ni⁶⁵	l	4×10^{-3}	9×10^{-7}	10^{-4}	3×10^{-8}
		ul	3×10^{-3}	5×10^{-7}	10^{-4}	2×10^{-8}
29	Cu⁶⁴	l	0,01	2×10^{-6}	3×10^{-4}	7×10^{-8}
		ul	6×10^{-3}	10^{-6}	2×10^{-4}	4×10^{-8}
30	Zn⁶⁵	l	3×10^{-3}	10^{-7}	10^{-4}	4×10^{-9}
		ul	5×10^{-3}	6×10^{-8}	2×10^{-4}	2×10^{-9}
30	Zn⁶⁹ ᵐ	l	2×10^{-3}	4×10^{-7}	7×10^{-5}	10^{-8}
		ul	2×10^{-3}	3×10^{-7}	6×10^{-5}	10^{-8}
30	Zn⁶⁹	l	0,05	7×10^{-6}	2×10^{-3}	2×10^{-7}
		ul	0,05	9×10^{-6}	2×10^{-3}	3×10^{-7}
31	Ga⁷²	l	10^{-3}	2×10^{-7}	4×10^{-5}	8×10^{-9}
		ul	10^{-3}	2×10^{-7}	4×10^{-5}	6×10^{-9}
32	Ge⁷¹	l	0,05	10^{-5}	2×10^{-3}	4×10^{-7}
		ul	0,05	6×10^{-6}	2×10^{-3}	2×10^{-7}
33	As⁷⁶	l	6×10^{-4}	10^{-7}	2×10^{-5}	4×10^{-9}
		ul	6×10^{-4}	10^{-7}	2×10^{-5}	3×10^{-9}
33	As⁷⁷	l	2×10^{-3}	5×10^{-7}	8×10^{-5}	2×10^{-8}
		ul	2×10^{-3}	4×10^{-7}	8×10^{-5}	10^{-8}

Tab. 2 (Fortsetzung)

Atom-Nr.	Radionuclid[1]		A		B	
			Wasser μC/cm³	Luft μC/cm³	Wasser μC/cm³	Luft μC/cm³
34	Se⁷⁵	l	9×10^{-3}	10^{-6}	3×10^{-4}	4×10^{-8}
		ul	8×10^{-3}	10^{-7}	3×10^{-4}	4×10^{-9}
35	Br⁸²	l	8×10^{-3}	10^{-6}	3×10^{-4}	4×10^{-8}
		ul	10^{-3}	2×10^{-7}	4×10^{-5}	6×10^{-9}
36	Kr⁸⁵ ᵐ	ä B		6×10^{-6}		10^{-7}
36	Kr⁸⁵	ä B		10^{-5}		3×10^{-7}
36	Kr⁸⁷	ä B		10^{-6}		2×10^{-8}
37	Rb⁸⁶	l	2×10^{-3}	3×10^{-7}	7×10^{-5}	10^{-8}
		ul	7×10^{-4}	7×10^{-8}	2×10^{-5}	2×10^{-9}
38	Sr⁸⁹	l	3×10^{-4}	3×10^{-8}	10^{-5}	10^{-9}
		ul	8×10^{-4}	4×10^{-8}	3×10^{-5}	10^{-9}
38	Sr⁹⁰	l	4×10^{-6}	3×10^{-10}	10^{-7}	10^{-11}
		ul	10^{-3}	5×10^{-9}	4×10^{-5}	2×10^{-10}
39	Y⁹⁰	l	6×10^{-4}	10^{-7}	2×10^{-5}	4×10^{-9}
		ul	6×10^{-4}	10^{-7}	2×10^{-5}	3×10^{-9}
39	Y⁹¹	l	8×10^{-4}	4×10^{-8}	3×10^{-5}	10^{-9}
		ul	8×10^{-4}	3×10^{-8}	3×10^{-5}	10^{-9}
40	Zr⁹⁵	l	2×10^{-3}	10^{-7}	6×10^{-5}	4×10^{-9}
		ul	2×10^{-3}	3×10^{-8}	6×10^{-5}	10^{-9}
40	Zr⁹⁷	l	5×10^{-4}	10^{-7}	2×10^{-5}	4×10^{-9}
		ul	5×10^{-4}	9×10^{-8}	2×10^{-5}	3×10^{-9}
41	Nb⁹⁵	l	3×10^{-3}	5×10^{-7}	10^{-4}	2×10^{-8}
		ul	3×10^{-3}	10^{-7}	10^{-4}	3×10^{-9}
41	Nb⁹⁷	l	0,03	6×10^{-6}	9×10^{-4}	2×10^{-7}
		ul	0,03	5×10^{-6}	9×10^{-4}	2×10^{-7}
42	Mo⁹⁹	l	5×10^{-3}	7×10^{-7}	2×10^{-4}	3×10^{-8}
		ul	10^{-3}	2×10^{-7}	4×10^{-5}	7×10^{-9}
43	Tc⁹⁶	l	3×10^{-3}	6×10^{-7}	10^{-4}	2×10^{-8}
		ul	10^{-3}	2×10^{-7}	5×10^{-5}	8×10^{-9}
43	Tc⁹⁷	l	0,01	2×10^{-6}	4×10^{-4}	8×10^{-8}
		ul	5×10^{-3}	2×10^{-7}	2×10^{-4}	5×10^{-9}
43	Tc⁹⁷	l	0,05	10^{-5}	2×10^{-3}	4×10^{-7}
		ul	0,02	3×10^{-7}	8×10^{-4}	10^{-8}
43	Tc⁹⁹	l	0,01	2×10^{-6}	3×10^{-4}	7×10^{-8}
		ul	5×10^{-3}	6×10^{-8}	2×10^{-4}	2×10^{-9}
44	Ru⁹⁷	l	0,01	2×10^{-6}	4×10^{-4}	8×10^{-8}
		ul	0,01	2×10^{-6}	3×10^{-4}	6×10^{-8}
44	Ru¹⁰³	l	2×10^{-3}	5×10^{-7}	8×10^{-5}	2×10^{-8}
		ul	2×10^{-3}	8×10^{-8}	8×10^{-5}	3×10^{-9}

Tabelle 2 (Fortsetzung)

Atom-Nr.	Radionuclid[1]		A		B	
			Wasser $\mu C/cm^3$	Luft $\mu C/cm^3$	Wasser $\mu C/cm^3$	Luft $\mu C/cm^3$
44	Ru^{106}	l	4×10^{-4}	8×10^{-8}	10^{-5}	3×10^{-9}
		ul	3×10^{-4}	6×10^{-9}	10^{-5}	2×10^{-10}
45	Rh^{105}	l	4×10^{-3}	8×10^{-7}	10^{-4}	3×10^{-8}
		ul	3×10^{-3}	5×10^{-7}	10^{-4}	2×10^{-8}
46	Pd^{103}	l	$0,01$	10^{-6}	3×10^{-4}	5×10^{-8}
		ul	8×10^{-3}	7×10^{-7}	3×10^{-4}	3×10^{-8}
46	Pd^{109}	l	3×10^{-3}	6×10^{-7}	9×10^{-5}	2×10^{-8}
		ul	2×10^{-3}	4×10^{-7}	7×10^{-5}	10^{-8}
47	$Ag^{110\,m}$	l	9×10^{-4}	2×10^{-7}	3×10^{-5}	7×10^{-9}
		ul	9×10^{-4}	10^{-8}	3×10^{-5}	3×10^{-10}
47	Ag^{111}	l	10^{-3}	3×10^{-7}	4×10^{-5}	10^{-8}
		ul	10^{-3}	2×10^{-7}	4×10^{-5}	8×10^{-9}
48	Cd^{109}	l	5×10^{-3}	5×10^{-8}	2×10^{-4}	2×10^{-9}
		ul	5×10^{-3}	7×10^{-8}	2×10^{-4}	3×10^{-9}
48	$Cd^{115\,m}$	l	7×10^{-4}	4×10^{-8}	3×10^{-5}	10^{-9}
		ul	7×10^{-4}	4×10^{-8}	3×10^{-5}	10^{-9}
48	Cd^{115}	l	10^{-3}	2×10^{-7}	3×10^{-5}	8×10^{-9}
		ul	10^{-3}	2×10^{-7}	4×10^{-5}	6×10^{-9}
49	$In^{114\,m}$	l	5×10^{-4}	10^{-7}	2×10^{-5}	4×10^{-9}
		ul	5×10^{-4}	2×10^{-8}	2×10^{-5}	7×10^{-10}
50	Sn^{113}	l	2×10^{-3}	4×10^{-7}	9×10^{-5}	10^{-8}
		ul	2×10^{-3}	5×10^{-8}	8×10^{-5}	2×10^{-9}
51	Sb^{122}	l	8×10^{-4}	2×10^{-7}	3×10^{-5}	6×10^{-9}
		ul	8×10^{-4}	10^{-7}	3×10^{-5}	5×10^{-9}
51	Sb^{124}	l	7×10^{-4}	2×10^{-7}	2×10^{-5}	5×10^{-9}
		ul	7×10^{-4}	2×10^{-8}	2×10^{-5}	7×10^{-10}
51	Sb^{125}	l	3×10^{-3}	5×10^{-7}	10^{-4}	2×10^{-8}
		ul	3×10^{-3}	3×10^{-8}	10^{-4}	9×10^{-10}
52	$Te^{127\,m}$	l	2×10^{-3}	10^{-7}	6×10^{-5}	5×10^{-9}
		ul	2×10^{-3}	4×10^{-8}	5×10^{-5}	10^{-9}
52	Te^{127}	l	8×10^{-3}	2×10^{-6}	3×10^{-4}	6×10^{-8}
		ul	5×10^{-3}	9×10^{-7}	2×10^{-4}	3×10^{-8}
52	$Te^{129\,m}$	l	10^{-3}	8×10^{-8}	3×10^{-5}	3×10^{-9}
		ul	6×10^{-4}	3×10^{-8}	2×10^{-5}	10^{-9}
52	Te^{132}	l	9×10^{-4}	2×10^{-7}	3×10^{-5}	7×10^{-9}
		ul	6×10^{-4}	10^{-7}	2×10^{-5}	4×10^{-9}
53	I^{129}	l	10^{-5}	2×10^{-9}	4×10^{-7}	8×10^{-11}
		ul	6×10^{-3}	7×10^{-8}	2×10^{-4}	2×10^{-9}
53	I^{131}	l	6×10^{-5}	9×10^{-9}	2×10^{-6}	3×10^{-10}
		ul	2×10^{-3}	3×10^{-7}	6×10^{-5}	10^{-8}

Tabelle 2 (Fortsetzung)

Atom-Nr.	Radionuclid[1]		A		B	
			Wasser μC/cm³	Luft μC/cm³	Wasser μC/cm³	Luft μC/cm³
53	I^{132}	l	2×10^{-3}	2×10^{-7}	8×10^{-5}	6×10^{-9}
		ul	5×10^{-3}	9×10^{-7}	2×10^{-4}	3×10^{-8}
54	Xe$^{131\,m}$	ä B		2×10^{-5}		4×10^{-7}
54	Xe^{133}	ä B		10^{-5}		3×10^{-7}
54	Xe^{135}	ä B		4×10^{-6}		10^{-7}
55	Cs^{131}	l	0,07	10^{-5}	2×10^{-3}	4×10^{-7}
		ul	0,03	3×10^{-6}	9×10^{-4}	10^{-7}
55	Cs$^{134\,m}$	l	0,2	4×10^{-5}	6×10^{-3}	10^{-6}
		ul	0,03	6×10^{-6}	10^{-3}	2×10^{-7}
55	Cs^{134}	l	3×10^{-4}	4×10^{-8}	9×10^{-6}	10^{-9}
		ul	10^{-3}	10^{-8}	4×10^{-5}	4×10^{-10}
55	Cs^{137}	l	4×10^{-4}	6×10^{-8}	2×10^{-5}	2×10^{-9}
		ul	10^{-3}	10^{-8}	4×10^{-5}	5×10^{-10}
56	Ba^{131}	l	5×10^{-3}	10^{-6}	2×10^{-4}	4×10^{-8}
		ul	5×10^{-3}	4×10^{-7}	2×10^{-4}	10^{-8}
56	Ba^{140}	l	8×10^{-4}	10^{-7}	3×10^{-5}	4×10^{-9}
		ul	7×10^{-4}	4×10^{-8}	2×10^{-5}	10^{-9}
57	La^{140}	l	7×10^{-4}	2×10^{-7}	2×10^{-5}	5×10^{-9}
		ul	7×10^{-4}	10^{-7}	2×10^{-5}	4×10^{-9}
58	Ce^{141}	l	3×10^{-3}	4×10^{-7}	9×10^{-5}	2×10^{-8}
		ul	3×10^{-3}	2×10^{-7}	9×10^{-5}	5×10^{-9}
58	Ce^{143}	l	10^{-3}	3×10^{-7}	4×10^{-5}	9×10^{-9}
		ul	10^{-3}	2×10^{-7}	4×10^{-5}	7×10^{-9}
58	Ce^{144}	l	4×10^{-4}	10^{-8}	10^{-5}	3×10^{-10}
		ul	3×10^{-4}	6×10^{-9}	10^{-5}	2×10^{-10}
59	Pr^{142}	l	9×10^{-4}	2×10^{-7}	3×10^{-5}	7×10^{-9}
		ul	9×10^{-4}	2×10^{-7}	3×10^{-5}	5×10^{-9}
59	Pr^{143}	l	10^{-3}	3×10^{-7}	5×10^{-5}	10^{-8}
		ul	10^{-3}	2×10^{-7}	5×10^{-5}	6×10^{-9}
60	Nd^{147}	l	2×10^{-3}	4×10^{-7}	6×10^{-5}	10^{-8}
		ul	2×10^{-3}	2×10^{-7}	6×10^{-5}	8×10^{-9}
60	Nd^{149}	l	8×10^{-3}	2×10^{-6}	3×10^{-4}	6×10^{-8}
		ul	8×10^{-3}	10^{-6}	3×10^{-4}	5×10^{-8}
61	Pm^{147}	l	6×10^{-3}	6×10^{-8}	2×10^{-4}	2×10^{-9}
		ul	6×10^{-3}	10^{-7}	2×10^{-4}	3×10^{-9}
61	Pm^{149}	l	10^{-3}	3×10^{-7}	4×10^{-5}	10^{-8}
		ul	10^{-3}	2×10^{-7}	4×10^{-5}	8×10^{-9}
62	Sm^{151}	l	0,01	6×10^{-8}	4×10^{-4}	2×10^{-9}
		ul	0,01	10^{-7}	4×10^{-4}	5×10^{-9}

Tabelle 2 (Fortsetzung)

Atom-Nr.	Radionuclid[1]		A		B	
			Wasser $\mu C/cm^3$	Luft $\mu C/cm^3$	Wasser $\mu C/cm^3$	Luft $\mu C/cm^3$
62	Sm^{153}	l	2×10^{-3}	5×10^{-7}	8×10^{-5}	2×10^{-8}
		ul	2×10^{-3}	4×10^{-7}	8×10^{-5}	10^{-8}
63	Eu^{152} (9,2 h)	l	2×10^{-3}	4×10^{-7}	6×10^{-5}	10^{-8}
		ul	2×10^{-3}	3×10^{-7}	6×10^{-5}	10^{-8}
63	Eu^{152} (13 a)	l	2×10^{-3}	10^{-8}	8×10^{-5}	4×10^{-10}
		ul	2×10^{-3}	2×10^{-8}	8×10^{-5}	6×10^{-10}
63	Eu^{154}	l	6×10^{-4}	4×10^{-9}	2×10^{-5}	10^{-10}
		ul	6×10^{-4}	7×10^{-9}	2×10^{-5}	2×10^{-10}
63	Eu^{155}	l	6×10^{-3}	9×10^{-8}	2×10^{-4}	3×10^{-9}
		ul	6×10^{-3}	7×10^{-8}	2×10^{-4}	3×10^{-9}
64	Gd^{153}	l	6×10^{-3}	2×10^{-7}	2×10^{-4}	8×10^{-9}
		ul	6×10^{-3}	9×10^{-8}	2×10^{-4}	3×10^{-9}
64	Gd^{159}	l	2×10^{-3}	5×10^{-7}	8×10^{-5}	2×10^{-8}
		ul	2×10^{-3}	4×10^{-7}	8×10^{-5}	10^{-8}
65	Tb^{160}	l	10^{-3}	10^{-7}	4×10^{-5}	3×10^{-9}
		ul	10^{-3}	3×10^{-8}	4×10^{-5}	10^{-9}
66	Dy^{165}	l	$0,01$	3×10^{-6}	4×10^{-4}	9×10^{-8}
		ul	$0,01$	2×10^{-6}	4×10^{-4}	7×10^{-8}
67	Ho^{166}	l	9×10^{-4}	2×10^{-7}	3×10^{-5}	7×10^{-9}
		ul	9×10^{-4}	2×10^{-7}	3×10^{-5}	6×10^{-9}
68	Er^{169}	l	3×10^{-3}	6×10^{-7}	9×10^{-5}	2×10^{-8}
		ul	3×10^{-3}	4×10^{-7}	9×10^{-5}	10^{-8}
68	Er^{171}	l	3×10^{-3}	7×10^{-7}	10^{-4}	2×10^{-8}
		ul	3×10^{-3}	6×10^{-7}	10^{-4}	2×10^{-8}
69	Tm^{170}	l	10^{-3}	2×10^{-7}	5×10^{-5}	10^{-9}
		ul	10^{-3}	3×10^{-8}	5×10^{-5}	10^{-9}
70	Yb^{175}	l	3×10^{-3}	7×10^{-7}	10^{-4}	2×10^{-8}
		ul	3×10^{-3}	6×10^{-7}	10^{-4}	2×10^{-8}
71	Lu^{177}	l	3×10^{-3}	6×10^{-7}	10^{-4}	2×10^{-8}
		ul	3×10^{-3}	5×10^{-7}	10^{-4}	2×10^{-8}
72	Hf^{181}	l	2×10^{-3}	4×10^{-8}	7×10^{-5}	10^{-9}
		ul	2×10^{-3}	7×10^{-8}	7×10^{-5}	3×10^{-9}
73	Ta^{182}	l	10^{-3}	4×10^{-8}	4×10^{-5}	10^{-9}
		ul	10^{-3}	2×10^{-8}	4×10^{-5}	7×10^{-10}
74	W^{181}	l	$0,01$	2×10^{-6}	4×10^{-4}	8×10^{-8}
		ul	$0,01$	10^{-7}	3×10^{-4}	4×10^{-9}
74	W^{185}	l	4×10^{-3}	8×10^{-7}	10^{-4}	3×10^{-8}
		ul	3×10^{-3}	10^{-7}	10^{-4}	4×10^{-9}
74	W^{187}	l	2×10^{-3}	4×10^{-7}	7×10^{-5}	2×10^{-8}
		ul	2×10^{-3}	3×10^{-7}	6×10^{-5}	10^{-8}

28*

Tabelle 2 (Fortsetzung)

Atom-Nr.	Radionuclid[1]		A		B	
			Wasser μC/cm³	Luft μC/cm³	Wasser μC/cm³	Luft μC/cm³
75	Re¹⁸³	l	$0{,}02$	3×10^{-6}	6×10^{-4}	9×10^{-8}
		ul	8×10^{-3}	2×10^{-7}	3×10^{-4}	5×10^{-9}
75	Re¹⁸⁶	l	3×10^{-3}	6×10^{-7}	9×10^{-5}	2×10^{-8}
		ul	10^{-3}	2×10^{-7}	5×10^{-5}	8×10^{-9}
75	Re¹⁸⁸	l	2×10^{-3}	4×10^{-7}	6×10^{-5}	10^{-8}
		ul	9×10^{-4}	2×10^{-7}	3×10^{-5}	6×10^{-9}
76	Os¹⁹¹ ᵐ	l	$0{,}07$	2×10^{-5}	3×10^{-3}	6×10^{-7}
		ul	$0{,}07$	9×10^{-6}	2×10^{-3}	3×10^{-7}
76	Os¹⁹¹	l	5×10^{-3}	10^{-6}	2×10^{-4}	4×10^{-8}
		ul	5×10^{-3}	4×10^{-7}	2×10^{-4}	10^{-8}
76	Os¹⁹³	l	2×10^{-3}	4×10^{-7}	6×10^{-5}	10^{-8}
		ul	2×10^{-3}	3×10^{-7}	5×10^{-5}	9×10^{-9}
77	Ir¹⁹⁰	l	6×10^{-3}	10^{-6}	2×10^{-4}	4×10^{-8}
		ul	5×10^{-3}	4×10^{-7}	2×10^{-4}	10^{-8}
77	Ir¹⁹²	l	10^{-3}	10^{-7}	4×10^{-5}	4×10^{-9}
		ul	10^{-3}	3×10^{-8}	4×10^{-5}	9×10^{-10}
77	Ir¹⁹⁴	l	10^{-3}	2×10^{-7}	3×10^{-5}	8×10^{-9}
		ul	9×10^{-4}	2×10^{-7}	3×10^{-5}	5×10^{-9}
78	Pt¹⁹¹	l	4×10^{-3}	8×10^{-7}	10^{-4}	3×10^{-8}
		ul	3×10^{-3}	6×10^{-7}	10^{-4}	2×10^{-8}
78	Pt¹⁹³	l	$0{,}03$	10^{-6}	9×10^{-4}	4×10^{-8}
		ul	$0{,}05$	3×10^{-7}	2×10^{-3}	10^{-8}
78	Pt¹⁹⁷	l	4×10^{-3}	8×10^{-7}	10^{-4}	3×10^{-8}
		ul	3×10^{-3}	6×10^{-7}	10^{-4}	2×10^{-8}
79	Au¹⁹⁶	l	5×10^{-3}	10^{-6}	2×10^{-4}	4×10^{-8}
		ul	4×10^{-3}	6×10^{-7}	10^{-4}	2×10^{-8}
79	Au¹⁹⁸	l	2×10^{-3}	3×10^{-7}	5×10^{-5}	10^{-8}
		ul	10^{-3}	2×10^{-7}	5×10^{-5}	8×10^{-9}
79	Au¹⁹⁹	l	5×10^{-3}	10^{-6}	2×10^{-4}	4×10^{-8}
		ul	4×10^{-3}	8×10^{-7}	2×10^{-4}	3×10^{-8}
80	Hg¹⁹⁷ ᵐ	l	6×10^{-3}	7×10^{-7}	2×10^{-4}	3×10^{-8}
		ul	5×10^{-3}	8×10^{-7}	2×10^{-4}	3×10^{-8}
80	Hg¹⁹⁷	l	9×10^{-3}	10^{-6}	3×10^{-4}	4×10^{-8}
		ul	$0{,}01$	3×10^{-6}	5×10^{-4}	9×10^{-8}
80	Hg²⁰³	l	5×10^{-4}	7×10^{-8}	2×10^{-5}	2×10^{-9}
		ul	3×10^{-3}	10^{-7}	10^{-4}	4×10^{-9}
81	Tl²⁰⁰	l	$0{,}01$	3×10^{-6}	4×10^{-4}	9×10^{-8}
		ul	7×10^{-3}	10^{-6}	2×10^{-4}	4×10^{-8}
81	Tl²⁰¹	l	9×10^{-3}	2×10^{-6}	3×10^{-4}	7×10^{-8}
		ul	5×10^{-3}	9×10^{-7}	2×10^{-4}	3×10^{-8}

Tabelle 2 (Fortsetzung)

Atom-Nr.	Radionuclid[1]		A		B	
			Wasser μC/cm³	Luft μC/cm³	Wasser μC/cm³	Luft μC/cm³
81	Tl²⁰²	l	4×10^{-3}	8×10^{-7}	10^{-4}	3×10^{-8}
		ul	2×10^{-3}	2×10^{-7}	7×10^{-5}	8×10^{-9}
81	Tl²⁰⁴	l	3×10^{-3}	6×10^{-7}	10^{-4}	2×10^{-8}
		ul	2×10^{-3}	3×10^{-8}	6×10^{-5}	9×10^{-10}
82	Pb²⁰³	l	$0,01$	3×10^{-6}	4×10^{-4}	9×10^{-8}
		ul	$0,01$	2×10^{-6}	4×10^{-4}	6×10^{-8}
82	Pb²¹⁰	l	4×10^{-6}	10^{-10}	10^{-7}	4×10^{-12}
		ul	5×10^{-3}	2×10^{-10}	2×10^{-4}	8×10^{-12}
83	Bi²¹⁰	l	10^{-3}	6×10^{-9}	4×10^{-5}	2×10^{-10}
		ul	10^{-3}	6×10^{-9}	4×10^{-5}	2×10^{-10}
84	Po²¹⁰	l	2×10^{-5}	5×10^{-10}	7×10^{-7}	2×10^{-11}
		ul	8×10^{-4}	2×10^{-10}	3×10^{-5}	7×10^{-12}
85	At²¹¹	l	5×10^{-5}	7×10^{-9}	2×10^{-6}	2×10^{-10}
		ul	2×10^{-3}	3×10^{-8}	7×10^{-5}	10^{-9}
86	Rn²²⁰			9×10^{-7}		3×10^{-8}
86	Rn²²²			9×10^{-8}		3×10^{-9}
88	Ra²²³	l	2×10^{-5}	2×10^{-9}	7×10^{-7}	6×10^{-11}
		ul	10^{-4}	2×10^{-10}	4×10^{-6}	8×10^{-12}
88	Ra²²⁴	l	7×10^{-5}	5×10^{-9}	2×10^{-6}	2×10^{-10}
		ul	2×10^{-4}	7×10^{-10}	5×10^{-6}	2×10^{-11}
88	Ra²²⁶	l	4×10^{-7}	3×10^{-11}	10^{-8}	10^{-12}
		ul	9×10^{-4}	2×10^{-7}	3×10^{-5}	6×10^{-9}
88	Ra²²⁸	l	8×10^{-7}	7×10^{-11}	3×10^{-8}	2×10^{-12}
		ul	7×10^{-4}	4×10^{-11}	3×10^{-5}	10^{-12}
89	Ac²²⁷	l	6×10^{-5}	2×10^{-12}	2×10^{-6}	8×10^{-14}
		ul	9×10^{-3}	3×10^{-11}	3×10^{-4}	9×10^{-13}
90	Th²³⁰	l	5×10^{-5}	2×10^{-12}	2×10^{-6}	8×10^{-14}
		ul	9×10^{-4}	10^{-11}	3×10^{-5}	3×10^{-13}
90	Th²³²	l	5×10^{-5}	2×10^{-12}	2×10^{-6}	7×10^{-14}
		ul	10^{-3}	10^{-11}	4×10^{-5}	4×10^{-13}
90	Th²³⁴	l	5×10^{-4}	6×10^{-8}	2×10^{-5}	2×10^{-9}
		ul	5×10^{-4}	3×10^{-8}	2×10^{-5}	10^{-9}
90	Th — nat	l	3×10^{-5}	2×10^{-12}	10^{-6}	6×10^{-14}
		ul	3×10^{-4}	4×10^{-12}	10^{-5}	10^{-13}
91	Pa²³¹	l	3×10^{-5}	10^{-12}	9×10^{-7}	4×10^{-14}
		ul	8×10^{-4}	10^{-10}	3×10^{-5}	4×10^{-12}
92	U²³³	l	9×10^{-4}	5×10^{-10}	3×10^{-5}	2×10^{-11}
		ul	9×10^{-4}	10^{-10}	3×10^{-5}	4×10^{-12}

Tabelle. 2 (Fortsetzung)

Atom-Nr.	Radionuclid[1]		A		B	
			Wasser $\mu C/cm^3$	Luft $\mu C/cm^3$	Wasser $\mu C/cm^3$	Luft $\mu C/cm^3$
92	U — nat	l	5×10^{-4}	7×10^{-11}	2×10^{-5}	3×10^{-12}
		ul	5×10^{-4}	6×10^{-11}	2×10^{-5}	2×10^{-12}
94	Pu^{239}	l	10^{-4}	2×10^{-12}	5×10^{-6}	6×10^{-14}
		ul	9×10^{-4}	4×10^{-11}	3×10^{-5}	10^{-12}
95	Am^{241}	l	10^{-4}	6×10^{-12}	4×10^{-6}	2×10^{-13}
		ul	8×10^{-4}	10^{-10}	3×10^{-5}	4×10^{-12}
96	Cm^{242}	l	7×10^{-4}	10^{-10}	2×10^{-5}	4×10^{-12}
		ul	7×10^{-4}	2×10^{-10}	3×10^{-5}	6×10^{-12}

[1] l   = löslich
   ul = unlöslich
   ä B = äußere Bestrahlung = Werte, bei denen die Gefährlichkeit in erster Linie nicht
     durch Inkorporation, sondern durch äußere Bestrahlung bedingt ist (z. B. Edel-
     gase).

Tabelle 3. *Höchste zulässige Konzentrationen bei unbekannten Gemischen von Radionucliden
im Trinkwasser*

Begrenzungen	A $\mu C/cm^3$	B $\mu C/cm^3$
Wenn Sr^{90}, I^{129}, Pb^{210}, Po^{210}, At^{211}, Ra^{223}, Ra^{224}, Ra^{226}, Ac^{227}, Ra^{228}, Th^{230}, Pa^{231}, Th^{232} und Th — nat nicht enthalten sind	10^{-4}	3×10^{-6}
Wenn Sr^{90}, I^{129}, Pb^{210}, Po^{210}, Ra^{223}, Ra^{226}, Ra^{228}, Pa^{231}, Th — nat nicht enthalten sind.	6×10^{-5}	2×10^{-6}
Wenn Sr^{90}, Pb^{210}, Ra^{226} und Ra^{228} nicht enthalten sind	2×10^{-5}	6×10^{-7}
Wenn Ra^{226} und Ra^{228} nicht enthalten sind	3×10^{-6}	10^{-7}
Wenn kein Radionuclid ausgeschlossen werden kann	3×10^{-7}	10^{-8}

Tabelle 4. *Höchste zulässige Konzentrationen bei unbekannten Gemischen von Radionucliden
in der Atmungsluft*

Begrenzungen	A $\mu C/cm^3$	B $\mu C/cm^3$
Wenn α-Strahler und die β-Strahler Sr^{90}, I^{129}, Pb^{210}, Ac^{227}, Ra^{228}, Pa^{230}, Pu^{241} und Bk^{249} nicht enthalten sind	3×10^{-9}	10^{-10}
Wenn α-Strahler und die β-Strahler Pb^{210}, Ac^{227}, Ra^{228} und Pu^{241} nicht enthalten sind	3×10^{-10}	10^{-11}
Wenn α-Strahler und der β-Strahler Ac^{227} nicht enthalten sind . . .	3×10^{-11}	10^{-12}
Wenn Ac^{227}, Th^{230}, Pa^{231}, Th^{232}, Th — nat, Pu^{238}, Pu^{239}, Pu^{240}, Pu^{242}, Cf^{249} nicht enthalten sind.	3×10^{-12}	10^{-13}
Wenn Pa^{231}, Th — nat, Pu^{239}, Pu^{240}, Pu^{242} und Cf^{249} nicht enthalten sind	2×10^{-12}	7×10^{-14}
Wenn kein Radionuclid ausgeschlossen werden kann	10^{-12}	4×10^{-14}

Weiterführende Literatur

1. BRAESTRUP, C. B., and H. O. WYCKOFF: Radiation Protection. Springfield, Ill.: C. G. Thomas 1958.
2. JAEGER, R. G.: Dosimetrie und Strahlenschutz. Stuttgart: Georg Thieme 1959.
3. MARINELLI, L. D., G. J. HINE and E. H. QUIMBY: Dosage determinations with radioactive isotopes. Nucleonics **2**, 44 (1948); Amer. J. Roentgenol. **59**, 260 (1948).
4. MEYER-SCHÜTZMEISTER, L.: Die physikalischen Voraussetzungen für das Arbeiten mit radioaktiven Substanzen. Naturwissenschaften **37**, 501 (1950).
5. RAJEWSKY, B.: Strahlendosis und Strahlenwirkung. 2. Aufl. Stuttgart: Georg Thieme 1956.
6. Recommendations of the Internat. Commission on Radiological Protection (hrsg. v. R. M. SIEVERT und G. FAILLA). London, New York, Paris: Pergamon Press 1953.

Strahlenschutz

Von

Otto Hug und Hermann Muth

Mit 17 Abbildungen

Das Verständnis für die Notwendigkeit des Strahlenschutzes beim Umgang mit radioaktiven Nukliden ergibt sich aus den von G. Schubert und H. A. Kunkel S. 417 dargelegten biologischen Wirkungen ionisierender Strahlen und aus der im Beitrag von L. F. Lamerton S. 353 besprochenen maximal zulässigen Strahlenbelastung des menschlichen Organismus. Auf eine Schilderung der Schäden, die durch den Strahlenschutz verhindert werden sollen, kann also an dieser Stelle verzichtet werden. Da andererseits die Einrichtung von Laboratorien für Arbeiten mit Radionukliden und die bei der Arbeit zu beachtenden Regeln von H. Götte und H. A. E. Schmidt S. 484 abgehandelt sind, kann sich der Beitrag darauf beschränken, die Grundsätze des Strahlenschutzes, einige organisatorische und personelle Voraussetzungen, Prinzipien und Praxis der Strahlenschutzmessungen und die medizinische Überwachung des Strahlenpersonals in einem Umfang zu besprechen, wie er den Erfordernissen eines Radioisotopen-Laboratoriums angemessen ist.

I. Grundsätze des Strahlenschutzes beim Umgang mit radioaktiven Nukliden

1. Schutz gegen Strahlung von außen

Da jedes radioaktive Nuklid eine mehr oder weniger intensive Strahlenquelle darstellt, sind beim Umgang mit radioaktiven Stoffen zunächst einmal die erprobten Regeln der Radiologie über den Schutz gegen Bestrahlung von außen zu beachten:

1. Genügender Abstand von der Strahlenquelle bietet den besten Strahlenschutz, da die Intensität der Strahlung mit dem Abstand abnimmt.

2. Die Strahlenexpositionszeit ist auf das Minimum zu beschränken, das zum raschen und sicheren Arbeiten unbedingt erforderlich ist.

3. Durch Einbau von Schutzschichten ist die Strahlung gegebenenfalls so zu schwächen, daß bei der Arbeit die höchstzulässige Dosis nicht überschritten werden kann.

Bei der Einhaltung dieser Regeln ist zu berücksichtigen

a) die Primärstrahlung, die vom radioaktiven Nuklid selbst ausgeht,

b) die Sekundärstrahlung (z. B. Röntgen-Bremsstrahlung), die in einer materiellen Schicht durch die primären Corpuscularstrahlen ausgelöst wird,

c) die Streustrahlung, die zu einer Raumstrahlung außerhalb der geometrischen Grenzen eines Primärstrahlenbündels führt.

Bei der üblichen diagnostischen und therapeutischen Anwendung der Röntgenstrahlen bestehen hinsichtlich des Strahlenschutzes verhältnismäßig einfache Arbeitsbedingungen, da innerhalb eines begrenzten Energiebereiches gearbeitet wird. Auch bei der Radiumtherapie kann man sich auf die Einhaltung bestimmter, seit langem festgelegter Regeln beschränken. Die Verwendung der verschiedenartigen künstlich radioaktiven Nuklide hat jedoch wesentlich kompliziertere Verhältnisse geschaffen. Die Handhabung eines jeden Nuklides erfordert besondere Vorkehrungen entsprechend der von ihm ausgesandten Strahlenart, dem Energiespektrum dieser Strahlung und der Menge und Konzentration des radioaktiven Nuklides. Die Prinzipien der Strahlenabschirmung, die in jedem Einzelfall sinngemäß anzuwenden sind, werden im folgenden erläutert.

a) Schutz gegen α-Strahlung von außen

Als äußere Strahlenquellen sind α-strahlende Substanzen, deren medizinische Anwendung bisher auf wenige diagnostische und therapeutische Maßnahmen mit natürlich radioaktiven Substanzen beschränkt blieb, von geringer Bedeutung. Selbst die energiereichsten α-Strahlen, z. B. die des Radiums C' mit 7,69 MeV, haben in Luft nur eine Reichweite von wenigen Zentimetern und im Gewebe von weniger als 100 μ. Da die strahlenunempfindlichen Hornschichten der Haut im Durchschnitt etwa 50 μ, an den Handflächen bis zu 400 μ dick sind, ist eine Strahlenschädigung nur an dünneren Hautpartien zu befürchten. Abschirmung mit dünnen Materialschichten und genügender Arbeitsabstand reichen als Schutz aus.

b) Schutz gegen β-Strahlung von außen

Elektronen- und Positronenstrahler können erhebliche Gefahrenquellen darstellen. Die Reichweite der β-Strahlen in Luft kann bei hoher Strahlenenergie bis zu Metern betragen. Auch für β-Strahlen gilt innerhalb ihrer Reichweite annähernd das Abstandsgesetz. Ferner wird die β-Strahlung durch die Absorption in Luft bereits erheblich geschwächt. Jedoch muß an die Streustrahlung gedacht werden, die zu beachtlichen Dosisleistungen auch außerhalb der Grenzen des Primärstrahlenbündels führen kann.

Da die Reichweite der von den gebräuchlichen Radionukliden ausgehenden β-Strahlung im Gewebe nur wenige Millimeter beträgt (bei ^{32}P maximal etwa 8 mm), ist zwar die Gefahr für den Gesamtorganismus geringer als bei durchdringenden γ-Strahlen, jedoch ist gerade dadurch, daß die gesamte Energie in dieser dünnen Lage wirksam wird, vor allem die Haut erheblich gefährdet. Besonders exponiert sind die Finger bei unmittelbarem Kontakt oder dicht über der Oberfläche eines ungeschützten Präparates. Außerdem ist bei β-Strahlen die Bremsstrahlung zu beachten, die besonders in Materialien hoher Ordnungszahl auftritt. Das Verhältnis des Energieverlustes der β-Strahlung durch Erzeugung von Röntgen-Bremsstrahlung zu dem durch Ionisation ergibt sich (für Energien $> 1,5$ MeV) nach BETHE und HEITLER (1), (2) zu:

$$\frac{dE/dl \ (\text{Strahlung})}{dE/dl \ (\text{Ionisation})} = \frac{EZ}{800} \, ,$$

wobei E die Energie des β-Teilchens in MeV, dE/dl der Energieverlust auf der Strecke dl und Z die Ordnungszahl des Absorbermaterials ist. So beträgt bei Durchtritt von 2 MeV-β-Strahlen durch Blei der Energieverlust durch Strahlung bereits 20% des Verlustes durch Ionisation.

Die größte Strahlenintensität herrscht natürlich dicht an der Oberfläche von radioaktiven Präparaten, und zwar ist diese bei einer bestimmten Gesamtaktivität um so größer, je höher die spezifische Aktivität und je dünner die Schicht des Präparates ist, da dann die Selbstabsorption im Präparat am geringsten ist. Zur Abschirmung der β-Strahlung genügen nach dem Gesagten bereits verhältnismäßig dünne Materialschichten, wobei im Hinblick auf die Bremsstrahlung Materialien von niedriger Ordnungszahl wie Glas, Kunststoff, Wasser oder Graphit

vorzuziehen sind. Zu dünne Schutzschichten, vor allem aus Materialien von hoher
Ordnungszahl sind jedoch riskant, da Streustrahlung und Bremsstrahlung die Dosisleistung sogar erhöhen können. Abb. 1 zeigt die Totalabsorption von β-Strahlen verschiedener Energie durch verschiedene Substanzen. Bei den medizinisch gebräuchlichen Radionukliden genügen meist Abschirmungen mit 3 mm Glas oder 6 mm Plexi-

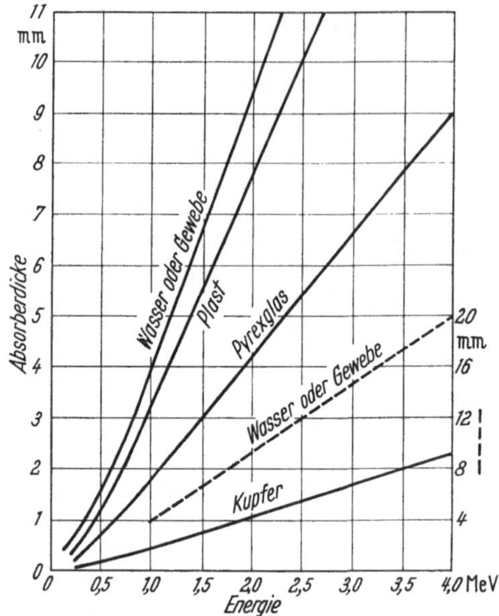

Abb. 1. Schichtdicke einiger Stoffe zur Totalabsorption von
β-Strahlen als Funktion der maximalen Energie [nach (3)]

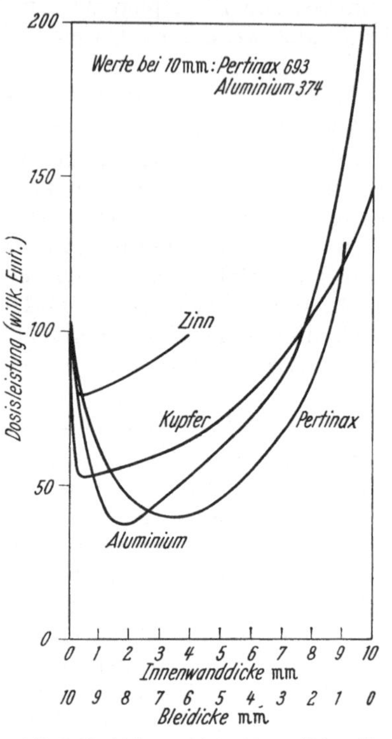

Abb. 2. Dosisleistung hinter 10 mm dicken Absor-
bern verschiedener Zusammensetzung für ⁹⁰Sr-β-
Strahlen. Innenwandmaterialien: Pertinax, Al,
Cu, Sn. Außenwand: Pb [nach (5)]

glas. Tab. 1 gibt für 4 Radionuklide die Glas-
dicken an, die zur vollständigen Absorption
der β-Strahlung ausreichen. (Die Vernichtungsstrahlung des ^{64}Cu und die γ-Strahlung
des ^{42}K sind dabei nicht berücksichtigt.)

Am zweckmäßigsten ist es, die Elektronen zunächst mit einem Material von
niedriger effektiver Ordnungszahl abzubremsen und die dabei entstehende Bremsstrahlung durch eine Schicht
aus Material mit hoher effektiver Ordnungszahl zu schwächen. Die Zweckmäßigkeit
einer solchen Anordnung ergibt sich aus den Untersuchungen von BREITLING (5) an einem
Transportbehälter für ⁹⁰Sr-Prä-
parate. Beim Zerfall von ⁹⁰Sr
entstehen gemäß den Prozessen

Tabelle 1. *Nach (4)*

Radionuklid	β-Strahlenenergie (max) in MeV	Zur Totalabsorption notwendige Masse in mg/cm²	Entsprechende Schichtdicke für Glas in mm
^{14}C	0,14	30	0,13
^{64}Cu	0,66	240	1,1
^{32}P	1,7	800	3,6
^{42}K	3,5	1800	8,1

$$\underset{38}{^{90}}\mathrm{Sr} \xrightarrow[T=28\,a]{\beta^-} \underset{39}{^{90}}\mathrm{Y} \xrightarrow[T=64,8\,h]{\beta^-} \underset{40}{^{90}}\mathrm{Zr}\ (\text{stabil})$$

zwei β-Spektren mit den Maximalenergien 0,54 bzw. 2,27 MeV.

In Abb. 2 ist die an der Außenseite eines Bleibehälters gemessene Dosisleistung
(relative Werte) in Abhängigkeit von der Dicke der Auskleidung mit Materialien,

leichter als Blei, dargestellt. Die Gesamtdicke der Wand wurde dabei auf 10 mm festgelegt. Es zeigt sich, daß die Dosisleistung an der Außenwand des Bleibehälters mit zunehmender Dicke des niederatomigen Einsatzes zunächst abnimmt. Nach Durchlaufen eines Minimums, das für Aluminium und Pertinax am tiefsten liegt, steigt die Dosisleistung wieder steil an und erreicht bei allen Materialien Werte, die z. T. beträchtlich über denen liegen, die sich bei ausschließlicher Verwendung von Blei ergeben. Der mit Aluminium- bzw. Pertinax-Einlagen erzielte Minimalwert der Dosisleistung beträgt etwa 35 % des Bleiwertes und 25 % bzw. 10 % des Wertes von Kupfer bzw. Aluminium. BREITLING (5) beschreibt auch den Aufbau eines nach diesen Gesichtspunkten angefertigten Behälters zur Aufbewahrung von 200 mC

^{90}Sr. Für die praktische Ausführung von Transportbehältern ist Blei als Außenmaterial
wegen seiner schlechten mechanischen Eigenschaften ungeeignet. Es ist daher zu empfehlen, den Bleitopf in eine
Büchse aus geeignetem Material einzulassen. Bei dem von
BREITLING gebauten Behälter befanden sich die Präparate in einer 2 mm dicken
Aluminiumkapsel, die in einen
20 mm dicken Bleitopf eingelassen war. Dieser Bleitopf war
in eine 5 mm starke Messingbüchse eingesetzt. In Abb. 3
ist die gemessene Dosisleistung
in Abhängigkeit vom Abstand

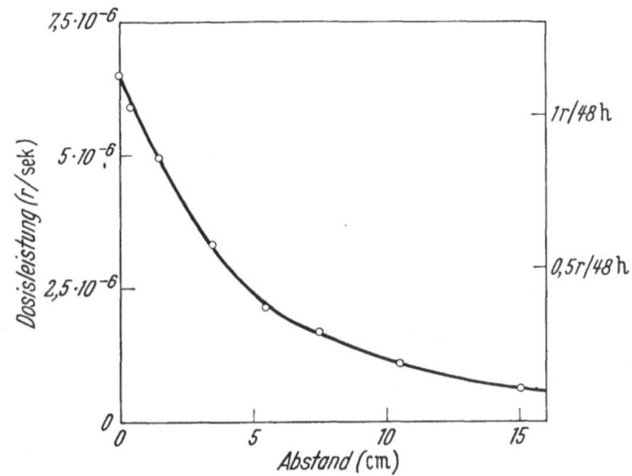

Abb. 3. Dosisleistung als Funktion des Abstandes von der Oberfläche eines Behälters, der 200 mC ^{90}Sr enthält [nach (5)]

von der Oberfläche dargestellt. Der Dosiswert an der Oberfläche ($6{,}5 \cdot 10^{-6}$ r/s = 1,12 r/48 Std.) liegt unter der in den Empfehlungen der Internationalen Kommission für Strahlenschutz (1953) (6) genannten höchstzulässigen Wochendosis für Bestrahlung der Hände von 1,5 r/48 Std. [Heute empfohlener Wert: 20 rem/13 Wochen (13)]. Der für den Fall der Strahlenbelastung des gesamten Körpers gültige maximal zulässige Dosiswert von 0,3 r/48 Std. wird bereits in einem Abstand von 7 cm unterschritten. Die mit diesem Behälter erzielten Daten liegen um den Faktor 6 niedriger als bei einem massiven Messingbehälter gleicher Abmessungen bei nur 20 % höherem Gewicht des Bleibehälters.

Diese Verhältnisse sind auch für die Konstruktion von Beobachtungsfenstern von Bedeutung. Gegenüber den üblichen Plexiglasplatten von 10 mm Dicke bringt eine Kombination von 3 mm Plexiglas und 7 mm Bleiglas eine Verminderung der Dosisleistung um den Faktor 3,5. Dabei muß wiederum das Plexiglas dem β-Strahler, das Bleiglas dem Außenraum zugewandt sein.

c) Schutz gegen γ-Strahlung von außen

Hinsichtlich des äußeren Schutzes gegen γ-Strahlung können die Regeln, die für die Handhabung geschlossener Radiumpräparate gelten, angewandt werden. Dabei ist zu bedenken, daß das γ-Strahlspektrum jedes künstlich radioaktiven Nuklids sowohl hinsichtlich der Quantenenergie der einzelnen Linien als auch hinsichtlich der Emissionswahrscheinlichkeit von dem des Radium (im Gleichgewicht mit seinen kurzlebigen Folgeprodukten) verschieden ist. Ist das Zerfallsschema eines Radionuklids bekannt, so läßt sich die sog. ,,Dosiskonstante" (das ist die γ-Strahldosisleistung in r/Std. einer punktförmigen Quelle von 1 mC in 1 m Luftabstand) berechnen. Bei einer durchschnittlichen höchstzulässigen Wochendosis von 0,1 r, gemessen in Luft, ist anzustreben, daß an keinem Arbeitsplatz die Dosisleistung von 16,7 mr/8 Std. bzw. 2 mr/Std. überschritten wird. Wenn keine sonstige Strahlenbelastung zu erwarten ist, sind bei dieser Dosisleistung 48 Std. reiner Strahlenarbeit pro Woche zulässig. Unter dieser Voraussetzung lassen sich die in einem bestimmten Arbeitsabstand notwendigen Bleischichtdicken oder entsprechenden Schichtdicken anderer Absorbermaterialien berechnen, wobei das exponentielle Absorptionsgesetz gilt:

$$I_d = I_o \cdot e^{-\mu d}$$

I_o = auf das Absorbermaterial auftreffende Strahlenintensität,
d = Schichtdicke (cm),
I_d = Intensität hinter der Schichtdicke d,
μ = linearer Schwächungskoeffizient (cm^{-1}).

Mittels des Schwächungskoeffizienten von Blei für die einzelnen Quantenenergien (oder für die Linien maximaler Energie) können dann die Bleidicken berechnet werden, die nötig sind, um die Strahlung auf eine bestimmte Dosisleistung in verschiedenen Abständen von der Strahlenquelle herabzusetzen.

In Tab. 2 sind die Schutzdicken verschiedener Materialien (Pb, Fe, Al oder Beton und Wasser) für einen großen Bereich von Curie-Werten des Strahlers, verschiedene γ-Quantenenergien und verschiedene Arbeitsabstände zusammengestellt. Die Daten gelten für eine höchstzulässige Dosis von 16,7 mr/8-Std.-Tag. Der Berechnung dieser Tabelle ist die vereinfachte Annahme zugrundegelegt, daß bei jedem Zerfall ein γ-Quant der entsprechenden Energie emittiert wird. Das führt natürlich bei komplexem Zerfallsschema zu Ungenauigkeiten. Für provisorische Schutzaufbauten in der Praxis sind diese Werte jedoch genügend. Tab. 2 gilt streng nur für großflächige Schutzwände bei engem Strahlenbündel. Durch die Streustrahlung können im Einzelfalle die Dosiswerte wesentlich erhöht werden. Eine zusätzliche laufende Kontrolle und Messung der Dosisleistung an den Arbeitsplätzen ist daher dringend erforderlich, vor allem, wenn bewegliche Strahlenquellen Verwendung finden.

Bei der Beurteilung des γ-Strahlenspektrums eines Positronenstrahlers ist zu bedenken, daß neben der Kern-γ-Strahlung auch die sog. „Vernichtungsstrahlung" entsteht (s. H. Schmeiser, Allgemeiner Nachweis radioaktiver Isotope, S. 1).

Benutzungsanweisung für Tab. 2:
Man nimmt die Spalte, die dem gegebenen Wert der energiereichsten γ-Linie des Radionuklids entspricht. Die Zahl, die man dann der Tabelle bei Berücksichtigung der vorliegenden Aktivität in mC bzw. C entnimmt, gibt die benötigte Dicke der Bleischutzwand in cm bei 1 m Luftabstand an. Beträgt der Arbeitsabstand nicht 1 m, sondern ist er kleiner oder größer, so sind die dem Abschnitt „Abstand" entnommenen Zahlen zu addieren bzw. zu subtrahieren. Dasselbe gilt entsprechend bei einer vom 8-Std.-Tag abweichenden Arbeitszeit oder auch bei Verwendung anderer Schutzmaterialien an Stelle von Blei. Im letzteren Falle ist mit den Zahlen des Abschnittes d der Tabelle zu multiplizieren. Hat die der Tabelle entnommene Zahl ein negatives Vorzeichen, so bedeutet das, daß bereits 1 m Luft die notwendige Schwächung leistet und eine zusätzliche Abschirmung nicht notwendig ist. Die negativen Zahlen gewinnen aber Bedeutung, wenn ein anderer Abstand und andere Stundenzahlen gewählt werden. Als Beispiel der Anwendung der Tab. 2 sei ein Präparat von 500 mC betrachtet, das je Zerfall ein γ-Quant von 2 MeV Energie aussendet. Welche Absorberdicke ist bei einer täglichen Arbeitszeit von 2 Std. und einem Abstand von 50 cm vom Präparat notwendig, um an einem Tag gerade die Dosis von 16,7 mr zu erhalten?

a) 500 mC (2 MeV)	+ 11,04	Absorberdicke Pb	11,04 cm
b) 50 cm	+ 2,80	„ Fe 11,04 · 1,63 =	18,00 cm
c) 2 Std.	− 2,80	„ Al oder Beton 11,04 · 4,34 =	48,00 cm
	11,04		

Die meisten γ-strahlenden Nuklide senden γ-Quanten von verschiedenen Energien aus. Tab. 2 läßt sich auch bei komplexen γ-Spektren verwenden, wenn die Wahrscheinlichkeit für die Emission eines γ-Quants bestimmter Energie pro Zerfallsakt bekannt ist. Dazu sind in Spalte 3 der Hilfstabelle 2a für die bisher hinreichend untersuchten γ-emittierenden langlebigen Radionuklide effektive γ-Energien angegeben.

Mit diesen Werten geht man in die Tab. 2 ein, wobei noch die wahre Aktivität des vorliegenden radioaktiven Nuklids mit dem in Spalte 4 der Tab. 2a angegebenen Faktor zu multiplizieren ist. Dieser trägt der mittleren Zahl der γ-Quanten pro Zerfallsakt Rechnung.

Beispiele: 100 mC ^{131}J

a) $1 \cdot 100$ mC (0,8 MeV) . . . . $+$ 3,23
b) 20 cm Abstand. . . . . $+$ 3,25
c) 24 Std. . . . . $+$ 1,11
$\overline{}$
7,59 cm Pb

500 mC ^{60}Co

a) $2 \cdot 500$ mC (1,5 MeV) . . . . $+$ 10,24
b) 1 m . . . . $+$ 0,00
c) 8 Std. . . . . $+$ 0,00
$\overline{}$
10,24 cm Pb

Tabelle 2. *Abschirmdicken in cm für eine Tagesdosis von 16,7 mr bei γ-Strahlern, entsprechend einer durchschnittlichen höchstzulässigen Wochendosis von 100 mr bei 48 stündiger Arbeitszeit.*
(1 γ-Quant pro Zerfallsakt)
[Umgerechnet nach SNYDER und POWELL (7)][1]

γ-Energie in MeV								
0,2	0,5	0,8	1,0	1,5	2,0	2,5	3,0	6,0

Erforderliche Bleidicke in cm bei 1 m Luftabstand

a) Aktivität

	0,2	0,5	0,8	1,0	1,5	2,0	2,5	3,0	6,0
10 mC	$-$0,05	$+$0,25	$+$0,90	$+$1,35	$+$2,34	$+$3,14	$+$3,59	$+$4,03	$+$4,74
20 mC	$+$0,02	$+$0,64	$+$1,61	$+$2,22	$+$3,53	$+$4,54	$+$5,06	$+$5,57	$+$6,17
50 mC	$+$0,11	$+$1,14	$+$2,53	$+$3,37	$+$5,10	$+$6,39	$+$7,00	$+$7,60	$+$8,06
100 mC	$+$0,17	$+$1,52	$+$3,23	$+$4,23	$+$6,29	$+$7,79	$+$8,46	$+$9,14	$+$9,49
200 mC	$+$0,24	$+$1,90	$+$3,93	$+$5,10	$+$7,48	$+$9,19	$+$9,93	$+$10,68	$+$10,93
500 mC	$+$0,33	$+$2,41	$+$4,86	$+$6,25	$+$9,05	$+$11,04	$+$11,86	$+$12,71	$+$12,82
1 C	$+$0,39	$+$2,79	$+$5,56	$+$7,12	$+$10,24	$+$12,44	$+$13,33	$+$14,25	$+$14,25
2 C	$+$0,46	$+$3,17	$+$6,26	$+$7,99	$+$11,43	$+$13,84	$+$14,80	$+$15,78	$+$15,68
5 C	$+$0,55	$+$3,68	$+$7,18	$+$9,14	$+$13,00	$+$15,69	$+$16,73	$+$17,82	$+$17,58
10 C	$+$0,61	$+$4,06	$+$7,88	$+$10,01	$+$14,19	$+$17,10	$+$18,20	$+$19,35	$+$19,01

b) Abstand (die Zahlen sind zu addieren)

	0,2	0,5	0,8	1,0	1,5	2,0	2,5	3,0	6,0
20 cm	$+$0,31	$+$1,77	$+$3,25	$+$4,04	$+$5,52	$+$6,50	$+$6,81	$+$7,14	$+$6,65
50 cm	$+$0,14	$+$0,76	$+$1,40	$+$1,74	$+$2,38	$+$2,80	$+$2,93	$+$3,07	$+$2,86
1 m	0	0	0	0	0	0	0	0	0
2 m	$-$0,14	$-$0,76	$-$1,40	$-$1,74	$-$2,38	$-$2,80	$-$2,93	$-$3,07	$-$2,86
5 m	$-$0,31	$-$1,77	$-$3,25	$-$4,04	$-$5,52	$-$6,50	$-$6,81	$-$7,14	$-$6,65
10 m	$-$0,44	$-$2,54	$-$4,65	$-$5,77	$-$7,90	$-$9,30	$-$9,74	$-$10,21	$-$9,51

c) Tägliche Arbeitszeit (die Zahlen sind zu addieren)

	0,2	0,5	0,8	1,0	1,5	2,0	2,5	3,0	6,0
1 Std	$-$0,20	$-$1,15	$-$2,10	$-$2,61	$-$3,57	$-$4,20	$-$4,40	$-$4,61	$-$4,30
2 Std.	$-$0,14	$-$0,76	$-$1,40	$-$1,74	$-$2,38	$-$2,80	$-$2,93	$-$3,07	$-$2,86
4 Std.	$-$0,07	$-$0,38	$-$0,70	$-$0,87	$-$1,19	$-$1,40	$-$1,47	$-$1,54	$-$1,43
8 Std.	0	0	0	0	0	0	0	0	0
24 Std.	$+$0,11	$+$0,61	$+$1,11	$+$1,38	$+$1,89	$+$2,22	$+$2,32	$+$2,44	$+$2,27

d) Absorbermaterial (mit den Zahlen ist zu multiplizieren)

	0,2	0,5	0,8	1,0	1,5	2,0	2,5	3,0	6,0
Pb	1	1	1	1	1	1	1	1	1
Fe	10,90	2,95	2,00	1,81	1,70	1,63	1,68	1,65	2,05
Al od. Beton	32,15	8,32	5,53	5,08	4,48	4,34	4,92	5,10	6,89
H_2O	77,41	18,52	12,81	11,39	10,05	10,10	11,00	11,87	18,62

[1] Wir danken Herrn Dr. E. OBERHAUSEN, Institut für Biophysik der Universität des Saarlandes, Homburg/Saar, für die Umrechnung der Tabelle.

Neuerdings wurden von verschiedenen Firmen Strahlenschutz-Rechenschieber konstruiert, die käuflich zu erwerben sind (8). Sie gestatten, alle einschlägigen Strahlenschutz-Abschätzungen sehr schnell durchzuführen.

Als Faustregel kann gelten, daß sich in ihren Absorptionseigenschaften (bei Quantenenergien von etwa 0,8 MeV) Blei zu Eisen zu Aluminium zu Wasser wie 1 : 2 : 6 : 13 verhalten. Die benötigte Dicke für Bleiglasschilde ist aus der Bleiäquivalenz des Materials zu berechnen, wird aber aus wirtschaftlichen und praktischen Gründen nicht größer als 2 cm

Tabelle 2a. *Hilfstabelle für einige künstlich radioaktive Nuklide.*
Von L. Meyer-Schützmeister[1]

Radioaktives Nuklid	Halbwertszeit	Effektive γ-Energie in MeV (abgerundet)	Multiplikationsfaktor für die Aktivität	Radioaktives Nuklid	Halbwertszeit	Effektive γ-Energie in MeV (abgerundet)	Multiplikationsfaktor für die Aktivität
$^{22}_{11}$Na	2,60 a	1,5	2	$^{110}_{47}$Ag	24,5 s	—	—
$^{24}_{11}$Na	15,04 h	2,5	2	$^{124}_{51}$Sb	60 d	1,5	1
$^{41}_{18}$A	1,82 h	1,5	1	$^{131}_{53}$J	8,02 d	0,8	1
$^{42}_{19}$K	12,44 h	1,5	0,2	$^{134}_{55}$Cs	254 d	0,8	2
$^{46}_{21}$Sc	85 d	1,0	2	$^{140}_{56}$Ba	12,5 d	2,0	1,5
$^{56}_{35}$Mn	2,59 h	2,0	1,5	$^{140}_{57}$La	1,67 d		
$^{59}_{26}$Fe	46 d	1,5	1	$^{141}_{58}$Ce	35,5 d	0,2	0,6
$^{60}_{27}$Co	5,26 a	1,5	2	$^{142}_{59}$Pr	19,1 h	1,5	0,04
$^{65}_{28}$Ni	2,56 h	1,5	0,5	$^{147}_{60}$Nd	11,1 h	0,5	0,4
$^{64}_{29}$Cu	12,88 h	0,5	0,4	$^{154}_{63}$Eu	5,4 a	0,5	1,5
$^{65}_{30}$Zn	250 d	1,0	0,5	$^{153}_{64}$Gd	236 d	0,2	1
$^{69}_{30}$Zn*	13,8 h	0,5	1	$^{160}_{65}$Tb	71 d	1,0	0,7
$^{69}_{30}$Zn	57 m	—	—	$^{175}_{70}$Yb	4,2 d	0,5	2
$^{72}_{31}$Ga	14,08 h	2,0	0,6	$^{181}_{72}$Hf	45 d	0,5	2
$^{76}_{33}$As	1,19 d	2,0	0,3	$^{187}_{74}$W	24,1 h	0,8	0,7
$^{82}_{35}$Br	1,5 d	1,5	2	$^{186}_{75}$Re	3,87 d	0,2	2
$^{86}_{37}$Rb	19,5 d	1,0	0,2	$^{185}_{76}$Os	94,7 d	0,8	1
$^{99}_{43}$Tc*	6,6 h	0,2	0,9	$^{198}_{79}$Au	2,69 d	0,5	1
$^{103}_{44}$Ru	39,8 d	0,5	0,9	$^{203}_{80}$Hg	43,5 d	0,2	1
$^{110}_{47}$Ag*	270 d	1,0	2,5	$^{226}_{88}$Ra**	1590 a	2	1

* metastabil   ** Im Gleichgewicht mit seinen Folgeprodukten bis RaC',C''

genommen werden können. Schwermetallmischungen mit hohen Absorptionskoeffizienten können für Installationen, bei denen dicke Schutzschichten störend sind, angewandt werden. So genügen von einer Mischung „Hevi-Met" aus 90% Wolfram, 6% Nickel und 4% Kupfer mit der Dichte 17 g/cm³ zwei Drittel der jeweiligen Bleischichtdicken (9). [Vgl. auch (9a)].

Durch Einhaltung hinreichenden Abstandes von der Strahlenquelle und Verkürzung der Arbeitszeit können die recht kostspieligen und hindernden Schutzschichten entsprechend verkleinert werden.

2. Strahlung von innen, Schutz gegen Inkorporation

Die größte Gefahr, die der Umgang mit radioaktiven Nukliden mit sich bringt, besteht darin, daß sie versehentlich in den Körper aufgenommen werden. Da die natürlich radioaktiven Elemente in nennenswerten Mengen nur in Form geschlossener Präparate Verwendung finden, war eine solche Gefahr früher nur für einen verhältnismäßig kleinen Personenkreis, z. B. das Personal der radiumverarbeitenden Industrie, gegeben. Die künstlich radioaktiven Substanzen aber werden meist als

---

[1] Für die Überlassung dieser Zusatztabelle danken wir Frau Dr. L. Meyer-Schützmeister.

radioaktives Material in offener Form[1] verarbeitet, und ihre Handhabung bringt ein ernstes Risiko mit sich. Radioaktive Gase, Dämpfe oder Staube können inhaliert werden, mit kontaminierten Nahrungsmitteln und Getränken, beim Pipettieren radioaktiver Lösungen oder beim Berühren des Mundes mit kontaminierten Fingern oder Gegenständen können die Nuklide in den Verdauungskanal gelangen und außerdem können radioaktive Substanzen, je nach ihren chemischen Eigenschaften oder denen ihrer Verbindungen oder des Lösungsmittels, durch die intakte Haut oder durch die verletzte Körperoberfläche eindringen. Der mit dieser Inkorporation verbundene Gefahrengrad, also die potentielle Radiotoxicität eines Radioelementes, ist eine komplexe Funktion folgender Faktoren:

1. der Strahlenart,
2. der Strahlenenergie,
3. der Zerfallskonstanten bzw. der physikalischen Halbwertszeit.

Zu den physikalischen Daten kommen noch die physiologisch-chemischen Bedingungen, von denen die dem ganzen Körper oder einzelnen Körperabschnitten applizierte Strahlendosis abhängt:

4. Eintrittsweg und Eintrittsgeschwindigkeit,
5. Ausscheidungsweg und -geschwindigkeit,
6. differentielle Absorption,
7. Verweildauer in den einzelnen Organen und Geweben oder dem Organimus im ganzen.

Bei Inhalation radioaktiver Substanzen kann der Körper primär durch die aus dem Lungenluftvolumen kommende Strahlung oder durch die Strahlung der in den Luftwegen abgefilterten und an ihrer Oberfläche niedergeschlagenen Teilchen geschädigt werden. Die Menge der in der Lunge zurückgehaltenen Substanz hängt im wesentlichen von der Teilchen- und Tröpfchengröße ab. Radioaktive Tröpfchen-Aerosole sind besonders gefährlich wegen ihrer großen Benetzungsfähigkeit. Von dem endgültig im Körper zurückgehaltenen Prozentsatz radioaktiver Substanz hängt die Strahlenbelastung ab, die die Substanz nach Resorption auf dem Lymph- oder Blutwege dem Körper zufügt. Ähnlich verhält es sich bei radioaktiven Substanzen, die durch den Verdauungstrakt aufgenommen werden. Auch nicht resorbierte Stoffe können bei der Passage vom Darmvolumen aus als Strahlenquelle wirken. Die intakte Haut resorbiert zwar wäßrige Lösungen der gebräuchlichen Radionuklide nur sehr schwach; immerhin haben Untersuchungen gezeigt, daß Bruchteile von Prozenten eindringen. Gefährlicher sind in dieser Hinsicht alkoholische und fettlösliche Verbindungen von Radionukliden. Bei Hautverletzungen mit radioaktiv kontaminierten Instrumenten können bedrohliche Mengen von Radionukliden in den Körper gelangen.

---

[1] Nach dem Normblatt DIN 6843 („Strahlenschutz beim Arbeiten mit radioaktivem Material in offener Form in medizinischen Betrieben") werden als „radioaktives Material" alle radioaktiven Stoffe und Präparate sowie alle Materialien und Gegenstände, die radioaktive Stoffe enthalten oder radioaktiv kontaminiert sind, bezeichnet. Unter radioaktivem Material in offener Form ist solches Material zu verstehen, bei dem die radioaktiven Stoffe *nicht* ständig von einer widerstandsfähigen, inaktiven und allseitig dichten Hülle umschlossen sind, die bei üblicher betriebsmäßiger Beanspruchung ein Austreten radioaktiver Stoffe verhindert.

In DIN 6804 („Strahlenschutz beim Arbeiten mit geschlossenen radioaktiven Präparaten in medizinischen Betrieben") lautet die entsprechende Definition geschlossener Präparate: „Unter geschlossenen radioaktiven Präparaten sind solche Präparate zu verstehen, bei denen die radioaktive Substanz ständig von einer allseitig dichten, festen, inaktiven Hülle umschlossen ist, die bei üblicher betriebsmäßiger Beanspruchung ein Austreten radioaktiver Substanz mit Sicherheit verhindert." Bei Stoffen, unter deren Zerfallsprodukten sich ein gasförmiger Stoff (z. B. Emanation) befindet, gilt ein Präparat nur dann als geschlossen, wenn die den radioaktiven Stoff umschließende Hülle gasdicht ist. Alle Präparate, bei denen die genannten Bedingungen nicht erfüllt sind, gelten als offene Präparate.

3. Verhütung radioaktiver Kontamination

Die Gefahr beim Umgang mit radioaktivem Material in offener Form ist besonders groß infolge der Möglichkeit einer radioaktiven Kontamination des Arbeitsplatzes oder seiner Umgebung und der Beschäftigten selbst. Durch Verspritzen radioaktiver Lösung, durch Entweichen radioaktiver Substanz als Gas, Dampf oder Staub, vor allem bei chemischen Manipulationen, durch Substanzverlust von der Oberfläche fester radioaktiver Körper entstehen unbeachtete Strahlenquellen am Arbeitsort; die Zimmerluft wird radioaktiv, die Kleidung und die Körperoberfläche selbst werden kontaminiert. Achtloser Umgang mit radioaktiven Abfällen kann die Umgebung in weitem Umfang kontaminieren; Abwässer verschleppen die Radioaktivität weit über den eigentlichen Arbeitsbereich hinaus. Die Gefahr einer unkontrollierbaren Inkorporation wächst mit dem Kontaminationsgrad.

Jede Kontamination des Arbeitsbereiches und seiner Umgebung, der Zimmerluft und des Körpers muß daher verhindert oder zum mindesten so klein wie möglich gehalten werden. Auch hier gilt das Prinzip, daß weder die höchstzulässigen Dosiswerte für äußere Einstrahlung, noch die höchstzulässige Konzentration in der Atemluft, noch die höchstzulässigen Mengen im Körper selbst für die verschiedenen Nuklide überschritten werden dürfen (*10*).

Tabelle 3. *Kontaminationsgefahr und erforderliche Kontrollgenauigkeit beim Arbeiten mit radioaktiven Lösungen* [nach Tompkins (*11*)]

Aktivitätsstufe:	1 Mikrocurie 1 μC	1 Mikrocurie — 1 Millicurie 1 μC 1 mC	1 Millicurie — 1 Curie 1 mC 1 C
Erforderliche Technik	Wie bei chemisch quantitativen Arbeiten unter „aseptischen" Bedingungen	Sondereinrichtung zur Verhütung von Kontamination	Arbeiten in abgeschlossenen Systemen unter Kontrolle
Laboratoriumsbedingungen	Gewöhnliches Laboratorium	Geschützte Arbeitsplätze, evtl. radiochemische Abzugsschränke, erhöhte Aufbewahrungs- u. Reinigungsbedingungen	Radiochemischer Abzugsschrank notwendig, besondere Abfallbeseitigung
Besondere Probleme	Abschirmung bei höheren Aktivitäten	Adsorption von Material hoher spezifischer Aktivität, Kontamination der Hände	Oberflächenreinigung, Akkumulation langlebiger Radionuklide, Entlüftung, Unfallverhütung
Beispiele	Spurenexperimente mit β-Strahlern	Spurenexperimente mit γ-Strahlern, Präparation von Stammlösungen für β-Spurenexperimente, diagnostische Arbeit mit Radionukliden	Präparation von Stammlösungen für γ-Indicatoruntersuchungen; hochaktive ^{14}C-Synthese; Therapie mit Radionukliden

Ein besonderes Problem stellt die Kontamination von Oberflächen des Arbeitsgeräts, des Arbeitsplatzes, der Kleidung und der Haut dar. Bereits in einer älteren Arbeit hat Tompkins (*11*) die Kontaminationsgefahr bei Aufarbeitung radioaktiver Lösungen systematisch erfaßt. Bei jeder Manipulation geht eine bestimmte Menge der Lösung verloren und erhöht dementsprechend die Kontaminationsmöglichkeit. Tompkins definiert die kritische Menge q als diejenige Menge eines Materials, die bei einer bestimmten Manipulation verloren gehen kann, ohne daß dadurch ein kritischer Wert a des Kontaminationsgrades am Arbeitsplatz überschritten wird. So ist z. B. vom Strahlenschutz-Standpunkt aus bei Kontamination der Arbeitsfläche mit einem harten β-Strahler $a = 0,001\ \mu C/30\ cm^2$ zu setzen. Dementsprechend ist bei einer Lösung, die 0,01 μC in 10 cm³ enthält $q = 1$ ml, eine Menge, die ohne Schwierigkeiten kontrollierbar ist. Enthält die gleiche Menge jedoch 1 mC, so ist $q = 10^{-5}$ cm³, ein Volumen, das bei chemischen Operationen leicht verlorengehen kann und sich der Kontrolle entzieht. Außerdem definiert der Autor den Begriff des Kontaminationspotentials als das Verhältnis der Menge eines Materials, die bei einer bestimmten Operation in üblicher Weise verlorengeht, zu der kritischen Menge q. Beim gewöhnlichen Pipettieren können leicht 0,01 ml verlorengehen, so daß das Kontaminationspotential beim obigen 2. Beispiel $0,01 : 10^{-5} = 1000$ ist. Aus diesen Überlegungen heraus teilt TOMPKINS die Arbeitsmethoden je nach den verwandten Gesamtaktivitäten und spezifischen Aktivitäten in Gruppen ein und stellt die Forderungen auf, die jeweils an die Kontrollgenauigkeit zu stellen sind (Tab. 3).

Neuerdings hat BARNES (*12*) Daten zusammengestellt, die für die laufende Kontrolle der Kontamination der Luft und der Arbeitsplätze in Laboratorien, in denen mit Radionukliden gearbeitet wird, eine wertvolle Grundlage bilden. Als Ausgangspunkt dienen die neuesten Grundwerte der höchstzulässigen Dosen, wie sie von der Internationalen Kommission für Strahlenschutz (ICRP) festgelegt wurden (*13*), (näheres s. S. 417).

Höchstzulässige Dosiswerte (Grundwerte):

Für Beschäftigte in Strahlenbetrieben:

<table>
<tr><td></td><td>Grundwert:</td><td>300 mrem/Woche</td></tr>
</table>

Ausnahmen:
Durchschnittswert für Gonaden und

Ganzkörperbestrahlung:	100 mrem/Woche
Haut:	600 mrem/Woche
Hände und Unterarme Füße und Knöchel:	} 1500 mrem/Woche

Für einen kleinen Teil der Bevölkerung (in
der Umgebung atomtechnischer Anlagen)　　500 mrem/Jahr.

Auf dieser Basis werden folgende Aktivitätswerte abgeleitet, bei denen die Strahlendosen unterhalb dieser Grenzen liegen:

1. Oberflächen im Laboratorium

a) Im Hinblick auf die direkte Bestrahlung der Hände und anderer Teile des Körpers durch energiereiche β-Strahler (im Bereich zwischen 0,5—3,0 MeV). Höchstzulässige Oberflächenkontamination: $4 \cdot 10^{-2}\ \mu C/cm^2$.

b) Bei Inhalationsgefahr durch Aufwirbeln radioaktiver Substanz. Nach Messungen von CHAMBERLAIN und STANBURY (*12a*) beträgt dabei der Faktor, der die Luftkonzentration (radioaktiver Staub in $\mu C/cm^3$) in Beziehung setzt zur Oberflächenkontamination ($\mu C/cm^2$) 10^{-7} cm⁻¹.

Für α-Strahler: (Dabei wird der niedrigste von der ICRP festgelegte Wert der höchstzulässigen Konzentration in Luft ,nämlich der Wert für ^{231}Pa von $10^{-12}\ \mu C/cm^3$ für eine Arbeitszeit von 40 Std./Woche zugrundegelegt). Höchstzulässige Oberflächenkontamination: $10^{-5}\ \mu C/cm^2$.

Für β-Strahler: (Niedrigster Wert der höchstzulässigen Konzentration in Luft für ^{227}Ac: $2 \cdot 10^{-12}\ \mu C/cm^3$ und andere niedrige Werte: ^{228}Ra: $4 \cdot 10^{-11}$, ^{241}Pu: $9 \cdot 10^{-11}$, ^{210}Pb: $4 \cdot 10^{-10}$, ^{90}Sr: $3 \cdot 10^{-10}\ \mu C/cm^3$.) Wenn man die β-Strahler hoher Ordnungszahl ausschließt und sie als Spezialfälle ansieht, wird der allgemeine Grenzwert durch ^{90}Sr bestimmt und es ergibt sich für die höchstzulässige Oberflächenkontamination: $3 \cdot 10^{-3}\ \mu C/cm^2$.

2. *Haut*

a) Für den Fall der Aufnahme über die Hände in den Mund wird angenommen, daß 5% der Kontamination, die nach dem Waschen an den Händen verbleibt, täglich inkorporiert werden könnte. Ein Wert für die höchstzulässige tägliche Aufnahme läßt sich ermitteln, indem man den Wert der höchstzulässigen Konzentration in Wasser mit dem festgelegten Standardwert für die tägliche Wasseraufnahme ($1{,}1 \cdot 10^3$ cm³) multipliziert.

Für α-Strahler legt man den niedrigsten Wert, nämlich den für ^{226}Ra von $4 \cdot 10^{-7}\ \mu$C/cm³ Wasser zugrunde. Daraus ergibt sich eine höchstzulässige Kontamination von $8{,}8 \cdot 10^{-3}\ \mu$C pro Hand.

Tabelle 4. *Methoden zur Messung der Konzentrationen radioaktiver Gase in der Atmosphäre.*
[Nach einer Zusammenstellung von J. Labeyrie (*15*)]

Nuklid	In der Größenordnung der allgemeinen weltweiten Kontamination	In der Größenordnung der höchstzulässigen Konzentrationen (HZK)[1]
^{3}H	Isotopische Anreicherung ($\times 1000$), dann Messung im flüssigen Szintillator	Ionisationskammer 1 HZK → $6 \cdot 10^{-13}$ A/100 l Luft oder: Kondensieren in Form von Wasser, dann Messung im flüssigen Szintillator bei 10° C und mit Photovervielfacher in Antikoincidenzschaltung
^{14}C	Proportionalzähler mit CO_2 (1 l CO_2 bei 76 cm Hg → 6 Imp/min)	Ionisationskammer 1 HZK → $6 \cdot 10^{-12}$ A/100 l oder Plastik-Szintillator mit großer Oberfläche
^{41}A	In der normalen Atmosphäre (weit entfernt von Kernreaktoren) praktisch nicht nachweisbar	Im Durchströmungsverfahren mit Ionisationskammern in Kompensationsschaltung 1 HZK → $2 \cdot 10^{-13}$ A/100 l Luft oder: NaJTl-Szintillationskristall
^{85}Kr	Handelsüblicher Proportionalzähler für Kr. *1958:* 1 l reines Krypton → 4200 Imp/min	Ionisationskammer
^{131}J	Filterung mit Glaswolle + NO_3Ag ($3{,}6$ kg NO_3Ag/m² hält 98% J zurück) dann Messung mit NaJTl-Szintillationskristall	Anreicherung in Kohlefilter (oder Glaswolle) + NO_3Ag, dann Messung mit NaJTl-Szintillationskristall 1 HZK → 100 Imp/s pro m³ bei 2 π-Geometrie
Radon	a) 4 l-Kugel mit Zinksulfidbelag auf der inneren Oberfläche b) Filterung des aktiven Niederschlags, dann α- und β-Zählung c) Ionisationskammer: $3 \cdot 10^{-9}$ C/m³ → $1{,}6 \cdot 10^{-13}$ A/100 l	a) 100 cm³-Kugel mit Zinksulfidbelag auf der inneren Oberfläche b) Ionisationskammer von 1 l 1 HZK → $5 \cdot 10^{-14}$ A c) Filterung von 100 l in 100 cm³ Kohle, dann Zählung der β-Teilchen von RaC im GM-Zähler
Thoron	Filterung von > 1 m³, dann 5 Std. bis zur Messung warten, bis der aktive Niederschlag von Radon ($T = 40$ min) genügend abgeklungen ist	

[1] Die von der I.C.R.P. festgelegten Werte der höchstzulässigen Konzentrationen finden sich S. 417 ff.

Tabelle 5. *Methoden zur Messung der Konzentrationen verschiedener radioaktiver Aerosole in der Atmosphäre.* [Nach einer Zusammenstellung von J. LABEYRIE *(15)*]

Nuklid	In der Größenordnung der allgemeinen weltweiten Kontamination	In der Größenordnung der höchstzulässigen Konzentrationen (HZK)[1]
Mischung von Spalt-produkten	Filterung mehrerer 1000 m³ Luft durch Papier (100 cm²), dann Messung der α-, β- oder γ-Strahlung im GM- oder Szintillationszähler. γ-Spektroskopie gibt die Möglichkeit, Ce, Ru, Zr und Nb zu bestimmen. Sr läßt sich nur nach chemischer Trennung nachweisen.	Filterung durch 10 cm² am Luftstrom vorbeibewegtes Papierband oder auf bewegtem elektrostatischem Filter mit kontinuierlicher β-Messung im GM- oder Szintillationszähler
α-Strahler: Radium, Uran, Plutonium, Polonium usw.	In der normalen Atmosphäre praktisch nicht nachweisbar	a) Filterung von etwa 1 m³ durch Filterpapier, Messung der α-Strahlung mit GM- oder Szintillationszähler. 48 Std. warten, bis die Folgeprodukte des Thorons genügend abgeklungen sind ($T = 11$ Std.) b) Wenn die Luft im Laboratorium bereits stark gefiltert ist, kann die Wartezeit u. U. viel kürzer sein (1 Std.) c) Für sofortigen Nachweis: Filterrückstand auf 100 cm², dann: α- und β-Koincidenzzählung (Nachweis der RaC—RaC′ oder ThC—ThC′-Zerfälle). Dann Subtraktion der α-strahlenden Folgeprodukte von Radon und Thoron. Es bleiben die α-Aktivitäten großer Halbwertszeit: Ra, U, Pu, Po, usw.

[1] Die von der I.C.R.P. festgelegten Werte der höchstzulässigen Konzentrationen finden sich S. 417 ff.

Für β-Strahler ist der niedrigste Wert (für ^{228}Ra) $8 \cdot 10^{-7}\ \mu$C/cm³ Wasser, d. h. die höchstzulässige Kontamination: $1{,}7 \cdot 10^{-2}\ \mu$C/Hand. Wenn man jedoch ^{228}Ra unberücksichtigt läßt, wird der Wert durch ^{90}Sr bestimmt ($4 \cdot 10^{-6}\ \mu$C/cm³ Wasser) und damit ergibt sich für die höchstzulässige Kontamination: $8{,}8 \cdot 10^{-2}\ \mu$C/Hand.

b) Bestrahlung der empfindlichen Schichten der Haut:

Bei α-Strahlern würde unter bestimmten Voraussetzungen die höchstzulässige Dosis von 1,5 rem/Woche erreicht bei einer Oberflächenkontamination der Haut von $3 \cdot 10^{-5}\ \mu$C/cm². Unter der Annahme, daß die Aktivität nur 10% der Handfläche (30 cm²) bedeckt, ergibt sich für die höchstzulässige Kontamination der Hände mit α-Strahlern der Wert $9 \cdot 10^{-4}\ \mu$C/Hand und für die Haut an anderen Stellen als den Händen: $1{,}2 \cdot 10^{-5}\ \mu$C/cm².

Direkte Bestrahlung durch *energiereiche β-Strahler:* Die höchstzulässige Dosis von 1,5 rem in 168 Std. würde erreicht bei $9 \cdot 10^{-4}\ \mu$C/cm². Wenn man die ungleichmäßige Verteilung berücksichtigt und wiederum etwa annimmt, daß nur 10% der Hand (30 cm²) kontaminiert sind, ergibt sich für die höchstzulässige Kontamination der Hände mit β-Strahlern der Wert $3 \cdot 10^{-2}\ \mu$C/Hand und für die Haut an anderen Stellen als an den Händen: $3{,}5 \cdot 10^{-4}\ \mu$C/cm².

Die Gefahr der Kontamination der Luft, vor allem unter Berücksichtigung der Partikelgröße, sowie die nötigen Meßmethoden und -geräte werden von STOCKINGER und LASKIN *(14)* in einer älteren Arbeit besprochen.

Die neueren Methoden der Messung der Konzentrationen radioaktiver Gase und radioaktiver Aerosole in der Atmosphäre sind in den Tab. 4 u. 5 nach Angaben von LABEYRIE *(15)* zusammengestellt. [Siehe auch *(113)*, *(114)*.]

4. Einteilung der Arbeit mit Radionukliden in Gefahrenklassen

Es ist nicht möglich, ein für alle Arbeiten mit radioaktiven Nukliden gültiges Strahlenschutzprogramm aufzustellen. Es lassen sich jedoch, wenn auch mit gewisser Willkür und mit fließenden Grenzen, verschiedene Gefahrenklassen festlegen, nach denen sich die Strahlenschutzbelange staffeln. Sowohl in den neuen Euratomnormen (*16*) als auch im Bericht des Komitee V der Internationalen Kommission für Strahlenschutz (I.C.R.P.) über die Handhabung radioaktiver Isotope und die Beseitigung radioaktiver Abfälle (*17*) werden für das Arbeiten mit radioaktivem Material in offener Form die Radionuklide in 4 Gefahrenklassen eingeteilt: Klasse A (sehr hohe Radiotoxicität), Klasse B (hohe Radiotoxicität), Klasse C (mittlere Radiotoxicität), Klasse D (niedrige Radiotoxicität). Tab. 6 bringt eine solche Zusammenstellung. Die Gefährlichkeit wurde dabei bestimmt unter Berücksichtigung sowohl physikalischer Daten wie Halbwertszeit, Strahlenart und Strahlenenergie, als auch biologischer Daten wie Aufnahme, selektive Ablagerung und Ausscheidung. Auch andere Faktoren, wie z. B. die chemische Form des Radionuklides, die spezifische Aktivität und die Flüchtigkeit sind dabei von Bedeutung. Entsprechend dieser Einteilung wurden auch 3 Arten von Laboratorien vorgeschlagen: Typ 1: Laboratorien für niedere Aktivitäten (low level laboratories). Typ 2: Laboratorien für mittlere Aktivitäten (intermediate level

Tabelle 6. *Klassifizierung der Radionuklide gemäß ihrer relativen Radiotoxicität.* [Nach den Empfehlungen des Komitees V der I.C.R.P. (*17*)]

Klasse A (Sehr hohe Radiotoxicität):
^{90}Sr $+^{90}$Y, ^{210}Po, ^{211}At, ^{226}Ra, ^{227}Ac, ^{239}Pu, ^{241}Am, ^{242}Cm.

Zusätzlich empfohlen:
^{228}Ra, ^{228}Th, ^{230}Th, ^{232}Th, ^{237}Np, ^{238}Pu, ^{240}Pu, ^{242}Pu, ^{243}Am, ^{243}Cm, ^{244}Cm, ^{245}Cm, ^{246}Cm, ^{249}Cf, ^{250}Cf, ^{252}Cf.

Klasse B (Hohe Radiotoxicität):
^{45}Ca, ^{59}Fe, ^{89}Sr, ^{91}Y, ^{106}Ru $+^{106}$Rh, ^{131}J, ^{140}Ba $+ ^{140}$La, ^{144}Ce $+^{144}$Pr, ^{151}Sm, ^{154}Eu, ^{210}Pb $+$ Folgeprodukte, ^{234}Th $+ ^{234}$Pa, ^{233}U.

Zusätzlich empfohlen:
^{47}Ca, ^{126}J, ^{129}J, ^{144}Nd, ^{147}Sm, ^{152}Eu (13 Jahre), ^{155}Eu, ^{203}Hg, ^{212}Pb, ^{206}Bi, ^{207}Bi, ^{210}Bi, ^{212}Bi, ^{223}Ra, ^{224}Ra, ^{228}Ac, ^{227}Th, ^{230}Pa, ^{230}U, ^{234}U, ^{235}U, ^{236}U, ^{238}U, ^{241}Pu, ^{249}Bk.

Klasse C (Mittlere Radiotoxicität):
^{22}Na, ^{24}Na, ^{32}P, ^{35}S, ^{36}Cl, ^{42}K, ^{46}Sc, ^{47}Sc, ^{48}Sc, ^{48}V, ^{52}Mn, ^{54}Mn, ^{56}Mn, ^{55}Fe, ^{58}Co, ^{60}Co, ^{59}Ni, ^{64}Cu, ^{65}Zn, ^{72}Ga, ^{74}As, ^{76}As, ^{82}Br, ^{86}Rb, ^{95}Zr $+^{95}$Nb, ^{95}Nb, ^{99}Mo, ^{96}Tc, ^{105}Rh, ^{103}Pd $+^{103}$Rh, ^{105}Ag, ^{111}Ag, ^{109}Cd $+^{109}$Ag, ^{113}Sn, ^{127}Te, ^{129}Te, ^{132}J, ^{137}Cs $+^{137}$Ba, ^{140}La, ^{143}Pr, ^{147}Pm, ^{166}Ho, ^{170}Tm, ^{177}Lu, ^{182}Ta, ^{181}W, ^{183}Re, ^{190}Ir, ^{192}Ir, ^{191}Pt, ^{193}Pt, ^{196}Au, ^{198}Au, ^{199}Au, ^{200}Tl, ^{202}Tl, ^{204}Tl, ^{203}Pb.

Zusätzlich empfohlen:
^{31}A, ^{57}Co, ^{58m}Co, ^{63}Ni, ^{65}Ni, ^{69m}Zn, ^{69}Zn, ^{73}As, ^{77}As, ^{75}Se, ^{85m}Kr, ^{85}Kr, ^{87}Kr, ^{87}Rb, ^{91}Sr $+^{91}$Y, ^{92}Sr $+^{92}$Y, ^{90}Y, ^{92}Y, ^{93}Y, ^{93}Zr, ^{93m}Nb, ^{97m}Tc, ^{97}Tc, ^{99}Tc, ^{97}Ru, ^{103}Ru, ^{105}Ru, ^{109}Pd $+^{109}$Ag, ^{110m}Ag, ^{115m}Cd, ^{115}Cd, ^{114m}In, ^{115}In, ^{125}Sn, ^{122}Sb, ^{124}Sb, ^{125}Sb, ^{125m}Te, ^{127m}Te, ^{129m}Te, ^{131m}Te, ^{133}J, ^{134}J, ^{135}J, ^{133}Xe, ^{135}Xe, ^{134}Cs, ^{135}Cs, ^{136}Cs, ^{131}Ba, ^{141}Ce, ^{143}Ce, ^{142}Pr, ^{147}Nd, ^{149}Pm, ^{153}Sm, ^{152}Eu (9 h), ^{153}Gd, ^{160}Tb, ^{166}Dy, ^{169}Er, ^{171}Tm, ^{175}Yb, ^{181}Hf, ^{185}W, ^{186}Re, ^{187}Re, ^{188}Re, ^{185}Os, ^{191}Os, ^{193}Os, ^{194}Ir, ^{193m}Pt, ^{197}Pt, ^{197m}Hg, ^{197}Hg, ^{220}Rn, ^{231}Th, ^{233}Pa, ^{239}Np.

Klasse D (Niedrige Radiotoxicität):
^{3}H, ^{7}Be, ^{14}C, ^{18}F, ^{51}Cr, ^{71}Ge, ^{201}Tl.

Zusätzlich empfohlen:
^{31}Si, ^{38}Cl, ^{37}A, ^{97}Zr $+^{97}$Nb, ^{97}Nb, ^{96m}Tc, ^{99m}Tc, ^{103m}Rh, ^{113m}In, ^{115m}In, ^{131}Cs, ^{134m}Cs, ^{149}Nd, ^{159}Gd, ^{165}Dy, ^{171}Er, ^{191m}Os, ^{197m}Pt.

Die chemische Form des Nuklids kann in einigen Fällen von entscheidender Bedeutung für seine Radiotoxicität sein.

laboratories). Typ 3: Laboratorien für hohe Aktivitäten (high level laboratories). In Abb. 4 sind nach den Vorschlägen des Komitees V der I.C.R.P. diese 3 Labortypen zu den 4 Gefahrenklassen der Radionuklide in Beziehung gesetzt und die jeweiligen Aktivitätsbereiche angegeben. Eine genauere Beschreibung der 3 Typen von Laboratorien und der Anforderungen, die an ihre Einrichtung zu stellen sind, findet sich S. 484 ff.

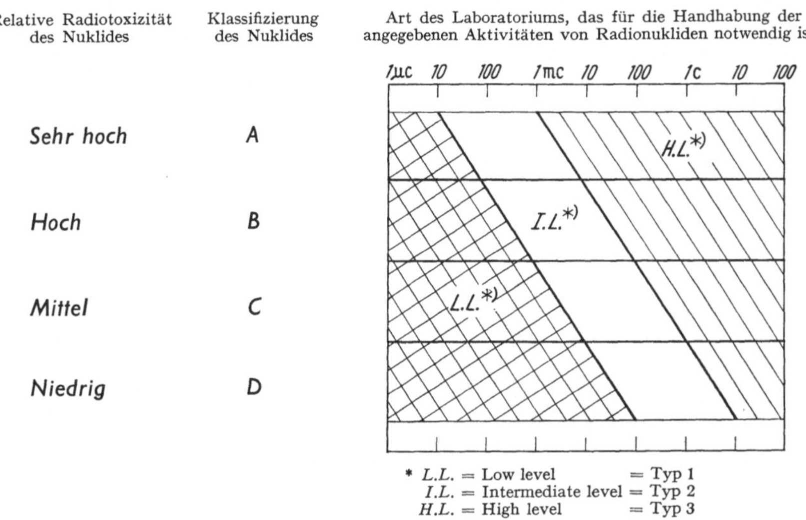

* L.L. = Low level   = Typ 1
  I.L. = Intermediate level = Typ 2
  H.L. = High level   = Typ 3

Abb. 4. Die drei verschiedenen Typen von Radioisotopen-Laboratorien und ihre Beziehung zu den vier Gefahrenklassen für das Arbeiten mit radioaktivem Material in offener Form [nach (17)]

Sowohl in der zu erwartenden deutschen Strahlenschutzverordnung (18) als auch in den Strahlenschutz-Richtlinien von Euratom (16) sind Aktivitäts-Freigrenzen angegeben. Für Aktivitäten unterhalb dieser Freigrenzen ist die Anwendung freigegeben. Eine Anmeldung und Genehmigung ist dann nicht erforderlich. Der hierfür maßgebende Artikel 4 in Titel II der Euratom-Richtlinien lautet:

„Auf eine Anmeldung und auf ein System der vorherigen Zulassung kann verzichtet werden, wenn es sich um folgendes handelt:

a) Radioaktive Stoffe, deren Gesamtaktivität weniger als 0,1 μC beträgt. Dieser Wert ist für die Radionuklide höchster Toxicität festgesetzt; die übrigen Werte werden in jedem Falle unter Zugrundelegung der relativen Radiotoxicität und der Angaben der Tabellen des Anhangs 1 dieser Richtlinien (s. Abb. 5) bestimmt.

b) Radioaktive Stoffe, deren Konzentration weniger als 0,002 μC pro g beträgt und feste, natürlich radioaktive Stoffe, deren Konzentration weniger als 0,01 μC pro g beträgt.

c) Apparate einer von den zuständigen Behörden zugelassenen Bauart, die ionisierende Strahlungen aussenden, sofern die radioaktiven Stoffe berührungssicher und zur Verhinderung jedes Entweichens wirksam abgeschirmt sind und die Dosisleistung im Abstand von 0,1 m von der Oberfläche des Apparates den Wert von 0,1 mrem pro Std. niemals überschreitet."

---

[1] Die Daten sind nur als Anhaltspunkte und nicht als starre Vorschriften gedacht. Die Verhältnisse können sich ändern je nach der Geschicklichkeit und Erfahrung der Personen, die mit den Radionukliden umgehen, und der durchgeführten Arbeit.

Der Artikel 5 bestimmt allerdings, daß Freigrenzen nicht existieren und eine vorherige Zulassung auf jeden Fall erforderlich ist:

a) bei der Verwendung radioaktiver Stoffe zu Heilzwecken,

b) wenn radioaktive Stoffe zugesetzt werden sollen bei der Herstellung von Lebensmitteln, Arzneimitteln, kosmetischen Erzeugnissen und Erzeugnissen zum Gebrauch im häuslichen Bereich,

c) bei der Verwendung radioaktiver Stoffe bei der Herstellung von Spielwaren.

In Abb. 5 sind die in den Strahlenschutzrichtlinien von Euratom (16) festgelegten Freigrenzen angegeben.

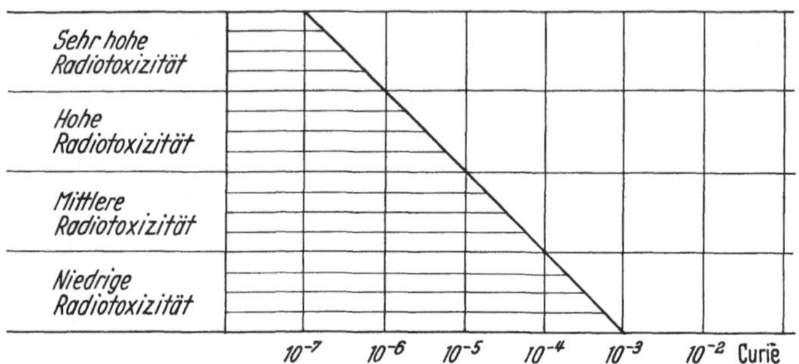

Der schraffierte Teil gibt die Aktivitäten an, bei denen von der Forderung einer behördlichen Genehmigung abgesehen werden kann. (Ordinate: Relative Radiotoxicität des Nuklids; Abszisse: Aktivität in Curie)

Abb. 5. Aktivitätsgrenzen, unterhalb derer von der Forderung einer behördlichen Genehmigung abgesehen werden kann [nach (16)]

II. Praktischer Strahlenschutz

1. Organisatorisches, Vorschriften

Nur dadurch, daß in den Ländern, die in der Entwicklung des Gebietes führend waren, die gesamte Arbeit mit Radionukliden von Anfang an unter vorausschauender Planung und strenger Überwachung aller Strahlenschutzbedingungen aufgenommen wurde, konnte verhindert werden, daß sich die Berufsschäden aus der Pionierzeit der Röntgenologie in abgewandelter, aber vielleicht gefährlicherer Form, wiederholten. Die Atomenergie-Kommission der Vereinigten Staaten hatte sich schon frühzeitig zur Aufgabe gemacht, radioaktive Nuklide in ausgedehntem Umfang für diagnostische und therapeutische Zwecke nutzbar zu machen, gleichzeitig aber jede nicht verantwortbare Anwendung am Patienten zu verhindern und die gesundheitliche Sicherung des Arbeitspersonals und anderer Personen zu garantieren. Besondere Komitees für die Verteilung von Radionukliden machten deren Bezug und die Genehmigung zu ihrer medizinischen Anwendung von strengen Bedingungen personeller, räumlicher und technischer Art abhängig (19). Die Regeln zur sicheren Handhabung der radioaktiven Nuklide sind im Handbuch 42 des National Bureau of Standards, Safehandling of Radioactive Isotopes (3) zusammengefaßt. Einen Einblick in die Organisation der Verteilung der Radionuklide in den USA gibt der Katalog "Isotopes" der Atomic Energy Commission (20). Alle Fragen der Lizensierung des Umgangs mit radioaktivem Material und vor allem die notwendigen Voraussetzungen für die Erteilung einer Genehmigung sind in den USA gesetzlich geregelt. (Federal Register: "Licensing of byproduct material" und "Standards for protection against radiation" (21)] Eine ähnliche zentrale Planung und Überwachung der medizinischen Anwendungen führt in England "The Medical Research Council" zusammen mit dem Atomic Energy Research Establishment und dem Gesundheitsministerium durch. Die derzeitig gültigen Regeln sind im "Introductory Manual on the Control of Health Hazards from Radioactive Materials" zusammengefaßt (*22*). Die Internationale Atombehörde in Wien hat **1958** eine Anleitung "Safe Handling of Radioisotopes" herausgegeben, in welcher in konzentrierter Form die Vorschriften und Regeln für den Umgang mit Radionukliden nach dem neuesten Stand von Forschung und praktischer Erfahrung zusammengestellt sind (*23*).

Der nunmehr vorliegende Entwurf einer „Ersten Verordnung über den Schutz vor Schädigung durch Strahlen radioaktiver Stoffe" für die Bundesrepublik Deutschland (*18*) schließt alle Gebiete der Anwendung radioaktiver Nuklide, auch die medizinische, ein und unterscheidet sich damit von der alten Deutschen Röntgenverordnung aus dem Jahre 1941 (*24*), bei der die medizinische Anwendung noch ausgeklammert war. Die Deutsche Verordnung findet Anwendung auf:

1. den Umgang mit radioaktiven Stoffen (Gewinnung, Erzeugung, Lagerung, Bearbeitung, Verarbeitung, sonstige Verwendung und Beseitigung),
2. die Beförderung radioaktiver Stoffe,
3. die Einfuhr und Ausfuhr radioaktiver Stoffe,
4. den Verkehr mit radioaktiven Stoffen (Erwerb und Abgabe an andere).

Radioaktive Stoffe im Sinne der Verordnung sind Stoffe, die ionisierende Strahlen spontan aussenden. Den Strahlen radioaktiver Stoffe stehen Strahlen von Neutronenquellen und solche ionisierende Strahlen gleich, die durch Strahlen radioaktiver Stoffe erzeugt werden. Der Umgang mit radioaktiven Stoffen setzt eine Genehmigung durch eine behördliche Stelle (im Länderbereich) voraus, die an die Erfüllung bestimmter Bedingungen (personeller und organisatorischer Art; Vorhandensein der für einen genügenden Strahlenschutzes notwendigen Einrichtungen) geknüpft ist. In Anlehnung an die Richtlinien von Euratom (*16*) sind Freigrenzen angegeben. Die Anwendung von Mengen radioaktiver Stoffe, die unterhalb dieser Freigrenzen liegen, bedarf keiner Genehmigung. Die in dieser Verordnung genannten Ausnahmen von dieser Regelung entsprechen ebenfalls den Vorschriften von Euratom. Die als Grundnormen in die Verordnung aufgenommenen höchstzulässigen Dosiswerte und höchstzulässigen Konzentrationen in Luft und Trinkwasser entsprechen den in den letzten Empfehlungen der I.C.R.P. zusammengestellten Daten. „Kontrollbereiche" bzw. „Überwachungsbereiche" sind entsprechend diesen Dosiswerten abgegrenzt. Eine laufende Messung der Personendosis nach zwei voneinander unabhängigen Verfahren ist vorgeschrieben. Die Messungen müssen in der Regel am Rumpf vorgenommen werden; sind einzelne Stellen des Körpers der Strahlung besonders ausgesetzt, so müssen die Messungen auch an diesen Stellen durchgeführt werden. In besonders gelagerten Fällen kann die Aufsichtsbehörde eine Befreiung von einem der beiden oder auch von beiden Meßverfahren aussprechen (vgl. Abschn. II, 3 b). Ferner sind Messungen der Ortsdosisleistung bzw. — beim Umgang mit radioaktivem Material in offener Form — eine laufende Überprüfung von Arbeitsplätzen, Geräten, Kleidung und ungeschützten Körperteilen auf evtl. vorhandene radioaktive Kontamination durchzuführen. Auch eine Regelung der Einleitung radioaktiver Abwässer in Abwasserkanäle oder oberirdische Gewässer sowie der Beseitigung radioaktiver Abfälle ist in der Verordnung vorgesehen. Diese Fragen werden S. 484 ff. behandelt. Über Gewinnung, Erzeugung, Erwerb und Abgabe von radioaktiven Stoffen ist unter Angabe von Art und Menge Buch zu führen. Der Bestand an radioaktiven Stoffen mit Halbwertszeiten von mehr als 100 Tagen ist am Ende jedes Kalenderjahres innerhalb eines Monats der Aufsichtsbehörde anzuzeigen. Auch die ärztliche Überwachung der Beschäftigten ist in der Strahlenschutzverordnung der Bundesrepublik geregelt (vgl. Abschn. III). Für die praktische Durchführung der Strahlenschutzverordnung dürften die vom Fachnormenausschuß Radiologie im Deutschen

Normenausschuß herausgegebenen neuen Normblätter DIN 6804 „Strahlenschutz beim Arbeiten mit geschlossenen radioaktiven Präparaten in medizinischen Betrieben" und DIN 6843 „Strahlenschutz beim Arbeiten mit radioaktivem Material in offener Form in medizinischen Betrieben" von großem Nutzen sein (52). Entsprechende Normblätter für nichtmedizinische Betriebe liegen bereits im Entwurf vor und dürften in Kürze als endgültige Normen veröffentlicht werden.

2. Personelle Voraussetzungen

Es ist nicht zu erwarten, daß ein Einzelner neben seinen Fachkenntnissen stets die notwendige physikalische, biochemische und strahlenbiologische Erfahrung und zugleich die Zeit hat, um die experimentelle, diagnostische und therapeutische Arbeit mit Radionukliden unter allen Strahlenschutzkautelen durchführen und überwachen zu können. So ist es verständlich, daß in den USA, in England und anderen Ländern für jede Arbeit mit radioaktiven Nukliden seit langem die enge Verbindung mit einem Forschungsinstitut oder Hospital und das Einvernehmen mit den örtlichen medizinischen Gesellschaften gefordert wird. Ein lokales Komitee soll sich aus einem Hämatologen (zur systematischen Blutbildkontrolle), einer im Umgang mit radioaktivem Material und im Strahlenschutz geübten Person und, wenn möglich, aus einem Physiker und einem Strahlentherapeuten zusammensetzen. Die große Bedeutung, die der Strahlenschutzüberwachung in diesen Ländern zukommt, geht daraus hervor, daß sich eine besondere Disziplin entwickelt hat, die es sich zur Aufgabe stellt, Leben und Gesundheit der in Strahlenbetrieben Beschäftigten und anderer strahlengefährdeter Personen zu sichern. "Health Physics" ist ein neuer Zweig der angewandten Physik zum Gesundheitsschutz vor Strahlung geworden. Für je 20 Beschäftigte sollte in Strahlenbetrieben eine Person zur Überwachung des Strahlenschutzes vorgesehen sein.

Nach der deutschen Strahlenschutzverordnung darf die Genehmigung zum Umgang mit radioaktiven Nukliden nur erteilt werden, wenn die für die Leitung und Beaufsichtigung der Arbeiten Verantwortlichen die für den Strahlenschutz erforderliche Fachkunde besitzen, und wenn die für eine sichere Ausführung der zu genehmigenden Tätigkeit notwendige Anzahl dieser Verantwortlichen vorhanden ist. Außerdem muß gewährleistet sein, daß die bei dem beabsichtigten Umgang mit radioaktiven Stoffen sonst tätigen Personen die notwendigen Kenntnisse über die mögliche Strahlengefährdung und die dagegen anzuwendenden Schutzmaßnahmen besitzen. Für den Strahlenschutz Verantwortliche im Sinne der Verordnung sind alle diejenigen, die einer Genehmigung bedürfen und die von den Genehmigungsinhabern zur Leitung oder Beaufsichtigung des Umganges mit den radioaktiven Stoffen schriftlich bestellten Personen; ihre Bestellung und Abberufung müssen der Aufsichtsbehörde unverzüglich angezeigt werden. Den zuletzt genannten Personen obliegen allerdings die ihnen auferlegten Pflichten nur im Rahmen ihres innerbetrieblichen Entscheidungsbereiches. Der Verantwortliche hat dafür zu sorgen, daß Gesundheitsschäden vermieden werden, daß die Radionuklide nur für die angegebenen Zwecke verwandt, nicht an Dritte weitergegeben und daß die Sicherheitsregeln eingehalten werden. Er hat den Empfang, die Lagerung und den Gebrauch der Radionuklide zu überwachen, darüber Buch zu führen und für eine gefahrlose Vernichtung bzw. Sicherstellung der radioaktiven Abfälle zu sorgen. Der Entwurf eines Ausbildungsplans für Verantwortliche in Strahlenbetrieben wurde inzwischen von einem Arbeitskreis der Deutschen Atomkommission fertiggestellt. Grundvoraussetzung für die Beauftragung einer für den Strahlenschutz verantwortlichen Person ist danach eine abgeschlossene Hochschulbildung. Weitere Voraussetzung für die Übertragung innerbetrieblicher Strahlenschutzaufgaben ist entweder eine zwei- oder mehrjährige Tätigkeit in einem Betrieb oder Laboratorium, in dem unter Strahlenschutzbedingungen gearbeitet wird, oder die Absolvierung eines Kurses. Je nach der vorliegenden akademischen Fachausbildung bzw. Vorbildung sollen im Rahmen dieses Kurses die folgenden Gebiete behandelt werden: 1. Atom- und kernphysikalische Grundlagen. 2. Chemische Grundlagen (a. chemische Vorbildung, b. Radiochemie). 3. Biologische und medizinische Grundlagen. 4. Biologische Strahlenwirkung und ihr medizinisches Erscheinungsbild. 5. Strahlenschutz. 6. Technische Grundlagen. 7. Anwendung radioaktiver Stoffe in Forschung, Technik, Diagnostik und Therapie. 8. Rechts- und Verwaltungsfragen des Strahlenschutzes. Die theoretischen Vorlesungen sollten durch praktische Übungen, in denen vor allem auch die Möglichkeit besteht, die wichtigsten Meßgeräte kennenzulernen, ergänzt werden. Besichtigungen spezieller Strahlenbetriebe und Forschungslaboratorien sollten in das Ausbildungsprogramm einbezogen werden. Die Zeit für einen solchen Kurs müßte mit etwa 3 Monaten veranschlagt werden. Es wurde vorgeschlagen, diese Ausbildung durch eine Prüfung abzuschließen. Die Genehmigungsbehörde soll dann die Anerkennung desjenigen, der als verantwortlich für den innerbetrieblichen Strahlenschutz vorgeschlagen wird, von einer Bescheinigung über die erfolgreiche Teilnahme an einem solchen Kurs abhängig machen. Ausbildungsstätten zur Durchführung solcher Kurse sollen vom Bundesminister für Atomkernenergie und Wasserwirtschaft eingerichtet werden. Der fühlbare Mangel an genügend ausgebildeten Fachkräften sowohl für den innerbetrieblichen Strahlenschutz als auch zur Besetzung der Stellen in den im Länderbereich vorgesehenen Aufsichts- und Genehmigungsbehörden stellt ein erhebliches Hemmnis für die künftige Entwicklung dar. Auch Hilfspersonal, das zur Arbeit mit radioaktivem Material in offener Form herangezogen werden soll, muß geeignet ausgebildet sein und ist zusätzlich im Hinblick auf die besonderen Belange des Strahlenschutzes zu schulen. Das gleiche gilt für das besonders strahlengefährdete Pflegepersonal von Kranken, die mit radioaktiven Substanzen behandelt werden. Einerseits soll der Pflegestab klein gehalten werden, andererseits soll eine Ablösung möglich sein, wenn die Gefahr besteht, daß die höchstzulässige Dosis überschritten werden kann. Nach der deutschen Strahlenschutzverordnung haben die für den Strahlenschutz Verantwortlichen auch dafür zu sorgen, daß die Personen, die mit den radioaktiven Stoffen umgehen (technische Assistenten, Laboranten, Arbeiter) und sonstige Personen, denen der Aufenthalt in Kontrollbereichen gestattet wird, vorher über die Arbeitsmethoden, über die möglichen Gefahren, über die anzuwendenden Schutzmaßnahmen und über den für ihre Tätigkeit wesentlichen Inhalt und Umfang der Genehmigungsvorschrift belehrt werden. Die Belehrung muß halbjährlich, auf Verlangen der Aufsichtsbehörde in kürzeren Zeiträumen, wiederholt werden. Über den Inhalt und den Zeitpunkt der Belehrung sind Aufzeichnungen zu führen, die von der belehrten Person zu unterzeichnen sind.

3. Strahlenschutzmessung; Meß- und Warngeräte

Die deutsche Verordnung über den Schutz vor Schädigung durch Strahlen radioaktiver Stoffe macht sowohl die laufende Messung der „Ortsdosis" bzw. „Ortsdosisleistung" und die Feststellung radioaktiver Kontamination als auch die Kontrolle der „Personendosis" zur Pflicht. Da selbst bei exaktem Arbeiten mit Radionukliden unter Einhaltung aller Strahlenschutzbedingungen stets eine gewisse Gefahr besteht, daß hin und wieder oder auch dauernd die höchstzulässige Dosis überschritten wird, sollte keine Arbeit mit radioaktiven Nukliden ohne entsprechende Meßgeräte durchgeführt werden. Für Arbeiten kleineren Umfanges können die für die Messung der Proben verwendeten Geräte z. T. auch zur Kontrolle des Strahlenschutzes eingesetzt werden. Für die Praxis größerer Laboratorien empfehlen sich jedoch die in vielerlei Typen entwickelten Strahlenschutzmeß- und Warngeräte, wie sie z. T. bereits vorher in der Radiologie verwandt wurden oder speziell für Arbeiten mit radioaktiven Nukliden im Handel sind. Dabei sollen alle Strahlenarten, die bei den verwendeten Nukliden auftreten, erfaßt werden können, und es soll die Möglichkeit bestehen, die Gesamtdosis zu messen, die an einer bestimmten Stelle im Arbeitsbereich oder seiner Umgebung (Ortsdosis) oder am Körper des Arbeitenden (Personendosis) in einer bestimmten Zeit auftritt, außerdem die Dosisleistung, die im Gefahrenbereich besteht (Ortsdosisleistung). Es handelt sich dabei meist um Ionisationskammer- oder Zählrohrgeräte. Hinzu kommt die Filmschwärzungsmethode. Auch Geräte zur Messung der Art und des Grades von Kontaminationen müssen speziell beim Arbeiten mit radioaktivem Material in offener Form vorhanden sein.

a) Messung der Ortsdosis, der Dosisleistung und der Kontamination

Nachfolgend werden einige Geräte neueren Types zur Messung der Ortsdosisleistung bzw. der radioaktiven Kontamination beschrieben. Sie sind als Beispiele gedacht und ihre Erwähnung stellt keine Bevorzugung gegenüber ähnlichen Meßgeräten vieler anderer in- und ausländischer Firmen dar. Die meisten Geräte erlauben durch abwechselnde Messung mit verschiebbaren Filtern eine Unterscheidung von β- und γ-Strahlen. Ein in Abb. 6 gezeigtes „Radiameter" dient der laufenden Kontrolle der Ortsdosisleistung und erlaubt die Messung von γ-Strahlen, sowie den Nachweis von α- und β-Strahlen. Verschiedene Zubehörteile

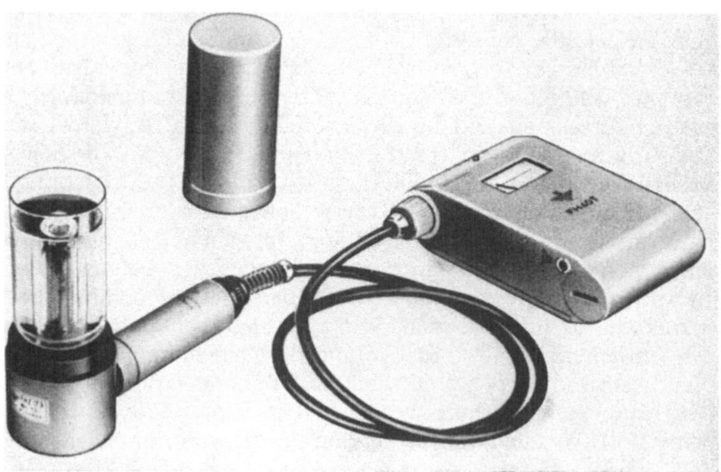

Abb. 6. Radiameter FH 40 T mit Flüssigkeitszählrohr FHZ 73 der Firma Frieseke & Hoepfner, Erlangen

ermöglichen zahlreiche und vielseitige Anwendungen, wie z. B. die Feststellung der radioaktiven Kontamination von Tischen, Geräten, Kleidern, Gefäßen, Flüssigkeiten oder Lebensmitteln sowohl im Laboratorium als auch im freien Gelände. In Abb. 6 ist das Radiameter mit einem Flüssigkeitszählrohr kombiniert. Das Gerät gestattet auch eine größenordnungsmäßige Abschätzung der β- und γ-Komponente bei gleichzeitiger β- und γ-Emission. Der Meßbereich für γ-Strahlung liegt zwischen 0,05 mr/Std. und 50 r/Std., hat also einen Meßumfang von 6 Dekaden. (Mit Niederdosisrohr 3 Meßbereiche: 0—0,5 mr/Std., 0—25 mr/Std., 0—1 r/Std., mit Hochdosisrohr: 0—50 r/Std.). Für den Nachweis der β-Strahlung (gemessen wird dann β- + γ-Strahlung) stehen in Verbindung mit dem Niederdosisrohr zwei Meßbereiche zur Verfügung: 0—500 Imp/min und 0—20000 Imp/min. Die Meßfehlergrenze wird mit max. $\pm$ 15% vom Vollausschlag angegeben.

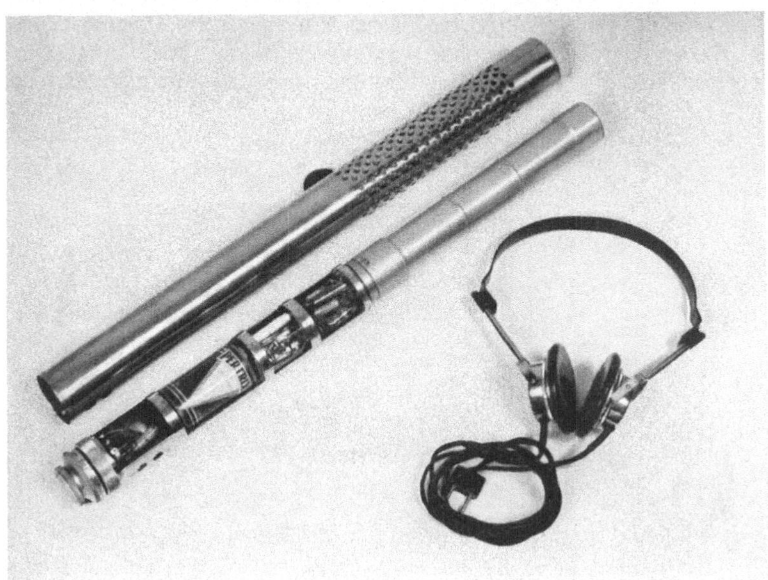

Abb. 7. Strahlen-Spürgerät SPZ/B der Firma Laboratorium Prof. Dr. Berthold, Wildbad

Das Strahlen-Spürgerät der Abb. 7 dient zum Aufsuchen von Strahlenquellen und zum Nachweis radioaktiver Kontamination. Es ist ein akustisch anzeigendes Gerät mit einem dünnwandigen Aluminiumzählrohr von 0,15 mm Wandstärke.

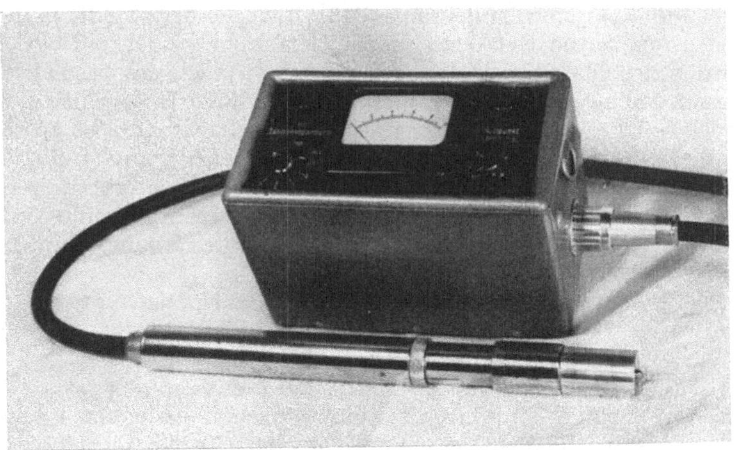

Abb. 8. Strahlenschutz-Zählgerät Tol/C der Firma Prof. Dr. Berthold, Wildbad

Nach Überziehen einer dünnen, auswechselbaren Kunststoffhülle kann der Strahlenempfänger auch in Flüssigkeiten eingetaucht werden. Ein anderes Gerät des gleichen Herstellers (Abb. 8) gestattet in Verbindung mit einem Kunststoffzählrohr die quantitative Messung der Dosisleistung von Röntgen- und γ-Strahlen im

Bereich von 1 mr/Std. bis 100 r/Std. (5 Meßbereiche: 0—10 mr/Std., 0—100mr/Std. 0—1 r/Std., 0—10 r/Std. und 0—100 r/Std.). Die Anzeige in r/Std. ist nach Angabe der Herstellerfirma ab 20 kV Röntgenstrahlung (0,15 mm Al-Halbwertschicht) bis zur γ-Strahlung von Radium oder ^{60}Co innerhalb $\pm$ 10% Abweichung wellenlängenunabhängig. Abb. 9 zeigt ein kleines integrierendes Dosimeter in Taschenformat (Batteriegerät), das ohne Stromverbrauch über ungefähr 24 Std. arbeitet. Das Gerät gibt je nach Einstellung automatisch einen akustischen Alarm, wenn die Dosis 20, 30, 50 oder 100 mr erreicht ist.

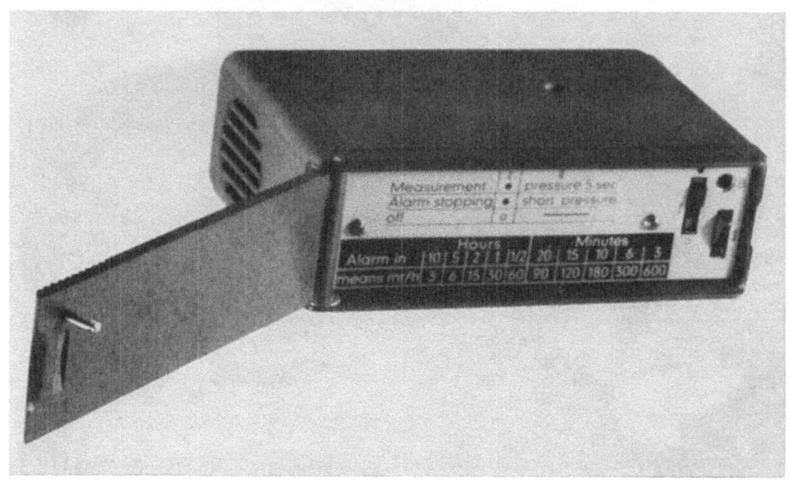

Abb. 9. Kleines integrierendes Dosismeßgerät „Monitor" mit akustischer Anzeige der Physikalisch-Technischen Werkstätten, Freiburg i. Br.

Zur Feststellung radioaktiver Kontamination und zum Auffinden verlorener Präparate wurden verschieden geformte Zählrohrtypen hergestellt, so in Sondenform zum Austasten von Gefäßen („Eintauchzählrohr") oder in Bügeleisenform zum Absuchen der Oberflächen von Arbeitsplätzen (auch mit besonders dünnen Fenstern zum Nachweis von α-Strahlern). Für größere Laboratorien existieren heute handelsübliche, z. T. vollautomatisch arbeitende Geräte, die ausschließlich zur Kontrolle von Händen, Schuhen und Kleidern bestimmt sind (26), (120).

Zur Abschätzung der Dosisleistung auf Grund der mit Zählrohren gemessenen Stoßzahlen können die folgenden Beziehungen zwischen Strahlenfluß und Dosisleistung unter Berücksichtigung der jeweiligen Ansprechwahrscheinlichkeit als Anhaltspunkt dienen:

Einer Dosisleistung von 10 mrad/Std. (in Luft) entsprechen etwa

$$3800 \ \gamma\text{-Quanten/cm}^2\text{/s bei 2 MeV}$$
$$6300 \ \gamma\text{-Quanten/cm}^2\text{/s bei 1 MeV}$$
$$77 \ \beta\text{-Teilchen/cm}^2\text{/s bei 2 MeV.}$$

Bei Messung mit einem β-Zählrohr mit dünnwandigem Fenster von 4,5 cm Durchmesser soll die Stoßzahl über der Oberfläche des Arbeitsbereiches weniger als 500/min und die Stoßzahl über der Hand weniger als 900/min betragen (4). [Vgl. auch (23), Appendix II, S. 95—99.]

Große stationäre Strahlungsüberwachungsanlagen zur kontinuierlichen Kontrolle bzw. Messung der Ortsdosisleistung mit Registriereinrichtungen werden heute von einigen Firmen hergestellt. Sie gestatten genaue Messungen von Dosisleistungen bis hinunter in den Bereich der natürlichen Strahlung.

b) Messung der Personendosis

Gemäß den Bestimmungen der neuen deutschen Strahlenschutzverordnung haben die für den Strahlenschutz Verantwortlichen dafür zu sorgen, daß an Personen, die mit Mengen radioaktiver Stoffe umgehen, für welche eine Genehmigungspflicht besteht, und auch an Personen, die sich in Kontrollbereichen aufhalten, die Strahlendosen gemessen werden. Die Messungen der Personendosis müssen am Rumpf vorgenommen werden. Sind einzelne Stellen des Körpers der Strahlung besonders ausgesetzt, so müssen die Messungen auch an diesen Stellen durchgeführt werden. Außerdem wird vorgeschrieben, daß diese Messungen am Körper nach zwei voneinander unabhängigen Verfahren vorzunehmen sind. Die eine Messung muß die jederzeitige Feststellung der Dosis ermöglichen, und die nach diesem Verfahren gemessenen Tagesdosen sind aufzuzeichnen. Die andere Messung ist mit nicht offen anzeigenden, unlöschbaren Dosisanzeigern durchzuführen; diese sind in Zeitabständen von höchstens 4 Wochen einer nach Landesrecht zuständigen Stelle einzureichen, welche die Dosiswerte festzustellen, die Meßergebnisse aufzuzeichnen und dem Einsender schriftlich mitzuteilen hat. Sie hat ihre Aufzeichnungen 30 Jahre lang aufzubewahren. Auch der Genehmigungsinhaber ist verpflichtet, die Aufzeichnungen über die Tagesdosen sowie die Mitteilungen der zentralen Meßstelle 30 Jahre lang aufzubewahren; er hat sie der Aufsichtsbehörde und den von ihr zugezogenen Sachverständigen auf Verlangen vorzulegen. Um das Arbeiten mit Radionukliden nicht unnötigerweise zu erschweren und die Entwicklung nicht zu hemmen, ist vorgesehen, daß die Aufsichtsbehörde in besonders gelagerten Fällen (z. B. Arbeiten mit geschlossenen Präparaten von kleiner Aktivität) auf Antrag Befreiung von einem der beiden Meßverfahren oder auch von beiden gewähren kann. Sie kann andererseits jedoch auch anordnen, daß die nicht offen anzeigenden unlöschbaren Dosismesser in kürzeren als vierwöchigen Zeitabständen zur Auswertung einzureichen sind.

Die ältere Methode dieser Körperdosismessung arbeitet mit kleinen Kondensator-Ionisationskammern aus luftäquivalentem Kammermaterial „Aerion" nach SIEVERT (27). Diese können an der Brusttasche, aber auch an beliebigen anderen Stellen des Körpers angebracht werden. Eine solche Kondensatorkammer besteht aus dem strahlendurchlässigen Gehäuse und der hochisolierten Mittelelektrode. Diese Elektrode wird vor der Messung aufgeladen, so daß eine bestimmte Spannung zwischen ihr und dem Gehäuse besteht. Die Strahlung bewirkt durch die Ionisierung der Luft in der Kammer eine Verringerung der Spannung zwischen Mittelelektrode und Kammergehäuse, die der applizierten Dosis proportional ist. Der Spannungsverlust wird nach Beendigung der Meßzeit elektrometrisch gemessen. Um Irrtümer durch zufällige Entladung einer Kammer auszuschließen, wird empfohlen, zwei Kämmerchen gleichzeitig zu tragen. Die Methode erfordert eine innerbetriebliche zentrale Meß- und Auswertestelle. Abb. 10 zeigt ein Lade- und Meßgerät für Kondensatorkammern verschiedener Größe. Zwei Typen von zylinderförmigen Aerion-Kammern gestatten die Messung von Dosiswerten bis maximal 20 mr bzw. 700 mr, zwei Typen von kugelförmigen Kammern aus Aerion oder auch Plexiglas von Dosiswerten bis zu 4 r bzw. 8 r. Die Kammern messen in einem großen Energiebereich wellenlängenunabhängig. Auf dem Bild (Abb. 10) ist rechts ein Hochspannungs-Zusatzgerät zu sehen, das nur notwendig ist, wenn man spezielle Hochdruckkammern mit Argonfüllung verwenden will. Die zweite Kammer von rechts (kleiner Aluminiumtopf) stellt eine solche Kammer dar (Meßbereich 20—1200 μr). Hochdruckkämmerchen wurden in letzter Zeit z. B. für Kontrollmessungen der Gonadendosis bei Röntgen-Reihenuntersuchungen verwendet. In Abb. 11 sind die Meßbereiche der verschiedenen Kondiometerkammern dargestellt. Der insgesamt erfaßbare Dosisbereich reicht von 20 μr bis 600 r.

Ebenfalls nach dem Kondensatorkammer-Prinzip arbeiten die heute bereits in fast allen Strahlenbetrieben benutzten „Füllhalterdosimeter", die von vielen einschlägigen Firmen hergestellt und vertrieben werden. Sie stellen heute wohl das ideale Klein-Meßgerät zur laufenden Kontrolle der Personen-Tagesdosis gemäß den Bestimmungen der Strahlenschutzverordnung dar. Es werden sowohl Füllhalterdosimeter zur direkten Ablesung mit zugehörigem Aufladegerät gebaut, als auch

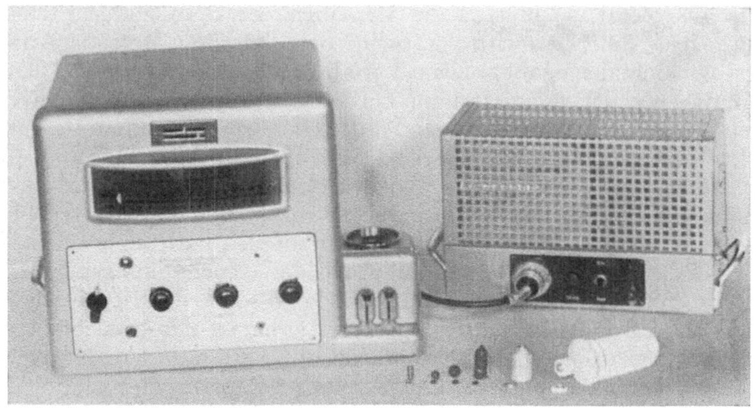

Abb. 10. Lade- und Meßgerät für Kondensatorkammern („Kondiometer") mit Meßkammern der Physikalisch-Technischen Werkstätten, Freiburg i. Br.

Dosimeter, bei denen die Dosis erst beim Aufsetzen auf das Auflade- und Ablesegerät festzustellen ist. Der letztere Typ schließt eine Ablesung durch Unbefugte und damit evtl. verbundene Täuschungsmanöver aus. Abb. 12 zeigt als Beispiel das „Condiognom" der Physikalisch-Technischen Werkstätten, Freiburg, das mit nicht direkt ablesbaren Füllhalterdosimetern arbeitet. Der Füllhalter enthält bei diesem Gerät zwei voneinander unabhängige Ionisationskammern mit verschiedenen Meßbereichen, die durch eine Membran luft- und wasserdicht verschlossen sind.

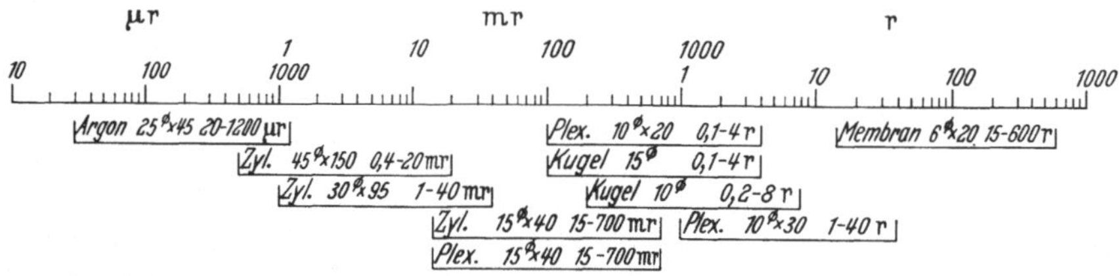

Abb. 11. Die Meßbereiche der verschiedenen Kondiometer-Kammern

Sie werden in zusammengeschraubtem Zustand getragen und nur zur Aufladung und Messung voneinander getrennt. Der Meßbereich der großen Kammer reicht von 0—100 mr und erfaßt damit die kleinen Tagesdosen bei der Arbeit mit radioaktiven Nukliden, die γ-Strahlen emittieren. Der Meßbereich der kleinen Kammer reicht von 0—1000 mr. Die kleine Kammer bietet somit auch dann noch die Möglichkeit der Messung, wenn der Meßbereich der großen Kammer z. B. infolge eines Unfalls überschritten würde, also gerade dann, wenn eine akute Gefahr besteht. Durch die Verwendung von Luftwändematerial ist die Anzeige der Kammern im Bereich von Röntgenstrahlen von etwa 50 kV bis zu den γ-Strahlen von Kobalt 60 und Radium praktisch wellenlängenunabhängig.

Zur Kontrolle der *Personendosis* durch Messung mit nicht offen anzeigenden, unlöschbaren Dosismessern kommt z. Z. nur die Filmschwärzungsmethode in Frage, die sich in den letzten Jahren als wichtigste Strahlenschutz-Meßmethode immer mehr durchgesetzt hat. In Deutschland haben sich besonders LANGENDORFF und WACHSMANN, z. T. in Zusammenarbeit mit SPIEGLER, erfolgreich um die Entwicklung dieser Methode und ihre Einführung in die Praxis der Strahlenschutzmessung bemüht (*28*). Kleine Stücke photographischer Filme mit besonderer Emulsionsqualität werden in einer geeigneten Kassette am Rockaufschlag oder auch zur Messung der Fingerdosis in Fingerringen während der Arbeit im Kontrollbereich getragen. Ihr Schwärzungsgrad wird nach einer

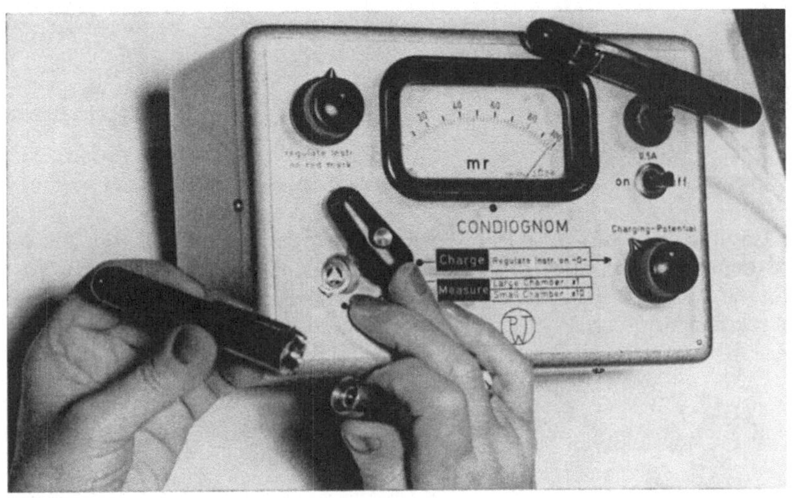

Abb. 12. Auflade- und Ablesegerät „Condiognom" mit Füllhalterdosimetern der Physikalisch-Technischen Werkstätten, Freiburg i. Br.

Woche oder auch nach längerer Zeit (bis zu einem Monat) photometrisch bestimmt. Die Ermittlung der Dosis erfolgt durch Vergleich mit einer aus dem gleichen Filmmaterial angefertigten Eichtreppe (Schwärzungsstreifen nach Bestrahlung mit bekannten Dosiswerten), welche mit dem für die Strahlenschutzmessung benutzten Film zusammen entwickelt wird. Eventuelle Unterschiede in der Empfindlichkeit des Filmmaterials oder bei der Entwicklung werden durch dieses Vorgehen weitgehend eliminiert. Da die Empfindlichkeit der Filme sehr stark von der Strahlenqualität abhängt, muß, damit die Dosis aus der Filmschwärzung ermittelt werden kann, auch die Qualität der Strahlung, die auf den Film eingewirkt hat, bekannt sein. Nur dann ist es möglich, unter Verwendung des von DORNEICH und SCHAEFER (*29*) eingeführten „Härtefaktors" die Dosis zu errechnen. Der Härtefaktor ist das Verhältnis der Dosis, die zur Erzielung einer bestimmten Schwärzung bei der betreffenden Strahlenqualität notwendig ist zur Dosis, die bei der am stärksten wirksamen Strahlenqualität zur gleichen Schwärzung führt. Die einfachste Möglichkeit, die Qualität der Strahlung, der der Film ausgesetzt war, zu ermitteln, bietet die „Filtermethode". Verschiedene Partien des Meßfilmes werden dabei direkt, andere unter Vorschalten von Filtern, der Strahlung ausgesetzt. Als sehr geeignet hat sich z. B. die Filterkombination 0, 1,5 mm Al, 1,5 mm Cu und 0,5 mm Pb erwiesen. Für praktische Zwecke werden diese Filter in einer Preßstoffkassette beiderseitig so angebracht, daß sich die gleichen Filter gegenüberliegen

(Abb. 13). Auch in Fingerringe lassen sich solche Filme und Filterkombinationen einbauen (Abb. 14). Die Ermittlung der Strahlenqualität nach der Filtermethode wird dann folgendermaßen durchgeführt: Zunächst wird, etwa unter Verwendung eines photoelektrischen Schwärzungsmessers, die Schwärzung der vier Felder bestimmt. Hat auf den Film eine sehr weiche Strahlung eingewirkt, so wird schon

Abb. 13. Bakelit-Kassette mit eingepreßten Filtern nach Langendorff und Wachsmann (28)

das mit 1,5 mm Al abgedeckte Feld sehr viel weniger geschwärzt sein als das ohne Vorschalten eines Filters bestrahlte. Bei einer mittelharten Strahlung wird das Al-Filter keinen, das Cu-Filter jedoch einen je nach der Härte der Strahlung mehr oder weniger starken und das Pb-Filter einen beinahe vollständigen Schatten ergeben. Bei einer sehr harten Strahlung dagegen wird auch das durch 0,5 mm Pb abgedeckte

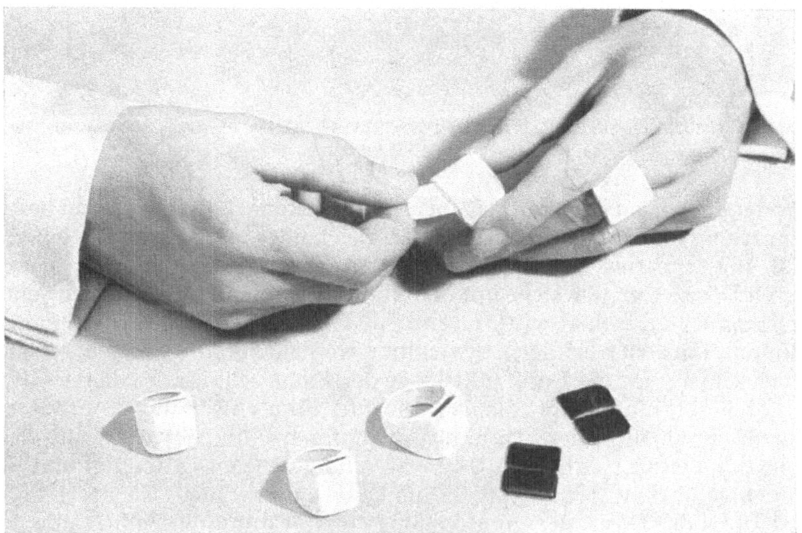

Abb. 14. Strahlenschutz-Fingerringe (Physikalisch-Technische Werkstätten, Freiburg i. Br.)

Feld stark geschwärzt. Bei ultraharten Strahlungen von 5 MV und mehr schließlich wird das hinter Blei und Kupfer liegende Feld infolge der in diesen Stoffen ausgelösten intensiven Elektronenstrahlung sogar stärker geschwärzt als das hinter dem Leer- und Aluminiumfilter liegende. Schon diese überschlägige Betrachtung gestattet also eine Aussage über die Qualität der Strahlung zu machen. Zur genauen Analyse der Strahlenqualität und zur Ermittlung der „wahren Dosis", mit

der der Film bestrahlt wurde, haben LANGENDORFF, WACHSMANN und SPIEGLER
ein besonderes Verfahren entwickelt und beschrieben (28). Die maximale Fehlerbreite der Methode wird mit ± 20% angegeben. In einer Reihe von Veröffent-
lichungen wurde in der letzten Zeit über die Ergebnisse und die Weiterentwicklung
der Strahlenschutzüberwachung mit Filmen in Deutschland berichtet [LANGEN-
DORFF und WACHSMANN (30—32); DRESEL (33, 34); BRICHZY und WACHSMANN
(35)]. In Deutschland werden von der „Arbeitsgemeinschaft für Strahlenschutz"
(Auswertungsstellen in Freiburg, Erlangen, Hamburg und Berlin) bereits etwa
10000 Personen laufend nach der Filmschwärzungsmethode überwacht. Die
erneute Herabsetzung der höchstzulässigen Dosiswerte in den letzten Empfehlungen
der I.C.R.P. (13) (Jahresdosis 5 r, entsprechend einer mittleren Wochendosis von
100 mr), verlangt eine gesteigerte Empfindlichkeit der Methode und einen er-
weiterten Meßbereich. WACHSMANN und SCHUBERT (36) diskutieren in einer Arbeit
diese neue Entwicklung. Um die kleineren Dosiswerte mit genügender Genauigkeit aus der Filmschwärzung ermitteln zu können, werden empfindlichere Filme
als bisher benötigt. Es muß möglich sein, auch noch Bruchteile der Wochendosis
von 100 mr abzulesen, die bei der Berechnung der Jahresdosis berücksichtigt werden müssen. Die größte meßbare Dosis darf jedoch nicht kleiner sein als bisher,
da — wenn auch glücklicherweise nur selten und in Sonderfällen — Wochendosen
bis zu 10 r oder mehr auftreten können. Hinzu kommt noch, daß harte Strahlungen,
z. B. von Kobalt-60, den Film etwa 30 mal weniger schwärzen als eine weiche Strahlung von 70 kV. Dadurch ergibt sich ein zu überstreichender Gesamt-Meßbereich
von etwa $4^1/_2$ Größenordnungen (1 : 50000). Mit einem Film läßt sich bei Entwicklung in normalem Röntgenentwickler aber nur ein Meßbereich von maximal
1 : 500 erfassen. Die „Arbeitsgemeinschaft für Strahlenschutz" verwendet daher
jetzt grundsätzlich zwei Filme verschiedener Empfindlichkeit gleichzeitig. Mit
diesen lassen sich weiche Strahlungen von 2 mr bis 30 r — hinter Filtern auch
mehr — und harte Strahlungen von 50 mr bis 500 r messen. Die Verwendung von
zwei Filmen bietet darüber hinaus den Vorteil, daß sich die Dosiswerte der meist
verwendeten Strahlungen in Zweifelsfällen gerade in dem am häufigsten vorkommenden Bereich aus zwei Filmen ermitteln lassen. Von SPIEGLER, der im Royal
Cancer Hospital, London (Prof. MAYNEORD) einen ausgedehnten Filmüber-
wachungsdienst aufgebaut hat, wurde die Methode vor allem im Hinblick auf die
Arbeit mit Radionukliden weiterentwickelt. Bei dem von ihm angewandten Verfahren werden die Quantität und die Qualität der von Metallfolien emittierten
Elektronenstrahlung, die den Film zusätzlich schwärzt, dazu benutzt, die Qualität
der auslösenden Primärstrahlung zu ermitteln. Damit können die verschiedenen
Strahlenarten und ihr jeweiliger Anteil an der Gesamtdosis abgeschätzt werden.
Die Methode ist vor allem zur Lösung von Spezialfragen, die beim Arbeiten mit
verschiedenen Arten von Radionukliden auftreten, vorteilhaft (37—39). Auch zur
Messung von Neutronen wird neuerdings die Methode der Filmschwärzung angewandt. Wenn man die Hälfte des in die Kassette eingeschlossenen Stückes Meß-
film mit einer Cadmiumfolie bedeckt (etwa 0,7 mm Dicke), wird bei einem gleichzeitig mit einer γ-Strahlung auftretenden Fluß thermischer Neutronen eine zusätzliche Schwärzung über die n, γ-Reaktion des Cadmiums 113 erzeugt. Nach
Angaben von LABEYRIE (40) ruft bei dieser Reaktion 1 rem thermischer Neutronen
die gleiche Schwärzung hervor wie 2,3 rem γ-Strahlung. Für schnelle Neutronen
läßt sich, ebenfalls nach LABEYRIE, ein Spezialfilm mit Kernemulsion (Ilford C 2
oder Kodak NTA) benutzen, der die Spuren der von den Neutronen ausgelösten
Protonen zur Darstellung bringt. Die 40 μ dicke Emulsion ist in eine Kassette eingeschlossen, die aus 3 Schichten besteht: 30 mg/cm² Celluloseacetat, 30 mg/cm² Al
und 15 mg/cm² Papier. Damit wird erreicht, daß die Zahl der Bahnspuren propor-

tional der Gewebedosis in rem und unabhängig von der Energie der einfallenden Neutronen ist. Eine Dosis von 300 mrem ergibt für Neutronen zwischen 0,5 und 10 MeV Energie eine Protonen-Bahnspurdichte von 4000 Spuren pro cm². In Deutschland hat Dresel (*40a*) eine neue Strahlenschutzplakette entwickelt, die auch die Ermittlung der Neutronendosis gestattet. Sie wird bereits von einer Spezialfirma hergestellt und kann käuflich erworben werden.

Auch die Filmmeßmethode erfordert, wie sich aus dem Vorstehenden ergibt, einen gewissen Arbeitsaufwand und vor allem hinreichende Erfahrung. Sie soll daher in Zusammenarbeit mit einer zentralen Auswertungsstelle angewandt werden, wie es auch in der deutschen Strahlenschutzverordnung vorgeschrieben ist.

c) Prüfung der Radioaktivität der Luft

Wenn die Arbeiten mit hochaktiven Stoffen, bei denen sich Staube, Gase und Dämpfe entwickeln, sehr ausgedehnt sind, kann es notwendig sein, den Kontaminationsgrad der Luft in Einzelproben oder laufend zu kontrollieren. Der Gehalt der Luft an radioaktiven Teilchen wird dadurch ermittelt, daß diese aus einem bekannten Luftvolumen durch Filterung oder elektrostatische Abscheidung niedergeschlagen werden und die Aktivität des Niederschlages bestimmt wird. In Abschn. I, 3, Tab. 4 u. 5 sind die Methoden zur Messung der Konzentration radioaktiver Gase und radioaktiver Aerosole in der Atmosphäre zusammengestellt [Vgl. auch (*113*), (*114*).] Geräte zur automatischen Dauerüberwachung der Radioaktivität der Luft werden heute von einer Reihe von Firmen hergestellt. Ein kontinuierlich ablaufendes Filterpapierband wird vom Luftstrom durchsetzt und anschließend gemessen. Die Meßwerte werden laufend registriert. Weitere ausführliche Beschreibungen von Strahlenschutzmeßgeräten finden sich bei Fassbender (*41*).

Ferner sei auf das eben erschienene Buch von Jaeger über die Prinzipien und Methoden der Dosimetrie und des Strahlenschutzes verwiesen (*42*).

III. Gesundheitsüberwachung

In allen Empfehlungen, Richtlinien und Verordnungen zum Strahlenschutz wird darauf hingewiesen, daß Personen, die mit Strahlenarbeit beschäftigt sind, einer besonderen Gesundheitsüberwachung und -fürsorge bedürfen. Auch der Entwurf der 1. Strahlenschutzverordnung der Bundesrepublik stellt bestimmte Forderungen in dieser Hinsicht. Im folgenden werden nur die allgemeinen Prinzipien der Gesundheitsüberwachung dargestellt. In welchem Ausmaß und mit welcher Auswahl das Empfohlene jeweils Anwendung findet, das richtet sich nach dem möglichen Gefährdungsgrad der Beschäftigten und nach den regional oder institutionell geltenden Vorschriften. Es sei an dieser Stelle auf ein Merkblatt der Deutschen Gesellschaft für Arbeitsschutz zur ärztlichen Überwachung von Beschäftigten in Strahlenbetrieben hingewiesen (*43*).

1. Ärztliche Untersuchungen

Neben der laufenden Überwachung und Registrierung der Strahlenbelastung sollen ärztliche Untersuchungen garantieren, daß Personen, die auf Grund ihres Gesundheitszustandes ungeeignet sind, von der Strahlenarbeit ausgeschlossen werden, daß die Strahlenbelastung auf ein Minimum beschränkt bleibt und daß jede Überexposition und jeder Strahlenschaden frühzeitig aufgedeckt und bekämpft werden.

Die ärztlichen Aufgaben bei der Überwachung des Personals in einem Radioisotopen-Laboratorium decken sich zunächst mit denen üblicher betriebsärztlicher und gewerbehygienischer Praxis und erfordern darüber hinaus Sondermaßnahmen, die sich aus den besonderen Belangen des Strahlenschutzes ergeben.

Die ärztlichen Untersuchungen sind von einem Arzt durchzuführen, der dazu von einer nach dem Landesrecht zuständigen Behörde ermächtigt ist.

Durch eine Einstellungsuntersuchung sollen physisch und psychisch ungeeignete Personen für dauernd oder auf Zeit von der Strahlenarbeit im ganzen oder von besonderen Beschäftigungsarten ausgeschlossen werden. Bei den übrigen Personen soll der Normalstatus im Hinblick auf mögliche spätere strahlenbedingte Veränderungen ermittelt werden. Die Untersuchung soll nicht mehr als 2 Monate vor der beabsichtigten Einstellung angesetzt werden.

Während der Beschäftigungszeit ist der Gesundheitszustand laufend zu kontrollieren. Die Häufigkeit und Gründlichkeit solcher Routineuntersuchungen richten sich weitgehend nach den jeweiligen Arbeitsbedingungen und im übrigen nach den jeweils geltenden Vorschriften. Meistens sind halbjährliche Untersuchungen und Spezialuntersuchungen, wie Blutkontrollen, manchmal sogar in vierteljährlichen Abständen, vorgeschrieben, wobei Befreiungen von der Regel unter besonders günstigen Arbeitsverhältnissen ausdrücklich eingeholt werden müssen. In manchen Institutionen wird die Häufigkeit der ärztlichen Untersuchungen und die Einbeziehung spezieller Untersuchungsmethoden nach dem Alter gestaffelt, indem z. B. vom 40. Lebensjahr ab eingehendere Kreislaufuntersuchungen mit EKG gefordert und die Abstände zwischen den einzelnen Untersuchungen mit zunehmendem Alter verkürzt werden (*102*).

Zusätzliche Untersuchungen können nötig werden beim Auftreten von Krankheiten oder beim Verdacht auf Überschreitung der maximal zulässigen Strahlenbelastung und sind unbedingt notwendig, wenn bei einer kurzzeitigen Exposition die Dosis über das hinausgeht, was bei normalen Arbeitsbedingungen in fünf Jahren zulässig ist, bei jedem anderen Strahlenunfall oder wenn ein Verdacht auf Inkorporation radioaktiver Substanzen besteht. Schließlich können auch durch die Aufsichtsbehörde bei besonderen Verhältnissen im Betrieb oder bei einem Wechsel der Arbeitsbedingungen zusätzliche ärztliche Untersuchungen angeordnet werden, wenn eine unmittelbare Gefahr für den Beschäftigten, Dritte oder die Allgemeinheit vorliegt.

Bei Beendigung der Strahlenarbeit oder einem Ausscheiden des Beschäftigten ist eine Abschlußuntersuchung zweckmäßig und bei einer nennenswerten Strahlenbelastung während der Beschäftigungszeit kann auch eine ärztliche Kontrolle längere Zeit über die Beendigung des Arbeitsverhältnisses hinaus notwendig sein.

Ausnahmen von den Vorschriften über die ärztliche Überwachung sind bei gelegentlicher Strahlenarbeit möglich, wenn diese nicht länger als insgesamt 4 Monate dauert.

Wenn auch die ärztliche Überwachung primär dem Wohl des Einzelnen dient, sollte sie doch auch im Hinblick darauf durchgeführt und modifiziert werden, daß statistisches Material über Bevölkerungsgruppen mit unterschiedlich hoher Strahlenbelastung eine große wissenschaftliche und hygienische Bedeutung hat.

Die *Anamnese* soll sich im Hinblick auf mögliche somatische und genetische Strahlenschäden intensiver, als es in der betriebsärztlichen Praxis üblich ist, um die Erfassung erblicher Krankheiten und maligner Erkrankungen, vor allem der Leukämie, bei allen bekannten Familienangehörigen des Beschäftigten bemühen. Ebenso sollen möglichst alle Daten über Zahl der Kinder, Fehl- und Frühgeburten und nichterbliche angeborene Fehler in den verschiedenen Generationen ermittelt werden. Die individuelle Anamnese soll besonders eingehend sein hinsichtlich solcher Erkrankungen, die entweder eine besondere Strahlenempfindlichkeit bedingen können oder eine Ähnlichkeit mit Strahlenschäden haben, wie allgemeine konstitutionelle Schwäche, vegetative Dystonie, akute und chronische Hautkrankheiten, Lichtüberempfindlichkeit, allergische Dispositionen, Augenveränderungen, besonders Katarakte, Blutkrankheiten, wie Anämie, Leukämie und Gerinnungsstörungen sowie Störungen der Genitalfunktionen. Bei der beruflichen Anamnese ist jede Form früherer Strahlenbelastung, möglichst unter Ermittlung der bisher akkumulierten Dosis, und jede andere berufliche Exposition gegenüber Noxen, vor allem solchen, die in irgendeiner Weise als radiomimetisch angesehen werden können (Benzol, carcinogene Stoffe), zu berücksichtigen.

Auch die bisherige Belastung durch strahlendiagnostische oder -therapeutische Maßnahmen sollte registriert werden (wird jedoch nicht zur beruflich akkumulierten Dosis addiert).

Die Untersuchung selbst soll in ähnlichem Sinne wie die Anamnese nach den Richtungen hin intensiviert oder erweitert werden, die im Hinblick auf mögliche Strahlenwirkungen von Bedeutung sind. Besonders gründlich sollte also neben dem Allgemeinstatus der Status derjenigen Organe erfaßt werden, deren Störung ein Hindernis für Strahlenarbeit oder eine Folge der Strahleneinwirkung sein könnte.

Je nach den besonderen Erfordernissen ist demnach die übliche betriebsärztliche Untersuchung durch Spezialuntersuchungen zu ergänzen, wobei hämatologische, dermatologische, ophthalmologische und unter Umständen auch psychiatrisch-neurologische und gynäkologische Untersuchungen zu nennen sind. Bei röntgenologischen Untersuchungen ist im Hinblick auf die damit verbundene zusätzliche Strahlenbelastung eine gewisse Sparsamkeit ohne übertriebene Ängstlichkeit am Platze.

Der Blutstatus soll außer der Blutsenkungsgeschwindigkeit, den Hämoglobin- und Hämatokritwerten, den Erythrocyten- und Leukocytenzahlen und dem Differentialblutbild nach Möglichkeit auch Reticulocyten- und Thrombocytenzahlen, Blutungszeit und Gerinnungsteste (Thromboelastogramm) und die Morphologie der einzelnen Blutelemente umfassen. Zu einer genaueren Prüfung in allen fraglichen Fällen oder zur wissenschaftlichen Auswertung ist eine dreimalige Untersuchung in mehrtägigen Abständen ratsam. Zur Herabsetzung der Fehlerquellen empfiehlt es sich, die Proben der einzelnen Beschäftigten stets mit den gleichen Pipetten zu entnehmen. Auffällige Änderungen des Blutbildes machen Wiederholungen der Untersuchung in kürzeren als den üblichen Abständen notwendig, unabhängig davon, ob sie strahleninduziert oder anderweitig verursacht sind.

Von Knochenmarksuntersuchungen wird man im allgemeinen absehen, außer in Fällen einer schweren Überexposition.

Die Reaktion des peripheren Blutbildes kann immer noch als der in der Praxis brauchbarste Test auf eine Strahlenbelastung angesehen werden. Dabei muß jedoch betont werden, daß weder eine einmalige Überbestrahlung, selbst mit 25 r, noch eine längere Überschreitung der maximal zulässigen Wochendosis unbedingt im Blutbild zu bemerken sind. Die individuellen und zeitlichen Schwankungen um die Normalwerte sind so groß, daß geringe strahleninduzierte Abweichungen überdeckt werden können. Aus diesen Gründen wurde verschiedentlich der Wert der Blutbilduntersuchung für die Strahlenschutzüberwachung überhaupt bestritten. Auf der anderen Seite aber hat sich gezeigt, daß bei regelmäßiger Untersuchung und kritischer Auswertung durch geschulte Kräfte sehr wohl gewisse Aufschlüsse über das Maß der Strahlenbelastung zu gewinnen sind, wenn auch individuelle Untersuchungen weniger deutliche Ergebnisse zeitigen als die statistischen Durchschnittswerte eines größeren Personals.

Allgemein wird als frühestes Symptom einer Überbelastung ein Absinken der Lymphocytenwerte, dann erst der übrigen weißen Blutkörperchen anerkannt. Auch eine Verminderung der Thrombocyten gilt als brauchbares diagnostisches Zeichen (44). Bei akuter Überbestrahlung wird meist eine stunden- oder tagelang anhaltende Granulocytose beobachtet. Eine zeitweilige Vermehrung der Eosinophilen kann bei Ausschluß allergischer Reaktionen ebenfalls Ausdruck einer Strahleneinwirkung sein. Die Erythrocytenwerte sinken entsprechend der langen mittleren Lebensdauer dieser Zellart sehr spät und träge ab. Von verschiedenen Autoren wird auf morphologische Veränderungen der einzelnen Blutzelltypen hingewiesen, die zwar nicht als pathognomonisch für einen Strahlenschaden angesehen werden, aber doch bei Ausschluß anderer Erkrankungen gewisse Hinweise geben. So wird das vermehrte Auftreten von doppelbrechenden Neutralrotkörperchen im Plasma der Lymphocyten (45) und eine Zunahme abnormer Monocyten (46) und unreifer Blutzellen (47) beschrieben. Insbesondere konnte INGRAM (48, 49) in sehr ausgedehnten Untersuchungen an strahlenbelasteten Personen zeigen, daß die Zahl der doppelkernigen Lymphocyten bei chronischer Strahlenbelastung zunimmt. Nach CHAMBERLAIN (50) soll schon nach einer Dosis von 50 r eine Verlängerung der Prothrombinzeit über 30 sec beobachtbar sein.

Die dermatologische Spezialuntersuchung soll jegliche Form akuter oder chronischer entzündlicher oder trophischer Hautveränderungen erfassen, welche die Strahlenarbeit, besonders die Handhabung von offenen radioaktiven Präparaten, erschweren oder unmöglich machen, die Strahlenempfindlichkeit der Haut erhöhen könnten oder selbst als Strahlenschaden angesehen werden könnten. Die Capillarmikroskopie des Nagelfalzes (51—53) zeigt bei Radiologen häufiger und in früherem Alter als bei anderen Menschen Gefäßanomalien, jedoch ohne daß diese als charakteristisch bezeichnet werden könnten. Mit dem Fingerabdruckverfahren [Anfeuchten mit photographischer Fixiersalzlösung, Abdruck auf Kopierpapier (54) oder plastischer Abdruck in Wachs] lassen sich trophische Störungen frühzeitig entdecken. Ein frühes Zeichen von Strahlenschädigung soll das ungleiche Tastempfinden der Fingerspitzen sein. Bereits ausgeprägtere Schäden sind Brüchigkeit, Riffelung und Spaltung der Fingernägel, atrophische, chronisch entzündliche und ulceröse Hautveränderungen, Epilationen und Pigmentverschiebungen und schließlich der charakteristische Strahlenkrebs der Haut.

Obwohl die Erzeugung von Linsenkatarakten eine gefürchtete Folge der Strahleneinwirkung ist, ist unter den üblichen Bedingungen eines Radioisotopen-Laboratoriums diese Gefahr kaum gegeben. Die Angaben über den Schwellenwert zur Erzeugung einer Linsentrübung, die das Sehvermögen merklich beeinträchtigt, liegen zwischen 100—500 rad. Nur unter ganz außergewöhnlichen Verhältnissen wäre eine Strahlenbelastung der Augen in dieser Höhe möglich. Eine ernste Gefahr stellt jedoch der Umgang mit Neutronenquellen dar, da die relative biologische Wirksamkeit von Neutronen im Hinblick auf die Kataraktbildung bei etwa 14 liegt. Dennoch empfiehlt es sich, auch ohne Verdacht auf eine besondere Strahlenbelastung, die Augen in Abständen von etwa 2 Jahren fachärztlich zu untersuchen.

Weitere Spezialuntersuchungen ergeben sich je nach Lage des Falles. Die Einstellungs- und Zwischenuntersuchungen von Frauen sollen zumindest anamnestisch Cyclusstörungen und sonstige Störungen der Genitalfunktionen erfassen. Gynäkologische Spezialuntersuchungen werden nur in Ausnahmefällen nötig sein. Cyclusstörungen durch Strahleneinwirkung können nicht als typische Berufserkrankungen angesehen werden, werden aber erfahrungsgemäß recht häufig von psychisch labilen Frauen vermutet. Wegen der hohen Empfindlichkeit des embryonalen Organismus gegenüber einer Strahleneinwirkung ist es nötig, jede Schwangerschaft so früh wie möglich zu erfassen.

Aus verständlichen Gründen kann die Untersuchung der äußerst strahlenempfindlichen Spermiogenese höchstens in Fällen starker Überbestrahlung durchgeführt werden.

Unter den routinemäßigen Laboratoriumsuntersuchungen ist die übliche Urinanalyse (Spez. Gewicht, Eiweiß, Zucker, Gallenfarbstoffe) zu nennen. Biochemische Teste auf Substanzen, die nach akuter Überbestrahlung vermehrt ausgeschieden werden (Aminosäuren, Coproporphyrin) sind noch nicht so weit entwickelt, daß sie für die Routine empfohlen werden können, und bleiben vorläufig noch eine Angelegenheit wissenschaftlichen Interesses.

Bei einer Beschäftigung, die mit einer Gefährdung durch radioaktive Staube, Gase oder Dämpfe verbunden sein kann, empfiehlt sich eine eingehende Untersuchung der Atemfunktion (Vitalkapazität).

Bei Verdacht auf Inkorporation von osteotropen Radionukliden kann eine röntgenologische Untersuchung der Knochenstruktur erst schwere Schäden aufdecken. Zur Sicherheit empfiehlt es sich aber bei Personen, die in Zukunft mit solchen Substanzen arbeiten sollen, den Ausgangsbefund festzuhalten.

Auf die besonderen diagnostischen Maßnahmen zur Erfassung des akuten Strahlensyndroms kann in dieser Abhandlung nicht eingegangen werden; es muß auf entsprechende Übersichtsarbeiten, wie die von Cronkite und Bond (55) verwiesen werden.

Die wichtigste Aufgabe der ärztlichen Untersuchung, nämlich die Ausscheidung von Personen, die zeitweilig oder dauernd für die Strahlenarbeit ungeeignet sind aus dem Bereich, in dem mit radioaktiven Nukliden umgegangen wird, ist besonders verantwortungsvoll und zugleich recht problematisch. Einerseits kann diese Entscheidung für den Betroffenen schwerwiegende berufliche Folgen haben, andererseits aber kann uns die Strahlenpathologie nur bei wenigen Krankheiten sagen, ob sie mit einem erhöhten Strahlenrisiko verbunden sind und damit für die Strahlenarbeit ungeeignet machen. Nach älteren Empfehlungen und nach dem erwähnten Merkblatt der Deutschen Gesellschaft für Arbeitsschutz kommen für eine Beschäftigung in Strahlenbetrieben im allgemeinen nicht in Betracht Personen mit einer bereits bestehenden Strahlenschädigung, mit Erkrankungen des Blutes oder der blutbildenden Organe, insbesondere infolge einer Benzolvergiftung, mit chronischen oder rückfälligen Infektionskrankheiten, chronischen Erkrankungen der Atmungsorgane, Nierenerkrankungen, ausgeprägten Herz- und Kreislaufstörungen, Erkrankungen des Zentralnervensystems, chronischen oder rezidivierenden Hautkrankheiten, Erkrankungen des Stoffwechsels oder der innersekretorischen Drüsen, vegetativer Dystonie und Störungen des Seh-, Riech- und Hörvermögens.

Diese Aufzählung umfaßt also praktisch Krankheiten und Leiden, die auch sonst ein Hindernis für eine Tätigkeit mit besonderen psychischen oder physischen Anforderungen darstellen. Keine der Erkrankungen ist als ausgesprochene Gegenindikation gegen die Strahlenarbeit anzusehen, vor allem wenn die Strahlenbelastung im Betrieb die maximal zulässigen Dosen nicht überschreitet. Aber in jedem Einzelfall wird in Abhängigkeit von der geplanten Tätigkeit ein strengerer Maßstab angelegt werden müssen als er bei vergleichbarer Tätigkeit ohne Strahlenrisiko nötig ist.

Nach den meisten gültigen Strahlenschutzverordnungen dürfen Personen unter 18 Jahren nicht bei Strahlenarbeiten beschäftigt werden. Wenn auch keine eindeutigen Fakten bekannt sind, welche auf eine generell erhöhte Empfindlichkeit jüngerer Menschen gegenüber den beruflich zu erwartenden Strahlenbelastungen schließen lassen, und die Festsetzung eines Grenzalters eine gewisse Willkürlichkeit bedeutet, so ist doch schon allein deswegen an dieser Regelung festzuhalten, weil eine Beschäftigung jüngerer Leute die genetische Belastung der Gesamtbevölkerung während des jeweiligen generationsfähigen Alters ansteigen ließe. Die Empfehlungen der I.C.R.P. über die maximal zulässige akkumulierte Dosis gehen davon aus, daß niemand vor dem 18. Lebensjahr eine berufliche Strahlenbelastung erfährt. Im übrigen kann man sagen, daß gerade zum Umgang mit radioaktiven Substanzen eine gewisse geistige Reife gehört, so daß die Festlegung eines Mindestalters auch von diesem Standpunkt aus berechtigt ist.

Wegen der bereits erwähnten besonderen Strahlenempfindlichkeit der Leibesfrucht sollen schwangere Frauen von der Strahlenarbeit ausgeschlossen werden. Dabei ergibt sich aber die Schwierigkeit, daß die empfindlichsten Phasen der Embryonalentwicklung in die ersten Wochen fallen, also gerade in eine Zeit, in der die Schwangerschaft meistens noch nicht erkannt ist. Verschiedentlich wurden deshalb generelle Bedenken gegen Strahlenarbeit von Frauen im generationsfähigen Alter erhoben. Sicherlich läßt sich ein solch rigoroser Standpunkt nicht in Vorschriften festlegen, jedoch sollte der verantwortliche Arzt sich dieser Gefahr bewußt sein, und er sollte sie zum Gegenstand einer ärztlichen Belehrung für weibliche Beschäftigte machen, um die Gefahr einer Exposition während der Schwangerschaft auf ein Minimum herabzusetzen. Mit Arbeiten, bei denen eine erhöhte Unfallgefahr mit Überschreitung der maximal zulässigen Dosiswerte besteht, sollten Frauen unter 45 Jahren nicht beschäftigt werden.

Jede ärztliche Untersuchung soll unter gleichzeitiger Berücksichtigung der Befunde und der Ergebnisse der Strahlenschutzmessungen zu einer Entscheidung darüber führen, ob der Betreffende für die Strahlenarbeit a) geeignet, b) bedingt geeignet und c) temporär oder dauernd ungeeignet ist.

Wurde die für einen bestimmten Zeitraum maximal zulässige Dosis überschritten, oder droht eine solche Überschreitung bei Einhaltung der bisherigen Arbeitsbedingungen, so gehört es zu den ärztlichen Aufgaben, zu veranlassen, daß die weitere Strahlenbelastung auf ein Minimum reduziert wird. In den seltensten Fällen wird die ärztliche Entscheidung einem völligen Arbeitsverbot entsprechen. Meistens wird es sich darum handeln, bisherige unzweckmäßige Arbeitsbedingungen zu verbessern oder ein zeitweiliges Aussetzen der Strahlenarbeit zu veranlassen. Analoges gilt für eine festgestellte Inkorporation radioaktiver Substanzen.

2. Physikalische Messungen zum Nachweis inkorporierter Radionuklide

Wenn vermutet werden muß, daß ein Beschäftigter während seiner Tätigkeit in einem Strahlenbetrieb radioaktive Stoffe in den Körper aufgenommen hat, die ihn oder andere Personen gefährden können, so ist die notwendige ärztliche Untersuchung durch physikalische Messungen zu ergänzen, die Aufschluß über Art und Menge der inkorporierten Substanzen und die Größe der zu erwartenden Ablagerungen im Körper geben. In Deutschland hat RAJEWSKY (56, 57) auf diesem Gebiet bereits seit 20 Jahren wertvolle Pionierarbeit geleistet. Speziell zur Diagnostik von Radiumvergiftungen beim Menschen wurden von ihm und seinen Mitarbeitern Meßmethoden und Geräte entwickelt und seit 1940 an einer Untersuchungsstelle zur Diagnostik von Radiumvergiftungen am Max-Planck-Institut für Biophysik in Frankfurt/Main angewandt.

a) Messung der aus dem Körper austretenden γ-Strahlung

Die neuen Methoden zur Messung der Radioaktivität des lebenden Organismus werden im folgenden etwas ausführlicher besprochen, als es die Praxis des üblichen Radioisotopen-Laboratoriums notwendig macht, da erstens doch damit zu rechnen ist, daß in Zukunft zum mindesten an größeren radiologischen Zentren solche Anlagen errichtet und damit auch für Strahlenschutzmessungen zur Verfügung stehen werden, und da zweitens bei der wachsenden Bedeutung dieser Methoden für die biologisch-medizinische Forschung und die Klinik ihre Kenntnis nützlich ist.

EVANS (58) hat schon 1937 versucht, mit einer einfachen Zählrohranordnung das im Körper radiumvergifteter Personen abgelagerte Radium (^{226}Ra) durch Messung der austretenden γ-Strahlung zu bestimmen. Die Nachweisgrenze der Apparatur lag bei 10^{-7} g ^{226}Ra. Auf Veranlassung von RAJEWSKY wurde etwa zur gleichen Zeit von FRANKE (59) eine empfindliche große Ionisationskammer-Anordnung für den gleichen Zweck gebaut. Zum Nachweis inkorporierter γ-Strahler wurden von Burch und Spiers in Großbritannien (*60, 61, 62*) und von Sievert in Schweden (*63, 64*) z. T. mit beträchtlichem Aufwand große Anlagen erstellt, in denen mit Hochdruck-Ionisationskammern die aus dem gesamten Körper austretende γ-Strahlung gemessen wird. Die Sievertsche Anlage wurde in einen Felsenkeller (50 m Tiefe) bei Stockholm eingebaut, um den Einfluß der kosmischen Strahlung herabzusetzen. Um die γ-Strahlung des umgebenden Gesteins zu vermindern, wurden die Wände des Laboratoriums aus wassergefüllten Eisenbehältern (1 m Dicke) zusammengefügt. Das Laboratorium wird außerdem mit gut gefilterter, möglichst

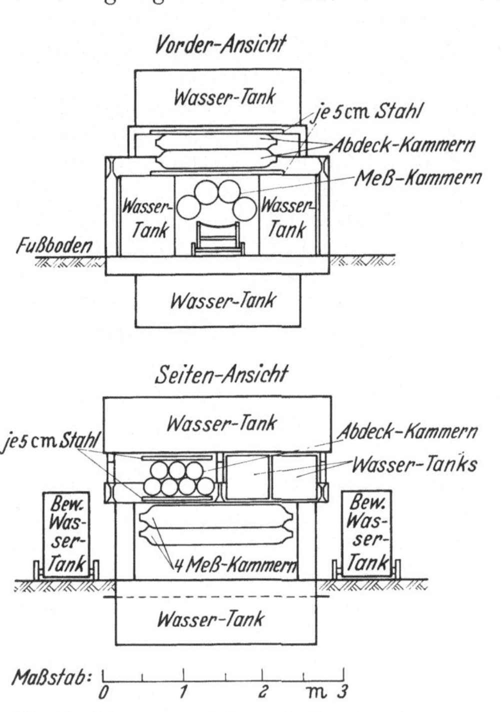

Abb. 15. Schema einer Anlage mit Hochdruck-Ionisationskammern zur Messung der Körper-γ-Strahlung [nach Burch und Spiers (*60*)]

von Radon und seinen Folgeprodukten befreiter Luft ventiliert. Die zu messende Versuchsperson wird zwischen die großen Hochdruckionisationskammern (12 zylindrisch angeordnete Kammern von 2 m Länge und 40 cm Durchmesser, gefüllt mit Stickstoff oder Kohlendioxyd, 20 Atm. Druck) eingeschoben. Bis zum Jahre 1956 hatte Sievert mit dieser Anlage schon mehr als 500 Personen untersucht (*65*). Die maximale Fehlerbreite der Apparatur liegt bei $\pm 10^{-9}$ g Radium-γ-Äquivalenz. Abb. 15 zeigt schematisch den Aufbau einer von Spiers und Burch (Department of Medical Physics, University of Leeds, England) betriebenen, nach dem gleichen Prinzip arbeitenden Anlage. Die Meßperson wird unter die 4 Meßkammern (Stahlzylinder von 2 m Länge und 30 cm Durchmesser, gefüllt mit Stickstoff, 13,5 Atm. Druck) eingefahren. 7 Abdeckkammern, die mit den Meßkammern in einer Kompensationsschaltung verbunden sind, dienen dazu, den systematischen Schwankungen der Intensität der kosmischen Strahlung entgegenzuwirken. Die Gasdrucke in diesen Kompensationskammern sind so justiert, daß der differentielle Strom nur wenig durch die Variationen der kosmischen Strahlung beeinflußt wird. Die Kalibrierung der Apparatur wird mit Lösungen γ-strahlender Nuklide in Phantomen durchgeführt. Zur Messung der γ-Strahlung des natürlicherweise im Körper des Menschen vorhandenen radioaktiven Kaliumisotops ^{40}K kann die Kalibrierung auch mit Lösungen des künstlich radioaktiven ^{42}K (Halbwertszeit 12,5 Std.) vorgenommen werden. Die Quantenenergien der γ-Strahlung von ^{42}K (1,51 MeV) und von ^{40}K (1,46 MeV) liegen so nahe beieinander, daß die Verhältnisse der inneren Absorption der Strahlung nahezu identisch sind. Bei einer Meßzeit von 2 Std. liegt bei Messung einer nicht kontaminierten Person der mittlere Fehler bei $\pm 15\%$ der normalen γ-Strahlenaktivität des menschlichen Körpers, die $2 \cdot 10^{-9}$ C ^{226}Ra äquivalent ist. Die neueste Entwicklung führte zum Bau von Ganzkörperzählern, bei denen die Ionisationskammern durch Szintillationszähler ersetzt wurden. Nach Vorarbeiten von Reines et al. (*66*) wurde am ''Los Alamos Scientific Laboratory'' der Universität von Kalifornien ein mit flüssigem Szintillator arbeitender, hochempfindlicher "human counter" gebaut (*67, 68*). Abb. 16 zeigt diese Apparatur. Im Zylindermantel des Hohlzylinders (Länge 1,80 m, Außendurchmesser 0,75 m, Innendurchmesser 0,45 m) befindet sich eine für γ-Strahlung hochempfindliche Szintillatorflüssigkeit (etwa 636 l). 108 Photovervielfacher (12 Reihen à 9 Stück), über den gesamten Umfang des Zylinders verteilt, sind in Glasfenster eingesetzt und befinden sich somit in optischem Kontakt mit dem flüssigen Szintillator. Die in diesem bei der Absorption der γ-Strahlung ausgelösten Lichtblitze werden in den Photovervielfachern in elektrische Spannungsimpulse umgewandelt und über eine entsprechende Elektronik verstärkt und

Abb. 16. Los-Alamos Human Counter. Der Meßzylinder befindet sich außerhalb der Bleiabschirmung [nach ANDERSON et al. (*67, 68*)]

registriert. Die Meßperson wird auf einem Bett in den Meßzylinder eingeschoben und bei 4 π-Geometrie gemessen. Zur Herabsetzung des Nulleffektes befindet sich der Meßzylinder innerhalb einer zylindrischen Bleiabschirmung von 12 cm Wandstärke und einem Gesamtgewicht von 20 t. Mit diesem Ganzkörperzähler ist es möglich, bei nicht kontaminierten Personen die natürliche γ-Strahlenaktivität des körpereigenen Kaliums innerhalb von 100 sec auf $\pm$ 5 % genau zu messen. Bei der Personenmessung ist die Meßgrenze durch die Unsicherheit der Kenntnis des jeweiligen ^{40}K-Pegels gegeben. Wenn diese Unsicherheit 50 % beträgt, liegt die Nachweisgrenze bei 5 % der höchstzulässigen Menge ^{226}Ra im Gleichgewicht mit seinen Folgeprodukten (d. i. 5 % von 10^{-7} C ^{226}Ra $= 5 \cdot 10^{-9}$ C ^{226}Ra+Folgeprodukte), bei 3 % der höchstzulässigen Menge ^{131}J und bei 0,01 % derjenigen von ^{24}Na und ^{99}Mo. Wenn der ^{40}K-Gehalt auf 5 % genau angegeben werden kann, ist die Empfindlichkeit 10mal höher. Die genannten Werte der Empfindlichkeit gelten für Meßzeiten von 2 min. Ablagerungen von ^{90}Sr im Menschen können über die Messung der durch die β-Strahlen im Körper ausgelösten Röntgen-Bremsstrahlung ebenfalls im human counter nachgewiesen werden. Die Meßgrenze liegt hierbei allerdings zunächst noch sehr hoch, nämlich gerade in der Größenordnung der höchstzulässigen Menge (1 μC). Der human counter kann auch dazu dienen, die bei Überexposition mit thermischen Neutronen applizierte Körperdosis zu bestimmen. Neutronen aktivieren das Natrium im Körper (Entstehung von ^{24}Na) proportional zur Dosis. Es läßt sich abschätzen, daß eine akute Bestrahlung mit thermischen Neutronen in der Größenordnung von 0,3 rad eine im human counter meßbare ^{24}Na-Aktivität erzeugt. In einer neuen Arbeit berichten MAYS et al. (69) über Messungen der Bremsstrahlung nach Injektion von ^{90}Sr bei Hunden ebenfalls im Ganzkörper-γ-Zähler. Die Nachweisgrenze lag bei diesen Messungen bei 0,1 μC [Vgl. auch (118).] Der Los Alamos-Ganzkörperzähler wurde inzwischen weiterentwickelt. In der wissenschaftlichen Ausstellung der Genfer Atomkonferenz (September 1958) wurde ein neues, wesentlich einfacheres Modell vorgeführt, bei dem die zu messende Person über eine Treppe in das Meßvolumen einsteigt und dort in bequemer vertikaler Stellung (2π-Geometrie) während der Meßzeit verbleiben kann. 16 große Photovervielfacher von 40 cm Durchmesser bedecken bei dem neuen Zählertyp 13% der Wandfläche eines Halbzylinders, während die 108 Vervielfacher des ersten Typs (je 5 cm Durchmesser) nur 1,6% der Wandfläche einnehmen. Eine Beschreibung des neuen Zählers und eine Tabelle, in denen die wichtigsten Daten der neuen mit denen der älteren Konstruktion verglichen werden, finden sich bei ANDERSON, HAYES und HIEBERT (70). Das in Genf gezeigte Gerät wurde inzwischen im

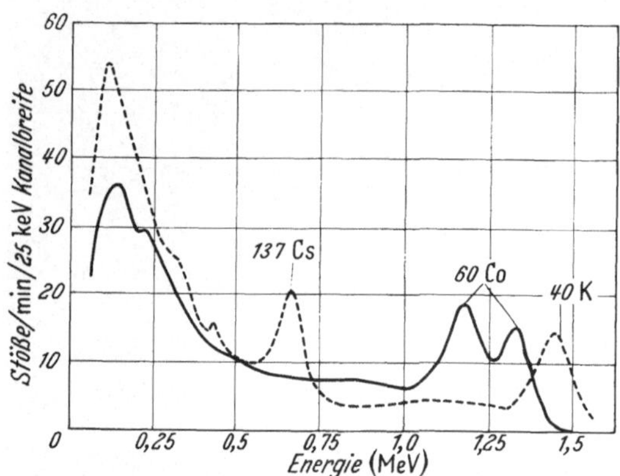

Abb. 17. γ-Spektren, aufgenommen mit einem "human counter", der mit großem NaJTl-Kristall bestückt ist. Die gestrichelte Kurve stellt das „Netto"-Spektrum einer typischen normalen, d. h. nicht kontaminierten Person dar; die ausgezogene Kurve ist das γ-Spektrum einer Person, die mit $8 \cdot 10^{-9}$C ^{60}Co kontaminiert war, nach Subtraktion der Nullanzeige der Apparatur und der normalen ^{137}Cs- und ^{40}K-Spektren dieser Person [nach MILLER et al. (76)]

Medical Center der amerikanischen Armee in Landstuhl/Pfalz in Betrieb genommen. Im Argonne National Laboratory, Chicago, wurden von MARINELLI und MILLER (72—76), (116) Ganzkörperzähler gebaut, bei denen an Stelle des flüssigen Szintillators große, mit Thallium aktivierte Natriumjodidkristalle (maximal 40 cm Durchmesser und 10 cm Dicke) als Strahlendetektoren verwendet werden. Zur Herabsetzung der Dosis der natürlichen Umgebungs-γ-Strahlung ist die Meßapparatur in einer großen Stahlkammer untergebracht. Gegenüber dem Los Alamos-Typ hat der mit NaJTl-Kristallen bestückte Zähler den Vorteil einer wesentlich höheren Energieauflösung, so daß es möglich ist, mehrere γ-strahlende Nuklide im menschlichen Körper mittels eines γ-Spektrometers zu identifizieren. Allerdings sind die Meßzeiten dabei länger. Beim älteren Los Alamos-Typ müssen sich 2 γ-Linien in ihrer Energie mindestens um den Faktor 2 unterscheiden, damit sie noch aufgelöst werden können. Das neue, in Genf gezeigte Modell hat allerdings ein besseres Auflösungsvermögen.

In Abb. 17 sind als Beispiel 2 γ-Spektren dargestellt, die mit einem mit großem NaJTl-Kristall bestückten human counter gemessen wurden, [vgl. auch (71) und (115)].

Der Ganzkörperzähler ist heute bereits ein unentbehrliches Hilfsmittel zur Messung inkorporierter radioaktiver Nuklide. Es ist daher anzustreben, daß auch in Deutschland in nächster Zeit in einigen zentralen Laboratorien solche Anlagen errichtet werden, damit sie gegebenenfalls für Strahlenschutzmessungen zur Verfügung stehen.

b) Messung von gasförmigen radioaktiven Stoffen in der Ausatmungsluft

Im Körper abgelagertes Radium läßt sich dadurch feststellen, daß man die sich bei seinem Zerfall bildende Radiumemanation mit hochempfindlichen Elektrometeranordnungen in der aufgefangenen Ausatmungsluft nach RAJEWSKY (57), MUTH (77) oder EVANS (78) bestimmt. Die maximal zulässige Menge von Radium im Gesamtkörper beträgt 0,1 μg. Dies würde bei einem durchschnittlichen Atemvolumen von 5 l/min und bei totaler Ausatmung der gebildeten Emanation eine Konzentration von $2,5 \cdot 10^{-12}$ C/l Ausatmungsluft, und wenn nur 40% des gebildeten Radons freigesetzt werden, 10^{-12} C/l Ausatmungsluft als maximal zulässigen Wert ergeben. Neuerdings wurden Meßanordnungen entwickelt, in denen Radon nach der Szintillationsmethode gemessen werden kann. Das Radon wird dabei in eine Kugel- oder Zylinderkammer aus Plexiglas überführt, deren Innenwand mit Szintillatorsubstanz belegt ist. Die durch die α-Teilchen des Radons und seiner Folgeprodukte ausgelösten Lichtblitze werden der Photokathode eines Photovervielfachers zugeführt, der mit der Meßkammer in Verbindung steht. Bei einem Meßvolumen von 2 l und einer Meßzeit von 4 Std. können $7 \cdot 10^{-14}$ C Radon/l mit einem maximalen Fehler von $\pm$ 20% nachgewiesen werden. Der elektronische Aufbau der Anordnung umfaßt neben dem Photovervielfacher mit Kathodenverstärker die für die Spannungsversorgung notwendigen Geräte sowie einen Verstärker und ein Zählgerät (79—82). KAUL konnte eine wesentliche Verbesserung durch Konstruktion einer Zylinderkammer mit Abscheideelektrode für die Folgeprodukte des Radons erreichen (83, 84), [vgl. auch (119)].

Die Erfassung von ^{14}C im CO_2 der Ausatmungsluft ist mit den in anderen Kapiteln beschriebenen Methoden möglich und erlaubt Rückschlüsse auf die bei akuter oder chronischer Exposition in den Körper aufgenommene und dort abgelagerte Menge des Radionuklids. Bei der Abschätzung der vor allem im Knochen abgelagerten Aktivitätsmengen sind Aufnahmemodus und Ausscheidungsrate zu berücksichtigen. Nach Injektion von ^{14}C in Bicarbonat und ebenso nach Einatmung von radioaktivem CO_2 werden über 99% in wenigen Stunden wieder ausgeatmet. Aus Tierversuchen geht hervor, daß nach 12 Wochen nur noch 0,13% der aufgenommenen Menge im Körper vorhanden und vorwiegend im Skeletsystem abgelagert sind. Über die Ausscheidungsrate, vor allem beim Menschen, ist noch wenig bekannt. Die Toxicität von ^{14}C und die physiologischen Daten, die zur Abschätzung inkorporierter Mengen notwendig sind, wurden u. a. von TABERN et al. (85), BRUES (86), GOVAERTS (87) und BUCHANAN et al. (88) besprochen.

c) Messung der Aktivität der Körperausscheidungen

Die zahlenmäßigen Unterlagen zur Abschätzung inkorporierter Radiummengen bzw. des Restradiums, das nach Vergiftung im Körper verbleibt, aus den Ergebnissen der Aktivitätsmessungen an den Ausscheidungen in den ersten Tagen nach Inkorporation, sind von RAJEWSKY und MUTH (89), MUTH (90), sowie von SILBERSTEIN (91) und FINK (92) angegeben, welch letzterer auch das Problem der Plutonium- und Poloniumvergiftung bearbeitet hat. Zur Abschätzung abgelagerter Radiummengen im Stadium der chronischen Vergiftung sind folgende Daten zu berücksichtigen: 6 Monate nach Vergiftung werden täglich 0,01% des Körperradiums, d. h. von 10^{-7} C 10^{-11} C im Urin ausgeschieden. Nach mehreren Jahren beträgt dieser Wert nur noch 0,0005% oder $5 \cdot 10^{-13}$ C von 10^{-7} C. Nach der Emanationsmethode mit verfeinerten Meßinstrumenten können diese Aktivitätsmengen noch hinreichend genau erfaßt werden [EVANS (93), HURSH und GATES (94), HANTKE (95)]. Für Routinemessungen zur laufenden Überwachung von radiumverarbeitenden Personen haben RUSSELL, LESKO und SCHUBERT (96) eine

Methode angegeben, durch die der Radiumgehalt des Tagesurins nach chemischer Präcipitation mit hochempfindlichen α-Zählern gemessen wird und noch Aktivitäten von 10^{-13} C/l erfaßt werden. Harley und Foti (97) kommen mittels chemischer Ausfällungsmethoden und Messung im Szintillationszähler zur gleichen Genauigkeit. Die Inkorporation und Ablagerung von künstlich radioaktiven Nukliden, vor allem von β-Strahlern, kann in verhältnismäßig einfacher Weise nach Cowan und Weiss (98) ermittelt werden. Die Urinmenge (besonders der ersten Tage nach Inkorporation) wird eingedampft und der Rückstand mit dem Glockenzähler gemessen. Der natürliche ^{40}K-Gehalt des Urins (im Durchschnitt etwa 94 Zerfallsakte/min/g Urinfestsubstanz) muß bei der Auswertung der Meßergebnisse berücksichtigt werden. Durch Ausfällen des Kaliums kann die Empfindlichkeit der Methode um den Faktor 10 und durch die Entfernung des Harnstoffs, der die Absorption der β-Strahlen im Rückstand erhöht, um den Faktor 2 verbessert werden. Einen wertvollen Überblick über die Anwendung der Analyse der Ausscheidungen zur Abschätzung der Ablagerung radioaktiver Nuklide im menschlichen Körper gibt Langham (99). Er hat eine große Zahl von für die praktische Anwendung der Methode notwendigen Daten zusammengestellt (^{3}H, ^{239}Pu, ^{90}Sr). Die Ausscheidungskurven werden durch Potenzfunktionen dargestellt und die Methoden der mathematischen Analyse diskutiert. Auf eine neue Arbeit von Stewart (117) sei hier ebenfalls verwiesen. Morgan (100) stellt für die maximal zulässige Konzentration U eines Radionuklids im Urin folgende Gleichung auf:

$$U = \frac{0{,}693\,K\,Q\,m}{T_b\,V}\,\mu\text{C/cm}^3.$$

Dabei ist

$Q =$ Konzentration des Radionuklids in μC/g Gewebe, die die höchstzulässige Dosis in rad/Woche erzeugt,

$m =$ die Masse des „kritischen" Organs in Gramm (als kritisches Organ wird dasjenige Organ bezeichnet, welches auf Grund selektiver Ablagerung des Nuklids die größte Strahlenbelastung erfährt),

$T_b =$ biologische Halbwertszeit in Tagen,

$V =$ Urinausscheidung/Tag (ungefähr 1500 cm³),

$K = f_u/f_e$, wobei f_u der Anteil der ausgeschiedenen Menge des Radionuklids ist, der im Urin erscheint, und f_e der Anteil der ausgeschiedenen Menge des Nuklids, der vom kritischen Organ kommt.

Cowan et al. (101) haben an Hand eines gut ausgewerteten Falles, bei dem ^{90}Sr in einer Lösung von SrCl$_2$ unglücklicherweise inhaliert wurde, die Meßmethoden zur Aktivitätsbestimmung im Urin und die Berechnungen der aufgenommenen und retinierten Menge des Nuklids eingehend dargestellt.

IV. Maßnahmen bei Unfällen

Unfälle mit Radionukliden können entweder zu einer akuten Überbestrahlung von außen oder zu einer Kontamination der Körperoberfläche oder des Körperinnern führen.

Eine akute Überbelastung von außen erfordert so lange eine ärztliche Überwachung, bis sich entweder die Strahleneinwirkung als unbedenklich erwiesen hat oder eine zweckmäßige Behandlung eingeleitet ist.

Die äußere oder innere Kontamination erfordert stets unmittelbare Sofortmaßnahmen, erstens um die Kontamination räumlich zu begrenzen und zweitens um möglichst schnell eine Dekontamination einzuleiten, die um so erfolgreicher ist, je schneller sie erfolgt.

1. Vorsorgliche Maßnahmen

Die für den Strahlenschutz verantwortliche Person sollte schon vor der Planung einer Arbeit mit radioaktiven Nukliden vorsorgliche Maßnahmen treffen, um bei einem Unfall wirksam eingreifen zu können.

Das Personal und vor allem ausgewählte Hilfskräfte sollen in der ersten Hilfe bei Strahlenunfällen geschult werden. Gefährliche Operationen, insbesondere in den Gefahrenklassen A und B, sollten nie durchgeführt werden, ohne daß jemand zur evtl. notwendigen Hilfeleistung in der Nähe ist.

Material für Erste-Hilfe-Maßnahmen, die von dem Verunglückten oder seinen Mitarbeitern durchgeführt werden können, soll im Radioisotopen-Laboratorium an leicht zugänglicher Stelle und deutlich gekennzeichnet zur Verfügung stehen. Zur Dekontamination und Ersten Hilfe sollte in größeren Laboratorien ein eigens eingerichteter Raum (102), in Laboratorien mit kleinerem Risiko ein Behelfsraum (Badezimmer) oder zumindest ein abgegrenzter Platz im Labor vorgesehen werden. Wie in chemischen Laboratorien empfiehlt sich eine Notdusche am Laborausgang. Für den Fall eines Brandes sollen Polizei und Feuerwehr über die besonderen Gefahrenquellen des Laboratoriums informiert sein.

2. Erste Hilfe und Dekontamination

Als erstes ist die Gefahrenquelle nach Möglichkeit abzustellen oder einzudämmen. Alle Personen sind aus dem Gefahrenbereich zu entfernen, ohne daß eine evtl. Kontamination dabei unnötigerweise weiter ausgebreitet wird. Die Gefahrenzone ist danach abzusperren und zu kennzeichnen. Schon alle diese Maßnahmen sollen von einer Messung der Strahlendosen oder des Kontaminationsgrades begleitet sein, ohne daß dadurch die dringend notwendige Hilfsaktion verzögert wird.

Kontaminierte Kleidungsstücke sind vorsichtig zu entfernen. Radioaktive Flüssigkeit wird von der Haut mit Filterpapier oder anderem aufsaugenden Material entfernt, wobei stets darauf zu achten ist, daß die Substanz nicht auf unverseuchte Hautbezirke verteilt wird oder in Augen, Mund oder Nase gelangt. Wunden sind sorgfältig abzudecken. Anschließend werden die kontaminierten Körperteile gründlich mit Wasser bespült, ohne weitere Bereiche unnötig zu benetzen. Dann folgt gründliches Waschen der kontaminierten Stellen mit gut schäumender Seife und warmem Wasser für mindestens 3 min, Abspülen und Trocknen mit Papierhandtuch. Nach dieser Prozedur soll mit einem geeigneten Strahlenschutz-Meßgerät der Erfolg der Maßnahme kontrolliert werden. Wenn dabei noch ein zu hoher Kontaminationsgrad festgestellt wird (siehe S. 450), soll die betreffende Körperpartie erneut unter Zuhilfenahme einer weichen Bürste mit Wasser und Seife, einem milden Detergens oder auch einem absorbierenden Pulver behandelt werden. Stets ist darauf zu achten, daß die Haut nicht zu stark irritiert wird, damit nicht durch Erosionen die Aufnahme radioaktiver Substanzen in den Körper begünstigt wird. Bei ungenügendem Erfolg sollten weitere Maßnahmen nur unter Aufsicht eines Arztes erfolgen.

Unter den zahlreichen bisher empfohlenen Dekontaminationsmitteln, von denen keines als ideal anzusehen ist, ist eine Titandioxyd-Lanolin-Paste zu nennen, die auf die kontaminierte Stelle nach den vorher genannten Maßnahmen aufgetragen, für 2 min belassen und dann mit Wasser und Seife entfernt wird. Ferner wird empfohlen: Waschen mit einer gesättigten Lösung von Kaliumpermanganat und anschließend mit 5%iger Natriumbisulfitlösung (zur Behebung der Hautverfärbung) sowie Natriumcitrat, Natriumhypochlorid, verdünnter Salzsäure, Tartraten und grüner Seife zur Entfernung alkalischer Präcipitate. Weitere Rezepte und Methoden zur Dekontamination gibt TOMPKINS (103).

Stärker wirkende organische Lösungsmittel sollen auf jeden Fall vermieden werden, da durch die Entfettung der Haut die Resorption radioaktiver Substanzen gefördert wird.

An kontaminierten Stellen sollen Haare nur mit der Schere, nicht mit dem Rasiermesser entfernt werden. Bei Aufnahme radioaktiver Substanzen in den Mund und Verschlucken wird der Mund sofort gründlich gespült und versucht, durch Erbrechen den Mageninhalt zu entleeren. Der Arzt kann zu diesem Zweck Emetica verordnen oder den Magen aushebern.

Wenn radioaktive Aerosole oder Staube eingeatmet wurden, wird die Nase mechanisch oder durch Spülung gereinigt. Durch forciertes Husten soll möglichst viel von der inhalierten Substanz expectoriert werden. Die Haare am Naseneingang sollen entfernt werden. Von manchen Seiten wird ein Nasenspray mit vasoconstrictorischen Mitteln empfohlen.

Bei Ingestion soll der Arzt außer den oben genannten Maßnahmen nur mit gründlicher Kenntnis der Chemie versuchen, durch Zufuhr geeigneter Mittel von der Isotopen-Verdünnungsmethode Gebrauch zu machen oder die Resorption gelöster radioaktiver Substanzen durch geeignete Fällungsmethoden zu verringern. So wird die Anwendung von 10%igem Magnesiumsulfat, Magnesiumoxyd oder Aluminiumhydroxyd empfohlen. In letzter Zeit wird als nicht spezifisches Absorbens auch Zirkonoxyd verwendet. Im Falle einer Aufnahme von Strontium oder Radium in den Magen-Darm-Kanal kann Calciumphosphat die Resorption erheblich vermindern. Dazu kommt die Möglichkeit, geeignete Ionenaustauscher per os zu geben.

Auf alle diese Methoden soll hier nicht hingewiesen werden mit der Absicht, vereinfachte Rezepte zu geben, sondern nur, um den verantwortlichen Arzt auf diese Möglichkeiten aufmerksam zu machen, deren Anwendung stets ein sorgfältiges vorbereitendes Studium erfordert.

Bei jeder Verwundung im Radioisotopen-Laboratorium besteht die Gefahr, daß radioaktive Substanzen in die Wunde eingebracht werden und entweder im Wundbereich eine Strahlenschädigung verursachen oder resorbiert und an anderer Stelle im Körper abgelagert werden. Bei Verdacht auf radioaktive Kontamination muß die Wunde so schnell und so gründlich wie möglich mit Wasser gespült und ohne starke mechanische Irritierung zum Bluten gebracht werden. Anschließend kann die Wunde mit befeuchteten sterilen Tupfern gereinigt und mit physiologischer Kochsalzlösung gespült werden. Auch hier kann die Spülung mit Lösungen der stabilen Nuklide des gleichen Elementes vorgenommen werden. Wenn die Wunde stärker, insbesondere mit gefährlichen Radionukliden kontaminiert ist, kann eine Excision mit Kontrolle des Erfolgs durch geeignete Meßgeräte notwendig sein. Bei Verdacht auf Einführung größerer Mengen radioaktiver Substanz kann es zweckmäßig sein, bis zur radikalen Säuberung eine Abschnürbinde anzulegen. Auch hier hängt der Erfolg weitgehend von der Geschwindigkeit der ärztlichen Maßnahmen ab. Der Nachweis von α-Strahlern in der Wunde kann wegen der geringen Reichweite der Strahlung erschwert sein. Aktivitätsmessungen von Blutproben aus der Wunde können hier Hinweise geben.

Wenn Spritzer radioaktiver Lösungen oder radioaktiver Staub in die Augen geraten sind, so muß mit reichlichen Mengen von Wasser und solchen Lösungen, die vom ophthalmologischen Standpunkt aus geeignet sind, nachgespült werden. Dazu empfiehlt sich die Bereithaltung einer Augenbadewanne.

Bei der Entfernung von Fremdkörpern aus dem Auge ist stets daran zu denken, daß diese evtl. radioaktiv kontaminiert sind.

Der Erfolg der Dekontamination ist stets mit entsprechenden Meßgeräten zu kontrollieren.

Alle bei der Dekontamination verwendeten Mittel sind als kontaminiert zu betrachten und dementsprechend zu behandeln.

Führen die im Laboratorium durchgeführten Maßnahmen nicht zu einem ausreichenden Erfolg oder ist zu vermuten, daß der Betroffene bei dem Unfall eine zu hohe Strahlenbelastung erlitten hat, so kann eine Hospitalisierung, evtl. in einer Spezialklinik, notwendig sein. Insbesondere gilt das für den Fall, daß gefährliche Mengen radioaktiver Nuklide inkorporiert wurden.

Die Austreibung radioaktiver Substanzen, die nach Inhalation, Resorption durch den Magen-Darmkanal oder aus Wunden bereits über den Blutstrom in den Körper aufgenommen sind, stellt immer noch ein schwieriges wissenschaftliches Problem dar, und die meisten Mittel befinden sich noch in der Erprobung. Die aussichtsreichsten Behandlungsmethoden beruhen auf den Prinzipien der Isotopenverdünnung, der Zufuhr von inaktiven Elementen, die einem ähnlichen Stoffwechsel wie das inkorporierte Nuklid unterliegen, und der Anwendung von Komplexbildnern (*104—112*).

Die Behandlung von Patienten, die bei einem Unfall neben einer Überexposition oder einer radioaktiven Kontamination andere körperliche Schäden erlitten haben, kann ein besonderes Problem sein, insbesondere hinsichtlich des Primates der Sofortmaßnahmen. Abgesehen von der Behandlung lebensbedrohender Zustände, soll die Dekontamination den Vorrang haben.

Auch auf die Besprechung der lokalen und generalisierten und akuten Strahlenschäden und ihrer Behandlung muß in diesem Zusammenhang verzichtet werden [Näheres siehe in (*55*)]. Der zuständige Arzt muß wissen, daß bei einer kritischen Überexposition zunächst nur für physische und psychische Ruhe des Patienten zu sorgen ist, und daß alle weiteren Maßnahmen, wie weitgehende Asepsis, Behandlung mit antibiotischen Mitteln, zweckmäßige Ernährung, Aufrechterhaltung des gestörten Wasser- und Elektrolythaushaltes und Transfusionen, einer Spezialbehandlung in der Klinik überlassen werden können. Über diese symptomatische Behandlung hinausgehende Behandlungsmethoden der akuten Strahlenkrankheit, wie Knochenmarkstransplantationen oder spezifisch gerichtete chemische Therapieformen befinden sich erst in der Entwicklung und sollen vorläufig noch in den Händen der wenigen auf diesem Gebiet erfahrenen Forscher und Institutionen bleiben.

Alle Sofortmaßnahmen sollen begleitet sein von dem Bemühen, ein Bild über die empfangene Strahlendosis und das Ausmaß der Kontamination zu gewinnen, da alle weiteren Maßnahmen von der Kenntnis beider abhängen. Bei Inkorporation radioaktiver Substanzen kann es für eine spätere Rekonstruktion des Unfalles wünschenswert sein, Urin-, Stuhl- und Blutproben so früh wie möglich und über einen möglichst langen Zeitraum hinweg für spätere Messungen der Radioaktivität zu sammeln.

3. Dokumentation

Für jeden Strahlenarbeiter sollten die Ergebnisse der Gesundheitsüberwachung dokumentarisch festgehalten werden. Dabei soll verzeichnet werden:

a) die Art und Dauer der Strahlenarbeiten mit Angabe der Strahlenarten und -qualitäten bzw. der Art der verwendeten Radionuklide, ihrer Aktivität, ihrer chemischen Form und andere Besonderheiten der Arbeitsbedingungen,

b) die Strahlenbelastung, wie sie sich aus der Personendosismessung oder aus der Dosismessung am Beschäftigungsort ergibt,

c) das Ergebnis physikalischer Messungen bei Inkorporation radioaktiver Substanzen,

d) alle ärztlichen Befunde und

e) alle ärztlichen Maßnahmen und Entscheidungen über die weitere Beschäftigung (Änderung der Arbeitsbedingungen, Verkürzung der Arbeitszeit, Urlaube usw.).

Insbesondere sind bei jeder Überschreitung der maximal zulässigen Dosis oder bei einem Unfall möglichst vollständig alle Daten festzuhalten, die für die Gesundheit des Betroffenen oder in Hinblick auf künftige Regreßansprüche von Bedeutung sein können. Stets ist, wie bereits erwähnt, im Auge zu behalten, daß die regelmäßige und vollständige Führung dieser Protokolle und ihre Aufbewahrung nicht nur für den einzelnen Strahlenarbeiter und den Betrieb, sondern auch vom gewerbehygienischen, bevölkerungshygienischen und wissenschaftlichen Standpunkt aus von großer Bedeutung sind. Eine Vereinheitlichung der Dokumentation ist von diesem Standpunkt aus besonders wünschenswert.

Literatur

1. Bethe, H., and W. Heitler: Proc. Roy. Soc., Lond. **146** (A), 83—112 (1934).
2. Heitler, W.: Quantum theory of radiation. Oxford: Clarendon Press 1954.
3. National Bureau of Standards, U.S. Dpt. of Commerce: Handbook 42: Safe Handling of Radioactive Isotopes, 1949.
4. Marley, W. G.: Safety precautions to be observed in handling radioactive isotopes. The origins and prevention of laboratory accidents. S. 49—60. Atomic Energy Research Establishment, Harwell, Library 1951.
5. Breitling, G.: Fortschr. Röntgenstr. **85**, 453—456 (1956).
6. Recommendations of the International Commission on Radiological Protection. Brit. J. Radiol. Suppl. **6**, (1955). Deutsche Übersetzung veröffentlicht durch die Physikalisch-Technische Bundesanstalt, Braunschweig 1955.
7. Snyder, and Powell: Absorption of γ-rays. Suppl. 1, to ORNL 421.
8. Feydt, N.: Z. Techn. Hilfsw. **11**, 145 (1956). Der F. & H.-Strahlenschutz-Rechenschieber und seine Anwendung. Frieseke & Hoepfner G. m. b. H., Erlangen-Bruck, Juni 1958.
9. Stang, L. G.: Nucleonics **7**, 12 (1950).
9a. Glubrecht, H.: Strahlentherapie **102**, 489 (1957).
10. Maximum Permissible Body Burdens and Maximum Permissible Concentrations of Radionuclides in Air and in Water for Occupational Exposure: U.S. Department of Commerce, National Bureau of Standards, Handbook 69, Juni 1959.
11. Tompkins, P. C., and H. A. Levy: Industr. Engng. Chem. **41**, 228 (1949).
12. Barnes, D. E.: Basic criteria in the control of air and surface contamination. Symposium "Health Physics in Nuclear Installations" 25.—28. Mai 1959 in Risø, Dänemark. European Nuclear Energy Agency der OEEC, Paris, Dezember 1959.
12a. Chamberlain, A. C., u. G. R. Stanbury: A. E. R. E. HP/R 737 [zit. nach (12)].
13. Recommendations of the International Commission on Radiological Protection (Sept. 9, 1958). London: Pergamon Press 1959.
14. Stockinger, H. E., and S. Laskin: Nucleonics **7**, 15 (1950).
15. Labeyrie, J.: Techniques de mesure de la contamination de l'air. Symposium "Health Physics in Nuclear Installations". 25.—28. Mai 1959 in Risø, Dänemark. European Nuclear Energy Agency der OEEC, Paris, Dezember 1959.
16. Richtlinien zur Festlegung der Grundnormen für den Gesundheitsschutz der Bevölkerung und der Arbeitskräfte gegen die Gefahren ionisierender Strahlen. Rat der Europäischen Atomgemeinschaft (Euratom), Brüssel, Januar 1959.
17. The handling of radioactive isotopes and the disposal of radioactive waste. Report of Committee V, International Commission on Radiological Protection, 1959.
18. Entwurf einer Ersten Verordnung über den Schutz vor Schädigung durch Strahlen radioaktiver Stoffe. Bundesministerium für Atomkernenergie und Wasserwirtschaft. Bad Godesberg, Dezember 1959.
19. Aebersold, P. C.: In P. F. Hahn: A manual of artificial radioisotope therapy p. 274. New York: Academic Press Inc. Publ. 1951.
20. Atomic Energy Commission, Oak Ridge, Tenn.[1].
21. Licensing of Byproduct Material. Federal Register, The National Archives of the United States **21**, No. 6, Part 30 (1956); Standards for Protection Against Radiation. Federal Register, The National Archives of the United States **22**, No. 19, Part 20 (1957).
22. Code of Practice for the Protection of Persons exposed to Ionizing Radiations. Her Majesty's Stationary Office. London 1957.

---

[1] Alle Schriften der US Atomic Energy Commission sind erhältlich vom Superintendant of Documents, U. S. Government Printing Office, Washington 25, D. C.

23. Safe handling of Radioisotopes. International Atomic Energy Agency, Wien 1958, Safety Series No. 1.

24. Verordnung zum Schutz gegen Schädigung durch Röntgenstrahlen und radioaktive Stoffe in nicht-med. Betrieben. 7. 2. 1941. Reichsgesetzblatt 1941 I, Nr. 18.

25. Deutsche Normen DIN 6843, April 1957[1]: Strahlenschutz beim Arbeiten mit radioaktivem Material in offener Form in medizinischen Betrieben. DIN 6804, Entwurf Juni 1957; Strahlenschutz beim Arbeiten mit geschlossenen radioaktiven Präparaten in medizinischen Betrieben, Regeln. Fortschr. Röntgenstr. 87, 139—146 (1957). Aufgestellt vom Fachnormenausschuß Radiologie im Deutschen Normenausschuß in Arbeitsgemeinschaft mit der Deutschen Röntgengesellschaft.

26. E. M. I. Electronics LTD, Hayes, Middlesex, England, Strahlungsmeßgerät für Hände und Kleidung.

27. Sievert, R. M.: Acta radiol. (Stockh.) Suppl. 14, (1932).

28. Langendorff, H., G. Spiegler u. F. Wachsmann: Fortschr. Röntgenstr. 77, 143—153 (1952).

29. Dorneich, M., u. H. Schaefer: Physik. Z. 43, 390—409 (1942).

30. Langendorff, H., u. F. Wachsmann: Fortschr. Röntgenstr. 80, 382—386 (1954).

31. — — Arbeitsschutz 6, 125 (1956).

32. — — Atomkernenergie 3, 61 (1958).

33. Dresel, H.: Fortschr. Röntgenstr. 84, 214—222 (1956).

34. — Die berufliche Strahlenbelastung. In der Schriftenreihe des Bundesministers für Atomkernenergie und Wasserwirtschaft. Strahlenschutz H. 11. Braunschweig: Gersbach & Sohn Verlag GmbH 1959.

35. Brichzy, W., u. F. Wachsmann: Atompraxis 5, 1—8 (1959).

36. Wachsmann, F., u. W. Schubert: Röntgenblätter 12, 1—8 (1959).

37. Spiegler, G.: Brit. J. Radiol. 18, 36 (1945).

38. — Photographic J. B. 166 (1950).

39. — Brit. J. Radiol. 24, 525 (1951).

40. Labeyrie, J.: Strahlenschutz am Reaktor. In: Wissenschaftliche Grundlagen des Strahlenschutzes. S. 361—373. Herausgegeben von B. Rajewsky. Karlsruhe: Verlag G. Braun 1957.

40a. Dresel, H.: Persönliche Mitteilung.

41. Fassbender, H.: Einführung in die Meßtechnik der Kernstrahlung und die Anwendung der Radioisotope. Stuttgart: Georg Thieme 1958.

42. Jaeger, R. G.: Dosimetrie und Strahlenschutz. Stuttgart: Georg Thieme 1959.

43. Deutsche Gesellschaft für Arbeitsschutz e.V.: Merkblatt zur ärztlichen Überwachung von Beschäftigten in Strahlenbetrieben. Frankfurt/Main 1958.

44. Mossberg, H.: Acta radiol. (Stockh.) 34, 186 (1950).

45. Dickie, A., and L. H. Hempelmann: J. Labor. clin. Med. 32, 1045 (1947).

46. Browning, E.: Brit. med. J. (I) 949, 428.

47. Cronkite, E. P.: J. Amer. med. Ass. 139, 366 (1949).

48. Ingram, M., and S. W. Barnes: Science 113, 32 (1951); Physic. Rev. 75, 1765 (1949).

49. — Proceedings of the International Conference Genf 1955, Vol. 13, p. 210.

50. Chamberlain, A. C., T. Turner and E. R. Williams: Brit. J. Radiol. 25, 169 (1952).

51. Braasch, N. K., and M. J. Nickson: Radiology 51, 719 (1948).

52. Crawford, J. H.: J. clin. Invest. 2, 351 (1926).

53. David, O.: Strahlentherapie 23, 366 (1926).

54. Verordnungen zum Schutz gegen Schädigungen durch Röntgenstrahlen und radioaktive Stoffe in nicht-med. Betrieben. 7. 2. 1941. Reichsgesetzblatt 1941 I, Nr. 18.

55. Cronkite, E. P., V. P. Bond and R. A. Conard: "The Diagnosis and Therapy of acute Radiation Injury". In: C. F. Behrens, Atomic Medicine; p. 222. 3. Aufl., Baltimore, Williams & Wilkins Company. 1959.

56. Rajewsky, B.: Strahlentherapie 56, 703 (1936).

57. — Strahlentherapie 69, 439 (1941).

58. Evans, R. D.: Amer. J. Roentgenol. 37, 368 (1937).

59. Franke, I.: Fundamenta radiol. (Berlin). 5, 113—133 (1939).

60. Burch, P. R. J., and F. W. Spiers: Nature (Lond.) 172, 1—7 (1953).

61. — and D. B. Appleby: Atomics 195—201 (1955).

62. — Brit. J. Radiol. Suppl. 7, 20—26 (1957).

63. Sievert, R. M.: Ark. Fysik 18, 337 (1951).

64. — Strahlentherapie 99, 185—195 (1956).

65. — and B. Hultqvist: Brit. J. Radiol. Suppl. 7, 1—12 (1957).

---

[1] Durch Beuth-Vertrieb GmbH, Berlin W 15 und Köln.

66. REINES, F., R. L. SCHUCH, C. L. COWAN jr., F. B. HARRISON, E. C. ANDERSON and F. N. HAYES: Nature (Lond.) 172, 521 (1953).
67. ANDERSON, E. C., R. L. SCHUCH, J. D. PERRINGS and W. H. LANGHAM: Nucleonics 14, No. 1, 26—29 (1956).
68. — Brit. J. Radiol. Suppl. 7, 27—32 (1957).
69. MAYS, C. W., D. H. TAYSUM, W. FISHER and B. W. GLAD: Hlth. Physics 1, 282—287 (1958).
70. ANDERSON, E. C., F. N. HAYES and R. D. HIEBERT: Nucleonics 16, 106 (1958).
71. MEHL, H. G.: Strahlentherapie 102, 569 (1957).
72. MARINELL I, L. D., C. E. MILLER, P. E. GUSTAFSON and R. E. ROWLAND: Amer. J. Roentgenol. 73, 661 (1955).
73. — — R. E. ROWLAND and J. E. ROSE: Radiology 64, 116 (1955).
74. — and L. D. MARINELLI: Science 124, 122—123 (1956).
75. MARINELLI, L. D.: Brit. J. Radiol. Suppl. 7, 38—43 (1957).
76. MILLER, C. E., H. A. MAY and L. D. MARINELLI: The use of low level scintillation spectroscopy in the evaluation of radioactive contamination of the human body. Symposium "Health Physics in Nuclear Installations". 25.—28. Mai 1959 in Risø, Dänemark, European Nuclear Energy Agency der OEEC, Paris, Dezember 1959.
77. MUTH, H.: Dosimetrie der Radiumemanation. In: Naturforschung und Medizin in Deutschland 1939—1946, 21 Biophysik I, 255—257. Wiesbaden: Dietrich'sche Verlagsbuchhandlung 1948.
78. EVANS, R. D.: J. industr. Hyg. 25, 253 (1943).
79. MEGY, J., and A. M. RAMOS: Centre d'Etudes Nucléaires, Saclay; Section Electronique Physique; Rapport No. 79, 1958.
80. BYRANT, J., and M. MICHAELIS: Radiochemical Center, Amersham Bucks (1952 R.C.C./R.26.
81. STEHNEY, A. F., W. P. NORRIS, H. F. LUCAS jr., and W. H. JOHNSTON: Amer. J. Roentgenol. 73, 774 (1955).
82. LUCAS, H. F.: Rev. Sci. Inst. 28, 680—683 (1957).
83. KAUL, A., u. H. MUTH: Messungen sehr kleiner Radon-Konzentrationen mit Szintillationsanordnungen. Verhandlungen des IX. Internationalen Kongresses für Radiologie, München, Juli 1959, im Druck.
84. KAUL, A.: Diplomarbeit, Frankfurt/Main, 1960.
85. TABERN, D. L., J. D. TAYLOR and G. J. GLEASON: Nucleonics 7, 3 (1950).
86. BRUES, A. M.: In O. GLASSER: Med. Physics Vol. 2 p. 465; Chicago: The Yearbook Publisher, Inc. 1950.
87. GOVAERTS, J.: Science 111, 467 (1950).
88. BUCHANAN, D. L., and A. NAKAO: AECU-1897; UAC-499 (1952).
89. RAJEWSKY, B., u. H. MUTH: Strahlentherapie 88, 261 (1952).
90. MUTH, H.: Strahlentherapie 94, 126—136 (1954).
91. SILBERSTEIN, H. E.: Radium poisoning, a survey of the literature. Suppl. 14, Report M-1695, May 1945.
92. FINK, R. M.: Biological studies with polonium, radium and plutonium. National Nuclear Energy Ser. Vol. 3. New York: McGraw-Hill Book Company, 1950.
93. EVANS, R. D.: Rev. Sci. Instr. 6, 99 (1935).
94. HURSH, J. B., and A. A. GATES: Nucleonics 7, 46 (1950).
95. HANTKE, H.-J.: Eine Methode zur Messung geringer α-Aktivitäten und ihre Anwendung auf einige biophysikalische Probleme. Diplomarbeit, Frankfurt/Main, 1956.
96. RUSSELL, E. R., R. C. LESKO and J. SCHUBERT: Nucleonics 7, 60 (1950).
97. HARLEY, J. H., and ST. FOTI: Nucleonics 10, 45 (1952).
98. COWAN, F. B., and J. WEISS: Nucleonics 10, 33 (1952).
99. LANGHAM, W. H.: Brit. J. Radiol. Suppl. 7, 95—113 (1957).
100. MORGAN, K. Z.: In P. F. HAHN: A manual of artificial radioisotope therapy p. 232. New York: Academic Press Inc. 1951.
101. COWAN F. B., and J. WEISS: Amer. J. Roentgenol. 67, 805 (1952).
102. HATHAWAY, E. A., and A. J. FINKEL: Proceedings of the International Conference Genf. Vol. 11, 362 (1955).
103. TOMPKINS, P. C.: In: Radiation Hygiene Handbook. Herausgeg. von: H. BLATZ, p. 181. New York, Toronto, London: McGraw-Hill Book Company 1959.
104. SCHUBERT, J.: Removal of radioelements from mammalian body. Ann. Rev. nuclear Sci. 5, 369 (1955).
105. COHN, S. H., J. K. GORG and W. L. MILNE: Experimental treatment of poisoning from fission products. Arch. industr. Hlth. 14, 533 (1956).
106. FOREMAN, H., P. A. FUQUA and W. D. NORWOOD: Experimental administration of ethylenediamine-tetraacetic acid in plutonium poisoning. A.M.A. Arch. industr. Hyg. 10, 226 (1954).

107. ROSENTHAL, M. W. (Editor): Therapy of radioelement poisoning, transcript of a meeting on experimental and clinical approaches to the treatment of poisoning by radioactive substances. Argonne Nat. Lab. ANL-5584, Aug. 1956.
108. FOREMAN, H., and J. G. HAMILTON: AECD-3247.
109. SCHWOB, C. R.: Radiology 56, 4, 670 (1951).
110. SCHUBERT, J.: Approaches to treatment of poisoning by both radioactive and non-radioactive elements encountered in Atomic Energy operations. Proceedings of the International Conference Genf. 1955, P/845.
111. SCHUBERT, J.: Internal contamination and its treatment. Verhandlungen des IX. Internationalen Kongresses für Radiologie. München, Juli 1959 (im Druck).
112. CATSCH. A., et al.: Strahlentherapie 104, 494 (1957); 106, 606 (1958); 107, 298 u. 437 (1958); 108, 63 (1959).
113. CHUBAKOV, A. A., et al.: Determination and analysis of air contaminated by air-borne alpha emitters in low concentration. Proceedings of the Second International Conference, Genf 1958. 23, 354 (1958).
114. JEHANNO, C., et al.: New Instruments and methods for measurement of radioactive products in the atmosphere. Proceedings of the Second International Conference, Genf 1958. 23, 372 (1958).
115. RUNDO, J.: Body radioactivity measurement as an aid in assessing contamination by radionuclides. Proceedings of the Second International Conference, Genf 1958. 23, 101 (1958).
116. MILLER, C. E.: Low intensity spectrometry of the gamma radiation emitted by human beings. Proceedings of the Second International Conference, Genf 1958. 23, 113 (1958).
117. STEWART, C. G., et al.: The excretion of Strontium-90 and Caesium-137 by the human. Proceedings of the Second International Conference, Genf 1958. 23, 123 (1958).
118. LIDÉN, K.: The determination of ^{90}Sr and other beta emitters in human beings from external measurements of the Bremsstrahlung. Proceedings of the Second International Conference, Genf 1958. 23, 133 (1958).
119. VOHRA, K. G.: A new method for the estimation of Radon and Thoron contamination in air and its applications. Proceedings of the Second International Conference, Genf 1958. 23, 367 (1958).
120. BROWN, J. R.: Simultaneous hand and clothing checking for alpha and beta contamination. Proceedings of the Second International Conference, Genf 1958. 23, 408 (1958).

Bau und Einrichtung
nuclearmedizinischer Abteilungen

Von

Hans Götte und H. A. E. Schmidt[1]

Mit 41 Abbildungen

A. Vorbemerkungen

Während die Unterhaltung einer Abteilung für Nuclearmedizin noch vor wenigen Jahren einigen großen Kliniken vorbehalten war, hat die zunehmende Verwendung künstlicher Radionuclide in der Medizin nunmehr dazu geführt, daß auch mittlere und kleinere Krankenhäuser entsprechende Laboratorien unterhalten werden. Da die zur vollendeten Einrichtung einer solchen Abteilung benötigten Gelder in der Mehrzahl der Fälle nicht zur Verfügung stehen, wird die Anwendung radioaktiver Stoffe gegebenenfalls in bereits vorhandenen, nicht eigens zu diesem Zweck hergerichteten Gebäuden und Räumen vorgenommen. Vor dieser Gepflogenheit ist sowohl im Hinblick auf den Strahlenschutz für das beschäftigte Personal und für Dritte, als auch auf die unter solchen Umständen durch auftretende Kontaminierung gegebene Gefahr einer Verfälschung der Untersuchungsergebnisse abzuraten. Hinzu kommt, daß mit behördlichen Auflagen zu rechnen ist, die an die Ausstattung einer derartigen Abteilung ganz konkrete Forderungen stellen werden.

Die folgenden Ausführungen zeigen daher — z. T. anhand von Beispielen — die wesentlichen Besonderheiten auf, die bei Bau und Einrichtung einer Abteilung für Nuclearmedizin zu beachten sind. Dabei werden insbesondere Arbeiten mit offenen radioaktiven Stoffen, also solchen, die nicht in Kapseln, Perlen, Schläuchen oder ähnlichen Behältnissen eingeschlossen sind, berücksichtigt, da geschlossene Strahler — wie z. B. Radiumpräparate — in der Regel von den strahlentherapeutischen Abteilungen appliziert werden und genügende Erfahrung über den Umgang mit diesen Strahlern vorliegt. Offene radioaktive Präparate dagegen bedürfen wegen der Inkorporationsgefahr einer grundsätzlich anderen Arbeitsweise.

B. Planung
I. Grundsätzliche Überlegungen
1. Raumbedarf

Die Planung einer nuclearmedizinischen Abteilung hängt wesentlich von den Aufgaben ab, die dieser Abteilung gestellt werden. Bei Krankenhäusern wird es sich vor allem um diagnostische und therapeutische Maßnahmen handeln, die

---

[1] Der Abschnitt „Bauliche Besonderheiten" wurde von S. Rösinger, der Abschnitt „Spezielle Strahlenschutz- und Laborgeräte" von Elfriede Niemann und der Abschnitt „Meß- und Warngeräte für den Strahlenschutz" von G. Schulze-Pillot bearbeitet. Wir danken A. Wacker für das sorgfältige Lesen der Korrekturen.

sowohl auf ein bestimmtes Spezialgebiet beschränkt, als auch sehr vielseitig sein können. Bei einer Universitätsklinik mit ihren Lehr- und Forschungsaufgaben kommen wissenschaftliche Fragestellungen hinzu.

Der Raumbedarf muß selbstverständlich nach dem Umfang der zu erwartenden Arbeiten ausgerichtet werden. Es sollte aber bedacht werden, daß eine in Betrieb genommene Abteilung meistens in kurzer Zeit wächst, weil neue Fragestellungen auftauchen oder der Umfang der bisherigen Arbeiten zunimmt. Es ist zwar sicher nicht immer möglich — und auch wohl nicht notwendig — entsprechende Reserveräume zu erstellen, doch sollte die Planung so durchgeführt werden, daß Platz für eine etwaige Erweiterung vorhanden ist.

Grundsätzlich muß ein Lager oder Tresor zur Aufbewahrung und ein Labor mit Abzug und Spüle zur Verarbeitung der radioaktiven Substanzen, weiterhin ein Therapie- und Diagnostikraum, sowie schließlich ein Raum für in vivo-Messungen vorhanden sein. Durch geschickte Kombination lassen sich diese Forderungen in 3—4 Räumen verwirklichen. Noch kleiner darf eine klinische Abteilung, in der mit offenen radioaktiven Präparaten umgegangen wird, jedoch nicht sein, weil sonst ein sauberes, einwandfreies Arbeiten unmöglich ist.

Bei größeren Anlagen sind wissenschaftliche Laboratorien sowie Tierställe und -versuchsräume unerläßlich. Außerdem kommen dann verhältnismäßig viele Nebenräume z. B. für Wäscherei, Luftfilteranlage, Wasserdekontamination, Werkstatt usw. hinzu. Eine große nuclearmedizinische Abteilung erfordert daher einen großen Aufwand.

Einzelheiten über den Raumbedarf werden bei Erörterung der Beispiele besprochen.

2. Lage der Abteilung und Anordnung der Räume

Anzustreben ist ein freistehendes Gebäude, das keine anderen klinischen Abteilungen enthält. Soll die Abteilung mehreren Kliniken dienen, was wegen des relativ großen Aufwandes an qualifiziertem Personal, kostspieligen Geräten und notwendigen technischen Einrichtungen (Luft-, Wasser-, Wäsche-, Abfalldekontamination bzw. Lagerung) sicher zweckmäßig und auf lange Sicht ratsam ist, so empfiehlt es sich, sie zentral anzulegen. Kann ein eigenes Gebäude nicht erstellt werden, so erscheint es zweckmäßig, sie in einem Anbau, der von der übrigen Klinik durch Schleusen getrennt ist, unterzubringen. Die letzte Möglichkeit stellt der Ausbau einer kleineren Abteilung im untersten oder obersten Stockwerk eines Gebäudes — oder zum mindesten am Ende eines Gebäudeflügels — dar, wobei wiederum auf genügende Trennung von den übrigen Räumen zu achten ist.

Man muß zunächst zwischen Bereichen unterscheiden, in denen mit radioaktiven Stoffen umgegangen wird, und solchen, in denen das nicht der Fall ist. An ihrer Grenze müssen Monitorgeräte zur Kontrolle der aus den aktiven Räumen kommenden Personen auf Kontamination vorhanden sein. Dabei wird sich in vielen Fällen die Grenze des Bereichs, in dem radioaktive Substanzen gehandhabt werden, mit der des Kontrollbereiches, wie ihn die Strahlenschutzverordnung definiert, decken.

Es empfiehlt sich, bei der Anordnung der Räume innerhalb des Kontrollbereiches ein „Aktivitätsgefälle" einzuhalten, das von den aktiven Laboratorien bis zu seiner Grenze mit dem inaktiven Bereich abnimmt.

Eine weitere, sich zwanglos anbietende Unterteilung kann nach dem Zweck der Räume vorgenommen werden, da dieser Art und Menge der verarbeiteten Radionuclide bestimmt. Danach ergeben sich etwa folgende Baueinheiten:

    I) Verwaltungs-, Dienst- und Aufenthaltsräume
   II) Umkleide-, Dusch- und Waschräume
  III) Krankenstation
  IV) Lager, Therapie- und Diagnostikräume
   V) Wissenschaftliche Laboratorien
  VI) Tierställe und Tierversuchsräume
 VII) Technische Räume.

Wie man die aufgeführten Baueinheiten zueinander anordnet, ergibt sich in erster Linie aus den örtlichen und finanziellen Möglichkeiten. Es sollte nur darauf geachtet werden, daß die technischen Räume und die Verwaltungs-, Dienst- und Aufenthaltsräume zentral liegen, um unnötige Leitungen bzw. Wege zu vermeiden. Umkleide-, Wasch- und Duschräume sind in der Nähe des Übergangs zum Kontrollbereich anzuordnen. Schließlich ist dafür zu sorgen, daß ein Verkehr zwischen den

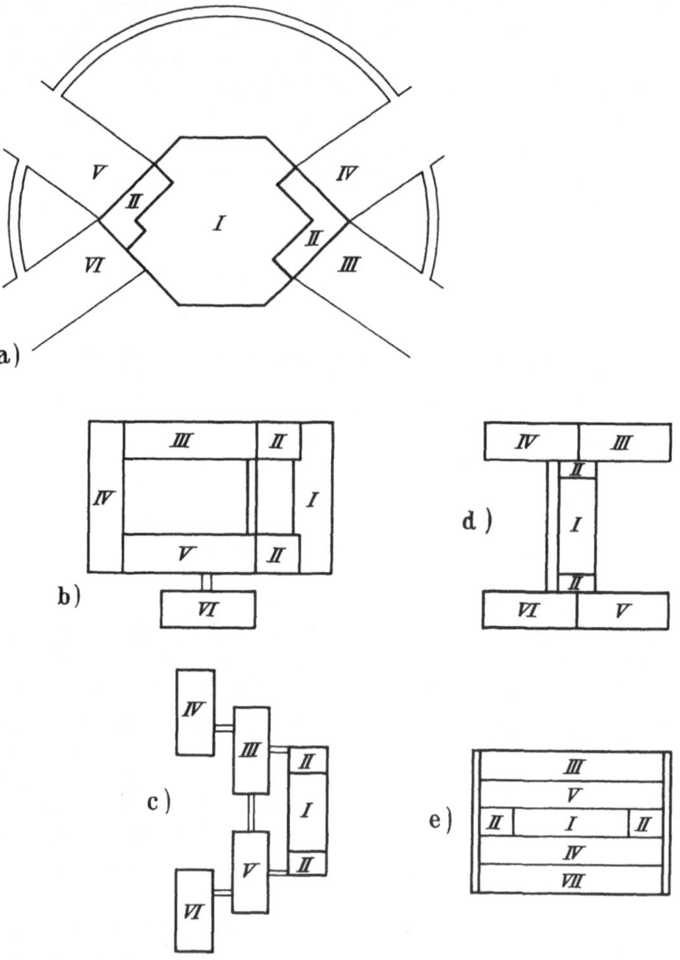

Abb. 1. Anordnungsmöglichkeiten für die verschiedenen Baueinheiten einer nuclearmedizinischen Abteilung
(a—d: Grundriß; e: Aufriß)

I. Verwaltungs-, Dienst- und Aufenthaltsräume
II. Umkleide-, Wasch- und Duschräume
III. Krankenstation
IV. Lager, Therapie- und Diagnostikräume
V. Wissenschaftliche Laboratorien

VI. Tierstall und Tierversuchsräume
VII. Technische Räume (in 1a—1d unter der Erde angeordnet)

‖ Verbindungsgänge

verschiedenen Baueinheiten innerhalb des Bereichs möglich ist, in dem mit radioaktiven Stoffen gearbeitet wird, ohne daß dieser dabei verlassen werden muß. In der Abb. 1 sind schematisch einige der vielen Möglichkeiten aufgezeigt. Anzuraten ist eine eingeschossige Bauweise, da sich dann die verschiedenen Aktivitätsbereiche leicht voneinander abgrenzen lassen. Man kann die Gebäude sternförmig (1a), atriumartig (1b), in Pavillonbauweise (1c) oder in Form eines offenen H (1d) anordnen; immer lassen sich die angeführten Prinzipien verwirklichen. Die technischen Räume sind in den schematischen Skizzen stets unter der Erdoberfläche angeordnet, weil sie auf diese Weise leicht zentral untergebracht werden können. Sie lassen sich natürlich auch in einem besonderen Gebäudeteil oder innerhalb einzelner Baueinheiten einordnen. Es ist jedoch in jedem Falle vorteilhaft, ein Kellergeschoß auszubauen und dabei nicht nur den Raumbedarf für die technischen Anlagen zu decken, sondern außerdem reichlich Lager-Keller vorzusehen. Diese werden mehr als bei anderen Anlagen gebraucht, da sehr häufig schwach kontaminierte Geräte und Material oder auch in den Laboratorien nicht benötigte Instrumente gelagert werden müssen. Die Verbindungsgänge innerhalb des Kontrollbereichs sollen aus feuerpolizeilichen Gründen unterirdisch angelegt werden, da sonst die Anfahrt der Löschzüge bei Großbränden behindert wäre. Sie sind normalerweise verschlossen und sollen bei Bedarf von autorisierten Personen geöffnet werden.

In Abb. 1e ist vergleichsweise die Unterbringung einer nuclearmedizinischen Abteilung (ohne Tierstall) in einem mehrgeschossigen Bau dargestellt. Dabei ergeben sich einige Schwierigkeiten, da der Abstand der einzelnen Einheiten hier bei weitem nicht so groß ist, wie bei eingeschossiger Bauweise. Wenngleich man das Lager und die Therapieräume in das Souterrain legen wird, bleibt doch noch die Strahlung der den Patienten verabfolgten Radionuclide zu berücksichtigen.

In der Tab. 1 sind die Dosisleistungen aufgeführt, die sich nach Verabfolgung von 200 mC ^{131}J oder ^{198}Au am ersten Tag ergeben.

Tabelle 1. *Dosisleistungen von 200 mC ^{131}J und ^{198}Au in Abhängigkeit von Entfernung und Schutzschichten*

Radionuclid (200mC)	^{131}J				^{198}Au			
Abstand [m]	1	2	4	6	1	2	4	6
Dosisleistung (mr/h) ungeschützt .	45	10	3	1,3	50	12	3	1,3
hinter 10 cm Beton . . .		1,4				1,7		
hinter 20 cm Beton . . .		0,4				0,45		

Wie man sieht, wird ohne Schutz bei einer Entfernung von 4 m die höchstzulässige Dosisleistung von 2 mr/Std. für Beschäftigte bei 8stündiger Arbeitszeit noch etwas überschritten, jedoch durch die zusätzliche Abschirmwirkung einer Decke oder Wand auch aus leichterem Material als Beton garantiert. Auch für in der Nachbarschaft untergebrachte Patienten wird die zulässige Wochendosis nicht erreicht, um so mehr als die Dosisleistungen infolge des radioaktiven Zerfalls an den folgenden Tagen abnehmen. Ein Abstand von 4 m ist bei Einzelbelegung der Zimmer unter den in den Bauplänen aufgezeigten Verhältnissen gegeben. Aber selbst bei Doppelbelegung besteht keine Gefahr, da zwar höhere Dosisleistungen auftreten, die Patienten aber nur einmal im Jahr bzw. einmal im Leben dieser Belastung ausgesetzt sind.

3. Baukosten

Genaue Angaben über die baulichen Kosten einer Abteilung für Nuclearmedizin lassen sich sehr schwer machen. Um nun mindestens eine gewisse Vorstellung von den benötigten Mitteln zu geben, wurden die Baukosten eines modernen radiochemischen Labors auf klinische Verhältnisse übertragen. Die folgenden Zahlen stellen aber nur Richtwerte dar und sind dementsprechend mit Vorbehalt zu verwerten. Sie schließen die Ausgaben für Rohbau, Ausbau, feste Einrichtungen wie Heizung, Energieversorgung, Abwasserdekontamination, Luftanlage und Luftfilterung ein und sind aus den 1958 geltenden Preisen errechnet.

Für die Baueinheiten I und II muß mit einem Kubikmeterpreis von etwa DM 170—200 gerechnet werden. Auch die Station (Baueinheit III) wird nicht wesentlich mehr Kosten verursachen als z. B. eine Infektionsabteilung, da sie keine besonders kostspielige Bauweise erfordert.

Ganz anders liegen die Verhältnisse dagegen bei den Einheiten IV und V, für die immerhin Beträge von etwa DM 270—350 pro Kubikmeter umbauten Raum angesetzt werden müssen, da hier spezielle Strahlenschutzmaterialien und -vorrichtungen notwendig sind.

Der Tierstall (Baueinheit VI) schließlich muß mit bis zu 200 DM/m³ veranschlagt werden; die Kosten richten sich nach dem geforderten Aufwand an technischen Einrichtungen für Lüftung, Klimatisierung, Sterilhaltung usw.

Um das Bild abzurunden, seien noch die Kosten einzelner Anlagenteile kurz aufgeführt:

Bei einem Laborteil mit insgesamt 8500 m³ Rauminhalt sind für sog. ,,heiße‘‘ Abzüge, in denen γ-Strahler bis zu einer Menge von 1 C verarbeitet werden können, je Abzug etwa DM 7500,— anzusetzen. Eine nach dem Prinzip der Flockung arbeitende Abwasser- und Dekontaminationsanlage kostet bei einer Dekontaminationsleistung von 0,5—1,0 m³/d mit 2 Rückhaltebecken für 50 m³ Abwasser rund DM 600000,—. Schließlich sind für die Belüftungsanlage mit Aktivfiltern bei einer Leistung von 30000 m³/Std. etwa DM 400000—500000 zu veranschlagen.

Diese Zahlen demonstrieren, in welchen Größenordnungen sich die Baukosten für ein Radiochemisches Laboratorium bewegen, das mit Aktivitäten bis zu etwa 5 Curie radioaktiver Stoffe höchster Radiotoxizität arbeiten kann. Im Hinblick auf die Einrichtung einer nuclearmedizinischen Abteilung sind diese Werte aber als Grenzen anzusehen, die kaum erreicht werden, weil so große Aktivitäten, noch dazu verschiedenster Art, hier nicht gehandhabt werden.

II. Beispiele verschiedener Typen von nuclearmedizinischen Abteilungen

Die bisher vorgelegten Überlegungen und Grundsätze sollen anhand einiger Beispiele näher ausgeführt werden. Da die anfallenden Probleme bei einem großen Institut ungleich zahlreicher sind als bei kleinen Laboratorien, werden zunächst die wesentlichen Faktoren dargestellt, die bei Erstellung einer solchen Anlage zu berücksichtigen sind. Das zweite Beispiel beschreibt, wie eine Abteilung für Nuclearmedizin an einer Klinik oder einem Krankenhaus am zweckmäßigsten zu bauen ist. Schließlich wird besprochen, welche räumlichen Bedingungen mindestens erfüllt sein müssen, wenn spezielle, begrenzte Aufgaben mit radioaktiven Stoffen bearbeitet werden sollen.

1. Zentrales Institut eines Klinikums

Für die Besprechung von Raumbedarf- und Aufteilung anhand eines Beispiels wird das in Abb. 1a dargestellte Schema benutzt. Die darzulegenden Prinzipien gelten — den jeweiligen Verhältnissen angepaßt — auch für alle anderen Baukombinationen.

a) Verwaltungs-, Dienst- und Aufenthaltsräume

Die Baueinheit I umfaßt Verwaltungs-, Dienst- und Aufenthaltsräume. Dieser Teil des Instituts unterscheidet sich also bautechnisch nicht von konventionellen Gebäuden. Man muß jedoch bedenken, daß im Kontrollbereich Essen, Rauchen und Trinken verboten sind, wie überhaupt der Aufenthalt dort nur gestattet ist, um Arbeiten auszuführen, die nur hier vorgenommen werden können. Außerdem ist die personelle Besetzung — z. B. der Station — meistens umfangreicher als die einer gleich großen Allgemeinstation, da bei der Pflege schwerkranker Patienten, die mit Radionucliden behandelt wurden, die Einhaltung der maximal zulässigen

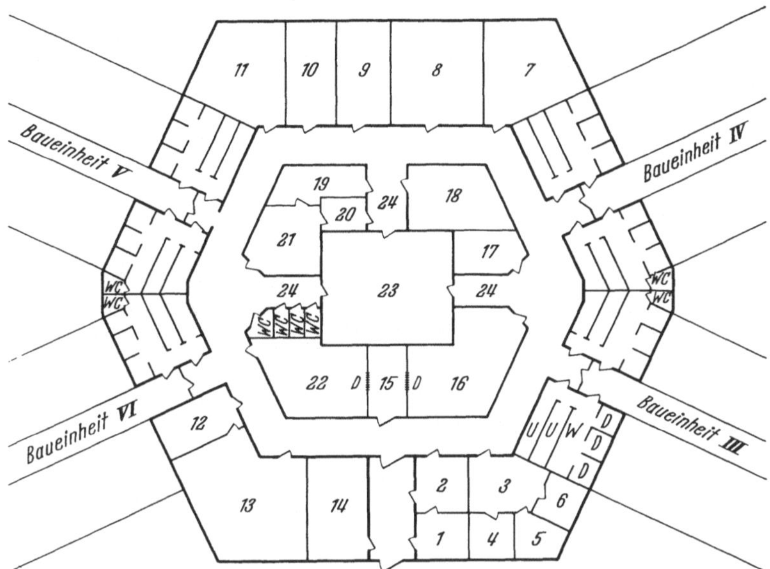

Abb. 2. Raumaufteilung der Baueinheiten I (Verwaltungs-, Dienst- und Aufenthaltsräume) und II (Umkleide-, Dusch- und Waschräume)

 1. Pforte
 2. Aufnahme
 3. Sekretariat
 4. Schreibzimmer
 5. Kartei
 6. Schreibzimmer
 7. Raum für Ärzte
 8. Auswertung
 9. Raum für Chemiker
10. Raum für Physiker
11. Raum für Doktoranden
12. Archiv
13. Bibliothek
14. Besuchszimmer
15. Teeküche (Pantry) mit Durchreichen (D)
16. Frühstücks-, Eß- und Aufenthaltsraum für Schwestern und Laborpersonal
17. Pflegerzimmer
18. Physikalische Strahlenschutzüberwachung mit Registratur
19. Warteraum
20. Privatsekretariat
21. Institutsleiter
22. Frühstücks-, Eß- und Aufenthaltsraum für Personal der wissenschaftlichen Laboratorien
23. Innenhof mit Grünanlage
24. Lichtflure
U, W, D Umkleide-, Wasch- und Duschräume

Dosis oft nur mit Hilfe des Zeitfaktors, d. h. durch Personalwechsel möglich ist. Daher muß mehr Platz als üblicherweise für Aufenthalts-, Eß-, Auswertezimmer usw. zur Verfügung stehen.

In Abb. 2 (Baueinheit I und II der Abb. 1a) ist gezeigt, wie man sich etwa die Anordnung der Räume vorstellen könnte.

b) Umkleide-, Wasch- und Duschräume

Baueinheit II enthält die Umkleide-, Wasch- und Duschräume. Sie kann — wie der Abb. 1a und 2 zu entnehmen ist — mit in die erste Einheit hereingenommen werden und bildet den Übergang zu dem Bereich, in dem mit radioaktiven

Substanzen gearbeitet wird. Zu beachten ist hier vor allem, daß das Personal stets diese Räumlichkeiten passieren muß, um von den Aufenthalts- zu den Arbeitsräumen zu gelangen. Ambulante Patienten, die zur Diagnostik kommen, können andererseits aber auch von Einheit I direkt in Einheit IV gelangen, ohne durch diesen Trakt zu müssen. Für die Einlieferung bettlägeriger Patienten nach Baueinheit III erscheint diese Lösung ebenfalls günstig.

Die direkten Zugänge zu den Einheiten V und VI sind normalerweise verschlossen; sie dienen als Notausgänge und Durchlässe für sperrige Güter.

c) Krankenstation

Baueinheit III enthält die Krankenstation. Sie muß — wie üblich — Arzt-, Untersuchungs- und Laborraum sowie Schwesternzimmer, Tee- und Spülküche (nur für die Versorgung der Patienten!) enthalten. Den letztgenannten Teil der

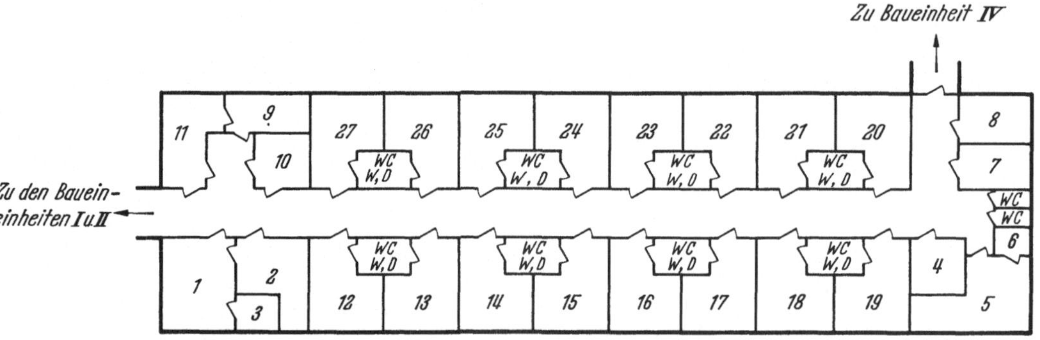

Abb. 3. Raumaufteilung der Baueinheit III (Krankenstation)

1. Schwesternzimmer
2. Tee- und Spülküche (nur zur Versorgung der Patienten)
3. Vorratsraum für Wäsche usw.
4. Bad
5. Ausguß
6. Dekontaminationsdusche
7. Raum für Schmutzwäsche usw.
8. Abklingraum zur Lagerung kontaminierter Geräte, Wäsche usw.
9. Labor
10. Untersuchungszimmer
11. Arztzimmer
12—27 Patientenzimmer mit WC-, Wasch- und Duschkabine (WC, W, D)

Station wird man im Anschluß an die Einheit I bzw. II anordnen, da hier die geringste Radioaktivität zu erwarten ist.

An das entgegengesetzte Ende legt man — dem Gedanken des Aktivitätsgefälles folgend — den Abklingraum, in den kontaminierte Wäschestücke, Gefäße usw. lagern können bis sie abtransportiert werden oder bis verwendete kurzlebige radioaktive Substanzen abgeklungen sind. Hierher gehört auch der Ausguß, in dem die radioaktiven Körperausscheidungen entleert oder gesammelt werden, sowie das Patientenbad, die WC's und der Schmutzwäscheraum. Der Verbindungsgang zur Diagnostik und Therapie sollte ebenfalls an diesem Stationsende liegen, um Personen, die eine hohe Therapiedosis empfangen haben, nicht über die ganze Station transportieren zu müssen. Entsprechend dieser Forderung wird man solche Patienten in den an den Gang angrenzenden Zimmern unterbringen.

Die Krankenzimmer sollten stets so angelegt sein, daß sie üblicherweise mit einem, im Bedarfsfall aber auch mit zwei Kranken belegt werden können. Das setzt eine gewisse Größe — mindestens 20 m² — voraus, die im Hinblick auf den Strahlenschutz für das Personal nicht ohne Belang ist. Zu jeweils zwei Zimmern gehört eine eigene Toilette mit Waschgelegenheit; das Abwasser muß dem kontrollierten Abwassersystem zugeführt werden, weil es kontaminiert sein kann. Abb. 3

(Baueinheit III der Abb. 1a) zeigt einen Vorschlag wie sich die gegebenen Richtlinien verwirklichen lassen.

Im übrigen gelten für die bauliche Gestaltung die in Abschnitt C aufgeführten Richtlinien, da eine Kontamination bei den oft schwerkranken Personen durch Erbrechen, Harn- oder Stuhl-Inkontinenz usw. durchaus im Bereich des Möglichen liegt.

Man sollte daran denken, daß die Patienten bis zum Abklingen der Aktivität völlig isoliert sind und daher große Sorgfalt bei der baulichen und farblichen Gestaltung der Zimmer anwenden.

d) Aktivitätenlager, Therapie- und Diagnostikräume

Als Baueinheit IV (Abb. 1a) sind Aktivitätenlager-, Therapie- und Diagnostikräume zusammengefaßt. Diese Kombination erscheint zweckmäßiger als die manchmal vorgeschlagene Lösung, das Lager für die radioaktiven Substanzen im Keller

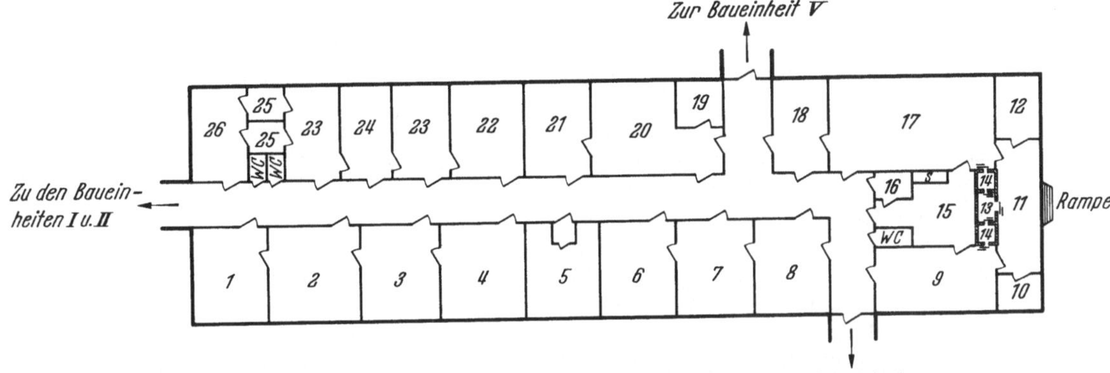

Abb. 4. Raumaufteilung der Baueinheit IV (Aktivitätenlager, Therapie- und Diagnostikräume)

1. Raum für ^{131}J-Funktionsdiagnostik
2. Raum für ^{131}J-Lokalisationsdiagnostik (Scanner)
3. Raum für Hirntumordiagnostik
4. Raum für Kreislauf- und Stoffwechseldiagnostik
5. Aerosolraum mit Schleuse
6. Meßraum
7. Labor
8. Raum für Blutentnahmen, Blutvolumenbestimmungen usw.
9. Therapieraum
10. Vorratsraum
11 Schleuse mit Rampe zur Anlieferung von Radionucliden
12. Raum zur Lagerung kontaminierter Geräte usw.
13. Lager für Radionuclide
14. Bleiarmierte Abzüge mit Durchreichen ( )
15. Labor für hohe Aktivitäten mit Spüle (S)
16. Dekontaminationsdusche
17. Operationsraum
18. Sterilisations- und Vorbereitungsraum
19. Dunkelkammer
20. Histologie-, Autoradiographie-, Elektrophorese-, Chromatographieraum und Photolabor
21. Meßraum
22. Wartezimmer für bettlägerige und stationäre Patienten
23. Untersuchungszimmer
24. Sekretariat, Diktatzimmer
25. Umkleidekabinen
26. Wartezimmer für ambulante Patienten

unterzubringen. Der Transport des radioaktiven Materials vom Anlieferungsort in das Lager und der Transport vom Lager bis in die Therapieräume muß in diesem Falle nämlich über Treppen oder Aufzüge erfolgen, was bei dem Gewicht der notwendigen Bleibehälter aufwendig ist. Eine Anordnung von Therapie und Lager auf gleicher Ebene ist daher empfehlenswert, auch wenn bautechnische Gründe dagegensprechen sollten.

Da Radionuclide in zunehmendem Maße auch intra operationem verwendet werden, tut man gut daran, eine Operationsabteilung mit einzuplanen; ihr Aufbau braucht hier nicht näher erörtert zu werden, da sie sich bis auf Strahlenschutzmaßnahmen nicht von konventionellen Abteilungen unterscheidet.

Die Anordnung dieser Räume zueinander ist in Abb. 4 (Baueinheit IV der Abb. 1a) dargestellt. Man sieht, daß Operations- und Therapieraum, Aktivitätenlager, Abkling- und Spülraum zur Lagerung bzw. Reinigung kontaminierter Gefäße, Spritzen usw. um das sog. „heiße" Labor angeordnet sind, wo an bleiarmierten Abzügen mit höheren Aktivitäten gearbeitet werden kann und die Dosierung vorgenommen wird. Die Transportwege werden dadurch klein gehalten. Durchreichen zwischen Abzug und Therapieraum sind empfehlenswert.

Die Diagnostikräume sollten von den Therapieräumen getrennt werden. Man kann sie natürlich auch in einem eigenen Pavillon oder Gebäudeteil unterbringen, was zunächst die beste Lösung zu sein scheint. Wenn man jedoch bedenkt, daß die größte Menge an Radionucliden in einem medizinischen Betrieb — abgesehen von der Therapie — für die Diagnostik benötigt wird und wenn man weiterhin berücksichtigt, daß üblicherweise Untersuchung und Behandlung durch das gleiche Personal durchgeführt wird, verliert diese Vorstellung an Gewicht. In der Abb. 4 ist die Trennung durch die Verbindungsgänge zur Station (Baueinheit III) und zu den wissenschaftlichen Laboratorien (Baueinheit V) angedeutet.

Für die Diagnostik wird man im allgemeinen bei einem Institut der angenommenen Größe mehrere Räume benötigen, insbesondere weil es nicht immer zweckmäßig ist, mehrere Meßgeräte in einem Raum aufzustellen. Bei der Funktionsdiagnostik der Schilddrüse mag das noch angehen, da die Testdosen relativ klein sind. Schon beim Lokalisationstest dagegen ist eine gewisse Erhöhung der Untergrundstrahlung durchaus möglich. (Eine Aktivität von 1 mC ^{131}J in 2 m Abstand erzeugt z. B. bei einem mit 2 cm Blei abgeschirmten G.M.-Zählrohr eine Erhöhung des Nulleffektes um 10%). Hinzu kommt, daß bei Untersuchungen, die eine teilweise Entkleidung des Patienten voraussetzen — wie z. B. bei in vivo-Messungen über Milz, Leber usw. —, eine gleichzeitige Testung mehrerer Personen kaum tunlich erscheint. Unter diesen Umständen ist es vorteilhafter, einige kleine Räume bereitzustellen, als in einem einzigen — wenn auch sehr großen — Zimmer mehrere Meßgeräte zu installieren.

Hämatologische, Kreislauf- und Stoffwechsel-Studien können normalerweise in beliebigen Räumen ausgeführt werden, nicht dagegen Untersuchungen mit radioaktiven Gasen oder Aerosolen. Selbst wenn diese in geschlossenen Systemen angewendet werden, muß der gesamte Raum, oder mindestens der Teil, in dem die Versuche vorgenommen werden, luftdicht zu verschließen sein, um bei etwaiger Undichtigkeit der Apparaturen eine Kontamination der Abteilung zu verhindern. Aus dem gleichen Grunde ist diesen Räumen eine Schleuse vorzubauen.

Räume für elektrophoretische, papierchromatographische, histologische und autoradiographische Untersuchungen sowie für Blutentnahmen — z. B. bei Bestimmung der Erythrocytenlebenszeit oder des Blutvolumens — weiterhin Warte- und Untersuchungszimmer für bettlägerige und ambulante Patienten, ein Labor zur Aufarbeitung von Flüssigkeits- oder Gewebsproben und dazugehörige Meßräume vervollständigen den diagnostischen Teil der IV. Baueinheit.

e) Wissenschaftliche Laboratorien

Die Baueinheit V sollte so angelegt sein, daß sie den verschiedensten Verwendungen im Rahmen einer denkbaren Entwicklung angepaßt werden kann.

Da Arbeiten mit radioaktiven Stoffen oberhalb gewisser Aktivitätsmengen[1] nur in abgesonderten, gekennzeichneten Räumen gestattet sind, ist der sonst stets gangbare Weg, neue Untersuchungen in irgendwelche nicht ausgelastete Laboratorien zu verlegen, hier meistens verschlossen. Reserveräume oder die Möglichkeit, einen Anbau vornehmen zu können, sind daher besonders wichtig.

---

[1] Vergleiche ICRP und IAEA, sowie auch die deutsche Strahlenschutzverordnung.

Abb. 5 (Baueinheit V der Abb. 1 a) zeigt, wie man sich den Aufbau solch eines Forschungslabors etwa denken könnte. Da hier im allgemeinen mit geringen Aktivitäten umgegangen wird, spielt die Körperbestrahlung von außen keine wesentliche Rolle. Jedoch ist besonderes Augenmerk darauf zu richten, daß Inkorporationen vermieden werden, weil die in erster Linie chemische Arbeitsweise die Handhabung offener radioaktiver Stoffe mit sich bringt. Deshalb empfiehlt es sich, die radiochemischen Laboratorien mit Gängen zu Tierstall und Baueinheit IV zu verbinden, so daß der Verkehr zwischen diesen miteinander in Arbeitskontakt stehenden Gebäuden in sich geschlossen ist.

Zahl und Art der Laboratorien hängen natürlich von der Aufgabenstellung ab. Es soll nur darauf hingewiesen werden, daß ein Raum mit einem verschließbaren

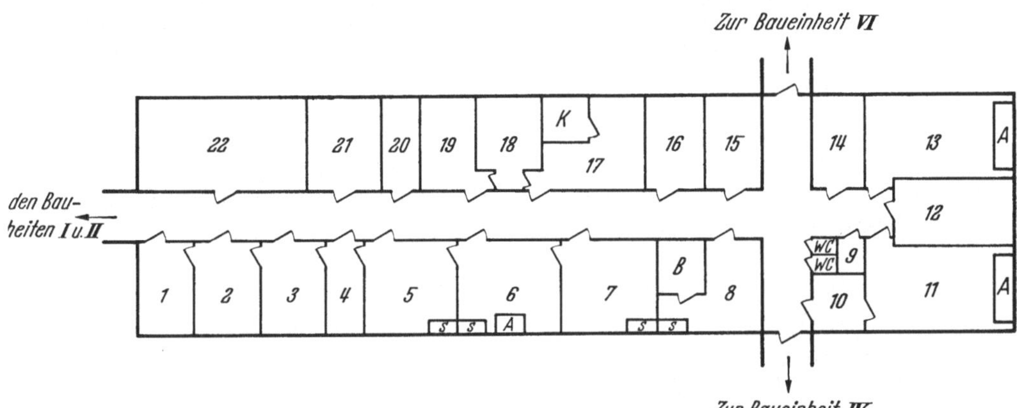

Abb. 5. Raumaufteilung der Baueinheit V (wissenschaftliche Laboratorien)

1. Physikalisches Labor (Photometer, Spektrometer, PH-Meter)
2. Meßraum für automatisch arbeitende Geräte
3. Meßraum
4. Vorratsraum
5—7 Laboratorien mit Spülen (S) und Abzug (A)
8. Bakteriologisches Labor mit Brutraum (B)
9. Dekontaminationsdusche
10. Raum für Ultrazentrifuge
11. Radiochemisches Labor für niedere Radiotoxizität mit Abzügen (A)
12. Elektrophorese-, Chromatographie-, Gaschromatographieraum mit Temperaturkonstanz
13. Radiochemisches Labor für hohe Radiotoxizität mit Abzügen (A)
14. Tresor- und Präparatesammelraum
15. Wägezimmer
16. Lagerraum für Autoradiographie
17. Histologie- und Autoradiographieraum mit Kühlzelle (K)
18. Dunkelraum
19. Photolabor
20. Vorratsraum
21. Meßraum
22. Labor für Spezialapparaturen (Hochspannungselektrophorese, Massenspektrometer, Elektronenmikroskop usw.)

Bleitresor zur Aufbewahrung geringer Mengen täglich benutzter Radionuclide zweckmäßig sein kann. In einem Tresor mit einer Wandstärke von 5 cm Blei ergibt sich z. B. in einem Abstand von 50 cm eine Dosisleistung von 2 mr/Std. bei Lagerung folgender γ-Strahler:

$$5 \text{ mC} \quad {}^{60}\text{Co}$$
$$10 \text{ mC} \quad {}^{59}\text{Fe}$$
$$2{,}5 \text{ Curie } {}^{131}\text{J}$$
$$5 \text{ Curie } {}^{198}\text{Au}$$
$$\text{mehr als } 100 \text{ Curie } {}^{51}\text{Cr.}$$

Die für wissenschaftliche Zwecke benötigten Mengen lassen sich also ohne weiteres in einem derartigen Bleischrank unterbringen. Reine β-Strahler in den üblicherweise vorkommenden Mengen werden durch 5 cm Blei praktisch vollkommen abgeschirmt.

Räume für Routinemessungen ordnet man vorteilhaft in der Nähe der chemischen Laboratorien an, um die Meßpräparate nicht weit transportieren zu müssen. Ferner ist es ratsam, hochempfindliche automatisch arbeitende Spezialgeräte in einem besonderen Zimmer unterzubringen, damit ihre Bedienung nur durch speziell ausgebildetes Personal erfolgen kann. Die Meßapparaturen für gasförmige, flüssige und feste Proben kann man in einem Raum zusammenziehen, da Störeffekte durch andere Meßproben bei Verwendung von G.M.-Zählrohren kaum zu erwarten sind. 0,05 μC ^{60}Co verursachen im Glockenzähler in Standard-Anordnung eine Impulsrate von etwa 10000 I/min. Die gleiche Menge löst z. B. in einem Zähler, der ohne Bleischutz 2 m entfernt steht und einen Querschnitt von 10 cm² hat, eine Impulsrate von 1 Imp/min aus. Auf einem Probenwechsler verursachen 5 derartige Präparate, die alle 20 cm Abstand von dem Zähler haben, der durch 2 cm Blei geschützt sei, zusammen eine Impulsrate von 5 Imp/min. Bei bleiabgeschirmten Zählern kann man daher eine Reihe von Meßpräparaten im Meßraum lagern, wenn man genügend Abstand einhält.

Benutzt man Szintillationszähler, so sind allerdings gewisse Störeffekte nicht auszuschließen, und es empfiehlt sich, zwei Räume zu nehmen, wobei dann in dem einen mit Zählrohren, im anderen mit Szintillationszählern gemessen wird.

Durch β-Strahler wird der Nulleffekt im Raum wegen der geringen Reichweite der Elektronen nicht beeinflußt.

f) Tierställe und Tierlaboratorien

Die als Baueinheit VI aufgeführten Tierställe mit den zugehörigen Experimentierräumen sind in Abb. 6 (Baueinheit VI der Abb. 1a) dargestellt. Es ist darauf hinzuweisen, daß die Rampe nur zur Anlieferung von Tieren und Futter dienen darf, eine unkontrollierte Entfernung von Tieren oder Abfall durch diese Öffnung aus dem Kontrollbereich heraus ist nicht statthaft.

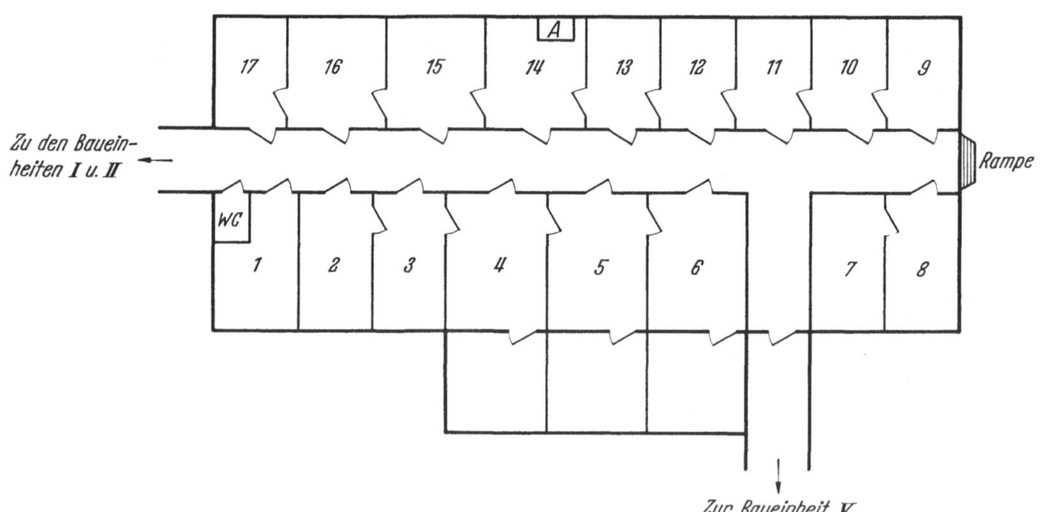

Abb. 6. Raumaufteilung der Baueinheit VI (Tierställe und Tierversuchsräume)

1. Vorratsraum	11—13 Zuchträume
2—3 Tierställe	14. Labor mit Abzug (A)
4—6 Tierställe mit Auslauf	15. Raum für operative Eingriffe
7—8 Quarantäneräume	16. Vorbereitungs-, Wasch-, Experimentierraum
9. Futterlagerung	17. Raum für Tierpfleger
10. Futterküche	

g) Technische Räume

Zur Baueinheit VII gehören die technischen Räume. Es wurde bereits ausgeführt, daß sie zentral liegen sollen, um unnötig lange Leitungen usw. zu vermeiden. Bei der hier aufgezeigten Anordnung bietet sich daher die Unterbringung im Keller der Einheiten I und II an.

Für große Institute sind Wasserdekontaminations-, Luftfilter- und Abfallaufbereitungs- bzw. Lagerungsanlagen unerläßlich. Eine spezielle Filterung der Abluft ist erforderlich, wenn regelmäßig bzw. häufig Aktivitäten von mehr als 10 C ^{131}J radiochemisch in der Wärme verarbeitet werden, z. B. bei Destillationen. Dabei sind Aktivitätsverluste von wenigen Promille denkbar, die nicht mit den Abgasen des Abzuges an die Außenluft gelangen dürfen.

In einer Klinik mit größeren Abwassermengen können entsprechend der höchstzulässigen Konzentration von 10^{-6} μC/cm^3 für ein unbekanntes Aktivitätengemisch ohne Radium und Mesothor z. B. auf je 10 m^3 Abwasser täglich 10 μC in das Abwasser gegeben werden.

Anlagen dieser Art gehören ebenso wie eine eventuell vorzusehende aktive Werkstatt und die Wäscherei, in der kontaminierte Wäschestücke gesäubert werden, zum Kontrollbereich. In welchem Umfang dieser Aufwand in nuclearmedizinischen Abteilungen notwendig ist, hängt einzig von der Menge und Art der offenen radioaktiven Stoffe ab, die gehandhabt werden sollen[1] (GÖTTE, 1960).

Außerhalb des Kontrollbereichs werden Heizung, Klimaanlage, Maschinenraum und Werkstatt für nicht aktive mechanische, sowie elektrische und elektronische Arbeiten untergebracht. Wenn eine eigene Küche vorgesehen ist, gehört sie ebenfalls zu diesem Komplex.

2. Nuclearmedizinische Abteilung einer Klinik oder eines Krankenhauses

Aus der Beschreibung des Vorschlags für ein großes zentrales Institut, das einen Kostenaufwand von einigen Millionen DM beanspruchen dürfte, lassen sich die wesentlichen Tatsachen auch für eine kleinere Abteilung entnehmen, wenn man die nicht erforderlichen Räume und Anlagen wegläßt. Da aber eine Reihe von Einrichtungen für beide Größen, und zwar in verschiedenem Ausmaß erforderlich sind, soll im folgenden Abschnitt ein Entwurf für eine kleinere Anlage geschildert werden, bei der auf wissenschaftliche Laboratorien und Tierställe verzichtet ist. Wenn man beabsichtigt, therapeutisch zu arbeiten, muß man auf jeden Fall über eine kleine Bettenstation verfügen, um die behandelten Patienten bis zum Abklingen der radioaktiven Strahlung isolieren zu können. Da auch hier Dekontaminationsanlagen vorhanden sein müssen, ergeben sich 5 Baueinheiten.

Abb. 7 zeigt als Beispiel einen Plan für die freistehende Abteilung eines Krankenhauses oder einer einzelnen Klinik.

a) Verwaltungs-, Dienst- und Aufenthaltsräume

Wie man sieht, sind auch hier die Verwaltungs-, Dienst- und Aufenthaltsräume zentral angeordnet. Ferner sind alle wesentlichen Elemente einer klinischen Abteilung enthalten. Außerdem gibt es Zimmer für Tätigkeiten, die innerhalb des Kontrollbereichs nicht ausgeführt werden dürfen, wie Essen, Trinken, Rauchen usw. und schließlich einen Raum für die physikalische Strahlenschutzüberwachung.

---

[1] ICRP Empfehlungen; IAEA Safe Handling of Radioisotopes.

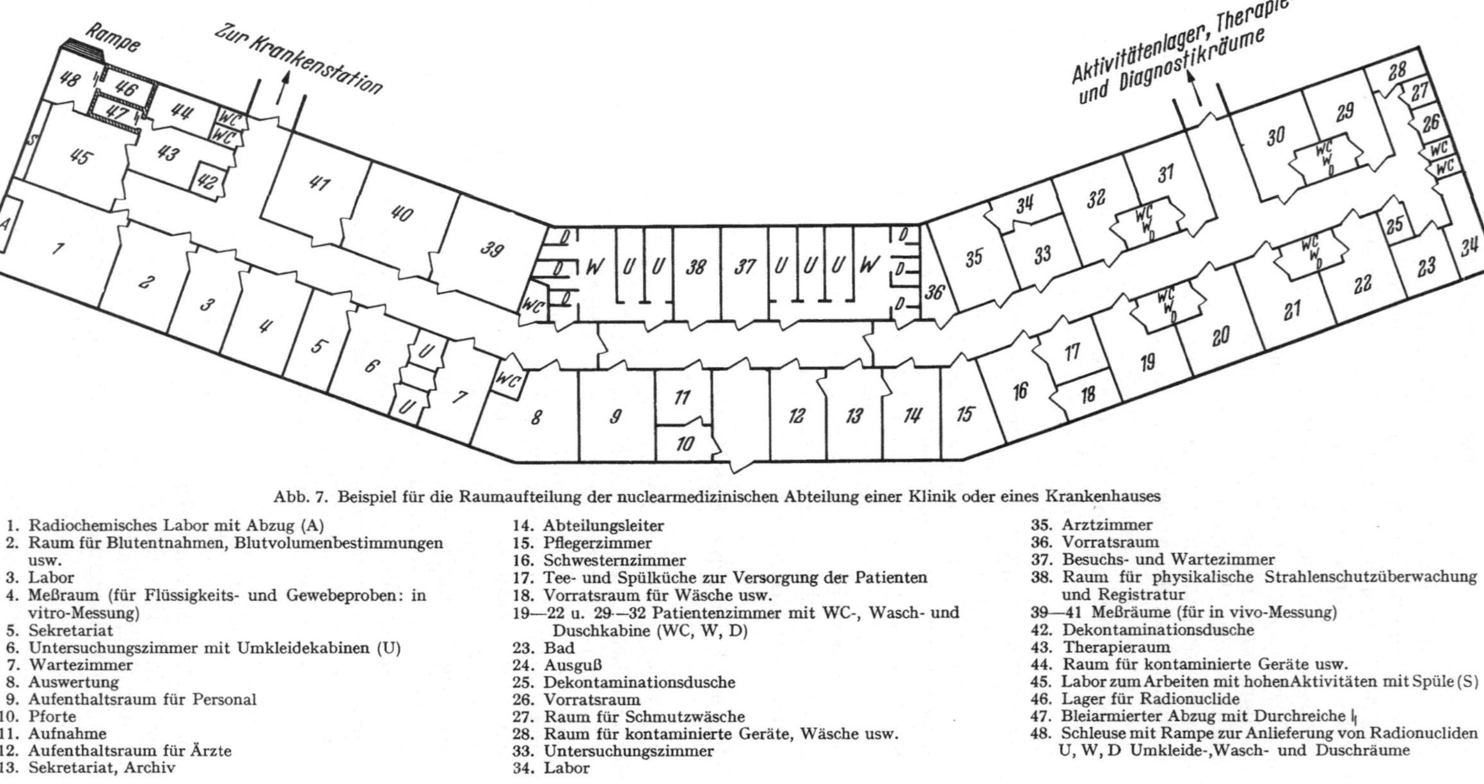

Abb. 7. Beispiel für die Raumaufteilung der nuclearmedizinischen Abteilung einer Klinik oder eines Krankenhauses

 1. Radiochemisches Labor mit Abzug (A)
 2. Raum für Blutentnahmen, Blutvolumenbestimmungen usw.
 3. Labor
 4. Meßraum (für Flüssigkeits- und Gewebeproben: in vitro-Messung)
 5. Sekretariat
 6. Untersuchungszimmer mit Umkleidekabinen (U)
 7. Wartezimmer
 8. Auswertung
 9. Aufenthaltsraum für Personal
10. Pforte
11. Aufnahme
12. Aufenthaltsraum für Ärzte
13. Sekretariat, Archiv
14. Abteilungsleiter
15. Pflegerzimmer
16. Schwesternzimmer
17. Tee- und Spülküche zur Versorgung der Patienten
18. Vorratsraum für Wäsche usw.
19—22 u. 29.—32 Patientenzimmer mit WC-, Wasch- und Duschkabine (WC, W, D)
23. Bad
24. Ausguß
25. Dekontaminationsdusche
26. Vorratsraum
27. Raum für Schmutzwäsche
28. Raum für kontaminierte Geräte, Wäsche usw.
33. Untersuchungszimmer
34. Labor
35. Arztzimmer
36. Vorratsraum
37. Besuchs- und Wartezimmer
38. Raum für physikalische Strahlenschutzüberwachung und Registratur
39—41 Meßräume (für in vivo-Messung)
42. Dekontaminationsdusche
43. Therapieraum
44. Raum für kontaminierte Geräte usw.
45. Labor zum Arbeiten mit hohen Aktivitäten mit Spüle (S)
46. Lager für Radionuclide
47. Bleiarmierter Abzug mit Durchreiche I_t
48. Schleuse mit Rampe zur Anlieferung von Radionucliden
U, W, D Umkleide-, Wasch- und Duschräume

b) Umkleide-, Wasch- und Duschräume

Die Umkleide-, Wasch- und Duschräume sind wiederum an den Übergängen zu den Kontrollbereichen untergebracht. Duschräume für Kontaminierte sind hingegen innerhalb des Kontrollbereichs vorgesehen.

c) Krankenstation

Die Krankenstation enthält im Prinzip alle Räumlichkeiten, die auch bei großen Abteilungen vorgesehen sind. Eine Platzeinsparung läßt sich also — wie auch aus der Abbildung hervorgeht — nur durch Verminderung der Zahl der Patientenzimmer herbeiführen.

Da zwischen dieser Baueinheit und den Diagnostik- und Therapieräumen Zimmer liegen, die nicht zum Bereich gehören, in dem mit radioaktiven Stoffen gearbeitet wird, empfiehlt sich aus den auf S. 486 erwähnten Gründen ein Gang, der die beiden Einheiten verbindet. Man kann ihn durch das Untergeschoß, das zweckmäßig unter dem Mittelteil die technischen Räume enthält, oder aber oberirdisch als geschlossenen Bau an den Wasch- und Duschräumen entlang führen, wobei dann die äußere Wand aus lichttechnischen Gründen in Glasbauweise auszuführen ist.

d) Aktivitätenlager, Diagnostik- und Therapieräume, Laboratorien

Obgleich bei Abteilungen der hier aufgeführten Größe umfangreiche Forschungsvorhaben kaum anfallen dürften, sollte man außer dem Labor zur Aufteilung hoher Aktivitäten mindestens eines für chemische Arbeiten und zur Präparation der Meßproben vorsehen, da die diagnostischen Verfahren teilweise auch analytische und präparative Arbeiten erfordern.

Die Anordnung von Aktivitätenlager (mit Schleuse und Rampe zum Einbringen der angelieferten Radionuclide), „heißem" Labor, Therapie- und Abklingraum wird auch hier so gewählt, daß eine Trennung vom Diagnostikteil der Baueinheit durch den Verbindungsgang zur Station erfolgt. Es ist darauf zu achten, daß Untersuchungen im Meßraum 41 nur dann durchgeführt werden, wenn keine Behandlung mit hohen Dosen γ-Strahlen emittierender Radionuclide erfolgt, da sonst eine Verfälschung der Meßergebnisse eintreten kann (s. auch Tab. 1). Da solche Therapien bei Strahlenabteilungen des zur Diskussion stehenden Ausmaßes nicht täglich zu erwarten sind, ist diese Einschränkung leicht in Kauf zu nehmen.

Bezüglich der sonstigen Raumverteilung darf auf die entsprechenden Überlegungen in Abschnitt B II 1 d verwiesen werden.

e) Technische Räume

An technischen Räumen sind lediglich Dekontaminationsmöglichkeiten für Wasser und Abfälle unbedingt notwendig; sie werden zweckmäßigerweise im Keller untergebracht. Eine kleine aktive Werkstatt ist zu empfehlen, um kleinere Reparaturen an Fernbedienungs- und Meßgeräten ausführen zu können. Über das zulässige Maß[1] kontaminierte Wäsche wird in einer eigens dafür vorgesehenen Wäscherei oder zumindest in einer nur für diesen Zweck bestimmten Waschmaschine gesäubert; das Wasser muß der Dekontaminationsanlage zugeführt werden.

---

[1] Vgl. internationale Vorschläge in GÖTTE 1960.

Radioaktive Isotope, 2. Aufl. I   32

3. Nuclearmedizinische Abteilung eines kleineren Krankenhauses

Für kleinere Krankenhäuser wird auch die beschriebene Anlage noch zu aufwendig sein. Es bleibt also zu diskutieren, wie eine Abteilung für die Anwendung von Radoinucliden für solche Häuser aufgebaut sein müßte.

Auf besondere technische Räume wird man weitgehend verzichten könnnen, da man die allgemeinen technischen Anlagen mitbenutzen kann. Wenn therapeutisch nur die heute gebräuchlichsten Radionuclide ^{32}P und ^{198}Au und diagnostisch nur geringe Aktivitäten als Indikatoren verwendet werden, kann auch die Luftfilterung entfallen. Es muß aber ein Sicherheitsbecken vorhanden sein, in dem entweder durch Lagerung bis um Abklingen der Radioaktivität oder durch Verdünnung die Aktivitäts-Konzentration im Abwasser mindestens auf die maximal zulässige Konzentration herabgesetzt wird.

Da Radiogold nicht ausgeschieden und Radiophosphor nur in kleinen Dosen verabfolgt wird, kann bei ausschließlicher Verwendung eines dieser Radionuclide auch diese Anlage unter Umständen entfallen. Wissenschaftliche Laboratorien und Tierställe sind nicht notwendig. Verwaltungs-, Dienst- und Aufenthaltsräume können irgendwo im Krankenhaus untergebracht sein. Für die Unterbringung von Kranken, denen Radionuclide verabreicht wurden, sind isolierte Zimmer in unmittelbarer Nähe des Therapiezimmers auf den Stationen vorzusehen (vgl. Tab. 1).

Die verbleibenden Räume kann man nun etwa in der Art anordnen, wie die Abb. 8 es zeigt. Vom Labor, in dem statt des Aktivitätenlagers ein verschließbarer Tresor mit ausreichender Abschirmung, ein bleiarmierter Abzug und eine Spüle installiert sind, gelangt man in einen Raum, in dem sowohl Behandlungen als auch Blutentnahmen usw. vorgenommen werden können. Außerdem ist auch der Diagnostikraum für in vivo-Messungen von hier zu erreichen. Da es sich um eine sehr kleine Abteilung handelt, darf vorausgesetzt werden, daß — schon aus Gründen des unter solchen Umständen stets geringen Personalaufwandes — Arbeiten mit hohen Aktivitäten im Labor oder Therapieraum nicht gleichzeitig mit Untersuchungen im Diagnostikraum durchgeführt werden, so daß die nachbarliche Lage hier kaum ins Gewicht fallen dürfte.

Abb. 8. Beispiel für die Raumaufteilung der nuclearmedizinischen Abteilung eines kleineren Krankenhauses

1. Umkleide-, Wasch-, Duschraum und Kontaminationskontrolle
2. Meßraum für Flüssigkeits- und Gewebeproben (in vitro-Messung)
3. Diagnostikraum (in vivo-Messung)
4. Raum für Therapie, Blutentnahmen usw.
5. Labor mit Spüle (S)
6. Lager für Radionuclide (Bleitresor) und radioaktive Abfälle
7. Abzug (z. T. mit Blei armiert)

Weiterhin sollte ein Raum für in vitro-Messungen vorhanden sein, wie sie z. B. bei Bestimmungen von ^{131}J-Gehalt des Serums, Blutvolumen, Erythrocytenlebenszeit usw. notwendig sind. Werden nur relativ wenig derartige Untersuchungen durchgeführt, so lassen sich diese im Diagnostikraum vornehmen, wodurch ein Zimmer eingespart wird.

Schließlich muß noch ein Raum gefordert werden, in dem eine Kontrolle der benutzten Geräte auf Kontamination erfolgt. Hier kann man gleichzeitig Umkleide-, Wasch- und Duschgelegenheiten unterbringen.

III. Hinweise auf weitere Vorschläge

In der Literatur gibt es vor allem von angloamerikanischen Autoren Vorschläge für die bauliche Gestaltung und Einrichtung von Isotopenlaboratorien. Kleinere Einheiten werden von PREUSS und WATSON, REID und BIZELL sowie von RICE beschrieben. SWARTOUT und TOMPKINS diskutieren größere Abteilungen, während QUIMBY und BRAESTRUP vor allem klinische Belange berücksichtigen.

Im deutschen Sprachgebiet faßten erstmals HUG und MUTH die wesentlichen Richtlinien zusammen und unterbreiteten einen Vorschlag zu einer relativ kleinen Abteilung für experimentelle diagnostische und therapeutische Zwecke. Später befaßten sich DIECKMANN und KNOP mit einer Lösung, die für jedes Arbeitsgebiet einen oder zwei Räume vorsieht. DREIHELLER und GRAUL, sowie FICKE beschrieben anhand konkreter Anlagen ebenfalls größere Komplexe.

Weitere Literaturhinweise finden sich in den Genfer Berichten der 1. und 2. Atomkonferenz (LEECH, HYAM und VAUGHAN, 1958; YAKOVLYEV und DEDOV, 1958; GOERTZ, 1958; HALL und SHARMA, 1958; MACHACEK, HUBACEK, KOS, PANYR und WEBER, 1958; SPENCE, 1955). Zwar sind dort in erster Linie Laboratorien beschrieben, die die Bearbeitung technischer und wissenschaftlicher Fragen gestatten, da es sich aber auch in diesen Fällen um den Umgang mit offenen radioaktiven Stoffen handelt, sind die Prinzipien des Aufbaus gleich. Sie enthalten daher viel Wissenswertes für jeden, der Räume und Gebäude errichten will, in denen radioaktive Stoffe gehandhabt werden.

Schließlich seien noch die Bücher von JAEGER; BARNES und TAYLOR; FAIRES und PARKS, ferner das von WALTON herausgegebene Werk über ein Symposion, das 1957 in Harwell stattfand, weiterhin die von der internationalen Atomenergiekommission in Wien vorgelegten "Safety Series" und eine Zusammenstellung der amerikanischen Atomenergiekommission über "Hot laboratory equipment" erwähnt. Diese Werke enthalten z. T. reiches Bildmaterial und berühren u. a. Fragen, die in dem vorliegenden Beitrag zur Diskussion stehen.

C. Bauliche Besonderheiten

I. Laboratorien

1. Allgemeines

Die sich aus dem Strahlenschutz und der Arbeitstechnik ergebenden zahlreichen Probleme (SCHMIDT, 1959) sind nicht nur beim Bau, sondern auch bei der Ausstattung zu berücksichtigen. Auch bei der Einrichtung der Krankenstation, der Therapie- und Diagnostikräume sowie der Tierversuchsabteilung müssen viele Besonderheiten beachtet werden.

Im allgemeinen wird für Arbeiten mit Radionucliden mehr Platz notwendig sein, als für andere Untersuchungen, da auf eine strenge Scheidung der Versuche mit radioaktiven Substanzen von anderen Untersuchungen geachtet werden muß. Durch die Verwendung von Ferngreifwerkzeugen, die immer zu einem Teil aus der Abschirmung herausragen, wird toter Raum geschaffen, der für andere Arbeiten nicht zur Verfügung steht. Auch der Platzbedarf, der bei der Aufstellung von Strahlenschutzkästen entsteht, muß beim Bau berücksichtigt werden. Besonders groß ist der Bedarf an Tischflächen, da häufig kontaminierte Gegenstände, wie z. B. Gummihandschuhe, Glasgeräte und dergleichen in flachen Schalen abgestellt werden müssen, bevor man sie reinigt. Ein Labor, in dem gleichzeitig verschiedene Arbeiten ausgeführt werden sollen, und in dem drei bis vier Personen tätig sind, darf daher kaum kleiner als 60 m² sein.

Um Kontaminationen des Labors zu vermeiden, ist es ratsam, alle Arbeiten mit radioaktiven Substanzen, soweit die gehandhabten Mengen oberhalb der zehn- bis hundertfachen Freigrenzen[1] liegen, in Abzügen oder Strahlenschutzkästen vorzunehmen. Diese müssen daher in ausreichender Zahl vorhanden sein.

Die sonstige Einrichtung sollte soweit wie irgend möglich auswechselbar, d. h. beweglich sein, um so dem jeweiligen Arbeitsgebiet angepaßt werden zu können. Genormte Tische mit *glatten Kunststoffoberflächen,* die leicht zu dekontaminieren sind, können empfohlen werden.

Der Boden muß eine genügend hohe Tragfestigkeit besitzen, um dort, wo es erforderlich ist, Bleiwände für einen ausreichenden Strahlenschutz aufbauen zu können; eine Belastbarkeit von $5-8$ t/m² dürfte in den meisten Fällen genügen. Soweit Abschirmwände zu errichten sind, erweist sich Normalbeton mit einer Dichte von 2,3 preisgünstiger als Barytbeton (Dichte bis 3,5) und Magnetitbeton (Dichte bis 3,9). Dem steht ein etwas größerer Platzbedarf des weniger dichten Materials entgegen.

Tabelle 2. *Preise für verschiedene Betonarten*

	Dichte [t/m³]	Kosten pro m³ in DM	Wandstärke für gleiche Abschirmung	Kostenfaktor[2] bei gleicher Abschirmung
Normalbeton . . .	2,3	60,—	1,00	1,00
Barytbeton	3,5	600,—	0,70	6,6
Magnetitbeton . . .	3,9	850,—	0,60	8,4
Ferrophosphorbeton	4,8	1 300,—	0,50	10,0

Bemerkung: Die angegebenen Zahlen sind nur Anhaltswerte, die von den Rohpreisen der Zuschläge sehr stark abhängig sind. Sie entsprechen dem Preisniveau des Jahres 1959.

Ähnliches gilt für aus dem oben genannten Material geformte Steine.

Bei der gesamten Installation muß darauf geachtet werden, daß an Anlagen, die unter Umständen kontaminiert werden können, genügend Platz für Reparaturarbeiten vorhanden ist.

2. Fußböden, Wände

Für den Fußboden ist ein glatter, fugenloser, wasserdichter und gut zu pflegender Bodenbelag zu empfehlen. Am besten verwendet man ein Material, das verschweißt werden kann, z. B. einen Kunststoff mit einer PVC-Auflage.

Der Boden sollte ferner so verlegt sein, daß man ohne Schwierigkeiten Stücke herausschneiden und austauschen kann. Um ein Eindringen von Wasser im Mauerwerk zu verhindern, soll der Fußbodenbelag an der Wand etwa 5 cm hochgezogen und mit geeigneten Leisten gehalten werden. Wenn es zweckmäßig ist, können verschiedene Aktivitätsbereiche durch Fußbodenfarben gekennzeichnet werden.

Die Wände sollten möglichst glatt ohne Vorsprünge sein, um Staubablagerungen zu vermeiden. Um Versuchsanordnungen usw. aufbauen zu können, empfiehlt es sich, Wanddübel mit Innengewinde in den Labor- und Abzugswänden sowie in der Decke einzulassen. In das Gewinde können dann Stangen usw. eingeschraubt werden, die die normalen Stative und Haltevorrichtungen weitgehend ersetzen.

---

[1] Vgl. Strahlenschutzverordnung.

[2] Der Kostenfaktor ist der Faktor, um den eine Abschirmung teurer ist als bei der Erstellung durch Normalbeton. Zu beachten sind aber hier die Wandstärken.

3. Abzüge

Da fast alle radiochemischen Arbeiten in den Abzügen vorgenommen werden, sollte auf ihre Konstruktion besonderer Wert gelegt werden.

Für die äußere Form der Abzüge können verschiedene Bauarten gewählt werden, die je nach der Verwendung besondere Vorteile oder auch Nachteile haben. Im folgenden seien einige Grundbauformen erwähnt (s. auch Abb. 9):

1. Der Abzug ist in die Wand eingelassen, oder aber nur von vorn zugänglich. Die Abzugsseitenwände sind ebenfalls aus Beton errichtet.

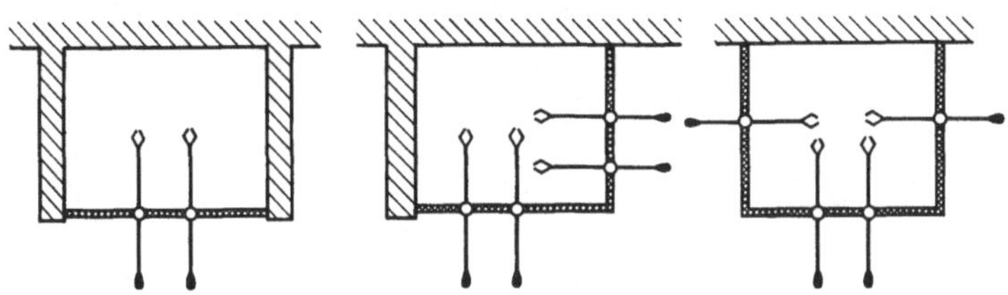

Abb. 9. Grundbauformen von Abzügen, in denen mit radioaktiven Substanzen gearbeitet werden soll.
Beton, Bleiwand

Vorteil: Die drei eingebauten Seiten benötigen, wenn mehrere Abzüge aneinandergrenzen oder sie an eine Gebäudeaußenwand anschließen, geringere Abschirmung als die Vorderseite.

Nachteil: Die Ferngreifer können nur von einer Seite eingesetzt werden.

2. Der Abzug ist von zwei Seiten zugänglich.

Vorteil: Ein zweites Bleifenster und ein zweites Ferngreiferpaar können von der Seite eingebaut werden. Viele Arbeiten, insbesondere solche, die von zwei Personen vorgenommen werden müssen, können besser durchgeführt werden.

Nachteil: Abschirmung ist aufwendiger, als wenn nur eine Seite geschützt werden muß. Es steht im Abzug weniger Platz für den Aufbau von Geräten zur Verfügung, da an zwei Seiten Platz für die arbeitenden Ferngreifer vorhanden sein muß.

3. Der Abzug ist an drei Seiten zugänglich.

Vorteil: Apparaturen könnten besser übersehen werden, gute Zugänglichkeit und Sicht von allen Seiten.

Nachteil: Dreiseitige Abschirmung. Begrenzter Platz für Geräte.

Gut haben sich auch mehrere Abzüge nebeneinander bewährt, deren Trennwände herausnehmbar sind und die als gemeinsamer großer Abzug benutzt werden können. Die Eckabzüge sollten dabei von zwei Seiten zugänglich sein.

Um radioaktives und unter Umständen auch anderes Material hinter die Abschirmungen bringen zu können, sind verschließbare Türen in die Schutzwände einzubauen. Diese Zugänge können sowohl vorn, als auch an der Seite oder der Rückwand angebracht werden.

Aktivitäten bis zu 100 mC γ-strahlender Radionuclide kann man ohne Gefahr mit Ferngreifern aus den Schutzgefäßen durch Vorder- oder Seitentüren der Abschirmwände einbringen, wenn dabei rasch gearbeitet wird. Beim Umgang mit größeren Aktivitäten ist es vorteilhaft, die Türen in die Rückwand einzubauen.

Werden Abzüge nur für Arbeiten mit reinen β-Strahlen verwendet, so sind keine besonderen baulichen Strahlenschutzmaßnahmen erforderlich. Sollen aber Untersuchungen mit γ- und β-Strahlern ausgeführt werden, so sind die Wände so zu dimensionieren, daß ein ausreichender Schutz vorhanden ist. Die Dicke des Bodens muß ausreichen, um sowohl eine den gehandhabten Aktivitätsmengen und -Arten angepaßte Abschirmwand (z. B. aus Blei) tragen zu können, als auch einen genügenden Strahlenschutz für die schräg nach vorn und unten emittierte γ-Strahlung zu garantieren. Die Abb. 10a zeigt einen Querschnitt durch einen Abzug, in dem γ-Präparate von etwa 1 C gehandhabt werden können. Man erkennt, daß die untere Vorderwand aus den erwähnten Gründen stärker ausgelegt sein muß als die Rückseite und der Abzugsboden. Die Rückwand besteht ebenfalls aus Abschirmbeton. In sie ist eine den gleichen Strahlenschutz bietende Tür aus Eisen eingebaut.

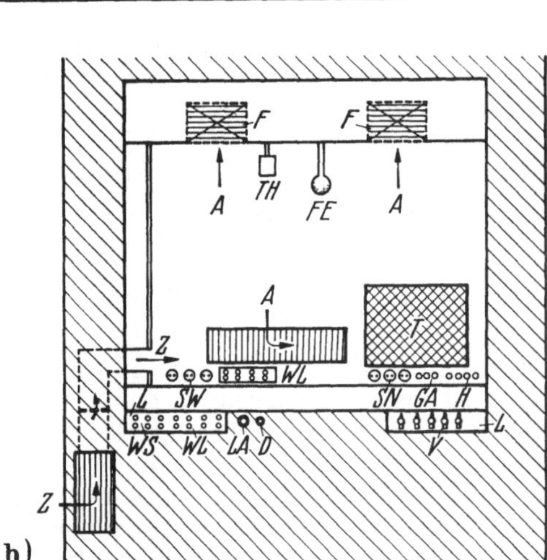

Abb. 10. Abzug, in dem mit γ-Strahlen bis etwa zu 1 Curie gearbeitet werden kann. a) Querschnitt; b) Vorderansicht. *A* Abluft, *B* Beton *D* Druckknopf für Feuerlösch-Anlage, *F* Filter, *G* Behälter für radioaktive Abwässer, *GA* Leitungen für verschiedene Gase, *H* Anschlüsse für Kühlwasser, *L* Bedienungsleiste, *LA* Beleuchtungsschalter, *SN* Normale Steckdosen, *T* Beschickungstür aus Eisen, *TH* Thermofühler, *SW* Steckdosen, verbunden mit Wahlleitungen, *V* Ventile für Gase und Wasser, *WS* Wahlleitungen für Steckdosen, *WL* Wahlleitungen, *Z* Zuluftregelung (bei geschlossenem Abzug), *W* Kanal für Abwässer, *FE* Feuerlöschbrause

Befinden sich mehrere Abzüge nebeneinander, so empfiehlt es sich, einen gesonderten Beschickungsgang zu bauen, von dem aus das in einem entsprechenden Schutzgefäß auf einem Wagen herangeführte radioaktive Material durch die Türöffnungen in die Abzüge gestellt werden kann. Mittels eines langstieligen Ferngreifers, welcher der Tür gegenüber angeordnet ist, läßt es sich dann aus dem Schutzgefäß in das Innere des Abzugs überführen. Die Beschickungstür kann sowohl in der Mitte, als auch an der Seite der Abzugsrückwand eingebaut werden. Es scheint vorteilhaft, sie seitlich zu versetzen, um mehr Raum für den Aufbau von Versuchen in der Mitte des Abzugs zur Verfügung zu haben. Werden mehrere Laboratorien gebaut, ist es zweckmäßig, deren Anordnung so zu treffen, daß die Abzüge jeweils mit den Rückseiten einander zugewandt sind, so daß die Türen sich beiderseits eines Beschickungsganges befinden.

Sehr praktisch sind viele Wanddübel mit Innengewinde an den Rück- und Seitenwänden der Abzüge. Man kann damit sämtliche Geräte an den Wänden befestigen und dadurch die für Fernbedienungen ungünstigen Stative vermeiden.

Bei radiochemischen Arbeiten empfiehlt es sich, auf Gasbrenner zu verzichten, um die Brandgefahr zu verringern[1]. Es ist daher nötig, über eine genügend große Zahl elektrischer Anschlußstellen zu verfügen, um alle elektrischen Geräte betreiben zu können.

In der Abb. 10b ist die Vorderansicht eines Abzuges schematisch dargestellt. Rechts an der Rückwand sind drei normale Steckdosen mit 220 V Wechselstrom angebracht. Von der Bedienungsleiste außerhalb des Abzugs führen 14 Wahlleitungen in den Abzug hinein, von denen 6 in Steckdosen und 8 in Steckbuchsen enden. Über Regel-

---

[1] Glasbläserarbeiten sind an einer besonderen mit Gasanschlüssen versehenen Stelle zu verrrichten, die nicht in den aktiven Laboratorien gelegen sein sollte.

transformatoren stehen so beliebige Spannungen zur Verfügung; in manchen Fällen kann auch ein Einbau von Regelgeräten in die Bedienungsleiste vorteilhaft sein. Drei oder mehr Rohrleitungen, die möglichst mit Nadelventilen geregelt werden, dienen der Zufuhr verschiedener Gase von außen. Mindestens zwei Zuleitungen für Wasser, die eventuell an ein Kühlaggregat angeschlossen werden können, sind zu empfehlen. Zweckmäßigerweise sollten die Anschlüsse durch die Rückwand geführt und die Schaltorgane an der Bedienungsleiste so angeordnet sein, daß sie ein Arbeiten in der Mitte der Abzüge nicht stören.

Die Entlüftungsöffnungen sollten so beschaffen sein, daß etwa ein Drittel der Luft in Höhe des Abzugsbodens — wichtig bei Vorkommen schwerer Dämpfe — und zwei Drittel nach oben abgesaugt werden. Versenkte Lampen müssen gute Lichtverhältnisse schaffen. Die Feuerschutzeinrichtungen sind den besonderen Bedingungen anzupassen. Wasser darf nicht verwendet werden, um zu vermeiden, daß das Löschwasser vorhandene radioaktive Substanzen wegspült und unkontrolliert verteilt. Da durch die Errichtung von Strahlenschutzwänden eine direkte Löschung eines Brandes von außen unmöglich ist, ist es ratsam, in solchen Abzügen eine automatische Kohlensäurefeuerlöschanlage einzubauen. Sie soll sowohl durch einen Thermofühler, als auch durch einen Bedienungsknopf ausgelöst werden können. An Stelle der sonst üblichen Trockenlöscher empfiehlt es sich CO_2-Löschgeräte zu verwenden. Trockenlöscher sollten nur im äußersten Notfall eingesetzt werden, da der durch sie verbreitete Staub kontaminiert werden kann. Er läßt sich nach Beendigung der Löscharbeiten schwer völlig beseitigen und verstopft die in manchen Laboratorien vorhandenen teuren Abluftfilter.

Der Abzugsboden soll wärmefest, glatt, eben und fugenlos gestaltet und dabei gleichzeitig als Wanne ausgebildet sein. Als Material bieten sich auch hier rostfreier Stahl oder Kunststoff an. Die Erfahrung lehrt, daß selbst rostfreier Stahl in der Laborluft der Korrosion unterliegt und schlecht sauber zu halten ist. In manchen Fällen hat es sich als brauchbare Lösung erwiesen, die Stahloberflächen mit Klebefolien zu überziehen.

4. Spülen

Zur Reinigung und Dekontamination haben sich zweigeteilte tiefe Spülbecken bewährt, an die sich eine genügend große Abstellfläche anschließt. Durch die Zweiteilung lassen sich kontaminierte und nicht kontaminierte, verschmutzte Geräte getrennt säubern. Es empfiehlt sich, zur Reinigung der Hände gesonderte Waschbecken anzubringen. Als Materialien für die Spülbecken kommen V2A-Stahl, Porzellan oder Kunststoff in Frage, deren Oberflächen man zusätzlich mit Klebefolien gegen Kontaminationen schützen kann. Die Wasserzufuhr sollte über eine Mischbatterie erfolgen. Der Öffnungshahn kann auf verschiedene Weise bedient werden. Einmal läßt sich der in der Medizin übliche lange Schwenkarm verwenden, der es erlaubt, Heiß- und Kaltwasser genau mit den Armen zu dosieren; allerdings muß man dann den Nachteil in Kauf nehmen, daß der lange Arm beim Spülen oder Waschen hinderlich ist. Mancherseits wird unter Hinweis auf die bei Handbedienung gegebenen Kontaminationsmöglichkeiten empfohlen, die Wasserzufuhr durch einen mit dem Knie zu betätigenden Hebel zu regeln. Dies bringt jedoch keine besonderen Vorteile, da die Regulierung mit dem Knie sehr grob ist. Handbedienungsknöpfe — möglichst aus säure- und alkalifestem Kunststoff — sind leicht auswechselbar anzulegen, so daß sie im Falle einer nicht abwaschbaren Kontamination rasch ersetzt werden können. Über den Spülen sollte eine Absaugung — am besten in Form einer Abzugshaube — vorhanden sein, die Säure- und Lösungsmitteldämpfe möglichst schnell aus dem Raum entfernt.

5. Energieanschlüsse

Der Einbau von Energieanschlüssen in Laboratorien, in denen radiochemisch gearbeitet wird, muß besonders durchdacht werden. Dort, wo es ratsam ist, auf Gas zu verzichten, ist die Zahl der elektrischen Anschlüsse für Heizplatten, Pilzhauben und Strahlungs- oder Heißlufterhitzer entsprechend höher anzusetzen. Mit dem Einbau von Steckdosen für normalen Wechselstrom und für Kraftstrom, die mit einem Deckel versehen sind, darf nicht gespart werden. Im Abschnitt D I wird auf die Notwendigkeit der zusätzlichen elektrischen Installation näher eingegangen werden. Als Besonderheit für Laboratorien, in denen mit radioaktiven Stoffen gearbeitet wird, sind Energiezuführungen in einem verschließbaren Kasten an der Decke zu nennen. Sie sollen z. B. neben Anschlüssen für die Saugleitungen der Handschuhboxen 2 Steckdosen für Wechselstrom, 6 Paar elektrische Wahlleitungen, 2 Anschlüsse für Gase und 2 Anschlüsse für Wasser und — falls eine solche erforderlich (vgl. S. 516) — darunter einen für die Umlaufkühlung enthalten. Alle elektrischen Wahlleitungen werden am besten mit einer zentral im Gebäude gelegenen Schalttafel verbunden, um die entsprechenden Spannungen an die gewünschten Buchsen legen zu können. Natürlich richtet sich die Anzahl der Leitungen nach dem beabsichtigten Arbeitsgebiet, aber es hat sich immer wieder gezeigt, daß beim Bau eines solchen Leitungssystems zu wenig Kabel eingezogen werden und daß später mit größerem Aufwand neue Leitungen verlegt werden müssen.

6. Sprechanlage

Der Einbau einer mit dem Fernsprechnetz gekoppelten Sprechanlage ist sehr zu empfehlen. Der moderne Klinikbetrieb mit seinen nicht abreißenden Telefonaten zwingt zu häufigen Arbeitsunterbrechungen. Wenn dabei jedes Mal vorschriftsmäßig die Handschuhe gewechselt und die Hände nach dem Waschen auf anhaftende radioaktive Substanzen geprüft werden, so bleibt zur eigentlichen Arbeit nicht viel Zeit übrig. Eine Sprechanlage umgeht diesen Zeitverlust und schaltet die Möglichkeit der Kontamination einer Abteilung auf dem Wege über die diversen Telefonhörer aus.

II. Abwasser

1. Allgemeines

Da in Laboratorien für den Umgang mit radioaktiven Stoffen besondere Bestimmungen über Abwasser gelten, müssen entsprechende Maßnahmen getroffen werden. Die derzeit von den Behörden zugelassenen Maximalkonzentrationen für Abwasser bewegen sich für unbekannte Gemische von α-, β- und γ-Strahlern zwischen 10^{-6} und 10^{-7} μC/ml. Liegen einzeln definierte Radionuclide vor, so gelten die in der Strahlenschutzverordnung aufgeführten höheren Werte. Derartig geringe Konzentrationen lassen sich nur erzielen, indem man die anfallende Abwassermenge entweder von radioaktiven Stoffen reinigt, d. h. sie dekontaminiert, oder indem man sie ausreichend verdünnt.

Die Verdünnungsmöglichkeiten eines großen Klinikums mit etwa 10^5-10^6 l Abwasser pro Tag können in jedem Falle ausgenutzt werden. Da aber der Verbrauch an kurzlebigen Radionucliden, z. B. ^{131}J, stoßweise erfolgt, sollte das radioaktive Abwasser in einem Tank gesammelt werden und dann dem allgemeinen Abwasser kontinuierlich innerhalb der zugelassenen Konzentrationsgrenzen zugegeben werden können. Ein Beispiel soll dies erläutern:

Zur Therapie mit Radio-Jod werden je Patient etwa 100—200 mC verabreicht. Innerhalb von 24 Std. gelangen u. U. 50% des applizierten Jods zur Ausscheidung. Die so anfallenden Aktivitätsmengen können ohne weiteres in das Abwasser abgegeben werden, wenn der in der Strahlenschutzverordnung festgesetzte Tagesdurchschnittskonzentrationswert des insgesamt abgegebenen Abwassers $3 \cdot 10^{-5} \mu C/cm^3$ nicht überschreitet. Mit 10^6 l Abwasser pro Tag können also z. B. täglich 30 mC ^{131}J abgelassen werden. Ist die aktive Menge größer, so muß der überschießende Teil in Zurückhaltetanks gesammelt werden, um dort entweder abzuklingen oder an Tagen geringeren Aktivitätsanfalles den Verhältnissen entsprechend abgeführt zu werden. Für Aktivitätsgemische unbekannter Zusammensetzung im Abwasser gelten sehr viel geringere Konzentrationswerte und daher viel ungünstigere Bedingungen. Seitens der Behörden wird gefordert, daß das Abwasser auf seine Radioaktivität zu prüfen ist. Die dazu erforderlichen Meßgeräte behandelt Abschnitt D III, 4.

Eine eigene Dekontaminationsanlage dürfte sich für eine in einem Klinikum gelegene Abteilung für Nuclearmedizin erübrigen, da meist nur kurzlebige Radionuclide mit mittlerer Radiotoxicität verwendet werden. Nur dort, wo mit radioaktiven Stoffen hoher Radiotoxicität umgegangen wird, oder wo die Verdünnungsmöglichkeiten nicht ausreichen, muß eine eigene Dekontaminationsanlage gefordert werden, deren wichtigste Verfahrensmerkmale im folgenden beschrieben werden sollen.

2. Dekontaminationsverfahren

Grundsätzlich kann man vier Verfahren der Wasserreinigung unterscheiden: (HOFFMANN, 1959; AFRICK, 1957).

a) **Fällungsverfahren.** Hier werden die Radionuclide entweder an der Oberfläche des Niederschlages adsorbiert oder in sein Kristallgitter eingebaut.

b) **Destillationsverfahren** garantieren eine weitgehende Dekontamination — besonders bei hochaktiven Lösungen

c) **Ionenaustauschverfahen** mit organischen oder anorganischen Austauschern haben sich zur Dekontamination von Lösungen, die arm an Fremdsalzen sind, sehr gut bewährt.

d) Das **Elektrodialyseverfahren.**

Es sei hier vermerkt, daß man eine Lösung verschiedener Radionuclide vor einer Dekontamination möglichst nicht verdünnen sollte, da dadurch die Verfahren mit einem größeren Aufwand und geringerem Nutzeffekt ablaufen.

3. Beispiel einer Dekontaminationsanlage

Da die Fällung die weitaus gebräuchlichste Methode ist, soll eine mit diesem Verfahren arbeitende Dekontaminationsanlage, wie sie etwa für ein größeres Institut geeignet ist, kurz besprochen werden (s. Abb. 11).

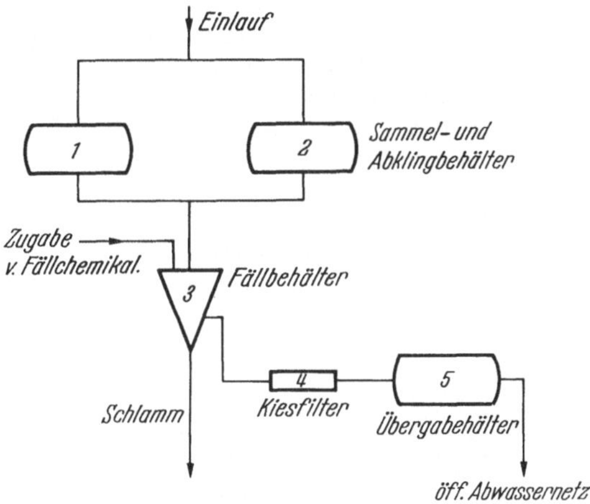

Abb. 11. Schema einer einfachen Wasserdekontaminationsanlage

Die radioaktiven Wässer werden in zwei Behältern (1) (2) gesammelt, wobei ein Behälter jeweils als Abklingbehälter für kurzlebige Radionuclide dienen kann. Eventuell kann noch ein weiterer Abklingtank zugeschaltet werden. Das Wasser wird dann von (1) oder (2) in den Fäll- und Absetzbehälter (3) überführt, der mit einer Mischanlage ausgerüstet sein muß. Hier werden die Radionuclide unter geeigneten Bedingungen durch Zugabe von Flockungsreagentien gefällt. Der Schlamm setzt sich nach der Durchrührung und Flockung am Boden des Spitzbehälters (3) ab und kann über eine große Nutsche abfiltriert werden. Das überstehende dekontaminierte Wasser wird über ein Kiesfilter (4), in dem sich der nicht sedimentierte Niederschlag abscheidet, in einen Übergabe- und Verdünnungsbehälter (5) gedrückt. Anschließend muß die Aktivität gemessen und je nach der noch vorhandenen Aktivitätskonzentration mit Wasser verdünnt werden. Ist die zulässige Aktivitätsmenge erreicht, so kann das Abwasser in das öffentliche Abwassersystem geleitet werden.

Bei einem mittleren Durchsatz von 1 m³ kontaminiertem Wasser pro Tag, lassen sich für die einzelnen Behälter folgende Richtgrößen angeben: Sammelbehälter 1—2 m³, Fällbehälter 1—2 m³, Abklingbehälter 1—2 m³, Übergabebehälter 5 m³. Alle Durchmischungen und auch alle gegen das natürliche Gefälle notwendigen Flüssigkeitstransporte werden mittels Preßluft vorgenommen.

III. Luftanlagen

1. Allgemeines

Die lufttechnische Anlage hat die Aufgabe, etwa entstandene radioaktive Aerosole und Gase abzusaugen und — soweit möglich — in Filtern aufzufangen, damit weder im Gebäude, noch in seiner Umgebung die Konzentration der Luft an radioaktiven Substanzen die maximal zulässigen Werte überschreitet. Im Falle der medizinischen Anwendung kommt eine Filterung der ins Freie abgegebenen Abluft höchstens für die Laboratorien, kaum für die Therapieräume und keinesfalls für die Diagnostik in Frage (HOFMANN, 1959).

2. Art der Abluft

In einer Abteilung müssen hinsichtlich der Be- und Entlüftung drei Raum-Gruppen unterschieden werden:

a) Räume, in denen mit offenen radioaktiven Präparaten gearbeitet wird, z. B. Laborräume, Therapieräume usw., im folgenden kurz Labor genannt.

b) Räume, in denen überhaupt nicht oder nur mit sehr geringen Aktivitäten umgegangen wird, wie z. B. Arbeitsräume der Wissenschaftler, Meßräume, Diagnostikräume, Flure usw.

c) Die Handschuhboxen.

Jede dieser Raumgruppen stellt an die Luftanlage andere Anforderungen, die im folgenden kurz beschrieben werden.

a) Laboratoriumsabluft

In den Laboratorien und in den dazugehörigen Abzügen werden die höchsten Aktivitäten verarbeitet, und es müssen hier besondere Forderungen hinsichtlich der Dekontamination und der Kontrolle der radioaktiven Abluft getroffen werden, wenn größere Aktivitätsmengen verarbeitet werden. Ob Therapieräume in diese Gruppe eingereiht werden, hängt von der Arbeitstechnik und der Konzentration und Menge der verarbeiteten radioaktiven Substanzen ab. Wenn nicht ganz ungewöhnliche Verhältnisse vorliegen, die es möglich erscheinen lassen, daß die zur Therapie verwendeten Radionuclide in bedenklichen Mengen in die Abluft geraten, kann hier auf eine Dekontaminationsfilterung, nicht aber auf Luftabfuhr und Kontrolle der Abluftaktivität verzichtet werden.

In den sog. heißen Abzügen ist auf Grund ausländischer und inländischer Erfahrungen ein etwa 500facher Luftwechsel je Stunde erforderlich, was einer Luftgeschwindigkeit von etwa 0,5 m/sec im Abzug entspricht. Um zu gewährleisten, daß radioaktive Dämpfe oder Stäube sich mit Sicherheit nicht im Labor ausbreiten können, sollen die Laboratorien bei etwa 10—20fachem Luftwechsel nur durch die Abzüge entlüftet werden. Es muß also stets ein Druckgefälle vom Labor zum Abzug vorhanden sein.

b) Raumabluft

Liegen Diagnostikräume oder solche, in denen nicht radioaktiv gearbeitet wird, wie z. B. Meßräume usw. in einem Gebäudeteil, in dem mit offenen radioaktiven Substanzen gearbeitet wird, so müssen sie ebenfalls belüftet werden. Im einfachsten Falle genügt es, die Abluft über einen in die Fenster eingebauten Ventilator abzuführen, um einen ausreichenden Luftaustausch zu erzielen. Ist aber die Belüftung an eine zentrale lufttechnische Anlage angeschlossen, so genügt für solche Räume ein geringerer Luftwechsel je Stunde als für die Laboratorien. Natürlich gilt hier gleichfalls der Grundsatz, daß kontaminierte Luft unter keinen Umständen aus den Laboratorien in diese Räume einströmen darf, d. h. daß in diesem Luftsystem der Unterdruck geringer sein muß als in dem unter a) genannten System.

c) Abluft der Handschuhboxen

Für Arbeiten mit β-Strahlern werden Handschuhkästen benutzt. Die Belüftung dieser von der Außenluft abgetrennten Räume erfolgt zweckmäßig über ein eigenes Absaugesystem, da hier ein geringerer Luftwechsel notwendig ist und der Unterdruck im allgemeinen in der Größenordnung von 30 mm Wassersäule liegt. Die Boxen werden mit beweglichen Schläuchen, die aus Metall oder Kunststoff bestehen können, mit den in der Decke befindlichen Anschlußstutzen der Luftanlage verbunden. Entsprechendes gilt für bleiabgeschirmte Schutzkästen, in denen mit Ferngreifern γ-strahlende Stoffe gehandhabt werden.

3. Art der Anlage

a) Die zentrale Luftanlage

In Abb. 12 ist das Schema einer zentralen lufttechnischen Einrichtung einschließlich einer Zuluftanlage aufgezeichnet. Eine solche Belüftungseinrichtung ist nur dann erforderlich, wenn die Abluft vor Austritt ins Freie Feinfilter durchströmt. Diese sind sehr teuer. S e werden frühzeitig verstopft, wenn die in die Laboratorien eintretende Luft nicht zum mindesten durch Grobfilter vorgereinigt wird.

Durch das Gebläse (1) wird die Zuluft sowohl für die Laboratorien als auch für die Räume angesaugt, und über die Luftreinigung (im Abschnitt C, II 4b wird näher darauf eingegangen) durch die Kanäle in die Laboratorien und Räume hineingedrückt. Durch das Gebläse (2) werden die Laboratorien und durch Gebläse (3) die Räume entlüftet. Gebläse (4) dient der Absaugung der Handschuhboxen. Durch Gebläse (5) wird die Luft für das Monitorsystem angesaugt. Der Luftdurchsatz muß so bemessen sein, daß zwischen dem Laborsystem und dem Raumsystem ein Unterdruck von etwa 2 mm Wassersäule herrscht, um zu verhindern, daß Aktivität aus den Laboratorien in andere Räume übertreten kann. Bei einem größeren Druckunterschied lassen sich die Türen zu den Laboratorien nur schwer öffnen.

Das gemeinsame lufttechnische System ist vorteilhaft, weil es sich zentral steuern und gut warten läßt. Die Vorteile des geringeren Kapitalbedarfes beim Bau werden z. T. durch erhöhte Betriebskosten aufgehoben, da die gesamte Anlage in Betrieb gesetzt werden muß, wenn in einem einzigen Raum gearbeitet wird.

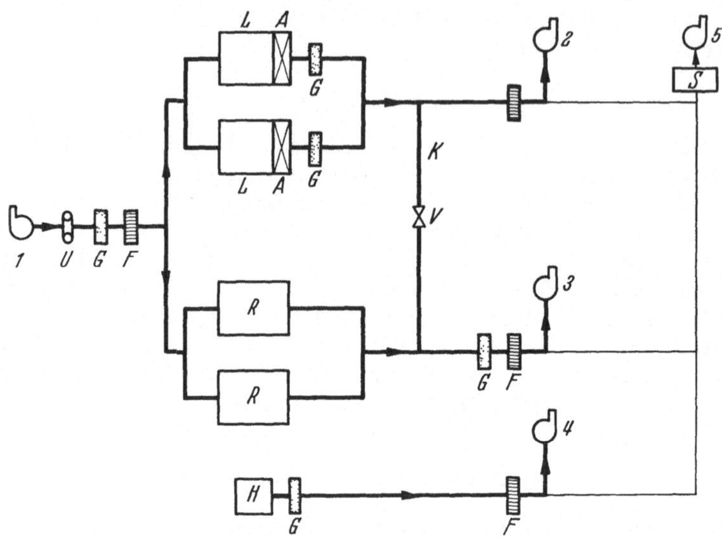

Abb. 12. Schema einer zentralen lufttechnischen Anlage für einen Gebäudeteil, in dem mit offenen radioaktiven Substanzen gearbeitet wird. = Gebläse, = U Ölumlauffilter, = G Grobfilter, = F Feinfilter, L Labor, A Abzug, R Raum, H Handschuhkasten, K Sicherheitskanal, V Ventil, S Strahlungsmeßgeräte (Monitorsystem)

b) Einzelentlüftung jedes Arbeitsraumes

Als Hauptvorteil mag hier die Möglichkeit des getrennten Einsatzes der Entlüftungsanlagen je nach Bedarf herausgestellt werden. Dies kann für Kliniken wichtig sein, weil die Abteilungen wohl nicht immer voll besetzt sind. Da für jeden Raum ein getrenntes Gebläse vorgesehen sein muß, liegt die notwendige Summe wesentlich höher als bei der gemeinsamen Anlage und wird durch die geringeren Betriebskosten kaum ausgeglichen.

Während für einen größeren Gebäudekomplex die gemeinsame Anlage wohl als beste Lösung angesehen werden kann, wird die Einzelentlüftung für getrennt liegende Laborräume zu bevorzugen sein.

4. Bauweise der Anlage

a) Material. Technische Daten

Die Zu- und Abluftkanäle können entweder aus verzinktem Blech oder verschweißbarem Kunststoff — z. B. Niederdruckpolyäthylen — gefertigt werden; Kunststoff bietet den Vorteil der Korrosionsbeständigkeit. Daher sollten auch die Gebläse der Labor- und Handschuhkästenabsaugungen mit aufgesintertem Kunststoff — auch hier hat sich Polyäthylen bewährt — gegen Korrosion geschützt werden.

Bei einer Luftgeschwindigkeit von etwa 12 m/sec lagert sich in den Kanälen kein Staub ab. Höhere Strömungsgeschwindigkeiten erzeugen belästigende Geräusche. Wird die Luft über Dach mindestens mit der gleichen Geschwindigkeit abgeblasen, so vermischen sich die abgegebenen Luftmassen gut mit der Atmosphäre, bevor sie wieder zu Boden gelangen können. In der Tab. 3 sind einige Richtwerte für Unterdruck in Laboratorien, Räumen und Handschuhkästen, Luftwechsel und Luftgeschwindigkeit gegeben, die natürlich je nach der Anlage noch verändert werden können.

b) Filterung

In der Luft vorhandene radioaktive Stoffe lagern sich, soweit es sich nicht um gasförmige Substanzen, insbesondere Isotope von Edelgasen handelt, an Staubteilchen an. Es empfiehlt sich, die Zuluft vorzufiltern, da hierdurch die Laborluft von Verunreinigungen frei gehalten wird, so daß ein schnelles Verstopfen der Abluftfilter verhindert wird.

Tabelle 3. *Anhaltswerte für eine lufttechnische Anlage*

	Unterdruck gegen Atmosphäre mm H_2O-Säule	Luftwechsel pro Stunde	Luftgeschwindigkeit [m/sec]
Raum* . . .	1—3	10—20	gering
Labor* . . .	2—4	20—30	gering
Abzug. . . .	4	500	etwa 0,5
Handschuhkasten . .	30	etwa 50	gering
Kanäle . . .	—	—	12

* Die Druckdifferenz zwischen Raum und Labor sollte nicht mehr als 2 mm Wassersäule betragen.

Die einströmende Luft wird zunächst durch ein sich selbst regenerierendes Ölumlauffilter vorgereinigt. Die nachgeschaltete Grobstufe besteht aus Trockenschichtfiltern mit Zell- und Baumwollfaserschichten[1] mit einer Porengröße zwischen 5—10 μ. Als Feinstufe dienen ebenfalls Trockenschichtfilter mit besonders großen Oberflächen und sehr kleinen Poren von etwa 0,3 μ Durchmesser. Sie enthalten z. B. Polystyrolfaserschichten[2] mit denen ein Abscheidungsgrad von mehr als 99,9% erreicht und eine sehr gute Feinreinigung erzielt werden kann.

Noch wichtiger als die Reinigung der Zuluft ist dort, wo sie gefordert werden muß, die Dekontamination der Abluft. Im allgemeinen haben sich hier ebenfalls eine Grobstufe mit 5—10 μ und eine Feinstufe mit 0,3 μ Porenweite bewährt. Dicht hinter den Abzügen und Handschuhkästen eingebaute Grobfilter vermindern eine Kontamination der Absaugkanäle. Ferner ist zu beachten, daß diese Filter auch gegen chemisch aggressive Dämpfe beständig sein müssen. Die Feinreinigung der Abluft erfolgt zweckmäßigerweise in einer für alle Laboratorien gemeinsamen Filteranlage.

Das Auswechseln der Abluftfilter eines Gebäudetraktes mit zwei bis drei Laboratorien oder Räumen, in denen mit höheren Aktivitäten gearbeitet wird, dürfte beim Einsatz von 4 Personen etwa 8 Std. dauern. Beim Öffnen der Filtertöpfe muß die Aktivität gemessen werden, um zu entscheiden, ob ohne Strahlenschutz gearbeitet werden kann und wie lange das Montagepersonal sich im Strahlenfeld der Filter aufhalten darf. Unter der Annahme, daß die Filter nur einmal jährlich durch eine nicht zum Laborpersonal gehörende Gruppe von Leuten gewechselt werden, bieten die in Tab. 4 angeführten Arbeitszeiten bei der gegebenen Dosisleistung einen Anhalt.

Tabelle 4. *Anhaltswerte für die Zeit des Aufenthaltes von Montagepersonal während des Filterwechsels bei verschiedener Dosisleistung (Filterwechsel einmal jährlich)*

Dosisleistung [mr/Std.]	Aufenthaltszeit [Std.]
100	16
200	8
500	3

---

[1] z. B. Microlit-Filter.

[2] z. B. Microsorban-Filter.

c) Klimaanlage und Heizungssystem

Wird ein Gebäudekomplex durch eine gemeinsame lufttechnische Anlage mit Zuluft versorgt, so empfiehlt sich der Einbau von Heiz- und Kühlaggregaten in das Zuluftsystem. Die Klimaanlage, die stufenlos und über Thermostaten reguliert werden kann, und geringere Betriebskosten als eine zusätzlich installierte Dampf- oder Warmwasserheizung erfordert, sollte für jeden Raum getrennt geregelt werden und so optimale Arbeitsbedingungen schaffen, die beim Umgang mit offenen Radionucliden besonders wichtig sind.

Die Luftfeuchtigkeit der Zuluft sollte bei einer zentralen Anlage ebenfalls gesteuert werden. Eine relative Feuchtigkeit von 65% ist nicht nur aus gesundheitlichen Gründen wichtig, sondern auch weil bei zu trockener Luft elektrostatische Aufladungen von Personen und Geräten auftreten, die für die Arbeit nachteilig sein können und auch Gefahren mit sich bringen.

d) Aktivitätskontrolle

Zur Überwachung der Radioaktivität der abgeblasenen Luft hat sich eine Anlage bewährt, bei der aus Stichleitungen Abluft aus den verschiedenen Kanälen durch Strahlenmeßgeräte (s. Abschnitt D III, 4) gesaugt wird (s. Abb. 12). Hier wird sowohl die Aktivität von Aerosolen als auch die von radioaktiven Gasen gemessen. Die Geräte sollen mit Alarmkontakten ausgerüstet sein, die beim Überschreiten einer bestimmten Konzentration ein Signal auslösen.

Es empfiehlt sich, die beiden Luftsysteme durch einen bei normalem Betrieb verschlossenen Kanal (K) zu verbinden (s. Abb. 12), um bei Ausfall eines Gebläses sofort über eine, wenn auch behelfsmäßige, Entlüftung zu verfügen. Dadurch ist gesichert, daß ein vollständiger Ausfall der Be- und Entlüftungsanlage für längere Zeit in keinem Falle eintreten kann. Ebenso müssen Sicherheitsmaßnahmen für den Ausfall von Strom vorhanden sein. Ein Diesel-Notstromaggregat hat bei Spannungsausfall automatisch die Stromversorgung der lufttechnischen Anlagen zu übernehmen.

Bei Ausbruch eines Feuers wird in den betreffenden Abzügen die automatische CO_2-Feuerlöschanlage ausgelöst. In diesem Fall ist dafür Sorge zu tragen, daß die betroffenen Abzüge durch Schieber von der Luftanlage abgetrennt werden, so daß die ausströmende Kohlensäure nicht in das Abluftsystem gesaugt wird, sondern in der gesamten Menge über den Brandherd strömt.

IV. Lager für Radionuclide

Alle nicht benutzten Radionuclide sind unter strahlensicherem Verschluß zu halten. Die Abschirmung um die einzelnen Präparate muß so bemessen werden, daß an keiner Stelle, an der sich Personen täglich 8 Std. aufhalten, die Toleranzdosis von 2 mr/Std. überschritten wird (vgl. Abschnitt D III, 2).

Beim Arbeiten mit β-Strahlern läßt sich eine ausreichende Abschirmung wegen der geringen Durchdringungsfähigkeit der β-Strahlen mit einfachen Mitteln erzielen. Genaue Angaben über die Stärke von Abschirmwänden für die verschiedenen Radionuclide finden sich in Abschnitt D II, 1, Tab. 6.

Kleinere Aktivitätsmengen von γ-Strahlern (unter 1 mC) können für kürzere Zeit ohne Abschirmung in einem Abzug aufbewahrt werden. Größere Mengen an γ-Aktivitäten über 1 mC sollten hinter Abschirmwänden oder in einem besonders abgeschirmten Tresor untergebracht werden. Abb. 13 zeigt einen kleinen Bleitresor, der für eine geringere Anzahl von Präparaten geeignet ist. Werden mehrere Radionuclide gelagert, so empfiehlt es sich, den Tresor in mehrere Fächer zu unterteilen. Um hier einen möglichst hohen Strahlenschutz zu erhalten, sind sowohl die Fächer als auch der Tresor mit Strahlenschutztüren ausgerüstet (s. Abb. 14).

Natürlich können die radioaktiven Materialien auch in einem einfachen, abgeschlossenen Raum abgestellt werden, wenn sich die einzelnen Präparate in einem der Aktivität und der vorhandenen Strahlung entsprechenden Bleigefäß befinden.

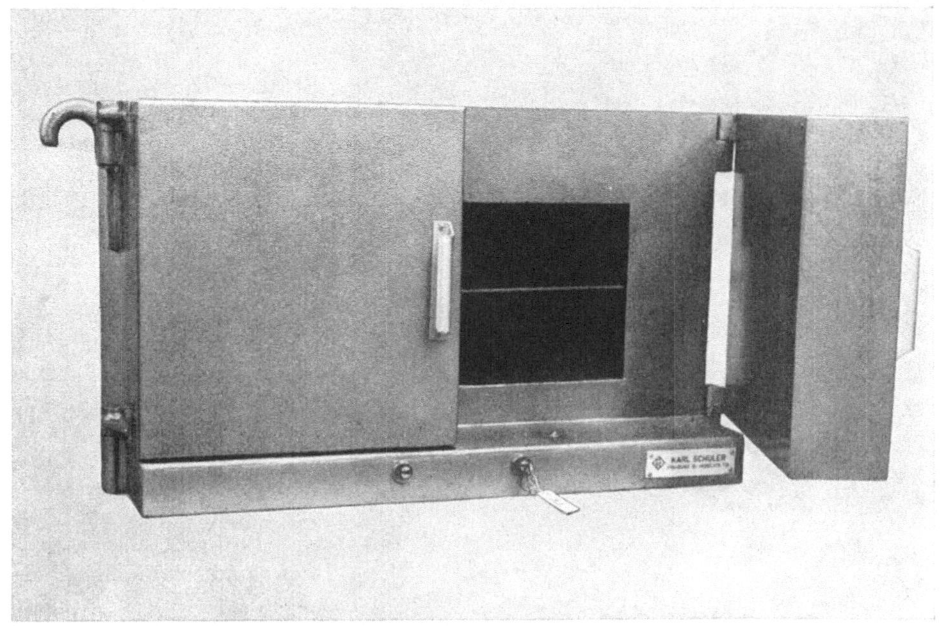

Abb. 13. Einfacher Tresor zur Lagerung geringer Aktivität (Werksfoto Karl Schuler, Freiburg)

Abb. 14. Mehrfachtresor zur Lagerung von geringen Aktivitäten verschiedener Strahler (Werksfoto Karl Schuler, Freiburg)

Es sei hier bemerkt, daß Aktivitäten von einigen hundert Millicurie, die nur einseitig abgeschirmt sind, in geringer Entfernung bereits so viel Streustrahlung erzeugen, daß diese nicht vernachlässigt werden darf.

Die einfachen, bisher aufgeführten Methoden der Lagerung dürften für eine größere Abteilung für Nuclearmedizin, die mit γ-Aktivitäten über 1 C arbeitet, nicht mehr ausreichend sein, da die Zahl der verwendeten Radionuclide auch wenn die Höhe der einzelnen Aktivitäten gering ist, einen verstärkten Strahlenschutz erfordern. Es lassen sich zwei Lagermethoden unterscheiden.

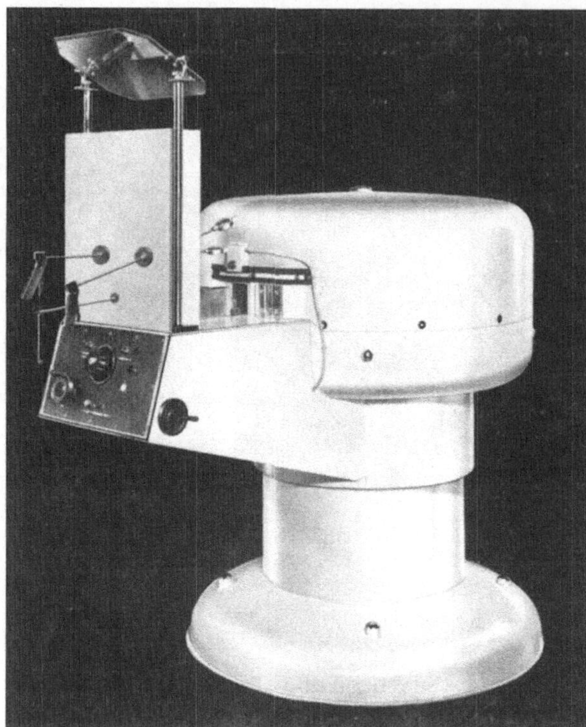

Abb. 15. Drehbarer Tresor zur Lagerung einer größeren Anzahl verschiedener radioaktiver Substanzen (Modell Pantasafe, Werksfoto Nuclear Engineering, London)

Nach dem einen Verfahren werden die Gefäße mit dem radioaktiven Material in Fächern aufbewahrt, die auf einer durch Blei abgeschirmten Drehscheibe angeordnet sind. Durch einen Mechanismus wird das gewünschte Fach so hinter den mit einer Bleimauer und mit Ferngreifern versehenen Arbeitsplatz gedreht, daß man ein Präparat herausnehmen und abfüllen kann (Abb. 15). Diese Geräte können überall aufgestellt werden, sofern der Fußboden die schweren Gewichte trägt. Nachteilig ist, daß das Volumen der einzelnen Fächer begrenzt ist und daher größere Gefäße und Mengen nicht untergebracht werden können. Geräte dieser Art werden von der Industrie bereits serienmäßig hergestellt.

Bei einem Neu- oder Umbau bringt die Einrichtung eines den speziellen Verhältnissen und Bedürfnissen angepaßten Aktivitätenlagers manche Vorteile. In der

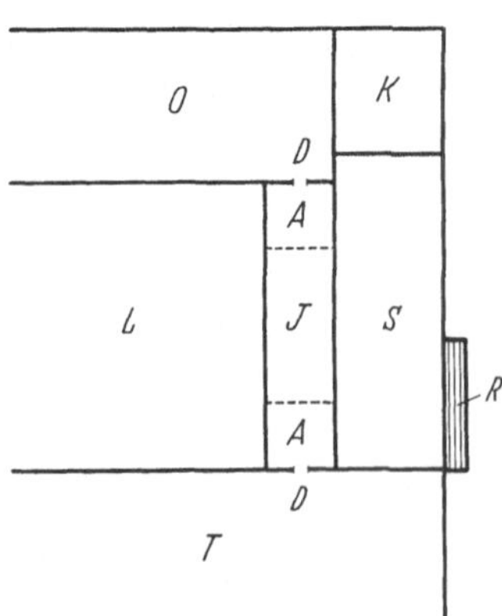

Abb. 16 ist ein Verschlag für ein solches Lager, das für eine γ-Aktivität von einigen Curie gedacht ist, schematisch skizziert. Es ist so angeordnet, daß über die seitlichen Abzüge der Therapie- und der Operationsraum mit den notwendigen Radionucliden versorgt werden kann. Der Vorteil liegt hier sowohl in den kurzen Wegen zu beiden Abteilungen als auch in dem vollständigen Strahlenschutz bis zur medizinischen Verwendung der Präparate. Das Lager muß in dem Gebäudekomplex ferner so eingebaut werden, daß eine Beschickung von außen

Abb. 16. Anordnung eines Aktivitätenlagers in einer nuclearmedizinischen Abteilung. T Therapieraum, L Labor, O Operationsraum, J Aktivitätenlager, A Abzüge, K Abklingraum, S Schleuse, D Durchreichen zum Therapie- und Operationsraum, R Rampe

über eine Schleuse möglich ist und daß auch andere Abteilungen oder Laboratorien Radionuclide aus diesem Lager beziehen können. Zum Transport dienen hierbei bleiabgeschirmte Wagen mit möglichst langer Zugstange (Abb. 17).

Abb. 17. Wagen zum Transport kleiner Aktivitäten (Werksfoto H. Wälischmiller, Meersburg)

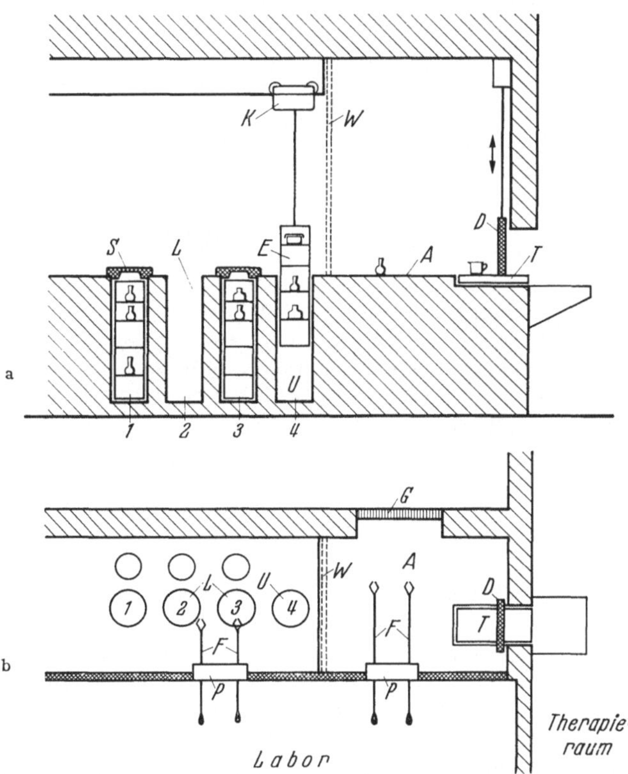

Abb. 18. Aktivitätenlager zur Lagerung von radioaktivem Material bis zu etwa 10 Curie (γ-Strahler). *K* Fahrbarer Kran, *A* Abzugstisch, *D* bewegliche Abschirmwand, *T* Durchreichetisch, *E* Etagenrohr, *L* Lagerröhren, *U* Umfüllrohr, *S* Bleistopfen, *F* Ferngreifer, *G* Beschickungstür, *P* Bleifenster, *W* bewegliche Trennwand

Das Lager selbst besteht aus einem Betonklotz, in den senkrechte Röhren eingelassen sind, die mit einem Blei- oder Betondeckel verschlossen werden können (s. Querschnittschema Abb. 18a). In diesen Röhren befinden sich die eigentlichen

Lagerröhren, die je nach ihrer Länge in verschiedene Etagen unterteilt werden können. Es empfiehlt sich aus Strahlenschutzgründen, die β-Strahler vorn und die γ-Strahler im hinteren Teil des Lagers bzw. in den untersten Abteilungen der Lagerröhren unterzubringen. Abb. 18b zeigt schematisch den Aufriß. In den Röhren 1, 2 und 3 sind Radionuclide gelagert, während Rohr 4 nur dazu dient, das jeweils benötigte Lagerrohr in die Reichweite der Ferngreifer des Abzugs zu bringen. Mit einem kleinen Kran (K) werden dazu nach Entfernung des Deckels (S) die Etagenrohre (E) herausgehoben, nach (4) gefahren und die gewünschte Etage auf Labortischhöhe eingestellt. Dieser Kran muß entweder mit einer präzise arbeitenden Fernsteuereinrichtung versehen sein, die es ermöglicht, die verschiedenen Transportbewegungen auszuführen, ohne sie visuell zu verfolgen, oder man muß in die Wand vor den Lagerrohren ein Bleifenster und Ferngreifer einbauen, um mit ihrer Hilfe eine weniger komplizierte Krananlage in ihren Funktionen unterstützen zu können. Für Anlagen in Abteilungen für Nuclearmedizin dürfte die zweite Ausführung genügen.

Mit Hilfe von Ferngreifern kann jetzt das gewünschte Radionuclid auf die Arbeitsfläche (A) des „heißen" Abzugs gestellt werden. Alle Operationen, wie Abfüllen, Verdünnen, chemische Verarbeitung usw., müssen hier und nicht im eigentlichen Lager vorgenommen werden, um auszuschließen, daß dieses kontaminiert wird. Jegliche Kontamination durch Spritzer oder Stäube wird durch eine bewegliche, entweder nach oben oder nach den Seiten zu verschiebende Wand zwischen Lager und Abzug verhindert, die während aller Umfülloperationen geschlossen sein muß. Das fertige Präparat fährt nun nach dem Öffnen einer Bleiabschirmung (D) auf einem beweglichen Tisch (T) in den Therapie- oder Operationsraum.

Die Wände können aus verschiedenen Stoffen erstellt werden, deren Dicke sich nach der Menge der zu lagernden Radionuclide und der Energie der von ihnen ausgesandten Strahlung richtet (vgl. Abschnitt C I, 1). In der Rückseite, möglichst direkt hinter dem Abzug, muß eine Strahlenschutztür (G) angebracht sein, durch die sowohl die Beschickung des Lagers als auch der Abtransport von radioaktivem Material in andere Abteilungen erfolgen kann. Die Vorderwand ist zweckmäßig aus den handesüblichen Bleisteinen und Bleiglasfenstern (P) zu erstellen, die aus Sicherheitsgründen von einem Stahlrahmen gehalten werden. Daß in diesem kombinierten Lagerabzug entsprechende Energieanschlüsse wie Strom und Wasser sowie eine genügende Absaugung vorhanden sein müssen, sei nur der Vollständigkeit halber erwähnt. An Stelle der kostspieligen Bleifenster kann man auch Spiegel verwenden, um die Manipulationen hinter den Bleiwänden beobachten zu können.

D. Einrichtungen

I. Allgemeine Richtlinien

Sind innerhalb des Neubaus einer Klinik für Nuclearmedizin wissenschaftliche Laboratorien geplant, kann man entweder alle Laboratorien für die Arbeiten mit γ-Strahlern auslegen oder aber für den Umgang mit β- und γ-Strahlern getrennte Räume schaffen. In ausschließlich für die Handhabung von β-Strahlern eingerichteten Laboratorien erübrigt sich die schwere Armierung, die für die Abschirmung von γ-Strahlern notwendig ist. Man kann daher die Tragfähigkeit des Unterbaus geringer bemessen.

Die Ausstattung der Laboratorien muß so ausgeführt sein, daß Kontaminationen schnell und ohne Schwierigkeiten entfernt werden können.

Für die Wand- und Fußbodenbeläge verwendet man am besten Kunststofffolien, die porenfrei sind und möglichst wasserabweisende Oberflächen haben. Die

in Tab. 5 aufgeführten Ergebnisse von Dekontaminationsversuchen an Kunststofffolien, auf die verschiedene Radionuclide aufgetragen wurden, geben Hinweise für
die Auswahl von Oberflächenbelägen[1]. D-c-fix-Folie hat relativ schlechte Dekonta-
minationseigenschaften, aber den großen Vorteil, fest auf beliebige Unterlagen

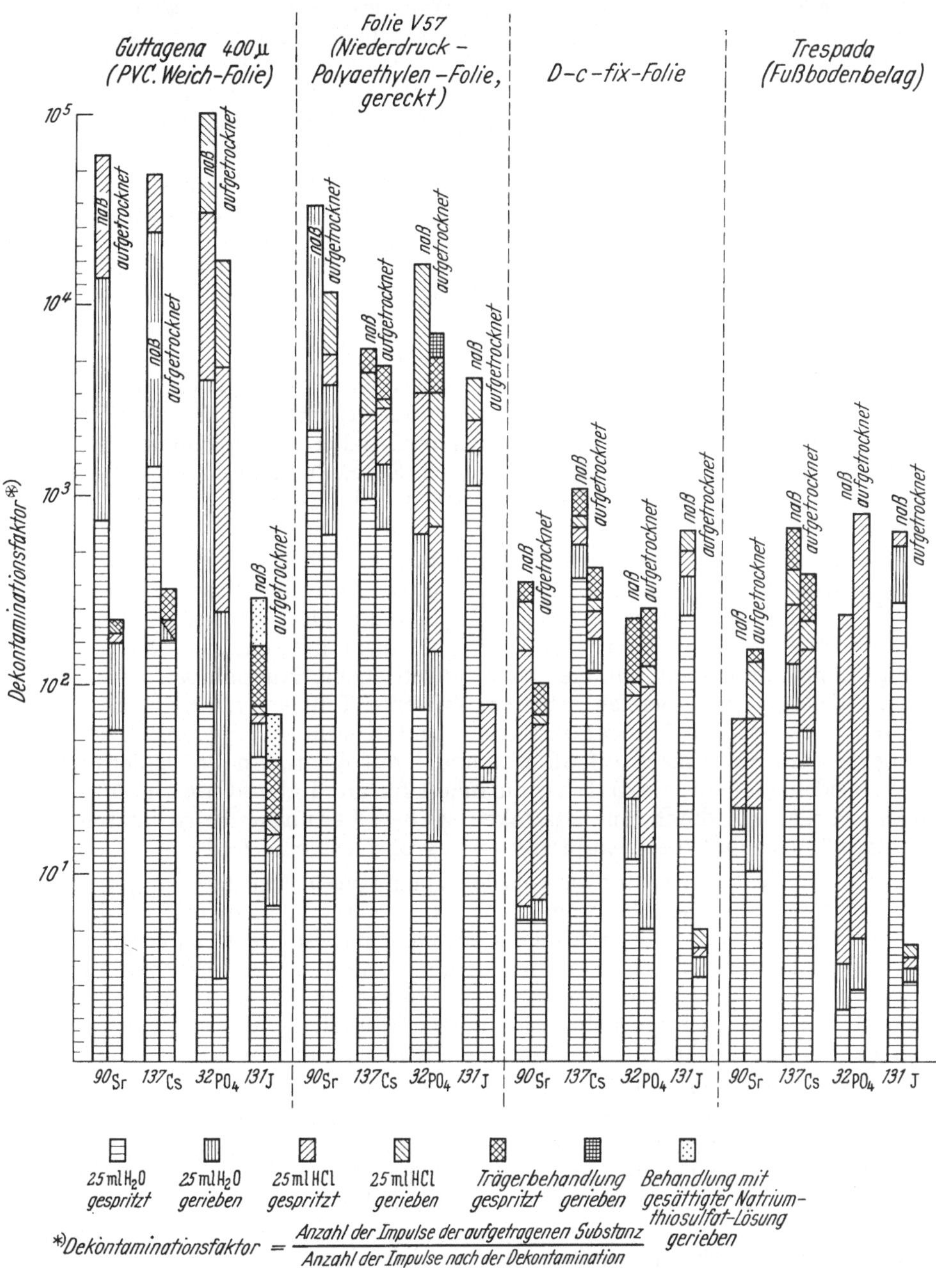

Tab. 5. Ergebnisse von Dekontaminationsversuchen an Kunststoffolien. Auf die Folien wurden vorher
verschiedene Radionuklide aufgetragen bzw. aufgetrocknet

---

[1] Die Versuche sind im Radiochemischen Labor der Farbwerke Hoechst AG ausgeführt
worden.

aufgeklebt und leicht wieder entfernt werden zu können. Für den Schutz der Wände ist neben Kunststoffolien auch Abziehlack sehr geeignet.

Bei der Einrichtung von Laboratorien, in denen wechselnde Aufgaben bearbeitet werden müssen, empfiehlt es sich, genormte, leicht austauschbare Möbel zu verwenden. Um den kostspieligen Raum in verschiedener Weise ausnutzen zu können, sollten die Arbeitstische nicht fest eingebaut, sondern den jeweiligen Erfordernissen entsprechend durch Handschuhkästen oder andere Apparaturen mit den dazugehörigen Abschirmungen ersetzbar sein. Diese Art der Einrichtung bringt gleichzeitig den Vorteil, daß im Falle einer Kontamination unbrauchbar gewordene Möbel und Geräte leicht entfernt und erneuert werden können.

Da es insbesondere beim Arbeiten hinter Abschirmungen ratsam ist, auf Leuchtgas zu verzichten, um die Feuers- und Explosionsgefahr möglichst klein zu halten, muß man elektrisch heizen. Das bedeutet für die chemische Arbeit eine gewisse Umstellung. Pilzheizhauben der verschiedensten Größen, Spiegelbrenner — hier im besonderen auch kleine für die Ausführung von Reagenzglasversuchen —, Wasserbäder, Tauchsieder und Heizplatten jeder Art werden gebraucht. Regelgeräte zur Einstellung der Temperaturen müssen zusätzlich vorhanden sein. Um radioaktive Lösungen zu konzentrieren, verwendet man Oberflächenverdampfer, die auch zur Herstellung von Meßpräparaten unentbehrlich sind. Die elektrische Anlage der radiochemischen Laboratorien muß daher sehr reichhaltig und gut durchdacht sein, weil auch noch Trockenschränke, Pumpen, Motoren und Meßgeräte, die zur Ausrüstung jedes chemischen Laboratoriums gehören, benötigt werden.

Wenn unter den in Abschnitt C II, 1 erwähnten Verhältnissen die täglich in der nuclearmedizinischen Abteilung anfallenden Wassermengen nach einem der in Abschnitt C II, 2 beschriebenen Verfahren dekontaminiert werden müssen, ist danach zu trachten, den Wasserverbrauch möglichst gering zu halten. Wasserstrahlpumpen sind deshalb durch elektrisch angetriebene Saugpumpen zu ersetzen, die im gleichen Druckbereich arbeiten. Zwischen Filtriergerät und Saugpumpe müssen Vorlagen mit Adsorptionsmitteln und Kühlfallen angebracht sein, um übergegangene Substanzen aufzufangen und damit Kontaminationen der Pumpen zu vermeiden. Auf eine Gesamtvakuumanlage für alle Laboratorien ist unbedingt zu verzichten, weil durch Unachtsamkeit größere Leitungswege so kontaminiert werden können, daß die Dekontamination große Kosten erfordert.

Auch das Kühlwasser für Destillationsapparaturen darf unter gewissen, von den Genehmigungsbehörden eingeschätzten Umständen nicht einfach dem Abwasser zugeführt werden. Es muß dann entweder in besonderen Tanks gesammelt und vor der Abgabe gemessen werden, oder man wälzt es in einem geschlossenen Leitungssystem durch eine leistungsfähige Pumpe im Kreislauf über ein Kühlaggregat um. Die Wasserentnahme soll möglichst an den einzelnen Arbeitsplätzen über Ventile gut regulierbar sein. Geeignete Kühlaggregate werden von mehreren Firmen im Handel angeboten.

Alle Hilfsmittel, die für die direkte Arbeit mit radioaktiven Substanzen erforderlich sind, z. B. Pumpen, Motore, Transformatoren, elektrische Meßgeräte usw. sind nach Möglichkeit nicht auf den eigentlichen Arbeitsplatz zu stellen. Es bewährt sich, sie auf kleinen Wagen abzusetzen und so an den Arbeitsplatz heranzufahren, daß sie bequem bedient werden können. Damit wird die Kontamination dieser Geräte weitgehend vermieden.

Die Ausstattung eines radiochemischen Laboratoriums mit Verbrauchsmaterialien, Glas- und Porzellangeräten unterscheidet sich im allgemeinen nicht sehr von der anderer chemischer Laboratorien. Die einzelnen Geräte sollten aber in größerer Menge vorhanden sein, da ihre Reinigung und die anschließende Messung auf völlige Dekontamination viel Zeit in Anspruch nehmen, so daß stets ein Teil der Geräte nicht benutzt werden kann. Gute Pipetten und Meßkolben aller Größen zur genauen Dosierung der radioaktiven Lösungen werden ebenfalls in großer Auswahl gebraucht. Für die Bedienung der Pipetten sind „Pumpetts" sehr zu empfehlen. Sie erlauben es, große und kleine Flüssigkeitsmengen gut und sicher anzusaugen. Noch besser lassen sich Pipetten verwenden, an denen Glasspritzen angeschmolzen sind, so daß die Lösungen mit Hilfe des Spritzenstempels angesaugt und abgelassen werden können. Mit dem Munde zu bedienende Spritzflaschen aus Glas dürfen nicht verwendet werden. Man ersetzt sie vorteilhaft durch Polyäthylenfläschchen. Diese sind sehr handlich und gut verwendbar.

Zur Filtration radioaktiver Niederschläge eignen sich besonders hergestellte Nutschen, deren auf dem Filter sitzendes Oberteil abnehmbar ist (Abb. 19). Die Filter lassen sich nach dem Absaugen der Flüssigkeit leicht ohne Beschädigung zusammen mit dem Niederschlag herausnehmen. Damit wird es möglich, Niederschläge direkt zur Messung auf die Präparateschälchen zu geben.

Gut schließende Abfalleimer — am besten mit Extraeinsätzen — müssen vorhanden sein. Die Deckel sollen sich über Fußbedienung öffnen lassen. Die Einsätze können mit Polyäthylensäcken ausgekleidet werden. Diese erlauben es, den Abfall zu transportieren und zu lagern, ohne daß sich die kontaminierten Materialien verbreiten. Gleichzeitig vermeidet man die Kontamination des Eimers und eine direkte Berührung mit dem Abfall.

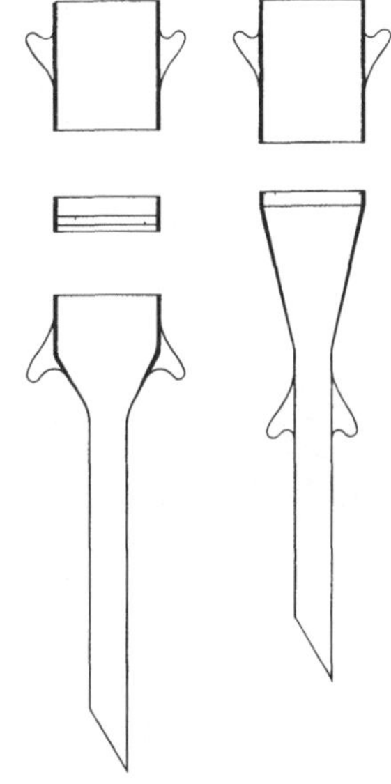

Abb. 19. Nutsche nach OTTO HAHN

II. Spezielle Strahlenschutz- und Laborgeräte

1. Geräte für Arbeiten mit β-Strahlern

Um jeder Kontamination des Laboratoriums vorzubeugen, ist es ratsam, die Arbeiten mit Radionucliden streng von allen inaktiven Vorversuchen, Lösungsmitteldestillationen usw. zu trennen.

Jede Handhabung von radioaktiven Stoffen in offenen Präparaten birgt das Risiko einer Inkorporation. Auf den frei im Raum stehenden Labortischen kann — je nach der Radiotoxizität des verwendeten Radionuclids — zwar mit Aktivitäten zwischen dem zehn- und hundertfachen der genehmigungsfrei zu handhabenden Aktivitätsmenge gearbeitet werden, es empfiehlt sich aber, alle „aktiven" Arbeiten nach Möglichkeit in Abzügen oder Strahlenschutzkästen auszuführen. Dabei soll man die Verarbeitung verschiedener Radionuclide streng trennen.

Die eigentliche Arbeitsfläche ist möglichst klein zu halten. Die verwendeten Arbeitsgeräte: Gläser, Kolben, Pipetten usw. stellt man in Kunststoffschalen ab, die mit Zellstoff ausgelegt sind, und begrenzt damit den Arbeitsplatz, um beim Verspritzen, Auslaufen oder Umkippen einer aktiven Lösung eine Kontamination einzuschränken.

Da β-Strahlen auch höherer Energien nur eine geringe Durchdringungsfähigkeit besitzen, genügen zu ihrer Abschirmung verhältnismäßig dünne Materialschichten.

Man gibt leichtatomigen Materialien im Hinblick auf die Bremsstrahlung den Vorzug. Scheiben aus Plexiglas sind wegen der Durchsichtigkeit besonders geeignet. Bei Verarbeitung von mehr als 100 mC eines Radionuclids mit harten β-Strahlen muß für die Errichtung der Schutzwände aus Kunststoff allerdings bedacht werden, daß etwa $^1/_2\%$ der β-Energien in Bremsstrahlung, d. h. Röntgenstrahlung der entsprechenden Energie, umgewandelt wird (Evans, 1955). Tab. 6 gibt für verschiedene Radionuclide die zur Absorption der β-Strahlung notwendige Plexiglasschicht an.

Hinter den Plexiglasschutzschichten kann mit den Händen gearbeitet werden, wenn die Strahlenbelastung der Hände und Unterarme die höchstzulässige Dosis (bei täglich 8stündiger Arbeit 165 mr) nicht überschreitet. Dabei sind, wenn es die Stärke der Präparate, ihre Radiotoxizität und ihre spezifische Aktivität erfordern Gummihandschuhe zu tragen und wenn mit harten β- oder mit γ-Strahlern gearbeitet wird, die Geräte nötigenfalls mit Zangen und Pinzetten anzufassen, um den Abstand zwischen Präparat und Händen möglichst groß und dadurch die Strahlenexposition gering zu halten.

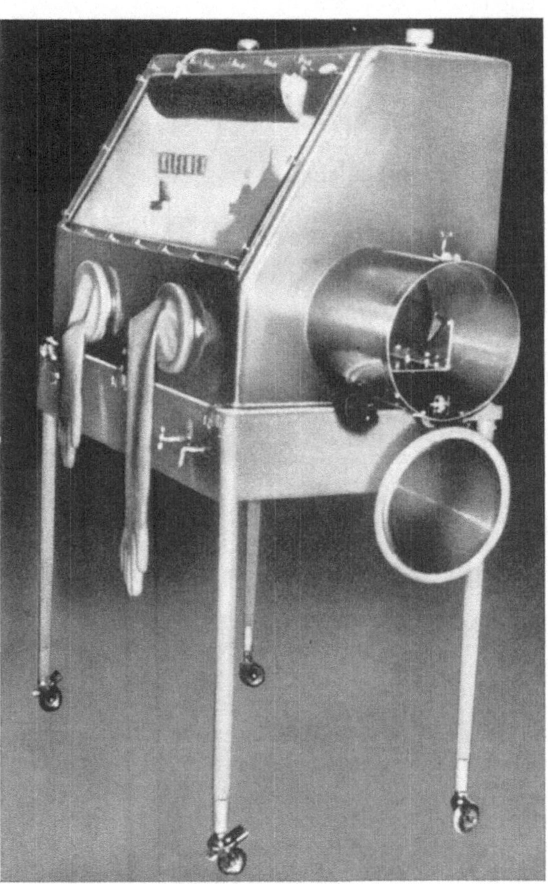

Abb. 20. Fahrbarer Handschuhkasten aus V2A-Stahl (Werksbild H. Wälischmiller, Meersburg)

Tabelle 6. *Erforderliche Schichtdicke von Plexiglas zur vollständigen Absorption der energiereichsten β-Strahlen der wichtigsten Radionuclide* (Schulze-Pillot *und* Simon, *1959*)

Nuclid	$E_{\beta max}$ [MeV]	Plexiglas [mm]
^{106}Ru/Rh	3,5	18
^{90}Sr/Y	2,27	10
^{90}Y	2,27	10
^{32}P	1,71	7
^{91}Y	1,54	6
^{31}Si	1,48	6
^{89}Sr	1,46	6
^{111}Ag	1,04	4
^{149}Pm	1,05	4
^{109}Pd	1,00	4
^{143}Pr	0,93	3
^{204}Tl	0,76	3
^{36}Cl	0,71	3
^{197}Pt	0,67	2
^{77}As	0,69	2
^{99}Tc	0,29	1
^{45}Ca	0,25	1
^{147}Pm	0,22	0,5
^{35}S	0,17	0,3
^{14}C	0,16	0,2
^{63}Ni	0,07	0,1
^{3}H	0,018	0,1

Die Arbeiten mit leicht flüchtigen, staubenden oder sehr radiotoxischen Substanzen müssen unter besonderen Schutzmaßnahmen ausgeführt werden. Hierfür eignen sich vorzüglich dicht abgeschlossene Systeme, Strahlenschutzkästen oder auch β-Boxen genannt. In jedem Labor müssen für diese Boxen mehrere Anschlußmöglichkeiten vorhanden sein (s. Abschnitt C III, 2). Jede Box ist praktisch ein kleines Laboratorium für sich und ist daher entsprechend auszurüsten. Für die üblichen Arbeiten haben sich bereits einige Konstruktionen herausgebildet, die auch schon im Handel zu haben sind.

In vielen Fällen erweist es sich aber als praktisch, den speziellen Aufgaben entsprechend Neukonstruktionen bauen zu lassen. (Ausgedehnte Literatur WALTON, 1958).

Größere Strahlenschutzkästen (Abb. 20) stellt man zweckmäßig auf fahrbare Tische. Man kann sie so leicht nach Beendigung der Arbeiten aus den Laboratorien entfernen und in einem Abstellraum unterbringen. Kleine Boxen (Abb. 21), die oft für die Ausführung einfacher Arbeiten sehr geeignet sind, werden auf die Labortische gestellt. Als Material für das Gehäuse hat sich Kunststoff, V2A-Stahl oder für die kleinen Kammern auch mit Kunststoffolie beklebtes Holz bewährt.

Weiche β-Strahler (auch α-Strahler) beliebiger Menge und harte β-Strahler in geringerer Menge handhabt man im sog. Handschuhkasten (vgl. Abb. 20, 21). Alle Arbeiten werden dabei mit fest eingesetzten armlangen Handschuhen ausgeführt. Als Material für die Handschuhe eignet sich Neopren. Zur Beobachtung der Arbeitsvorgänge

Abb. 21. Aufsetzbarer Handschuhkasten (Werksbild Sunvic Regler, Solingen-Ohligs)

ist in der Vorderseite der Box eine Plexiglas- oder Sekuritscheibe luftdicht eingesetzt. Die Öffnungen für die Handschuhe sind in der Plexiglasscheibe selbst vorgesehen oder bequem darunter angeordnet. Die Luft wird über Stutzen an der Decke in den Handschuhkasten eingeführt und abgesaugt. Sowohl die in den Strahlenschutzkasten eintretende als auch die abgesaugte Luft ist zu filtern. Die Eingangs- und Ausgangsfilter haben dabei nicht nur die Aufgabe, Staub und Kontaminationen fernzuhalten, sondern sie dienen gleichzeitig als luftdurchlässiger Verschluß, wenn die Boxen nicht benutzt werden. Die Ventilation innerhalb der Box wird so einreguliert, daß ein Unterdruck von ~ 20 mm Wassersäule gegen das Labor herrscht. Damit wird vermieden, daß radioaktive Substanzen durch Lecke oder nach unvorschriftsmäßigem Öffnen unkontrolliert austreten können. Alle im Verlauf der Arbeit aus der Box zu entnehmenden oder in sie einzubringenden Gegenstände müssen über eine Schleuse transportiert werden. Diese Schleuse ist zweckmäßig an einer Seitenwand des Gehäuses angebracht. Wichtig ist es, die Box mit ausreichenden Anschlüssen für Wechsel- und Gleichstrom sowie Wahlleitungen für Gase, Vakuum, Druckluft und Wasser auszurüsten. Die Durchführungen sollten in der Regel an der hinteren Wand liegen. Die Ventile für die einzelnen Leitungen sind jedoch am besten so angebracht, daß sie vorn an der Box von dem Arbeitenden selbst bedient werden können.

Die für die auszuführenden Arbeiten erforderlichen Apparaturen und Geräte müssen nach sorgfältiger Überlegung in der Box aufgebaut werden. Destillationsapparaturen, Rückflußkühler, Zentrifugen, Abfüllvorrichtungen usw. sind so anzuordnen, daß man sie bequem bedienen kann, da das Arbeiten in den Boxen

Abb. 22. Strahlenschutzkasten für die Verarbeitung von harten β-Strahlern (Werksbild Farbwerke Hoechst AG)

Abb. 23. Verwendung eines Abzuges als Handschuhkasten durch Abschluß mit einer Plexiglasscheibe (Werksbild Farbwerke Hoechst AG)

andernfalls die Arme ermüdet. Dasselbe gilt auch für die zur Papierelektrophorese und die Säulenchromatographie nötigen Geräte. Pumpen, Motore, elektrische Meßgeräte usw. werden nicht in die Box gestellt, sondern außerhalb installiert.

Wird es erforderlich, in den Boxen so hohe Aktivitätsmengen harter β-Strahler zu verarbeiten, daß die Strahlenbelastung der Hände zu groß werden würde, muß die Arbeit mit Ferngreifern ausgeführt werden. Abb. 22 zeigt einen Strahlenschutzkasten aus Plexiglas von 10 mm Wandstärke. Der Rahmen ist aus Aluminium gefertigt, Öffnungen für die Ferngreifereinsätze sind in verschiedener Höhe an zwei Seiten angebracht, so daß von vorn und von einer Seite gearbeitet werden kann. An der hinteren Wand sind die elektrischen Anschlüsse und die Durchführungen für Gase und Wasser vorhanden. Die für die Arbeiten mit γ-Strahlern entwickelten Greifer werden auch hier verwendet, wobei die Kugeldurchführungen allerdings aus Galalith gefertigt sind. Zum Schutz vor Kontamination sind einigen Greifern Kunststoffhüllen aufgesetzt. Damit wird vermieden, daß die Radionuclide über die Kugeldurchführungen mit dem bewegten Gestänge nach außen dringen.

Ist es aus räumlichen oder finanziellen Gründen nicht möglich, Boxen aufzustellen, so kann man sich bei manchen Arbeiten, die möglichst abgeschlossen ausgeführt werden sollen, helfen, indem man einen guten Abzug so umgestaltet, daß er einer Box ähnelt (Abb. 23). Die Abzugsscheibe aus Plexiglas wird fest nach unten geschlossen und mit den für die Armhandschuhe erforderlichen Öffnungen in gewünschten Abständen versehen.

2. Geräte für die Arbeit mit γ-Strahlern. Fernbedienungsgeräte

γ-Strahlen haben eine große Durchdringungsfähigkeit, und es ist deshalb erforderlich, zu ihrer Abschirmung ein Material hoher Dichte zu verwenden. Für die Absorption der γ-Strahlung in der Materie gilt das Exponentialgesetz

$$I = I_0\, e^{-\mu d}$$

I = Strahlenintensität hinter dem Absorbermaterial
I_0 = Strahlenintensität vor dem Absorbermaterial
μ = linearer Absorptionskoeffizient [cm^{-1}]
d = Schichtdicke des Absorbers [cm]

Um in einem Laboratorium Schutzwände des in Tab. 7 genannten Materials aufbauen zu können, muß der Unterbau entsprechend stark belastbar sein (s. Abschnitt C I, 1). Im allgemeinen verwendet man zur Abschirmung Blei. Es wird im Handel in Form von Ziegeln verschiedener Größe in einer Stärke von 50 und 100 mm angeboten. Die Seiten der Ziegel sind so gefertigt, daß sie ineinandergefügt werden können (Abb. 24). Dadurch werden beim Aufstellen der Schutzwände geradlinige Fugen, durch die ein Teil der γ-Strahlung ungeschwächt hindurchtreten könnte, vermieden. Aus derartigen Ziegeln lassen sich Abschirmungen beliebigen Ausmaßes und geeigneter Form aufbauen, man bezeichnet sie auch als Bleiburgen. Wenn mit offenen Präparaten gearbeitet werden soll, werden die Abschirmungen in Abzügen errichtet. Man paßt sie in der Form den Arbeits- und Raumverhältnissen an (Abb. 25). Es empfiehlt sich, Rahmen anfertigen zu lassen, in die die Ziegelwand fest eingespannt wird, um ihr sicheren Halt zu geben. Wenn

Tabelle 7. *Linearer Absorptionskoeffizient in verschiedenem Material für γ-Strahlung von 1,0 MeV*

Werkstoff	Linearer Absorptionskoeffizient [cm^{-1}]	Dichte [g · cm^{-3}]
Wolfram . . .	1,21	19,3
Blei	0,79	11,34
Eisen	0,47	7,89
Beton	0,141	2,3

nötig, kann man derartige Bleiwände auch vor Strahlenschutzkästen errichten, wie sie im Abschnitt D II, 1 beschrieben wurden, um dann in ihnen mit harten β- oder mit γ-Strahlern in offener Form umgehen zu können.

Bevor die Bleiwand aufgebaut wird, muß ihre Schichtdicke berechnet werden, die auf Grund der zu verarbeitenden Aktivität und der Energie der γ-Strahlen des

Abb. 24. Bleiziegel (Schwalbenschwanzform)

Abb. 25. Bleiburg mit Bleiglasfenstern und Ferngreifern im Abzug (Werksbild Farbwerke Hoechst AG)

Nuclids in einem bestimmten Abstand vom Strahler zur Abschirmung der Strahlung erforderlich ist. Für die Berechnung ist maßgeblich, daß die Dosisleistung am Platz des Arbeitenden im Mittel nicht mehr als 17 mr/8 Std. betragen darf, wenn dort ein und dieselbe Person täglich 8 Std. ohne Unterbrechung tätig ist. Mit Hilfe der Tab. 2 (s. Seite 445) sind diese Berechnungen sehr schnell möglich.

Ferner ist unbedingt jeder Arbeitsvorgang, der mit Ferngreifern ausgeführt werden muß, vor Errichtung der Schutzwand genau zu überlegen, damit die Kugeldurchführungen für die Ferngreifer an den günstigsten Stellen der Bleiwand eingebaut werden. Später lassen sie sich nur unter großem Aufwand versetzen. Es ist zu bedenken, daß einerseits das Fehlen eines Greifers die Arbeit sehr behindern kann, andererseits aber auch zu viele Greifer den Arbeitenden vor der Bleiburg stören. Die Greifer lassen sich in den Durchführungen der Kugeln nach innen und außen frei, nach den Seiten aber nur begrenzt bewegen. Der Arbeitsbereich eines Greifers hinter der Bleiburg ist damit festgelegt.

Zur Beobachtung der Arbeit wird in die Bleiwand ein Bleifenster eingesetzt. Diese Fenster werden in mehreren Größen mit verschiedenem Bleiäquivalent hergestellt (Tab. 8). Sehr vorteilhaft ist der große Brechungsindex (bis 1,95) der

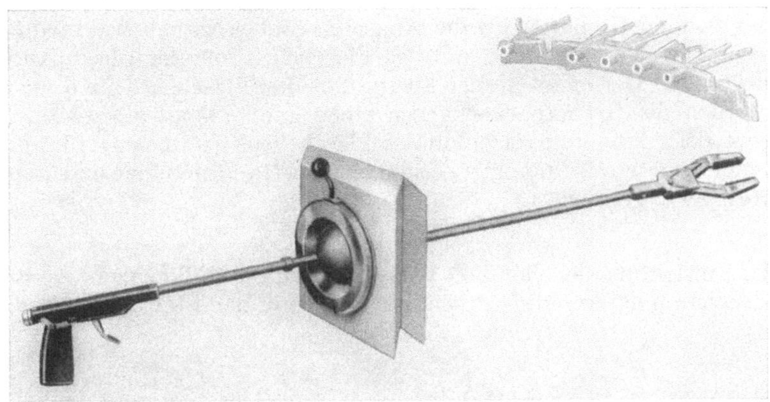

Abb. 26. Ferngreifer mit Kugeldurchführungen im Bleiziegel. Im Hintergrund auswechselbare Greiferköpfe (Werksbild Buchler & Co., Braunschweig)

Bleigläser, denn er gestattet trotz relativ kleiner Abmessung der Fenster (Kostenersparnis!) einen guten Überblick über das hinter der Bleiwand liegende Experimentierfeld. Große Fenster erübrigen sich daher in vielen Fällen.

Wenn die Bleiburg nach oben offen ist, läßt sich der Arbeitsplatz auch mit Hilfe von Spiegeln beobachten.

Für die Ausführung der Arbeit hinter der Bleiabschirmung sind Universal- wie auch einige Spezialgreifer entwickelt worden (Abb. 26). Doch ist nicht jeder Arbeitsvorgang mit einem dieser genormten Greifertypen leicht zu bewältigen, und kleine Veränderungen an den Greiferköpfen oder besondere Konstruktionen sind häufig erforderlich.

Der Universalgreifer übernimmt, wenn er mit einfachen Greiferbacken ausgerüstet ist, die Funktion des Haltens und des Transportes. Er ist oft so konstruiert, daß die Greiferbacken hinter der Bleiwand gegen andere Greiferköpfe ausgewechselt werden können. Zu nennen sind hier z. B. der Schneidkopf zum Öffnen von Injektionsfläschchen, der Ampullensägekopf oder Scheren und Flaschenzangen. Die Vorrichtungen zum Auswechseln dieser Köpfe sind sehr zu empfehlen, da man mit

Tabelle 8. *Bleiäquivalente verschiedener Glasarten*[1]

Glasart	spez. Gewicht	Brechungsindex	Bleiäquivalente[2] für γ-Strahlen von [60]Co
RS 253 . .	2,53	1,52	0,223
RS 253 G .	2,53	1,52	0,223
RS 323 . .	3,23	1,58	0,284
RS 323 G .	3,23	1,58	0,284
RS 360 . .	3,60	1,62	0,317
RS 360 G .	3,60	1,62	0,317
RS 408 . .	4,08	1,67	0,36
RS 408 G .	4,08	1,67	0,36
RS 446 . .	4,46	1,72	0,39
RS 519 . .	5,19	1,81	0,45
RS 596 . .	5,96	1,92	0,53
RS 620 . .	6,20	1,95	0,55

[1] Zusammenstellung der Jenaer Glaswerke Schott u. Gen., Mainz.

[2] Bleiäquivalenz: Grad der Schwächung von ionisierender Strahlung durch Abschirmstoffe auf eine gleiche Schichtdicke Blei bezogen. Für gleiche Schwächung gilt dann:

$$\text{Schichtdicke Glas (cm)} = \frac{\text{Schichtdicke Blei [cm]}}{\text{Bleiäquivalent}}$$

ihrer Hilfe bei geschickter Arbeitseinteilung den Einbau von ein bis zwei Greifern sparen kann. Zum Pipettieren und Verschließen von Schraubflaschen müssen immer Spezialgreifer verwendet werden.

Ein Beispiel erläutert, wie viele Ferngreifer für einen einfachen Arbeitsvorgang — z. B. das Abfüllen einer radioaktiven Lösung, die in einer Bleikapsel verschlossen angeliefert wird — erforderlich sind. Die Bleikapsel wird in die Bleiburg eingegeben, von einem Universalgreifer übernommen und fest eingespannt. Mit Hilfe eines zweiten Greifers wird die Kapsel geöffnet. Anschließend wird diesem Greifer eine Pinzette aufgesetzt, um das Fläschchen aus der Bleikapsel herausheben zu können. Der erste Greifer übernimmt das Fläschchen, und im zweiten Greifer werden die Greiferbacken gegen einen Schneidkopf ausgewechselt. Mit diesem wird der Aluminiumverschluß des Fläschchens geöffnet. Die Lösung wird über einen Pipettiergreifer mit einer geeigneten Pipette entnommen und in ein für sie bestimmtes Gefäß gegeben.

3. Tierkäfige

Bei der Einrichtung der Tierställe und -laboratorien muß bedacht werden, daß ein Teil der verabfolgten radioaktiven Substanzen in den Stoffwechsel einbezogen

Abb. 27. Stoffwechselkäfige für Kaninchen (Werksbild Farbwerke Hoechst AG)

und daher in Urin oder Faeces ausgeschieden wird. Im Hinblick auf den Strahlenschutz, besonders aber auch im Interesse einer sauberen Versuchsdurchführung, müssen Kontaminationen, die auf diese Gegebenheiten zurückzuführen sind, natürlich vermieden werden.

Man muß daher die Käfige mit einem Bodengitter versehen, unter dem sich eine Wanne zum Sammeln der radioaktiven Ausscheidungen befindet. Beide Bauteile müssen gut dekontaminierbar sein, wie übrigens auch die anderen Käfigteile leicht zu säubern sein sollen. Diese Forderung wird am ehesten durch Kunststoffe erfüllt, so daß der finanzielle Mehraufwand gegenüber konventionellen Ställen aus

Abb. 28. Einzelteile des Kaninchenkäfigs (Werksbild Farbwerke Hoechst AG)

Metall oder Holz in Kauf genommen werden muß. Stoffwechselkäfige sollten überhaupt nur aus säurefesten Materialien bestehen, so daß sie in toto dekontaminierbar sind. Schließlich empfiehlt es sich, genormte Teile zu verwenden und die gesamte Einrichtung der Ställe und Laboratorien nach dem Baukastenprinzip vorzunehmen, damit stärker kontaminierte Einheiten durch andere ersetzt werden können. Ein weiterer Vorteil dieser Bauart ist darin zu sehen, daß die Einzelteile der zerlegbaren Käfige leichter dekontaminiert werden können als sperrige, nicht aufteilbare Einheiten.

In der Abb. 27 sind Käfige für Kaninchen dargestellt. Der Käfig ist mit fahrbarem Unterbau als Ganzes gezeigt, während sich in Abb. 28

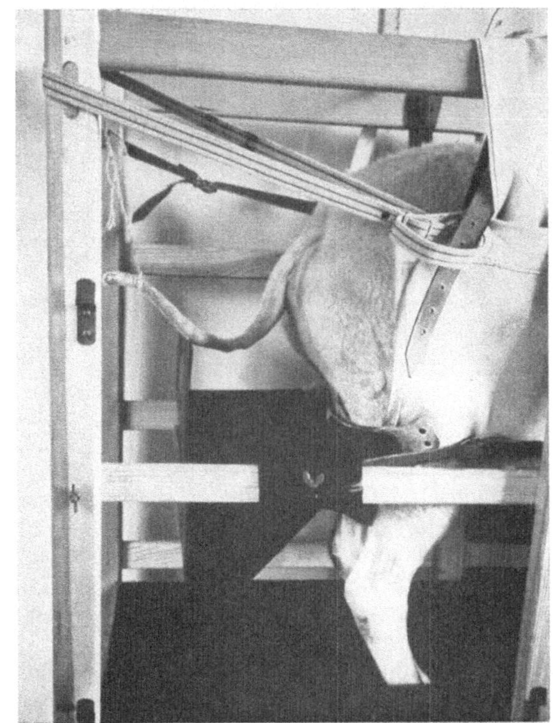

Abb. 29. Sammelvorrichtung für Kot und Urin (Werksbild Farbwerke Hoechst AG)

Einzelteile erkennen lassen. Als Baumaterial eignet sich durchsichtiges Polyvinylchlorid. Die Roste sind aus Drahtnetzen hergestellt, auf die Hostalen aufgesintert ist. Eine Vorrichtung für Bilanzversuche bei Schafen ist in Abb. 29 zu sehen. Auch hier sind die Teile, die einer Kontamination ausgesetzt sind — wie z. B. das Sammelbecken für den Kot — aus Hostalen gefertigt.

4. Medizinische Spezialgeräte

Für medizinische Belange gibt es einige speziell im Hinblick auf den Strahlenschutz konstruierte Instrumente und Geräte.

Zunächst sind hier die sog. „Strahlenschutztische" zu nennen. Sie werden bei der Vorbereitung der radioaktiven Lösungen für experimentelle, diagnostische oder therapeutische Anwendungen sowie zur Herrichtung der Meßproben benutzt und haben zum Arbeitenden hin und nach unten Bleieinlagen bis zu einer Stärke von 8 cm. Zum Schutze der Augen sind sie außerdem mit Bleiglasscheiben versehen. Die Abb. 30 zeigt einen derartigen Strahlenschutztisch.

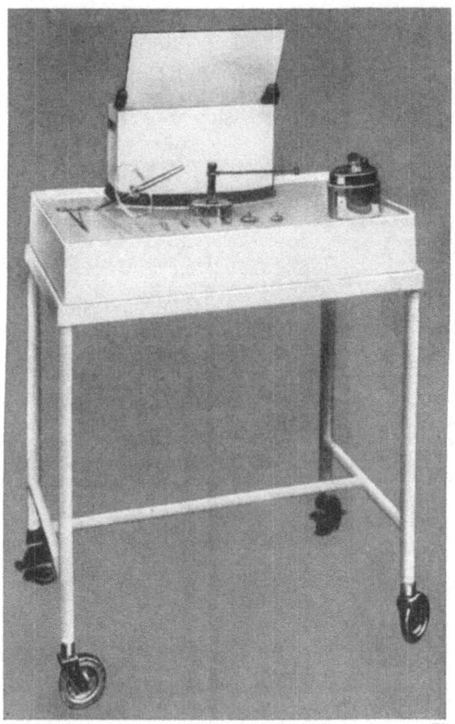

Abb. 30. Strahlenschutz-Tischaufsatz mit Tischgestell. (Werksbild Buchler & Co., Braunschweig)

Um bei der Injektion radioaktiver Lösungen die Hände nicht der vollen Dosisleistung aussetzen zu müssen, sind „Strahlenschutzspritzen" konstruiert worden, die um den eigentlichen Spritzenkörper, der aus Kunststoff hergestellt ist, einen Plexiglasmantel (für β-Strahlen) oder einen Bleimantel (für γ-Strahlen) haben. Es kann zwar keine Rede davon sein, daß bei harten γ-Strahlen ein völliger Schutz erreichbar ist, doch wird immerhin ein Teil der Strahlung absorbiert. Die Spritzen sind zerlegbar, um sie leicht säubern zu können (Abb. 31).

Auch für Infusionen gibt es spezielle Apparaturen, wie Abb. 32 zeigt. Die radioaktive Flüssigkeit befindet sich dabei in einer verschlossenen, mit Luftnadel versehenen Flasche hinter einem Bleischutz und kann über einen Spiegel beobachtet werden. Im Nebenschluß über einen Dreiweghahn befindet sich eine etwas höher angebrachte Infusionsflasche mit physiologischer Kochsalz- oder Traubenzuckerlösung. Bei der Anlage der Infusion benutzt man zunächst diese Flüssigkeiten und schaltet dann erst auf die radioaktive Lösung um. Auf diese Art können die Manipulationen, die vor Beginn der Infusion notwendig sind, vorgenommen werden, ohne daß der Arzt einer Strahlenwirkung ausgesetzt ist. Durch Bedienung des Dreiweghahns läßt sich das gesamte System durchspülen, so daß keine radioaktive Substanz verlorengeht.

Der ursprünglich für gynäkologische Zwecke entwickelte „Strahlenschutzstuhl" eignet sich für alle Arbeiten mit radioaktiven Stoffen, die im Sitzen verrichtet werden. Die Konstruktion solcher Stühle ist aus der Abb. 33 zu ersehen; sie schützt vor allem die Gonaden vor Bestrahlung .

Die mechanische Säuberung von Spritzen genügt meistens nicht, um Aktivitätsreste zu entfernen. Andererseits lassen sie sich nicht wie Glasgeräte in Chromschwefelsäure dekontaminieren. Daher bedient man sich zweckmäßigerweise sog.

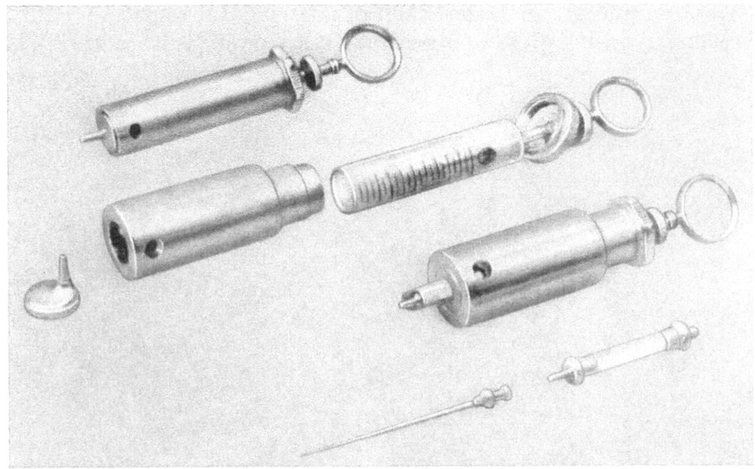

Abb. 31. Injektionsspritzen mit γ-Strahlenschutz nach J. H. MÜLLER(Werksbild Buchler & Co. ,Braunschweig)

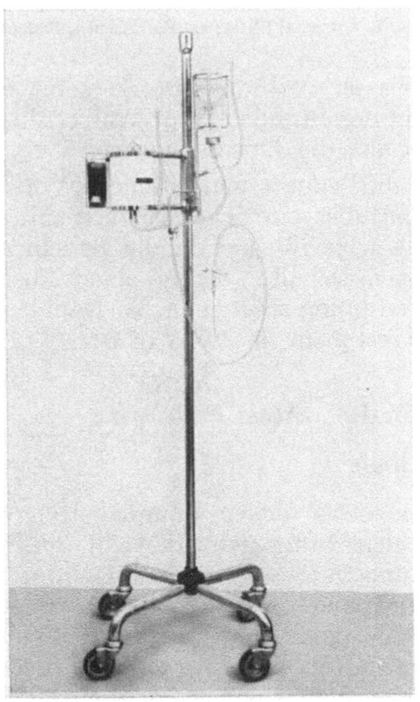

Abb. 32. Infusionsgerät für radioaktive Lösungen
(Werksbild Buchler & Co., Braunschweig)

Abb. 33. Strahlenschutzstuhl (Werksbild
H. Wälischmiller, Meersburg)

„Spülgeräte", die aus Kunststoff hergestellt und damit bei guter Bruchfestigkeit leicht von radioaktiven Substanzen zu befreien sind (Abb. 34). Die Spritzen werden auseinandergenommen und mit dem Conus nach oben auf die Bodenplatte des Geräteeinsatzes gestellt. Von unten strömt nun so lange Wasser in und durch den Spritzenkörper, bis der Wasserstand im Ablaufrohr, das die Form eines umgekehrten U hat, hoch genug ist, daß das gesamte Gerät nach dem Heberprinzip leerläuft. Ist das geschehen, so steigt der Wasserspiegel wieder, bis der beschriebene Vorgang von neuem beginnt. Da keinerlei mechanisch bewegte Teile in diesen Geräten sind, ist die Haltbarkeit praktisch unbegrenzt. Auch für Pipetten, Storchschnäbel usw. sind diese Spülgeräte sehr geeignet. Es ist jedoch zu bedenken,

Abb. 34. Spritzen-, Kanülen- und Pipetten-Spülgeräte (nach H. A. E. Schmidt) (Werksbild Karl Schuler, Freiburg)

daß Geräte dieser Art erhebliche Mengen Wasser verbrauchen. So setzt eine Apparatur zum Reinigen von 100 Pipetten in der Stunde 1,5 m³ Wasser durch. Die Benutzung solcher Spülgeräte vergrößert also die Abwassermenge.

Zur Dekontamination von Injektionsnadeln benutzt man ähnliche Vorrichtungen (Abb. 34 Mitte). An einem Rohr, das über ein Schlauchstück mit der Wasserleitung verbunden ist, sind Oliven angeschweißt, auf die die Nadeln aufgesetzt werden. Diese Konstruktion wird in einem Behälter, der mit einem Auslauf versehen ist, untergebracht. Mittels dieser Anordnung spült man die Kanülen so lange mit Wasser durch, bis keine Radioaktivität mehr nachweisbar ist.

III. Meß- und Warngeräte für den Strahlenschutz

1. Personendosis

Zur laufenden Überwachung der Personendosis dienen Filmplaketten und -ringe sowie Kondensatorkammern. Die Strahlenschutzplakette enthält den Film in einer Kassette, in der einzelne Felder durch verschiedene Strahlenfilter abgedeckt sind, so daß die Einwirkung von γ- und harter β-Strahlung unterschieden werden kann. Durch Auswertung der Filmschwärzung in den einzelnen Feldern läßt sich anhand von Eichmessungen die γ- oder Röntgen-Dosis angeben, der die Plakette ausgesetzt war. Ähnlich ist der Strahlenschutzring eingerichtet, mit dem die Dosis der auf die Hände einwirkenden β-Strahlung gemessen wird. Die regelmäßige monatliche Lieferung und Auswertung der Plaketten und Ringe erfolgt in der Bundesrepublik durch die radiologischen Institute der Universitäten Erlangen (Prof. Wachsmann) und Freiburg (Prof. Langendorff).

Die Kondensatorkammern, die wegen ihrer Bauart als Füllfederhalter auch Pen-Dosimeter genannt werden, erlauben es im Gegensatz zur Plakette die aufgenommene γ-Dosis jederzeit zu kontrollieren. Die Kammern werden in einem an das Netz anzuschließenden oder batterie-betriebenen Ladegerät aufgeladen, das für

den einfachen Kammertyp zugleich ein Elektrometer zum Ablesen der Dosis enthält. Bequemer im Gebrauch sind Pen-Dosimeter mit eingebautem Elektrometer (Abb. 35), an denen die Dosis jederzeit während der Arbeit abgelesen werden kann. Alle Kammerarten werden in verschiedenen Meßbereichen geliefert. Der für die Personendosis gebräuchlichste beträgt 200 mr, entsprechend der mittleren zulässigen Dosis für einen Zeitraum von zwei Wochen.

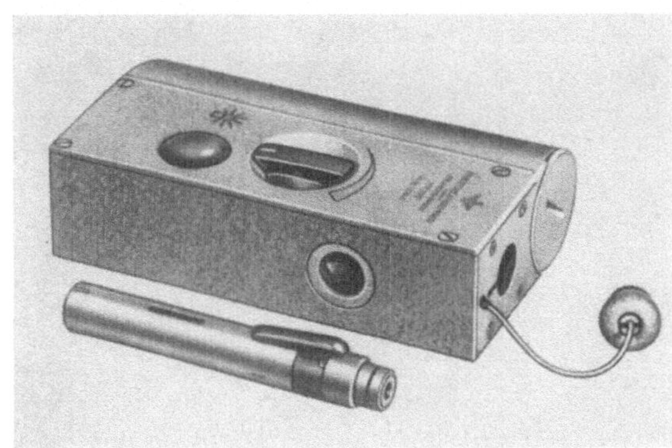

Abb. 35. Batteriebetriebenes Ladegerät und ablesbares Pen-Dosimeter. (Werksbild Frieseke & Höpfner GmbH, Erlangen-Bruck)

2. Dosisleistung am Arbeitsplatz

Die Dosisleistung wird i. a. in mr/Std. gemessen. Der wichtigste Bereich liegt zwischen 1 und 20 mr/Std., da 2 mr/Std. als Mittelwert pro Arbeitsstunde bei täglich achtstündiger Arbeitszeit der zulässigen Jahresdosis von 5 r entspricht. Die

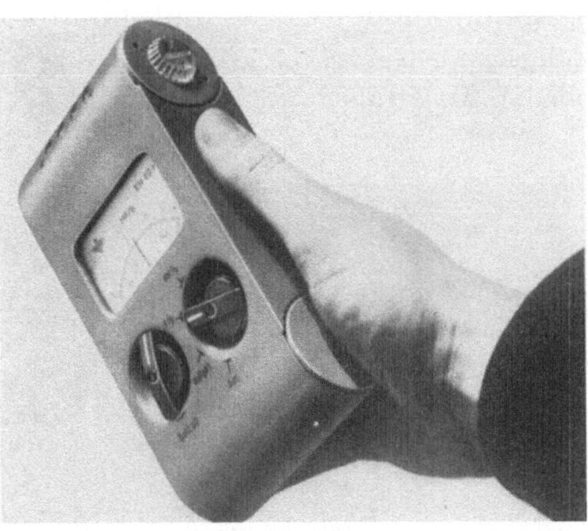

Abb. 36. Batteriebetriebenes Zählrohrgerät für die Messung von Dosisleistungen. (Werksbild Frieseke & Höpfner GmbH, Erlangen-Bruck)

Geräte zur Messung der Dosisleistung sind meist batteriebetrieben und daher netzunabhängig. Als Strahlendetektor enthalten sie entweder ein kleines Zählrohr oder eine Ionisationskammer. Zählrohrgeräte (Abb. 36) sind kleiner und handlicher, in Form und Größe etwa eines kleinen Fotoapparates oder Belichtungsmessers, während bei Ionisationskammergeräten (Abb. 37) die Kammer auf einen Pistolenhandgriff aufgesetzt ist. Meßtechnisch höher entwickelt sind die Ionisationskammergeräte. Ihre Anzeige ist in einem größeren Bereich unabhängig von der Energie der einfallenden Strahlung, ferner kann durch die sehr dünnen Kammerfenster auch weiche Strahlung noch gemessen werden, schließlich ist der gesamte Meßbereich größer und die Anzeigegenauigkeit höher. Die Zählrohrgeräte

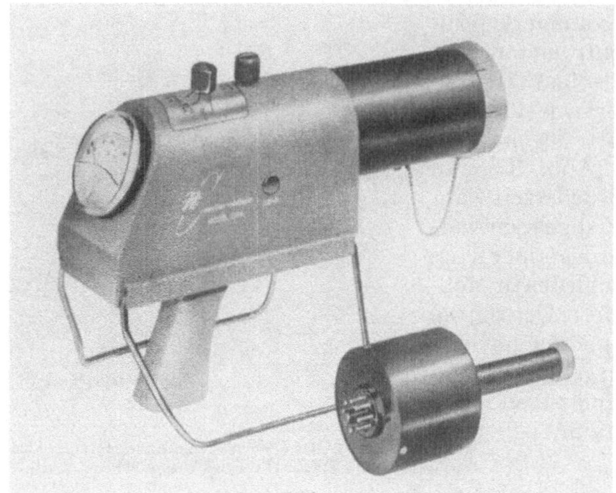

Abb. 37. Ionisationskammer zur Messung der Dosisleistung. (Werksbild Nuclear-Chicago, Ill./USA)

sind andererseits wegen ihres kleinen Formates handlicher und mit einer Genauigkeit von etwa 20% für die häufig mehr orientierenden Messungen der Ortsdosisleistung ausreichend.

3. Kontaminationssuche und -kontrolle

Vielseitig verwendungsfähig ist ein Überwachungsgerät, das häufig als *Monitor* bezeichnet wird (Abb. 38). Als Strahlendetektor dient ein Zählrohr, das an einem

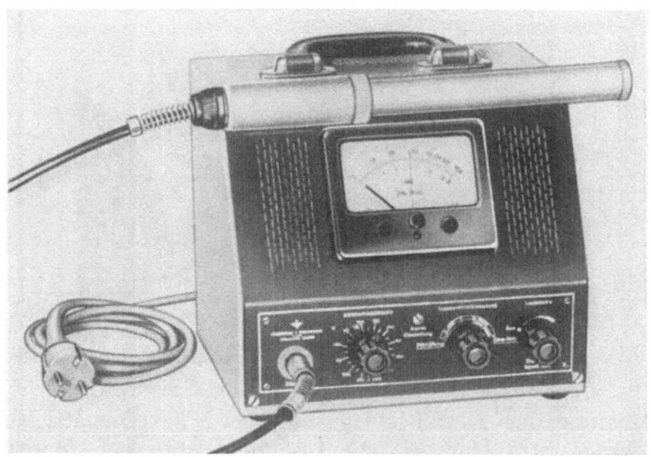

Abb. 38. Zählrohr-Monitor. (Werksbild Frieseke & Höpfner GmbH, Erlangen-Bruck)

Kabel frei herumgeführt werden kann. Die Impulsrate (Impulse je Zeiteinheit) ist auf einem Zeigerinstrument abzulesen. Die Einzelimpulse sind je nach ihrer zeitlichen Folge als Knacken, Prasseln oder Rauschen über einen eingebauten kleinen

Lautsprecher zu hören. Meistens besitzen diese Geräte noch ein akustisches Warnsignal, dessen Auslösung auf eine wählbare Impulsrate eingestellt werden kann. Derartige Monitore werden zweckmäßig über der Spüle, auf dem Labortisch oder auf einem kleinen fahrbaren Tischchen aufgestellt, um alle Arten von Laborgerät und auch Hände und Arbeitskleidung auf Kontaminationen zu kontrollieren. In die Zählrohrfassung können verschiedenartige Zählrohre eingesetzt werden, um gegebenenfalls α-, β- und γ-Strahlung relativ zu messen. Aus diesem Grunde zeigen Monitore im allgemeinen nicht die Dosisleistung, sondern eine von der Energie und Strahlenart sowie von der Dicke der Zählrohrwand und anderen Variabeln abhängige Impulsrate an. Für γ-Strahlen ist es jedoch möglich, sie auf Dosisleistung zu eichen.

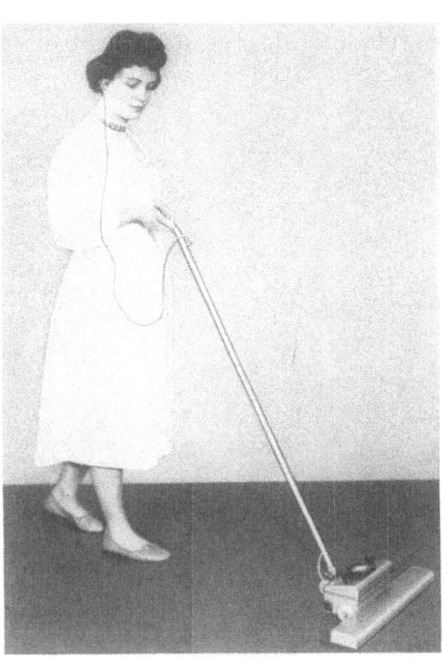

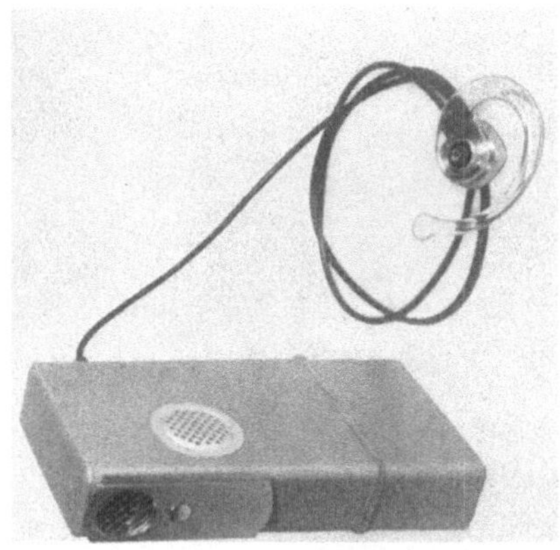

Abb. 39. Batteriebetriebenes Strahlensuchgerät mit Kopfhörer und Lautsprecher. (Werksbild Hartmann & Braun AG, Frankfurt)

Abb. 40. Fußboden-Kontrollgerät. (Werksbild Frieseke & Höpfner GmbH, Erlangen-Bruck)

Ein einfacher Vorläufer des Monitors existiert heute noch in Gestalt des batteriebetriebenen Strahlensuchgerätes (Abb. 39). Dieses hat im Suchkopf Zählrohr und Transistorenverstärker, während die akustische Anzeige des Impulses auf Kopfhörer oder Lautsprecher gegeben wird. Für die Fußbodenkontrolle sind jetzt Spezialgeräte (Abb. 40) in der Form eines kleinen Bohners entwickelt worden. Für die routinemäßige Kontrolle der Hände, Schuhe und Arbeitskleidung am Ausgang des Labors dienen Hand- und Schuhmonitore im Format etwa einer großen Personenwaage.

Mit allen diesen Warngeräten lassen sich nur qualitative Aussagen über die Anwesenheit radioaktiver Stoffe und nur relative Angaben über das Ausmaß der Kontamination machen.

4. Abwasser- und Luftkontrolle

Die Kontrolle des Abwassers und der Luft erfordert schreibende Geräte, mindestens aber Pegelwächter, die das Überschreiten einer bestimmten Impulsrate akustisch oder optisch anzeigen. Wegen des großen apparativen Aufwandes sind diese Geräte kostspielig. Zur Wasserkontrolle sind zwei verschiedene Verfahren entwickelt worden. Das einfachere arbeitet mit einem dünnwandigen Tauchzählrohr, an das ein üblicher Ratenmesser mit Schreiber angeschlossen ist. Mit diesem

Verfahren sind nur die härteren β-Strahler bis zur zulässigen Trinkwasserkonzentration hinunter nachzuweisen. Das andere Verfahren arbeitet mit der Verdampfung des Wassers in einem Heißluftstrom und mißt danach die im Dampf enthaltenen Schwebeteilchen in einem Luftkontrollgerät. Es sind dann für die meisten β- und γ-strahlenden Radionuclide Konzentrationen, die unter der zulässigen Trinkwasserkonzentration liegen, nachweisbar.

In einem solchen Luftkontrollgerät (Abb. 41) werden die Schwebeteilchen in einem Filterpapierband absorbiert, das anschließend über einem Zählrohr oder Szintillationszähler gemessen wird.

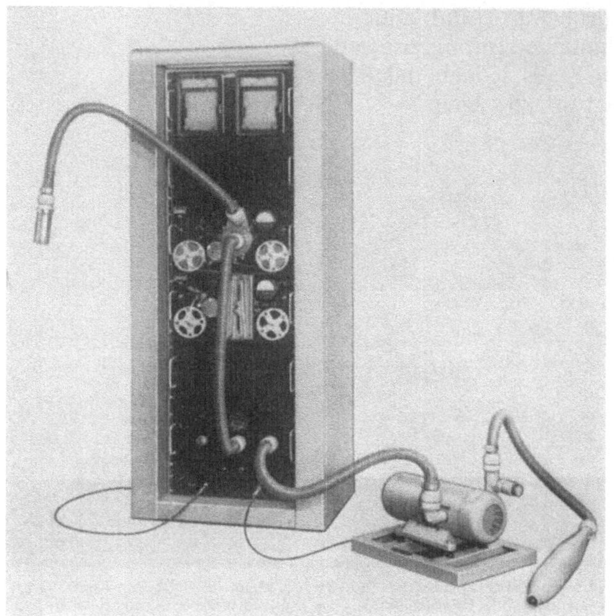

Abb. 41. Luftkontrollgerät. (Werksbild Frieseke & Höpfner GmbH, Erlangen-Bruck)

Eine sehr einfache Kontrolle der Atemluft im Labor ermöglichen Saugköpfe, die Luft durch eine Filterpapierröhre ziehen, in deren Mitte sich ein Strahlendetektor befindet. Dadurch werden allenfalls vorhandene radioaktive Staubspuren im Papierfilter angereichert und können so durch einen angeschlossenen Monitor gemessen werden.

E. Firmenverzeichnis

1. Strahlen-Meß- und -Warngeräte

Albert Speck GmbH, Pforzheim (Aspor)
Beckman Instruments, München, Freimannerstr. 115
Durag, Hamburg-Niendorf 1, Kollausstraße 105
Elektro-Spezial, Hamburg 1, Mönckebergstraße 7
Frieseke & Höpfner GmbH, Erlangen-Bruck
Gesellschaft für Nucleonic und Electronic mbH, München 2, Dachauer Straße 111
Herfurth GmbH, Hamburg-Altona, Beerenweg 6—8
Honeywell, Frankfurt (Main), Rheingauallee 112
Kirem GmbH, Frankfurt (Main), Bockenheimer Landstraße 107 (deutsche Vertretung für die Firmen: 20th Century Electronics Ltd., Grundig GmbH, Paul Firchow AG, Sandis & Geyr AG, Hartmann & Braun AG, Berkeley Division, Beckman Instruments Inc. Günther & Tegetmeyer, Zentralwerkstatt Göttingen)

Laboratorium Prof. Dr. Berthold, Wildbad (Schwarzwald)
L'Electronique Appliquée, Paris (deutsche Vertretung: Herfurth GmbH, Hamburg-Altona)
LKB-Produkter, Stockholm (Schweden)
Nuclear-Chicago (deutsche Vertretung: Dr. Virus KG, Bonn, Rheinweg 159)
Phys. techn. Werkstätten, Freiburg (Brsg).
Phywe, Göttingen
Siemens-Reiniger-Werke AG, Erlangen
Sunvic Regler GmbH, Solingen-Ohligs
Telefunken GmbH
Tracerlab, Waltham, Mass. (deutsche Vertretung: Leybold-Hochvakuum-Anlagen GmbH,
    Köln-Bayental, Bonner Straße 504)
Victoreen (deutsche Vertretung: Ing. Albert Knott, Ingenierbüro, München)
Willy Reichert, Trier

2. Abzüge, Handschuhkästen

Aug. Schnakenberg & Co., Chemie-Apparatebau, Wuppertal-Oberbarmen
Buchler & Co., Braunschweig, Frankfurter Straße 294
Emil Löwer, Wuppertal-Elberfeld, Friedrich Ebert-Straße 308
Geyer KG, Ilmenau
H. Wälischmiller, Meersburg (Bodensee)
Kunststofftechnik GmbH, Troisdorf
Leybold-Hochvakuum-Anlagen GmbH, Köln-Bayental
Sunvic Regler, Solingen-Ohligs

3. Bleiabschirmungen, Transportbehälter, Tresore

Aug. Schnakenberg & Co., Chemie-Apparatebau, Wuppertal-Oberbarmen
Buchler & Co., Braunschweig, Frankfurter Straße 294
Geyer KG, Ilmenau
H. Wälischmiller, Meersburg (Bodensee)
Karl Schuler, Freiburg (Brsg.), Hebelstraße 7/9
Nuclear Engineering Ltd., London S. E. 7, Woolwich Road
Rich. Seifert u. Co., Röntgenwerk, Hamburg, Hermann-Behnweg 5—11

4. Ferngreifer

Aug. Schnakenberg & Co., Chemie-Apparatebau, Wuppertal-Oberbarmen
Buchler & Co., Braunschweig, Frankfurter Straße 294
Central Research, USA (deutsche Vertretung Leybold-Hochvakuum-Anlagen GmbH)
Geyer KG, Ilmenau
H. Wälischmiller, Meersburg (Bodensee)
Leybold-Hochvakuum-Anlagen GmbH, Köln-Bayental (Tracerlab)

5. Sonstige Laboreinrichtungen

ATE — Alfred Teves, Maschinen- u. Armaturenfabrik, Frankfurt (Main), Rebstöcker Straße
    41—53 (Kühlanlagen)
Aug. Schnakenberg & Co., Chemie-Apparatebau, Wuppertal-Oberbarmen
Badische Anilin- und Sodafabrik AG., Ludwigshafen (Kunststoffe)
Buchler & Co., Braunschweig, Frankfurter Straße 294
Chemische Fabrik Röhm & Haas GmbH, Darmstadt (Kunststoffe)
Chemische Werke Hüls, Marl — Kreis Recklinghausen (Kunststoffe)
Colora GmbH, Lorch (Württ.) (Kühlgeräte)
Delbag-Luftfilter GmbH, Berlin-Halensee, Schweidnitz-Straße 11—16
Donges-Stahlbau GmbH, Darmstadt, Mainzer Straße 55 (Spezial-Krananlagen)
Dynamit-Actien-Gesellschaft, vormals Alfred Nobel & Co., Troisdorf Bez. Köln (Spezial-
    ventile aus Kunststoff, Kunststoffe)
Emil Löwer, Wuppertal-Elberfeld (Abzüge, Spüleinrichtungen usw.)
Farbenfabriken Bayer AG, Leverkusen (Kunststoffe)
Farbwerke Hoechst AG, vormals Meister Lucius & Brüning, Frankfurt (Main)-Hoechst
    (Kunststoffe wie Hostalen usw.)

Heinrich Rieber, Spültisch- und Apparatebau, Reutlingen-Betzingen (Spülen, z. B. V2A usw.)
H. Krantz, Lufttechnik, Aachen-Richterich
H. Wälischmiller, Meersburg (Bodensee)
Ingenjörsfirma Pumpett (deutsche Vertretung Braun, Melsungen)
Jenaer Glaswerk Schott & Gen., Mainz (Gläser, Bleiglasfenster)
Karl Schuler, Freiburg (Brsg.), Hebelstraße 7/9
Mannesmann-Verkaufsgemeinschaft, Düsseldorf (Kunststoff-Armaturen)
Säureschutz Reinruhr GmbH, Gladbeck (Westf.), (Oberflächenschutz usw.)
Vötsch Kältemaschinen und Kühlanlagen-Bau, Frommern (Württ.)
Wacker-Chemie GmbH, München (Kunststoffe)

Anmerkung: Das Firmenverzeichnis stellt zum größten Teil einen Auszug aus dem Achema-Jahrbuch 1956/58 dar und erhebt keinen Anspruch auf vollständige Aufzählung aller in den betreffenden Branchen tätigen Firmen.

Literatur

Africk, D. L., P. E. Novak and J. O. Blomeke: Radioactive waste treatment and disposal, a bibliography of unclassified literature. CF-57/8—118 (1957).

Barnes, D. E., and L. D. Taylor: Radiation hazards and protection. London: George Newnes Ltd. 1958.

Dieckmann, W., u. W. Knop: Gesundheitsschutz beim Umgang mit offenen radioaktiven Stoffen in nichtmedizinischen Betrieben. Zbl. Arbeitsmed. **5**, 9 (1955).

Dreiheller, H., u. E. H. Graul: Bau und Einrichtung einer Abteilung für angewandte Radioisotopie. Atompraxis **2**, 47 (1956).

Evans, E. D.: The atomic nucleus. New York, Toronto, London: McGraw Hill Book Company Inc. 1955.

Faires, R. A., and B. H. Parks: Radioisotope laboratory techniques. London: George Newnes Ltd. 1958.

Ficke, K. H.: Grundsätzliche Fragen bei der Einrichtung von Isotopenlaboratorien. Wiss. Ref. u. Ber. 2. Tagung der Arbeitsgemeinschaft der Strahlenschutzärzte des Deutschen Roten Kreuzes (1957).

Goertz, R. C.: Hot laboratory installation for physical measurements on irradiated plutonium. Second United Nations International Conference on the Peaceful Uses of Atomic Energy, Genf, 1958, Bd. 17, P/543, S. 659.

Götte, H.: Strahlenschutz beim Umgang mit offenen radioaktiven Stoffen. Atompraxis **6**, 99, 148 (1960).

Graul, E. H., u. H. Dreiheller: Über Bau und Einrichtung von Radioisotopenabteilungen. Heidelberg: Alfred Hüttig 1957.

Hall, G. R., and H. D. Sharma: The design and construction of a radiochemistry laboratory sited in a tropical area. Second United Nations International Conference on the Peaceful Uses of Atomic Energy, Genf, 1958, Bd. 17, P/1629, S. 691.

Hoffmann, W., u. J. Talsky: Dekontamination von Abwässern im radiochemischen Laboratorium der Farbwerke Hoechst AG. Atomwirtschaft **4**, 63, 159 (1959).

Hofmann, A., G. Schulze-Pillot u. E. Thomschke: Die lufttechnischen Anlagen im radiochemischen Laboratorium der Farbwerke Hoechst AG. Atomwirtschaft **4**, 525 (1959).

IAEA: Safe handling of radioisotopes. International Atomic Energy Agency, Wien 1958.

ICRP: Recommendations. London, New York, Paris, Los Angeles: Pergamon Press Ltd. 1959.

Jaeger, Th.: Technischer Strahlenschutz. München: Karl Thiemig 1959.

Leech, P., E. D. Hyam and G. A. Vaughan: Laboratory facilities for the examination of fuel elements and irradiation experiments at UKAEA, Windscale. Second United Nations International Conference on the Peaceful Uses of Atomic Energy, Genf, 1958, Bd. 17, P/1459, S. 599.

Machacek, V., M. Hubacek, E. Kos, M. Panyr and M. Weber: Design of high- and medium-level radiochemical laboratory. Second United Nations International Conference on the Peaceful Uses of Atomic Energy, Genf, 1958, Bd. 17, P/2095, S. 696.

Preuss, L. E., and J. H. L. Watson: Design and construction of a small radioactivity laboratory. Nucleonics **6**, Nr. 5, 11 (1960).

Quimby, H. E., and C. B. Braestrup: Planning the radioisotope programm in the hospital. Amer. J. Roentgenol. **63**, 6 (1950).

Reid, G. W., and O. M. Bizell: Planning a small radioisotope programm. Indian J. Med. Surg. **19**, 12 (1950).

Rice, C. N.: Laboratory for preparation and use of radioactive organic compounds. Ind. Engng. Chem. **41**, 2, 244 (1949).

SCHMIDT, H. A. E.: Strahlenschutzmaßnahmen beim Umgang mit offenen radioaktiven Substanzen. Techn. Assist. **55/56**, 5 (1959).
SCHULZE-PILLOT, G., u. H. SIMON: ULLMANNs Enzyklopädie, Bd. II. München, Wien: Urban & Schwarzenberg 1960 (in Vorbereitung).
SPENCE, R.: An atomic energy radiochemical laboratory — Design and operating experience. Proceedings of the International Conference on the Peaceful Use of Atomic Energy, Genf, 1955, Bd. 7, P/438, S. 39.
SWARTOUT, J. A.: Oak Ridge Nat. Lab. Research with low levels of radioactivity. Ind. Engng. Chem. **41**, 2, 227 (1949).
TOMPKINS, P. C.: A radioisitope building. Ind. Engng. Chem. **41**, 2, 239 (1949).
WALTON, G. N.: Glove boxes and shielded cells for handling radioactive materials. London: Butterworths Scientific Publication 1958.
YAKOVLYEV, G. N., and V. B. DEDOV: The development of methods for remote control operations in the radiochemical laboratories of the academy of sciences of the USSR. Second United Nations International Conference on the Peaceful Uses of Atomic Energy, Genf, 1958, Bd. 17, P/2026, S. 652.

Radioisotope für Untersuchungen in Physiologie, Pharmakologie und Diagnostik

Historische Übersicht der Anwendung von Isotopindicatoren

Von

Georg von Hevesy

Die Anwendung von radioaktiven Indicatoren war zunächst beschränkt auf die Umwandlungsprodukte des Urans und Thoriums. Es kamen in dieser Epoche, die sich von 1913 bis 1933 erstreckte, hauptsächlich die radioaktiven Isotope von Blei und Wismut in Betracht. Die erste biologische Anwendung wurde 1923 veröffentlicht.

Die zweite Epoche in der Geschichte der Isotopindicatoren wurde durch die Zugänglichkeit des von UREY 1932 entdeckten Deuteriums eröffnet. Deuterium wurde zunächst in starker Verdünnung im Jahre 1934 und ein Jahr später in konzentrierter Form angewandt.

Das Wirkungsfeld der Methode wurde durch die Entdeckung der künstlich erzeugten Radioaktivität durch FRÉDÉRIC und IRÈNE JOLIOT-CURIE 1932 ganz wesentlich erweitert. Etwa drei Jahre lang standen nur Mischungen von Radium oder Radon mit Beryllium als Neutronenquellen zur Erzeugung von künstlichen radioaktiven Substanzen zur Verfügung, von denen in biologischen Untersuchungen nahezu allein das am leichtesten erzeugbare P^{32} als Indicator Verwendung fand. Später, von 1937 an, ist es gelungen, mit Hilfe des von ERNEST LAWRENCE konstruierten Zyklotrons eine ganze Reihe von radioaktiven Substanzen von bemerkenswerter Aktivität herzustellen.

In der vierten Epoche der Geschichte der Anwendung der radioaktiven Indicatoren wurden dank der mächtigen Neutronenströme des Uranreaktors radioaktive Isotope nahezu aller Elemente von großer Aktivität zugänglich. Diesem Fortschritt war unter anderem die Zugänglichkeit des von ALVAREZ und CORNOG (1) 1939 entdeckten H^3 und des von RUBEN und KAMEN (2) 1940 entdeckten C^{14} zu verdanken. Im Jahre 1946 begann die amerikanische Atomenergiekommission radioaktive Isotope zu liefern.

In der vorliegenden historischen Darstellung werden nahezu alle Arbeiten erwähnt, die bis zum Jahre 1946 ausgeführt worden sind. Es waren das die Durchbruchsjahre der Methode. Arbeiten, die nach 1946 veröffentlicht worden sind, werden dagegen nur dann besprochen, wenn sie neue Wege zur Anwendung von radioaktiven Indicatoren anzeigen. Diese Einteilung konnte nicht für markierte

Elemente angewandt werden, die erst nach 1946 zum ersten Male als Indicatoren zur Anwendung gelangten. Der historischen Entwicklung entsprechend wird zuerst die Anwendung der Wasserstoffisotope, dann die des P^{32} sowie der Kohlenstoffisotope besprochen. In der weiteren Betrachtung wird die Anwendung der markierten Elemente in der Reihenfolge behandelt, die die betreffenden Elemente im periodischen System (nach WERNER und PFEIFER) einnehmen.

Literatur

1. ALVAREZ, L. W., and R. CORNOG: Phys. Rev. 56, 613 (1939).
2. RUBEN, S., and M. KAMEN: Phys. Rev. 57, 549 (1940).

Untersuchungen mit in der Natur vorkommenden radioaktiven Isotopen

Die erste biochemische Anwendung von radioaktiven Indicatoren erfolgte 1923, und zwar in der Untersuchung der Aufnahme von mit Thorium B markiertem Blei durch Bohnenkeimlinge und der Ermittlung, in welchem Ausmaße und mit welcher Geschwindigkeit das aufgenommene Blei wieder abgegeben wird, wenn man die Pflanze in eine nicht markiertes Blei oder andere Elemente enthaltende Nährlösung bringt (1). Kurz darauf fanden markiertes Blei und Wismut Anwendung bei der Untersuchung der Verteilung dieser Elemente zwischen den Organen des Kaninchenkörpers (2, 3, 4, 5) und wenige Jahre später die Aufnahme von markiertem Blei durch die roten Blutkörperchen (6, 7), die in den letzten Jahren aktuell wurde, als mit ThB-markierte Blutkörperchen zur Ermittlung des Blutkörperchengehaltes des menschlichen Kreislaufes Verwendung fanden (8). Radioautogramme der RaD enthaltenden Organe wurden aufgenommen (9). Die Verteilung des markierten Wismuts und Bleis in Geschwulstmäusen wurde untersucht (10, 11).

Literatur

1. HEVESY, G.: Biochem. J. 17, 439 (1923).
2. CHRISTIANSEN, J. A., G. G. HEVESY et S. LOMHOLT: C. R. Acad. Sci. (Paris) 179, 241 (1924).
3. — — — C. R. Acad. Sci. (Paris) 178, 1324 (1924).
4. WOLF, P. M., H. J. BORN u. A. CATSCH: Strahlenther. 73, 509 (1943).
5. BEHRENS, B.: Naunyn-Schmiedebergs Arch. exp. Path. Pharmak. 109, 332 (1925).
6. — u. R. PACHUR: Naunyn-Schmiedebergs Arch. exp. Path. Pharmak. 122, 317 (1927).
7. MORTENSEN, R. A., and K. E. KELLOG: J. cell. comp. Physiol. 23, 11 (1944).
8. HEVESY, G., and G. NYLIN: Circulation Res. 1, 102 (1953).
9. LOMHOLT, S.: J. Pharmacol. 40, 235 (1930).
10. HEVESY, G., u. O. H. WAGNER: Naunyn-Schmiedebergs Arch. exp. Path. Pharmak. 149, 336 (1930).
11. LACASSAGNE, A.: C. R. Soc. Biol. (Paris) 107, 462 (1931).

Die Anwendung künstlicher radioaktiver, sowie angereicherter stabiler Isotope

Wasserstoff

Kurz nach der Entdeckung des schweren Wasserstoffs durch UREY u. Mitarb. (1) kam mit 0,5% schwerem Wasser markiertes H_2O als Indicator zur Anwendung. Der Austausch der Wassermoleküle des Goldfisches mit denen der Umgebung wurde untersucht (2), die mittlere Verweilzeit der Wassermoleküle im menschlichen Körper und dessen Wassergehalt wurden bestimmt (3, 4). Bei der letztgenannten Bestimmung fand das Prinzip der Isotopverdünnung seine erste Anwendung in biologischen Untersuchungen. Auch die Verteilung des markierten Wassers in Ratten war Gegenstand einer frühzeitigen Untersuchung (5).

Nach der Zugänglichkeit von konzentriertem schwerem Wasser konnten SCHOENHEIMER und RITTENBERG (6) den Nachweis erbringen, daß der größte Teil der zugeführten, mit Deuterium markierten Fettsäuren, sogar im hungernden Tiere, in die Fettdepots eingebaut wird, sie konnten damit die Dynamizität des Aufbaus der Fettdepots nachweisen. Die Anwendung von markiertem Leinöl ermöglichte den Nachweis (7, 8, 9), daß die aufgenommenen Fettsäuren hauptsächlich in die Lipoide der Leber und der Niere eingebaut werden. Die Bildung von Stearinsäure und anderen Fettsäuren im schweres Wasser enthaltenden Körper erfolgt unter Einbau von Deuterium (10). Der Nachweis der im Körper sich abspielenden Überführung von gesättigten Fettsäuren in ungesättigte und vice versa konnte erbracht werden (11, 12) wie der im Organismus stattfindenden Überführung von Stearinsäure in Palmitinsäure (10). Es wurde von SCHOENHEIMER und RITTENBERG festgestellt, daß die Halbwertzeit der Bildungsgeschwindigkeit der Fettsäure in der Maus 5–9 Tage beträgt (13, 14).

Der Umsatz von Sterolen konnte mit der Hilfe von Deuterium als Indicator untersucht werden (15, 16). Ob Cholestenon in Coprosterol übergeführt werden kann, war auch Gegenstand einer Untersuchung (17). Der Einbau von Deuterium in Hefe, die in einer verschiedene Hexosen enthaltenden Nährlösung wuchs, wurde ebenfalls untersucht (18, 19, 20, 21, 22). Wenn Glucose in Fructose in der Gegenwart von D_2O übergeführt wird, tritt bei Zimmertemperatur kein Deuterium ins Fructosemolekül ein, anders wenn die Überführung bei einer Temperatur stattfindet, die 40° überschreitet (21, 23). Gegenstand einer Untersuchung war der Umsatz, den markierte Essigsäure durch die Einwirkung der Hefe erleidet (24).

Den Einbau von Deuterium in Proteine und Aminosäuren untersuchte man frühzeitig (25, 26, 27, 28, 29, 30). Die Zufuhr von markiertem Caseinhydrolysat an Ratten ergab eine Neubildung von 2,5% der Muskelproteine und von 10% der Leberproteine im Laufe von 3 Tagen (31). Schweres Wasser hat sich in Permeabilitätsstudien (32, 33, 34, 35) als nützlicher Indicator erwiesen. Die Methode der Isotopverdünnung fand auch in biochemischen Untersuchungen Anwendung (36, 37, 38, 39).

Die Entdeckung (40) und spätere Zugänglichkeit des Tritiums war ein großer Fortschritt. Starke Tritiumpräparate können noch nach einer 10^{10}fachen Verdünnung leicht nachgewiesen werden, während nach einer 10^6fachen Verdünnung Deuterium nur schwer nachweisbar ist. In der Bestimmung des Wassergehaltes des Körpers wird das schwere Wasser durch das überschwere (Tritium enthaltende) Wasser häufig ersetzt (41). Infolge der sehr weichen β-Strahlen des Tritiums finden Tritium enthaltende Verbindungen oft in autoradiographischen Untersuchungen Anwendung (42). Tritium enthaltendes Thymidin hat sich in Untersuchungen über die Bildung von Desoxyribosenucleinsäure besonders nützlich erwiesen (43).

Literatur

1. UREY, H. C., F. BRICKWEDDE and G. M. MURPHY: Physic. Rev. 30, 164 (1934).
2. HEVESY, G., u. E. HOFER: Z. physiol. Chem. 225, 28 (1934).
3. — — Klin. Wschr. 131, 1 (1934).
4. MOORE, F. D.: Sciene 104, 157 (1946).
5. MCDOUGALL, E. J., F. VERZAR, H. ERLENMEYER and H. GAERTNER: Nature (Lond.) 134, 1008 (1934).
6. SCHOENHEIMER, R., and D. RITTENBERG: J. biol. Chem. 111, 175 (1935).
7. CAVANAGH, B., and H. S. RAPER: Nature (Lond.) 137, 233 (1936).
8. — — Biochem. J. 33, 17 (1939).
9. BARRETT, H. M., C. H. BEST and J. H. RIDOUT: J. Physiol. 93, 307 (1938).
10. SCHOENHEIMER, R., and D. RITTENBERG: J. biol. Chem. 120, 155 (1937).
11. — — J. biol. Chem. 111, 163 (1935).
12. — — J. biol. Chem. 117, 485 (1937).
13. — — J. biol. Chem. 114, 381 (1936).

14. Rittenberg, D., and R. Schoenheimer: J. biol. Chem. **121**, 235 (1937).
15. Schoenheimer, R., D. Rittenberg and M. Graff: J. biol. Chem. **111**, 183 (1935).
16. Anchel, M., and R. Schoenheimer: J. biol. Chem. **125**, 23 (1938).
17. Schoenheimer, R., D. Rittenberg, B. Berg and N. Rousselot: J. biol. Chem. **115**, 635 (1936).
18. Bonhoeffer, K. F.: Z. Elektrochem. **40**, 470 (1934).
19. — Ergebn. Enzymforsch. **6**, 47 (1936).
20. Günther, G., u. K. F. Bonhoeffer: Z. physik. Chem. A. **180**, 185 (1937).
21. Geib, K. H.: Z. physik. Chem. A **180**, 211 (1937).
22. Bonhoeffer, K. F., u. W. D. Walters: Z. physik. Chem. A **181**, 441 (1938).
23. Fredhagen, H., u. K. Bonhoeffer: Z. physik. Chem. A **181**, 379, 392 (1938).
24. Sonderhof, R., u. H. Thomas: Liebigs Ann. Chem. **530**, 195 (1937).
25. Krogh, A., u. H. H. Ussing: Skand. Arch. Physiol. **75**, 90 (1936).
26. — — C. R. Lab. Carlsberg **22**, 282 (1938).
27. Ussing, H. H.: Skand. Arch. Physiol. **77**, 85 (1937).
28. — Skand. Arch. Physiol. **78**, 225 (1938).
29. Foster, G. L., D. Rittenberg and R. Schoenheimer: J. biol. Chem. **125**, 13 (1938).
30. — A. S. Keston, D. Rittenberg and R. Schoenheimer: J. biol. Chem. **127**, 319 (1939).
31. Ussing, H. H.: Nature (Lond.) **78**, 225 (1938).
32. Hevesy, G., E. Hofer u. A. Krogh: Skand. Arch. Physiol. **72**, 199 (1935).
33. — and C. F. Jacobsen: Acta physiol. scand. **1**, 11 (1940).
34. Flexner, L. B., A. Gellhorn and M. Merrell: J. biol. Chem. **144**, 35 (1942).
35. — — Amer. J. Physiol. **136**, 750 (1942).
36. Schoenheimer, R., S. Ratner and D. Rittenberg: J. biol. Chem. **103**, 703 (1939).
37. Graff, S., D. Rittenberg and G. L. Foster: J. biol. Chem. **133**, 745 (1940).
38. Ussing, H. H.: Nature (Lond.) **144**, 977 (1939).
39. Rittenberg, D., and G. L. Foster: J. biol. Chem. **133**, 737 (1940).
40. Alvarez, L. W., and R. Cornog: Physic. Rev. **56**, 613 (1939).
41. Pace, N., L. Kline, H. K. Schahman and M. Harfenist: J. biol. Chem. **168**, 459 (1947).
42. Eidinoff, M. L., P. J. Fitzgerald, E. A. Simmel and J. E. Knoll: Proc. Soc. exp. Biol. (N. Y.) **77**, 225 (1956).
43. Friedkin, M., D. Tilson and D. Roberts: J. biol. Chem. **220**, 627 (1956).

Phosphor

Kurz nach der Entdeckung der künstlichen Radioaktivität fand P^{32} im Jahre 1935 als erster auf künstlichem Wege erzeugter radioaktiver Indicator Anwendung. Mit den damals zur Verfügung stehenden Neutronenquellen, die aus Mischungen von Radon oder einem Radiumsalz mit Beryllium bestanden, ließ sich P^{32} von den für biologische Untersuchungen bedeutungsvollen Isotopen am leichtesten darstellen. Man erhielt praktisch gewichtsfreie Radiophosphorpräparate durch Bestrahlung großer Volumina (10 l) Schwefelkohlenstoff mit schnellen Neutronen, aus dem das P^{32} auf einfache Weise extrahiert werden konnte. Die erhaltene Aktivität, die unter 1 Microcurie lag, genügte zur Ausführung einer Reihe von Untersuchungen (1). Zuerst wurde die Frage beantwortet, ob die mineralischen Knochenbestandteile der ausgewachsenen Ratte eine Erneuerung erfahren oder nicht. Es zeigte sich eine Erneuerung eines beträchtlichen Teiles (30%) des Skeletes der ausgewachsenen Ratte. Aus dieser Feststellung konnte gefolgert werden, daß ein beträchtlicher Teil des Skeletes sich in dynamischem Gleichgewicht befindet (1). Der Einbau des P^{32} in den Knochenapatit des ausgewachsenen Skeletes wurde als eine Neubildung von Apatitkristallen, die mit der Auflösung vorhandener Hand in Hand geht, gedeutet und z. T. auch durch einen Austausch der an der Oberfläche der Apatitkristalle gelagerten Phosphoratome mit P^{32}-Atomen. Der Einbau des P^{32} in das Knochenapatit wurde bei wachsenden Ratten wesentlich ausgeprägter gefunden als bei ausgewachsenen, der Einbau in Knochen und andere Organe bei der graviden Maus wesentlich geringer als bei nicht graviden infolge des Übertrittes eines beträchtlichen Teiles von P^{32} in die Placenta. Menschliche Placenta zeigte gleichfalls eine starke Anreicherung von P^{32} (2).

Eine Untersuchung des Einbaues von P^{32} in die Zähne der Ratte und des Menschen ergab, daß in die wachsenden Incisoren ganz wesentlich mehr P^{32} eingebaut wird als in die nicht wachsenden Molaren. Nicht nur in der Nähe der Pulpa, sondern auch weit von ihr entfernt wird in den Rattenschneidezähnen P^{32} eingebaut. $1/_{300\,000}$ des Phosphors von 900 mg Natriumphosphat, das Versuchspersonen zugeführt wurde, konnte nach Verlauf einer Woche in einem Molar nachgewiesen werden, nur ein ganz geringer Bruchteil im Zahnschmelz (3, 4, 5, 6, 11, 12, 14). Ein wesentlicher Teil des Zahnschmelz-P^{32} stammt aus dem Speichel (7, 8, 9, 10, 11).

In Versuchen, in denen durch wiederholte Injektion von P^{32} die Plasmaaktivität von Kaninchen 50 Tage lang auf konstantem Niveau gehalten wurde, ergab sich eine Erneuerung von 29% des Apatits der Epiphyse und eine 7%ige der Diaphyse der Kaninchentibia (15). Auch in kürzeren Versuchen zeigte sich ein größerer Einbau des P^{32} in die Epiphyse als in die Diaphyse (16, 17, 19). In langdauernden Versuchen fand man den größten Teil des zugeführten P^{32} im Skelet, den kleinsten Teil im Gehirn angesammelt (18, 19). Rachitische Tiere bauen, entsprechend dem obigen Befunde, mehr P^{32} in das Skelet ein als gesunde (2, 20, 183). P^{32} fand vielfach Verwendung im Studium der Wirkung des Vitamin D auf die Knochenbildung (21, 22, 23, 24). Die Wirkung des Vitamin E und des Parathyroidhormons (13) wurde gleichfalls untersucht. Mit P^{32} wurde auch die Wirkung von Röntgenstrahlen auf die Knochenbildung untersucht (25).

Der Einbau des P^{32} in das Skelet kaltblütiger Tiere erfolgt wesentlich langsamer als in das von Mammaliern (26, 27). Frühzeitig wurde die Verteilung des P^{32} im Skelet und anderen menschlichen Organen untersucht (28). 19 Tage nach Verabreichung von markiertem Phosphat wurden 5% der zugeführten Menge im Skelet nachgewiesen (29). Die im Skelet des Kindes in der Zeiteinheit gebildete zusätzliche Knochensubstanz konnte aus der P^{32}-Aufnahme berechnet werden (166).

Ein wesentlicher Fortschritt für die Untersuchung des Phosphatumsatzes im Skelet war die Einführung radioautographischer Methoden (195, 200). Diese haben sich auch bei der Untersuchung von Zellteilungsvorgängen als von großem Werte erwiesen (196).

In der Untersuchung des Phosphatidumsatzes fand P^{32} zuerst im Jahre 1937 Anwendung (135, 136, 137). Der Vergleich der spezifischen Aktivität der Plasmaphosphatide mit der der Phosphatide der verschiedenen Organe führte zu dem Ergebnis, daß die Phosphatidmoleküle, die sich im Plasma befinden, hauptsächlich in der Leber gebildet werden (47, 53, 54, 104). Den unmittelbarsten Beweis dieser Folgerung erbrachten Versuche, in denen die spezifische Aktivität der Plasmaphosphatide normaler und hepatektomierter Hunde verglichen wurde (62).

Die Möglichkeit, daß Glycerophosphat die ausschlaggebende Ausgangssubstanz der Phosphatide sei, wurde bereits früher erwogen (54). Daß dies der Fall sei, wurde erst durch den Vergleich der zeitlichen Änderung der spezifischen Aktivität des Phosphatid-P, des Orthophosphat-P und des Glycerophosphat-P nachgewiesen(43).

Die Geschwindigkeit des Umsatzes der Plasmaphosphatide läßt sich dadurch ermitteln, daß man markierte Phosphatide enthaltendes Plasma z. B. dem Kaninchen (104) oder dem Hunde (139) transfundiert und die Geschwindigkeit feststellt, mit der die injizierten markierten Phosphatide verschwinden.

Daß das in ein befruchtetes Ei injizierte markierte Orthophosphat in die Phosphatide des Embryos, nicht jedoch in die des Eigelbs eingebaut wird (36) wie auch die Verfolgung des Einbaus von aktivem Phosphat, das der Henne zugeführt wird, in die Bestandteile des Eies, wurde noch in den dreißiger Jahren ausgeführt (37, 38, 39). Auch der Ursprung der Phosphatide und des Caseins der Milch wurde nachgewiesen (40). Verabreichung von Stilboestrol (41, 44) wie auch von Cholin (45, 49,

50, 51, 52, 144) wirkte stark fördernd auf den Phosphatidumsatz. Daß Verabreichung von Fett den Phosphatidumsatz fördert, wurde frühzeitig festgestellt (*38, 46, 48, 72*). Untersuchungen, in denen perfundierte Leber zur Anwendung kam, führten zum selben Ergebnis (*47*). Frühzeitige, eingehende Untersuchungen liegen über die Bildung markierter Phosphatide in der Muskulatur (*26, 38, 57*) und im Gehirn (*54, 56, 72, 136, 138*) vor. In mit markiertem Orthophosphat inkubierten Gewebeschnitten des Gehirns werden markierte Phosphatide gebildet (*68*), nicht, oder nahezu nicht in Homogenaten des Gehirns (*64*). Man fand, daß im Krebsgewebe der Phosphatidumsatz sehr erheblich ist, doch geringer als in der Leber (*57, 58, 59, 60, 61*). In Leberhomogenaten findet kein Einbau von P^{32} in Phosphatide statt (*64*). Die Bildung von markierten Phosphatiden in inkubierten Leberschnitten (*64, 67*) und in den Schnitten anderer Organe (*68*) wurde wiederholt nachgewiesen.

Im Zusammenhang mit den Untersuchungen über die Bildung markierter Phosphatide wurde der Umsatz der Aminoäthylphosphorsäure (*70, 71*) sowie des Vitellins untersucht (*73*). Daß die Entfernung der Nebennieren die Phosphorylierung der Fette nicht beeinflußt, zeigte man durch Vergleich der Bildung von markierten Phosphatiden in der Leber und im Dünndarm von normalen und von adrenalektomierten Ratten (*142*).

Bereits 1938 wurden Untersuchungen über den Umsatz säurelöslicher Phosphorverbindungen sowohl in vivo (*170*) wie in vitro (*163, 169*) ausgeführt. So zeigte sich ein rascher Einbau von P^{32} in die Kreatinphosphorsäure, eine rasche Erneuerung des labilen P des ATP im ruhenden Froschmuskel. Die Umsatzgeschwindigkeit wurde von der Temperatur stark, von der Muskelarbeit kaum abhängig befunden (*65*). Die rasche Erneuerung des ATP-Moleküls wurde in zahlreichen Untersuchungen festgestellt (*65, 74, 104, 147, 148, 149, 167*). Während die zwei Endphosphatgruppen des ATP rasch erneuert werden, ist das nicht der Fall für die letzte in die Adenylsäure eingebaute Phosphatgruppe (*145*). Auch in der Erneuerungsgeschwindigkeit der beiden terminalen Phosphatgruppen ist ein Unterschied festgestellt worden (*146, 147, 148, 149, 150*). Bei 22° ist der Eindringungskoeffizient der Phosphationen in den Froschmuskel auf $1{,}8 \cdot 10^{-5}$ cm per Stunde berechnet worden (*77*).

Die Beobachtung, daß einige Stunden nach der Verabreichung von markiertem Phosphat an hungernde Katzen die spezifische Aktivität des Glucose-6-Phosphats wesentlich höher gefunden worden ist als die des anorganischen P, labilen ATP und Kreatin-P, legte den Gedanken nahe, daß in der Synthese des Glucose-6-Phosphats in hungernden Tieren das extracellulare Phosphat beteiligt ist, im Gegensatze zur Synthese dieser Verbindung in gefütterten Tieren, die unter Teilnahme von in der Zelle vorhandenen Phosphorverbindungen vor sich geht (*74, 75, 149, 150, 151, 153*). In diesem Zusammenhange wurde auch die Wirkung des Insulins auf den Einbau des P^{32} in verschiedene Muskelfraktionen untersucht (*75, 152*).

Die Bildungsgeschwindigkeit markierter säurelöslicher Fraktionen der Leber war der Gegenstand zahlreicher Untersuchungen (*26, 154, 155, 156, 157, 160*) sowie die Wirkung des Insulins und anderer Hormone auf diese (*158, 161*). Nach Zufuhr von Phlorrhizin wird die Umsatzgeschwindigkeit des labilen P des ATP vermindert gefunden (*160*).

Die Verteilung des intravenös injizierten Chromphosphats im reticuloendothelialen System untersuchte man mit Hilfe von mit P^{32}-markiertem Chromphosphat (*101*).

Einige Zwischenreaktionen der Glykolyse wurden frühzeitig untersucht. Bei Abwesenheit von Co-Zymase fand kein Austausch der P-Atome der Kreatinphosphorsäure und des Orthophosphats im Muskeldialysat statt, nach deren Zusatz jedoch stellte sich ein Austausch ein. Es wurde ferner gezeigt, daß eine Phosphatgruppe einer organischen Verbindung, z. B. die von Coriester, dem Robisonester in der Gegenwart von Orthophosphat zugeführt werden kann, ohne daß das Orthophosphatmolekül markiert wird, also ohne Einkoppelung des Orthophosphats in die obige und einige andere Reaktionen (168, 169).

Die Verteilung des zugeführten P^{32} zwischen verschiedenen Organen des Tierkörpers sowie die P^{32}-Ausscheidung waren Gegenstand sehr zahlreicher Untersuchungen (16, 18, 19, 22, 26, 28, 123, 124, 125, 126, 127, 132, 133, 177, 178, 181, 184, 192, 193, 198). Aus dem Verhältnis der spezifischen Aktivität des Plasma-P und Faeces-P konnte der Anteil des endogenen Phosphors am Faeces-Phosphor berechnet werden (185, 199). P^{32} fand Anwendung im Studium des Stoffwechsels in verschiedenen Phasen des Sexualcyclus (194).

Die stärkere Aufnahme des P^{32} durch wachsende Gewebe wurde frühzeitig nachgewiesen (171, 172) und auch festgestellt, daß die Organe leukämischer Mäuse (164, 165) und Geschwulstmäuse und auch die von Krebskranken mehr P^{32} aufnehmen als die von Kontrollen (28, 29, 30, 31, 32, 90, 91, 92, 134, 174, 175, 176, 180).

Die erste Untersuchung über den Einbau von P^{32} in die Desoxyribosenucleinsäure ist erst 1940 ausgeführt worden (78, 79, 80, 81, 82, 96), über den Einbau in Ribosenucleinsäure zwei Jahre später (82). Wenn im Laufe einer Stunde der Gehalt eines wachsenden Organs an Desoxyribosenucleinsäure um 1% zunimmt und eine Bestrahlung mit Röntgenstrahlen diese Zunahme zu 0,9% vermindert, so ist diese Verminderung gleichbedeutend mit einem Unterschied von 0,1% im Desoxyribosegehalt des Organs. Diese Wirkung der Bestrahlung auf den Einbau von P^{32} in die Ribosenucleinsäure ist viel geringer als auf dessen Einbau in die Desoxyribosenucleinsäure (100). Der P^{32}-Einbau in die Gesamtnucleoproteide der Leber, in der ein Tumor erzeugt wurde, ist größer als in die von Kontrollratten (89). Der Einbau des P^{32} in die Zellkerne wurde gleichzeitig untersucht (90, 91, 92). Es zeigte sich, daß in den Kreislauf eingebrachte markierte Desoxyribosenucleinsäure (88) und andere markierte Phosphorverbindungen rasch Phosphat abspalten (93, 94).

Der Vergleich des Einbaus von P^{32} in die Desoxyribosenucleinsäure der Organe bestrahlter und unbestrahlter Tiere führte zu dem Ergebnis, daß eine Bestrahlung mit 300 r oder mit einer stärkeren Dosis den Einbau des P^{32} bis auf etwa die Hälfte reduziert (83, 84, 85, 86, 87, 100).

Das Eindringen von markiertem, dem Blute zugesetztem Phosphat in die roten Blutkörperchen wurde bereits im Jahre 1938 untersucht (102, 103, 104, 116, 117, 118). Es zeigte sich, daß das Phosphat ziemlich langsam in die Blutkörperchen eindringt und nach z. B. 3 Std. die spezifische Aktivität des anorganischen Phosphors der Blutkörperchen stark hinter der des Plasmas zurückbleibt, die spezifische Aktivität des labilen, säurelöslichen organischen Phosphors der Blutkörperchen sich jedoch nicht viel von der spezifischen Aktivität des Phosphors im anorganischen Phosphat der Erythrocyten unterscheidet. Diese Beobachtung ermöglichte die Markierung der roten Blutkörperchen mit P^{32} und deren Anwendung zur Bestimmung des roten Blutkörperchengehaltes des Kreislaufes (105, 106, 186), eine Methode, die in den vierziger Jahren sehr weitgehend angewandt wurde (107, 108, 109, 110, 111, 112, 113, 114, 115). Heute bleibt dieses Verfahren hinter der auf S. 21 besprochenen Chromatmarkierungsmethode stark zurück. Eine Übersicht über zahlreiche frühzeitige Untersuchungen über Blutvolumenbestimmung unter Zuhilfenahme von mit P^{32}-markierten Erythrocyten ist in Acta Medica enthalten (113).

Bei tiefer Temperatur dringt weniger P^{32} in die Blutkörperchen ein als bei Körpertemperatur (118, 143). Das Eindringen ist ein aktiver Prozeß. Die Aktivierungsenergie wurde zu 15000 cal festgestellt (119). An der Bildung eines Teiles der labilen organischen Phosphorverbindungen der Erythrocyten ist das Orthophosphat des Plasmas beteiligt. Dies folgt aus der Feststellung, daß die spezifische Aktivität des ATP-Phosphors der Erythrocyten etwas höher liegt als die ihres Orthophosphat-Phosphors (*188, 189*).

Die in den Erythrocyten des Vogelblutes vorhandenen beträchtlichen Phytinsäuremengen werden langsam umgesetzt (*120*), Diphosphoglycerat, das in den kernlosen Erythrocyten statt Phytinsäure vorhanden ist, rascher (*121*). Im Bluthämolysat wird das zugesetzte P^{32} in die säurelöslichen Verbindungen eingebaut, jedoch in viel geringerem Maße bei 0° als bei 37° (*119*). In den ersten Untersuchungen über das Eindringen von P^{31} und P^{32} in die Hefezelle wurde festgestellt, daß nahezu derselbe Bruchteil des P^{31} und P^{32} der Nährlösung in die Hefezelle eindringt, daß also in diesen Versuchen das Eindringen des Phosphats in die Zelle ein weitgehend einseitiger Vorgang ist (*173*). Spätere Versuche ergaben, daß markierte Hefezellen einer nichtmarkierten Nährlösung im Laufe eines Tages 3% ihres P^{32}-Gehaltes abgeben (*95*).

Die Ermittlung der Einbaugeschwindigkeit des P^{32} in verschiedene Organe von an Tuberkulose Leidenden wurde im Gorky Institute untersucht wie auch der Phosphatumsatz in an Tuberkulose erkrankten Knochen (*197, 198*).

Literatur

1. CHIEVITZ, O., and G. HEVESY: Nature (Lond.) **136**, 754 (1935).
2. — — Danske Vidensk. Sels. Biol. Medd. **13**, 9 (1937).
3. HEVESY, G., J. J. HOLST and A. KROGH: Danske Vidensk. Sels. Biol. Medd. **13**, 13 (1937).
4. MANLY, M., and W. F. BALE: J. biol. Chem. **129**, 125 (1939).
5. BARNUM, C. P., and W. D. ARMSTRONG: Amer. J. Physiol. **135**, 47 (1942).
6. ARMSTRONG, W. D.: Amer. Rev. Biochem. **11**, 441 (1942).
7. VOLKER, J. F., and R. F. SOGNNAES: J. dent. Res. **19**, 242 (1940).
8. PEDERSEN, P. O., u. B. SCHMIDT-NIELSEN: Schweiz. Mschr. Zahnheilk. **51**, 647 (1941).
9. SOGNNAES, R. F., and J. F. VOLKER: Amer. J. Physiol. **133**, 112 (1941).
10. BLAYNEY, J. R., F. WASSERMAN, G. GROETZINGER and T. G. DE WITT: J. dent. Res. **20**, 559 (1941).
11. PEDERSEN, P. O., and B. SCHMIDT-NIELSEN: Acta odontol. scand. **4**, 1 (1942).
12. MANLY, R. S., H. C. HODGE and M. MANLY: J. biol. Chem. **134**, 293 (1940).
13. WEISBERGER, L. H., and P. L. HARRIS: J. biol. Chem. **151**, 543 (1943).
14. LEVINE, C. J., W. MANN, H. C. HODGE, I. ARIEL and O. DuPONT: Proc. Soc. exp. Biol. (N. Y.) **47**, 318 (1941).
15. HEVESY, G., H. LEVI and O. H. REBBE: Biochem. J. **34**, 532 (1940).
16. HAHN, L. A., G. HEVESY and E. C. LUNDSGAARD: Biochem. J. **31**, 1705 (1938).
17. DOLS, M. J. L., B. C. P. JANSEN and G. J. VAN DER MAAS: Kon. Nederl. Akad. Vet. Proc. **42**, no. 6, 1 (1939).
18. COHN, W. E., and D. M. GREENBERG: J. biol. Chem. **123**, 185 (1938).
19. HEVESY, G.: J. chem. Soc. **1939**, 1215.
20. DOLS, M. J. L., B. C. P. JANSEN, G. J. SIZOO and G. J. VAN DER MAAS: Kon. Nederl. Akad. Vet. Proc. **40**, 547 (1937).
21. COHN, W. E., and D. M. GREENBERG: J. biol. Chem. **130**, 625 (1938).
22. MORGAREIDGE, K., and M. MANLY: J. Nutr. **18**, 411 (1939).
23. BALE, W. F.: Radiology **36**, 184 (1940).
24. SHIMOTORI, N., and A. F. MORGAN: J. biol. Chem. **147**, 201 (1943).
25. MARINELLI, L. D., and J. M. KENNEY: Radiology **37**, 691 (1941).
26. HEVESY, G., L. HAHN and O. REBBE: Kgl. Danske Vidensk. Selsk. Biol. Medd. **16**, 8 (1941).
27. — Acta physiol. scand. **9**, 234 (1945).
28. LAWRENCE, J. H., K. G. SCOTT and L. W. TUTTLE: New. intern. Clinics 3, 33 (1939).
29. ERF, L. A.: Proc. Soc. exp. Biol. (N. Y.) **47**, 287 (1941).
30. LAWRENCE, J. H., and K. G. SCOTT: Proc. Soc. exp. Biol. (N. Y.) **40**, 694 (1939).
31. — L. W. TUTTLE, K. G. SCOTT and C. L. CONNER: J. clin. Invest. **19**, 267 (1940).
32. WOODARD, H. CH., and N. L. HIGINBOTHAM: J. Amer. med. Ass. **116**, 1621 (1941).
33. KENNEY, J. M., L. D. MARINELLI and H. CH. WOODARD: Radiology **37**, 683 (1941).
34. FORSSBERG, A., and F. JACOBSSON: Acta radiol. (Stockh.) **26**, 523 (1945).
35. — Acta radiol. (Stockh.) **27**, 88 (1946).

36. HEVESY, G., H. LEVI and O. REBBE: Biochem. J. 32, 2147 (1938).
37. — and L. HAHN: Danske Vidensk. Sels. Biol. Medd. 14, 2 (1938).
38. ENTENMAN, C., S. RUBEN, I. PERLMAN, F. W. LORENZ and I. L. CHAIKOFF: J. biol. Chem. 124, 795 (1938).
39. LORENZ, F. W., I. PERLMAN and I. L. CHAIKOFF: Amer. J. Physiol. 138, 318 (1942—1943).
40. HEVESY, G., and A. H. W. ATEN jr.: Nature (Lond.) 142, 11 (1938).
41. FLOCK, E. V., and J. L. BOLLMAN: J. biol. Chem. 156, 151 (1944).
42. HEVESY, G., and L. HAHN: Danske Vidensk. Sels. Biol. Medd. 15, 6 (1940).
43. ZILVERSMIT, D. B., C. ENTENMAN, M. C. FISHLER and I. L. CHAIKOFF: J. gen. Physiol. 26, 325 (1943).
44. TAUROG, A., F. W. LORENZ, C. ENTENMAN and I. L. CHAIKOFF: Endocrinology 35, 483 (1944).
45. PERLMAN, I., and I. L. CHAIKOFF: J. biol. Chem. 128, 735 (1939).
46. HEVESY, G., and E. LUNDSGAARD: Nature (Lond.) 140, 275 (1937).
47. HAHN, L., and G. HEVESY: Biochem. J. 32, 342 (1938).
48. SCHMIDT-NIELSEN, K.: Acta physiol. scand. 12, Suppl. XXXVII (1946).
49. PATTERSON, J. M., N. B. KEEVIL and E. W. MCHENRY: J. biol. Chem. 153, 489 (1944).
50. FRIEDLANDER, H. D., I. L. CHAIKOFF and C. ENTENMAN: J. biol. Chem. 158, 231 (1945).
51. PATTERSON, J. M., and E. W. MCHENRY: J. biol. Chem. 156, 265 (1944).
52. RILEY, R. F.: J. biol. Chem. 153, 535 (1944).
53. ARTOM, C.: J. biol. Chem. 139, 953 (1941).
54. HEVESY, G., and L. HAHN: Danske Vidensk. Sels. Biol. Medd. 15, 5 (1940).
55. CHANGUS, G. W., I. L. CHAIKOFF and S. RUBEN: J. biol. Chem. 126, 493 (1938).
56. FRIES, B. H., C. W. CHANGUS and I. L. CHAIKOFF: J. biol. Chem. 132, 23 (1940).
57. JONES, H. B., I. L. CHAIKOFF and J. H. LAWRENCE: J. biol. Chem. 128, 631 (1939).
58. — — — J. biol. Chem. 133, 319 (1940).
59. — — — Amer. J. Cancer 40, 235 (1940).
60. HAVEN, F. L.: J. nat. Cancer Inst. 1, 205 (1940).
61. HUNTER, F. E., and S. LEVY: J. biol. Chem. 146, 577 (1942).
62. FISHLER, M. C., C. ENTENMAN, M. L. MONTGOMERY and I. L. CHAIKOFF: J. biol. Chem. 150, 47 (1943).
63. SCHACHNER, H., B. A. FRIES and I. L. CHAIKOFF: J. biol. Chem. 146, 95 (1942).
64. FISHLER, M. C., A. TAUROG, I. PERLMAN and I. L. CHAIKOFF: J. biol. Chem. 141, 809 (1941).
65. HEVESY, G., and O. REBBE: Acta physiol. scand. 2, 171 (1940).
66. ZILVERSMIT, D. B., C. ENTENMAN and M. FISHLER: J. gen. Physiol. 26, 325 (1943).
67. TAUROG, A., I. L. CHAIKOFF and I. PERLMAN: J. biol. Chem. 145, 281 (1942).
68. FRIES, A., H. SCHACHNER and I. L. CHAIKOFF: J. biol. Chem. 144, 59 (1942).
69. KAPLAN, N. O., MEMELSDORF and DODGE: J. biol. Chem. 160, 631 (1945).
70. CHARGAFF, E., and A. S. KESTON: J. biol. Chem. 134, 515 (1940).
71. — K. B. OLSON and P. F. PARTINGTON: J. biol. Chem. 134, 555 (1940).
72. ARTOM, C., G. SARZANA and E. SEGRÉ: Arch. int. Physiol. 47, 245 (1938).
73. CHARGAFF, E.: J. biol. Chem. 142, 505 (1942).
74. SACKS, J.: Amer. J. Physiol. 129, 227 (1940).
75. — Amer. J. Physiol. 143, 157 (1945).
76. — Amer. J. Physiol. 142, 145 (1944).
77. KROGH, A.: Proc. roy. Soc. London B 133, 195 (1946).
78. HAHN, L., and G. HEVESY: Nature (Lond.) 145, 549 (1940).
79. HEVESY, G., and J. OTTESEN: Acta physiol. scand. 5, 237 (1943).
80. ANDREASEN, E., and J. OTTESEN: Acta path. microbiol. scand. 1944, Suppl. LIV.
81. HAMMARSTEN, E., and G. HEVESY: Acta physiol. scand. 11, 335 (1946).
82. BRUES, A. M., M. M. TRACY and W. E. COHN: Science 95, 558 (1942).
83. EULER, H., and G. HEVESY: Dansk. Vidensk. Selsk. Biol. Medd. 17, 8 (1942).
84. — — Ark. Kemi A 17, No. 30 (1944).
85. AHLSTRÖM, L., H. EULER and G. HEVESY: Ark. Kemi A 19, No. 13 (1945).
86. — — — Ark. Kemi A 21, No. 6 (1945).
87. — — — and K. ZERAHN: Ark. Kemi A 23, No. 10 (1946).
88. — — — — Ark. Kemi A 22, No. 7 (1946).
89. KOHMAN, T. P., and H. P. RUSCH: Proc. Soc. exp. Biol. (N. Y.) 46, 403 (1941).
90. MARSHAK, A.: Science 92, 460 (1940).
91. — J. gen. Physiol. 25, 275 (1941).
92. — and A. C. WALKER: Amer. J. Physiol. 143, 235 (1944).
93. RILEY, R. F.: J. biol. Chem. 153, 535 (1944).
94. AIRD, R. B., W. E. COHN and S. WEISS: Proc. Soc. exp. Biol. (N. Y.) 45, 306 (1940).
95. HEVESY, G., and K. ZERAHN: Acta radiol. (Stockh.) 27, 157 (1946).
96. SPIEGELMAN, S., and M. D. KAMEN: Science 104, 581 (1946).

97. LINDAHL, P. E., M. MALM, B. STRINDBERG and B. M. LAGERGREN: Nature (Lond.) **158**, 746 (1946).
98. BORN, H. J., A. LANG, G. SCHRAMM and K. G. ZIMME: Naturwissenschaften **29**, 222 (1941).
99. STANLEY, W. M.: J. gen. Physiol. **25**, 881 (1942).
100. HOLMES, B. E.: Brit. J. Radiol. **20**, 450 (1947).
101. JONES, H. B., CH. J. WROBEL and W. R. LYONS: J. clin. Invest. **23**, 738 (1944).
102. ATEN jr., A. H. W., and G. HEVESY: Nature (Lond.) **142**, 952 (1938).
103. HEVESY, G., and A. H. W. ATEN jr.: Danske Vidensk. Selsk. Biol. Medd. **14**, No. 5 (1939).
104. — and L. HAHN: Danske Vidensk. Selsk. Biol. Medd. **15**, No. 6 (1940).
105. HAHN, L., and G. HEVESY: Acta physiol. scand. **1**, 1 (1940).
106. HEVESY, G., and K. ZERAHN: Acta physiol. scand. **4**, 376 (1942).
107. — K. H. KÖSTER, G. SÖRENSEN, E. WARBURG and K. ZERAHN: Acta med. scand. **116**, 561 (1944).
108. NYLIN, G., and M. MALM: Cardiologia (Basel) **7**, 112 (1943).
109. — Ark. Kemi A **20**, No. 17 (1945).
110. — Amer. Heart J. **30**, 1 (1945).
111. — Cardiologia (Basel) **9**, 22 (1945).
112. GERNANDT, B., and G. NYLIN: Amer. Heart J. **32**, 411 (1946).
113. NYLIN, G.: Acta med. **147**, 275 (1953).
114. KROGH, E.: Acta physiol. scand. **10**, 271 (1945).
115. GOVAERTS, J.: Acta biol. Belg. **4**, 425 (1942).
116. LEVI, H.: Ark. Kemi A **21**, No. 5 (1945).
117. — Dansk. Vidensk. Selsk. Math. Fys. Medd. **23**, 10 (1945).
118. SMITH, P. K., A. J. EISENMAN and A. W. WINKLER: J. biol. Chem. **141**, 555 (1941).
119. HAHN, L., and G. HEVESY: Acta physiol. scand. **3**, 193 (1942).
120. RAPOPORT, S., E. LEVA and G. M. GUEST: J. biol. Chem. **139**, 633 (1941).
121. GUEST, G. M., and S. RAPOPORT: Physiol. Rev. **21**, 410 (1941).
122. HAHN, L., and G. HEVESY: C. R. Trav. Lab. Carlsberg, Sér. Chim. **22**, 188 (1940).
123. ERF, L. A., and J. H. LAWRENCE: Ann. intern. Med. **15**, 276 (1941).
124. — — J. clin. Invest. **20**, 567 (1941).
125. — L. W. TUTTLE and J. H. LAWRENCE: Ann. intern. Med. **15**, 487 (1941).
126. TUTTLE, L. W., K. G. SCOTT and J. H. LAWRENCE: Proc. Soc. exp. Biol. (N. Y.) **41**, 20 (1939).
127. LAWRENCE, J. H., L. A. ERF and L. W. TUTTLE: J. appl. Physics **12**, 333 (1941).
128. RAPOPORT, S., and G. M. GUEST: J. biol. Chem. **138**, 269 (1941).
129. — J. biol. Chem. **135**, 403 (1940).
130. HEVESY, G., L. HAHN and O. REBBE: Dansk. Didensk. Selsk. Biol. Medd. **16**, No. 8 (1941).
131. MARGAREIDGE, K., and M. MANLY: J. Nutr. **18**, 411 (1939).
132. HARRISON, H. E., and H. C. HARRISON: Amer. J. Physiol. **134**, 781 (1941). ANDERSON, R. S.: Amer. J. Physiol. **137**, 539 (1942).
133. WEISSBERGER, L. H., and E. S. NASSET: Amer. J. Physiol. **138**, 149 (1942/1943).
134. MARINELLI, L. D., and B. GOLDSCHMIDT: Radiology **34**, 458 (1942).
135. ARTOM, C., G. SARZANA, C. PERRIER, M. SANTANGELO and E. SEGRÈ: Nature (Lond.) **139**, 836 (1937).
136. HAHN, L., u. G. HEVESY: Skand. Arch. Physiol. **77**, 148 (1937).
137. PERLMAN, I., S. RUBEN and I. L. CHAIKOFF: J. biol. Chem. **122**, 169 (1937).
138. CHARGAF, E.: J. biol. Chem. **128**, 587 (1939).
139. ZILVERSMIT, D. B., C. ENTENMAN, M. C. FISHLER and I. L. CHAIKOFF: J. gen. Physiol. **26**, 333 (1943).
140. FRIES, B. A., and I. L. CHAIKOFF: J. biol. Chem. **141**, 479 (1941).
141. MANERY, J. F., and W. F. BALE: Amer. J. Physiol. **132**, 215 (1941).
142. STILLMAN, N., C. ENTENMAN, E. ANDERSON and I. L. CHAIKOFF: Endocrinology **31**, 481 (1942).
143. HEVESY, G., and L. HAHN: Danske Videnskab. Selskab., Biol. Medd. **15**, 7 (1940).
144. ENTENMAN, C., I. L. CHAIKOFF and H. D. FRIEDLANDER: J. biol. Chem. **162**, 111 (1946).
145. KORZYBSKI, T., and J. K. PARNAS: Bull. Soc. Chim. biol. **21**, 713 (1939).
146. FURCHGOTT, R. F., and E. SHORR: Fed. Proc. **2**, 13 (1943).
147. — — J. biol. Chem. **151**, 65 (1943).
148. SACKS, J., and E. H. ALTSCHULER: Amer. J. Physiol. **137**, 750 (1942).
149. KALCKAR, H. M.: J. biol. Chem. **154**, 267 (1944).
150. — J. DEHLINGER and A. MEHLER: J. biol. Chem. **154**, 275 (1944).
151. SACKS, J.: Science **98**, 388 (1943).
152. — Amer. J. Physiol. **142**, 621 (1944).
153. KJERULF-JENSEN, K., and E. LUNDSGAARD: Acta physiol. scand. **7**, 209 (1944).
154. KAPLAN, N. O., and D. M. GREENBERG: J. biol. Chem. **150**, 479 (1943).
155. — — J. biol. Chem. **156**, 525 (1944).

156. LINDBERG, O.: Ark. Kemi A **23**, 2 (1946).
157. KAPLAN, N. O., I. MEMELSDORF and E. DODGE: J. biol. Chem. **160**, 631 (1945).
158. — and D. M. GREENBERG: Amer. J. Physiol. **140**, 598 (1944).
159. LAWRENCE, J. H.: Radiology **35**, 51 (1940).
160. NELSON, N., S. RAPOPORT, G. M. GUEST and I. A. MIRSKY: J. biol. Chem. **144**, 291 (1942).
161. WEISSBERGER, L. H.: J. biol. Chem. **160**, 48 (1945).
162. RAPOPORT, S., N. NELSEN, G. M. GUEST and L. A. MIRSKY: Science **93**, 88 (1941).
163. MEYERHOF, O., P. OHLMEYER, W. GENTNER u. H. MAIER-LEIBNITZ: Biochem. Z. **298**, 396 (1938).
164. TUTTLE, L. W., L. A. ERF and J. H. LAWRENCE: J. clin. Invest. **20**, 57 (1941).
165. — — — J. clin. Invest. **20**, 577 (1941).
166. BAUER, G. C. H., A. CARLSSON and B. LINDEQUIST: Acta paediat. **44**, 477 (1955).
167. FLOCK, E. V., and J. L. BOLLMAN: J. biol. Chem. **152**, 371 (1944).
168. HEVESY, G., T. BARANOWSKY, A. J. GUTKE, P. OSTERN and J. K. PARNAS: Acta biol. exp. Warsaw **12**, 34 (1938).
169. PARNAS, J. K.: Bull. Soc. Chim. biol. **21**, 1059 (1939).
170. HEVESY, G., and O. REBBE: Nature (Lond.) **141**, 1097 (1938).
171. BULLIARD, H., I. GRUNDLAND et A. MOUSSA: C. R. Acad. Sci. (Paris) **207**, 745 (1938).
172. — — — C. R. Acad. Sci. (Paris) **208**, 843 (1939).
173. HEVESY, G. K., LINDERSTRÖM-LANG and C. OLSEN: Nature (Lond.) **140**, 725 (1937).
174. KENNEY, J. M., L. D. MARINELLI and L. F. CRAVER: Amer. J. Roentgenol. **47**, 217 (1942).
175. SCOTT, K. G.: Cancer Res. **5**, 365 (1945).
176. WARREN, S.: Cancer Res. **3**, 334 (1943).
177. COOK, S. F., K. G. SCOTT and P. ABELSON: Proc. nat. Acad. Sci. (Wash. **23**, 528 (1937).
178. PECHER, C.: Proc. exp. Biol. (N. Y.) **46**, 86 (1941).
179. TWEEDY, W. R., and W. W. CAMPBELL: J. biol. Chem. **154**, 339 (1944).
180. HODGE, H. C., and STERNER: J. Pharmacol. **79**, 225 (1943).
181. GAUNT, W. E., H. D. GRIFFITH and J. T. IRVING: J. Physiol. **100**, 372 (1941/1942).
182. HUNTER, F. T., and A. F. KIP: J. appl. Physics **12**, 324 (1941).
183. DOLS, M. J., C. P. JANSEN, G. J. SIZOO and F. BARENDREGT: Kon. Akad. Wet. Amsterdam **41**, 997 (1938).
184. GOVAERTS, J.: Nature (Lond.) **160**, 53 (1947).
185. HEVESY, G., L. HAHN and O. REBBE: Danske Vidensk. Selsk. Biol. Medd. **14**, No. 3 (1938).
186. ANDERSON, R. S.: Amer. J. Physiol. **137**, 539 (1942).
187. EISENMAN, A. J., L. OTT, P. K. SMITH and A. W. WINKLER: J. biol. Chem. **135**, 165 (1940).
188. GOURLEY, D. R. H.: Arch. Biochem. Biophys. **40**, 1 (1952).
189. GERLACH, E., A. FLECKENSTEIN u. G. FREUNDT: Arch. ges. Physiol. **263**, 682 (1957).
190. HEVESY, G., and J. OTTESEN: Nature (Lond.) **156**, 534 (1945).
191. OTTESEN, J.: Acta physiol. scand. **32**, 75 (1954).
192. GREENBERG, D. M., J. FRAENKEL-CONRAT and M. B. GLENDENING: Fed. Proc. **6**, No. 1 (1947).
193. BORELL, U., and Å. ÖRSTRÖM: Acta physiol. scand. **10**, 231 (1945).
194. — A. WESTMAN and Å ÖRSTRÖM: Gynecologia **123**, 186 (1947).
195. BELANGER, L. F., and C. LEBLOND: Endocrinology **39**, 8 (1946).
196. PELC, S. R.: Nature (Lond.) **160**, 749 (1947).
197. GRODENSKY, D. E., and M. T. ILINA: Proc. First Conf. Moscow Physiol. Soc. 1941.
198. VLADIMIROW, G. E.: Proc. Kirov Med. Conf. 1946.
199. KJERULF-JENSEN, K.: Acta physiol. scand. **3**, 1 (1941).
200. DOLS, M. J. L., B. C. P. JANSEN, G. J. SIZOO and G. J. VAN DER MAAS: Proc. Kon. Akad. Vet. Amsterdam **62**, No. 6 (1939).

Kohlenstoff

Bevor es möglich war, C^{14} durch Einwirkung von im Uranreaktor entstehenden Neutronen auf N^{14} zu erzeugen — was einen ganz großen Fortschritt darstellte —, bediente man sich des C^{11} oder C^{13} als Indicator des Kohlenstoffs. C^{11} hat eine Halbwertzeit von nur 21 min, C^{13} ist ein seltenes stabiles Isotop, das in angereicherter Form zur Anwendung gelangt. Markierung mit C^{11} fand ihre erste Anwendung beim Studium der Photosynthese, die in Algen und anderen Pflanzen stattfindet (*1, 2*). Es zeigte sich, daß die erste Bindung von Kohlenstoffatomen in der Carboxylgruppe erfolgt (*3*). Das Molekulargewicht des ersten Fixationsproduktes bei der

Belichtung von Chlorella beträgt 1000 (*4*). Daß der biochemische Einbau des CO_2-Kohlenstoffs eine ganz allgemeine Erscheinung ist und nicht nur im Laufe einer Photosynthese stattfindet, zeigten bereits frühzeitige Untersuchungen (*5, 6, 7*).

In Studien, in denen keine Isotopindicatoren Verwendung finden, kann man die Teilnahme von CO_2 an der Reaktion nur in solchen Fällen nachweisen, in denen der Verbrauch der Kohlensäure die bei der gleichzeitig stattfindenden Atmung oder Gärungsprozessen freiwerdende Kohlensäuremenge überschreitet. Mit Hilfe von markierter Kohlensäure läßt sich der Einbau des CO_2 in die sich bildende Verbindung unmittelbar nachweisen. So z. B. fand man bei der Gärung der Purine des Clostridium acidi-urici in der Gegenwart von markiertem CO_2 markierte Kohlenstoffatome in beiden Kohlenstoffatomen der gebildeten Essigsäure (*8*). Ähnlich konnte der Einbau des Kohlensäure-Kohlenstoffs in die Fettsäuren, die aneorobe Bakterien bilden, nachgewiesen werden (*9*) so wie bei der Umwandlung von Glucose in Essigsäure durch *Cl. thermoaceticum* (*10, 11*).

C^{11} fand Anwendung beim Studium der Aufnahme von CO_2 durch propionsäurebildende Bakterien bei ihrer Einwirkung auf Glycerol (*12*) und bei der Bildung markierter kristallisierter Derivate von Malinsäure und Fumarsäure, die durch Gärung von Glycerol oder Glucose in der Gegenwart von E. coli entstehen (*13*).

Die kurze Lebensdauer des C^{11} hinderte nicht die Darstellung von markierter Milchsäure (*14*) und einer Reihe anderer markierter Verbindungen. Die markierte Milchsäure wie auch Bicarbonat fand in Tierversuchen Anwendung, wobei die Bildung von Glykogen in der Rattenleber sowie die Ausscheidung von markierter Kohlensäure durch die Ratte untersucht wurden (*15, 16, 17, 18, 19, 20, 21*).

Daß die Kohlensäure eine Ausgangssubstanz des Aufbaues nicht allein autotropher, sondern auch heterotropher Systeme bildet, war bekannt, bevor markierter Kohlenstoff zur Anwendung kam. Die Klärung des Mechanismus der Aufnahme der Kohlensäure durch solche Systeme, unter anderem die Kondensation der Kohlensäure und Brenztraubensäure zu Oxalsäure, brachte erst die Anwendung von radioaktiven Markierungsmethoden (*22, 23, 24*). Die Assimilation von markierter Kohlensäure durch zellfreie Taubenleberextrakte wurde nachgewiesen (*25, 26, 27, 28*). Deren Assimilation durch Leberschnitte wurde frühzeitig festgestellt (*29*).

In welchen Kohlenstoffatomen der aus Rattenleberglykogen gewonnenen Glucose nach Zufuhr verschiedener mit C^{13}-markierter Verbindungen sich die C^{13}-Atome befinden, wurde ermittelt. Markierte Fettsäuren, Brenztraubensäure und Propionsäure fanden gleichfalls Anwendung in frühzeitigen Untersuchungen (*20*). Es wurde gezeigt, daß das Bicarbonat, das in der Ausscheidung des Pankreas vorhanden ist, zum größten Teil aus der Blutflüssigkeit stammt (*30*). Die Oxydation und Ausscheidung von mit C^{11}-markierter Kohlensäure nach der Zufuhr von markiertem Kohlenmonoxyd an Versuchspersonen wurde untersucht (*31*).

Die Feststellung, daß Leberschnitte markiertes Acetat einbauen, hat die Untersuchung des Cholesterinumsatzes wesentlich erleichtert (*32*). Dank dieses Einbaues konnte unter anderem die Bildung von Cholesterol aus Acetat verfolgt werden. Zur Anwendung gelangte Acetat, das mit C^{13} in der Methylgruppe und mit C^{14} in der Carboxylgruppe markiert war. Es zeigte sich, daß von den 27 Kohlenstoffatomen des Cholesterols 5 aus der Methylgruppe des Acetats stammen (*33*). Durch darauf folgende Untersuchungen des Abbaues des markierten Cholesterols konnte gezeigt werden (*34*), daß die Kohlenstoffatome 1, 3, 5 und 19 dieser Verbindung aus den Kohlenstoffatomen der Methylgruppe des Acetats stammen, und daß die Kohlenstoffatome 2, 4, 6 und 10 ihren Ursprung in der Carboxylgruppe dieser Verbindung haben. Eines der interessantesten Ergebnisse im Laufe der ausgedehnten Untersuchungen über die Entstehung des Cholesterols war, daß die Cyclisation der Squalene zur Synthese von Cholesterol führt (*35*). Das sowohl mit C^{13} wie mit Deuterium markierte Acetat (*36*) hat sich beim Studium der Biosynthese von Fettsäuren als sehr nützlich erwiesen. Mit solchem Acetat ausgeführte Versuche haben eindeutig ergeben, daß jedes einzelne C-Atom und H-Atom einer Fettsäure aus Acetat stammen kann.

Die Messung der Umsatzgeschwindigkeit von Phosphatiden, die sowohl mit P^{32} wie C^{14} signiert waren, erlaubte, den Nachweis zu erbringen, daß das Phosphatidmolekül als solches aus dem Kreislauf entfernt wird (*37*).

Bei der Untersuchung des Ursprungs des Häminstickstoffs des Hämoglobins verfütterte man an Ratten zunächst mit N^{15} markiertes Glykokoll, Ammoniumnitrat, Glutaminsäure, Prolin oder Leucin. Der nach zwei Wochen gemessene Einbau von N^{15} in das Hämin war wesentlich größer nach Fütterung mit markiertem Glykokoll als nach Fütterung mit einer anderen der genannten Verbindungen (*38*). In späteren Untersuchungen wurde das Hämoglobin mit C^{14} markiert (*39*).

Die Feststellung, daß eine Suspension kernhaltiger roter Blutkörperchen der Ente ebenso Glykokoll-Kohlenstoff einbaut wie die zirkulierenden Erythrocyten (*40, 41*), hat die Untersuchung der Porphyrin-Synthese sehr erleichtert. Es konnte unter anderem nachgewiesen werden, daß 8 der 34 Kohlenstoffatome des Hämins von der Methylgruppe des Glykokolls geliefert werden (*41, 42*). Sowohl die Kohlenstoffatome der Methylgruppe als auch der Carboxylgruppe können ins Hämin eingebaut werden (*43, 44*). Den Markierungsmethoden kam eine wesentliche Bedeutung bei der Aufklärung der Porphyrin-Synthese zu (*45*).

Die Zugänglichkeit von C^{14} hat auch die Forschungen über die im Laufe der Photosynthese sich abspielenden Vorgänge in wesentlichem Maße gefördert. Es zeigte sich bald, daß die größte Menge der durch die Einwirkung des Lichtes von der Pflanze gebundenen Kohlensäure als Phosphoglycerat vorliegt und in diese mit außerordentlicher Geschwindigkeit eingebaut wird (*46*). Bedeutende Mengen der markierten Kohlensäure wurden nach ganz kurzer Zeit auch in andere Phosphatverbindungen eingebaut, deren Hydrolyse zur Bildung der Zuckerarten Sedoheptulose und Ribulose führte (*47, 48*). Die Bedeutung des Pentosephosphat-Kreislaufs für die Kohlensäureassimilation durch Pflanzen (*48*) und auch für Bakterien (*49*) wurde durch eine Reihe von Untersuchungen nachgewiesen. Die Synthese von Kohlenwasserstoffen aus markierter Kohlensäure und molekularem Wasserstoff in der Gegenwart einer Reihe von gereinigten Enzymen konnte erfolgreich durchgeführt werden (*50*).

Die Gewinnung von markierter Stärke, Fructose und Glucose aus Tabakblättern, die in Gegenwart von $C^{14}O_2$ wuchsen, zeigte sich von großem Nutzen (*51*). Unter anderem wurden auch markierte Hexosen und Aminosäuren durch Biosynthese gewonnen (*52*).

C^{14} fand wiederholt Anwendung in der Erforschung von alternativen Umsatzwegen. So wurde festgestellt, daß der Glucoseumsatz, der zur Bildung von Ribosephosphat und zu der von Desoxyribosephosphat in E. coli führt, jeweils einen anderen Weg einschlägt (*53*). In anderen Untersuchungen über Wege des Glucoseumsatzes kamen z. T. Glucose-C^{14}-1 und z. T. Glucose-C^{14}-6 als Ausgangssubstanzen zur Verwendung; aus dem C^{14}-Gehalt der gebildeten Kohlensäure ließ sich das Verhältnis der zwei Umsatzwege berechnen (*54, 55, 56*). Bei Anwendung dieses Verfahrens fand man im Krebsgewebe eine ausgeprägte Bevorzugung des Hexose-Monophosphat-Weges (*57*).

In den letzten Jahren fand C^{14} eine häufigere Anwendung in autoradiographischen Studien (*58*). Bei der Untersuchung mitotischer Vorgänge kamen mit C^{14}-markiertes Adenin (*59, 60*), Formiat (*61*) sowie Thymidin (*62*) zur Anwendung. Die letztgenannte Verbindung hat sich bei der Untersuchung der Bildung von

Desoxyribosenucleinsäure besonders nützlich erwiesen, da das Thymidin von nahezu allen Systemen allein in die letztgenannte Verbindung und nicht in die Ribosenucleinsäure eingebaut wird (*63*).

Literatur

1. RUBEN, S., W. Z. HASSID and M. D. KAMEN: J. Amer. chem. Soc. **61**, 661 (1939).
2. — M. D. KAMEN and W. Z. HASSID: J. Amer. chem. Soc. **62**, 3493 (1940).
3. — — J. Amer. chem. Soc. **62**, 745 (1940).
4. — — and L. H. PERRY: J. Amer. chem. Soc. **62**, 3450 (1940).
5. — — Proc. nat. Acad. Sci. (Wah.) **26**, 418 (1940).
6. BARKER, H. A., S. RUBEN and M. D. KAMEN: Proc. nat. Acad. Sci. (Wash.) **26**, 426 (1940).
7. NIEL, C. B., VAN, S. RUBEN, S. F. CARSON, M. D. KAMEN and J. W. FOSTER: Proc. nat. Acad. Sci. (Wash.) **28**, 8 (1942).
8. BARKER, H. A., and J. V. BECK: J. biol. Chem. **141**, 3 (1941).
9. — and M. D. KAMEN: Proc. nat. Acad. Sci. (Wash.) **31**, 219 (1945).
10. FONTAINE, F. E., W. H. PETERSON, E. McCOY, M. J. JOHNSON and G. J. RITTER: J. Bact. **43**, 701 (1942).
11. BARKER, H. A., M. D. KAMEN and V. HAAS: Proc. nat. Acad. Sci. (Wash.) **31**, 355 (1945).
12. CARSON, S. F., J. W. FOSTER, S. RUBEN and M. D. KAMEN: Science **92**, 433 (1940).
13. NISHINA, Y., S. ENDO and H. NAKAYAMA: Sci. Papers, Inst. Phys. Chem. Research, Tokyo **38**, 341 (1941).
14. VENNESLAND, B., A. K. SOLOMON, J. M. BUCHANAN and A. B. HASTINGS: J. biol. Chem. **142**, 379 (1942).
15. BUCHANAN, J. M., and A. B. HASTINGS: Physiol. Rev. **26**, 120 (1946).
16. CONANT, J. B., R. D. CRAMER, A. B. HASTINGS, F. W. KLEMPERER, A. K. SOLOMON and B. VENNESLAND: J. biol. Chem. **137**, 557 (1941).
17. SOLOMON, A. K., B. VENNESLAND, F. W. KLEMPERER, F. W. BUCHANAN and A. B. HASTINGS: J. biol. Chem. **140**, 171 (1941).
18. GURIN, A. S., A. M. DELLUWA and W. WILSON: J. biol. Chem. **171**, 101 (1947).
19. GOULD, G., F. M. SINEX, I. N. ROSENBERG, A. K. SOLOMON and A. B. HASTINGS: J. biol. Chem. **197**, 295 (1949).
20. LARDY, H. A., and I. A. ZIEGLER: J. biol. Chem. **159**, 343 (1945).
21. BUCHANAN, J. M., A. B. HASTINGS and F. B. NESBETT: J. biol. Chem. **150**, 413 (1943).
22. WOOD, H. G., N. LIFSON and V. LORBER: J. biol. Chem. **159**, 475 (1945).
23. WOOD, H. G., C. H. WERKMAN, A. HEMINGWAY and A. O. C. NIER: J. biol. Chem. **135**, 789 (1940).
24. — B. VENNESLAND and E. A. EVANS jr.: J. biol. Chem. **159**, 157 (1945).
25. EVANS jr., E. A., and L. SLOTIN: J. biol. Chem. **136**, 301, 805 (1940).
26. — — and B. VENNESLAND: J. biol. Chem. **143**, 565 (1942).
27. — — J. biol. Chem. **141**, 439 (1941).
28. — B. VENNESLAND and L. SLOTIN: J. biol. Chem. **147**, 771 (1943).
29. RUBEN, S., and M. D. KAMEN: Proc. nat. Acad. Sci. **26**, 418 (1940).
30. BALL, E. G., H. F. TUCKER, A. K. SOLOMON and B. VENNESLAND: J. biol. Chem. **140**, 119 (1941).
31. TOBIAS, C. A., J. H. LAWRENCE, F. J. W. ROUGHTON, W. J. ROOT and M. L. GRINGERSON: Amer. J. Physiol. **145**, 253 (1945).
32. BLOCH, K., E. BOREK and D. RITTENBERG: J. biol. Chem. **162**, 441 (1946).
33. LITTLE, H. N., and K. BLOCH: J. biol. Chem. **183**, 33 (1950).
34. CORNFORTH, J. W., G. D. HUNTER and G. POPJAK: Biochem. J. **54**, 590, 597 (1953).
35. BLOCH, K.: "Isotopes in Biochemistry", Ciba foundation symposium, p. 24. New York: Blakiston 1952.
36. RITTENBERG, D., and K. BLOCH: J. biol. Chem. **160**, 417 (1945).
37. WEINMAN, E. O., I. L. CHAIKOFF, W. G. DAUBEN, M. GEE and C. ENTENMAN: J. biol. Chem. **184**, 735 (1950).
38. SHEMIN, D., and D. RITTENBERG: J. biol. Chem. **165**, 627 (1946).
39. BERLIN, N. I., J. H. LAWRENCE and H. C. J. LEE: J. Lab. clin. Med. **44**, 860 (1954).
40. SHEMIN, D., I. M. LONDON and D. RITTENBERG: J. biol. Chem. **173**, 799 (1948).
41. WITTENBERG, J., and D. SHEMIN: J. biol. Chem. **178**, 47 (1949).
42. MUIR, H. M., and A. NEUBERGER: Biochem. J. **45**, 163 (1949).
43. RADIN, N. S., D. RITTENBERG and D. SHEMIN: J. biol. Chem. **174**, 101 (1948).
44. MUIR, H., M., and A. NEUBERGER: Biochem. J. **47**, 97 (1950).
45. SHEMIN, D., and J. WITTENBERG: J. biol. Chem. **192**, 315 (1951).
46. BENSON, A. A., M. CALVIN, V. A. HAAS, S. ARONOFF, A. G. HALL, J. A. BASSHAM and J. W. WEIGL: Photosynthesis in plants. Iowa 1949.

47. BENSON, A. A.: Amer. chem. Soc. **73**, 2971 (1951).
48. BASSHAM, J. A., A. A. BENSON, L. D. KAY, A. Z. HARRIS, A. T. WILSON and M. CALVIN: J. Amer. chem. Soc. **76**, 1760 (1954).
49. GLOVER, J., M. D. KAMEN and H. VAN GENDEREN: Arch. Biochem. Biophys. **35**, 384 (1952).
50. RACKER, E.: Nature (Lond.) **175**, 249 (1955).
51. PUTMAN, E. W., W. Z. HASSID, G. KROTKOV and H. A. BARKER: J. biol. Chem. **173**, 785 (1948).
52. ROBERTS, R. B., P. H. ABELSON, D. B. COWIE, E. T. BOLTON and R. J. BRITTEN: Carnegie Inst. Wash. Publ. No. 607 (1951).
53. COHEN, S. S.: Cold Spr. Harb. Symp. quant. Biol. **18**, 221 (1953).
54. AGRANOFF, B. W., R. O. BRADY and M. COLODZIN: J. biol. Chem. **211**, 773 (1954).
55. ABRAMS, S., R. HILL and I. L. CHAIKOFF: Cancer Res. **15**, 177 (1955).
56. BARRON, E. S. G., M. VILLARICENCIO and D. W. KING: Arch. Biochem. **58**, 500 (1955).
57. VALS, G. M. VAN, L. BOSCH and P. EMMELOT: Brit. J. Cancer **10**, 792 (1956).
58. COBB, J., and A. K. SOLOMON: Rev. sci. Instrum. **19**, 441 (1948).
59. BROWN, G. B., P. M. ROLL, A. A. PLENTL and L. F. CAVALIEN: J. biol. Chem. **172**, 469 (1948).
60. PELC, S. R.: Exp. Cell Res. **14**, 301 (1958).
61. LAJTHA, L. G., R. OLIVER and F. ELLIS: Brit. J. Cancer **8**, 367 (1954).
62. FRIEDKIN, M., D. TILSON and D. ROBERTS: J. biol. Chem. **220**, 627 (1956).
63. REICHARD, P., and B. ESTBORN: J. biol. Chem. **188**, 839 (1951).

Natrium

In der ersten Anwendung des radioaktiven Natriums hat man eine $Na^{24}Cl$ enthaltende Lösung einer Versuchsperson intravenös in den einen Arm injiziert und das Eintreffen des Na^{24} im anderen Arm registriert (*1*). Ähnliche Messungen der Zirkulation mit Na^{24} als Indicator hat man in zahlreichen Fällen ausgeführt (*2, 3, 4*). Na^{24} hat auch eine frühzeitige Anwendung in der Messung der Permeabilität der Magenwand gefunden (*5*), der Eindringungsgeschwindigkeit des Natriums in das Kammerwasser des Auges (*6*) und in die cerebro-spinale Flüssigkeit (*7*). Zur Messung der Permeabilität der Placenta hat man wiederholt Na^{24} angewandt (*8, 9, 10, 11*). Diese Studien wurden auch auf den Zusammenhang zwischen der Größe des Fetus und den die Placenta durchtretenden Natriummengen ausgedehnt (*12*). Es liegen auch Untersuchungen über die Eindringungsgeschwindigkeit des Na^{24} in Muskulatur, die an Kalium verarmt ist, vor (*13*). Die Aufnahme von in die Vagina eingeführtem Natrium wurde gleichfalls gemessen (*14*).

Radioaktiven Indicatoren kam eine große Bedeutung bei der Ermittlung der Geschwindigkeit zu, mit welcher die sich in der Blutflüssigkeit und im extracellulären Raum befindenden Ionen ihre Plätze tauschen (*15, 16, 17, 18*). Die ersten Versuche ergaben bereits, daß dieser Austausch mit sehr großer Geschwindigkeit erfolgt. Wir wissen heute, daß die gefundenen Werte nur die untere Geschwindigkeitsgrenze des Austausches darstellen, da dem Austausch eine Diffusion der markierten Ionen in die Capillaren vorauszugehen hat, ein Vorgang, der Zeit beansprucht. Der radioaktive Indicator setzt deshalb beim Anzeigen des Austretens der Ionen verspätet ein (*19*). Aus den oben erwähnten Versuchsergebnissen ließ sich der extracelluläre Raum des Körpers berechnen (*20, 21*), aus der Ansammlung des Natriums in den einzelnen Organen auch deren extracellulärer Raum (*22, 23, 24*). Während man mit der Hilfe von Radionatrium und einigen anderen Isotopindikatoren auf sehr einfache Weise Aufklärungen über den ungefähren Wert des extracellulären Raums erhalten kann, stößt die Berechnung eines exakten Wertes auf bis jetzt nicht überwundene Schwierigkeiten (*25*).

Daß die Verabreichung von Nebennierenrinden-Hormon zu einer Ausscheidung von Kalium und zu einer Anreicherung von Natrium führt, konnte auf ganz einfache Weise nachgewiesen werden (*26*). Zur Entscheidung, ob eine Kapsel im Magen oder erst im Darm angegriffen wird, füllte man die Kapsel mit $Na^{24}Cl$ und verfolgte deren Weg mit dem Geiger-Zähler (*27*). Auch zum Nachweis, daß der gereizte Nerv mehr Natrium aufnimmt als der ungereizte, fand Na²⁴ Verwendung (*28*).

Die Aufnahme des Na²⁴ aus dem Verdauungskanal fastender Versuchspersonen konnte bereits nach 3 min festgestellt werden (*29, 30, 31*). Der Nachweis im Urin erfolgte nach 10 min (*32*), in der Milch nach 20 min (*33*), in der Pankreassekretion nach 3 min (*34*).

Bald fand auch das langlebige Na²² in der Bestimmung des extracellularen (Natrium-) Raumes (*35*) Anwendung.

Das Studium der Penetration von markierten Natriumionen durch isolierte Froschhaut hat sich von großem Nutzen erwiesen (*36, 37, 38, 39*). Ein Träger bewirkt, daß Natrium sich von der äußeren epithelialen Seite zur inneren Chorionseite bewegt, die dadurch positiv geladen wird und Chlorionen zum Folgen veranlaßt. Wenn die Froschhaut durch Anlegung einer kompensierenden äußeren Spannung kurzgeschlossen wird, zeigt sich die Einwanderung des Natriums größer als die Auswanderung, wie das Versuche, in denen das Natrium auf einer Seite der Froschhaut mit Na²², auf der anderen mit Na²⁴ markiert wurde, anzeigen (*40*). In Studien über die Ablagerung von Aerosolen in den menschlichen Atmungsorganen setzte man den monodispersen Glycerol und Wasser enthaltenden Aerosolen Na²⁴ zu (*41*). Die Aufnahme des Radionatriums durch lebende Zähne (*42*) sowie durch Zahnpulver war ebenfalls Gegenstand von Untersuchungen (*43*).

Literatur

1. Hamilton, J. G., and R. S. Stone: Radiology **28**, 178 (1937).
2. Griffiths, J. H. E., and B. G. Maegraith: Nature (Lond.) **143**, 159 (1939).
3. Hubbard, J. P., W. N. Preston and R. A. Ross: J. clin. Invest. **21**, 613 (1942).
4. Quimby, E. H., and B. C. Smith: Science **100**, 175 (1944).
5. Cope, O., W. E. Cohn and A. G. Brenizer jr.: J. clin. Invest. **22**, 103 (1942).
6. Kinsey, V. E., W. M. Grant, D. G. Logan, J. J. Livingood and B. R. Curtis: Arch. Ophthal. **27**, 1126 (1942).
7. Visscher, M. B., and C. W. Carr: Amer. J. Physiol. **142**, 27 (1944).
8. Flexner, L. B., and R. B. Roberts: Amer. J. Physiol. **128**, 154 (1939).
9. Pohl, H. A., and L. B. Flexner: J. cell comp. Physiol. **18**, 49 (1941).
10. Flexner, L. B., and H. A. Pohl: Amer. J. Physiol. **132**, 594 (1941).
11. Pohl, H. A., and L. B. Flexner: J. biol. Chem. **139**, 163 (1941).
12. Flexner, L. B., and A. Gellhorn: Amer. J. Obstet. Gynec. **43**, 965 (1942).
13. Heppel, L. A.: Amer. J. Physiol. **128**, 449 (1940).
14. Pommerenko, W. T., and P. F. Hahn: Amer. J. Obstet. Gynec. **46**, 853 (1943).
15. Hahn, L., and G. Hevesy: Acta physiol. scand. **1**, 347 (1941).
16. Manery, J. F., and W. F. Bale: Amer. J. Physiol. **132**, 215 (1941).
17. Merrell, M., A. Gellhorn and L. B. Flexner: J. biol. Chem. **153**, 83 (1944).
18. Greenberg, D. M., R. B. Aird, M. D. D. Boelter, W. Wesley, W. W. Campbell., W E Cohn and M. M. Murayama: Amer. J. Physiol. **140**, 47 (1943/1944).
19. Pappenheimer, J. R., E. M. Renkin u. L. M. Borrero: Amer. J. Physiol. **167**, 13 (1951).
20. Griffiths, J. H. E., and B. G. Maegraith: Nature (Lond.) **143**, 159 (1939).
21. Hahn, L., G. Hevesy and O. Rebbe: Biochem. J. **33**, 1549 (1939).
22. Kaltreiter, N. L., G. R. Meneely, J. R. Allen, S. N. van Voorhis and V. F. Downing: J. clin. Invest. **19**, 769 (1940).
23. Gellhorn, A., M. Merrell and R. M. Rankin: Amer. J. Physiol. **142**, 407 (1944).
24. Kaltreiter, N. L., G. R. Meneely, J. R. Allen, S. N. Voorhis and V. F. Downing: J. exp. Med. **74**, 569 (1941).
25. Manery, J. F.: Ann. Rev. Physiol. **15**, 1 (1953).
26. Anderson, E., M. Joseph and H. M. Evans: J. appl. Physics **12**, 317 (1941).
27. Lark-Horowitz, K.: J. appl. Physics **12**, 317 (1941).
28. Euler, H. v., U. v. Euler and G. v. Hevesy: Acta physiol. scand. **12**, 261 (1946).
29. Hamilton, J. G.: Proc. nat. Acad. Sci. (Wash.) **23**, 521 (1937).
30. Greenberg, D. M., W. W. Campbell and M. Murayama: J. biol. Chem. **136**, 35 (1940).
31. Visscher, M. B., R. H. Varco, C. W. Carr, R. B. Dean and D. Erichson: Amer. J. Physiol. **141**, 488 (1944).
32. Sue, P., et J. Varangot: C. R. Soc. Biol. (Paris) **139**, 100 (1945).

33. Pommerenko, W. T., and P. F. Hahn. Proc. Soc. exp. Biol. (N. Y.) **52**, 223 (1943).
34. Montgomery, M. L., G. E. Sheline and I. L. Chaikoff: Amer. J. Physiol. **131**, 578 (1940/1941).
35. Cuthbertson, E. M., and D. M. Greenberg: J. biol. Chem. **160**, 83 (1945).
36. Ussing, H.: Z. Elektrochem. **55**, 470 (1953).
37. Ussing, H. H.: Ann. Rev. Physiol. **15**, 1 (1953).
38. Linderholm, H.: Acta physiol. scand. **27**, Suppl. 97 (1953).
39. Huf, E. G., and J. Wills: J. gen. Physiol. **36**, 473 (1953).
40. Ussing, H. H., and K. Zerahn: Acta physiol. scand. **23**, 110 (1957).
41. Wilson, J. B., and V. K. La Mer: J. Indust. Hyg. Toxicol. **30**, 265 (1948).
42. Koss, W. F., and J. T. Ginn: J. dent. Res. **20**, 465 (1941).
43. Hodge, H. C., W. F. Koss, J. T. Ginn, M. Falkenheim, E. Gavett, R. C. Fowler, I. Thomas, J. F. Bonner and G. Dessauer: J. biol. Chem. **148**, 321 (1943).

Kalium

Die erste Anwendung des mit K^{42} markierten Kaliums war die Ermittlung von dessen Resorptionsgeschwindigkeit aus den Verdauungsorganen (*1*) sowie dessen Eintrittsgeschwindigkeit in die roten Blutkörperchen (*2, 3, 4, 5, 6, 7, 8, 9*). Die letztere ist größer in menschlichen Erythrocyten als in denen der untersuchten zahlreichen Tierarten. Man ermittelte die Geschwindigkeit, mit welcher K^{42} die Blutflüssigkeit verläßt (*10*) sowie die, mit welcher es in verschiedene Organe eindringt, wobei Kaninchen, Meerschweinchen, Ratten und Frösche als Versuchstiere verwendet wurden (*12, 13*). In die Muskulatur arbeitender Ratten dringt das K^{42} viermal so rasch ein wie in die von Kontrollen (*14*). Denervierung der Muskulatur wirkt in derselben Weise wie Muskelarbeit (*15*). Die Ausscheidung von Versuchspersonen zugeführtem markiertem Kalium wurde untersucht und gefolgert, daß das zugeführte Kalium mit dem Körperkalium im Laufe eines Tages weitgehend ins Austauschgleichgewicht tritt (*16*). Die spezifische Aktivität der kleinen Kaliummengen, die sich im Skelet befinden, beträgt im Falle des Kaninchens nach dem Verlaufe eines Tages $^{1}/_{4}$ des entsprechenden Wertes des Plasmakaliums (*13*). Die Austauschgeschwindigkeit des Kaliums zwischen einer Nährlösung und dem isolierten Herz (*17*), sowie embryonaler Muskulatur (*18*) war Gegenstand von Untersuchungen. Kaliumionen dringen rascher in die cerebrospinale Flüssigkeit ein als alle die übrigen untersuchten Ionenarten (*19, 20*). Es wurde auch die Eindringungsgeschwindigkeit des K^{42} in Hefezellen ermittelt (*21*).

Literatur

1. Hamilton, J. G.: Amer. J. Physiol. **124**, 667 (1938).
2. Brooks, S. C.: J. cell. comp. Physiol. **11**, 247 (1938).
3. Greenberg, D. M., M. Joseph, W. E. Cohn and E. V. Tuffts: Science **87**, 438 (1938).
4. Hahn, L., G. Hevesy and O. Rebbe: Biochem. J. **33**, 1549 (1939).
5. Mullins, L. J., and S. C. Brooks: Science **90**, 256 (1939).
6. Brooks, S. C.: J. cell. comp. Physiol. **14**, 38 (1939).
7. Harris, J. C.: J. biol. Chem. **140**, 53 (1941).
8. Danowski, T. S.: J. biol. Chem. **138**, 693 (1941).
9. Mullins, L. J., W. O. Fenn, T. R. Noonan and L. Haege: Amer. J. Physiol. **135**, 93 (1941).
10. Hevesy, G., and L. Hahn: Kgl. Danske Vidensk. Selsk. Biol. Medd. **16**, No. 1 (1941).
11. Boyer, P. D., H. A. Lardy and H. P. Phillips: J. biol. Chem. **149**, 529 (1943).
12. Noonan, T. R., W. O. Fenn and L. Haege: Amer. J. Physiol. **132**, 474 (1941).
13. Fenn, W. O., T. R. Noonan, L. J. Mullins and L. Haege: Amer. J. Physiol. **135**, 149 (1941/1942).
14. Hahn, L., and G. Hevesy: Acta physiol. scand. **2**, 51 (1941).
15. Lyman, C. P.: Amer. J. Physiol. **137**, 392 (1942).
16. Hevesy, G.: Acta physiol. scand. **3**, 123 (1942).
17. Krogh, A., A. C. Lindberg and B. Schmidt-Nielsen: Acta physiol. scand. **7**, 221 (1944).
18. Cohn, W. E., and A. M. Brues: J. gen. Physiol. **28**, 449 (1945).

19. GREENBERG, D. M., R. B. AIRD, M. D. D. BOELTER, W. W. CAMPBELL, W. E. COHN and M. M. MURAYAMA: J. biol. Chem. **140**, 90 (1941).
20. — R. A. AIRD, M. D. D. BOELTER, W. W. CAMPBELL, W. E. COHN and M. M. MURAYAMA: Amer. J. Physiol. **140**, 47 (1943).
21. HEVESY, G., and N. NIELSEN: Acta physiol. scand. **2**, 347 (1940).

Rubidium und Caesium

Rubidiumionen verlassen das Blutplasma mit derselben Geschwindigkeit wie Kaliumionen (*1*), sie dringen in die cerebrospinale Flüssigkeit langsamer ein als Kaliumionen (*2*). Die Geschwindigkeit, mit welcher Rubidiumionen durch die Froschhaut dringen, wurde frühzeitig ermittelt (*3*). Rubidiumionen dringen in die Erythrocyten mit etwa derselben Geschwindigkeit ein wie Kaliumionen, Caesiumionen fünfmal langsamer (*4*). Die Ausscheidung von Rb^{81} und Cs^{134} wurde später ausführlich untersucht (*5, 6*) sowie deren myokardiale Aufnahme durch Versuchspersonen (*7*). 98% des vom Fische aufgenommenen Cs^{137} war in den Weichteilen vorhanden (*8*). Radiocaesium fand Anwendung beim Nachweis, daß Parathyroidextrakt die Ausscheidung von Caesium hemmt (*9*).

Literatur

1. GREENBERG, D. M., R. B. AIRD, M. D. D. BOELTER, W. WESLEY, W. W. CAMPBELL, W. E. COHN and M. M. MURAYAMA: Amer. J. Physiol. **140**, 47 (1943/1944).
2. — — — — — — — J. biol. Chem. **140**, 99 (1941).
3. KATZIN, L. J.: Biol. Bull. **77**, 302 (1939).
4. LOVE, W. D., and G. E. BURCH: J. Lab. clin. Med. **41**, 337 (1953).
5. HOOD, S. L., and C. L. COMAR: Arch. Biochem. Biophys. **45**, 423 (1953).
6. MRAZ, F. R., and H. PATRICK: Proc. Soc. exp. Biol. (N. Y.) **94**, 409 (1957).
7. LOVE, W. D., and G. E. BURCH: J. clin. Invest. **36**, 468 (1957).
8. KNOBF, V. I.: (ORNL-1031) 1951.
9. MRAZ, F., M. LENOIR, J. PINAJIAN and H. PATRICK: Arch. Biochem. Biophys. **63**, 73 (1956).

Calcium, Strontium und Barium

Die ersten Arbeiten, in denen Radiocalcium zur Anwendung kam, beschäftigten sich mit dem Einbau von Ca^{45} ins Skelet und die weichen Organe der Ratte (*1*) und der Maus (*2, 3*). Auch beim Studium der Heilung von Rachitis durch Vitamin-D-Zufuhr fand Radiocalcium Anwendung (*4*). Der Übergang des Ca^{45} durch die Placenta der Ratte wurde gemessen (*5, 6*). Diese und ähnliche Probleme wurden in den späteren Jahren ausführlich untersucht, so die Resorption des Calciums aus dem Darm (*7*), die Geschwindigkeit, mit der Ca^{45}-Ionen das Blutplasma verlassen (*8*), der Einbau des verfütterten markierten Calciums in die Eier der Henne (*9*) und die Milch der Ziege (*10*). Am eingehendsten wurde der Einbau des Ca^{45} in das Skelet studiert. Das tägliche Wachstum der Schneidezähne der Ratte wurde aus der Zunahme deren Ca^{45}-Gehaltes berechnet (*11*). Ähnliche Überlegungen fanden Anwendung bei der Ermittlung des Knochenzuwachses von Versuchspersonen (*12*). Indem man graviden Mäusen und auch den Neugeborenen Ca^{45} zuführte, bis diese ausgewachsen waren, erhielt man Mäuse, deren gesamtes Skelet markiert war. Durch Verfolgung der Aktivitätsänderung des Skeletes von Schwestermäusen nach dem Entziehen des Ca^{45} konnte der Bruchteil des Skeletcalciums ermittelt werden, der im Laufe des Lebens nicht ersetzt wird (*13*).

Sr^{89} fand seine erste Anwendung im Studium des Überganges des intravenös injizierten Strontiums in die Kuhmilch (*14*). Dann folgten Untersuchungen über die Verteilung von markiertem Strontium in den Organen von Mäusen und in Mäuseembryonen, z. T. mit der Hilfe von autoradiographischen Methoden (*15*). Rachitische Ratten scheiden das zugeführte Sr^{89} fast völlig aus, die Ausscheidung wird durch Vitamin D-Zufuhr beeinflußt (*16*). Die Konzentrierung des markierten Strontiums im menschlichen Skelet konnte nachgewiesen werden (*17*) und es wurde der Einbau in die Neoplasmen des Skeletes studiert (*18, 19*). Zuführung von Parathyroidhormon an Ratten, denen man markiertes Strontium injizierte, führte zu einer Anhäufung des letzteren in den Nieren (*20*). Später markierte man Moskitos mit Radiostrontium (*22*).

Das Auftreten des langlebigen Sr^{90} bei der Kernspaltung veranlaßte eine außerordentlich große Anzahl von Untersuchungen über die Strontiumaufnahme durch die verschiedenen Organe und besonders durch das Skelet. Es wurden auch sehr zahlreiche Untersuchungen vorgenommen, das aufgenommene oder eingebaute Strontium wieder durch verschiedene Agenzien zur Ausscheidung zu bringen. In den ersten Versuchen, die das letztere bezweckten, führte man dem Körper Natriumzitrat zu (*21*).

Sowohl in normalen wie in rachitischen Ratten wurde die Verteilung des zugeführten Ba^{140} untersucht (*23*). Andere Studien umfaßten dessen Verteilung in den Organen des Kaninchens (*24*).

Literatur

1. CAMPBELL, W. C., and D. M. GREENBERG: Proc. nat. Acad. Sci. (Wash.) **26**, 17 (1940).
2. PECHER, C.: Proc. Soc. exp. Biol. (N. Y.) **46**, 86 (1941).
3. — and J. PECHER: Proc. Soc. exp. Biol. (N. Y.) **46**, 91 (1941).
4. GREENBERG, D. M.: J. biol. Chem. **157**, 99 (1945).
5. TWEEDY, W. R.: Fed. Proc. **3**, 63 (1944).
6. — J. biol. Chem. **161**, 105 (1945).
7. HARRISON, H. E., and H. C. HARRISON: J. biol. Chem. **188**, 83 (1951).
8. ARMSTRONG, W. D., J. A. JOHNSON, L. SINGER, R. I. LIENKE and M. L. PREMER: Amer. J. Physiol. **171**, 641 (1952).
9. SPINKS, J. W. T., M. R. BERLIE and J. B. O'NEIL: Science **110**, 332 (1949).
10. ATEN, A. H. W. jr., and C. B. HEYN: Amer. J. Physiol. **162**, 579 (1950).
11. CARLSSON, A.: Acta pharmacol. (Kbh.) **7**. Suppl. 1 (1951).
12. BAUER, G. C., and A. CARLSSON: Kungl. Fysiograf. Sällsk. i. Lund Förhand. **25**, No. 1 (1955).
13. HEVESY, G.: Danske Vidensk. Akad. Biol. Medd. **22**, Nr. 19 (1955).
14. ERF, L. A., and C. PECHER: Proc. Soc. exp. Biol. (N. Y.) **45**, 762 (1940).
15. PECHER, C.: Proc. Soc. exp. Biol. (N. Y.) **46**, 91 (1941).
16. WEISSBERGER, L. H., and P. L. HARRIS: J. biol. Chem. **144**, 287 (1942).
17. GREENBERG, D. M.: J. biol. Chem. **157**, 99 (1945).
18. LAWRENCE, J. H.: Amer. J. Roentgenol. **48**, 283 (1942).
19. TREADWELL, A., B. V. A. LOW-BEER, H. L. FRIEDEL and J. H. LAWRENCE: Amer. J. Med. Sci. **204**, 521 (1942).
20. TWEEDY, W. R.: Fed. Proc. **3**, 63 (1944).
21. SCHUBERT, J., and H. WALLACE jr.: J. biol. Chem. **183**, 157 (1950).
22. BREGHER, J. C., and B. W. A. TAYLOR: Science **110**, 146 (1949).
23. COPP, D. D., J. G. HAMILTON, D. C. JONES, D. M. THOMSON and C. CRAMER: UCRL-1464 (1951).
24. CASTAGNON, R., C. PAOLETTI and S. LARCELAU: C. R. (Acad. (Paris) **244**, 2994 (1957).

Seltene Erden und Americium

Markierte seltene Erden fanden zuerst im Jahre 1946 Anwendung. Die Verteilung von markiertem Yttrium, Cerium und Terbium in den Organen der Ratte wurde untersucht (*1, 2, 3, 13*). Radiocerium und Radioyttrium fand man auch in nicht calcifizierte Knochenteile eingelagert (*4, 5, 7*) und Y^{91} reicherte sich in Lymphknoten an (*6*). Gegenstand einer Untersuchung war die Aufnahme der Aerosolen von Y^{91} und Ce^{144} (*7*). Man fand, daß die Ausscheidung von Y^{90} durch Zuführung von Citrat (*8, 9*) und Äthylenamintetraacetat gefördert wird (*10*). Die Verteilung kolloidalen Radiolanthans und Radioyttriums ist von der Größe der kolloidalen Teilchen abhängig gefunden worden (*11*).

Nur äußerst geringe Am-Mengen werden aus dem Verdauungsapparat aufgenommen. Einen Tag nach intramuskulärer Injektion waren 55% der injizierten Menge in der Leber, 20% im Skelet vorhanden (*12*).

Literatur

1. HAMILTON, J. G., D. H. COPP, D. M. GREENBERG, M. J. CHACE, L. VAN MIDDLESWORTH and E. M. CUTBERTSON: AECD-2483 (1946).
2. KIDMAN, B., M. TUTT and J. VAUGHAM: Nature (Lond.) **167**, 858 (1951).
3. COPP, D. H., D. J. AXELROD and J. G. HAMILTON: Amer. J. Roentgenol. **58**, 10 (1947).
4. HAMILTON, J. G.: AECD-2928 (1950).
5. — AECD-3219 (1951).
6. WALKER, L. A.: J. Lab. clin. Med. **36**, 440 (1950).
7. LANGE, K., and R. D. EVANS: Radiology **48**, 514 (1947).
8. SCHUBERT, J., E. R. RUSSELL and L. B. FARABEE: Science **109**, 316 (1949).
9. — and M. R. WHITE: J. biol. Chem. **184**, 191 (1950).
10. SPENCER, H., K. G. STERN and D. LASZLO: J. Lab. clin. Med. **46**, 182 (1955).
11. DOBSON, E. L.: AECD-2055 [UCRL-92] (1948).
12. AXELROD, D. J., and J. G. HAMILTON: J. biol. Chem. **175**, 691 (1948).
13. CATSCH, A.: Strahlenther. **99**, 290 (1956).

Zirkon

Man fand markiertes Zirkon nach dessen Verabreichung an Ratten in den nicht calcifizierten Knochenteilen vor (*1, 2, 6*), ferner wurde die Aufnahme von Zirkon-Aerosolen, die mit Zr^{95} markiert waren, verfolgt (*2*). Die Verteilung des kolloidalen Zirkons in den Organen der Ratte ist von der Teilchengröße des Kolloids abhängig gefunden worden (*3*). Der Umsatz des Zr^{89} im menschlichen Körper war ebenfalls Gegenstand einer Untersuchung (*4*). Die Verteilung des eingeatmeten Zr^{95} hat man bereits früher untersucht (*5*).

Literatur

1. HAMILTON, J. G., D. H. COPP, D. M. GREENBERG, M. J. CHACE, L. VAN MIDLESWORTH and E. M. CUTBERTSON: AECD-2483 (1946).
2. LANGE, K., and R. D. EVANS: Radiology **48**, 514 (1947).
3. DOBSON, E. L.: AECD-2055 [UCRL-92] (1948).
4. MEALEY, J.: J. appl. Physics **27**, 1186 (1956).
5. GOFMAN, J. W.: J. Lab. Chin. Med. **297**, 174 (1949).
6. CATSCH, A.: Strahlenther. **99**, 290 (1956).

Vanadium

Mit Va^{48} markiertes Vanadium wurde Ratten intravenös injiziert und dessen Verteilung untersucht (*1*). Nach Injektion fünfwertiger mit Va^{48} markierter Verbindungen fand man den größten Teil des Va^{48} im Skelet wieder (*2*). Die Aufnahme von Radiovanadium durch Seetunikate war ebenfalls Gegenstand einer Untersuchung (*3*).

Literatur

1. SCOTT, K. G., J. G. HAMILTON and P. C. WALLACE: UCRL-1318 (1951).
2. TALVITIE, N. A., and W. D. WAGNER: Arch. Ind. Hyg. Occup. Med. **9**, 414 (1954).
3. GOLDBERG, E. D., W. MCBLAIR and K. M. TAYLOR: J. biol. Chem. **169**, 609 (1947).

Mangan

Die erste Anwendung des Radiomangans war die Untersuchung von dessen Verteilung unter den Organen der Ratte (*1*). In einer darauffolgendenUntersuchung verfolgte man die Ausscheidung des dem Hunde zugeführten Mn^{56}, wobei sich die Ausscheidung durch die Galle von Bedeutung erwies (*2*). Eine Stunde nach intravenöser Injektion von Mangansalzen reicherte sich dieses am stärksten in der Leber, in den Nieren und der Schilddrüse an (*3*). Die Aufnahme von Radiomangan durch Hühnchen, die an Manganmangel litten, war gleichfalls Gegenstand einer Untersuchung (*4*).

Literatur

1. Greenberg, D. M., and W. W. Campbell: Proc. nat. Acad. Sci. (Wash.) **26**, 448 (1940).
2. — D. H. Copp and E. M. Cutbertson: J. biol. Chem. **147**, 749 (1943).
3. Born, H. J., H. A. Timofeeff-Ressowsky u. P. M. Wolf: Naturwissenschaften **31**, 246 (1943).
4. Mohamed, M. S., and D. M. Greenberg: Proc. Soc. exp. Biol. (N. Y.) **54**, 197 (1943).

Chrom

Radioaktives Chromat findet eine weitgehende Anwendung zur Markierung roter Blutkörperchen, sowohl zur Ermittlung des Erythrocytengehaltes im Kreislaufe wie der Lebensdauer der Erythrocyten. Die klinischen Lebensdauerbestimmungen der Erythrocyten werden heute meistens mit Hilfe von mit $Cr^{51}O_4$ markierten roten Blutkörperchen ausgeführt (*1, 2*). Um den Bruchteil einer verabreichten Nahrung zu bestimmen, die durch die Ratte vertilgt worden ist, setzte man dieser mit Cr^{51} markiertes CrO_4 zu (*3*). Bei der Verfolgung des Weges transfundierter Erythrocyten im Organismus erwies sich eine gleichzeitige Markierung derselben mit Cr^{51}, P^{32} und Fe^{59} von Nutzen (*4*).

Literatur

1. Gray, S. J., and K. Sterling: J. clin. Invest. **29**, 1604 (1950).
2. Sterling, K., and S. Gray: J. clin. Invest. **29**, 1614 (1950).
3. Palmer, R. F., R. C. Thompson and H. A. Kornberg: Science **127**, 1005 (1958).
4. Kriss, J. P., E. O. Field and J. E. Gibbs: Brit. J. Haematol. **5**, 92 (1959).

Niobium und Tantal

Die Verteilung des Radioniobiums im Rattenkörper war Gegenstand von Untersuchungen (*1, 4*), wie auch die des Ta^{172} markierten Tantals im bestrahlten und normalen Gewebe (*2*). Die Verteilung kolloidalen Niobiums zwischen den Organen der Ratte ist abhängig von der Teilchengröße des Kolloids gefunden worden (*3*).

Literatur

1. Hamilton, J. G.: AECD-2928 (1950).
2. Cohen, L.: Brit. J. Radiol. **28**, 336 (1955).
3. Dobson, E. L.: AECD-2055 [UCRL-92] (1948).
4. Catsch, A.: Strahlenther. **99**, 290 (1956).

Molybdän und Rhenium

In der ersten Anwendung von markiertem Molybdän untersuchte man dessen Verteilung in der Ratte (*1, 2*). Der Zusammenhang zwischen Molybdän sowie Phosphat- und Kupferumsatz wurde auch studiert (*3*), sowie der Nachweis erbracht, daß nicht dialysierbares Molybdän ein Bestandteil der Xanthinoxydase ist (*4*).

Die Verteilung des $Re^{183, \, 184}$ in den Organen der Ratte war ebenfalls Gegenstand einer Untersuchung (*5*).

Literatur

1. Neilands, J. B., F. M. Strong and C. A. Elvehjem: J. biol. Chem. **172**, 431 (1948).
2. Comar, C. L.: Nucleonics **1948**, 534.
3. — L. Singer and G. K. Davis: J. biol. Chem. **180**, 913 (1949).
4. Totter, J. R., W. T. Burnett, R. A. Monroe and I. B. Whitney: Science **118**, 555 (1953).
5. Hamilton, J. G.: Report AECD-3219 (1951).

Eisen

Unmittelbar nach der Entdeckung des radioaktiven Eisens fand dieses als Indicator im Tierversuch Anwendung. Die bereits frühere Folgerung, daß eine Regelung des Eisengehaltes des Körpers hauptsächlich durch eine entsprechende Anpassung der Resorption des Eisens aus der Nahrung und nicht durch Regelung der Eisenausscheidung erfolgt, wurde bereits durch die Ergebnisse der ersten Versuche, in denen markiertes Eisen Verwendung fand, bestätigt gefunden (1, 2). Wenige Tage nach Zusatz von Radioeisen zur Nahrung konnte dieses im Hämoglobin nachgewiesen werden (3). Hunde mit sterilen Abscessen absorbierten in diesen ersten Versuchen weniger markiertes Eisen als gesunde (4). Die Verteilung zugeführten markierten Eisens in den verschiedenen Organen normaler und anämischer Tiere war bald Gegenstand einer Untersuchung (5, 6, 7, 8, 9). Im rasch wachsenden Tierkörper fand man nicht nur einen wesentlichen Radioeisen-Einbau in die Erythrocyten sondern auch in verschiedene andere Organe (10, 11). Ferroeisen wurde von Versuchspersonen wesentlich rascher absorbierbar gefunden als Ferrieisen (12). Der Einbau des Radioeisens ins Myoglobin und die Cytochrome erfolgt langsamer als der ins Hämoglobin (13). Die Verteilung von Radioeisen in verschiedenen Organen junger Hunde war Gegenstand von Untersuchungen (9, 14). Der Einbau des Radioeisens in Ferritin wurde untersucht (15), die Ausscheidung injizierten markierten Hämoglobins verfolgt (11).

Eine Reihe von klinischen Untersuchungen wurde bereits zu Beginn der vierziger Jahre ausgeführt, wovon viele einen Vergleich des Radioeiseneinbaus in die Erythrocyten des gesunden und kranken Organismus bezweckten.

Die erste Bestimmung der zirkulierenden Menge der roten Blutkörperchen des Körpers mit der Hilfe von markiertem Eisen wurde 1941 ausgeführt. Hunden injizierte man eine bekannte Menge markierter Erythrocyten bekannter Aktivität und aus der Abnahme der letzteren, bewirkt durch die Vermischung mit inaktiven roten Blutkörperchen des Kreislaufes, berechnete man die zirkulierende Erythroeytenmenge des Hundes (21, 22, 23). Die Methode fand bald in klinischen Untersuchungen Anwendung (24, 25, 26). Es wurde gezeigt, daß die Zunahme des Erythrocytengehaltes des Blutes, die beim Hunde nach Zufuhr von Adrenalin erfolgt, zur Hälfte auf eine Erythrocytenentleerung aus den Speichern in der Milz zurückzuführen ist (27). Markierte Erythrocyten fanden Anwendung zum Nachweis, daß interperitoneal injizierte Erythrocyten durch das Peritoneum und den lymphatischen Raum wandern können, ohne beschädigt zu werden (25). Nur sehr geringe Mengen von Radioeisen sind im inaktiven Plasma nach Inkubation mit markierten Erythrocyten gefunden worden (28, 29, 30). Jüngere Erythrocyten sind in diesen ersten Versuchen weniger hämolyseresistent gefunden worden als ältere (31). Keine solche Altersabhängigkeit zeigt das leicht abspaltbare Hämoglobineisen (32). Frühzeitig fanden mit Radioeisen markierte Erythrocyten in Untersuchungen über den Einfluß der Zeit, der Temperatur und von Zusätzen auf die Konservierung des Blutes Anwendung (33, 34, 35, 36). Auch der Übergang des markierten Eisens durch die menschliche Placenta auf den Feten war Gegenstand einer Untersuchung (37).

Die Wiederverwendung des beim Zerfall markierter Erythrocyten freigewordenen Eisens beobachtete man frühzeitig sowie die nur geringe Ausscheidung von Radioeisen durch die Galle (38). Die erstgenannte Feststellung schien die Anwendung von mit Radioeisen markierten Blutkörperchen zur Lebensdauerbestimmung von Erythrocyten zu verhindern. Es zeigte sich doch später, nach der Zugänglichkeit von Fe^{59} von hoher spezifischer Aktivität, daß nach etwa 120 Tagen beim Manne und nach etwa 100 Tagen bei der Frau der Fe^{59}-Gehalt der Blutkörperchen eine deutliche Abnahme erleidet (*39*). Schon früher hatte man (*40*) durch Zuführung von größeren Mengen von inaktivem Eisen dem Versuchstiere die Wiederverwendung des beim Zerfall der Erythrocyten freiwerdenden Fe^{59} erschwert und dadurch erreicht, daß sich das Lebensende der bei ihrer Bildung markierten roten Blutkörperchen durch eine deutliche Abnahme der Aktivität des Blutes äußerte. Die untersuchten Erythrocyten waren teilweise sowohl mit Fe^{55} wie mit Fe^{59} markiert (*33, 34, 35, 36*). Auch die Geschwindigkeit, mit welcher Fe^{59} in Katalase und andere eisenhaltige Verbindungen eingebaut wird, war Gegenstand einer Untersuchung (*41*).

Die große Bedeutung, die unter Umständen der Zugänglichkeit von Indicatoren hoher spezifischer Aktivität zukommt, geht aus der außerordentlich großen Zahl von Untersuchungen hervor, die allein mit Fe^{59} hoher spezifischer Aktivität ausgeführt werden konnten. Das Plasmaeisen ist an das β_1-Globulin des Plasmas gebunden und da das nicht mit Eisen besetzte, in 1 ml vorhandene β_1-Globulin nur $1-3\,\mu g$ markiertes Eisen zu binden vermag, kommt zur Markierung von Plasmaeisen nur Eisen hoher spezifischer Aktivität in Betracht. Eisen, das per mg die Aktivität von mehreren Mikrocurie aufweist, stellt die Atomanlage in Oak Ridge seit einigen Jahren her. Im Jahre 1951 wurde zum ersten Male eine einer Versuchsperson entnommene Plasmaprobe mit markiertem Eisen von hoher spezifischer Aktivität in vitro inkubiert und dann der Versuchsperson wieder intravenös zugeführt (*42*). Der Verschwinden des Fe^{59} aus dem Plasma und die Kenntnis des Plasmaeisengehaltes erlaubt, die Eisenmenge anzugeben, die in der Zeiteinheit den Kreislauf verläßt. Da die größte Menge des das Plasma verlassenden Eisens zur Hämopoese Verwendung findet, werden sehr häufig hämopoetische Störungen schon nach kurzer Zeit durch eine Änderung der Eisenmenge angezeigt, die das Blutplasma verläßt.

Literatur

1. HAHN, P. F., W. F. BALE, E. O. LAWRENCE and G. H. WHIPPLE: J. exp. Med. **69**, 739 (1939).
2. — — R. A. HETIG, M. D. KAMEN and G. H. WHIPPLE: J. exp. Med. **70**, 443 (1939).
3. — J F. ROSS, W. F. BALE and G. H. WHIPPLE: J. exp. Med. **71**, 731 (1940).
4. — W. F. BALE and G. H. WHIPPLE: Proc. exp. Biol. (N. Y.) **61**, 405 (1946).
5. AUSTONI, M. E., and D. M. GREENBERG: J. biol. Chem. **134**, 27 (1940).
6. GREENBERG, D. M., D. H. COPP and E. M. CUTBERTSON: J. biol. Chem. **147**, 749 (1943).
7. ERF, L. A.: Proc. Soc. exp. Biol. (N. Y.) **47**, 287 (1941).
8. HAHN, P. F., J. F. ROSS, W. F. BALE and G. H. WHIPPLE: J. exp. Med. **71**, 731 (1940).
9. — W. F. BALE, J. F. ROSS, W. M. BALFOUR and G. H. WHIPPLE: J. exp. Med. **78**, 169 (1943).
10. — S. GRANICK, W. F. BALE and L. MICHAELIS: J. biol. Chem. **150**, 407 (1943).
11. GRANICK, S., and P. F. HAHN: J. biol. Chem. **156**, 661 (1944).
12. HAHN, P. F., E. JONES, R. C. LOWE, G. R. MENEELY and W. PEACOCK: Amer. J. Physiol. **143**, 191 (1945).
13. VANOTTI, A.: Bull. Schweiz. Akad. Med. Wiss. 90 (1946).
14. YOSHIKAWA, H., P. F. HAHN and W. F. BALE: Proc. Soc. exp. Biol. (N. Y.) **49**, 285 (1942).
15. GRANICK, S.: J. biol. Chem. **164**, 737 (1946).
16. YUILE, C. L., J. F. STEINMAN, P. F. HAHN and W. F. CLARK: J. exp. Med. **74**, 197 (1941).
17. BALFOUR, W. M., P. F. HAHN, W. F. BALE, W. T. POMMERENKO and G. H. WHIPPLE: J. exp. Med. **76**, 15 (1942).
18. DUBACH, R., C. V. MOORE and V. MINNICH: J. Lab. clin. Med. **31**, 1201 (1946).
19. ROSS, J. F.: Ann. Soc. clin. Invest. **27**, 33 (1946).
20. GREENBERG, G. R., and M. M. WINTROBE: J. biol. Chem. **165**, 397 (1946).
21. HAHN, P. F., W. M. BALFOUR, J. F. ROSS, W. F. BALE and G. H. WHIPPLE: Science 93, 87 (1941).
22. — W. F. BALE and W. M. BALFOUR: Amer. J. Physiol. **135**, 600 (1942).
23. — — Amer. J. Physiol. **136**, 314 (1942).
24. ROSS, J. F., and M. A. CHAPIN: J. clin. Invest. **21**, 640 (1942).
25. GIBSON, J. G., A. M. SELIGMAN, W. C. PEACOCK, J. C. AUB, J. FINE and R. D. EVANS: J. clin. Invest. **25**, 848 (1946).
26. — S. WEISS, R. D. EVANS, W. C. PEACOCK, J. W. IRVINE, W. M. GOOD and A. F. KIP: J. clin. Invest. **25**, 616 (1946).

27. HAHN, P. F., W. F. BALE and J. F. BONNER jr.: Amer. J. Physiol. **138**, 415 (1942/1943).
28. — — J. F. ROSS, R. A. HETTIG and G. H. WHIPPLE: Science **92**, 131 (1940).
29. — — — — — J. exp. Med. **76**, 21 (1942).
30. GOVAERTS, J., and A. LAMBRECHTS: Acta biol. Belg. **3**, 209 (1943).
31. CRUZ, W. O., P. F. HAHN, W. F. BALE and W. M. BALFOUR: Amer. J. med. Sci. **202**, 157 (1941).
32. MILLER, L. L., and P. F. HAHN: J. biol. Chem. **134**, 585 (1940).
33. ROSS, J. F., and M. A. CHAPIN: J. Amer. med. Ass. **128**, 827 (1943).
34. GIBSON, J. G., R. D. EVANS, J. C. AUB, T. SACK and W. C. PEACOCK: J. clin. Invest. **26**, 715 (1947).
35. — W. C. PEACOCK, R. D. EVANS, T. SACK and J. C. AUB: J. clin. Invest. **26**, 739 (1947).
36. — T. SACK, R. D. EVANS and W. C. PEACOCK: J. clin. Invest. **26**, 747 (1947).
37. POMMERENKO, W. T., P. F. HAHN, W. F. BALE and W. M. BALFOUR: Amer. J. Physiol. **137**, 164 (1942).
38. HAWKINS, W. B., and P. F. HAHN: J. exp. Med. **80**, 31 (1944).
39. BERLIN, N. I., M. BEECKMANS, P. J. ELMLINGER and J. H. LAWRENCE: J. Lab. clin. Med. **50**, 558 (1957).
40. FINCH, C. A., J. A. WOLFF, C. E. RATH and R. G. FLUHARTZ: J. Lab. clin. Med. **34**, 1480 (1949).
41. THEORELL, H., M. BÉZNAK, R. BONNICHSEN, K. G. PAUL and Å. ÅKESON: Acta chem. scand. **5**, 445 (1951).
42. HUFF, R. L., P. J. ELMLINGER, J. F. GARCIA, J. M. ODA, M. C. COCKRELL and J. H. LAWRENCE: J. clin. Invest. **30**, 1512 (1951).

Platinmetalle

Die Verteilung von intravenös injiziertem Ru^{97}, Pd^{103} und $Ir^{190,\,192}$ in den Organen der Ratte wurde 1951 untersucht (*1*). Die Verteilung verfütterten, mit Ru^{106} markierten Rutheniums war auch Gegenstand einer Untersuchung (*2*) sowie des inhalierten oder intratracheal zugeführten Ru^{106} (*3*).

Literatur

1. HAMILTON, J. G.: Report AECD-3219 (1951).
2. THOMPSON, R. C., W. H. WEEKS, O. L. HOLLIS, J. E. BALLOU and W. D. OAKLEY: Amer. J. Roentgenol. **79**, 1026 (1958).
3. BAIR, W. J., L. A. TEMPLE, D. H. WILLARD, J. L. TERRY and A. GRAYBENT: Report W-31-109-Eng-51.

Kobalt und Nickel

Das Radiokobalt, das in den ersten Untersuchungen mit Kobalt als Indicator Anwendung fand, war eine Mischung von Co^{56} und Co^{58} (*1*). Die Ausscheidung von Radiokobalt durch die Galle des Hundes wurde untersucht (*2*). Eingehend studierte man die Verteilung des Radiokobaltes in Kühen und anderen Tieren (*3*). Dessen Übergang durch die Placenta und die Ansammlung des Radiokobalts in der Leber des Embryos wurde nachgewiesen (*4*). Auch im Pankreassekret wurde Radiokobalt nachgewiesen (*5*). Nur minimale Mengen von Radiokobalt konnten in den roten Blutkörperchen nachgewiesen werden (*6*). Spätere Untersuchungen umfaßten den Umsatz von mit Co^{60} markiertem Vitamin B_{12} (*7*). Co^{60} enthaltendes Vitamin B_{12} wurde durch Biosynthese gewonnen (*8*). Die Überführung des stabilen Co^{59} enthaltenden Vitamin B_{12} durch Bestrahlung mit Neutronen in das radioaktive Co^{60} Vitamin B_{12} gelingt mit guter Ausbeute (*9*).

Nach Zufuhr von markiertem Nickel konnte man in den meisten Rattenorganen, doch nicht in der Lunge und im Gehirn, Ni^{63} nachweisen (*10*).

Literatur

1. COPP, D. H., and M. D. GREENBERG: Proc. nat. Acad. Sci. (Wash.) **27**, 153 (1941).
2. GREENBERG, D. M., D. H. COPP and E. M. CUTHBERTSON: J. biol. Chem. **147**, 749 (1943).
3. COMAR, C. L., and G. K. DAVIS: Arch. Biochem. Biophys. **12**, 257 (1947).
4. — — J. biol. Chem. **170**, 379 (1947).
5. SHELINE, G. E., I. L. CHAIKOFF and M. L. MONTGOMERY: Amer. J. Physiol. **145**, 285 (1946).
6. YOSHIKAWA, H., P. F. HAHN and W. F. BALE: J. exp. Med. **75**, 489 (1942).

7. Chow, B. F., L. Barrows and C. T. Ling: Arch. Biochem. Biophys. **34**, 151 (1951).
8. Chaiet, L., C. Rosenblum and D. T. Woodbury: Science **111**, 611 (1950).
9. Anderson, R. Ch., and Y. Delabarre: (AECU-1402) 1951.
10. Wase, A. W., D. M. Goss and M. J. Boyd: Arch. Biochem. Biophys. **51** (1953—1954).

Kupfer

Die kurze Lebensdauer des radioaktiven Kupfers ($T_{1/2} = 12{,}8$ Std.) hinderte nicht die Anwendung dieses Isotops in einer Reihe von Untersuchungen. Setzte man Cu^{64} der Nahrung von Hunden zu, so konnte nach 2 Std. dessen Gegenwart im Plasma beobachtet werden (1). Fast alles Plasmakupfer war an Eiweißmoleküle gebunden, doch nur ein kleiner Bruchteil an Globulin (2). Die Gegenwart von markiertem Kupfer im Knochenmark anämischer Tiere konnte nachgewiesen werden (3). 10,5 Std. nach intravenöser Injektion war etwas mehr Cu^{64} in den Blutkörperchen als im Plasma vorhanden. Die größte Anreicherung fand in der Leber statt (4). Auch in Zirkulationsstudien fand Radiokupfer Anwendung (5).

Literatur

1. Yoshikawa, H., P. F. Hahn and W. F. Bale: J. exp. Med. **75**, 489 (1942).
2. — — — Proc. Soc. exp. Biol. (N. Y.) **49**, 285 (1942).
3. Schultze, M. O., and S. J. Simmons: J. biol. Chem. **142**, 97 (1942).
4. Schubert, G., H. Vogt, W. Maurer u. W. Riezler: Naturwissenschaften **31**, 589 (1943).
5. — u. W. Riezler: Klin. Wschr. **24**, 304 (1947).

Silber

Mit Ag^{111} markiertes Silber fand in der Krebstherapie Anwendung (1). Dies veranlaßte eine Untersuchung der Verteilung des mit Dextrin geschützten kolloidalen Silbers in der Ratte (2). Auch die Verteilung von nicht kolloidalem Silber untersuchte man (3). Die Ansammlung von markiertem Silber in Abscessen war Gegenstand von Untersuchungen (4, 5) sowie dessen Verteilung in normalen und Geschwulsttieren (6, 7).

Literatur

1. Hahn, P. F., J. P. B. Goodell, C. W. Sheppard, R. O. Cannon and H. C. Francis: J. Lab. clin. Med. **32**, 1442 (1947).
2. Gammill, J. C., B. Wheeler, E. Carothers and P. F. Hahn: Proc. Soc. exp. Biol. (N. Y.) **74**, 691 (1950).
3. Scott, K. G., and J. G. Hamilton: Univ. Calif. Publ. Pharmacol. **2**, 241 (1950).
4. West, H. D., A. P. Johnson and C. W. Johnson: J. Lab. clin. Med. **34**, 1376 (1949).
5. — R. R. Elliot, A. P. Johnson and C. W. Johnson: Amer. J. Roentgenol. **64**, 831 (1950).
6. Semiannual Report to the Atomic Energy Commission 1 (1953).
7. Scott, K. G., and J. G. Hamilton: University of California Press **2**, 241 (1950).

Gold

Die Verteilung mit Au^{198} markierten, als Chlorid zugeführten Goldes in den verschiedenen Organen von Versuchstieren wurde frühzeitig nachgewiesen (1). Später wurde die Verteilung des Radiogoldes in gesunden und an Arthritis leidenden Versuchspersonen (2), in Kaninchen und Hunden (3) untersucht. Der Einfluß der Größe der kolloidalen Teilchen auf die Verteilung im Gewebe war Gegenstand einer Untersuchung (4). Kolloidales Radiogold fand Anwendung in der Behandlung von Tumoren (5, 6).

Literatur

1. Ely, J. O.: J. Franklin Inst. **230**, 125 (1940).
2. Bertrand, J. J., H. Waine and C. A. Tobias: J. Lab. clin. Med. **33**, 1133 (1948).
3. Sheppard, C. P., E. B. Wells, P. F. Hahn and J. P. Goodell: J. Lab. clin. Med. **32**, 274 (1947).
4. Zilversmit, D. B., G. A. Boyd and M. Brucer: J. Lab. clin. Med. **40**, 255 (1952).
5. Müller, J. H.: Experientia (Basel) **11**, 372 (1946).
6. Hahn, P. F., and C. W. Sheppard: Med. J. **39**, 558 (1946).

Beryllium

Nach intravenöser Zuführung von markiertem Berylliumsulfat an Kaninchen, Ratten und Meerschweinchen fanden sich etwa 30% der zugeführten Menge im Skelet und ein ähnlicher Bruchteil in der Leber (1). Die Ausscheidung des aufgenommenen, markierten Berylliums wird durch Zufuhr von innerhalb 2 Std. verabreichtem Natriumcitrat beschleunigt (2). Beim Nachweis der kleinen Berylliummengen, die auf dem Wege der Atmungsorgane den Körper erreichen, hat sich Be^7 als Indicator nützlich erwiesen (3).

Literatur

1. ALLEN, R., G. BONNER, A. SPARKS, W. NEUMAN, J. K. SCOTT and G. KOSEL: AECD-2104 [UR-35] (1948).
2. WHITE, M. R.: AECU-640 [UAC-169] (1949).
3. SMITH, F. A., and R. E. ROOT: UR-142, 56 (1950).

Magnesium und Zink

Die kurze Lebensdauer des Radiomagnesiums erschwert dessen Anwendung, doch konnte gezeigt werden, daß die Austrittsgeschwindigkeit der mit Mg^{28} markierten Magnesiumionen aus dem Plasma sich kaum von der der Calciumionen unterscheidet und daß die Erneuerungsgeschwindigkeit des cellulären Magnesiums eine geringe ist (1).

In der ersten Untersuchung, in der markiertes Zink zur Anwendung kam, verfolgte man die Verteilung und Ausscheidung des Mäusen und Hunden intravenös injizierten Zn^{65}. Per Gramm Gewebe nimmt das Pankreas am meisten Zn^{65} auf, doch wird dieses zum größten Teil bald wieder abgegeben. 11% der injizierten Menge kann im Laufe von 2 Wochen im Pankreassaft nachgewiesen werden. 40% des injizierten Zn^{65} verläßt den Kreislauf im Laufe von 3 min. Der Einbau des Radiozinks ins Skelet konnte nachgewiesen werden (2, 3). In einer Pektinlösung injiziertes Zn^{65} bleibt an der Injektionsstelle lokalisiert. Die Verwendung von auf diese Weise fixiertem Zn^{65} zur lokalen Bestrahlung wurde in Vorschlag gebracht (4).

Literatur

1. BARNES, B. A., u. G. L. BRONWELL: Mitteilung der zweiten Genfer Tagung für die friedliche Anwendung des Atoms.
2. SHELINE, G. E., I. L. CHAIKOFF, H. B. JONES and M. L. MONTGOMERY: J. biol. Chem. 147, 409 (1943).
3. MONTGOMERY, M. L., G. E. SHELINE and I. L. CHAIKOFF: J. exp. Med. 78, 151 (1943).
4. MÜLLER, J. H.: Experientia (Basel) 2, 372 (1946).

Cadmium und Quecksilber

Das Eindringen markierten Cadmiums in Dentin und Zahnschmelz, das Ratten mit dem Trinkwasser oder intravenös zugeführt wurde, war Gegenstand von Untersuchungen (1, 2).

Beim Studium der Permeabilität der Haut für Diuretika die Quecksilber enthielten, fand eine Mischung von Hg^{203} und Hg^{205} als Indicator Anwendung (3, 4, 5).

Literatur

1. LEICESTER, H. M., P. R. THOMASSA and G. J. DENZLER: J. dent. Res. 32, 663 (1953).
2. THOMASSA, P. R.: J. dent. Res. 32, 727 (1953).
3. KELLY, F. J., A. A. SVEDBERG and V. C. HARP: J. clin. Invest. 29, 988 (1950).
4. RAY, C. T., G. E. BURCH, S. A. THREEFOOT and F. J. KELLY: Amer. J. med. Sci. 220, 160 (1950).
5. THREEFOOT, S. A., C. T. RAY, G. E. BURCH, J. A. MILNOR, J. P. OVERMAN and W. GORDON: J. clin. Invest. 28, 661 (1949).

Gallium und Indium

Es liegen Daten über die Verteilung von Ga^{72} vor, das Ratten und Kaninchen subcutan injiziert wurde (*1*). Der Einbau von Radiogallium in die Zähne verschiedener Tiere wurde gleichfalls untersucht (*2*). Die Ausscheidung durch Versuchspersonen war ebenfalls Gegenstand einer Studie (*3*). Ga^{72} fand auch Anwendung in pharmakologischen Untersuchungen (*4*) in der klinischen Lokalisation des zugeführten Galliums (*5*). Ga^{66} und Ga^{67} fanden Anwendung in der Untersuchung über den Einbau von Gallium in Tumoren des Skeletes (*6*).

Man führte mit In^{114} markiertes Indium der Ratte zu und studierte dessen Verteilung (*7*).

Literatur

1. Dudley, H. C., J. I. Munn and K. E. Henry: J. Pharmacol. exp. Ther. **98**, 105 (1950).
2. English, J. A., and H. C. Dudley: J. dent. Res. **29**, 93 (1950).
3. Munn, J. L., N. H. Walters and H. D. Dudley: J. Lab. clin. Med. **37**, 676 (1951).
4. Dudley, H. D., and J. E. Wallace: Arch. Ind. Hyg. Occup. Med. **6**, 263 (1952).
5. King, E. R., J. Perkinson, H. D. Bruner and J. Gray: Science **113**, 555 (1951).
6. Werf, J. T. van der: Acta radiol. (Stockh.) **41**, 343 (1954).
7. Thomas, G. R.: W-7401-eng.-49 (1957).

Stickstoff

In Fortsetzung ihrer auf S. 2 besprochenen Untersuchungen machten Schoenheimer und Rittenberg (*1*) als Erste Gebrauch von N^{15} als Indicator in biochemischen Studien. Sie markierten Eiweißkörper mit schwerem Stickstoff und konnten nachweisen, daß ein Teil des proteinfreier Nahrung zugesetzten Ammoniums in die Aminosäuren der Körperproteine eingebaut wird (*2, 3, 4*). Die Richtigkeit der Hypothese, wonach Ammonium ein Zwischenprodukt bei der Überführung von Aminogruppen von einer Aminosäure zu einer anderen sein soll, wurde erwiesen (*6*). Die Quelle des Harnstoff-Kohlenstoffs wurde nachgewiesen (*7*) wie auch die Ausgangssubstanz des Kreatinaufbaues (*8*). Der Zusammenhang zwischen dem Kreatin- und Kreatinin-Umsatz war ebenfalls Gegenstand einer Untersuchung (*10*). Es wurde der Nachweis erbracht, daß das Ammonium, das im Urin gefunden wird, durch Deamination von Aminosäuren entsteht und daß der Harnstoff an dessen Bildung nicht beteiligt ist. Schwerer Stickstoff als Indicator hat sich auch von großem Werte in immunologischen Studien erwiesen (*9*). N^{15} wurde in eine Reihe von Aminosäuren, nicht dagegen in Lysin eingebaut (*5*). Bei der Zufuhr von mit N^{15} markierten Aminosäuren fand man dieselbe Umsatzgeschwindigkeit von Eiweißkörpern wie bei der Zufuhr von mit Deuterium markierten Aminosäuren (*9*). Die Geschwindigkeit des Austritts von mit N^{15} markiertem Lysin aus dem Plasma von normalen Menschen und im Schock wurde verglichen (*11*). Die Anwendung von mit N^{15} markiretem Glykokoll ermöglichte den Nachweis, daß der Stickstoff des Glykokolls eine unmittelbare Anwendung bei der Synthese des Protoporphyrins findet. Mit Glykokoll N^{15} markiertes Häm wurde zur Ermittlung der Lebensdauer der roten Blutkörperchen verwendet (*12*). Beim Nachweis, daß Betain ein effektiver Methyldonator ist, fand N^{15} Anwendung (*13*). In Umsatzstudien von Nucleinsäuren macht man Gebrauch von einer gleichzeitigen Markierung dieser mit N^{15} und P^{32} (*14*).

Literatur

1. Schoenheimer, R., and D. Rittenberg: J. biol. Chem. **127**, 285 (1939).
2. — S. Ratner and D. Rittenberg: J. biol. Chem. **130**, 703 (1939).
3. Ratner, S., D. Rittenberg, A. S. Keston and R. Schoenheimer: J. biol. Chem. **134**, 665 (1940).
4. Schoenheimer, R., S. Ratner and D. Rittenberg: J. biol. Chem. **127**, 333 (1939).

5. WEISSMAN, N., and R. SCHOENHEIMER: J. biol. Chem. **140**, 779 (1941).
6. FOSTER, G. L., R. SCHOENHEIMER and D. RITTENBERG: J. biol. Chem. **127**, 319 (1939).
7. RITTENBERG, D., and H. WAELSCH: J. biol. Chem. **136**, 799 (1940).
8. BLOCH, K., and R. SCHOENHEIMER: J. biol. Chem. **138**, 167 (1941).
9. SCHOENHEIMER, R.: The dynamic state of body constituents. Cambridge, Mass.: Harvard Univ. Press. 1946.
10. BLOCH, K., R. SCHOENHEIMER and D. RITTENBERG: J. biol. Chem. **138**, 155 (1941).
11. FINK, R. M., T. ENNS, C. P. KIMBALL, H. E. SILBERSTEIN, W. F. BALE, S. C. MADDEN and G. H. WHIPPLE: J. exp. Med. **80**, 455 (1944).
12. SHEMIN, D., and D. RITTENBERG: J. biol. Chem. **165**, 627 (1946).
13. VIGNEAUD, V. DU, S. SIMMONDS, J. P. CHANDLER and M. COHN: J. biol. Chem. **165**, 639 (1946).
14. DAVIDSON, J. N., and W. RAYMOND: Biochem. J. **42**, 14 (1948).

Arsen und Antimon

Die ersten Untersuchungen mit markiertem Arsen wurden im Jahre 1941 ausgeführt. Verfolgt wurde die Verteilung injizierten Arsenat- und Arsenit-Arsens in den Organen der Maus (*1*) und des Kaninchens (*2*). Bald wurden diese Untersuchungen auf die Ausscheidung von Versuchspersonen zugeführtem Arsen ausgedehnt (*3*). Als später trägerfreies Radioarsen zur Verwendung kam, fand man ganz andere Verteilungswerte als in den erwähnten Untersuchungen (*4*). So konnte man feststellen, daß die roten Blutkörperchen einen bedeutenden Teil des als Arsenat injizierten As^{76} aufnehmen (*3, 4*). Das Arsen wird ins Hämoglobinmolekül eingebaut (*5*). Arsen fand später hauptsächlich in Verteilungsuntersuchungen Anwendung, z. B. in mit Arsen vergifteten Insektenlarven (*6*). Mit Arsen markiertes Senfgas fand gleichfalls Anwendung (*7*).

Eine starke Anreicherung von Radioantimon wurde in der Thyreoidea von Hunden festgestellt, denen dieses als Antimonylxylitol injiziert wurde, sowie auch im Parasiten Dirofilaria immitis des Hundes (*8*). Markiertes Antimon wurde als gasförmiges Hydrid normalen und mit Plasmodium gallinaceum infizierten Hühnchen zugeführt. Die Verteilung des markierten Antimons in den Organen war in beiden Fällen dieselbe (*9*). Meerschweinchen scheiden Antimon in dreiwertiger Form aus (*10*).

Literatur

1. BORN, H. J., u. H. TIMOFEEFF-RESSOWSKY: Naturwissenschaften **29**, 182 (1941).
2. PONT, O. DU, A. ARIEL and S. L. WARREN: J. appl. Physics **12**, 324 (1941).
3. HUNTER, T., A. F. KIPP and J. W. IRVINE: J. Pharmacol. **76**, 207 (1942).
4. LANZ H. jr., P. C. WALLACE and J. HAMILTON: Univ. Calif. Publ. Pharmacol. **2**, 263 (1949).
5. HUNTER, F. T., and A. F. KIPP: J. appl. Physics **12**, 324 (1941).
6. MORRISON, F. O., and W. F. OLIVER: Canad. J. Res. D **27**, 256 (1949).
7. AXELROD, D. J., and J. G. HAMILTON: Amer. J. Path. **23**, 389 (1947).
8. COWIE, D. B., A. W. LAWTON, A. T. NESS, F. J. BRADY and G. E. OGDEN: J. Wash. Acad. Sci. **35**, 192 (1945).
9. SMITH, R. E., J. M. STEELE, R. E. EAKIN and D. B. COWIE: J. Lab. clin. Med. **33**, 635 (1948).
10. BRADY, F. J., A. H. LAWTON, D. B. COWIE, H. L. ANDREWS, A. T. NESS and G. E. OGDEN: Amer. trop. Med. **25**, 103 (1945).

Sauerstoff

Schwerer Sauerstoff fand einige Jahre nach seiner Entdeckung (*1*) Anwendung im Studium von Austauschreaktionen (*2, 3, 4*) und beim Nachweis des Ursprunges des in der Atmungskohlensäure vorhandenen Sauerstoffs (*5*). Die Anwendung des O^{18} als Indicator hat sich beim Studium der Bildung von Adenosintriphosphorsäure im Laufe der oxydativen Phosphorylierung als sehr nützlich erwiesen (*6*). Daß Muskelarbeit keinen erhöhten Adenosintriphosphorsäure-Umsatz bewirkt, konnte durch Vergleich des O^{18}-Einbaues, nach Zuführung von mit O^{18} markiertem Wasser, in den ruhenden und gereizten Muskel wahrscheinlich gemacht werden (7). Bevor S^{35} zur Verfügung stand, verfolgte man das Schicksal des Sulfatradikals im Organismus durch Anwendung von mit O^{18} markiertem Natriumsulfat (8). O^{18} fand unter anderem Anwendung in Untersuchungen über den Reaktionsmechanismus enzymatischer Vorgänge wie z. B. beim Nachweis, daß aus Bakterien gewonnene Acetylphosphatase die P-O-Bindung spaltet (9).

Literatur

1. GIAUQUE, W. F., and H. L. JOHNSTON: J. Amer. chem. Soc. **51**, 143 (1929).
2. POLÁNYI, M., and A. L. SZABO: Trans. Faraday Soc. **30**, 508 (1934).
3. SENKUS, M., and W. G. BROWN: J. org. Chem. **2**, 569 (1938).
4. MEARS, W. H.: J. chem. Phys. **6**, 295 (1938).
5. HERBERT, J. B. M., and I. LANDER: Nature (Lond.) **142**, 954 (1938).
6. LIFSON, N., G. B. GORDON, M. B. VISSCHER and A. D. NIER: J. biol. Chem. **180**, 771 (1949).
7. FLECKENSTEIN, A.: Pflügers Arch. Ges. Physiol. **270**, 20 (1959).
8. ATEN, A. H. W., and G. HEVESY: Nature (Lond.) **142**, 952 (1938).
9. BENTLEY, R.: J. Amer. chem. Soc. **71**, 2765 (1949).

Schwefel

In den ersten Untersuchungen mit radioaktivem Schwefel wurde Versuchspersonen Schwefel zugeführt und die Ausscheidung des S^{35} durch die Nieren verfolgt (1). Bald zeigte sich, daß die Zufuhr von markiertem Methionin mit guter Ausbeute zur Bildung markierter Proteine führt (2, 3). Die Umsatzgeschwindigkeit des Methionins wurde ermittelt (4). Man fand auch, daß der größte Teil des Cystins, das nach Verabreichung von mit dem stabilen S^{34} markiertem Methionin aus der Leber cystinfrei ernährter Ratten isoliert wird, S^{34} enthält (4). Nach der Zuführung von markiertem Methionin fand man nach dem Verlauf eines Tages 41 % des Protein-Schwefels markiert. Die Entfernung der Leber hinderte den Einbau des Methionin-Schwefels in die Proteine der übrigen Organe nicht (5). Der größte Teil des als kolloidaler Schwefel oder Sulfid verfütterten Schwefels wird in der Form von Sulfat im Urin ausgeschieden, doch entstehen gleichzeitig auch ganz geringe Mengen von markiertem Cystein (6). Die Bildung von ganz wenig markiertem Cystin fand man auch nach der Injektion von Natriumsulfid (7). Nach der intraperitonealen Zuführung von markiertem Natriumsulfat und einigen anderen Schwefelverbindungen enthielt das Knochenmark am meisten S^{35} (8). Nach Zufuhr von markiertem Thiamin fand man den größten Teil dieser Verbindung unverändert im Urin und in geringerem Maße in den Faeces wieder (9). Fütterte man der Henne markiertes Methionin, so zeigte sich S^{35} nach zwei Tagen im Eiweiß (10).

Zur Markierung des Plasmaeiweißes hat sich S^{35} sehr nützlich erwiesen (11). Der Vergleich der Verschwindegeschwindigkeit des markierten Eiweißes aus der Blutflüssigkeit wurde sowohl im normalen Organismus wie auch beim Schockzustand untersucht. Es wurde kein Unterschied gefunden (12). Andere Beispiele der frühzeitigen Anwendung von S^{35} sind die Feststellung des bei der Einwirkung von Schwefel auf Thiol entstehenden Schwefelwasserstoffs (3) und des enzymatischen Schwefelaustausches zwischen Cystein und Schwefelwasserstoff (11, 12).

Eine weitere frühzeitige Anwendung von S^{35} war die Untersuchung der immunologischen Eigenschaften von mit Senfgas behandelten Proteinen (13) sowie das Studium der Verteilung des Senfgases und ähnlicher Verbindungen im Tierkörper (14, 15).

Von den späteren Anwendungen des S^{35} sollen noch dessen Anwendung bei den Untersuchungen des Umsatzes der Chondroitin-Schwefelsäure (16, 17), der Verteilung des Penicillins im Tierkörper und dessen Aufnahme durch Bakterien (18, 19) sowie über die biologische Aktivierung des Sulfats (20) erwähnt werden.

Literatur

1. BORSOOK, H., S. KEIGHLEY, D. M. YOST and E. McMILLAN: Science **86**, 525 (1937).
2. TARVER, H., and C. L. A. SCHMIDT: J. biol. Chem. **130**, 67 (1939).
3. — — J. biol. Chem. **146**, 69 (1942).
4. VIGNEAUD, V. DU, G. L. KILNER, J. R. RACHELE and M. COHN: J. biol. Chem. **155**, 645 (1944).
5. TARVER, H., and W. O. REINHARDT: J. biol. Chem. **167**, 395 (1947).
6. DZIEWIATKOWSKY, D. D.: J. biol. Chem. **161**, 723 (1945).
7. TUCK, J. L.: J. chem. Soc. **1939**, 1292.
8. SINGER, H. O., and L. D. MARINELLI: Science **101**, 414 (1945).
9. BORSOOK, H., J. B. HATCHER and D. M. YOST: J. appl. Physics **12**, 325 (1941).
10. TARVER, H., and C. L. A. SCHMIDT: J. appl. Physics **12**, 323 (1941).
11. SELIGMAN, A. M., and J. FINE: J. clin. Invest. **22**, 265 (1943).
12. FINE, J., and A. M. SELIGMAN: J. clin. Invest. **22**, 285 (1943).
13. BOURSNELL, J. C., G. E. FRANCIS and A. WORMALL: Biochem. J. **40**, 768 (1946).
14. — J. A. COHEN, M. DIXON, G. E. FRANCIS, G. D. GRENVILLE, D. M. NEEDHAM and A. WORMALL: Biochem. J. **40**, 756 (1956).
15. FRANCIS, G. E., and A. WORMALL: Biochem. J. **40**, 765 (1946).
16. DZIEWIATKOWSKY, D. D.: J. biol. Chem. **189**, 187 (1951).
17. CAMPBELL, O.: Nature (Lond.) **167**, 274 (1951).
18. PASYNSKII, A., and T. KASTOVSKAYA: Biokhimiya **12**, 465 (1947).
19. ROWLEY, D., J. MILLER, S. ROWLANDS and E. LESTER-SMITH: Nature (Lond.) **161**, 109 (1948).
20. LIPMANN, F.: Science **128**, 575 (1958).
21. SMYTHE, C. V., and D. HALLIDAY: Fed. Proc. **1**, 134 (1943).

Selen und Tellur

Se[75] fand seine erste Anwendung bei der Untersuchung der Verteilung des Selens aus injiziertem Natriumselenat im Rattenkörper (*1*). Später untersuchte man unter anderem mit der Hilfe dieses Indicators den Übergang des Selens in die Milch der Ratte (*2*) sowie dessen Einbau in Erythrocyten (*3*). Mit Radioselen markierte rote Blutkörperchen fanden auch Anwendung in der Ermittlung der Lebenslänge der roten Blutkörperchen der Ente (*4*). Se[75] fand Anwendung bei der Feststellung, daß Selenmethionin in wachsenden *E. coli* in der Gegenwart von Selen gebildet wird (*5*).

Radiotellur fand hauptsächlich Anwendung in Verteilungs- und Ausscheidungsstudien (*6*).

Literatur

1. DE MEIO, B. H., and F. C. HENRIQUES jr.: J. biol Chem. **169**, 609 (1947).
2. McCONNELL, K. P.: J. biol. Chem. **173**, 653 (1948).
3. — and B. J. COOPER: J. biol. Chem. **183**, 459 (1950).
4. — O. W. PORTMANN and R. H. RIGDON: Proc. exp. Biol. (N. Y.) **83**, 140 (1953).
5. COWIE, D. B., and G. N. COHEN: Biochem. biophys. Acta **26**, 252 (1957).
6. McCONNELL, K. P.: J. biol. Chem. **145**, 55 (1942).

Fluor

Infolge der kurzen Lebensdauer des Radiofluors ($T_{1/2} = 112$ min) fand es als Indicator eine sehr beschränkte Anwendung. Die Aufnahme des F^{18} durch den intakten menschlichen Zahnschmelz hat man bereits 1940 nachgewiesen (*1*). Diese Aufnahme sowie die Verteilung des F^{18} im Tierkörper (*2, 3*) war auch der Gegenstand zahlreicher späterer Untersuchungen. Man bestimmte die Zeit, nach deren Verlauf das intravenös injizierte Fluor im Speichel nachweisbar wird (*5*). Man untersuchte auch die Verteilung des zugeführten F^{18} zwischen den Organen der Ratte (*5*). Die Aufnahme von F^{18} durch Knochenpulver wurde ebenfalls festgestellt (*6*).

Literatur

1. Volker, J. E., H. C. Hodge, H. J. Wilson and S. N. van Voorhis: J. biol. Chem. **134**, 543 (1940).
2. — R. F. Sognaes and B. G. Bibby: Amer. J. Physiol. **132**, 707 (1941).
3. McClendon, J. F., and W. C. Foster: Fed. Proc. **2**, 33 (1943).
4. Wills, J. H.: J. dent. Res. **19**, 585 (1940).
5. Wallace-Durbin, P.: J. dent. Res. **33**, 789 (1954).
6. Falkenheim, M., and H. C. Hodge: J. dent. Res. **26**, 241 (1947).

Chlor

Infolge der kurzen Lebensdauer des Cl^{38}, das zunächst allein zur Verfügung stand, fand dieses Radiochlor nur eine beschränkte Anwendung. Doch wurde die Austrittsgeschwindigkeit der Chlorionen aus der Blutflüssigkeit gemessen (*1*), der „Chloridraum" des Gewebes ermittelt (*2, 3, 4*). Gemessen wurde die Eindringungsgeschwindigkeit des Cl^{38} ins Kammerwasser (*5*), seine Durchdringungsgeschwindigkeit durch die Magenwand (*6, 7*) sowie die des Darmes (*8*). Später fand das langlebige Cl^{36} in solchen und ähnlichen Untersuchungen zahlreiche Anwendung (*9*). Der Chloridraum der Knochen wurde mit ihrem Natriumraum verglichen. Die sehr geringen Chloridmengen, die in den Mineralbestandteilen des Mäuseskelets vorhanden sind, wurden in langdauernden Versuchen bestimmt, in den Cl^{36} Anwendung fand (*10*). Die gleichzeitige Anwendung von mit Cl^{36} und Cl^{38} markiertem Chlor beim Studium des Durchgangs des Cl' durch die isolierte Froschhaut hat sich von großem Nutzen erwiesen (*11*).

Literatur

1. Hahn, L., and G. Hevesy: Acta physiol. scand. **1**, 347 (1941).
2. Manery, J. F.: Amer. J. Physiol. **129**, 417 (1940).
3. — and L. F. Haege: Amer. J. Physiol. **134**, 83 (1941).
4. — and W. F. Bale: Amer. J. Physiol. **132**, 215 (1941).
5. Kinsey, V. E., W. M. Grant, D. G. Cogan, J. J. Livingood and B. R. Curtis: Arch. Ophthal. **27**, 1126 (1942).
6. Eisenman, S. J., P. K. Smith, A. W. Winkler and J. R. Eltinkton: J. biol. Chem. **140**, 35 (1941).
7. Cope, O., W. E. Cohn and A. G. Brenizer jr.: J. clin. Invest. **22**, 103 (1943).
8. Visscher, M. B., R. H. Varco, Q. W. Carr, R. B. Dean and D. Erickson: Amer. J. Physiol. **141**, 488 (1944).
9. Burch, G. E., S. A. Threefoot and C. T. Ray: J. Lab. clin. Med. **35**, 331 (1950).
10. Hevesy, G.: Acta chem. scand. **11**, 261 (1957).
11. Koefoed-Johnsen, V., H. H. Ussing and K. Zerahn: Acta physiol. scand. **27**, 38 (1952).

Brom

Br^{82} fand Anwendung in der Ermittlung der Geschwindigkeit, mit der zirkulierende Bromionen den Kreislauf verlassen, und bei der Feststellung des langsamen Eindringens des Bromids in den extracellulären Raum des Gehirns (*1*). Radiobrom fand auch Anwendung im Studium der Verteilung intraperitoneal injizierten Bromids zwischen sowohl den Organen des Meerschweinchens wie der Ratte (*2*). Daß 1 g Schilddrüse etwa fünfmal soviel Br^{82} aufnimmt wie 1 g Leber wurde frühzeitig festgestellt (*2*). Im Studium der Durchlässigkeit der Capillaren für Kolloide kamen radioaktive bromierte Derivate des Trypanblaus und des Evansblaus zur Verwendung (*3, 4*), die erstgenannte Verbindung diente auch zur Diagnose lokalisierter Entzündungen (*5*). Die blutcoagulierende Wirkung des 3-hydroxy-1,4-naphtho-chinons wurde mit der Hilfe eines radiobromierten Derivates (*6*) untersucht. Radioaktives α-Bromotriphenyläthylen fand Anwendung beim Studium des Umsatzes synthetischer oestrogener Substanzen (*7*).

Literatur

1. Hahn, L., and G. Hevesy: Acta physiol. scand. **1**, 347 (1941).
2. Perlman, L., M. E. Morton, I. L. Chaikoff: Amer. J. Physiol. **134**, 107 (1941).
3. Moore, F. D., L. H. Tobin and J. C. Aub: J. clin. Invest. **22**, 161 (1943).
4. Cope, O., and F. D. Moore: J. clin. Invest. **23**, 241 (1944).
5. Moore, F. D., and L. H. Tobin: J. clin. Invest. **21**, 471 (1942).
6. Berger, M., Ng. Ph. Buu-Hoi, R. Daudel, P. Daudel and S. May: Experientia (Basel) **2**, 184 (1946).
7. Daudel, P., R. Daudel, M. Berger, Ng. Ph. Buu-Hoi and A. Lacassagne: Experientia (Basel) **2**, 107 (1946).

Jod

Die Anwendung von Radiojod als Indicator hat unsere Kenntnisse über den Stoffwechsel der Schilddrüse und deren Hormon wesentlich erweitert. Als 1939 die ersten Tierversuche über die Aufnahme und Verteilung des Jods ausgeführt wurden, stand nur das kurzlebige I^{128} (T = 25 min) zur Verfügung. Als das länger lebende I^{131} (T = 8 Tage) erhältlich wurde, verglich man unter anderem die Aufnahme von I^{131} nach der Zufuhr von 0,03 mg markierten Jodes und von I^{131}, dem kein stabiles Jod zugesetzt war. Der große Unterschied in den erhaltenen Ergebnissen (7% und 65% Aufnahme) illustriert (*1*) die Bedeutung, die in gewissen Fällen der Zugänglichkeit von zusatzfreien radioaktiven Isotopen zukommt. 1938 studierte man zuerst die Aufnahme der Ratte (*2,3*) und später anderen Tieren (*4,5*) per os zugeführten I^{131}. Daß die Aufnahme stark vermindert wird, wenn man vorher täglich den Versuchstieren Thyroxin injiziert, wurde später gezeigt (*6, 7*).

Bereits 1939 studierte man die Aufnahme von I^{131} durch die normale und pathologische Schilddrüse des Menschen (*8, 9*) und wies große Unterschiede in der Aufnahme- und Abgabegeschwindigkeit nach. Die Aufnahme des Radiojods wurde z.T. durch Anbringen eines Geigerrohres über der Schilddrüse gemessen (*8, 10*), ein Meßverfahren, das später bei der Messung der Aktivität auch anderer γ-Strahlen aussendender radioaktiver Körper eine sehr weitgehende Anwendung gefunden hat. Von per os verabreichten 14 mg Jod nahmen die Versuchspersonen 1—5% auf. Die maximale Aufnahme erfolgte nach 24—48 Std., und die aufgenommene Menge blieb konstant in den folgenden Tagen (*11*).

Ausführliche Untersuchungen wurden auch frühzeitig über die Aufnahme von Jod durch die Schilddrüse von Kaninchen ausgeführt (*12*). Es liegt eine ausführliche Übersicht der bis 1940 mit Radiojod ausgeführten Untersuchungen vor (*13*).

Man studierte frühzeitig die Aufnahme von Radiojod durch die Schilddrüse von an Hyperthyreose Leidenden (*14, 15, 16*) und an Kindern, die ebenfalls hyperthyroid waren (*17*).

Die Autoradiographie hat sich in diesen Untersuchungen als ein sehr nützliches Hilfsmittel erwiesen (*18*) wie auch z. B. in der Verfolgung der fetalen Entwicklung der Schilddrüse (*23*) und in der Ansammlung im Endostyl der Perophora annocetens (*24*) und des Entophenus lamottenii (*25*). Mit der Hilfe der autoradiographischen Methode wurde zuerst nachgewiesen (*27*), daß das carcinomatöse Thyreoidgewebe kein I^{131} aufzunehmen vermag. Später konnte man jedoch feststellen, daß gewisse Typen carcinomatösen Thyreoidgewebes I^{131} aufnehmen können (*28, 29*). Im Skelet lokalisierte Metastasen eines Schilddrüsenkrebses können unter Umständen mehr I^{131} aufnehmen als der Primärtumor (*30*).

Die erste Anwendung der Autoradiographie in radioaktiven Studien geht bereits auf 1924 zurück. Die Verteilung des Poloniums zwischen den Organen des Kaninchens wurde mit Hilfe dieser Methode untersucht (*19*). Dann folgte die Untersuchung des Einbaus von Radioblei (*20, 26*) sowie Radium (*21*) ins Skelet. Diese Methode hat sich auch sehr nützlich erwiesen bei der Verfolgung des Einbaus des zirkulierenden Phosphates in den Knochenapatit (vgl. S. 5) und in zahlreichen anderen Fällen. Autoradiogramme, die durch α-Strahlen hervorgerufen sind, zeigen das größte Auflösungsvermögen (22).

Die mit markiertem Jod ausgeführten Untersuchungen ermöglichten mit Sicherheit festzustellen, daß das Thyrosin aus dem Thyroglobulin entsteht (38).

Bereits 2 Std. nach Zufuhr von I^{131} waren wenige Prozente dieser Substanz ins Thyroxin der Schilddrüse der Ratte eingebaut (31). Es konnte auch die Verteilung des I^{131} zwischen Thyroxin, Dijodotyrosin und dem anorganischen Jod ermittelt werden (31, 32), und der Nachweis wurde erbracht, daß bei der Einwirkung von Jod auf Thyrosin zunächst Monojodthyrosin entsteht und daraus Dijodothyrosin. Die Vereinigung von zwei Dijodothyrosinmolekülen führt zur Bildung von Thyroxin (33, 35). Wurden die Versuchstiere bei etwa 0° C gehalten, so wurde ein größerer Bruchteil des I^{131} in die Schilddrüse eingebaut (33, 34) als bei Normaltemperatur.

Einige Stunden nach Zufuhr von I^{131} ist der größte Teil des Plasma I^{131} an Eiweißkörper gebunden, wesentlich mehr im hyperthyreoiden, wesentlich weniger im thyreoidektomierten Tiere (36). Dieser Untersuchung folgte die Ermittlung der Geschwindigkeit, mit welcher das intravenös injizierte, an Eiweißkörper gebundene I^{131} aus dem Plasma verschwindet (37). Aus dem Ergebnisse dieser und ähnlicher Versuche (38) konnte die täglich von der Schilddrüse dem Kreislauf abgegebene, an Eiweiß gebundene Jodmenge (50—100 μg im Falle eines 10 kg wiegenden Hundes) berechnet werden.

Die Aufnahme von I^{131} durch die Schilddrüse hypophysektomierter Tiere (39, 40) sowie der mit thyreotropem Hormon behandelten (33, 39, 41, 42, 43, 44, 45) war Gegenstand ausführlicher Untersuchungen. Das Eindringen von Jod in die Follikel wird durch Gabe von thyreotropem Hormon gefördert, es wird durch die Zufuhr von Thiourea oder Thiocyanat gehemmt (46, 47, 48, 49, 50). Zusatz von 1% Thioharnstoff zur Nahrung der Ratte vermag den Einbau von I^{131} in die Schilddrüse in jeglicher Form zu hindern (51). Die starke Aufnahme von Radiojod durch Gewebeschnitte wurde nachgewiesen (52, 53, 54, 55) und die Bildung von Dijodothyrosin und die von Thyroxin in diesen gleichfalls studiert (56, 57, 58, 59, 60).

In der klinischen Diagnose untersuchte man später neben der Schilddrüsen-Radiojodspeicherung die Radiojodausscheidung im Harn (61). Auch die Verteilung des Radiojods zwischen dem eiweißgebundenen und dem Gesamtjod des Plasmas wurde zu diagnostischen Zwecken verwendet (62, 63, 64). Die Anwendung von Radiojod erleichtert unter anderem den Nachweis von versprengtem Schilddrüsengewebe (65). Bei der Lokalisierung von Tumoren des zentralen Nervensystems fand markiertes Dijodfluorescin Anwendung (68).

Radiojod fand eine weitgehende Anwendung bei der Markierung von Proteinen (66, 67), die in der Bestimmung des Plasmavolumens und in zahlreichen anderen Untersuchungen Verwendung fanden.

Die Verteilung des markierten Jodids zwischen den Gesamthalogeniden der Blutkörperchen und des Plasmas ist zu 1,4 festgestellt worden (69).

Literatur

1. Perlman, I., I. L. Chaikoff and M. E. Morton: J. biol. Chem. 139, 433 (1941).
2. Hertz, S., A. Roberts and R. D. Evans: Proc. Soc. exp. Biol. (N. Y.) 38, 510 (1938).
3. — — J. H. Means, R. D. Evans: Amer. J. Physiol. 128, 565 (1940).
4. Ariel, I., W. F. Bale, V. Downing, H. C. Hodge, W. Mann, S. N. van Voorhis, S. L. Warren and H. J. Wilson: Amer. J. Physiol. 132, 346 (1941).
5. Mann, W., C. P. Leblond and S. L. Warren: J. biol. Chem. 142, 905 (1942).
6. Joliot, F., R. Courrier, P. Sue et A. Horlau: C. R. Soc. Biol. (Paris) 139, 657 (1945).
7. — Proc. roy. Soc. A 184, 1 (1945).

8. HAMILTON, J. G., and M. H. SOLEY: Amer. J. Physiol. **127**, 557 (1939).
9. — — Amer. J. Physiol. **131**, 135 (1940).
10. HERTZ, S.: Amer. J. Roentgenol. **46**, 467 (1941).
11. HAMILTON, J. G.: Radiology **39**, 541 (1942).
12. HERTZ, S., A. ROBERTS, J. H. MEANS and R. D. EVANS: Amer. J. Physiol. **128**, 565 (1940).
13. SALTER, W. T.: The endocrine function of iodine, p. 351. Cambridge, Mass.: Harvard Univ. Press 1940.
14. HERTZ, S., A. ROBERTS and W. T. WALTER: J. clin. Invest. **21**, 25 (1942).
15. — — Endocrinology **29**, 82 (1941).
16. — — J. clin. Invest. **21**, 31 (1942).
17. HAMILTON, J. G., M. H. SOLEY, W. A. REILLY and K. B. EICHHORN: Amer. J. Dis. Child. **66**, 495 (1942).
18. — — and K. B. EICHHORN: Univ. Calif. Berkeley Publ. Pharmacol. **1**, No. 28 (1940).
19. LACASSAGNE, A., et J. LATTES: C. R. Soc. Biol. (Paris) **90**, 352 (1924).
20. LOMHOLT, S.: J. Pharmacol. **40**, 235 (1930).
21. GETTLER, A. O., and C. NORRIS: J. Amer. med. Ass. **100**, 400 (1933).
22. HAMILTON, J. G.: Rev. Mod. Physics **20**, 718 (1948).
23. GORBMAN, A., and H. M. EVANS: Proc. Soc. exp. Biol. (N. Y.) **47**, 103 (1941).
24. — Science **94**, 192 (1941).
25. — and C. W. CREASER: J. exp. Zool. **89**, 391 (1942).
26. DAELS, F., H. FAJERMAN and VAN DE PULTE: Strahlenther. **63**, 45 (1938).
27. HAMILTON, J. G.: Radiology **39**, 541 (1942).
28. MARINELLI, L. D., F. W. FOOTE, R. F. HILL and A. F. HOCKER: Amer. J. Roentgenol. **58**, 17 (1947).
29. SEIDLIN, S. M., L. D. MARINELLI and E. OSHRY: J. Amer. med. Ass. **132**, 38 (1946).
30. KESTON, A. S., R. P. BALL, V. K. KNEELAND, FRANTZ and W. W. PALMER: Science **95**, 362 (1942).
31. PERLMAN, I., M. E. MORTON and I. L. CHAIKOFF: J. biol. Chem. **139**, 433, 449 (1941).
32. LEBLOND, C. P., W. C. PEACOCK, J. GROSS and R. D. EVANS: Fed. Proc. **2**, 29 (1943).
33. — J. GROSS, W. PEACOCK and R. D. EVANS: Amer. J. Physiol. **140**, 671 (1943/1944).
34. — I. DAVIEN PUPPEL, E. RILEY, M. RADIKE and G. M. CURTIS: J. biol. Chem. **162**, 275 (1946).
35. MANN, W., C. P. LEBLOND and S. L. WARREN: J. biol. Chem. **142**, 905 (1942).
36. CHAIKOFF, I. L., A. TAUROG and W. O. REINHARDT: Endocrinology **40**, 47 (1947).
37. TAUROG, A., and I. L. CHAIKOFF: J. biol. Chem. **163**, 313 (1946).
38. LEBLOND, C. P., and J. GROSS: Endocrinology **43**, 306 (1948).
39. MORTON, M. E., I. PERLMAN, E. ANDERSON and I. L. CHAIKOFF: Endocrinology **30**, 495 (1942).
40. TAUROG, A., I. L. CHAIKOFF and D. D. FELLER: J. biol. Chem. **171**, 189 (1947).
41. LEBLOND, C. P., et P. SÜE: C. R. Soc. Biol. (Paris) **133**, 543 (1940).
42. COURRIER, R., A. HORLAU, A. MARRIS et F. MOREL: C. R. Soc. Biol. (Paris) **143**, 935 (1949).
43. MORTON, M. E., I. PERLMAN and I. L. CHAIKOFF: J. biol. Chem. **140**, 603 (1941).
44. HARPER, E. O., and P. A. MATTIS: Fed. Proc. **9**, 282 (1950).
45. TAUROG, A., I. L. CHAIKOFF and L. L. BENNET: Endocrinology **38**, 122 (1946).
46. CHAGAS, C., E. DE ROBERTIS and A. CONCEIRO: Texas Rep. Biol. Med. **3**, 170 (1945).
47. RAWSON, R. W., J. F. TANNHEIMER and W. PEACOCK: Endocrinology **34**, 245 (1944).
48. FRANKLIN, A. L., S. R. LERNER and I. L. CHAIKOFF: Endocrinology **34**, 265 (1944).
49. WOLFF, I., I. L. CHAIKOFF, A. TAUROG and L. RUBIN: Endocrinology **39**, 140 (1946).
50. LARSON, R. A., F. R. KEATING jr., W. PEACOCK and R. W. RAWSON: Endocrinology **36**, 140, 160 (1945).
51. KESTON, A. S., E. D. GOLDSMITH, A. S. GORDON and H. A. CHARIPPER: J. biol. Chem. **152**, 241 (1944).
52. MORTON, M. E., and I. L. CHAIKOFF: J. biol. Chem. **144**, 565 (1942).
53. — — J. biol. Chem. **147**, 1 (1943).
54. SCHACHNER, H., A. L. FRANKLIN and I. L. CHAIKOFF: J. biol. Chem. **151**, 191 (1943).
55. FRANKLIN, A. L., I. L. CHAIKOFF and S. R. LERNER: J. biol. Chem. **153**, 151 (1944).
56. — — J. biol. Chem. **152**, 295 (1944).
57. TAUROG, A., I. L. CHAIKOFF and A. L. FRANKLIN: J. biol. Chem. **161**, 537 (1945).
58. MORTON, M. E., I. L. CHAIKOFF and S. ROSENFELD: J. biol. Chem. **154**, 381 (1944).
59. SCHACHNER, H., A. L. FRANKLIN and I. L. CHAIKOFF: Endocrinology **34**, 159 (1944).
60. KESTON, A. S.: J. biol. Chem. **153**, 335 (1944).
61. MCARTHUR, J. W., R. W. RAWSON, R. G. FLUHARTY and I. H. MEANS: Ann. intern. Med. **29**, 229 (1946).
62. CLARK, D. E., R. H. MOE and E. E. ADAMS: Surg. St. Louis **26**, 331 (1949).
63. FRIEDBERG, A. ST., A. URELES and S. HERTZ: Proc. exp. Biol. (N. Y.) **76**, 679 (1949).

64. Potts, A. M., R. A. Shipley, J. P. Storaasli and H. L. Friedel: J. Lab. clin. Med. **34**, 1520 (1949).
65. Nachman, H. M., V. Crawford and I. A. Bigger: J. Amer. med. Ass. **140**, 1154 (1949).
66. Fine, J., and A. Seligman: J. clin. Invest. **22**, 285 (1943).
67. — — J. clin. Invest. **23**, 720 (1944).
68. Moore, G. E., W. T. Peyton, S. W. Hunter and L. French: J. Amer. med. Ass. **137**, 1228 (1948).
69. Smith, P. K., A. J. Eisenman and A. W. Winkler: J. biol. Chem. **141**, 555 (1941).

Astatin

Astatin fand Anwendung kurz nach dessen Entdeckung (*1*). Eine selektive Aufnahme durch die Schilddrüse des Meerschweinchens, die jedoch hinter der des Jods zurückblieb, konnte festgestellt werden (*2*). Es zeigte sich, daß die menschliche Schilddrüse einen beträchtlichen Bruchteil des verabreichten Astatins aufnimmt (*3*).

Literatur

1. Corson, D. R., K. R. MacKenzie and E. Segrè: Physic. Rev. **58**, 672 (1940).
2. Hamilton, J. G., and M. H. Soley: Proc. nat. Acad. Sci. (Wash.) **26**, 483 (1940).
3. — Radiology **39**, 554 (1942).

Edelgase

Die Aufnahme von eingeatmetem markiertem Krypton durch den Hund sowie deren Beeinflussung durch Verabreichung von Adrenalin, Histamin usw. wurde zuerst untersucht (*1*). Radiokrypton fand dann Anwendung in klinischen Untersuchungen (*2*). Die Aufnahme und Ausscheidung des Kryptons wurde untersucht. Die Geschwindigkeit, mit welcher Radioxenon in verschiedene Organe sowie in verschiedene Gebiete des Gehirns eindringt, wurde gleichfalls ermittelt (*3*).

Literatur

1. Cook, S. F., and W. N. Sears: Amer. J. Physiol. **144**, 164 (1945).
2. Tobias, C. B., H. B. Jones, J. H. Lawrence and J. C. Hamilton: J. clin. Invest. **28**, 1375 (1949).
3. Pittinger, C. B., R. M. Featherstone, E. G. Gross, E. E. Stickley and L. Levy: BNL-166 (1953).

Darstellung isotop markierter Verbindungen

Von

Hans Grisebach

Mit 2 Abbildungen

A. Allgemeine Gesichtspunkte bei der Planung und Durchführung von Synthesen

Das schwierigste und zeitraubendste Problem bei einer Untersuchung mit Hilfe von Isotopen ist in vielen Fällen die Darstellung einer geeigneten isotopenmarkierten Verbindung. Glücklicherweise sind heute eine große Anzahl ^{14}C-, ^{131}J-, ^{35}S-, deuterium- und tritiumhaltiger Verbindungen im Handel[1]. Es ist daher zunächst zu überlegen, ob die Synthese der Verbindung lohnt, falls diese käuflich zu erwerben ist. Dies ist in erster Linie eine Preisfrage, wobei aber der Zeitfaktor nicht unberücksichtigt bleiben darf. Zum Beispiel kostet 1 mC Bariumcarbonat-[^{14}C], das gebräuchlichste Ausgangsmaterial für die Synthese ^{14}C-markierter Verbindungen, z. Z. etwa 12 engl. Pfund. Der Preis ^{14}C-markierter Verbindungen beträgt das Doppelte bis 50fache. So kostet z. B. 1 mC carboxylmarkierter Benzoesäure mit einer spez. Aktivität von 1 mC/mMol 46 engl. Pfund[2]. Wird für eine Untersuchung nur eine kleinere Aktivitätsmenge der markierten Benzoesäure benötigt, so lohnt sich also der apparative und zeitliche Aufwand für die Synthese kaum. Braucht man jedoch eine größere Aktivität, so wird die Synthese eine erhebliche finanzielle Einsparung bedeuten. Diese Verbindung läßt sich nämlich verhältnismäßig einfach durch Carboxylierung von Phenylmagnesiumbromid mit ^{14}CO$_2$ in etwa 84%iger Aktivitätsausbeute darstellen (DAUBEN et al.).

Für die Darstellung isotop markierter Verbindungen stehen eine große Anzahl gut ausgearbeiteter Verfahren zur Verfügung. In der Literatur finden sich umfangreiche Zusammenstellungen (ARNSTEIN und BENTLEY, CALVIN et al., MURRAY und WILLIAMS, NEVENCEL et al., RONZIO, THOMAS und TURNER, WEYGAND und SIMON). Im Rahmen dieses Buches wird daher nur kurz auf die allgemeinen Gesichtspunkte eingegangen.

Bei der *Planung* einer Synthese sollte zunächst überlegt werden, an welcher Stelle im Molekül die Markierung am einfachsten und zweckmäßigsten ist. Dabei ist darauf zu achten, daß die markierte Gruppe nicht sofort im Stoffwechsel abgespalten oder ausgetauscht werden kann und somit der zu untersuchende Stoffwechselvorgang gar nicht mehr erfaßt wird. Vor allem bei der Markierung mit isotopem Wasserstoff, aber auch mit Halogenen, kann durch Austauschreaktionen leicht ein Verlust an Aktivität eintreten. Weiterhin ist die gewünschte spez. Aktivität (mC/mMol) der zu synthetisierenden Verbindung sehr wesentlich. Wie hoch diese sein muß, hängt vor allen Dingen davon ab, wie groß die auftretenden Verdünnungsfaktoren sind und welche Menge der Stoffwechselprodukte noch

---

[1] Ein Katalog mit sämtlichen käuflichen isotopenmarkierten Verbindungen kann unter der Bezeichnung "The Isotope Index" von der Scientific Equipment Co., Indianapolis 19, Indiana, USA, für $ 3.50 bezogen werden.

[2] Radiochemical Center, Amersham, England.

erfaßt werden soll. Man stelle daher eine Überschlagsrechnung an, in welcher Verdünnung das Isotop in dem zu messenden Endprodukt(en) auftritt. Bei einer Markierung mit kurzlebigen Isotopen ist selbstverständlich noch der Aktivitätsabfall zu berücksichtigen. Zum Studium biochemischer Reaktionen wird im allgemeinen etwa eine Aktivität von 1—2 mC/mMol benötigt. Bei einem Molgewicht von 100—200 und der Aktivität von 2 mC/mMol lassen sich bei der Aktivitätsbestimmung im Gaszählrohr (Zählausbeute etwa 65%) noch $5 \cdot 10^{-9}$ g mit einer Genauigkeit von $\pm 4\%$ bestimmen (Weygand). Für spezielle Fälle (z. B. Wuchsstoffuntersuchungen) kann jedoch eine noch höhere spez. Aktivität erforderlich sein. Bei ^{14}C-markierten Verbindungen ist dabei die obere Grenze durch die spez. Aktivität des $Ba^{14}CO_3$ und das Molgewicht der Verbindung gegeben. Die spez. Aktivität des käuflichen $Ba^{14}CO_3$ beträgt etwa 10 mC/mMol, entsprechend einem Gehalt von 15,7% ^{14}C. In den USA sind jedoch schon Präparate mit höherem ^{14}C-Gehalt erhältlich.

Bei der Wahl des *Syntheseweges* sollten vor allen Dingen die hohen Kosten des isotopen Materials maßgebend sein. Es sind also eine hohe *Aktivitätsausbeute* und eine möglichst vollständige Rückgewinnung der Aktivität aus nicht oder anderweitig umgesetzten Material anzustreben. Die in der organischen Chemie üblichen Synthesen sind daher oft weitgehend zu modifizieren oder neue Synthesen auszuarbeiten. Stehen mehrere Synthesemöglichkeiten zur Auswahl, so wird man solche Wege bevorzugen, bei denen das isotope Material erst möglichst spät im Synthesegang eingeführt wird. Den nicht isotopen Reaktionspartner verwendet man stets im Überschuß, um eine möglichst vollständige Umsetzung des isotopen Materials zu erreichen. So wird z. B. normalerweise bei der Nitrilsynthese aus einem Alkylbromid und Kaliumcyanid letzteres im großen Überschuß angewendet. Stellt man dagegen ein radioaktives Nitril durch Umsatz mit $K^{14}CN$ her, so wird in diesem Falle das Alkylbromid im Überschuß eingesetzt.

Um eine Verdünnung der Aktivität zu vermeiden, müssen die Synthesen fast stets im mMol-Maßstab durchgeführt werden. Die dabei besonders bei leichtflüchtigen und gasförmigen Substanzen auftretenden Schwierigkeiten lassen sich nur durch das Arbeiten in geschlossenen Vakuumsystemen überwinden. Zahlreiche Ausführungsformen sind in der Literatur beschrieben (Calvin et al., Glascock, Ronzio). In solchen Systemen lassen sich noch sehr kleine Flüssigkeits- und Gasmengen quantitativ durch Umfrieren handhaben.

Die Reaktionsbedingungen für größere Substanzmengen sind nicht unmittelbar auf den mMol Maßstab übertragbar. So ist es häufig notwendig, in viel verdünnteren Lösungen zu arbeiten, da man mit der Lösungsmittelmenge nicht beliebig herunter gehen kann. Jedoch ist darauf zu achten, daß bei so kleinen Substanzmengen selbst eine geringe Flüchtigkeit einer Verbindung beim Abdampfen des Lösungsmittels zu beträchtlichen Verlusten führen kann. Zum Beispiel treten schon bei der Gefriertrocknung einer Natrium- oder Kaliumcyanidlösung mit Alkaliüberschuß nennenswerte Verluste von Blausäure auf (Simon). Man prüfe daher in jedem Falle die Destillate auf Aktivität.

Muß das isotope Material schon ziemlich früh im Synthesegang eingeführt werden, ist es oft von Vorteil, die Synthese mit einer höheren spez. Aktivität zu beginnen, als sie das Endprodukt haben soll. Man hat dann die Möglichkeit, im Verlaufe der Synthese, besonders bei notwendigen Reinigungsschritten, mit reinem inaktivem Material zu verdünnen, und kann damit die Aktivitätsausbeute steigern. Ist das Endprodukt leicht zu reinigen, so kann man auch in vielen Fällen auf die Isolierung und Reinigung der Zwischenstufen verzichten und dadurch eine höhere Ausbeute erzielen.

Die Synthese ist auf jeden Fall mit inaktivem Material gut auszuarbeiten, bis alle Reaktionsschritte beherrscht werden. Dann wird vor dem Hauptversuch noch eine Synthese mit schwach aktivem Material (etwa $^1/_{100}$ bis $^1/_{1000}$ der hohen Aktivität) durchgeführt. Durch Untersuchung aller Rückstände, Mutterlaugen und Destillate auf Aktivität ist dabei leicht festzustellen, wo sich evtl. noch Verluste vermeiden lassen. Dabei kann auch gleich die Aktivitätsausbeute mit der chemisch ermittelten Ausbeute verglichen werden. Die Ausbeute beziehe man stets auf das isotopenmarkierte Ausgangsmaterial.

Aus den Mutterlaugen läßt sich durch Zugabe von inaktivem Material meist noch etwas schwächer aktive Verbindung gewinnen. In vielen Fällen wird es sich lohnen, die Rückstände wieder auf das isotope Ausgangs- material (z. B. Bariumcarbonat) aufzuarbeiten. Um die Aktivitätsverdünnung möglichst gering zu halten, ist es dabei oft von Vorteil, die Mutterlaugen getrennt aufzuarbei- ten. Dies gilt besonders dann, wenn aus zeitlichen Gründen auf die Ausarbeitung der besten Reaktionsbedingungen ver- zichtet wurde und die Aktivitätsausbeute gering ist.

Wertvolle Hinweise für das Arbeiten mit kleinen Sub- stanzmengen finden sich in den Büchern über Mikrochemische Arbeitsmethoden (HOUBEN-WEYL). Im übrigen sei noch auf folgende experimentelle Einzelheiten verwiesen: Das Ein- dampfen der Lösungen isotopenmarkierter Verbindungen erfolgt am besten durch Gefriertrocknung oder in der in Abb. 1 gezeigten Apparatur. Der Kolben befindet sich in einem Heizbad, und die bis kurz unter den Siedepunkt er- hitzte Flüssigkeit wird durch einen über die Lösung strei- chenden Luft- oder Stickstoffstrom abgetrieben. Der Flüssig- keitsspiegel im Kolben soll etwas niedriger liegen als der des Bades, um das Hochkriechen der Flüssigkeit zu ver- meiden. Das Ausschütteln von Lösungen kann im Scheide- trichter erfolgen. Zur Vermeidung von Verlusten ist es

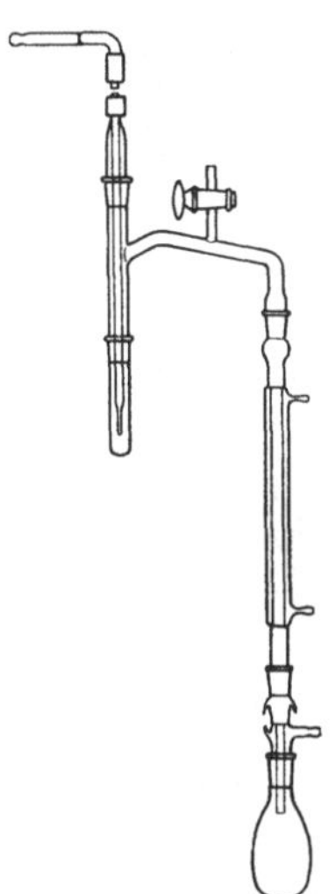

Abb. 1. Eindampfapparatur

aber besser hierbei nicht zu schütteln, sondern nur an der Phasengrenzfläche mechanisch durchzurühren. Empfehlenswerter ist jedoch die Verwendung ent- sprechend verkleinerter Flüssigkeitsextraktoren. Kleine Niederschläge werden zweckmäßig durch Zentrifugieren abgetrennt, wobei man die vorhergehende Operation wenn möglich im Zentrifugenröhrchen selbst durchführt. Zur Entnahme oder Überführung kleiner Flüssigkeitsmengen werden Pipetten verwendet, die mit einem Gummiball versehen sind. Auch Injektionsspritzen sind geeignet. Sie ermöglichen das Einführen von Flüssigkeiten in Reaktionsgefäße, die mit den üblichen Stechampullenkappen verschlossen sind. Das Erhitzen unter Rückfluß von kleinsten Flüssigkeitsmengen kann im zugeschmolzenen Kugelröhrchen erfolgen, das im Thermostaten erhitzt wird. Zum Rühren, auch im Vakuum, kann ein Magnetrührer dienen. Bei Wahl geeigneter Reaktionsgefäße kann auch ein Gasstrom die Funktion des Rührers übernehmen.

Alle Operationen werden zweckmäßig über flachen Wannen aus V_2A-Stahl durchgeführt, um bei Glasbruch die Substanz evtl. noch retten zu können und eine Verseuchung der Labortische zu verhindern.

B. Markierung mit mehreren Isotopen

Häufig werden Verbindungen benötigt, die mit 2 oder mehreren Isotopen markiert sind. Man kann sie durch eine geeignete Synthese oder aber einfach durch Mischen der entsprechenden markierten Verbindungen erhalten. Hierbei ist zu beachten, daß auch im Falle der Synthese die Zahl der Moleküle mit „echter" Doppelmarkierung sehr gering ist. Selbst bei der Verwendung von höchstaktivem $Ba^{14}CO_3$ (etwa 20 Atom-% ^{14}C) sind bei der Doppelmarkierung einer Zweikohlenstoffverbindung nur 4% der Moleküle intramolekular doppelmarkiert. Die vorwiegend „intermolekulare" Doppelmarkierung kann bei Verwendung verschiedener Isotope bei Stoffwechseluntersuchungen zu unerwünschten Isotopeneffekten führen (Broda, S. 38). Eine einwandfreie intramolekulare Doppelmarkierung ist mit dem Isotopenpaar $^{14}C + {}^{2}H$ möglich, da schwerer Wasserstoff in annähernd reiner Form zur Verfügung steht.

C. Trennung optisch aktiver Antipoden

Ein besonderes Problem bietet noch die Trennung optischer Antipoden, da im mMol-Maßstab die übliche Art der Trennung nur mit großen Verlusten durchführbar ist. Man versetzt daher die Lösung des Racemats mit einer der beiden nicht markierten Antipoden und gewinnt durch Auskristallisieren den zugesetzten Antipoden als markierte Verbindung, wobei natürlich eine entsprechende Verdünnung der Isotopenkonzentration eintritt (Wood und Gutmann).

D. Isotopenisomerisierung

Das synthetisierte Produkt muß den für isotopenmarkierte Verbindungen geforderten Reinheitskriterien genügen (siehe Reinheitskriterien isotop markierter Verbindungen). Außerdem sollte man sicher sein, daß im Laufe der Synthese keine unvorhergesehene Wanderung des Isotops (Isotopenisomerisierung) eingetreten ist. So bildet sich z. B. bei der Dehydratisierung von n-Propanol-$[1$-$^{14}C]$ mit Metaphosphorsäure neben dem zu erwartenden Propen-$[1$-$^{14}C]$ (CH_3—$CH={}^{14}CH_2$) auch Propen-$[3$-$^{14}C]$ ($^{14}CH_3$—$CH=CH_2$). Dagegen ergibt die Pyrolyse von n-Propyl-$[1$-$^{14}C]$-trimethylammoniumhydroxyd nur Propen-$[1$-$^{14}C]$ (Fries und Calvin). In Zweifelsfällen muß das Isotop durch einen geeigneten Abbau lokalisiert werden.

E. Einführung des Isotops durch Austauschreaktionen

In einzelnen Fällen gelingt die Einführung eines Isotops einfach durch eine Austauschreaktion. Diese Methode hat aber nur dann Sinn, wenn das isotope Atom unter den Bedingungen seiner Verwendung nicht abermals austauscht. Unter besonderen Bedingungen (Katalysatoren, Temperatur, p_H-Änderung) läßt sich manchmal ein Austausch erzwingen, der unter normalen Verhältnissen nicht rückläufig ist. In Anwesenheit eines Platinkatalysators wird z. B. der Purinring mit Tritium markiert (Eidinoff und Knoll). Ohne Katalysator findet auch im sauren oder alkalischen Milieu kein Rückaustausch statt.

F. Spezielle Verfahren zur Einführung von Isotopen

In der letzten Zeit sind Verfahren entwickelt worden, die eine direkte Einführung von ^{14}C in organischen Verbindungen ermöglichen. Durch Beschuß organischen Materials mit ^{14}C-Ionen gelingt es, einen Teil des ^{12}C durch ^{14}C zu ersetzen. Auf diese Weise konnte z. B. ^{14}C-markiertes Benzol gewonnen werden, dessen Synthese auf chemischem Wege sehr mühsam ist (Lemmon et al.).

Eine andere Möglichkeit bietet die Bestrahlung stickstoffhaltiger Verbindungen mit Neutronen, wobei durch die Reaktion ^{14}N (n,p)^{14}C der Stickstoff z. T. in ^{14}C umgewandelt wird. Außerdem wird durch die energiereichen ^{14}C-Atome ein Teil des ^{12}C durch ^{14}C ersetzt (Wolf et al.). Bei nicht stickstoffhaltigen Verbindungen kann eine geeignete Stickstoffquelle zugesetzt werden.

Bei beiden Verfahren sind die Aktivitätsausbeuten jedoch noch gering und es bilden sich eine große Menge radioaktiver Nebenprodukte, so daß eine sehr sorgfältige Reinigung der markierten Verbindungen notwendig ist. Die Weiterentwicklung dieser Methoden erscheint jedoch sehr aussichtsreich.

Auch für die Markierung mit Tritium sind ähnliche Verfahren ausgearbeitet worden. So lassen sich tritiumhaltige organische Verbindungen darstellen, wenn man die Substanz mit Lithiumcarbonat mischt und dann im Meiler mit Neutronen bestrahlt. Durch die Reaktion ^{6}Li $(n,\alpha)^3$H werden Tritiumatome mit hoher Energie gebildet, die mit den organischen Molekülen unter Substitution des Wasserstoffes reagieren (ROWLAND et al.). Auch hierbei entstehen eine größere Menge radioaktiver Nebenprodukte.

Bei dem besonders einfachen Verfahren von WILZBACH werden die organischen Verbindungen nur mit Tritiumgas hoher Aktivität (mehrere Curie) in Kontakt gebracht, wobei Substitution mit Tritium erfolgt. Die Menge der Nebenprodukte ist hierbei viel geringer als beim obigen Verfahren. Bei dem niedrigen Preis des Tritiums (etwa 2 Dollar pro Curie) erscheint diese Methode zur Gewinnung einer großen Zahl tritiumhaltiger Verbindungen für Reihenuntersuchungen als sehr günstig.

G. Biosynthesen

Neben den Synthesen auf chemischem Wege können isotopenmarkierte Naturstoffe auch durch Biosynthese gewonnen werden (THOMAS und TURNER). Sehr häufig erhält man jedoch bei biosynthetischen Verfahren nur unspezifisch markierte Verbindungen, d. h. alle in Frage kommenden Atome sind gleichmäßig markiert. Das ist besonders bei den viel verwendeten photosynthetischen Verfahren mit $^{14}CO_2$ der Fall, die z. B. zur Herstellung von markierten Zuckern oder Aminosäuren mit Hilfe von Algen oder grünen Blättern dienen können. Lediglich bei sehr kurzzeitigen Experimenten ist die Aktivität nicht gleichmäßig auf alle C-Atome verteilt.

So lassen sich z. B. durch kurzzeitige Assimilation von $^{14}CO_2$ durch grüne Blätter markierte Zucker gewinnen, wobei sich bei den Hexosen die Hauptaktivität in den C-Atomen 3 und 4 der Hexosekette befindet (GIBBS).

Mit Vorteil kann man auf diese Weise auch markierte optisch aktive Verbindungen erhalten. Optisch aktive Aminosäuren gewinnt man z. B. durch Assimilation von $^{14}CO_2$ durch gewisse Schwefelbakterien (*Thiobacillus thiooxydans*, FRANTZ et al.) oder durch Algen (TARVER et al., SCHIELER et al.) in hoher spez. Aktivität. Die Aktivitätsausbeuten sind jedoch meist sehr gering und diese Verfahren lohnen sich daher nur beim Einsatz größerer Aktivitätsmengen.

Ist der Weg der Biosynthese eines Stoffes bekannt, so läßt sich durch den Einsatz markierter Vorstufen eine spezifische Markierung erreichen. In diesem Falle sind die Aktivitätsausbeuten meist auch besser. Als Beispiel sei die Gewinnung von markierten Steroiden aus Acetat-[1-^{14}C] erwähnt (BRADY und GURIN).

Literatur

ARNSTEIN, H. R. V., and R. BENTLEY: Isotopic tracer technique. Quart. Rev. **4**, 172 (1950).

BRADY, R. O., and S. GURIN: The synthesis of radioactive cholesterol and fatty acids in vitro. J. biol. Chem. **189**, 371 (1951).

BRODA, E.: Radioaktive Isotope in der Biochemie. Wien: F. Deuticke 1958.

CALVIN, M., C. HEIDELBERGER, J. C. REID, B. M. TOLBERT and P. E. YANKWICH: Isotopic carbon. New York: John Wiley & Sons 1949.

DAUBEN, W. G., J. C. REID and P. E. YANKWICH: Techniques in the use of carbon 14. Analyt. Chem. **19**, 828 (1947).

EIDINOFF, M. L., and J. E. KNOLL: The intrduoction of isotopic hydrogen into purine ring systems by catalytic exchange, J. Amer. chem. Soc. **75**, 1992 (1953).

Frantz, I. D., jr., H. Feigelman, A. S. Werner and M. P. Smythe: Biosynthesis of seventeen amino acids labeled with ^{14}C. J. biol. Chem. **195**, 423 (1951).

Fries, B. A., and M. Calvin: Preparation of 1-^{14}C-propene and the mechanism of permanganate oxydation of propene. J. Amer. chem. Soc. **70**, 2235 (1948).

Glascock, R. F.: Isotopic gas analysis for biochemists. New York: Acad. Press Inc. 1954.

Gibbs, M.: Distribution of labeled carbon in plant sugars after a short period of photosynthesis. J. biol. Chem. **179**, 499 (1949).

Houben-Weyl,: Methoden der Organischen Chemie. Band II. Analytische Methoden. 4. Aufl. Stuttgart: Georg Thieme 1953.

Lemmon, R. M., F. Mazzetti, F. L. Reynolds and M. Calvin: Labeling of benzene with a carbon-14 ion beam. J. Amer. chem. Soc. **78**, 6414 (1956).

Murray, A., III, and D. L. Williams: Organic synthesis with isotopes. New York: Interscience Publ. Inc. 1958.

Nevencel, J. C., R. F. Riley and D. R. Howton: Bibliography of syntheses with carbon isotopes. Los Angeles: Univ. of California UCLA-316.

Ronzio, A. R.: Microsynthesis with tracer elements, in: Weissberger, A.: Techniques in organic chemistry, Bd. VI, S. 367 ff. New York: Interscience Publ. Inc. 1954.

Rowland, F. S., C. N. Turton and R. Wolfgang: Studies of recoil tritium labeling reaction. I. Glucose and galactose. J. Amer. chem. Soc. **78**, 2354 (1956).

Schieler, L., L. E. McClure and M. Dunn: The biosynthesis of ^{14}C-amino acids with *chlorella* J. biol. Chem. **203**, 1039 (1953).

Simon, H.: Unveröffentlicht.

Tarver, H., M. Tabachnick, E. S. Cannellakis, D. Fraser and H. A. Barker: Biosynthesis of ^{14}C-labeled protein and amino acids with *rhodospirillum rubrum*. Arch. Biochem. **41**, 1 (1952).

Thomas, S. L., and H. S. Turner: The synthesis of isotopically labelled organic compounds. Quart. Rev. **7**, 407 (1953).

Weygand, F.: Isotope in der Organischen Chemie. Naturwissenschaften **44**, 169 (1957).

— u. H. Simon: Herstellung isotopenhaltiger organischer Verbindungen. In Houben-Weyl, Methoden der organischen Chemie, Band IV/2, S. 541—737. Stuttgart: Georg Thieme 1955.

Wilzbach, K. E.: Tritium-labeling by exposure of organic compounds to tritium gas. J. Amer. chem. Soc. **79**, 1013 (1957).

Wolf, A. P., B. Gordon and R. C. Anderson: Investigation of synthesis versus reentry in two organic nitrogen containing systems under neutron irradiation. J. Amer. chem Soc. **78**, 2657 (1956).

Wood, J. L., and H. R. Gutmann: Radioactive L-cystine and D-methionine. A study of the resolution of radioactive racemates by isotopic dilution. J. biol. Chem. **179**, 535 (1949).

Reinheitskriterien isotop markierter Verbindungen

Voraussetzung für die genaue Bestimmung der Radioaktivität einer Verbindung ist ihre absolute radioaktive Reinheit. Es muß daher mit äußerster Sorgfalt festgestellt werden, ob die gemessene Aktivität tatsächlich nur von der betreffenden Verbindung stammt oder ob diese noch radioaktive Verunreinigungen enthält. Dies gilt sowohl für das isotopenmarkierte Ausgangsmaterial als auch besonders für die aus biologischem Material isolierten Stoffwechselprodukte, deren Aktivität bestimmt werden soll.

Die allgemein in der organischen Chemie üblichen Reinheitskriterien, wie Schmelzpunkt, Siedepunkt, Brechungsindex, Elementaranalyse, UV oder Ultrarotspektrum usw., reichen nicht aus, um die radiochemische Reinheit einer Verbindung zu gewährleisten. Schon die Verunreinigung mit einigen Gammas einer höher aktiven Verbindung kann eine Verfälschung der Aktivitätsbestimmung bewirken.

Von den zur Verfügung stehenden Methoden zur Reinheitsprüfung und zur Reinigung selbst haben sich besonders chromatographische Methoden und multiplikative Verteilungsverfahren bewährt, bei denen eine Vielzahl von Reinigungsschritten erfolgt.

A. Chromatographische Methoden

Eine relativ einfache und oft ausreichende Prüfung auf radioaktive Reinheit ist die Papierchromatographie (CRAMER). Zweckmäßig ist es hierbei, Misch-chromatogramme mit der inaktiven, reinen Substanz anzufertigen. Nach der Chromatographie wird die Verbindung mit den üblichen Methoden sichtbar gemacht und die Radioaktivitätsverteilung auf dem Chromatogramm durch schrittweises Auszählen oder in einer automatischen Zähleinrichtung[1] bestimmt. Das Maximum der Aktivität muß in mindestens 2 verschiedenen Lösungsmittel-systemen mit dem R_F-Wert der Verbindung übereinstimmen und sonst dürfen keine weiteren aktiven Verbindungen vorhanden sein. Eine kleine Aktivitäts-menge, die evtl. am Startpunkt des Chromatogramms zurückbleibt, ist jedoch meist nicht auf eine Verunreinigung, sondern auf eine Zersetzung oder Polymeri-sation der Substanz zurückzuführen. Mit dieser Methode lassen sich jedoch kleine Differenzen zwischen dem R_F-Wert des Maximums der Aktivität und dem R_F-Wert der Verbindung nur sehr schwer erkennen. Zuverlässiger ist daher die Anfertigung einer Autoradiographie des Chromatogramms. Man erkennt auf dem Film nicht nur die genaue Position der aktiven Verbindung, sondern auch die Form der Schwärzung, die bis in alle Einzelheiten mit der anderweitig sichtbar gemachten Form des Flecks der Verbindung übereinstimmen sollte. Diese Art der Identitäts-bestimmung kann mit einem Fingerabdruck verglichen werden.

Die präparative Papierchromatographie hat sich auch zur Reinigung kleinerer Mengen radioaktiver Verbindungen sehr gut bewährt.

Auch die übrigen chromatographischen Methoden, wie die Säulenchromato-graphie mit den verschiedensten Adsorptionsmitteln (LEDERER und LEDERER) oder die Chromatographie mit Ionenaustauschern (LEDERER und LEDERER, TURBA), sind zur Reinheitsprüfung und Reinigung isotopenmarkierter Verbin-dungen sehr geeignet. Die Papierelektrophorese (GRASSMANN und HANNIG) kann ebenfalls herangezogen werden.

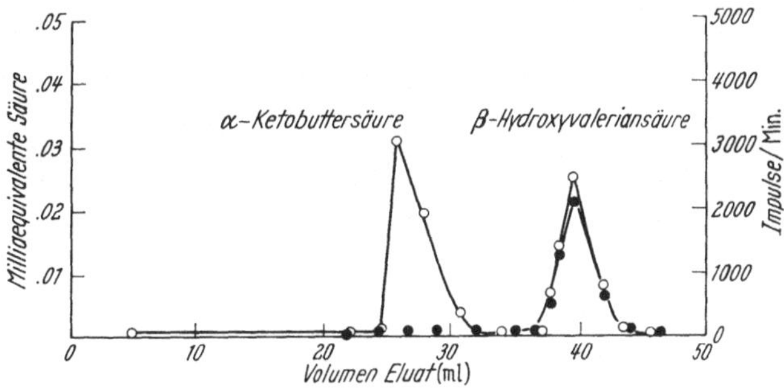

Abb. 2. Elutionskurve. ○—○ Konzentration, ●—● Aktivität

Bei einer besonders eleganten Methode, die vielfach Anwendung findet, wird die Substanz von einer geeigneten Säule eluiert und gleichzeitig die Konzentration der Substanz (oder eines in ihr enthaltenen Elementes wie z. B. P oder S) und die Radioaktivität gemessen. Bei radioaktiver Reinheit der Verbindung müssen die Aktivitätskurve und die Konzentrationskurve übereinstimmen. Ein typisches Beispiel zeigt Abb. 2. α-Ketobuttersäure und β-Hydroxyvaleriansäure wurden an einer Silicagelsäule getrennt. Die α-Ketobuttersäure ist inaktiv, während bei der β-Hydroxyvaleriansäure die Aktivitäts- und Konzentrationskuve vollkommen übereinstimmen (DAUS, MEINEKE und CALVIN).

---

[1] Zum Beispiel Radiopapierchromatograph, Frieseke u. Höpfner FH 452.

Als weiteres Reinheitskriterium kann vor und nach jedem chromatographischem Schritt die spez. Aktivität der Verbindung bestimmt werden, die bei radioaktiver Reinheit konstant bleiben muß. Nimmt die spez. Aktivität nach jeder Chromatographie ab, so ist die Aktivität sicher ganz oder z. T. auf eine Verunreinigung zurückzuführen.

Für die Reinheitsbestimmung und Trennung leichter flüchtiger Substanzen ist in letzter Zeit besonders die Gaschromatographie mit ausgezeichnetem Erfolg angewandt worden (Keulemans). Nach einer Methode von Wolfgang und Rowland kann hierbei gleichzeitig die Radioaktivität der getrennten Komponenten bestimmt werden. Das Gas wird nach Passieren der Kolonne und der Konzentrationsbestimmung der Komponenten direkt durch ein Durchflußzählrohr geleitet.

B. Verteilungskoeffizient und multiplikative Verteilung

Der Verteilungskoeffizient zwischen 2 nicht mischbaren Lösungsmitteln ist eine für die betreffende Substanz charakteristische Größe. Von einer radioaktiven Verbindung läßt sich der Verteilungskoeffizient sehr einfach bestimmen, indem man die Substanz zunächst im Scheidetrichter zwischen den beiden Lösungsmitteln verteilt, dann aliquote Teile aus beiden Phasen entnimmt und deren Aktivität mißt. Die beiden Lösungsmittel sind vor der Verteilung gegeneinander abzusättigen. Gleichzeitig wird die Konzentration der Substanz in der Ober- und Unterphase mit einer geeigneten analytischen Methode bestimmt und daraus ebenfalls der Verteilungskoeffizient nach der Gleichung $K = \dfrac{C_1}{C_s}$ ($C_1 =$ Gesamtkonzentration in der leichten Phase, $C_s =$ Gesamtkonzentration in der schweren Phase) errechnet. Die Bestimmung wird mit mehreren Lösungsmittelpaaren durchgeführt. Die so unabhängig voneinander bestimmten Verteilungskoeffizienten müssen bei radiochemischer Reinheit für alle Lösungsmittelpaare übereinstimmen.

Zur weiteren Reinheitsprüfung, besonders aber auch zur Trennung und Reinigung isotopenmarkierter Verbindungen, eignet sich die multiplikative (Craig-Verteilung) vorzüglich (Hecker). Diese beruht auf der vielfachen Aneinanderreihung der einfachen Verteilung, wodurch sich kleine Trenneffekte im Prinzip beliebig vervielfachen lassen und dadurch ausgezeichnete Trennwirkungen ohne Substanzverluste erzielt werden können. Die dabei durch Konzentrationsbestimmung ermittelte Verteilungskurve muß bei Reinheit der Verbindung mit der durch Aktivitätsmessung ermittelten Kurve übereinstimmen.

C. Umkristallisieren bis zur konstanten spez. Aktivität

Bei größeren Substanzmengen kann die Reinigung durch Umkristallisation bis zur konstanten spez. Aktivität erfolgen. Flüssigkeiten werden zunächst in geeignete feste Derivate übergeführt. Das Umkristallisieren sollte aus mindestens 2 verschiedenen Lösungsmitteln erfolgen. Eine Trennung von Stoffen mit sehr ähnlichen Löslichkeitseigenschaften ist aber auch dann nicht gewährleistet. Zur weiteren Reinheitsprüfung werden daher noch ein oder mehrere Derivate mit anderen Löslichkeitseigenschaften dargestellt, z. B. aus einer Carbonsäure ein Amid, nochmals umkristallisiert und wieder die spez. Aktivität bestimmt.

Natürlich können auch andere Reinigungsoperationen, wie z. B. Sublimation oder Destillation bis zur konstanten spez. Aktivität durchgeführt werden.

Das Umkristallisieren (Sublimieren, Destillieren usw.) bis zur konstanten spez. Aktivität stellt aber in jedem Falle nur eine minimale Reinheitsforderung dar. In Zweifelsfällen sollte noch eine Reinheitsprüfung durch die chromatographischen oder Verteilungsverfahren erfolgen.

D. Prüfung auf konstante Löslichkeit

Man wählt ein Lösungsmittel, in dem die Substanz nur wenig löslich ist. Ein bestimmtes Volumen des Lösungsmittels wird bei konst. Temp. mit der Substanz gesättigt, wobei zweckmäßig nicht mehr Substanz genommen wird, als zur Sättigung gerade notwendig ist. Eine Probe der Lösung wird entnommen und die Radioaktivität bestimmt. Dann wird eine größere Menge der Substanz hinzugefügt und nach Einstellung des Lösungsgleichgewichtes wird die Aktivität der Lösung erneut bestimmt. Bei Abwesenheit radioaktiver Verunreinigungen muß die Aktivität beider Lösungen übereinstimmen. Radioaktive Verunreinigungen erhöhen die Aktivität der zweiten Lösung, da ihre Konzentration in dieser größer sein wird als in der ersten (GUTMAN und WOOD).

E. Zufügen von Trägersubstanz

Bei der Isolierung und Reinigung kleiner Mengen radioaktiver Verbindungen kann zunächst die reine inaktive Verbindung als Träger zugesetzt werden, um dann eine oder mehrere der beschriebenen Reinigungsoperationen durchführen zu können. Ist die isotope Verdünnung, welche durch den Zusatz des Trägers eintritt, nicht bekannt, so kann natürlich die ursprüngliche spez. Aktivität der Verbindung dann nicht mehr bestimmt werden.

F. Abbau der Verbindung

Eine sehr zuverlässige Prüfung auf radiochemische Reinheit ist schließlich der Abbau des Moleküls zur Lokalisation des Isotops (siehe Lokalisierung des Isotops). Die Summe der Aktivitäten der Abbauprodukte muß dabei mit der Aktivität der Verbindung übereinstimmen.

G. Beständigkeit radioaktiv markierter Verbindungen

Mit radioaktiven Isotopen markierte Verbindungen können unter ihrer Eigenstrahlung eine Zersetzung erleiden. Dies gilt besonders für Verbindungen mit hoher spez. Aktivität. Untersuchungen hierüber liegen für ^{14}C-markierte Verbindungen vor (TOLBERT et al.). Es ist dabei schwer vorauszusagen, welche Substanzen eine merkliche Zersetzung erleiden, da die Strahlenempfindlichkeit der bisher untersuchten Verbindungen sehr unterschiedlich ist. So zersetzte sich z. B. Cholinchlorid-[methyl-^{14}C] mit einer spez. Aktivität von 13 μC/mg im Verlaufe von 9 Monaten zu 63%. Als radioaktives Zersetzungsprodukt wurde radioaktives Trimethylamin gefunden. Daneben bildete sich inaktiver Acetaldehyd. Die meisten Verbindungen erleiden jedoch eine bedeutend geringere Zersetzung. So z. B. Norvalin-[3-^{14}C] (17,7 μC/mg) zu 5% in 2 Jahren und Glycin-[2-^{14}C] · HCl (4,9 μC/mg) zu weniger als 1% in demselben Zeitraum. Auf jeden Fall sollte man Verbindungen, die vor ihrer Verwendung lange gelagert haben, nochmals auf radiochemische Reinheit prüfen. Um eine Eigenzersetzung möglichst zu vermeiden, werden hochradioaktive organische Verbindungen in verdünnter Lösung oder mit Sand vermischt aufbewahrt.

Literatur

CRAMER, F.: Papierchromatographie. 4. Aufl. Weinheim/Bergstr.: Verlag Chemie 1958.

DAUS, L., M. MEINKE and M. CALVIN: Propionic acid metabolism in mouse liver slices. J. biol. Chem. **196**, 77 (1952).

GRASSMANN, W., u. K. HANNIG: Präparative Elektrophorese in HOUBEN-WEYL, Methoden der Organischen Chemie, Band I/1. S. 688—751. Stuttgart: Georg Thieme 1958.

GUTMAN, H. R., and J. L. WOOD: Detection of radioactive impurities by the constant solubility test. Science **110**, 662 (1949).

HECKER, E.: Verteilungsverfahren im Laboratorium. Weinheim/Bergstr.: Verlag Chemie 1955.
KEULEMANS, A. I. M.: Gas chromatography. New York: Reinhold Publ. Corp. 1957.
LEDERER, E., and M. LEDERER: Chromatography. New York: Elsevier Publ. Co. 1957.
TOLBERT, B. M., P. T. ADAMS, E. L. BENNETT, A. M. HUGHES, M. R. KIRK, R. M. LEMMON, R. M. NOLLER, R. OSTWALD and M. CALVIN: Observations on the radiation decomposition of some ^{14}C-labeled compounds. J. Amer. chem. Soc. 75, 1867 (1953).
TURBA, F.: Chromatographische Methoden in der Proteinchemie. Berlin-Göttingen-Heidelberg: Springer-Verlag 1954.
WOLFGANG, R., and F. S. ROWLAND: Radioassay by gas chromatography of tritium- and carbon-14-labeled compounds. Analyt. Chem. 30, 903 (1958).

Lokalisierung des Isotopes

Bei Stoffwechseluntersuchungen mit Hilfe isotopenmarkierter Verbindungen ist in zahlreichen Fällen eine eindeutige Aussage erst nach der Lokalisierung des Isotopes in dem isolierten Produkt möglich. Es kann nicht genug davor gewarnt werden, nur aus dem Auftreten von Radioaktivität in einer Verbindung Schlüsse auf die Beteiligung dieser Verbindung an dem untersuchten Stoffwechselvorgang zu ziehen. Dies gilt besonders dann, wenn z.B. bei biogenetischen Studien zunächst einfache Vorstufen, wie etwa ^{14}C-markiertes Acetat, gegeben werden, die schnell in einer großen Anzahl von Stoffwechselprodukten erscheinen. Erst eine Lokalisierung des Isotops durch geeignete Abbaureaktionen kann dann zeigen, ob der Einbau der Vorstufe in spezifischer Weise erfolgte, oder ob es sich nur um eine „Verschmierung" der Aktivität durch den allgemeinen Stoffwechsel handelt.

Ist man sicher, daß das Isotop auf die entsprechenden Atome einer Verbindung (C, H, N, P usw.) gleichmäßig verteilt ist, oder daß beim Vorhandensein nur eines markierten Atoms dieses im isotopen Gleichgewicht mit seiner Umgebung steht, so kann ein Abbau auch zur teilweisen Ermittlung der Summenformel dienen. Bei einer uniform markierten Hexose sollte z. B. die Aktivität der endständigen —CH_2OH-Gruppe (Abspaltung durch Perjodat als Formaldehyd und Messung als Formaldehyddimedon) 16,7% ($^1/_6$) der spezifischen Aktivität pro mg C der Hexose enthalten. In einem Beispiel wurden aber nur 14,3% ($^1/_7$) gefunden und daher auf das Vorliegen einer Heptose geschlossen, was sich durch weitere Untersuchungen bestätigte (BENSON et al.). Auch zur Bestimmung der Anzahl von Phosphatgruppen in einem Zuckerphosphat aus dem Aktivitätsverhältnis P/C ist diese Methode herangezogen worden (ARONOFF, S. 74).

Abbaureaktionen dienen auch häufig zur Kontrolle des eindeutigen Verlaufes der Synthese einer isotopenmarkierten Verbindung (s. Darstellung von isotopenmarkierten Verbindungen) und zur Prüfung auf radiochemische Reinheit (s. Reinheitskriterien).

Bei der Auswahl eines geeigneten Abbaues sollten folgende Punkte beachtet werden.

1. Die benötigte Substanzmenge soll möglichst gering sein.
2. Die einzelnen Abbauprodukte müssen leicht zu reinigen sein.
3. Der Abbau muß eindeutig verlaufen.
4. Es sollen möglichst alle in Frage kommenden Atome erfaßt werden.

Die zur Verfügung stehende Substanzmenge kann natürlich vor dem Abbau mit inaktivem Material verdünnt werden, soweit es die Aktivität zuläßt.

Vor der Messung sind die einzelnen Abbauprodukte auf ihre radiochemische Reinheit zu prüfen.

Unter einem eindeutigen Verlauf der Abbaureaktionen ist zu verstehen, daß die entsprechenden Abbauprodukte ausschließlich aus den gewünschten Atomen oder Atomgruppen stammen. Ist diese Bedingung nicht erfüllt, so kann Radioaktivität in einem Atom vorgetäuscht werden oder die spez. Aktivität wird durch inaktive Produkte verdünnt. In Zweifelsfällen ist es daher notwendig, den Abbau mit einer synthetisch dargestellten Verbindung zu prüfen, bei der die genaue Position der Markierung bekannt ist. So sollte man z. B. bei der Decarboxylierung von Phenylessigsäure-[2-^{14}C] erwarten, daß das gebildete Kohlendioxyd inaktiv ist. Bei der Decarboxylierung mit Kupferchromit wurde jedoch schwache Aktivität im Kohlendioxyd gefunden, da das bei der Decarboxylierung gebildete Toluol in geringem Umfang durch Kupferoxyd, das stets im Kupferchromit enthalten ist, weiter oxydiert wird (DAUBEN und COAD). Decarboxyliert man dagegen mit Cu-Pulver, so wird das Toluol nicht angegriffen.

Ist das abzubauende Molekül von vornherein symmetrisch gebaut, wie z. B. die Malonsäure $HOOCCH_2COOH$, so ist es bei einer Markierung mit ^{14}C nicht möglich, die Aktivität der beiden Carboxylgruppen durch einen Abbau einzeln zu bestimmen, da diese nicht unterscheidbar sind. Das gleiche gilt, wenn während der Abbaureaktion eine symmetrische Zwischenstufe auftritt, bei der ein markiertes Atom symmetrisch zu einem Atom derselben Art wird. Die Aktivität erscheint dann gleichmäßig auf die beiden Atome verteilt. Symmetrische Zwischenstufen sind daher bei Abbaureaktionen möglichst auszuschließen. Sind symmetrische Produkte nicht zu vermeiden und wird dennoch eine Differenzierung angestrebt, so kann in einigen Fällen die Markierung mit ^{13}C von Erfolg sein. Will man z. B. bei der Bernsteinsäure feststellen, ob eine oder beide Methylengruppen markiert sind, läßt sich nach der Überführung in Äthylen leicht mit Hilfe des Massenspektrometers entscheiden, wie das Äthylen markiert ist, da die Masse von $CH_2{=}^{13}CH_2$ gleich 29 und die von $^{13}CH_2{=}^{13}CH_2$ gleich 30 ist (WOOD; SWIM und KRAMPITZ).

Eine Kontrolle der Abbaureaktionen ergibt sich durch die Addition der Aktivitäten der Abbauprodukte, welche innerhalb der Meßgenauigkeit wieder die ursprüngliche Aktivität der Verbindung ergeben müssen.

Für den Abbau organischer Verbindungen zwecks Lokalisation des Isotops stehen eine große Zahl gut ausgearbeiteter Verfahren zur Verfügung. Eine Zusammenstellung findet sich bei ARANOFF. Im Rahmen dieses Buches sollen nur einige wenige charakteristische Beispiele aufgeführt werden.

A. Zucker

Bei einem chemischen Abbau der Glucose wird das Glucose-α-methylglucosid mit Perjodat gespalten, wobei sich Formaldehyd aus dem C-Atom-3 der Hexosekette bildet. Der gleichzeitig entstehende Dialdehyd wird zu einer Ätherdicarbonsäure oxydiert und diese in Glyoxylsäure und Glycerinsäure gespalten. Diese beiden Säuren lassen sich noch weiter abbauen, so daß mit dieser Methode alle C-Atome der Glucose einzeln erfaßt werden können (BOOTHROYD et al.). Dieser Abbau erfordert jedoch etwa 500 mg Glucose.

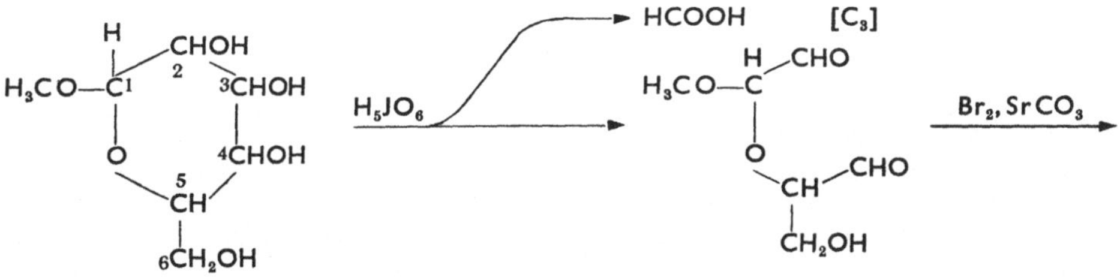

Oft läßt sich mit sehr gutem Erfolg ein biologischer Abbau mit chemischen Abbaureaktionen kombinieren. So wird Glucose durch *Lactobacillus casei* zu Milchsäure vergoren und diese kann weiter durch chemische Methoden abgebaut werden. Insgesamt werden hierfür nur etwa 20 mg Glucose benötigt.

Bei diesem Abbau werden jedoch nur Paare von C-Atomen (3,4; 2,5; 1,6) erfaßt. Ein solcher Abbau kann zu falschen Schlüssen führen, wenn es auf die Aktivität jedes einzelnen C-Atoms ankommt. Vorteilhafter ist daher der Abbau mit *Leuconostoc mesenteroides* (GUNSALUS und GIBBS). Dabei wird die Glucose nach folgendem Schema in Kohlendioxyd, Äthanol und Milchsäure zerlegt.

Letztere beiden lassen sich weiter durch chemische Methoden abbauen und man erhält so die Aktivität jedes einzelnen C-Atoms.

B. Aminosäuren

Als Beispiel für den Abbau einer aliphatischen Aminosäure soll Arginin dienen (STRASSMAN und WEINHOUSE). Dieses wird zunächst mit Natronlauge zu Ornithin gespalten, wobei man das C-Atom 6 als CO_2 erhält. Ornithin kann dann weiter mit Permanganat zu Bernsteinsäure oxydiert werden. Dabei wird das C-Atom 1 als CO_2 abgespalten. Da die Bernsteinsäure symmetrisch gebaut ist, erhält man bei ihrem weiteren Abbau mit Stickstoffwasserstoffsäure zu Äthylendiamin und CO_2 nur jeweils die Summe der Aktivitäten von C_3+C_4 und von C_2+C_5.

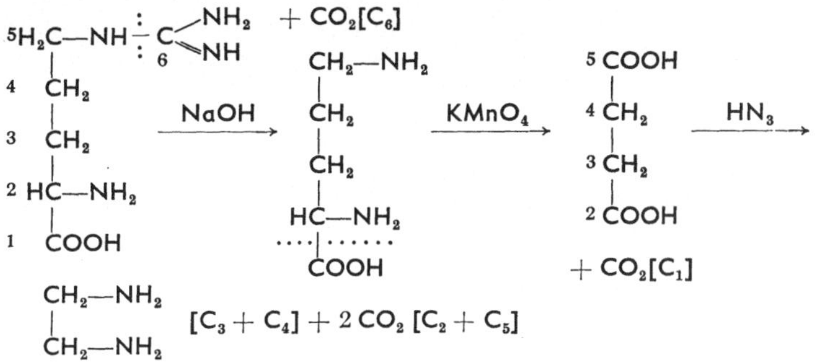

Besonders schwierig gestaltet sich der Abbau aromatischer Ringe. Ein eindrucksvolles Beispiel hierfür bietet der vollständige Abbau des Tyrosins (BADDILEY et al.; REIO und EHRENSVÄRD).

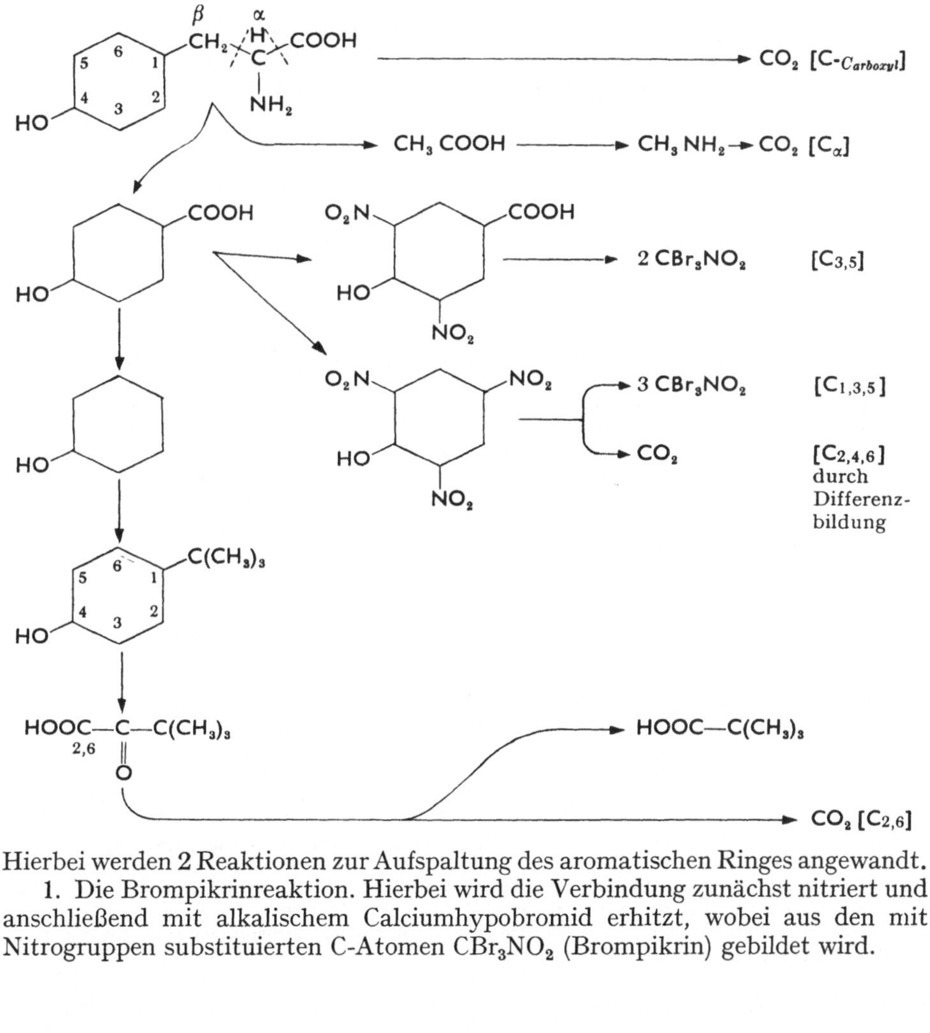

Hierbei werden 2 Reaktionen zur Aufspaltung des aromatischen Ringes angewandt.

1. Die Brompikrinreaktion. Hierbei wird die Verbindung zunächst nitriert und anschließend mit alkalischem Calciumhypobromid erhitzt, wobei aus den mit Nitrogruppen substituierten C-Atomen CBr_3NO_2 (Brompikrin) gebildet wird.

2. Die oxydative Spaltung von p-Tertiär-butylphenol. Dabei bildet sich Trimethylbrenztraubensäure, wobei die Carboxylgruppen der Säure wegen der Symmetrie
des Moleküls, aus den C-Atomen 2 und 6 stammt. Die Trimethylbrenztraubensäure
kann dann noch, wie aus dem Schema zu ersehen ist, weiter abgebaut werden.

Beide Ringöffnungsreaktionen werden sehr oft zum Abbau aromatischer Ringe
herangezogen.

C. Purine

Ein vollständig befriedigender Abbau der Purine existiert noch nicht. Adenin
wird z. B. mit konz. Salzsäure zu Glycin, Ammoniak, CO und CO_2 gespalten
(Abrams et al.; Heinrich und Wilson). Das Glycin stammt dabei aus den C-
Atomen 4 und 5 und aus dem N-Atom 7, wie mit ^{13}C und ^{15}N-markiertem Adenin
bewiesen wurde (Cavalieri et al.).

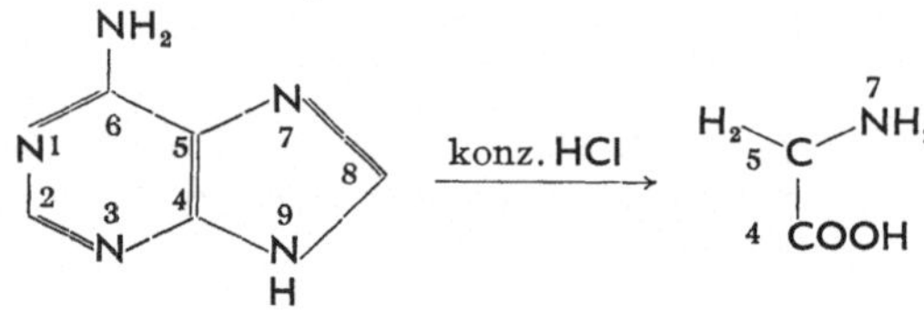

Bei der Hydrolyse des Adenins mit 6-N-Salzsäure wird das C-Atom 2 als
Ameisensäure abgespalten und man erhält 4-Amino-5-imidazolcarboxamid,
wodurch eine Unterscheidung zwischen C_2 und C_8 möglich ist.

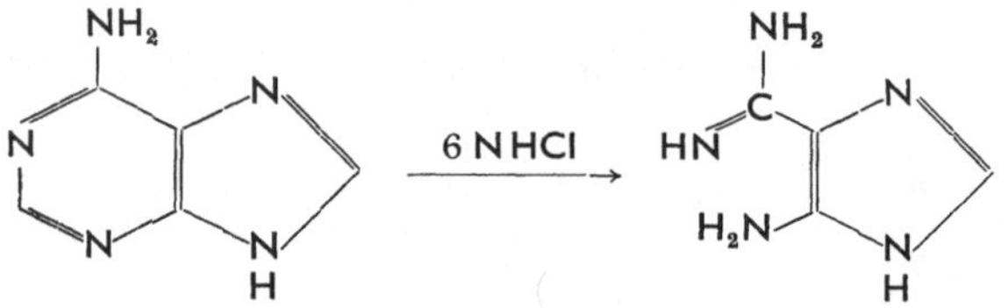

Literatur

Abrams, R., E. Hammarsten and D. Shemin: Glycine as a precursor of purines in yeast.
J. biol. Chem. 173, 429 (1948).
Aronoff, S.: Techniques of Radiobiochemistry. The Iowa State College Press 1956.
Baddiley, J., G. Ehrensvärd, E. Klein, L. Reio and E. Saluste: Acetic acid metabolism
in *Torulopsis utilis*. II. Metabolic connection between acetic acid and tyrosine and a method
of degradation of the phenolic ring structure in tyrosine. J. biol. Chem. 183, 777 (1950).
Benson, A. A., J. A. Bassham, M. Calvin, A. G. Hall, H. E. Hirsch, S. Kavaguchi,
V. Lynch and N. E. Tolbert: The path of carbon in photosynthesis. XV. Riboluse and
sedoheptulose. J. biol. Chem. 196, 703 (1952).
Boothroyd, B., S. A. Brown, J. A. Thorn and A. C. Neish: A chemical procedure for deter-
mination of the carbon-14 distribution in labeled glucose. Canad. J. Biochem. 33, 62 (1955).
Cavalieri, L. F., J. F. Tinker and G. B. Brown: Degradation in the purine series studied
with isotopes of nitrogen and carbon. J. Amer. chem. Soc. 71, 3973 (1949).
Dauben, W. G., and P. Coad: Oxydation in decarboxylation of acids with copper chromite.
J. Amer. chem. Soc. 71, 2928 (1949).
Gunsalus, I. C., and M. Gibbs: The heterolactic fermentation. II. Position of ^{14}C in the
products of glucose dissimilation by *leuconostoc mesenteroides*. J. biol. Chem. 194, 871 (1952).
Heinrich, M. R., and D. W. Wilson: The biosynthesis of nucleic acids components studied
with ^{14}C. I. Purines and pyrimidines in the rat. J. biol. Chem. 186, 447 (1950).
Reio, L., and G. Ehrensvärd: An improved method for degradation of tyrosine and phenols
in general in connection with isotope studies. Ark. Kemi 5, 301 (1953).
Strassman, M., and S. Weinhouse: The biosynthesis of arginine by *Torulopsis utilis*. J. Amer.
chem. Soc. 74, 1726 (1952).
Swim, H. E., and L. O. Krampitz: Acetic acid oxydation by *Escherichia coli*: quantitative
significance of the tricarboxylic acid cycle. J. Bact. 67, 426 (1954).
Wood, H. G.: A study of carbon dioxyde fixation by mass determination of the types of
^{13}C-acetate. J. biol. Chem. 194, 905 (1952).

Ermittlung von Einzelheiten bei Reaktionsabläufen

Die Verwendung isotopenmarkierter Verbindungen bei Stoffwechseluntersuchungen gestattet ganz allgemein folgende Aussagen: 1. Die Verteilung innerhalb des Organismus und die Ausscheidung kann bestimmt werden. 2. Es läßt sich feststellen, ob eine Verbindung an dem betreffenden Stoffwechselvorgang beteiligt ist. 3. Durch eine Lokalisation des Isotops kann weiterhin geprüft werden, in welcher Weise die markierte Verbindung in das Stoffwechselprodukt eingebaut wird, ob während des Stoffwechsels eine Veränderung in der Reihenfolge von Atomen eintritt und ob bestimmte Atome oder Atomgruppierungen abgespalten werden.

Eine Reihe von Methoden ermöglichen es nun in vielen Fällen, weitere Einzelheiten über den Ablauf einer biochemischen Reaktion zu erfahren.

A. Bestimmung der Wirksamkeit einer biosynthetischen Vorstufe

Wird im Verlaufe einer Biosynthese eine markierte Verbindung in das betreffende Produkt eingebaut oder umgewandelt, so bezeichnet man diese Verbindung als einen Vorläufer oder eine Vorstufe (precursor) des Produktes. Eine Vorstufe ist jedoch streng von der eigentlichen biosynthetischen Zwischenstufe (intermediate) zu unterscheiden. Eine Vorstufe ist *jede* Verbindung, die von dem Organismus in das entsprechende Produkt umgewandelt werden kann. Eine Zwischenstufe ist dagegen meist nur eine Verbindung, welche von dem Organismus im Laufe der Biosynthese gebildet und in das Endprodukt weiter verwandelt wird (DAVIS). Es ist daher viel leichter zu zeigen, daß eine Verbindung als Vorstufe für einen Zellbestandteil dienen kann, als zu beweisen, daß sie auch eine normale obligatorische Zwischenstufe der Biosynthese ist.

Als ein Maß, wie nahe eine Vorstufe mit der biosynthetischen Zwischenstufe verwandt ist, kann die Wirksamkeit dienen, mit der die Vorstufe in das Endprodukt der Biosynthese eingebaut wird.

Unter der Wirksamkeit versteht man dabei das Verhältnis der spez. Aktivität der eingesetzten Vorstufe zu derjenigen des Endproduktes. Dieses Verhältnis gibt die Verdünnung der spez. Aktivität der Vorstufe an, welche im Verlaufe der Umwandlung in das Endprodukt eintritt. Ist der eingesetzte Vorläufer mit der biologischen Zwischenstufe identisch, so wird die Verdünnung der Aktivität lediglich durch die Menge der schon vorhandenen Zwischenstufe(en) und des Endproduktes („poolgrößen") bewirkt. Muß dagegen die Vorstufe erst in die eigentliche Zwischenstufe umgewandelt werden, wird die Aktivitätsverdünnung im allgemeinen um so größer sein, je mehr Reaktionsschritte für diese Umwandlung notwendig sind. Meist wird die Wirksamkeit einer Reihe von chemisch verwandten Vorstufen miteinander verglichen, wobei noch darauf zu achten ist, daß alle Verbindungen an den Ort der Synthese gelangen können (Permeabilität).

Diese Methode ist z. B. beim Studium der Biosynthese des Quercetins mit Erfolg angewandt worden (UNDERHILL et al.).

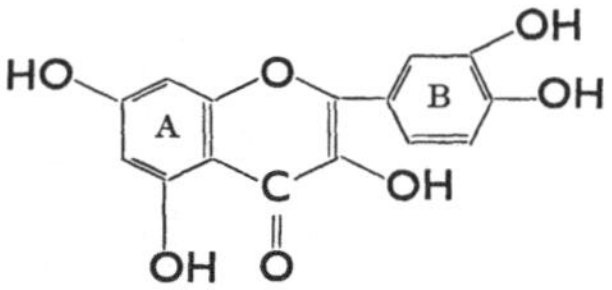

Quercetin

Hierbei wurden Shikimisäure-[^{14}C], L-Phenylalanin-[^{14}C] und eine Reihe markierter Phenylpropankörper und aromatischer Oxysäuren auf ihre Wirksamkeit als Vorstufen für den Ring B des Quercetins geprüft. Ein Teil der Ergebnisse zeigt Tab. 1.

Tabelle 1. *Wirksamkeit verschiedener Vorstufen für die Biosynthese des Quercetins*

Vorstufe	spez. Aktivität (mμC/mMol)	Quercetin (mμC/mMol)	Verdünnung
Shikimisäure-[^{14}C]	24 200	676	36
L-Phenylalanin-[^{14}C] . . .	50 000	756	66
Zimtsäure-[β-^{14}C]	93 800	543	173
Protocatechusäure-[^{14}C] . .	80 500	7	11 840
Ferulasäure-[β-^{14}C]	86 800	0,15	578 000

In diesem Falle ist also die Shikimisäure die weitaus wirksamste Vorstufe und ist wahrscheinlich mit der biologischen Zwischenstufe bei der Bildung des Ringes B identisch. L-Phenylalanin wird sehr leicht in die Zwischenstufe umgewandelt, Zimtsäure wahrscheinlich über mehrere Zwischenstufen. Dagegen ist bei der Protocatechusäure und der Ferulasäure die Verdünnung der Aktivität so groß, daß diese beiden Verbindungen nicht mehr als Vorstufen des Quercetins bezeichnet werden können.

B. Ermittlung von biosynthetischen Vorläufern und Zwischenstufen durch Konkurrenzversuche

Bei biosynthetischen Untersuchungen ist es oft notwendig, eine größere Anzahl von Verbindungen auf ihre Verwendung als Vorstufen der Biosynthese zu prüfen. Vor dem Einsatz spezifisch markierter Verbindungen wird man aber bestrebt sein, möglichst viele Informationen darüber zu erhalten, welche Verbindungen als Vorstufen in Frage kommen. Hierzu können — besonders bei Mikroorganismen — sogenannte *Konkurrenzversuche* dienen. Dabei enthält das Medium eine isotopenmarkierte allgemeine C-Quelle, wie z. B. Glucose-[^{14}C] (oder die Quelle eines anderen Elementes, wie z. B. ^{32}Phosphat, wenn der Einbau phosphorhaltiger Verbindungen geprüft wird), und der vermutliche Vorläufer wird in nicht markierter Form zugefügt.

Mikroorganismen können nun, im Gegensatz zu dem normalen Stoffwechsel bei Säugetieren, eine Vorstufe als einzige Quelle (oder Hauptquelle) eines Zellbestandteiles verwenden, wobei die Synthese aus anderen Quellen vollständig unterdrückt wird. Ist daher die zugesetzte inaktive Verbindung eine Vorstufe eines Zellbestandteiles, so wird die Aktivität dieses Zellbestandteiles gegenüber einer Kontrolle ohne Zusatz der Verbindung stark abfallen.

Diese Methode wurde z. B. mit Erfolg beim Studium der Proteinbiosynthese in *E. coli* angewandt (Abelson et al.). Das Medium enthielt Glucose und NaH^{14}CO$_3$ als C-Quellen. Außerdem wurden jeweils Aminosäuren oder vermutete Zwischenprodukte der Biosynthese zugesetzt. Die Bakterien hatten also die Wahl zwischen der Synthese der Aminosäuren aus ^{14}CO$_2$ oder aus den zugesetzten Verbindungen. Tab. 2 zeigt die Erniedrigung der spez. Aktivität der betreffenden Aminosäuren (erhalten durch Proteinhydrolyse) durch die jeweils zugesetzten Verbindungen.

Tabelle 2. *Konkurrenzversuche bei E. coli*

Zugesetzte Verbindung	Prozent Erniedrigung der spez. Aktivität der entsprechenden Aminosäure					
	Arginin	Lysin	Threonin	Prolin	Asparagin-säure	Glutamin-säure
Asparaginsäure	35	70	90	50	60	35
Citrullin	100	0	0	0	0	0
Ornithin	65	0	0	0	0	0
Homoserin	0	0	90	0	0	0
verdautes Casein	100	100	90	90	60	90

Aus der Tab. läßt sich z. B. folgendes entnehmen: Bei Zusatz von verdautem Casein zum Medium wird der Einbau des $^{14}CO_2$ bei fast allen Aminosäuren gänzlich verhindert. Haben also die Bakterien die Wahl zwischen der Proteinsynthese aus schon vorhandenen Aminosäuren oder der Synthese der Aminosäuren aus Kohlendioxyd, so bevorzugen sie die schon vorhandenen Aminosäuren. Beim Zusatz von Citrullin wird kein radioaktives Arginin mehr gebildet, d. h. Citrullin ist eine Vorstufe (in diesem Falle identisch mit Zwischenstufe) des Arginins. Weiterhin ist zu ersehen, daß Homoserin eine Vorstufe des Threonins, Ornithin eine Vorstufe des Arginins ist und Asparaginsäure als Vorläufer aller untersuchten Aminosäuren dienen kann. Konkurrenzversuche sind auch bei höheren Pflanzen mit sehr gutem Erfolg angewandt worden (WATKIN et al.), obwohl bei diesen die oben diskutierten Voraussetzungen nicht so gut erfüllt sind wie bei den Mikroorganismen.

C. Ermittlung einer Vorstufe aus dem zeitlichen Verlauf der spezifischen Aktivität

Die zeitliche Abhängigkeit der spez. Aktivität einer Vorstufe und ihres Produktes stehen in gesetzmäßigem Zusammenhang (ZILVERSMIT et al.) (s. turnover). Aus der Bestimmung des zeitlichen Verlaufes der spez. Aktivität läßt sich daher ersehen, welche Verbindung eine unmittelbare Vorstufe des entsprechenden Produktes ist.

D. Angriff einer Reaktion an einer bestimmten Stelle im Molekül

Durch eine spezifische Markierung kann in vielen Fällen festgestellt werden, ob eine bestimmte Stelle im Molekül am Stoffwechsel beteiligt ist. Daraus lassen sich dann wichtige Schlüsse auf die Natur der beteiligten Zwischenstufen ziehen.

Dies soll an 2 Beispielen gezeigt werden:

Das Grundgerüst des Penicillins (I) wird in der Natur aus L-Cystein und L- oder D-Valin gebildet (ARNSTEIN und GRANT). Dabei bildet sich sehr wahrscheinlich zunächst Cysteinylvalin (II).

Für die Bildung des β-Lactamringes aus dieser Zwischenstufe wurden nun 2 Mechanismen in Erwägung gezogen.

A. Addition eines H-Atoms der Peptidbindung an ein α,β-Dehydrocysteinderivat oder

B. Addition eines der β-H-Atome des Cysteins an ein Iminoderivat des Valins.

$$
\text{A} \qquad
\begin{array}{c}
H_2N\text{—}CH\text{—}CH_2\text{—}S \\
\quad | \\
CO\text{—}NH\text{—}CH\text{—}
\end{array}
\;\xrightarrow{-2H}\;
\begin{array}{c}
H_2N\text{—}C\!=\!\!=\!CH\text{—}S \\
\quad | \\
CO\text{—}NH\text{—}CH\text{—}
\end{array}
\;\longrightarrow\;
\begin{array}{c}
H_2N\text{—}CH\text{—}CH\text{—}S \\
\quad | \qquad | \\
CO\text{—}N\text{—}CH\text{—}
\end{array}
$$

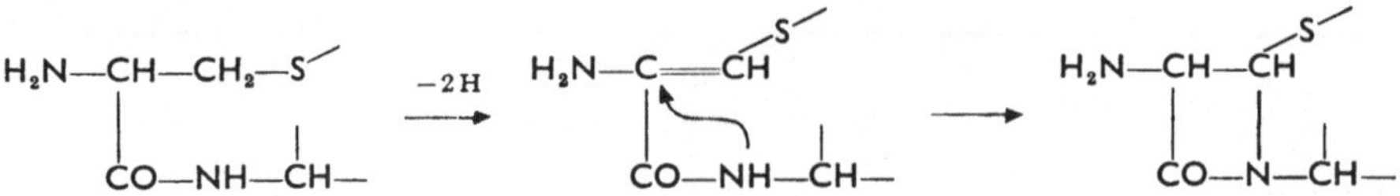

$$
\text{B} \qquad
\begin{array}{c}
H_2N\text{—}CH\text{—}CH_2\text{—}S \\
\quad | \\
CO\text{—}NH\text{—}CH\text{—}
\end{array}
\;\xrightarrow{-2H}\;
\begin{array}{c}
H_2N\text{—}CH\text{—}CH_2\text{—}S \\
\quad | \\
CO\text{—}N\!=\!C\text{—}
\end{array}
\;\longrightarrow\;
\begin{array}{c}
H_2N\text{—}CH\text{—}CH\text{—}S \\
\quad | \qquad | \\
CO\text{—}N\text{—}CH\text{—}
\end{array}
$$

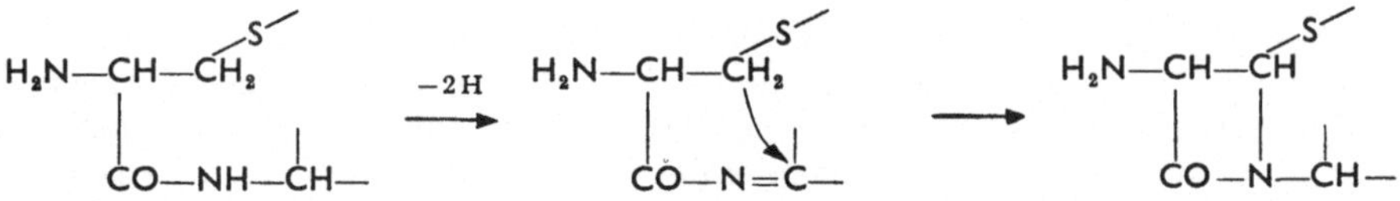

Weg A würde einen Verlust von isotopem Wasserstoff aus dem α-C-Atom des Cysteins bedeuten, Weg B einen Einbau von isotopem Wasserstoff aus der β-Position des Cysteins in die α-Position des Penicillinaminrestes des Penicillins. Mit D,L-(α-T) Cystin und D,L-(β-T)Cystin wurde jedoch gefunden, daß das α-H-Atom von Cystin(ein) stabil ist und keine Wanderung des β-H-Atoms während der Penicillinsynthese stattfindet (ARNSTEIN und CRAWHALL). Diese Zwischenstufen kommen daher für die Bildung des β-Lactamringes nicht in Frage.

Bei der Biosynthese des Nicotins (III) ist die Nicotinsäure (IV) eine Vorstufe des Pyridinringes des Nicotins (DAWSON et al. 1956). Bei Gabe von spezifisch mit Deuterium bzw. Tritium markierter Nicotinsäure (2-T, 4-D, 5-T und 6-T) an sterile Wurzelkulturen von Tabak stellte man nun fest, daß beim Einbau der Nicotinsäure in das Nicotin das Tritium in der Position 6 der Nicotinsäure fast ganz verlorengeht (DAWSON et al. 1958). Dies läßt auf eine Oxydation der Nicotinsäure zu einer Zwischenstufe mit 6-Pyridonstruktur (V) schließen.

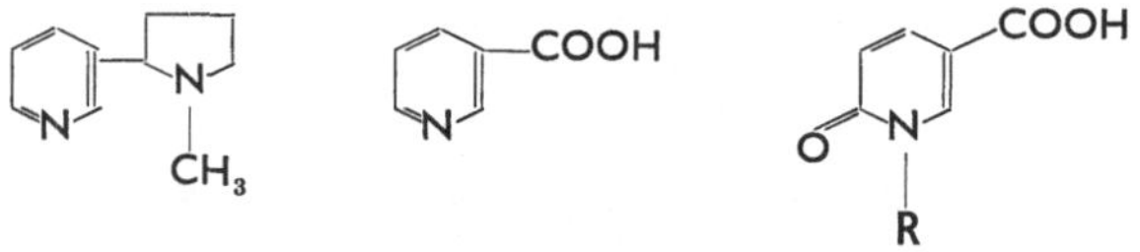

$$
\underset{\text{III}}{}\qquad\underset{\text{IV}}{}\qquad\underset{\text{V}}{}
$$

E. Auftreten einer symmetrischen Zwischenstufe

Setzt man bei einer Stoffwechseluntersuchung eine Verbindung ein, die nur an einer Stelle markiert ist, und findet in dem betreffenden Stoffwechselprodukt die Aktivität auf 2 Positionen gleichmäßig verteilt, so kann daraus auf das Auftreten einer symmetrischen Zwischenstufe im Laufe der Reaktion geschlossen werden.

So wurde z. B. bei der Untersuchung der Biosynthese des Nicotins Ornithin-2-^{14}C (I) als Vorstufe eingesetzt. Durch einen Abbau des radioaktiven Nicotins zeigte sich dann, daß hierbei die Aktivität gleichmäßig auf die 2-und 5-Stellung des Pyrolidinringes verteilt wird.

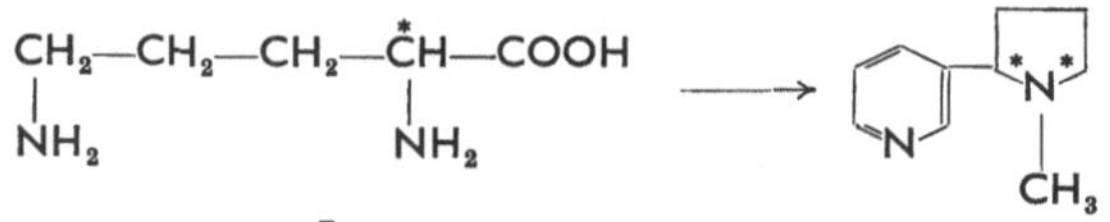

$$
\begin{array}{c}
CH_2\text{—}CH_2\text{—}CH_2\text{—}\overset{*}{C}H\text{—}COOH \\
\quad | \qquad\qquad\qquad\quad | \\
NH_2 \qquad\qquad\qquad\quad NH_2
\end{array}
\;\longrightarrow\;
$$

$$
\text{I}
$$

Dies kann nur durch das Auftreten einer symmetrischen Zwischenstufe erklärt werden. Diese könnte das symmetrische Anion von Δ^1-Pyrrolin (II) sein, das sich auf folgende Weise aus dem Ornithin bilden kann (LEETE).

$$CH_2-CH_2 \ | \quad |_* \ CH_2 \quad HC-COOH \ | \quad | \ NH_2 \quad NH_2 \longrightarrow CH_2-CH_2 \ | \quad |_* \ HC=O \quad HC-COOH \ | \ NH_2 \rightleftharpoons H_2C-CH_2 \ | \quad |_* \ HC_{\diagdown N \diagup} CH-COOH \xrightarrow{-CO_2}$$

$$H_2C-CH_2 \ | \quad | \ HC_{\diagdown N \diagup}^{*(-)*} CH$$

F. Mehrfachmarkierung

Zur Feststellung, ob ein Molekül intakt eingebaut wird oder ob eine bestimmte Atomgruppierung als Ganzes übertragen wird, kann die gleichzeitige Markierung mit zwei oder mehreren Isotopen dienen. Soll z. B. der Einbau des Glycins in eine Verbindung geprüft werden, so bietet sich die Möglichkeit, die Carboxylgruppe des Glycins mit ^{14}C und die Aminogruppe mit ^{15}N zu markieren. Bei einem intakten Einbau muß dann in der betreffenden Verbindung das Verhältnis ^{14}C/^{15}N dasselbe sein wie im Glycin.

Diese Methode ist häufig bei der Untersuchung der biologischen Methylierung angewendet worden. Hierbei wurde z. B. Methionin-[methyl-^{14}C-methyl-T$_3$] eingesetzt (ALEXANDER und SCHWENK). Das T/^{14}C-Verhältnis muß bei einer intakten Übertragung der Methylgruppe gleich bleiben, wobei jedoch ein evtl. auftretender Isotopieeffekt zu berücksichtigen ist (s. BRODA S. 38). Tritt dagegen intermediär eine Oxydation zu „aktivem Formaldehyd" auf, so tritt ein Verlust von Tritium ein und das T/^{14}C-Verhältnis sinkt.

G. Stereospezifische Markierung

Die stereospezifische Markierung bietet die Möglichkeit, die Stereospezifität einer Reaktion zu ermitteln. Die stereospezifische Markierung mit Tritium in der 7-α-Stellung des Cholesterins diente z. B. zur Untersuchung, ob bei der Umwandlung des Cholesterins zu Cholsäure die Hydroxylierung in der 7-Stellung ausschließlich in der α-Stellung erfolgt. Mit Cholesterin-[4-^{14}C-7-α-T] enthielt die Cholsäure nur noch 7% des Tritiums im Verhältnis zum ^{14}C gegenüber dem Ausgangsprodukt. Dagegen trat mit Cholesterin-[4-^{14}C-7-β-T] keine Abnahme des Tritiumgehaltes ein. Die Hydroxylierung erfolgt also in stereospezifischer Weise in der α-Stellung (BERGSTROM et al.).

Literatur

ABELSON, P. H., E. T. BOLTON and E. ALDOUS: Utilization of carbon dioxide in the synthesis of proteins by *Escherichia coli*. II. J. biol. Chem. **198**, 173 (1952).

ALEXANDER, G. J., and E. SCHWENK: Transfer of the methyl group of methionine to carbon-24 of ergosterol. J. Amer. chem. Soc. **79**, 4554 (1957).

ARNSTEIN, H. R. V., and J. C. CRAWHALL: The biosynthesis of penicillin. 6. A study of the mechanism of the formation of the thiazolidine-β-lactam ring using tritium-labelled cystine. Biochem. J. **67**, 180 (1957).

— and P. T. GRANT: The biosynthesis of penicillin. 2. The incorporation of cystine into penicillin. Biochem. J. **57**, 360 (1954).

Bergstrom, S., L. Lindstedt, B. Samuelson, E. J. Corey and G. A. Gregoriou: The stereochemistry of 7-α-hydroxylation in the biosynthesis of cholic acid from cholesterol. J. Amer. chem. Soc. 80, 2337 (1958).

Broda, E.: Radioaktive Isotope in der Biochemie. Wien: F. Deuticke 1958.

Davis, B. D.: Intermediates in amino acid biosynthesis. Advanc. Enzymol. 16, 247 (1955).

Dawson, R. F., D. R. Christman, R. C. Anderson, M. L. Solt, A. F. D'Adamo and U. Weiss: Biosynthesis of the pyridine ring of nicotine. J. Amer. chem. Soc. 78, 2645 (1956).

— — A. F. D'Adamo, M. L. Solt and A. P. Wolf: Pathway of nicotine biogenesis. Chem. and Ind. 1958, 100.

Leete, E.: The biogenesis of nicotine and anabasine. J. Amer. chem. Soc. 78, 3520 (1956).

Underhill, E. W., J. E. Watkin and A. C. Neish: Biosynthesis of quercetin in buckwheat (I). Canad. J. Biochem. 35, 219 (1957).

Watkin, J. E., E. W. Underhill and A. C. Neish: Biosynthesis of quercetin in buckwheat (II). Canad. J. Biochem. 35, 229 (1957).

Zilversmit, D. B., C. Entenman and M. C. Fishler: Calculation of "turnover time" and "turnover rate" from Experiments involving the use of labeling agents. J. gen. Physiol. 26, 325 (1943).

Einige allgemeine Bemerkungen
über die Anwendung von Isotopindicatoren

Von

Georg von Hevesy

Die Anwendung von Isotopindicatoren ermöglicht die Verfolgung des Weges von Atomen, Molekülen oder größeren Einheiten, etwa der Formelemente des Blutes im lebenden Organismus.

a) Fälle, in denen die Anwendung von Isotopindicatoren nicht unbedingt notwendig ist

Häufig läßt sich das Problem, zu dessen Lösung wir Isotopindicatoren heranziehen, auch ohne deren Hilfe lösen. Schweres oder überschweres Wasser ist ein bequemer Indicator bei der Ermittlung des Wassergehaltes des Körpers, doch läßt sich dieser auch durch Bestimmung der Verdünnung ermitteln, die Antipyrin im Körper erfährt. Radioaktiv markiertes Plasma findet Verwendung bei der Bestimmung des Plasmavolumens. Dessen Größe läßt sich jedoch auch aus der Verdünnung berechnen, die Evansblau im Plasma erleidet. Isotopindicatoren finden sehr weitgehende Anwendung bei der Bestimmung der Zirkulationsgeschwindigkeit des Blutes und dgl. Auch in diesen Fällen bedeutet ihre Anwendung eine außerordentlich große Erleichterung, doch ist sie keine unbedingte Notwendigkeit.

Viele Jahre hindurch berechnete man den Bruchteil des verabreichten Eisens, der aus dem Verdauungskanal resorbiert wird, aus der zugeführten Eisenmenge und dem Eisengehalt der Faeces. Die chemische Eisenbestimmung durch eine radioaktive nach Verabreichung markierten Eisens zu ersetzen, bedeutet eine wesentliche Vereinfachung des Bestimmungsverfahrens. Noch viel einfacher ist die Ermittlung der resorbierten Eisenmenge durch Bestimmung des Radioeisen-Gehaltes der roten Blutkörperchen, in denen der größte Teil des resorbierten markierten Eisens nach einer Versuchszeit von mehreren Tagen vorzufinden ist. In den besprochenen und vielen anderen Fällen bedeutet die Anwendung von Isotopindicatoren eine Vereinfachung, oft eine sehr wesentliche Vereinfachung des Bestimmungsverfahrens, doch keine unbedingte Notwendigkeit. Die wichtigsten Anwendungen von Isotopindicatoren sind nicht auf den erwähnten Gebieten zu suchen, sondern auf solchen, wo die Anwendung einer Markierungsmethode mit Isotopen unerläßlich ist.

b) Probleme, die nur mit der Hilfe von Isotopindicatoren gelöst werden können

Mit wenigen Ausnahmen werden die Molekülarten, die den tierischen Organismus aufbauen, im Laufe des Lebens häufig, oft außerordentlich häufig erneuert. Die Konzentration dieser Molekülarten stellt demnach ein dynamisches Gleichgewicht dar. Eine Spaltung dieses Gleichgewichtes in Komponenten ist nur mit Hilfe von Isotopindicatoren möglich. Daß ein Adenosintriphosphat-Molekül, das z. B. in den Mitochondrien der Leber vorhanden ist, sein labiles Phosphat zu einem großen Teil bereits im Laufe einer Minute abspaltet und es durch andere Phosphat-Radikale ersetzt, wird dadurch nachgewiesen, daß man den Mitochondrien markiertes Orthophosphat zuführt und die Geschwindigkeit des Einbaues von P^{32} in die ATP-Moleküle verfolgt. Erfährt die Menge der letzteren im Laufe des Versuches keine Änderung, so zeigt ein Einbau des P^{32} in das Adenosintriphosphorsäure-Molekül einen entsprechenden Umsatz dieser Molekülart an, einen Umsatz, der oft im Zusammenhang mit Phosphorylierungsvorgängen, die sich in den Mitochondrien abspielen, steht.

Wollen wir die Frage beantworten, ob ein diabetischer Zustand einer zu langsamen Verbrennung des Zuckers zuzuschreiben ist, oder aber einer zu großen endogenen Zuckerbildung, und wie diese zwei Vorgänge durch Insulin beeinflußt werden, so läßt sich diese Frage mit Hilfe der Markierungsmethode und nur auf diesem Wege eindeutig entscheiden. Man verglich z. B. nach Inkubation von Leberschnitten von gesunden und von diabetischen Ratten, in einer mit C^{14} markierte Glucose enthaltenden Nährlösung, die Bildung von markiertem Glucose-6-Phosphat und damit die Abbaugeschwindigkeit der Glucose. In einem anderen Versuche ersetzte man die markierte Glucose durch markierte Brenztraubensäure und bestimmte die gebildete Menge der C^{14}-Glucose, die ein Maß der endogenen Zuckerbildung ist. Diese Versuche (vgl. dazu auch S. 720 ff.) ergaben, daß im diabetischen Zustand sowohl die Zuckerverbrennung verzögert wie die endogene Zuckerbildung erhöht ist.

Es war ein wichtiger Fortschritt der medizinischen Diagnostik, als man die Bestimmung der Plasmaeisenkonzentration einführte. Auch diese stellt ein dynamisches Gleichgewicht dar, das die Resultierende der in der Zeiteinheit aus dem Plasma austretenden, zum größten Teil dem Knochenmark zugeführten und der gleichzeitig ins Plasma eintretenden Eisenatome ist, die zum größten Teil aus absterbenden Erythrocyten stammen, deren Eisen vorher eine kürzere oder längere Zeit in verschiedenen Organen verbracht hatte. Markiert man das Plasmaeisen und verfolgt die Geschwindigkeit, mit der das Radioeisen die Blutflüssigkeit verläßt, so läßt sich die Eisenmenge, die in der Zeiteinheit das Plasma passiert, berechnen (vgl. II, S. 138, 147). Die Berechnung liefert den Plasmaeisenumsatz, eine Größe, deren diagnostische Bedeutung nicht hinter der Ermittlung der Plasmaeisen-Konzentration zurücksteht (vgl. II, S. 135).

Die Bestimmung von Umsatzgeschwindigkeiten, die man häufig anstrebt, wird dadurch erschwert, daß ihre Berechnung die Kenntnis der spezifischen Aktivität des letzten Ausgangsproduktes der in Frage stehenden Verbindung fordert. Bei der Berechnung der Umsatzgeschwindigkeit des labilen Phosphats der Adenosintriphosphorsäure, können wir das zugeführte markierte Orthophosphat, dessen spezifische Aktivität wir kennen, als die ausschlaggebende Ausgangssubstanz ansehen und aus dem Vergleich des Endwertes der spezifischen Aktivität des labilen ATP-Phosphors und des im Laufe des Versuches herrschenden mittleren Orthophosphat P die Umsatzgeschwindigkeit des labilen Adenosintriphosphat-Phosphors berechnen. Schlagen wir bei der Berechnung der Umsatzgeschwindigkeit der Phosphatide, die z. B. in der Leber vorhanden sind, einen ähnlichen Weg ein, so liefert eine Berechnung einen zu geringen Wert der Umsatzgeschwindigkeit. Zwischen dem markierten Orthophosphat und dem Phosphatid-Phosphat ist nämlich eine dritte Phosphorverbindung, das Glycerophosphat, eingeschaltet (vgl. S. 782), deren Aktivierung eine verhältnismäßig lange Zeit beansprucht. Eine Zeitlang nach der Zuführung des markierten Orthophosphats wird zunächst inaktives Phosphatid aus den noch inaktiven Glycerophosphat-Molekülen gebildet. Der Umsatz der Phosphatide der in dieser Phase des Versuches stattfindet, wird durch den radioaktiven Indicator nicht angezeigt, und dementsprechend unterschätzen wir die Umsatzgeschwindigkeit der Phosphatide. Je länger diese Versuchsdauer ist, eine desto geringere Rolle spielt diese Unterschätzung. Ermittelt man jedoch die spezifische Aktivität des Glycerophosphats, so kann man die Umsatzgeschwindigkeit der Phosphatide auch unmittelbar im Kurzversuch bestimmen. In vielen Fällen kennen wir jedoch die ausschlaggebende Ausgangssubstanz nicht und müssen uns deshalb damit begnügen, die untere Grenze der Umsatzgeschwindigkeit anzugeben.

Bei der Berechnung der Umsatzgeschwindigkeit setzen wir voraus, daß die Konzentration der untersuchten Substanz während der Versuchsdauer konstant bleibt. Das ist nicht immer der Fall. Im wachsenden Organismus z. B. zeigt der Einbau eines Isotopindicators in eine Molekülart die Resultierende einer molekularen Erneuerung und einer zusätzlichen Bildung markierter Moleküle an. Je langsamer die molekulare Erneuerungsgeschwindigkeit ist und je rascher der Zuwachs stattfindet, desto größeren Anteil hat die Radioaktivität der zusätzlich gebildeten Moleküle an der Gesamtaktivität. Die oben besprochene Erneuerung des labilen Phosphats der Adenosintriphosphorsäure erfolgt so rasch, daß der Einbau des P^{32} in diese Verbindung sogar im sehr rasch wachsenden Organismus allein die Erneuerungsgeschwindigkeit dieser Molekülart angibt. Im Fall des Kollagens, das zu den Körperbestandteilen gehört, die sich am langsamsten erneuern, zeigt im wachsenden Organismus der Einbau eines radioaktiven Indicators weitgehend allein die zusätzliche Bildung von Kollagen-Molekülen an.

Der Einbau von Fe^{59} oder C^{14} in neugebildete Erythrocyten des Embryos ist die Resultierende des Ersatzes absterbender und der Bildung zusätzlicher Erythrocyten. Im 20 Tage alten Kaninchen-Embryo beträgt die tägliche zusätzliche Bildung von roten Blutkörperchen mehr als 100% der vorhandenen. Hier haben wir auch einen Fall, in dem die Markierung weitgehend die zusätzliche Bildung von Körperbestandteilen angibt.

Es muß bemerkt werden, daß in einzelnen Fällen Umsatzgeschwindigkeiten auch ohne Zuhilfenahme von Isotopindicatoren bestimmt werden können. Im Methionin-Molekül z. B. kann Selen den Schwefel weitgehend ersetzen, und so liefert die Messung der Geschwindigkeit des Einbaus von Selen in das Methionin-Molekül dasselbe oder nahezu dasselbe Ergebnis wie die des Einbaus von S^{35}.

c) Markierung von Zellen

In Organen, die keine Desoxyribosenucleinsäure enthaltenden Produkte ausscheiden, zeigt die Bildung markierter Desoxyribosenucleinsäure meistens die Bildung zusätzlicher Moleküle an. Die Abwesenheit eines Desoxyribosenucleinsäure-Umsatzes in solchen Zellen ermöglicht nicht nur Moleküle, sondern auch Zellen zu markieren.

Baut man in die Desoxyribosenucleinsäure entstehender, kernhaltiger roter Blutkörperchen C^{14}, P^{32}, H^3 oder N^{15} ein, so bleibt die Markierung während ihrer Lebensdauer streng erhalten. Eine Markierung solcher und anderer roter und weißer Blutkörperchen läßt sich auch durch Einbau von C^{14}, Fe^{59} oder H^3 in ihr Hämin erreichen.

Zu den Organen, die der oben erwähnten Bedingung entsprechen, gehören vermutlich unter anderem Leber, Niere und Gehirn.

d) Markierung des Gesamtorgans

Wie bereits besprochen, wird der dem Körper zugeführte Orthophosphat-Phosphor in verschiedene Verbindungen eines Organs, z. B. der Leber, eingebaut.

Häufig wird nach Zufuhr einer markierten Substanz nicht die Radioaktivität der aus den Organen isolierten Verbindungen gemessen, sondern lediglich die Gesamtaktivität des Organs angegeben. In diesen Fällen bleibt die Frage offen, ob die zugeführte Verbindung im Organ als solche vorliegt oder Umwandlungen erlitten hat. Führt man dem Organismus z. B. markiertes kolloidales Chromphosphat zu, so läßt sich allerdings der Nachweis leicht erbringen, daß diese Verbindung in unveränderter Form vom reticuloendothelialen System aufgenommen worden ist. Die verschiedenen organischen Phosphorverbindungen der Leber bleiben in diesem Falle praktisch inaktiv.

Führt man dem Organismus mit S^{35} markiertes Penicillin zu und weist nach einiger Zeit in den Organen oder im Urin S^{35} nach, so läßt sich aus der radioaktiven Bestimmung allein nicht entscheiden, ob ein Teil des zugeführten Penicillins oder ein schwefelhaltiges Abbauprodukt desselben vorliegt. Das gleiche gilt von der Zufuhr aller markierten Pharmaceutika.

e) Ursprungsbestimmung und Bestimmung des Reaktionsweges

Ursprungsbestimmung von Körperbestandteilen und Bestimmung der Reaktionswege sind weitere sehr wichtige Gebiete, auf denen die Anwendung von Isotopindicatoren unerläßlich ist.

Betrachten wir zunächst atomare Bestandteile und fragen nach dem Weg, den die zu einem Zeitpunkt in der Blutflüssigkeit vorhandenen Chloratome (Ionen) einschlagen, so können wir kleine Mengen nicht markierter Bromionen intravenös injizieren und die Geschwindigkeit bestimmen, mit der diese den Kreislauf verlassen und auch der Verteilung des Broms in den verschiedenen Organen nachgehen. Infolge der sehr großen Ähnlichkeit des Chlor- und des Brom-Ions ist die Geschwindigkeit, mit welcher Bromionen den Kreislauf verlassen und in den extracellularen Raum eintreten, kaum unterscheidbar von der Austrittsgeschwindigkeit von Chlorionen, und Brom dient in diesem Falle als ein brauchbarer Indicator des Chlors. Gehen wir aber dazu über, die Ansammlung von Brom mit der von gleichzeitig injiziertem Cl^{38} zu vergleichen, so zeigt sich, daß in verschiedenen Organen, im Gehirn, in der Schilddrüse, ja in den roten Blutkörperchen die Verteilung des markierten Chlors von der des Broms nicht unbedeutend abweicht. Brom ist demzufolge in diesen Untersuchungen kein zuverlässiger Indicator des Chlors. Es ist jedoch hervorzuheben, daß es keine Elemente gibt, die in so hohem Maße dem Wasserstoff, Kohlenstoff, Stickstoff, Sauerstoff und Phosphor — Hauptbestandteile des tierischen Organismus — ähneln wie Brom dem Chlor.

Ein schönes Beispiel des Ursprungsnachweises ist die Ermittlung der Quelle, aus der die Phosphoratome des in Escherichia coli-Bakterien wachsenden Virus (T_2 Bakteriophage) stammen. Um dies zu entscheiden, wurden Bakterien in einer P^{32} enthaltenden Nährlösung gezüchtet und dann mit dem T_2 Bakteriophagen infiziert. Die spezifische Aktivität der nach einiger Zeit isolierten Bakteriophagen betrug nur $^1/_7$ der des Bakterienphosphors. Aus diesem Ergebnis folgt, daß die Bakteriophagen die Hauptmenge ihres Phosphors nicht den Bakterien entnehmen, sondern der Nährlösung. Das Ergebnis ließ sich auch dadurch kontrollieren, daß man inaktive infizierte Bakterien in einer markiertes Phosphat enthaltenden Nährlösung züchtete. Der Virus-Phosphor zeigte eine spezifische Aktivität, die nur mit etwa $^1/_4$ hinter der spezifischen Aktivität des Phosphors der Nährlösung zurückblieb (vgl. auch II, S. 349 ff.).

Die Änderung des Reaktionsweges des Glucoseumsatzes, die nach der Infektion des Escherichia Coli mit T_2 Virus stattfindet, konnte durch Anwendung von mit C^{14} markierter Glucose nachgewiesen werden. Vor der Infektion führt der Glucoseumsatz im wesentlichen durch eine Reaktionskette, in der ein Glied Phosphoglukonat ist. Dabei wird Ribosenucleinsäure gebildet. Nach erfolgter Infektion wird ein anderer Reaktionsweg eingeschlagen, der über die Bildung von Triosephosphat führt, wobei Desoxyribosenucleinsäure entsteht.

Von den sehr zahlreichen Fällen, in denen die Anwendung von radioaktiven Indicatoren durch keine andere Methode ersetzt werden kann, sei noch die autoradiographische Verfolgung der Zellteilung und ähnlicher Prozesse erwähnt. Inkubiert man Knochenmark in einer Nährlösung, die mit C^{14} markiertes Adenin, Ameisensäure, Thymidin oder eine andere mit C^{14} oder Tritium markierte geeignete Ausgangssubstanz, P^{32} oder Fe^{59} enthält, so lassen sich die einzelnen Phasen der Teilung und Entwicklung erythropoetischer Zellen verfolgen. Wir können bestimmen, in welchem Ausmaße Eisen in den verschiedenen Phasen der Erythrocytenbildung eingebaut wird, in welcher Phase die Synthese der Desoxyribosenucleinsäure erfolgt und dergleichen.

The Mathematical Treatment
of Metabolic Processes[1]

By

Herman Branson

With 6 figures

Mathematical analysis is most often applied to data derived from the use of isotopes, either radioactive or rare stable, in metabolizing systems to establish the kinetics of the reactions, the uptake and volume of distribution of the isotope, or in establishing precursors in metabolic paths. For our purposes, a metabolizing system will be considered as intact living biological specimen, parts of such specimen in vitro (e. g., liver slices or homogenates, leaves) or purified enzymes derived from biological specimen used with appropriate substrates in vitro. One view is that the use of isotopes as tracers is an extension of the analytical method for the analysis of biological reactions (HUENNEKENS). Within this premise all of the mathematical methods accumulated over the years in the analysis of biological systems would be applicable. We shall limit this discussion, however, to illustrating the mathematical methods which have proved of greatest utility in interpreting data secured from metabolizing systems through the use of isotopes.

Metabolizing systems are characterized by complex reactions occurring in a heterogeneous milieu under the action of enzymes. One might expect then, that the mathematics would be that involving the partial differential equations of diffusion and simultaneous chemical reaction (ROUGHTON) and of non-linear ordinary differential equations describing bimolecular and higher molecular reactions (ALBERTY; LAIDLER). It seems, however, that the very complexity has forced a simplified approach so that although the experimenter is clearly aware of the complicated steps involved in reactions taking place within a cell — such as diffusion to membrane, active or passive transport across the membrane, diffusion within the cell, chemical reactions involving enzymes — it is possible for him to summarize these steps, for example, in a terse diagram

$$\text{inorganic P of plasma} \leftrightharpoons \text{glucose-6-phosphate}$$

which he can study with P^{32}. In experiments with purified components in vitro, more detailed sequences can be followed (CHANCE et al.).

1. Some definitions and assumptions

As is characteristic of a young discipline, there has grown up wide and divergent usage of terms. Unfortunately some of the disharmony lies in the nature of the reactions considered, where, unlike chemical kinetics which can deal consistently with concentrations in well-defined volumes, here we must deal with

[1] This work has been assisted by the United States Atomic Energy Commission, AT (30—1)-892.

transport, diffusion, and chemical reaction simultaneously. Thus in the study of the movement of inorganic phosphate across the red blood cell envelope of the duck and its incorporation into organic compounds we write

$$C_1 \leftrightharpoons C_2 \leftrightharpoons C_3 \tag{1.1}$$

where C_1 is the inorganic phosphate of the plasma, C_2 the inorganic phosphate of the red blood cell, and C_3 is the organically bound phosphorus within the red blood cell. Here the first set of arrows represents transport of inorganic P across the r. b. c. membrane while the second set represents diffusion and chemical reaction within the cell[1].

We shall schematize reactions as in equation (1.1) with the following symbols:

$C_1, C_2, C_3 \ldots$ will be called compartments. Sometimes they are referred to as phases. If two or more distinguishable substances are being discussed in the same physical medium, they are still designated $C_1, C_2 \ldots$

$M_1, M_2, M_3 \ldots$ will represent the amount of material (metabolite) under discussion in compartments $C_1, C_2, C_3 \ldots$ Units for M_j: e. g., milligrams. In an intact animal, M_j is the amount of substance in compartment C_j (or the amount of C_j). This compartment is sometimes conceived as a volume and referred to as the space of the jth substance, e. g., "sodium space". M_j is then called the "jth pool", e. g., "sodium pool".

r_{jk} represents the rate which the substance under discussion goes from compartment j to compartment k or the rate substance C_j becomes substance C_k. Units: e. g., milligrams second^{-1}.

$\varrho_{jk} = r_{jk}/M_j$ represents the rate factor from compartment j to compartment k with respect to substance j. Units: e. g., seconds^{-1}.

$\varrho'_{jk} = \dfrac{r_{jk}}{M_k}$ represents the rate factor from compartment j to compartment k with respect to substance k. Units: e. g., seconds^{-1}.

X_j represents the specific activity of the substance under discussion in compartment j. Units: e. g., counts second^{-1} milligram^{-1}. For stable isotopes the recommended units are milligrams of isotope excess per milligram of sample (CALVIN et al.[2]).

V_j represents the volume of compartment C_j. Units: e. g., milliliters.

If a symbol is written with parentheses containing t, this is done to emphasize that the quantity symbolized is a function of time. When time dependence is clear, a bare symbol will be used.

Other terms will be defined as they are needed. We have deliberately steered away from terms such as "turnover", and "turnover time", although they can be defined in terms of our parameters quite unambiguously (KLEIBER, OGSTON; MAWSON; ZILVERSMIT). The "turnover" of substance in C_2 in a linear sequence, for example, is either $(r_{12} + r_{32})$ or $(r_{21} + r_{23})$ whichever is smaller. In dynamic equilibrium (steady state) the two terms are equal. In general the "turnover" in C_j is

---

[1] A good example is the system $C_1 \leftrightharpoons C_2$ which has been used for glucose-6-phosphate $\leftrightharpoons$ fructose-6-phosphate (GAMBLE and NAJJAR). The biochemical reactions involved, however, in simplified form are (FRUTON and SIMMONDS, p. 453).

$$\text{glucose} + \text{ATP} \rightarrow \text{glucose-6-phosphate} + \text{ADP}$$

$$\text{fructose-6-phosphate} \quad \text{glucose-1-phosphate} \leftrightharpoons \text{glycogen}$$

$$\text{fructose} + \text{ATP} \rightarrow \text{fructose-1-phosphate. phosphate}$$

[2] In this chapter we shall use primarily the designation "radioactive isotope" or "radioactivity." The equations are equally valid, however, for studies with rare stable isotopes, if the proper concepts are employed.

$\sum\limits_{k=1}^{n} r_{kj}$ or $\sum\limits_{k=1}^{n} r_{jk}$ whichever is smaller (Reiner; Krebs). Here the summation sign

means, $\sum\limits_{k=1}^{n} r_{kj} \equiv r_{1j} + r_{2j} + r_{3j} \ldots + r_{nj}$. The "turnover time" or "renewal" really

has significance only if the amount in a compartment is constant. Then the

"turnover time", T, in C_j is $M_j = \int\limits_0^T \sum\limits_{k=1}^{n} r_{kj}\, dt$ which becomes for constant

r_{kj}'s, $T = \dfrac{M_j}{\sum\limits_{k=1}^{n} r_{kj}}$. Thus the "turnover time" is the time it takes for as much

material to enter (or leave) C_j as is present there.

Unless explicitly stated our discussion will assume

1. A metabolite is instantaneously distributed uniformly in a compartment (Harris 1957a).

2. Enzymes producing the degradation or synthesis of molecules do not discriminate because of the ages of the molecules.

3. There is no discrimination in the reactions between a molecule with normal isotope and one with radioactive or rare stable isotope (Bigeleisen; Rabinowitz et al.).

2. Isotope dilution studies

(Broda; Comar; Gest et al.; Hevesy; Kamen; Tubiana).

The simplest mathematical methods in the use of radioactive and rare stable isotopes to determine the characteristics of metabolizing systems are those employed in the isotope dilution method and its variations. In its elementary form the method takes a given mass of material, M_1, of specific activity, X_1, mixes it with a batch of the same material of mass, M_2. A sample of the mixture is isolated and its specific activity, X_2, determined by counting and weighing. Since the quantity of radioactive material is constant, we may write

$$X_1 M_1 = X_2 (M_1 + M_2) .$$

Solving for M_2,

$$M_2 = M_1 \left(\frac{X_1}{X_2} - 1 \right) . \tag{2.1}$$

Often volumes are used instead of masses. Defining Y_1 as the counts per second per milliliter, V_1 the volume in milliliters mixed with volume V_2 and Y_2 as the specific activity of the mixture, then using again the constancy of the amount of isotope,

$$V_1 Y_1 = Y_2 (V_2 + V_1)$$

$$V_2 = \frac{Y_1}{Y_2} V_1 - V_1$$

or

$$V_2 = \frac{Y_1}{Y_2} V_1 \text{ if } V_2 \gg V_1 . \tag{2.2}$$

The volume method is widely used in intact animals where the volumes of distribution of various ions have been determined. Often the volumes do not correspond exactly with each other or with body water. The volumes so determined are referred to after the ions employed, e. g., "chloride space," "bromide space," and "total exchangeable sodium" (Aronoff).

Equation (2.1) may be used in an inverse manner. Assume that what is needed is the M_1, the unknown mass of the labeled substance in the given sample. Then

$$M_1 = \frac{M_2 X_2}{X_1 - X_2},$$

which reveals that we can determine M_1, if we first determine the specific activity (X_1) of a sample isolated from the original material, then add M_2 amount of unlabeled to the original and determine the specific activity (X_2) of this mixture.

Obviously the method is not limited to mixtures to which are added inert materials or samples of a single type. The conservation of the radioactivity in the mixture permits adding several samples of known specific activity,

$$M_1 X_1 + M_2 X_2 + \cdots = X_m (M_1 + M_2 + M_3 + \cdots)$$

where X_m is specific activity of the mixture. The equation may then be solved for any M. A simple example involving the relative uptake of phosphorus from the soil illustrates this technique (FRIED and DEAN). A plant grown in a medium containing nutrient M_1 of specific activity $X_1 = 0$ to which we add an amount of standard labeled nutrient M_2, specific activity, X_2. The plant takes up nutrient from the two sources so that if X_3 is the specific activity of the compound in the plant we have

$$f(M_1 + M_2) X_3 = f X_2 M_2$$

where f is the fraction of the nutrient taken up by the plant. From this equation we have $\dfrac{X_3}{X_2} = \dfrac{M_2}{M_1 + M_2}$. From which $M_1 = \dfrac{M_2(1 - X_3/X_2)}{X_3/X_2}$.

3. Medical applications of isotope dilution techniques

There are numerous applications of isotope dilution techniques to medicine where the equations encountered are similar to equation (2.1) or (2.2). Typical applications are blood volume determination with I^{131} labeled human serum albumin (I^{131} HSA), red cell volume and survival studies with Cr^{57}, ascetic fluid volume with I^{131} HSA, and diagnostic studies of patients suspected of pernicious anemia with vitamin B_{12} labeled with Co^{60}. Sixty-three references to these uses are found in (FIELDS and SEED).

4. Studies of uptake and volume of distribution

Another series of studies involving elementary mathematical ideas (algebra and elementary calculus) are the studies of relative uptake of a tagged metabolic in normal and abnormal states and of the dilution of tagged substances introduced into the blood stream to measure cardiac output.

In measuring thyroid function, a comparison is made between the uptake by the suspected thyroid gland of I^{131} as iodide from the blood stream in comparison with what a normal thyroid would take up from the same sample. Standardized procedures, of course, must be observed. A typical formula is

$$TU = \frac{P_a - RB_a}{S_a - RB_a} \times 100,$$

where TU = per cent thyroid uptake.

P_a = patient count over thyroid gland with "A" filter, a sheet of lead $1/_{16}''$ thick.
RB_a = room background with "A" filter.
S_a = count from a standard with "A" filter.

"A recommended standard is a phantom of lucite in cylindrical form 12.5 cm. in diameter and 12.5 cm. high with opening for a capsule, containing the I^{131}, 2 cm. from the surface and 7.5 cm. deep." (FIELDS and SEED, p. 24).

The cardiac output studies make use of the following ideas (MACINYTRE, et al.):

I = total amount of injected radioactivity, usually I^{131} HSA.

C = concentration of the tagged material in the blood, microcuries milliliter^{-1}.

F = cardiac output in milliliters second^{-1}.

Since the radioactivity is conserved

$$I = \int_0^\infty CF\, dt.$$

If F is constant,

$$I = F \int_0^\infty C\, dt. \tag{4.1}$$

The essential experimental result is a graph of C versus t, which is then divided into regions. From figure (4.1) C_b is the point on the $C-t$ curve where C is falling as a simple negative exponential. The actual experimental curve follows ABF. The curve from B to C is an extrapolation which is taken as a negative exponential. C_b divides the curve ABC into two regions (1) and (2). Region (1) cannot be determined analytically hence the area is found by using a planimeter. But area (2) is simply

$$\text{Area (2)} = \int_0^\infty C_b e^{-\lambda t}\, dt = \frac{C_b}{\lambda}$$

where the zero of time is reckoned from the intersections of the vertical line, C_b, with the axis. Here λ must be determined from the curve between B and C since $\lambda = \dfrac{0.693}{T_{1/2}}$. It may be sufficiently accurate to read $T_{1/2}$ from the value of concentration on BC equal to $C_b/2$. Equation (4.1) is then rewritten

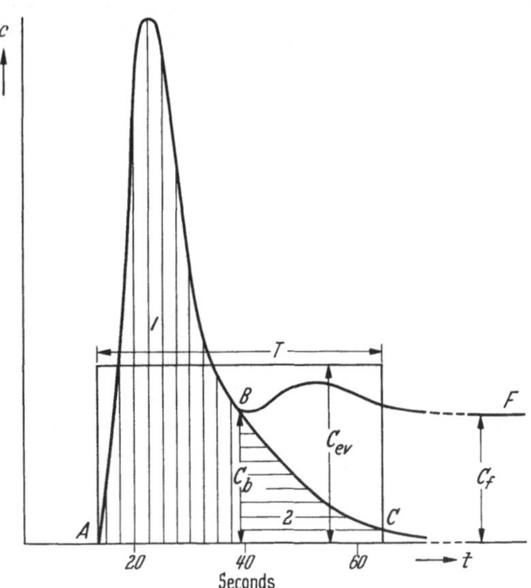

Fig. 4.1. ABF represents the general shape of the dilution of I^{131} HSA for cardiac output determinations (MACINTYRE, STORAASLI, KRIEGER, PRITCHARD and FRIEDELL)

$$I = F\left(\int_0^{t_1} c\, dt + \int_{t_1}^\infty c\, dt\right)$$

or

$$I = F\,[\text{area (1)} + \text{area (2)}]$$

so

$$F = \frac{I}{\text{area (1)} + \text{area (2)}}.$$

If the assumption is made that no radioactivity leaves the blood stream, the final concentration, C_f, multiplied by the total blood volume (V) must also equal I,

$$I = C_f V$$

whereupon the cardiac output is

$$F = \frac{V\, C_f}{\text{area (1)} + \text{area (2)}}.$$

5. Studies of the kinetics of reactions

(BERMAN and SCHOENFELD; BRANSON 1948; HART 1955 and 1957; HEARON; REINER; RESCIGNO; ROBERTSON; RUSSELL; SHEPPARD; SHEPPARD and HOUSEHOLDER; SIRI; SOLOMON 1953).

The general kinetic system may be visualized as a group of n compartments with all possible interrelations. For n equals 4, the representation is in fig. (5.1). If a radioactive molecule is introduced, since the total amount of radioactive substance is constant, we may write

$$\frac{d}{dt}(M_i X_i) = -\sum_{k=1}^{n} r_{ik} X_i + \sum_{k=1}^{n} r_{ki} X_k = -R_i X_i + \sum_{k=1}^{n} r_{ki} X_k \qquad (5.1)$$

where we have taken, $r_{ll} = 0$ and $R_i = \sum_{k=1}^{n} r_{ik}$.

If $\sum_{i=1}^{n} \frac{d}{dt}(M_i X_i) = 0$, the system is closed. If on the other hand

$$\sum_{i=1}^{n} \frac{d}{dt}(M_i X_i) < 0,$$

the system is open with the radioactivity being eliminated. And it is open with radioactivity accumulating if

$$\sum_{i=1}^{n} \frac{d}{dt}(M_i X_i) > 0.$$

The symbol M_i includes both the stable material and radioactive (M_i^*). In most experiments the quantity of radioactive material in milligrams is so much less than the quantity of the normal stable compound that we may throughout this chapter take M_i as the amount of material determined by the usual quantitative chemical methods.

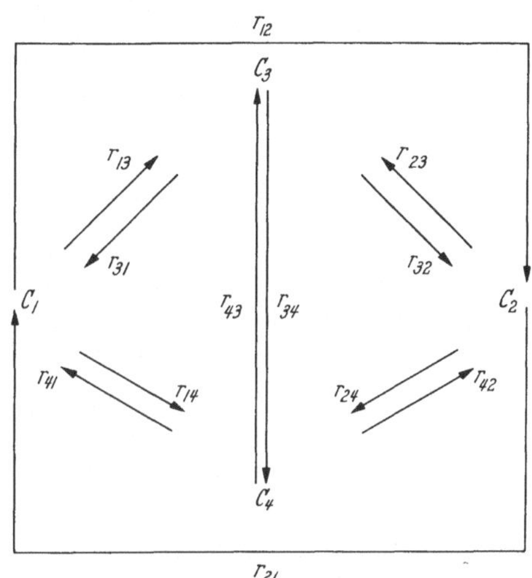

Fig. 5.1. Interactions in a 4-compartment closed system

6. Systems in dynamic equilibrium

In many reactions in biological systems the amount of normal metabolite (M_i) remains constant during the course of a experiment hence

$$\frac{dX_i}{dt} = -\sum_{k} \frac{r_{ik}}{M_i} X_i + \sum_{k} \frac{r_{ki}}{M_i} X_k.$$

That is $\frac{dM_i}{dt} = 0$ for all M_i. Such systems are said to be in a steady state or in dynamic equilibrium. For the amount M_i to remain constant it is sufficient that the amount entering equal the amount leaving per unit time, or

$$\sum_{k=1}^{n} r_{ik} = \sum_{k=1}^{n} r_{ki}.$$

The assumption is usually made, however, that individually

$$r_{ki} = r_{ik}.$$

Hence $\varrho_{ik} = \varrho'_{ki}$, but in general $\varrho_{ik} \neq \varrho_{ki}$.

Then we may write for the specific activities,

$$\frac{dX_i}{dt} = -P_i X_i + \sum_{k=1}^{n} \varrho'_{ki} X_k \tag{6.1}$$

where

$$\sum_{k=1}^{n} \varrho_{ik} = P_i.$$

We shall solve equation (6.1) by the methods of the Laplace Transformation (Churchill). We define the transform of $y(t)$ as $\bar{y}(p)$ in

$$\bar{y}(p) = \int_0^\infty e^{-pt}\, y(t)\, dt$$

while the transform dy/dt becomes on integrating by parts,

$$\int_0^\infty e^{-pt} \frac{dy}{dt}\, dt = [e^{-pt} y]_0^\infty + p \int_0^\infty e^{-pt}\, y(t)\, dt = -y(0) + p\,\bar{y}(p).$$

The transform of equation (6.1) is

$$p\,\overline{X}_i - X_i(0) = -P_i \overline{X}_i + \sum_{k=1}^{n} \varrho'_{ki} \overline{X}_k. \tag{6.2}$$

The essential result of the Laplace transform is the reduction of the system of differential equations to a system of algebraic equations which when written out becomes

$$(p + P_1)\overline{X}_1 - \varrho'_{21}\overline{X}_2 - \varrho'_{31}\overline{X}_3 - \cdots \varrho'_{n1}\overline{X}_n = X_1(0)$$
$$- \varrho'_{12}\overline{X}_1 + (p + P_2)\overline{X}_2 - \varrho'_{32}\overline{X}_3 \ldots \varrho'_{n2}\overline{X}_n = X_2(0)$$
$$\vdots$$
$$- \varrho'_{1n}\overline{X}_1 - \varrho'_{2n}\overline{X}_2 \cdots \qquad + (p + P_n)\overline{X}_n = X_n(0).$$

These equations can be solved by the use of determinants, yielding

$$X_i = \frac{\begin{vmatrix} (p + P_1) \ldots X_1(0) \ldots -\varrho'_{n1} \\ \vdots \qquad \vdots \qquad \vdots \\ - P_{1n} \ldots X_n(0) \ldots (p + P_n) \end{vmatrix}}{\Delta} \tag{6.3}$$

where Δ is the determinant of the coefficients of the X's. It is observed that the numerator of the right side of the equation (6.3) is a polynomial of degree $(n-1)$ in p while the denominator is of degree (n). Clearly the highest power of p has the coefficient $X_i(0)$, so we may write

$$\overline{X}_i = \frac{X_i(0)\, p^{n-1} + a_{n-2}\, p^{n-2} \cdots + \cdots a_0}{p^n + b_{n-1}\, p^{n-1} + \cdots + b_0}$$

where the a's and b's may be determined in terms of the ϱ's, P's, and $X(0)$'s. Assuming that we factor the right hand side, we have

$$\overline{X}_i(p) = \sum_{l=1}^{n} \frac{\alpha_{il}}{(p + \beta_l)}. \tag{6.4}$$

The α's and β's are functions of the a's and b's. The inverses of these equations may easily be found as

$$X_i(t) = \frac{1}{2\pi i} \int_{\gamma - i\infty}^{\gamma + i\infty} e^{tp}\,\overline{X}_i(p)\, dp.$$

The integration requires some knowledge of the theory and functions of a complex variable. The line of integration is parallel to the imaginary axis in the p-plane and must be on the right of the discontinuities of $\overline{X}_i(p)$ which are, in this case, simple poles at $p = -\beta_1, -\beta_2, \ldots -\beta_n$.

Performing this integration yields

$$X_i(t) = \sum_{k=1}^{n} \alpha_{ik}\, e^{-\beta_k t}\,. \tag{6.5}$$

The steps leading to this solution illustrate the extreme difficulty involved in finding the rates from the α's and β's if there are more than two or three substances interacting to comprise the system. Fortunately the actual systems encountered so far require only — or preferably the real biological systems in which isotopes have been used may be described satisfactorily in terms of — about six interacting compartments. In addition, linear or only slightly branched chains are adequate.

A system such as

$$C_1 \leftrightarrows C_2 \leftrightarrows C_3 \leftrightarrows C_4 \tag{6.6}$$

has been designated a catenary or series or linear system while one such as

$$C_4$$
$$\nearrow\!\!\!\!\swarrow$$
$$C_2 \leftrightarrows C_1 \leftrightarrows C_3$$

where there is exchange between a central compartment and peripheral compartments without any interconnection among the peripheral compartments has been called mammillary, parallel, or simply a central-exchange system. If $r_{1n} \neq 0$, but $r_{n1} = 0$, the mammillary system is open with respect to the nth peripheral compartment. Sequences of type (6.6) without the back-flow of material have been extensively treated in radioactive decay (BATEMAN; SIRI).

7. Three-component closed system

In order that we may display some specific characteristics of the solutions, we shall treat in sufficient detail the three component closed linear system

$$C_1 \leftrightarrows C_2 \leftrightarrows C_3$$

for which

$$\frac{dX_1}{dt} = \varrho'_{21}X_2 - \varrho_{12}X_1$$

$$\frac{dX_2}{dt} = \varrho'_{12}X_1 - (\varrho_{21} + \varrho_{23})\,X_2 + \varrho'_{32}X_3$$

$$\frac{dX_3}{dt} = \varrho'_{23}X_2 - \varrho_{32}X_3\,.$$

The Laplace transforms of these equations are

$$p\overline{X}_1 - X_1(0) = \varrho'_{21}\overline{X}_2 - \varrho_{12}\overline{X}_1$$
$$p\overline{X}_2 - X_2(0) = \varrho'_{12}\overline{X}_1 - (\varrho_{21} + \varrho_{23})\,\overline{X}_2 + \varrho'_{32}\overline{X}_3$$
$$p\overline{X}_3 - X_3(0) = \varrho'_{23}\overline{X}_2 - \varrho_{32}\overline{X}_3\,.$$

From these we derive

$$\overline{X}_1 = \frac{\begin{vmatrix} X_1(0) & -\varrho'_{21} & 0 \\ X_2(0) & (p + \varrho_{21} + \varrho_{23}) & -\varrho'_{32} \\ X_3(0) & -\varrho'_{23} & (p + \varrho_{32}) \end{vmatrix}}{\begin{vmatrix} (p + \varrho_{12}) & -\varrho'_{21} & 0 \\ -\varrho'_{12} & (p + \varrho_{21} + \varrho_{23}) & -\varrho'_{32} \\ 0 & -\varrho'_{23} & (p + \varrho_{32}) \end{vmatrix}}$$

or on expanding the equation takes the form,

$$\overline{X}_1 = \frac{X_1(0)\, p^2 + a_1 p + a_0}{p^3 + k p^2 + q p + r} \, .$$

(7.1)

The denominator can be reduced to

$$y^3 + a y + b$$

by substituting

$$p = y - k/3$$

where

$$k = \varrho_{21} + \varrho_{23} + \varrho_{12} + \varrho_{32}$$

and

$$a = \frac{1}{3}\,(3\,q - k^2)$$

$$b = \frac{1}{27}\,(2\,k^3 - 9\,kq + 27\,r)\,.$$

It is straightforward but tedious to show that the roots are

$$-\beta_1 = A + B - k/3$$

$$-\beta_2 = -\frac{1}{2}\,[(A + B) - (A - B)\sqrt{-3}\,] - k/3$$

$$-\beta_3 = -\frac{1}{2}\,[(A + B) + (A - B)\sqrt{-3}\,] - k/3$$

where

$$A = \sqrt[3]{-b/2 + \sqrt{\frac{b^2}{4} + \frac{a^3}{27}}} \ \text{and} \ B = \sqrt[3]{-b/2 - \sqrt{\frac{b^2}{4} + \frac{a^3}{27}}}\,.$$

It is easily seen that the rates are almost inextricably bound together in these roots that it would be quite formidable or impossible to extricate any given one for the general case. But formally, at least, we have

$$\overline{X}_1 = \frac{\alpha_{11}}{p + \beta_1} + \frac{\alpha_{12}}{p + \beta_2} + \frac{\alpha_{13}}{p + \beta_3}$$

(7.2)

where the α's are given by

$$\alpha_{11}(p + \beta_2)(p + \beta_3) + \alpha_{12}(p + \beta_1)(p + \beta_3) +$$
$$\alpha_{13}(p + \beta_1)(p + \beta_2) = X_1(0)\, p^2 + a_1 p + a_0,$$

(7.3)

from equation (7.1).

Whereupon we have as one of the set of equations to determine the α's,

$$\alpha_{11} + \alpha_{12} + \alpha_{13} = X_1(0)\,.$$

Inverting equation (7.2) produces the solution

$$X_1 = \alpha_{11} e^{-\beta_1 t} + \alpha_{12} e^{-\beta_2 t} + \alpha_{13} e^{-\beta_3 t}\,.$$

(7.4)

The solutions of the other specific activities will be correspondingly,

$$X_2 = \alpha_{21} e^{-\beta_1 t} + \alpha_{22} e^{-\beta_2 t} + \alpha_{23} e^{-\beta_3 t}$$

$$X_3 = \alpha_{31} e^{-\beta_1 t} + \alpha_{32} e^{-\beta_2 t} + \alpha_{33} e^{-\beta_3 t}\,.$$

There are alternative equations involving the α's since the mathematical treatment must conform to two stringent physical conditions: (1) inasmuch as we are dealing with a closed system at infinite time the specific activities must have the same value, i. e., $X_1(\infty) = X_2(\infty) = X_3(\infty) = X(\infty)$; and in addition (2) the total amount of radioactive component (T. R.) is conserved — allowing, of course, for radioactive decay. The first condition requires that one of the β's be zero, say β_3, and that

$$\alpha_{13} = \alpha_{23} = \alpha_{33} = X(\infty) .$$

Thus

$$X_1(0) = \alpha_{11} + \alpha_{12} + X(\infty)$$
$$X_2(0) = \alpha_{21} + \alpha_{22} + X(\infty)$$
$$X_3(0) = \alpha_{31} + \alpha_{32} + X(\infty)$$
$$M_1 X_1 + M_2 X_2 + M_3 X_3 = \text{T. R., a constant.}$$

Unfortunately we have six unknowns and only four equations. Thus we cannot determine all of our parameters from conditions at $t = 0$, $t = \infty$, i. e. the two physical conditions. We must determine two of the X's at some other time so that

$$X_1(0) = \alpha_{11} + \alpha_{12} + X(\infty)$$
$$X_1(t_1) = \alpha_{11} e^{-\beta_1 t_1} + \alpha_{12} e^{-\beta_2 t_2} + X(\infty)$$

which will permit the determination of α_{11} and α_{12} with known β's. Similarly if we have another equation for $X_2(t_2)$, we can determine α_{21} and α_{22} and use the third and fourth equations for the determination of α_{31} and α_{32}.

It is quite evident from the sequence of steps leading to equation (7.4) that even this constrained three-compartment linear system is too complicated for the derivation of the individual ϱ's from the α's and β's except in special cases (BERSON and YALOW; ROBERTSON et al.).

A more complicated three-compartment model is encountered when C_1 and C_3 can exchange, i. e.,

$$C_2$$
$$\nearrow \quad \searrow$$
$$C_1 \;\rightleftharpoons\; C_3 .$$

The solutions here will have the same form as equation (7.4) but the equations for the rates will be more involved. It is easily seen, however, that in all of these examples, good experimental design can lessen the computational work.

If the radioactive component is introduced originally into one compartment in the suspected chain $C_1 \leftrightharpoons C_2 \leftrightharpoons C_3$ and there is access to one or more compartments, the recommended procedure is to plot the specific activity of one component, for example X_1, on semilogarithmic paper. The curve levels off to some constant value, $X(\infty)$, subtract the constant value (line 1) from the ordinate values and plot these differences (line 2). This graph of differences should become a straight line after an original curving, extend this straight line (line 3) back to origin and substract the ordinate values of this line (3) from the values for line (2). These values when plotted should result in a straight line (line 4). The slope of line (4) should be negative and equal to $-\beta_1$; the slope of line (3) equals $-\beta_2$. The intercepts on the ordinate are the corresponding α's. Thus we have

$$X_1 = \alpha_{11} e^{-\beta_1 t} + \alpha_{12} e^{-\beta_2 t} + X(\infty) . \tag{7.5}$$

These steps are illustrated in fig. 7.1. Each experimenter will have to decide whether his data warrant a least square analysis in deciding upon the straight lines or if a visual fit is sufficient.

Unfortunately the experimenter cannot always have access to every compartment to follow the time-course of the specific activities, especially in experiments with intact animals. It becomes desirable then to extract as much information as possible from the experimental results inherent in an equation such as equation (7.4). Special attention has been given to formulating the problem so that (BERSON and YALOW; COHN and BRUES; GELLHORN et al.; ROBERTSON et al. 1957) useful plausible conclusions may be drawn about the rates from observations in a single compartment. But even if one has access to more compartments and the results seem to be described with sufficient accuracy by a system of equations such as equation (7.4), caution is still necessary in the interpretations, since four or more compartments with two or more equal roots (β's) could lead to the same set of equations for the specific activities. Only precise physiological information can establish the correctness of the mathematical model.

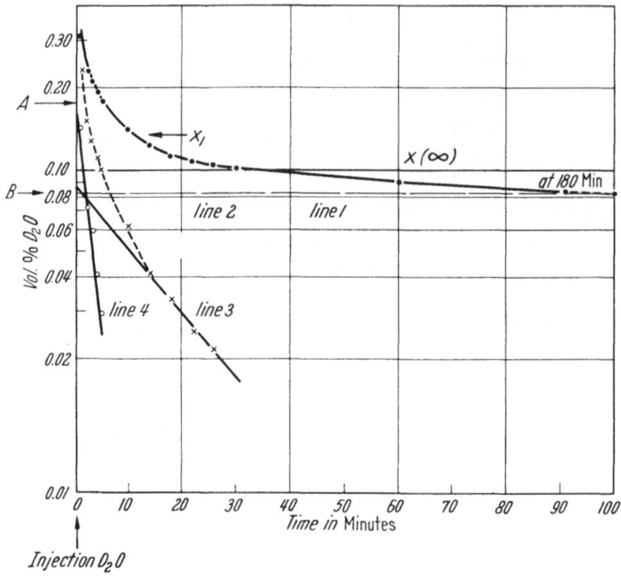

Fig. 7.1. Procedures in determining the α's and β's in equation (7.5). Line 1 levels off at X (∞) = 0.083. The slope of line 3 gives β_2 = 0.06; the intercept of line 3 at B yields α_{12} = 0.088. Similarly line 4 gives α_{11} = 0.165 and β_1 = 0.34. Hence, $X_1(t) = 0.165\ e^{-0.34t} + 0.088\ e^{-0.06t} + 0.083$. The curve is relabeled from Solomon 1953

8. Uptake from a constant precursor

Consider the systems,

$$\leftrightarrows C_1 \leftrightarrows C_2 ,$$

for which

$$\frac{d}{dt}(M_1 X_1) = r_{21}X_1 - r_{12}X_1 + r_e X_e - r_l X_1 = 0 \tag{8.1}$$

$$\frac{dX_2}{dt} = \varrho_{12}X_1 - \varrho'_{21}X_2$$

when r_e, X_e represent the material entering C_1; r_e that leaving C_1 to left. Suppose that the specific activity of the material in C_1 is kept constant at $X_1(0)$, and that the ϱ's are constant, then

$$X_2 = \frac{\varrho_{12}}{\varrho'_{21}} X_1(0)\ (1 - e^{-\varrho'_{21}t}) . \tag{8.2}$$

In a real biological system, however, to obtain this equation requires $r_e X_e$ be adjusted so that equation (8.1) is satisfied. In an experiment with D_2O (London and Rittenberg) where C_1 is body water and C_2 is serum cholesterol, it was found that ingestion of D_2O by mouth over a 52-day period leads to a reasonably constant atom % D (excess) in body water and that the atom % D (excess) in serum cholesterol followed an equation of the form of equation (8.2). From our equations we see that this constancy in C_1 is probably attributable to the relative

Table 8.1. *Selected references for some systems which have been analyzed*
Steady-state systems

Model	References
1. $\to C_1 \to C_2 \to$	1. Humphrey and Solitzeanu
2. $C_1 \rightleftharpoons C_2$	2. Prentice et al.; Raker et al.; Solomon 1952; Sheppard and Householder; Sheppard and Morris.
3. $C_1 \to C_2 \rightleftharpoons C_3$	3. Halvorson; Matthews
4. $C_1 \rightleftharpoons C_2 \rightleftharpoons C_3$	4. Berson and Yalow; Gellhorn et al.; Robertson et al.; Sheppard et al. 1951
5. C_2 above $C_1 \rightleftharpoons C_3$	5. Solomon et al. 1957
6. $C_1 \rightleftharpoons C_2 \rightleftharpoons C_3 \rightleftharpoons C_4$	6. Bauer and Ray; Armstrong et al.
7. C_4 above $C_1 \rightleftharpoons C_2 \rightleftharpoons C_3$	7. Bronner and Harris
8. $\leftarrow C_1 \rightleftharpoons C_2 \to$ (with C_3 above)	8. Evans and Amatuzio
9. $\rightleftharpoons C_1 \rightleftharpoons C_2 \rightleftharpoons C_3 \rightleftharpoons C_4 \rightleftharpoons C_5 \rightleftharpoons$	9. Gilbert and Fenn
10. $\to C_1 \rightleftharpoons C_2 \rightleftharpoons C_3 \to$	10. Burch et al. 1950; Hansard et al.; Steele
11. $C_1 \leftarrow C_2 \rightleftharpoons C_3$ (with C_4 above)	11. Matthews; Reiner
12. $C_1 \leftarrow C_2 \rightleftharpoons C_3 \rightleftharpoons C_4 \to C_5 \to C_6$	12. Polycove and Mortimer
13. $C_1 \rightleftharpoons C_2 \rightleftharpoons C_3 \to C_5 \rightleftharpoons C_6 \to$ (with C_4 above)	13. Baker
14. Compartment diagram with C_1, C_2, C_3, C_4, C_5	14. Manigault
15. A 13 compartment system	15. Berson
16. A 16 compartment system	16. Lax et al. 1956

Non-steady state systems

1. $C_1 \rightleftharpoons C_2$	1. Berger and Steele; Tosteson et al. 1955

magnitudes in equation (8.1) so that $r_{21} X_2$ can be neglected, hence constant feeding leads to

$$X_1 = \frac{r_e X_e}{r_l + r_{12}} = X_e$$

where X_e must be calculated in terms of the total amount of C_1 ingested.

In equation (8.2) as $t \to \infty$, X_2 approaches $\frac{\varrho_{12}}{\varrho'_{21}} X_1(0)$ which may then be designated as $X_2(\infty)$. This result is also obtained for a system wherein X_2 follows a permeability limited uptake (Harris 1957b).

9. Systems not in dynamic equilibrium

On returning to the original equations (5.1), we see that for systems not in steady state or in dynamic equilibrium we need information on the time course of the non-radioactive component as well as the radioactive. The result is increased complexity in our solutions although formally a Laplace transform solution can be obtained for such a situation. The derivation of solutions useful for numerical calculations will be in general involved. We may illustrate the leading characteristics of the procedures by an analysis of a two-compartment closed system (model 1, Table 8.1):

$$\frac{d}{dt}(M_1 X_1) = - r_{12} X_1 + r_{21} X_2$$

$$\frac{d}{dt}(M_2 X_2) = - r_{21} X_2 + r_{12} X_2.$$

The meanings of the symbols permit writing some equalities: the rate of which material goes from 1 to 2 is clearly equal to the rate in which it goes from 2 to 1 plus the rate of which material is accumulating in 2 (recalling that the rate units are e. g. milligrams sec^{-1}),

$$r_{12} = r_{21} + \frac{dM_2}{dt} \tag{9.1}$$

and

$$r_{21} = r_{12} + \frac{dM_1}{dt}$$

or

$$\frac{dM_1}{dt} = - \frac{dM_2}{dt}.$$

These equations may be integrated to yield

$$\int_{M_1(0)}^{M_1(t)} d M_1 = \int_0^t (r_{12} - r_{21})\, dt$$

or

$$M_1(t) = M_1(0) + \int_0^t (r_{12} - r_{21})\, dt.$$

If the rates (r_{12}, r_{21}) are independent of time, we have the simple form

$$M_1(t) = M_1(0) + (r_{12} - r_{21}) \int_{t_1}^{t_2} dt. \tag{9.2}$$

Equation (9.1) has recently been the basis of an exhaustive treatment (BERGER and STEELE).

The original equation may be expanded

$$X_1 \frac{dM_1}{dt} + M_1 \frac{dX_1}{dt} = r_{21} X_2 - r_{12} X_1$$

substituting equation (9.1) we end with

$$r_{12} = \frac{\dfrac{d(M_1 X_1)}{dt} - X_2 \dfrac{dM_1}{dt}}{X_2 - X_1}.$$

Since

$$\frac{d}{dt}(M_1 X_1) = - \frac{d(M_2 X_2)}{dt},$$

this equation becomes

$$r_{12} = \frac{M_2\, dX_2/dt}{(X_1 - X_2)}.$$

Interpreted experimentally this equation states that if we plot $X_1(t)$, $X_2(t)$, and $M_2(t)$ and determine the slope of $X_2(t)$ we can calculate the rate at which material is going from compartment 1 to 2 at any time, t. Having the curve $M_2(t)$, we can determine its slope and find the rate at which material goes from compartment 2 to 1 at any time, t, by substituting r_{12} and $\dfrac{dM_2}{dt}$ in equation (9.2). This analysis shows that we must always have access to both compartments to derive any meaningful results.

It is instructive to examine the system for which r_{12} and r_{21} are constant. This system requires that one component is increasing at a constant rate. The system still requires, however, access to both compartments in order to calculate either constant rate, r_{12} or r_{21}.

10. Precursor relations

(BRANSON; REINER, 1952a, b; ZILVERSMIT 1943).

The study of the kinetics of metabolic reactions in biological systems seeks to discover and characterize the compartments involved in the passage of the radioactive sample through the system and the values of the rates — which may be true rates of formation and degradation in some steps or rates of transport or mixed in others. If it has been established that

$$\leftrightharpoons C_1 \leftrightharpoons C_2 \leftrightharpoons C_3 \leftrightharpoons$$

is an acceptable representation, there is little advantage in defining precursors since radioactive material put into the chain in any compartment will show up along the entire train. Although reactions in biological systems take place in heterogeneous media under the action of enzymes and are reversible, eventually all metabolic components are degraded and eliminated. It seems reasonable, then, to define direction in such a chain as follows,

If
$$r_{12} + r_{23} + r_{34} + \cdots > r_{21} + r_{32} + r_{43} + \cdots$$

or
$$\sum_{k=1}^{n} r_{k,\,k+1} > \sum_{k=1}^{n} r_{k,\,k-1}$$

then the sequence is said to move material to the right. If the sign is less then, it moves to the left. If the sign is equal, the sequence is static. In both non-static sequences it may be reasonable to speak of precursors.

The most unequivocal assignment of precursor status (ZILVERSMIT et al. 1943) can be made from a sequence such as

$$C_1 \leftrightharpoons C_2 \leftrightharpoons .$$

The equations are

$$\frac{d\,(M_1 X_1)}{dt} = r_{21} X_2 - r_{12} X_1$$

$$\frac{d}{dt}\,(M_2 X_2) = r_{12} X_1 - r_{21} X_2 - r_{23} X_2 + M_2 f(t) ,$$

where $M_2 f(t)$ is used to represent the influx of radioactive material into C_2. If the amounts are constant,

$$\frac{dX_1}{dt} = \varrho_{12}(X_2 - X_1) \tag{10.1}$$

$$\frac{dX_2}{dt} = \varrho_{21}(X_1 - X_2) - \varrho_{23} X_2 + f(t) .$$

A great deal of information can be derived from the first of these equations without reference to the second. We see that if a single sample of radioactive material is entered either in C_2 or to the right of C_2, initially $X_2 > X_1$ and $\dfrac{dX_1}{dt} > 0$. The derivative is zero when $X_2 = X_1$, and negative thereafter. Thus when the $X_1 - t$ curve reaches its maximum, $\dfrac{dX_1}{dt} = 0$, the specific activities are equal.

We may also integrate the first equation with the result $\hspace{2cm}$ (10.1)

$$X_1(t_2) - X_1(t_1) = \varrho_{12} \int_{t1}^{t2} (X_2 - X_1)\, dt \, . \qquad (10.2)$$

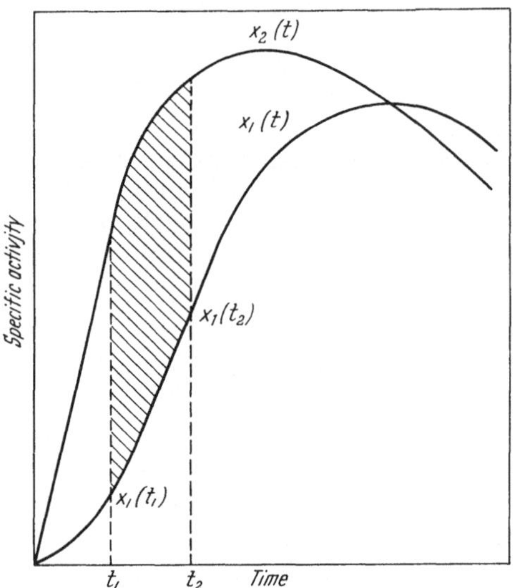

Fig. 10.1. Graph of two specific activities when X_2 is the precursor at X_1 according to equation (10.1). The shaded area is used in equations (10.2) and (10.3) for determining ϱ_{12}. Relabeled from Zilversmit et al. 1943

The integral on the right is just the area between the two curves shaded in figure (10.1). Thus the rate factor ϱ_{12} may be determined by finding the shaded area with a planimeter and substituting in

$$\varrho_{12} = \frac{X_1(t_2) - X_1(t_1)}{\text{shaded area}} \, . \qquad (10.3)$$

The reciprocal of ϱ_{12} has been called the "turnover time", T_t.

If the radioactive material is placed initially in C_1, $X_1 > X_2$; for t finite, nothing useful can be inferred from our equations except that X_1 and X_2 will approach each other as time goes on.

With different feeding procedures for the radioactive component, the $X_1 - X_2$ curves will have different shapes. It will always be true, however, so long as the radioactivity enters first into C_2, that the X_2 curve will cross at the maximum for X_1.

If the access is to a single compartment but the specific activity of the precursor can be maintained constant, we have from equation (10.1),

$$\frac{dX_1}{dt} + \varrho_{12} X_1 = \varrho_{12} X_2(0)$$

whereupon

$$X_1 = X_2(0)\,(1 - e^{-\varrho_{12} t}) \, . \qquad (10.4)$$

This formulation has been used to determine the turnover rate of fibrinogen in the dog (Madden and Gould). Rewriting the equation as

$$2.303\,\log_{10} \frac{X_2(0)}{X_2(0) - X_1} = \varrho_{12} t \, ,$$

if the half-turnover time is defined as that value of t for which

$$X_1(T_{1/2}) = 1/2\, X_2(0)$$

then $\qquad\qquad$ $$T_{1/2} = 2.303\,(\log_{10} 2)/\varrho_{12} = \frac{0.693}{\varrho_{12}} \, .$$

11. Systems with discrimination

The mathematical treatment of the systems has been based upon the assumption that whenever a compartment involves molecules, the synthesis, degradation, or transport of the molecules proceeds at random; that is, the system does not act differently towards older or more recently formed molecules. Age discrimination can occur in biological systems if the radioactive components were precipitated as a layer in a starch grain or if it is built in as part of an inert structure which persists for a given period (ARONOFF).

The second type of discrimination is encountered for some components of the red blood cell of mammals. Mathematically this situation is best decribed by integral equations (BRANSON 1946; SHEMIN and RITTENBERG 1946).

Using the symbols

$M(t)$ = amount of substance present at time, t
$F(t-\theta)$ = fraction of material synthesized at time θ, still present at time, t
$r(\theta)$ = rate of formation of material at time, θ
$X(\theta)$ = specific activity of material at time, θ.

From these definitions we may write that the radioactivity present at time t in form M is (BRANSON, 1946)

$$X(t) \, M(T) = \int_0^t X(\theta) \, r(\theta) \, F(t-\theta) \, d\theta.$$

If steady state is assumed, $M(t) = M(0)$, but there remain two unknowns, r and F, after we determine $X(t)$ experimentally.

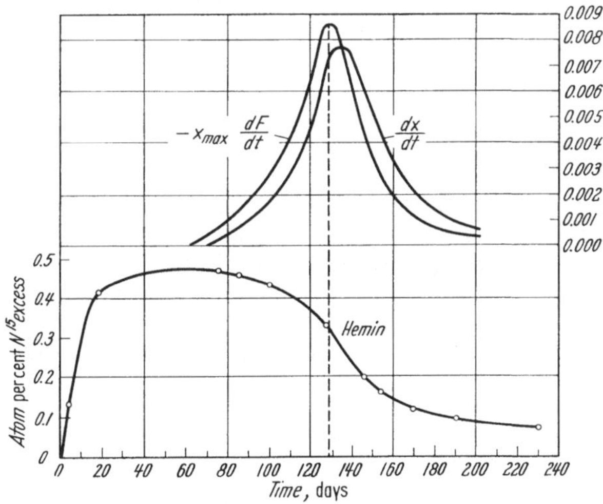

Fig. 11.1. Per cent N^{15} excess in hemin of man as a function of time (SHEMIN and RITTENBERG). $\dfrac{dF}{dt}$ is computed from equation (11.1). The mean life of the red blood cell in this subject is 127 days

In the classic paper dealing with this experiment, it was found, fig. 11.1, that there was an initial build-up of isotopic molecules with no destruction so that within that interval $F(t-\theta) = 1$ and $X(t) = X_{max.}(1 - e^{-\beta t})$.
Inserting $\varrho = r/M(0)$, we have

$$X_{max.}(1 - e^{-\beta t}) = \int_0^t X(\theta) \, \varrho(\theta) \, d\theta .$$

39*

Differentiating

$$\beta\, X_{max.}\, e^{-\beta t} = X(t)\, \varrho(t) \; .$$

Thus we have determined $X(t)\, \varrho(t)$.

For the subsequent history of this system when $F \neq 1$, we have

$$X(t) = \int_0^t X_{max.}\, \beta\, e^{-\beta\theta}\, F(t-\theta)\, d\theta \; .$$

Substitute

$$t - \theta = y, \text{ hence}$$

$$X(t) = -\beta\, X_{max.} \int_t^0 e^{-\beta t\,(t-v)}\, F(y)\, dy$$

$$= \beta\, X_{max.}\, e^{-\beta t} \int_0^t e^{\beta\, v}\, F(y)\, dy \; .$$

Differentiating, we have

$$\frac{dX}{dt} = -\beta^2 X_{max.}\, e^{-\beta t} \int_0^t e^{\beta\, v}\, F(y)\, dy + \beta\, X_{max.}\, F(t)$$

$$= -\beta X + \beta\, X_{max.}\, F(t) \; .$$

Hence,

$$F(t) = \frac{1}{\beta\, X_{max.}}\, \frac{dX}{dt} + \frac{X}{X_{max.}} \tag{11.1}$$

In the original paper (Shemin and Rittenberg), $-\dfrac{dF}{dt}$ was defined as the death rate of the red blood cells and the substance followed was the N^{15} % excess in hemin.

12. Analog computer solutions

(Brownell et al. 1953; Korn and Korn).

The mathematical treatment of linear chains of more than two components becomes quite tedious as we have observed ahead. A useful device for gaining solutions of the sets of differential equations is the analog computer. In this instrument the ϱ's may be varied directly by adjusting potentiometers, hence an observer can manipulate them to give the correct form of the X versus t curve and then read off the ϱ's. Thus we can go directly from the experimental curves to possible rate constants. The analog computer can also be used for the solution of more complicated systems such as those arising in biological systems with bi-molecular reactions as reliable electronic or servomultipliers are available.

The analog computer has been used quite skillfully in the study of complicated reactions in biological materials in vitro (Chance, et al.). The complexity of these reactions further emphasizes the crudity of such chains as we have discussed above. Recently a five-compartment system describing methionine — S^{35} metabolism has been programed for our Ease analog computer (Manigault).

As a simple example of programing we may consider a two-compartment closed systems with $\varrho_{12} = \varrho_{21} = \varrho'_{12} = \varrho'_{21}$, so that

$$\frac{dX_1}{dt} = \varrho_{12}(X_1 - X_2) \tag{12.1}$$

$$\frac{dX_2}{dt} = \varrho_{12}(X_2 - X_1) \; .$$

Initially, we set

$$X_1 = a$$
$$X_2 = 0\,.$$

For $\varrho_{12} = 0.1$ sec.$^{-1}$, equations (12.1) are represented in figure (12.1).

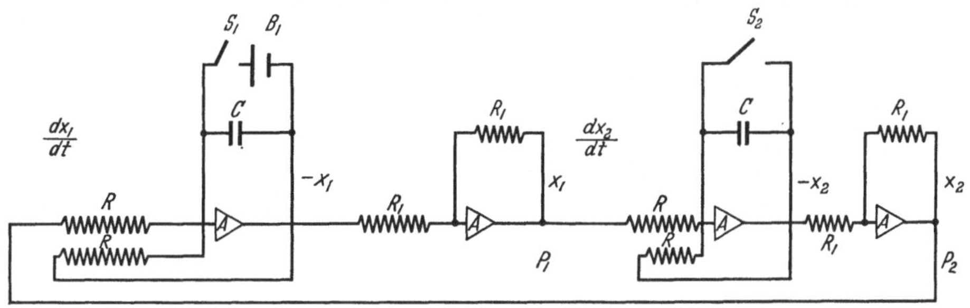

Fig. 12.1. Analog computer assembled to solve equation (12.1). A's are high gain d. c. amplifiers. S_1 and S_2 are closed relays which open at $t = 0$. For $\varrho_{21} = 0.1$ sec, $R = 10^7$ ohms and $C = 10^{-6}$ f; $R_1 = 10^6$ ohms. Different values of ϱ_{12} may easily be tried, since $\varrho_{12} = \dfrac{1}{RC}$, until the computer curve corresponds to the experimental curve. To observe X_1 a recorder is placed between P_1 and ground; P_2 and ground for X_2. The initial condition, $X_1 = a$, is supplied by battery B_1

13. Note on procedure

In the systems considered in this chapter, mathematical analysis has been applied to individual situations governed by the conservation of radioactivity or the conservation of the excess quantity of rare stable isotope. Thus the mathematics has described either

Radioactivity introduced = Radioactivity in all compartments,

or

Radioactivity introduced = Radioactivity in all compartments
+
Radioactivity excreted.

Corrections must be made, to be sure, for the decay of the radioactivity and background. An experimenter using isotopes as tracers will have to substitute suitable parameters into these general relations — parameters suitable for his experimental design. Usually in such tracer experiments, if the results are plotted, a comparison with curves reported in the literature (See References) will suggest rational equations appropriate for the results. Descriptions in terms of a series of exponentials (equation 6.5) are almost universally employed in order that a system of compartments with rates of transfer can be proposed. Polynomials or Fourier series can, of course, be fitted to the data (BRANSON 1948). The series of exponentials has the advantage of being derivable from reasonable physical ideas as to the behavior of the system.

The experimenter would do well, after consulting the studies of specific tracer experiments (e. g. AAS; AWAPARA; BATES; BOTHWELL et al.; BURCH et al.; . . .) which may have relevance for his problem, to consider some of the general critical analyses (BIERMAN; FEURZEIG and TYLER; HART 1955 and 1957; HEARON; JARDETZKY and BARNUM; MATTHEWS; RESCIGNO 1954 and 1956; REINER; SHEPPARD; SOLOMON 1953; STRAJMAN and PACE; USSING 1952; WRENSHALL). Inasmuch as the data are rarely sufficiently restrictive to derive all of the individual rates, careful attention should be given to the proposals for indefinite models (BERMAN and SCHOENFELD; BRANSON 1952b) where procedures for determining possible models consistent with the experimental results are displayed.

References

Aas, K. A., and F. H. Gardner: Survival of blood platelets labeled with chromium. J. clin. Invest. **37**, 1257 (1958).

Alberty, R. A.: Enzyme kinetics, Advanc. enzymol. **17**, 1 (1956).

Armstrong, W. D.: Radiotracer studies of hard tissues. Ann. N. Y. Acad. Sci. **60**, 670 (1957).

— J. A. Johnson, L. Singer, R. I. Lienke and M. L. Premer: Rates of transcapillary movement of calcium and sodium and of calcium exchange by the sialeton. Amer. J. Physiol. **171**, 641 (1952).

Aronoff, S.: Techniques of radiobiochemistry. Ames, Iowa (USA): Iowa State College Press 1956.

Awapara, J.: Absorption of injected taurine-S^{35} by rat organs. J. biol. Chem. **225**, 877 (1957).

Baker, N.: Metabolism of C^{14} labeled glucose in diabetes. Diabetes **5**, 178 (1956).

Bateman, H.: Solution of a system of differential equations occurring in the theory of radio-active transformations. Proc. Cambridge Phil. Soc. **15**, 423 (1910).

Bates, M. W.: Turnover rates of fatty acids of plasma triglyceride, cholesterol ester and phospholipid in the postabsorptive dog. Amer. J. Physiol. **194**, 446 (1958).

Bauer, G. C. C., and R. D. Ray: Kinetics of strontium metabolism in man. J. Bone Jt. Surg. **40**, 171 (1958).

Berger, E. Y., and J. M. Steele: The calculation of transfer rates in two compartment systems not in dynamic equilibrium. J. gen. Physiol. **41**, 1135 (1958).

Berman, M., and R. Schoenfeld: Invariants in experimental data on linear kinetics and the formulation of models. J. appl. Physics **27**, 1361 (1956).

Berson, S. A.: Pathways of iodine metabolism. Amer. J. Med. **20**, 653 (1956).

— and R. J. Yalow: Distribution of I^{131} labeled human serum albumin introduced into ascitic fluid: Analyses of the kinetics of a three compartment catenary transfer system in man and speculations on possible sites of degradation. J. clin. Invest. **33**, 377 (1954).

Bierman, A.: A note on the thermodynamics and kinetics of open and steady state systems. Bull. Math. Biophys. **16**, 97 (1954).

Bigeleisen, J.: The validity of the use of tracers to follow chemical reactions. Science **110**, 2844 (1949).

Black, D. A. K., H. E. F. Davies and E. W. Emery: Disposal of radioactive potassium injected intravenously. Lancet **268**, 1097 (1955).

Born, C. V. R., and E. Bulbring: Movement of potassium between smooth muscle and the surrounding fluid. J. Physiol. **131**, 690 (1956).

Bothwell, T. H. B., C. Ellis, H. van W. van Doorn-Wittkampf and O. L. Abrahams: Radioiron studies in hemochromatosis. J. Lab. clin. Med. **45**, 167 (1955).

Branson, H.: A mathematical description of metabolizing systems I, Bull. Math. Biophys. **8**, 159 (1946); II, Bull. Math. Biophys. **9**, 93 (1947).

— The kinetics of reactions in biological systems, Arch. Biochem. Biophys. **36**, 48 (1952a).

— Metabolic pathways from tracer experiments. Arch. Biochem. Biophys. **36**, 60 (1952b).

Brauer, R. W., G. F. Leong, R. F. McElroy and R. J. Holloway: Circulatory pathways in rat liver as revealed by P^{32} chromic phosphate colloid uptake in isolated perfused liver preparation. Amer. J. Physiol. **184**, 593 1956).

Broda, E.: Radioaktive isotope in der biochemie. Wien: Franz Deuticke 1958.

Bronner, F., and R. J. Harris: Absorption and metabolism of calcium in human beings, studies with calcium-45. Ann. N. Y. Acad. Sci **64**, 314 (1956).

— — C. J. Maletsicos and C. E. Benda: Studies in calcium metabolism. Fate of intravenously injected radiocalcium in human beings. J. clin. Invest. **35**, 78 (1956).

Brownell, G. L.: Analysis of techniques for determination of thyroid function with radio-iodine. J. clin. Endocrinol. **11**, 1095 (1951).

— R. V. Cavicchi and K. E. Perry: An electrical analog for analysis of compartmental biological systems. Rev. Sci. Instr. **24**, 704 (1953).

Burch, G., P. Reaser and J. Cronvich: Rates of sodium turnover in normal subjects and in patients with congestive heart failure. J. Lab. clin. Med. **32**, 10 (1947).

Burch, G. E., S. A. Threefoot, J. A. Cronvich, P. Reaser: Theoretic and experimental considerations of biologic decay periods: Studies in man with the use of Na^{22}. Cold Spr. Harb. Symp. quant. Biol. **13** (1948).

— — and C. T. Ray: Rates of turnover and biologic decay of chloride and chloride space in the dog determined with the long-life isotope Cl^{36}. J. Lab. clin. Med. **35**, 331 (1950).

— — — Rate of disappearance of Rb^{86} from plasma, biological decay rates of Rb^{86}, and applicability of Rb^{86} as a tracer of potassium in man with and without congestive heart failure. J. Lab. clin. Med. **45**, 371 (1955).

Calkins, E., I. M. Taylor and A. B. Hastings: Potassium exchange in isolated rat diaphragm; effect of anoxia and cold. Amer. J. Physiol. **177**, 211 (1954).

CALVIN, M., C. HEIDELBERGER, J. C. REID, B. M. TOLBERT and P. F. YANKWICH: Isotopic carbon. New York: John Wiley and Sons 1949.

CHANCE, B., W. HOLMES, J. HIGGINS and C. M. CONNELLY: Localization of the interaction sites in multicomponent transfer systems: Theorems derived from analogues. Nature (Lond.) 182, 1190 (1958).

CHURCHILL, R. V.: Operational mathematics, 2nd edition. New York: McGraw-Hill 1958.

COHN, W. E., and A. M. BRUES: Metabolism of tissue cultures, III; a method for measuring the permeability of tissue cells to solutes. J. Physiol. 28, 449 (1945).

COMAR, C. L.: Radioisotopes in biology and agriculture. New York: McGraw-Hill 1955.

CONN, H. L. JR.: Effect of digitalis and hypoxin on potassium transfer and distribution in dog heart. Amer. J. Physiol. 184, 548 (1956).

— and J. S. ROBERTSON: Kinetics of potassium transfer in left ventricle of intact dog. Amer. J. Physiol. 181, 319 (1955).

ECKEL, R. F.: Potassium exchange in human erythrocytes I and II. J. cell. comp. Physiol. 51, 81, 109 (1958).

EVANS, R. L., and D. S. AMATUZIO: Protein metabolism and interactions. Science 118, 558 (1953).

FEURZEIG, W., and S. A. TYLER: A note on the experimental fitting of empirical curves. Argonne National Lab. Quart. Rep. ANL-4401, 14 (1950).

FIELDS, T., and L. SEED: Clinical use of radioisotopes. Chicago: Year Book 1957.

FLEXNER, L. B., D. B. COWIE and G. J. VOSBURGH: Studies on capillary permeability with tracer substances. Cold Spr. Harb. Symp. quant. Biol. 13, 88.

FRIED, M., and L. A. DEAN: A concept concerning the measurement of available soil nutrients. Soil Sci. 73, 263 (1952).

FRUTON, J. S., and S. SIMMONDS: General biochemistry. New York: John Wiley and Sons 1953.

GAMBLE, J. L., and V. A. NAJJAR: Kinetics of reserve reaction of yeast hexokinase. J. biol. Chem. 217, 595 (1955).

GARCIA, J. F.: Radioiron time-distribution studies at various ages in the normal male rat. Amer. J. Physiol. 190, 31 (1957).

GAUDINO, M.: Kinetics of distribution of insulin between two body water compartments. Proc. Soc. exp. Biol. (N. Y.) 70, 672 (1949).

GELLHORN, A., M. MERRELL and R. M. RANKIN: Rate of transcapillary exchange in normal and shocked dogs. Amer. J. Physiol. 142, 407 (1944).

GEST, H., M. KAMEN and J. M. REINER: The theory of isotope dilution. Arch. Biochem. 12, 273 (1947).

GILBERT, D. L., and W. O. FENN: Calcium equilibrium in muscle. J. gen. Physiol. 40, 393 (1957).

GINSBURG, J. M., and W. S. WILDE: Distribution kinetics and intravenous radiopotassium in the circulation, Amer. J. Physiol. 179, 63 (1954).

GOLD, G. L., and A. K. SOLOMON: Transport of sodium in human erythrocytes in vivo. J. gen. Physiol. 38, 389 (1955).

GOLDWATER, W. H., and D. STETTEN JR.: Studies in fetal metabolism. J. biol. Chem. 169, 3 (1947).

GOSSELIN, R. E.: Uptake of radiocolloids in vitro. A kinetic analysis with radioactive colloidal gold. Univ. of Rochester UR-428 (1956).

HALVORSON, H.: Studies on protein and nucleic acid turnover in growing cultures of yeast. Biochim. biophys. Acta 27, 267 (1958).

HANSARD, S. L., C. L. COMAR and G. K. DAVIS: Effects of age upon the physiological behavior of calcium in cattle. Amer. J. Physiol. 177, 383 (1954).

HARRIS, E. J.: Transport and accumulation in biological systems. New York: Acad. Press 1956

— Transport through biological membranes. Ann. Rev. Physiol. 19, 13 (1957a).

— Permeation and diffusion of K ions in frog muscle. J. gen. Physiol. 41, 169 (1957b).

— and T. A. J. PRANKERD: Diffusion and permeation of cations in human and dog erythrocytes. J. gen. Physiol. 41, 197 (1957).

HARRISON, C. S., and K. T. FALER: Analysis of the chemical sucrose determination of extracellular fluid volume using C^{14} labeled sucrose. Amer. J. Physiol. 188, 568 (1957).

HART, H. E.: Analysis of tracer experiments in non-conservative steady-state systems. Bull. Math. Biophys. 17, 87 (1955).

— Analysis of tracer experiments: II, Non-conservative, non-steady state systems. Bull. Math. Biophys. 19, 61 (1957).

HEARON, J. Z.: Rate behavior of metabolic systems. Physiol. Rev. 32, 499 (1952).

HERESY, G.: Radioactive indicators. New York: Interscience 1948.

HUENNEKENS, F. M.: Biological reactions, measurement and general theory. Rates and mechanisms of reactions, in S. L. FRIESS and A. WEISSBERGER: Technique of organic chemistry, VIII. New York: Interscience 1953.

HUMPHREY, J. H., and B. D. SOLITZEANU: The use of C^{14} amino acids to study sites and rates of antibody synthesis in living hyperimmune rabbits. Biochem. J. **68**, 146 (1958).

JARDETSKY, C. D., and C. P. BARNUM: Estimation of metabolic reaction rates from a mathematical analysis of tracer experiments. Arch. Biochem. Biophys. **73**, 435 (1958).

JOHNSON, J. A.: Sodium exchange in the frog heart ventricle. Amer. J. Physiol. **191**, 487 (1958).

KAMEN, M. D.: Isotopic tracers in biology. New York: Academic Press 1957.

KATZMAN, D., and P. H. LEIDERMAN: Brain potassium exchange in normal adult and immature rats. Amer. J. Physiol. **175**, 263 (1953).

KENNETH, S.: Radiothyroxine turnover studies after therapy. J. clin. Invest. **37**, 1348 (1958).

KEYNES, R. C., and P. R. LEWIS: The resting exchange of radioactive potassium in crab nerve. J. Physiol. **13**, 1 (1951).

KINSEY, V. E., and W. M. GRANT: The mechanism of aqueous humor formation inferred from chemical studies on blood. Aqueous Humor Dynamics **26**, 1 (1942).

KLEIBER, M.: Meaning of turnover in biochemistry. Nature (Lond.) **175**, 342 (1955).

KLINE, D. L., and E. E. CLIFFTON: The life span of leucocytes in the human. Science **115**, 2975 (1952).

KORN, G. A., and T. M. KORN: Electronic analog computers. 2nd Ed. New York: McGraw-Hill 1956.

KREBS, H. A.: Measurement of turnover rate of steady-state systems in living tissues. In, radioisotope techniques I. London: Her Majesty's Stat. Off. 1953.

LAIDLER, K. J.: The chemical kinetics of enzyme action. London: Oxford 1958.

LANDAHL, H. D.: Interpretation of tracer experiments in biological systems. Bull. Math. Biophys. **16**, 151 (1954).

LAX, L. C., S. SIDLOFSKY and G. A. WRENSHALL: Compartmental contents and simultaneous transfer rates of phosphorus in the rat. J. Physiol. **132**, 1 (1956).

— and G. A. WRENSHALL: Measurement of turnover rates in systems of hydrodynamic pools out of dynamic equilibrium. Nucleonics **11** (4), 18 (1953).

LIPPINCOTT, J. W., C. G. LEWALLEN and C. J. SHELLABURGER: Pathology of radioisotopic ablation of the thyroid in the dog. Arch. Path. (Chicago) **63**, 540 (1957).

LITTLE, R. C., and H. B. KELLY: Removal of radioactive gold colloid by perfused mammalian liver. Amer. J. Physiol. **173**, 265 (1953).

LOFTFIELD, R. B., and E. A. EIGNER: The time required for the synthesis of a ferritin molecule in rat liver. J. biol. Chem. **231**, 925 (1958).

LONDON, I. M., and D. RITTENBERG: Deuterium studies in normal man. I. The rate of synthesis of serum cholesterol. II. Measurement of total body water and water absorption. J. biol. Chem. **184**, 2 (1950).

MACDONALD, N. S., P. NOYES and P. C. LORICK: Discrimination of calcium and strontium by the kidney. Amer. J. Physiol. **188**, 131 (1957).

MACEY, R.: A probabilistic approach to some problems in blood-tissue exchange. Bull. Math. Biophys. **18**, 205 (1956).

MACINTRYRE, W. J., J. P. STORAASLI, H. KRIEGER, W. PRITCHARD and H. L. FRIEDELL: I^{131} labeled serum albumin: Its use in the study of cardiac output and peripheral vascular flow. Radiology **59**, 851 (1952).

MADDEN, R. E., and R. G. GOULD: The turnover rate of fibrinogen in the dog. J. biol. Chem. **196**, 641 (1952).

MANIGAULT, L. T.: The analog computer solution of a set of simultaneous linear differential equations, unpublished M. S. Thesis, Howard University, Washington 1, D. C. 1958.

MATTHEWS, C. M. E.: The theory of tracer experiments with I^{131} labeled plasma proteins. Physics in Biol. and Med. **2**, 36 (1957).

MAWSON, C. A.: Meaning of turnover in biochemistry. Nature (Lond.) **176**, 317 (1957).

MERRELL, M. A. GELLHORN and L. B. FLEXNER: Studies on rates of exchange of substances between blood and extravascular fluid. II. The exchange of sodium in the guinea pig. J. biol. Chem. **153**, 1 (1944).

MULLINS, L. J., and K. ZERAHN: The distribution of potassium isotopes in biological material. J. biol. Chem. **174**, 1 (1948).

ODDIE, T. H., I. MESCHAN and J. T. WORTHAM: Thyroid function assay with radioiodine. I. Physical basis of study of early phase of iodine metabolism and iodine uptake. J. clin. Invest. **34**, 95 (1955).

OGSTON, A. G.: Interpretation of experiments on metabolic processes using isotopic trace elements. Nature (Lond.) **162**, 963 (1948).

PAPPENHEIMER, J. R.: Passage of molecules through capillary walls. Physiol. Rev. **33**, 387 (1953).

— E. M. RENKIN and L. M. BORRERO: Filtration, diffusion and molecular sieving through peripheral capillary membranes: A contribution to the pore theory of capillary permeability. Amer. J. Physiol. **167**, 1 (1951).

PATLAK, C. J.: Contribution to the theory of active transport. Bull. Math. Biophys. 18, 271 (1956).

PAUL, W. M., T. ENNS, S. R. M. REYNOLDS and F. P. CHINARD: Sites of water exchange between maternal system and amniotic fluid of rabbits. J. clin. Invest. 34, 634 (1956).

PETERSON, R. E. and J. B. WYNGAARDEN: The miscible pool and turnover rate of hydrocortisone in man. J. clin. Invest. 35, 552 (1956).

PINSON, E. A.: Water exchanges and barriers as studied by the use of hydrogen isotopes. Physiol. Rev. 32, 123 (1952).

POLYCOVE, M., and R. MORTIMER: Quantitative determination of individual hemoglobin formation and iron kinetics in human subjects. Clin. Res. Proc. 4, 51 (1956).

PRANKERD, J. A. J.: Metabolism of human erythrocyte: A review. Brit. J. Hematol. 1, 131 (1955).

PRENTICE, J. C., W. SIRI and E. E. JOINER: Quantitative studies of ascitic fluid circulation with tritium-labeled water. Amer. J. Med. 13, 668 (1952).

RABINOWITZ, J. L., J. S. LAFAIR, H. D. STRAUSS and H. C. ALLEN JR.: Carbon-isotope effects in enzyme systems. Biochim. biophys. Acta 27, 544 (1958).

RACHELE, J. R., E. J. KUCHINSKAS, J. E. KNOLL and M. C. EIDENOFF: Isotopic selection in neogenesis of labile methyl groups from monodeuterio-monotritio-C^{14}-labeled methanol. J. Amer. chem. Soc. 76, 4342 (1954).

RAISKINA, M. E.: A study of the metabolism of phosphorus compounds in the heart with the aid of radioactive phosphorus. Bull. exp. Biol. Med. 44, 1476 (1957).

RAKER, J. W., I. M. TAYLOR, J. M. WELLER and A. B. HASTINGS: Rate of potassium exchange in human erythrocytes. J. gen. Physiol. 33, 691 (1950).

REINER, J. M.: Study of metabolic turnover rates by means of isotopic tracers, I and II. Arch. Biochem. 46, 53 (1953).

RENKIN, E. M.: Effects of blood flow on diffusion kinetics in isolated, perfused hindlegs of cats. Amer. J. Physiol. 183, 125 (1955).

RESCIGNO, A.: A contribution to the theory of tracer methods I, Biochim. biophys. Acta 15, 340 (1954); II, Biochim. biophys. Acta 21, 111 (1956).

RIGAS, D. A.: Kinetics of isotope incorporation into the desoxyribonucleic acid (DNA) of tissues: Life span and generation time of cells. Bull. Math. Biophys. 20, 33 (1958).

RIGGS, D. S.: Quantitative aspects of iodine metabolism in man. Pharmacol. Rev. 4, 284 (1954).

ROBERTSON, J. S.: Theory and use of tracers in determining transfer rates in biological systems. Physiol. Rev. 37, 133 (1957).

— D. C. TOSTESON and J. L. GAMBLE JR.: Determination of exchange rates in three-compartment steady-state closed systems through the use of tracers. J. Lab. clin. Med. 49, 497 (1957).

ROSENBERG, T., and W. WILBRANDT: Kinetics of membrane transports involving chemical reactions. Exp. Cell Res. 9, 49 (1955).

ROSENTHAL, H. L.: Uptake and turnover of calcium-45 by the guppy. Science 124, 571 (1956).

ROUGHTON, F. J. W.: Diffusion and chemical reaction velocity in cylindrical and spherical systems of physiological interest. Proc. roy. Soc. London, S. B. 140, 203 (1952).

RUSSELL, J. A.: The use of isotopic tracers in estimating rates of metabolic reactions. Perspectives in Biol. and Med. 1, 138 (1958).

SANGREN, W. C., and C. W. SHEPPARD: A mathematical derivation of the exchange of a labeled substance between a liquid flowing in a vessel and an external compartment. Bull. Math. Biophys. 15, 387 (1953).

SCHACHTER, H.: Direct versus tracer measurement of transfer rates in a hydrodynamic system containing a compartment whose contents do not intermix rapidly, Canad J. Biochem. Physiol. 33, 940 (1955).

SCHEER, B. T.: Active transport: Definitions and criteria. Bull. Math. Biophys. 20, 231 (1958).

SCHLOERB, P. R., B. J. FRIES-HANSEN, I. S. EDELMAN, A. K. SOLOMON and F. D. MOORE: The measurement of total body water in the human subject by deuterium oxide dilution; with a consideration of the dynamics of deuterium distribution. J. clin. Invest. 29, 1296 (1950).

SCHMIDT, G. W.: Time course of capillary exchange. Bull. Math. Biophys. 15, 477 (1953).

SCHREIBER, S. J.: Potassium and sodium exchange in the working frog heart. Amer. J. Physiol. 185, 337 (1956).

SHEMIN, D., and D. RITTENBERG: The life span of the human red blood cell. J. biol. Chem. 166, 627 (1946).

SHEPPARD, C. W.: Theory of the study of transfer within a multicompartment system using isotopic tracers. J. appl. Physics 19, 70 (1948).

— and A. S. HOUSEHOLDER: Mathematical basis of interpretation of tracer experiments in closed steady-state systems. J. appl. Physics 22, 510 (1951).

— and W. R. MARTIN: Cation exchange between cells and plasma of mammalian blood. J. gen. Physiol. 33, 703 (1950).

Siri, W. E.: Isotopic tracers and nuclear radiations. New York: McGraw-Hill 1949.

Smith, A. H., M. Kleiber, A. L. Black and G. P. Lofgreen: Transfer of phosphate in the digestive tract. III. Dairy cattle. J. Nutr. 58, 95 (1956).

Solomon, A. K.: Permeability of human erythrocyte to sodium and potassium. J. gen. Physiol. 36, 57 (1952).

— Kinetics of biological processes. Special problems connected with the use of tracers. Advanc. biol. med. Phys. 3, 65 (1953).

— and G. L. Gold: Potassium transport in human erythrocytes: Evidence for a three-compartment system. J. gen. Physiol. 38, 371 (1955).

— T. J. Gill and G. L. Gold: The kinetics of cardiac glycoside inhibition of potassium transport in human erythrocytes. J. gen. Physiol. 40, 327 (1957).

Steele, R.: Retention of metabolic radioactive carbonate. Biochem. J. 60, 447 (1957).

Strajman, E., and N. Pace: In vivo studies with radioisotopes. Advanc. biol. Med. Phys. 11, 193 (1951).

Swick, R. B.: Measurement of protein turnover in rat liver. J. biol. Chem. 231, 751 (1958).

Thomas, R. O., T. A. Litovitz, M. I. Rubin and C. F. Geschickter: Dynamics of calcium metabolism: Time distribution of intravenously administered radiocalcium. Amer. J. Physiol. 169, 568 (1952).

Tobias, C. A.: Determination of the rate of biochemical reactions. Physic. Rev. 75, 1460 (1949).

Tosteson, D. C., E. Carlson and E. T. Dunham: Effects of sickling in ion transport. J. gen. Physiol. 39, 31 (1955).

— and J. S. Robertson: Potassium transport in duck red cells. J. cell. comp. Physiol. 47, 147 (1956).

Tubiana, M.: Les isotopes radioactifs en medicine et en biologie. Paris: Masson 1950.

Ussing, H. H.: Some aspects in the applications of tracers in permeability studies. Advanc. Enzymol. 13, 21 (1952).

— Transport through biological membranes. Ann. Rev. Physiol. 15, 1 (1953).

Villegas, R., J. C. Barton and A. K. Solomon: The entrance of water into beef and dog red cells. J. gen. Physiol. 42, 355 (1958).

Wakeman, A. M., A. J. Eisenmen and J. P. Peters: Study of human red blood cell permeability. J. biol. Chem. 73, 567 (1927).

Walker, W. G., and W. S. Wilde: Kinetics of radiopotassium in the circulation. Amer. J. Physiol. 170, 401 (1952).

Weinberger, D., and J. W. Porter: Metabolism of hydrogen isotopes by rapidly growing chlorella pyrenoidsa cells. Arch. Biochem. 50, 160 (1954).

Wilde, W. S.: Transport through biological membranes. Ann. Rev. Physiol. 17, 17 (1955).

Wrenshall, G. A.: Working basis for tracer measurement of transfer rates of a metabolic factor in biological systems containing compartments whose contents do not intermix rapidly. Canad. J. Biochem. Physiol. 33, 909 (1955).

Zilversmit, D. B.: Meaning of turnover in biochemistry. Nature (Lond.) 175, 863 (1955).

— and M. L. Shore: A hydrodynamic model of isotope distribution in living organisms. Nucleonics 10 (10), 32 (1952).

— C. Entenman and M. C. Fishler: Calculation of "turnover time" and "turnover rate" from experiments involving the use of labeling agents. J. gen. Physiol. 26, 325 (1943).

Isotopes as a tool in biochemical analysis

By

J. K. Whitehead

With 2 Figures

The solution of many biochemical problems is dependent upon the availability of accurate analytical methods for the quantitative estimation of individual inorganic or organic compounds present in the particular system under consideration. Many of these naturally occurring substances fall into distinct chemical groups whose members have similar molecular structure and show similar chemical behaviour. Few of the conventional methods of analytical chemistry are specific for any one compound and the success of these procedures is thus usually dependent upon the extent to which the mixture has been separated into individual substances before the actual quantitative estimations are made. For example, if the amounts of amino acids present in a protein hydrolysate are to be determined and if no preliminary separation of the amino acid mixture has been carried out, a set of about twenty quantitative reagents is required, each completely specific to one particular amino acid, characterising the side chain R of the structure $RCH(NH_2)$ COOH and totally unaffected by any other amino acids likely to be present in the mixture. If complete separation of the amino acid mixture has been carried out, a single general quantitative reagent for the —$CH(NH_2)COOH$ grouping is required. In recent years, techniques for the separation of complex chemical mixtures by .counter current extraction, partition and absorption chromatography, ion exchange resin chromatography and electrophoresis in columns and on filter paper sheets have been developed to a stage of high efficiency and this work has gone some way towards solving problems of non-specificity.

However, conventional methods demand not only the qualitative separation of the particular compound from the mixture but also the quantitative isolation of the substance. Many of the substances of physiological importance present in biological systems occur in extremely minute amounts with the result that despite modern separatory techniques the quantitative isolation is not only difficult but sometimes impossible.

Stable and radioactive isotopes are being used on an ever increasing scale in an attempt to overcome some of these difficulties inherent in conventional procedures. Isotopic techniques which are used in analytical problems fall into three groups: isotope dilution analysis in which labelled specimens of the compounds under assay are added to the mixture; isotope derivative analysis in which a labelled reagent is employed and activation analysis in which the mixture is subjected to bombardment with nuclear particles and the resulting radioactive elements are determined.

A. Isotope dilution analysis

The analysis of a chemical mixture by the isotope dilution technique is carried out in four stages: the synthesis of a specimen of the particular compound under assay incorporating a proportion of an uncommon isotope of one of its constituent elements; the addition of a known weight of this labelled carrier to the unknown mixture; the isolation of a pure specimen of the compound from the mixture and the measurement of the concentrations of the labelling isotope in the carrier material and the isolated sample. The unlabelled compound originally present in the mixture acts as an isotopic diluent for the added carrier and the validity of the method is based on the fact that the usual laboratory procedures used in the isolation of the diluted material do not differentiate between compounds of the same chemical structure but of different isotopic composition. The relationships between the unknown weight of compound under assay in the original mixture, the known weight of added carrier and the measured concentrations of the labelling isotope in the carrier and the isolated diluted material are given below. The results obtained by the isotope dilution method are independant of the *amount* of diluted material recovered provided this is sufficient to allow for accurate isotope measurement.

1. General equations for use in isotope dilution analysis

The concentration of an uncommon isotope (a) in a labelled chemical compound if present in high proportion, is usually expressed in terms of atom per cent[1]. When the labelling isotope is a stable isotope, it is convenient to express the concentration as the atom per cent excess above the natural abundance of this isotope, in the compound. In the case of radioactive carriers, the normal abundance of the labelling isotope is equal to zero and the value of the atom per cent excess is identical with the atom per cent. Also the concentrations of radioactive isotopes which are easily measurable are so low in terms of atom per cent that it is more convenient to express such values in terms of specific activity[2].

General equations for the relationship between the isotopic concentrations of added and recovered carriers have been worked out by Gest, Kamen and Reinter (1947). The isotopic concentrations in these equations are expressed as atom per cent or atom per cent excess and the relationships may be directly applied to the use of stable isotopes. For the employment of radioactive isotopes, the form of the equations should be modified in a similar manner to equation 8 below.

If a number of batches of compounds containing various proportions of label are mixed and if Aa_n is the atom percentage of isotope a in batch n, M_n is the real molecular weight[3], and W_n the mass of compound in the nth batch, the final atom percentage of a in the mixture of all batches is given by the expression:

$$Aa_{final} = \frac{(Aa_1 \cdot W_1/M_1) + (Aa_2 \cdot W_2/M_2) + \cdots\cdots\cdots + (Aa_n \cdot W_n/M_n)}{(W_1/M_1) + (W_2/M_2) + \cdots\cdot + (W_n/M_n)} \tag{1}$$

If the atom per cent excess, C, is defined $C = A - A_{standard}$, then

$$Ca_{final} = \frac{(Ca_1 \cdot W_1/M_1) + (Ca_2 \cdot W_2/M_2) + \cdots\cdot + (Ca_n \cdot W_n/M_n)]}{[(W_1/M_1) + (W_2/M_2) + \cdots\cdots\cdot + (W_n/M_n)]} \cdot \tag{2}$$

In the simple case as usually encountered, in which two batches are mixed and only two isotopes of the chosen element are abundant enough to be considered,

---

[1] The atom per cent of an isotope (a) is defined as $100\, N_a/N_T$ where N_a is the number of atoms of isotope a and N_T is the total number of atoms of the element in the compound.

[2] The specific activity of a radioactive isotope is defined as the activity per unit weight of the compound.

[3] The real molecular weight, M_n, is defined as $M_a \cdot x_a + M_n \cdot x_n$ where M_a is the labelled molecular weight, x_a is the fraction of labelled molecules, M_n is the normal molecular weight and x_n the fraction of normal molecules.

equation 1 and 2 reduce to:

$$A_{final} = \frac{(A_1 W_1}{(M_1} + \frac{A_2 W_2)}{M_2)} \div \frac{(W_1}{(M_1} + \frac{W_2)}{M_2)} \tag{3}$$

$$C_{final} = \frac{(C_1 W_1}{(M_1} + \frac{C_2 W_2)}{M_2)} \div \frac{(W_1}{(M_1} + \frac{W_2)}{M_2)} \tag{4}$$

When the method is applied to the determination of natural unlabelled chemical compounds $C_2 = 0$ and equation (4) becomes

$$W_2 = W_1 \cdot \frac{M_2}{M_1} \left(\frac{C_1}{C_{final}} - 1 \right). \tag{5}$$

In many of the determinations of naturally occurring compounds which exist as L-isomers, the isotopically labelled DL-mixture is added and the separation procedure carried out so that only the L-isomer is isolated. In this case, the value of W_2 must be adjusted by a factor of 2 as only half the isotope label of the added compound appears in the diluted isomer.

When the compound to be analysed occurs as a partially compensated mixture of the optical isomers, the isotope dilution method may be used to determine the amounts of each enantiomorph. In this estimation, a known amount of the labelled racemate of the compound is added to the unknown mixture. A specimen of the compound is isolated and purified to constant isotopic composition. The material is then fractionated into two fractions having different rotations. If one fraction consists of the pure L-isomer (C_L, atom per cent excess) and the other fraction of the optically compensated DL-mixture (C_{DL}, atom per cent excess) then the amount of the D-isomer (W_D) originally present in the mixture is given by the expression:

$$W_D = \left(\frac{C_0}{2\,C_{DL} - C_L} \right) \frac{W_1}{2} \frac{M_2}{M_1} \tag{6}$$

When the fractionation of the isolated diluted material only produces the pure L-isomer, the percentage of the D and L-isomers in the remaining fraction can be obtained from the optical rotation value and the amount of the D-enantiomorph in the original sample is given by the expression:

$$W_D = \left(\frac{C_0\,(1 - P)}{C_R - P C_L} - 1 \right) \frac{W_1}{2} \frac{M_2}{M_1} \tag{7}$$

Where P is the fraction of the L-isomer in the incompletely racemised fraction and C_R the isotope per cent in this fraction.

The term M_2/M_1, in the equations which corrects for the change in molecular weight of the heavily labelled material is of practical importance only when the atomic weight of the isotopes are greatly different and the atom per cent excess is high in the added material. The factor becomes appreciable when using low molecular weight compounds highly enriched with deuterium as the labelling isotope. KAMEN (1948) using data obtained by RITTENBERG and FOSTER (1940) in their application of the method to the estimation of palmitic acid in rat fat using deuterated material (21.5% excess deuterium), showed that the results would be in error by 2% if the term M_2/M_1 was omitted from equation (5) in the calculation. When N^{15} ot C^{13} are used, this factor becomes less important and except in small molecules, the results are not affected by an appreciable error if the M_2/M_1 ratio is ignored.

When radioactive isotopes are used in the isotope dilution method, the values of C_1 and C_{final} are so low for specific activities which are easily measurable that there is no necessity to include the factor M_2/M_1 in equation (5). Also as the compound under assay is inert, the normal abundance of the labelling isotope is equal to zero, the atom per cent excess C, is identical with the atom per cent A and may be identified with the specific activity S. Equation (5) thus reduces to:

$$W_2 = W_1\left(\frac{S_1}{S_{final}} - 1\right) \tag{8}$$

In tracer studies of intermediate metabolism, it is necessary to isolate a metabolite in pure form in order to establish its origin from a labelled percursor on the basis of its isotope content. When the amounts of such a metabolite are too small to permit direct and complete isolation, unlabelled carrier may be added to facilitate recovery provided the metabolite originally contained a sufficiently high isotope concentration to yield a diluted sample capable of final isotopic assay. Block and Anker (1948) have shown that an extension of the isotopic method can give values for the amount of the metabolite present in the system and also its isotopic concentration.

If the metabolite solution (containing x g of metabolite and an isotopic concentration of C_x per cent excess) is divided into two portions (y and z), different amounts of normal carrier (y g and z g respectively) are added and metabolite recovered from each portion (isotope concentrations of C_y and C_z respectively) then

$$C_x = \frac{(ay - z)\, C_y C_z}{ayC_y - z \cdot C_z} \tag{9}$$

and

$$x = \frac{(1 + {}^1/_a)\, (ayC_y - zC_z)}{C_z - C_y} \tag{10}$$

where a is the ratio of the fractions of the metabolite (x) in each of the portions of the sample taken for the analysis. If equal portions of sample are taken ($a = 1$) and experimental conditions are chosen so that $y = 2z$, equations (9) and (10) become:

$$C_x = \frac{C_y C_z}{2\,C_y - C_z} \tag{11}$$

$$x = \frac{2\,z(2\,C_y - C_z)}{C_y - C_z} \tag{12}$$

2. Accuracy of the isotope dilution method

The errors involved in the general application of the isotope dilution technique may be classified into three groups: errors arising from impurities present in the added labelled material; errors arising from impurities present in the isolated specimen of the compound under assay and errors occurring in the isotopic measurements.

Using the highly efficient purification techniques available, little error should arise from impurities in the labelled added material. The presence of impurities in the isolated material which contains none of the element whose isotope has been used for labelling purposes introduces no error in the final result obtained from the isotope dilution technique when using stable isotopes. For example, in the use of N^{15} for the determination of amino acids, non-nitrogenous compounds remaining in the separated sample of the particular amino acid do not affect the accurracy of the result. However, the presence of 1% of another unlabelled amino acid introduces an error of about 1% in the value of C_{final} (equation 5) which would cause an error in W_2 of 1.25% if the C_1/C_{final} ratio $= 5$. The larger the value of C_1/C_{final}, the smaller the error in W_2 becomes for a given error in C_{final} approaching the same value (1% in the cited example) as a limit.

In many of the determinations of naturally occurring compounds which exist as L-isomer, the isotopically labelled DL-mixture has been added and the diluted L-isomer isolated. If the isolated L-isomer is contaminated with 1% of the D-isomer, the value of W_2 will be about 9% too low at a C_1/C_{final} ratio of 10, thus, for success care must be taken to apply methods of separation which isolate the L-isomer free from DL-mixture.

The errors due to the isotopic measurements depend upon the precision with which the concentrations in the isolated samples are compared with those of the standard. Stable isotopes are measured usually in some form of mass spectrometer and with the instruments commercially available, the isotope abundance of samples containing more than 0.5 atom per cent excess of N^{15} can be determined to an accuracy of about $\pm 1\%$. Below this limit of isotope abundance, the estimations become liable to much greater inaccuracies, thus for success in the application of the method using this isotope conditions should be chosen to ensure a value of C_{final} of at least 0.5 atom per cent excess. Thus the degree of dilution allowed with the use of stable isotopes (similar errors are likely to arise in the measurement of C^{13}, O^{18} and H^2) in order to conform with these conditions have severely limited the application of the method which has been restricted to the macro scale. A further limitation of the method is the necessity of a sample size of 5—25 mg for accurate stable isotope measurement. SHEMIN and FOSTER (1946) have shown the overall error in the application of the technique using N^{15} for the determination of amino acids can be kept to within ± 1—2%.

The accuracy of the isotope dilution method in the form suggested by BLOCH and ANKER mentioned above depends even more on the precision of the isotopic determinations as both C_x and x (equations 11 and 12) are a function of not only a ratio of such measurements but also of the difference value of two such estimations ($2 C_y$—C_z). If, for example, y and z are 10 and 20 times x, and if the error in the determinations of C_y and C_z is 1%, the probable error for C_x will be 20%. However, an error of this order may be acceptable if the range of biological variation in the system under investigation is of similar magnitude.

The errors inherent in the measurement of radioactive isotopes are treated in detail in an earlier chapter of this book thus it is only necessary in this review to state in general terms how these errors affect the results obtained by the isotope dilution method.

One of the main sources of error in the isotope dilution technique using radioactive isotopes is caused by the random nature of radioactive disintegration. The accuracy of a particular measurement depends upon total number of counts recorded. In practice, the assay of a radioactive source is the determination of the difference between two quantities, the amount of radiation emitted by the sample and the "background" radiation due to other radioactive material in the immediate vicinity and to cosmic rays. It has been shown that provided the radioactive source strength is at least ten times greater than the background then the contribution to the total error in the estimation of the sample activity due to the standard error of the background determination is relatively small and may be ignored.

This statistical error in the radioactive measurement sets a limit to the degree of dilution allowable in the application of the isotope dilution method employing radioactive isotopes. The sensitivity of the method depends upon the specific activity attainable in the added carrier compound. If the experimental conditions are chosen so that the diluted isolated material gives a total count of 10,000 within a practical counting time, this measurement can be made to $\pm 1\%$. The final results obtained in the dilution method are dependent on the ratio of two activity measurements namely the specific activity of the carrier compound and the specific activity of the isolated diluted sample. If each determination is carried out to within $\pm 1\%$, the isotope dilution technique should yield results to an accuracy of ± 1—2%.

In applying the dilution method to analytical problems, the greatest sensitivity is obtained when W_2 is small as compared with W_1 and thus the specific activity of the added compound should be as high as possible. The radioactive label should be firmly attached to the molecule under the conditions of the experiment and the compound should be put through a series of purification procedures to constant specific activity to ensure purity.

Specific applications
Determination of amino acids using stable isotopes

The isotope dilution method employing stable isotopes was largely developed by Rittenberg and Foster and their coworkers (1940) for the estimation of amino acids residues and proteins. Analyses of bovine and human serum albumin (Shemin, 1945), of haemoglobin and of β-lactoglobulin (Foster, 1945) have been carried out by the technique using N^{15} labelled amino acids giving excellent results. Graff, Rittenberg and Foster (1940) using N^{15} labelled glutamic acid showed that the L-isomer amounted to 6.7—8.7% of the total nitrogen in malignant tissues and that the D-isomer of glutamic acid was less than 1% of this value, thus disproving earlier claims of Kögl and Erxleben (1939) that cancer cells contained large amounts of the D-series of amino acids in general and of glutamic acid in particular.

Determination of body spaces and body composition

One of the most important applications of the isotopic dilution method in clinical biochemistry has been the determination of the content and distribution of substances of physiological importance in the human body. The body is made up of innumerable compartments whose boundaries allow the free distribution of water but show selective permeability toward the metabolic solutes. Thus, the fluids found at different sites in the body contain different concentrations of the substances vital to cell function.

In the case of one compartment systems, the isotope dilution method is ideally suited for the determination of body fluid volumes. For example, red cell volumes have been determined by the estimation of the extent of dilution of labelled red cells. Red cells labelled with Cr^{51} (Sterling and Gray, 1950) or P^{32} (Hevesy et al. 1944), if introduced into the circulation become completely mixed with the normal unlabelled red cells throughout the blood volume. A determination of the activity of a sample of blood taken after sufficient time to allow for equilibriation gives an estimation of the red cell volume. A similar method has been employed for the determination of plasma volumes using I^{131} labelled albumin (Fine and Seligman, 1943) or Cr^{51}-labelled chromic chloride (Gray and Sterling, 1950).

An interesting isotope dilution method depending upon the high solubility of Kr^{85} in fat has been reported for the determination of total body fat (Davidson et al., 1956). The patient breathes the gas, which is contained in a closed circuit system until equilibrium is reached. From the values of partition of krypton between plasma and fat, the activity of the plasma and the total activity in the system, the total body fat can be calculated.

Total body water volume has been determined by the isotope dilution method using deuterated water, tritiated water or I^{131}-labelled 4-iodo antipyrene as the labelled carrier. The method using labelled water may give values up to 2% high due to exchange of the label with other body constituents.

Some body constituents are not evenly distributed throughout the tissues, that is they are not contained in a single compartment. For example, the principal body electrolyte ions are distributed between the intracellular and extracellular fluids in different proportions (MANERY and HASTINGS 1939). Sodium and chloride ions remain largely in the extracellular fluid and potassium and phosphate are mainly confined to the intracellular fluid. Although the concentrations of electrolyte ions differ in value for the different body compartments and in the normal subject are maintained at a fairly constant level by the endocrine glands, transfer of ions across the cell membranes is a dynamic phenomenon. Thus, an administered dose of radioactive electrolyte ion given sufficient time will become equally mixed with all the unlabelled electrolyte ions present in the body and samples taken from different pools of electrolyte will have different concentrations but will show the same specific activity. The isotope dilution technique therefore can be applied in the determination of these substances. In practice, complete equilibriation of the administered carrier with the whole body content of the electrolyte ion under consideration is rarely reached and the method gives a value of the amount of the substance readily available or "exchangeable" at the time of sampling.

The value of the "electrolyte space" obtained by the isotope dilution techique may be expressed as:

(a) "24 hr electrolyte space" which is the apparent volume of distribution of the labelled carrier in the body fluid sample (e. g. blood plasma) taken 24 hr after administration assuming this fluid to be only compartment of the body to contain this constituent.

(b) "24 hr exchangeable electrolyte" which is the total weight of exchangeable ion contained in a body compartment (plasma, urine, tissue) a sample of which is taken 24 hr after administration of the carrier dose. The result is calculated as weight of exchangeable ion per unit body weight (mg/kg).

Alterations in the distribution of the physiologically important compounds in the body due to the onset of disease can in turn produce malfunction and damage of tissues or organs. This is particularly true of disturbances of electrolyte distribution and in these cases quantitative determination of the body electrolyte concentrations is invaluable in diagnosis and in the taking of decisions as to the therapeutic measures required. The body spaces which are most commonly determined are the sodium space using Na^{24}, the potassium space using K^{42}, and the chloride space using Br^{82}.

In many clinical studies, it is of advantage to obtain several of these values by the isotope dilution technique simultaneously. A multiple tracer technique is used in which the known amounts of the radioactive carriers are administered to the patient at the same time. The elements in the body fluid samples taken for assay can be separated by chemical means or by physical methods distinguishing between the radiations emitted by the isotopes (TAIT and WILLIAMS 1952; ROBINSON et al., 1055). The human body itself provides a convenient mechanism for the partial separation of sodium and potassium (BLUM 1956). EKINS (1959) has utilised this mechanism in a simple and accurate isotope dilution method for the total exchangeable sodium and potassium in man. The method relies on the preponderance of sodium over potassium in plasma and the more equal concentrations of the two elements in urine. At equilibrium, the specific activities of the sodium and potassium are equal in both fluids respectively and thus if Na^{24} and K^{42} are injected simultaneously in suitable, adjusted proportions ($K^{42} : Na^{24}$, 3:1), the *activity* appearing in the urine will be due largely to K^{42} and that in the plasma predominantly to Na^{24}. Further discrimination in the measurement of the isotopes is made by employing a dip Geiger counter which is more sensitive to the energetic β-radiation of K^{42} for urine samples and a scintillation counter which is more sensitive to the radiation of Na^{24} for the plasma samples. The specific activities of the two elements in the two body fluids can be calculated from the solution of simultaneous equations relating the contributions of the two isotopes to the counts obtained in each of the counters used and thus the exchangeable body sodium and potassium obtained.

B. Isotope derivative analysis

An extension of the isotope dilution technique has been made by KESTON, UDENFRIEND and CANNAN (1946) in which a labelled reagent is used to react with the compound under assay to form a labelled derivative. This method of analysis may be termed isotope derivative analysis.

KESTON and hisco-workers used I^{131}-labelled p-iodo-sulphuryl chloride (pipsyl chloride) of known specific activity to react quantitatively with an unknown mixture of amino acids. A large excess (W) of the unlabelled pipsyl derivative under assay was added to the active pipsylated mixture and a specimen of the derivative was isolated and purified to constant specific activity (C_c), If the specific activity of the pure derivative prepared from the same sample of reagent is C_r then the amount (w) of the free compound in the original mixture can be calculated from the equation:

$$w = \frac{C_c(w + W)}{C_r} \tag{13}$$

When $W \gg w$ then the expression becomes

$$w = \frac{W C_c}{C_r}. \tag{14}$$

In this simple form, the method requires the isolation of weighable quantities of pure derivative or recovery of a sufficient amount to be capable of estimation by conventional methods of analysis. The pipsyl derivatives were measured on a spectrophotometer. If the separation procedure is by paper chromatography then neither of these requirements can be easily fulfilled and the method in this case requires complete recovery of the pure labelled derivative.

KESTON and his co-workers overcame this disadvantage by the addition of a known quantity of the C^{14} labelled amino acid *before* preparing the pipsyl^{131} derivative (KESTON and LOSPALLUTO 1951) or the addition of a known quantity of the S^{35} labelled pipsyl derivative after the preparation of the I^{131} pipsyl derivative from the sample to be analysed (KESTON, UDENFRIEND and LEVY 1947; 1950). In both the double tracer techniques, a value for the amount of the amino acid initially present could be calculated from a measurement of the C^{14}/I^{131} or S^{35}/I^{131} ratio for the purified derivative and is given by the expression:

$$w = \frac{C_D \cdot C_A \cdot E}{C_C \cdot C_B} - m \tag{15}$$

Where C_A is the C^{14} or S^{35} activity of the added material, m is the weight of C^{14}-labelled amino acid added, C_B is the equivalent specific activity of the I^{131} pipsyl chloride, C_C is the C^{14} or S^{35} activity of the isolated material, C_D is the I^{131} activity of the isolated material and E is the equivalent weight of the amino acid under test.

The weight of the added C^{14} amino acid (if significant) must be deducted from the amount of amino acid in the mixture as this material will be pipsylated with labelled reagent and give an equivalent count for I^{131} in the isolated material. As in the simple isotope dilution method, the estimate for w is independent of losses from the point in the procedure at wh.ch the known amount of labelled amino acid or derivative is added.

One of the advantages of the double isotope method is that the purity of the derivative can be tested in every estimation by a survey of the isotope ratios obtained in the final procedure. As this procedure will generally consist of a chromatographic or ion exchange column, a paper chromatogram or a paper electrophoretogram, this will normally involve a measurement of this ratio in various fractions. Fig. 1 shows the count rate obtained from H^3 and C^{14} for the respective fractions from a partition chromatographic column used in the final separation in the estimation of aldosterone in human peripheral blood by double isotope dilution analysis (AVIVI et al. 1954). In this determination, a known amount of C^{14} labelled aldosterone diacetate was added to the sample after acetylation with H^3 labelled acetic anhydride. It can be seen that the peak of the counts due to H^3 do not occur in the same fraction as that due to C^{14} and that, therefore, there must be some tritiated impurity present which is obscuring the H^3 activity due to aldosterone diacetate.

The same procedure can be used if the final separation is carried out by paper chromatography. If the paper spot of the derivative is cut into strips, each should give the same ratio of the two labelling isotopes if the compound is pure. The method has been used qualitatively for the identification of γ-amino butyric acid in extracts from mouse brain. The amino acid isolated from the brain tissue was converted to the I^{131}-pipsyl deri-

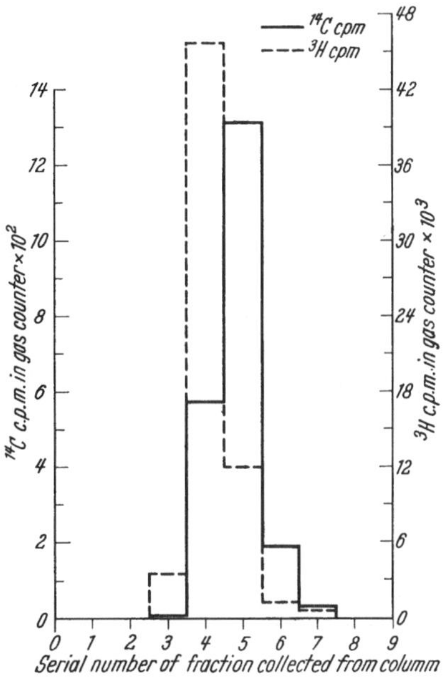

Fig. 1. Assay of acetyl derivative of aldosterone in human peripheral blood. The diagram shows the value of the double isotope dilution method in checking for impurities in the material isolated for the final isotopic measurement. (AVIVI et al. 1954)

vative, mixed with synthetic S^{35}-pipsyl-γ-aminobutyric acid and the mixture applied to a paper chromatogram. Samples of the I^{131}-pipsyl derivative of the unknown material and the S^{35}-pipsyl-γ-aminobutyric acid were applied separately to the same chromatogram. After development the three spots ran with the same R_F. The spot containing the mixture was cut into four sections each of which gave the same I^{131}/S^{35} ratio (0.433, 0.449, 0.439, 0.433), thus proving the identity of the I^{131} pipsyl derivative of the unknown acid with the added S^{35} labelled synthetic derivative (UDENFRIEND 1950). Similarly amino acids whose pipsyl derivatives show only small differences in chromatographic running properties can be detected in mixtures. For example, pipsyl isoleucine and pipsyl leucine run on paper chromatograms in n-butanol-0.1 N NH_3 have R_F values of 0.75 and 0.77 respectively and no separation would be apparant from visual inspection of the chromatogram of the mixture of the two derivatives. If it is required to determine whether leucine or isoleucine or both compounds are present in an amino acid mixture, the unknown is converted to the I^{131}-pipsyl derivative and run on two paper chromatograms, one mixed with S^{35}-pipsyl leucine and the other mixed with S^{35}-pipsyl isoleucine. The band containing the derivative of the isomer present in the original mixture will give a uniform I^{131}/I^{35} ratio distribution. If both isomers are present in the mixture both bands will give a non-uniform isotope ratio distribution (UDENFRIEND).

The pipsyl method has been used for the determination of amino acid end groups of proteins. Free amino groups in the protein molecule readily react with pipsyl chloride and the sulphonamide bond unlike the peptide linkage is relatively stable to acid hydrolysis. VELICK and UDENFRIEND (1951) applied the method to amino acid end group analysis of bovine insulin, salmine and phosphorylase. 200 μg of protein were treated with I^{131} pipsyl chloride and to the protein derivative so formed, a mixture of known amounts of S^{35} pipsyl amino acids were added. After boiling with 6 N·HCl for four hours, the I^{131} pipsyl derivatives of the amino acids forming the protein end groups were liberated, separated by paper chromatography and the amounts determined by measurement of the I^{131}/S^{35} ratios of the separated chromatogram bands.

The double isotope dilution methods as introduced by KESTON and his collaborators have a high sensitivity as instanced by VELICK and UDENFRIEND (1951) in their analysis of eleven amino acids in hydrolysates from single mg samples of protein. The sensitivity is limited only by the specific activity of the added C^{14} labelled amino acid and/or the labelled reagents available. The specific activity of I^{131} labelled pipsyl reagent which can be used is limited due to the fact that I^{131} is not only a vigorous beta emitter $[E_{max}= 0.60\ (87.2\%)$ MeV$]$ but also a γ-radiation emitter (0.72 MeV). The handling of I^{131} labelled pipsyl chloride of 20—30 mc/ mM, the minimum range of specific activity required if used in the estimation of sub-microgram quantities of organic compounds by the isotope dilution method, would involve the use of adequate shielding and remote handling equipment if the considerable health hazard is to be avoided. Also, the use of S^{35} and I^{131}, isotopes of comparatively short half lives (S^{35} 87.1 days and I^{131} 8 days) as labelling isotopes for active reagents has the disadvantage of decay problems in counting and the need for frequent preparation of fresh reagent.

The use of C^{14} and H^3 labelled acetic anhydride, ketene or similar simple acylating agents as alternative reagents to pipsyl chloride would appear to overcome some of these disadvantages. Both isotopes have long half lives thus the inconvenience of repeated preparation of fresh reagent becomes unnecessary and no correction to activity measurements due to decay during the period of manipulation is required. The use of tritiated reagents has the advantage of comparative cheapness and the practicability of preparations being made of very high specific activity with no radiation hazard provided experiments are carried out in closed systems.

AVIVI et al. (1954) described the use of H^3

Table 1. *Analysis of amino acid residues in insulin by isotope derivative technique*

Amino acid	Amount found (μg)	Amount found (g/100 g of protein)	Amount found[1] (g/100 g of protein)	Calc. amount present[2] (g/100 g of protein)
Leucine . . .	0.322	16.1	16.0	16.0
Valine	0.240	12.0	7.8	10.2
Alanine . . .	0.098	4.9	4.5	4.7
Tyrosine . . .	0.266	13.3	13.0	12.6
Glycine . . .	0.106	5.3	4.3	5.2
Serine	0.114	5.7	5.2	5.5
Asparagine . .	0.126	6.3	6.8	6.9
Glutamic acid .	0.212	10.6	18.6	10.3
Phenylalanine .	0.180	9.0	8.1	8.7
Proline	0.046	2.3	2.5	2.0
Lysine	0.054	2.7	2,5	2.6
Threonine . .	0.042	2.1	2.1	2.1

[1] Experimental values obtained by alternative methods demanding 5—10 mg of original protein (TRISTRAM, 1949).

[2] Composition was calculated from formula (RYLE, SANGER, SMITH and KITAI, 1955).

and C¹⁴ labelled acetic anhydride in the determination of the number of hydroxyl groups in aldosterone and in the estimation of hydrocortisone in human peripheral blood. WHITEHEAD (1958) using H³ labelled acetic anhydride (specific activity 9 mC/mM) gave the analysis of pure chymo-trypsinogen for fourteen amino acid residues on 2 μg of original protein sample. In testing the double isotope dilution technique with this reagent on two microgram quantities of pure bovine insulin, it was shown that the amino acid residues could be determined in most cases to ± 5% (see Table 1). Tritiated acetic anhydride of specific activity of 70 mC per mM has recently been used by BEALE and WHITEHEAD (1959) in the estimation of thyroxine in human blood serum. These authors found that normal subjects showed serum thyroxine levels of 3—6.5 μg/100 ml. Using the method on 5 ml samples, quantities of 0.15—0.30 μg of thyroxine could be estimated to an accuracy of ± 3%.

C. Activation analysis

Another isotope technique which has become a useful tool in biochemical analysis is that of activation analysis. This technique used for the estimation of trace elements involves the measurement of the radioactivity induced when the sample for analysis is exposed to bombardment by nuclear particles. The development of the method has been made possible by the ready accessibility of atomic reactors with high neutron fluxes in England, America and France. Nuclear particles other than neutrons such as protons, deuterons and helium nuclei produced in various types of particle accelerators have been used for irradiation to a lesser extent.

The method, when applicable, has great sensitivity and has enabled a number of biological problems to be studied which hitherto were insoluble. For example, the determination of the sodium and potassium content of cells and the study of the part played by these ions in nerve conduction were hampered by the inconvenience and insensitivity of the conventional methods of determination of alkali metals. The inward ionic fluxes of the alkali metals into isolated nerve axons can be measured directly by the use of K⁴² and Na²⁴ as radioactive tracers but the outward fluxes can only be found by observing the time course of loss of radioactive ions into an inactive solution and their absolute values can only be calculated if the true ionic content of the axoplasm is known (KEYNES 1949). KEYNES and LEWIS (1950) overcame this limitation by applying the technique of neutron activation analysis to single isolated nerve axons weighing about 300 μg and determining the activity of the K⁴² and Na²⁴ produced.

Although the use of radioactive isotopes as tracers in metabolic and distribution studies has been immensely valuable during the last decade, there are a number of biological problems where the employment of active materials is undesirable. TOBIAS and DUNN (1949) have pointed out that in the study of the distribution and metabolism of an element which is concentrated in a particular organ using the radioactive isotope technique, the necessary "tracer" dose may have to be of such a value as to risk radiation damage to the organ if measurable activity is to be found in other parts of the body. If radiation damage occurs in the concentrating organ, then the whole metabolism of the element in the body may be abnormal and the results obtained useless. Similarly if larger amounts of low specific activity are used and the so called "tracer" dose becomes similar in amount to the quantity already present in the body then abnormal metabolism may occur and also vitiate the results. In these cases, activation analysis can often provide a more suitable method for solution of the problem under consideration.

1. Nuclear reactions used in activation analysis

When a stable isotope of mass $M-1$ and atomic number Z is subjected to bombardment by a flux of slow neutrons, the major nuclear reaction which takes place is:

$$^{M-1}_{Z}X \; (n,\gamma) \; ^{M}_{Z}X \tag{16}$$

However, when considering the feasibility of using activation analysis for the determination of a given element, it must be remembered that a number of other nuclear reactions may occur with isotopes neighbouring $^{M-1}_{Z}X$ in the Periodic Table which may be also present in the sample taken for irradiation and which produce the same product ($^{M}_{Z}X$). Loveridge and Smales (1957) have summarised these conflicting nuclear reactions as:

$$^{M}_{Z+1}X \; (n,\,p) \; ^{M}_{Z}X \tag{17}$$

$$^{M+3}_{Z+2}X \; (n,\,\alpha) \; ^{M}_{Z}X \tag{18}$$

$$^{M+1}_{Z}X \; (n,\,2n) \; ^{M}_{Z}X \tag{19}$$

$$^{M-1}_{Z-2}X \; (n,\,\gamma) \; ^{M}_{Z-1}X \xrightarrow{\beta} \; ^{M}_{Z}X \tag{20}$$

$$^{M-2}_{Z-1}X \; (n,\,\gamma) \; ^{M-1}_{Z-1}X \xrightarrow{\beta} \; ^{M-1}_{Z}X \; (n,\gamma) \; ^{M}_{Z}X \tag{21}$$

The active isotopic product, $^{M}_{Z}X$, and/or active isotopes also with atomic number Z but different mass number showing the same chemical behaviour may be

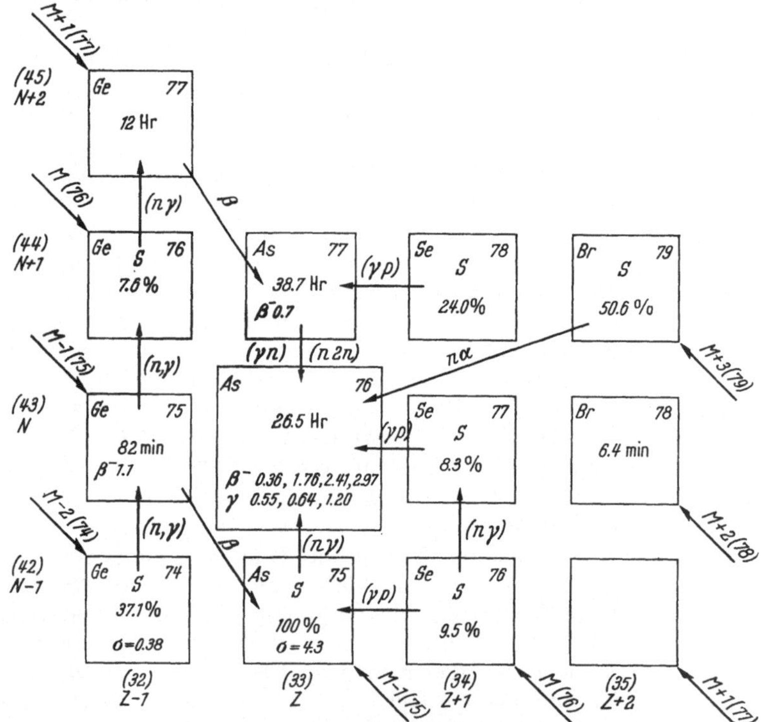

Fig. 2. Diagram showing the nuclear reactions producing the element $^{M}_{Z}X$ in the general case and $^{76}_{33}$As in the special case from neighbouring elements in the periodic table

produced from elements other than that under assay by the reaction with the relatively high photon flux which occurs in parts of the reactor. These photon reactions are:

$$^{M+2}_{Z+1}X \; (\gamma,\,p) \; ^{M+1}_{Z}X \tag{22}$$

$$^{M+1}_{Z+1}X \; (\gamma,\,p) \; ^{M}_{Z}X \tag{23}$$

$$^{M}_{Z+1}X \; (\gamma,\,p) \; ^{M-1}_{Z}X \; (n,\,\gamma) \; ^{M}_{Z}X \tag{24}$$

These conflicting reactions are shown in Fig. 2 which gives the processes which produce the isotopes $^M_Z X$ and $^{M+1}_Z X$ in the general case and $^{76}_{33}$As and $^{77}_{33}$As in a special case by irradiation in the atomic pile.

In practice, the neutron absorption cross section of most stable isotopes for the (n, 2n) reaction is very small and the extent of the (n, p) and (n, α) reactions may be reduced to a minimum by placing the sample for irradiation in the thermal column of the reactor where the proportion of fast neutrons is lower.

In any particular case, the activity of active isotopes of atomic number Z produced by irradiation of stable elements with atomic numbers $Z - 1$, $Z + 1$ and $Z + 2$ and isolated after the addition of the appropriate inert carrier should be determined by experiment before applying the method for the assay of element of atomic number Z. If care is taken to ensure that the materials irradiated do not contain impurities of stable isotopes of atomic number Z, an estimation can be made of the spurious activity due to interfering reactions.

The photon reactions (22 and 23) which are given above as side reactions occurring in the pile have been utilised for the analysis of biological materials using a pure gamma ray source. Further mention of these applications is made in this chapter.

Limited biological applications has been made also of deuterium particle bombardment. The deuterium reactions which have been observed are:

$$^{M-1}_Z X\,(\mathrm{d,\ p})\ ^M_Z X \tag{25}$$

$$^{M-1}_Z X\,(\mathrm{d,\ n})\ _{Z+1}^{M} X \tag{26}$$

$$^{M-2}_Z X\,(\mathrm{d,\ \gamma})\ _{Z-2}^{M} X \tag{27}$$

$$^{M}_Z X\,(\mathrm{d,\ 2n})\ _{Z+2}^{M} X \tag{28}$$

2. General methods in activation analysis

Although in this section particular attention is given to activation analysis by neutron bombardment, the same principles apply to irradiation using any other nuclear particle.

The activity of a radioactive isotope produced by irradiation is given by the equation:

$$A_t\ (\text{disintegrations/unit time}) = \frac{W \cdot \varphi \cdot \sigma \cdot f \cdot 6{,}02 \times 10^{23} \cdot 10^{-24}\ (1 - e^{-0{,}693t/T_{1/2}})}{M} \tag{29}$$

where W is the weight of the element taken for irradiation, φ is its natural abundance, M is its atomic weight, f is the neutron flux, σ is the activation cross section for the particular isotope expressed in barns (1 barn $= 10^{-24}\ \mathrm{cm^2}$), t is the period of irradiation and $T_{1/2}$ is the half life of the radio isotope produced. The function $(1 - e^{-0{,}693t/T_{1/2}})$ is termed the growth factor or saturation factor and its value increases from zero to unity as the time of irradiation is increased. Half saturation is reached when the time of irradiation is equal to the half life of the resulting isotope and in practice it is of little advantage to prolong the activation beyond this time. Further irradiation beyond the half saturation value often only serves to increase the proportion of active impurities with a relatively small increase of activity of the isotope under consideration.

Activation analysis for a given element shows the highest sensitivity when the stable isotope has a high natural abundance, a high slow neutron cross section and the radioactive isotope produced has a short half life. The half life, however, must be long enough to permit the separation procedures to be carried out before the active material has decayed too far for accurate measurement.

The naturally occuring elements of carbon, hydrogen, nitrogen and oxygen which make up the vast majority of chemical compounds in biological material have very low slow neutron absorption cross sections. This fact enables the irradiation of comparatively large quantities of tissue without the production of impractical and dangerous levels of activity being produced in the sample. If this were not so, it would not be possible to produce enough activity from the trace elements present consistent with accurate measurement and safe handling. Also, the low cross section of the major biological elements minimises self shielding of the sample and the possibility of non-uniformity of the neutron flux within the tissue during irradiation.

Equation 29 should only be used as a rough working guide for the calculation of the approximate activity induced in the sample under the general conditions of the irradiation. In practice, the sample and a known weight of standard should always be irradiated together and so obviate the necessity of an accurate measurement of the neutron flux, of the neutron cross section and of the time of irradiation. Self shielding may occur in the standard if the pure metal or its oxide is used producing fluctuations of neutron flux within the body of the material. Given a large dilution with material of low cross section, the chemical combination of the element undergoing bombardment has little effect upon the extent of activation, thus the standard should take the form of dilute aqueous solutions. The samples and standard solutions are sealed in quartz or polythene containers. Glass containers cannot be used due to the high alkali metal content and the consequent high activity produced under irradiation. Aluminium containers can be used where appropriate as this element has a low cross section.

After irradiation, the active isotopes must be brough into solution and with biological samples, this is usually done by some form of wet oxidation process. Alternatively, the tissue is ashed and the ash subjected to irradiation. In this form of isotope analysis, great care must be taken to exclude from the sample before irradiation any contamination of the element under assay from extraneous sources such as dust in the laboratory. As the trace element is usually present in the sample in fractional microgram quantities which would make isolation in a pure form almost impossible, a known amount (usually 50 mg) of inert carrier of the activation product is added. This inert carrier must be in the same chemical form as the active isotope after it has been brought into solution. As in other isotope methods of analysis, a pure specimen of the appropriate active compound is isolated by conventional chemical separation techniques. The recovery of the material taken for the final counting is determined by weighing the isolated specimen on the counting planchette or by any convenient chemical analytical procedure. In this way, the final radioactive measurement can be corrected for losses in the separation manipulations. Known quantities of inert carrier should be added to the irradiated standards and it is advisable although not always absolutely necessary to carry out the same separation technique as used for the biological sample.

The final result obtained by activation analysis as in other isotopical analytical methods is dependant on the degree of radioactive purity of the isolated material and on the precision of measurement of the activities of the standard and the final sample. The purity of the sample can be checked by a determination of the half life of the isotope and/or by comparing the radiation absorption curves of the material with that of the pure standard. The errors inherent in radioactive assay have been mentioned earlier as has also the total error occurring as a result of calculating a ratio of two measurements.

Loveridge and Smales (1957) state that the results obtained by activation analysis should be accurate to within $\pm 5\%$ and that replicate analyses obtained by a proved method under good average conditions should be within 2—3% of the mean value. Assuming a flux of 10^{12} neutrons/cm²/sec and irradiation time of one month or until saturation if this occurs earlier, these authors have given an order of sensitivity obtainable by activation analysis for sixty-seven elements. For the commoner trace elements such as chlorine, zinc, tin, barium, potassium, sodium, copper, manganese and arsenic, the sensitivity is 10^{-9}—10^{-11} g. MEINKE (1955) compares the sensitivities for a number of trace elements estimated by activation analyses given by LEDDICOTE and REYNOLDS (1953) with the sensitivity of other methods.

3. Specific applications

The specific applications of activation analysis to biological problems cited below are not claimed to be a complete review but an indication of the usefulness of this method as a tool. A comprehensive bibliography of activation analysis in all branches of chemical analysis has been published by GIBBONS, LOVERIDGE and MILLETT (1957).

Arsenic

The estimation of arsenic is of great importance in toxicology and forensic medicine and the application of activation analysis to arsenical assay has been widely studied. This work is considered in more detail in this survey than the other trace metal determinations as a means of illustrating the general principles of neutron activation analysis given above.

The stable isotope of arsenic undergoes the reaction $^{75}_{33}\mathrm{As}\,(n, \gamma)\,^{76}_{33}\mathrm{As}$ ($\sigma = 4.3$ barns). The saturation activity which is attainable using a flux of 10^{12} neutrons/cm²/sec is approximately 2×10^{12} disintegrations/min/g of arsenic or half this value for an irradiation time of 27 hr. Thus, using a counter of 10% efficiency with a background count of 10 counts/min the limit of practical measurement of arsenic is 5×10^{-11} g. The alternative neutron reactions which could produce $^{76}_{33}\mathrm{As}$ from neighbouring elements to arsenic in the Periodic Table are shown in Fig. 2. As stated above, the (n, 2n) reaction is very rare and can be disregarded. Large quantities of $^{76}_{34}\mathrm{Se}$, $^{77}_{34}\mathrm{Se}$, and $^{79}_{35}\mathrm{Br}$ present in the sample might produce enough $^{76}_{33}\mathrm{As}$ by reactions (17), (18), 24) and (23) to effect the result in the assay of stable arsenic. This situation is unlikely to occur in practice with biological samples and it is possible only if the material is placed in the atomic pile where a large proportion of the neutron flux consist of fast neutrons or the photon flux is abnormally high. Reaction (23) is not possible in the case of arsenic as $^{75}_{32}\mathrm{Ge}$ is not a stable isotope. Reaction (21) becomes

$$^{74}_{32}\mathrm{Ge}\,(n, \gamma)\,^{75}_{32}\mathrm{Ge};\ ^{75}_{32}\mathrm{Ge} \xrightarrow{\beta} {}^{75}_{33}\mathrm{As}\,(\mathrm{Stable});\ ^{75}_{33}\mathrm{As}\,(n, \gamma)\,^{76}_{33}\mathrm{As}\,.$$

JENKINS and SMALES (1956) have pointed out that spurious $^{76}_{33}\mathrm{As}$ produced from germanium depends on the time of irradiation and the square of the flux. Thus in the estimation of arsenic in germanium dioxide (SMALES and PATE 1952), irradiation of the sample for 75 hr at a neutron flux of 2×10^{12} neutrons/cm²/sec as compared with 10 hr irradiation at 2×10^{11} neutrons/cm²/sec drops the error on a 1 g sample from 0.08 p.p.m. to *0.0001* p.p.m. of arsenic.

The determination of arsenic in human hair, nails, urine and blood and the internal organs of the mouse was carried out by SMALES and PATE (1952) by activation analysis. Using the same techniques, DEWAR and LENIHAN (1956) investigated and proved a case of accidental arsenical poisoning. The same group of workers (LENIHAN et al. 1958) demonstrated the care required to ensure that no contamination of the sample should occur before irradiation. In a number of analyses undertaken to determine normal arsenical content of human hair, it was found that whereas most values fell below 1 p.p.m., several hair samples taken from female laboratory workers had as much as 23 p.p.m. of arsenic. The excess was subsequently found to be caused by insufficient rinsing after washing the hair with commercial detergent preparations.

A number of other elements which may be present in the sample and become activated by irradiation may follow arsenic in the separation process. These may be Ge, Mo, Rh, Se, Sb, Sn, Hg, or Au but none of these isotopes have similar half lives or radiation energies similar to As^{76}. Thus any appreciable contamination of this type becomes obvious at the final stage of the determination. Shipman and Milner (1958) using activation analysis for the determination of arsenic in hydro-carbon reforming catalysts found the final counting material contaminated with Au^{199}. The author in investigations of the arsenic content of normal and neoplastic tissues (unpublished work) encountered contamination of a similar nature. Allowance was made for the amount of contaminating isotope by determination of decay curves immediately after irradiation and 10 to 14 days later when the activity of the As^{76} had largely decayed.

Although it is unlikely that the activation technique would replace conventional assay methods for the determination of arsenic, it would appear that the isotope method may become of great importance in forensic medicine. The high sensitivity of the method enables the arsenic content of a single hair to be determined and evidence obtained by this technique has been accepted in one case of poisoning in the law courts of France.

Barium and Strontium

The stable isotopes of barium (Ba^{138}, abundance 71.66%, $\sigma = 0.55$ barns) and strontium (Sr^{86}, abundance 9.86%, $\sigma = 1.3$ barns) undergo the (n, γ) reaction to produce Ba^{138} (half life, 1.4 hr) and Sr^{87} (half life, 2.8 hr) respectively. An activity of 40 mC/g of barium and 12 mC/g of strontium is obtained after 3 hr irradiation in a neutron flux of 10^{12} neutrons/cm^2/sec (Sowden and Stitch 1957).

This technique has been used to estimate the levels in biological tissue (Brooks-bank, Leddicote and Mahlman, 1953), in plants and soils (Bowen and Dry-mond, 1955), in sea water and marine organisms (Bowen 1956) and in human bone (Sowden and Stitch 1957). Sowden and Stitch gave the results of analyses of bone ash (approximately 150 mg) from 35 normal subjects of both sexes and different ages. The concentrations of barium and strontium were found to be of the order of 7 and 100 μg/g of ashed tissue respectively and the results were found to be reproducible to within $\pm 5\%$.

Sowden and Pirie (1958) used activation analysis to study the distribution of barium and strontium in eye tissue of cattle, rabbits and humans. The pigmented parts of the eye contained more of these elements than the other sections and the results emphasise the variation between certain trace metals in the eye tissues of different animals.

Halogens

A number of workers have used activation analysis in the estimation of halogens in biological materials. The principal reactions used are Cl^{35} (n, p) S^{35}; Br^{81} (n, γ) Br^{82} and I^{127} (n, γ) I^{128}.

Wintringham, Harrison and Bridges (1952) determined the quantities of the isomers of hexachlorocyclohexane and the bromine analogies of DDT and its derivatives on completed paper chromatograms. These authors in their study of the metabolism of these insecticides submitted the whole chromatograms to neutron irradiation for several days and measured the induced radiation with an automatic scanner. It was found that using washed Whatman No. 1 paper, the wide range of trace metals almost certainly present did not give rise to any serious effects under moderate experimental conditions. However, it was found advisable to allow a lapse of one or two weeks for decay of Na^{24} produced in the paper before radioactive measurement.

The energy of recoil of the gamma emission of the (n, γ) reaction is usually more than sufficient to break the chemical bond between the target atom and the rest of the molecule. Thus, the induced radioactivity on a completed paper chromatogram can be associated only with the considered component and cannot be used as a tracer in further tests with the eluted substance. Also the mixture of chemical compounds cannot be irradiated before development of the chromatogram due to this possible molecular breakdown.

BRUES and ROBERTSON (1947) determined iodine in thyroglobulin by short irradiation of 5 mg of sample by measurement of the short half-life isotope I^{128}.

Zinc

BANKS, TUPPER, WHITE and WORMALL (1959) determined the levels of zinc in blood (0.1 g) and other tissues by the reaction, Zn^{68} (n, γ) Zn^{69} (half life 13.8 hr). The irradiated material was brought into solution in H_2SO_4 and HNO_3 and quantitatively extracted with diphenylthiocarbazone at p_H 5.5. The active zinc was determined in a scintillation counter.

Sulphur

The sulphur content of red blood corpuscles was determined by neutron irradiation by TOBIAS et al. (1952) and SCHMEISER and JERCHEL (1953) utilised the same method for the estimation of sulphur in the separated organic compounds on paper chromatograms.

Phosphorus

TOBIAS and DUNN (1949) have suggested that neutron irradiation with the (n, γ) reaction can be used for the estimation of phosphorus in small samples of organic material and SCHMEISER and JERCHEL (1953) has employed neutrons from a cyclotron beam for the estimation of phospho-proteins in endosperm by the P^{31} (n, p) Si^{31} reaction.

Gold

Gold injected into mice was quantitatively traced using neutron activation analysis by TOBIAS and DUNN (1949). The final sample for radioactive measurement was isolated in a pure form by electroplating onto a copper electrode (DUNN 1948). The gold content of different fractions of blood from a patient suffering from leucaemia was also determined by the same method.

Application of activation analysis to biological material using particles other than neutrons

A few attempts have been made to utilise the activation analytical technique using particles other than neutrons to the determination of trace elements in biological materials.

HAIGH (1954) has described an interesting application of the isotope dilution method using deuterium oxide in the estimation of human body water in which the deuterium content of the diluted sample was determined by activation with photoneutrons. The method has the advantage of obviating the necessity of complete isolation and purification of the diluted water samples. Using a 1 Curie source of sodium-24 emitting 2.76 MeV γ-rays, a 25 ml sample containing 0.1%

(v/v) of D_2O could be measured to $\pm 2\%$ within 15 min. The reaction $D^2(\gamma, n)H^1$, has a cross section of 1.6×15^{-27} cm². The number of neutrons produced during activation are a measure of the amount of deuterium present in the sample and were counted by a boron-lined detection chamber. Direct comparison was made with a series of known deuterium standards.

Rapid methods for the micro determination of carbon (SUE 1953), of sulphur (SUE and ALBERT 1956) and of nitrogen (SUE 1955) by activation with deuterium particles have been suggested although the value of such methods for the estimation of elements for which alternative techniques of comparable sensitivity are available is doubtful in view of the difficulties involved.

Summary

Isotopic methods of analysis enjoy a number of advantages over the conventional techniques which may be summarised as follows:

(a) The isotope derivative technique has great sensitivity which is limited only by the specific activity of the added labelled carrier compound and/or the labelled reagents. In practice, the sensitivity of micro analytical procedures is limited by the amount of blank or background material in the sample taken for the final measurement. Tracer methods differ from those employing inert reagents in that only impurities reacting with the labelled reagents and subsequently not separated from the required derivative can contribute to blank values. Thus precautions such as the use of specially purified solvents are not necessary after the preparation of the labelled derivative.

Similarly the results obtained in the determination of trace elements by activation analysis are independent of small contaminations of the element under assay from reagents used after irradiation.

(b) Most isotopic methods of analysis are independent of losses incurred in the separation procedures after an early stage provided enough sample is recovered for accurate final estimation. Other methods depend on a series of control experiments for their estimate of recoveries and this estimate is generally an average value.

(c) Although isotopic methods require the isolation of a pure specimen of the compound under assay, the purity of this material can be tested by simple means.

(d) Where isotopic methods are applicable, a high order of accuracy is attainable.

The disadvantages of isotopic methods are:

(a) The techniques are not highly specific in many cases in that they do not measure a unique property of the compound to be analysed such as in the measurement of the absorption of indra red, visible or ultra violet light of definite wave length. The specificity of the results, therefore, depends almost entirely on the fractionation procedures. The determination of small amounts of material in biological fluids requires a long separation procedure involving several steps which may be tedious and time consuming.

(b) The methods are expensive and laborious and require specialised equipment.

References

AVIVI, P., S. A. SIMPSON, J. F. TAIT, and J. K. WHITEHEAD: The use of H^3 and C^{14} labelled acetic anhydride as analytical reagents in microbiochemistry. Pro Second Radioisotope Conference, Vol. 1, p. 313. London: Butterworth Scientific Publ. 1954.

BANKS, T. E., R. TUPPER, E. M. A. WHITE, and A. WORMALL: Micro-Determination of zinc in blood and other tissues by neutron activation analysis. Biochem. J. **71**, 21 P (1959).

BLOCH, K., and H. S. ANKER: An extension of the isotope dilution method. Science **107**, 228 (1948).

BLUM, A. S.: Simultaneous determination of radiochemical mixtures. Nucleonics **14**, No. 7, 64 (1956).

BOWEN, H. J. M.: Strontium and barium in sea water and marine organisms. J. Marine biol. Ass. U. Kingd. **35**, 609 (1956).

— and J. A. DYMOND: Strontium and barium in plants and soils. Proc. roy. Soc. B **144**, 355 (1955).

BRUES, A. M., and O. H. ROBERTSON: Estimation of thyroglobulin iodine by slow neutron irradiation, AECD 2009 A—H, U. S. Atomic Energy Commission (1947).

BROOKSBANK, W. A., G. W. LEDDICOTTE, and H. A. MAHLMANN: Analysis for trace impurities by neutron activation. J. physic. Chem. **57**, 815 (1953).

DAVIDSON, D., I. MACINTYRE, A. RAPOPORT, and J. E. S. BRADLEY: Determination of total fat *in vivo* using Kr^{85}. Biochem. J. **62**, 34 P (1956).

DEWAR, W. A., and J. M. A. LENIHAN: A case of chronic arsenical poisoning: examination of tissue samples by activation analysis. Scot. med. J. **1**, 236 (1956).

DUNN, R. W.: Recovery and estimation of radioactive isotopes from biological tissues. I. Gold. J. Lab. clin. Med. **33**, 1169 (1948).

FINE, J., and A. M. SELIGMAN: Traumatic shock: IV. A study of the problem of the "Lost Plasma" in haemorrhagic shock by the use of radioactive plasma protein. J. clin. Invest. **22**, 285 (1943).

FOSTER, G. L.: Some amino acid analyses of haemoglobin and β-lacto globulin. J. biol. Chem. **159**, 431 (1945).

GEST, H., H. D. KAMEN, and J. R. REINER: The theory of isotope dilution. Arch. Biochem. **12**, 273 (1947).

GIBBONS, D., B. A. LOVERIDGE, and R. J. MILLETT: Radioactivation analysis — a bibliography. AERE. 1/R 2208 (1957).

GRAFF, S., D. RITTENBERG, and G. L. FOSTER: The glutamic acid of malignant tumours. J. biol. Chem. **133**, 745 (1940).

GRAY, S. J., and K. STERLING: The tagging of red cells and plasma proteins with radioactive chromium. J. clin. Invest. **29**, 1604 (1950).

HAIGH, C. P.: A photo neutron method of measuring deuterium, Pro. Radioisotope Conference Oxford, Vol. II, p. 101. Butterworths Scientific Publ. 1954.

HEVESY, G., K. H. KOSTER, G. SORENSEN, E. WARBURGH, and K. ZERAHN: The red cell corpuscle content of the circulating blood determined by labelling the erythrocytes with Radiophosphorus. Acta med. scand. **116**, 561 (1944).

KAMEN, M. D.: Isotope tracers in biology. New York: Academic Press, 1st edition 1947.

KESTON, A. S., S. UDENFRIEND, and R. K. CANNAN: Micro-analysis of mixtures (amino acids) in the form of isotopic derivatives. J. Amer. chem. Soc. **68**, 1390 (1946).

— — — A method for the determination of organic compounds in the form of isotopic derivatives. I. Estimation of amino acids by the carrier technique. J. Amer. chem. Soc. **71**, 249 (1949).

— and J. LOSPALLUTO: Estimation of organic compounds as isotopic derivatives using the labelled organic compounds as indicators. Fed. Proc. **10**, 207 (1951).

— S. UDENFRIEND, and M. LEVY: Paper chromatography applied to the isotopic derivative method of analysis. J. Amer. chem. Soc. **69**, 3151 (1947).

— — — Determination of organic compounds as isotopic derivatives. II. Amino acids by paper chromatographic and indicator techniques. J. Amer. chem. Soc. **72**, 748 (1950).

KEYNES, R. D.: The movements of radioactive sodium during nervous activity. J. Physiol. **109**, 13 P (1949).

— and P. R. LEWIS: Determination of the ionic exchange during nervous activity by activation analysis. Nature (Lond.) **165**, 809 (1950).

— — Sodium and potassium content of cephalopod nerve fibres. J. Physiol. (Lond.) **114**, 151 (1951).

KOGL, F., u. H. ERXLEBEN: Zur Ätiologie der malignen Tumoren. 1. Mitteilung über die Chemie der Tumoren. Hoppe Seylers Z. physiol. Chem. **258**, 57 (1939).

JENKINS, E. N., and A. A. SMALES: Radioactivation analysis. Quart. Rev. **10**, 83 (1956).

LEDDICOTE, G. W., and S. A. REYNOLDS: Neutron activation analysis: A useful analytical method for the determination of trace elements. U. S. Atomic Energy Commission AECD-3489 (1953).

LENIHAN, J. M. A., H. SMITH, and J. G. CHALMERS: Arsenic in detergents. Nature (Lond.) **181**, 1463 (1958).

LOVERIDGE, B. A., and A. A. SMALES: Activation analysis and its application in biochemistry. Methods biochem. Analysis **5**, 225 (1959).

MANERY, J. F., and A. B. HASTINGS: The distribution of electrolytes in mammalian tissues. J. biol. Chem. **127**, 657 (1939).

MEINKE, W. W.: Trace-element sensitivity comparision of activation analysis with other methods. Science **121**, 177 (1955).

RITTENBERG, D., and G. L. FOSTER: A new procedure for quantitative analysis by isotope dilution with application to the determination of amino acids and fatty acids. J. biol. Chem. **133**, 737 (1940).

ROBINSON, C. V., W. L. ARONS, and A. K. SOLOMON: Simultaneous determination of exchangeable body sodium and potassium. J. clin. Invest. **34**, 134 (1955).

RYLE, A. P., F. SANGER, L. F. SMITH, and R. KITAI: The disulphide bonds of insulin. Biochem. J. **60**, 541 (1955).

SCHMEISER, K., u. D. JERCHEL: Quantitativer Nachwies von Schwefel, Chlor und Brom enthaltende Verbindungen auf Papierchromatogrammen mit Hilfe induzierter Radioaktivität. Angew. Chem. **65**, 366 (1953).

— — Phosphor-Bestimmung durch Neutronenaktivierung in Papierelektropherogrammen. Angew. Chem. **65**, 490 (1953).

SHEMIN, D.: Amino acid determinations on crystalline bovine and human serum albumin by the isotope dilution method. J. biol. Chem. **159**, 439 (1945).

— and G. L. FOSTER: The isotope dilution method of amino acid analysis. Ann. N. Y. Acad. Sci. **47**, 119 (1946).

SHIPMAN, G. F., and D. I. MILNER: Determination of arsenic in hydrocarbon reforming catalysts by neutron activation. Analyt. Chem. **30**, 210 (1958).

SLATER, J. D. H., and R. P. EKINS: A method for the simultaneous estimation of total exchangeable sodium and potassium in man. In the press (1959).

SMALES, A. A., and B. D. PATE: Determination of submicrogram quantities of arsenic by radioactivation. Part I. Application to germanium dioxide. Analyt. Chem. **24**, 717 (1952).

— — Determination of submicrogram quantities of arsenic by radioactivation. Part II. Determination of arsenic in sea water. Analyst **77**, 188 (1952).

— — Determination of submicrogram quantities of arsenic by radioactivation. Part III. Determination of arsenic in biological materials. Analyst **77**, 196 (1952).

SOWDEN, E. M., and A. PIRIE: Barium and strontium concentrations in eye tissue. Biochem. J. **70**, 716 (1958).

— and S. R. STITCH: Trace elements in human tissue. 2. Estimation of the concentrations of stable strontium and barium in human bone. Biochem. J. **67**, 104 (1957).

STERLING, K., and S. J. GRAY: Determination of the circulating red cell volume in man by radioactive chromium. J. clin. Invest. **29**, 1614 (1950).

SUE, P.: Possibilité du microdosage du carbone dans les composes organiques par la reaction nucleaire. $^{12}_{6}C$ (d, n) $^{13}_{7}N$. C. R. Acad. Sci.(Paris) **237**, 1696 (1953).

— Dosage de l'agate par la reaction nucleaire. $^{14}_{7}N$ (d, n) $^{15}_{8}O$. C. R. Acad. Sci. (Paris) **240**, 88 (1955).

— and P. ALBERT: Microdosage du soufre par la reaction nucleaire. $^{32}_{16}S$ (d, α)$^{30}_{15}P$. C. R. Acad. Sci. (Paris) **242**, 2461 (1956).

TAIT, J. F., and E. S. WILLIAMS: Assay of mixed radioisotopes. Nucleonics **10**, No. 12, 47 (1952).

TOBIAS, C. A., and R. W. DUNN: Analysis of micro-composition of biological tissue by means of induced radioactivity. Science **109**, 109 (1949).

— R. WOLFE, R. DUNN, and I. ROSENFELD: The abundance and rate of turnover of trace elements in laboratory mice with neoplastic disease. Acta Un. int. Cancr. **7**, 874 (1952).

TRISTRAM, G. R.: Amino acid composition of proteins. Advanc. of Protein Chem. **5**, 131 (1949).

UDENFRIEND, S.: Identification of γ-aminobutyric acid in brain by the isotope derivative method. J. biol. Chem. **187**, 65 (1950).

— and S. F. VELICK: The isotope derivative method of protein amino acid end group analysis. J. biol. Chem. **190**, 733 (1951).

VELICK, S. F., and S. UDENFRIEND: Isotope derivative analysis for proline, valine, methionine and phenylalanine. J. biol. Chem. **190**, 720 (1951).

— — The amino end group and the amino acid composition of salmine. J. biol. Chem. **191**, 233 (1952).

— and L. F. WICKS: The amino acid composition of phosphorylase. J. biol. Chem. **190**, 741 (1951).

WHITEHEAD, J. K.: Determination of amino acids by double isotope-dilution technique. Biochem. J. **68**, 662 (1958).

— and D. BEALE: Determination of thyroxine in human serum. Clin. Chem. Acta **4**, 710 (1959).

WINTRINGHAM, F. P. W., A. HARRISON, and R. G. BRIDGES: Radioactive tracer techniques in paper Chromatography. Nucleonics **10**, No. 3, 52 (1952).